U0896194

北京安全生产年鉴

BEIJING ANQUAN SHENGCHAN NIANJIAN

2019

北京市应急管理局
北京煤矿安全监察局 编

化学工业出版社
·北京·

图书在版编目（CIP）数据

北京安全生产年鉴. 2019/北京市应急管理局，北京煤矿安全监察局编. —北京：化学工业出版社，2019.12
ISBN 978-7-122-35549-2

Ⅰ.①北… Ⅱ.①北… ②北… Ⅲ.①安全生产-北京-2019-年鉴 Ⅳ.①X931-54

中国版本图书馆 CIP 数据核字（2019）第 250228 号

责任编辑：卢小林　　　　装帧设计：王晓宇
责任校对：宋　玮

出版发行：化学工业出版社（北京市东城区青年湖南街 13 号　邮政编码 100011）
印　　装：北京新华印刷有限公司
787mm×1092mm　1/16　印张 38¾　彩插 50　字数 876 千字　　2020 年 1 月北京第 1 版第 1 次印刷

定　　价：238.00 元

《北京安全生产年鉴》编纂委员会

《北京安全生产年鉴》编辑部

编辑说明

一、《北京安全生产年鉴》2019年版由北京市安全生产监督管理局（简称“市安全监管局”）、北京煤矿安全监察局（简称“北京煤监局”）主办，委托北京市安全生产联合会进行资料搜集和编纂。

二、本年鉴内容客观、真实、全面、系统，对了解和掌握2018年北京市安全生产状况、取得成效和存在问题，研究安全生产工作及其规律性具有重要参考价值。

三、本年鉴坚持“众手成鉴”原则，围绕2018年安全生产重点工作任务，突出北京安全生产特点，进行全面记述、宣传和报道。

四、本年鉴选用资料由市安全监管局、北京煤监局、市政府有关部门及各区、北京经济技术开发区安全监管局和部分企事业单位提供，经年鉴编辑部审核编纂，报年鉴编委会批准，由化学工业出版社出版发行。

五、本年鉴创刊于2008年（2003年至2007年为合刊），已连续出版发行12部。2018年11月，市安全监管局整体并入新成立的北京市应急管理局。为保证本年鉴的严谨性，《北京安全生产年鉴》2019年版为终结版。从明年起，将编辑出版《北京应急管理年鉴》。

六、《北京安全生产年鉴》编辑部联系方式：

电话：63020630

传真：63522105

电子邮箱：bjax2013@126.com

地址：北京市朝阳区惠新东街1-1号

邮政编码：100029

目　录

特　载

大　事　记

安全监管

统计资料

事故案例

人　　物

附　　录

索　　引

▲ 6 月 16 日，全国安全生产宣传咨询日活动在首钢技师学院举办。国务委员王勇（右三），应急管理部党组书记、副部长黄明（后排左三），北京市市长陈吉宁（左二），国务院副秘书长孟扬（左一）、公安部消防局副局长琼色（后排左二），北京市公安消防总队政委夏夕岚（后排左一），北京市安全监管局局长张树森（右一）参加宣传咨询日活动

▲ 2 月 8 日， 北京市副市长王宁（前左一）春节前带队检查房山区烟花爆竹管理工作

▲ 11 月 28 日，北京市副市长张家明（主席台左三）出席全市今冬明春安全生产工作电视电话会议

▲ 6 月 7 日，市安全监管局局长张树森出席“安监之星 · 北京榜样”建筑企业特别榜颁奖典礼并讲话

▲ 1月17日，市安全监管局副局长唐明明出席国有企业安全生产工作会

▲ 9月19日，市安全监管局副局长贾太保为执法先进个人颁奖

▲ 7 月 9 日，市安全监管局副局长阎军出席职业病危害普查工作部署会

▲ 7 月 20 日，市安全监管局副局长卞杰成出席执法工作体质建设推进会

▲ 10 月 24 日，市安全监管局副巡视员谢清顺（左一）带队到朝阳区三间房乡对“挂牌督办”工作进行实地检查

▲ 5 月 31 日，市安全监管局副巡视员贾秋霞（左二）赴通州区对水务局安全生产工作进行督察

▲ 2 月 28 日，市安全监管局副巡视员杨永军（前左一）出席 2017 年度总结表彰大会并为获奖者颁奖

▲ 3 月 22 日，召开北京市工业企业安全生产工作视频会

▲ 5 月 8 日，召开 2018 年市委市政府安全生产督察工作动员部署会

▲ 10 月 18 日，市安全监管局领导赴北京大兴国际机场进行安全生产综合监管工作调研

▲ 7 月 27 日，召开全市有限空间作业安全生产视频会

▲ 10 月 10 日，组织 2018 年京津冀协同应对事故灾难桌面演练

▲ 6 月 16 日，全国安全宣传咨询日活动现场

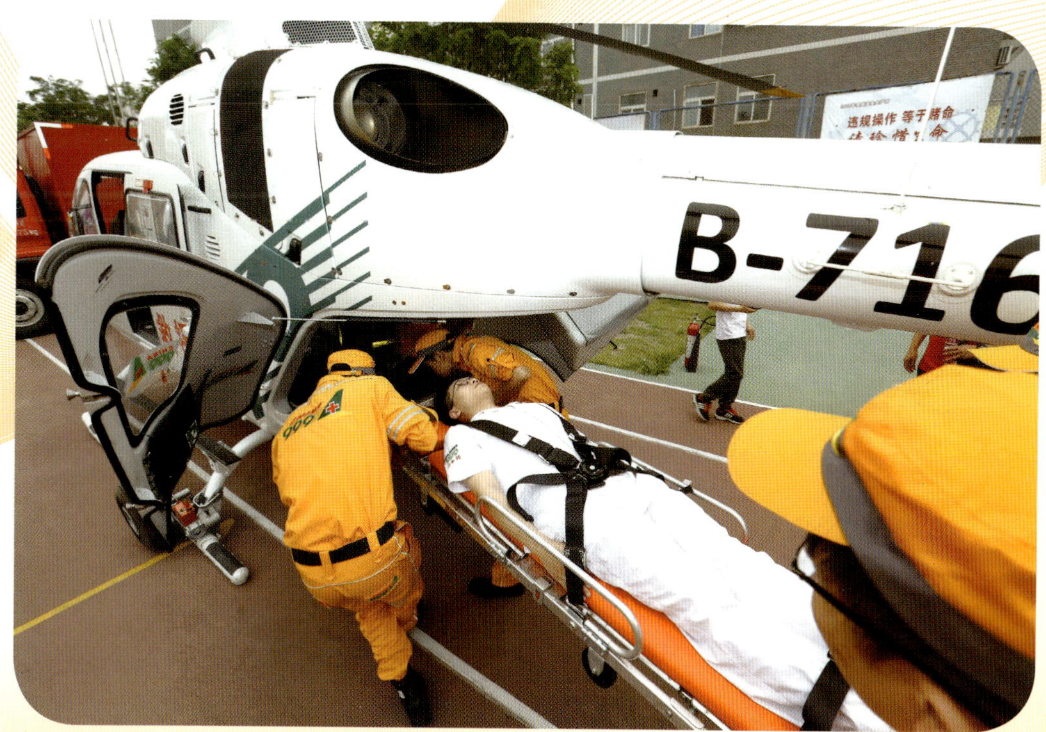

▲ 6 月 16 日，全国安全宣传咨询日活动中组织应急救护演练

▲ 9月20日，举办第十二届北京安全文化论坛

▲ 11月2日，举行“安监之星·北京榜样”颁奖典礼

特 载

【文 选】

北京市副市长王宁在全市安全生产电视电话会议上的讲话

2018 年 7 月 27 日

根据会议安排，下面我结合上半年全市安全生产工作总体情况，就城市安全隐患治理三年行动和下半年工作讲三点意见。一会儿，陈市长还要作重要讲话，请各区、各部门、各单位认真抓好落实。

一、上半年全市安全生产形势总体平稳，但对存在的问题绝不能掉以轻心

今年以来，各区、各部门、各单位认真贯彻党中央、国务院，市委、市政府关于安全生产工作的各项决策部署，采取强有力措施，落实责任目标，深入开展安全生产督察，加强监管执法检查，大力推进隐患排查治理和安全风险防控，全市事故起数和死亡人数实现“双下降”。上半年，全市共发生生产经营性道路交通、工矿商贸生产安全、生产经营性火灾、铁路交通死亡事故 215 起、死亡 234 人，同比减少 44 起、43 人，分别下降 17%和 15.5%。在工矿商贸领域，东城、朝阳、海淀、石景山、门头沟、房山、通州、昌平、怀柔、开发区共 10 个地区生产安全事故起数同比下降。全市安全生产形势总体稳定向好。

与此同时，我们也要清醒地看到，在深入落实首都城市功能定位，推进非首都功能疏解过程中，各类安全风险隐患依然大量存在，部分行业领域同类事故反复发生，安全生产的基层基础工作还十分脆弱。这既反映出影响和制约首都安全的深层次矛盾还没有根本解决，也暴露出安全生产工作中还存在不少薄弱环节，安全监管工作的精细化程度与建设国际一流的和谐宜居之都相比还存在一定的差距。

一是部分行业领域生产安全事故频发、高发的态势并未得到有效遏制。上半年共发生道路交通事故 165 起、死亡 178 人，分别占各类生产安全死亡事故的 76.7%和 76%。生产经营性火灾多发频发。特别是 4 月 1 日，在海淀区中关村北大街一电动车商店发生一起 4 人死亡事故，造成了较大社会影响。工矿商贸领域的建筑业事故占比仍居各行业之首，共计发生 25 起、死亡 27 人，其中高处坠落事故 11 起、死亡

11人，高处坠落事故频发已成为建筑行业的顽疾。6月8日、12日，北京建工集团所属的北京建工路桥工程建设有限责任公司承建的密云新城再生水厂配套管网工程项目连续发生2起生产安全事故，共计造成3人死亡。5天内，在同一企业、同一地点接连发生亡人事故，且是在第一次事故发生后的停工整改期间，为近十年来所罕见。这两起事故充分暴露出企业对安全生产重视程度不够、落实安全生产主体责任不力。

二是隐患治理后反弹现象需引起高度重视。今年5月，市安委会办公室组织开展了安全隐患大排查大清理大整治专项行动“回头看”核查，共发现反弹隐患1378项，占全部挂账隐患的5.16%。其中，24家企业未经验收合格擅自恢复生产，63家单位未制定治理方案、未落实安全防范措施，145处出租房屋人均居住面积、走道宽度、隔墙材料等不符合消防法规要求。从核查情况来看，反映出日常执法检查覆盖不全、标准不高，部分企业法纪观念淡薄，对行政处罚消极对待。有效防止隐患治理之后的反弹应该成为我们重要工作目标。

三是个别区安全生产年度重点工作进度相对滞后。从市政府与各区政府签订的《安全生产目标责任书》确定的指标完成情况看，延庆、密云、丰台区在生产经营性道路交通领域事故死亡总人数同比增长较多，完成事故总量下降5%的工作目标压力较大。部分区级行业部门安全监管执法检查力度偏弱，各区的水务和体育部门执法检查处罚量总体较低。门头沟、密云、昌平区企业安责险参保率进度较慢，尚未达到年度目标的三分之一，分别为13.1%、13.1%、15.7%。

四是国有企业生产安全事故所占比例大。全市共发生国有企业相关事故14起、死亡16人，分别占工矿商贸事故起数和死亡人数的32.6%和34.8%。其中，央企发生相关事故6起、死亡6人，市属国有企业发生相关事故8起、死亡10人。安全管理工作基础相对较好的国有企业事故占比如此之大，需要引起我们的重视和警觉。各有关部门要进一步加大监管力度，各国有企业要在安全生产方面当好排头兵、领头羊，做好示范。

二、迅速行动，扎实推进城市安全隐患治理三年行动计划的实施

目前，市安委会办公室起草的《北京市城市安全隐患治理三年行动方案》，已经通过市委常委会和市政府专题会议审议，近期将由市政府办公厅正式印发。下面，我就未来三年的城市安全隐患治理行动提六点要求。

一是坚持群策群力，坚定不移地开展隐患治理行动。要坚决落实市委、市政府的决策部署，严格按照《方案》要求，迅速制定符合本地区、本部门、本单位实际的实施方案。要明确任务分工和具体的“时间表”“路线图”，坚持边排查、边治理、边建台账、边销账，高质高效地推进城市安全隐患治理三年行动。

二是坚持压实责任，各司其职合力治理隐患。要按照安委会统筹协调、属地政府全面负责、行业部门分类推动、企业单位自查自改的原则，开展城市安全隐患治理三年行动。各区、各部门、各单位要各负其责、齐抓共管，合力排查治理隐患。要落实企业、业主等治理隐患的主体责任，综合利用经济、行政、法律等手段，督促指导相关单位和个人彻底治理隐患，绝不能代拆代改、代治隐患。

三是坚持文明执法，依法依规推进隐患排查治理工作。各区、各部门，特别是各街道、乡镇等基层单位，要坚持文明执法，向群众讲明存在安全隐患的危险程度，讲透政策、讲透责任、讲透后果，积极争取群众的理解和支持。要向企业告知隐患内容、整改期限和整改标准，让企业知道存在哪些安全隐患、如何整改才能符合法律法规要求。绝不能出现方法简单、手段粗暴的现象。

四是坚持彻底消隐，确保销账隐患不反弹。要始终坚持把隐患治理质量放在第一的原则，严格上账隐患验收销账程序，不能边治理、边反弹、边产生新的隐患。刚才说过，今年的“三大行动”“回头看”发现，去年销账的隐患出现了一定程度反弹，这要引起大家的高度重视。各区、各单位要制定有针对性的工作措施和监督制度，建立长效机制，防止销账隐患出现反复和产生新的重大安全隐患。

五是坚持人文关怀，强化各项保障措施。要继续保持和发扬去年“三大行动”期间体现人文关怀的经验做法，及时协调帮助、救助需要帮扶的困难人员。同时，要坚持疏堵结合、平衡供需，用正规、合法的建筑和经营，防止非法、违法的场所和生产，保障人民群众正常的生活服务需求，保障安全隐患治理行动顺利实施。

六是坚持宣传引导，加强舆情监测和处置。要强化舆论引导，多宣传治理隐患的必要性和紧迫性，多宣传安全知识和应急技能。要建立舆情动态评估机制，密切关注舆情动向，超前做好舆情应对预案，及时、稳妥地处置舆情，确保隐患治理期间的舆论稳定。

今天会议后，各区政府要迅速组织制定本地区的三年行动计划，明确分工，8月底之前要正式启动。市安委会办公室要对各区三年行动计划的完成情况加强督促检查，并列入当年安全生产工作考核。

三、紧盯安全生产重点领域、重点环节，全力压减生产安全事故

下半年，全市安全生产工作更加繁重，中非合作论坛北京峰会等重要活动将陆续举办，新机场、副中心、冬奥会和世园会等重大项目的建设工作加快推进，监管难度大、战线长。尤其是在全市即将启动机构改革的关键时期，必须有一失万无的忧患意识，时刻绷紧安全这根弦，有效防范有较大社会影响的事故发生。

一要全面加强重点行业领域安全监管。消防安全方面：以电动自行车消防安全综合治理为抓手，全面排查整治电动自行车产品质量、维修改装和使用管理等方面存在的问题，严厉打击违法生产、销售假冒伪劣、不合格电动自行车行为。要继续加大对“三合一”场所、城乡结合部等高危地点的安全隐患排查整改力度，严厉打击各类违法违规行为。危险化学品方面：近日，国务院安委会办公室下发通知，要求进一步加快推进危险化学品安全综合治理工作，今年下半年将组织开展综合治理专项督查。各区、各单位要切实加强组织领导，全面摸排危险化学品各环节和各领域的安全风险。要把教育、医疗等行业危险化学品使用环节安全管理作为整治重点，持续推进危险化学品集中管理体系建设，有序推进危险化学品生产经营企业疏解退出，有效降低城市运行风险。建筑施工方面：要根据季节特点，强化对房建、电力、道路、水务水利等建设工程的安全监管，有针对性地检查深基坑边坡、高大脚手架、模板支撑体系、建筑起重机械、临时用电设施、施工机械设备、安全防护设施、外用电梯、动火作业等安全情况，严格落实安全防护措施，切实做好安全管理工作。市城市管理委和市水务局要针对电力施工、水务行业事故高发的情况，研究有针对性的措施。有限空间方面：7 月 16 日，北京通成达水务建设有限公司在城市副中心建设工地发生了一起有限空间作业事故，造成 3 人缺氧晕倒，后被及时救出，险些酿成一起较大事故。该起事故虽未造成人员死亡，但也说明我们在有限空间监管方面还存在漏洞和盲区。近期北京雨后闷热，气体蒸发迅速，在有限空间作业时，极易发生有毒有害气体中毒和缺氧窒息事故，一定要加大执法检查力度，督促企业和员工加强教育培训，从严落实安全生产责任。

二要细致做好城市风险评估工作。目前，全市 6793 家企业已上报了 109187 个风险源，取得了阶段性成效。下半年，各区、各部门要严格按照市安委会工作方案要求，在保证质量前提下加大工作推进力度，组织好对本地区、本行业安全风险再评估工作，确保 10 月底前完成各项工作任务，并向市安委办上报成果材料。同时，在试点阶段各单位要大胆探索，开拓创新，积累经验，及时总结提炼推广，为建立安全风险管控长效机制趟出路子。

三要大力推进安全生产执法检查提质增效。近年来，市区安监部门不断加强执法队伍建设、规范执法程序，执法检查的质量和效能进一步提升。特别是东城、朝阳、西城、通州、开发区成效显著，但仍有个别区执法检查和处罚力度不够，未达到年初确定的目标。下半年，各区要全面构建“四位一体”的执法工作体系，继续加大执法力量融合，着力打造高素质专业化执法队伍，全面提升安全生产执法的职权履行率。

四是切实做好安全生产大培训工作。目前，全市已开展培训生产经营单位主要负责人、安全生产管理人员 722 期、68000 余人次，培训任务量已过半。东城、朝阳、通州、西城、顺义、大兴区作为试点单位起到了良好的示范带头作用，但也存在个别区进度迟缓、培训不严格不规范等问题。各区、各单位要继续强化培训督导检查，建立培训考核工作常态化机制，进一步强化企业安全意识，落实好主体责任。

最后，我再强调一下，当前正值汛期、暑期和旅游高峰期叠加，气候炎热，高湿、暴雨等天气频繁出现，电气设备、管道维修、有限空间和室外高空作业增多，人员密集场所人流聚集，水、电、气进入使用高峰，安全监管压力骤增。各区、各单位必须高度重视，狠抓各项工作和责任的落实，把安全生产工作做扎实、做到位，坚决预防各类安全生产事故的发生。

北京市副市长张家明在全市今冬明春安全生产工作会议上的讲话

2018年11月28日

今天，召开全市安全生产委员会会议，主要是部署今冬明春安全生产工作。参会的有市安全生产委员会成员单位、各区安全生产委员会成员单位以及乡镇街道从事安全生产的同志们，以及市属、区属企业的负责同志。

今天会议的主要任务是，认真分析研判当前全市安全生产形势，针对岁末年初工作特点，研究部署今冬明春安全生产工作，以严而又严、细而又细的措施和作风，切实加强当前安全生产工作，全力减压事故总量，有效防范较大事故和社会影响大的事故，坚决遏制重特大事故发生，确保全市安全生产形势持续稳定好转。

刚才，市城市管理委、市交通委、市消防总队和市应急管理局分别部署了安全生产及消防安全工作，希望大家结合工作实际，认真抓好各项工作落实。下面，我再结合全市安全生产形势强调三点意见。

一、认真贯彻落实中央决策部署，坚决守住安全生产红线底线

安全生产是人命关天的大事，是基础的民生，是不能踩的“红线”。党的十八大以来，党中央、国务院对安全生产工作高度重视，习近平总书记发表了一系列重要讲话，形成了习近平总书记关于安全生产的重要思想，这是我们做好安全生产工作的根本遵循和行动指南。近年来，在市委、市政府的正确领导下，各区、各部门、各企业坚决贯彻党中央、国务院对安全生产工作的指示精神，以拼搏的精神、严实的作风、有力的举措，全面落实各项工作任务。大家付出了大量的心血和汗水，承担了很大的责任和压力，确保了全市安全生产形势总体稳定。

当然我们也看到，北京作为一个人口超过2100万人的超大城市，正处在深入落实首都城市战略定位关键期、疏解非首都功能的决战期和全面深化改革的攻坚期，城市基础设施长期处于高负荷状态，公共安全风险隐患点多面广，安全生产形势面临严峻挑战。安全生产基础依然薄弱。虽然总体上全市各类生产安全事故起数和死亡人数同比实现了“双下降”，但一些重点行业领域事故高发、频发势头没有得到有效遏制。2018年以来，仅有限空间中毒就发生事故5起、死亡8人。其中3起都是一次死亡2人的事故。北京建工路桥工程建设有限责任公司承建的密云新城再生水厂配套管网工程项目，5天内在同一地点接连发生2起生产安全事故，第二起事故发生在第一次事故发生后的停工整改期间，造成了3人死亡，教训极为深刻。城市运行领域安全隐患问题依然突出。之前，全市开展安全隐患大排查大清理大整治专项行动，共计治理2万余项“三合一”、高风险群租房重大消防隐患，在这方面我们取得了很好的基础。但是，城乡结合部分地区非法违法生产经营建设问题依然突出，消防、道路交通、工矿商贸、建筑施工、人员密集场所等重点行业领域，发生重特大事故的风险依然存在。安全生产责任落实还不到位。从国务院安委会安全生产大检查综合督察以及市委市政府对各区、有关行业部门开展的安全生产督察反馈情况来看，落实安全生产“党政同责、一岗双责”制度存在层层递减现象，安全监管责任压力传导链条不实不牢。存在“政府热、企业冷”的问题，企业安全生产工作停留在口头上、文件上，一些施工现场管理混乱，违规违章现象严重，事故隐患长期得不到及时治理，一些安全生产政策措施往往只在政府系统里“打转”。

未来几年，是北京市城市发展关键时期，如何突破传统思维定式，以创新的城市安全治理模式，全面深化安全生产领域改革和发展，有效落实《北京城市总体规划（2016年—2035年）》要求，完成城市副中心、新机场、冬奥会等重大工程项目安全保障，这是摆在全市安全生产工作面前的重点、难点课题。

蔡奇书记指出，安全生产责任重大，任务艰巨，我们要时刻紧绷安全这根弦，牢固树立首都安全无小事理念，落实好各项任务措施，确保首都安全生产形势持续稳定。各级领导干部要有如临深渊、如履薄冰的忧患意识，要像落实全面从严治党主体责任一样，严格落实安全生产责任制，做到“党政同责、一岗双责、失职追责”。各区、各部门、各单位要提高认识，认真落实蔡奇书记指示精神，进一步牢固树立安全发展理念，切实增强“四个意识”，坚决做到“两个维护”，切实把思想和行动统一到中央决策部署和市委、市政府工作要求上来，始终保持安全生产工作高压态势，坚决守住安全底线、生命红线，为实现高质量发展提供坚实可靠的安全生产保障。

二、全面落实好2018年安全生产重点工作，确保首都安全形势持续稳定好转

临近岁末年初，安全生产各项工作进入全面收官阶段。各区、各部门和各单位要认真对照2018年安全生产工作总要求和重点工作任务，全力以赴抓好各项安全生产重点工作的全面落实。

（一）扎实完成城市安全隐患排查治理行动任务。按照市委、市政府决策部署，本市从2018年开始至2020年，以严格落实安全生产责任制为核心，聚焦消防、道路交通、建筑施工等10个重点行业领域，开展城市安全隐患治理三年行动。各区、各部门、各单位要深刻认识城市安全隐患治理行动的重要意义，切实强化组织领导，严格按照工作要求，认真完成各区、各行业隐患动态上账和整改，不得瞒报、漏报，切实通过城市安全隐患治理三年行动，从根本上提高城市本质安全水平。市安委会办公室要充分发挥牵头抓总作用，有效协调、指导、监督行动任务的开展，对推进过程中发现的突出问题，要及时予以研究，定期通报各责任部门和单位的进展情况，及时督促整改落实，确保整改率达到预期目标。

（二）切实将折子工程重要民生实事办实办好。折子工程和重要民生实事项目是我们对市民做出的承诺，必须按时兑现。蔡奇书记和吉宁市长对此高度重视，11 月 10 日专门对重要民生实事落实情况进行了检查，并对进度缓慢的任务提出了要求。按照年初计划，我们需要完成 70 万户老年人家庭推广安装独立式烟感报警装置任务，但是截至 10 月底完成率尚不到三分之一，还有 4 个区进度尚不足 10%，进度严重滞后。各责任部门单位要抓紧时间对标对表，明确责任人，倒排时间表，利用最后这一个多月的时间，加快推进此项工作。有困难的要抓紧提出来，共同研究，尽快形成解决方案，确保年底前按时完成，不能有历史欠账。

（三）认真开展安全生产督察和综合考核。要完成对 9 个市级行业部门和 2017 年各区安全生产督察意见整改情况“回头看”督察的收尾工作。市安委会要全面认真梳理督察发现的问题，统筹研究，举一反三，把整改任务细化分解到相关部门。要限时督办，及时堵塞工作漏洞。各区、各部门、各单位要严格落实整改主体责任，做到边巡查、边整改、边提高。市安委会要严密组织安全生产综合考核，按照市委督查室、市政府督查室要求，进一步细化考核细则，明确考核时间和周期，年底前完成安全生产和消防工作考核合并。从 1—10 月安全生产目标责任书完成情况来看，大部分区整体趋势较好，但进展不平衡，个别区任务落实相对滞后。各区要对照《安全生产目标责任书》，找准薄弱环节和突出问题，倒排工期、持续发力、攻坚克难，要高标准高质量完成年度任务目标。

（四）全面推进安全生产双重预防工作机制建设。扎实推进“一企业一标准、一岗位一清单”编制工作，足额完成 2018 年 2316 家生产经营单位编制任务，组织开展对各区、各有关行业部门和企业隐患排查治理评价考核，督促推进隐患排查治理体系建设。进一步完善隐患排查治理信息系统功能，推动市、区、市属企业集团隐患排查治理信息系统有效对接，年底前纳入标准清单编制的企业要全部实现信息化监管。稳步推进城市安全风险辨识与评估试点工作。各区、各部门、各单位要按时完成安全风险管控办法的制定，完成安全风险评估报告及应急资源调查报告、应急能力评估报告、重大安全风险源清单的编制工作。要尽早绘制城市安全风险电子地图，实现安全风险辨识评估，分级分类管控、风险监测与动态更新、统计分析等功能，切实提高预测预警预防安全风险的能力。

（五）深入贯彻落实《地方党政领导干部责任制规定》。加快推进《北京市党政领导干部安全生产责任制实施细则》制定工作，尽快提交市政府常务会议和市委常委会审议，通过后以市委办公厅、市政府办公厅名义印发。各区要不等不靠，结合地区实际，抓紧制定本地区《规定》实施细则并认真贯彻执行。各区、各单位、各部门要不折不扣抓好《规定》和《实施细则》精神学习宣贯，真正把安全生产作为“一把手”工程，放在全局工作的突出位置，层层压实安全生产责任。

（六）提前筹划谋划 2019 年度工作。明年重大国事活动密集，第二届“一带一路”国际合作高峰论坛、世园会、亚洲文明对话大会、国庆70周年庆祝活动等重大活动都将在北京举行，安全生产服务保障任务重。各区、各部门、各单位要结合明年工作特点，提前谋划、统筹安排2019年的工作，把服务保障重大活动作为安全生产工作的主线和重点，贯穿到安全生产工作的方方面面。同时，大家要牢牢把握“四个中心”城市战略定位和特大型城市建设需要，结合安全生产领域改革和机构改革工作，加强调查研究，深入分析首都安全生产工作特点，及时总结经验、弥补不足，推动安全生产工作再上新台阶。

三、切实加强今冬明春重点行业领域安全生产工作，有效防范和坚决遏制各类生产安全事故

2019年元旦、春节即将来临，这个时段也是年度安全生产的关键时期，2014年清华附中“12·29”工地底板钢筋倒塌事故和去年的大兴“11·18”、朝阳“12·13”火灾，均发生在这个阶段，应引起我们高度警觉。特别是机构改革和市级机关搬迁已经全面启动。各级机关包括市区两级在机构改革期间，一定要保持安全生产监管队伍不能乱，工作压力不能减。各地区、各部门、各单位要迅速行动，全面采取有力措施，强化这个时段重点领域安全监管，加强安全生产工作，狠抓各项安全防范责任措施落实，坚决有效防止遏制各类安全生产事故。下面结合本市特点，再强调一下行业领域安全监管工作。

（一）进一步加强危险化学品、烟花爆竹和矿山安全监管，切实维护生命财产安全。危险化学品和化工企业一旦发生事故，极易对人民生命财产安全、生态环境等造成严重危害，带来较大的社会影响。刚才树森同志通报了张家口市一化工厂的爆炸事故，蔡奇书记和吉宁市长针对这起事故都做了批示。吉宁市长批示，张家口发生的化工厂爆炸事故教训极为深刻，我市要举一反三，全面排查生产企业，重点化工类等危险品行业的安全风险点，通过安全生产督察和宣传，全面落实企业的安全生产主体责任，确保首都人民生命财产安全。

从这起事故我们能看出，当前全国危险化学品安全生产监管形势很严峻，本市各级安全监管部门要进一步提高对危险化学品和化工企业安全监管工作极端重要性的认识，把加强危险化学品生产、储存、经营、运输、使用和废弃处置各环节安全管理作为重中之重。严格推动《北京市危险化学品安全综合治理三年行动计划（2017年6月—2020年5月）》，完善危险化学品综合治理工作机制，扎实开展重点品种危险化学品生产经营环节、储存场所、使用环节等专项整治，严防危险化学品丢失、泄漏、污染和爆炸等事故发生。对学校医院用于试验、医疗的危险化学品要加强监管，严格管理，排除安全隐患。要持续深入开展涉爆粉尘、涉危使用、有限空间作业、白酒制造等重点行业领域隐患排查治理，坚决防范安全生产事故。临近春节，进入烟花爆竹销售期，公安部门要严厉打击非法经营、存储、运输烟花爆竹违法行为，维护好配送路线的交通秩序，严肃查处违规燃放和存放行为。各区要按照“严格标准、杜绝新增”的原则，按照五环路以内（含五环路）区域禁止销售、燃放烟花爆竹的要求，结合本地区功能定位和禁放区设置等实际情况，精心组织开展好零售店布局。要做好培训考核，加强批发、零售单位从业人员岗前培训和考核工作，做到全员培训考核。要严格监督执法。特别是批发、零售单位，要签订“安全管理承诺书”，围绕仓储安全，集中开展执法检查工作，督促企业落实主体责任。应急管理部门要突出抓好煤矿和非煤矿山安全工作，严防节日期间非法违法突击生产以及可能存在的垮塌、坍塌、中毒等事故发生。

（二）进一步加强消防安全监管，消除重大火灾隐患。近期，市消防救援总队成立了领导小组，组织工作专班，联合相关部门和属地政府现场办公，强推力促，全市查出了全市火灾隐患 2.6 万多个点。针对这些隐患点，要按照坚定不移、平稳有序、人文关怀、依法依规的原则做好治理消隐工作。这次完成了对玉泉营 111 号院建筑群内用于住宿的 575 间公寓房的清退查封和 484 个存在安全隐患的办公经营场所的临时查封工作，共计清退租住和办公经营人员 7500 余人，查封公寓房和办公经营场所 7.62 万平方米，整治期间没有发生安全事故，群体性事件，个人极端事件和网络舆情。

去年，三大行动整治后遗留的安全隐患已彻底消除。11 月 23 日，吉宁市长在北京市防火委员会关于丰台区玉泉营 111 号院安全隐患整治工作情况通报上作出批示，市消防总队等单位敢于担当、严格执法、工作有力，彻底消除了安全隐患，予以肯定。望各部门继续合作，防止反弹，应做好其他类似项目的整治。各地区、各部门、各单位要认真落实好吉宁市长的批示要求，加大执法力度，始终保持火灾隐患整治高压态势。

冬季，历来火灾多发，各相关单位一定要克服麻痹松懈和侥幸心理，尤其是消防等部门要牵头采取有效措施，加强可燃物清理，烟花爆竹燃放等安全管理，特别是要加强宾馆饭店设施设备、景区森林防火等安全管理，对存在的安全隐患要及时排查整改。各行业都要针对冬季火灾事故规律特点，严格落实人员密集场所、易燃易爆场所、劳动密集型企业等重点区域安全防范措施，特别是加强学校、医院、宾馆饭店、商场市场、娱乐场所、社会福利机构、高层建筑、地下工程、老旧住宅、出租房屋、文物建筑、城乡结合部等行业领域的火灾风险隐患排查治理，严格整治“三合一”“多合一”场所和违规使用易燃装修装饰材料、消防设施缺失损坏、疏散通道堵塞、电气线路老化破损等问题，有效管控火灾风险，及时消除火灾隐患，严防火灾事故发生。

（三）进一步加强本市事故频发企业的执法检查，落实好企业安全主体责任，严防发生重大伤亡事故。第四季度，正值生产旺季，元旦、春节、寒假将至，群众出行和大型群众性、庆祝性活动增多，北京人流物流车流激增，城市运行保障压力加大。特别是交通运输、危险化学品、餐饮企业、文物建筑、城市各种运行生命线等，需要我们严格执法。要严格执行旅游节庆活动安全审查和管理制度，按照“谁主办、谁负责，谁审批、谁管理”的原则，落实主承办单位和场所管理者的安全责任，认真做好隐患排查、现场疏导等工作，严防发生拥挤、踩踏等群死群伤恶性事故。公共交通和油气输送管道、供气、供热、供电管线及设备设施等各项公共服务行业，要全面加强安全监管，对所属行业内企业进行全面检查、巡查。督促各生产经营企业加强线路、管网的巡查和维护，及时排查消除安全隐患，坚决防止发生重大伤亡事故和有重大社会影响的事故。交通运输领域，要统筹做好春运工作，特别要加强交通运输企业、客车、危险品运输车辆等重点车辆的安全监管，加大高速公路等重点路段巡查检查力度，依法严厉打击“三超一疲劳”、非法载客、客货混装以及违规冒险行车等严重交通违法违规行为，及时消除安全隐患。要做好应对冰冻雨雪极端天气下道路通行安全管理、疏导管控和应急保障工作准备，确保群众出行安全。物流行业要加强寄递安全管理，防止违规、违禁物品流入北京，及时发现处置各类安全隐患。

（四）进一步加强建筑行业领域安全监管，落实有效管控措施。近期，吉宁市长对机场安全事故的批示再次强调了安全的重要性，各主管部门要加大建筑市场安全准入管控力度，严格审批条件，保证真正具有安全生产条件和相应施工资质的队伍进入建筑市场。要加强许可企业动态监管，坚决淘汰清除不遵守法律法规、不具备安全生产条件的施工企业，从源头上防止生产安全事故的发生。要突出季节特点，加强建筑施工现场安全专项整治，严格落实安全生产防护措施和施工现场安全管理，严禁雨雪、大风天气强行组织施工。要对节前抢工、节日期间停产、节后复工的企业进行重点安全检查，督促高危行业企业制定并严格落实安全保障措施。要按照“谁验收、谁负责”的态度，严格执行复产验收制度，严厉打击未经验收或者验收不合格擅自复产复工行为。各有关部门要突出对城市副中心、新机场、冬奥会场馆等重大工程建设的安全监管。加大对施工现场监督执法力度，重点加强对深基坑、高大模板、支撑体系、高大脚手架、建筑起重机械、拆除工程等危险性较大的分部分项工程的安全监管，严查严控违法建设，严厉打击建筑施工违法转包、违法分包和违规使用聚苯乙烯、聚氨酯塑料泡沫等建筑材料行为，坚决控制建筑施工伤亡事故频发态势。

同志们，岁末年初，历来是安全生产的关键时期，各地区、各部门和各单位要进一步健全完善安全生产预测预警和应急协调联动机制。这里要强调，在岁末年初包括春节和明年一季度，各街道乡镇、村、社区要高度关注居民家庭事故发生，这类事故近年来呈频发态势。特别是要关注孤寡老人、失去行动能力人员和日常生活困难家庭，防止因生活不能自理造成的事故，特别是用火方面。一定要走访到辖区里每一户家庭。各街道乡镇和村居委会一定要高度重视，平安社区、和谐社区建设责任在我们社区，街道要帮助社区做好这项工作。

我们更要关注雨雪雾霾、冰冻寒潮等恶劣天气对旅游活动的影响，及时发布预警信息，督促指导企业和全社会有效防范应对。要完善应急预案并强化演练，确保应急组织机构、救援队伍、装备、物资等应急资源的落实，确保一旦遇有突发事故，能及时有效进行处置。要加强值班值守，严格执行领导干部到岗带班、关键岗位 24 小时值班制度和事故信息报告制度，确保一旦发生事故和险情能及时科学有效应对。要充分利用各类媒体，采取多种形式，加强冬季用火、用电、用气、消防、交通等安全知识和逃生自救等常识宣传，进一步增强社会公众安全意识。在这里也强调，今天会议我们市级的安委会成员单位、各区安委会成员单位包括乡镇街道同志，回去以后一定要向党政主要领导汇报这项工作，各区政府常务会议、区委常委会一定要研究一次今冬明春的安全生产工作。

同志们，安全生产监管工作责任重大、使命光荣。希望全市安全生产监管的同志们共同努力，以高度的责任感、使命感，以保障人民生命财产安全为己任，保障好城市运行安全。希望市安全生产委员会，各区安全生产委员会以及本市的企业家们要高度重视安全生产工作，确保安全生产工作不松懈，也希望从事安全监管的同志们敢于担当，努力做好本单位、本地区的安全生产监管工作。

北京市应急管理局党组书记、局长张树森在全市安全生产监管系统年度工作会上的讲话（摘要）

2019 年 1 月 2 日

新年伊始，我们召开全系统的工作会议，概括起来就是“三个六”，即六个不能变，六个提质增效，六个需重点关注问题。

一、五年来全市安全生产工作的艰辛探索，为实现全市安全生产形势持续好转奠定了坚实基础

五年来，全市安监系统认真贯彻落实党中央、国务院和习近平总书记关于安全生产的决策部署，在市委、市政府的坚强领导下，始终坚持全力压减事故总量，有效防范较大事故和社会影响大的事故，坚决遏制重特大事故的安全生产工作总目标不动摇，扎实贯彻补短板、强融合、细落实、促平衡的安全生产工作总要求不动摇，全面落实“四化三体系双基”安全生产工作总任务不动摇，大力弘扬“六个坚持”北京安监精神，大力倡导安监干部“六种风气”，大力提升安监干部“六种能力”，开拓创新，恪尽职守，奋力拼搏，全面深化安全生产领域改革，不断完善安全生产体制机制，持续夯实安全生产工作基础，本市安全生产形势呈现持续稳定好转的态势，为推动安全生产工作进一步提质增效，赢得新时代应急管理事业良好开局奠定了坚实基础。

伴随着党和国家机构改革，安全监管事业进入总体国家安全观统领下的应急管理新时代，踏上构建综合公共安全管理体系的新征程。在这个新征程中，安全生产仍是应急管理部门的基本面、基本盘。在这个新征程中，维护首都社会安全稳定、落实首都城市战略定位、建设国际一流和谐宜居之都的任务更加艰巨。这对安全生产工作提出了更高要求。要想把制度优势转化为治理效能，促进应急管理事业开花结果、落地生根，为实现首都经济社会高质量发展提供坚强的安全保障，必须在新时代中坚持“六个不能变”，走好安全生产新的长征路。

（一）坚持扛起安全生产政治责任的坚定立场不能变

看北京首先从政治上看，保证首都安全稳定始终是第一位的政治任务。我们始终牢固树立“四个意识”，切实提高政治站位，坚持从全局高度、用长远眼光观察形势、分析问题，自觉把安全生产工作放到大局中去思考、定位、筹划，正确把握安全生产事业发展的大局大势，不因形势复杂而迷失方向，不因局部利益而计较得失，始终做到在大局中谋划，在大局下行动。

五年来，我们主动服务全市经济和社会发展大局。全面加强安全生产双重预防工作机制建设，城市安全风险评估试点工作圆满完成，预测预警防范安全风险能力不断提升。以对人民群众生命财产安全极端负责的态度，将城市安全隐患治理专项行动与城乡结合部、有限空间等重点领域专项整治有机结合，对安全隐患零容忍、出重拳，做到排查见底、清理彻底、整改一抓到底，真正让人民群众有更多获得感、幸福感、安全感。我们主动服务落实首都城市功能定位的工作大局，积极助力非首都功能疏解，大力推动有储存设施的高风险危险化学品经营企业和煤矿、非煤矿山企业退出。2016—2018 年，全市累计疏解退出危化品生产、经营企业 135 家，煤矿企业 1 家，1 座尾矿库、3 座排土场销库。全力加强重大活动安全保障。面对保障时间长、协调难度大、监管任务重、安全生产保障工作职责趋于扩大等多重压力，充分整合资源、精准施策，圆满完成 APEC、抗战胜利 70 周年、“一带一路”国际合作高峰论坛、党的十九大、中非合作论坛北京峰会等重大国事或政治活动安全保障任务。我们主动服务京津冀协同发展大局。建立京津冀安全生产协同发展工作机制，多次举办协同应对事故灾难演练，阶梯式推进协同标准编制，组织开展安全生产协同执法，在应急联动、地标编制、协同执法等领域率先突破，初步形成三地信息互通、能力互补、互为支援的工作模式。

回顾五年来的工作历程，我们深刻认识到政治担当是安全生产事业发展的灵魂。把使命放在心上、把责任扛在肩上，是履职尽责的价值遵循，是政治担当在本职工作上的具体体现。我们要坚持扛起安全生产政治责任的坚定立场不变，强化责任担当，始终胸怀大局、心有格局，找准安全生产与落实首都城市战略定位、推动城市安全发展等工作的结合点、契合点、发力点，始终确保安全生产工作不偏、不空、不虚，始终确保安全生产工作有为、有位、有威。

（二）坚持安全生产工作总目标总任务总要求的总体思路不能变

安全生产事关人民群众生命财产安全，事关首都经济和社会发展大局。面对党中央国务院、市委市政府对安全生产空前重视的形势，面对本市安全生产工作成绩与问题、机遇与挑战并存的双重特点，我们深入贯彻落实安全生产总目标总任务总要求，一以贯之抓落实、一张蓝图绘到底，迎难而上，开拓进取，取得了安全生产领域改革的历史性成就。

五年来，我们死盯全力压减事故总量、有效防范较大事故和社会影响大的事故、坚决遏制重特大事故总目标，坚决守住安全生产红线底线，全市安全生产总体形势持续稳定向好。特别是 2018 年全市各类生产安全事故起数和死亡人数实现双下降，达到历史最好水平。在 2014 年、2017 年生产安全事故出现高位反弹的情况下，全市安全监管系统坚定守住安全底线、生命红线的初心不动摇，以坚定的意志、必胜的信念、顽强的作风，盯着事故总量、较大事故、重特大事故“三个下降”的目标持续发力，成功扭转了生产安全事故起数和死亡人数双上升的被动局面。我们紧紧围绕“四化三体系双基”总任务，稳扎稳打，埋头苦干，有效推动安全生产领域改革多点突破、纵深推进。压实责任具体、环环相扣的安全生产责任链条，建立安全风险分级管控、隐患排查治理双重预防工作机制，多管齐下提升安全生产标准化创建质量，不断健全有法可依、有法必依、执法必严、违法必究的依法治安工作体系。

整合集成数据共享、业务协同、深度开发的安全生产信息系统，构建形成社会多元主体共同参与、共担责任、共同保障、共建共享的安全生产共治格局，安全生产提质增效基础更加坚实。我们认真落实补短板、强融合、细落实、促平衡总要求，紧紧抓住影响整体安全生产工作水平提升的那些带有全局性、关键性、决定性的薄弱环节、制约因素、瓶颈方面和滞后领域，以贯彻落实党中央、国务院《关于进一步推进安全生产领域改革发展的意见》为契机，理顺安全监管机制，强化重点业务融合，促进安全生产工作平稳可持续发展。

回顾五年来的工作历程，我们深刻认识到总体思路正确是安全生产事业发展的基本前提。思路正确打胜仗，错误思路打败仗，没有思路打乱仗。正确的思路决定着安全生产工作正确的方向、重心和重点，决定着安全生产工作奋斗目标的高度。我们要坚持安全生产工作总目标总任务总要求的正确思路不变，牢固树立安全生产“红线意识”“底线思维”，坚定信心、统筹谋划、协同推进，不断提升本质安全水平，使首都人民群众的获得感、幸福感、安全感更加充实、更有保障、更可持续。

（三）坚持瞄准短板精准施策的科学方法不能变

工作方法关系事业的成败。工作方法对头，事业就容易成功，就会事半功倍；工作方法不对头，就会事倍功半、白费力气。我们始终坚持问题导向的科学方法，不断增强法治思维、系统思维、共治思维、底线思维、创新思维、辩证思维的能力，向短板攻坚、奔实处发力，着力提升安全生产工作质量。

五年来，我们坚持问题导向，精准聚焦。从全局高度、发展眼光，找准并正视安全生产责任制落实层层递减、企业主体责任落实不到位、基层执法检查力量薄弱等长期困扰、制约明显、影响重大的问题，抓纲带目、有的放矢、精准施策、持续发力。打出健全党政领导干部安全生产责任制、创造性开展安全生产督察、完善安全生产综合考核、严肃生产安全事故问责的“组合拳”，督促各级党委政府、各级党政领导干部履职尽责，层层传导压力，层层压实责任。打出以北京市生产经营单位安全生产主体责任规定为指引，以标准化创建和推广使用隐患排查系统为抓手，以从严执法为保障的“组合拳”，督促指导企业加强管理，提升安全生产水平。打出以“四位一体”执法体系建设为统领，组建专职安全员和村（社区）安全生产巡查员队伍、推动执法检查队规范化建设、建立隐患闭环处理工作机制三管齐下的“组合拳”，尽快补齐短板，清除障碍，为高水平推进全市安全生产工作提供强大动力和支撑。

回顾五年来的工作历程，我们深刻认识到科学方法是安全生产事业攻坚克难的利器。安全监管工作要出成绩、有实效，必须始终坚持科学的思维方法，并形成体系化的安全生产工作方法论。我们要坚持瞄准短板精准施策的科学方法不变，工作中既要部署“过河”的任务，又要指导解决“桥或船”的问题，创造性解决安全生产中的顽疾，为安全生产事业发展注入强大动力，确保安全生产各项工作抓必到位、做必成事。

（四）坚持强化融合形成合力的主题主线不能变

单打独斗不可持续，深度融合才能共

赢。坚决打破业务壁垒，不断优化体制机制和政策制度体系，把相关业务工作有机串联起来、并联起来，推动融合体系重塑和重点领域统筹，加快形成多维一体、协同推进、跨越发展的安全生产融合发展格局，是安全监管手段、方法、途径不断科学发展的主题主线。

五年来，我们不断强化思维理念的融合。开展安全生产强融合大讨论，解放思想、更新观念，各单位更加自觉地从工作大局出发，运用融合的思维来谋划和推动安全生产工作。我们坚持强化重点业务的融合。明确“6＋1”融合重点工作，紧紧抓住安全生产标准化、执法检查、安全生产信息化这三个带动业务融合的关键点，打破安全生产各项工作条块分割、自我保障、封闭运行的状态。我们坚持用标准化否决项串起预防控制体系、隐患排查治理体系、执法检查、职业卫生监管、安全生产责任保险和安全生产信用体系建设等重点业务；坚持用执法计划编制纵向统筹市、区、街乡镇三个层级，横向统筹专项工作、专项领域与综合执法等多个领域的执法检查工作；坚持用安全生产数据中心和大数据可视化分析平台建设，融合隐患排查、执法检查、标准化、行政许可等核心业务数据，实现市区两级之间、委办局之间、不同主体之间共建共享共用，安全生产工作的系统性、整体性、协同性不断提升。我们不断强化工作力量的融合。坚持联动贯通精准发力，有效整合各种有利于做好安全生产工作的资源要素，实现市区联动、部门联动、业务联动、层级联动，努力做到你中有我、我中有你、你我一体、你我互融、你我共进，合力推进全市安全生产工作提质增效。

回顾五年来的工作历程，我们深刻认识到强化融合是开辟安全生产领域改革新局面的重要手段。过去，我们坚持“强融合”的理念加强管理、推进工作、促进改革，管理有成效、工作有突破、改革有进展，“强融合”的威力初显。今后，我们要继续坚持强化融合形成合力的主题主线不变，正确处理好整体与局部、顶层设计与基层探索的关系，坚决避免“头痛医头、脚痛医脚”，有效避免“一时一议”“一事一议”。注重从整体大局的高度，从科学统筹的角度，从落地见效的深度，因地制宜、因时制宜地加强安全生产顶层设计，加快形成全要素、多领域、高效益的安全生产融合深度发展格局。

（五）坚持敢于担当狠抓落实的工作作风不能变

抓安全生产工作，落实见真功，落实才能出成效。我们以“功成不必在我，建功必须有我”的担当，不做表面文章、不耍花拳绣腿，始终把工作向深里钻、往实里做，始终把有限的财力和资源集中放到立足现实、着眼长远、打好基础上，努力形成崇尚实干、狠抓落实的良好工作作风。

五年来，我们坚定目标一以贯之抓落实。瞄准安全生产工作总目标、总任务、总要求，以“一年抓好几件事、几年抓好一件事”的韧劲狠抓落实，不使工作主线、工作主题上下晃动、左右摇摆，以一做到底、久久为功的决心和定力，聚焦、聚神、聚力抓落地，把既定的工作任务做实做细。我们主动作为主动出击抓落实。我们认识到督察是推动安全生产责任制落实的重要手段，主动出击构建安全生产督察制度体系；我们认识到综合考核是督促各级党委、政府履职尽责的重要抓手，主动研究制定安全生产工作考核办法，推动市安全生产先进单位和先进个人表彰项目调整为市委、市政府表彰项目；我们认识到推动社会共治和政府购买服务对于安全生产工作的重要意义，主动作为加强安全生产社团组织建设。不断在主动作为主动出击过程中，化劣势为优势，变被动为主动，在解决复杂矛盾、疑难问题中发现机遇，挖掘潜力。我们从严从实精雕细刻抓落实。牢固树立“任何措施不在企业落实就是没有落实”的理念，在安全生产双重预防工作机制、标准化创建、专项整治、行政审批、执法检查等与企业切身利益密切相关的重点工作中，坚持顶层设计与具体措施两手都要抓、两手都要硬，在搭建体系的同时，注重制定切实落地、实在管用的措施办法，让企业既知道“干成什么样”，又知道“应该怎么干”，不断提高工作的针对性和实效性。

回顾五年来的工作历程，我们深刻认识到真抓实干是提升安全生产工作品质成效的重要途径。真抓实干，贵在真抓，重在实干。真抓实干就是要树立“马上就办，办就办好”的行动指南，就是要强化“大处着眼，小事着手”的思想意识，就是要切忌“急功近利，飘浮乏力”的工作作风。我们要坚持敢于担当狠抓落实的工作作风不变，不断强化安全发展理念，兢兢业业、尽职尽责、敢于创新、追求卓越，精益求精做好每一个环节，毫不放松整改每一处隐患，切实执行每一项制度，高标准严要求抓好工作落实，深入研究破解工作难题，大胆探索新方式、新方法和新路子，让安全生产工作真正扎实有效、落地生根。

（六）坚持提振干部队伍“精气神”的工作理念不能变

高素质专业化干部队伍是事业健康长远发展的坚强组织保证。我们坚持用“六个坚持”凝聚队伍，坚持用“六种风气”改进作风，坚持用“六种能力”提升本领，强化首都意识、首善标准，在政治纪律、能力水平、作风素养等方面都要求干部带头争创一流、走在前列，全力培育一支党性坚强、作风优良、业务精通的干部队伍。

五年来，我们持之以恒提振干部精神风貌。旗帜鲜明提出“六个坚持”北京安监精神，充分发挥领导干部的示范引领作用，充分发挥先进典型的先锋模范作用，辐射、带动全系统党员干部学优看齐、对标赶超，进一步攻坚克难、担当作为。全系统广大干部勇挑重担，踏实工作，在重大活动保障、事故调查处理、安全生产“三大行动”等工作中，以超前的思维和举措争取工作的主动权，不怕疲劳，连续作战，盯出成效。我们持之以恒改进干部工作作风。旗帜鲜明倡导安监干部“六种风气”，大力加强调查研究，注重“因材施教”，结合干部岗位职责，合理确定工作目标和工作任务。全系统党员干部身体力行、积极进取、持续用力，切实将“六种风气”贯穿于工作中的各个环节、各个细节，为北京市安全生产工作提供坚强的组织保证。我们持之以恒提升干部工作能力。旗帜鲜明提高安监干部“六种能力”，注重提升广大干部以文字能力为核心，包含政治能力、学习能力、文字能力、沟通协调能力、统筹利用外部资源能力、应急管理能力等在内的综合能力。充分发挥党建引领带动作用，围绕机关党建氛围营造、支部组织建设、党员教育管理等，打造出一批主题鲜明、成效显著、影响力强的安监党建工作品牌，用党建优势推动任务完成、推动标准提升、推动精神振奋，党员队伍形象持续好转。坚持以安全生产事业发展需求为牵引，开展精准化的理论培训、政策培训、法规培训、业务培训，帮助干部强化专业思维、专业素养、专业方法，让他们以新理念引领新实践，不断增强适应新形势和新任务需要、高标准履职尽责的信心和能力。

回顾五年来的工作历程，我们深刻认识到队伍建设是安全生产事业发展的重要基石。“正确的路线政策决定以后，干部是决定的因素”。我们要坚持提振干部队伍“精气神”的工作理念不变，真诚关心关爱干部，切实发挥精神引领作用，力所能及、真心实意、竭尽全力地创造踏实干事、拴心留人的环境，不断提升这支队伍的创造力、凝聚力、战斗力，确保这支队伍始终保持一种昂扬向上的“精气神”，在各种困难面前站住阵脚、有所作为、大有作为，成为推动安全生产领域改革发展的坚强战斗堡垒。

二、准确把握当前面临的新形势新任务新要求，稳中求进推动安全生产提质增效

市应急管理局完成组建工作，开始新的征程，经受新的考验。市委、市政府对我们寄予厚望，人民群众对我们充满期待。2019 年 3 月底前，各区应急管理局也要完成组建工作。在这个关键节点，在应急管理局开局之年，我们一定要进一步增强政治责任感和历史机遇感，准确把握新形势新任务新要求，坚决履行好党和人民赋予的职责使命。

第一，党中央、国务院、市委市政府和首都人民对新时代的应急管理和安全生产工作高度关注。组建应急管理部门，是以习近平同志为核心的党中央从战略高度，顺应人民群众对美好生活的向往，着眼我国灾害事故多发频发的基本国情作出的重大决策；是在新时代背景下，对应急管理体系进行的一次全方位、战略性、革命性的组织体系、职能配置和效率效能重塑；是一场系统性、整体性、重构性的深刻变革。安全生产工作作为应急管理部门一项重要职责，从工作力量、运行机制、工作重点上都会发生一定的变化，但安全生产的极端重要性不会有丝毫变化。对这一点，请大家一定要有清醒的认识。前一阶段，习近平总书记亲自出题，围绕提高全社会自然灾害防治能力，强调“九个坚持”、部署“九项重点工程”，亲自向国家综合性消防救援队伍授旗并致训词，充分体现了党中央、国务院对应急管理工作的高度重视和关心关怀。市委市政府领导对应急管理局组建工作十分关切，多次专门听取情况汇报，对我们的工作给予了有力指导和支持。我们一定要深刻认识做好新时代安全生产工作的重大意义，始终牢记肩负的神圣使命，进一步提高政治站位，强化全系统党员干部对党忠诚、为党分忧、为党尽职、为民造福的政治担当，强化时不我待、只争朝夕、勇立潮头的历史担当，强化守土有责、守土负责、守土尽责的责任担当，扎实做好新时代安全生产工作，切实以安全生产形势的持续稳定好转回报市委市政府和全市人民的重大关切。

第二，机构改革期间职责调整对加强工作衔接提出了更高要求。在这次机构改革中，应急管理机构整合部门多、职能划转多、人员转隶多。市、区两级“三定”方案明确后，工作人员、工作职能、工作方式都存在一个相互磨合衔接的过程，这直接考验单位内部、上下级、平行单位之间业务工作的平稳有序对接。2019 年是“十三五”时期安全生产规划收官之年，也是“十四五”时期安全生产规划谋划之年，更是城市安全隐患治理三年行动的攻坚之年。在机构改革和职责重大调整时期，一定要深刻领会组建应急管理部门的重要意义，一定要坚持优化协同高效原则，加快机构和职能融合。既要处理好“统”与“分”的关系，还要界定好“防”与“救”的职责，对内强化职责和业务融合，对外强化协调和配合，加强职能融合和重塑，构建起分工清晰、相互衔接的机构职能体系，激发“1＋1＞2”的“化学反应”。

第三，安全生产领域薄弱环节对城市安全运行带来诸多不确定因素，仍然需要引起高度关注。北京作为特大型城市，正处在深入落实首都城市功能定位、疏解非首都功能的关键期和全面深化改革的攻坚期。城市基础设施长期处于紧张运行状态，公共安全风险隐患点多面广，安全生产工作面临严峻挑战。安全生产隐患“整治、反弹、再整治、再反弹”怪圈依然没有破解，消防、道路交通、工矿商贸、建筑施工、人员密集场所、有限空间、城乡结合部等重点领域发生重特大事故的风险依然存在。城市运行领域安全风险加大，传统高危行业领域和非传统高危行业领域安全风险交织叠加。安全生产责任落实不到位，“党政同责、一岗双责”制度要求落实层层递减，“政府热、企业冷”问题仍然突出，企业安全生产工作停留在口头上、文件上，事故隐患长期得不到及时有效治理。2018 年第四季度，部分省市陆续发生各类重大伤亡事故，12 月 26 日，北京交通大学东校区发生一实验室爆炸较大事故，为我们加强危化品监管、履行危化品综合管理职责再次敲响警钟。我们必须深刻汲取教训，防患未然，严防死守，有效防范较大事故、社会影响大的事故，坚决遏制重特大事故发生。

第四，2019 年重大活动安全服务保障任务艰巨复杂。2019 年重大国事活动密集。第二届“一带一路”国际合作高峰论坛、世园会、亚洲文明对话大会、新中国 70 周年庆祝活动等都将在京举行。这些重大活动政治性强、规格高、要求严，稍有不慎，就有可能造成严重的政治影响和国际影响。同时，城市副中心、新机场、冬奥会等重大工程项目安全保障任务专业性强、协调任务重，也是全市安全生产工作的难点。完成好重大活动安全服务保障任务，是贯穿全年工作的主线，不允许有任何闪失，不能有任何纰漏。蔡奇书记指出：庆祝建国 70 周年活动是全市工作的纲。我们必须进一步提高思想认识，切实把高标准完成好重大活动应急管理安全保障任务，作为坚决维护党和国家形象、忠实践行习近平总书记“对党忠诚、纪律严明、赴汤蹈火、竭诚为民”训词精神的实际行动，作为有效履行安全监管职责、发挥应急管理聚力优势的首场战役来打，以实际行动维护社会稳定和人民生命财产安全。要始终把安全生产工作作为基本盘、基本面，紧紧抓住落实责任、排查隐患、依法监管、强化基础等关键环节，常抓不懈、常抓严管，全力抓好各项工作落实，守住红线、坚守底线，当好首都的“安全卫士”，当好党和人民的“守夜人”。

根据近年来安全生产工作的实践探索，以及 2019 年面临的形势任务，我们明确 2019 年全市安全生产工作要牢牢把握“稳中求进”的工作总基调，全面提升安全生产工作质量，全力实现压减事故总量、有效防范较大事故和社会影响大的事故、坚决遏制重特大事故的工作目标。“稳中求进”的工作总基调，是党和国家工作的要求，在这个时候用在安全生产上，是再“恰当”不过了。

坚持“稳中求进”总基调，要做到以稳促稳，稳要提质，进要增效，这三者相辅相成，逐级递进，是一个有机整体。以稳促稳，是基础和前提，就是在当前机构改革深入推进、职责边界需要明晰的情况下，要稳住格局，要稳住节奏，要稳住重点，要稳住队伍，以这“四个稳”保证新机构组建平稳过渡，不能在特殊时期出问题，进而影响改革进程和成效。也只有“稳”住了，才能腾出时间和精力打基础、抓安全、搞发展。稳要提质，是方法和手段，就是在“稳”的基础上，加大工作力度，创新工作方法，以问题为导向，以目标为导向，提升工作质量，着力解决影响安全生产的深层次问题，为实现安全生产形势稳步好转提供坚强保障。用“稳”的程度赢得“质”的提升速度。进要增效，是结果和目标。不进则已，进就要有成效。要充分利用好全市安全生产工作既有的优势和资源，积极进取，主动作为，在加强安全生产基层基础方面有新进展，在推进安全生产领域改革中有新突破，在实现安全生产总目标中有新成效。

2019年，要重点在以下六个方面提质增效：

一是要在推进企业主体责任落实上提质增效。企业是落实安全生产责任的主体。落实企业主体责任是一个老生常谈的问题，是一个老大难的问题，不可能一蹴而就，只能久久为功，按照“一年干好几件事、几年干好一件事”的思路来筹划。要深入贯彻落实即将颁布的《北京市生产经营单位安全生产主体责任规定》，探索实行差别化监管制度，不断加强对企业安全管理机构设置、人员配备、安全投入、教育培训、设备设施等关键环节的督促检查，开展企业落实安全生产主体责任评估，倒逼企业加强安全管理，全面落实安全生产主体责任。要进一步深化安全生产标准化建设，严格贯彻落实安全生产标准化1+6工作制度，开展标准化核查，强化企业自主创建，严格评审质量管理，完善标准化信息管理系统，不断提升企业本质安全水平。全面实施安全生产百项地标，加强新发布地标的宣传培训，研究制定相关政策措施，推动安全生产等级技术规范与现行标准化评审标准无缝衔接，跟踪检查百项地标实施情况，及时解决实施中的有关问题，保障百项地标在评审单位和有关企业有效执行。继续开展安全生产大培训、大考核，在2018年培训10万人的基础上，继续组织生产经营单位负责人、安全生产管理人员大培训、大考核，全面提升企业落实安全生产责任的“主人翁”意识。市级行业部门要采取针对性措施，推动本行业生产经营单位开展主体责任评估。危化品要以实施“五项制度”为抓手，督促企业落实主体责任。

二是要在加大执法检查力度上提质增效。全面加强“执法四化、融合机制、考评考核、队伍建设”的“四位一体”执法工作体系建设。紧密结合全市重点工作、季节性特点和事故发生规律，科学编制年度监督检查计划，进一步加强和改进非煤矿山和工贸行业安全生产执法工作，持续加大执法检查力度，重点对行政许可的生产经营单位、跨区域经营企业、连锁企业、中央在京企业及其所属单位、市属国有企业开展执法检查，对重大活动周边区域、重点部位、关键点位进行监督检查，发现问题隐患及时督促整改，确保重大活动期间社会安全稳定。强化执法检查程序化制度化建设，梳理细化检查流程，完善配套检查制度，推进实现企业台账更新、隐患移送、检查规范运用、日常检查、挂账隐患消除的全流程信息化管理，不断提升执法检查规范化水平。继续畅通市、区、乡镇街道（园区）、行政村（居委会）四级安全生产隐患移送渠道，实现对挂账隐患的闭环处理和精准打击。强力推动区执法监察大队强基达标，组织开展区执法监察大队及大型活动保障安全监管规范化建设试点，继续开展一线执法人员业务培训，系统化开展执法监督工作，有效提升人均检查量、人均处罚量、职权履行率，不断提升执法工作质量。2019 年的安全生产执法计划制定要留有充分的余地，尤其是城六区和通州、昌平区。执法计划也要和大型活动保障结合起来，不要搞成“两张皮”。

三是要在增强信息化保障水平上提质增效。随着机构改革深入推进，信息化保障作为基础性、支撑性、融合性、带动性的一项工作，任务将十分艰巨。要紧紧围绕应急管理业务需求，研究推进北京综合应急管理指挥平台建设，围绕防灾、救灾、减灾等应急管理工作，规划设计好集安全生产、消防、自然灾害、地质环境、森林防火、地震、防汛为一体的综合应急指挥平台建设方案，努力实现对上连接应急管理部、对下连接各区、直至镇街用户端，为下一步应急指挥调度、形势分析研判、信息互通共享、区域风险防控、应急联动等工作提供有力支撑。要继续深化应急管理信息平台建设和应用，研究机构改革后原安监部门政务网站与其他部门网站整合方案，开展原安全生产监管平台与其他部门应用系统的对接，实现业务数据的互通共享。以工业企业、危险化学品等高危行业的生产经营单位为重点，开展北京市第二次生产经营单位安全生产条件普查试点工作，对 6 个试点区 4 万家生产经营单位的企业基本信息、企业安全生产条件信息进行普查，为全市第二次安全生产条件普查工作探索经验、打好基础。要抓紧推进应急管理数据中心和大数据可视化分析平台建设，开展相关重点业务数据综合分析挖掘，推动安全生产工作目标、内容、途径、标准规范、方法方式的自觉科学深度融合，全面提升信息化支撑保障水平。市级层面要统筹规划全市，包括安全生产在内的信息化平台建设，各区的建设项目要纳入全市的盘子统筹考虑。

四是要在加强以专职安全员队伍建设为抓手的基层基础工作上提质增效。7000 余人的专职安全员队伍、1 万余人的安全生产巡查员队伍是安全生产领域直插末端、遍布北京市各个街镇的“一线堡垒”，是“信息源”和“宣传队”，是排查安全生产事故隐患的有力助手。如果没有这样一支队伍，北京市安全生产形势会是这样吗？北京市安全生产的基础工作会是这种水平吗？绝对不会的。从这个意义上讲，专职安全员是北京市安全生产工作的生力军。要持续推进专职安全员队伍规范化建设，推动实现乡镇、街道（园区）专职安全员“知标准、会检查、能发现、会处置”的预期目标，90% 以上街道乡镇、区职能部门安全生产督查检查队完成达标创建，全市安全生产检查覆盖率达95%以上。要扎实开展业务技能培训，根据专职安全员入职时间、承担职责、技能水平开展分类型阶梯式培训，专职安全员培训参训率（含市、区两级）达98%以上。适应机构改革需要，开展消防安全、应急救援、特种作业专项培训，因势利导、因材施教，不断提升专职安全员队伍专业化水平。要进一步完善奖惩机制，持续开展队长标兵、领军人才、最具影响力微信公众号等评选表彰工作，充分发挥党团工妇组织力量，积极协调解决福利待遇方面的实际问题，不断增强职业吸引力，激发工作原动力。要在我们力所能及的范围内，多给优秀的专职安全员一些名，多给专职安全员一些“利”。同时，修订完善专职安全员考核办法，建立动态考核机制，坚决淘汰慵懒散及违规违纪人员，保持队伍纯洁性，提升队伍战斗力，塑造队伍良好形象。在这里要特别强调的是，目前有的区专职安全员数量还没有达到区政府确定的额度，这些区安全监管局的主要领导一定要借鉴丰台、通州的经验做法，亲自协调、主动作为，推动专职安全员足额招录，进一步壮大专职安全员队伍。

五是要在安全生产典型人物的宣传引领上提质增效。典型人物具有时代特征，更容易对人们的思想、观念、行为产生积极的示范效应和引领推动作用。要进一步研究“用典型人物的宣传带动安全生产工作宣传”理念的实现形式，实现安全知识、安全技能、安全工作、安全效果传播的“捆绑”效果。要进一步扩展典型人物选树的深度和广度，站在应急管理视角继续开展“安监之星·北京榜样”和“寻找最美安监巾帼”等主题活动，不断提升宣传推广质量和社会公众参与度，构建具有北京特色、群众参与度高、社会影响好的宣教格局。要进一步提升安全生产宣传工作实效，通过“5·12”防灾减灾主题宣传、“6·16”安全宣传咨询日等集中宣传，开展“青年安全先锋岗”“安全管理大师赛”“安康杯”竞赛等面向基层一线和企业员工的赛事活动，以及针对不同受众群体的安全文艺基层巡演，把形势政策宣讲、辉煌成就展览、先进典型宣传的触角延伸到企业、学校、机关、社区、农村、家庭、公共场所，真正把宣传工作做到群众的心坎上。要进一步拓展宣传渠道，深度挖掘《中国应急管理报》《劳动午报》和北京电视台等优势资源，将网络媒体的互动性、纸质媒体的长久性、电视媒体的生动性以及移动媒体的及时性有机结合，营造立体式的宣传网络。北京电视台开设的“应急管理进行时”栏目，及时回应社会关切，深度报道展示重点工作情况，拉近了安全生产工作与群众的距离，做到了民有所呼、我有所应。

六是要在加强重点行业领域监管上提质增效。扎实履行综合监管职责，根据机构改革后各部门承担的安全生产职责，科学实施安全生产综合考核，研究建立市委市政府督察与安全生产综合考核融合联动机制。组织对全市6个区开展第二轮安全生产大督察，对2018年督察的9个市级部门开展“回头看”，不断完善重点行业领域事故隐患约谈通报反馈机制，推动本级政府有关部门和下级政府严格履行安全监管职责。全力推动《北京市危险化学品安全综合治理三年行动计划》实施，深入推动危险化学品综合治理，认真摸排危险化学品使用环节安全风险，强化重大危险源和重点区域安全管控，深入推进化工安全仪表安全隐患、非经营性加油站专项治理，启动化工、医药制造企业、学校实验室危化品的专项整治，完成全市1004家加油站贯标改造工作，推进各项重点工作在2019年取得阶段性成果。加快推进危险化学品集中管理体系建设，确保信息化建设、配套文件制定、统一配送、储存设施建设等各项重点工作取得实质性进展，逐步实现全市危险化学品的“专门储存、统一配送、集中销售”以及全过程动态监管，稳步提升危险化学品安全监管水平。持续深化白酒制造、涉爆粉尘、涉危使用、有限空间等重点领域事故隐患专项治理，开展燃气使用、危化储存专项检查，进一步摸清全市工业制造业企业底数，健全有色、机械、轻工、纺织、建材、烟草等工业制造业重点领域安全监管基础台账，为分行业类别、分风险源类型管控掌握第一手资料。进一步助力非首都功能疏解，平稳有序推进煤矿关闭退出，以及尾矿库、排土场销库治理工作，完成1座排土场和4座尾矿库销库任务。加大煤矿、非煤矿山监察执法力度，切实做好关闭退出期间的安全生产监管监察工作。

三、2019年安全生产工作需要关注的六个重点问题

2019年，全市安全生产工作的总体思路是：深入贯彻党的十九大精神和习近平新时代中国特色社会主义思想，在市委、市政府和应急管理部的正确领导下，围绕建国70周年庆祝活动这个纲，坚持稳中求进总基调，以安全生产总任务总目标总要求为出发点、着力点，加快业务融合发展，增强安全风险防控能力，提升系统治理水平，为首都经济社会稳定发展创造良好的安全环境。我们对2019年的工作任务进行了认真研究，具体工作任务和责任分工已经在会上印发。在这里，我重点强调以下六个方面需要关注的问题：

（一）全力做好重大活动安全保障。2019年有近50项大型活动将在北京举办。各项安全保障任务标准高、任务重、周期长，重大活动的频次之密集、要求之高，恐为北京的历史上所少见，是对全市安全监管系统一次全方位的考验。全市安全监管系统要围绕国庆70周年庆祝活动这个纲，借鉴重大活动保障工作经验，充分发挥市安委会牵头抓总作用，建立“安监部门主导、行业部门联动、街乡属地落实”的全方位重大活动保障模式，形成监管合力，压实安全责任，形成“强点、明线、控面”的一体化监管模式。市局对2019年的重大活动进行了“打包式”的安排，市、区两级都要成立重大活动保障工作专班，统筹谋划制定重大活动保障工作方案，严格落实“两案两表”（工作方案、应急工作预案、倒排期表、联络表），指导督促区和相关部门协同做好活动区域及周边范围内生产经营单位的台账建立、安全隐患排查治理，做好临建设施的监管执法，对重大活动周边区域、重点部位、关键点位预先进行监督检查，发现问题隐患即查即改。同步组织开展重大活动保障安全监管培训和安全监管规范化建设试点，全面加强重大活动保障规范化建设，提升安全监管执法、检查人员规范化保障水平。

（二）深入开展安全隐患排查治理。隐患排查治理是安全生产工作的永恒主题。只有进行时，没有完成时。我们要以永远在路上的执着，持续推进隐患排查治理，并力争每年取得阶段性成果。去年，26668

项“三合一”“多合一”隐患整治对全市消防火灾的减少起到了很大作用。丰台区安监局发挥统筹协调作用，把一个长期“多合一”隐患彻底消除，得到了陈吉宁市长的肯定。我们要积小胜为大胜，由突击变常态，全面推动城市安全隐患治理三年行动落实。以贯彻落实《北京城市安全隐患治理三年行动方案》（京政办发〔2018〕32号）为抓手，建立安全隐患专项治理长效运转机制。根据印发的10个重点行业领域实施方案、信息管理制度和台账管理制度等系列文件，深入研究分析本地区、本部门隐患台账情况，统筹安排、稳妥推进隐患整改工作，不能因隐患治理任务重、压力大、进度慢，就产生急躁心理和冒进情绪，更不能出现假停假改、假查假报的现象。要始终坚持隐患整改质量第一的原则，切实将丰台区101号院和通州区红旗厂等挂账隐患彻底整改到位，提升城市安全发展质量。要健全完善隐患排查治理体系。继续在全市范围内持续推进“一企业一标准、一岗位一清单”编制工作，指导生产经营单位编制符合企业实际的个性化隐患排查清单和岗位操作规程。市里连续三年对这项工作给予资金支持，2019年虽然不再给予资金支持，但还要继续做，并已经写入目标责任书。加大隐患排查治理信息系统应用推广力度，实现全市安全生产标准化企业系统使用“全覆盖”。开展贯彻落实市政府第266号令隐患排查专项执法行动，促进企业落实隐患排查治理主体责任。

（三）着力强化城市安全风险管控。安全风险管控是应急管理的基础工作，也是一项常规工作。加强安全风险管控是实现“无急可应”、应而不急状态的一个重要抓手。要稳步推进城市安全发展创新。深入贯彻落实中办、国办印发的《关于推进城市安全发展的意见》，突出首都特点，制定出台《关于北京市推进城市安全发展的实施意见》，在东城、西城、朝阳、房山、通州、大兴等6个区率先开展试点创建，力争培育一批国家级安全发展示范城市，扎实推进本市城市安全发展全国示范城市创建工作。要深化城市安全风险辨识与评估。在总结前期试点工作经验的基础上，继续完善城市安全风险管控机制，实现安全风险辨识、评估、监测和管控全过程综合管理，保障城市安全运行。2019年将在本市旅游、交通、建筑施工、市政、商务、体育、文化、园林绿化、工业、危化等重点行业领域开展全覆盖的安全风险评估工作，并研究将风险评估从生产安全延伸到自然灾害、公共安全等各方面，将评估环节扩展到预防、应急处置、灾后重建等全流程，建立健全城市整体安全风险评估工作体系。应急管理部、市应急管理局成立风险监测与综合减灾司、处，就是要做好这项工作，将安全风险评估从生产经营单位向非生产经营单位扩展，形成全方位的风险隐患“地图”。

（四）大力推进安全生产社会化进程。要加强安全生产社会化服务力量。持续开展安全生产服务机构评估工作，推动服务机构诚信评级和行业自律，确保社会服务力量建设规范有序。通过政府购买服务、健全激励补偿机制等办法，鼓励和引导社会组织、群众积极参与安全生产社会治理。要全面提升安责险公益服务水平。进一步突出安责险“服务＋公益”特点，强化服务机构的监管，发挥市场力量加强隐患排查服务，增强安责险的事前预防和事后赔偿保障功能，全力打造安责险公益品牌，树立安责险良好的社会形象。各区要用好安责险的事故预防资金。去年，西城区提取事故预防费为企业配备了应急柜，海淀区为餐饮行业用上了物联网就很好。要拓展宣传教育培训方式方法。加强安全社区和安全文化示范企业建设工作，提高社区居民和企业职工的安全意识。加强应急管理志愿者队伍建设。面向全市15.7万注册应急志愿者和530余个应急志愿队伍，开展重点志愿队伍负责人和骨干人员业务能力提升培训，支持志愿者队伍参与本市应急知识普及教育、社区应急演练、与专业救援队共建等活动，增强全市应急志愿者的服务保障能力。市局成立了社会动员处，2019年要把应急志愿者和社会组织规范化这两项工作抓出成效。

（五）不断夯实安全生产法治基础。要推进地方性法规标准制修订工作。继续推进《北京市安全生产条例》修订，着手研究修订应急管理相关法律法规和有关文件规程，建立规范有序的应急管理制度体系，确保应急管理工作与改革后的管理体制机制相匹配。要强化安全生产执法监督。细化年度监督检查工作目标，层层落实执法工作责任，确保年度监督检查计划落到实处。以高危行业、事故易发企业为重点，对生产经营单位执行有关安全生产的法律、法规和国家标准或者行业标准的情况进行监督检查。持续深化安全生产领域简政放权、放管结合、优化服务改革，强化事中事后监管，督促企业落实主体责任。要加强安全生产普法宣传工作。按照“谁执法、谁普法”普法责任制要求，扎实推进“安全生产法律十进”和“以案释法”工作。在全市范围内选取具备典型意义的安全生产执法案例，选拔一线优秀执法人员开展“以案释法”活动，提高全市企业安全生产法治化建设水平。组织法制宣传员开展普法宣讲活动，深入各街乡、各企业进行巡回宣讲，提高广大从业人员安全生产法律意识。

（六）有序推动应急管理各项工作的融合。新组建的应急管理机构以安监部门为主体，因此，安监部门的同志更要主动加强与其他部门的融合。要强化应急管理业务融合顶层设计。2019年应急管理机构改革工作将在全市铺开，应急管理工作职责多、任务重、业务系统复杂，全系统要提前做好应急管理、防灾减灾与安全生产工作的融合研究，加强工作统筹，抓好业务融合的顶层设计。要树立融合思维理念。进一步解放思想、更新观念，将融合思维贯穿于改革工作的始终，抓住机构改革的重要机遇，科学运用融合的思维来谋划和推动应急管理和安全生产各项工作，做到应融则融、能融尽融，形成全市应急管理系统上下“一盘棋”。要推动重点工作融合发展。各区应急管理部门组建时，要从应急管理部门“三定”职责入手，突出各业务板块的融合发展，力戒业务的简单叠加，防止职能交叉重叠。既要把安全生产标准化、危险化学品监管、有限空间监管、执法检查、安全员队伍建设和安全生产综合考核相关业务工作有机地串联起来，形成安全生产融合发展新格局，又要将应急管理、防灾减灾与安全生产基本盘统筹考虑，建设具有首都特色的应急管理新模式。

在这里我再强调一下抓工作落实的问题。2018年取得了一些成绩，一些好的做法不能丢，2019年要继续抓下去。一是要继续加强督察。中办、国办印发的《地方党政领导干部安全生产责任制规定》明确规定，地方各级党委和政府要加强对下级党委和政府的安全生产巡查。2018年顺义区、朝阳区开展的安全生产督察，为区级层面安全生产督察工作提供了很好的借鉴，市级层面要加强调查研究，进一步健全完善安全生产督察工作制度体系。二是继续签订安全生产目标责任书。签订责任书是推动重点工作落细落实的有效手段。探索将安全生产、消防安全重点工作纳入一份责任书量化管理、统筹推进、提升效率。三是要继续加强队伍建设。以机构改革为契机，切实把应急管理干部队伍配齐建好，切实把专职安全员队伍配齐建好，着力解决应急管理工作有人来做的问题。

同志们，高效推进首都安全生产监管事业，需要建设一支高素质专业化干部队伍。全力抓好干部的培育、选拔、管理和使用工作，是建设忠诚干净担当的高素质专业化干部队伍的关键。要始终把政治建设摆在首位，任何时候、任何情况下都要把对党绝对忠诚作为第一政治品格，把“四个意识”浸入感情、融入血脉、铸入灵魂，坚决做到“两个维护”，自觉在思想上、政治上、行动上同以习近平同志为核心的党中央保持高度一致。要完善干部选用机制，建立科学完备的干部选拔任用体系，坚持不拘一格选用人才，让想干事者有机会，能干事者有舞台，干成事者有地位。要锻造本领高强的干部队伍，着力增强干部强烈的创新意识和创新自信，打造具有专业思维、专业素养、专业方法，能够独当一面、一专多能、应对复杂局面的复合型人才矩阵。要强化干部的公仆意识和敬业精神，培养雷厉风行、严谨细致、敢于担当、甘于奉献的良好品质，自觉做到困难面前不退缩、危机面前敢挺身、失误面前敢担责，在急难险重面前敢于赴汤蹈火，敢于冲锋在前，以实际行动让市委市政府和首都人民放心。

同志们，首都安全生产事业任务艰巨、使命光荣。我们一定要倍加珍惜来之不易的工作成绩和良好形势。过去的安全生产监管事业取得的成绩只是长剧中的序幕，今后我们要进行的应急管理事业使命更光荣、任务更艰巨、挑战更严峻，我们绝不能故步自封、犹豫不决、徘徊彷徨。要以谦虚、谨慎、不骄、不躁的作风，以更加坚定的信念、更加高昂的斗志、更加过硬的本领，不忘初心、砥砺前行，团结一心、永远奋斗，为开创新时代首都应急管理事业新征程，为保障首都人民群众生命财产安全，为建设国际一流的和谐宜居之都，做出我们应有的新贡献。

【市政府文件】

北京市人民政府办公厅关于印发《北京城市安全隐患治理三年行动方案（2018年—2020年）》的通知

京政办发〔2018〕32号

各区人民政府，市政府各委、办、局，各市属机构：

《北京城市安全隐患治理三年行动方案（2018年—2020年）》已经市政府同意，现印发给你们，请认真贯彻执行。

北京市人民政府办公厅

2018年8月13日

北京城市安全隐患治理三年行动方案（2018年—2020年）

为深入贯彻落实《中共中央办公厅国务院办公厅关于推进城市安全发展的意见》精神，巩固深化本市安全生产大检查和安全隐患大排查大清理大整治专项行动成果，促进首都安全生产形势持续稳定好转，结合实际，制定本行动方案。

一、指导思想

全面深入学习贯彻党的十九大精神，以习近平新时代中国特色社会主义思想为指导，牢固树立安全发展理念，弘扬生命至上、安全第一的思想，强化安全红线意识，坚持把隐患当事故处理，着力构建城市安全风险分级管控和隐患排查治理双重预防机制，全面排查治理消除各类安全隐患，有效防范各类安全事故，为建设国际一流的和谐宜居之都创造良好安全环境。

二、工作目标

通过城市安全隐患治理三年行动，依法集中整治一批重大隐患，取缔一批非法场所，拆除一批违章建筑，关闭取缔一批违法违规和不符合安全条件的生产经营单位。到2020年，城市安全风险分级管控和隐患排查治理双重预防体系基本建立，企业和单位主体责任、属地和部门监管责任有效落实，重点行业领域安全状况明显改善，全市较大和重特大安全事故得到有效遏制，城市安全发展水平明显提升。

三、治理内容和分工

此次安全隐患排查治理的范围是北京行政区域内各行业（领域）的企业和单位。各区政府、各有关部门和单位要按照“全行业覆盖、重点行业突破”的原则，依据职责，结合实际，明确本地区、本行业（领域）的隐患排查治理重点，在全面排查治理各类安全隐患的基础上，突出重点地区、重点行业（领域）和重大隐患的排查治理，主要包括：

（一）重点消防领域。

1. 城乡结合部村民宅基地出租房屋。巩固深化安全隐患大排查大清理大整治工作成果，围绕城乡结合部村民宅基地出租房屋，开展安全隐患治理“回头看”和新一轮排查整治。重点排查治理“三合一”场所、不符合安全要求的彩钢板建筑，以及安全出口和疏散距离严重不足、消防器材设施缺失或无法正常使用、违规用火用电等安全隐患。到 2020 年，全市城乡结合部村民宅基地出租房屋挂账安全隐患得到有效治理。

责任单位：市公安局消防局、市规划国土委、市住房城乡建设委、市工商局、市城管执法局、市邮政管理局，各区政府、北京经济技术开发区管委会。

2. 老旧小区、核心区大屋脊筒子楼。围绕老旧小区、核心区大屋脊筒子楼及使用易燃可燃外保温材料高层建筑，重点排查治理电气线路、消防设施等方面存在的安全隐患。督促房屋管理单位、物业管理单位严格履行安全管理职责和义务，完善管理制度，加强安全检查，规范电动自行车停放、充电等行为。到 2020 年，全市老旧小区、核心区大屋脊筒子楼以及使用易燃可燃外保温材料的高层建筑挂账安全隐患得到有效治理。

责任单位：市住房城乡建设委、市公安局消防局、市规划国土委，各区政府、北京经济技术开发区管委会。

（二）交通领域。围绕铁路、轨道交通、城市道路、公路、桥梁等，重点排查治理高速铁路和干线铁路沿线人员密集区段，轨道交通设备设施、控制保护区，道路和交通设施、危旧桥梁等存在的安全隐患，以及铁路线路安全保护区范围内的仓储物流基地、集贸批发市场、棚户区、危爆品场所及堆物堆料行为等衍生的安全隐患。到 2020 年，挂账安全隐患得到有效治理，铁路和轨道交通保护区内非法违法生产经营行为得到全面控制。

责任单位：市交通委、市公安局公安交通管理局，中国铁路北京局集团有限公司，各区政府、北京经济技术开发区管委会。

（三）建设施工领域。围绕房屋建筑、市政基础设施工程、铁路工程和公路工程施工现场，特别是城市副中心建设、新机场、2022 年北京冬奥会、冬残奥会场馆等重点工程，全面排查治理深基坑边坡、模板支撑体系、高大脚手架、建筑起重机械、有限空间作业等方面存在的安全隐患。结合打击违法用地违法建设，重点排查治理无规划许可违法建设行为衍生的安全隐患问题。到 2020 年，有效治理建设施工领域和违法建设挂账安全隐患。

责任单位：市住房城乡建设委、市交通委、市水务局、市园林绿化局、中国铁路北京局集团有限公司、市南水北调办、市重大项目办、市公安局消防局、市质监局、市规划国土委、市城管执法局，各区政府、北京经济技术开发区管委会。

（四）城市运行。围绕燃气、电力、热力、供水、排水等城市运行重要基础设施，重点排查治理30年以上老旧管线、断头雨水管线、燃气设施设备和市政消火栓等方面存在的安全隐患。到2020年，有效治理挂账安全隐患；摸清全市地下管线基本情况，完善地下管线保护机制，严防发生外力施工破坏管线事故，防止管线占压隐患出现反弹。

责任单位：市城市管理委、市水务局、市公安局消防局、市城管执法局、市规划国土委、市住房城乡建设委，各区政府、北京经济技术开发区管委会。

（五）危险化学品。认真落实《北京市危险化学品安全综合治理三年行动计划》（京政办发〔2017〕28号），围绕燕山石化生产区域、大兴安定精细化工基地、房山东流水化工园区等地区的危险化学品企业，以及“两重点一重大”（重点监管的危险化工工艺、重点监管的危险化学品和重大危险源）危险化学品生产、经营、重点使用单位和运输单位，排查治理重大安全隐患。到2020年，完成挂账安全隐患治理，涉及危险化学品的重点行业安全风险和重大危险源得到有效管控，高等学校和科研机构的实验室、医疗机构的危险化学品安全管理进一步规范和强化。

责任单位：市安全监管局、市公安局、市交通委、市教委、市科委、市卫生计生委等，各区政府、北京经济技术开发区管委会。

（六）工业企业。依据《工贸行业重大生产安全事故隐患判定标准（2017版）》《工贸企业有限空间作业安全管理与监督暂行规定》（国家安全监管总局令第59号）和《危险化学品仓库建设及储存安全规范》，重点排查治理涉爆粉尘作业、有限空间作业、白酒制造、民用爆炸物品生产销售等方面存在的重大安全隐患。到2020年，有效治理挂账重大安全隐患，工业企业风险管理水平得到切实提升。

责任单位：市安全监管局、市经济信息化委，各区政府、北京经济技术开发区管委会。

（七）矿山。围绕煤矿、金属非金属矿山（尾矿库、排土场）等矿山企业，重点排查治理井下帮顶浮石、支护不牢固、违规动火作业和尾矿库坝体不稳定等安全隐患。到2020年，关闭金属非金属矿山3座，实现6座尾矿库、6座排土场销库。

责任单位：市安全监管局、北京煤监局、市规划国土委，石景山区、门头沟区、房山区、昌平区、平谷区、怀柔区、密云区政府。

（八）重点人员密集场所。围绕核心区游客较多的重点文物保护单位，各类社会福利机构、学校、医疗机构、餐饮服务单位、宾馆饭店、体育场馆、商场超市、文化娱乐场所等人员密集场所，旅游景区玻璃栈道等高风险旅游项目和大型游乐设施，重点排查治理设备设施运行、大客流控制、燃气使用等方面存在的安全隐患。到2020年，有效治理挂账安全隐患，实现人员密集场所安全防护设施全面到位，高风险项目有效监管，旅游景区大客流预警机制进一步完善，因设施设备缺损导致的安全事故明显下降。

责任单位：市文物局、市民政局、市教委、市卫生计生委、市旅游委、市质监局、市体育局、市公安局、市商务委、市文化局，各区政府、北京经济技术开发区管委会。

（九）特种设备。围绕存在严重安全隐患电梯、“三无”电梯（无物业管理、无维护保养、无维修资金）、使用15年及以上的老旧住宅电梯等特种设备，进行排查建档，采取有针对性的措施消除安全隐患。到2020年，完成建档电梯整改，电梯运行安全可靠性显著增强。

责任单位：市质监局、市住房城乡建设委，各区政府、北京经济技术开发区管委会。

（十）地下空间。围绕人防工程和普通地下室，重点排查治理未经批准擅自使用，未按规定备案或改变备案用途使用，擅自改变规划用途或批准用途使用，擅自改变主体结构、平面布局或拆除设备设施等行为及由此造成的安全隐患。到2020年，有效治理挂账安全隐患，杜绝违法违规使用地下空间行为，消除地下空间安全隐患。

责任单位：市民防局、市住房城乡建设委、市公安局、市公安局消防局、市规划国土委，各区政府、北京经济技术开发区管委会。

四、工作安排

按照安委会统筹协调、属地政府全面负责、行业部门分类推动、企业和单位自查自改的原则，采取“动态排查挂账、全程监督治理、严格验收销账”的模式，全面治理各类安全隐患。

（一）前期准备。各市级行业部门根据本行动方案提出的任务和目标，结合职责分工制定本行业（领域）实施方案；各区政府和北京经济技术开发区管委会根据本行动方案并结合市级重点行业（领域）实施方案，制定本地区实施方案。各地区、各有关部门要结合实际制定年度监督检查计划，量化指标任务，并于2018年8月底前和2019年、2020年每年3月底前完成本年度监督检查计划制定和报备工作。各区政府、各有关部门和单位要按照全市统一安排，认真做好动员部署，确保城市安全隐患治理工作顺利开展。

（二）排查建账。各地区、各有关部门和单位要督促企业和单位开展安全隐患自查，并依法如实记录安全隐患排查治理情况。要按照实施方案和监督检查计划，依据职责分工进行安全隐患排查，并实时收集、动态更新本地区、本行业（领域）安全隐患信息。各区政府和北京经济技术开发区管委会负责统筹建立和管理本地区安全隐患台账，并将行业部门排查发现的安全隐患、经群众举报查实的安全隐患一并纳入。市安委会办公室负责汇总各地区台账，形成全市安全隐患总台账。

（三）销账核查。各地区和各有关部门要加强对安全隐患治理过程的监督检查，及时准确掌握隐患整改情况，综合利用经济、行政、法律等手段，督促指导企业和单位及时整改隐患。安全隐患整改完成后，隐患整改责任主体要组织相关技术人员进行验收，并留存验收资料。乡镇（街道）要对挂账安全隐患组织整改责任主体、所在村（居）民委员会、有关行业部门等单位进行复查，各区政府和北京经济技术开发区管委会组织对达到整改要求的挂账隐患进行销账。各地区、各市级行业部门对本地区、本行业（领域）销账隐患按一定比例进行核查；市安委会办公室组织对各地区、各有关部门和单位的责任落实情况、隐患整改情况进行抽查，确保隐患治理到位。

（四）总结评估。每年12月份，各地区、各有关部门和单位要组织开展“回头看”检查，对安全隐患治理效果进行再核查。要全面梳理总结安全隐患治理工作成效、典型经验和存在问题，形成总结报告报送市安委会办公室。

五、保障措施

（一）加强组织领导。市安委会负责统筹协调城市安全隐患治理工作，各有关部门和单位按职责分工做好相关行业（领域）安全隐患排查治理工作，各区政府、北京经济技术开发区管委会负责组织开展好本地区安全隐患治理工作。各级安委会办公室要成立工作专班，明确专人负责具体组织实施工作。各地区、各有关部门和单位要严格落实《地方党政领导干部安全生产责任制规定》，进一步强化责任担当，主要负责同志要亲自抓直接管，切实加强对隐患排查治理工作的组织领导；各地区和各有关部门要督促企业和单位落实隐患排查治理主体责任，并加强与中央在京单位和驻京部队有关部门的沟通协调，督促其建立健全隐患排查治理制度，及时排查整改安全隐患。

（二）健全工作机制。各级安委会办公室要建立安全隐患台账管理制度，做到安全隐患治理“一本账”；建立工作例会制度，及时研究解决隐患治理过程中出现的新情况、新问题；建立情况通报机制，定期进行统计分析，推动隐患排查治理工作高效、有序开展；建立健全重大安全隐患挂牌督办制度，确保隐患整改到位；完善考核机制，制定隐患排查治理评价办法，并将挂账隐患治理情况纳入安全生产目标责任书和政府绩效考核。

（三）强化政策保障。市规划国土委牵头制定完善村民宅基地相关政策，进一步规范城乡结合部村民宅基地使用管理。市住房城乡建设委、市民政局、市经济信息化委、市人力社保局等部门要分别研究制定相关政策，推动解决安全隐患治理过程中涉及的城市运行保障从业人员居住、困难群众帮扶、企业退出及有关人员就业等问题。各区政府、各有关部门和单位要按照《北京市生产安全事故隐患治理项目资金管理办法》等相关规定，加大对挂账隐患治理的资金保障力度。

（四）做好宣传引导。要充分利用广播、电视、报纸、网络等媒介，加强政策解读，教育引导企业和单位增强安全隐患排查治理的主动性和自觉性；积极宣传隐患治理成效和先进典型，并对隐患问题累积、整改不力、出现反弹的责任主体以及严重违法行为予以曝光。要建立舆情动态评估机制，及时回应社会关切。要落实举报奖励制度，充分发挥投诉举报电话作用，鼓励动员全社会参与城市安全隐患治理。

（五）构建长效机制。研究建立城市安全风险分级管控制度，绘制重大安全风险和重大安全隐患电子地图，利用云计算、大数据等信息技术，开展典型事故案例分析，做到举一反三，防止同类事故发生。要创新工作方法，积极探索积分制等有效手段，加大监督检查力度。全面落实各项安全治本之策，加快解决影响安全的深层次矛盾和问题，推进安全隐患排查治理向纵深发展。

【市安委会文件】

北京市安全生产委员会关于印发进一步加强北京市政府部门及其事业单位项目发包或场所出租安全生产管理工作的指导意见的通知

京安发〔2018〕3号

各区政府、北京经济技术开发区管委会，市安委会成员单位，市政府其他相关部门以及其事业单位：

为深入贯彻落实党的十九大精神和党中央、国务院及市委、市政府关于加强安全生产工作的一系列重要决策部署，深刻吸取近年来有关事故教训，进一步加强和规范本市政府部门及其事业单位在项目发包或场所出租过程中安全生产管理工作，市安委会研究制定了《关于进一步加强北京市政府部门及其事业单位项目发包或场所出租安全生产管理工作的指导意见》和《项目发包安全生产管理协议（样本）》《场所出租安全生产管理协议（样本）》。经报市政府同意，现印发给你们。请结合本区、本部门、本单位实际情况，认真贯彻执行。

附件：1. 关于进一步加强北京市政府部门及其事业单位项目发包或场所出租安全生产管理工作的指导意见

2. 项目发包安全生产管理协议（样本）

3. 场所出租安全生产管理协议（样本）

北京市安全生产委员会

2018年1月9日

附件1：

关于进一步加强北京市政府部门及其事业单位项目发包或场所出租安全生产管理工作的指导意见

为进一步加强本市政府部门及其事业单位（以下简称：部门和单位）在项目发包或场所

出租过程中安全生产管理工作，督促落实承发包或承出租双方安全生产主体责任，防止和减少生产安全事故，坚决遏制重特大事故，保障人民群众生命财产安全，促进国际一流的和谐宜居之都建设，依据《中华人民共和国安全生产法》《北京市安全生产条例》等法律、法规及《生产过程安全卫生要求总则》《企业安全生产标准化基本规范》等国家标准、行业标准和本市关于加强安全生产工作的有关文件要求，结合实际，提出以下指导意见。

一、指导思想

以习近平新时代中国特色社会主义思想为指导，认真贯彻落实习近平总书记关于安全生产工作的指示批示，牢固树立安全发展理念，弘扬生命至上、安全第一的思想，落实党的十九大报告中“完善安全生产责任制”的要求，指导推动政府部门及其事业单位切实增强依法签订安全生产管理协议的责任意识，坚守生命安全红线，消除安全生产管理工作的空白和盲区，进一步加强项目发包或场所出租过程中安全风险管理控制工作，杜绝只发包、出租而不履行法定安全管理责任的“以包代管、只租不管”现象，确保安全生产责任落到实处，促进首都安全发展。

二、管控范围

本市政府部门及其事业单位所发包的化粪池清掏等有限空间作业项目、外墙清洗项目、房屋建设装修改造施工项目、物业服务项目及其他需要发包的各类项目，以及自有产权场所出租项目等。

三、管理重点

（一）严格源头审查把控

各部门和单位通过招投标或政府购买服务方式发包项目或出租场所时，应充分考虑安全生产危险有害因素和安全风险关键点，重点将承包、承租单位应当具备的资质、法定的安全生产条件和应当履行的安全生产主体责任内容等，纳入招投标文件和签订合同的前置性重要项目内容或承诺保证。可以借助相关领域的第三方社会组织或行业协会等专业机构力量，查验承包、承租单位的生产经营范围、资质和有关人员资格，确保企业有相应资质、人员有相应资格，并且均在有效期内。不得将项目、场所发包或出租给不具备安全生产条件或者相应资质的单位或者个人。

（二）签订安全生产管理协议

各部门和单位将项目发包或场所出租，在签订承包（含承揽，下同）合同或租赁合同时，应当明确双方安全管理责任，依法依规签订专门的、细化的安全生产管理协议。未签订安全生产管理协议的，不得进行施工作业，不得在出租场所开展任何生产经营活动。在发包项目或出租场所过程中，如果存在两个以上企业在同一作业区域内进行作业或活动，可能危及对方生产安全的，各部门和单位应当要求企业双方依法依规签订安全生产管理协议，并要求双方各自指定专职安全生产管理人员进行日常协调管理和安全检查，并做好记录。

安全生产管理协议（样本见附件仅供参考，由合同双方根据具体情况协商签订，不具有强制性），一般包括以下内容：一是双方安全生产管理职责、各自管理的区域范围；二是作业场所、设备设施安全生产管理；三是作业人员安全生产管理；四是在安全生产方面各自享有的权利和承担的义务；五是安全生产事故应急救援；六是安全生产事故报告、配合调查处理的约定；七是安全生产管理奖惩等其他应当约定的内容。

（三）认真履行安全生产日常管理责任

各部门和单位应当在项目发包或场所出租过程中主要履行下列安全生产日常管理责任：一是应当向承包方或承租方提供项目实施所涉及的有关资料，并保证资料的真实、准确、完整。二是不得对承包方或承租方提出不符合安全生产法律、法规和强制性标准规定的要求，不得压缩合同约定的项目工期。三是不得明示或者暗示承包方或承租方购买、租赁、使用不符合安全施工要求的安全防护用具、机械设备、施工机具及配件、消防设施和器材。四是统一协调、管理承包单位、承租单位的安全生产工作。定期进行安全检查，发现安全问题的，应当及时督促整改。

（四）切实督促加强危险作业安全管理

承包、承租单位从事涉及爆破、挖掘、吊装、高处悬吊、有限空间、危险场所动火、临近高压输电线路等危险作业的，发包、出租部门和单位应当督促承包、承租单位建立危险作业审批制度，严格执行安全管理制度和操作规程；确保承包、承租单位安排专门人员进行危险作业现场安全管理，落实各项安全措施。发包、出租部门和单位应当留存承包、承租单位的危险作业方案、安全操作规程、应急预案等资料。

四、有关要求

（一）提高思想认识，强化组织领导

各部门和单位要树立生命至上、安全第一的思想，不断完善安全生产责任制，不断强化安全生产管理工作，采取有效措施，形成长效机制，切实履行好项目发包或场所出租过程中安全生产管理责任。各部门和单位应当加强发包项目或出租场所安全生产管理工作的组织领导，建立相应的组织领导机构，明确分管领导的相关责任，明确单位内部负责管理的实施机构，确定每个项目或者场所的具体责任人。

（二）专门安排部署，建立长效机制

各部门和单位要专门研究印发实施方案，要求所属单位按照本指导意见的要求与项目承包方或场所承租方签订安全生产管理协议，并履行好相应的安全管理责任。所属单位较多的部门应当专门召开会议部署此项工作，确保全覆盖。各部门和单位应当建立健全项目发包或场所出租安全生产管理工作的规章制度，明确有关工作要求、流程和批准权限等内容。要建立内部评估机制，将承包方或承租方安全生产管理工作情况作为项目发包或场所出租的重要衡量依据。

（三）注重深度融合，形成工作合力

各部门和单位要将履行项目发包或场所出租安全生产管理责任，与落实单位内部安全保障责任相结合，将协调、管理、检查承包、承租单位的安全生产工作与内部安全保障等工作深度融合，合力消除事故隐患、管控安全风险，防止和减少生产安全事故。

附件 2：

项目发包安全生产管理协议（样本）

甲方（发包单位）：______________________________

单位地址：______________________________

乙方（承包单位）：______________________________

单位地址：______________________________

为明确甲、乙双方的安全生产责任，确保施工或者作业安全，根据《中华人民共和国安全生产法》《中华人民共和国合同法》《中华人民共和国建筑法》《建设工程安全生产管理条例》及其他法律、法规，遵循平等、自愿、公平和诚实信用的原则，经双方协商一致，签订本协议。

第一条 项目名称和作业内容

（一）项目名称______________________________

（二）作业内容______________________________

（三）甲方管理区域______________________________

（四）乙方管理区域______________________________

第二条 甲方的权利和义务

（一）认真贯彻执行安全生产法律、法规。

（二）甲方有权严格审查乙方是否具备安全生产条件或专业资质，有权查验乙方的生产经营范围、有关人员资格等。

（三）甲方有权监督、检查乙方的施工或作业安全。

（四）甲方有权督促乙方建立危险作业审批制度，严格执行安全管理制度和操作规程，落实各项安全措施。

（五）甲方管理人员有权制止乙方人员违章作业行为。

（六）甲方有权责令安全意识差、不听从安全生产指挥的乙方人员退场。

（七）甲方不得违章指挥，强令乙方冒险作业。

第三条 乙方的权利和义务

（一）认真贯彻执行安全生产法律、法规、规章，严格遵守安全生产规章制度、安全操作规程，熟练掌握事故防范措施和事故应急处理预案等。

（二）乙方负责其承包项目范围内的安全生产管理工作，服从甲方对施工现场的安全生产管理，对甲方在安全检查过程中提出的问题和隐患，乙方必须按要求时限整改完毕。

（三）乙方有权对甲方的安全工作提出合理化建议和改进意见。

（四）乙方在日常作业中，有权拒绝执行甲方违章指挥和强令冒险作业指令。

（五）乙方应当建立健全安全生产组织机构，制定安全管理制度，按规定配齐专、兼职安全管理人员。乙方现场负责人和安全管理人员必须按规定经过安全生产考核合格。

（六）乙方不得违章指挥，不得强令工人违章作业，并按规定做好工人劳动保护工作，为从业人员提供合格的劳动防护用品。

（七）乙方应当组织相关人员学习、掌握安全技术交底要求，履行签字手续。乙方必须按照甲方安全技术交底进行作业，不得安排没有接受安全技术交底的人员上岗作业。

（八）施工过程中需要新进场人员的，乙方必须备齐相关人员资料和手续，在人员进场前以书面形式报甲方，甲方书面批准后方可进场，进场后，乙方应当配合甲方对新进场人员进行安全教育考核，合格后方可上岗作业。

（九）乙方需将相关负责人签字确认的危险作业方案、安全操作规程、应急救援预案等材料提交甲方备案。

（十）乙方应当根据有关法律、法规或标准规范要求，对存在危险因素的场所、设施设备设置安全警示标志。

（十一）乙方应当按规定为从业人员办理安全生产保险，费用由乙方承担。

第四条 乙方负有对工人进行日常安全教育和每日班前安全教育的责任，并做好记录，履行签字手续。乙方不得安排未经安全教育培训并考核合格的人员作业。

第五条 乙方负责为所属人员配发合格的安全防护用品，并指导其按规定要求正确佩戴，甲乙双方都应督促施工现场人员自觉佩戴好安全防护用品。

第六条 乙方使用的机械、电气等设备必须符合国家标准、行业标准有关安全的规定，制定相应的安全操作规程，并负责日常的检查、维修和保养。

第七条 甲方人员不得擅自要求拆除、改动施工现场的各类安全防护措施、安全标志和警告牌等，确需拆除或改动的，必须经乙方施工现场负责人和安全管理人员同意，并采取必要、可靠的安全措施后方可拆除或改动。

第八条 乙方人员施工前，必须认真检查施工区域的作业环境、设备设施、工具用具等是否完好，发现隐患，立即整改，隐患消除后方可进行施工作业。

第九条 乙方使用的特种作业人员必须取得相应的特种作业证，并且在有效期内。

第十条 乙方使用甲方提供的设备设施，使用前应当进行检验检测，如不符合相关安全要求，应及时向甲方提出，甲方应当积极整改，整改合格方可使用。乙方未经甲方允许，私拉乱接电气线路造成的后果均由乙方承担。

第十一条 甲方开展安全检查发现事故隐患的，有权向乙方发出隐患整改通知书，乙方应当在要求的期限内整改完毕，甲方应当复查有关隐患整改情况，确保整改到位。如果发现重大隐患，甲方有权要求乙方停止作业，立即撤出人员，乙方必须无条件服从。

第十二条 施工或者作业过程中一旦发生生产安全事故，乙方应当立即启动应急预案，在保障救援人员安全的情况下采取有效措施组织抢救，及时将受伤人员送往医疗机构救治，并先行垫付医疗费用。同时，应当在规定时限内向事故发生地县级以上地方人民政府负有安全生产监督管理职责的部门报告。甲乙双方应当全力配合政府部门做好事故调查处理工作，及时全面落实事故调查报告提出的整改措施。

第十三条 本协议未尽事宜由甲乙双方协商解决，协商不成，提交________人民法院进行判决、裁定。

第十四条 本协议经双方授权代表签署并加盖公章后生效，自乙方完成项目全部内容并撤出全部人员，且甲乙双方均履行完项目合同及本协议的全部义务终止。

第十五条 其他事项：双方应承担安全生产法律、法规、规章等规定的相应法律义务及责任。____

____

____

第十六条 本协议一式四份，甲乙双方各执两份。

甲方（盖章）： 乙方（盖章）：

甲方代表（签字）： 乙方代表（签字）：
身份证号： 身份证号：
日期： 年 月 日 日期： 年 月 日

附件3：

场所出租安全生产管理协议（样本）

甲方（出租单位）：________________________________
单位地址：________________________________
乙方（承租单位）：________________________________
单位地址：________________________________
出租场所地址：________________________________

为明确甲、乙双方的安全生产责任，确保租赁期间的安全生产，根据《中华人民共和国安全生产法》《中华人民共和国合同法》《北京市安全生产条例》及其他法律、法规，遵循平等、自愿、公平和诚实信用的原则，经双方协商一致，签订本协议。

一、甲方安全生产权利和义务

1. 甲方应认真贯彻执行安全生产法律、法规、规章等，并有权对乙方执行有关安全生产的法律法规和国家标准、行业标准的情况进行监督检查，确保租赁场所的安全生产，督促乙方依法履行安全生产主体责任。

2. 甲方有权要求乙方提交和现场调阅有关安全资质、安全规章制度、安全技术措施、安全培训等安全生产资料。

3.甲方有权随时对乙方的生产场所、办公生活场地进行安全监督检查，发现事故隐患，责令乙方立即整改排除。

4.甲方有权根据现场的检查记录，依据有关法律法规的规定，对乙方安全生产工作进行评价，并视具体情况扣除部分或全部安全生产保证金。

5.甲方应查验乙方的相关资质证照，并复印留存。

6.甲方有责任明确内部管理部门对租赁场所的安全生产进行综合管理，督促协调乙方做好安全生产工作。

7.甲方人员进入租赁场所必须遵守乙方安全管理规定，配合乙方安全管理人员的工作。

8.甲方不得对乙方提出不符合安全生产法律、法规和强制性标准规定的要求。

二、乙方安全生产权利和义务

1.乙方应当提供在租赁场所生产经营的企业法人营业执照或个体工商户营业执照、组织机构代码证、法人代表身份证、有关许可证等有效证照的原件。

2.乙方应当认真贯彻执行国家相关安全法律法规，依法设立安全生产管理机构，明确专（兼）职安全管理人员，建立安全生产责任制，制定安全管理规章制度和操作规程，制定并按规定演练应急救援预案。

3.凡涉及消防、安全许可的，乙方应在取得相应的安全生产许可后，方可开展生产经营活动；凡涉及特种设备的，乙方应取得相应的检验检测合格证书后，方可投入生产经营。

4.乙方应当保证安全生产所需的投入，按规定提取和使用安全生产费用。

5.乙方应当按规定开展安全生产隐患排查治理工作，及时消除事故隐患，落实安全防范措施，预防各类事故发生。

6.乙方应当依法做好从业人员的安全教育培训工作，提高员工的安全生产意识和自我保护能力，督促员工自觉遵守安全管理制度；从业人员未按规定经过安全培训且考核不合格，一律不得上岗。

7.乙方应当按照相关规定为本单位从业人员免费提供合格的劳动防护用品，并督促教育其正确佩戴和使用。

8.乙方应当做好定期和日常的安全检查工作，做好用电安全管理，严禁乱接乱拉电线，保持用电设施的完好；做好防火防汛工作，按规定配备并维护好消防器材和防汛物资。

9.租赁场所的装修和设备安装应当符合有关技术标准和消防等安全要求，不得破坏建筑结构。凡涉及国家规定需要审查验收后方可使用的，乙方应按国家有关规定处理，及时办妥相关手续。

10.未经甲方书面同意，乙方不得擅自搭建、改建、改变房屋使用性质，不得擅自转租。

11.乙方不得损毁、丢失甲方原有消防设施；乙方应当按规定配置、维护保养消防设施（消火栓、灭火器、自动报警装置、自动灭火装置等消防设施），不得堵塞消防疏散通道。

12.乙方对确定为重大危险源或重大安全隐患的，应按有关规定报告市、区负有安全生产监督管理职责的部门，并告知甲方。

13. 因乙方的原因造成甲方设备损毁、或人员伤害事故，乙方应当负责赔偿甲方相应损失。

14. 一旦发生安全事故，乙方应当立即启动应急预案，积极组织现场抢救，防止事态扩大，并在1小时内向政府有关部门和甲方报告；同时，要保护好现场，积极配合政府有关部门或甲方组织的事故调查工作。

15. 乙方如有以下情况，甲方有权单方立即终止本场所的租赁协议，由此造成的一切损失均由乙方承担。

（1）违反国家有关法律、法规，违法生产、经营。未按规定登记注册以及无证、无照、无安全生产资质从事生产经营的。

（2）不接受甲方的安全生产管理，安全生产管理不到位。

（3）改作生产、使用、储存、经营易燃易爆危险化学品场所的。

（4）存在重大安全隐患且整改不及时、不充分的。

（5）擅自转租或转借出租场所。

（6）发生伤亡事故不及时报告或不及时组织抢救。

三、其他条款

1. 甲乙双方需授权专人在租赁场所就安全生产条件进行现场交接，并经甲、乙双方授权代表签字确认。交接时指出的不符合安全生产条件的内容，由甲方负责整改；交接后，如不符合安全生产条件，由乙方负责整改，直至符合安全生产条件后，乙方方可开展生产经营活动。

2. 乙方在承租场所发生的安全事故或造成第三方伤害的，均由乙方负责进行民事赔偿。

3. 其他事项：双方应承担安全生产法律、法规、规章等规定的相应法律义务及责任。

____

____

____

四、效力及其他

1. 本协议经双方授权代表签署并加盖公章后生效，自相应租赁合同终止，且乙方腾出租赁场所、撤出全部人员、履行完相应租赁合同及本协议的全部义务时终止。

2. 本协议未尽事宜由甲乙双方协商解决，协商不成，提交__________人民法院进行判决、裁定。

3. 本协议一式四份，甲乙双方各执二份。

甲方（盖章）：　　　　乙方（盖章）：

甲方代表（签字）：　　　　乙方代表（签字）：
身份证号：　　　　身份证号：
日期：　年　月　日　　　　日期：　年　月　日

北京市安全生产委员会关于印发2018年财政资金支持隐患治理项目实施方案的通知

京安发〔2018〕4号

各区人民政府、北京经济技术开发区管委会，市安委会成员单位，各有关单位：

为贯彻落实《中共中央国务院关于推进安全生产领域改革发展的意见》《北京市人民政府关于推进安全生产隐患排查治理体系建设的意见》（京政发〔2014〕23号）和《北京市生产安全事故隐患排查治理办法》（市政府令第266号）精神，进一步推动隐患排查治理体系建设，做好重点行业领域事故隐患治理工作，特制定本方案。

一、总体目标

深入开展安全生产隐患排查治理体系建设，推动企业安全生产主体责任落实，建立健全安全生产隐患排查治理机制，强化属地政府监管和企业安全生产主体责任，推进重点行业领域重大事故隐患的治理，有效防范安全生产事故的发生。

二、主要任务

（一）继续实施加油站贯标改造。按照市安全监管局《关于贯彻落实〈汽车加油加气站设计与施工规范〉(GB 50156—2012）有关工作要求的通知》，对全市符合行政许可条件的加油站进行升级技术改造，完成对双层油罐或防渗池、卸油防满溢措施、液位监测系统、双层管道、紧急切断系统等改造工作，消除事故隐患，提升加油站本质安全水平。2018年全市计划完成300家加油站贯标改造任务。

（二）引导不符合首都功能定位高危行业领域企业退出。按照京津冀一体化战略发展需要和首都功能定位，科学引导有储存设施的高风险危险化学品经营企业和不符合首都功能定位的尾矿库及排土场退出本市，根除安全风险，从源头上预防高危行业领域安全生产事故的发生。2018年全市计划完成8家危险化学品企业、1座尾矿库和4座排土场退出任务。

（三）消除二商集团市级挂账隐患。为保障城市安全运行和人民生命财产安全，2018年将完成本市三项市级挂账重大事故隐患的治理任务，即二商集团下属3家企业（北京大红门南郊冷冻厂、北京二商健力食品科技有限公司、北京月盛斋清真食品有限公司)。

（四）开展企业隐患排查治理“一企一标准、一岗一清单”编制及培训工作。组织具有资质的中介机构，指导企业结合自身实际，编制隐患排查治理标准和岗位清单，按照要求使用信息系统如实记录隐患排查治理情况，普及事故隐患排查治理的专业知识和法规要求，实现企业隐患排查治理岗位化、规范化和信息化。2018年全市计划完成2000家企业的清单编制和5万家一般法人企业（企业规模在10人以上）的安全生产培训任务。

（五）开展生产经营单位职业病危害基本情况调查。依托现有企业台账等基础数据，在全市重点行业领域开展职业病危害基本情况调查工作，从而深入掌握本市职业病危害现状，为全面加强职业卫生监管工作奠定基础。2018年计划完成3万家生产经营单位现状调查任务，同步将其纳入本市职业病危害申报系统。

（六）全面开展城市安全风险评估。在2017年城市安全风险评估试点工作的基础上，按照《北京市城市安全风险评估试点工作方案》的要求，在全市16个区及北京经济技术开发区全面开展城市风险点、危险源的普查、辨识和评估，实现安全风险辨识、评估、监测和管控全过程综合管理，构建首都安全风险分级管控和隐患排查治理双重预防机制，建立健全安全预防控制体系，坚决遏制重特大事故的发生。

（七）更新市级专业应急救援队伍装备。随着近年本市危化、矿山企业的退出和规模萎缩，加之事故发生的不确定性，经对市级专业应急救援队伍的现状调研，发现队伍建设缺乏相应的经费保障和政策支持，救援装备不能满足北京市应急救援工作的需要。2018年将为昊华矿山救护队、燕山分公司消防支队配备正压氧气呼吸器、探地雷达、雷达生命探测器、便携气相色谱仪、多种气体检测仪、破拆工具、救援锚杆机、快速液压支架等装备，全面保障市级专业队伍应急救援能力。

（八）实施生产安全事故应急管理水平提升工程。为提高本市事故应急处置能力，2018年本市将实施事故应急管理水平提升工程，全面完成三维仿真巨灾情景构建系统设计开发、应急管理示范企业创建、生产安全事故应急处置评估、京津冀三地区联合应急演练以及危险化学品应急救援物资储备优化研究等工作，不断提升应急管理能力，提高生产安全事故处置效率，最大程度地减少事故造成的损失，从根本上提升本市应急管理水平。

（九）开展“专家服务小微企业”活动。依靠专家大力宣传《安全生产法》《职业病防治法》等法律法规，普及安全生产知识，帮助企业查找安全隐患，提高职业病危害预防和控制能力，有效解决企业安全管理专业人员欠缺、安全生产意识不强、隐患排查专业能力不足等问题。2018年全市计划完成4000家小微企业及100个社区的安全生产服务任务，完成80家小微企业职业病危害预防和控制精准帮扶任务。

（十）开展重点行业领域技术服务和风险评估工作。为强化重点行业领域监管责任和企业主体责任落实，组织中介技术服务机构，对粉尘涉爆、工业企业、涉危、化工、危化、尾渣库等行业领域开展专项技术服务、风险评估等工作，督促责任主体安全生产法律法规、标准规范、政策措施的落实，及时发现责任主体存在的隐患或监管工作中存在的问题，指导督促企业消除事故隐患。组织开展安全生产标准化评审，评审员和评审专家的考核管理以及核查工作，切实提升标准化工作质量，巩固标准化达标创建成果。

（十一）深化隐患排查治理示范工程。国务院安委会办公室将房山区列为全国隐患排查治理体系和SCORE（企业可持续发展）项目国家示范试点地区。为充分发挥试点示范作用，结合本市实际，2018年房山区将作为本市隐患排查体系建设优化升级示范地区，完成事故隐患分级分类、差异化监管、大数据分析挖掘、企业隐患排查治理绩效评价等一系列新的探索研究工作，从而不断丰富和完善首都隐患体系建设内容，进一步提升体系应用水平，为全市隐患体系建设向更深层次迈进奠定基础。

三、实施步骤

（一）制定项目实施方案（2018 年 1 月份至 3 月份）。各区、各有关单位结合实际，制定细化各项目的实施方案，合理确定工作目标，设定量化衡量指标。要把各项工作任务分解落实到具体责任单位和责任人员，明确工作步骤和完成时限，确保项目顺利实施。

（二）推进项目实施工作（2018 年 4 月份至 8 月份）。对于隐患治理类项目，按照“企业主责、属地管理”的原则，制定隐患治理方案，落实治理责任。各区定期检查隐患治理情况，督促相关企业按要求、按计划落实整改治理措施，协调解决隐患治理过程中出现的各类问题，重大疑难问题及时上报。对工作经费补助类项目，科学确定补助标准，对同类项目保持补助政策标准的延续性、公平性；加强工作过程、工作效果的控制和考核。

（三）做好项目验收审核（2018 年 9 月份至 10 月份）。对于隐患治理类项目，由项目承担单位负责组织工程初步验收，并提出审核验收申请，由各区组织有关部门和专家，对项目进行验收，出具验收意见。对于工作经费补助类项目，由项目承担单位组织有关专家和机构，对项目实施绩效进行验收审核，出具验收意见。各项目承担单位要将最终验收材料报市安全监管局备案，市安全监管局将对隐患治理项目进行抽查核验。

四、保障措施

2018 年，市级财政安排项目资金 1.44 亿元，其中转移支付各区资金 5958 万元，用于隐患排查治理体系建设及重大隐患治理等工作。各区财政部门要按照市财政局、市安全监管局联合印发《北京市生产安全事故隐患治理项目资金管理办法》（京安监发〔2017〕35 号）和《安全生产市对区专项补助资金管理暂行办法》（京财经一〔2016〕197 号）的相关规定，加快项目推进实施进度，加强专项资金“全过程”的监督和管理。

五、工作要求

一是加强组织领导。各区、各有关单位要加强领导，建立工作机制，制定项目实施的具体方案，抓好各项工作的推动落实。要切实落实企业主体责任、部门监管责任和属地管理责任，确保在规定时限内完成各项工作任务。

二是落实工作职责。市安委会办公室要发挥督促指导和调度协调作用，强化工作落实。各区政府要全面深入推进有关项目的实施工作，落实各项保障措施。各相关企业要全面落实主体责任，保障隐患治理项目资金足额投入，坚决防范事故发生。

三是严格项目管理。隐患治理项目资金是市政府安排的专项资金，仅用于隐患治理项目，必须专款专用，严禁挪作他用。各区、各有关单位要加强项目管理，严格落实财政资金使用要求，按照节约高效的原则，最大程度发挥财政资金的效力，切实加强财政资金的监管，做好相关档案资料的留存，接受财政、审计等部门的监督检查。

北京市安全生产委员会
2018 年 1 月 30 日

北京市安全生产委员会关于做好2018年度安全生产重点工作任务的通知

京安发〔2018〕6号

一、指导思想和总体目标

坚持以习近平新时代中国特色社会主义思想为指导，认真贯彻落实党的十九大精神，坚决贯彻落实党中央、国务院和市委、市政府关于安全生产工作的各项决策部署，紧紧围绕“四化三体系双基”总任务，以推进安全生产领域改革发展为牵引，以安全生产融合发展为主线，实施城市安全隐患治理三年行动，全面排查治理消除各类安全隐患，实现一般事故总量下降，防止较大事故和社会影响大的事故，坚决遏制重特大事故发生。

二、重点工作

（一）实施城市安全隐患治理三年行动

1.落实城市安全隐患治理三年行动各项工作任务。按照“年初排查、全年整改、年底销账”的隐患滚动治理模式，紧密结合首都工作实际，研究制定本市城市安全隐患治理三年行动方案，明确指导思想和工作目标，确定治理范围、内容和步骤，提出具体要求和保障措施。召开全市性会议进行动员部署。研究制定各行业领域隐患治理的具体标准，建立信息报送、情况通报、抽查考核等工作保障机制。具体工作措施以正式印发的相关文件为准。

2.强化重点行业领域安全监管。将隐患治理三年行动与危险化学品综合治理、电气火灾、工业涉爆粉尘、白酒制造、涉危使用、道路交通、建筑施工、特种设备、水电气热城市运行等重点行业领域，以及旅游景区、宾馆饭店、商场超市、商品交易市场、文化娱乐、体育场馆等人员密集场所专项治理紧密结合，全面排查消除事故隐患，防范事故发生。

3.深化隐患排查治理体系建设。以推动落实企业隐患排查治理主体责任为目标，开展隐患排查治理一企一标准、一岗一清单编制工作。贯彻落实《北京市生产安全事故隐患排查治理办法》（市政府令第266号）要求，开展企业隐患排查治理专项执法检查。继续推进企业层面隐患排查治理信息系统的全面使用，制定隐患系统应用推广工作方案，纳入标准清单编制企业系统使用率达到90%。

4.实施城市安全风险试点评估。继续推进《北京市城市安全风险评估试点工作方案》的落实，实现安全风险辨识、评估和管控全过程动态管理，完成全市重大安全风险源清单和电子地图的制作、应急资源分布状况摸排、应急资源调查报告编制、重大安全风险跟踪评估、企业安全风险辨识清单修订、风险评估培训体系建设等各项任务。

（二）深化安全生产领域改革

5.落实安全生产领域改革发展意见。研究制定推进安全生产领域改革发展的实施方案，逐项梳理分解重点任务，明确路线图、时间表、责任主体和保障措施，确保各项改革措施和工作要求落实到位。

6.研究推动城市安全发展。贯彻落实中共中央办公厅国务院办公厅关于推进城市安全发展意见的要求，研究制定本市推进城市安全发展的实施意见，明确工作思路和主要任务，做好推进落实工作。

7.加强企业安全生产费用提取和使用管理。贯彻落实财政部国家安全监管总局关于企业安全生产费用提取和使用管理办法，研究制定北京市企业安全生产费用提取和使用管理办法，落实费用提取和使用管理的各项工作措施。

8.推进基层安全生产网格化管理。研究制定本市加强基层安全生产网格化监管工作的实施方案，依托现有网格，合理划分安全生产网格，初步建立全域覆盖、资源整合、上下联动、运行高效的安全生产基层网格化监管体系。

（三）强化安全生产责任落实

9.出台地方党政领导责任制规定。贯彻落实中共中央办公厅国务院办公厅关于地方党政领导干部安全生产责任制规定的要求，研究制定本市地方党政领导干部安全生产责任制规定，明确地方党政领导干部主要安全生产职责，强化地方各级党政领导干部“促一方发展、保一方平安”的政治责任。

10.健全安全生产监管责任体系。研究修订市政府相关部门安全生产监管或管理职责，依法依规明确负有安全生产监督管理职责的具体部门，研究明确各有关部门职业健康工作职责。

11.严格安全生产目标考核。研究制定《2018年度安全生产工作考核细则》和《2018年度安全生产目标责任书》，建立健全安全生产考核体系，做好对各区政府、市政府有关部门量化、差异化、动态化安全生产考核工作。按照考核细则和年度安全生产目标责任书确定的工作内容和目标，层层分解，采取有效措施，确保各项重点任务有效落实。

12.深化安全生产督察。以市委市政府名义成立安全生产督察组，分批次对市政府有关部门开展安全生产督察。开展安全生产督察“回头看”，督促各区严格按照督察反馈意见逐条进行整改落实。以推进安全生产领域改革发展实施方案落实为核心，选择2～3项重点工作作为督查内容，开展全过程督查。

13.实施企业主体责任落实情况检查评估。研究制定检查评估工作实施方案，组织开展监管职责范围内企业落实主体责任情况的专项检查评估，督促企业严格履行法定责任和义务，并向社会公布评估结果。

14.建立市属企业年度安全生产综合考核机制。制定考核实施方案，确定考核指标，完成8家企业考核试点任务。推进市属国有企业设立安全总监制度工作。

（四）加强安全生产监管法治建设

15.完善安全生产地方法规体系。研究修订《北京市安全生产条例》，开展条例修订专题调研及论证活动，申报市人大2018年立法调研项目。推动本市生产经营单位安全生产主体责任政府规章立法工作，指导督促生产经营单位切实抓好安全生产和职业健康工作。

16.加快推动安全生产地方标准编制。完成《安全生产等级评定技术规范》“百项地标”中社会旅馆、公路工程施工企业、供电企业、金属非金属矿产资源地质勘查单位等27项标准的编制工作。启动《有限空间作业安全技术规范》《危险化学品企业装置设施拆除安全管理规范》和《危险化学品地上储罐区安全要求》地方标准制修订。

17.强化依法监管执法。研究制定《2018年度安全生产监督检查计划》，确定安全生产监督检查的重点内容和主要任务、方式和要求，并抓好组织实施。进一步加大执法检查和行政处罚力度，提高人均执法检查量和处罚量，促进监管执法检查效能提升。

（五）构建安全生产长效机制

18.加快安全生产领域信用体系建设。深入推进安全生产信用体系建设配套制度措施的落实，制定本市联合奖惩实施方案，将联合奖惩工作落到实处。建立重点行业领域安全生产信用信息共享和联合奖惩机制，做好信用信息系统的推广应用。

19.持续推进安全生产标准化提质增效。推进安全生产标准化创建与重点领域隐患治理、隐患排查治理体系建设和预防控制机制建立等重点工作深度融合。认真组织落实《北京市企业安全生产标准化建设管理办法》等1+6管理制度，严格落实评审组织单位责任，强力推进企业自主创建，加强评审机构和评审人员监管与考核，推进安全生产百项地标的有效实施，有力提升安全生产标准化创建质量。

20.务实开展安全生产大培训。组织开展覆盖全市5万家一般法人生产经营单位主要负责人和安全生产管理人员的安全生产培训考核，建立安全培训考核管理信息平台，促进安全意识和管理能力的“双提升”。

21.实施重点行业领域职业病危害普查。依托现有企业台账等基础数据，在全市重点行业领域3万家生产经营单位开展职业病危害基本情况调查，深入、全面掌握本市职业病危害现状，同步将其纳入本市职业病危害申报系统。

22.继续推行安全生产责任保险。在矿山、危险化学品、烟花爆竹、交通运输、建筑施工、民用爆炸物品、金属冶炼七个高危行业强制推行；在大型群众性活动、人员密集场所以及涉及水、电、气、热等城市运行领域重点推行；在其他行业全面推行安责险制度。

（六）夯实安全生产工作基础

23.加强基层安全生产工作。贯彻落实北京市安全生产“党政同责”“一岗双责”规定的要求，研究制定《北京市街乡安全生产工作指导意见》，全面规范乡镇（街道）安全生产工作，实现责任体系全覆盖。

24.开展安全生产检查队伍规范化管理。组织开展区职能部门安全生产督查检查队伍规范化建设，实现70%区职能部门安全生产督查检查队规范化建设达标。完善专职安全员检查信息系统，开展乡镇、街道（园区）优秀安全生产检查队评选工作。组织专职安全员业务培训及行政村、社区专兼职安全生产巡查员示范培训。

25.持续开展“双百工程”。在全市范围开展“百名安全监管干部与万家企业主要负责人对话谈心”和“百名安全生产专家服务万家企业”活动。依靠专家大力宣传《安全生产法》《职业病防治法》等法律法规，普及安全生产知识，帮助、指导企业查找安全隐患，提高职业病危害预防和控制能力，切实解决企业安全生产意识不强、安全管理能力欠缺、隐患排查水平不足等问题。

26.推进危险化学品集中管理体系建设。加快进行危险化学品集中管理体系建设，确保信息化建设、配套文件制定、仓储设施建设研究等各项重点工作取得实质性进展，逐步实现全市危险化学品的“专门储存、统一配送、集中销售”以及全过程动态监管，持续提升危险化学品安全监管水平。

27.提升应急救援保障能力。加强应急预案体系管理，提高各级、各类生产安全事故应急预案的针对性和可操作性，定期开展相关应急预案演练工作。强化应急救援能力建设，依托重点企业建立行业和区域专业应急救援队伍，提高队伍标准化建设水平，开展应急队伍常态化技能培训，探索专业应急救援队伍市场化服务。加强行业、区域应急物资储备统筹管理，优化各类应急物资储备结构与布局。夯实应急管理工作基础，持续推进应急管理示范创建工作，加大安全生产应急管理地方标准宣传贯彻力度，定期开展安全生产应急管理专项执法，做好事故灾难类巨灾情景构建研究工作。

28.加大宣传和教育工作力度。加强安全生产新闻宣传和舆论引导，营造全社会安全发展氛围。突出抓好第十七个“安全生产月”“安康杯”竞赛、“职业病防治法宣传周”“安监之星·北京榜样”和“寻找最美安监巾帼”等活动。加强安全文化建设，全面开展安全生产和职业健康宣传教育进企业、进校园、进机关、进社区、进农村、进家庭、进公共场所“七进”活动。落实安全生产举报奖励制度，引导广大群众广泛参与支持安全生产，强化社会监督。

29.做好安全生产保障。重点完成全国“两会”、改革开放40周年等重大活动安全生产保障工作。加强对新机场、城市副中心办公区、冬奥场馆及配套设施等重点建设工程开展安全生产执法检查。

三、工作要求和保障措施

（一）加强组织领导。各地区、各部门、各单位要紧密围绕年度重点工作，结合自身职责，认真研究梳理各项工作，分门别类制定具体实施方案，落实工作目标和任务。市安委会办公室要抓好统筹，及时沟通协调，研究解决工作中出现的突出和难点问题。各区要充分发挥安委会牵头抓总作用，强化综合协调和监督检查。各有关部门要加强配合协作，采取有效措施，做好各项工作任务的有效落实。

（二）加强督促指导。各地区、各部门、各单位要加大对年度重点工作的督促和指导力度，不断完善工作机制，通过建立信息报送、情况通报、会议联动等保障机制，动态掌握各项工作进展程度，及时发现并解决有关问题。市安委会办公室要加强对各地区、各部门重点工作的指导，全程、全面掌握各项工作进展情况，定期通报重点任务开展情况，对于工作滞后、推进缓慢的地区和单位予以通报批评，督促做好各项工作的顺利实施。

（三）强化安全考核。市委市政府安全生产督察组、市安全生产委员会办公室要将各项重点工作纳入年度安全生产工作督查和综合考核的重点内容，对区政府、各有关部门和单位重点任务完成情况进行督导考核。各地区、各部门、各单位要加强对本地区、本部门、本单位重点任务落实情况的考核，确保各项重点任务落实到位。

附件：2018年度安全生产重点工作任务分工表

北京市安全生产委员会
2018年3月9日

附件：

2018年度安全生产重点工作任务分工表

分类	重点工作	责任单位
（一）实施城市安全隐患治理三年行动	1.落实城市安全隐患治理三年行动各项工作任务	各区政府、北京经济技术开发区管委会，市安全监管局及《北京市城市安全隐患治理三年行动方案》涉及的市政府有关部门
	2.强化重点行业领域安全监管	各区政府、北京经济技术开发区管委会，市政府有关部门
	3.深化隐患排查治理体系建设	各区政府、北京经济技术开发区管委会，市安全监管局等市政府有关部门、市属国有企业
	4.实施城市安全风险试点评估	各区政府、北京经济技术开发区管委会，《北京市城市安全风险评估试点工作方案》涉及的市政府有关部门和市属国有企业
（二）深化安全生产领域改革	5.落实安全生产领域改革发展意见	各区政府、北京经济技术开发区管委会，市委市政府印发《关于进一步推进安全生产领域改革发展的实施方案》涉及的市政府有关部门
	6.研究推动城市安全发展	市安全监管局等市政府有关部门
	7.加强企业安全生产费用提取和使用管理	市安全监管局、市财政局
	8.推进基层安全生产网格化管理	各区政府、北京经济技术开发区管委会，市安全监管局、市社会办等市政府有关部门
（三）强化安全生产责任落实	9.出台地方党政领导责任制规定	各区政府、北京经济技术开发区管委会，市安全监管局
	10.健全安全生产监管责任体系	市安全监管局、市编办等市政府有关部门
	11.严格安全生产目标考核	各区政府、北京经济技术开发区管委会，涉及安全生产考核的市政府有关部门
	12.深化安全生产督察	各区政府、北京经济技术开发区管委会，市政府有关部门
	13.实施企业主体责任落实情况检查评估	各区政府、北京经济技术开发区管委会，市安全监管局、市住房城乡建设委、市交通委、市城市管理委、市商务委、市旅游委、市规划国土委、市农委、市经济信息化委、市园林绿化局、市水务局、市体育局、市文化局、市新闻出版广电局、市质监局等
	14.建立市属企业年度安全生产综合考核机制	市安全监管局、市国资委、市经济信息化委、市属国有企业
（四）加强安全生产监管法治建设	15.完善安全生产地方法规体系	市安全监管局、市政府法制办
	16.加快推动安全生产地方标准编制	市安全监管局、市质监局等市政府有关部门
	17.强化依法监管执法	各区政府、北京经济技术开发区管委会，具有安全生产执法权的市政府有关部门

续表

分 类	重点工作	责任单位
（五）构建安全生产长效机制	18.加快安全生产领域信用体系建设	各区政府、北京经济技术开发区管委会，市安全监管局、市经济信息化委等市政府有关部门
	19.持续推进安全生产标准化提质增效	各区政府、北京经济技术开发区管委会，市安全监管局
	20.务实开展安全生产大培训	各区政府、北京经济技术开发区管委会，市安全监管局
	21.实施重点行业领域职业病危害普查	各区政府、北京经济技术开发区管委会，市安全监管局
	22.继续推行安全生产责任保险	各区政府、北京经济技术开发区管委会，市安全监管局、市交通委、市住房城乡建设委、市经济信息化委等市政府有关部门
（六）夯实安全生产工作基础	23.加强基层安全生产工作	各区政府、北京经济技术开发区管委会，市安全监管局
	24.开展安全生产检查队伍规范化管理	各区政府、北京经济技术开发区管委会，市安全监管局
	25.持续开展“双百工程”	各区政府、北京经济技术开发区管委会，市安全监管局
	26.推进危险化学品集中管理体系建设	各区政府、北京经济技术开发区管委会，北京市危险化学品集中管理体系建设工作协调小组办公室印发《北京市危险化学品集中管理体系建设工作协调小组工作职责》涉及的市政府有关部门
	27.提升应急救援保障能力	各区政府、北京经济技术开发区管委会，市安全监管局等市政府有关部门
	28.加大宣传和教育力度	各区政府、北京经济技术开发区管委会，市安全监管局、市人力社保局、市总工会、市卫生计生委等市政府有关部门
	29.做好安全生产保障	各区政府、北京经济技术开发区管委会，市公安局、市公安局消防局、市安全监管局、市质监局、市环保局、市住房城乡建设委等市政府有关部门

北京市安全生产委员会关于印发《北京市重点行业领域生产经营单位职业病危害基本情况普查工作方案》的通知

京安发〔2018〕7号

各区人民政府、北京经济技术开发区管委会，市安委会成员单位，各有关单位：

根据《国家职业病防治规划（2016—2020年）》《北京市职业病防治规划（2016—2020年）》，结合北京市实际，定于2018年在全市范围内组织开展重点行业领域生产经营单位职业病危害基本情况普查工作（以下简称普查工作）。

本次普查工作的目标是，摸清我市存在职业病危害生产经营单位的底数，促进生产经营单位落实职业病防治主体责任。普查工作突出全市统筹，属地主导，行业配合，机构支持的工作原则，由市安全监管局牵头负责，制定全市工作方案，提出各区普查任务，确定承担普查任务的机构和落实普查经费保障。现将《北京市重点行业领域生产经营单位职业病危害基本情况普查工作方案》印发给你们，并提出以下工作要求，请结合工作实际认真抓好落实。

一、提高思想认识

加强职业健康工作，是贯彻以人民为中心发展思想的必然要求，是深入贯彻落实《中共中央国务院关于推进安全生产领域改革发展的意见》（中发〔2016〕32号）的具体实践。按照“管行业必须管安全、管业务必须管安全、管生产经营必须管安全”的要求，各区、各部门要进一步强化对所属生产经营单位职业健康的监管。各区、各部门要利用本次普查工作的时机，摸清属地和行业职业健康监管底数，为落实属地监管职责、探索行业监管打下坚实基础。各区要加强组织领导，成立普查工作专门机构，明确责任部门和责任人，结合辖区实际制定普查工作实施方案，确保高质量完成普查工作任务。各区可根据辖区实际，配套相应的财政经费，利用普查工作契机，加大监管工作力度，推动企业进一步落实职业病防治主体责任。

二、做好宣传培训

职业健康涉及全社会每个劳动者的切身利益。通过近几年监管发现，全市相当数量的生产经营单位和劳动者对于职业健康的认识不高，对于保护职工健康、维护劳动者健康权益积极性主动性不强。各区、各行业部门要利用本次普查工作，抓好工作动员，加大宣传力度，全面提高全社会对职业健康的认识，督促生产经营单位主动落实职业病防治主体责任。各行业部门要根据主管行业的特点，积极主动配合开展普查相关工作，对可能存在职业病危害的生产经营单位进行初步摸底，在普查工作正式开展之前向市安委会办公室提供存在危害生产经营单位名单。

三、抓好工作落实

各区要按照任务目标、时间节点和普查工作要求完成任务。各部门要统筹兼顾，将普查工作与日常监管工作相结合，有计划、有步骤地配合属地开展普查任务。本次普查工作，将纳入2018年全市安全生产工作考核。市安全监管局在统筹负责基础上，通过定期召开普查工作例会、阶段性工作汇报等方式，及时掌握普查工作进展，对普查工作整体质量和进度进行监督把控。普查工作将建立信息通报制度，以市安委会办公室的名义定期通报普查工作进展，对不能按时按要求完成的地区予以通报批评。

北京市安全生产委员会

2018年3月27日

北京市重点行业领域生产经营单位职业病危害基本情况普查工作方案

近年来，随着非首都功能疏解和产业结构调整，北京市职业病危害状况发生了很大变化。为掌握全市职业病危害现状，全面督促落实生产经营单位主体责任，进一步加强职业健康监管工作，我市于2018年开展重点行业领域生产经营单位职业病危害基本情况普查工作。具体方案如下：

一、指导思想

坚持以人民为中心的发展思想，深入贯彻《“健康中国2030”规划纲要》《国家职业病防治规划（2016—2020年）》《北京市职业病防治规划（2016—2020年）》《职业病危害治理“十三五”规划》等文件精神，根据北京市经济社会发展需要，摸清全市职业病危害情况，深入研究职业病危害现状，进一步采取有效措施，切实维护劳动者健康权益。

二、普查目的

（一）摸清全市重点行业领域职业病危害基本现状。结合北京市实际，在全市范围内对重点行业领域存在职业病危害的生产经营单位进行普查，了解掌握职业病危害现状，为进一步加强监管提供科学依据。

（二）督促生产经营单位落实职业病防治主体责任。根据工作实际，逐步将存在职业病危害生产经营单位纳入职业健康监管，督促生产经营单位按照法律法规要求，依法开展职业健康管理工作，切实落实职业病防治主体责任。

（三）提高全社会对职业病危害防治的认识。通过普查，积极营造职业病危害防治社会氛围，普及职业病危害防治知识。在生产经营单位中，边普查边宣传边教育，不断提高生产经营单位职业健康管理水平和广大劳动者的健康意识。

三、普查对象

本次普查范围为全市辖区内重点行业领域的生产经营单位。依据国家安监总局《职业病危害治理“十三五”规划》《职业病危害因素分类目录》（国卫疾控发〔2015〕92号）《建设项目职业病危害风险分类管理目录》（安监总安健〔2012〕73号）等相关文件要求，确定本次普查的重点行业领域是：采矿业；制造业；电力、热力、燃气及水生产和供应业；建筑业；批发和零售业（加油站）；住宿和餐饮业；交通运输、仓储和邮政业；水利、环境和公共设施管理业（生态保护和环境治理业）；居民服务、修理和其他服务业（汽车、摩托车修理与维护）；及涉及核技术应用、放射性作业的非医疗机构等单位。除此之外，各区和各行业部门可根据工作实际，适当扩展本次普查的范围对象。

四、普查内容及方法

（一）普查内容

本次普查工作的普查表，经市统计局批复后另行印发，具体普查内容有：

1.基本信息：包括生产经营单位名称、法定代表人姓名、工作场所地址、统一社会信用代码、登记注册类型、所属行业、主营业务收入、岗位职工人数等。

2.职业病危害辨识信息：包括主要原辅料及产品、中间产品，主要工艺、岗位及设备设施等存在职业病危害种类及来源。

3.职业健康管理信息：包括职业病危害申报、职业健康管理员、主要负责人职业健康培训、劳动者职业健康培训、职业病危害因素定期检测、职业病危害告知、职业健康检查等。

4.职业病危害信息：包括职业病危害接触情况、作业场所、作业岗位、作业人数、接触的职业病危害种类、接触水平等。

（二）普查方式及流程

本次普查由市安全监管局统筹负责，按照各区普查工作的任务量划分若干个标段，以招投标形式确定承担普查具体工作任务的技术服务机构，由中标机构负责现场普查和技术检测工作。普查机构的确定，是以在京注册的甲级、乙级职业卫生技术服务机构为主，具有职业卫生技术服务能力的其他社会专业机构为辅。

1.确定重点行业领域生产经营单位范围及名单。市安全监管局根据全市生产经营单位安全生产条件台账系统，筛查普查对象初步名单并下发至各区，同时结合各区实际确定普查对象，明确开展普查登记和技术检测的单位名单。

2.开展宣传和培训工作。市安全监管局发布普查公告，各区开展广泛深入宣传，将普查公告和宣传资料发放到所有普查对象。培训工作分为市、区两个层面，市级层面主要培训普查机构和各区、街乡安全员等参与普查工作的人员；根据实际情况，区级主要培训街乡安全员和普查对象。

3.现场普查和技术检测。由普查机构负责入户开展现场普查工作，并完成《普查表》填写。各区向街乡布置普查任务，指导街乡完成普查相关工作。普查机构填写完成的《普查表》由普查员、普查对象负责人与街乡安全员一并签字。普查机构对可能存在职业病危害的普查对象进行技术检测，根据检测结果完善普查信息。普查机构向各区及时反馈普查工作情况。

4. 网上填报。本次《普查表》的网上信息填报工作，由普查机构在“职业病危害普查信息系统”中统一进行填报。

5. 质量抽查。市安科院在普查工作开展中，对已完成普查的单位进行随机抽查，及时发现和纠正普查工作中存在的问题。

6. 完成普查报告。各普查机构完成一个区的普查工作任务后，将全部普查资料进行整理汇总，形成分区普查报告报送至市安科院，市安科院汇总形成全市普查总报告。

五、组织机构和职责任务

（一）成立普查机构

市安全监管局牵头负责本次普查工作，成立“北京市职业病危害普查工作领导小组”：

组　长：张树森　市安全监管局局长

副组长：阎　军　市安全监管局副局长

成　员：市安全监管局其他局领导

普查工作领导小组下设办公室，由市安全监管局职卫综合处牵头负责，办公室成员由市安全监管局相关处室和单位组成。

各区按照普查工作安排，成立相应的普查工作专门机构，明确牵头负责领导，确定具体责任部门，落实普查工作要求。

（二）职责任务

1. 北京市职业病危害普查工作办公室职责：组织并指导全市开展普查工作；负责申请普查表号；指导编制并印发普查工作方案；组织招投标工作；开展普查宣传工作；维护普查信息填报系统；负责普查质量总体控制；受理普查工作举报投诉事项等。

2. 市安科院作为总技术支撑单位，承担相关技术工作任务：负责普查工作具体策划，编制《普查表》、填表说明和普查工作手册；编制普查工作培训方案，指导开展普查培训及宣传工作；设立技术咨询电话，对普查工作进行技术保障；对普查工作质量进行抽查核查；负责收回并保存全部普查资料；编写全市普查工作总报告。

3. 各区普查工作任务：结合辖区实际，制定本地区普查工作实施方案，落实工作任务和责任人；按照全市宣传、培训方案，组织开展普查宣传、培训工作；动员部署并指导街乡开展普查工作；督促普查对象配合完成普查工作；配合普查机构开展现场调查和技术检测；对本辖区生产经营单位经营状况及其存在职业病危害情况予以核实确认；协助市安科院完成普查质量抽查核查等工作。

4. 普查机构工作任务：组织相应数量的专业技术人员参加普查工作，并接受普查工作培训；明确技术负责人对普查过程中危害辨识、普查表确认等工作负责；开展现场普查，完成《普查表》填写；将普查登记内容录入信息填报系统；开展职业病危害水平技术检测；汇总并报送普查数据信息，对普查中存在问题进行上报；以区为单位对普查数据进行汇总分析，编写分区普查报告。

5. 各行业主管部门工作任务：积极主动参与普查工作，对可能存在职业病危害的生产经营单位进行初步摸底；在普查工作正式开展之前向市安委会办公室提供可能存在危害的普查对象名单；对行业内生产经营单位进行宣传动员，督促普查对象配合普查工作。

六、时间安排

本次普查分为筹备、动员培训、实施和汇总分析四个阶段，计划实施1年，于2018年12月31日前完成。

（一）筹备阶段（2018年1月—3月）

市安全监管局组织开展职业病危害普查相关筹备工作，具体包括：

1.编制普查方案、《普查表》、普查工作手册等文件；

2.初步筛查普查对象名单；

3.编制普查工作具体实施方案及普查培训方案、宣传方案、质量控制方案、资金使用方案和招投标工作方案；

4.按区域划分普查任务量，并组织开展招投标工作；

5.开发普查信息填报系统，申请普查表号；

6.选择试点区域填报《普查表》。

（二）动员培训（2018年4月—5月）

各区按照全市普查工作的部署和要求，制定普查工作方案，对辖区内普查对象开展广泛深入宣传，为普查工作顺利开展做好思想准备。

市安科院负责市级层面培训，主要培训普查机构和各区、街乡安全监管人员等参与普查工作的人员。市级培训后，各区对辖区内安全监管人员和有关生产经营单位进行培训，使参与普查的所有人员了解普查的目的意义，了解职业病危害相关知识及普查表的填写内容等，确保普查工作顺利开展。

（三）普查实施（2018年5月—10月）

1.生产经营单位核定。市安全监管局根据生产经营单位台账，确定各区重点行业领域普查单位名单和现场检测单位名单，下发至各区核实确认。

2.开展现场调查。各区指导街乡开展普查工作，街乡明确专人配合普查机构开展现场调查，督促普查对象配合做好《普查表》填写和现场检测等工作。

3.质量抽查。市安科院对普查机构上报的普查数据进行质量监督和抽查复核工作。

（四）汇总分析（2018年10月—12月）

各普查机构以区为单位，对普查数据进行统计分析，并起草分区普查报告。市安科院对各区普查数据进行汇总分析，形成全市普查工作总报告。

七、工作要求

（一）要明确普查工作属地责任。各区各街乡要提高对普查工作的思想认识，将普查工作纳入工作考核，切实落实属地责任。各区要结合实际，明确工作目标和实施方案，积极完成辖区内普查的培训、宣传、督促指导等相关工作。正式普查前要组织承担机构的普查人员选择3—5家单位进行试点填表，梳理流程，研究解决遇到的实际问题。各区安委会成员单位要结合行业管理实际，督促所辖企业配合做好职业病危害普查相关工作，为掌握职业病危害现状，进一步加强监管奠定基础。

（二）要高度重视宣传培训工作。各区要认真做好普查宣传工作，利用多种形式广泛深入宣传普查的重要意义和要求，引导广大普查对象依法配合普查，为普查工作顺利实施创造良好的舆论环境。市安科院要把普查员的业务培训作为重点，同时，要对各区参加普查的人员进行一次包括职业健康知识和普查工作等内容的培训。

（三）要提高普查工作质量。普查机构要高度重视普查工作，深入研究普查工作的技术要求，充分考虑普查工作的任务量，安排充足的技术骨干和普查工作人员专职承担普查工作任务。要密切与属地安监人员和镇街乡安全员的沟通联系，制定实施方案，提前做好分组安排。普查机构要高度重视普查工作质量，对参加普查的工作人员提出严格要求，技术负责人要认真把关，不得提交不合格的普查表。

（四）要做好普查工作配合。各区在普查机构确定后，要组织召开普查机构与街乡普查工作人员的见面会，充分沟通普查工作开展的具体方式和要求。各街乡要根据普查工作实际，在安全员检查队中抽调 3—5 人配合普查机构开展辖区内普查工作，协助做好普查宣传、行程路线指引、企业信息核对等工作，对疑似存在职业病危害生产经营单位基础信息进行核实。

（五）要坚持依法普查。所有普查对象必须严格按照《中华人民共和国统计法》的规定，全面如实地提供普查相关资料，配合填报《普查表》。普查取得的单位和个人资料，严格限定用于普查目的，不作为任何单位对普查对象实施处罚的依据。各普查机构及其工作人员，对在普查中所知悉的国家秘密和普查对象的商业秘密，必须履行保密义务。

北京市安全生产委员会关于印发《北京市安全生产督察工作规范（修定版）》和《北京市安全生产督察工作流程（修定版）》的通知

京安发〔2018〕10号

各区人民政府，市安委会各成员单位：

经市政府同意，现将《北京市安全生产督察工作规范（修定版）》和《北京市安全生产督察工作流程（修定版）》印发你们，请认真贯彻执行。

附件：1.北京市安全生产督察工作规范（修定版）

2.北京市安全生产督察工作流程（修定版）

北京市安全生产委员会

2018年6月8日

附件1：

北京市安全生产督察工作规范（修定版）

根据中共中央国务院关于推进安全生产领域改革发展的意见以及北京市委市政府有关开展安全生产督察的工作要求，为进一步推进安全生产督察工作的科学化、制度化、规范化建设，特制定本规范。

一、指导思想

认真学习贯彻党的十九大精神，以习近平新时代中国特色社会主义思想为指导，深入学习贯彻习近平总书记两次视察北京重要讲话和对北京工作的一系列重要指示精神，牢固树立安全发展理念，坚持首善标准，按照“党政同责、一岗双责、齐抓共管、失职追责”的要求，以服务大局、促进整改、推进落实为目的，不断提升安全生产工作水平，促进本市安全生产治理体系和治理能力现代化，为建设国际一流的和谐宜居之都创造良好的安全生产环境。

二、督察原则

（一）坚持抓大抓重。以党中央、国务院和市委、市政府关于安全生产工作的重大决策部署和具有全局性、重要牵引作用的重点工作任务作为督察重点。通过对重点工作任务完成情况的督察，以点带面、推动全局。

（二）坚持问题导向。针对存在突出生产安全问题或阶段性事故高发、频发的单位，以及重大决策部署落实过程中存在的问题开展督察，倒逼安全生产的责任和政策措施的落实，促进全市安全生产整体水平提高。

（三）坚持注重实效。把推动安全生产工作落实作为督察的出发点和落脚点，既注重督落实的效果，更要察落实的过程。同时，还要总结推广好的经验做法。

（四）坚持分类督察。认真研究掌握各区和市级部门安全生产工作的特点规律、工作重点，制定有针对性的督察方案，使督察工作的开展与被督察单位的工作实际紧密结合起来。

三、督察对象

主要包括各区（含北京经济技术开发区）党委、政府，市级有关部门（以下统称被督察单位）。根据工作需要，对各区的督察可下沉至各区党委、政府有关部门和乡镇（街道）党（工）委、政府（办事处），各类功能区管委会。对各市级部门的督察可下沉至对口区级部门和行业内本市国有企业及其他生产经营单位。

每年对各区（含北京经济技术开发区）督察一遍，每两年对市政府有关部门督察一遍。对每个单位的督察时间为10至15个工作日。对存在突出生产安全问题或阶段性事故高发、频发的单位，可不定期开展专项督察。专项督察时间根据任务需要确定，原则上不超过5天。

四、督察组织

安全生产督察工作以市委、市政府名义开展。由市安全生产委员会（以下简称市安委会）办公室负责督察工作的统筹组织、协调指导、整改督办、经费保障等。

督察组实行组长负责制，一次一授权。督察组组长由市委组织部选派现职或近期退出领导岗位的正局级领导同志担任。副组长由市安委会办公室抽调市级有关部门副局级领导同志担任。督察组其他成员由市安委会办公室及市级有关部门的人员、安全生产特约监督员和有关专家组成，原则上每组人数为10至15人。

督察组组长负责本组全面工作。负责根据督察方案统筹确定督察方向、督察重点、督察进度、督察报告等；组织召开督察组会议，研究解决督察中的重大问题；对督察中发现的重大事项和重要问题及时向市安委会办公室汇报；根据督察工作需要，与被督察单位主要负责人、班子其他成员谈话了解相关情况；对督察反馈意见和督察报告审核把关。

督察组副组长配合组长开展工作。按照组长要求，组织实施督察工作，包括制定督察计划，开展各项督察工作，组织起草督察反馈意见和督察报告等。

督察组其他成员按照组内分工，认真完成相关督察工作。

五、督察内容

（一）国家和本市安全生产决策部署落实情况。重点督察党中央、国务院和市委、市政府安全生产重大决策部署，以及安全生产相关法律法规、重要政策文件、重要会议精神的落实情况。

（二）安全生产责任制落实情况。落实“党政同责、一岗双责、齐抓共管、失职追责”的情况，落实属地管理责任或部门监管责任的情况。包括对安全生产工作的研究部署、制度建设、资金投入、责任落实、督促检查、考核评价、责任追究等情况。

（三）安全生产综合治理情况。“打非治违”、重点行业领域安全隐患专项整治、安全风险辨识、重大危险源管控等情况，安全生产统计分析、事故信息报送和各类生产安全事故调查处理及责任追究、整改落实等情况。

（四）完善安全生产监管体制情况。执法检查力量及监管监察能力建设、应急管理、安全生产标准化建设以及隐患排查治理体系和安全预防控制体系建设等情况。

（五）安全生产基层基础建设情况。安全生产规划实施、“科技强安”战略实施、安全生产培训和利用社会力量加强安全生产工作等情况，年度重点任务落实、大型会议及活动安全生产保障、事故易发多发地区或重点行业领域安全生产状况改进等情况。

市安委会办公室根据党中央、国务院安全生产工作部署，按照市委、市政府、市安委会年度安全生产工作目标任务，对督察内容进行有重点地细化完善，形成年度督察方案，报市委、市政府批准后组织实施。

六、督察制度

（一）会议制度。组长或副组长主持召开督察组会议，明确任务分工，明确督察方向和要求，研究重点问题和重大事项，研究督察反馈意见。会议由专人负责记录并形成会议纪要。

（二）培训制度。各督察组要经常组织全体人员进行培训，学习安全生产法律法规和有关文件，学习督察内容、规范、标准、流程等，交流督察方式方法，确保督准、督实、督深，督出成效。

（三）报告制度。对督察期间发现的重大问题、重要情况，形成书面报告，经组长确认后，报市安委会办公室处置。督察结束后，要形成反馈意见，经组长认可后，与被督察单位口头交换意见。

（四）反馈整改制度。督察组根据市政府审定后的督察报告形成对被督察单位的正式反馈意见，并附问题清单，由督察组组长向被督察单位进行正式反馈。被督察单位在正式反馈2个月内，将整改落实情况正式书面报市政府，并抄送市安委会办公室。

（五）通报制度。督察组要及时向市安委会办公室报送督察动态、进展情况，发现的突出问题、重大隐患和基层经验做法等工作信息及主流媒体报道情况。市安委会办公室做好情况汇总、信息交流，及时通报各地区和有关部门。

（六）宣传制度。督察前，市安委会办公室在市级主流媒体公布被督察单位、督察内容。督察结束后，经市政府同意，公布督察反馈意见和整改情况报告。对督察中发现的典型违法违规行为和重大隐患可以向社会曝光。

（七）举报受理制度。督察期间接到举报投诉问题线索后，要分类建立台账逐一登记，经组长审批后，转交被督察单位核实查处。被督察单位负责对举报问题进行调查核实、处置办理和情况反馈。对于实名举报，办理结果及时向举报人反馈。督察结束时，各督察组要将举报受理办理情况报市安委会办公室。

（八）请假报告制度。参加督察人员原则上与原单位工作脱钩，集中精力做好督察工作。组长和副组长请假需报市安委会办公室批准。其他成员请假一天以内的，需书面报组长批准；请假一天以上的，需同时报市安委会办公室批准。

七、督察实施

督察组和被督察单位按照《北京市安全生产督察工作流程（修定版）》规定的各环节工作，有序开展安全生产督察，提高督察工作实效。

八、督察方式

督察组可结合督察的主要内容和被督察单位的实际，采取以下方式开展工作。

1.听取被督察单位的工作汇报和有关单位、有关部门、有关企业的专题汇报。

2.列席被督察单位有关安全生产工作的会议，调阅有关文件、档案、会议记录、执法检查案卷、事故调查报告等资料。

3.召开座谈会了解有关情况，向有关人员个别谈话询问情况。

4.随机抽查、暗查暗访相关生产经营单位。

九、工作要求

（一）注重督察实效。坚持实事求是，加强调研研究，准确把握和研判被督察单位安全生产工作情况，提高督察工作的针对性。

（二）如实报告情况。督察报告要客观、全面、准确反映被督察单位安全生产工作实际。对督察中发现的重要情况和重大问题，不得擅自表态和处置，要及时向市安委会办公室请示报告。

（三）严格执行中央八项规定精神，严守督察纪律。认真落实党风廉政建设各项要求，不得接受宴请、收受礼品，不得利用工作便利谋取私利，公开、公正、廉洁地开展工作。严格遵守国家法律法规，落实各项保密规定。不得隐瞒、歪曲、捏造事实，不得干扰被督察单位的正常工作，不处理被督察单位的具体问题，严格按照督察工作计划和要求开展督察。

附件 2：

北京市安全生产督察工作流程（修定版）

为严谨、规范、高效、有序地开展安全生产督察工作，依据市委市政府关于加强安全生产督察工作的要求，特制定本工作流程。

一、督察准备

（一）制定督察实施方案

市安委会办公室根据党中央、国务院安全生产工作部署，按照市委、市政府、市安委会年度安全生产工作目标任务，对督察内容有重点地细化完善，明确督察的目标任务、督察对象、督察重点、督察安排等，形成督察实施计划，报市委、市政府批准后组织实施。

（二）组建北京市安全生产督察组

市安委会办公室按照市委、市政府批准的年度督察计划，根据督察工作需要，会同市委组织部等市安委会成员单位组建北京市安全生产督察组。

（三）研究制定督察要点

市安委会办公室根据督察计划的要求，结合督察对象的安全生产特点规律，研究制定年度督察工作要点。

（四）收集整理有关情况

1.原则上市安委会办公室提前30天通知被督察单位做好督察准备。被督察单位要对照督察重点内容开展全面自查，于督察进驻动员会前10天形成5000字左右自查报告上报市安委会办公室。

2.向市安委会各成员单位了解被督察单位的情况。对收集整理的被督察单位安全生产工作中存在的突出问题，由各督察组进行汇总，并纳入本组督察的重点内容。

3.编制督察手册。结合督察方案汇总国家相关法律法规，党中央、国务院、国务院安委会、国家应急管理部及市委、市政府、市安委会、市安委会办公室、市安全监管局印发的关于安全生产工作的文件，以及本次督察方案、工作流程和纪律要求等。

（五）动员培训

1.市安委会办公室组织召开督察工作动员会。请市政府领导部署工作任务，提出工作要求。全体督察人员及被督察单位联络组成员参加。

2.组织督察业务培训。市安委会办公室组织对全体督察人员和被督察单位联络员的培训，学习领会党中央、国务院以及市委、市政府关于安全生产工作的决策部署和相关政策法规、业务知识，熟悉掌握督察工作内容流程、方式方法、工作要求等。

（六）审核并印发各督察组工作方案

培训期间，各督察组组长要组织召开督察组会议，对本组工作进行再动员。明确组内任务分工，明确与市安委会办公室和被督察单位的对接联络员。制定本组督察工作方案，包括督察时间、任务、方法、步骤、人员分工、计划安排和工作纪律要求等。各组督察工作方案经市安委会办公室审核通过后，由市安委会办公室印发实施。

（七）起草有关文稿

市安委会办公室负责起草督察组组长、副组长在进驻被督察单位动员会上的讲话通稿。各督察组结合被督察单位实际，在通稿的基础上形成组长、副组长在动员会上讲话的正式稿。

（八）协调进驻事宜

各督察组与被督察单位要积极沟通协调，指导其做好督察的各项事务性工作。被督察单位要成立督察联络组，确定督察工作联系人等事宜。督察期间，被督察单位除联络组的工作人员之外，不需另外安排其他陪同人员。

1.被督察单位为地区的，联络组组长由主管副区长担任，副组长由区委办公室副主任、

区政府办公室副主任和区安全监管局主要负责人担任。另可安排相关工作人员2—3名。

2. 被督察单位为市级部门的，联络组组长应由副局级领导担任，副组长由办公室主任、负责安全生产的处室主要负责人担任。另可安排相关工作人员2—3名。

市安委会办公室负责督察期间的车辆、食宿、聘请专家等相关费用的保障。各督察组可根据实际情况提前10天提交需求清单。

二、督察进驻和实施

第一阶段，主要是召开督察进驻动员会、听取被督察单位工作汇报、调阅相关资料。

（九）召开督察进驻动员会

1. 督察对象为地区的，会议会标为“中共北京市委、北京市人民政府安全生产第×督察组进驻××区动员会”。参会人员为区委、区政府班子成员，区安委会成员单位主要负责人，乡镇（街道）党政主要负责人和区属重点国有企业主要负责人。同时应邀请区人大、区政协主要领导参加会议。

会议由区长主持。主要议程：一是督察组组长部署工作任务，提出工作要求；二是副组长通报计划安排，包括新闻报道、受理举报、督察保障、工作纪律等；三是区委书记作表态发言。会议时间原则上不超过1小时。

2. 督察对象为市级部门的，会议会标为“中共北京市委、北京市人民政府安全生产第×督察组进驻市××动员会”。参会人员为被督察部门班子全体成员，机关内设机构、直属事业单位主要负责人。

会议由部门主要负责人主持。主要议程：一是督察组组长部署工作任务，提出工作要求；二是副组长通报计划安排，包括新闻报道、督察保障、工作纪律等；三是部门主要负责人作表态发言。会议时间原则上不超过1小时。

（十）听取工作汇报

督察进驻动员会后，随即召开工作汇报会。会议由督察组组长主持。

1. 督察对象为地区的，由区委书记汇报本地区安全生产工作情况，2—3名副区长汇报各自分管领域安全生产责任履行情况。会议时间原则上不超过1小时。

2. 督察对象为市级部门的，由部门主要负责人汇报本部门安全生产工作情况，1—2名班子其他领导成员汇报分管领域安全生产责任履行情况。会议时间原则上不超过1小时。

（十一）新闻宣传

进驻动员会和工作汇报会后，督察对象为地区的，要通过区级报纸、电视、网络等媒体报道会议情况，公布督察组受理举报方式。督察对象为市级部门的，要在官方网站报道会议情况。被督察单位要将新闻报道的相关资料报督察组。督察期间，督察组可视情邀请新闻媒体报道督察情况。

（十二）查阅资料

通过查阅资料，了解被督察单位是否按照党中央、国务院和市委、市政府的部署要求，结合实际制定具体落实措施和制度规范，是否存在照抄照搬、以文件贯彻文件现象。

被督察单位要按照督察任务的要求，分门别类整理归集有关资料（为便于被督察单位原始资料留存，鼓励和提倡提供PDF格式电子版材料)，力争所提供的资料能够真实、详实、全面、准确地反映本单位安全生产工作的过程、措施、成效等。

督察组对于资料不全的，可以要求进行补充或说明。被督察单位所提供的文件应是有效力的文件，补充的文件需在督察组规定的时间内提供，相关补充说明材料应加盖公章。对于无印章、无文号、无发文日期、无受文单位的文件或超过督察组规定的时间内补充的文件等将视同无效。

被督察单位出台的所有安全生产文件、制度和落实情况将作为延伸督察的重要内容。

对被督察单位提供的文件、档案、会议纪要等书面资料，督察组要专人保管、及时归还。

第二阶段，主要是对被督察单位进行延伸督察。

1.督察对象为地区的，可延伸至区党委、政府有关部门和乡镇（街道）党（工）委、政府（办事处)、功能区管委会，区属重点国有企业等。

2.督察对象为市级部门的，可延伸至被督察单位的对口区级单位或各驻派分支机构。可适情抽查本行业领域重点企业。

（十三）梳理举报线索

督察期间，督察组要明确专人负责办理群众来信来电举报工作。对接到的举报线索要做好登记，及时提交督察组组长或副组长审批后，转交被督察单位核实查处。被督察单位要在3个工作日内向督察组书面反馈核实查处结果。对实名举报的，被督察单位还要将查处结果及时向举报人反馈。

（十四）抽查暗访

根据督察工作需要，督察组可随机抽查区委、区政府有关部门和乡镇（街道)、功能区，以及市级部门所属行业领域企业的安全生产工作情况。督察组可根据掌握的重大隐患和违法违规问题线索，不打招呼、直接暗查有关企业的安全生产情况。暗查应由2名以上工作人员参加。

（十五）问题处置

督察期间，对发现的各类安全生产问题或事故隐患应及时移交被督察单位核实和处理。被督察单位对于一般违法违规问题或隐患，要现场处置并及时反馈处理结果。对于短期内不能完成整改的，要及时制定整改方案，明确完成时限，抓紧整改到位。对发现的重大事故隐患、重大违法违规问题，要及时向市安委会办公室报告。对发现的重大事故隐患、重大违法违规问题，可及时予以曝光。对发现的党政干部在安全生产工作中不作为、乱作为或失职渎职、滥用职权等情况，需追究责任的，要依法依规按程序移交有关部门调查处理。

第三阶段，主要是列席有关会议、召开座谈会、组织个别谈话。

（十六）列席有关会议

根据工作需要，督察组可派人列席被督察单位研究安全生产工作的有关会议（区委常委会、区政府常务会或专题会、安委会全体会或专题会；有关单位的党委会或党组会、局务会、系统内安全生产会或专题会等)。督察组列席人员不参与会议讨论。

（十七）召开座谈会

督察组可根据工作需要，组织召开不同人员参加的座谈会，深入了解有关情况，集中研究有关问题。被督察单位要严格按照要求参会，未能参会或请人代会需提供书面说明并加盖公章。

（十八）个别谈话

督察组组长、副组长与被督察单位区级或部门党政领导班子成员，内设机构、分支机构、直属单位主要负责人或主管负责人谈话。了解被谈话人在安全生产工作中履职情况和对安全生产工作的意见建议。谈话结束后，督察组要及时整理谈话记录，并归入督察档案。

（十九）起草督察反馈意见

各督察组在督察期间要及时整理督察过程中了解的情况和发现的问题，并据此提出有针对性的意见建议，在集体研究讨论的基础上，形成督察反馈意见初稿，经督察组长签字后，报市安委会办公室。

督察反馈意见要客观准确、重点突出、言简意赅，原则上6000字左右，以指出问题为主。一般包括三部分：第一部分，被督察单位安全生产工作的进展情况。进展情况描述要实事求是、简要概述，用数字说话。第二部分，督察发现的主要问题。要认真对督察过程中发现的问题进行汇总梳理，全面反映被督察单位存在的突出问题，并分析深层次的原因。问题要客观准确、有理有据，每个问题都要有具体数据统计或事例佐证。第三部分，意见和建议。向被督察单位提出整改建议。意见和建议表述要明确具体，具有针对性和可操作性。

对于督察中发现的典型经验可形成专题报告，同督察发现的问题清单一并作为附件。

（二十）沟通交流

督察期间的最后一个工作日，督察组组长与被督察单位联络组组长、副组长交流沟通整体督察情况，听取被督察单位对督察工作和督察发现问题、整改建议的意见。联络组组长、副组长要负责及时将交流沟通情况向本单位党政主要领导汇报。

三、督察反馈与整改

（二十一）形成督察反馈意见汇报稿

各督察组结合沟通交流的情况，对督察反馈意见初稿进行修改完善。市安委会办公室在各督察组督察反馈意见的基础上，形成上报市委、市政府的督察工作总体情况报告。

（二十二）督察情况专题汇报会

由市领导主持召开安全生产督察情况专题汇报会，听取市安委会办公室关于督察工作情况的总体汇报，以及各督察组督察反馈意见。各督察组组长汇报时间原则上不超过20分钟。按照市领导指示，各督察组修改完善督察反馈意见，并在5个工作日内形成督察意见正式反馈稿。市安委会办公室修改完善督察情况总体报告后，正式报市委、市政府。

（二十三）正式反馈

各督察组与被督察单位商定具体反馈时间，原则上反馈工作在反馈意见稿正式形成后10个工作日内完成。

督察反馈以召开大会的形式举行。会议结束后，督察组将反馈意见稿、问题清单一并转交被督察单位。

1. 督察对象为地区的，会议会标为“中共北京市委、北京市人民政府安全生产第×督察组对××区督察情况反馈会”。参会人员范围与督察进驻动员会一致。

会议由区长主持。主要议程：一是督察组组长反馈督察意见，二是区委书记作表态发言。

2. 督察对象为市级部门的，会议会标为“中共北京市委、北京市人民政府安全生产第×督察组对市××督察情况反馈会”。参会人员范围与督察进驻动员会一致。

会议由部门主要负责人主持。主要议程：一是督察组组长反馈督察意见，二是部门主要负责人作表态发言。

（二十四）落实整改

督察反馈会后，被督察单位要在15个工作日内制定完成整改方案，细化整改任务，做到事事有回音、件件有落实。整改方案要包括指导思想、基本原则、整改目标、重点举措和保障措施五个部分，并附有督察反馈意见具体问题整改措施清单。每个需要整改的具体问题都要明确整改目标、整改措施、责任单位和完成时限。整改方案应以区委办公室、区政府办公室文件正式印发（市级部门整改方案应以党委或党组文件印发），同时抄送市安委会办公室。被督察单位要在收到正式督察反馈意见之后的2个月内，完成整改任务，形成整改报告。整改报告需经区委常委会（市级部门党委或党组会）研究讨论后，以区政府（市级部门）名义正式上报市政府，同时抄送市安委会办公室。

向被督察单位的正式反馈意见要以区委办公室、区政府办公室（市级部门党委或党组）的名义印发全区各单位（市级部门的内部处室、直属单位及对口区级单位）。

（二十五）督察成果运用

市安委会办公室将各督察组的督察报告报送市委组织部、首都综治办、首都精神文明办、市监察委，并把督察结果纳入年度安全生产综合考核重要内容。通过主要新闻媒体把督察反馈意见、被督察单位整改落实情况报告等及时向社会公开，接受人民群众的监督。

（二十六）跟踪督办

市安委会办公室采取听取情况介绍、抽查暗访、“回头看”等方式方法，对被督察单位整改落实情况进行跟踪监督，并及时把有关情况报告市政府。

北京市安全生产委员会关于进一步加强尾矿库和排土场安全管理工作的通知

京安发〔2018〕11号

怀柔区、密云区政府：

为深入贯彻落实市委、市政府关于金属非金属矿山治理工作决策部署，进一步提升全市尾矿库、排土场安全管理水平，有效推进尾矿库、排土场销库治理工作，坚决防范和遏制非煤矿山各类事故发生，经市政府同意，现就有关事项通知如下。

一、高度重视，认清形势，切实增强尾矿库、排土场销库治理工作的责任感和紧迫感

2016年12月，市政府印发《北京市土壤污染防治工作方案》（京政发〔2016〕63号），提出严格尾矿库环境风险管控的具体要求。2017年9月，市委、市政府颁布《北京城市总体规划》（2016年—2035年），明确提出关闭金属非金属矿山，加强山区整体生态保育和废弃矿山治理的工作要求。2017年11月，市委、市政府印发《关于进一步推进安全生产领域改革发展的实施方案》（京发〔2017〕24号），明确指出要加快金属非金属矿山关闭退出，大力加强尾矿综合利用，积极实施尾矿库销库。因此，尾矿库、排土场销库治理工作是疏解非首都功能，建设和谐宜居之都的客观要求，更是提升非煤矿山本质安全水平的必然选择。

目前，全市行政区域内共有尾矿库15座、排土场14座，其中怀柔区有尾矿库5座，密云区有尾矿库8座、排土场13座。部分历史遗留下来的无上级单位或出资人不明确的尾矿库（以下简称无主尾矿库），存在溢洪道局部塌陷、坝面跑浆、坝体破坏、排洪设施不健全以及排土场出现贯穿性裂缝等安全隐患，汛期容易发生安全事故，也暴露出这些无主尾矿库、排土场存在隐患不能及时发现、发现后不能及时整改等问题。怀柔区、密云区政府（以下简称两区政府）要切实落实市委、市政府相关决策部署，在做好全市尾矿库、排土场安全管理工作的同时，进一步加快推进尾矿库、排土场销库治理工作，为全市尾矿库、排土场销库治理工作尽早全面完成奠定坚实基础。

二、提前谋划，精准施策，加快推进尾矿库、排土场销库治理工作

两区政府要按照2017年第156次市政府常务会有关加快推进尾矿库、排土场销库治理工作的具体要求，科学筹划，统筹推进，在确保安全的前提下，分期分批完成销库治理工作任务。

（一）分析研判安全现状，制定尾矿库、排土场销库治理计划

两区政府应成立尾矿库、排土场销库治理领导机构，明确相关部门职责，聘请安全生产

专业机构对辖区内尾矿库、排土场全面进行安全风险评估，综合考虑安全现状、治理难易程度等因素，科学制定销库治理计划，合理安排销库治理资金，做到风险可控、逐步实施。

（二）统筹协调安全与环保要求，协调推进尾矿库、排土场销库治理工作

深入调研尾矿库、排土场销库治理过程中存在的矛盾问题，充分调动和发挥环保、国土、园林绿化、安监等部门的作用，统筹协调安全隐患治理和环保整治工作的关系，形成齐抓共管、合力治理的良好态势。若在治理实施过程中遇到本地区难以协调解决的问题，可上报市金属非金属矿山治理工作联席会议进行研究。

（三）统筹考虑矿山企业关停退出和尾矿库、排土场的销库治理工作，杜绝出现新的无主尾矿库和排土场

密云区云冶矿业公司、建昌矿业公司、放马峪铁矿 3 家非煤矿山企业应按照中央环保督察意见分别于 2018 年、2019 年底前关闭，本市其他非煤矿山企业也将陆续关停退出。两区政府要认真落实市委、市政府关于"矿山关闭后加强尾矿库监管和治理，积极开展生态修复"的工作要求，统筹考虑矿山企业关停退出和尾矿库、排土场的销库治理工作，深入研究解决问题，积极争取相关政策和资金，同步研究、协调推进，坚决避免出现新的无主尾矿库和排土场。

三、落实责任，强化监管，从严落实尾矿库、排土场安全管理要求

两区政府要严格落实属地责任，分类施策，进一步加强所辖区域内尾矿库、排土场的安全管理工作。

（一）监督非煤矿山企业严格落实主体责任

对于由生产经营单位管理的尾矿库、排土场，要监督指导生产经营单位严格按照《尾矿库安全监督管理规定》等法律法规的有关要求，进一步加强尾矿库、排土场安全管理，对监督检查中发现的事故隐患和违法违规行为，要依法督促企业及时整改。对于已停止运行暂不具备销库治理条件的尾矿库、排土场，要监督生产经营单位按照法律法规的有关规定及时实施闭库。

（二）进一步明确无主尾矿库的管理责任

对于历史遗留的无上级单位或出资人不明确的尾矿库、排土场（以下简称无主的尾矿库和排土场），两区政府要严格落实属地监管责任，研究制定无主的尾矿库和排土场安全管理责任制，按照法律法规有关规定指定管理单位，明确安全管理责任，确保每一个尾矿库、排土场均有一个安全管理主体。

（三）建立落实无主尾矿库、排土场隐患治理应急资金使用制度

两区政府应设立无主尾矿库、排土场隐患治理专项资金，建立专项资金应急使用制度，简化应急资金使用程序，制定专项资金迅速响应工作机制，确保无主尾矿库、排土场重大安全隐患得到及时有效治理，坚决遏制各类事故发生。

北京市安全生产委员会

2018 年 6 月 14 日

【市安全监管局文件】

北京市安全生产监督管理局北京煤矿安全监察局关于印发2018年度重点工作及责任分工的通知

京安监发〔2018〕1号

各区、北京经济技术开发区安全监管局，局机关各处室、局属事业单位、局属社团组织：

《北京市安全生产监督管理局北京煤矿安全监察局2018年度重点工作及责任分工》经2018年第1次局务会审议通过，现予以印发。

2018年是贯彻党的十九大精神的开局之年，也是全市安全生产监管监察工作的融合之年。全市安全生产工作的主题、主线、旗帜和标准都是“强融合”。请各单位结合工作实际，特别是主责单位要充分发挥统筹协调的作用，严格按照工作内容和时间节点，切实抓好各项重点工作的落实，努力实现各项业务工作的全要素整合、多资源共享、多业务统筹、全局性规划、高效能发展，不断提升安全生产各项工作的集成水平和质量效能。

特此通知。

北京安全生产监督管理局　北京煤矿安全监察局

2018年1月19日

北京市安全生产监督管理局北京煤矿安全监察局2018年度重点工作及责任分工

2018年全市安全生产监管系统工作指导思想为：认真贯彻落实党的十九大精神，以习近平新时代中国特色社会主义思想为指引，坚决贯彻落实党中央、国务院和市委、市政府关于安全生产的决策部署，紧紧围绕安全生产总任务总目标总要求，以安全生产领域改革发展为牵引，以安全生产融合发展为主线，全力推动治理能力全面提升、全力推动体系建设更加完善、全力推动基层基础更加巩固，不断提升安全生产工作水平。

经研究决定，2018 年度局重点工作及责任分工如下：

一、以“6+1”工作为重点，大力推进安全生产工作主动融合深入融合科学融合

“6”即：标准化建设、危险化学品监管、有限空间治理、执法检查提质增效、专职安全员队伍建设、安全生产综合考核；“1”即：信息化建设。

1. 推进安全生产标准化建设提质增效

主要内容：深入贯彻落实安全生产标准化 1+6 工作制度。强化企业自主创建，严格评审质量管理，着力推进安全生产百项地标的有效实施，升级改造安全生产标准化信息管理系统，开展企业落实安全生产主体责任评估，全面促进安全生产标准化建设与执法检查、专项整治、隐患排查体系建设、事故预防控制体系建设等重点工作的融合，提升全市安全生产监管工作整体效能。

牵头局领导：唐明明

主责处室：监管一处

配合处室：研究室、监管二处、监管三处、矿山处、协调处、应急处、职卫监督处、职卫综合处、执法总队、研究室、信息中心、宣教中心、安全生产联合会

2. 强化危险化学品安全监管

2.1 深入推动危险化学品综合治理

主要内容：认真贯彻落实《国务院办公厅关于印发危险化学品安全综合治理方案的通知》（国办发〔2016〕88 号）要求，全力推动《北京市危险化学品安全综合治理三年行动计划（2017 年 6 月—2020 年 5 月）》（京政办发〔2017〕28 号）实施。根据《北京市安全生产监督管理局危险化学品安全综合治理三年行动计划实施方案》（京安监办发〔2017〕41 号）具体任务分工，推进各项重点工作在 2018 年取得阶段性成果。

牵头局领导：唐明明

主责处室：监管三处

配合处室：监管一处、监管二处、矿山处、应急处、人教处、法制处、科技处、协调处、行政审批处、研究室、执法总队、安科院、信息中心、宣教中心

2.2 加快推动危险化学品集中管理体系建设

主要内容：贯彻落实《北京市人民政府办公厅关于印发建立危险化学品集中管理体系若干意见的通知》（京政办发〔2013〕57 号）要求，加快推进危险化学品集中管理体系建设，确保信息化建设、配套文件制定、储存设施建设等各项重点工作取得实质性进展，逐步实现全市危险化学品的“专门储存、统一配送、集中销售”以及全过程动态监管，持续提升危险化学品安全监管水平。

牵头局领导：唐明明

主责处室：监管三处

配合处室：监管二处、应急处、财务处、法制处、信息中心

3. 强化有限空间治理，全力压减有限空间亡人事故

主要内容：2017 年有限空间事故高发，事故呈现复杂性和多样性，从“传统”行业向

"非主流"行业发展。2018 年有限空间监管任务更加艰巨，将从扩大有限空间特种作业人员范围、完善地方标准、强化监管、加强宣传培训四个方面进行强化，全力压减有限空间亡人事故。

牵头局领导：阎军

主责处室：职卫监督处

配合处室：监管一处、监管二处、法制处、职卫综合处、执法总队、安科院、宣教中心

4.进一步加大执法检查力度，促进执法检查提质增效

主要内容：依据年度执法检查计划，重点对市局行政许可的生产经营单位、跨区域经营企业、连锁企业、中央在京企业及其所属单位、市属国有企业开展执法检查，查处重大投诉举报案件；着重提升人均执法检查量、人均处罚量、职权履行率、职权履行均衡度；提升执法业务培训的实效性和针对性；科学运用执法检查大数据监督考评、分析通报全市执法检查情况；不断促进执法检查规范化、专业化和信息化建设。

牵头局领导：贾太保

主责处室：执法总队

配合处室：监管一处、监管二处、监管三处、矿山处、行政审批处、应急工作处、科技处、职卫监督处、宣教中心、信息中心

5.持续加强专职安全员队伍建设管理

主要内容：巩固乡镇、街道（园区）安全生产检查队规范化建设成果，积极推进规范化建设"星级评估"常态化；开展区职能部门安全生产督查检查队规范化建设，实现 70%区职能部门安全生产督查检查队规范化建设达标；进一步完善专职安全员检查信息系统；开展乡镇、街道（园区）优秀安全生产检查队评选工作；开展专职安全员业务培训及行政村、社区专兼职安全生产巡查员示范培训；大力推进专职安全员检查系统与执法系统的对接、乡镇、街道（园区）安全生产检查队与区职能部门安全生产督查检查队业务系统对接。

牵头局领导：贾太保　贾秋霞

主责处室：执法总队

配合处室：机关党委（工会、团委、纪委）、监管一处、监管二处、监管三处、矿山处、职卫监督处、法制处、协调处、科技处、督查处、安科院、宣教中心、信息中心

6.切实做好 2018 年安全生产考核工作

6.1　做好各区人民政府安全生产考核工作

主要内容：安全生产考核是一项全局性、综合性工作，是全市各区落实安全生产工作情况的综合反映，主要包括年初考核指标设定、过程管理、考核实施、考核结果反馈以及表彰奖励等系列工作。2018 年安全生产考核工作以《中共中央国务院关于推进安全生产领域改革发展的意见》（中发〔2016〕32 号）、市委市政府《关于进一步推进安全生产领域改革发展的实施方案》（京发〔2017〕24 号）和《北京市安全生产工作考核办法》（京政办发〔2017〕7 号）为主要依据和遵循，结合国务院安委会对本市安全生产工作的考核要求和全市安全生产重点工作，在融合各处室考核需求基础上，形成本市 2018 年度安全生产综合考

核细则，并与市政府绩效考核、首都综治办综治考核等工作融合衔接，切实发挥安全生产考核的“指挥棒”作用。

牵头局领导：唐明明

主责处室：协调处

配合处室：办公室、监管一处、监管二处、监管三处、执法总队、事故处、应急处、职卫综合处、职卫监督处、矿山处、科技处、行政审批处、法制处、研究室、督查处、财务处、宣教中心、举报投诉中心

6.2　做好市政府有关部门安全生产综合考核工作

主要内容：认真研究并印发2018年市有关部门安全生产综合考核方案和考核细则，充分利用本市安全生产综合监管信息化管理平台，加强日常工作的动态考核，做好年终综合评定及考核意见反馈工作。

牵头局领导：卞杰成

主责处室：监管二处

配合处室：协调处、研究室、事故处、督查处、监管一处、监管三处、应急处、职卫综合处、职卫监督处、矿山处、科技处、执法总队、宣教中心、举报投诉中心

6.3　试点开展8家市属工业集团年度安全生产综合考核工作

主要内容：为全面贯彻落实党中央、国务院和市委市政府关于安全生产工作的一系列决策部署，不断推进市属国有企业安全生产监督管理制度落实，充分发挥市属企业在安全生产中的表率作用，根据《中华人民共和国安全生产法》《中华人民共和国职业病防治法》《北京市安全生产条例》《北京市生产安全事故隐患排查治理办法》（市政府第266号令），以及《北京市人民政府关于推进安全预防控制体系建设的意见》（京政发〔2016〕2号）《北京市生产经营单位安全生产主体责任规范》（京安监发〔2016〕18号）等文件规定，市安委会办公室将以8家市属工业集团为试点，开展年度安全生产综合考核工作。

牵头局领导：唐明明

主责处室：监管一处

配合处室：法制处、事故处、监管二处、监管三处、科技处、应急处、职卫综合处、职卫监督处、执法总队、矿山处、协调处、宣教中心、安科院

7.深化数据集成和管理，实现信息化对业务融合的支撑，加强应用整合促进业务协同

主要内容：进一步完善台账更新管理机制，组织各区持续动态更新台账，拓展台账与业务关联范围。构建功能较为完善的安全生产数据中心，开展大数据可视化分析平台建设，开展数据关联分析、指数分析、模型分析。构造移动执法设备与各业务系统间“一端录入，多端共享”的数据共享格局，完成执法文书填报、打印、送达一体化工作流程，加强行政处罚痕迹化管理，有效提升安全监管执法能力。

牵头局领导：卞杰成

主责处室：信息中心

配合处室：执法总队、监管一处、监管二处、监管三处、协调处、研究室、法制处、矿

山处、应急处、职卫综合处、职卫监督处、科技处、行政审批处、举报投诉中心

二、持续推进安全生产责任体系、安全生产隐患排查治理体系、安全预防控制体系建设

8.对市级行业部门开展第一轮安全生产督察，对2017年各区督察反馈意见整改情况开展“回头看”；聚焦本市安全生产重点任务，适时开展安全生产专项督查。

主要内容：依据《北京市安全生产督察方案（试行）》（京办发〔2017〕11号）要求，按照“试点先行，逐步推进”原则，以市委市政府名义成立安全生产督察组分批次对纳入综合考核的24个市级部门开展安全生产督察。开展安全生产督察“回头看”，督促各区严格按照督察反馈意见逐条进行整改落实；以推进《关于进一步推进安全生产领域改革发展的实施方案》（京发〔2017〕24号）落实为核心，选择2～3项重点工作列为督察内容，开展全过程督察。经市领导批准，围绕重点时段、重大活动时期，对生产安全事故多发地区或行业开展专项督察。

牵头局领导：唐明明

主责处室：督查处

配合处室：人教处、事故处、研究室、举报投诉中心

9.开展安全隐患专项治理三年行动计划

主要内容：严格落实安全生产责任制，以“三合一”“多合一”场所消防安全隐患为重点，深入开展城市安全隐患治理三年行动计划，强化消防安全、建筑施工、道路交通、危险化学品运输等重点领域整治，坚决遏制重特大安全事故。保障水电气热等城市生命线安全运行。

牵头领导：唐明明

主责处室：协调处

配合处室：办公室、监管一处、监管二处、监管三处、职卫监督处、执法总队、督查处、矿山处、科技处、行政审批处、煤监局一室

10.做好北京市城市安全风险评估试点工作

主要内容：继续落实《北京市城市安全风险评估试点工作方案》。推进全市重大安全风险预测预警标准体系建设、调研抽查全市应急资源调查部分报告数据质量、摸排全市应急资源总体分布状况、编制全市应急资源调查报告、对全市重大安全风险进行跟踪评估、组织召开安全风险评估工作总结分析及经验交流会、对企业安全风险辨识建议清单进行修改完善、开展全市风险评估培训体系建设、组织第三方机构对安全风险评估质量进行抽查等各项工作。

牵头局领导：唐明明 阎军

主责处室：应急处

配合处室：协调处、监管一处、监管二处、监管三处、矿山处、煤监局三室、督查处、市安科院、信息中心

11.全面加强安责险制度建设，增强生产经营单位防范风险能力

主要内容：深入贯彻落实《中共中央 国务院关于推进安全生产领域改革发展的意

见》（中发〔2016〕32号），国家安全监管总局、保监会、财政部印发的《安全生产责任保险实施办法》（安监总办〔2017〕140号）和《北京市全面推行安责险制度的实施意见》（京安发〔2017〕7号）精神，在矿山、危险化学品、烟花爆竹、交通运输、建筑施工、民用爆炸物品、金属冶炼七个高危行业强制推行安责险制度；在渔业捕捞生产领域、大型群众性活动、人员密集场所以及涉及水、电、气、热等城市运行领域重点推行；在其他行业全面推行。

牵头局领导：唐明明　贾秋霞

主责处室：研究室

配合处室：法制处、科技处、协调处、事故处、监管一处、监管二处、矿山处、督查处、煤监三室、宣教中心、信息中心、安全生产联合会

三、持续推进安全生产法治化

12. 稳步推进《北京市安全生产条例》修订工作

主要内容：在已有工作基础上，继续深入开展条例修订专题调研及论证活动，向市政府法制办、市人大提交条例修订立项论证报告，把条例修订立法工作列入市人大2018年立法调研项目。

牵头局领导：唐明明

主责处室：法制处

配合处室：各业务处室、执法总队、局属事业单位，安全生产联合会

13. 做好《北京市生产经营单位安全生产和职业健康主体责任规定》政府规章立法工作

主要内容：通过深入调研、研讨、论证，以市政府规章形式出台《北京市生产经营单位安全生产和职业健康主体责任规定》，指导督促生产经营单位切实抓好生产经营单位的安全生产和职业健康工作。落实《中共中央　国务院关于推进安全生产领域改革发展的意见》（中发〔2016〕32号）中关于加强安全生产和职业健康法律法规衔接融合的要求，尝试在规章立法中将安全生产和职业健康方面的法律法规对生产经营单位的要求进行融合，以便生产经营单位一并落实安全生产和职业健康主体责任。2018年，此项工作主要是进行调研、论证，年底前完成草案起草工作。

牵头局领导：卞杰成　李振龙

主责处室：监管二处

配合处室：法制处、职卫综合处、职卫监督处、监管一处、监管三处、矿山处、应急处、事故调查处、科技处

14. 组织完成2018年度全市安全监管系统安全生产行政执法评议考核工作

主要内容：按照《北京市安全生产行政执法评议考核办法》（京政办发〔2017〕7号）确定的任务和分解指标，组织完成全系统第二次安全生产行政执法评议考核工作，进一步提升全系统执法监督工作规范化、制度化建设水平。

牵头局领导：唐明明

主责处室：法制处

配合处室：执法总队、行政审批处、督查处

四、持续夯实安全生产基层基础

15.统筹推进安全生产领域改革工作

主要内容：科学统筹调度安全生产领域改革工作，推动《关于进一步推进安全生产领域改革发展的实施方案》贯彻落实；定期组织召开改革工作会议，协调调度安全生产领域改革工作；定期梳理改革成果，报送改革工作信息；制定《实施方案》的局外、局内分工方案，分解改革任务、细化工作职责、明确时间表路线图，使《实施方案》中的改革任务能与各处室业务工作有机融合，形成改革提升工作、工作促进改革的生动工作局面。与中共中央办公厅、国务院办公厅印发的《关于推进城市安全发展的意见》和《地方党政领导干部责任制规定》等文件相衔接，研究制定北京市的贯彻意见或办法。深入贯彻落实《财政部 国家安全监管总局关于印发〈企业安全生产费用提取和使用管理办法〉的通知》（财企〔2012〕16号）精神，研究制定《北京市企业安全生产费用提取和使用管理办法》。

牵头局领导：唐明明

主责处室：研究室

配合处室：财务处、事故处、人教处、监管一处、监管二处、监管三处、应急处、职卫综合处、职卫监督处、法制处、矿山处、协调处、科技处、行政审批处、煤监局综合办、督查处、宣教中心、信息中心、举报投诉中心、安科院、安全生产联合会

16.加强街乡安全生产工作指导，提升街乡安全生产工作水平

主要内容：广泛开展街乡安全生产工作调研，深入研究如何加强街乡安全生产工作课题；从落实责任分工、加强制度建设、加强队伍建设、强化保障机制四个方面提出有针对性的意见、建议，指导推动街乡提高安全生产工作水平；起草《关于进一步加强街乡安全生产工作的指导意见》，推动《指导意见》贯彻落实；定期组织加强街乡安全生产工作研讨会议，协调相关工作；制定起草《指导意见》的局内协调配合方案，分解任务、明确时间表路线图，使加强街乡安全生产工作中的相关工作能与各处室业务工作有机融合，形成合力，促进街乡安全生产工作水平有效提升。

牵头局领导：贾秋霞

主责处室：研究室

配合处室：协调处、执法总队、督查处、宣教中心

17.试点开展一般法人生产经营单位主要负责人和安全管理人员培训考核工作

主要内容：按照“安办统筹、条块结合、分工负责、中介支持”的原则，开展全市一般法人生产经营单位主要负责人和安全生产管理人员安全培训考核，健全完善安全培训考核管理制度，建成“统一管理、上下联动、信息共享、功能完善”安全培训考核管理信息平台，构建“制度完备、企业认可、服务优质、规范有序”的安全培训社会服务体系，实现平台、计划、内容、机构、师资、证书的“六统一”，建立全市生产经营单位主要负责人和安全生产管理人员常态化安全培训考核工作机制，促进生产经营单位主要负责人和安全生产管理人员安全意识及管理能力明显提升。到2018年底，开展生产经营单位主要负责人和安全生产

管理人员培训考核达到10万人。

牵头局领导：贾太保

主责处室：科技处

配合处室：法制处、协调处、信息中心、宣教中心、安科院、科促会

18.开展北京市重点行业领域生产经营单位职业病危害基本情况普查

主要内容：根据国家安全监管总局有关工作安排，结合北京市实际，在全市制造业等12个重点行业领域生产经营单位中开展职业病危害基本情况普查工作，掌握职业病危害现状，分析存在问题，研究制定进一步加强职业卫生监管工作对策措施。

牵头局领导：阎军

主责处室：职卫综合处

配合处室：职卫监督处、执法监察总队、协调处、安科院、信息中心、宣教中心、职防联

19.安全生产领域先进典型树立推广

主要内容：以选树安全生产领域先进典型群体和典型人物为重点，构建具有北京安监特色、群众参与度高、社会影响良好的宣教体系和格局。进一步提高“安监之星·北京榜样”和“寻找最美安监巾帼”主题活动的评选质量和社会公众参与度。积极探索在重点领域典型人物选树的方式和途径。精心办好局官方微信公众号，提高编发的及时性、可读性、群众性。深度挖掘《中国安全生产报》《劳动午报》和北京电视台等优势资源，科学有效的搭建典型群体选树的有效平台。

牵头局领导：阎军

主责处室：宣教中心

配合处室：监管一处、监管二处、监管三处、矿山处、煤监局综合办、执法监察总队、信息中心、人教处、协调处、安全生产联合会

20.扎实开展具有安监特色和特点的“不忘初心，牢记使命”主题教育活动；高标准高质量抓好党总支（支部）目标管理任务书、共产党员岗位建功承诺书工作任务落实。

主要内容：按照中央、市委的部署，扎实有效开展具有安监特色和特点的“不忘初心，牢记使命”主题教育活动，引导党员干部增强“四个意识”，坚定“四个自信”。通过支部实施目标管理任务书，党员干部实施岗位建功承诺书，进一步加强机关党组织建设，不断提高党总支（支部）和党员的管理水平，凝聚党组织和党员力量，充分发挥党总支（支部）的战斗堡垒和共产党员的先锋模范作用，为全面提升安全生产监管工作水平，促进首都安全生产形势持续稳定好转提供坚强的思想和组织保障。

牵头局领导：唐明明

主责处室：机关党办

配合处室：机关各处室、执法总队、直属事业单位、局属社团组织

附件：2018年重点工作各处室具体任务分工和完成时限

附件：

2018年重点工作各处室具体任务分工和完成时限

一、以“6+1”工作为重点，大力推进安全生产工作主动融合深入融合科学融合

1. 推进安全生产标准化建设提质增效

主要内容：深入贯彻落实安全生产标准化1+6工作制度。强化企业自主创建，严格评审质量管理，着力推进安全生产百项地标的有效实施，升级改造安全生产标准化信息管理系统，开展企业落实安全生产主体责任评估，全面促进安全生产标准化建设与执法检查、专项整治、隐患排查体系建设、事故预防控制体系建设等重点工作的融合，提升全市安全生产监管工作整体效能。

牵头局领导：唐明明

主责处室：监管一处

配合处室：研究室、监管二处、监管三处、矿山处、协调处、应急处、职卫监督处、职卫综合处、执法总队、研究室、信息中心、宣教中心、安全生产联合会

主责处室工作内容：

（1）研究起草安全生产标准化与安全监管重点工作融合推进的指导意见。结合安全生产标准化及安全监管重点工作实际，确定工作融合的指导思想、主要内容、工作目标、工作任务、职责分工、保障措施及时间节点要求等；明确安全生产标准化与安全监管重点工作融合的具体要求，将安全监管重点工作纳入标准化评审，并将部分工作列入标准化评审否决项。

（2）统筹推进安全生产标准化建设工作。定期组织召开标准化领导小组成员单位会议，统筹调度安全生产标准化工作，研究标准化融合工作并提出有关措施及意见，加强对工业、非煤矿山、危险化学品生产经营等企业安全生产标准化创建工作的统一管理。

（3）配合推进安全生产标准化信息管理系统升级改造。在系统中增加评审单位管理、评审员管理、评审专家管理、工作动态、标准化资料库等功能模块，强化标准化统计分析功能，增加标准评审相关过程记录，升级标准化信息管理系统，解决系统运行方面的问题，做好标准化工作信息管理服务保障工作。

（4）深入贯彻落实标准化1+6工作制度。组织开展针对评审单位、有关企业和安全监管部门有关人员的专题培训，深入宣贯安全生产标准化1+6工作制度，明确安全生产标准化与隐患排查体系建设、预防控制体系建设、执法检查、安全风险评估、安全生产责任保险和诚信体系建设等安全监管重点相融合的具体要求；督促有关单位全面落实标准化评审、复核和自评整改的工作要求；严格标准化创建及评审管理，落实标准化工作融合工作要求；建立执法联动工作机制，及时反馈和查处发现的隐患和问题。

（5）大力推进安全生产百项地标的有效实施。在继续做好安全生产百项地标编制工作的

同时，开展新发布百项地标的宣传培训工作；研究制定有关政策措施，实现安全生产等级技术规范与现行标准化评审标准的无缝衔接；跟踪检查百项地标实施情况，适时出台有关政策措施，及时解决实施中的有关问题，保障百项地标在评审单位和有关企业得到执行。

(6) 着力提升二级标准化企业达标创建质量。以创建二级标准化企业为重点，督促指导企业开展事故风险辨识评估，建立重大风险清单，实施风险管控；督促检查企业在此基础上健全完善事故隐患排查治理体系，全面落实涉爆粉尘、有限空间、涉危使用、金属冶炼等重点领域的事故隐患整改工作，提升标准化创建质量。

(7) 扎实开展工业企业落实安全生产主体责任情况检查评估。按照工业企业落实安全生产主体责任情况检查评估制度的有关要求，进一步完善工业企业安全生产基础台帐；组织完成30家工业企业落实安全生产主体责任情况的检查评估工作，编制检查评估工作总结报告；组织推动各区开展工业企业落实安全生产主体责任情况的检查评估工作，督促企业开展安全生产标准化创建，全面落实安全生产主体责任。

主责处室工作完成时限：2018年底前。

配合处室工作内容：

研究室：汇总各处室关于安全监管重点工作与安全生产标准化融合的工作要求，起草印发工作融合指导意见，明确安全生产标准化与安全监管重点工作融合的工作要求；着力推进矿山、金属冶炼、建筑施工、道路运输单位和危险物品的生产、经营、储存单位等高危企业，以及申请标准化二级达标的其他企业投保安全生产责任保险工作。

监管二处：组织推进有关行业部门和主管部门不明确企业的安全生产标准化工作；定期总结、分析和通报工作开展情况，按要求填报达标企业数据；研究提出行业部门推进标准化工作融合发展的工作措施，督促有关行业部门落实有关要求；督促、检查和协调有关行业部门开展安全生产百项地标的编制和实施工作。

监管三处：组织推进危险化学品、化工、医药、烟花爆竹等行业领域安全生产标准化创建工作，并纳入局安全生产标准化信息管理系统的统一管理；研究提出并落实有关行业领域安全生产标准化工作融合的有关要求；落实安全生产标准化1+6工作制度，推进标准化建设提质增效；组织开展安全生产百项地标的编制和实施工作；依法及时查处标准化评审、复核和核查单位报送的事故隐患和问题。

矿山处：组织推进非煤矿山企业的安全生产标准化创建工作，并纳入局安全生产标准化信息管理系统的统一管理；研究提出并落实非煤矿山企业安全生产标准化工作融合的有关要求；落实安全生产标准化1+6工作制度，推进标准化建设提质增效；组织开展安全生产百项地标的编制和实施工作；依法及时查处标准化评审、复核和核查单位报送的事故隐患和问题。

协调处：统筹推进企业事故隐患排查治理体系建设工作，及时反馈监督检查工作情况并提出措施建议，指导督促企业推进安全生产标准化创建工作；组织开展将隐患排查治理工作融入安全生产标准化创建的研究，提出有关具体措施和工作要求，促使企业的事故隐患自查自改工作与标准化自评及评审工作紧密结合、事故隐患排查治理信息系统与安全生产标准化信息管理系统逐步融合；指导督促企业依照安全生产百项地标编制“一企一标准、一岗一清单”，推进企业事故隐患排查标准与标准化评审标准的融合；在推进企业安全预防控制体系建设工作中，督促落实安全生产标准化工作要求；将安全生产标准化达标作为企业安全生产诚信的前置条件，将标准化达标等级、评审得分情况与企业的安全生产诚信等级相挂钩。

应急处：统筹推进安全预防控制体系建设工作，及时反馈监督检查情况并提出措施建议，指导督促安全生产标准化创建工作；组织开展将风险评估工作融入安全生产标准化创建的研究，提出有关措施和工作要求，促使风险辨识评估结果与企业安全生产标准化体系构建、重大风险清单与危险作业管理制度制定、风险管控措施与隐患治理等工作紧密结合；在推进企业安全预防控制体系建设工作中，督促落实安全生产标准化工作要求。

职卫综合处：监督检查企业在标准化创建过程中落实职业健康相关法规、标准情况，总结分析有关工作并适时出台针对性的政策措施；依法及时查处标准化评审、复核和核查单位报送的职业健康方面违法行为。

职卫监督处：监督检查企业在标准化创建过程中落实职业健康相关法规、标准情况，总结分析有关工作并适时出台针对性的政策措施；依法及时查处标准化评审、复核和核查单位报送的职业健康方面违法行为。

执法总队：结合安全生产百项地标中有关法规、标准的强制性要求，编制安全生产执法检查标准，通过执法检查促进标准化评审标准的实际应用；在日常执法检查工作中，加大对未开展标准化创建企业的执法检查频次和处罚力度，督促企业开展标准化创建并及时消除事故隐患；依法及时查处安全生产标准化评审、复评和核查单位报送的重大事故隐患和严重问题，推进标准化建设提质增效。

信息中心：整合升级安全生产标准化信息系统，将危化、矿山领域的标准化工作纳入信息系统，扩展信息系统的标准化管理功能，增强统计分析功能；研究标准化信息系统与相关信息系统的对接、整合工作；加强系统运行维护管理工作，完善与系统用户的沟通机制，及时研究解决系统用户反馈的问题，为标准化工作提供强有力的信息化保障。

宣传中心：组织对安全生产标准化制度、示范单位和百项地标等进行宣传，对有关典型案例进行曝光；着力做好标准化融合相关的宣传工作。

安全生产联合会：开展对安全生产标准化评审单位的日常管理和考核工作，建立维护评审单位数据库及工作档案，推进行业自律管理；编制标准化评审员培训教材大纲，对评审员进行培训、考核、发证，建立评审员数据库及业绩档案；按专业类别组建标准化评审专家队伍，建立评审专家数据库及工作档案；审查标准化达标企业的申请资料和评审报告，组织开展现场复核，制发标准化证书和牌匾；收集整理国家及本市安全生产标准化相关法规、标准和文件，建立标准化工作资料库；维护标准化信息管理系统数据，收集整理有关意见建议，起草标准化工制度，指导各区相应三级标准化评审组织单位工作。

配合处室工作完成期限：2018年底前。

2.强化危险化学品安全监管

2.1　深入推动危险化学品综合治理

主要内容：认真贯彻落实《国务院办公厅关于印发危险化学品安全综合治理方案的通知》（国办发〔2016〕88号）要求，全力推动《北京市危险化学品安全综合治理三年行动计划（2017年6月—2020年5月）》（京政办发〔2017〕28号）实施。根据《北京市安全生产监督管理局危险化学品安全综合治理三年行动计划实施方案》（京安监办发〔2017〕41号）具体任务分工，推进各项重点工作在2018年取得阶段性成果。

牵头局领导：唐明明

主责处室：监管三处

配合处室：监管一处、监管二处、矿山处、应急处、人教处、法制处、科技处、协调处、行政审批处、研究室、执法总队、安科院、信息中心、宣教中心

主责处室工作内容及完成期限：

（1）强化双重预防体系建设。深化危险化学品风险辨识与评估工作，组织摸排化工、医药和危险化学品生产经营企业安全风险，落实风险防控措施，建立安全风险分布档案。认真贯彻落实市政府266号令，加快隐患排查治理体系建设，逐步实现隐患排查治理工作全覆盖。

完成期限：2018年9月30日前取得阶段性成果。

（2）深入开展安全专项整治。继续推进加油站贯标改造工作，2018年完成200家的改造任务，同时做好奖励资金的拨付工作。深入开展调研评估，在此基础上，启动化工、医药企业和非经营性加油站的专项整治工作。根据2017年安全仪表系统安全评估的成果，对涉及“两重点一重大”企业组织开展安全仪表系统专项整治。

完成期限：2018年底前。

（3）强化“两重点一重大”企业监管。落实《化工和危险化学品生产经营单位事故隐患判定标准（试行）》，深入开展重大隐患的排查。加强对涉及“两重点一重大”企业自动化控制系统、紧急停车系统应用情况的检查，确保系统完好、投用正常。强化重大危险源企业监管，组织开展重大危险源排查，绘制重大事故隐患电子分布图，督促有关企业完善监测监控设备设施，建立与各行业部门之间重大危险源信息通报机制。

完成期限：2018年9月30日前。

（4）严格安全许可准入。强化源头治理，严格许可标准，加大现场审查力度，组织开展安全现状评价评估项目，探索建立项目安全审查和许可审查共享制度，提高评价机构评审质量，严把安全准入门槛。配合市发改委、市经信委等部门建立“两重点一重大”危险化学品建设项目部门联合审批机制。

完成期限：2018年底前。

（5）推进安全生产与职业卫生一体化。将职业卫生纳入危险化学品安全监管范畴，并落实到危险化学品建设项目安全审查、安全生产执法检查、标准化建设等工作中。开展职业卫生相关知识培训学习，提高执法人员关于职业卫生的专业素质。

完成期限：2018年底前。

（6）强化高危危险化学品安全管控。依据国家安监总局颁布的《高危化学品目录》，排

查制定化工、医药和危险化学品生产经营企业中生产、经营、使用高危化学品的企业清单，制定管控措施，加强高危化学品管控，严防安全事故发生。探索研究并实施危险化学品使用企业报告制度，推动行业管理责任和属地管理责任的落实。

完成期限：2018 年 9 月 30 日前取得阶段性成果。

(7) 继续做好企业退出工作。推进有储存设施高风险危险化学品生产经营企业退出计划的落实，对退出企业开展“回头看”，确保退出工作取得实效。会同市经信委，推动普莱克斯气体有限公司的搬迁，对保障城市运行的企业如自来水厂、食品冷库等，研究液氯、液氨替代措施，并分步实施，有效降低城市运行风险。

完成期限：2018 年底前。

(8) 强化体制机制和标准体系建设。进一步开展《北京市危险化学品安全管理办法》地方性立法的前期研究，通过深入调研，细化立法的可行性、必要性，形成初步调研成果，为下一步推进立法工作的正式实施奠定基础。编制《危险化学品监管责任清单》和《危险化学品建设项目权力清单》，消除监管盲区。进一步完善危险化学品专项标准，继续做好百项地标的编制工作。

完成期限：2018 年 9 月 30 日前取得阶段性成果。

(9) 深化开展标准化建设。对危险化学品生产企业和构成重大危险源的危险化学品经营企业开展标准化二级评审，全面开展化工、医药企业安全生产标准化建设。组织开展标准化示范企业创建活动，树立一批典型标杆，推动企业落实安全生产主体责任。开展标准化运行核查，提高标准化运行质量。

完成期限：2018 年 9 月 30 日前取得阶段性成果。

(10) 强化企业主体责任落实。在生产企业落实“五大”制度。建立安全考核制度，建立生产企业主要负责人考核制度，提高履职尽责能力和安全管理领导能力；建立述责述安制度，每年度企业主要负责人要向市区两级安全监管部门进行述责，并接受质询；建立安全承诺制度，生产企业主要负责人要在全市危化监管工作会上签订安全生产责任书，对安全生产工作作出承诺。建立安全公示制度，利用电子显示屏，对当日装置设施和主要作业活动的安全风险和安全可控状态，进行承诺公告。建立安全总监制度，督促企业设立专职安全总监，强化安全生产管理。

完成期限：2018 年底前。

配合处室工作内容及完成期限：

监管一处：督促指导工业企业进行危险化学品安全风险辨识，开展等级评定，建立安全风险分布档案，制定相应管控措施。督促指导工业企业对重大危险源进行排查。督促有关企业落实安全生产主体责任，完善监测监控设备设施，实施重点管控。加强工业企业使用危险化学品，特别是高危化学品的管控，排查制定工业企业使用高危化学品的企业清单。配合开展化工、医药和危险化学品生产经营企业安全生产标准化建设。协助组织开展标准化示范企业创建活动，树立一批典型标杆，推动企业落实安全生产主体责任。配合开展标准化运行核查，提高标准化运行质量。

完成期限：2018 年 9 月 30 日前。

监管二处：(1) 协调指导有行业主管部门的危险化学品使用单位进行安全风险辨识，开展等级评定，建立安全风险分布档案，制定相应管控措施。协调指导有行业主管部门的危险化学品使用单位对重大危险源进行排查，督促有关企业落实安全生产主体责任，完善监测监控设备设施，实施重点管控。协调市交通委加强危险化学品运输安全管控，督促危险化学品生产、储存、经营企业建立装货前运输车辆、人员、罐体及单据等查验制度，严把装卸关，强化日常监管。加快推进危险货物道路运输电子运单管理系统建设。

完成期限：2018 年 9 月 30 日前。

(2) 将危险化学品安全综合治理纳入综合监管范畴，对各有关部门综合治理具体任务落实情况开展考核，推动危险化学品安全综合治理各项工作任务的落实。

完成期限：2018 年底前。

矿山处：组织开展非煤矿矿山企业进行危险化学品安全风险辨识，开展等级评定，建立安全风险分布档案，制定相应管控措施。组织开展非煤矿矿山企业对重大危险源进行排查，督促有关企业落实安全生产主体责任，完善监测监控设备设施，实施重点管控。加强非煤矿矿山企业使用危险化学品，特别是高危化学品的管控，排查制定工业企业使用高危化学品的企业清单。

完成期限：2018 年 9 月 30 日前。

应急处：加强化工园区和危险化学品集中储存、使用高风险部位的应急处置基础设施建设，提高事故应急处置能力。实施强化危险化学品道路运输安全管理的政策措施，完善外省区市进京危险化学品运输车辆监管机制，加大危险化学品道路运输安全监管力度。配合市交通委做好相关工作，完善危险化学品事故现场指挥机制，提高现场救援的专业化、科学化水平，持续开展生产安全事故应急处置评估，推动处置工作科学化、精细化、规范化、专业化。

完成期限：2018 年 9 月 30 日前。

人教处：研究完善危险化学品安全监管体制，协调市编办，明确《危险化学品安全管理条例》中危险化学品安全监督管理综合工作的具体内容，配合编制《危险化学品监管责任清单》和《危险化学品建设项目权力清单》。协调市编办、市人力社保局加强负有危险化学品安全监管职责部门的监管力量，明确危险化学品安全监管机构和人员能力建设要求。

完成期限：2018 年 9 月 30 日前。

法制处：配合深化《北京市危险化学品安全管理办法》地方性立法的前期研究工作，为监管工作明确职责和依据。进一步明确相关部门危险化学品安全监管职责，在《北京市人民政府关于进一步完善和加强市政府工作部门安全监管（管理）职责的通知》（京政办发〔2014〕27 号）修订中，对相关部门的职责进行修订和补充。

完成期限：2018 年 9 月 30 日前。

行政审批处：(1) 严格危险化学品建设项目安全审查，配合做好危险化学品建设项目现场审查和生产企业许可现场审查工作。

完成期限：2018 年底前。

（2）加强专业机构的培育，通过政府购买服务等方式，充分发挥安全生产服务机构的作用，持续提升危险化学品安全监管水平，增强监管效果。

完成期限：2018 年 9 月 30 日前。

协调处：配合推进全市危险化学品生产经营企业隐患排查治理体系建设以及隐患排查治理信息系统的使用。加强企业安全生产诚信体系建设，及时收集危险化学品生产经营企业信用信息，向社会公布联合惩戒对象（含“黑名单”）信息，并报送至市工商局等有关部门实施联合惩戒措施。

完成期限：2018 年 9 月 30 日前。

科技处：（1）明确危险化学品安全监管人员检查设备设施配备要求，制定检查设备设施配备标准。推动化工企业通过定向培养、校企联合办学和委托培养等方式，加快高风险、高危岗位操作人员的培养，确保涉及“两重点一重大”生产装置、储存设施的操作人员达到岗位技能要求。

完成期限：2018 年 9 月 30 日前。

（2）联合开展危险化学品主要负责人和安全管理人员培训工作，协助做好危险化学品领域专家库补充完善。在危险化学品领域加大科技项目推广力度，提高企业本质安全水平。

完成期限：2018 年底前。

研究室：（1）加强专业机构培育，通过政府购买服务等方式，充分发挥保险机构的作用，持续提升危险化学品安全监管水平。

完成期限：2018 年 9 月 30 日前。

（2）共同研究推进利用安责险事故预防资金开展危险化学品安全监管相关工作。

完成期限：2018 年底前。

执法总队：（1）强化危险化学品安全监管队伍和街道（乡镇）安全检查员队伍建设，逐步实现监管和检查人员专业化，切实提高依法履职的能力水平。

完成期限：2018 年 9 月 30 日前。

（2）按照执法计划对危险化学品生产企业开展执法检查，参与危险化学品企业联合检查，共享执法检查成果。

完成期限：2018 年底前。

安科院：（1）进一步完善危险化学品登记制度，加强危险化学品登记工作。

完成期限：2018 年 9 月 30 日前。

（2）配合加大危险化学品主要负责人和安全管理人员专业知识和政策法规的考核力度，根据总局要求，不断完善考核和培训大纲及教材，并组织好有关考核工作。

完成期限：2018 年底前。

信息中心：配合建立危险化学品重大危险源数据库信息系统，完善危险化学品重大危险源数据库，绘制重大事故隐患电子分布图。配合建立安全监管部门与各行业主管部门之间危险化学品重大危险源信息通报机制。配合建立本市危险化学品登记信息数据库，确保市区两级许可企业数据准确，并实现数据共享。

完成期限：2018年9月30日前。

宣教中心：(1) 以“安全生产月”等影响力较大的宣传活动为载体，采用传统媒体与新媒体融合方式，开展形式多样的危险化学品安全宣传、教育和培训活动，不断提高全社会的安全意识与对危险化学品的科学认知水平。

完成期限：2018年9月30日前。

(2) 加大对企业违法违规行为曝光力度，在危化企业深入开展安全文化示范企业创建工作。

完成期限：2018年底前。

2.2 加快推动危险化学品集中管理体系建设

主要内容：贯彻落实《北京市人民政府办公厅关于印发建立危险化学品集中管理体系若干意见的通知》(京政办发〔2013〕57号) 要求，加快推进危险化学品集中管理体系建设，确保信息化建设、配套文件制定、储存设施建设等各项重点工作取得实质性进展，逐步实现全市危险化学品的“专门储存、统一配送、集中销售”以及全过程动态监管，持续提升危险化学品安全监管水平。

牵头局领导：唐明明

主责处室：监管三处

配合处室：监管二处、应急处、财务处、法制处、信息中心

主责处室工作内容：

(1) 推进危险化学品综合调度指挥系统、危险化学品全流程信息追溯管理体系的需求调研、可研编制、立项申报以及系统建设等工作，逐步实现危险化学品全生命周期信息化安全管理及信息共享、综合调度。

(2) 协调推进市交通委危险货物电子运单管理系统完成市发改委立项，开展项目招投标和系统建设工作；协调推进市教委学校实验室危险化学品管理系统、市公安局剧毒化学品易制爆危险化学品管理系统申请市财政资金进行立项，启动系统建设工作；协调市环保局开展危废处置管理平台的升级改造工作，逐步实现各子系统与综合调度指挥系统的数据共享。

(3) 会同市交通委、市公安局、市质监局、市教委、市环保局推进危险化学品生产、经营、运输、使用单位逐步纳入集中管理体系，推进集中管理体系信息化系统的有效应用，强化危险化学品全生命周期监管。

(4) 在危险化学品使用量调研评估工作的基础上，根据“分散布局、控制储量”的原则，立足本市现有储存设施，开展危险化学品储存设施建设研究工作，提出合理的规划建议。会同市规划国土委对全市危险化学品储存设施进行科学规划、合理布局。

(5) 推进体系配套政策文件、地方标准研究和制定工作，为集中管理体系提供政策支撑。

(6) 依托市安委会平台，强化工作统筹，完善集中管理体系建设工作会商机制，强化体系建设各有关单位的沟通协调，推动体系建设工作不断深入。组建集中管理体系专家库，为

体系建设提供智力支撑。

主责处室完成期限：2018 年底前。

配合处室工作内容及完成期限：

监管二处：将集中管理体系建设纳入综合监管重点工作范畴，对各有关部门具体任务落实情况开展考核，推动管理体系各项工作任务的落实。加强协调督促，推动市交通委、市公安局、市教委、市质监局等部门，开展集中管理体系信息化项目建设等相关工作，推进集中管理体系信息化系统的有效应用。

完成期限：2018 年底前。

应急处：配合建立健全全市危险化学品应急救援“统一协调、就近调用”工作机制，建立危险化学品应急救援处置系统数据库，实现危险化学品突发事件协同处置、应急资源指挥调度，为危险化学品事故救援的决策和实施提供数据支撑。

完成期限：2018 年底前。

财务处：信息化项目预算资金批复后，做好项目招投标工作，确保资金使用规范合理；同时，加强与市财政局沟通，落实电子政务云租赁和系统运维等相关资金。

完成期限：2018 年底前。

法制处：配合推进体系配套政策文件、地方标准研究和制定工作，为集中管理体系提供政策支撑。

完成期限：2018 年底前。

信息中心：（1）加强信息化工作统筹，将管理体系信息化建设项目纳入全局信息化建设总体规划，协助推进危险化学品集中管理体系信息化建设项目的需求调研、可研编制以及立项申请等工作。

完成期限：2018 年 3 月 31 日前。

（2）配合建设危险化学品集中管理信息化平台，实现危险化学品全生命周期信息化安全管理及信息共享、综合调度，全面提升本市危险化学品安全监管水平。

完成期限：2018 年底前。

3.强化有限空间治理，全力压减有限空间亡人事故

主要内容：2017 年有限空间事故高发，事故呈现复杂性和多样性，从“传统”行业向“非主流”行业发展。2018 年有限空间监管任务更加艰巨，将从扩大有限空间特种作业人员范围、完善地方标准、强化监管、加强宣传培训四个方面进行强化，全力压减有限空间亡人事故。

牵头局领导：阎军

主责处室：职卫监督处

配合处室：监管一处、监管二处、法制处、职卫综合处、执法总队、安科院、宣教中心

主责处室工作内容及完成期限：

（1）修订《地下有限空间作业安全技术规范》。会同法制处、监管一处对地下有限空间作业标准进行修订。对《工贸企业有限空间作业安全管理与监督暂行规定》（总局令第 59

号）和《地下有限空间作业安全技术规范》三个地方标准进行整合和修订，制定《地下有限空间作业安全技术规范》地方标准，为全市有限空间监管工作提供技术支持。

完成期限：2018 年 7 月 31 日前。

（2）扩大有限空间特种作业人员考核范围。会同安科院积极与国家安全监管总局沟通，力争将有限空间管理人员、作业人员纳入特种作业培训范围，提升一线作业队伍安全意识。同时，会同安科院，指导有限空间特种作业培训学校进行升级改造，满足全市有限空间特种作业培训需求。强化有限空间作业监管。会同有关处室联合开展培训、检查、督查等工作，督促指导相关行业部门落实行业监管责任、企业落实主体责任，进一步加强有限空间监管。加大宣传力度。会同宣教中心、职卫综合处进一步加大有限空间治理的宣传培训力度，营造全社会关注有限空间治理工作的良好氛围。

完成期限：2018 年底前。

配合处室工作内容及完成期限：

法制处：做好《地下有限空间作业安全技术规范》等三项地方标准的立项审查报备等工作。

完成期限：2018 年 7 月 31 日前。

安科院：加强与国家安全监管总局沟通，扩大有限空间特种作业人员范围。同时，指导有限空间特种作业培训学校进行升级改造。

监管一处：对有限空间作业安全技术规范进行研讨，加强工贸企业有限空间作业监管。

监管二处：联合开展有限空间作业培训、检查、督查等工作，督促指导相关行业部门落实行业监管责任。

执法总队：联合开展有限空间作业培训、检查、督查等工作，督促指导相关企业落实安全生产主体责任。

宣教中心：加大有限空间治理工作的宣传力度，营造全社会关注有限空间治理的良好氛围。

职卫综合处：联合开展有限空间作业培训、检查、督查等工作，共同开展有限空间治理的宣传培训。

上述配合处室完成期限：2018 年底前。

4.进一步加大执法检查力度，促进执法检查提质增效

主要内容：依据年度执法检查计划，重点对市局行政许可的生产经营单位、跨区域经营企业、连锁企业、中央在京企业及其所属单位、市属国有企业开展执法检查，查处重大投诉举报案件；着重提升人均执法检查量、人均处罚量、职权履行率、职权履行均衡度；提升执法业务培训的实效性和针对性；科学运用执法检查大数据监督考评、分析通报全市执法检查情况；不断促进执法检查规范化、专业化和信息化建设。

牵头局领导：贾太保

主责处室：执法总队

配合处室：监管一处、监管二处、监管三处、矿山处、行政审批处、应急工作处、科技

处、职卫监督处、宣教中心、信息中心

主责处室工作内容：

组织宣贯《关于进一步加强全市安全生产监管系统执法检查工作的指导意见》，指导全市执法检查规范化建设；推进安全生产与职业卫生一体化执法，职业卫生执法检查、处罚不少于全年任务的30%；开展标准化、危化品管理、隐患自查自报、许可条件保持等执法检查不少于全年任务的20%；组织完成市区两级执法人员执法业务培训；组织召开全市执法检查工作现场会，定期组织召开局内执法检查工作融合协调会；组织编制5个行业领域执法检查规范，并及时植入全市执法检查信息平台推广使用，全市运用执法检查规范实施执法检查比率2018年底不低于70%；督促各区安监局完成执法人员检查移动终端配发；推进执法系统与专职安全员检查系统的对接，实现台账动态管理，执法检查数据共享。

主责处室工作完成期限：2018年底前。

配合处室工作内容：

监管一处、监管二处、监管三处、矿山处、行政审批处、应急工作处、科技处、职卫监督处：配合制定年度执法检查计划；提供需执法监察总队配合执法检查的生产经营单位名单；定期组织参加局内执法检查工作融合协调会、联合执法及专项整治行动；负责对执法人员开展相关业务培训；参与编制相关执法检查规范，提供规范编制基础材料，对规范内容、检查方法、专业性条款运用的科学性、合理性等研提意见建议，共同组织开展规范的推广使用。

宣教中心：通过官方网站、微信公众号、微博、电视、报纸等多种媒体，加大对执法检查工作宣传力度，及时宣传报道执法检查重点工作情况，在官方网站或相关媒体上，曝光典型违法违规案例，组织新闻发布会等。

信息中心：做好执法检查系统开发、运维、升级等，组织开展执法检查系统使用培训。及时将执法检查规范植入全市执法检查信息平台。

配合处室工作完成期限：2018年底前。

5.持续加强专职安全员队伍建设管理

主要内容：巩固乡镇、街道（园区）安全生产检查队规范化建设成果，积极推进规范化建设“星级评估”常态化；开展区职能部门安全生产督查检查队规范化建设，实现70%区职能部门安全生产督查检查队规范化建设达标；进一步完善专职安全员检查信息系统；开展乡镇、街道（园区）优秀安全生产检查队评选工作；开展专职安全员业务培训及行政村、社区专兼职安全生产巡查员示范培训；大力推进专职安全员检查系统与执法系统的对接、乡镇、街道（园区）安全生产检查队与区职能部门安全生产督查检查队业务系统对接。

牵头局领导：贾太保　贾秋霞

主责处室：执法总队

配合处室：机关党委（工会、团委、纪委）、监管一处、监管二处、监管三处、矿山处、职卫监督处、法制处、协调处、科技处、督查处、安科院、宣教中心、信息中心

主责处室工作内容：

（1）巩固乡镇、街道（园区）安全生产检查队规范化建设成果，根据工作重点调整规范化考核指标，将规范化建设评估作为年度常规工作持续推进；制定乡镇、街道（园区）优秀安全生产检查队评判标准，在全市组织开展乡镇、街道（园区）优秀安全生产检查队评选工作，发挥典型示范作用。

（2）充分运用乡镇、街道（园区）安全生产检查队规范化建设经验，针对区职能部门安全生产督查检查队现状和存在问题，制定有针对性的规范化建设标准，开展区职能部门安全生产督查检查队规范化建设；2018年底，实现70%区职能部门安全生产督查检查队规范化建设达标。

（3）推进检查计划、检查方案制度落实；用检查覆盖率、责改文书下达率、执法检查规范使用率、移动终端使用率、人均检查量、人均隐患发现量等量化指标，校准专职安全员工作重心和发力点，推动专职安全员明确主责主业，提升工作效能。

（4）开展专职安全员初任、领军人才、队长标兵业务培训，结合局内各项重点工作，组织开展专题培训；对第一批行政村、社区专兼职安全生产巡查员开展示范培训；围绕执法规范组织制定统一的培训大纲和培训课件，借助领军人才、队长标兵的带动作用，促进队伍整体素质提升。

（5）进一步完善专职安全员检查信息系统，推进系统升级改造；运用系统实现隐患移送、规范检查要点、提升检查质量等工作；实现区职能部门专职安全员手机APP运用全覆盖。

（6）充分发挥党团工妇组织的思想引领、服务中心和关心关爱作用；推动建立专职安全员工资待遇动态调整机制；以评比宣传为激励，激发专职安全员的工作热情和创造潜能。

主责处室工作完成期限：2018年底前。

配合处室工作内容：

监管一处、监管三处、矿山处、职卫监督处：共同建立会签沟通机制；组织开展专项行动时，带动属地专职安全员参与执法检查。承接专职安全员日常检查发现的监管职权范围内的重大隐患。共同组织开展安全员专题培训，完成培训内容、课程设计、组织师资等工作。

监管二处：协调市属相关行业部门，联合推进区职能部门安全生产督查检查队规范化建设；共同组织开展安全员专题培训，完成培训内容、课程设计、组织师资等工作。开展市政府行业部门安全生产综合考核时，加大安全生产督查检查队规范化建设及专职安全员业务培训方面的考核权重。

法制处：负责专职安全员检查证、工作证的发放工作；共同组织开展安全员专题培训，完成培训内容、课程设计、组织师资等工作。

协调处：开展对区政府安全生产综合考核时，加大安全生产检查队规范化建设、作风纪律建设、专职安全员工资待遇落实等内容考核权重。

科技处：参与专职安全员培训大纲编制、培训课程设计、培训课件研发，协助调度安全生产领域科技资源、专家学者参与专职安全员培训工作。

督查处：协调市委市政府安全生产督察组，对行业部门及区政府安全生产督察内容时，重点对专职安全员工资待遇落实、安全生产（督查）检查队规范化建设情况进行督查。

机关党委（工会、团委、纪委）：配合开展调查研究、参与指导安全生产检查队党团工妇纪检等政策制定，实现组织管理正规化、规范化。继续在专职安全员队伍中推进青年文明号评选工作。

安科院：负责专职安全员招聘考试及年度业务技能测评组卷、组织考试等工作；配合做好专职安全员业务技能竞赛、网络培训等继续教育工作。分领域、分层次研究开发专职安全员培训大纲。加大培训师资队伍建设，打造一支专兼职结合、理论与实务水平较高的培训师资队伍。

宣教中心：强化安全生产检查队优秀微信公众号的推广评比，以及优秀安全生产检查队和典型人物的培树。

信息中心：不断完善专职安全员检查系统功能，增强系统操作便捷性、高效性，实现系统内企业台账的动态更新，依托系统解决隐患移送、规范检查要点、提升检查质量等工作，并将系统功能延伸运用于职能部门专职安全员。进一步规范检查过程、提高检查效率。

配合处室工作完成期限：2018 年底前。

6. 切实做好 2018 年安全生产考核工作

6.1 做好各区人民政府安全生产考核工作

主要内容：安全生产考核是一项全局性、综合性工作，是全市各区落实安全生产工作情况的综合反映，主要包括年初考核指标设定、过程管理、考核实施、考核结果反馈以及表彰奖励等系列工作。2018 年安全生产考核工作以《中共中央　国务院关于推进安全生产领域改革发展的意见》（中发〔2016〕32 号）、市委市政府《关于进一步推进安全生产领域改革发展的实施方案》（京发〔2017〕24 号）和《北京市安全生产工作考核办法》（京政办发〔2017〕7 号）为主要依据和遵循，结合国务院安委会对本市安全生产工作的考核要求和全市安全生产重点工作，在融合各处室考核需求基础上，形成本市 2018 年度安全生产综合考核细则，并与市政府绩效考核、首都综治办综治考核等工作融合衔接，切实发挥安全生产考核的“指挥棒”作用。

牵头局领导：唐明明

主责处室：协调处

配合处室：办公室、监管一处、监管二处、监管三处、执法总队、事故处、应急处、职卫综合处、职卫监督处、矿山处、科技处、行政审批处、法制处、研究室、督查处、财务处、宣教中心、举报投诉中心

主责处室工作内容及完成期限：

（1）征集局机关各处室、局属事业单位和有关部门 2018 年安全生产工作考核需求、评分标准和拟列入 2018 年安全生产目标责任书的核心指标。

完成期限：2018 年 1 月下旬。

（2）起草《2018 年安全生产工作考核细则（征求意见稿）》和《2018 年度安全生产目标责任书（征求意见稿）》。

完成期限：2018 年 2 月底前。

（3）就《2018 年安全生产工作考核细则（征求意见稿）》和《2018 年度安全生产目标责任书（征求意见稿）》征求各区、各有关部门意见，修改完善后，提请局务会审定。

完成期限：2018 年 3 月中旬 。

（4）印发《2018 年安全生产工作考核细则》和《2018 年度安全生产目标责任书》

完成期限：2018 年 3 月底。

（5）定期收集汇总各业务处室关于全市各区安全生产重点工作进展情况或统计数据。

完成期限：每月 5 日前。

（6）每季度通报 2018 年度安全生产目标责任书重点工作任务进展情况。

完成期限：每季度首月 15 日前。

（7）结合国务院安委会安全生产考核、综治考核等有关要求，征求各处室各单位意见，制定印发安全生产考核工作通知，启动 2018 年度考核工作。

完成期限：2018 年 12 月初。

（8）汇总各处室、各部门对各区安全生产工作考核情况，形成 2018 年度安全生产综合考评意见，提交局务会审定。

完成期限：2019 年 1 月底前。

（9）将局务会审定的 2018 年度安全生产综合考评意见报市政府审议。

完成期限：2019 年 2 月底前。

（10）向各区反馈 2018 年度安全生产综合考评结果并通报市委组织部、市人力社保局等部门。

完成期限：2019 年 3 月底前。

（11）根据安全生产考核表彰奖励办法，在全市安全生产大会上对 2018 年度安全生产先进单位进行表彰奖励。

完成期限：2019 年 3 月底前。

配合处室工作内容及完成期限：

（1）办公室、监管一处、监管二处、监管三处、执法总队、事故处、应急处、职卫综合处、职卫监督处、矿山处、科技处、行政审批处、法制处、研究室、督查处、宣教中心、举报投诉中心等有考核需求的处室（单位），根据国务院安委会、国家安监总局和市委市政府安全生产考核工作要求，结合本处室年度重点工作，提出列入 2018 年度安全生产目标责任书指标和本处室 2018 年度安全生产综合考核需求，提出考核项目、设定评分标准。

完成期限：2018 年 2 月上旬。

（2）2018 年度安全生产目标责任书所涉及的各有关处室（单位），明确专人定期向协调处报送本处室负责督促落实的安全生产重点工作进展情况或统计数据。

完成期限：每月 5 日前。

（3）办公室、监管一处、监管二处、监管三处、执法总队、事故处、应急处、职卫综合处、职卫监督处、矿山处、科技处、行政审批处、法制处、研究室、督查处、宣教中心、举报投诉中心等有考核项目的处室（单位）结合2018年度安全生产考核细则，对各区安全生产工作完成情况进行逐项考核评价并打分，考核结果经处务会研究、处室负责人签字后报送至协调处。

完成期限：2018年底前。

(4) 财务处根据考核表彰结果和表彰奖励有关规定，向2018年度安全生产先进单位拨付奖励资金。

完成期限：2019年3月底前。

6.2 做好市政府有关部门安全生产综合考核工作

主要内容：认真研究并印发2018年市有关部门安全生产综合考核方案和考核细则，充分利用本市安全生产综合监管信息化管理平台，加强日常工作的动态考核，做好年终综合评定及考核意见反馈工作。

牵头局领导：卞杰成

主责处室：监管二处

配合处室：协调处、研究室、事故处、督查处、监管一处、监管三处、应急处、职卫综合处、职卫监督处、矿山处、科技处、执法总队、宣教中心、举报投诉中心

主责处室工作内容：年初，深入研究2018年全市安全生产重点工作和国务院安委会对本市考核细则，协调局内有关处室研究提出对被考核部门的考核内容需求及考核细则需求，请有关部门提交本行业领域2018年安全生产工作要点，牵头起草并印发有关工作方案及考核细则；年中，充分利用部门半年工作座谈会、专题协调会、专项调研、市委市政府对有关部门督察等，做好目标任务的动态督促指导和日常工作情况记录；年终，充分利用综合监管信息化管理平台，统筹协调有关部门、区安委会、局内有关处室做好部门自评、区安委会评议、市安办评议等有关工作，做好考核评定成绩的收集汇总上报等综合性工作。

主责处室工作完成期限：2018年底前。

配合处室工作内容：协调处、研究室、事故处、督查处、监管一处、监管二处、应急处、职卫综合处、职卫监督处、矿山处、科技处、执法总队、宣教中心、举报投诉中心等处室结合工作实际，于年初研究提出对被考核部门的考核内容需求及考核细则需求，及时向二处反馈；年中做好对有关部门日常安全生产工作情况的动态掌握；年终，按照考核评定工作统一安排，认真完成所负责考核项目的年终考核打分评议工作。

配合处室工作完成期限：2018年底前。

6.3 试点开展8家市属工业集团年度安全生产综合考核工作

主要内容：为全面贯彻落实党中央、国务院和市委市政府关于安全生产工作的一系列决策部署，不断推进市属国有企业安全生产监督管理制度落实，充分发挥市属企业在安全生产中的表率作用，根据《中华人民共和国安全生产法》《中华人民共和国职业病防治法》《北京市安全生产条例》《北京市生产安全事故隐患排查治理办法》（市政府第266号令），以及《北京市人民政府关于推进安全预防控制体系建设的意见》（京政发〔2016〕2号）、《北京市生产经营单位安全生产主体责任规范》（京安监发〔2016〕18号）等文件规定，市安委会办

公室将以8家市属工业集团为试点，开展年度安全生产综合考核工作。

牵头局领导：唐明明

主责处室：监管一处

配合处室：法制处、事故处、监管二处、监管三处、科技处、应急处、职卫综合处、职卫监督处、执法总队、矿山处、协调处、宣教中心、安科院

主责处室工作内容：负责市属工业集团年度安全生产年综合考核工作的统筹协调和日常管理工作，并制定目标责任书、综合考核方案及考核细则，加强与市国资委、市经信委等部门协调联系，通过采取“集团自评、联合抽查检查和市安委会办公室组织评定相结合”的方式，对市属工业集团年度安全生产目标任务完成情况进行考核。

主责处室工作完成期限：2019年1月30日前。

配合处室工作内容：

法制处：市属工业集团年度安全生产综合考核方案及考核细则、安全生产目标责任书的合法合规性进行审核。

事故处：按规定时间提供市属企业年度生产安全事故情况，协助完成市属工业集团年度安全生产综合考核工作。

监管二处、监管三处、科技处、应急处、职卫综合处、职卫监督处、矿山处、协调处、安科院：协助完成市属企业集团年度安全生产综合考核工作，以及下一年度的目标责任书、综合考核方案及考核细则制定工作。

执法总队：提供8家市属工业集团年度安全生产执法检查情况，协助完成市属工业集团安全生产年综合考核工作，以及下一年度的目标责任书、综合考核方案及考核细则制定工作。

宣教中心：加强对8家市属工业集团年度安全生产综合考核工作的宣传力度；协助完成市属工业集团年度安全生产综合考核工作，以及下一年度的目标责任书、综合考核方案及考核细则制定工作。

配合处室工作完成期限：2018年底前。

7.深化数据集成和管理，实现信息化对业务融合的支撑，加强应用整合促进业务协同

主要内容：进一步完善台账更新管理机制，组织各区持续动态更新台账，拓展台账与业务关联范围。构建功能较为完善的安全生产数据中心，开展大数据可视化分析平台建设，开展数据关联分析、指数分析、模型分析。构造移动执法设备与各业务系统间“一端录入，多端共享”的数据共享格局，完成执法文书填报、打印、送达一体化工作流程，加强行政处罚痕迹化管理，有效提升安全监管执法能力。

牵头局领导：卞杰成

主责处室：信息中心

配合处室：执法总队、监管一处、监管二处、监管三处、协调处、研究室、法制处、矿山处、应急处、职卫综合处、职卫监督处、科技处、行政审批处、举报投诉中心

主责处室工作内容：一是定期通报台账更新和核销情况，开展台账数据质量抽查和考

核，杜绝无故核销台账现象，确保台账应统尽统、真实准确和稳定运行；二是开展台账分类划库，组织各区对台账合理划分 ABC 库和行业部门，为职能部门专职安全员检查等工作提供支撑，落实行业、属地监管责任；三是完成本市安全生产数据中心建设，通过数据中心向各业务系统提供统一的数据服务，提升数据共享和使用效率；四是完成大数据可视化分析平台的设计和开发，融合各类安全监管数据资源，实现以企业画像和监管力量画像为核心的各类安全生产数据集中分析展示；五是负责安全生产行政执法系统建设、推广使用和优化升级，督促各区局完成执法移动终端配发，并进行执法人员系统使用培训工作。

主责处室工作完成期限：2018 年底前。

配合处室工作内容：

执法总队：一是要组织各区专职安全员，配合台账管理部门工作，实现动态更新；二是要通过职能部门专职安全员检查系统，推动行业部门确认和接收台账，落实行业监管责任；三是利用台账数据开展执法检查工作，对发现的异常台账数据（不在台账、无故核销、信息错误）进行记录并反馈信息中心；四是要组织全市执法人员开展行政执法系统培训；五是要牵头制定下发《行政执法系统管理办法》，确保市区两级执法人员使用行政执法系统开展执法检查；六是要对完善行政执法系统功能设计研提意见。

法制处：一是要维护并确认检查单、权力清单等内容；二是要将我局电子公章、签名向市政府法制办进行备案，协调法制办进行执法数据的对接；三是要配合执法总队制定《行政执法系统使用管理办法》；四是要对完善行政执法系统功能设计研提意见。

职卫综合处：利用台账数据开展职卫申报、职卫普查等工作，对发现的异常台账数据（不在台账、无故核销、信息错误）进行记录并反馈信息中心。

监管一处、监管二处、监管三处、协调处、研究室、矿山处、应急处、职卫监督处、科技处、行政审批处、举报投诉中心：一是要利用台账数据开展标准化创建、隐患排查、诚信体系、风险评估、职业危害普查、安责险、危化品集中交易体系、行政审批、举报投诉等工作，对发现的异常台账数据（不在台账、无故核销、信息错误）进行记录并反馈信息中心；二是要加强对行政执法系统的应用，定期汇总执法系统问题并向信息中心反馈；三是参与行政执法系统研讨，对完善系统研提意见。

配合处室工作完成期限：2018 年底前。

二、持续推进安全生产责任体系、安全生产隐患排查治理体系、安全预防控制体系建设

8. 对市级行业部门开展第一轮安全生产督察，对 2017 年各区督察反馈意见整改情况开展“回头看”；聚焦本市安全生产重点任务，适时开展安全生产专项督查。

主要内容：依据《北京市安全生产督察方案（试行）》（京办发〔2017〕11 号）要求，按照“试点先行，逐步推进”原则，以市委市政府名义成立安全生产督察组分批次对纳入综合考核的 24 个市级部门开展安全生产督察。开展安全生产督察“回头看”，督促各区严格按照督察反馈意见逐条进行整改落实；以推进《关于进一步推进安全生产领域改革发展的实施方案》（京发〔2017〕24 号）落实为核心，选择 2～3 项重点工作列为督查内容，开展全过程督查。经市领导批准，围绕重点时段、重大活动时期，对生产安全事故多发地区或行业开展专项督察。

牵头局领导：唐明明

主责处室：督查处

配合处室：人教处、事故处、研究室、举报投诉中心

主责处室工作内容：制定督察工作方案，明确计划安排和督察内容；依据被督察部门行业特点编制督察要点，落实“一部门一要点”的工作要求；组织编制培训教案、集中开展1～2次业务培训，邀请市领导进行动员部署；提出组建各督察组人选的建议报局主要领导审定；起草进驻领导讲话稿和新闻通稿，收集各督察组起草的督察报告和问题清单报局主要领导审定；协助局办公室做好市领导听取督察汇报的筹备工作，协调各组联络员做好督察意见反馈任务。根据各组反馈意见，起草市级行业部门安全生产督察报告。根据各督察组反馈意见，制定“回头看”工作方案，明确督察计划安排，提出“回头看”督察组人选建议，组织开展“回头看”督察培训。邀请研究室讲解《关于进一步推进安全生产领域改革发展的实施方案》文件精神，按照局领导确定的督查内容，积极与市政府督查室协调，使用督查月报、督查通知单等平台等资源，督促相关任务落实单位按计划加快推进。

主责处室工作完成期限：2018 年底前。

配合处室工作内容及完成期限：

研究室：讲解《关于进一步推进安全生产领域改革发展的实施方案》文件精神。

完成期限：2018 年 3 月 15 日前。

人教处：加强与市委组织部的沟通，固化定期选派正局级领导担任督察组长的模式，提前确定督察组长人选；做好相关表彰、奖励等工作；选派局内相关人员参加督察。

事故处：负责提供被督察市级行业部门的生产安全事故情况。

举报投诉中心：汇总安全生产投诉举报受理事项，按要求及时移交给各督察组；参与举报投诉总结工作；提供需要督察的有关工作。

上述配合处室完成期限：2018 年底前。

9. 开展安全隐患专项治理三年行动计划

主要内容：严格落实安全生产责任制，以“三合一”“多合一”场所消防安全隐患为重点，深入开展城市安全隐患治理三年行动计划，强化消防安全、建筑施工、道路交通、危险化学品运输等重点领域整治，坚决遏制重特大安全事故。保障水电气热等城市生命线安全运行。

牵头领导：唐明明

主责处室：协调处

配合处室：办公室、监管一处、监管二处、监管三处、职卫监督处、执法总队、督查处、矿山处、科技处、行政审批处、煤监局一室

主责处室工作内容及完成时限：

（1）研究制定安全隐患专项治理三年行动计划及实施方案；研究建立安全隐患专项治理长效运转机制。

完成时限：2018 年 6 月 30 日前。

（2）组织做好安全隐患专项治理相关工作。

完成时限：2018 年底前。

配合处室工作内容及完成时限：

监管一处、监管三处、矿山处、煤监局一室：研究制定本局直接监管行业领域安全隐患专项治理标准及实施方案。监管二处：协调指导有关行业部门做好分管行业领域安全隐患专项治理标准及实施方案。

完成时限：2018 年 6 月 30 日前。

办公室、监管一处、监管二处、监管三处、职卫监督处、执法总队、督查处、矿山处、科技处、行政审批处、煤监局一室：做好安全隐患专项治理三年行动计划的监督、检查、指导和保障工作。

完成时限：2018 年底前。

10. 做好北京市城市安全风险评估试点工作

主要内容：继续落实《北京市城市安全风险评估试点工作方案》。推进全市重大安全风险预测预警标准体系建设、调研抽查全市应急资源调查部分报告数据质量、摸排全市应急资源总体分布状况、编制全市应急资源调查报告、对全市重大安全风险进行跟踪评估、组织召开安全风险评估工作总结分析及经验交流会、对企业安全风险辨识建议清单进行修改完善、开展全市风险评估培训体系建设、组织第三方机构对安全风险评估质量进行抽查等各项工作。

牵头局领导：唐明明　阎军

主责处室：应急处

配合处室：协调处、监管一处、监管二处、监管三处、矿山处、煤监局三室、督查处、市安科院、信息中心

主责处室工作内容：继续检查、指导、推进全市风险评估试点工作开展，对全市安全风险评估试点工作情况进行总结，分析存在问题，提炼工作经验，部署下一步全市安全风险评估及管控工作。同时开展安全风险管理办法立法、全市重大安全风险预测预警标准体系建设、调研抽查全市应急资源调查部分报告数据质量、提炼全市应急资源总体分布状况、编制全市应急资源调查报告、对全市重大安全风险进行跟踪评估、组织召开安全风险评估工作总结分析及经验交流会、对企业安全风险辨识建议清单进行修改完善、开展全市风险评估培训体系建设、组织第三方机构对安全风险评估质量进行抽查等各项工作。

主责处室工作完成期限：2018 年底前。

配合处室工作内容：

监管一处、监管三处：推进指导危化企业、规模以上工业企业等直管行业风险评估工作。

监管二处：协调指导相关行业开展风险评估工作。

协调处：研究建立工作考核机制。

督查处：将风险评估内容纳入年度安全生产督察工作。

安科院：开展安全风险管理的技术指导和服务工作。

信息中心：做好安全风险信息系统日常保障。

配合处室工作完成期限：2018年底前。

11.全面加强安责险制度建设，增强生产经营单位防范风险能力

主要内容：深入贯彻落实《中共中央　国务院关于推进安全生产领域改革发展的意见》（中发〔2016〕32号）、国家安全监管总局、保监会、财政部印发的《安全生产责任保险实施办法》（安监总办〔2017〕140号）和《北京市全面推行安责险制度的实施意见》（京安发〔2017〕7号）精神，在矿山、危险化学品、烟花爆竹、交通运输、建筑施工、民用爆炸物品、金属冶炼七个高危行业强制推行安责险制度；在渔业捕捞生产领域、大型群众性活动、人员密集场所以及涉及水、电、气、热等城市运行领域重点推行；在其他行业全面推行。

牵头局领导：唐明明　贾秋霞

主责处室：研究室

配合处室：法制处、科技处、协调处、事故处、监管一处、监管二处、矿山处、督查处、煤监三室、宣教中心、信息中心、安全生产联合会

主责处室工作内容：

（1）会同市财政局、北京保监局研究制定贯彻落实《安全生产责任保险实施办法》的实施细则。

（2）在研究总结前期推动经验的基础上，进一步完善安责险产品内容，优化市场化运营服务体系，指导保险服务机构持续提升保险服务能力。

（3）指导保险服务机构按照2017年度盈利情况，做好产品费率调整，研究制定2018年安责险产品定价方案。

（4）协调各区、各行业主管部门指导保险服务机构为参保企业开展具有行业特色的事故预防活动，指导保险服务机构进一步规范理赔服务程序，大力推进安责险事故预防和事后赔偿保障机制建设。

（5）加强与相关行业主管部门的沟通，定期召开联席会议，统筹全市推行情况，推进相关高危行业强制实施，重点行业实现突破，其他行业全面推行。

（6）科学制定安责险工作任务指标，加强对各区的指导，定期召开工作会议，调度推进情况，帮助解决推进工作中的具体问题。

（7）进一步加大宣传力度，不断拓宽宣传途径，提升安责险的社会认知度，扩大安责险的行业覆盖面。

（8）做好安责险信息服务平台和网站的运行维护，完善政府评价、满意度调查、在线投保等功能模块，实现安全监管数据和安责险数据的融合与共享。

主责处室工作完成期限：2018年底前。

配合处室工作内容：

法制处：在《北京市安全生产条例》修订时，明确安责险制度强制实施的范围和实施方

式等内容。

科技处：配合搭建保险服务机构和安全中介机构的沟通交流平台，指导安责险运营服务中心充分利用安全生产专家、中介机构等为参保企业开展隐患排查工作。

协调处：将安责险任务指标纳入各区2018年安全生产目标责任书。

事故处：协调参保企业事故理赔工作。

监管一处、矿山处：加大本行业安责险制度的宣传推广力度，研究将没有投保安责险作为企业标准化评级的否决项，协助推动金属冶炼、非煤矿山等高危行业领域的安责险制度建设。

监管二处：一是将安责险制度建设纳入对行业部门的安全生产综合考核，督导行业部门做好本行业领域安责险的宣传推广工作。二是加大对市经信委、市交通委、市住建委的督导力度，实现民用爆炸物品、交通运输、建筑施工行业领域安责险制度建设的重大突破。

督查处：将安责险制度推行情况纳入对各区、各部门的督察内容。

煤监局三室：指导煤矿企业做好风险抵押金制度取消后，投保安责险的有关工作。

宣教中心：一是协调相关媒体做好安责险制度推进过程中特色、亮点工作的宣传报道；二是定期提供安全文化建设示范企业名单。

信息中心：协助搭建安责险信息系统与行政处罚、标准化评级、信用体系评级、生产安全事故等信息系统的对接平台。

安全生产联合会：在“安康杯”竞赛活动评选过程中，将企业是否投保安责险作为加分项予以考虑。

配合处室工作完成期限：2018年底前。

三、持续推进安全生产法治化

12.稳步推进《北京市安全生产条例》修订工作

主要内容：在已有工作基础上，继续深入开展条例修订专题调研及论证活动，向市政府法制办、市人大提交条例修订立项论证报告，把条例修订立法工作列入市人大2018年立法调研项目。

牵头局领导：唐明明

主责处室：法制处

配合处室：各业务处室、执法总队、局属事业单位，安全生产联合会

主责处室工作内容：深入调研全市安全生产现状；收集整理国内外安全生产领域先进立法思想与制度措施；分析研究需要条例立法解决的主要问题、问题产生的原因及解决措施；形成主要制度设计、完成立项论证报告；征求全系统及其他委办局、生产经营单位、中介机构意见；与市政府法制办、市人大加强沟通联络，按照各方反馈意见及时修改完善立项论证报告。

主责处室工作完成期限：2018年底前。

配合处室工作内容：收集整理各自职责范围内《安全生产法》和条例的贯彻执行情况、面临的困难和挑战；结合业务工作提出需要立法解决的关键问题和制度设计，对所提出的立

法需要有分析、有数据支撑；参加或组织与本单位相关的条例专题论证会，提出立法建议，提供相关立法建议的背景材料；对条例立项论证报告和条例初稿研提意见。

配合处室工作完成期限：2018 年底前。

13. 做好《北京市生产经营单位安全生产和职业健康主体责任规定》政府规章立法工作

主要内容：通过深入调研、研讨、论证，以市政府规章形式出台《北京市生产经营单位安全生产和职业健康主体责任规定》，指导督促生产经营单位切实抓好生产经营单位的安全生产和职业健康工作。落实《中共中央　国务院关于推进安全生产领域改革发展的意见》（中发〔2016〕32 号）中关于加强安全生产和职业健康法律法规衔接融合的要求，尝试在规章立法中将安全生产和职业健康方面的法律法规对生产经营单位的要求进行融合，以便生产经营单位一并落实安全生产和职业健康主体责任。2018 年，此项工作主要是进行调研、论证，年底前完成草案起草工作。

牵头局领导：卞杰成　李振龙

主责处室：监管二处

配合处室：法制处、职卫综合处、职卫监督处、监管一处、监管三处、矿山处、应急处、事故调查处、科技处

主责处室工作内容：在向市政府法制办提交立项申请报告的基础上，就立法的主要内容和关键问题进行调研、研讨、论证，适时组织召开专题研讨会，加强与市政府法制办的沟通交流，年底前完成草案起草工作。

主责处室工作完成期限：2018 年底前。

配合处室工作内容：

法制处：按照规章立法程序向市政府法制办报送相关材料，负责研讨、论证会的专家邀请工作。

职卫综合处、职卫监督处：按立法需要提供职业健康方面的有关资料，参加涉及职业健康的专题研讨会，提出企业落实职业健康主体责任的具体意见建议。

监管一处、监管三处、矿山处、应急处、事故调查处、科技处：按立法需要提供有关资料，参加相关专题研讨、论证会，提出企业落实安全生产主体责任的具体意见建议。

配合处室工作完成期限：2018 年底前。

14. 组织完成 2018 年度全市安全监管系统安全生产行政执法评议考核工作

主要内容：按照《北京市安全生产行政执法评议考核办法》确定的任务和分解指标，组织完成全系统第二次安全生产行政执法评议考核工作，进一步提升全系统执法监督工作规范化、制度化建设水平。

牵头局领导：唐明明

主责处室：法制处

配合处室：执法总队、行政审批处、督查处

主责处室工作内容：结合国家安全监管总局和市政府法制办对执法监督工作的新要求，组织各相关单位共同修订完善执法评议考核标准，并制定 2018 年度执法评议考核工作方案，

开展面向全市安全监管系统执法评议考核工作。

主责处室工作完成期限：2018 年底前。

配合处室工作内容：

执法总队：从执法规范化建设角度对执法评议考核标准提出修订建议，参与执法评议考核材料审核和实地检查工作。

行政审批处：从行政许可办理、公开角度对执法评议考核标准提出修订建议，参与执法评议考核材料审核和实地检查工作。

督查处：将执法评议考核与对各区政府的督查工作相结合，通过督查发现各区安全监管局执法中好的经验和不规范的问题。

配合处室工作完成期限：2018 年底前。

四、持续夯实安全生产基层基础

15.统筹推进安全生产领域改革工作

主要内容：科学统筹调度安全生产领域改革工作，推动《关于进一步推进安全生产领域改革发展的实施方案》贯彻落实；定期组织召开改革工作会议，协调调度安全生产领域改革工作；定期梳理改革成果，报送改革工作信息；制定《实施方案》的局外、局内分工方案，分解改革任务、细化工作职责、明确时间表路线图，使《实施方案》中的改革任务能与各处室业务工作有机融合，形成改革提升工作、工作促进改革的生动工作局面。与中共中央办公厅、国务院办公厅印发的《关于推进城市安全发展的意见》和《地方党政领导干部责任制规定》等文件相衔接，研究制定北京市的贯彻意见或办法。深入贯彻落实《财政部　国家安全监管总局关于印发〈企业安全生产费用提取和使用管理办法〉的通知》（财企〔2012〕16 号）精神，研究制定《北京市企业安全生产费用提取和使用管理办法》。

牵头局领导：唐明明

主责处室：研究室

配合处室：财务处、事故处、人教处、监管一处、监管二处、监管三处、应急处、职卫综合处、职卫监督处、法制处、矿山处、协调处、科技处、行政审批处、煤监局综合办、督查处、宣教中心、信息中心、举报投诉中心、安科院、安全生产联合会

主责处室工作内容：

（1）负责研究制定《实施方案》的外部分工方案，分解改革任务、细化工作职责、明确时间表路线图，督促各有关单位推进改革任务。

（2）研究制定《实施方案》的局内分工方案，协调调度有关处室推动改革工作任务落实。

（3）定期组织召开改革工作研讨会、工作调度会，统筹调度改革任务推进情况，协调解决推进改革任务落实过程中的突出问题。

（4）梳理总结改革成果和信息，并向总局和市改革领导小组报送。

（5）组织做好新闻发布会、媒体解读等工作，加强改革工作的宣传报道。

（6）制定《实施方案》宣贯通知，督促各区做好《实施方案》的宣贯工作。

(7) 起草《实施方案》宣讲提纲，做好《实施方案》宣讲工作。

(8) 组织开展重难点改革任务专项调研，推进改革任务落实。

主责处室工作完成期限：2018 年底前。

配合处室工作内容：

各有关单位：根据业务分工，制定《工作方案》，明确各单位落实改革任务的责任人、时间表、路线图，按照《实施方案》时限要求落实改革任务。及时总结报送改革成果和信息，推广好的改革措施和举措。

督查处：将《实施方案》贯彻落实列入对各区、各行业部门、各国有企业督查工作重点内容。

协调处、监管二处：将《实施方案》贯彻落实纳入对各区、各行业部门安全生产综合考核内容。

宣教中心：将安全生产领域改革纳入年度安全生产宣传工作的重要内容。

法制处：在《北京市安全生产条例》修订时，统筹考虑《实施方案》有关要求和工作任务。

安全生产联合会：组建中介服务机构安全生产自律联合体，推动自治自律。

各配合处室工作完成期限：2018 年底前。

16. 加强街乡安全生产工作指导，提升街乡安全生产工作水平

主要内容：广泛开展街乡安全生产工作调研，深入研究如何加强街乡安全生产工作课题；从落实责任分工、加强制度建设、加强队伍建设、强化保障机制四个方面提出有针对性的意见、建议，指导推动街乡提高安全生产工作水平；起草《关于进一步加强街乡安全生产工作的指导意见》，推动《指导意见》贯彻落实；定期组织加强街乡安全生产工作研讨会议，协调相关工作；制定起草《指导意见》的局内协调配合方案，分解任务、明确时间表路线图，使加强街乡安全生产工作中的相关工作能与各处室业务工作有机融合，形成合力，促进街乡安全生产工作水平有效提升。

牵头局领导：贾秋霞

主责处室：研究室

配合处室：协调处、执法总队、督查处、宣教中心

主责处室工作内容：

(1) 负责拟定街乡安全生产工作调研计划，明确调研方案、调研内容、调研目标效果等相关内容，并按计划组织开展。

(2) 有针对性组织开展加强街乡安全生产工作协调研讨会议，深入分析街乡安全生产工作现状和存在的问题，提出有针对性的意见和对策。

(3) 负责起草《北京市街乡安全生产工作指导意见》，并广泛征求意见，做好修改和报送工作。

(4) 发布实施后，组织做好《指导意见》的宣传以及解读工作。

(5) 协调各相关处室做好配合工作。

主责处室工作完成期限：2018 年底前。

配合处室工作内容：

协调处：指导街乡进一步规范安委会工作，落实关于街乡安委会设置、职责要求，落实关于“党政同责、一岗双责”相关要求，并纳入对各区综合考核内容。

执法总队：指导街乡进一步加强安全生产检查队规范化建设，设立村（社）安全生产巡查员队伍。

督查处：将落实《指导意见》情况纳入对区安全生产督查内容，督促《指导意见》各项要求在街乡落实。

宣教中心：配合完成《北京市街乡安全生产工作指导意见》发布实施后的宣传工作，积极发掘宣传街乡落实《指导意见》的典型做法。

配合处室工作完成期限：2018 年底前。

17.试点开展一般法人生产经营单位主要负责人和安全管理人员培训考核工作

主要内容：按照“安办统筹、条块结合、分工负责、中介支持”的原则，开展全市一般法人生产经营单位主要负责人和安全生产管理人员安全培训考核，健全完善安全培训考核管理制度，建成“统一管理、上下联动、信息共享、功能完善”安全培训考核管理信息平台，构建“制度完备、企业认可、服务优质、规范有序”的安全培训社会服务体系，实现平台、计划、内容、机构、师资、证书的“六统一”，建立全市生产经营单位主要负责人和安全生产管理人员常态化安全培训考核工作机制，促进生产经营单位主要负责人和安全生产管理人员安全意识及管理能力明显提升。到 2018 年底，开展生产经营单位主要负责人和安全生产管理人员培训考核达到 10 万人。

牵头局领导：贾太保

主责处室：科技处

配合处室：法制处、协调处、信息中心、宣教中心、安科院、科促会

主责处室主要工作内容及完成时限：

（1）制定安全生产大培训相关政策文件。以市安全生产委员会办公室名义，印发《北京市 2018 年生产经营单位主要负责人和安全生产管理人员安全生产培训考核工作方案的通知》，对工作目标、工作分工、考核对象、实施步骤等进行明确，确保培训考核工作全面推进。

完成时限：2018 年 1 月 31 日前。

（2）召开安全生产大培训工作动员会。2018 年 5 月前，召开安全生产大培训工作动员会，组织市区两级安监、行业部门、市区属国有企业、乡镇街道、安全培训机构等的负责同志参会，对全市安全生产大培训工作进行部署，全面启动工作。

完成时限：2018 年 5 月 31 日前。

（3）制定企业两类人员安全培训考核管理办法。研究制定《北京市生产经营单位主要负责人和安全生产管理人员安全生产培训考核管理办法》，明确主要负责人和安全生产管理人员的安全培训考核内容、工作流程及要求。

完成时限：2018 年 8 月 31 日前。

配合处室主要工作内容及完成时限：

法制处：审核通过《北京市生产经营单位主要负责人和安全生产管理人员安全生产培训考核管理办法》，为培训工作明确职责和依据，提出修改意见建议。

完成时限：2018 年 8 月 31 日前。

协调处：(1) 配合推进全市生产经营企业隐患排查治理体系建设以及隐患排查治理信息系统的使用。

完成期限：2018 年 6 月 30 日前。

(2) 加强企业安全生产诚信体系建设，及时收集生产经营企业信用信息，向社会公布联合惩戒对象（含“黑名单”）信息，并报送至市工商局等有关部门实施联合惩戒措施。

完成时限：2018 年底前。

信息中心：(1) 在现有北京市安全生产培训考核管理系统基础上，开发非高危行业企业主要负责人和安全生产管理人员培训考核管理功能，增加虹膜识别、身份证识别等验证功能，实现培训计划管理、考试计划管理、证书生成打印、培训信息查询等功能。

完成时限：2018 年 2 月 28 日前。

(2) 加强信息化工作统筹，将培训信息化建设项目纳入全局信息化建设总体规划，实现信息化安全管理及信息资源共享。

完成时限：2018 年底前。

宣教中心：(1) 加强培训考核的宣传和信息发布工作，在市局官网开设培训考核专题栏目，统一发布培训考核文件、工作情况通报、培训机构名录、培训讲义课件、培训教师信息、培训合格证信息，以及拒不参加培训人员所属企业信息等。

完成时限：2018 年底前。

(2) 以“安全生产月”等影响力较大的宣传活动为载体，采用传统媒体与新媒体融合方式，开展形式多样的大培训工作宣传、教育活动，不断提高全社会的安全意识。

完成时限：2018 年 9 月 30 日前。

安科院：(1) 配合对培训计划管理、考试计划管理、证书生成打印、培训信息查询等功能的设计与维护。

完成时限：2018 年 2 月 28 日前。

(2) 配合生产经营单位主要负责人和安全管理人员专业知识和政策法规的考核力度，不断完善考核和培训大纲及教材，并组织好有关考核工作。

完成时限：2018 年底前。

科促会：面向全市注册安全工程师、安全工程中级以上职称人员，以及安全生产联合会会员单位，定向招募企业安全培训师，数量大约为 500 人，由科促会组织编写企业两类人员通用培训讲义和课件，举办 4 期培训师集训班，并进行教学能力考核，考核合格方可聘用，师资信息将在市局官网予以公布。

完成时限：2018 年 1 月 31 日前。

18. 开展北京市重点行业领域生产经营单位职业病危害基本情况普查

主要内容：根据国家安全监管总局有关工作安排，结合北京市实际，在全市制造业等12个重点行业领域生产经营单位中开展职业病危害基本情况普查工作，掌握职业病危害现状，分析存在问题，研究制定进一步加强职业卫生监管工作对策措施。

牵头局领导：阎军

主责处室：职卫综合处

配合处室：职卫监督处、执法监察总队、协调处、安科院、信息中心、宣教中心、职防联

主责处室工作内容：组织调查工作方案编制、协调组织、发布公告，组织招投标相关工作，对工作进度、质量进行把控，对工作不力的机构进行约谈。牵头组织职业性放射性危害专业化核查队伍建立，筛选重点检查单位，督促工作进度和质量。定期召开协调会议，总结普查工作进展情况。

主责处室工作完成期限：2018年底前。

配合处室工作内容及完成期限：

职卫监督处、执法总队：负责申报生产经营单位的监督检查，对存在严重问题生产经营单位进行行政处罚。

完成期限：2018年10月31日前。

安科院：承担调查工作整体策划，调查表及填报说明的编制；负责对区安全监管局负责人员、技术服务机构服务人员进行调查培训；负责对调查质量进行把控，对调查成果进行抽查核查；承担全市调查情况总报告的编写；参与调查信息化系统建设开发；其他疑难技术问题处置。

完成期限：2018年底前。

信息中心：负责信息化系统的开发、用户手册编写、系统运维保障和数据安全等工作。

完成期限：2018年5月30日前。

宣教中心：负责利用网络、多媒体的手段，宣传职业病危害调查工作，曝光出现不报、瞒报、谎报、漏报、错报等问题的生产经营单位情况。

完成期限：2018年10月31日前。

职防联：负责从台账系统中筛选出重点行业领域生产经营企业名单，非医疗机构涉及核技术应用、放射性作业单位的基础信息收集、确认工作，落实职业性放射危害核查队伍技术培训，工作内容和程序，协助职卫综合处做好其他相关工作。

完成期限：2018年10月31日前。

19. 安全生产领域先进典型树立推广

主要内容：以选树安全生产领域先进典型群体和典型人物为重点，构建具有北京安监特色、群众参与度高、社会影响良好的宣教体系和格局。进一步提高“安监之星·北京榜样”和“寻找最美安监巾帼”主题活动的评选质量和社会公众参与度。积极探索在重点领域典型人物选树的方式和途径。精心办好局官方微信公众号，提高编发的及时性、可读性、群众

性。深度挖掘《中国安全生产报》《劳动午报》和北京电视台等优势资源，科学有效的搭建典型群体选树的有效平台。

牵头局领导：阎军

主责处室：宣教中心

配合处室：监管一处、监管二处、监管三处、矿山处、煤监局综合办、执法总队、信息中心、人教处、协调处、安全生产联合会

主责处室工作内容：策划制定活动方案，积极在全市范围广泛挖掘选树先进典型人物或集体。负责协调在中国安全生产报、北京电视台、劳动午报等主流媒体和局官方微信开设典型宣传专栏，有计划地宣传报道安全生产先进典型。

主责处室工作完成期限：2018 年底前。

配合处室工作内容：

监管一处、监管二处、监管三处、矿山处、煤监局综合办、执法总队：结合宣教中心制定的典型人物选树方案，有针对性协调配合开展先进典型人物或集体的事迹挖掘、专题采访等。一处督导本市工业企业选送推荐；二处在本行业部门中选树推荐；三处在危化行业中选树推荐；矿山处在非煤矿山企业中选树推荐；总队重点围绕全市安全生产检查队规范化建设工作，选送推荐。

信息中心：信息中心制作安全生产先进典型选树推广专题活动网页，并对网站进行技术维护。

人教处、协调处：负责在安全生产各类考核评优中，将树立推广的安全生产先进典型作为重点对象纳入其中，力争全年选树 3～5 名有份量、叫得响、立得住的典型人物。

安全生产联合会、安全文化促进会：协助宣教中心负责做好典型人物选树活动的配套服务工作。

配合处室工作完成期限：2018 年底前。

20.扎实开展具有安监特色和特点的“不忘初心，牢记使命”主题教育活动；高标准高质量抓好党总支（支部）目标管理任务书、共产党员岗位建功承诺书工作任务落实。

主要内容：按照中央、市委的部署，扎实有效开展具有安监特色和特点的“不忘初心，牢记使命”主题教育活动，引导党员干部增强“四个意识”，坚定“四个自信”。通过支部实施目标管理任务书，党员干部实施岗位建功承诺书，进一步加强机关党组织建设，不断提高党总支（支部）和党员的管理水平，凝聚党组织和党员力量，充分发挥党总支（支部）的战斗堡垒和共产党员的先锋模范作用，为全面提升安全生产监管工作水平，促进首都安全生产形势持续稳定好转提供坚强的思想和组织保障。

牵头局领导：唐明明

主责处室：机关党办

配合处室：机关各处室、执法总队、直属事业单位、局属社团组织

主责处室工作内容：按照中央、市委的部署要求，制定主题教育实施方案，明确必须学习的重点内容和必须把握的核心要义，规定动作措施到位，自选动作亮点突出，确保主题教

育具有安监特色，起到积极效果。组织全体党员干部对照十九大精神，对照党章党规、对照系列讲话、对照工作实践，查不足、找漏洞、强整改，把主题教育的学习收获与解决安全监管工作问题相结合，增强主题教育的针对性和实效性。认真总结近几年来“两书”工作经验与不足，加大研究探索深度，严格执行“两书”工作编制规范和考核办法，全面推行“两书”工作的标准化、痕迹化、信息化管理。3月底前完成2018年“两书”编制及内网公示；7月底前，组织机关党委委员开展半年跟进督导；12月底，机关党委委员和机关党办专职人员组织实施全面考核。机关党办人员每季度定期对“两书”信息化情况跟进督导，确保“两书”工作有序推进。

主责处室工作完成期限：2018年底前。

配合处室工作内容：各党总支（支部）按照全局统一部署，全面推进主题教育开展，切实引导党员干部树立“四个意识”，坚定“四个自信”，做到“四个服从”。宣教中心做好主题教育中宣传工作。各党总支（支部）3月底前完成“两书”工作编制，每季度按照“三化”要求精细落实，年底前做好自查总结、迎接考核等工作。

配合处室工作完成期限：2018年底前。

北京市安全生产监督管理局
北京市人力资源和社会保障局
关于贯彻执行《注册安全工程师分类管理办法》的通知

京安监发〔2018〕8号

各区安全生产监督管理局、人力资源和社会保障局，市属各委、办、局、总公司、高等院校人事（干部）处，各人民团体人事（干部）部门，各有关单位：

根据国家安全监管总局、人力资源社会保障部《关于印发〈注册安全工程师分类管理办法〉的通知》（安监总人事〔2017〕118号）要求，现就贯彻执行《注册安全工程师分类管理办法》的有关工作通知如下：

一、北京地区中级注册安全工程师和助理注册安全工程师职业资格考试工作由北京市人力资源和社会保障局与北京市安全生产监督管理局共同组织实施；高级注册安全工程师的具体评价办法另行规定。

二、中级注册安全工程师职业资格考试按照专业类别实行全国统一考试。北京市人力资源和社会保障局负责中级注册安全工程师职业资格考试的考务管理和职业资格证书发放工作；北京市安全生产监督管理局负责建筑施工安全、道路运输安全类别以外的其他中级注册安全工程师的注册初审和职业资格证书注册管理工作。

三、助理注册安全工程师职业资格实行全国统一大纲、北京市统一命题的考试制度。北京市人力资源和社会保障局负责按照全国考试大纲建立考试题库、组卷、实施考试等考务管理和职业资格证书发放工作，并会同北京市安全生产监督管理局、北京市住房和城乡建设委员会、北京市交通委审定考试题库；北京市安全生产监督管理局负责助理注册安全工程师考试合格后的注册管理等工作。

四、本通知施行之前已取得的注册安全工程师资格证书、注册助理安全工程师资格证书，分别视同为中级注册安全工程师职业资格证书、助理注册安全工程师职业资格证书。

五、注册安全工程师各级别分别与工程系列安全工程专业初、中、高级职称相对应。用人单位可根据工作需要，从获得注册安全工程师职业资格证书的人员中择优聘任相应级别专业技术职务。

附件：国家安全监管总局　人力资源社会保障部关于印发《注册安全工程师分类管理办法》的通知

北京市安全生产监督管理局　北京市人力资源和社会保障局

2018年2月11日

注册安全工程师分类管理办法

第一条　为加强安全生产工作，健全完善注册安全工程师职业资格制度，依据《中华人民共和国安全生产法》及国家职业资格证书制度等规定，制定本办法。

第二条　人力资源社会保障部、国家安全监管总局负责注册安全工程师职业资格制度的制定、指导、监督和检查实施，统筹规划注册安全工程师专业分类。

第三条　注册安全工程师专业类别划分为：煤矿安全、金属非金属矿山安全、化工安全、金属冶炼安全、建筑施工安全、道路运输安全、其他安全（不包括消防安全）。

如需另行增设专业类别，由国务院有关行业主管部门提出意见，人力资源社会保障部、国家安全监管总局共同确定。

第四条　注册安全工程师级别设置为：高级、中级、初级（助理）。

第五条　注册安全工程师按照专业类别进行注册，国家安全监管总局或其授权的机构为注册安全工程师职业资格的注册管理机构。

第六条　注册安全工程师可在相应行业领域生产经营单位和安全评价检测等安全生产专业服务机构中执业。

第七条　高级注册安全工程师采取考试与评审相结合的评价方式，具体办法另行规定。

第八条　中级注册安全工程师职业资格考试按照专业类别实行全国统一考试，考试科目分为公共科目和专业科目，由人力资源社会保障部、国家安全监管总局负责组织实施。

第九条　国家安全监管总局或其授权的机构负责中级注册安全工程师职业资格公共科目和专业科目（建筑施工安全、道路运输安全类别除外）考试大纲的编制和命审题组织工作。

住房城乡建设部、交通运输部或其授权的机构分别负责建筑施工安全、道路运输安全类别中级注册安全工程师职业资格专业科目考试大纲的编制和命审题工作。

人力资源社会保障部负责审定考试大纲，负责组织实施考务工作。

第十条　住房城乡建设部、交通运输部或其授权的机构分别负责其职责范围内建筑施工安全、道路运输安全类别中级注册安全工程师的注册初审工作。各省、自治区、直辖市安全监管部门和经国家安全监管总局授权的机构负责其他中级注册安全工程师的注册初审工作。

国家安全监管总局或其授权的机构负责中级注册安全工程师的注册终审工作。终审通过的建筑施工安全、道路运输安全类别中级注册安全工程师名单分别抄送住房城乡建设部、交通运输部。

第十一条　中级注册安全工程师按照专业类别进行继续教育，其中专业课程学时应不少于继续教育总学时的一半。

第十二条　危险物品的生产、储存单位以及矿山、金属冶炼单位应当有相应专业类别的中级及以上注册安全工程师从事安全生产管理工作。

危险物品的生产、储存单位以及矿山单位安全生产管理人员中的中级及以上注册安全工程师比例应自本办法施行之日起2年内，金属冶炼单位安全生产管理人员中的中级及以上注册安全工程师比例应自本办法施行之日起5年内达到15%左右并逐步提高。

第十三条 助理注册安全工程师职业资格考试使用全国统一考试大纲，考试和注册管理由各省、自治区、直辖市人力资源社会保障部门和安全监管部门会同有关行业主管部门组织实施。

第十四条 取得注册安全工程师职业资格证书并经注册的人员，表明其具备与所从事的生产经营活动相应的安全生产知识和管理能力，可视为其安全生产知识和管理能力考核合格。

第十五条 注册安全工程师各级别与工程系列安全工程专业职称相对应，不再组织工程系列安全工程专业职称评审。

高级注册安全工程师考评办法出台前，工程系列安全工程专业高级职称评审仍然按现行制度执行。

第十六条 本办法施行之前已取得的注册安全工程师执业资格证书、注册助理安全工程师资格证书，分别视同为中级注册安全工程师职业资格证书、助理注册安全工程师职业资格证书。

本办法所称注册安全工程师是指依法取得注册安全工程师职业资格证书，并经注册的专业技术人员。

第十七条 本办法由人力资源社会保障部、国家安全监管总局按照职责分工分别负责解释，自2018年1月1日起施行。以往规定与本办法不一致的，按照本办法规定执行。

北京市安全生产监督管理局关于印发《开展北京市安全文化建设示范企业集团创建工作的指导意见》的通知

京安监发〔2018〕15号

各区、北京经济技术开发区安全监管局，市级行业主管部门安全监察机构，中央在京企业集团、市属企业集团（总公司），社会组织，各有关单位：

为深入贯彻落实党的十九大精神和党中央、国务院及市委、市政府关于加强安全生产工作的一系列重要决策部署，推动企业集团落实安全生产主体责任，提高企业集团安全文化建设水平，结合北京市安全生产工作实际，北京市安全监管局制定了《开展北京市安全文化建设示范企业集团创建工作的指导意见》，现予以印发。请各单位结合实际认真贯彻落实。

北京市安全生产监督管理局

2018年4月18日

开展北京市安全文化建设示范企业集团创建工作的指导意见

为进一步推动企业集团落实安全生产主体责任，提高企业集团安全文化建设水平，充分发挥安全文化对企业集团安全生产工作的引领和保障作用，预防和减少生产安全事故，结合北京市安全生产工作实际，北京市安全监管局决定开展北京市安全文化建设示范企业集团（以下简称示范企业集团）创建工作，有关意见如下：

一、指导思想

以习近平新时代中国特色社会主义思想为指导，树立安全发展理念，坚守安全生产红线，全面贯彻“安全第一、预防为主、综合治理”的方针。通过开展安全文化建设示范企业集团创建工作，大力推进企业集团安全文化建设工作，促进企业集团落实主体责任，建立健全安全生产长效机制，提升企业集团安全管理水平，努力构建“政府推动、部门负责、社会参与、企业落实”的安全文化建设格局，为实现疏解非首都功能和推动京津冀协同发展提供强有力的思想保证，营造良好的安全文化氛围。

二、工作目标

从2018年开始，各单位要根据原国家安全监管总局制定的《企业安全文化建设导则》（AQ/T 9004—2008）和《北京市安全文化建设示范企业集团评定标准》（以下简称《评定标准》，见附件1），深入开展示范企业集团创建工作。

通过开展示范企业集团创建工作，力争在全市各地区形成一批有特色、有亮点、有成效、可复制、可推广的示范企业集团，树立企业集团安全文化建设先进典型，切实加强企业集团安全文化建设，推动企业集团安全生产主体责任落实到位，进一步提高企业集团在安全文化建设方面的示范引领作用，带动企业集团与管辖企业共同提升安全文化水平。

三、实施程序

（一）申请主体

参加示范企业集团创建工作的企业应为“在北京市从事生产经营活动的企业集团”，具有独立法人资格且满足《评定标准》中的基本条件。

根据《企业集团登记管理暂行规定》（工商企字〔1998〕59号）要求，“企业集团是指以资本为主要联结纽带的母子公司为主体，以集团章程为共同行为规范的母公司、子公司、参股公司及其他成员企业或机构共同组成的具有一定规模的企业法人联合体。”“企业集团的母公司注册资本在5000万元人民币以上，并至少拥有5家子公司。”

（二）申请程序

示范企业集团每年评定一次，申请方式有以下两种：

1.中央在京企业集团、市属企业集团（总公司）、区属企业集团或其他企业集团自主提出申请；

2.各区安全监管局、市级行业主管部门安全监察机构、社会组织筛选后推荐企业集团参与评定。

企业集团根据《评定标准》进行自评，自评不低于700分（含）的，提交《北京市安全文化建设示范企业集团申请表》（见附件2）、《评定标准》自评结果、安全文化建设成果汇报材料、营业执照及“鼓励项”加分的证明材料等，所有材料均为电子版。

市安全监管局宣传教育中心（以下简称宣教中心）根据《评定标准》组织考评与审定。自主申请的企业集团将材料直接报送至宣教中心。由各推荐单位推荐参评的企业集团，由推荐单位对企业集团申请材料的真实性和完整性进行审查，同意推荐的签署推荐意见后，统一报送至宣教中心。申请企业集团于每年5月10日前提交申请材料，具体发牌日期以每年文件通知的时间为准。

（三）评定程序

宣教中心汇总全市示范企业集团上报材料后，组织专家依据《评定标准》，按照材料评审、现场评审、网上公示的程序进行评定。市安全监管局对符合条件且评审得分超过800分（含）的企业集团，授予“北京市安全文化建设示范企业集团”称号，并推荐部分企业集团参加“国家安全文化建设示范企业”评选。

四、工作要求

（一）加强领导，精心组织。企业安全文化建设作为提升企业安全管理水平，实现企业本质安全的重要途径，是一项惠及企业职工生命与健康安全的工程。各区安全监管局、市级行业主管部门安全监察机构、中央在京企业集团、市属企业集团（总公司）、区属企业集团、社会组织要把加强企业集团安全文化建设、开展示范企业集团创建工作作为加强安全生产工作的一项重要内容来抓，并列入议事日程。要明确部门、明确责任、明确任务、明确专人负责，制定具体实施方案，进一步量化细化建设内容和标准，广泛发动，精心组织，有计划、有步骤、有重点地开展示范企业集团创建工作。

（二）典型引路，扎实推进。中央在京企业集团、市属企业集团（总公司）、区属企业集团要在企业集团内部积极推进安全文化建设工作，各推荐单位要选择有代表性的企业集团作为试点，精心组织和指导创建工作。要加强对企业集团安全文化建设和创建工作的指导，严格按照有关要求推荐示范企业集团，重点培育和指导，树立标杆。要及时总结创建工作中的好经验、好做法，充分发挥典型的示范带头作用，扎实推进企业集团安全文化建设工作，不断巩固和扩大创建成果。市安全监管局将适时召开现场经验交流会。

（三）严格标准，注重实效。各企业集团要严格对照有关工作标准和要求，从职工的需求出发，把关心、理解、尊重、爱护职工作为安全文化建设工作的基本出发点，创新形式，丰富内容，倡导安全文化，传播安全理念，加强安全管理，营造安全文化氛围，真正实现以文化促管理，以管理促安全，以安全促发展，打造本质安全型企业集团，实现安全发展、和谐发展，确保示范企业集团创建工作取得实效。

（四）加大投入，加强宣传。各推荐单位、各企业集团要充分运用电视、广播、报刊、网络、微信、微博等各类新闻媒体，采取多种形式，加大宣传力度，提高企业集团安全文化建设水平和创建工作的影响力，营造良好的社会氛围。

（五）提前部署，按时报送。请各单位登录北京市安全生产监督管理局官方网站（http://www.bjsafety.gov.cn），在“公文公告-公文文件”栏目中下载《评定标准》与申请表的电子版。申请单位请于2018年5月10日前，将申请材料电子版发送至联系人邮箱，如有需要补充的纸质版材料，可邮寄至联系人地址。

附件：1.北京市安全文化建设示范企业集团评定标准

2.北京市安全文化建设示范企业集团申请表

附件 1：

北京市安全文化建设示范企业集团评定标准

序号	指标		评定内容	分值	自评得分	评审得分
1	基本条件		1. 在本集团内部所有企业中开展安全文化建设工作至少满 3 年。管辖范围内企业积极参加安全文化建设示范企业创建工作，且至少有 2 家管辖企业获得北京市及以上安全文化建设示范企业称号 2. 管辖范围内所有企业申请前三年未发生一次较大及以上生产安全责任事故或一次社会影响较大的生产安全责任事故（截止到申请日期前） 3. 自评达 700 分以上	符合此基本条件，方可参加评定		
2	否决项		"一把手"对安全文化建设概念不清、方法不明，没有实质参与安全文化建设，且无明显工作痕迹	发现集团符合此否决项的，不可参加评定		
总分 1000 分。其中组织保障 125 分，安全理念 80 分，安全制度及执行 90 分，双重预防控制体系建设 75 分，作业环境 50 分，教育培训 100 分，宣传报道 100 分，安全行为 80 分，安全诚信及社会责任 60 分，激励机制 60 分，协调沟通与全员参与 80 分，科技创新与信息化 20 分，持续改进 80 分，鼓励项只加分不扣分						
3	组织保障（125 分）	1. 安全文化建设机构	1. 安全文化建设工作应实行党政同责、一岗双责。集团党委书记、董事长、总经理对安全文化建设工作负有领导责任。各级领导应成为安全文化的倡导者、培育者、执行者，高度关注员工的生命权和健康权	分值 10 分，未实行党政同责、一岗双责的扣 10 分；其他视具体情况扣分，扣完 10 分止		
			2. 设立或指定本集团安全文化建设机构，由集团"党政一把手"担任安全文化建设机构组长，设置专职或兼职人员，"一把手"每季度召开安全文化建设工作调度会，推进集团整体安全文化建设工作	分值 10 分，未设置或指定安全文化建设机构的扣 10 分；集团"党政一把手"未担任安全文化建设机构组长的扣 3 分；安全文化建设机构仅涉及安全管理部门的扣 3 分；人员设置不能满足安全文化建设需要的扣 2 分；安全文化建设工作调度会会议记录不全的扣 2 分；其他视具体情况扣分，扣完 10 分止		
			3. 管辖范围内企业的安全文化建设实行"一把手"负责制，建立跨部门合作的安全文化建设机构	分值 10 分，未建立跨部门安全文化建设机构的扣 5 分；其他视具体情况扣分，扣完 10 分止		

续表

<table>
<tr><th>序号</th><th colspan="2">指标</th><th>评定内容</th><th>分值</th><th>自评得分</th><th>评审得分</th></tr>
<tr><td rowspan="10">3</td><td rowspan="10">组织保障
(125 分)</td><td rowspan="2">2. 安全文化建设方针与目标</td><td>1. 制定本集团安全文化建设方针、目标与指标，以及管辖范围内所有企业的安全生产指标</td><td>分值 10 分，安全文化建设方针、目标、指标每缺一项扣 3 分；安全生产指标未分解到管辖企业的扣 1 分；视具体情况扣分，扣完 10 分止</td><td></td><td></td></tr>
<tr><td>2. 制定实现安全文化建设方针与目标的措施</td><td>分值 10 分，视具体情况扣分，扣完 10 分止</td><td></td><td></td></tr>
<tr><td rowspan="3">3. 安全文化建设规划及年度计划</td><td>1. 结合本集团及管辖企业特点，制订本集团安全文化建设中长期规划，并实施</td><td>分值 10 分，未制订中长期规划的扣 10 分；其他视具体情况扣分，扣完 10 分止</td><td></td><td></td></tr>
<tr><td>2. 根据中长期规划，制定本集团年度安全文化建设实施方案，并严格执行</td><td>分值 10 分，未制订实施方案的扣 10 分；其他视具体情况扣分，扣完 10 分止</td><td></td><td></td></tr>
<tr><td>3. 安全文化规划应能体现“他律”到“自律”的思想</td><td>分值 10 分，视具体情况扣分，扣完 10 分止</td><td></td><td></td></tr>
<tr><td rowspan="3">4. 目标考核</td><td>1. 将安全文化建设指标纳入本集团安全生产目标，并细化和分解至下属部门及管辖企业，制定阶段性的安全文化建设指标</td><td>分值 10 分，视具体情况扣分，扣完 10 分止</td><td></td><td></td></tr>
<tr><td>2. 制定安全文化建设目标考核与奖惩办法，或将安全文化建设情况纳入对各部门及管辖企业的绩效考核内容</td><td>分值 10 分，没有考核办法或相关内容的扣 10 分；其他视具体情况扣分，扣完 10 分止</td><td></td><td></td></tr>
<tr><td>3. 定期考核下属部门及管辖企业安全文化建设目标完成情况，并奖惩兑现</td><td>分值 10 分，无考核记录的扣 5 分；无奖惩记录的扣 5 分；其他视具体情况扣分，扣完 10 分止</td><td></td><td></td></tr>
<tr><td>5. 安全投入</td><td>每年安排一定专项经费用于开展本集团安全文化建设活动，确保管辖企业安全文化建设活动的经费投入</td><td>分值 10 分，未提供集团专项经费支出记录的扣 10 分；其他视具体情况扣分，扣完 10 分止</td><td></td><td></td></tr>
<tr><td>6. 掌握底数</td><td>建立本集团内生产经营单位的安全生产台账，并定期更新，及时掌握企业底数</td><td>分值 5 分，未建立台账的扣 5 分；未定期更新的扣 3 分，扣完 5 分止</td><td></td><td></td></tr>
<tr><td rowspan="4">4</td><td colspan="2" rowspan="4">安全理念
(80 分)</td><td>1. 构建有特色的本集团安全文化建设模式</td><td>分值 20 分，视具体情况扣分，扣完 20 分止</td><td></td><td></td></tr>
<tr><td>2. 本集团的安全理念体系完整明确，包括使命、愿景、目标、价值观等层面内容，能展现安全文化思想、安全管理思路，安全目标清晰，切合实际</td><td>分值 20 分，安全理念体系不完整，每缺一项要素扣 5 分；其他视具体情况扣分，扣完 20 分止</td><td></td><td></td></tr>
<tr><td>3. 管辖企业在本集团安全理念的指导下，根据自身企业的特点特色，提炼符合本企业实际的安全理念，安全理念应积极明确，有感召力</td><td>分值 20 分，管辖企业安全理念照搬照抄集团的扣 20 分；其他视具体情况扣分，扣完 20 分止</td><td></td><td></td></tr>
<tr><td>4. 员工具有较强归属感，理解、认同安全理念，广泛传播安全理念，全员参与安全理念的学习与宣贯，并体现在所有从业人员实际行为模式和行为习惯中</td><td>分值 20 分，抽查企业内员工，发现 1 人不知晓的扣 5 分；其他视具体情况扣分，扣完 20 分止</td><td></td><td></td></tr>
</table>

续表

序号	指标	评定内容	分值	自评得分	评审得分
5	安全制度及执行（90 分）	1. 制定本集团安全生产规章制度及操作规程编制指导手册，指导管辖企业细化完善自身规章制度及操作规程	分值 15 分，未制定相关指导手册的扣 15 分；其他视具体情况扣分，扣完 15 分止		
		2. 管辖企业安全生产规章制度和操作规程体系完善、层次分明、表述明确、易于操作，能体现安全承诺的内容和核心价值观，覆盖生产经营的全过程和全体员工，且具有较强的执行力和约束力	分值 15 分，安全生产规章制度、操作规程与实际不符的扣 10 分；现行有效版本未发放至从业人员的扣 5 分；其他视具体情况扣分，扣完 15 分止		
		3. 集团及管辖企业建立完善的安全生产责任制度，领导层、管理层、车间、班组和岗位逐级签订《安全生产责任书》	分值 15 分，未制定相关制度的扣 10 分；未签订责任书的扣 5 分；其他视具体情况扣分，扣完 15 分止		
		4. 集团及管辖企业建立安全生产工作痕迹化管理机制。安全生产规章制度等应有执行记录，相关资料应归档且至少保存 3 年	分值 15 分，制度相关执行记录未存档的扣 15 分；制度涉及的档案记录不全或伪造记录的，每发现一项扣 3 分；制度涉及的档案记录未保存 3 年的扣 5 分；其他视具体情况扣分，扣完 15 分止		
		5. 及时识别、获取适用的安全生产法律法规、标准规范及政策文件，建立本集团法律法规、标准规范、政策文件登记台账，收集相应文本或建立法律标准数据库，做好更新维护工作，并下发或共享至管辖企业。每年至少一次对安全生产法律法规、标准规范、政策文件清单有效性进行评审	分值 15 分，未建立登记台账的扣 15 分；未收集相应文本或建立法律标准数据库的扣 10 分；每有一处规章制度与现行法律法规、标准规范的要求不相符的扣 1 分；其他视具体情况扣分，扣完 15 分止		
		6. 开展管辖企业应急预案论证、评审、备案工作。组织指导管辖企业开展应急预案演练、应急能力评估和应急资源调查工作	分值 15 分，未开展管辖企业应急预案论证、评审、备案工作的扣 15 分；抽查应急预案演练记录，未实现每三年对本单位所有专项预案演练全覆盖的扣 10 分；无应急物资管理档案或台账的扣 5 分，无应急物资维护保养记录的扣 5 分；其他视具体情况扣分，扣完 15 分止		
6	双重预防控制体系建设（75 分）	1. 编制本集团重点工岗隐患排查清单编制指南，指导管辖企业开展“一企一标准、一岗一清单”创建工作	分值 15 分，集团未编制指南的扣 15 分；其他视具体情况扣分，扣完 15 分止		
		2. 集团及管辖企业隐患排查治理体系运转真实有效，实现闭环管理	分值 15 分，抽查隐患排查信息系统运行情况，视具体情况扣分，扣完 15 分止		
		3. 依据相关标准和《安全风险辨识参考清单》组织开展全面安全风险评估，评定风险等级，编制并上报安全风险评估报告、应急资源调查登记报告、重大安全风险源清单和电子地图，编制安全风险管控措施和应急预案	分值 15 分，未组织管辖企业开展全面安全风险评估的扣 15 分；其他视具体情况扣分，扣完 15 分止		

续表

序号	指标	评定内容	分值	自评得分	评审得分
6	双重预防控制体系建设（75分）	4. 集团及管辖企业应建立安全风险分级管控机制，各岗位员工熟知本岗位安全风险及管控措施	分值15分，抽查员工对本岗位安全风险及管控措施掌握情况，视具体情况扣分，扣完15分止		
		5. 制定本集团安全生产监督检查计划，定期对本集团管辖企业开展安全生产监督检查，并有检查记录及复查记录	分值15分，未制定检查计划的扣15分；没有检查记录、复查记录的扣10分；其他视具体情况扣分，扣完15分止		
7	作业环境（50分）	1. 集团及管辖企业生产设备设施体现本质安全和人机工效设计理念，减少操作失误和对健康的损害	分值10分，视具体情况扣分，扣完10分止		
		2. 集团及管辖企业推行安全可视化管理：建立企业安全风险公告、岗位安全风险确认和安全操作“明白卡”，实现安全风险可视化；车间墙壁、上班通道、班组活动场所等公共区域设置安全目标及完成情况、安全警示、事故通报、温情提示等可视化看板，实现安全信息可视化；作业岗位张贴作业流程、个体防护要求、严禁事项以及紧急情况现场处置措施，实现操作指引可视化，营造企业安全文化环境氛围，引导员工形成良好的安全习惯和行为模式	分值30分，视具体情况扣分，扣完30分止		
		3. 集团及管辖企业推行5S管理或采取其他相关环境优化措施，保持作业现场的整洁和井然有序	分值10分，视具体情况扣分，扣完10分止		
8	教育培训（100分）	1. 集团及管辖企业制订年度安全生产培训计划，安全文化相关内容应纳入培训计划，建立符合安全生产持续改进要求的培训考核机制	分值20分，未制定培训计划的扣20分；培训计划中未涉及安全文化相关内容的扣10分；其他视具体情况扣分，扣完20分止		
		2. 集团及管辖企业建立安全生产教育培训档案，档案应包括培训记录表、培训签到表、培训试卷等有关书面材料和图片资料	分值20分，未建立培训档案的扣20分；其他视具体情况扣分，扣完20分止		
		3. 建立集团及管辖企业主要负责人、安全生产管理人员、特种作业人员、特种设备作业人员和其他特殊岗位人员管理台账，确保其按照有关规定，经安全培训、考核合格，取得相应资格后上岗作业，并按期参加复训和复审	分值20分，未建立人员管理台账的扣20分；未按期参加复训和复审的，每发现一人次扣3分；其他视具体情况扣分，扣完20分止		
		4. 建立本集团培训教员队伍，教员队伍应有管辖企业具备专业技能及基层工作经验的员工参与，制定并实施基层企业宣讲计划	分值20分，视具体情况扣分，扣完20分止		
		5. 应开展形式多样的安全文化教育培训，吸纳和整合集团内安全教育培训设施和资源，采取课堂培训、实操培训、体验式培训、现场参观、影像动漫等多种形式，组织实施安全教育培训工作，提升培训效果及科技含量	分值20分，视具体情况扣分，扣完20分止		

续表

序号	指标	评定内容	分值	自评得分	评审得分
9	宣传报道（100分）	1. 组织本集团企业参加“安全生产月”、“安康杯”竞赛及各类安全生产知识竞赛等活动，有计划、有方案、有总结，管辖企业积极主动参加，并在企业内部主动开展有特色、有内涵的活动	分值20分，集团未开展相关活动或无记录的扣20分；其他视具体情况扣分，扣完20分止		
		2. 编写并下发能体现本集团特色的安全文化宣传材料，如从业人员安全文化手册、安全常识手册等。定期为管辖企业提供本集团安全生产法规、知识书籍、安全生产音像教育资料。管辖企业车间、班组安全生产报刊杂志覆盖率达到100%	分值20分，集团未编写宣传材料的扣20分；其他视具体情况扣分，扣完20分止		
		3. 管辖企业充分利用OA、微信平台、广播、报刊、班前班后会等多种方式，采用演讲、竞赛、展览、征文、书画、文艺汇演、招贴挂图、安全标语等多种形式，开展安全宣传教育。设立安全文化长廊、黑板报、宣传栏等安全文化阵地，每季度至少更新一次	分值20分，视具体情况扣分，扣完20分止		
		4. 集团积极组织和广泛参与安全文化建设有关的各类交流活动，组织管辖企业学习交流取长补短，积极引进有利于改善安全工作的管理措施，每年至少开展一次交流活动	分值20分，未开展交流活动的扣20分；其他视具体情况扣分，扣完20分止		
		5. 集团及管辖企业每年在区级及以上新闻媒体刊发至少5篇安全生产信息、经验等稿件	分值20分，视具体情况扣分，扣完20分止		
10	安全行为（80分）	1. 集团及管辖企业组织制定职工岗位/作业行为规范，集团指导管辖企业细化完善，形成符合各企业实际的职工岗位/作业行为规范	分值20分，视具体情况扣分，扣完20分止		
		2. 集团及管辖企业决策层有明确的安全文化建设职责，将安全文化建设纳入企业文化建设的重要内容，积极参与制定安全文化建设年度计划，亲自发布安全承诺，亲自培训或宣讲企业安全文化，自觉参加安全知识更新学习，每半年至少参加一次安全文化建设相关培训。决策层积极履行社会责任，树立良好社会形象，体现有感领导，践行带头作用	分值20分，决策层未参加安全文化建设工作的扣20分，视具体情况扣分，扣完20分止		
		3. 集团及管辖企业管理层熟练掌握本岗位所需的安全管理知识和技能，引导员工理解和遵守岗位/作业行为规范。建立观测员工行为的相关措施，实施有效监控和缺陷纠正，加强对安全薄弱人员排查，制定有针对性的防范措施	分值20分，管理层未参加安全文化建设工作的扣20分，视具体情况扣分，扣完20分止		
		4. 集团及管辖企业员工层应参与规范的制定过程，熟知自己在企业岗位上的安全角色和责任。严格执行安全生产法律法规和规章制度，具备岗位作业风险认知能力并能有效防范，掌握应急处置、自救互救和逃生知识技能	分值20分，视具体情况扣分，扣完20分止		

续表

序号	指标	评定内容	分值	自评得分	评审得分
11	安全诚信及社会责任（60分）	1.开展本集团安全生产诚信承诺活动，逐级签订安全承诺书，引导员工树立“诚信安全”的自律意识	分值10分，视具体情况扣分，扣完10分止		
		2.明确本集团安全失信行为，建立健全本集团安全生产诚信档案，对违规违纪、弄虚作假的管辖企业、部门或员工，将其失信行为记录在诚信档案中，让其承担相应的责任	分值10分，视具体情况扣分，扣完10分止		
		3.定期公开发布本集团安全诚信报告，接受工会组织、管辖企业、群众的监督	分值10分，视具体情况扣分，扣完10分止		
		4.矿山、危险化学品、烟花爆竹、交通运输、建筑施工、民用爆炸物品、金属冶炼七大高危行业的企业集团积极参与本市安全生产责任保险制度建设，主动投保安全生产责任险，其他行业积极参与本市安全生产责任保险制度建设，积极了解安全生产责任险	分值15分，七大高危行业的企业集团未投保安全生产责任险的扣15分，其他行业视具体情况扣分，扣完15分止		
		5.开展相关方的社会责任达标审核工作，对供应单位、承包（承租）单位选用和续用等过程进行安全管理	分值15分，无相关方管理制度的扣5分；相关方选用、续用过程未进行社会责任审核的，扣10分；其他视具体情况扣分，扣完15分止		
12	激励机制（60分）	1.完善本集团安全绩效评估体系，建立安全绩效与工作业绩相结合的激励制度	分值10分，集团未制定安全绩效评估体系的扣10分；其他视具体情况扣分，扣完10分止		
		2.指导管辖企业设置符合实际的、明确的安全绩效考核指标，并把安全绩效考核纳入企业收入分配制度	分值10分，管辖企业安全绩效考核指标未纳入收入分配的扣10分；其他视具体情况扣分，扣完10分止		
		3.激励制度应以员工积极改进为目的，激励承诺应及时兑现，并在内部公开，持续有效	分值20分，视具体情况扣分，扣完20分止		
		4.树立本集团及管辖企业的安全生产榜样或典范，发挥示范带动作用，鼓励、指导管辖企业制定相关制度措施，对安全生产工作有突出表现的人员给予表彰奖励	分值20分，未树立安全生产榜样的扣20分；其他视具体情况扣分，扣完20分止		
13	协商沟通与全员参与（80分）	1.法定代表人（实际控制人）定期向董事会、股东大会和职工大会通报安全生产情况（包括安全文化建设情况），及时向员工通报安全检查和隐患整改情况，接受工会和员工监督	分值20分，视具体情况扣分，扣完20分止		
		2.建立安全信息双向沟通机制，指导管辖企业通过班前班后会、公告栏、可视化沟通、员工大会、家庭走访等多种形式，确保管理层和一线员工保持良好的双向沟通协作，充分体现人文关怀，使员工为企业安全管理工作提供第一手参考资源，为决策管理服务，确保员工心情舒畅、和谐共处	分值20分，视具体情况扣分，扣完20分止		

续表

序号	指标	评定内容	分值	自评得分	评审得分
13	协商沟通与全员参与（80分）	3.建立员工参与安全事务的机制，指导管辖企业开展工作场所合作，建立员工合理化建议收集渠道，确保逐条落实或反馈并保存相关记录，鼓励员工对各项安全工作及安全问题等提出建议并给予奖励，保持员工参与安全管理的热情	分值20分，视具体情况扣分，扣完20分止		
		4.制定安全观察和安全报告相关措施。员工主动关心团队安全绩效，对任何可能的不安全问题有质疑的态度，对任何事故苗头保持警觉并主动报告，善于发现并及时报告事故隐患和不安全因素，愿与同伴合作解决安全生产问题	分值20分，视具体情况扣分，扣完20分止		
14	科技创新与信息化（20分）	1.建立本集团安全生产管理信息系统，且管辖企业系统使用率达80%以上	分值10分，视具体情况扣分，扣完10分止		
		2.结合本集团实际开展安全生产科技攻关或课题研究，有科技攻关或课题研究报告，科技攻关或课题研究的成果在安全生产实践中运用	分值10分，视具体情况扣分，扣完10分止		
15	持续改进（80分）	1.建立本集团信息收集和反馈机制，从与安全相关的事件中吸取教训，改进安全工作	分值20分，视具体情况扣分，扣完20分止		
		2.建立监测预防机制，加强对本集团安全生产重点单位、重点岗位、重点设备的监测，分析相关数据，开展形势研判，提出改进建议	分值20分，视具体情况扣分，扣完20分止		
		3.定期评审安全文化建设的有效性。建立本集团安全文化建设效果衡量关键绩效指标（如员工合理化建议数量、完成改进项目数量、损失工作日等），并对集团及管辖企业关键绩效指标跟踪测量满一年，记录指标变化情况	分值20分，视具体情况扣分，扣完20分止		
		4.本集团安全文化建设工作与安全生产整体工作、安全工作与生产工作有机结合起来，相互融合，落到实处	分值20分，视具体情况扣分，扣完20分止		
16	鼓励项	1.本集团（不包括七大高危行业的企业集团）投保安全生产责任保险，或管辖企业安全生产责任保险投保率高于50%	分值10分，达到可加10分		
		2.已开展安全生产标准化达标工作的行业企业，管辖范围内70%及以上企业取得二级（含）以上安全生产标准化证书	分值10分，达到可加10分		
		3.管辖范围内80%及以上企业通过GB/T 28001职业健康安全管理体系认证	分值10分，达到可加10分		
总分					

附件 2：

北京市

安全文化建设示范企业集团

申请表

申请单位：

申请日期：　　　　年　　　月　　　日

北京市安全生产监督管理局制

企业集团基本情况表

<table>
<tr><td colspan="2">申请单位</td><td colspan="7"></td></tr>
<tr><td colspan="2">单位地址</td><td colspan="7"></td></tr>
<tr><td colspan="2">所属地区</td><td colspan="7"></td></tr>
<tr><td colspan="2">单位性质</td><td colspan="7">□国有 □集体 □民营(含私营)
□合资 □外资(含外资控股) □其他</td></tr>
<tr><td colspan="2">法定代表人
(或负责人)</td><td></td><td>电　话</td><td></td><td colspan="2">传　真</td><td colspan="2"></td></tr>
<tr><td colspan="2" rowspan="2">联系人</td><td rowspan="2"></td><td>电　话</td><td></td><td colspan="2">传　真</td><td colspan="2"></td></tr>
<tr><td>手　机</td><td></td><td colspan="2">电子邮箱</td><td colspan="2"></td></tr>
<tr><td>员工
总数</td><td>人</td><td>安全管理
人员</td><td>人</td><td>注册安全
工程师</td><td>人</td><td colspan="2">特种作业
人员</td><td>人</td></tr>
<tr><td colspan="9">本企业集团安全生产职能部门:</td></tr>
<tr><td colspan="9">企业集团基本情况:</td></tr>
<tr><td colspan="9">企业集团安全文化建设情况(另附材料3000字以上):</td></tr>
<tr><td colspan="9">企业集团自评得分:</td></tr>
<tr><td colspan="9">企业集团自评意见:

法定代表人或负责人(签名):　　(申请单位盖章)
年　月　日</td></tr>
<tr><td colspan="9">推荐单位意见(自主申请单位不用填写):

推荐单位代表人(签名):　　(推荐单位盖章)
年　月　日</td></tr>
</table>

企业集团组织结构表

序号	公司名称	类别				安全文化建设示范企业命名情况	
		子公司	分公司	参股公司	其他(请标注)	北京市	全国
1							
2							
3							
4							
5							
6							
7							
8							
9							
10							
11							
12							
13							
14							
15							

注：请填写所有子公司、分公司、参股公司及其他成员企业信息，“类别”与“安全文化建设示范企业命名情况”两栏请在对应区域打√，其他类别请明确注明。

北京市安全生产监督管理局关于印发《北京市安全生产领域守信行为联合激励实施办法（试行）》的通知

京安监发〔2018〕16 号

各区、北京经济技术开发区安全监管局，局机关各处室、执法监察总队、局属事业单位：

为深入贯彻落实国家和本市关于信用体系建设工作要求，完善信用联合激励工作机制，激励生产经营单位安全生产守信行为，推动形成褒奖诚信的社会氛围，根据《关于对安全生产领域守信生产经营单位及其有关人员开展联合激励的合作备忘录》和《对安全生产领域守信行为开展联合激励的实施办法》等有关文件规定，市局研究制定了《北京市安全生产领域守信行为联合激励实施办法（试行）》，现印发给你们，并提出以下工作要求，请做好贯彻实施工作。

一、加强组织领导

各区安全监管局、局机关各处室（单位）要加强对守信行为联合激励工作的领导，紧密结合实际研究制定本地区、本部门守信行为联合激励的具体措施，建立健全日常工作制度，明确专人负责，切实做好联合激励各项工作。

二、积极宣传引导

各区要广泛宣传守信联合激励有关法规制度，鼓励符合条件的生产经营单位积极申请纳入联合激励对象，及时受理生产经营单位的相关申请。对纳入联合激励对象的生产经营单位，要加强宣传推广，发挥示范带动作用。

三、严格信息审核

各区安全监管局、局机关各有关处室（单位）要按照属地管理和“谁主管谁负责”的原则，对申请纳入安全生产守信联合激励对象的生产经营单位相关信息和信用状况进行认真核实，注意留存相关佐证信息和档案资料，确保信息准确无误。

四、落实激励措施

各区安全监管局、局机关各有关处室（单位）要按照《关于对安全生产领域守信生产经营单位及其有关人员开展联合激励的合作备忘录》和本市有关规定，细化责任分工，有效落实守信联合激励的各项措施，及时反馈激励措施落实情况。

特此通知。

北京市安全生产监督管理局

2018 年 4 月 28 日

北京市安全生产领域守信行为联合激励实施办法（试行）

为深入贯彻落实《关于对安全生产领域守信生产经营单位及其有关人员开展联合激励的合作备忘录》（发改财金〔2017〕2219号）、《对安全生产领域守信行为开展联合激励的实施办法》（安监总办〔2017〕133号，以下简称《实施办法》），有效激励生产经营单位安全生产守信行为，推动形成褒奖诚信的社会氛围，特制定本办法。

一、联合激励对象条件

纳入守信联合激励对象的生产经营单位及其有关人员必须同时符合《实施办法》规定的六项条件，即：

（一）必须公开向社会承诺并严格遵守安全生产与职业健康法律、法规、标准等有关规定，严格履行安全生产主体责任。

（二）生产经营单位及其主要负责人、分管安全负责人3年内无安全生产失信行为。

（三）3年内未受到安全监管监察部门作出的行政处罚。

（四）3年内未发生造成人员死亡的生产安全责任事故，未发现新发职业病病例。

（五）安全生产标准化建设达到一级水平。

（六）没有被其他行业领域认定为失信联合惩戒对象的记录。

二、联合激励措施

市、区安全监管部门对纳入守信联合激励对象的生产经营单位可采取以下激励措施：

（一）在制定执法检查计划时，减少对其执法检查的频次。

（二）安全生产许可证到期后可通过申报有关资料，直接延期一个许可周期。

（三）在申请安全生产政策性资金、评先评优活动中，予以优先考虑。

（四）优先参与安全生产法规、规章和标准的制修订工作。

（五）建立联合激励对象名录，作为安全生产典型示范企业加以宣传推广。

（六）依法依规采取其他激励措施。

三、信息采集报送及管理

（一）自主申请。符合规定条件的生产经营单位，向所在地区安全监管部门提出申请，并提供相应佐证材料。

（二）信息审核。各区安全监管部门对提出申请的生产经营单位各项信息和佐证材料、安全生产信用状况等相关内容进行审核，必要时征求区行业主管部门意见。如不符合联合激励对象条件，属地安全监管部门应告知生产经营单位。

（三）信息报送。各区安全监管部门对申请纳入联合激励对象的生产经营单位审核后，于每月5日前填写《安全生产守信联合激励对象信息汇总表》，连同《纳入安全生产守信联合激励对象申请表》及佐证材料一并报送市安全监管局。

（四）信息复核及公示。市安全监管局负责通过全国信用信息共享平台、北京市公共信用信息服务平台，对申请纳入安全生产守信联合激励对象的生产经营单位信息进行交叉比对，必要时征求市有关行业部门意见。复核通过后，在局政务网站公示 15 个工作日。如不符合联合激励对象条件，将有关情况及时告知生产经营单位。

（五）审定实施。经复核和公示无异议的，由市安全监管局报送应急管理部，指导督促各区、各有关单位落实各项联合激励措施。

（六）管理时限。生产经营单位守信联合激励时间自应急管理部正式公布之日起计算，期限为 3 年。管理期限届满前，仍符合有关规定的，可按照规定程序，提前 3 个月重新向所在地区安全监管部门提出申请。

（七）信息移出。对于联合激励管理期满、不再申请，或情况发生变化、不符合守信联合激励条件的，经所在地区安全监管部门核实，由市安全监管局报请应急管理部同意后，移出守信联合激励对象管理，通报相关部门并向社会公布，同时由所在地区安全监管部门告知生产经营单位。

四、联合激励措施落实

（一）联合激励发起。市安全监管局安全生产协调处向各区安全监管局和局机关各相关处室（单位）发布联合激励对象信息，按照要求向市经济信息化委、市工商局等部门报送联合激励对象信息，将联合激励对象信息推送到北京市公共信用信息服务平台、“信用北京”等平台。同时，由市安全监管局宣教中心向社会公开发布，由所在地区安全监管局告知生产经营单位。

（二）信息查询及响应。各区安全监管局，局机关各相关处室（单位）及时查收市安全监管局安全生产协调处发布的联合激励对象信息，制定、反馈具体激励措施。此外，可根据工作需要登录北京市公共信用信息服务平台，及时查询其他有关部门发布的联合激励对象信息。

（三）联合激励措施落实。各区安全监管局，局机关各相关处室（单位）按照职责分工，在管理期限内对本系统和其他部门的联合激励对象积极落实各项激励措施，并及时汇总措施落实情况，填写《落实联合激励措施情况统计表》，每月 5 日前报送市安全监管局安全生产协调处。

（四）情况汇总和通报。市安全监管局安全生产协调处汇总各区安全监管局和局机关各相关处室（单位）落实联合激励措施情况，结合工作实际通报联合激励工作落实和相关信息报送情况。

（五）联合激励终止。市、区安全监管部门实施的联合激励措施在联合激励对象管理期满时即行终止。对于需要提前终止激励或延长激励期限的，根据发起部门的通知或公告要求执行。

五、异议处理

按照属地管理和“谁主管谁负责”的原则，由所在地区安全监管部门协调区有关行业部门对有关异议进行核实，及时将核实结果报市安全监管局安全生产协调处，安全生产协调处结合工作需要，向市有关行业部门核实相关情况。对于需要移出联合激励对象管理的，由市安全监管局报请应急管理部同意后，移出守信联合激励对象管理，通报相关部门并向社会公布，同时由所在地区安全监管部门告知生产经营单位。

六、责任追究

生产经营单位对本单位申请信息的真实性、完整性负责，相关情况发生变化时要及时告知所在地区安全监管部门，并逐级报送至应急管理部。市、区安全监管监察部门要建立联合激励信息管理制度，加强领导，落实责任，严格规范信息采集、审核、报送和异议处理等相关工作，对于通过报送虚假信息等不当手段取得联合激励资格的，要移出守信联合激励对象管理，并按有关规定追究责任。

附件：1.纳入安全生产守信联合激励对象申请表

2.安全生产守信联合激励对象信息汇总表

3.落实联合激励措施情况统计表

4.安全生产领域联合激励措施职责分工

附件 1：

纳入安全生产守信联合激励对象申请表

填表人：　　　　　　　　　　　　联系电话：

<table>
<tr><td>企业名称</td><td colspan="3"></td></tr>
<tr><td>注册地址</td><td colspan="3"></td></tr>
<tr><td>统一社会
信用代码</td><td></td><td>经营范围</td><td></td></tr>
<tr><td>法人代表
（主要负责人）</td><td></td><td>联系电话</td><td></td></tr>
<tr><td colspan="4">根据《对安全生产领域守信行为开展联合激励的实施办法》（安监总办〔2017〕133 号）第二条规定，本单位同时满足以下六个条件：
（一）公开向社会承诺并严格遵守安全生产与职业健康法律、法规、标准等有关规定，严格履行安全生产主体责任。
（二）生产经营单位及其主要负责人、分管安全负责人 3 年内无安全生产失信行为。
（三）3 年内未受到安全监管监察部门作出的行政处罚。
（四）3 年内未发生造成人员死亡的生产安全责任事故，未发现新发职业病病例。
（五）安全生产标准化建设达到一级水平。
（六）没有被其他行业领域认定为失信联合惩戒对象的记录。
现申请纳入安全生产守信联合激励对象。本单位对各项申请信息和所提供佐证材料的真实性、完整性负责。相关情况发生变化时，及时告知所在地安全监管部门。

法定代表人（主要负责人）签字：　　　　　　　　　　（单位盖章）
年　月　日</td></tr>
<tr><td>佐 证
材 料
目 录</td><td colspan="3"></td></tr>
</table>

续表

区行业主管部门审核意见	（单位盖章） 年　月　日
区安全监管部门审核意见	（单位盖章） 年　月　日
市行业部门意见	
公示情况	
备　注	

说明：生产经营单位通过报送虚假信息等不当手段取得联合激励资格的，在移出守信联合激励对象管理的同时，按有关规定追究责任。

附件 2：

安全生产守信联合激励对象信息汇总表

填报单位：（公章）　　签报人：　　填报时间：

序号	单位名称	注册地址	统一社会信用代码	主要负责人	身份证号码	守信行为简况	备注
1							
2							
3							

注：1. 每月 5 日前报送上个月相关信息。电子版报表发送至 xinyong1319@126.com 邮箱，纸质版报表盖章后通过传真（63029856）发送至安全生产协调处。

2. 实行“零报告”制度，如无相应情况也需定期报送表格。报送单位（部门）需留存好报表备查。

填表人：　　电话：

附件 3：

落实联合激励措施情况统计表

填报单位（盖章）：　　　　联系人：　　　　填报时间：

序号	单位名称	统一社会信用代码	数据来源	联合激励具体措施	落实情况记录	备 注
1						
2						
3						

注：1. 联合激励具体措施：（1）在制定执法检查计划时，减少对其执法检查的频次；（2）安全生产许可证到期后可通过申报有关资料，直接延期一个许可周期；（3）在申请安全生产政策性资金、评先评优活动中，予以优先考虑；（4）优先参与安全生产法规、规章和标准的制修订工作；（5）建立联合激励对象名录，作为安全生产典型示范企业加以宣传推广；（6）依法依规采取其他激励措施。

2. 每月 5 日前报送上个月相关信息。电子版报表发送至 xinyong1319@126.com 邮箱，纸质版报表盖章后通过传真（63029856）发送至安全生产协调处。

3. 如有联合激励对象，在管理期限内需每月报送联合激励落实情况。报送单位（部门）需留存好报表备查。

附件 4:

安全生产领域联合激励措施职责分工

序号	激励措施内容	责任单位	备　注
1	在制定执法检查计划时,减少对其执法检查的频次	各区安全监管局,法制处、执法总队、监管一处、监管二处、监管三处、应急处、职卫监督处、科技处、行政审批处、矿山处等处室(单位)	
2	安全生产许可证到期后可通过申报有关资料,直接延期一个许可周期	各区安全监管局,行政审批处、监管三处、职卫监督处、矿山处	
3	在申请安全生产政策性资金、评先评优活动中,予以优先考虑	各区安全监管局,各相关处室(单位)	
4	优先参与安全生产法规、规章和标准的制修订工作	各区安全监管局,法制处等各相关处室(单位)	
5	建立联合激励对象名录,作为安全生产典型示范企业加以宣传推广	各区安全监管局,各相关处室(单位)	
6	依法依规采取其他激励措施	各区安全监管局,各相关处室(单位)	

大事记

1月

1月5日 市安全监管局副局长唐明明主持召开安全生产标准化融合工作会议，局属15个相关处室负责人参加会议。

1月8日至11日 国家安全监管总局副局长、国家煤矿安监局局长黄玉治率省级政府安全生产工作考核第15考核组，对北京市安全生产情况进行考核。听取市政府、部分地区和企业安全生产汇报，现场检查顺义、通州、怀柔区安全生产情况。

1月9日 市安全监管局副局长唐明明主持召开安全生产百项地标工作研讨会，专题研究百项地标否决项设置有关工作。

是日 北京煤监局副局长贾太保主持召开专题工作会，研讨2018年煤监局重点工作。木城涧煤矿等三个煤矿及昊华公司相关负责人分别进行汇报。贾太保就煤监局全年工作进行部署。

1月12日 市安全监管局副局长卞杰成在应急指挥中心主持召开专题会，听取行政执法系统推广情况汇报。

1月13日 市安全监管局完成企业台账系统政务云切换，经两周稳定运行，完成企业台账系统云迁移。

1月15日 市安委会办公室在北京会议中心，召开2018年全市行业领域安全生产工作会议。市安委会副主任、市安委会办公室主任、市安全监管局局长张树森出席会议并做大会主题报告。市安委会30个成员单位主管领导及有关处室负责人参加会议。

1月16日 市安全监管局、市国资委、市公安局消防局联合召开国有企业安全生产工作大会。市安全监管局副局长唐明明，市国资委副主任钱凯，市公安局消防局副局长刘洪海出席。68家市属企业集团、部分中央在京企业安全生产主管领导及安全管理机构负责人，市安全监管局、市国资委、市公安局消防局主管业务处室主要负责人160余人参加会议。

是日 市安全监管局与北京开放大学举行战略合作框架协议签订仪式。市安全监管局副局长贾太保、北京开放大学党委书记黄先开出席仪式并签署协议。市安全监管局副巡视员谢清顺、贾秋霞等出席仪式。

是日 《北京日报》头版刊发题为“本市率先以市委市政府名义督察安全生产——5个区发现违法违规行为505项”稿件。北京电视台、北京人民广播电台、北京时间、千龙网等媒体也陆续刊发相关新闻。

1月16日至18日 市妇女联合会、市安全监管局联合主办，市安全生产联合会承办第一届“寻找最美安监巾帼”主题活动进入最后演讲阶段。市安全监管局副局长阎军出席活动并讲话，全市“最美安监巾帼”候选人76人参加演讲。

1月17日 市安全监管局组织安全监管系统召开视频会议，部署2018年春节烟花爆竹销售（储存）安全管理工作。市安全监管局副局长唐明明出席会议并讲话。

1月18日 市安全监管局副局长唐明明在房山区，听取2017年全市危险化学品生产企业主要负责人，述责述安第四组汇报会。

1月25日 北京市召开安全生产电视电话会议暨市安委会第一次全体会议，传达全国安全生产电视电话会议精神，总结2017年安全生产工作，部署2018年全市安全生产重点工作。代市长陈吉宁，市安委会副主任、副市长王宁等出席会议并讲话。

1月26日至28日 市安全监管局聘请地采矿山、尾矿库、排土场专家6人，组成督查组，对首钢矿业公司开展安全督查。

1月29日 市安全监管局机关党委、团委联合组织“同读一本书，共筑中国梦”主题捐赠活动，为西藏、新疆中小学生捐书赠物，募集捐款1.12万元，捐赠书籍328本，衣物109件。

2月

2月5日 全市烟花爆竹零售点许可工作结束。共许可网点87个，比上年的511个减少424个，同比下降82.97%。

2月7日 市安全监管局副局长卞杰成召开专题会，听取安全生产行政执法系统应用推广情况及推广中存在问题。

2月8日 副市长王宁带队到房山区检查烟花爆竹零售点安全管理工作，并赴房山区韩村河镇安全生产检查队慰问检查。市政府副秘书长尹培彦、市安全监管局局长张树森、副局长唐明明等陪同检查。

2月11日 市安全监管局副局长唐明明带队检查熊猫烟花公司房山仓库、大兴区烟花爆竹零售点安全管理工作。

2月26日 市安全监管局党组理论学习中心组以视频会议形式，召开第1次集中（扩大）学习会。邀请中央国家机关党校培训指导、国家卫计委“两学一做”第一指导组组长、中国卫生计生思想政治工作促进会秘书长张建，以“机关行为准则讨论”为题进行专题辅导。局党组副书记、副局长唐明明主持学习会，局领导班子成员，局机关、执法总队、直属事业单位和局属社团组织等人员参加。

2月27日 市安全监管局召开2018年全市危险化学品和烟花爆竹安全监管工作会议，总结2017年全市危险化学品和烟花爆竹安全监管情况，部署2018年重点工作。副局长唐明明到会并讲话。

3月

3月1日 市安全监管局召开北京市高等教育自学考试安全工程专业（独立本科段）面向社会开考新闻发布会，副局长阎军主持会议，副巡视员谢清顺、北京教育考试院副院长许晓革、北京石油化工学院副校长焦向东等出席会议。会后，安科院负责人接受北京市电视台、千龙网等媒体采访。

3月7日 市安全监管局开展全市纳入“一会三函”工作流程建设项目安全监管，与市发展改革委、规划国土委、住房城乡建设委、交通委、城市管理委、水务局、园林绿化局、重大办、公安局消防局等部门召开座谈会研究纳入“一会三函”工作流程建设项目安全监管。明确由项目牵头部门，会同属地政府建立安全生产风险会商机制，明确项目安全质量监管部门及监管任务和内容。

是日 市委、市政府安全生产第十三、十四督察组分别在通州、怀柔区召开督察情况反馈会，对两区存在问题予以督导。全市安全生产督察反馈工作本月完成。

3月8日 北京煤监局副局长贾太保陪同国家煤矿安监局副局长桂来保，到京能集团北京昊华能源公司大安山煤矿检查煤矿安全生产工作。听取北京煤矿安监局“两会”安全保障情况汇报，昊华能源公司近期安全生产情况汇报及大安山煤矿冲击地压防治开展情况汇报，并对2017年12月6日检查发现问题进行复查。

3月9日 市安委会印发《关于做好2018年度安全生产重点工作任务的通知》，提出全市安全生产6大类29项重点任务。

3月13日 市安委会召开2018年第二次全体会议，副市长王宁出席并讲话。市安全监管局局长张树森通报全市安全隐患大排查大清理大整治专项行动情况；市安全监管局副局长唐明明通报2017年全市安全生产考核结果，宣读安全生产先进单位、先进个人表彰决定，部署2019年安全生产任务。

是日 北京煤监局副局长贾太保在昊华能源公司主持召开全国煤矿冲击地压防治培训班筹备调度会。听取昊华能源公司、大安山煤矿汇报，会议围绕井下实地参观、地面经验介绍及后勤保障等筹备工作细节进行研讨。

是日11时23分 接报北京东进世美肯科技有限公司生产作业中因操作不当，造成磷酸储罐氮气压力过大，使磷酸罐体顶部焊接处及外保温层局部破裂，无磷酸泄漏，无人员伤亡。市安全监管局立即组织专家会同开发区安全监管局对事故现场进行勘察，分析事故原因。14日，市安全监管局约谈事故有关企业主要负责人，对企业涉嫌违法行为进行立案调查。

3月15日 市安全监管局副局长唐明明主持召开《北京市安全生产条例》修订立法部署会，听取法制处、立法项目合作单位汇报，对立法工作进行部署。

3月16日 市安全监管局局长张树森带队对朝阳区酒仙桥街道安全生产检查队规范化建设进行督导慰问。

是日 市安全监管局副局长卞杰成召开专题工作会，审议东城区智慧安监服务和管理平台升级改造项目实施方案，听取东城区安全监管局新版执法系统PC端功能使用情况。

3月19日 市总工会与市安全监管局联合召开动员部署视频会，启动“千企万人”安全生产社会监督职工志愿者队伍组建工作。市总工会副主席韩世春、市安全监管局副局长卞杰成出席会议并讲话。

3月22日 市安全监管局召开全市工业企业安全生产工作视频会议。市安全监管局副局长唐明明及市安全监管局相关业务处室负责人，市属13家工业集团安全部门及两家示范企业负责人，各区安全监管局主管领导及相关科室负责人，重点乡镇（街道）、工业园区安全生产负责人，本辖区重点工业企业安全生产负责人300人参加会议。

3月26日 市安全监管局副局长贾太保、副巡视员贾秋霞主持召开专题会议，研讨区职能部门专职安全员队伍规范化建设方案。制定《关于开展区职能部门安全生产督查检查队规范化建设工作的实施意见》，以西城区、朝阳区、房山区、通州区、顺义区、平谷区为示范区，围绕“四统一、六规范、一创新”标准，实现安全生产督查检查队规范化建设达标目标。

是日 全市新任专职安全员培训（第一期）在首钢工学院举行开班仪式。执法监察总队和首钢工学院负责人出席开班仪式，东城区、大兴区、延庆区新任职专职安全员175人参加。

3月27日 市安委会办公室召开北京市城市安全风险评估工作视频会，通报2017年城市安全风险评估情况，部署2018年安全风险评估重点任务。市安委会办公室副主任、市安全监管局副局长唐明明到会并讲话，市安委会办公室副主任、副局长阎军主持会议，局相关处室、市行业部门、13家试点企业、专业机构、各区安全监管局、区行业部门、乡镇（街道）有关负责人400余人参加会议。

是日 北京市召开2018年度安全生产责任保险制度建设工作会。北京市参保企业近3.5万家。

3月28日 市安全监管局对16个区政府和北京经济技术开发区管委会2017年安全生产综合考核结果进行逐一反馈，完成2017年全市安全生产综合考核工作。

3月29日 市安委会办公室召开2018年全市有限空间作业安全生产工作视频会。市安委会办公室副主任阎军主持会议，市安委会办公室副主任唐明明出席会议并讲话。市、区安全监管局及12个行业部门、16个企业集团、全市乡镇街道相关负责人参加会议。

4月

4月2日 市属国有企业安全生产大培训动员部署会在首钢技师学院召开。市安全监管局副局长贾太保出席会议并讲话，副巡视员谢清顺主持会议。市国资委，市安全监管局相关人员，各区培训（法培）科长，市属国有43家企业负责人及安全部长，150人参加会议。

4月3日 市安全监管局副局长唐明明到市人大常委会参加立法规划专题调研座谈会，对《北京市安全生产条例》修订立法开展情况及相关问题，与市人大常委会法制办进行研讨交流。

是日 2017年度中国职业安全健康协会科学技术奖评选结果公布，北京市安科院作为第一完成单位申报的科技研发项目《安全生产监管大数据平台关键技术研究与应用示范》，获中国职业安全健康协会科技奖一等奖。

是日 市安全监管局副局长卞杰成主持召开监管信息平台及协同办公系统升级改造研讨会。

4月9日 北京市危险化学品安全监管业务培训班开班。市、区安监局危险化学品监管人员、北京市石油化工学院副校长张泉利、继续教育学院院长任毅和危化重点乡镇安全检查人员参加开班仪式。

4月12日 市安全监管局副局长卞杰成召开执法系统座谈会，相关执法处室主要负责人参加。

4月13日 市安全监管局副局长唐明明召开全市重点危险化学品企业反恐工作座谈会，市安全监管局相关处室及全市危险化学品生产企业、重大危险源企业、油库、加油站，重点使用企业代表参加会议。

4月16日至17日 市安全监管局副局长阎军带队，赴通州区开展有限空间作业安全生产专项督查。听取通州区安委会办公室、区安全监管等5部门汇报。对城市副中心有限空间作业三处建设项目、两家污水处理厂及两家工业企业进行检查。

4月19日至20日 市安全监管局副局长阎军带队，赴顺义区开展有限空间作业安全生产专项督查，顺义区相关行业部门主管领导及主管科长参加会议。

4月23日 市安全监管局副局长卞杰成在京仪大厦主持召开生产经营单位主体责任专题论证会，市人大常委会财经办、市政府法制办相关领导，生产经营单位代表及相关领域专家学者，围绕《北京市安全生产条例》立法中进一步加强和落实生产经营单位安全生产主体责任进行研讨。

4月24日 市安委会办公室印发《2018年度区政府安全生产综合考核细则》，《细则》由6个部分组成。

4月23日 市安全监管局副局长卞杰成召开《北京市安全生产条例》立法专题论证会，就强化生产经营单位安全生产主体责任及完善安全生产监管体制进行专题研讨。

4月24日至25日 市安全监管局副巡视员杨永军带队，赴昌平区开展有限空间作业安全生产专项督查。

4月26日 市安全监管局副局长贾太保主持召开全市安全生产大培训动员部署视频会，对全市2018年安全生产大培训工作进行部署。

4月26日至27日 市安全监管局副巡视员杨永军带队，赴大兴区开展有限空间作业安全生产专项督查。

4月28日 市安全监管局印发《北京市安全监管系统联合惩戒实施流程》《北京市安全生产领域守信行为联合激励实施办法（试行）》。

5月

5月2日 市长陈吉宁主持召开市政府专题会议，研究《北京市城市安全隐患治理三年行动方案》。市安全监管局局长张树森汇报《三年行动方案》起草背景、方案制定情况及下一步工作建议。

是日 市安委会办公室印发《北京市非经营性加油站安全专项整治工作方案》，对全市非经营性加油站专项整治工作进行部署。

5月7日至8日 市安全监管局副局长阎军带队，赴海淀区开展有限空间作业安全生产专项督查。

5月8日 市长陈吉宁、副市长王宁、杨斌在市政府办公厅《今日舆情》晚间版第84期，就“北晚新视觉”报道，垂杨柳老楼大火反映出乱停车现象，生命通道竟是“此路不通”做出批示。17日，市安委会办公室副主任、市安全监管局副局长卞杰成主持召开专题座谈会，与市公安局消防局、市公安局交管局、市交通委、市住房城乡建设委、市规划国土委、市政府法制办、市城管执法局等部门，专题研究居民小区及周边道路乱停车消防通道被堵塞及占用问题。经1个月调研检查，形成报告上报市政府。

5月9日至10日 市安全监管局副局长阎军带队，赴朝阳区开展有限空间作业专项督查。

5月11日 召开北京市安全生产标准化技术委员会第一届第二次全体委员大会。市安全监管局副局长唐明明、中国安全生产科学研究院院长张兴凯、市质量技术监督局副局长姚娉及有关领导出席会议。会议对安标委工作进行总结规划。

5月14日至17日 市安全监管局副局长阎军带队，赴怀柔、密云、平谷区开展有限空间专项督查。

5月16日 北京煤监局副局长贾太保主持召开专题会，听取京能集团昊华能源公司、大安山煤矿、大台煤矿、木城涧煤矿安全生产情况汇报。会议通报4月20日全国煤矿安全生产视频会议精神及近期全国煤矿安全生产事故情况。

5月17日 市安全监管局与市总工会联合召开北京市“安康杯”竞赛活动20周年总结表彰大会暨2018年工作部署会。

5月21日至6月8日 市委、市政府安全生产第一、第二、第三督察组分别对市住建委、市交通委、市水务局开展为期3周的安全生产督察，并延伸督察部分对口区级单位、所属机构，抽查检查和暗查暗访重点企业。

5月25日 市安全监管局副巡视员李振龙带队，赴石景山区开展有限空间作业安全生产专项督查。

5月28日 市安全监管局局长张树森主持召开中石化北京燕山分公司安全监管重点工作座谈会，副局长唐明明，中石化北京燕山分公司行政负责人等参加座谈。

是日 市安全监管局党组理论学习中心组以视频会议形式，召开第2次集中（扩大）学习会。邀请中央党校（国家行政学院）教授张小明以“突发事件应急管理”为题进行专题辅导。

是日 市安全监管局副局长贾太保带队组成异地监察执法检查组，对湖北省煤矿开展第一阶段异地监察执法，6月14日结束。北京煤监局抽调力量，并聘请专家5人组成检查组，对湖北省恩施州8对矿井开展执法检查。

是日 市安全监管局副局长阎军带队，赴西城区开展有限空间作业安全生产专项督查。

5月28日至29日 市委、市政府安全生产第一督察组第二小组由市安全监管局副局长卞杰成带队赴延庆区，对北京2022年冬奥会延庆赛区核心赛区场馆、外围配套综合管廊建设项目和2019年中国北京世界园艺博览会工程，开展第二阶段延伸督察。

5月29日 市安全监管局副巡视员李振龙带队，赴门头沟区开展有限空间作业安全生产专项督查。

5月30日 市安委会办公室副主任、市安全监管局副局长阎军代表市安委会到丰台区进行有限空间作业安全生产专项督查。

5月31日 市安全监管局副巡视员李振龙带队，赴房山区开展有限空间作业安全生产专项督查。

是日 市安科院确定2018年研究课题之一《北京市典型人员密集场所风险分析及分级研究》，开展北京市现存人员密集场所风险辨识、分类、分析及分级研究。

6月

6月1日 市安全监管局局长张树森主持召开党政领导干部安全生产责任制建设专题研讨会。

是日 市安全监管局副局长阎军主持召开《北京市地下有限空间作业安全技术规范》修订研讨推进工作会。

是日 北京市行政村、社区安全生产巡查员示范性培训在首钢工学院开班。

6月1日至5日 市委市政府安全生产第三督察组顺利完成第三阶段谈话座谈。按照听汇报、现场询问和座谈交流方式，与市水务局局级领导6人，机关处室和局属单位负责人14人，丰台区、房山区、石景山区等6个区水务局局长进行谈话。

6月4日 市安全监管局副局长阎军带队，赴东城区进行有限空间作业安全生产专项督查。

6月6日 副市长王宁主持召开专题会，听取市安全监管局“6·16”全国安全宣传咨询日活动方案汇报，并对活动组织、安保等提出要求。

是日 市安全监管局副局长阎军主持召开全市安监系统防汛工作电视电话会议。

6月8日 北京市安全生产委员会召开全市电动自行车消防安全综合治理工作电视电话会议。市政府副秘书长尹培彦出席并讲话。市安全监管局局长张树森主持会议。

是日 安全生产百项地标第28部分金属非金属矿山（露天）、第29部分金属非金属矿山（地下）、第30部分尾矿库、第34部分小规模单位4项标准通过审查。安全生产百项地标已发布45项（其中京津冀协同标准10项），17项标准正进行审查报批，27项标准已进入预审阶段。

6月12日 市安全监管局副局长唐明明主持召开会议，听取集中管理体系全流程信息追溯管理系统建设方案及立项工作进展情况汇报。

是日 市安全监管局副局长卞杰成主持召开安全生产监管视频监控系统升级改造项目专题会，听取系统改造方案并对下一步工作进行部署。

是日 市安全监管局副局长卞杰成主持召开监管信息平台及OA办公系统升级改造专题会，听取系统开发进展情况，对下一步工作进行部署。

6月12日至13日 市安委会办公室会同市政府督查室成立第一督察组进驻东城区，对2017年市委市政府安全生产督察反馈意见整改落实情况开展“回头看”。

6月13日至15日 市安委会办公室会同市政府督查室成立第二督察组进驻西城区，对2017年市委市政府安全生产督察反馈意见整改落实情况开展“回头看”。

6月14日 市安委会对密云区新城再生水厂配套管网工程“6·12”中毒和窒息事故实施挂牌督办。要求密云区政府组织有关部门抓紧对造成2人死亡事故开展调查，并提出处理意见。

6月15日 市安委会办公室统筹协调，完成全市16个区不合格燃气灶具淘汰、安全辅助设备安装为民办实事工程跟踪“回访”工作。全市，共回访设备更换安装城乡困难居民家庭71580户，其中入户回访65330户，电话回访6250户，回访工作覆盖率达到90%。

是日 市安全监管局在北京经济管理职业学院，首次举办安全评价机构负责人培训班。全市8家乙级、27家甲级机构负责人、技术负责人、过程控制负责人100人参加培训。市安全监管局副巡视员杨永军、北京经济管理职业学院继续教育学院院长张英华出席开班动员会。

6月16日 2018年全国安全宣传咨询日活动在京举行。国务委员王勇、应急管理部党组书记黄明、副部长尚勇、市委副书记市长陈吉宁出席活动。活动现场开展电力和消防应急演练、安全咨询讲解和应急互动体验等活动。国务院副秘书长孟杨、副市长卢彦、市政府秘书长靳伟参加活动。上午，首都安全生产职工志愿者队伍授旗仪式在全国安全生产宣传咨询日主会场举行。应急管理部副部长尚勇为北京市“千企万人”安全生产社会监督职工志愿者队伍授旗。

6月20日 市安全监管局局长张树森主持局党组理论学习中心组以视频会议形式，召开第3次集中（扩大）学习会。邀请市政府法制办处长强晓东就规范性文件合法性审查进行专题辅导。并专题学习中组部和市委组织部，新时代激励干部新担当新作为有关领导讲话和会议精神。

6月21日 市安全监管局副局长阎军等到北京经济技术开发区进行有限空间作业安全生产专项督查。

6月22日 全市共开展安全生产大培训332期，培训31852人次，曝光企业903家。

6月25日 市安全监管局召开2017年安全生产应急管理示范企业创建工作总结会暨2018年工作部署会。通报2017年应急管理示范企业创建情况，介绍示范创建主要做法和成效。

是日 在市安全监管局政务外网，全文发布大兴区“11·18”重大事故调查报告。

是日 市安全监管局联合北京市总工会职工大学、北京开放大学，面向全市安全生产监管监察系统在职人员开展安全工程专业（本科）2018年春季招生，有258人进入安全工程专业学习。

6月25日至28日 市安全监管局副局长杰成带领信息中心、执法总队、法制处组成调研组，赴安徽省、湖南省安全监管局学习，调研执法检查信息化建设情况。

6月25日至7月13日 市委、市政府安全生产第四、第五、第六督察组对市城市管理委、市民防局、市体育局开展为期3周的安全生产督察，并延伸督察部分区级单位、所属机构，抽查重点企业。

6月26日 市安全监管局在北京经济管理职业学院举办安全生产行政审批业务培训班，各区安监局、北京经济技术开发区安监局业务骨干34人参加培训。

6月26日至27日 市安全监管局副局长阎军带队，赴延庆区进行有限空间作业安全生产专项检查。

6月27日 市委常委会召开会议研究通过《北京市城市安全隐患治理三年行动方案》。

6月29日 市安全监管局、北京煤监局召开庆祝建党97周年暨“七一”总结表彰大会。表彰2018年优秀共产党员、优秀党务工作者和先进基层党组织，开展“共产党员献爱心”捐献活动。局长张树森以“准确把握新时代新形势新使命新要求，建设高素质专业化安监干部队伍”为题，进行党课教育；副局长唐明明总结2018年上半年机关党建工作。

是月 市安全监管局起草《北京市生产经营单位安全生产主体责任规定》立项论证报告，在市政府法制办立项。8月，将《规定》草案送审稿、起草说明、论证报告等材料，报送至市政府法制办审查（2019年7月15日起施行）。

7月

7月11日 市安全监管局党组理论学习中心组以视频会议形式，召开第4次集中（扩大）学习会。邀请北京理工大学教授钱新明，围绕《天津“8·12”事故调查分析》进行专题辅导。局党组书记、局长张树森主持学习会。

7月12日下午 市安委会办公室邀请中央党校（国家行政学院）中欧应急管理学院教授张小明作“落实地方党政领导干部安全生产责任制规定”专题报告。市安全监管局局长张树森主持报告会。全市相关行业和部门560余人参加报告会。

7月19日至20日 应中国展览馆协会邀请，市安全监管局副巡视员贾秋霞赴宁夏银川，出席第七届中国东西部会展业论坛。

7月19日至21日 应急管理部副部长孙华山带领国务院2017年度消防工作第九考核组，对北京市2017年消防工作进行考核。

7月20日 启动全市职业病危害普查工作。16家服务机构普查员近500人，在16个区同步开展普查。各机构分别派出4～7个小组，每小组2～4人。街乡镇安全科根据辖区内普查任务实际，在机构派出的每个小组中安排1～2名安全员配合机构普查员开展普查。至8月8日，普查企业8829家。

是日 北京市安全生产联合会召开第三届二次常务理事会暨第三次全体理事会，总结近两年工作，通报安联年度审计和监事工作，审议通过章程修订、法人变更等议题。市安全监管局党组副书记、副局长，市安联会长唐明明出席会议并讲话。91名理事代表和安联秘书处有关负责人参加会议。

7月23日 全市安全生产监管干部执法资格培训班在首钢开班。市安全监管局副局长贾太保副局长出席开班仪式并讲话。

7月23日 市安全监管局组织第四届“优秀青年人才”评选大会演讲活动。从125名参赛人员中脱颖而出28名，参加大会演讲角逐。

7月23日至27日 完成第一期“北京市安全生产青年人才培养计划”项目。全市32个委办局分管安全生产工作的青年人才干部参加培养。

7月24日 举报投诉中心（总值班室）完成2018年第二季度举报奖励金发放。本次举报奖励应发10600元，发放范围涉及2018年4月至6月期间，通过“12350”热线电话受理的实名举报，并查证属实33项举报件。其中领取人19人，领取举报奖励金20件，1名领取人应领举报奖励金2件，其余均为单人单件。其中发放1000元举报奖励金3件，发放200元举报奖励金17件，共实发奖励金6400元，领取率为60.38%。

7月25日 《中国应急管理报》刊发首都“安全时评”专版。

7月27日 国务院召开全国安全生产电视电话会议后，北京市立即召开贯彻会议，市长陈吉宁、副市长王宁出席会议并讲话。

是日下午 市安委会办公室召开2018年第二次全市有限空间作业安全生产工作视频会，市安委会办公室副主任阎军到会并讲话。

7月31日 市安全监管局副局长唐明明主持召开北京天坛医院迁建工程液氧罐区安全隐患整改专题会，研究北京天坛医院迁建工程液氧罐区安全隐患整改措施。

是月 举报投诉中心（总值班室）委托市安全生产联合会制作志愿者招募主题宣传片“千企万人”安全生产社会监督职

工志愿者招募主题宣传片正式上线。

8月

8月5日 市安全监管局召开非煤矿山《安全生产等级评定技术规范第28部分金属非金属矿山（露天）》《安全生产等级评定技术规范第29部分金属非金属矿山（地下）》《安全生产等级评定技术规范第30部分尾矿库》地方标准审查会，国家安全监管总局、密云区安全监管局、中国恩菲工程技术有限责任公司、国家安全监管总局信息研究院、北京科技大学、北方工业大学、首钢矿业公司、密云冶金矿山公司、云冶铁矿、市劳保所等单位专家，对三项非煤矿山地方标准草案进行审查。三项地方标准通过审查。

8月6日 市人大常委会委员、社会建设委员会主任委员从骆骆带领市人大社会建设委员会工作机构调研组，到市安全监管局开展"不忘初心、牢记使命"主题教育暨专题调研活动。局长张树森、副局长唐明明接待调研组一行，汇报全局上半年应急管理开展情况及《北京市安全生产条例》修订立法情况。

8月14日 市安全监管局副局长贾太保带队赴北汽集团就安全生产培训进行调研，听取北汽集团总体情况介绍，参观集团沙盘和展厅，重点就北汽集团安全生产培训进行沟通交流。

8月22日至31日 市安全监管局举办处级干部学习习近平新时代中国特色社会主义思想专题读书班。

8月23日 市安全监管局副局长唐明明陪同应急管理部总工程师王浩水，赴北京市房山区督导危险化学品安全监管工作。

8月24日 市安全监管局会同市文化局，为怀柔区杨宋镇太平庄村民奉献一场"生命至上 安全发展"为主题文艺表演。

8月27日 市安委会办公室召开全市城市安全隐患治理三年行动业务培训会，就城市安全隐患治理三年行动系列文件和工作制度进行解读。

8月28日 市安全监管局副局长阎军带队，赴大兴区开展"中非合作论坛"安全生产督查。

8月29日 市安全监管局副局长唐明明带队督察朝阳区重点危险化学品企业"中非合作论坛"安全生产情况。

8月29、31日 市安全监管局副巡视员谢清顺带队赴延庆、平谷区，开展中非合作论坛北京峰会期间安全生产督查。

8月30日 市安全监管局联合北京石油化工学院，对北京昊华能源股份有限公司矿山救护队进行应急救援培训。

8月31日 市安科院首次成功申报国家重点研发计划——国家科技部项目"科技冬奥"重点专项，"冬奥会公共安全综合风险评估技术"并获批立项。

9月

9月3日 北京同创达勘测有限公司工人2人在朝阳区萧太后河沿线，从事道路建设前期项目储备库垡头二号路地下管线测量作业时，发生中毒和窒息事故，造成2人死亡。

9月12日至13日 市安全监管局副局长贾太保陪同国家煤监局副局长桂来保，到昊华能源公司大台煤矿进行检查。12日，听取北京煤监局煤矿监管监察汇报及昊华能源公司、大安山煤矿和大台煤矿安全生产汇报，并对大台煤矿安全管理、重大灾害超前治理及井下部分作业现场进行抽查。13 日，召开意见反馈会。

9 月 14 日 安全生产第九督察组开展对市农委延伸督察。在第一阶段材料审核及组内研究基础上，确定对市农委系统单位、区级对口部门进行延伸，分别前往市农业局、市农林科学院及海淀区、大兴区、平谷区、顺义区、房山区、密云区农委开展延伸督察。

9 月 18 日 市安全监管局副局长贾太保、副巡视员谢清顺带队，赴丰台区安全监管局就“安全生产大培训”进行调研。

9 月 19 日 全市召开“北京市青年安监卫士”表彰视频会，自 5 月起，经基层推荐、资格审查、专家评审、公众投票等环节，最终评选出“北京市青年安监卫士”200 人，其中执法人员 20 人，专职安全员 180 人。

9 月 25 日 市安全监管局副局长贾太保赴海淀区区委党校参加乡镇主管领导安全生产专题培训会，进行动员并授课。

9 月 27 日 市安全监管局举报投诉中心（总值班室）委托华信技术检验有限公司对中心 ISO9001 质量管埋体系进行再认证后，首次进行年度监督审核。认定举报投诉中心质量管理体系运行有效，符合 ISO9001 质量管理体系要求。

9 月 29 日 市安全监管局副局长卞杰成参加首都综治办召开的“雪亮工程”建设调度会。汇报市安全监管局落实“雪亮工程”部署，推进全市安全生产公共安全视频监控建设联网应用情况。

10 月

10 月 10 日 在通州区会议中心举行 2018 年京津冀协同应对事故灾难桌面演练。市安全监管局副局长阎军出席会议并讲话，天津市、河北省安全监管局应急部门负责人观摩演练并作交流发言。

10 月 13 日 市安全监管局宣教中心与北京电视台共同策划推出“安全进行时”栏目，对全市安全生产监管监察系统集中开展有限空间执法检查专项行动进行报道。集中夜查期间，全市共检查生产经营单位 1058 家次，出动执法人数 2712 人次，发现并整改隐患 918 处，行政处罚 6 家，处理违章施工人员 4 人。

10 月 17 日 市安全监管局开展第三期局党组中心组会前学法活动，局领导班子成员及局机关（执法总队）、局属事业单位处级以上领导干部参加集中学习。会前，邀请中国政法大学法治政府研究院副院长赵鹏，围绕《中华人民共和国宪法修正案》进行专题辅导。

10 月 23 日 市安全监管局副局长卞杰成召开信息化系统搬迁动员部署会。

是日下午 市安全监管局副局长卞杰成主持召开全市安全生产举报投诉热线 12350，与市政府服务热线整合工作部署会。

10 月 24 日 市安全监管局副局长贾太保主持召开专题会议，研究部署煤矿安全生产工作，听取煤科总院针对大台煤矿 5 槽底板存在强冲击倾向性，按照《煤矿冲压防治细则》规定，进行危险性评价要求进行评价进展情况。

10 月 29 日 《北京日报》整版专题报道“2018 安监之星·北京榜样”主题活动十大年星人物事迹。分 4 版整版刊发“用青春守护首都一方平安用行动诠释北京安监精神”专题报道。

是日 北京安科院与成都安科中心签署战略合作落地项目协议。双方签署“成都市安全生产科学技术服务中心加油站、餐饮用气场所安全隐患排查 VR 实训系统采购项目”协议。

10 月 30 日 市安全监管局组织的“北京市安全预防控制体系应用支撑平台”研究项目通过初步验收。

10 月 31 日 市安全监管局副巡视员谢清顺主持召开部分市属国有企业“安全生产大培训”工作座谈会。

11 月

11 月 2 日 召开北京市应急管理局干部大会，宣布新领导班子。副市长王宁出席会议并讲话。市委组织部副部长孙仕柱宣读市委关于组建市应急管理局及局领导班子任免决定。市政府副秘书长尹培彦主持会议。市应急管理局领导班子成员及其他局级领导，局机关、执法总队和直属事业单位处级干部参加会议。市应急管理局党组书记、局长张树森做表态发言。

是日 “2018 安监之星·北京榜样”主题活动颁奖典礼在中国国家话剧院举行。全国“安全生产月”活动组委会办公室、市安全监管局、首都精神文明办、西城区政府、中国应急管理报等单位领导参加颁奖典礼。

11 月 9 日 市应急管理局副局长唐明明主持召开全市危险化学品和烟花爆竹安全监管重点工作推进视频会议，通报 2018 年危险化学品重点工作推进情况，部署冬季危险化学品和烟花爆竹安全生产工作。

是日 市应急管理局副局长卞杰成主持召开专题会，研究市应急管理局政务网站、监管信息平台、微信公众号、微博改版等工作。

11 月 16 日 北京市应急管理局正式挂牌运行，对外履行职责。

是日 市应急管理局局长张树森、副局长唐明明赴市应急办办公地点，就全市应急管理工作进行调研，副局长钱山、副巡视员单青生及原市应急办相关处室负责人参加调研。

11 月 22 日 市应急管理局信息中心会同市安科院主动与市人社局相关处室沟通，就共享全市特种作业人员考试数据，实现市应急管理局系统与市人社局证书系统实时共享等工作进行协商。

11 月 23 日 市应急管理局党组理论学习中心组通过视频会议形式，组织市应急管理局成立后首次集中（扩大）学习会。邀请中共中央党校（国家行政学院）社会和生态文明教研部副主任、教授丁元竹，围绕《深化党和国家机构改革》为主题作专题辅导。局党组书记张树森主持学习会，局领导班子成员，局机关、执法总队、直属事业单位和局属社团组织人员参加学习。

11 月 25 日 宁夏煤矿安全监管局副局长黄民康带领国家煤矿安全生产标准化检查组，到北京大台煤矿对安全生产标准化保持情况进行专项检查。

11 月 28 日下午 市安委会召开今冬明春安全生产工作会议。副市长张家明出席会议并讲话，市政府副秘书长韩耕主持会议。

是月 市应急管理局职业安全健康监督管理职责及相关处室行政编制 9 人，划转到市卫生健康委员会。

12月

12月2日 国务院安委会办公室召开危险化学品安全生产专题视频会议后，市应急管理局副局长唐明明立即召开全市危险化学品安全生产专题部署会议。

12月14日 市应急管理局副局长卞杰成召开执法系统专题会，听取执法系统开发进展汇报，并对机构改革调整后相关工作进行部署。

12月20日至22日 市应急管理局副局长卞杰成带领排土场专家及有关人员，对密云区安全监管局上报18个排土场逐一踏勘。组织密云区安全监管局、密云冶金矿山公司及矿山企业负责人，就排土场排查摸底情况召开座谈会，通报京津冀协同发展形势及发展状况，传达中央及北京市安全生产指示精神，推进非煤矿山退出工作。

12月27日 市安委会办公室对2017年不合格燃气灶具淘汰、安全辅助设备安装民生实事“回头看”发现问题线索进行现场核查。

12月28日 市应急管理局副局长卞杰成、副巡视员杨永军主持召开2018年安全生产考核工作会，对2018年区政府安全生产考核工作进行部署。

12月29日 市应急管理局召开视频会议，部署2019年春节烟花爆竹销售、储存安全管理工作。副局长唐明明出席会议并讲话。

12月31日 市应急管理局信息中心完成北京市应急指挥中心视频会议系统调试。

是年 市安全监管局将安全生产标准化达标企业等级评定、北京市安全社区评定、北京市安全文化建设示范企业评定三项从公共服务事项中取消；对现有办事事项进行合并整合，由原33项调整到14项。

是年 市安全监管局组织北京清洁行业协会及有关专家、单位，制定《北京市清洁行业安全生产标准化评定标准（试行）》，并以安委会办公室名义印发实施。

是年 市安全监管局修订完善《安全生产督察工作规范和工作流程》，编制督察工作手册和督察政策文件汇编。以市委、市政府名义成立10个督察组完成16个区和开发区督察“回头看”，成立9个督察组对9个市级行业部门督察。

是年 全市安全监管系统执法检查生产经营单位2.39万余家，下达责令整改文书近1.27万余份。全市人均检查量60.40件、人均处罚量9.82件，同比分别增长26.8%和64.5%。

安全监管

综　　述

2018年，北京市安全监管系统贯彻落实党中央、国务院和市委、市政府关于安全生产等项工作决策部署，大力推进应急管理机构改革，统筹推进防灾减灾救灾工作，牢牢守住安全生产基本盘、基本面，全市综合防灾减灾救灾能力明显提升，火灾起数、死亡人数和各类生产安全事故起数、死亡人数同比去年均实现“双下降”。

一、压紧压实安全生产责任

强化党政领导干部安全生产责任。贯彻落实《地方党政领导干部安全生产责任制规定》（以下简称《规定》），以市安委会办公室名义印发宣贯通知，函请各区党委把《规定》学习贯彻摆上重要日程，统筹安排专家学者对《规定》进行专题解读，确保各区、各单位准确把握《规定》核心要义。结合实际研究制定《北京市党政领导干部安全生产责任制实施细则》，细化本市各级党政领导干部安全生产职责，建立党委和政府安全生产督察、考核、党政领导干部安全生产责任考核制度，明确问责机关权限切分，推动各级党政领导干部切实承担起“促一方发展、保一方平安”政治责任。

强化安全生产工作督察。建立具有首都特色的安全生产巡查督察机制，以市委、市政府名义开展全覆盖安全生产督察。至年底，完成全市16个区及开发区“全覆盖”督察和对9个市级行业部门督察。机构改革后，市应急管理局继续保留安全生产督查处和安全生产督查事务中心，负责安全生产督察总体统筹和具体实施。督察始终坚持问题导向，秉承“发现问题要深入、指出问题敢较真、整改问题见实效”原则，建立7大类1100余条问题清单，逐一督促整改落实。督察结果同时报送市委组织部、市纪委市监委等部门，直接纳入对领导干部综合评价。

强化安全生产“督考合一”工作机制。继续注重发挥市安委会作用，突出“一会一文一书”制度落实。年初，明确2018年全市安全生产各项重点任务及职责分工，制定《2018年度安全生产目标责任书》，建立目标责任书重点指标统计分析制度，定期对各区安全生产重点工作指标完成情况进行通报，发挥考核指挥棒、助推器和风向标作用。扎实做好有关部门目标任务落实跟踪督促指导，推进部门综合考核“融合化、个性化、痕迹化、闭环化”。市安全生产先进单位和先进个人表彰项目，由市安委会办公室、市人力社保局表彰提升为市委市政府表彰，每三年组织一次，充分激发先进典型示范带动作用。将考核结果抄送纪检监察、组织人事、宣传、政法等部门和各区党委，纳入相关考核评价体系。对考核不合格的单位在全市予以通报批评，并约谈单位主要领导。

二、全力加强安全风险防控

全面推进城市安全隐患治理。2017 年 11 月至 2018 年春节前，在全市开展安全隐患大排查、大清理、大整治专项行动，做好群众安抚和过渡期间安置工作，全市挂账隐患 26668 项，依法对 508 家违规企业进行停产停业处理，关闭取缔违规企业 206 家，行政处罚 33.87 万元，拆除、清理违法建筑 44805 平方米。巩固扩大安全隐患大排查大清理大整治专项行动成果，聚焦 10 大重点行业领域，启动城市安全隐患治理三年行动。市、区两级安委会办公室成立工作专班统一调度，建立信息管理、台账管理等工作制度。开发隐患治理三年行动信息系统，实现市、区、乡镇（街道）三级隐患如实记录和自动统计。各区积极组织力量，对各类隐患逐一进行实地核查，实时收集并动态更新隐患排查整改情况。至年底，全市累计出动检查人员 29.8 万人次，组织检查各类企业和单位 11.4 万家次，挂账隐患 4486 项，其中整改 4480 项，整改率为 99.9%，达到市政府目标责任书确定年度 90%隐患治理目标。

城市安全风险评估取得阶段性成效。以关系城市安全运行的水、电、气、热和公共交通等 13 家国有企业、11 家市属公园，危险化学品单位、人员密集场所单位、建筑施工项目、生活垃圾处理设施、规模以上工业企业、“两客一危”企业，矿山、非煤矿山及尾矿库等 7 个重点行业领域作为试点，完成安全风险评估、应急资源评估和应急资源调查，绘制企业风险和区域风险“一张图”，形成可复制、可借鉴、可推广经验和模式。制定并印发危化、冶金、有色、建材、机械、轻工、纺织、烟草等行业安全风险辨识建议清单，组织市属行业部门制定并印发 21 个行业风险辨识评估标准和 54 个行业安全风险辨识建议清单，指导企业有效开展安全风险辨识管控。至年底，全市 9911 家生产经营单位共排查确认各类安全风险源 16 万余项，汇总登记专兼职应急救护队伍 16809 支、应急专家 5635 人、应急装备 276 万余件、救援物资 211 万余件。

高质量完成高危行业隐患整改与企业退出。落实北京“四个中心”定位要求，将安全生产与“疏解整治促提升”专项行动相结合，推动重点行业领域隐患整改，疏解退出不符合首都定位和安全生产条件企业。2018 年，推动二商集团市级挂账隐患完成治理，燕山石化、沙河油库、二商集团 3 项市级挂账隐患全面完成隐患治理。全市 190 家加油站完成贯标改造，累计完成改造加油站达到 917 家。全面摸排检查非经营性加油站 350 座，开展非经营性加油站专项整治，关停加油站 50 座，拆除加油站 11 座。全市 12 家有储存设施危化品经营企业完成疏解退出。完成 1 家非煤矿山退出，4 家尾矿库和排土场销库治理。

三、推动安全生产社会共治

改进安全监管服务模式。持续开展百名安全监管干部对话万家企业、百名专家服务万家企业活动（“双百”工程）。自开展“双百”工程以来，全市各级安全监管干部与近 2 万家企业主要负责人开展对话谈心，专家为 1.8 万余家小微企业进行现场技术服务。扎实开展安全生产大培训，全市各区累计完成企业负责人和安全管理人员安全培训12.3万余人次，指标完成率114.4%。开展职业病危害基本情况普查，全市各区共完成普查企业万余家，任务完成率为100%。

发挥市场机制作用。加强信用联合奖惩制度机制建设，印发《北京市安全监管系统联合惩戒实施流程》《北京市安全生产领域守信行为联合激励实施办法（试行）》，明确联合激励对象条件、激励措施，信息采集报送管理和联合激励工作流程。本市安全生产信用体系建设通过全市社会信用体系建设中期评估。建立费率浮动机制，提高事故预防费提取比例，进一步发挥安责险事前预防和事后赔偿功能。16个区和开发区全部完成推广任务，全市保险有效期内参保企业达到50281家，投保企业缴纳保费1.11亿元，得到超过3317亿元风险保障。至年底，3360家企业获得安责险保险赔付，赔付金额2854.77万元。开展安全生产专业技术服务机构评估，促进第三方机构优胜劣汰。

增强安全生产科技支撑。联合清华大学等高校，成功申报“科技冬奥”和“公共安全风险防控与应急技术装备”两项国家级重点研发专项。扎实推进安全生产实训基地建设，完成30余个行业场景，1万余条隐患梳理，实训基地二期完成主体工程建设。召开北京市安全生产科技人才大会，表彰安全生产领域北京优秀青年工程师、北京市第一届安全生产领域学科带头人及安全生产领域入选2018年度科技新星。组织全市10期高危行业生产经营单位主要负责人和安全生产管理人员安全知识及管理能力考试、10期特种作业人员安全技术考试，服务考生近20万人次。

推动安全生产领域社会组织转型升级。巩固“一家缴费、多家服务”工作模式，塑造“枢纽型”社会组织品牌，5个社团被评为AAAA级以上社团，会员发展数量超过1100家。推行标准化行业自律诚信管理模式。印发《关于贯彻执行注册安全工程师分类管理办法通知的意见》，开展注册（助理）安全工程师工作。联合市总工会有序开展首都安全生产社会监督职工志愿者招募，共招募志愿者5000余人，为健全全市安全检查群众性网络体系奠定基础。

四、全力夯实安全生产工作基础

健全安全生产法规标准。将安全生产立法与地方标准制定同步推进，完善安全生产法规规章和标准体系。在深入调研论证基础上，推进《北京市安全生产条例》修订，形成条例立项论证报告。开展《北京市生产经营单位安全生产主体责任规定》政府规章立法。实施“安全生产百部地标”工程，并列入首都标准委员会重大项目。89项安全生产百部地标已发布53项，11项标准正进行报批，25项标准处于送审阶段。

不断加强行政执法。建设首都特色安全生产“四位一体”执法体系，全面推动新版行政执法系统建设与推广，打破业务系统信息孤岛，实现执法数据共享，安全监管执法能力水平大幅度提高，执法检查量和处罚量明显提升，行政处罚职权履行率保持较高水平。不断提高执法装备建设水平，全市乡镇街道安全生产检查队装备配备率达到95%。至年底，全市各区实施执法检查39259件，人均检查量为60.40件，同比上升36.8%；实施行政处罚6385件，人均处罚量为9.82件，同比上升64.5%；触发行政处罚职权数量122条，行政处罚职权履行率为27.73%。

加快企业安全生产标准化提质增效。印发《北京市企业安全生产标准化建设管理办法》等“1+6”制度，制定《2018年各区安全生产标准化创建指标》，推动企业安全生产主体责任落实。全年，达标企业118949家，其中一级标准化工业企业12家、二级标准化企业198家、三级标准化企业12979家、小微岗位达标企业105760。金属非金属矿山企业全部通过二级以上安全生产标准化等级评审，其中一级标准化达标率78%，稳居全国前列。针对标准化激励措施尚不完备问题，加快完善激励政策，解决企业标准化与工伤保险对接有关问题，下调4000余家标准化企业工伤保险费率。

不断提升安全生产检查队规范化建设水平。根据《关于建立乡镇、街道（园区）安全生产专职安全员队伍的意见》，全市351个乡镇、街道（园区）和涉及23个行业领域的308个区职能部门均配备安全生产专职安全员。至年底，在岗6319人。狠抓建章立制和标准创建，全市乡镇街道（园区）安全生产检查队规范化建设达标率96%，区职能部门安全生产督查检查队规范化建设达标率70%。全年，各乡镇、街道专职安全员排查生产经营单位21万余家，检查覆盖率达99.42%，发现隐患63万余项目，隐患整改率99.6%。探索建立区分初级、中级、高级专职安全员梯次培训体系。全年，组织专职安全员业务培训23期，培训3680人次。全面推进乡镇、街道完成在行政村、社区设立专兼职安全生产巡查员工作，全市4937个行政村、社区设立安全生产巡查员，占行政村、社区总数的73%，巡查员达10533人。

加强安全生产宣传教育。以“安监之星·北京榜样”等特色品牌活动为带动，全力推进安全生产“大宣教”工作格局。打造“安全生产宣传咨询日”“安监之星·北京榜样”等五个特色品牌，选树出100名周星、30名月星、10名年星。其中5人入选“北京榜样”主题活动周榜，3人入选月榜。组织新闻发布20余次，媒体采访40余次；在北京电视台播出电视新闻103条，安监主题成就宣传片在《北京新闻》专栏播出；在《中国应急管理报》等媒体平台刊发专版80余期。依托各区通讯员“矩阵队伍”，借助演播室，开发特色宣传品。开展生产经营单位主要负责人和安全生产管理人员安全生产培训考核，累计培训12万余人次。以安全社区和安全文化示范企业创建为抓手，提升居民安全意识。至年底，北京市共建成国际安全社区27家、市级安全社区108家。

市安委会工作

【省级政府安全生产考核】 1月8日至11日，安全监管总局副局长、国家煤矿安监局局长黄玉治率省级政府安全生产工作考核第15考核组，对北京市安全生产情况进行考核。听取市政府、部分地区和企业安全生产汇报，现场检查顺义、通州、怀柔区安全生产汇报，抽查部分重点行业领域生产经营单位安全生产情况。考核组肯定北京市成绩，并提出企业安全生产基础工作还不扎实；部分相关部门落实安全生产责任还需加强；企业职业健康存在不足等意见。建议对照法律法规，落实企业主体责任；通过严格执法，倒逼落实企业主体责任。

（杨　青）

【召开全市重点行业安全生产会】 1月15日，市安委会办公室在北京会议中心，召开2018年市全市行业领域安全生产工作会议。市安委会副主任、市安委会办公室主任、市安全监管局局长张树森到会并做主题报告。市安委会30个成员单位主管领导及有关处室负责人参加会议，并邀请各区安全监管局分管安全生产综合监管人员和各区住建、交通、商务、体育行业部门负责人出席。会议进一步增强工作部署针对性和实效性，加强市安全监管部门与各行业领域主管部门间联动联合、协同配合、贯通融合，为形成全市重点行业领域安全生产合力，做好全年安全生产行业监管奠定基础。

（王　勇）

【市安委会第一次全体会议】 1月25日，北京市召开安全生产电视电话会议暨市安委会第一次全体会议，传达全国安全生产电视电话会议精神，总结2017年安全生产工作，部署2018年全市安全生产重点工作。代市长陈吉宁出席会议并指出，安全生产事关人民福祉，事关经济社会发展大局。各区、各部门、各单位要树立安全发展理念，弘扬"生命至上、安全第一"思想，时刻紧绷安全这根弦，把首善标准落实到安全生产工作中。要狠抓风险防控，要狠抓监管执法，要狠抓基层基础，要狠抓责任落实，要狠抓共治共享。市安委会副主任、副市长王宁要求重点抓好安全隐患治理三年行动，双重预防控制机制建设，重点行业领域监管，社会化服务体系，宣教科技培训，安全监管队伍建设等工作。

（崔小兵）

【印发做好安全生产工作通知】 3月9日，市安委会印发《关于做好2018年度安全生产重点工作任务的通知》（京安发〔2018〕6号），提出全市安全生产6大类（实施城市安全隐患治理三年行动；深化安全生产领域改革；强化安全生产责任落实；加强安全生产监管法治建设；构建安全生产长效机制；夯实安全生产基础工作）29项重点任务。《通知》起草参考国务院安委会年度安全生产要点，并书面征求各区、有关委办局等67个单位意见。

（陈　阳）

【市安委会第二次全体会议】 3月13日，市安委会召开2018年第二次全体会议。市安全监管局局长张树森通报全市安全隐患大排查大清理大整治专项行动情况，城市安全隐患治理三年行动方案起草情况。市安全监管局副局长唐明明通报2017年全市安全生产考核结果，宣读安全生产先进单位、先进个人表彰决定，部署2019年安全生产任务。副市长王宁强调，要进一步巩固"三大行动"成果，将隐患治理做深、做实、做出成效，要求采取"年初排查、全年整改、年底销账"模式，分三年滚动治理，不断巩固成效，防止新增重大隐患，防止问题隐患死灰复燃。按照"全行业覆盖、重点行业突破"原则，突出重点地区、重点行业（领域）和重大隐患进行排查治理。要把握节奏，在总体方案和市级行业部门细化方案基础上，做好实施工作。要提前谋划和设置好工作运行机制制度，确保工作有条不紊、持之以恒推进。市政府

副秘书长尹培彦主持会议

（刘尊涛）

【消防及安全生产电视电话会议】 4月2日，市政府副秘书长尹培彦主持召开消防安全和安全生产电视电话会议，通报海淀区4·1较大火灾事故情况，部署全市安全隐患大排查大清理大整治专项行动“回头看”核查。播放海淀区4·1较大火灾事故警示片，海淀区副区长梁爽汇报事故处置情况，市公安局消防局局长亓延军部署消防安全工作，市安全监管局局长张树森部署全市安全隐患大排查大清理大整治专项行动“回头看”核查安排。王宁指出，海淀区4·1较大火灾事故教训深刻，反映出安全隐患大排查大清理大整治专项行动中仍存在整改不及时、不到位、知而不改等问题。各区、各部门要落实责任强化机制，及时出台政策措施，防止销账隐患出现反弹，防止安全隐患死灰复燃。把握“坚定有序、人文关怀”总要求，始终占据“生命至上、安全第一”道义制高点。加强电动车充电安全管理，电动车生产、销售等环节管控，推进集中停放和充电设施建设。

（崔小兵）

【印发安全生产综合考核细则】 4月24日，市安委会办公室印发《2018年度区政府安全生产综合考核细则》（京安办发〔2018〕16号）。《考核细则》由责任落实、重点任务、基层基础、行业监管、事故情况及加减分项6部分组成，其中考核要点59项，考核评分标准187项。《考核细则》注重突出重点，统筹兼顾；细化标准，提高质量；强化融合，补齐短板。

（陈　阳）

【党政领导安全生产责任制】 5月31日，市政府副秘书长尹培彦主持召开贯彻落实《地方党政领导干部安全生产责任制规定》电视电话会议，对贯彻落实地方党政领导干部安全生产责任制规定进行部署。副市长王宁提出，要把学习贯彻《地方党政领导干部安全生产责任制规定》作为一项重要政治任务抓紧抓实，明确细化党政领导干部安全生产职责，突出安全生产工作“一把手”负责制，建立安全生产履职情况巡查考核制度体系；各地区、各单位要把《地方党政领导干部安全生产责任制规定》作为各级党（工）委（党组）理论学习中心组、领导干部培训重要内容。聚焦重点、狠抓落实，进一步建立健全党政领导干部安全生产责任制，履行安全监管职责，加大督察考核工作力度，实施安全生产问责。

（崔小兵）

【安全生产信用体系培训会】 6月14日，市安全监管局召开安全生产信用体系建设业务培训会。介绍全市安全生产信用体系建设总体情况，解读安全生产信用体系建设和“双公示”相关要求，西城区、朝阳区、房山区、通州区、大兴区等安全监管局围绕本区安全生产信用体系建设和有关工作建议作交流发言。会议要求，强化组织领导，完善制度机制，加强信用信息归集共享，加强联合奖惩措施落实，加强宣传培训。

（肖庆海）

【全市安全生产电视电话会】 7月27日上午，国务院召开全国安全生产电视电话会议后，北京市立即召开贯彻会议，市长陈吉宁、副市长王宁出席会议并讲话。市安委会成员单位和部分市属国有企业负责人、各区区长和区属有关部门人员参加会议。陈吉宁强调要牢固树立红线意识，要落实安全责任，要做好风险防控，要强化监管执法，要推进社会共治。王宁指出上半年全市安全生产形势总体平稳，但对存在问题绝不能掉以轻心；要迅速行动，扎实推进城市安全隐患治理三年行动计划实施；紧盯安全生产重点领域、重点环节，全力压减生产安全事故。

（杨　青）

【隐患治理三年行动部署】 8月13日，市政府办公厅印发《北京城市安全隐患治理三年行动方案（2018年—2020年）》（京政办发〔2018〕32号），市安委会办公室建立工作机制，全面推动落实，建立信息报送制度，建好管好“两本账”，即监督检查台账和安全隐患台账；实行专项工作考核，考核结果纳入安全生产综合考核，作为市政府安全生产绩效考核重要依据。细化工作内容，压实部门责任，市安委会办公室印发《北京城市安全隐患治理三年行动重点行业（领域）实施方案》，针对10个重点行业领域实际，明确细化各责任单位主要职责和工作边界。组建工作专班，强化组织领导，市安委会办公室抽调专人组建工作专班，定期召开调度会议，及时统计汇总台账，定期通报进展情况。开展业务培训，明确工作要求，市安委会办公室召开全市城市安全隐患治理三年行动业务培训会，培训覆盖至市、区、乡镇街道三级，31个市级有关部门、16个区和开发区。开发信息系统，全过程记录，市安委会办公室开发城市安全隐患治理三年行动信息系统，实现系统用户三级全覆盖、隐患排查治理全过程记录、隐患台账数据自动统计、隐患电子地图自动绘制，并上线运行。

（郝树亮）

【安全生产综合考核专题会】 11月21日上午，市安全生产监管局副局长唐明明主持召开安全生产综合考核工作专题会议，相关考核处室主要负责人参加。会上，汇报做好2018年安全生产和消防工作考核意见，重点从考核对象、考核方式、考核内容、考核等次及下步工作安排等方面进行说明。各处室结合工作实际，提出调整优化意见建议。唐明明要求，精简考核指标，量化考核指标，便于操作执行，对常规性管理制度、日常报送信息、报送材料情况等实行简化考核；简化考核程序，年度综合考核将取消集中报送痕迹材料环节，以日常过程管理为主；明确专人负责，各处室主要负责人为考核工作第一责任人，并指定专人具体负责，机构调整期间，要确保无缝衔接，平稳过渡，紧盯到底。

（杨　青）

【对“回头看”发现问题核验】 12月27日下午，市安委会办公室对2017年不合格燃气灶具淘汰、安全辅助设备安装，民生实事“回头看”发现问题线索，进行现场核查。核查组赴怀柔区杨宋镇西树行村王某某家，就未更新安装燃气灶具问题进行入户现场调查核验。经与住户、群众询问和调查了解到，2017年9月17日，由属地政府完成对村民王某某家入户更换安装燃气灶具，并将不合格燃气灶具回收，户主本人、施工人员、村委会工作人员、乡镇工作人员均签字验收。市政府督查室核查发现，户主由于个人原因，自行更换已安装灶具，未有使用民生实事工程为其提供燃气灶具。杨宋镇政府了解此住户情况后，于2018年12月26日，协同村委会对王某某自购燃气灶具进行现场查验。经查，自换灶具产品具备产品合格证书、保修单和正规厂家出具票据，符合安全标准。核验组要求属地政府后续要按工作台账，针对此类情况对其他用户进行入户核查和宣传。

（陈　阳）

【今冬明春安全生产电视电话会】 11月28日下午，市安委会召开今冬明春安全生产工作会议。副市长张家明出席会议并讲话，市政府副秘书长韩耕主持会议。会上，市城市管理委、市交通委、市消防总队分别通报城市运行、交通、消防等行业领域安全生产情况，市应急管理局通报全市安全生产情况和城市安全隐患治理三年行动等重点工作进展情况，对今冬明春安全生产工作进行部署。张家明强调，要贯彻落实中央决策部署，坚决守住安全生产红线底线；要全面落实好2018年安全生产重点工作，确保首都安全形势持续稳定好转。要扎实完成城市安全隐患治理行动年度任务，切实将折子工程和重要民生实事办实办好，开展安全生产督察和综合考核，全面推进双重预防工作机制建设。

（郝树亮）

【2018年度安全生产考核会】 12月28日，市应急管理局副局长卞杰成、副巡视员杨永军组织召开2018年度安全生产考核工作会议，相关考核处室主要负责人参加会议。会上，对考核工作安排，重点对考核打分标准、要求和时限进行说明。各相关考核处室结合工作实际提出意见建议。卞杰成要求，要严格把握客观、公正原则，根据考核细则和标准，有理有据做好考核打分工作；要对各区进行差异化考核打分，考核打分结果要有梯度，要能反映出各区工作实际状况。此次考核工作时间紧，各考核处室要集中力量，迅速行动，加强沟通协调，尽量在规定时间节点前完成考核打分并及时报送。

（陈　阳）

【完成燃气灶具“回访”】 本年，市安委会在全市开展不合格燃气灶具淘汰、安全辅助设备安装跟踪“回访”。市安委会办公室印发《关于淘汰不合格燃气灶具安装安全辅助设备为民办实事工程实施情况的通报》（京安办通〔2017〕122号），16个区共调动基层工作人员1926人参与调查“回访”。西城区配备42万资金，作为“回访”宣传经费，并为每户更换灶具低保家庭投保燃气保险。海淀区、通州区、怀柔区调动街道乡镇基层力量，通过社区（村、居委会）与服务家庭有效沟通，在不打扰群众日常生活情况下，采取专职安全员、社区干部入户实地“回访”及电话“回访”等形式，开展跟踪“回访”。通过与服务对象主动沟通，入户进行深度跟踪“回访”，全市共妥善解决176户城乡困难家庭产品质量问题，并依靠市燃气集团专业力量，协助服务对象家庭发现其他各类燃气安全问题976项，帮助残疾人、孤寡老人等解决生活方面困难和问题1219项。各区以“回访”为契机，开展“面对面”入户宣传，普及设备使用、维护、保养常识；发挥村委会（居委会）、社区和物业作用，张贴《通告》、发放《一封信》；运用微信公众号等新媒体，普及燃气和消防安全知识。据不完全统计，街道、乡镇、居委会、社区等基层单位开展消防安全宣传活动300余场，宣传教育覆盖全市90%以上街道乡镇。至6月15日，全市16个区完成为民办实事工程跟踪“回访”，共“回访”设备更换安装城乡困难居民家庭71580户，其中入户“回访”65330户，电话“回访”6250户，

“回访”覆盖率90%。其中朝阳区、石景山区、门头沟区、昌平区、大兴区“回访”率100%。群众安全感、幸福感和满意度较高，全市“回访”调查满意率为98.5%，广大城乡困难居民家庭安全条件有效改善，石景山区、顺义区、通州区、密云区调查“回访”满意率均达100%。全市更换安装设备质量保障率97.8%，共发现176户家庭更换安装设备存在质量问题，通过维修或更换方式予以解决。全市参与设备更换安装81482户城乡困难居民家庭未发生燃气火灾事故，有效预防各类燃气火灾安全事故2712次，其中通过更换具有自动熄火装置燃气灶具预防燃气安全事故644次，通过安装长寿命软管和安全控制阀预防燃气安全事故526次，通过安装独立式感烟火灾探测报警装置预警火灾安全事故1542次。居民家庭燃气和火灾安全防范意识得到较大幅度提高，全市对65330户家庭进行入户安全知识“再宣传再教育”，发放安全宣传材料72401份。

（陈　阳）

【安全生产先进单位和个人表彰】 本年，经市政府批准，市安全生产委员会办公室、市人力资源和社会保障局联合印发《北京市安全生产先进单位和先进个人评选表彰暂行办法》。采取自下而上、等额推荐、逐级审核方式，推荐表彰对象。各区、市安委会成员单位和市有关部门推荐机关事业单位干部，各单位推荐企业单位和企业负责人。安全生产先进单位和先进个人推荐名单经市评选表彰工作领导小组审定后，向社会进行不少于5个工作日公示。经报请市政府批复同意后，评选出200个先进单位和300名先进个人，并开展通报表彰、颁发奖牌、发放奖金等工作。

（杨　青）

【编制安全生产目标责任书】 本年，市安委会办公室编制《北京市人民政府2018年度安全生产目标责任书》。主要目标是全年生产经营性道路交通、工矿商贸、铁路交通、生产经营性火灾、农业机械和特种设备等各类生产安全事故死亡总人数同比下降5%，不发生较大事故和社会影响大事故，坚决杜绝重特大事故。年度重点工作，梳理全市2018年安全生产情况，提出6个方面25项量化指标。

（李保江）

市安全监管局安全监管

综合监管

【安全隐患大排查大清理大整治】 1月15日，市安全监管局组织专家对北重阿尔斯通（北京）电气装备有限公司、北京北大维信生物科技有限公司安全隐患大排查大清理大整治开展情况进行检查，石景山、海淀区安全监管局相关负责人参加检查。检查组听取企业安全隐患大排查大清理大整治开展情况汇报，查阅企业安全生产责任制、安全生产规章制度、教育培训、事故隐患排查治理等基础管理资料，重点对涉爆粉尘、有限空间现场管理情况进行检查。检查发现，企业重视粉尘防爆管理，聘请专家科学制定整改方案，在除尘系统和防火防爆方面进行升级改造，使爆炸风险得到控制。并在粉尘爆炸危险场所设置警示标识，张贴粉尘清扫作业制度和检修作业相关操作规程，基础管理较规范。对检查发现企业有限空间台账不完善、应急预案未进行演练等问题，责令企业立即整改。检查组对企业安全隐患大排查大清理大整治提出，要对照问题，举一反三，全面排查隐患，科学进行整改；继续做好粉尘防爆，强化管理，加强设备设施维护，确保各项设施安全运行；强化安全培训，提升企业管理人员和员工安全意识。

（饶守国）

【国有企业安全生产大会】 1月16日，市安全监管局、市国资委、市公安局消防局联合召开国有企业安全生产工作大会。市安全监管局副局长唐明明，市国资委副主任钱凯、主任助理孙宇，市公安局消防局副局长刘洪海出席。68家市属企业集团、部分中央在京企业安全生产主管领导及安全管理机构负责人，市安全监管局、市国资委、市公安局消防局主管业务处室主要负责人160余人参加。会议由市安全监管局副巡视员贾秋霞主持并宣读2017年北京首钢股份有限公司等33家国有企业获北京市国有企业安全生产工作创新奖名单。北京同仁堂（集团）有限责任公司、北京城市副中心投资建设集团有限公司主管安全生产负责人交流安全生产经验。市公安局消防局通报2017年全市火灾形势；市国资委总结2017年市属国有企业安全生产情况；唐明明对2017年全市安全生产工作进行总结，提出“牢固树立安全发展理念，落实安全生产主体责任，加强较大危险因素辨识与风险管控，推进安全生产标准化建设提质增效，开展重点领域隐患治理，深化职业危害专项治理，推进安全总监和综合考核制度落实，加大安全生产培训力度”要求。

（司伟光）

【指导涉爆粉尘企业开展隐患治理】 1月25日，市安全监管局参加北京民生牧业有限公司、北京市薛家庄工艺品厂、北京奇良海德印刷股份有限公司组织的涉爆粉尘隐患治理验收工作会。顺义区安全监管局、动物卫生监督管理局及顺义区文化委员会等参加验收。专家组听取企业涉爆粉尘隐患治理开展情况介绍，查阅粉尘清扫、教育培训、应急预案等管理制度，重点对除尘系统、防火防爆设备设施情况进行检查验收。专家组认为，北京民生牧业有限公司和北京市薛家庄工艺品厂隐患治理未达到粉尘防爆要求，验收不予通过，并对企业提出整改意见建议。北京奇良海德印刷股份有限公司达粉尘防爆整改验收标准，通过验收。市安全监管局对企业落实隐患整改主体责任，加大安全投入，整改给予认可。提出要结合专家指出问题，逐项整改，尽快达到验收标准；加强管理，进一步完善粉尘清扫、教育培训、应急预案等粉尘防爆管理制度；完善标识，在粉尘爆炸危险场所设置粉尘爆炸风险告知和警示标识，提高企业管理人员和员工安全意识要求。

（饶守国）

【危险化学品使用管理风险评估】 1月，市安全监管局委托北京市劳动保护科学研究所组成评估小组，制定评估内容、标准和方法。选取全市12个区及北京经济技术开发区47家工业企业，涵盖冶金、有色、建材、机械、轻工和纺织行业。评估小组对企业使用危险化学品物理、化学特性及购置、运输、存储、使用等方式进行分析，确定可能存在事故风险类型，评估引发事故或突发事件可能性和后果严重性，编制本市工业企业使用危险化学品风险评估报告。通过评估，完善全市14420家工业企业安全管理台账，其中机械企业7023家，占49%，轻工企业5613家，占39%；全市56%工业企业分布在朝阳区、大兴区、通州区、顺义区。了解冶金、有色、建材、机械、轻工、纺织等工业企业危险化学品使用储存特点及方式，掌握工业企业危险化学品使用存在普遍性问题。通过对47家工业企业使用危险化学品情况进行风险评估分析，确定综合风险等级，为工业企业使用危险化学品安全监管措施和相关政策制定提供依据和信息。

（齐　琳）

【工业企业春节前安全检查】 2月8日，市安全监管局对海淀区北京北冶功能材料有限公司、北京东陶有限公司进行执法检查。检查发现，两家企业分别存在循环水池缺少有限空间作业安全警示标志，真空炉车间燃气表间上方天车行程限位装置设置不合理，泥水池缺少安全防护，泥水池未纳入有限空间台账进行管理等问题。执法人员依法下达执法文书，责令两家单位立即整改，要求加强应急值守，确保节日期间安全。

（王燃然）

【工业企业执法检查】 2月23日，市安全监管局召开工业企业执法检查专题会议，总结2017年工业企业执法检查工作，部署2018年执法检查。2018年，安排执法检查人员8人，完成120家工业企业执法检查。执法检查做到注重细化分工，明确责任到人；注重传帮带，以老带新；注重提高职权履行率“三个注重”。会议强调，工业企业执法检查采取“六步法”，前期准备、现场对接、资料检查、现场检查、反馈沟通、实现闭环。

（王燃然）

【涉危使用隐患整改研讨】 2月24日上午，市安全监管局针对工业企业涉危使用风险评估发现问题，召开专题研讨会，分析问题产生原因、查找症结、研究解决问题对策。市安全监管局及市劳保所及有关专家参加会议。会上，市劳保所对工业企业涉危使用风险评估情况及调研中发现危险化学品库防火间距不足、“一书一签”缺失、危废处理不及时、燃气使用隐患等11个重点问题进行说明。与会人员就工业企业危废处理现状及症结、工业企业使用天然气监管空白、对高风险企业监管措施等进行讨论。会议针对工业企业危废处理问题，加强与主管部门的沟通协调，摸清掌握重点工业企业危废处理状况，督促危废处理单位加大对工业企业危废处理力度，对工业企业危废安全管理提出具体要求。结合风险评估发现企业存在问题，起草印发关于加强工业企业危险化学品使用管理通知，要求企业落实危化品“一书一签”和气瓶充装等安全管理，并将评估企业列入2018年执法计划。组织危险化学品使用安全管理培训中，增强培训针对性，市劳保所进一步完善评估报告，细化解决问题措施。

（齐　琳）

【涉爆粉尘企业隐患治理】 3月1日至2日，市安全监管局邀请东北大学教授李刚对昌平区、丰台区、怀柔区、北京经济技术开发区部分涉爆粉尘企业隐患治理进行现场指导。集中对北京大发正大有限公司昌平分公司、北京二商健力食品科技有限公司、宝酒造食品有限公司、葆婴有限公司、博世力士乐（北京）液压有限公司、萨姆森控制设备（中国）有限公司、宝健（中国）有限公司、霍曼（北京）门业有限公司、北京统一食品有限公司等企业，涉爆粉尘隐患进行排查确认。李刚对企业除尘系统及防火防爆情况进行现场排查，指出企业存在安全风险和事故隐患，解答企业在涉爆粉尘隐患治理中遇到矛盾和问题，结合设备设施防爆措施和现场管理情况，确定粉尘爆炸事故风险等级，并提出整改建议。市安全监管局对以上涉爆粉尘企业隐患治理提出，高风险企业要立即全部（或局部）停产整改，制定隐患整改方案，严防粉尘爆炸事故；中风险企业要制定整改方案，限期整改隐患，采取有效管理措施，科学管控风险；一般及较低风险企业要落实粉尘防爆基础管理七项措施，加强粉尘清扫，确保风险可控。

（饶守国）

【“两会”安全生产检查】 3月7日，市安全监管局组成执法检查组，采用“四不两直”方式，对大兴区北京中石油润滑油有限公司、北京经济技术开发区北京德尔福技术开发有限公司进行“两会”期间安全生产执法检查。检查北京中石油润滑油有限公司生产车间、厂区、试验室、变配电室、空压机房等场所，重点检查企业涉危使用、用电管理、有限空间作业管理情况，查看企业隐患排查治理、员工教育培训、安全生产责任制法规制度等落实情况。检查发现，企业实验楼玻璃门未贴防撞条；实验室试剂柜安全标志不全、试剂柜标签与柜内实物不符；有限空间辨识、标志标识不全；空压机房管道色标不规范等，检查组责令企业立即整改。检查北京德尔福技术开发有限公司实验室、气瓶库、加油站、配电室等场所，检查发现，企业气瓶库安全标识位置不符合要求，部分气瓶无防震圈；有限空间标准不规范；部分配电箱无用电线路图；七氟丙烷使用场所无应急处置方案等。检查组要求企业对照法规标准立即整改并对企业“两会”期间安全生产工作提出“落实责任，落实细节，举一反三”要求。

（任社山）

【“一会三函”流程建设安全监管会】 3月7日，市安全监管局做好全市纳入“一会三函”工作流程建设项目安全监管，召开座谈会，与市发展改革委、规划国土委、住房城乡建设委、交通委、城市管理委、水务局、园林绿化局、重大办、公安局消防局等部门专题研究纳入“一会三函”工作流程建设项目安全监管。明确由项目牵头部门会同属地政府建立安全生产风险会商机制，开展安全生产风险点分析，制定防控方案，细化工作措施。会上，明确项目安全质量监管部门和监管任务、内容。

（王　勇）

【企业有限空间作业条件确认】 3月20日，市安全监管局印发《关于进一步加强本市工业企业有限空间作业条件确认工作的通知》，加强工业企业有限空间作业条件确认，提出“加强统一组织领导，持续夯实工作基础，有力强化宣传培训，采取过硬手段措施，加大执法检查力度”要求。

（赵庆儒）

【对怀柔工业企业安全检查】 3月21日，市安全监管局组织专家对怀柔区北京统一饮品有限公司、东明兴业科技股份有限公司、达能乳业（北京）有限公司和北京博萨汽车配件有限公司进行安全生产执法检查。重点对企业有限空间作业条件确认、涉爆粉尘专项治理、涉危使用管理、安全生产教育培训等进行执法检查。经检查，4家企业重点检查内容，总体情况较好。但在安全生产管理方面存在有限空间作业场所辨识不全、基础台账不完善，安全风险告知牌设置不明显、数量不足，污水处理站安全管理措施不足，重点危险场所缺乏安全管理制度及安全操作规程等问题。检查人员与4家企业安全生产管理负责人逐一进行沟通交流，责令企业针对有关问题立即整改，健全涉爆粉尘、有限空间作业、涉危使用三个重点环节安全管理制度。

（司伟光）

【落实安全总监制度座谈】 3月22日下午，市安全监管局组织13家市属工业企业召开座谈会。一轻控股、北汽集团、金隅集团、京城机电、京仪集团、隆达控股等13家市属工业企业安全生产管理部门负责人参加。会议总结2017年市属工业企业安全生产监管工作，对2018年市属工业企业安全生产监管工作进行细化说明。并就市属企业落实安全总监情况和试点开展市属工业集团年度安全生产综合考核，与13家市属工业企业安全生产管理部门负责人进行交流。自2017年建立安全总监制度后，至2018年3月，部分具有生产经营活动、规模以上二级及以下单位，已设立安全总监市属企业达10家。其中京能集团下属70%公司设立；建工集团26家二级单位，101个项目部设立；化工集团下属公司均已设立；热力集团及分公司设立18名安全总监；隆达集团9家子公司设立；首创集团所属8家公司设立；京城机电集团9家子公司设立；北汽集团1家下属公司设立；一轻集团1家子公司设立；电控集团2家子公司设立。二商、首农、京粮集团由于机构重组，郊旅集团调整为二级企业（由城乡集团更替一级企业）设立安全总监工作暂缓。会议强调，各市属工业企业要按照有关文件要求，加强所属企业安全生产监管。

（司伟光）

【工业企业安全生产视频会】 3月22日，市安全监管局召开全市工业企业安全生产工作视频会议。市安全监管局副局长唐明明及市安全监管局相关业务处室负责人，市属13家工业集团安全部门及两家示范企业负责人，各区安全监管局主管领导及相关科室负责人，重点乡镇（街道）、工业园区安全生产工作负责人，本辖区重点工业企业安全生产工作负责人300人参加会议。会上，宣读涉危使用隐患治理示范企业获奖单位名单，北京京东方显示技术有限公司等11家企业获涉危使用隐患治理“示范企业”称号。通报2017年工业企业重点工作开展情况，明确2018年工业企业安全生产重点工作、重点任务。北京经济技术开发区安全监管局、顺义区安全监管局、北京铁科首钢轨道技术股份有限公司、北京京东方显示技术有限公司分别介绍安全生产工作开展情况。唐明明提出“强化工业企业安全生产监管工作，增强做好工业企业安全监管工作的责任感，推动工业企业隐患治理专项行动取得成效，狠抓工业企业安全生产标准化创建提质增效，发挥市属企业安全生产表率作用”的工作意见。

（赵庆儒）

【顺义区工业企业安全检查】 3月28日，

市安全监管局组成执法检查组，采用“四不两直”方式，对顺义区北京相模金属有限公司、北京伊司地曼乐器有限公司进行行政执法检查。检查组对北京相模金属有限公司生产现场水素车间、熔炼车间、氢气站等进行检查，听取企业生产工艺特点、危险环节、隐患控制、安全操作制度规程介绍，了解企业安全生产管理机构设置、管理人员配备，安全生产教育培训，安全生产责任制情况，查阅安全生产规章制度档案资料。检查发现，企业安全警示标志标识不规范，已停用真空速凝炉未张贴停用封条，要求企业针对问题立即整改、逐条落实，对照国家安全监管总局第91号令《冶金企业和有色金属企业安全生产规定》，消除安全隐患。检查北京伊司地曼乐器有限公司发现，企业正按乐器加工系统粉尘防爆改造方案进行整改，现场安全管理基础薄弱，安全警示标志标识、安全操作规程张贴位置不规范。要求企业落实安全生产主体责任，按照相关安全生产法规标准，加强隐患整改期间安全管理，加强承包商相关方管理，按时间节点、按粉尘防爆治理要求，整改到位。

（任社山）

【丰台区、大兴区工业企业检查】 3月28日，市安全监管局对丰台区北京中钞钞券设计制版有限公司、大兴区美巢集团股份公司进行安全生产执法检查。重点检查有限空间作业条件确认、涉爆粉尘专项治理、涉危使用管理、安全生产教育培训等。检查发现，北京中钞钞券设计制版有限公司存在储存危险化学品，缺少中文化学品安全技术说明书和化学品安全标签，未全面开展有限空间作业场所安全风险管控等问题。美巢集团股份公司存在储存危险化学品缺少中文化学品安全技术说明书和化学品标签，危险化学品储存场所（酸碱库）未配备洗眼器等必要劳动防护用品，露天存放、分装危险化学品（盐酸）等。执法人员向两家企业下达隐患整改指令书，责令企业排查问题，制定隐患整改计划并实施隐患整改。

（齐　琳）

【开发区工业企业执法检查】 3月28日，市安全监管局对北京经济技术开发区两家工业企业进行执法检查。重点检查涉爆粉尘作业、涉危管理、有限空间作业、应急预案编制和演练、安全教育培训、劳动防护用品、事故隐患排查治理等方面。检查发现，施乐辉外科植入物（北京）有限公司对有限空间作业场所进行辨识并建立台账，对从业人员进行教育培训，制定应急预案并定期开展演练，为从业人员配备劳动防护用品。北京利富高塑料制品有限公司未将生活水泵房、电缆沟纳入有限空间作业场所进行管理，未按应急预案进行现场处置方案演练，执法人员责令该单位限期整改。

（王燃然）

【约谈工业企业负责人】 4月2日下午和3日上午，市安全监管局分别对北京中钞钞券设计制版有限公司和美巢集团股份公司主要负责人和安全生产监管人员进行约谈，督促企业加快隐患整改步伐，提升安全生产管理水平。

（齐　琳）

【昌平区涉爆粉尘企业检查】 4月11日，市安全监管局对昌平区3家工业企业进行执法检查。重点检查涉爆粉尘安全管理、应急预案编制和演练、安全教育培训、事故隐患排查治理等。检查发现，北京耐特利尔家具有限公司涉爆粉尘安全管理状况较差，存在未在木粉尘作业场所、除尘设备上设置明显安全警示标志，未按涉爆粉尘专项应急预案进行演练，涉爆粉尘应急预案未明确应急程序和处置措施等问题，执法人员依法下达《责令限期整改指令书》，责令4月20日前整改完毕。检查还发现，该企业生产车间不同防火分区除尘系统互联互通，木质粉尘干式除尘系统未规范设置锁气卸灰装置，办公室设置在木质粉尘作业场所内等重大事故隐患，执法人员依法下达《现场处理措施决定书》，责令该企业从木质粉尘作业场所内撤出作业人员，停产停业，重大事故隐患排除后，经审查同意，方可恢复生产。北矿新材科技有限公司、北京金威焊材有限公司能按照相关规定遵照执行。

（饶守国）

【顺义区工业企业执法检查】 4月11日，市安全监管局、顺义区安全监管局、市安全生产联合会相关人员组织复核专家组，对顺义区北京东方雨虹防水技术股份有限公司、北京韩太汽车部件有限公司进行安全生产执法检查和标准化（二级）现场复核。检查依据执法程序和标准化评审标准，突出有限空间作业管理、涉危使用等易发生安全事故重点场所检查。检查了解到，北京东方雨虹防水技术股份有限公司70%生产线已搬迁至河北省唐山市，北京地区只留30%生产线，该企业主要存在有限空间作业场所辨识不全，安全警示标识不规范。北京韩太汽车部件有限公司主要有限空间作业安全生产教育培训记录不够翔实，缺少人员登记；锅炉房内摆放强碱物料，缺少防酸碱防护用品。执法人员下达执法文书，要求限期整改。复核专家组从技术层面进行专业指导。

（赵庆儒）

【大兴区白酒制造企业检查】 4月12日，市安全监管局对大兴区2家白酒制造企业进行行政执法检查。重点检查白酒制造安全管理、教育培训、有限空间作业管理、事故隐患排查治理情况。北京皇家京都酒业有限公司正进行整改，只有一条生产线。检查发现，企业安全生产教育培训工作不够扎实，缺少相关培训记录；有限空间作业场所辨识不够细致，部分有限空间作业场所未纳入管理台账。北京隆兴号方庄酒厂有限公司处于停产停业整改状态，正在安装生产设备。检查发现，企业与设备安装商（齐鲁包装设备有限公司）安全生产协议不够详细；有限空间作业场所辨识不够细致，部分酒窖未纳入有限空间台账。检查组要求企业进行整改，并请属地监管部门进行监督指导。检查组对企业隐患整改期间提出“把主体责任落到实处，针对检查发现问题整改、逐条落实，举一反三，强化隐患排查治理”要求。

（任社山）

【顺义区涉爆粉尘隐患治理安检】 4月13日，市安全监管局组织专家对顺义区北京伊司地曼乐器有限责任公司和北京卓良模板有限公司粉尘防爆隐患治理项目进行安全检查，顺义区安监局及属地安全科负责人参加检查。针对企业存在问题，顺义区安全监管局依法向两家企业下达隐患整改指令书，责令企业加大隐患整改力度，消除粉尘爆炸隐患。

（饶守国）

【市属国有工业企业执法检查】 4月上旬，市安全监管局分别对北京电控集团、京粮集团、二商集团、京城机电和隆达控股等集团所属企业进行执法检查。发现未按规定对废水处理池有限空间作业进行辨识，未制定有限空间作业应急预案，未设置安全警示标志，未对触电、有限空间作业专项应急预案进行演练，低压配电室电缆沟未设置有限空间安全警示标识等问题。要求企业进行整改，并对部分企业下达责令限期整改指令书，并将检查情况反馈相关集团安全生产管理部门。

（司伟光）

【会同交通委等部门检查客运企业】 4月17日上午，市安全监管局联合市交通委、市公安交管局及丰台区安全监管局、大兴区交通委等部门，对新国线运输集团北京京汉运输有限公司、北京高客长途客运有限责任公司，开展点对点突击执法检查。会同市交通委运输局、市交通委交通执法大队，市公安交管局，丰台区安全监管局、大兴区交通委等部门突击执法检查，查找问题，督促整改。对新国线运输集团下属北京京汉运输公司、北京高客长途运输公司进行突击检查。并特邀请《北京日报》、北京电视台等媒体全程跟踪报道。

（王　勇）

【开发区工业企业通过整改复查】 4月20日，市安全监管局对北京经济技术开发区北京卡达克汽车检测技术中心、诺兰特移动通信配件（北京）有限公司进行复查。两家单位均对存在问题进行整改，北京卡达克汽车检测技术中心已按编制应急预案，制定应急演练计划，于5月开始进行演练。诺兰特移动通信配件（北京）有限公司混炼车间内储存铝粉已储存在危险化学品专用柜内。

（王燃然）

【小区及周边消防通道被堵塞专题会】 5月8日，北京市市长陈吉宁、副市长王宁、杨斌在市政府办公厅《今日舆情》晚间版第84期，就“北晚新视觉”报道，垂杨柳老楼大火反映出乱停车现象，生命通道竟是“此路不通”做出批示。17日，市安委会办公室副主任、市安全监管局副局长卞杰成主持召开专题座谈会，与市公安局消防局、市公安局交管局、市交通委、市住房城乡建设委、市规划国土委、市政府法制办、市城管执法局等部门专题研究居民小区及周边道路乱停车消防通道被堵塞、占用问题。经一个月调研检查，形成报告上报市政府。

（王　勇）

【市属工业集团安全生产考核】 5月9日上午，市安全监管局对北京京城机电控股有限责任公司所属北京北重汽轮电机有限公司、北京巴布科克·威尔科克斯有限公司进行执法检查。重点对京城机电综合考核目标任务书中11项共性和特性工作推进情况进行检查。检查了解到，集团和所属企业分别对综合考核进行部署，并将考核细则内容按职责分工逐条划分，层层签订安全生产目标任务书。但检查中发现，北京北重汽轮电机有限公司在有限空间作业台账中，对有害气体危险因素辨识不够细致、重大危险因素台账更新不够及时，执法人员将情况与集团和所属公司进行反馈，要求集团和企业进一步细化更新。

（司伟光）

【工业集团安全生产分工协调】 5月10日，市安全监管局召开8家市属工业集团年度安全生产综合考核局内分工协调会。市安全监管局介绍8家市属工业集团年度安全生产综合考核局内分工方案拟制过程，特别是对综合考核共性和特性等进行说明。并按照综合考核实施方案，将试点开展8家市属工业集团年度安全生产综合考核工作推进计划、集团上报备查所属工业企业名单进行明确。

（司伟光）

【对住建委开展安全生产督察】 5月21日至6月8日，市委、市政府安全生产第一督察组对市住房和城乡建设委员会（以下简称“市住建委”）进行驻地督察。督察期间，听取市住建系统安全生产情况和有关领导分管行业安全生产情况汇报，与局级领导6人、处室主要负责人11人个别谈话，列席第5次委党组（扩大）会，参加市住建系统“安全生产月”启动仪式。分别召开区住建委、区房管局及10家重点企业分管安全工作负责人座谈会，延伸督察10个区住建及房管部门，并随机抽查27家生产经营单位，查阅资料5200余份。

（吴　同）

【对交通委开展安全生产督察】 5月21日至6月8日，市委市政府安全生产第二督察组对市交通委开展安全生产驻地督察。期间，督察组听取市交通委安全生产情况汇报，与委领导5人、“两局一队一办”主要领导及行业处室负责人10人进行谈话，到运输管理局、路政局听取汇报并进行实地检查，召开3个区交通行业部门和9家企业主要负责人参加的座谈会，延伸督察6个区交通行业部门，随机抽查23家各类生产经营单位，查阅资料4800余份。

（吴　同）

【对水务局开展安全生产督察】 5月21日至6月8日，市委市政府安全生产第三督察组对市水务局开展安全生产驻地督察。期间，督察组听取市水务系统安全生产情况汇报及分管领域安全生产履职情况汇报；与局级领导6人、部门主要负责人21人进行个别谈话；延伸督察6个区水务部门和2个市属水管单位，随机抽查20家生产经营单位，共查阅资料4000余份。

（吴　同）

【白酒制造企业隐患治理调度】 5月24日下午，市安全监督局召开全市白酒制造企业隐患治理工作调度会，听取11个区安监局白酒制造企业隐患治理进展汇报。全市43家白酒制造企业，9家企业已完成事故隐患整改工程并通过专家组验收，17家企业已停产停业并计划退出本市，17家企业正实施隐患整改，大部分企业已进入设备安装调试和准备竣工验收阶段。

（王成刚）

【企业重点领域安全监管培训】 5月25日，市安全监管局以视频会形式，组织全市工业企业重点领域安全监管工作培训，邀请专家就工业企业有限空间作业管理、危险化学品安全管理等，进行重点讲解。市安全监管局相关处室，8家市属企业集团，16个区、北京经济技术开发区安全监管局工业企业安全监管人员及部分重点街乡、企业相关人员200余人参加培训会。

（任社山）

【大兴涉爆粉尘事故隐患治理】 6月8日，市安全监管局对大兴区益海嘉里（北京）粮油食品工业有限公司、博洛尼家居用品（北京）股份有限公司涉爆粉尘企业进行执法检查，听取大兴区安全监管局涉爆粉尘企业事故隐患治理情况汇报。经查，两家企业均制定事故隐患整改方案，计划年内完成整改和验收。但检查发现，两家企业存在涉爆粉尘作业场所未设置安全警示标志和告知牌、未制定涉爆粉尘事故专项预案，未进行演练等。执法人员依法下达《责令限期整改指令书》，要求两周内完成整改，区安全监管局加大对涉爆粉尘企业执法监管力度。

（王燃然）

【督察东城区安全生产“回头看”】 6月12日至13日，市安委会办公室、市政府督查室组成第一督察组，对东城区2017年督察问题整改情况进行驻地“回头看”督察。期间，听取东城区督察整改情况汇报，对照问题清单查阅整改资料300余份，实地抽查行业部门、街道15个，企事业单位11家，并针对2017年督察期间安全生产举报投诉办理情况进行实地抽查。

（吴　同）

【督察西城区安全生产“回头看”】 6月13日至6月15日，市安委会办公室、市政府督查室组成第二督察组，采取听取汇报、查阅资料、实地抽查方式，对西城区安全生产整改情况进行“回头看”督察。期间，听取西城区工作汇报，查阅61项问题整改资料，抽查金融街街道、天桥街道、牛街街道、白纸坊街道4个街道和文化委、区城管委、区民政局3个区级部门安全生产“党政同责、一岗双责”落实情况，随机抽查10家企业问题隐患整改情况。

（吴　同）

【约谈涉爆粉尘企业】 6月20日，市安全监管局对虽开展一些涉爆粉尘隐患治理，但仍存在粉尘防爆事故隐患，整改进度相对较慢的益海嘉里（北京）粮油食品工业有限公司（位于大兴区，是外商独资粮油加工企业，主要进行面粉加工）负责人进行约谈。该公司负责人汇报涉爆粉尘整改情况，及现有安全管理措施。市安全监管局相关负责人指出该公司存在问题并分析原因，对下一步安全生产提出要求。

（王燃然）

【工业企业涉危管理人员培训】 6月20日、21日，市安全监管局举办两期工业企业危险化学品安全管理人员培训。安排专家授课、结业测试两个环节。各区重点涉危使用工业企业危险化学品安全管理人员200余人参加培训。

（齐　琳）

【对城管委开展安全生产督察】 6月25日至7月13日，市委市政府安全生产第四督察组对北京市城市管理委员会（以下简称“市城市管理委”）开展安全生产驻地督察。期间，督察组听取市城市管理委安全生产情况汇报，听取分管领域安全生产履职情况汇报；与委领导4人、部门主要负责人9人进行个别谈话；围绕安全生产日常管理和执法工作，分别组织市城市管理委、市城管执法局召开座谈会；延伸督察5个对口区级单位和热力、燃气、电力、环卫市属集团企业4家，随机抽查生产经营单位27家，查阅资料4000余份。

（吴　同）

【对民防局开展安全生产督察】 6月25日至7月13日，市委市政府安全生产第五督察组对市民防局开展安全生产驻地督察。期间，督察组听取市民防系统安全生产情况汇报，听取分管领域安全生产履责情况汇报；与局班子成员7人、处室主要负责人7人进行个别谈话；召开部分处长座谈会；列席市民防局局长办公会；延伸督察8个区民防局，随机抽查30处人防工程安全使用情况，查阅资料4100份。

（吴　同）

【对体育局开展安全生产督察】 6月25日至7月13日，市委、市政府安全生产第六督察组对市体育局进行驻地督察。督察期间，督察组听取市体育局安全生产汇报，听取分管领域安全生产履职情况汇报，与局领导4人、处室主要负责人9人个别谈话，分别组织12个区体育局、14个直属单位分管安全负责人召开座谈会，延伸督察6个区、4个直属单位，随机抽查24家体育运动项目经营单位，查阅资料2000余份。

（吴　同）

【推进全市安全生产主体责任规定立法】 6月，为完善安全生产责任体系，开展《北京市生产经营单位安全生产主体责任规定》（以下简称“《规定》”）政府规章立法工作。在调研论证和广泛征求意见的基础上，起草《规定》立项论证报告，在市政府法制办立项。成立专班开展《规定》草案撰写，研究梳理法律法规、借鉴外省市经验做法、开展调研论证、征集局内处室和各区安全监管局立法需求。起草《规定》草案，广泛征求市政府有关部门、区安全监管局、企业及社会公众意见建议，修改完善后形成《规定》草案送审稿。8月，将《规定》草案送审稿、起草说明、论证报告等材料报送至市政府法制办审查。2019年7月15日起施行。

（王　勇）

【平谷工业企业执法检查】 7月4日，市安全监管局与平谷区安全监管局执法队对平谷区北京京兰非织造布有限公司、北京晨晶电子有限公司、得嘉工业（北京）有限公司、北京大林万达汽车部件有限公司开展执法检查复查。开展涉爆粉尘、白酒制造、有限空间作业、涉危使用等工业企业重点领域，隐患治理系列行动，提升区内工业企业安全生产管理水平。

（司伟光）

【京城机电控股下属企业检查】 7月10日，市安全监管局组织专家，对京城机电控股公司下属北京巴布科克威尔科克斯有限公司、北京北重汽轮电机有限责任公司进行抽查检查。检查组将检查情况告知企业，并要求对两家公司对均不同程度存在电气安全设施设备、外委单位管理、相关制度建设等问题，立即进行整改，要求京城机电控股公司安全生产部门，加强所属企业安全生产管理。

（司伟光）

【地方领导安全责任制辅导报告会】 7月12日下午，市安委会办公室邀请中央党校（国家行政学院）中欧应急管理学院教授张小明围绕“深刻学习领会习近平新时代公共安全与应急管理重要思想，认真贯彻落实地方党政领导干部安全生产责任制规定”作专题辅导报告。市安委会副主任、市安委会办公室主任、市安全监管局局长张树森主持报告会。市级28个行业部门，天安门管委会、西站管委会，西城区、朝阳区有关行业部门及街乡安全员，市安全监管局相关部门人员，共560余人参加报告会。

（王　勇）

【督察朝阳区安全生产“回头看”】 7月17日至19日，市安全生产第三督察组采取听取汇报、查阅整改资料、现场谈话和随机抽查等方式，对朝阳区安全生产工作开展驻地督察。期间，查阅各种资料400余份，听取各层级主要负责人汇报30余次，延伸督察9个街乡（管委会），随机抽查12家各类生产经营单位。

（吴　同）

【消防安全考核】 7月19日至21日，应急管理部副部长孙华山带领国务院2017年度消防工作第九考核组，对北京市2017年消防工作进行考核。涉及安全监管部门5

项内容，2016年国务院消防考核中发现问题整改情况；行政审批中对涉及消防安全事项严格审批情况；开展消防宣传教育“七进”工作，配合开展消防安全知识宣传教育培训；落实《地方党政领导干部安全生产责任制规定》情况；消防工作特色做法。市安全监管局迎检工作得到国务院考核组肯定。

（王　勇）

【粉尘防爆安全管理专题培训】 8月6日至7日，市安全监管局委托市劳保所举办两期粉尘防爆安全管理专题培训。邀请东北大学教授李刚授课，重点涉爆粉尘企业安全生产工作负责人，各区安全监管局主管科长、执法队负责人及重点街乡镇安全科长185人参加培训。培训结合对涉爆粉尘企业事故隐患治理要求，企业整改情况；全市涉爆粉尘企业存在主要问题，预防控制粉尘爆炸风险主要措施，粉尘防爆安全设备设施使用和维护，以案例教学方式，重点解读涉爆粉尘企业安全管理相关重要文件及标准。对区安全监管局和街乡镇安全工作负责人重点讲解涉爆粉尘场所安全执法检查要点。参训学员从隐患整改内容、设备维护管理、执法检查等存在疑问，与李刚进行探讨交流。

（王燃然）

【涉爆粉尘企业隐患治理座谈】 8月7日下午，市安全监管局监召开涉爆粉尘企业事故隐患治理工作座谈会，朝阳区、丰台区、石景山区等15个区安全监管局相关负责人参加。会上，各区安全监管局分别汇报涉爆粉尘企业事故隐患治理情况，总结经验做法，分析存在问题，提出改进意见。全市300家涉爆粉尘企业，拆迁、清退69家，完成整改并通过工程竣工验收70家，其他企业或等待验收或正抓紧整改。

（王燃然）

【对雪花压缩机有限公司检查】 8月24日，市安全监管局组织有关专家，对北京恩布拉科雪花压缩机有限公司进行执法检查，重点对2014年“2·5”较大生产安全事故后所做工作进行督促检查。执法检查人员查询资料和现场检查，对该企业事故发生后所做工作进行了解。该企业安全生产管理由安全管理转变到安全治理，主要在安全生产主体责任落实、安全管理信息化建设、有限空间作业管理标准化和设备设施本质安全等方面做好基础工作。

（司伟光）

【“中非合作论坛”期间生产安全】 8月29日，市安全监管局赴房山对两家工业企业开展安全生产督查。检查组听取企业安全生产负责人简要汇报。检查组带领专家到现场进行检查。通过检查，发现部分隐患，要求企业举一反三进一步自查，及时整改；对企业内较大风险场所，加强巡查、重点管理，及时发现并消除隐患，落实企业安全生产主体责任，避免安全生产事故发生。

（齐　琳）

【督察海淀区安全生产“回头看”】 9月4日至5日，市安全监管局对海淀区2017年安全生产督察整改情况进行“回头看”。市督查组听取海淀区督察反馈问题整改及2018年情况报告，并逐一查阅78项问题清单、95项举报投诉案件整改落实情况档案材料，深入四季青镇、海淀街道及区城市管理应急指挥中心，听取街镇层面整改情况，随机抽查北京京宝行汽车销售服务有限公司、碧森里小区、首都师范大学附属小学等隐患点位整改情况，并参观“城市大脑”数据指挥平台及“智慧井盖终端传感器”现场点位，并对海淀区整改落实及安全生产创新做法，给予肯定。

（吴　同）

【涉爆粉尘隐患治理企业创建】 9月5日下午，市安全监管局在顺义区中粮（北京）饲料科技有限公司召开现场会，启动涉爆粉尘事故隐患治理示范企业创建工作。市安全监管局安全生产监察专员魏丽萍，顺义区安全监管局领导，市劳保所有关专家及海淀等12个区安全监管局主管科长，15家涉爆粉尘企业安全负责人参加会议。中粮（北京）饲料科技有限公司介绍公司涉爆粉尘事故隐患整改情况，会议人员实地参观预混料生产车间。顺义区安全监管局介绍本区涉爆粉尘企业事故隐患治理推进情况。市劳保所有关专家解读《北京市涉爆粉尘隐患治理示范企业创建标准（试行）》，并对重要条款、技术指标、十大隐患等进行重点介绍。

（王燃然）

【对商务委开展安全生产督察】 9月10日至9月29日，市委市政府安全生产第七督察组对市商务委开展安全生产驻地督察。期间，督察组听取市商务委安全生产汇报，听取分管领域安全生产履职情况汇报，与委领导6人、处室主要负责人12人进行个别谈话，分别组织区商务部门负责人和商务领域企业负责人座谈会，延伸督察8个区商务委，随机抽查商务行业生产经营单位40家，查阅资料4000余份。

（吴　同）

【对经信委开展安全生产督察】 9月10日至9月29日，市委市政府安全生产第八督察组对市经济和信息化委员会（北京市国防科学技术工业办公室）开展安全生产驻地督察。期间，督察组听取市经济和信息化委安全生产汇报，听取分管领域安全生产履职情况汇报；与委领导5人、处室主要负责人21人、区经济信息化委主要负责人5人进行个别谈话；延伸督察8个区、1个直属企业，随机抽查了23家企业，查阅资料2000余份。

（吴　同）

【对农委开展安全生产督察】 9月10日至9月29日，市委市政府安全生产第九督察组对市农委开展安全生产驻地督察。期间，督察组听取市委农工委、市农委关于安全生产情况汇报，听取市农业局（负责本市农业行业监督管理）分管领域安全生产履职情况汇报；与市农委5人、市农业局局级领导，部门主要负责人9人，7个区农委、农业局主要负责人12人进行个别谈话；延伸督察6个区农委（农业局）、2个直属单位，随机抽查21家生产经营单位，共查阅资料3100余份。

（吴　同）

【进行密云区和怀柔区工业制造业检查】 9月13日至14日，市安全监管局对密云区、怀柔区8家工业制造业企业进行执法检查。重点检查企业安全管理机构和安全管理人员配备、特种作业人员管理、有限空间作业、危险化学品使用和储存等。经查，8家企业普遍对安全生产工作较为重视，均配备安全管理机构，对电工、焊工等特种作业人员进行统一管理，按要求对新员工进行教育培训，制定应急预案并进行演练。但检查发现，部分企业存在有限空间台账信息不齐全、危险化学品使用和储存不规范等问题。执法人员要求区安全监管局督促企业立即整改。至9月，市安全监管局共检查工业制造业企业106家，下达《现场检查记录》106份，责令20家企业限期整改，要求2家存在较大问题隐患企业暂时停止生产进行整改，对4家企业进行行政处罚。

（王燃然）

【督察顺义区安全生产“回头看”】 10月8日至10月10日，市安全生产督察组采取听取汇报、查阅资料、实地抽查方式，对顺义区安全生产整改情况进行“回头看”督察。期间，听取顺义区工作汇报，对政府部门和企业涉及的316项问题和隐患进行核实，查阅49个举报件办结单。抽查南彩、李遂、大孙各庄3个镇和区城管委、区体育局2个部门安全生产整改落实情况，随机抽查4家企业问题隐患整改情况。

（吴　同）

【督察平谷区安全生产“回头看”】 10月8日至10月10日，市安全生产督察组采取听取汇报、查阅资料、实地抽查方式，对平谷区安全生产督察整改情况进行“回头看”。期间，听取平谷区工作汇报，抽查7个区级部门、10个镇街（管委）整改材料，实地检查区商务委、区文化委2个部门和东高村镇、马昌营镇、兴谷街道3个镇街、5家企业安全生产整改落实情况。

（吴　同）

【督察门头沟区安全生产“回头看”】 10月9日至10日，市安全生产第五督察组采取听取汇报、查阅整改资料、现场谈话和随机抽查等方式，对门头沟区安全生产开展驻地督察。期间，查阅各种资料1000余份，听取各层级主要负责人汇报20余次，延伸督察2个街镇、10个行业部门，随机抽查生产经营单位7家。

（吴　同）

【督察石景山区安全生产“回头看”】 10月11日至12日，市安全生产第五督察组采取听取汇报、查阅整改资料、现场谈话和随机抽查等方式，对石景山区安全生产开展驻地督察。期间，查阅各种资料200余份，延伸至民防、文化、旅游、体育、商务、卫计等7家行业部门、3个街道办事处和4家企业，简要听取上述单位问题整改情况汇报；并通过查看会议纪要、执法检查计划、年度培训方案和有关案卷等，重点查阅2018年度安全生产执法、检查和教育培训等安全生产落实情况。

（吴　同）

【督察密云区安全生产“回头看”】 10月15日至10月17日，市安全生产第七督察组采取听取汇报、查阅资料、实地抽查方式，对密云区安全生产整改情况进行“回头看”督察。期间，听取密云区工作汇报，查阅600余份整改材料，实地了解区水务局、住建委、商务委、农委4个区级部门反馈问题整改落实情况，随机抽查6家企业问题隐患整改情况。

（吴　同）

【督察延庆区安全生产“回头看”】 10月15日至17日，市安全生产第八督察组采取听取汇报、查阅资料、现场谈话和随机抽查等方式，对延庆区2017年安全督察存在问题整改情况开展“回头看”。期间，查阅各种资料300余份，听取各层级主要负责人汇报7次，延伸督察5个街道乡镇、6个行业部门，随机抽查生产经营单位9家。

（吴　同）

【督察怀柔区安全生产“回头看”】 10月17日至10月19日，市安全生产第七督察组于采取听取汇报、查阅资料、抽查核实方式，对2017年怀柔区安全生产督察发现问题整改情况进行“回头看”。期间，听取怀柔区工作汇报，查阅500余份资料，实地了解区住建委、城管委、旅游委、民政局4个区级部门反馈问题整改情况，随机抽查6家企业问题隐患整改情况。

（吴　同）

【督察昌平区安全生产“回头看”】 10月18日至19日，市安全生产第八督察组采取听取汇报、查阅资料、现场谈话和随机抽查等方式，对昌平区2017年安全督察存在问题整改情况开展“回头看”。期间，查阅各种资料340余份，听取各层级主要负责人汇报6次，延伸督察5个镇街、7个行业部门，随机抽查生产经营单位7家。

（吴　同）

【督察丰台区安全生产“回头看”】 10月22日至10月24日，市安全生产第十督察组采取听取汇报、查阅资料、实地抽查方式，对丰台区安全生产整改情况进行“回头看”督察。期间，听取丰台区工作汇报，查阅500余份整改材料，实地了解区住建委、水务局、花乡、南站管理委员会4个单位反馈问题整改落实情况，随机抽查7家企业问题隐患整改情况。

（吴　同）

【督察通州、大兴等区安全生产“回头看”】 10月22日至10月25日，市安全生产第九督察组开展对通州区、大兴区、经济技术开发区安全生产督察“回头看”。听取各区分管安全生产领导督察整改情况汇报，对照整改问题清单，查阅涉及38个行业部门、24个镇街乡、35家企业1800余份资料，采取听汇报、查资料、现场核查等方式，进行延伸督察，实地抽查2个行业部门、3个镇街乡、10家生产经营单位（涉及1个投诉举报企业）。

（吴　同）

【督察房山区安全生产“回头看”】 10月24日至10月26日，市安全生产第十督察组采取听取汇报、查阅资料、抽查核实方式，对2017年房山区安全生产督察发现问题整改情况进行“回头看”。听取房山区工作汇报。督察组查阅800余份资料，实地了解区水务局、区城管执法局、窦店镇、阎村镇4个单位反馈问题整改情况，随机抽查9家企业问题隐患整改情况。

（吴　同）

【工业集团安全生产座谈会】 10月24日下午，市安全监管局召开市属工业集团安全生产工作座谈会，市经济和信息化委及首钢集团、北京电控、北汽集团、京城机电、一轻控股、工美集团、首农食品集团、隆达轻工、时尚控股、金隅集团等10家市属工业集团安全生产相关部门负责人参加会议。市安全监管局通报2018年1月至8月全市安全生产形势，抽查首钢集团、北京电控、北汽集团、京城机电、一轻控股、隆达轻工、时尚控股、金隅集团8家市属工业集团15家所属企业落实综合考核情况。市属工业集团安全生产部门汇报联合抽查检查中发现问题及隐患整改情况，表示将举一反三，督促所属企业排查整改类似问题。各单位从落实安全生产主体责任角度，对强化安全管理力量、完善管理制度、识别控制风险、排查治理隐患等提出建议。市经济信息化委就北京市工业企业禁止和限制目录进行说明，并对工业企业安全生产管理与各市属工业集团交换意见。市安全监管局对全市安全预防控制体系建设、隐患排查治理体系建设情况进行通报，并对市属工业集团事故预防与隐患排查治理双重机制建立落实提出要求。市安全监管局强调，持续做好基础工作，持续做好隐患排查治理工作，继续做好市属工业集团年度安全生产综合考核试点工作。

（司伟光）

【酿酒隐患治理工程通过验收】 11月14日，北京豪特酿酒公司组织有关专家对隐患治理工程进行验收，中国轻工业西安设计工程有限责任公司设计、北京上德时代自动化工程有限公司施工、北京工业技术开发中心评价。按照验收程序，北京豪特酿酒公司汇报隐患整改工作情况，设计单位、设备安装单位、整改验收安全评价单位分别介绍隐患整改设计情况、土建施工情况、设备安装调试运行情况、工程施工质量情况和隐患整改治理项目安全验收评价情况。专家组查阅有关资料，实地查看酿酒区、储酒罐区、调酒车间、罐装车间、消防泵房等重点区域，开展审查质询，对照国家标准规范要求，逐项对隐患整改情况进行审核。专家组一致认为，该单位在隐患整改工作中，排查全面、设计合规、施工到位，验收过程中未发现明显问题，一致同意隐患治理工程通过验收，并出具验收意见。平谷区安全监管局、峪口镇政府安全科、食药所有关人员监督指导企业验收工作。

（王成刚）

【强化党政领导干部安全生产责任】 本年，市安全监管局组织各区、各行业部门进行《地方党政领导干部安全生产责任制规定》宣传贯彻，制定《北京市党政领导干部安全生产责任制实施细则》，细化党政领导干部安全生产职责、问责情形、问责举措等，从党委安全生产责任考核、党政领导干部安全生产责任考核、市区两级安全生产督察、安全生产专项资金等制度建设方面寻求突破，16个区和开发区落实要求，完成党委理论学习中心组学习任务。

（车广杰　赵　芬）

【安全生产督察】 本年，按照《北京市安全生产督察方案》，修订完善《安全生产督察工作规范和工作流程》，编制督察工作手册和督察政策文件汇编。以市委、市政府名义成立10个督察组完成16个区和开发区督察“回头看”，成立9个督察组对9个市级行业部门督察，将市委市政府加强安全生产的要求传递到基层、传导到企业，进一步压实行业安全监管（管理）责任和企业主体责任。

（车广杰　赵　芬）

【安全生产社会化建设】 本年，加强信用联合奖惩制度机制建设，印发《北京市安全监管系统联合惩戒实施流程》《北京市安全生产领域守信行为联合激励实施办法（试行）》，明确联合激励对象条件、激励措施，信息采集报送管理和联合激励工作流程。本市安全生产信用体系建设工作通过全市社会信用体系建设中期评估。16个区和开发区全部完成推广任务。持续开展百名安全监管干部对话万家企业、百名专家服务万家企业活动（“双百”工程），全市各级安全监管干部超千人次对近2万家企业主要负责人开展对话谈心，专家为1.8万余家小微企业，进行现场技术服务。推行安全生产责任保险，建立费率浮动机制，提高事故预防费提取比例，发挥安责险事前预防和事后赔偿功能。全市安责险参保企业50449家，保费规模达1.09亿元，为参保企业提供超过2724亿元风险保障。

（车广杰　赵　芬）

【推动京津冀安全生产协同发展】 本年，落实《京津冀协同应对事故灾难工作纲要》

《京津冀协同应对事故灾难试点工作方案》，增强通州区、武清区、廊坊市等京津冀次区域协同应对和防范生产安全事故能力。推动安全生产地方标准协同工作，发布首批10项协同标准，第二批4项协同标准在进行报批。

（车广杰　赵　芬）

【事故调查处理工作】 本年，牵头组织大兴区“11·18”重大火灾事故调查处理工作，召开全市生产安全事故调查系统培训工作会议，打造政治可靠、专业过硬的事故调查队伍。市区两级安全监管局共查处生产安全事故97起，行政罚款3041万余元，追究刑事责任54人，党政纪处分4人（其中政府公职人员4人）。

（车广杰　赵　芬）

【完善安全生产综合考核机制】 本年，市安全监管局研究制定2018年安全生产目标任务书，逐一定制部门考核细则。将部门应干、想干、能干的工作纳入任务书，体现部门职责特点和工作特色。局内各有关处室考核需求纳入考核细则，融合推动各项重点任务在重点行业部门落实。新增市民政局为考核对象，扩大考核覆盖面。发挥部门考核作用，扎实做好部门目标任务落实跟踪督促指导，推进部门综合考核“融合化、个性化、痕迹化、闭环化”。

（王　勇）

【工业集团部分所属企业抽查】 本年，市安全监管局根据《北京市市属工业集团年度安全生产综合考核工作实施方案（试行）》（京安办通〔2018〕16号），与市经济和信息化委、各市属工业集团及有关专家，利用3个月时间，完成对首钢集团、北京电控、北汽集团、京城机电、一轻控股、隆达轻工、时尚控股、金隅集团8家市属工业集团所属在京15家企业抽查检查工作。检查中，以《工贸行业重大生产安全事故隐患判定标准（2017版）》作为抽查检查依据，并结合综合考核内容，对企业落实安全生产主体责任，安全生产责任制及管理制度建立和落实情况，安全生产管理机构和人员配备情况，事故预防与隐患排查治理双重机制建立及落实情况，安全生产标准化创建情况进行执法检查，特别对特种作业人员操作证、危化品（危废）储存、有限空间作业、粉尘防爆等进行重点检查。通过检查，了解15家企业安全生产总体情况，使集团层面更加深入了解企业存在问题和隐患。各市属工业集团安全生产管理负责人对检查发现问题和隐患积极整改，并举一反三，督促所属企业加强安全生产监督管理。

（司伟光）

【北京新机场建设安全生产综合监管】 本年，北京新机场安全协调小组办公室“围绕一个目标、紧抓两方主体、采取三多手段、着力四项重点”思路，抓好全国“两会”、春节等重点时段新机场建设安全生产综合监管工作，迎接市安全监管局各级检查调研8批次47人次。紧盯工程安全监管链路闭合难点，督促行业部门和建设单位融合监管力量，健全新开工建设空管、南航等多个工程项目安全生产责任体系。针对季节性天候施工特点，通过微信、短信多种渠道推送预警信息和安全提示、邀请专家调研论证等指导模式，做好大风、雷雨、雾霾天候和冬施、夜施等不利因素条件下，事故隐患消减降解保障，发布信息和安全常识260余条，组织停复工安全管理、防汛应急准备、基坑边坡支护等专题调研23次。开展常态安全生产巡检、联合组织执法检查，先后联合国家铁路局、民航局和市、区政府，组织检查340人次，召开安全通报会12次、安全生产专题分析会7次。在安全生产月等活动中，推进安全生产法规普及教育，组织脚手架及支撑体系、施工临时用电、消防安全、有限空间作业、内业资料等7次培训，约1300人次参加。

（王　勇）

危险化学品安全监管

【地方标准通过审查】 1月4日、2月9日，市安全监管局参加市质监局召开《医疗机构危险化学品安全管理规范》《实验室危险化学品安全管理规范　第2部分：高等院校》地方标准审查会。北京地坛医院、北京儿童医院、北京化学工业协会、中化化工标准化研究所、北京市职业病防治研究院、中国石化集团公司安全环保局、中国化工信息中心、清华大学、北京交通大学、北京石油化工学院、中国地质大学（北京）、北京农业职业学院、北京中认环宇信息安全技术有限公司、北京化工厂、北京市信息化标准化技术委员会、北京市工业技术开发中心、北京首钢氧气厂等单位专家，及市教委、市卫计委相关处室和市安全监管局、市安全生产技术服务协会参加会议。专家听取《危险化学品气瓶追溯技术规范》《医疗机构危险化学品安全管理规范》《实验室危险化学品安全管理规范　第2部分：高等院校》编制情况汇报，对标准送审稿进行审查。专家认为，《危险化学品气瓶追溯技术规范》对实现北京市危险化学品气瓶追溯管理具有指导作用，针对性较强，要求明确、易操作，标准制定过程符合规定程序，形成文本符合GB/T 1.1d要求及市地方标准管理有关规定。《医疗机构危险化学品安全管理规范》技术内容全面，系统性强，与国家标准、行业标准相协调，内容先进、合理，可操作性强。《实验室危险化学品安全管理规范　第2部分：高等院校》对规范普通高等学校危险化学品安全管理组织、制度要求、人员培训、安全设施设备要求，采购、储存、使用、危险废物和应急管理等有指导意义；为普通高等学校管理职能部门、实验室管理人员和实验人员提供危险化学品安全使用和操作规范。专家组一致同意该标准通过审查。

（刘丽敏）

【爆炸性化学品生产装置评估】 1月8日，市安全监管局印发《关于开展爆炸性化学品生产装置安全评估的通知》，启动爆炸性化学品生产装置评估工作。评估对象涉及环氧化合物、过氧化物、偶氮化合物、硝基化合物等自身具有爆炸性的化学品生产装置。评估范围为中国石油化工股份有限公司北京燕山分公司、北京恒信化工有限公司、北京益中伟业化工有限公司、北京环宇京辉京城气体科技有限公司、北京东方石油化工有限公司有机化工厂、北京化学试剂研究所、北京化工厂、北京益利精细化学品有限公司。采取企业自评（聘请相关专家参与）或委托第三方专业机构方式开展评估。突出爆炸性化学品生产装置和安全管理评估内容，要求企业在评估结束后，出具相应安全评估报告。并要求相关区安全监管局依法监督相关企业，加强指导检查，确保评估落到实处。2月底前，完成评估，相关区将各企业评估报告报市安全监管局。

（刘丽敏）

【许可延期申请现场审核】 1月11日，市安全监管局会同北京经济技术开发区安全监管局，组织相关专家赴经济开发区对法美高新气体（北京）有限公司，进行安全生产许可延期现场审核和执法检查。听取第三方评价机构汇报，对主厂区、京东方大宗气站和康宁气站进行现场检查。检查发现，主厂区存在液氧充装口法兰接地线破损虚接、冷箱流量计上下限标线太宽导致流量无法判断、电机穿线口未封堵、工厂风向标配备不足、水泵房等现场电控柜前操作位置无绝缘橡胶垫、氧气区域多处消除静电跨接缺失、安全出口不足、压缩机房设置有大面积危废房间、视频监控系统不完善等问题；京东方大宗气站存在调压站房间材料为发泡彩钢板不符合要求、氧含量检测仪未与风机联锁等问题；康宁气站存在液氧主管线压力表无上下限标线、入口处无人体导除静电球、氧气罐接地短不符合断接测试卡要求等问题。在审阅评价报告中发现，评价报告数据不准甚至错误，引用依据不正确、评价用词不准确、评价结论不明确。市安全监管局当场向法美高新气体（北京）有限公司下达责令限期整改指令书，审核组做出现场审核不予通过决定。针对第三方评价机构出具评价报告质量不高问题，市安全监管局约谈第三方评价机构主要负责人。

（刘丽敏）

【述责述安工作汇报会】 1月12日至30日，全市35家危险化学品生产企业分7组进行述责、述安汇报，市安全监管局副局长唐明明在房山区出席会议，各相关区安全监管局负责人参加会议，全市危险化学品生产企业主要负责人参会率100%。各危险化学品生产企业主要负责人分别汇报企业情况，市、区安全监管局负责人就企业主要负责人依法履职情况和落实各级安全监管部门重点工作情况等汇报内容与企业进行提问交流，并就市、区安全监管局有关工作征求参会企业意见建议。唐明明要求，要落实责任制和操作规程，将安全生产管理制度和操作规程落实落地。要贯彻执行法规标准，提升企业本质安全水平。要进一步加强全员再教育，重点培训应急演练预案中现场处置内容。要将HSE体系与标准化衔接，用HSE思想贯穿指导标准化创建工作。

（刘丽敏）

【“百项地标”通过审查】 2月1日，市安全监管局参加市质监局召开的“百项地标”《安全生产等级评定技术规范　第35部分：医药制造企业》审查会，中国化工信息中心、中国职业安全健康协会、北京化学工业协会、首都经济贸易大学、北京市科益丰生物技术发展有限公司、北京中瑞环泰科技有限公司、北京化工厂等单位专家，及市食品药品监管局、市安全监管局相关处室，市劳保所相关人员参加会议。专家组听取编制情况汇报，对标准送审稿进行审查。专家组认为，标准符合国家有关法律法规要求，与相关国家、行业标准一致、配套、相互衔接；标准符合医药制造企业的实际情况，对规范医药制造企业的基础管理、场所环境、生产设备设施、职业病危害预防与控制、危险化学品管理等方面具有指导作用；标准内容针对性较强，要求明确、易操作。专家组一致同意该标准通过审查。

（刘丽敏）

【节前安全检查】 2月13日，市安全监管局对中石化燕山分公司化工一厂和炼油事业部、北京燕昌石化制品有限公司和北京普莱克斯化实二氧化碳有限公司进行安全检查。房山区安全监管局和燕山地区安全监管局有关人员参加。检查组听取汇报，现场检查各企业节前安全检查、领导值班带班、安全风险把控、应急防范措施等情况。燕山分公司春节前专门印发通知，分8个组，对各单位开展安全生产节前安全大检查，自查自纠查出113项问题。北京普莱克斯化实二氧化碳有限公司开展节前安全检查，制定领导值班带班计划，并配足安全管理人员。但检查发现，北京燕昌石化制品有限公司存在从业人员业务素质差、安全设施运行维护不经常、节日领导值班带班安排不合理、成品罐低底液位未安装自动联锁装置等问题，检查组责令房山区安全监管局进行跟进核实整改。市安全监管局要求企业关注一线值班职工思想状态，防止新员工因过节坚守岗位，思想出现波动而导致工作懈怠。要关注春节期间企业周边燃放烟花爆竹带来安全隐患，加强领导带班、应急值守和检查巡查。要关注极端天气对安全生产不利影响，进一步完善防风、防冻和防火应急防范措施。

（刘丽敏）

【危险化学品气体企业节前检查】 2月13日，市安全监管局采取“四不两直”方式，对北京经济技术开发区联华林德气体（北京）有限公司开展节前安全检查。检查组采取现场检查、听取汇报和查阅资料等方式。检查发现，企业安全管理人员在岗值守，落实春节期间领导带班制度，按要求进行日常巡检、应急演练和人员培训，危险化学品生产、储存设施运行状况良好。市安全监管局要求企业强化春节期间安全保障，提高安全防范意识，加强领导带班和24小时应急值守，严防安全事故发生。

（刘丽敏）

【召开危化品和烟花爆竹监管会议】 2月27日下午，市安全监管局召开2018年全市危险化学品和烟花爆竹安全监管工作会议，总结2017年全市危险化学品和烟花爆竹安全监管情况，从9个方面36项任务，对2018年重点工作进行部署。副局长唐明明出席会议并讲话。顺义区、经济技术开发区安全监管局围绕疏解整治促提升、狠抓企业主体责任落实、危险化学品无储存经营企业及使用单位安全监管等方面做典型发言。中石化北京燕山分公司和北京壳牌石油有限公司结合企业安全管理经验进行汇报。北京环宇京辉京城气体科技有限公司代表全市危险化学品生产企业宣读《落实安全生产主体责任承诺书》。市公安局、市交通委、市环保局等11个有关市级部门涉及危险化学品和烟花爆竹管理处室负责人；各区安全监管局分管负责人和相关科室负责人；市安全监管局相关处室负责人等；有关技术机构负责人；全市危险化学品生产企业、重大危险源企业、烟花爆竹批发企业及部分重点企业分管负责人，共230人参加会议。

（刘丽敏）

【两会期间危化品运输车辆审批】 2月23日至3月22日，市安全监管局与市交通委运管局、市公安局交管局在市公安局交管局通行证件联合审批大厅，共同成立危险化学品运输车辆联合审批窗口，对保障城市生产生活必需品运输，需要进入禁限区域道路行驶的危险化学品车辆进行联合审批。共审核105家危险化学品运输需求单位提交申请材料，其中92家单位通过资质审核。审核发现，部分危险化学品运输需求单位存在申请资料不齐全，应急预案不完善，未制定事故应急处理措施及应急预案和保障方案未有负责人审批签字等问题。还发现，个别危险化学品经营单位存在危险化学品经营许可证过期，未及时向上级安监部门申请换证违法违规行为，责令企业立即整改，并联系区安监局进行处理。

（刘丽敏）

【危化品企业四不两直检查】 3月7日“两会”期间，市安全监管局对海淀区北京科兴生物制品有限公司，西城区中石化展览路加油站、中石油月坛南街加油站进行执法检查。重点检查北京科兴生物制品有限公司的危险化学品库房、废弃危险化学品库房和疫苗生产车间，隐患排查治理、员工教育培训、反恐工作预案、安全生产责任制等制度和落实情况。检查发现，企业危险化学品专业库不符合国家标准、行业标准要求，与周边建筑安全距离不足；企业未定期通报事故隐患排查治理情况，未公示重大事故隐患危害程度、影响范围和应急措施。执法人员当场下达责令限期整改指令书，要求企业对照法规标准整改，对企业涉嫌违法行为进行立案处罚，罚款金额9万元。检查组通过听取汇报和现场查看等方式，对中石化展览路加油站、中石油月坛南街加油站进行抽查，重点检查加油站“两会”安全保障管控措施、安全保障方案、“两会”期间值班安排、隐患排查治理记录、日常检查记录和反恐应急演练记录，加油区、卸油区和监控室等重点区域。两家加油站带班和应急值守人员在岗，建立加油站散装油品销售台账，定期进行应急演练和人员培训，落实加油、卸油规范和安全生产要求。

（刘丽敏）

【“3·13”磷酸罐破裂事故处理】 3月13日11时23分，接报北京东进世美肯科技有限公司生产作业中，因操作不当，造成磷酸储罐氮气压力过大，使磷酸罐体顶部焊接处及外保温层局部破裂，无磷酸泄漏，无人员伤亡（以下简称“‘3·13’磷酸罐破裂事故”）。事故发生后，市安全监管局立即组织专家会同北京经济技术开发区安全监管局对事故现场进行勘察，并进行事故原因分析。3月14日，市安全监管局就“3·13”磷酸罐破裂事故约谈企业主要负责人并对企业涉嫌违法行为进行立案调查，下达责令限期整改指令书，要求企业立即制定并完善破裂磷酸储罐处置方案，根据专家意见做好磷酸倒罐及处置工作。并开展全厂设备设施安全隐患排查，及时消除安全隐患。经研究决定，对北京东进世美肯科技有限公司给予罚款17.5万元行政处罚，对企业个人给予罚款4900元行政处罚。

（刘丽敏）

【两会期间“四不两直”检查】 3月14日，市安全监管局根据“两会”期间执法检查计划，组成检查组，采取查阅资料和现场检查等方式，对北京高盟新材料股份有限公司开展“四不两直”安全检查。检查发现，企业存在危险化学品包装桶未粘贴安全标签，部分安全标签存在遮挡、涂改现象；危险化学品储存在简易棚内，未储存在专用仓库内；未根据其生产、储存危险化学品种类和危险特性，在作业场所设置相关安全设施、设备，如可燃气报警仪，通风系统等；危险化学品储存方式、方法及储存数量不符合《常用化学危险品贮存通则》规定，部分危险化学品与其他化工原料混存等问题。针对问题，检查组对企业负责人进行批评教育，并下达限期整改指令书，责令企业立即整改落实。该企业完成全部隐患整改。

（刘丽敏）

【重大危险源企业安保检查】 3月17日，市安全监管局对和路雪（中国）有限公司采取“四不两直”方式，开展“两会”安全保障执法检查。重点检查液氨制冷机房、液氨储罐区、生产场所快速冻结装置等重点部位，查看日常巡检记录、设备维护保养记录、人员培训记录、应急预案演练记录等基础台账。企业对快速冻结装置加装水幕隔离设备；配备液氨运行温度、压力、液位等信息不间断采集、监测系统；配备液氨泄漏检测报警装置，安全设备具有信息远传、连续记录、事故预警、信息存储等功能；明确关键装置、重点部位责任人或责任机构，对重大危险源安全生产状况进行定期检查；对重大危险源管理和操作岗位人员进行安全操作技能培训，相关人员了解重大危险源危险特性，熟悉重大危险源安全管理规章制度和安全操作规程，掌握本岗位安全操作技能和应急措施；在重大危险源所场所设置明显安全警示标志，写明紧急情况下应急处置办法。

（刘丽敏）

【许可延期现场审查未予通过】 3月19日，市安全监管局组织安全管理、化工仪表、安全评价、消防安全等领域相关专家，会同延庆区安全监管局相关负责人成立审查组，对北京玻钢院复合材料有限公司申请许可延期进行现场审查。听取企业负责和评价机构项目负责人汇报，现场检查树脂车间、原料罐区和控制机房等重点部位，及安全防护设施配备及使用情况，审阅安全评价报告。审查发现，企业酚醛树脂厂房多数穿线孔未封堵、现场管线接地不牢靠、一层局部消火栓管道未涂漆；罐区卧罐电磁阀未设置、防火堤四周无消防报警按钮和报警电话、可燃气检测报警探头安装位置不符合要求；评价报告编制依据不准确、安全生产条件中缺少事故水核算及处置措施、评价正文内容需核实并补充。针对北京玻钢院复合材料有限公司存在问题，审查组做出申请许可延期未予通过决定，执法人员当场下达责令限期整改指令书。经复查，企业完成全部隐患整改，符合安全生产许可证延期审查要求，通过企业申请许可延期复审。

（刘丽敏）

【全市医药企业危化品风险评估】 4月4日，市安全监管局启动全市医药企业危险化学品安全风险评估，邀请专家对丰台区北京同仁堂科技发展股份有限公司制药厂，采取询问企业情况、查阅资料和现场检查等方式，进行安全风险评估。检查发现，企业关键场所未明确安全管理机构及责任人；应急管理制度不完善，应急预案中缺少现场处置方案；危险化学品使用场所未在明显位置公示现场应急处置措施；涉及硫酸使用实验室未张贴腐蚀品警示标识，缺少洗眼器，消防沙等应急设施和应急物品；危险化学品库房存放部分危化品缺少安全技术说明书和安全标签；药品柜内危险化学品和非危险化学药品混存，未按危险特性进行分类储存。针对问题，检查组责令企业整改落实，并通知丰台区安全监管局跟进督促。

（刘丽敏）

【高压装置二线开车方案审查指导】 4月6日，市安全监管局房山专班工作组，赴北京燕山石化公司，听取高科公司高压聚乙烯装置二线“3·29”生产波动事件原因分析汇报，并对高压聚乙烯装置二线复工开车方案进行审查指导。专班工作组组织专家对高压聚乙烯装置二线开工方案进行审查研讨，提出完善开工方案，补充开工条件确认表，完善应急管理内容，细化开工具体步骤，提出开工过程安全保障建议。

（刘丽敏）

【重点危化品企业反恐座谈会】 4月13日，市安全监管局副局长唐明明主持召开全市重点危险化学品企业反恐工作座谈会，市安全监管局相关处室及全市危险化学品生产企业、重大危险源企业、油库、加油站和重点使用企业代表参加会议。部署“4·15”全民国家安全教育日宣传活动内容，通报全市反恐形势。企业代表汇报企业内部开展安全生产和反恐怖特色工作，就危险化学品反恐中好做法和经验进行交流。唐明明要求，要参与“4·15”全民国家安全教育日宣传活动，增强“四个意识”，加强易制毒、易制爆危化品管理，强化安全事故防范和突发事件应急处置能力，建设双重预防控制体系。

（刘丽敏）

【加油站建设项目审查】 4月17日、18日，市安全监管局组织专家对北京经济技术开发区中石化融兴街加油站新建项目和海淀区中石油新景都市加油站改造项目进行安全条件审查和安全设施设计审查。市安全监管局相关处室，有关区安全监管局及项目建设、评价、设计、施工及监理单位参加。经审查，中石化融兴街加油站项目与周边建、构筑物安全距离和内部布局及安全设施设计符合国家有关法律、法规和标准要求。安全评价报告和安全设施设计专篇编制基本符合《危险化学品建设项目安全监督管理办法》（安全监管总局令第45号）规定。中石油新景都市加油站改造后与周边单位及居民区安全距离和内部布局符合《汽车加油加气站设计与施工规范》GB 50156—2012（2014版）要求；安全设施设计基本符合国家有关法律、法规和标准要求；安全评价报告和安全设施设计专篇编制符合安全监管总局有关规定。专家组同意两个加油站项目通过安全审查。

（刘丽敏）

【爆炸性化学品生产装置审查】 4月25日，市安全监管局对中石化北京燕山分公司等9家企业，进行爆炸性化学品生产装置安全评估审查，涉及爆炸性化学品企业安全负责人参加会议。采取自评（聘请相关专家参与）或委托第三方专业机构进行评估方式，重点对爆炸性化学品生产装置和安全管理进行评估。审查组听取评估开展和问题整改情况汇报，审议9家企业爆炸性化学品生产装置安全评估报告。经审查，北京东方石油化工有限公司有机化工厂、北京环宇京辉京城气体科技有限公司、北京普莱克斯实用气体有限公司3家企业符合要求，对涉及爆炸性危险化学品生产装置进行定性评估和定量评估，特别是针对爆炸性化学品进行计算分析，按通知重点评估内容逐项进行评估，根据评估发现问题制定评估建议。中石化北京燕山分公司、北京益利精细化学品有限公司、北京化工厂、北京化学试剂研究所、北京恒信化工有限公司、北京益中伟业化工有限公司6家企业未结合爆炸性化学品进行定量计算或模拟，未涉及安全仪表系统评估，未提出评估问题和建议。

（刘丽敏）

【危化品废弃物处置管理调研】 4月30

日，市安全监管局赴北京经济技术开发区环保局和中芯国际集成电路制造有限公司现场调研，围绕利用信息化系统做好危险化学品废弃物处置监管与安全管理等进行研讨。开发区安全监管局与集中管理体系协作单位北京石油交易所相关人员参加调研。调研组听取开发区环保局危险废弃物现状、监管内容及监管办法汇报，考察中芯国际集成电路制造有限公司生产运行情况及生产中涉及危险化学品使用、危险化学品废弃物产生、处置等情况。调研发现，开发区环保局监管中要求企业根据《危险废物产生单位规范化管理指标及抽查表》相关规定，对照考核表进行自查自改。通过北京市固体废物监管系统，要求全区产废企业制定《危险废物管理计划》《危险废物环境应急预案》，并在系统内备案。并开展日常“双随机”抽查和专项执法检查，针对年产废量超过100吨的19家企业和2家危险化学品废弃物经营单位进行监管。针对危险化学品废弃物经营单位逐步缩减，存在减产、停产等现象，导致区内企业产生危险化学品废弃物无法及时转移，贮存在厂区内时间较长，环境风险增加等问题，鼓励企业采取跨省转移危险化学品废弃物，原材料改进和末端治理等技术手段，协调相关部门，争取危险化学品废弃物经营单位正常运转，区内企业能相互利用产生危险化学品废弃物，变废为宝，建立专业危险化学品废弃物经营单位。中芯国际集成电路制造有限公司使用常规处理方式和引进新型废酸处理装置，处置危险化学品废弃物。

（刘丽敏）

【非经营性加油站专项整治】 5月2日，市安全监管局按照《北京市非经营性加油站安全专项整治工作方案》要求，对全市非经营性加油站专项整治进行部署。5月上旬至2019年10月底，分三个阶段对本市企业及机关、团体、事业单位内部使用，不对外从事经营活动加油站开展专项整治。非经营性加油站安全管理应符合《中华人民共和国安全生产法》《中华人民共和国消防法》《危险化学品安全管理条例》（国务院令第591号）《汽车加油加气站设计与施工规范》（GB 50156—2012，2014版）《采用撬装式加油装置的加油站技术规范》（SH/T 3134—2002）《加油站作业安全规范》（AQ 3010—2007）《加油加气站非油品设施安全设置管理要求》（DB11/T 1229—2015）《埋地油罐防渗漏技术规范》（DB/588—2008）等有关法律法规标准，整治包括安全管理、应急管理、安全设施设置、规划国土手续及环保要求等14项内容。

（刘丽敏）

【两家化工企业“四不两直”检查】 5月4日，市安全监管局对昌平区北京百泉化纤厂和北京市政路桥建材集团有限公司昌平沥青厂进行“四不两直”执法检查。检查组通过实地检查和查阅资料发现，北京百泉化纤厂2017年起一直处于停产状态，厂区内无生产作业，除值班领导外未发现从业人员；生产车间部分设备已废弃和拆除，车间内存有部分生产原料；成品仓库为彩钢板搭建，并储存大量化学纤维；生产车间和仓库配电箱指示灯常亮，停产后未进行断电。检查组要求，企业在停产退出期间应继续做好厂区安全防范，加强厂区安全管理；立即切断生产车间和仓库电源，清空彩钢板库房内易燃物品。北京市政路桥建材集团有限公司昌平沥青厂未将危险化学品储存在专用仓库内，未在有限空间作业场所设置明显安全警示标志。检查组对企业下达责令限期整改指令书，对违法行为进行立案处罚。经研究决定，给予昌平沥青厂8万元整行政处罚。

（刘丽敏）

【两家医药企业“四不两直”检查】 5月22日，市安全监管局对北京经济技术开发区北京悦康药业集团有限公司和昌平区北京百奥药业有限责任公司采取查阅资料、现场检查和调查询问等方式，开展“四不两直”安全检查。检查发现，北京悦康药业集团有限公司修订完善安全生产规章制度、各岗位安全操作规程及安全生产综合应急预案；执行各类安全标准化体系文件，填写各种记录文件；各重点场所、危险区域设置安全警示标识和职业危害告知牌，对危险化学品应急措施、物料危险性等进行告知，并配备个体防护用品；企业安全管理情况良好。北京百奥药业有限责任公司重视安全生产，定期召开安全生产会议，完善安全管理制度和岗位操作规程，落实岗位责任制。但发现，危废库房内药品包装存量较大，未及时通知危废回收企业进行回收处理；消防应急包内应急物品过期、失效；危险化学品库管理员安全防护用品配备不齐全，缺乏安全防范意识。检查组责令企业立即整改。北京百奥药业有限责任公司隐患已全部整改。

（刘丽敏）

【燕山石化安全监管专题研究】 5月28日上午，市安全监管局局长张树森主持召开座谈会专题研究中石化北京燕山分公司安全监管重点工作。副局长唐明明，中石化北京燕山分公司行政负责人等及市安全监管局有关处室负责人参加座谈。听取中石化北京燕山分公司风险评估发现问题整改等安全生产情况汇报，通报近期危险化学品生产企业安全监管重点工作，结合中石化北京燕山分公司情况，提出下一步工作要求及意见。张树森强调，中石化北京燕山分公司要积极整改，针对风险评估发现问题，提前谋划、稳步推进，协调相关部门，多措并举确保完成任务。要突出重点，针对近期危险化学品生产企业重点工作，结合中石化北京燕山分公司实际，按时完成重点工作任务。要强化沟通，中石化北京燕山分公司要加强与市区安监部门联系，就重点工作和难点问题进行沟通，协调解决工作重难点问题。

（刘丽敏）

【危险化学品票据经营企业调研】 6月25日起，市安全监管局开展危险化学品票据经营企业调研。采用现场调研、查阅资料、会议研讨、特色企业座谈、异地考察等方式，重点对安全生产规章制度制定、台账建立，主要负责人、安全管理人员及采购、销售人员培训教育，危险化学品采购管理情况（上游单位资质情况），危险化学品销售管理情况（是否超范围经营），剧毒、易制毒、易制爆危险化学品销售管理，危险化学品“一书一签”管理，危险化学品储存、运输方式及管理，危险化学品储存需求等情况进行调研。调研发现，企业存在安全管理制度修订不及时，内容不具体、不完善，缺乏针对性。从业人员培训教育不到位，不熟悉危险化学品相关知识；培训档案管理不规范、不完整，不重视新职工培训。部分企业存在超范围经营危险化学品现象，部分企业存在长期不经营危险化学品现象，只是想保留经营资质。部分企业存在运输车辆管理不符合国家有关规定的现象。

（刘丽敏）

【化工安全仪表系统管理研讨会】 6月27日，市安全监管局组织化工安全仪表专家、重点区和重点企业负责人召开专题会，研讨《工作指导意见》。会议听取起草单位关于《工作指导意见》背景和必要性介绍，及重点区和重点企业负责人汇报和意见。经讨论，安全仪表系统管理在2018年起面向危险化学品生产企业实施，其他涉及“两重点一重大”经营企业和重点使用单位参照实施；涉及重大危险源油库无需独立设置安全仪表系统，但要对完成改造自动化设施进行认证管理，加强对完成自动化改造有储存设施经营企业自动化运行状况进行检查；鉴于国内安全仪表系统评估定级单位没有资质要求，则依托专家组织有经验评估机构或选择具有HAZOP评估资质机构实施评估定级；与市住建委沟通进一步明确涉及化工安全仪表系统设计、施工单位具体资质名称。

（刘丽敏）

【天坛医院新区隐患项目现场督导】 7月9日，市安全监管局会同危险化学品行业专家、市医院管理局有关负责人，赴丰台区首都医科大学附属北京天坛医院新区，对危险化学品库、液氧罐区和废弃危化品库等新建危化品项目进行现场督导查看。发现新建液氧罐区罐体与外部道路、内部地下停车场安全距离均小于15米，液氧罐容积超过5立方米，安全距离和容积均不符合国家标准《医用气体工程技术规范》（GB 50751—2012）要求；锅炉房蒸汽泄压管线和燃气泄爆管线排放口正对公共场所，且高度不符合要求，存在安全隐患；锅炉房内未设置可燃气检测报警，部分电气开关不防爆；危险化学品库选址地点位于地下一层，不符合国家标准《常用危险化学品贮存通则》（GB 15603—1995）要求。专家组建议，对液氧罐区进行重新选址或将罐区北侧外部道路改为内部道路，保证安全距离满足要求；液氧罐车卸车点应与电缆井分开，且液氧罐车停放区域应为水泥路面；锅炉房应设置可燃气检测报警并与风机进行联锁，所有安全设施应进行对标检查，消除安全隐患；药剂库和医用气体库选址必须符合国家标准要求，禁止将危化品储存在地下室，禁忌物不能混存混放。7月31日，市安全监管局副局长唐明明主持召开北京天坛医院迁建工程液氧罐区安全隐患整改工作专题会。听取天坛医院新建液氧罐区建设汇报。专家组一致认为，A区液氧罐区罐体与外部道路安全距离不符合《建筑设计防火规范》（GB 50016—2014）规定，与内部地下车库出口的安全距离不符合《医用气体工程技术规范》（GB 50751—2012）规定，但符合新颁布实施专项标准《综合医院建筑设计规范》（GB 51039—2014）规定，即“室外液氧罐与办公室、病房、公共场所及繁华道路距离应大于7.5米”。专家组指出，A区单个液氧罐容积为9立方米，不符合《建筑设计防火规范》（GB 50016—2014）规定，即“液氧储罐的单罐容积不应大于5立方米”。专家组建议，按照《建筑设计防火规范》（GB 50016—2014）《综合医院建筑设计规范》（GB 51039—2014），关于液氧储罐相关规定进行变更，液氧储罐单罐容积不大于5立方米；对现有单罐容积为9立方米储罐应采取限制储罐容量技术措施和管理要求，并提出限期整改计划，更改为液氧储罐单罐容积不大于5立方米。

（刘丽敏）

【爆炸性化学品安全评估和防汛】 7月12日至13日，市安全监管局组织专家，会同相关区安全监管局，对房山区北京恒信化工有限公司、北京益中伟业有限公司、北京环宇京辉京城气体科技有限公司、北京东方石油化工有限公司有机化工厂，朝阳区北京普莱克斯实用气体有限公司开展督导检查。检查组采取听取汇报、现场检查、查阅资料等方式，检查发现北京恒信化工有限公司重大危险源监控和化工安全仪表系统未评估，危险化学品仓库储存不规范，爆炸性化学品堆放不平易倾倒，“一书一签”管理需完善，库房门口沙袋数量需增加。北京益中伟业有限公司爆炸性化学品告知牌不准确，库房温湿度检测装置未联锁，生产车间存在铁质工具不防爆，废弃设备未挂牌、部分法兰无跨接。北京环宇京辉京城气体有限公司重视爆炸性化学品安全评估和防汛工作，要求落实比较到位，但存在生产管线胶垫损坏漏水、硝酸铵储存间湿度大、化工安全仪表系统未评估定级等问题。北京东方石油化工有限公司有机化工厂整改到位，相关制度机制比较健全，安全生产条件保持较好。北京普莱克斯实用气体有限公司工作落实比较到位，但存在配电箱缺少回路图、安全标示牌不规范、硝酸铵储存间湿度大等问题。市安全监管局要求，针对检查和评估发现问题，逐条落实，举一反三，认真整改。加强日常精细管理，重视安全教育培训，强化日常巡检，排查安全隐患，健全安全管理制度和岗位操作规程，提高精细化管理水平。要确保汛期生产安全，配齐应急物资，加强应急值守，开展应急演练，提高应急处置能力。

（刘丽敏）

【综合指挥调度系统通过评审】 7月18日，北京市信息化专家咨询委员会组织专家对市安全监管局申报的集中管理体系综合调度指挥系统建设项目进行评审。市信息化专家咨询委员会，市安全监管局相关处室，北京工程咨询公司，北京石油交易所和天之华公司参加会议。专家组通过听取汇报、审阅材料、质询和讨论，一致认为综合指挥调度系统建设符合国家和北京市相关政策要求，原则同意该项目建议书通过专家评审，并对项目建议书内容和项目经费预算表等提出相关修改建议。

（刘丽敏）

【查处非法储存经营柴油案件】 7月19日，市安全监管局会同公安机关在密云区河南寨镇钓鱼台村，查获一起涉嫌非法储存经营柴油违法案件。现场检查发现，在一密闭房屋内，非法建设8个30立方米储罐，经询问嫌疑人，储罐内存有90吨柴油。市安全监管局协调中石化北京分公司技术人员对储存油品进行取样，由公安机关送检确定其物理危险性；对现场油品储存安全进行技术指导，建议协调环保部门及时处置现场储存90吨柴油。公安机关控制犯罪嫌疑人，对非法储存场所采取管控措施，市安全监管局对违法行为进行调查处理并立案处罚。

（刘丽敏）

【加油站贯标改造抽查验收】 7月27日，市安全监管局组织信永中和（北京）国际工程管理咨询有限公司，赴房山区北京市鹏飞加油站有限公司、北京市房山区官道加油站和北京市长阳燕鹏加油站进行抽查验收。检查组通过调查询问、查阅资料和实地调研，对加油站贯标改造情况和安全管理情况进行现场检查。检查发现，3 家企业按照《关于贯彻落实〈汽车加油加气站设计与施工规范〉(GB 20156—2012) 有关工作要求的通知》完成改造，均配备卸油防满溢措施、防渗措施，液位监测系统和紧急切断系统运行平稳，安全设备设施定期进行维护保养，安全管理制度落实良好。

(刘丽敏)

【自动化设施专项检查】 7 月至 9 月，市安全监管局在全市开展危险化学品重点企业自动化设施运行情况专项检查。全市检查重点危险化学品企业 1082 家，发现问题隐患 556 项，完成整改 552 项，其中重大隐患 2 项，关停企业 1 家，停止使用相关设施 1 家，行政处罚企业 11 家，罚款 14.3 万元。

(刘丽敏)

【安全生产许可延期现场审查】 8 月 17 日，市安全监管局会同房山区安全监管局及化工行业专家，组成现场审查组，对北京市房山燕东化工厂、北京益中伟业化工有限公司安全生产许可延期进行现场审查。检查组听取汇报、审查资料、现场检查，发现房山燕东化工厂健全安全生产责任制，排查治理安全隐患。但发现，企业视频监控硬盘需增容、罐体危化品标识需完善、评价报告需补充材料等问题。审查组当场要求企业整改，并通过企业生产许可延期现场审查。北京益中伟业化工有限公司重视许可延期工作，进行高标准甲、乙类库改造，安全投入近 300 万元。但发现，企业生产车间危化品标识牌不规范、部分法兰跨接未接，库房悬挂操作规程还需完善，产品储存不规范，评价工作不专业、不细致，评价报告缺少车间安全距离依据等问题。审查组做出生产许可延期不予通过决定，责令企业限期整改。该企业完成隐患整改。

(刘丽敏)

【重点危险化学品企业执法检查】 8 月 23 日，市安全监管局会同顺义区安全监管局对中国航油集团北京石油有限公司和北京北方中油石油销售有限公司进行安全检查。执法人员通过现场检查和查阅资料，重点对企业落实中非合作论坛北京峰会期间安全管理措施，特别是自动化监控设施运行、重大危险源安全管理、人员培训教育、应急值守等情况进行检查。经检查，两家企业重视中非合作论坛北京峰会期间安全工作，加强领导带班、应急值守和库区安保，从业人员教育培训记录比较完善，安全监控设施完善，运行基本正常。但发现，企业存在油库个别自动化设施维护不到位，油库低底液位报警值设置偏低不符合要求，甚至出现浮盘落底现象，重大危险源基础管理不到位，登记建档材料不完善。执法人员下达限期整改指令书，要求企业进行整改。

(刘丽敏)

【中非论坛安全督查】 8 月 29 日，市安全监管局副局长唐明明带队对朝阳区重点危险化学品企业“中非合作论坛”安全生产进行督查，市安全监管局、朝阳区安全监管局有关负责人参加。督查组通过听取汇报、检查现场，对北京普莱克斯实用气体有限公司和北京自来水集团第九水厂进行安全检查，重点对企业落实中非合作论坛北京峰会期间各项危险化学品安全管理措施等情况进行检查。经检查，两家企业重视中非合作论坛北京峰会期间安全工作，进行安排部署，完善各种人防、物防措施，开展领导带班和应急值守，加强危险化学品生产厂区和库区安全，安全监控设施完善、运行正常。两家企业对涉及重点监管危险化学品进行管控，普莱克斯实用气体有限公司对氧气储罐安全距离不足问题完成整改。

（刘丽敏）

【安全专项检查】 8月30日至31日，市安全监管局在全市开展重点危险化学品和烟花爆竹企业全覆盖专项安全检查，8月31日19时30分至24时，开展加油站专项夜查行动，由局领导带队组成检查组对全市重点地区加油站进行“四不两直”检查，市安全监管局相关处室参加夜查。重点对安全生产责任制、隐患排查治理、应急救援预案及演练、突发事件处置、领导带班和人员值守、安全生产教育培训、安全设施完好、加油站散装油销售、自助加油及摩托车加油安全管理等情况进行检查。专项检查期间，全市各级安全监管人员检查危险化学品和烟花爆竹企业1368家，其中加油站1002家，危险化学品生产企业35家，重大危险源企业75家，烟花爆竹企业21家（包括许可证过期企业）。检查发现问题和隐患757项，下达执法文书301份，拟立案处罚企业9家。专项夜查行动中，共对6个中心城区和通州城市副中心30座加油站开展安全检查，发现问题隐患50余项，拟立案处罚3家。各区安全监管局由局领导带队组成检查组对本辖区内加油站进行突击夜查，全市检查加油站380座，对检查发现问题隐患，责令企业立即整改。

（刘丽敏）

【对违规危化品使用企业立案处罚】 8月30日，市安全监管局对房山区化工企业北京京都大成新材料科技有限公司进行“四不两直”执法检查。对企业生产车间、危险化学品仓库、实验室等重点区域实地检查，发现企业现场安全管理混乱，安全管理人员业务水平较差，员工教育培训不到位，工艺设备维护管理缺失。特别是危险化学品专用仓库不符合国家标准，未配备必要安全设施；危险化学品储存方式和方法不符合国家标准，实验室危险化学品试剂混存混放；未在危险作业场所和储存区域上设置明显安全警示标志。企业行为违反《中华人民共和国安全生产法》《危险化学品安全管理条例》，市安全监管局对其立案处罚，罚款金额15万元。

（刘丽敏）

【医药制造企业“四不两直”检查】 8月31日，市安全监管局对大兴区北京民海生物科技有限公司进行“四不两直”安全检查。对企业危险化学品仓库、实验室和试剂库等重要储存和使用场所进行实地检查，发现企业危险化学品仓库实行双人双锁管理，配备可燃气报警检测仪、排风机和视频监控等安全设施，按要求落实危险化学品出入库管理制度，台账记录情况良好；试剂库和实验室有专用危化品储存柜，危险化学品进行分类存放；气瓶间采用专业气瓶柜储存气瓶，且配备可燃气检测报警仪等安全设施。但发现，危险化学品仓库内部分危险化学品对应安全技术说明书缺失，可燃气体检测仪安装位置不对；实验室、试剂库和气瓶间通风情况不好，且不应采用集成式吊顶。检查组责令企业立即整改。

（刘丽敏）

【完成中非论坛反恐安保工作】 8月31日

至9月7日，市安全监管局通过发布管控通告、实施执法检查、开展夜间专项检查行动、实施联合审批、参加市反恐专班督查等方式，加强对危险化学品企业安全监管，完成中非合作论坛期间危险化学品反恐怖安保防范工作。开展联合审批审核危险化学品专线证申请单位89家，审批通过60家单位；发放危险化学品专线通行证502张，涉及全市运输企业113家，危险化学品车辆1152辆车，外埠运输企业备案115家，危险化学品车进京备案1058辆。

（刘丽敏）

【液氨使用企业“四不两直”检查】 9月14日，市安全监管局对北京经济技术开发区和路雪（中国）有限公司和大兴区北京中食兴瑞冷链物流有限公司进行“四不两直”安全检查。采取实地检查、查阅资料等方式，发现和路雪（中国）有限公司重大危险源管理制度完善，重大危险源档案齐全；定期开展应急演练和安全培训教育；设备设施运行状况良好。但也发现，制冷机房未见安全操作规程上墙；应急柜存放部分应急保护用品已过期；个别车辆随意停放，阻挡制冷机房安全出口。检查组责令企业立即现场整改。北京中食兴瑞冷链物流有限公司配备专职安全管理人员，从业人员持证上岗；安全管理制度完善；液氨罐区应急喷淋系统测试良好。但发现，液氨制冷车间存在微量氨气外漏，但未达报警浓度；液氨罐区视频监控存在监控盲区；制冷车间安全出口缺少应急照明灯；消防系统主机柜处于故障状态，未及时修复。检查组要求企业立即整改，彻底消除安全隐患。

（刘丽敏）

【国庆节前安全检查】 9月28日，市安全监管局会同通州区安全监管局对城市副中心北京中油晟德石油销售有限公司油库、中石油东关加油站和中石化亚吉加油站进行国庆节前安全检查。重点检查北京中油晟德石油销售有限公司油库国庆期间安全部署、自动化监控设施运行、安全防范设施配备和使用、现场安全管理、人员培训教育等情况。经检查，企业部署国庆期间领导带班和安保工作，配备自动化监控设施和安全防范设施，相关特种作业人员、重点岗位从业人员取得相关资格证书。但发现，存在油库自动化设施维护管理不到位，部分从业人员劳保用品穿戴不符合要求，电工未按规定穿绝缘鞋。装卸油作业管理不规范，发油作业现场无油库管理人员。对进入库区人员培训教育不到位，运输企业司机、押运员对应急处置措施不清楚。检查组要求企业立即进行整改，由通州区安全监管局依法进行处罚。

（刘丽敏）

【天坛医院新址液氧站试运营检查】 9月29日，市安全监管局会同市医院管理局对北京天坛医院新址液氧站、气瓶间和氧气汇流排间等危险化学品重要储存和使用场所进行实地检查，重点检查液氧站液氧加注量、安全设备设施配备、危险化学品安全管理制度建立、汇流排间整体防爆、安全警示标志设置等情况。检查发现，天坛医院完成安全隐患整改，加强液氧站及附属安全设备设施管理。但存在未建立液氧站罐区和氧气储存间安全管理制度；氧气汇流排间和气瓶间未做整体防爆设计，无通风设备、可燃气检测报警和视频监控设备；液氧站罐区和氧气储存间未设置安全警示标志等问题。检查组现场将检查情况向天坛医院主管领导进行反馈，并提出整改要求；市医院管理局向天坛医院下达责令限期整改通知书，并将发现问题列入天坛医院安全隐患治理台账。

（刘丽敏）

【二商集团涉氨冷库隐患治理验收】 10月12日，市安全监管局组织丰台区安全监管局和相关专家组成验收组，对二商集团下属北京二商健力食品科技有限公司、北京月盛斋清真食品有限公司涉氨冷库市级挂账隐患治理进行验收。验收组听取市级挂账生产安全隐患治理情况汇报，现场实勘认为，隐患治理符合《北京市安全生产委员会关于印发市级挂账生产安全隐患治理实施办法（试行）的通知》《关于大红门地区三家市级生产安全隐患挂账企业整改治理工作方案》要求，符合国家和行业标准要求；隐患治理做到全程可控，规范施工，过程合规，液氨抽除由具有相关资质单位进行，按照规范进行施工，施工中未发生安全事故；原制冷剂液氨已被R-507等无毒无害新型载冷剂代替，丰台区安全监管局9月27日、10月9日完成对两家企业重大危险源核销。专家组同意北京二商健力食品科技有限公司、北京月盛斋清真食品有限公司通过市级挂账隐患治理验收。

（刘丽敏）

【化工和医药企业风险评估评审】 10月19日，市安全监管局副局长唐明明主持召开化工和医药企业安全风险评估报告专家评审会，听取项目工作汇报和专家评审意见。市安全监管局有关处室、北京化工大学、北京启迪智信注安事务所相关人员及3位评审专家参加会议。专家组听取评估单位两个项目评估报告汇报，审阅评估报告和调研资料，对报告进行讨论交流，提出意见建议。专家组一致认为，评估报告基础资料翔实、数据充分，评估方法科学、合理，评估着眼于化工和医药企业安全现状和共性问题，原则上通过验收评审。

（刘丽敏）

【全市危化品安全生产部署会】 12月2日，国务院安委会办公室召开危险化学品安全生产专题视频会议，通报河北省张家口市“11·28”重大爆燃事故情况，就抓好危险化学品安全生产进行部署。会后，市安全监管局副局长唐明明立即主持召开全市危险化学品安全生产专题部署会议，对贯彻全国视频会议进行部署。唐明明要求，认清形势，增强做好危化品安全监管工作责任感、紧迫感、使命感。突出重点领域，强化风险管控，预防危险化学品和烟花爆竹安全事故发生。要加强应急管理，落实安全措施，确保冬季和“两节”期间危险化学品形势持续稳定。市消防救援总队，市公安局、市交通委、市城市管理委等相关部门负责人，市级危险化学品重点企业相关负责人在市安全监管局分会场参加会议；各区相关负责人和重点企业负责人在各区分会场参加会议。

（刘丽敏）

【天然气管道项目安全审查】 12月13日，市安全监管局、密云区、平谷区安全监管局组织有关专家对密云—马坊天然气联络线和马坊分输站项目进行安全条件审查。专家组通过审阅该建设项目资料，讨论审议建设项目设立安全评价报告，认为该项目符合北京市规划要求，各项批复手续齐全。该管线线路路由可行，分输站项目与周边安全间距符合国家有关安全生产法律、法规和标准、规范要求；该项目安全条件审查安全评价报告编制符合《陆上油气输送管道建设项目安全评价报告编制导则

(试行)》(安监总厅管三〔2017〕27号)要求。评价依据选用适当，单元划分合理，选择评价方法恰当，危险有害因素分析、辨识较为全面；所提出安全对策措施和建议符合项目实际，结论可信。专家组同意通过中石油北京天然气管道有限公司密云—马坊联络线和马坊分输站工程项目安全条件审查。

(刘丽敏)

【重点行业领域安全监管】 本年，以防范和遏制事故为目标，涉爆粉尘、有限空间、白酒整治、涉危使用工业领域隐患治理“四项行动”取得阶段性成果。全市涉爆粉尘整改验收79家，整改159家。创建危化品使用隐患治理示范工业企业10家，严查违法违规储存使用危险化学品行为2家。全市11家白酒制造企业完成隐患整改并通过专家组评审验收，17家企业已明确停产退出，15家将陆续完成隐患整改。加大煤矿安全监管，持续推进岗位达标“5321”工作法，开展“安全·和谐”班组建设，强化对临近关闭退出矿井监察。印发《深入推进非煤矿山安全风险分级管控和隐患排查治理双重预防机制建设指导意见》，开展金属非金属矿山关闭退出。推进《北京市危险化学品安全综合治理三年行动计划(2017年6月—2020年5月)》。持续推进加油站贯标改造，至年底，全市190家加油站完成贯标改造，累计完成改造加油站917家。开展非经营性加油站专项整治，通过摸排和检查，全市有非经营性加油站350座，检查发现安全隐患和问题1253项，整改完成459项，关停加油站50座，拆除加油站11座。组织全市危险化学品生产企业、有储存经营企业开展安全风险诊断分级和城市安全风险评估，全市1027家危化企业完成风险评估。持续推进有储存设施危险化学品经营企业退出，全年12家完成疏解退出，累计疏解退出危险化学品生产、经营企业135家。落实城乡困难居民家庭淘汰不合格燃气灶具、安装燃气安全辅助设备工作，回访设备更换安装城乡困难居民家庭71580户，跟踪回访覆盖率达90%，更换安装设备质量保障率97.8%。

(车广杰　赵　芬)

【危化品企业实施“五项制度”】 本年，市安全监管局在全市危险化学品重点企业(危险化学品生产企业、取得危险化学品安全使用许可证企业、危险化学品重大危险源企业、涉及重点监管危险化工工艺化工企业)实施“主要负责人考核”“主要负责人述责述安”“专职安全总监和注册安全工程师”“安全风险研判”“安全承诺公告”五项制度。每年年初，由市区两级安全监管部门组织对危险化学品重点企业主要负责人进行安全管理知识考核和述责述安，危险化学品重点企业主要负责人将上一年法定职责履行情况，向市区两级安全监管部门汇报。要求各危险化学品生产企业必须配备专职安全总监和注册安全工程师，鼓励其他危险化学品重点企业设立专职安全总监和注册安全工程师。并要求企业在每日开展班组交接班、车间生产调度会、厂级生产调度会布置生产任务时，同步研判生产装置安全运行状态、重大危险源安全运行状态、高危生产活动及作业安全风险可控状态等安全风险，落实安全风险管控措施。在开展每日安全风险研判制度落实基础上，董事长或总经理等主要负责人要每天签署安全承诺，将企业安全运行状态和安全承诺在工厂主门外和各区安全监管局政府网站上公告，接受社会监督。

（刘丽敏）

烟花爆竹安全监管

【烟花爆竹管理部署】 1月17日上午，市安全监管局组织安全监管系统召开视频会议，部署2018年春节烟花爆竹销售（储存）安全管理工作。副局长唐明明出席会议并讲话。市安全监管局相关处室负责人，各区安全监管局分管领导、相关科室负责人、烟花爆竹批发单位负责人在分会场参加会议。会议解读《北京市2018年春节烟花爆竹销售（储存）安全管理工作方案》，并提出2018年春节烟花爆竹销售（储存）安全管理总体要求。唐明明提出，要增强工作责任感、使命感，坚持首都标准，细化措施落实，精心组织，科学谋划，强化融合，形成合力，保障岁末年初首都安全稳定。

（刘丽敏）

【非禁放区烟花爆竹零售点设置】 1月22日，市安全监管局会同市公安局、市工商局和市交通委，成立烟花爆竹安全监管专班，协调督导相关部门和各区政府，做好烟花爆竹销售、储存、运输等工作。召开专题会议，分析研究朝阳区、海淀区、丰台区、石景山区、通州区、顺义区等在非禁放区域内未设置零售点问题，向相关区政府下发《关于进一步落实市领导批示精神　做好非禁放区烟花爆竹零售点科学设置工作的紧急通知》，要求各相关区政府贯彻落实《通知》要求，本着便民利民原则，组织安监、公安、消防等部门研究非禁放区域内烟花爆竹零售点设置工作。

（刘丽敏）

【联合检查熊猫烟花仓库】 1月25日，市安全监管局会同市公安局，赴房山区对北京市熊猫烟花有限公司进行联合检查。重点检查企业安全人员配备、视频监控系统运行、库房内温湿度计检测、货物码放等情况。据了解，企业库存备货7.5万箱（期初库存1万箱、新进6.5万箱），配备各类人员70人（其中安全管理人员13人，驾驶员和押运员各16人），专用车辆35台，车辆上安装GPS定位系统。检查发现，企业库区内摄像头均为高清摄像头，视频监控系统运行正常，库房内货物码放规范，垛高、垛距符合安全规定，测温、测湿计配备齐全，检查登记翔实。为落实全市“批发单位和零售点禁止采购和销售吐珠类和组合烟花类烟花爆竹”要求，前期该企业协调返厂1500箱吐珠类和组合烟花类烟花爆竹，剩余近8000箱。市安全监管局责成房山区安全监管局在返厂前对剩余禁售烟花爆竹先行集中封存。

（刘丽敏）

【烟花爆竹零售点许可】 2月5日，全市烟花爆竹零售点许可工作结束。共许可网点数量87个，比去年511个减少424个，同比下降82.97%。本市五环路以内未设置烟花爆竹零售点。五环路以外，在各区划定禁止燃放区域内未设置烟花爆竹零售点，确保城市中心区和建成区安全。强化烟花爆竹源头治理，严格许可条件，规范许可程序，在许可工作部署中强调“六个坚决不予许可”要求。特别是根据新政策要求，提出“本市五环路内、16类禁放区和各区划定禁止燃放区域内及周边30米范围坚决不予许可”“与居民居住场所设置在同一建筑物内，坚决不予许可”要求。并下发《关于进一步落实市领导批示精神做好非禁放区烟花爆竹零售点科学设置工作的紧急通知》，保证在非禁放区域内科学、规范、合理设置烟花爆竹零售点。建立“区局许可，市局抽查”工作机制，开展“你举报、我奖励”专项活动，强化对各区局许可监督，保障全市烟花爆竹零售点许可工作有序进行。

（刘丽敏）

【烟花爆竹零售点许可抽查】 2月6日、7日，市安全监管局组成抽查组，对门头沟区、大兴区、石景山区、海淀区、朝阳区、平谷区11个烟花爆竹零售点许可情况和大棚搭建情况进行抽查。重点检查零售点位置是否符合“本市五环路内、16类禁放区和各区划定禁止燃放区域内及周边30米范围坚决不予许可”要求，大棚搭建是否做到储存区与经营区隔离、钢板缝隙封堵、用电线路穿管、严禁占用盲道等。检查发现，各区重视烟花爆竹零售点许可工作，落实《北京市2018年春节烟花爆竹销售（储存）安全管理工作方案》《烟花爆竹零售网点设置安全规范》，采取措施，科学合理布局，严格许可标准，确保许可工作质量。

（刘丽敏）

【副市长王宁检查烟花爆竹零售点】 2月8日，副市长王宁赴房山区检查琉璃河镇三街商业街和韩村河镇赵各庄烟花爆竹零售点安全管理工作，市政府副秘书长尹培彦、市安全监管局局长张树森、副局长唐明明、房山区副区长陈广利陪同检查。重点检查安全人员配备、销售大棚搭建、烟花爆竹码放、消防设施配备和应急管理措施等。检查发现，琉璃河镇三街商业街和韩村河镇赵各庄烟花爆竹销售点重视安全管理，落实市、区、镇安全监管部门要求。企业负责人、安全管理人员和5名从业人员均持证上岗，销售网点24小时有人值守；主要负责人、安全管理人员、销售人员、值守人员各岗位职责明确；销售区与储存区分别设置视频监视装置，对储存烟花爆竹及出入口全覆盖监控；在显著位置设置“严禁烟火”“禁止吸烟”“禁止燃放烟花爆竹”“机动车辆装卸时必须熄火”等安全警示标识；销售大棚屋面板与墙板之间缝隙进行封堵，墙板与地面间缝隙使用砂土封堵。王宁要求，强化安全意识，加强安全管理，落实新修订《北京市烟花爆竹安全管理规定》，销售量下降，但抓安全意识和标准不能降，不能有丝毫麻痹。要盯住重点部位，认真排查和治理安全隐患，加强对用电安全管理，做好销售大棚周边安全巡视。要落实安全责任制度和操作规程，熟练掌握应急处置程序和流程，提高应急处置能力。

（刘丽敏）

【检查熊猫烟花和烟花爆竹零售点】 2月11日，市安全监管局副局长唐明明赴熊猫烟花公司房山仓库和大兴区烟花爆竹零售点检查安全管理工作。市安全监管局相关处室和北京电视台、北京日报、北京广播电台媒体记者参加检查。检查组对熊猫烟花有限公司烟花爆竹仓库使用情况，出入库流向登记、温湿度监测登记、产品包装情况、产品规范码放、装卸情况，及隐患排查制度落实情况等进行检查。检查发现，企业能按相关规定落实安全管理措施，人员配备整齐，整体情况较好。还对大兴区两处烟花爆竹零售点烟花爆竹经营（零售）许可证、储存销售、专职安全管理人员持证上岗、销售棚安全状况、应急措施、应急值守等情况进行检查。检查发现，两个零售点安全措施落实到位，均安排专人值守，销售棚安装音视频监控，发现棚内安全隐患可及时进行提示并整改消除。发现黄村镇佟鑫家园烟花爆竹零售点存在销售棚钢板缝隙未封堵严密问题，执法人员要求零售点立即整改，落实销售棚封堵措施，做到储存区与经营区隔离。

（刘丽敏）

【延庆区烟花爆竹零售点检查】 2月11日，市安全监管局组成检查组会同延庆区安监局对延庆区各烟花爆竹零售网点进行安全检查。重点对烟花爆竹经营单位取证、专职安全管理人员持证上岗、视频监控系统运行、烟花爆竹储存和销售、安全警示标语和应急物质配备等情况进行检查。检查发现，经营单位均取得烟花爆竹经营（零售）许可证，安全管理人员持证上岗，库房货物码放规范且均由熊猫烟花公司统一配货，现场视频监控运行良好，销售棚安全状况良好。但检查发现千家店镇烟花爆竹零售点销售过期烟花爆竹，检查组责令立即改正，并责成延庆区安全监管局对其违法行为依法予以处理。

（刘丽敏）

【顺义区烟花爆竹零售点检查】 2月12日，市安全监管局会同市公安局、市工商局和市交通委，赴顺义区对杨镇、张镇和龙湾屯镇烟花爆竹零售点安全管理进行联合检查。重点检查烟花爆竹经营（零售）许可证、烟花爆竹储存情况、销售棚安全状况和应急措施、烟花爆竹销售品种规格、烟花爆竹零售点安全保障等情况。检查发现，销售点安全措施基本到位，但也发现部分网点消防应急物资准备不完善、销售棚与地面缝隙封堵不严等问题。并发现龙湾屯镇烟花爆竹销售点存在销售过期烟花爆竹违法行为，检查组要求零售点立即改正，并责成顺义区安全监管局对其违法行为依法予以处理。

（刘丽敏）

【烟花爆竹仓库汛期检查】 7月19日，市安全监管局会同大兴区、房山区安全监管局，对大兴区烟花爆竹仓库和房山区熊猫烟花仓库进行检查。重点检查防汛物资配备、烟花爆竹码放、温湿度检测和视频监控等情况。检查发现，大兴区烟花爆竹仓库重视汛期安全生产工作，视频监控系统维护到位，但存在烟花爆竹码放不齐、墙距不够、湿度过高、墙边潲雨、未配备除湿剂、检测记录不完善等问题。房山区熊猫烟花仓库认真开展防汛工作，加强烟花爆竹储存安全管理，但存在烟花爆竹堆垛倾斜、墙距不够、温湿度表失灵等问题。针对问题，市安全监管局要求企业立即整改，加强物联网系统维护和温湿度检测，规范日常检查记录，强化汛期烟花爆竹储存安全管理。针对近期极端天气较多，要求企业加强人员值守工作，保持通讯畅通，遇突发事件按照应急预案做好信息上报和应急处置。

（刘丽敏）

【烟花爆竹长期点“四不两直”检查】 8月2日至3日，市安全监管局对3家烟花爆竹长期零售网点开展“四不两直”执法检查。重点检查销售登记、产品储存、人员看护、应急物资配备、从业人员持证上岗及音视频监控等情况。检查发现，房山区烟花爆竹零售网点储存管理比较规范，但存在涉嫌违法销售过期烟花爆竹问题。大兴区烟花爆竹零售网点产品储存通风不足，烟花爆竹储存间温度过高。平谷区烟花爆竹零售网点临时储存收缴烟花爆竹不符合要求。针对检查发现问题，要求企业立即整改，对房山区烟花爆竹零售网点涉嫌违法问题，责令房山区安全监管局立案处罚。

（刘丽敏）

【春节前烟花爆竹管理检查】 9月30日，市安全监管局会同大兴、房山区安全监管局对烟花爆竹批发单位和长期零售点进行节前安全检查。检查人员对大兴区烟花爆竹仓库、长期零售点和房山区烟花爆竹仓库进行检查，烟花爆竹仓库重点检查防汛物资配备、烟花爆竹码放、温湿度检测和视频监控等情况，长期零售点重点检查销售登记、产品储存、人员看护、应急物资配备、从业人员持证上岗及音视频监控等情况。检查发现，大兴区烟花爆竹仓库重视节日期间安全生产工作，视频监控系统维护到位，但存在烟花爆竹码放不齐、墙距不够等问题；魏善庄烟花爆竹长期零售点销售储存管理比较规范，视频监控设备正在与区安全监管局进行对接。房山区熊猫烟花仓库开展安全生产工作，加强烟花爆竹储存安全管理，但存在产品码放不规范等问题。针对问题，市安全监管局要求企业立即整改，加强物联网系统维护和温湿度检测，规范日常检查，强化烟花爆竹销售储存安全管理。

（刘丽敏）

【烟花爆竹销售储存安全管理】 本年，全市共许可烟花爆竹零售网点数量87个，比2017年511个减少424个，同比下降82.97%。按照新修订《北京市烟花爆竹安全管理规定》要求，本市五环路以内不设置烟花爆竹零售点。五环路以外区域，在各区划定的禁止燃放区域内不设置烟花爆竹零售点。全市烟花爆竹批发单位3家，比2017年5家下降40%。春节期间，烟花爆竹共备货7.5万箱，比2017年备货量17万箱，下降55.9%。全市累计入库5.1万箱，比2017年的16.5万箱下降69.1%；累计配送3万箱，比2017年16.4万箱下降81.7%；累计销售2.97万箱，比2017的12.3万箱，下降75.8%。市安全监管局印发《北京市2018年春节烟花爆竹销售（储存）安全管理工作方案》，采取规范许可，细化重点监管措施，强化执法检查，强化社会参与共治等措施，完成2018年全市春节期间烟花爆竹销售、回收工作，烟花爆竹批发单位及87个零售网点未发生生产安全事故。

（刘丽敏）

矿山安全监管监察

【召开煤矿专题工作会】 1月9日，北京煤监局副局长贾太保主持召开专题工作会，研讨2018年重点工作。北京煤监局、昊华能源公司及各矿相关负责人参加会议，木城涧煤矿等煤矿及昊华能源公司相关负责人分别汇报2018年工作重点。贾太保要求，2018年要坚持“三个坚持、五个确保”；开展“责任落实年”活动，推动全面落实责任；防范控制较大事故，特别是冲击地压防治（包括顶板管理）、立井提升（包括斜坡提升、机电运输设备维护更新、操作人员技能）、局部通风管理防止窒息事故、矿井外因火灾事故、柔掩工作面放炮事故等；加强现场管理，特别是造成轻微伤多发生产作业环境整治管理；持续开展以5321岗位达标为主要内容的安全生产标准化和安全生产教育培训。

（贾　宏）

【对顺义区地热企业进行安全检查】 1月12日，市安全监管局对位于顺义区的华人健康俱乐部花水湾度假村进行现场安全检查。听取企业安全管理汇报，查看安全生产规章制度等，现场检查潜水泵房、工作间安全生产情况。针对企业存在安全管理制度不完善、未按规定召开安全管理会议、抽水泵房管理混乱等隐患问题，执法人员依法下达行政执法文书，责令企业限期整改。经复查，1月22日整改完毕。

（张　雷）

【油服企业安全许可核查】 1月15日，市安全监管局对北京微赛思技术有限公司进行安全许可现场核查。依据《非煤矿矿山企业安全生产许可证实施办法》及全市油服企业安全生产许可审查标准，重点审核企业相关证照、人员资质、安全生产责任制、安全管理制度、安全教育培训、工伤保险缴纳、施工项目安全管理、应急预案等申报材料。核查中，针对企业对许可相关法律法规、标准及条件方面疑问，向企业人员进行讲解，并就应急预案编制、相关安全制度可操作性进行探讨。

（张　雷）

【煤矿元旦后复工检查】 1月18日至24日，北京煤监局对大安山煤矿、大台煤矿和木城涧煤矿开展元旦复工后安全生产监察。检查人员重点检查元旦期间安全保障措施制定和落实、年底停产及元旦期间矿领导应急值守、煤矿复工等情况，查阅有关文件、资料和台账。针对检查发现工作面复工验收由带队矿领导进行验收确认，矿长复工后补签等问题和隐患下达责令改正监察指令。要求煤矿各类监察活动，制定整改方案，按照“五落实”要求，认真整改，超出整改限期的要及时上报延期成因和下一步措施。整改完成后，及时将整改报告上报北京煤监局；按照“谁停产、谁验收、谁负责”原则，严格工作面复工验收标准和程序，对自行停工停产矿井，由煤矿企业主要负责人签字，对存在冲击地压风险工作面要经京能集团组织验收，主要负责人签字确认后，方可恢复生产。汲取木城涧煤矿“12·3”事故教训，组织人员对所有回采工作面和在用巷道进行防止冲击地压和应力集中排查，采取针对性安全技术措施。坚持“源头预防、能治必治、应舍必舍”原则，对事故风险隐患大，不能保证安全的要坚决舍弃。

（贾　宏）

【首钢矿业公司安全督查】 1月26日至28日，市安全监管局聘请地采矿山、尾矿库、排土场6名专家，组成督查组，对首钢矿业公司开展安全督查。专家分两组，第一组检查地采矿山安全管理情况；第二组检查尾矿库、排土场安全管理情况。针对检查发现杏山铁矿井下局部通风机进风口距离出风口过近、风门存在漏风现象，新水村尾矿库浸润线观测记录缺少观测人签字等问题，执法人员依法向企业下达行政执法文书，责令企业限期整改。经复查，2月19日整改完毕。

（张　雷）

【煤矿“安全·和谐”表彰】 1月31日，北京煤监局召开2017年煤矿安全生产暨“安全·和谐”班组表彰会。市总工会有关领导宣读“安全·和谐”示范班组和煤矿“安全卫士”表彰决定。北京煤监局副局长贾太保总结2017年全市煤矿安全生产情况，对2018年重点工作进行部署，要求做好重大灾害防治；开展“责任落实年”活动；推进安全生产标准化建设；开展顶板管理、机电运输、通风管理、职业危害防治等工作。市城管委、市国资委、市总工会有关领导，京能集团、昊华能源公司负责人，各煤矿矿长、安监站长，煤矿科段长、班组长代表及北京煤监局有关人员100余人参加会议。

（贯　宏）

【春节前木城涧煤矿安全检查】 2月1日，北京煤监局对木城涧煤矿开展节前安全生产和关闭退出情况检查。木城涧煤矿上年“12·3”事故后，全矿停产，提前进入矿井关闭回收。检查人员重点检查矿井回收实施方案及安全保障措施制定和落实情况，并对回收验收、核对火工品领用和春节期间矿领导应急值守及安全保障提出要求。

（贯　宏）

【木城涧“12·3”事故专题会】 2月6日，市安全监管局副巡视员谢清顺组织市监察委、市城管委、市总工会、市公安局内保局等事故调查组成员单位，召开木城涧煤矿“12·3”事故专题会，听取北京煤监局代表事故调查组介绍事故发生经过、抢救过程、事故发生原因、事故性质、责任分析和处理意见及今后应采取措施等，对事故调查处理材料进行讨论，认为事故调查过程客观，原因分析深刻，一致认定该事故为责任事故。

（贯　宏）

【大台煤矿春节安全监察】 2月8日，北京煤监局对大台煤矿开展春节期间安全保障监察。大台煤矿2月12日中班至2月23日早班停产放假，并下发《春节放假期间停复工工作安排的通知》，成立停产期间安全治安维稳工作领导小组，分工明确，责任到人。检查了解到，在2月3日前各科（段）召开专题会议，落实停产放假工作方案，组织学习停产放假工作方案和停复工措施，要求在春节放假前全矿进行一次隐患排查，并按照“五落实”要求整改；完善工作面停复工工作程序，增强可操作性，明确工作面验收必须由矿长签字后方可恢复生产；放假期间加强进入井下各通道安全巡视检查。

（贯　宏）

【大安山节后复工和“两会”监察】 2月26日至27日，北京煤监局对大安山煤矿开展节后复工和“两会”安全保障监察。大安山煤矿下发《关于2018年春节停工、复工及相关工作安排的通知》，安排安监员、科段正职和副总工程师以上管理人员进行停复工验收，经矿长签字同意后，各工作面方可停复工。2月23日中班，各工作面经验收合格，陆续恢复生产。2月24、25日，京能集团、昊华能源公司分别组成检查组，对大安山煤矿复工情况进行检查。检查组认为，大安山煤矿制定“两会”安保措施；按照相关规定，严格复工程序。但存在“两会”安保措施个别环节过于笼统、个别段队复工培训考试严肃性不足等问题，检查人员下达责令整改监察指令。

（贯　宏）

【“两会”期间非煤矿山安全检查】 3月1日至2日，市安全监管局对中地宝联（北京）国土资源勘查技术有限公司、北京盛瑞马科技有限公司和北京华晖盛世技术开发有限公司非煤矿山企业进行安全检查。重点检查企业相关证照、安全生产责任制、安全管理制度、安全教育培训、工伤保险缴纳、安全费用提取、施工项目安全管理、应急预案等落实情况。检查发现，中地宝联（北京）国土资源勘查技术有限公司、北京盛瑞马科技有限公司安全生产责任制未及时修订、安全生产工作例会记录不详细、未提供外包管理制度、安全检查和安全教育培训记录不完整等问题，执法人员依法下达行政执法文书，责令企业限期整改。经复查，3 月 11 日整改完毕。

（张　雷）

【大安山煤矿“两会”检查】 3 月 7 日至 8 日，北京煤监局对大安山煤矿开展“两会”期间安全生产保障检查和冲击地压防治重点监察。听取大安山煤矿“两会”期间安全保障汇报，重点检查该矿冲击地压煤层鉴定报告、防冲制度、防冲规划、作业规程、冲击危险性日常监测和分析及冲压采掘工作面部署等情况。检查发现，大安山煤矿未按矿防冲管理制度要求，制定年度冲击地压防治知识培训计划等问题，责令立即改正。

（贾　宏）

【国家煤矿安监局到大安山指导】 3 月 8 日，北京煤监局副局长贾太保陪同国家煤矿安监局副局长桂来保，到京能集团北京昊华能源公司大安山煤矿检查煤矿安全生产情况。听取北京煤监局“两会”安全保障工作汇报、昊华能源公司近期安全生产汇报及大安山煤矿冲击地压防治情况汇报，对 2017 年 12 月 6 日检查发现问题进行复查。桂来保要求，继续严格制度、严格措施，持续保持安全管理不放松；国家安监局近期将出台冲击地压防治工作细则，煤矿要认真学习，将各项要求贯彻落实到具体工作中，确保安全生产。

（贾　宏）

【非煤矿山综合整治项目专题会】 3 月 9 日，市安全监管局组织密云冶金矿山公司、首云铁矿、凤山矿、威克铁矿等非煤矿山企业主要负责人召开专题会，就利用大气污染防治资金，开展非煤矿山综合整治进行研讨，并形成共识。申报项目包括露天矿山、爆破降尘、尾矿库、排土场、无废化处理或绿化降尘、生产环节等，项目实施不仅有效降低向大气中排尘量，还能大幅降低粉尘职业危害影响，根除排土场、尾矿库安全风险。

（张　雷）

【大台煤矿“一通三防”监察】 3 月 14 日至 15 日，北京煤监局对大台煤矿开展“一通三防”、矿领导下井带班及隐患排查专项监察，重点检查该矿通风管理、瓦斯防治、安全监控系统、防灭火、煤尘防治、隐患排查及矿领导下井带班等情况。查阅相关制度、设备设施检测报告、各类相关仪器仪表校验材料等。对井下 955 掘进工作面、965 采煤工作面、采区变电所“一通三防”管理情况进行抽查。检查中发现，个别“一通三防”仪器仪表检定、校验不及时，工作面隐患排查还不够彻底等问题。检查人员责令煤矿立即整改，并要求查漏补缺。

（贾　宏）

【大台煤矿“两会”安全监察】 3 月 14 日至 16 日，北京煤监局对大台煤矿开展“两会”安全保障专项监察。检查组听取大台煤矿“两会”期间安全生产情况汇报，对井下采煤和掘进工作面进行现场检查，查阅领导值班带班、隐患排查整改、应急预案等台账。针对检查中发现问题，下达责令整改监察指令，并提出提高政治站位，统一思想认识；严格落实责任，抓好问题整改；加强值班值守，做好应急处置等要求。

（贾　宏）

【岗位标准化建设研讨会】 3 月 18 日，市安全监管局在首钢矿业公司，召开岗位标准化建设工作研讨会。与会人员对管理岗、操作岗位标准化开展讨论，确定岗位标准化建设5个方面内容，并明确5个方面建设内容，即岗位责任标准、岗位操作标准、岗位口述标准、应急处置标准、岗位考核标准。确定各项标准考核方式、考核内容、考核要点，提出定岗位责任标准、定岗位操作标准、定岗位口述标准、定隐患排查治理标准、定考核标准“五定工作法”为纲领岗位标准化建设方案。

（张　雷）

【木城涧煤矿退出专项监察】 3月29日，北京煤监局与市规划国土委对木城涧煤矿进行联合检查，并开展矿井退出期间安全生产工作专项监察。检查组听取木城涧煤矿退出期间安全情况汇报，分别对井口封闭进行现场检查，查阅关闭退出方案、井口封闭、地面设备设施拆除等安全管理制度、工作计划等资料台账。检查发现，木城涧煤矿能落实安全主体责任，按照关闭退出方案有计划、有步骤在规定时间内完成井下设备拆除，正进行封闭填实井筒，填平场地等工作，已完成6个井口封闭。4月1日开始，地面煤仓拆除由外委单位进行施工，地面轨道已拆除。

（贾　宏）

【木城涧煤矿关闭退出联合检查】 4月3日，北京煤监局与市城管委对木城涧煤矿关闭退出进行联合检查。检查组听取木城涧煤矿关闭退出、昊华能源公司化解煤炭产能过剩总体计划及完成情况汇报，查阅封堵井口和拆除设备设施安全技术措施、关闭退出方案、与外委施工单位签订安全协议等，对＋680米北沟风井、＋401米主井口封闭情况进行抽查。检查组认为，木城涧煤矿在按计划有序退出。

（贾　宏）

【大安山煤矿“一通三防”监察】 4月9日至11日，北京煤监局对大安山煤矿开展“一通三防”、矿领导下井带班和隐患排查专项监察。检查人员重点针对煤矿落实依法打击和重点整治煤矿安全生产违法违规行为专项行动实施方案，开展隐患自查自改情况和通风管理、瓦斯防治、安全监控系统、防灭火、煤尘防治、隐患排查及矿领导下井带班等情况进行检查。查阅相关制度、设备设施检测报告、相关仪器仪表校验材料，检查安全监控系统运行和日常维护管理，粉尘检测记录和矿领导下井带班及一季度矿、段、班组隐患排查开展等情况。对井下现场进行抽查。检查发现，由于水平工作面发生变化，通风系统未作相应调整，由于减人造成部分内业管理存在缺失，工作面隐患排查还不够彻底等问题，检查人员提出责令煤矿立即整改，要求煤矿重视矿井通风管理，提高对“一通三防”认识，加强安全管理制度执行，在明年煤矿退出前，管理不放松、标准不降低、投入不减少、考核更严格。强调按照依法打击和重点整治煤矿安全生产违法违规行为专项行动方案，做好煤矿自检自改。

（贾　宏）

【地质勘探单位安全检查】 4月13日，市安全监管局对位于北京经济开发区的北京波特光盛石油技术有限责任公司进行安全检查。根据其公司地质勘探主要作业地点均在外地，检查组听取企业基本情况和安全生产汇报，检查企业安全机构设置、安全生产培训记录、安全生产应急处理预案、隐患排查及整改记录、安全费用提取使用记录。检查发现，安全生产教育培训档案管理不规范、安全隐患排查台账制度未实施、安全费用提取与使用管理不规范等隐患问题，执法人员依法下达行政执法文书。经复查，4月21日整改完毕。

（张　雷）

【密云区矿山企业安全检查】 4月26日至27日，市安全监管局会同密云区安全监管局，对密云区北京威克冶金有限责任公司、北京建昌矿业有限责任公司金属非金属矿山企业进行检查，重点查看企业春节后复工安全教育培训记录、隐患排查记录、特殊工种持证情况等资料，现场检查露天采矿场，对企业设备设施安全状况、安全警示标识设置情况进行重点检查。对检查发现问题，执法人员依法下达责令整改指令书，责成密云区安全监管局督促整改，按要求进行检查验收。

（张　雷）

【听取煤矿安全生产汇报】 5月16日，北京煤监局副局长贾太保主持召开专题会，听取京能集团昊华能源公司、大安山煤矿、大台煤矿、木城涧煤矿安全生产汇报。昊华能源公司结合岗位责任年各项要求贯彻落实，大安山煤矿围绕冲击地压管控，大台煤矿结合立井提升及顶板管理，木城涧煤矿针对煤矿关闭退出等内容进行汇报。贾太保要求，通过持之以恒抓住冲击地压、持之以恒抓好顶板管理、持之以恒抓紧警示教育、持之以恒抓牢责任落实、持之以恒抓浓安全生产氛围，实现煤矿安全稳定。

（贾　宏）

【对湖北省煤矿异地监察执法】 5月28日，北京煤监局副局长贾太保带队组成异地监察执法检查组，对湖北省煤矿开展第一阶段异地监察执法，聘请5名专家组成检查组，对湖北省恩施州8对矿井开展执法检查，检查历时18天。

（贾　宏）

【大台煤矿防治水及专项监察】 5月30日至31日，北京煤监局对大台煤矿开展防治水专项监察，重点检查煤矿防治水制度、人员及设备，基础资料管理，地表水害防治措施落实，井下防治水措施落实，矿井排水设备设施配备，水害应急处置等资料台账，现场抽查－410米水平水泵房，并对防汛物资储备等进行现场检查。检查发现，水仓未在入汛前清理，水泵联合试运转试验不符合规程要求等问题，下达责令限期改正监察指令。

（贾　宏）

【首钢矿业公司防汛安全督查】 5月31日至6月2日，市安全监管局聘请矿山、尾矿库专家组成检查组，赴河北迁安市对首钢矿业公司所属矿山汛期安全进行专项督查。听取首钢总公司及首钢矿业公司矿山安全管理、防汛准备及汛前安全生产大检查汇报，了解首钢矿业公司各矿采矿场、排土场、尾矿库运行情况、存在主要问题和采取措施等。前往水厂铁矿尹庄尾矿库和新水村尾矿库，重点检查尾矿库防汛预案、防汛措施、排洪系统、巡查值守、在线监测数据等情况。针对新水村尾矿库永久排洪系统建设等问题，市安全监管局与首钢矿业公司进行专题研究，提出建设方案。

（张　雷）

【大安山煤矿防治水及专项监察】 6月12日至13日，北京煤监局对大安山煤矿开展防治水专项监察，检查煤矿防治水制度、人员及设备，基础资料管理，地表水害防治措施落实，井下防治水措施落实，矿井排水设备设施配备，水害应急处置等资料台账，现场抽查＋400 米水平水泵房，并对防汛物资储备等进行检查。对存在未将防范暴雨洪水引发煤矿事故灾难情况，纳入到水害应急救援预案中等问题，下达责令改正监察指令。

（庄过兵）

【闭库、尾矿库防汛安全检查】 6月15日至16日，市安全监管局对怀柔区前安岭尾矿库（停用）、京冀工贸汤河口尾矿库（再利用）、东岔黄金尾矿库（闭库）、七道梁一号黄金尾矿库（闭库）、七道梁二号黄金尾矿库（闭库），延庆区大庄科尾矿库（闭库）6座闭库、停用尾矿库进行防汛安全专项检查。重点检查尾矿库管理单位责任落实、日常安全维护、汛期安全巡查及应急值守、排洪设施和尾矿库安全现状等，尾矿库安全状况较好。

（张　雷）

【密云区尾矿库汛期检查】 6月21日，市安全监管局赴密云区检查尾矿库汛期安全生产工作。先后检查密云区放马峪铁矿鞍子沟尾矿库、建昌铁矿新尾矿库、威克铁矿郝家庄尾矿库、首云铁矿和尚峪尾矿库5座运行库，现场检查每座库基本情况、度汛安排、汛期应急值守、隐患排查治理等情况，查看尾矿库防洪排水设施、防汛物资储备、尾矿库在线监测监控系统、视频监控系统、应急值守情况等内容。对检查发现问题，执法人员依法下达执法文书，责令企业限期整改。经复查，6月30日前整改完毕。

（张　雷）

【大台煤矿安全培训和汛期检查】 6月27日，北京煤监局副局长贾太保带队，到大台煤矿检查调研汛期安全生产和安全培训工作。昊华能源公司总经理、总工程师，市安全监管局有关人员参加检查调研。贾太保要求，要立足防大汛，树立不降雨当降小雨对待，降小雨当降大雨对待，以透水征兆、全国典型事故案例和本矿事故案例为重点，加强对班组、段队培训教育。坚持在极端情况下停产撤人原则，明确下达撤人命令程序、权限，发生异常情况立即撤人。抓住重点工作和环节，开展应急演练、联动试验等，开展地面、井下防洪设备设施排查、矿区危险房屋、住户排查。组织力量对采空区、老窑、矸石山等进行全面排查，做到思想、责任、人员、预案、资金、时限六落实。围绕国家安监总局92号令，公司及煤矿要逐条对照检查，树立培训是预防事故治本之策理念，及时发现存在问题，采取有效措施，进行认真整改。

（贾　宏）

【门头沟区非煤矿山企业调研】 6月30日，市安全监管局对门头沟区北京潭龙鑫磊矿业有限公司进行调研检查。听取北京潭龙鑫磊矿业有限公司负责人安全生产汇报，对采矿施工现场进行检查。北京潭龙鑫磊矿业有限公司重视安全生产工作，针对专业技术人才数量不足问题，寻求技术服务公司支持，并签订技术服务合同，制订矿山企业建设计划，改造升级运输、通风、供电等系统。市安全监管局就矿井设计、光面爆破、巷道支护等安全技术对企业进行指导。

（张　雷）

【开展大安山煤矿专项监察】 7月3日至4日，北京煤监局对大安山煤矿开展安全投入专项监察。重点检查上年安全生产费用提取标准执行、企业安全生产费用使用、企业安全费用内部管理制度建立健全及落实等情况，查看相关资料和台账记录。大安山煤矿能编制年度安全费用提取和使用计划，按照 15 元/吨标准提取安全费用，使用范围符合《企业安全生产费用提取和使用管理办法》。安全费用由昊华能源公司统一管理，做到专户存储、专款专用、专项核算、据实列支。检查发现，企业年度安全费用使用计划和上年安全费用提取、使用情况未报北京煤监局备案等问题，检查人员下达责令改正监察指令，要求煤矿加大安全投入，科学合理使用安全费用，保证资金足够投入。

（贯　宏）

【汛期安全检查】 7 月 18 日，北京煤监局针对近期出现强降雨天气，组织检查人员到京能集团昊华能源公司大安山煤矿，听取煤矿防汛汇报，查看汛期矿领导带班值守记录、应急预案制定和落实、防汛物资储备、防汛队伍值备勤等情况。大安山煤矿制定汛期安全生产应急预案，物资储备充足。

（贯　宏）

【怀柔区和平谷区尾矿库汛期检查】 7 月 19 日至 20 日，市安全监管局赴怀柔区、平谷区对京都黄金冶炼有限公司尾矿库、后安岭 1 号黄金尾矿库、晏庄金矿老尾矿库进行汛期安全检查，对尾矿库汛期安全生产提出要求。针对怀柔区后安岭 1 号黄金尾矿库下方修建旅游设施问题，检查组要求建设方立即停止建设活动，并责成怀柔区安全监管局督促整改，确保隐患整改到位。

（张　雷）

【汛期煤矿安全生产座谈会】 7 月 26 日，北京煤监局在大台煤矿召开全市汛期煤矿安全生产工作座谈会。昊华能源公司总工程师、副总经理、安全监察部部长及各煤矿矿长、安监站长等人员参加。会上，传达 7 月 12 日至 13 日全国煤矿安全基础建设推进会议精神，7 月 20 日应急管理部“坚决贯彻落实习近平总书记重要指示精神，进一步做好当前安全防汛和抢险救灾工作”视频会议精神。对汛期煤矿安全生产提出要求，要加强汛期安全生产领导、应急值守和调度，加强与气象、国土资源等部门沟通，及时掌握水文、极端天气预报及雷雨和地质灾害信息，统筹安排防汛工作。加强对职工防汛和避灾知识教育培训，提高从业人员对水患认识，熟练掌握水害发生时逃生路线，增强识别和应对水害事故能力。明确能够下达井下撤人命令人员范围，矿区连续 3 小时降雨达 50 毫米以上或气象预报为“红色暴雨预警”天气，必须立即停产撤人。加强应急值守，严格执行领导带班查岗和 24 小时值班制度，保证通信畅通，及时发现险情、及时处置、及时上报。

（贯　宏）

【三项非煤矿山“地标”专家初审】 8 月 5 日，市安全监管局召开非煤矿山《安全生产等级评定技术规范　第 28 部分：金属非金属矿山（露天）》《安全生产等级评定技术规范　第 29 部分：金属非金属矿山（地下）》《安全生产等级评定技术规范　第 30 部分：尾矿库》地方标准审查会，国家安全监管总局、密云区安全监管局、中国恩菲工程技术有限责任公司、国家安全监管总局信息研究院、北京科技大学、北方工业大学、首钢矿业公司、密云冶金矿山公司、云冶铁矿、市劳保所等单位专家，对三项非煤矿山地方标准草案进行审查。三项地方标准通过审查。

（张　雷）

【大安山煤矿机电运输专项监察】 8月7日至9日，北京煤监局联合京能集团，聘请专家，组成联合检查组，对大安山煤矿开展机电运输专项监察及打击和重点整治煤矿安全生产违法违规行为专项行动。检查组分成三组采取查阅相关资料、现场抽查方式，重点检查煤矿地面变电站、井下中央变电所机电管理制度制定与落实情况，采区、矿井提升运输系统各类安全保护和信号装置管理、轨道铺设质量情况，设备定期检验、检查维修及带式输送机使用检修维护等情况，并对运销科选运系统机电运输管理情况进行抽查。检查组还对该矿责任落实年活动开展情况、打击假冒特种作业资格证专项治理情况进行督促检查。针对检查发现运销系统翻罐笼安全保护装置失效、选运系统外包工程管理混乱等情况，下达责令运销系统停产整顿三天，其他问题立即改正监察指令。要求煤矿加强领导，强化责任落实，制定严厉考核奖惩制度，确保安全管埋措施落实到位。

（贾　宏）

【顺义区矿山企业汛期安全检查】 8月9日，市安全监管局检查顺义区北京哲君科技开发有限公司采石场汛期安全生产工作。听取矿山企业安全生产汇报，现场对矿山边坡、道路、防排水系统等进行检查。对北京哲君科技开发有限公司采石场正在整合问题，要求企业按照法律法规规定，重新进行开采设计，并经安全设施设计审查后方可生产。

（张　雷）

【大台煤矿机电运输专项监察】 8月13日至15日，北京煤监局联合京能集团，聘请专家组成联合检查组，对大台煤矿开展机电运输专项监察及打击和重点整治煤矿安全生产违法违规行为专项行动。检查组分成三组采取查阅相关资料、现场抽查方式，检查煤矿地面变电站、井下中央变电所机电管理制度制定与落实情况，采区、矿井提升运输系统各类安全保护和信号装置管理、轨道铺设质量情况，设备定期检验、检查维修及带式输送机使用检修维护等情况；对运销科选运系统机电运输管理进行抽查；还对该矿部分安全生产管理人员进行安全生产知识和管理能力抽查考试。检查发现，运销系统洗煤厂设备资料管理混乱、皮带防跑偏保护失效等情况，下达责令运销系统洗煤厂停产整顿，其他问题立即改正监察指令。要求按国家标准和要求，对发现问题分类逐项制定整改方案，整改完成后，由昊华能源公司进行复产验收，并将验收情况书面上报北京煤监局。

（潘洪季）

【木城涧煤矿注销安全生产许可证】 8月16日，经木城涧煤矿申请，北京煤监局注销其煤矿安全生产许可证。木城涧煤矿上年“12·3”事故后，全矿停产，提前进入矿井关闭回收。根据《中华人民共和国行政许可法》第七十条和《煤矿企业安全生产许可证实施办法》第二十九条有关规定，终止煤炭生产活动，安全生产许可证颁发管理机关注销其安全生产许可证。

（贾　宏）

【首钢矿业公司三季度安全督查】 9月20日至22日，市安全监管局组织采矿、尾矿库、排土场专家组成督查组，对首钢矿业公司开展安全督查。对首钢矿业公司水厂铁矿露天采场、东西两个排土场、新水和尹庄两个尾矿库，杏山地下采场，大石河大采尾矿库和孟家冲尾矿库进行安全检查，重点检查安全生产责任制落实、尾矿库安全设施运行、排土场排放安全、露天采场安全监测和地采矿山通风、排水、运输提升、顶板管理等情况。21日，督查组听取首钢矿业公司矿山汛期安全、二季度督查问题整改情况、国庆期间安全生产安排和杏山铁矿数字化矿山建设推进情况汇报，并就推进安全生产重点工作与首钢矿业公司进行交流。

（张　雷）

【大安山“中非合作论坛”安保检查】 8月22日至23日，北京煤监局对大安山煤矿开展“中非合作论坛”北京峰会期间安全保障检查。检查人员传达8月16日“中非合作论坛”保障动员会领导讲话精神及市安委会办公室要求，传达《北京城市安全隐患治理三年行动方案（2018年—2020年）的通知》精神，查阅相关材料和记录。经查，8月9日，昊华能源公司第六次总经理办公会研究决定，大安山煤矿退出提前启动，并成立退出工作领导小组。8月11日，大安山煤矿停止生产，进行采区、工作面设备拆除回收。针对“中非合作论坛”北京峰会期间安全保障工作，大安山煤矿制定安全稳定工作方案，成立安全保障工作领导机构，明确目标和保障措施。

（贯　宏）

【国家煤监局到大台煤矿调研】 9月12日至13日，北京煤监局副局长贾太保陪同国家煤监局副局长桂来保，对昊华能源公司大台煤矿进行检查调研。12日，听取北京煤监局煤矿监管监察汇报及昊华能源公司、大安山煤矿和大台煤矿安全生产汇报。对大台煤矿安全管理、重大灾害超前治理及井下部分作业现场进行抽查。13日，检查组召开意见反馈会。桂来保代表检查组向昊华能源公司反馈规程会签不规范、通风系统不完善等7项问题，并提出整改要求和意见建议。

（李　瑾）

【大台煤矿国庆节后复工安全检查】 10月9日至10日，北京煤监局对大台煤矿开展国庆节后复工、隐患治理情况、安全培训及超能力生产专项监察。检查人员查看煤矿复工安全技术措施，隐患整改报告，年度、月度生产计划报表等，抽查采煤四段、采煤五段复工培训记录，检查煤矿安全培训费用使用、安全培训档案一期一档及一人一档建立情况。针对煤矿存在安全培训费用支出偏低、企业培训档案一期一档和个人安全培训档案均存在要件不全等问题，检查人员下达责令立即整改监察指令，并在随后安全检查中，重点紧盯煤矿问题整改，对整改达不到要求的，依法严肃处理。

（贯　宏）

【对大台煤矿特种作业人员检查】 10月16至17日，北京煤监局对大台煤矿特种作业人员持证情况进行专项检查。检查人员查看煤矿特种作业人员管理台账，抽查采煤六段特种作业人员管理和使用情况，并深入井下一线，现场检查掘进段早班和中班瓦斯检查员、井下爆破工持证上岗情况。现场抽查2名瓦斯检查工和2名井下爆破工，都随身携带有特种作业人员操作资格证，证书均在有效期内。煤矿特种作业人员管理台账记录清楚、各工种分类明确，每名人员信息均登记有初次领证时间、复审时间等。针对生产段特种作业人员台账更新不及时，存在漏人漏项、信息登记不完善等现象，检查人员要求煤矿有督促各生产单位加强管理，按照特种作业人员管理规定，对无证上岗零容忍，确保特种作业人员实现100%持证上岗。

（贾　宏）

【部署煤矿安全生产工作】 10月24日，北京煤监局副局长贾太保主持召开专题会议，研究部署煤矿安全生产工作。会议听取煤炭科学研究总院针对大台煤矿5槽底板存在强冲击倾向性、按照《煤矿冲压防治细则》规定进行危险性评价要求进行评价进展情况，北京煤监局通报山东龙郓煤业10·20事故情况，与会人员结合全市煤矿安全生产进行座谈。贾太保要求，煤矿要立即召开警示专题会，强化安全生产；落实顶板管理五条规定、煤矿安全生产禁止性规定277条，查找安全工作不足、堵塞漏洞；大安山煤矿虽停止生产，但其对冲出地压成功经验，可运用到大台煤矿安全管理中；落实“三个坚持、五个确保”，在工作中推行岗位达标“5321”工作法。

（贾　宏）

【设备设施回收监察】 10月31日至11月1日，北京煤监局对大安山煤矿井下设备设施回收工作开展重点监察，听取设备设施回收情况、员工分流安置情况、火工品处理情况、井口封闭时间安排及进度等汇报，重点检查矿井回收工作方案、分专业回收安全技术措施及员工学习、培训情况、矿领导井下带班情况、安全员下井跟班检查情况及是否还存在以回收设备为名义，违规组织生产等情况。大安山煤矿分别在＋400米水平副井上把勾、＋400米水平主井皮带机头、＋550米水平中央变电所、＋550米水平压风机房、＋400米水平架空人车、＋680米水平架空人车回收设备，制定并组织施工人员学习安全技术措施。

（彭孟长）

【前安岭铁矿安全设施设计评审会】 11月1日，市安全监管局组织专家对《北京恒泰兴业企业管理有限公司怀柔前安岭铁矿30万吨/年采选技改工程安全设施设计》进行评审。经质询、讨论，发现设计存在设计采矿范围超出采矿许可证规定范围、通风系统验算不符合规范、引用文件不符合现行法律、法规规定，决定该设计不予通过。专家组向建设单位、设计单位签发专家组评审意见书，建议设计单位修改后重新报审。

（张　雷）

【首钢鲁家山石灰石矿安全检查】 11月3日，市安全监管局对门头沟区北京首钢鲁家山石灰石矿有限公司进行安全检查。查看矿山作业现场，询问潜孔钻机、挖掘机、运输车等岗位员工操作规程和风险源辨识相关问题，对采场边坡、安全平台、警示标识等进行检查，并对企业“党政同责、一岗双责”制度执行、安全制度落实、安全生产目标责任书签订、“一企一标准、一岗一清单”隐患排查制度运行情况及相关图纸资料进行检查。检查发现，矿山阶段边坡角度较大、采场杂乱，平整度不够等问题，执法人员依法下达行政执法文书，责令企业限期整改。经复查，11月15日整改完毕。

（张　雷）

【密云区非煤矿山分级监管专项检查】 11月9日至11日，市安全监管局组织检查组，对密云首云铁矿、威克铁矿、云冶铁矿进行分级监管专项检查。采取听取汇报、查阅资料、现场检查、咨询提问等方式，重点对专家“会诊”隐患整改落实、执法检查整改落实、安全生产分级监管推进落实、企业“党政同责、一岗双责”制度落实等情况进行检查。对检查发现问题，执法人员分别下达行政执法文书，责令限期整改。经复查，隐患问题整改完毕。

（张　雷）

【大安山煤矿关闭退出检查】 12月11日至12日，北京煤监局对京能集团昊华能源公司大安山煤矿关闭退出情况进行检查。按照北京市煤矿2020年整体退出工作方案和京能集团昊华能源公司部署，大安山煤矿8月停止井下生产，进入关闭退出阶段。并对矿井设备设施进行回收，除因京煤集团开发项目需要保留部分巷道、井口和位于陈家坟地区的部分运销系统需外委进行回收外，其余井下设备已回收完毕。封闭井口10处（全矿共有井口16处，京煤集团后续开发项目保留井口6处），大安山煤矿已向北京煤监局提出申请注销煤矿安全生产许可证申请，按照《煤矿安全生产许可证实施办法》，北京煤监局对煤矿提出申请进行现场审查，符合注销条件，近期北京煤监局将注销其安全生产许可证。

（贾　宏）

【大安山煤矿注销安全生产许可证】 12月12日，经大安山煤矿申请，北京煤监局注销其煤矿安全生产许可证。大安山煤矿在8月停止井下生产，进入关闭退出阶段。除因京煤集团开发项目需保留部分巷道、井口和位于陈家坟地区部分运销系统需外委进行回收外，其余井下设备设施已回收完毕。按照相关规定，终止煤炭生产活动的，安全生产许可证颁发管理机关应注销其安全生产许可证。

（贾　宏）

【密云区排土场排查摸底】 12月20日至22日，市安全监管局副局长卞杰成带领排土场专家及有关人员，对密云区安全监管局上报18个排土场逐一踏勘。组织密云区安全监管局、密云冶金矿山公司及矿山企业负责人，就排土场排查摸底情况召开座谈会，通报京津冀协同发展形势及发展状况，传达中央及北京市安全生产指示精神，推进非煤矿山退出工作。

（张　雷）

【首钢矿业公司四季度安全督查】 12月26日至28日，市安全监管局组织采矿、尾矿库、排土场专家组成督查组，对首钢矿业公司开展第四季度安全督查，并对水厂铁矿新水村尾矿库尾矿安全设施设计变更进行审查。分别对水厂铁矿露天采场和东西两个排土场、杏山地下采场、大石河大采尾矿库进行安全检查，重点检查三季度安全督查问题整改、安全生产费用提取、尾矿库安全设施运行及安全检查、露天采场安全监测和地采矿山通风、排水、运输提升等情况。检查发现，水厂铁矿采场回采不规范、采场电铲高压电缆拖地存在漏电风险、采场和排土场缺少安全标识；杏山铁矿未提供安全生产费用年度提取计划、应急演练记录未按要求进行登记管理；大石河铁矿安全生产档案管理不规范、安全生产教育培训未形成闭环、2017年尾矿库排放计划不够具体等问题，执法人员分别下达执法文书，责令企业限期整改。经复查，隐患问题整改完毕。

（张　雷）

隐患排查治理

【启动清单编制检查绩效考核】 4月28日，为贯彻落实《北京市生产安全事故隐患排查治理办法》（市政府令第266号），市安全监管局制定印发《2018年隐患排查“一企一标准、一岗一清单”编制检查绩效考核方案》，启动全市“清单”编制抽查考核。5月至6月中旬，对各区隐患体系建设、清单编制部署、宣传贯彻及培训情况进行核查。6月下旬至8月，对各区清单编制推进、机构帮扶质量管控及企业清单编制进展情况进行核查。9月至10月，对各区“清单”编制完成情况进行考核。11月，根据各区清单编制抽查考核情况，形成绩效考核报告，作为年终各区综合考核“清单”编制考核评分依据。考核采取材料审核、现场核查等方式，从隐患体系建设、工作组织实施和企业清单编制效果等方面，对16个区及北京经济技术开发区进行“全覆盖”式考核。

（陈　阳）

【市政府专题研究三年行动方案】 5月2日，市长陈吉宁主持召开市政府专题会议，研究《北京市城市安全隐患治理三年行动方案》（以下简称“三年行动方案”）。市安全监管局局长张树森汇报《三年行动方案》起草背景、方案制定情况及下一步工作建议。陈吉宁指出，要建立全年排查、即查即改、动态管理机制，压实各级隐患排查治理责任，加大执法检查和惩处工作力度，明确有关部门制定隐患整改过程中相关配套政策措施责任分工，尽快完成三年行动方案风险评估，将三年行动列入每年督查计划。

（刘尊涛）

【“清单”编制绩效考核培训】 5月3日，市安全监管局组织第三方机构京安晟晖注册安全工程师事务所考核工作人员，进行“清单”编制绩效考核专题培训。讲解考核内容及评分标准，考核按照“高标准，严过程，重实绩”原则，以清单编制及隐患信息系统应用为抓手，通过开展绩效考核，推动各区隐患排查治理体系建设，强化落实企业隐患排查治理主体责任。要求制定工作计划和实施方案，积极与各区进行沟通，细化人员分工、分组和时间安排。加强业务培训，提高考核人员业务能力，保障高质量完成考核工作。考核过程注重“痕迹化”管理，做到“一家企业一记录、一周信息一报送、一个区县一个档”。考核结束后，最终形成全市“清单”编制考核分析报告及17个区考核分析报告。

（陈　阳）

【隐患排查治理信息系统会】 5月9日，市安全监管局召开隐患排查治理信息系统数据共享对接工作协调会议，针对大兴区、通州区自建隐患系统与市级系统数据对接中存在问题，进行研究部署。市级隐患排查治理信息系统2016年7月1日联网运行后，整体运行良好。全市除房山、大兴、通州区使用自建隐患系统外，其他13个区及北京经济技术开发区全部使用市级系统。房山区自建隐患系统与市级系统功能匹配度较高，已基本按市级要求完成系统间数据共享对接。但大兴区、通州区由于自建隐患系统功能问题，难实现“新旧”系统转换。会议要求，大兴区以停用旧系统为契机，转为使用市级隐患排查治理系统，自建隐患系统不再使用，并按照要求实现区建系统数据向市级系统迁移。通州区结合自身实际，决定继续推广使用自建隐患系统，并做好与市级系统数据对接及新旧系统转换。

（陈　阳）

【城市安全隐患治理座谈会】 5月23日，市安全监管局会同北京石油化工学院召开城市安全隐患治理三年行动社会稳定风险评估座谈会。西城区、朝阳区、大兴区、房山区、昌平区安全监管局相关科室负责人，及城市运行、道路交通、人员密集场所、危险化学品、地下空间、消防、特种设备等行业领域相关企业负责人30余人参加座谈会。会议围绕《城市安全隐患治理三年行动方案》合法合规性、可能引发社会稳定风险点、本地区在以往工作遇到社会稳定风险案例等方面进行座谈，并就实施城市安全隐患治理三年行动提出意见建议。

（李保江）

【电动自行车消防安全治理会】 6月8日，市安全监管局局长张树森主持召开电动自行车消防安全综合治理工作电视电话会议。会上，播放电动自行车火灾警示教育片，市公安局消防局通报近年来本市电动自行车火灾情况，分析电动自行车火灾形势及暴露出的突出问题，市质监局、市工商局分别就生产领域、流通领域电动自行车产品质量监管工作进行部署。市政府副秘书长尹培彦强调，各区要认识抓好综合治理，汲取“12·13”“4·1”等电动自行车火灾事故教训，守住安全红线，全力消除电动自行车火灾隐患。强化履职担当，层层压实责任，有关部门要认真履行业监管责任，按照“三个必须”要求，依法履职尽责。各区要担负起领导责任，迅速研究制定综合治理方案，明确整治目标、重点内容、整治措施和实施步骤，并纳入属地政府、有关部门年度考核评比内容。抓住关键，集中力量破解难题，严控生产领域质量，严格流通领域监管，严查非法改装拼装，结合安全隐患治理三年行动计划和电动自行车质量专项检查等工作，解决电动自行车消防安全突出问题。要强化协作配合，强化“一盘棋”治理理念，建立健全工作机制。依法实施监督检查，注重工作方式方法，防止方法简单粗暴，确保社会稳定。

（杨　青）

【安全生产双重预防控制体系建设】 本年，推进隐患排查治理体系建设，做好“一企一标准、一岗一清单”编制工作，形成事故隐患排查治理闭环管理。全市2326家重点企业完成隐患清单编制任务，完成率105%。全市26家安全生产服务机构深入企业2万余次，指导企业编制完成个性化隐患排查标准2316套、10万余项，岗位隐患排查清单5.4万套、62.3万余项，企业排查治理事故隐患10万余项。隐患排查治理信息化系统建设和使用水平提升，全市系统累计注册应用企业1.2万余家，系统使用率92.1%。按照构建双重预防机制要求和安全预防控制体系建设思路，采用动态风险管理手段，推进全市城市安全风险评估试点。全市以水、电、气、热城市安全运行和公共交通等13家国有企业、11家市属公园、6个区、7个行业领域为试点，完成安全风险评估，形成可复制、可借鉴、可推广经验和模式。9698家生产经营单位排查确认各类安全风险源16万余项，汇总登记专兼职应急救护队伍16628支、应急专家5589人、应急装备274万余件、救援物资210万余件。

（车广杰　赵　芬）

应急救援

【城市安全风险评估视频会】 3月27日，市安委会召开北京市城市安全风险评估工作视频会，通报2017年城市安全风险评估情况，部署2018年安全风险评估重点任务。市安委会办公室副主任唐明明要求，各单位要落实责任，健全安全风险评估运行体系，强化安全风险评估结果运用，建设安全风险评估长效机制，强化安全风险评估与各单位重点工作融合，强化宣传引导；研究把握风险评估规律，推动安全风险评估开展，保证任务按规定时间节点完成。通州区、经济技术开发区安全监管局做交流发言。市安全监管局相关处室、市行业部门、13家试点企业、专业机构、区安全监管局、区行业部门、乡镇（街道）有关负责人400余人参加会议。

（黄　亮）

【应急管理示范企业创建部署】 6月25日，市安全监管局召开2017年安全生产应急管理示范企业创建工作总结会暨2018年工作部署会。通报2017年应急管理示范企业创建情况，介绍示范创建做法和取得成效，对2018年应急管理示范试点进行部署。顺义区安全监管局、中科晶电信息材料（北京）股份有限公司介绍经验。市安全监管局提出，提高认识，落实企业应急管理主体责任；注重实效，结合企业实际情况制定应急预案；严格把关，落实“合格一家、验收一家”要求。各区安全监管局应急管理负责人，北京地区中石油、中石化等企业安全管理人员，30余家加油加气站和70余家重大危险源企业安全管理人员，170余人参加会议。

（黄　亮）

【事故“一对一”应急演练】 6月29日，市安全监管局指导昌平区政府与重大危险源企业，开展“一对一”生产安全事故应急救援演练。演练以北京二商集团有限公司大红门五肉联食品有限公司（以下简称“大红门肉联公司”）贮氨器气动入口截断阀前法兰垫损坏，发生大量液氨泄漏（约2.4千克/秒），导致1名工作人员中毒；后续高压液氨持续泄漏，企业无法进行有效堵漏，泄漏持续扩散，导致南侧江淮汽车销售公司5人中毒为背景。企业与昌平区政府启动压力容器操作岗位现场处置方案、企业重大危险源专项应急预案及“一对一”生产安全事故应急预案。通过演练，检验应急机制、锻炼队伍，提高昌平区危险化学品和重大危险源生产安全事故应急处置能力。市安全监管局副局长阎军对演练进行点评，就演练准备充分、指挥得当、衔接顺畅、配合默契、贴近实际、贴近企业和达到预期效果给予肯定。昌平区副区长刘长永、昌平区安全监管局局长兰剑波等，昌平区安委会各成员单位、属地政府（街道办、园区管委会），北京北方企业集团公司主管领导，重大危险源企业负责人等及企业周边居民代表200余人到场观摩。

（黄　亮）

【城市安全风险评估培训班】 7月5日至7月6日，市安全监管局举办北京市城市安全风险评估培训班。市安全监管局副局长阎军出席开班动员并讲话。培训中，讲解《城市安全风险评估工作实践》《安全风险评估报告编制要求》，市劳保所、市计算中心就重大安全风险源辨识建议清单及安全风险评估方法、安全风险云服务系统常见问题进行授课。市住房与城乡建设委、市城市管理委、市交通委、市商务委、市旅游委、市文化局、市体育局、市水务局、市园林绿化局安全监管部门负责人和管理人员，各区及经济技术开发区安委会办公室主管负责人，13家试点国有企业安监部门主要负责人和管理人员，市公园管理中心安监部门主管负责人等110余人参加培训。

（黄　亮）

【昊华矿山救护队救援培训】 8月30日，市安全监管局联合北京石油化工学院，对北京昊华能源股份有限公司矿山救护队进行应急救援培训。培训围绕矿山救护队处理和抢救矿井火灾、矿山水灾、瓦斯与煤尘爆炸、瓦斯突出与喷出、火药爆破炮烟中毒等矿山灾害特点，就现场紧急救护、检伤分类、基础生命支持、特殊伤情处理进行培训，受训队员还对伤情进行现场模拟处置。

（黄　亮）

【燕山石化消防应急救援培训】 9月18日，市安全监管局联合北京石油化工学院，对北京燕山石化消防支队一中队进行应急救援专业培训。对被救援对象心理急救、救援者救援情绪管理等方面，结合消防中队处理火灾，危险化学品火灾、爆炸、中毒、窒息等事故灾害特点进行培训。燕山石化消防支队一中队队员20人参训。

（黄　亮）

【京津冀应对事故桌面演练】 10月10日，2018年京津冀协同应对事故灾难桌面演练在北京市通州区会议中心举行。国家安全生产应急救援指挥中心巡视员雷长群、市安全监管局副局长阎军出席并讲话，天津市、河北省安全监管局应急部门负责人观摩演练并作交流发言，通州区政府副区长苏国斌致辞并宣布演练开始。京津冀安全监管部门、中国航油集团津京管道运输有限责任公司、通武廊三地救援队伍、北京石油化工学院、通州区相关部门及各乡镇街道等单位100余人参加演练。演练以暴雨引发津京输油管道泄漏事故为背景，包括先期处置、信息报送、跨区域信息沟通、跨区域调动专业应急救援力量、现场处置及联合应急救援、应急处置结束、善后处置等环节，对通州区危险化学品事故应急预案和通州区、武清区、廊坊市生产安全事故应急联动预案启动及应用进行演练，检验通州区危险化学品事故应急预案和通武廊生产安全事故应急联动预案有效衔接性及科学性、实用性，积累多地、多部门协同配合作战经验。演练后，专家组组长中国安科院重大危险源监控中心主任关磊进行点评。阎军在讲话中强调，结合应急管理体制改革，在大应急视野下，开展京津冀协同应对事故灾难研究；推进城市安全风险评估，优化应急救援物质、装备储备和应急救援配置，健全安全风险管理机制；加强应急救援能力建设，加快整合相关部门职责，整合优化应急力量和资源。雷长群作总结讲话并强调，京津冀要以演练为契机，巩固和强化京津冀区域安全生产应急联动机制，加强安全生产应急跨区域、跨部门综合指挥、协调联动能力建设，实现京津冀应急资源共享、信息互通、优势互补。

（黄　亮）

【京东方“直击安全现场”检查】 10月26日上午，市安全监管局会同市安全生产联合会、北京电视台，对北京京东方显示技术有限公司（以下简称“京东方”）开展“直击安全现场”安全检查，重点对应急管理示范企业创建进行验收评估。检查组介绍全市安全生产应急管理示范企业创建活动开展情况，听取京东方安全生产及应急管理示范创建汇报，现场检查京东方中控中心、微型消防站等重点场所，观摩京东方安全疏散应急演练，查看应急管理安全档案及应急管理示范创建资料，并与京东方相关负责人就做好应急管理示范企业创建进行交流。京东方作为国内显示领域龙头企业，重视安全生产应急管理，将应急管理纳入企业日常管理，健全应急组织机构，强化应急队伍建设，加强应急物资配备，完善应急管理制度，达到应急管理示范企业标准。

（黄　亮）

【赴辽宁省调研应急救援管理】 10 月 22 日至 25 日，市安全监管局会同北京石油化工学院、国网北京电力公司有关人员组成调研组，赴辽宁省沈阳市、朝阳市，与辽宁省安全监管局应急救援中心等处室人员座谈，听取应急救援基地和应急救援队伍建设管理和救援队伍经费保障来源等介绍。赴国家石油管道应急救援沈阳基地（中国石油东北管道局沈阳抢修中心）了解企业资质、输油气管道抢维修等情况，并就管道事故趋势、事故特点、政府管理体制、基地建设经费保障、队伍出险费用补偿等进行研讨。调研组与朝阳市安全监管局及救援中心、应急办，辽宁省二道沟黄金矿业有限责任公司等人员座谈，听取应急救援体系建设等介绍，参观朝阳矿山应急救援中心基地综合楼、体能训练馆、灾区仿真模拟训练馆、装备库，观摩救援队紧急出动演练。

（黄　亮）

【城市风险评估试点总结交流】 11 月 8 日下午，市安全监管局在经济技术开发区党群活动中心，召开全市城市安全风险评估试点工作总结交流会。国家安全生产应急救援指挥中心巡视员雷长群出席，市安全监管局相关处室、市相关行业部门、13 家试点国有企业、各区安全监管局、11 家市属公园及专业机构有关负责人 100 余人参加会议。会议通报城市安全风险评估试点开展情况。2017 年试点启动后，市安委会出台《北京市安全风险管理实施办法》（试行），会同中国安科院、市劳保所、市安科院、中安华邦安全生产技术研究院等专业机构，制定《北京市安全风险评估规范》（试行）、《北京市生产安全事故应急能力评估规范》（试行）、《北京市生产安全应急资源调查规范》（试行）等配套规范，编制《企业安全风险源辨识建议清单》《重大安全风险源辨识建议清单》；市行业管理部门分别印发符合本行业特点 23 部行业风险评估标准和 53 个风险辨识建议清单。建立安全风险评估工作机制，市安委会抓总，市行业部门按职能，负责本行业、本领域风险评估及评估标准制定，并指导监督区行业部门和市属企业开展安全风险评估和管控；各区政府抓落实，组织区部门、乡镇政府、街道办事处开展安全风险评估及管控工作；企业负主体责任，参照风险辨识评估标准和行业安全风险源辨识建议清单，开展企业安全风险源辨识和评估，从组织、制度、技术、应急等方面对安全风险源进行控制；专业机构提供技术支撑，为政府、行业部门在体系设计、标准制定、系统建设、分析研判等方面提供支撑。市安全监管局开发建设“北京市安全风险云服务系统”政府端和企业端，实现企业安全风险源在线登记，安全生产条件普查数据、安全生产标准化数据等信息交互与对接，安全风险辨识与评估、分级分类、风险监测与动态更新、统计分析、预测预警。通过安全风险云服务系统，绘制全市安全风险电子地图，将各区、各行业安全风险源、风险等级、应急资源，通过一张图展示出来，把安全风险视觉化、形象化。在风险评估中，落实行业管理部门责任、属地监管责任、企业主体责任“三个责任”，发挥政府主导力量、街乡镇专职安全员队伍力量、专业机构和专家力量“三个力量”，坚持重大安全风险源辨识到位、管控主体和管控责任落实到位、属地政府行业管理部门监管到位“三个到位”，破解“谁来管”“管什么”“怎么管”行业监管难题。市交通委、西城区安全监管局、顺义区安全监管局、市燃气集团、京东方等试点单位作交流发言。

（黄　亮）

【四季度监测预警与协调会】 11月30日下午，市应急管理局副局长阎军召开安全生产领域监测预警和工作协调机制例会，市公安局、市住房城乡建设委、市经济和信息化局、市应急管理局等人员参加会议。市公安局、市住房城乡建设委、市经济和信息化局汇报第四季度剧毒化学品、全市建筑施工领域和民爆行业管理安全情况、突出风险隐患、应对处置措施及2019年工作设想；市应急管理局汇报第四季度危险化学品重大危险源企业、尾矿库企业、非煤矿山企业及烟花爆竹（批发）仓库安全情况、突出风险隐患、应对处置措施及2019年安全生产领域监测预警工作，介绍第四季度突发事件整体情况和需要关注重点问题。阎军强调，要善于运用底线思维，防患于未然，把安全生产关口前移，在监测预警上、风险防控上狠下功夫。保持清醒头脑，从最具体环节、最薄弱地方抓起，对风险超前识别、及时预警，做到监测一刻不能削弱，预警一刻不能放松，工作一刻不能疏漏，时刻把安全生产领域监测预警和工作协调机制做细做实。各单位要高度重视，强化组织领导，把监测预警和工作协调列入党委（党组）重要议事日程和年度计划。发挥区局和企业优势，发动群众广泛参与，加强协作配合与资源共享，利用现代信息技术手段，统筹整合人员信息、经营信息、舆情信息，逐步形成上下左右联动、线上线下结合、集合情报采集分析和疑点识别处置全流程立体化、社会化、信息化监测预警体系。

（黄　亮）

执法监察

【大型成就展安全保障】 2017年8月18日至2018年1月9日，市安全监管局作为“砥砺奋进的五年”大型成就展展览办公室安全保障组成员单位，进驻展览办参与集中办公，开展安全保障工作。在展览筹备期至展览转场撤场后，邀请专家现场检查28人次，发现并整改各类隐患百余处，未发生任何安全生产事故，完成大型成就展安全监管保障任务。

（周伟伟）

【长安街彩虹桥重建安全保障】 2017年12月至2018年1月17日，市安全监管局安排专人组建检查工作组，对建国门、复兴门彩虹桥重建工程实施全过程安全监管，重点检查施工方案、单位资质、安全技术交底、气焊气割特种作业人员持证上岗、灭火器配备、现场汽车吊、升降作业车等工程机械安全情况。

（周伟伟）

【专职安全员领军人才选拔培养】 1月16日，市安全监管局在首钢技师学院组织为期一周的专职安全员领军人才选拔活动，16个区及经济技术开发区专职安全员179名人参加。按照各区推荐、集中培训、实操考试、演讲比赛、成绩汇总五个程序，从理论水平、现场检查能力、思想认知和语言表达等方面进行考察，明确60人为2017年度北京市安全生产专职安全员领军人才。

（周伟伟）

【十九届二中全会安全保障】 1月17日至19日，市安全监管局印发保障党的十九届二中全会工作方案，明确市区两级分工，并要求西城、海淀区安全监管局结合属地情况细化方案、分工、标准，在完善会场及住地周边200米内生产经营单位台账基础上，开展“全覆盖”执法检查。市安全监管局执法监察总队对人民大会堂、京西宾馆周边200米内生产经营单位开展安全生产执法检查，并与羊坊店街道安全生产检查队融合执法，督促落实安全生产主体责任，消除生产安全隐患。会议期间，未发生安全生产责任事故。

（周伟伟）

【中央政法工作会议会场安保】 1月22日至23日，中央政法工作会议在京召开，市安全监管局对京西宾馆周边200米内生产经营单位开展安全生产执法检查，督促落实安全生产主体责任，消除生产安全隐患保障任务。市安全生产执法监察总队在会议召开前和会期内，多次会同海淀区安全监管局执法队、羊坊店街道安全生产检查队对京西宾馆周边生产经营单位开展联合执法检查，确保安全生产环境稳定良好。

（周伟伟）

【王宁慰问检查安全生产检查队】 2月8日，副市长王宁带队赴房山区韩村河镇安全生产检查队慰问检查。在春节来临之际，对专职安全员辛苦付出表示慰问，并实地查看专职安全员办公、约谈等场所，了解专职安全员工作和生活情况。王宁指出，要加强培训，提升专职安全员发现安全隐患能力；要突出重点，提升专职安全员安全生产检查针对性；要紧抓隐患闭环处理，切实减少安全事故，确保春节期间全市安全生产形势稳定。

（周伟伟）

【“两会”安全保障动员部署】 2月24日，市安全监管局召开2018年全国“两会”安全生产保障工作动员部署视频会，传达市委市政府有关全国“两会”总体要求，部署“两会”安全生产保障工作。会议提出，全市要坚持最高政治站位，牢固树立“万无一失，一失万无”保障理念；要坚持最严风险管控，提升安全生产保障针对性和科学性；要坚持最高工作标准，以“零容忍”执法标准，加大重点领域和关键环节执法力度和执法频次，绝不漏过任何隐患、放过任何事故苗头。会议强调，市区两级执法人员要主动作为，相互配合，协调联动，形成合力，构建“一盘棋”工作格局，做好服务保障工作。

（周伟伟）

【全国“两会”安全保障】 2月23日至3月16日，市安全监管局领导带队对全国“两会”驻地周边200米内开展“四不两直”检查。检查发现，企业存在隔油池房间有限空间作业场所未按规定设置安全警示标志、喷涂车间电线敷设和开关不符合防爆要求、液压车间职工未按照要求佩戴耳塞等问题。执法人员依法下达行政执法文书，要求立即进行改正，消除安全隐患。检查要求企业落实主体责任，对企业安全隐患和突出问题进行全面排查和有效治理。

（周伟伟）

【安全生产检查队规范化建设】 3月16日，市安全监管局局长张树森带队对朝阳区酒仙桥街道安全生产检查队规范化建设进行督导慰问。张树森逐屋逐项查看检查队规范化建设情况，详细询问检查队整体建设及专职安全员工作学习和生活待遇等情况。并勉励专职安全员，要加强专业学习和实践锻炼，提高安全检查责任意识、廉洁意识，把政府对安全生产工作要求，督促落实到企业生产经营一线，保一方平安，为辖区安全生产持续稳定做出更大贡献。

（周伟伟）

【北京国际电影节临时设施安保】 3月14日至22日，市安全监管局开展第八届北京国际电影节安全保障。召开临建设施安全工作部署会，明确开闭幕式临建设施搭建安全生产监管要求，并结合以往重大活动临建设施搭建过程中发生的典型事故和案例，对搭建单位负责人和安全经理做专题培训。电影节期间，执法人员会同电影节组委会安保部、怀柔区安全监管局、雁栖湖管委会对开闭幕式临建设施搭建展开综合监督检查，重点对舞台、观众席、灯光架、LED屏、乐队工作台等搭建情况进行检查。执法检查人员对发现问题，依法下达执法文书，要求企业进行排查整改，确保隐患得到消除。

（周伟伟）

【安全生产专职安全员初任培训开班】 3月26日，市安全监管局在首钢工学院召开全市新任专职安全员培训（第一期）开班仪式，东城区、大兴区、延庆区175名新任职专职安全员参加。3月26日至5月底，分4期组织全市安全生产专职安全员初任集训，全市乡镇街道和职能部门800余名专职安全员陆续参训。初任培训积累几年经验，已形成理论培训与实训军训相结合全方位培训体系，本年在以往师资力量、学员考核和与职务晋级挂钩等基础上，在巩固提高专职安全员业务素质、形象作风方面进行培训。

（周伟伟）

【安全生产执法检查提质增效会】 3月29日，市安全监管局在首钢工学院召开全市视频会，部署2018年安全生产执法检查提质增效及专职安全员队伍建设管理等工作。市安全生产执法监察总队通报2018年全市执法检查工作要点，并部署全市安全生产执法检查提质增效任务和全市专职安全员队伍建设重点工作。按照“强融合”要求和“6+1”总体方向，提质增效以落实市安全监管局《关于进一步加强全市安全生产监管系统执法检查工作的指导意见》为主线，全面提升执法检查及安全员队伍建设质量。

（周伟伟）

【开展“回头看”执法检查】 4月12日，市安全监管局对北京城乡建设集团位于朝阳区、丰台区、房山区的4个建筑施工项目，进行“回头看”执法检查。2017年，北京城乡建设集团因主体责任未有效落实，导致发生生产安全责任事故，并因存在安全生产违法行为，被实施行政处罚。执法监察总队将北京城乡建设集团列为2018年重点监管企业，在重点时段对城乡建设集团开展执法检查，检查主要针对建筑施工工地现场临边防护、三级配电安全设置及特种作业人员持证上岗等。检查发现，4个建筑施工项目部分临边防护不到位、个别脚手架搭设不规范、施工现场电缆架设不规范、动火作业管理审批不严格、部分劳动防护用品破损等问题。执法人员依法下达行政执法文书，要求立即进行改正，消除安全隐患。并要求城乡建设集团在全市国有企业主要负责人和安全管理人员大培训中，将培训理念与企业安全生产管理有机融合，打造企业安全管理品牌。

（周伟伟）

【重大活动安全生产监管培训】 4月17日至20日，市安全监管局在怀柔召开全市重大活动安全生产监管业务培训会。各区安全监管局主管局长和执法监察队（科）负责人等60余人参加培训。培训具有课程设置突出、工作指导性强、实践理论融合度高三大特点，系统阐述重大活动安全监管理念，深化固化安全监管方法，提炼明确安全监管技术标准，并就建好和配强安全监管人才队伍、打造首都特色安全保障模式进行交流探索。

（周伟伟）

【冬奥会重要工程安全生产检查】 4月20日，市安全监管局联合延庆区安全监管局，对北京冬奥会重要保障工程——延崇高速公路（北京段）第九标段，进行安全生产检查。检查组对松山隧道施工工地、钢筋场及作业库进行现场检查并听取现场负责人施工组织安排、安全设备设施管理、人员教育培训等方面汇报。对检查中存在隐患和问题，检查组下达执法文书，并要求施工单位树立安全发展理念，弘扬“生命至上、安全第一”思想，加强领导、落实责任，管控各类安全风险，及时整治消除事故隐患。

（周伟伟）

【第五届军乐节安全保障】 4月24日，“和平号角—2018”上海合作组织第五届军乐节开幕式暨军乐演出在北京居庸关长城北关广场举行。市安全监管局安全生产执法监察总队受领任务后迅速制定保障计划，会同昌平区安全监管局开展监管工作。期间，把结构设计计算书和联合验收报告作为安全管理重点，对承办单位和施工单位资质、监理情况、临建设施设计方案、安全风险评估报告及电消检情况等，进行整体把控，保证临建监管质量，完成安全保障任务。

（周伟伟）

【专题调研执法检查提质增效】 5月3日，市安全监管局赴顺义区专题调研安全生产执法检查提质增效和专职安全员队伍规范化建设。座谈会围绕执法检查提质增效、专职安全员队伍规范化建设、新版执法信息系统使用情况进行研讨，明确执法检查提质增效关键环节和指标要求，明晰区职能部门安全生产督查检查队规范化建设具体要求，及下阶段专职安全员队伍建设重点任务。

（周伟伟）

【检查制度化及信息化系统调研】 5月15日，市安全监管局赴北京经济技术开发区安全监管局，专题调研执法检查程序性、规定性制度建立、信息化使用、执法装备配备使用情况，调研以座谈会＋实地走访形式展开。开发区安全监管局介绍落实提质增效情况，市安全监管局对开发区安全监管局执法检查流程及配套制度建立情况、执法信息化系统使用，予以肯定，并强调开发区要总结提炼执法经验，推进执法检查提质增效。

（周伟伟）

【生态环保大会及科博会安保】 5月18日至19日，全国生态环境保护大会在京召开；5月17日至20日，举行第二十一届中国北京国际科技产业博览会。市安全监管局执法监察总队与组委会牵头单位对接，研究细化任务，制定下发方案，明确组织领导和责任人，指导相关区安全监管局和属地启动安全保障工作，并对京西宾馆、西苑饭店周边生产经营单位进行抽查，推动安全保障工作落实落地。会议期间，市区安全监管局及行业部门完成全国政协礼堂、中国国际展览中心（老馆）、西苑饭店、京西宾馆等住地周边生产经营单位全覆盖安全生产执法检查，保障大会顺利进行。

（周伟伟）

【调研北京新机场建设安全监管】 5月23日，市安全监管局到北京新机场开展调研，了解新机场安全协调办开展情况，并察看新机场航站楼工程安全生产情况。调研组查看安全协调办工作环境，了解工作人员办公、交通、住宿、联络等方面条件，检查北京新机场航站楼建设工程现场。调研要求，新机场安全协调办公室继续着眼于提高建设单位安全隐患辨识和防控能力，紧抓特种作业、电气使用等易发生事故专业领域。

（周伟伟）

【安全生产培训专项执法部署会】 5月23日，市安全监管局召开安全生产培训专项执法行动工作部署会，局属11个处室参加。会议强调安全生产大培训安排及要求、开展培训专项执法重点方向，并结合培训存在问题，对《安全生产培训专项执法行动实施方案》解读，提炼出教育培训常见违法行为处罚条款及依据。会议要求，各处室要以“强融合”姿态，落实《关于开展安全生产培训专项执法行动的通知》（京安监通（2018）117号），推动大培训生动开展，督促生产经营单位落实安全生产培训主体责任，完成专职安全员检查系统挂账隐患消除工作。

（周伟伟）

【冬奥建设工程专项培训】 5月29日，市安全监管局邀请北京建工集团专家，前往延庆区安全监管局，开展桥梁隧道专项执法检查培训。延庆区安全监管局主要领导、执法人员、各乡镇（街道）专职安全员参加培训。培训分为理论讲解和现场指导教学两部分，专家以检查需求为导向，对冬奥建设工程及桥梁隧道配套项目安全生产资料检查要点、作业现场检查要点、现场隐患问题示例等方面问题进行讲解，并结合兴延高速公路隧道及桥梁施工现场临时用电、机械吊装、临边防护等施工作业项目进行专业指导，并与参训人员开展互动提问，举一反三，加强对现场隐患问题直观了解和认识。培训实现市、区、乡镇（街道）三级业务融合，促进市区共同推动冬奥建设项目安全生产监管责任落实，提高基层执法人员专业能力水平。

（周伟伟）

【京交会安全监管保障】 5月28日至6月1日，在京举行第五届中国（北京）国际服务贸易交易会（以下简称“京交会”）。按照市京交会筹备工作领导小组部署，市安全监管局制定《第五届中国（北京）国际服务贸易交易会安全生产工作方案》，明确组织机构、职责分工和时间节点，沟通京交会组委会会展组，组织125家参建单位召开搭建安全专题工作会，并向参建单位发放《第五届京交会临建设施搭建十项安全管理要求》。京交会开幕前夕，会同朝阳区安全监管局和奥林匹克管委会等单位，完成国家会议中心周边200米内生产经营单位台账全覆盖检查。在京交会期间，以特种作业人员持证上岗情况、入场教育培训情况、施工人员高处作业情况和临时设施搭建情况为重点，对施工全程开展多频次执法检查，下达检查记录5份，责令2家搭建单位限期整改，对1家搭建单位进行处罚。

（周伟伟）

【行政村、社区安全巡查员培训】 6月1日，市安全监管局在首钢工学院组织1天北京市行政村、社区安全生产巡查员示范性培训。内容包括检查程序、燃气安全检查方法、有限空间检查方法、用电安全检查方法、消防安全检查方法。市安全监管局在全市采取统一培训、针对相关区集中培训、各区自行组织培训等方式，开展行政村、社区安全生产巡查员培训，并修订全市行政村、社区安全生产巡查员培训大纲、教材及相关辅助工具书（口袋书）。全市近9000名行政村、社区安全生产巡查员，实现培训教育全覆盖。

（周伟伟）

【专职安全员领军人才培训】 6月4日至7月6日，市安全监管局组织开展全市安全生产专职安全员领军人才培训。课程设置突出“领军”特色，课程涵盖安全生产基础知识，专题解读工业企业、人员密集场所安全检查要点，执法规范讲解及现场检查实训等内容。通过集训专职安全员领军人才至少掌握一类行业安全生产检查要点，至少能运用并讲解一类行业执法规范培训目标。集训期间，局长张树森及局党组领导前往看望参加集训112名领军人才。

（周伟伟）

【中央外事工作会安全生产保障】 6月22日至23日，中央外事工作会议在京西宾馆召开。6月21日，市安全监管局启动重大活动保障程序，组织海淀区安全监管局及属地完成京西宾馆周边生产经营单位全覆盖检查；执法监察总队对重点生产经营单位进行抽查。会议期间，执法监察总队持续加大监督指导力度，强化会场住地安全生产，保障会议顺利进行。

（周伟伟）

【全国组织工作会议安保】 7月3日至4日，全国组织工作会议在京西宾馆召开。市安全监管局启动重大活动保障程序，制定下发工作方案，明确组织领导和责任人，指导海淀区安全监管局及属地展开安全保障工作。7月2日，海淀区安全监管局及属地完成京西宾馆周边生产经营单位全覆盖检查；7月3日，执法监察总队完成重点生产经营单位抽查。会议召开期间，按照市区联动、协同保障原则，指导海淀区安全监管局及属地加大监督指导力度，保持京西宾馆周边生产经营单位安全稳定态势。

（周伟伟）

【对重点监管企业开展汛期检查】 7月5日，市安全监管局对北京城乡建设集团有限公司承建地铁7号线东延工程01标工程项目黄厂村站，进行安全生产执法检查。对项目临时用电、安全防护措施、防汛预案制定和防汛物资配备、特种作业人员持证上岗等进行检查。检查发现，该企业在安全管理细节上存在部分临边防护设置不规范、个别二级配电箱安全警示标志破损、乙炔存储间空瓶和实瓶存放安全距离不足问题。执法人员要求，对存在问题限期整改，并将整改材料报送至北京城乡建设集团和市安全监管局。

（周伟伟）

【“四位一体”执法建设推进会】 7月20日，市安全监管局在首钢工学院召开全市安全生产执法检查提质增效暨“四位一体”执法工作体系建设推进会，通报2018年上半年全市执法检查情况，东城区、朝阳区、开发区安全监管局执法检查提质增效启动以来工作方法和经验，播放朝阳区执法检查提质增效工作汇报电视片，特别设置提质增效工作成果展示区，展示执法检查提质增效启动以来工作进展与取得阶段性成果。

（周伟伟）

【东西部会展业论坛与会展理事交流】 7月19日至20日，应中国展览馆协会邀请，市安全监管局副巡视员贾秋霞赴宁夏银川，出席第七届中国东西部会展业论坛。作为“绿色展览，势在必行”对话嘉宾，贾秋霞以“安全与绿色协调发展”视角，分别从北京市重大活动安全生产保障特点和安全要求，安全与绿色发展关系及对会展业建议等方面进行交流，特别是有关“加强多方位协调合作，营造会展业安全绿色发展内外部环境；注重国内外先进经验总结和推广，重点突破行业发展面临的瓶颈问题”等工作建议，得到与会代表认可。贾秋霞还参加国家会议中心、日本团体联合会常任理事等嘉宾主旨演讲，协会2018年度第二批展览工程、设计施工一体化资质申报培训及银川市会展业10周年推介会等论坛活动。

（周伟伟）

【村、社区安全生产巡查员培训】 7月25日，市安全监管局在首钢工学院对北京市行政村、社区安全生产巡查员开展示范性培训。7月下旬至9月中旬，培训面向全市各区3100名专、兼职行政村、社区安全生产巡查员，采取到首钢工学院培训与到各区授课培训相结合方式，内容涵盖行政村（社区）安全巡查工作规范、消防安全巡查要点、用电安全巡查要点、燃气使用安全巡查要点、有限空间作业安全巡查要点等方面。前期，市安全监管局分别在通州区、石景山区专题调研，并开展北京市行政村、社区安全生产巡查员培训内容试听试讲活动。

（周伟伟）

【安全生产专职安全员建设调研】 8月2日，市安全监管局邀请市委社工委委员、市社会办副主任卢建率市社工委社会工作队伍建设处、政策法规处负责人、北京大学行政管理学院行政管理系主任等成员组成调研组，赴朝阳区对专职安全员队伍建设情况开展专题调研。调研组先实地考察朝阳区大屯街道、崔各庄乡安全生产检查队建设情况，查看专职安全员办公环境、装备配备及信息化建设，了解专职安全员队伍建设内容、建设方式等。与会人员结合“街乡吹哨、部门报到”及安全生产属地管理责任落实要求，围绕专职安全员职能定位、特殊作用、队伍发展等问题交流研讨。

（周伟伟）

【中非合作论坛北京峰会安保会】 8月22日，市安全监管局召开2018年中非合作论坛北京峰会服务保障工作会。通报2018年中非合作论坛北京峰会上阶段工作完成情况，对下一步做好各项安全生产保障、开展峰会期间战时严控阶段安全生产督查进行部署，并就峰会期间危险化学品生产经营单位安全监管和应急管理提出要求。

（周伟伟）

【检查地铁施工安全】 8月23日，市安全监管局对北京城建道桥建设集团有限公司承担北京地铁19号线一期02标工程进行执法检查。执法人员听取项目负责人对施工作业安全情况汇报，并对安全生产责任制签订与考核、与分包单位签订安全协议、特种作业人员管理档案、安全技术交底文件、突发事件应急预案等资料进行查阅。在施工现场，执法人员先后对临边防护、重大危险源公示牌等进行检查核对，并对钢筋加工区作业、临时用电、脚手架搭设等进行检查。针对部分临时用电开关箱管理不严、个别脚手架杆件接头搭设未达规范要求等情况，提出整改要求。

（周伟伟）

【对西城区安全生产督查】 8月29日，为做好9月中非论坛安全生产保障工作，市安全监管局赴西城区会议驻地周边开展安全生产督查。在阜成门南大街中石油加油站，督查人员询问该生产经营单位罐层改造、应急值守和危险作业安全管理等情况，调取、查看相应视频监控记录。在金融街购物中心，督查人员先后检查消防中控室、配电室和中央空调制冷机房，了解企业负责人和管理人员安全培训、中控室值班和特种作业人员持证上岗情况。经检查，两家企业存在中央空调制冷机房未张贴职业卫生告知栏等生产安全隐患，检查人员督促企业在规定时限内完成隐患整改，并针对中非论坛安全生产保障工作，从加强日常管理、强化应急演练和应急值守角度，对企业负责人提出要求。

（周伟伟）

【安全生产专职安全员专项培训】 9月10日，2018年安全生产专职安全员专项培训开班典礼在首钢工学院举行。首期培训为期5天，主题为人员密集场所安全检查专项培训，针对专题培训特点，聘请行业知名专家以人员密集场所用电安全、消防安全为重点进行理论授课。培训要求专职安全员围绕工作任务，有重点、有针对性加深对重难点问题学习和理解。

（周伟伟）

【市青年安监卫士表彰视频会】 9月19日，市安全监管局召开“北京市青年安监卫士”表彰视频会。“北京市青年安监卫士”评选由市安全监管局、共青团北京市委联合举办，历时四个月，经基层推荐、资格审查、专家评审、公众投票等环节综合评定，评选出200名“北京市青年安监卫士”，其中执法人员20名，专职安全员180名。会议对200名“北京市青年安监卫士”进行表彰，并邀请先进单位及个人代表发言。

（周伟伟）

【安全生产执法检查提质增效】 10月9日，市安全监管局赴首钢工学院召开安全生产执法检查提质增效暨“四位一体”体系建设工作推进会。与会人员就执法检查提质增效暨“四位一体”体系建设推进情况进行交流，对存在问题和即将开展工作进行研讨。

（周伟伟）

【大兴区新机场建设执法检查】 10月29日至11月2日，市安全监管局执法总队联合职卫监督处、新机场安全生产协调办，抽调全市安全监管力量40余人，采取查阅资料与现场检查相结合方式，对新机场建设工程开展为期一周分层次、分重点集中执法检查。10月29日，在动员部署、集中培训后，检查人员分4组，对12家建设单位近1000份责任制、特种作业、应急管理等安全生产资料进行集中检查。10月30日至11月1日，检查组对45家总包单位进行现场检查，重点检查危险化学品、临时用电、安全防护等9项内容。检查发现安全隐患问题278项，主要是安全生产责任制落实有差距、隐患排查治理落实不到位、安全生产教育培训仍需强化、现场作业安全措施不到位等，在督促相关单位整改基础上，对涉嫌存在违法行为的14家单位依法依规进行查处。11月2日，市安全监管局召开集中检查情况通报会，通报反馈新机场建设工程安全生产集中执法检查情况，并对相关行业主管部门结合通报反馈情况，提出安全监管要求。

（周伟伟）

【第二期重大活动安全监管培训】 11月27日至29日，市安全监管局在延庆组织第二期重大活动安全监管业务培训。培训以市区两级重大活动直接保障人员为主要对象，设置理论课程5节、室外现场教学课程1节。为保证培训效果，培训在课程设置上提高针对性，坚持重大活动组织管理与技术要求并重，坚持理论授课和现场教学相结合，用大量现场保障经验案例，阐述保障中典型问题解决办法。培训课上，市安全监管局还专门对2019年重大保障任务进行预先部署，要求东城区、西城区、朝阳区、海淀区、丰台区、石景山区、怀柔区、房山区、通州区、顺义区、延庆区等保障任务集中区局，提前梳理重要场所周边企业安全生产基础台账，对历年重大活动保障进行回顾总结，对经常涉及会场驻地、重要活动场所、重要行车路线周边企业提前进行排查建档，为2019年重大活动保障工作奠定基础。

（周伟伟）

【专职安全员队伍建设】 本年，根据《关于建立乡镇、街道（园区）安全生产专职安全员队伍的意见》，全市351个乡镇、街道（园区）和涉及23个行业领域的308个区职能部门均配备安全生产专职安全员，至年底在岗6319人。持续开展规范化建设创建达标，全市乡镇街道（园区）安全生产检查队规范化建设达标率达100%。全年，各乡镇、街道专职安全员排查生产经营单位21万余家，检查覆盖率达99.42%，发现隐患63万余项，隐患整改率99.6%。探索建立区分初级、中级、高级专职安全员梯次培训体系。全年，组织专职安全员业务培训23期，培训3680人次。推进乡镇、街道完成在行政村、社区设立专兼职安全生产巡查员工作，已有4937个行政村、社区设立安全生产巡查员，占行政村、社区总数的73%，巡查员达10533人。

（车广杰　赵　芬）

职业卫生监督检查

【开展矿山执法检查】 1月31日，市安全监管局对密云区首云矿业有限责任公司（以下简称“首云矿业”）和金诚信矿业管理股份有限公司（以下简称“金诚信矿业”），进行用人单位职业健康管理情况检查。听取企业负责人用人单位职业卫生管理情况汇报，查阅职业健康管理制度和职业健康管理档案。首云矿业、金诚信矿业建立健全职业卫生管理制度，主要负责人和职业卫生管理人员参加职业健康管理培训并取证，定期开展职业病危害评价，及时组织劳动者职业健康检查，建立劳动者职业健康监护。检查中，发现企业存在档案管理不细致、职业病危害因素告知不规范和职业健康复查不及时等问题。检查人员责令其限期整改。

（吴　强）

【召开职业卫生“三同时”研讨会】 2月1日，市安全监管局组织市化工职业病防治院、市劳动保护科学研究所（以下简称“市劳保所”）等单位专家进行研讨，明确存在职业危害建设项目划分标准。职卫监督处介绍全市建设项目“三同时”开展背景，监管实施方案，通报“三同时”项目数据来源，数据整理，筛选分类，市区分级管理，数据推送，统计分析，信息报送等情况。与会人员对全市在建电力、燃气及光伏发电新能源等建设项目，如何确定存在职业危害建设项目进行讨论，并形成一致结论。将电力行业进行输配电新改扩35千伏以上（含35千伏）工程建设项目纳入建设项目“三同时”监管范围；在建焚烧垃圾发电、燃气发电项目纳入“三同时”监管范围；燃气工程、光伏发电新能源产业（不超35千伏）、新能源汽车充电桩、电力架空线入地作业工程等项目不列入“三同时”监管范围。

（安洪卫）

【对地下轨道交通职业健康监管进行研讨】 2月2日，市安全监管局赴市重大项目建设指挥部办公室（以下简称“市重大办”）就职业健康监管进行研讨。职卫监督处通报全市地铁施工职业健康管理现状、存在问题及下一步监管措施和监管要求。会议就《关于加强地下轨道交通工程建设施工职业病防治工作的通知》中，加强职业健康监管，完善地铁施工作业面通风系统，增设职业危害防护设备设施，加强个人防护用品配备等问题进行研讨。通过研讨，对《通知》中通风系统参数设置、职业健康体检报告互认、重点职业危害工程防护措施、新工艺推广等问题，达成初步共识，以联合行文、联合执法检查等形式，督促全市地铁施工单位落实相关意见。

（屈　玥）

【《有限空间作业安全技术规范》制定】 2月6日下午，市安全监管局召开市地方标准《有限空间作业安全技术规范》（以下简称《地标》）修订研讨会，局法制处、市劳动保护科学研究所（以下简称“市劳保所”）等专家参加会议。职卫监督处介绍《地标》修订情况。经市安标委专家评审，市质量技术监督局审查，《地标》修订项目通过立项。会议就《地标》修订时间节点、工作流程、主要内容、注意事项等，形成初步框架并细化。对原《地标》存在内容重复、表述不明确、衔接不连贯等问题，结合事故特点，从适用范围、作业定义、作业程序等方面进行整合修订。6月1日下午，市安全监管局副局长阎军组织召开《地标》修订研讨推进工作会，职卫监督处相关负责人和市劳保所有关专家参加会议。市劳保所在参考国内和国外各类文献、相关标准基础上，结合全市作业实际情况、监管需要，完成《地标》（讨论稿），会议对讨论稿进行审议。7月4日，再次召开《地标》编制推进研讨会。监管一处相关负责人、市劳保所有关专家参加会议。8月13日，《地标》（征求意见稿），在市质量技术监督局官方网站公开征求意见。标准共分为范围、规范性引用文件、术语和定义、作业环境分级标准、作业前准备、作业和安全管理7个部分技术内容，及2个规范性附录和6个资料性附录。设条款101条，其中强制性条款25条（17条技术性条款，8条管理性条款），其余为推荐性条款。

（安洪卫　卢　茜）

【大兴区“两会”安保执法检查】 3月1日，市安全监管局赴大兴区黄村镇北京兴水水务有限责任公司，开展“两会”期间安保执法检查。听取该公司“两会”期间开展落实安全生产检查情况汇报，查阅相关资料。对沿污水处理工艺过程，特别是污水处理车间、格栅间及各类地下管井有限空间作业场所，进行现场检查。检查发现，存在对有限空间定义掌握不准确，有限空间作业场所界定不明，台账不清，标识不全，应急演练走过场；对职业卫生管理不够重视，公司职业卫生管理制度不全，人员培训不到位，职业危害警示标识不全；初、中格栅间通风设计不合理，现场未安装硫化氢报警装置；甲醇车间应急喷淋洗眼设备日常维护不到位等问题。执法人员现场对公司负责人及相关工作人员进行批评指导，并要求其立即组织整改。约谈该公司法人进一步核实问题，并依法依规进行处理。执法组结合现场检查情况，对大兴区水务局安全管理提出建议，要高度重视安全生产管理工作，密切配合区安全监管局，举一反三，摸排本行业有限空间安全事故隐患；要加大职业卫生管理培训力度，消除管理盲区，提升职业卫生管理水平；要提升日常检查力度，督促辖区内污水处理净化企业职业卫生主体责任落实。

（李东明）

【年内首次地下有限空间执法检查】 3月1日23时50分至2日3时，市安全监管局执法人员沿西二环、平安大道、长安街、两广路两侧，开展全国“两会”城市核心区首次地下有限空间作业夜查。夜查涉及西城、东城、朝阳区部分主要干道。经查，街区秩序井然，平静有序。发现西城区中环广场北侧北京热力集团管网二所进行热力管井小室维护，地下有限空间作业施工现场较规范，各类安全防护用品齐全，应急设备设施完备，地下有限空间特种作业监护人持证有效。但现场作业警戒线和安全锥桶未按要求设置，经执法人员指出立即进行整改。

（安洪卫）

【东城区“两会”安保执法检查】 3月6日，市安全监管局赴东城区德安汽车修理厂（第7453工厂）开展执法检查。听取该厂“两会”期间开展落实安全生产检查情况汇报，查阅相关资料。对汽车维修、钣金车间、汽车检测场，特别是喷漆车间和调漆室、空压机房进行重点现场执法检查。经查，该厂建立安全生产相关管理制度，“两会”安保有安排、有部署、有检查。“两会”期间，停止厂区内地下有限空间作业，建立职业卫生管理制度，按要求申报职业病危害因素，进行职业病危害检测，组织接害劳动者职业健康检查，建立档案，进行职业危害告知，职业卫生健康主要负责人和管理人员经培训取得证书。但存在地下有限空间管理制度还待完善；空压泵室内乱放杂物，检测场压力钢瓶未固定，存在隐患；调漆室和钣金车间作业场所职业危害警示标识不全，且存在张贴位置不符合要求等问题。执法人员现场给予指导，并责令该厂负责人及相关工作人员立即进行整改。执法组建议东城区安全生产监管局，举一反三，摸排事故隐患，强化有限空间作业安全培训，加强对辖区内有职业危害用人单位监管。

（安洪卫）

【第二次地下有限空间作业夜查】 3月7日23时30分至8日3时，市安全监管局执法人员沿东西二环、平安大道、长安街、两广路两侧，进行地下有限空间作业第二次执法检查。夜查覆盖西城区、东城区、朝阳区、丰台区、海淀区主要干道，未发现有限空间作业施工现场，城市街区秩序井然，平静有序。两次地下有限空间作业夜查情况，比上年“两会”期间夜查发现问题有明显变化。“两会”期间，保持城六区主要干道和街区开展地下有限空间作业夜间执法检查，利用电话和微信平台等方式，主动与保障全市水、电、气、热、通信等地下管网运行维护等作业单位进行沟通协调。

（安洪卫）

【西城区“两会”安保执法检查】 3月15日，市安全监管局到西城区北京中电联汽车服务有限责任公司开展执法检查。听取该公司“两会”期间开展落实安全生产检查情况汇报，查阅相关资料。对汽车维修、钣金车间、扒胎车间，特别是喷漆车间和调漆室等重点职业卫生管理现场进行执法检查。经查，该公司建立安全生产相关管理制度，“两会”安保有安排、有部署、有检查，也建立职业卫生管理制度，依法进行职业病危害申报，开展职业病危害因素检测，组织接触职业危害劳动者职业健康检查，依法进行职业危害告知，职业卫生健康主要负责人和管理人员经培训取得证书。检查中发现，职业卫生管理制度和职工健康档案需进一步完善；对外协劳动者职业卫生健康管理需进一步规范；扒胎车间砂轮机工位没有操作规程和警示标示，调漆室缺少职业危害中文警示说明。执法人员要求该企业立即整改，并就扒胎车间砂轮机工位没有操作规程和警示标示违法问题，下达责令限期整改指令书，责令该公司限期整改，并根据复查情况依法给予处理。3月22日，市安全监管局执法人员到该公司进行职业卫生安全隐患整改项目复查执法。该公司汲取上次检查教训，召开整改专题例会，投入专项资金，责成职业卫生安全质量部整改落实。完善职业卫生各项管理制度；将外协劳动者体检、防护、培训等纳入到公司职业卫生管理体系中；在扒胎车间砂轮机工位张贴安全及职业防护操作规程，并在喷漆和调漆室外张贴职业危害中文警示说明。经复检，3月15日下达给北京中电联汽车服务有限责任公司责令限期整改指令书中问题，均整改完毕。

（安洪卫　吴　强）

【赴市环保局调研放射工作场所监管】 3月19日上午，市安全监管局赴市环保局调研放射工作场所监管情况。市环保局辐射安全管理处、市城市放射性废物管理中心有关同志参加。职卫监督处介绍开展安全生产监督执法情况，职业卫生监管放射工作场所相关要求，并听取市环保局放射工作场所管理机构组成、监督执法工作、辐射安全许可证颁发等相关情况。调研针对职业卫生普查、放射工作场所监管、安全防护、从业人员培训、辐射监测等，进行深入研讨。就放射工作场所监管的共同点和交叉点，形成监管共识，建立工作会商机制。

（石逸超）

【轨道交通建设单位职业病防治研讨】 3月26日，市安全监管局联合市重大办召开地下轨道交通工程建设单位职业病防治工作研讨会，轨道公司和快轨公司相关负责人参加会议。会议对职卫监督处会同相关专家经调研，起草《关于加强地下轨道交通工程建设施工职业病防治工作的通知》，并再次听取各地铁参建单位意见和建议。职卫监督处对前期轨道公司和快轨公司对《通知》内容采纳意见和未采纳内容作解释说明。经研讨，进一步明确地下轨道交通工程建设施工职业卫生管理要求。

（屈　玥）

【大兴区职业卫生“三同时”检查】 3月27日，市安全监管局赴大兴区开展职业卫生“三同时”落实情况执法检查。大兴区安全监管局、采育镇和黄村镇相关负责人参加检查。执法人员对北京莱德新能源电池科技有限公司（以下简称“莱德新能源”，位于采育镇）和北京威卡汽车零部件股份有限公司（以下简称“威卡汽车零部件”，位于黄村镇）进行检查。执法人员听取两家公司情况汇报，查阅相关资料，并对现场生产工艺过程进行实地检查。在对威卡汽车零部件检查中发现，该用人单位现已停产，正向青岛整体搬迁，依据《职业病防治法》要求，依法组织接触职业病危害因素劳动者，进行离岗前职业健康检查。经查莱德新能源正进行技术更新改造工程施工，且新技术工艺中存在尘毒噪声等职业病危害因素，但该公司未依法开展建设项目职业病防护设施“三同时”工作，执法人员现场对公司负责人及相关工作人员进行批评和政策指导，并要求立即整改。执法人员将对用人单位存在涉嫌违法问题，约谈该公司主要负责人。执法人员下达责令限期整改指令书，责令4月26日前将问题整改完毕。4月19日，该公司以书面形式向市安全监管局提出延长整改期限申请，针对企业整改中实际问题，经研究同意该公司提出延期申请，整改延至5月31日前完成。6月6日，执法人员对该公司存在问题整改情况进行复查，重点检查预评价报告编制、专家评审意见、评审意见修改说明等相关资料。按照国家安全监管总局《建设项目职业病危害风险分类管理目录》，该建设项目为职业病危害较重建设项目，该公司按照市安全监管局提出整改意见和时间，委托技术服务机构完成建设项目职业病防护设施预评价，并按照《建设项目职业病防护设施“三同时”工作流程》，组织职业卫生专业技术人员对《预评价报告》进行评审，按照专家评审修改意见，对《预评价报告》进行修改完善，并形成《建设项目职业病危害预评价工作过程报告》，预评价报告编写和专家评审符合法律法规要求。

（安洪卫　屈　玥）

【第三次地下有限空间作业夜查】 3月27日23时30分至28日3时，市安全监管局执法人员沿槐柏树街、西便门桥、三里河街、西二环、两广路两侧进行第3次地下有限空间作业夜间执法检查。夜查涉及西城区、东城区、朝阳区部分主要干道区域。经查，发现3家从事地下有限空间作业单位，其中承担移动、电信运营商放缆作业的市光环电信股份有限公司、市电信工程局有限公司比较规范，安全防护用品齐全，应急设备设施完备，地下有限空间特种作业监护人持证有效。市合力电信有限公司承接西城区槐柏树街沿线3个管井施工现场，出现作业警戒线和安全锥桶未按要求设置，作业告知牌和警示标识放置不符合要求，气体检测记录不规范等问题，经执法人员批评教育，立即进行现场整改。

（安洪卫）

【全市有限空间作业安全视频会】 3月29日下午，市安委会办公室召开2018年全市有限空间作业安全生产工作视频会。市安委会办公室副主任阎军主持会议，市安委会办公室副主任唐明明出席会议并讲话。市、区两级安全监管局、市住房城乡建设委、市城市管理委、市交通委、市农委等12个行业部门，电力、燃气、热力、通信等16个企业集团、全市各乡镇街道相关负责人参加会议。市安全监管局通报2017年度全市共发生有限空间事故9起，死亡17人。其中，较大事故2起，死亡7人。事故发生起数和死亡人数较上年“双上升”。唐明明对2018年有限空间作业安全生产工作进行部署。要求提高政治站位，增强做好首都安全生产工作的责任感和使命感。认清形势，提升对有限空间安全生产管理和监管重要性和紧迫性认识。落实企业安全生产主体责任，消除各类有限空间作业安全隐患。落实属地和行业监管职责，打造共管共治监管格局。市安委会办公室印发《关于进一步加强有限空间作业安全生产工作的通知》，明确有限空间安全监管要确实履行监管职责，属地要强化责任落实。

（吴　强）

【第四次地下有限空间作业夜查】 4月3日23时50分至4日4时30分，市安全监管局执法人员沿西二环、莲石路、阜石路、增光路、肖家河主干道两侧进行地下有限空间作业执法检查，途经西城区、丰台区、海淀区，是年内地下有限空间作业第4次夜查。在白石桥首都体育馆处等5处地下管网井口处，发现北京排水集团所属两家、北京北排环境有限公司等5家作业单位。检查发现，北京排水集团第三管网运营分公司、北京排水集团第五管网运营分公司、北京北排环境有限公司3家作业现场管理规范，均设置警示牌、告知牌和应急救援设施，作业人员能按照“先检测后作业”要求进行操作，监护人员持证上岗、持续监护，工人佩戴防护用品规范操作。在海淀区上地三街与信息路交叉路口和马连洼北路阳坊大都涮肉店门前，执法人员发现两起作业严重违规行为。两处现场未按要求进行气体检测、作业人员未佩戴安全绳安全带、未摆放警示牌、无通风和救援设施、监护人员不携带特种作业操作证等，属典型违规“游击队”。其中，上地三街与信息路交叉路口作业队发现执法人员后，丢弃部分电缆，逃逸现场。另一支阳坊大都涮肉店门前3名作业人员对执法人员询问不积极配合，一问三不知，不回答问询。针对违规现象，执法人员当场责令作业单位停止作业，并对违规问题，进行批评教育。针对逃逸现场，执法人员关闭井盖，恢复道路通行。依据现场取得违规证据，执法人员将继续寻查责任单位，一经查实，给予严厉行政处罚。

（安洪卫）

【建设工程地下有限空间检查】 4月10日，市安全监管局会同门头沟区安全监管局，对京西门城基础设施投资建设有限公司所管理在建工程“滨河路南延随路电力管线工程”进行执法检查，检查总长3.9公里，其中建设竖井48个（分内径5～8米，井深6～12米不等），总投资3.38亿元，分三个标段招标，分别由市市政一建设工程有限责任公司、北京城建道桥建设集团有限公司、北京住总分公司承建，现场施工人员450人。执法人员听取京西门城基础设施投资建设有限公司和3家承标单位安全管理情况汇报，并对施工现场进行检查。检查发现，4家单位各项管理制度较齐全，基本上实现痕迹化管理，安全教育培训完备，地下有限空间作业检测通风等设备设施齐全，特种作业监护人员持证上岗，警示牌、告知牌设置合理有效。但发现隧道内通风管道未使用硬质材料，通风管道破损；应急救援设备设施存放不合理，未集中存放在施工现场；通风机进气口未设置铁箅，通风机周边堆放杂物；在建竖井内楼梯护栏高度不够。针对问题执法人员当场下达责令限期整改指令书，责令该公司限期整改，由区安全监管局督整改落实。执法人员还对北京朗泰汽车维修有限公司进行检查，该公司建立职业健康管理制度，接触职业危害岗位设置警示标识，对接触职业危害劳动者进行职业健康检查，职业健康各项管理措施落实基本到位。

（吴　强）

【水泥包装和装车环节专项治理检查】 4月12日，市安全监管局对北京金隅琉水环保科技有限公司（以下简称“金隅环保”）职业危害工程防护设施升级改造进展情况进行检查调研，房山区安全监管局、金隅集团安全环保处和相关专家参加检查调研。检查调研采取听取汇报、座谈了解和现场检查方式，金隅环保从2017年4月起，按照专项治理要求，制定职业危害工程防护改造技术方案设计，加大经费投入，开展包装和装车环节综合除尘工程防护自动化技术改造，现正进行试运行调试。检查调研组对自动包装和自动装车环节进行实地检查，针对自动包装机封口防尘和自动装车机粉尘收集及通风系统等存在的不足，要求高度重视、超前站位，要以首善意识完成重点环节技术改造；按照“包装自动化，控制信息化、管理智能化”标准，完善自动包装和自动装车除尘设备设施，尽最大可能消除或降低粉尘浓度；在包装和装车车间加装局部除尘设备，控制作业现场二次扬尘问题。

（吴　强）

【第五次地下有限空间作业夜查】 4月13日零时至4时30分，市安全监管局开展第四次地下有限空间作业夜查，巡查涉及东城区、西城区、朝阳区、丰台区部分道路。巡查发现3家地下有限空间作业单位在金宝街、东经路路口、枣林前街进行作业，3家单位均能按要求现场设置警示牌，配有通风、检测设备仪器，认真填写检测记录，现场监护人员持证上岗。

（安洪卫）

【通州区有限空间作业督查】 4月16日至17日，市安全监管局副局长阎军带队，赴通州区开展有限空间作业安全生产专项督查。听取通州区安委办有限空间安全生产监管情况汇报，区安全监管、住房建设、商务、城市管理、水务5部门汇报，对承发包管理、制定制度、基础台账动态管理、日常安全检查、招投标管理落实等情况进行现场询问，查阅文件资料。阎军要求全面开展排查隐患，抓细抓实，履职尽责。督查组对城市副中心有限空间作业三处建设项目、两家污水处理厂及两家工业企业进行检查。

（卢　茜）

【顺义区有限空间作业督查】 4月19日至20日，市安全监管局副局长阎军带队，赴顺义区开展有限空间作业安全生产专项督查。顺义区22个行业部门主管领导及主管科长参加会议。督查组听取区安委会办公室有限空间安全管理情况汇报，及区住建委、区城市管理委、区教委、区水务局、区经委、区农委、区商务委等部门汇报，查阅档案资料。阎军要求突出一个“实”字；突出一个“管”字；突出一个“新”字，在有限空间管理制度建设上不断创新摸索，形成更完备的有限空间作业安全管理机制。检查组就企业制度建立落实、安全设备设施配备、劳动防护用品配备、安全生产教育培训、承发包管理、作业现场安全管理、特种作业人员持证上岗及应急处置管理等情况，对市政供暖、水务建设、物业管理、商务、工业、通信六个行业10家企业开展实地检查，对检查发现现场安全管理、增加安全标识、加装排水设备、应急预案制定及演练缺乏针对性等问题，要求有关企业进行整改。

（卢　茜）

【昌平区有限空间作业督查】 4月24日至25日，市安全监管局副巡视员杨永军带队，赴昌平区开展有限空间作业安全生产专项督查。区住建委、区城市管理委、区商务委等10个行业部门主管领导及主管科长参加。听取区安委会办公室有限空间作业安全生产工作情况汇报，及区住建委、区城市管理委、区旅游委、区商务委、区水务局5个相关行业部门汇报，查阅档案资料。杨永军要求提高认识，强化责任；把握规律，强化排查；加强配合，严格执法。督查组对昌平区市政、物业、旅游、工业4个行业7家企业进行实地检查，区相关行业部门有关人员参加检查。发现部分企业和单位有限空间安全管理存在安全管理制度不健全，有限空间台账不全，重点部位未设置安全警示标识，有限空间承发包工作未签订安全生产协议，应急救援设备设施配备不足等。检查组要求有关企业立即整改，并将整改报告报送相关行业部门和区安全监管局，各相关部门对整改情况及时复查。

（卢　茜）

【大兴区有限空间作业督查】 4月26日至27日，市安全监管局副巡视员杨永军带队，赴大兴区开展有限空间作业安全生产专项督查。区城市管理委、区住建委、区商务委等7个行业部门主管领导及主管科长参加。听取大兴区安全监管局代表区安委会办公室介绍有限空间作业安全管理情况，及区住建委、区城市管理委、区农委、区商务委、区经信委、区水务局6个行业部门汇报，查阅档案资料。督查组对大兴区建筑施工、物业、商务、工业4个行业7家企业进行实地检查。督查组重点对新机场建设涉及管廊、隧道、管沟、电力管线、输油管线、污水管线、雨水管线等多种类型有限空间作业，新机场不同类型有限空间进行实地查看，并与相关项目部负责人、安全管理人员和监理人员交换意见。根据不同类型有限空间作业，分门别类提出有针对性管理措施和要求。

（卢　茜）

【海淀区有限空间作业督查】 5月7日至8日，市安全监管局副局长阎军带队，赴海淀区开展有限空间作业安全生产专项督查。7日，海淀区安全监管局主管领导和区相关行业部门有关人员参加督查。督查组采取分组检查，随机抽选方式，对区东陶机器（北京）有限公司、北京五星啤酒有限公司、北京碧海环境科技有限公司翠湖再生水厂、中关村皇冠假日酒店、安泰科技股份有限公司、北京东陶有限公司、北京地铁16号线工程土壤土建施工第14合同标段、北京科住物业管理有限公司8家单位进行检查。重点检查企业制度建立，安全设备设施配备，劳动防护用品配备，安全生产教育培训，承发包管理，作业现场安全管理，特种作业人员持证上岗及应急处置管理等情况。检查发现，有关企业台账不精细，重点部位没有通风设施，重点岗位未装报警设备，重点场所缺少应急救援设备和未进行应急演练等问题，要求企业立即整改，对存在问题较严重的中关村皇冠假日酒店，区安全监管局下达责令限期整改指令书，并依法采取措施。8日上午，督查组听取海淀区安委会办公室有限空间安全生产监管情况汇报，及区安全监管局、区城市管理委、区商务委、区住房建设委、区水务局汇报，随机抽点区房管局、区旅游委等7个行业领域汇报，并就区相关部门落实文件、会议精神，专项工作方案制定，工作台账建立，日常安全检查，行政处罚，招投标管理等情况进行现场询问。阎军强调动员起来，要求企业把有限空间辨识工作抓扎实；各行业部门要在现有基础上，完善好有限空间台账，把监管对象摸清楚；要履职尽责，把各项有限空间工作措施抓细抓实。8日下午，阎军及督查组成员应邀出席海淀区有限空间作业技能大赛决赛，为冠军颁奖并讲话。

（吴　强）

【朝阳区有限空间作业督查】 5月9日至10日，市安全监管局副局长阎军带队，赴朝阳区开展有限空间作业专项督查。听取朝阳区安委会办公室和区城市管理委、区住房建设委、区水务局、区房管局汇报，现场随机抽选区商务委、区卫计委、区旅游委等部门介绍本部门有限空间管理管理措施。分两组对朝阳区有限空间作业安全生产进行专项督查。朝阳区安全监管局主管领导和区相关行业部门及属地有关人员参加督查。朝阳区建立区城市管理委、区住建委、区水务局等15家行业主管部门和43个街乡属地参与的联席会议制度；明确有限空间安全管理责任，完善有限空间作业安全生产管理机制，开展有限空间作业大比武活动及执法检查。阎军强调结合行业监管职责谋局布势，把管理网织密织细，行业部门和属地加强配合，尽可能减少监管盲点；结合实际下功夫建立好有限空间工作台账，把底数摸清，把管理对象搞清楚；行业部门要结合自身实际，健全完善有限空间各项管理措施；在现有基础上，进一步创新工作方式。督查组采取分组检查，随机抽选方式，对朝阳区北京恒东热电有限公司、北京燕东微电子有限公司、大羊坊沟污水处理站、北京城乡建设集团有限责任公司北京地铁7号线东延工程01标段、北京兆维电子（集团）有限责任公司、北京朝京环保能源科技股份有限公司东陶机器（北京）有限公司、北京五星啤酒有限公司、北京碧海环境科技有限公司翠湖再生水厂、中关村皇冠假日酒店、安泰科技股份有限公司、北京东陶有限公司、北京地铁16号线工程等有限空间作业单位进行检查，重点检查企业制度建立，安全设备设施配备，劳动防护用品配备，安全生产教育培训，承发包管理，作业现场安全管理，特种作业人员持证上岗及应急处置管理等情况。检查发现企业台账不精细，重点部位缺少通风设施，重点场所缺少应急救援设备等问题，现场责令有关企业整改。

（吴　强）

【怀柔区、密云区、平谷区有限空间督查】 5月14日至17日，市安全监管局副局长阎军带队，赴怀柔区、密云区、平谷区开展有限空间专项督查。听取三个区安委会办公室和区城市管理委、区旅游委、区住房建设委、区商务委、区水务局等行业部门汇报后，分两组对三个区部分企业开展有限空间作业安全生产专项督查。三个区安全监管局主要领导、主管领导和区相关行业部门及属地有关人员参加督查。阎军现场随机抽取几个部门介绍有限空间管理管理措施。督查组采取分组检查，随机抽选方式，对三个区涉及旅游、住建、商务、水务等16家企业有限空间作业单位进行检查，重点检查企业制度建立，安全设备设施配备，劳动防护用品配备，安全生产教育培训，承发包管理，作业现场安全管理，特种作业人员持证上岗以及应急处置管理等情况。检查发现有关企业台账不精细，管理制度不规范，警示标识缺失，外包安全协议不规范等问题，现场责令有关企业整改。

（吴　强）

【石景山区有限空间安全生产督查】 5月25日，在完成9区、63家生产经营单位有限空间安全生产专项督查任务基础上，市安全监管局副巡视员李振龙带队，赴石景山区开展有限空间作业安全生产专项督查。石景山区安全监管局主要领导、主管领导和区相关行业部门有关人员参加督查。督查组听取石景山区安委会办公室有限空间安全生产监管情况汇报，及区城市管理委、区住房建设委、区园林局、区民防局、区环卫中心汇报，检查组随机抽点区商务委、区旅游委、区广电中心介绍本行业有限空间作业管理情况。检查组并就区相关部门落实市安委会文件、会议精神，专项工作方案制定，工作台账建立，日常安全检查，招投标管理落实等情况，进行现场询问。李振龙要求增强抓好有限空间安全生产责任感，把工作做扎实、做细致，做实在；增强做好有限空间安全生产监管工作紧迫感，未雨绸缪、警钟长鸣，防止反弹；督促企业落实好主体责任。检查组采取分组检查、随机抽选方式，对石景山区北方物业开发有限公司北方中惠国际中心项目部、北京北重汽轮电机有限责任公司和石景山区环卫中心清运站等生产经营单位进行检查。检查发现个别生产经营单位台账不精细，重点部位没有通风设施，重点岗位未使用报警设备等问题，要求有关企业整改，并责成区安全监管局跟踪督导落实。

（吴　强）

【西城区有限空间作业督查】 5月28日，市安全监管局副局长阎军带队，赴西城区开展有限空间作业安全生产专项督查。西城区副区长朱国栋、区安全监管局主要领导和区相关行业部门负责人陪同督查。督查组听取区安委会办公室有限空间安全生产监管情况汇报，区住房建设委、区房管局、区城市管理委、区商务委、区文化委、区旅游委6个行业部门汇报，并进行现场问询。西城区形成每季度区安办向区政府汇报，每半年主管副区长向区常委会汇报安全生产工作机制，区安全监管局、相关行业管理部门和各街道连续5年未发生有限空间生产安全事故。西城区采用网格化管理，街道和行业部门年度绩效考评等方式，强化有限空间监管。运用城市运行管理平台、短信、微信群、公众号及时发现、发送、处理有限空间事故和进行信息预警，形成具有西城区有限空间监管特色。检查发现，一些行业部门对有限空间作业识别不准，监管职责认识不清，基础台账不全等问题。阎军要求站在首都核心区高度上，进一步梳理核实建立有限空间台账，并向区安委会办公室备案；建立有针对性、操作性强的管理机制和措施，使各项管理措施和要求真正落到一线企业；重点研究有限空间作业外包管理机制，形成有限空间作业单位准入管理体制；加强监督执法，发现违法违规单位，发现一起处罚一起，并通过媒体曝光、黑名单及退出机制来强化推动有限空间作业单位落实安全主体责任。检查组采取分组检查、随机抽选方式，对西城辖区内百盛购物中心、建功北里供暖所、北京印钞有限公司、北京金威万豪酒店、西城广安门体育馆 5 家单位进行检查。建功北里供暖所、北京印钞有限公司、北京金威万豪酒店、西城广安门体育馆 4 家单位总体情况良好。检查发现个别生产经营单位台账不精细，有限空间作业场所警示标识缺失，个体防护用品和应急救援设施不全等问题，责成有关企业整改，并要求区行业主管部门和区安全监管局跟踪督导落实。现场检查发现，百盛购物中心有限空间管理制度不健全也不符合现场实际，没有操作性，形同虚设；地下污水间、隔油池、化粪池等有限空间场所与公共场所相通，没有围挡，没有通风、没有标识；有限空间作业外包协议没有安全管理内容。检查组责令立即整改，将整改结果上报区商务委和区安全监管局。并责成区安全监管局将百盛购物中心涉嫌违法违规问题立案查处，将调查处理情况报市安全监管局。

（安洪卫）

【门头沟区有限空间作业督查】 5 月 29 日，市安全监管局副巡视员李振龙带队，赴门头沟区开展有限空间作业安全生产专项督查。门头沟区安全监管局刘振林局长和区相关行业部门负责人参加督查。督查组听取区安委会办有限空间安全生产监管情况汇报，区住房建设委、区城市管理委、区商务委、区旅游委、区水务局、区环卫中心等行业部门汇报，检查组对重点环节和领域进行现场问询，门头沟区开展有限空间作业安全监管和综合协调工作，摸清全区有限空间台账，查处有限空间安全隐患 198 项，立案处罚 3 起，罚款 6 万元。指导、协调各相关行业管理部门和街道，开展特色专项执法检查，分别建立各自有限空间台账，完善相关管理制度，对违法违规企业进行相应处罚，自 2004 年门头沟区成立安全监管局以来连续 15 年保持未发生有限空间生产安全事故，是全市未出过有限空间生产安全事故 4 区之一。但存在一些行业部门对有限空间作业掌握不够准确，辨识不全，基础台账欠完善等问题。李振龙要求要站在首都北京高度上强化有限空间监管，要用“心”来履行担当部门责任；认清形势，提高安全生产工作紧迫感；严格履职，督促企业落实安全主体责任。检查组采取分组检查、随机抽选方式，重点对区内中铁建物业管理有限公司门头沟分公司、门头沟区第二再生水厂、龙泉宾馆、北京富根电气有限公司等单位有限空间进行检查。检查发现，有些企业不同程度存在有限空间管理制度和承发包安全协议不准确，台账辨识不全面，作业场所警示标识缺失，地下空间里污水池、水厂格模栅等车间缺少通风和报警装置，巡检人员未配备发散式报警仪等问题，检查组责成相关企业组织整改，并要求区行业主管部门和区安全监管局跟踪督导落实。

（安洪卫）

【丰台区有限空间作业督查】 5月30日，市安委会办公室副主任、市安全监管局副局长阎军代表市安委会到丰台区进行有限空间作业安全生产专项督查。听取区安委会办公室成员单位工作汇报，实地检查5家企业主体责任落实情况。丰台区副区长周新春、区安全监管局主要领导和区相关行业部门负责人参加督查。督查组听取区安委会办及区住房建设委、区城市管理委、区经信委、区商务委、区农委、区房管局、区水务局、区环卫局等单位全区有限空间作业安全生产落实情况汇报，对重点环节和领域进行问询。阎军强调加强工作规范，在精细化上下功夫，准确界定有限空间，完善细化工作台账；加强行业监管，从管理和专业上下功夫；加强安办统筹，加大违法违规处罚力度，要在一体化上下功夫，指导行业部门和属地履行监管职责。检查组采取分组检查、随机抽选方式，对丰台辖区内北京和谐广场、北京丰益花园物业、北京二商龙和食品有限公司、北京隆润新技术开发有限公司、北京久安建设投资集团有限公司丰台河西再生水厂等单位进行检查，针对检查发现有限空间管理制度和承发包安全协议“不接地气”，台账辨识不全，作业场所设备设施及个体防护用品不全，警示标识缺失，未配备特种作业监护人员，地下空间污水池、隔油池缺少围挡、通风控制方式不正确、巡检人员未配备发散式报警仪等问题，责成有关企业组织整改，并要求区行业主管部门和区安全监管局跟踪督导落实。

（吴　强）

【房山区有限空间作业安全生产督查】 5月31日，市安全监管局副巡视员李振龙带队，赴房山区开展有限空间作业安全生产专项督查。房山区安全监管局局长张海生和区相关行业部门负责人参加督查。督查组听取区安委会办，及区住房建设委、区城市管理委、区商务委、区旅游委、区水务局、区环卫中心等行业部门有限空间管理情况汇报。检查组对重点环节和领域进行现场问询。李振龙要求提高认识，强化责任感；认清形势，增强安全生产工作紧迫感；认真履职，严格执法。检查组采取分组检查、随机抽选方式，对房山辖区内4家有限空间作业单位进行检查，北京金隅琉水环保科技有限公司、北京华特物业管理发展有限公司、北京中设水处理有限公司均发现不同程度有限空间台账不全面、安全生产协议不完善等问题，检查组责成问题企业当场整改。北京燕都立民屠宰有限公司存在污水处理站淤泥车间违规住人，通风设施不符合标准，未安装硫化氢报警装置，有限空间作业警示标识不规范等问题，危险因素多，隐患大，问题严重。检查组责成该公司立即整改，并要求区行业主管部门和区安全监管局跟踪督导落实。

（安洪卫）

【东城区有限空间安全生产督查】 6月4日，市安全监管局副局长阎军带队，赴东城区进行有限空间作业安全生产专项督查。东城区副区长薛国强、区安全监管局主要领导和区相关行业部门负责人参加督查。督查组听取区安委会办，及区住房建设委、区城市管理委、区商务委、区旅游委、区房管局、区园林绿化管理中心、京城集团有限责任公司等安委会成员单位汇报有限空间作业安全生产落实情况，对重点环节和领域进行问询。区安全监管局发挥区安委会办公室职能，制定方案，积极部署，建立例会制度，形成协调机制；投资金，建台账，申请财政专项经费35万元；联合执法，近3年开展夜查110余次，现场教育违规作业者380余人次，处罚违法单位14.5万元，单项处罚达8万元，立案调查两家；在特种作业学校开设区安全监管局、行业、街乡安全监管干部培训班，提升监管干部业务技能。阎军强调进一步发挥区安委会（安办）统筹和协调作用，指导督促各行业部门履行职责；加大检查执法力度，对违规违法单位要加大约谈、处罚、黑名单、曝光等震慑力度，在坚持夜查同时，实现行业和街道全过程监督管理，从动态巡查执法向静态检查指导转变；保持和发挥东城区提出“做安全明白人”工作理念，监管人员既要做到精通业务，熟悉法律法规，又要熟悉掌握本辖区本行业基本情况；梳理台账，按行业要求、特点，建立起东城区有限空间综合信息动态台账管理系统。检查组采取分组检查、随机抽选方式，对东城辖区内北京崇文门饭店、南馆公园中水处理站、东城区环卫中心、北京富华行物业管理有限公司进行检查。4家单位总体情况良好，针对检查中发现有限空间台账辨识不准确，管理制度和承发包安全协议“不接地气”，作业场所设备设施及个体防护用品不全，警示标识缺失，中水处理站加药房管理不规范，地下中水处理空间未配备在线气体检测报警仪，应急预案没有针对性且缺少演练等问题，督查组责成相关单位组织整改，并要求区行业主管部门和区安全监管局跟踪督导落实。

（安洪卫）

【第六次地下有限空间作业夜查】 6月14日23时30分至15日3时30分，市安全监管局组织力量对城区进行地下有限空间作业夜间巡查执法。夜间巡查涉及西城区、东城区、朝阳区部分主要干道区域，发现北京排水集团第一管网分公司、北京斯普瑞电气安装工程有限公司、北京维实佳业有限公司3家作业单位，分别进行雨水管道清淤、电力路灯管井中电焊作业和通信管理井光缆熔接作业。经查，北京排水集团第一管网分公司作业规范，检测、通风和安全防护用品齐全，应急设备设施完备；北京维实佳业有限公司在通信管井外进行光缆熔接作业，未进入地下管井中；北京斯普瑞电气安装工程有限公司在白桥大街路口路灯电力管井中正进行线路焊接作业，作业人员未佩戴防尘口罩，经执法人员对作业工人进行讲解并对现场负责人批评教育后，责令停止作业并立即进行整改。

（安洪卫）

【开发区有限空间安全督查】 6月21日，市安全监管局副局长阎军等到北京经济技术开发区（以下简称“开发区”）进行有限空间作业安全生产专项督查。开发区安全监管局局长吴伯军，区相关行业部门及街道负责人参加督查。督查组听取区安委会办公室和城市管理局、社会发展局、建设发展局、发展改革局、房土局、荣华街道、博兴街道等单位情况汇报。区安全监管局对全区近600家企业负责人、安全管理人员和一线作业人员近1000人进行培训；完成40家企业率先达标，实现制度建立率、台账建立率、现场标识设置率、有限空间特种作业持证率、作业外包安全协议签订率、执法监管覆盖率6项100%；规范承发包管理，处罚曝光震慑违规行为，联合开展182次专项执法，发现并整改隐患53处，立案处罚金额3.5万元；申请专项经费35万元，委托专业中介机构，支撑指导全区企业科学开展有限空间辨识管理，聘请20名专家，开展200人次上门服务。阎军指出开发区围绕自身工贸制造业多、规模大、起点高、地域相对集中特性，针对有限空间作业面广、点多、危险性、突发性强特点，开展符合自身特色安全生产监管工作，有限空间作业专项整治思路清晰，既突出工贸企业，又兼顾全面，抓住全区管控节点。要求发挥区安委会（安办）统筹和协调作用，按照“管行业，管安全，管生产，管安全”原则，将有限空间作业监管纳入全区安全生产管理大盘子，各行业和街道结合自身特点，建立并及时更新工作台账。检查组采取分组检查、随机抽选方式，对开发区内第一三共制药（北京）有限公司、中芯北方集成电路制造（北京）有限公司、北京金源经开污水处理有限责任公司、市市政六建设工程有限公司（承建开发区道路改造工程）进行检查。4家单位总体情况良好，督查组针对地下道路改造工程中发现通风管道长度不够，防暑降温措施不完善等问题，及污水处理厂中存在通风量不够，扩散式气体报警仪配备不足、制度不规范，垃圾清掏作业危险行为等问题，责成相关单位组织整改，并要求区行业主管部门和区安全监管局跟踪督导落实。

（安洪卫）

【延庆区有限空间安全生产检查】 6月26日至27日，市安全监管局副局长阎军带队，赴延庆区进行有限空间作业安全生产专项检查。听取延庆区安委会办公室和区城市管理委、区水务局、区住房建设委、区商务委、区旅游委、区农委，中关村延庆园、供电公司、歌华有线公司9家行业部门情况汇报，随机抽查4家企业，对世博园地下综合管廊有限空间作业现场和园区建设安全生产管理进行检查。延庆区副区长吴世江、区安全监管局局长臧文柱、区相关行业部门和世博园等主要负责人参加督查。区安全监管局对全区100余家企业主要负责人和安全管理人员进行培训，有200余个专职安全员、198个作业人员考取地下有限空间特种作业操作证；开展有限空间作业大比武和安全生产宣传月，实现企业有限空间培训全覆盖。建齐全区有限空间台账，全区有工贸行业有限空间作业企业111家，地下有限空间数量5379个，地下有限空间54个。城市运行有限空间作业企业70家，地下有限空间数量22677个，地上有限空间206个。坚持每周一次夜查，采取“专项、重点、联合三执法”形式，出动执法人员199人次，执法车辆54车次，检查71家，发现整改隐患12项。自延庆区成立安全监管局以来未发生有限空间作业生产安全死亡事故，为全市未发生有限空间作业死亡事故4区之一。检查组采取分组检查、随机抽选的方式，对延庆辖区内同方药业集团、北京高贵食品有限公司、北京夏都大地燃气有限公司、北京龙庆首创水务有限公司4家单位进行检查，4家单位总体情况良好，但存在有限空间作业安全管理制度与实际不接地气，应急演练目标与演练内容针对性不强，部分作业场所未设置警示标识和加装封闭设施，有限空间作业人员培训不到位等问题，督查组责成相关单位组织整改，并要求区行业主管部门和区安全监管局跟踪督导落实。27日上午，督查组对世博园区内地下综合管廊进行有限空间专项检查，发现地下有限空间作业场所通风不足，警示标识不规范，安全管理职责不清晰等问题，督查组责令整改，要求区安全监管局跟踪督导落实后报市安全监管局。

（安洪卫）

【北京新机场有限空间作业检查】 6月28日下午，市安全监管局会同北京新机场安全协调办，对新机场空管工程飞行区通信管道、新机场油库供油、新机场工作区地下综合管廊3项工程，进行有限空间作业安全专项执法检查，还对工程作业单位防暑降温和职业卫生健康管理进行检查。检查发现，新机场空管工程飞行区通信管道、新机场工作区综合地下管廊2家工程建设单位总体情况良好，但存在部分作业场所设置警示标识不清，进入综合地下管廊登记管理不严，缺少针对性应急演练，有限空间辨识不全，作业人员培训不到位，采取防暑降温措施不全面等问题，执法人员责成工程建设单位组织整改。检查组在检查新机场油库供油工程建设项目发现，沈阳工业安装工程股份有限公司工程建设现场存在有限空间作业现场监护人气体检测不规范、储油罐内施工通风不符合要求；未依法对接触职业为危害因素劳动者进行职业健康检查。执法人员对承建该工程的沈阳工业安装工程股份有限公司和承担监理的北京中航油工程建设有限公司相关负责人进行批评教育，对现场作业人员进行安全指导和讲解，并责令整改。市安全监管局将依法对工程建设单位进行约谈，核实违法违规行为，依法进行处理。

（安洪卫）

【全市有限空间安全生产视频会】 7月6日，市安全监管局召开全市有限空间安全生产工作视频会，17个委办局有关负责人、各区安全监管局负责人参加会议。会议通报顺义区“6·30”有限空间安全生产事故情况，要求各单位提高对有限空间作业安全认识，加强安全教育培训，加强承发包管理，开展有限空间安全大检查。

（石逸超）

【房山区执法检查】 7月12日，市安全监管局赴房山区对重庆长安汽车股份有限公司北京长安汽车公司（以下简称“北京长安”）职业卫生管理和北京碧嘉德水务有限公司地下有限空间作业安全管理进行执法检查。检查发现，北京碧嘉德水务有限公司能按照房山区安监部门要求，开展地下有限空间专项整治。北京长安未安排职业健康检查复查结果异常劳动者5人进行进一步专项体检；未及时变更职业病危害申报；未如实申报污水处理站职业病危害项目；未依法组织污水处理站劳动者11人进行职业健康检查。执法人员当场进行批评教育，责令用人单位组织整改，并要求房山区安全监管局督促整改落实。市职业卫生监督管理处约谈该公司法人，核实涉嫌违法情况，依法依规进行严肃处理。

（安洪卫）

【第七次地下有限空间作业夜查】 7月12日23时50分至13日3时，开展第7次地下有限空间作业夜查。巡查涉及东城区、西城区、朝阳区等部分道路，在北京国际饭店西门处、中国大唐集团公司东南方向处、月坛南街与二七剧场路交叉路口处，发现3家作业单位作业。其中两家单位作业情况良好。在西城区太平桥大街由南向北主路上（中国大唐集团公司东南方向）发现，中铁隧道集团有限公司地铁19号线04合同段项目部探井施工作业中，3处探井施工作业现场存在均未配备机械通风设备，作业人员未佩戴个体防护用品等问题。执法人员要求立即停止施工，作业人员撤离现场。电话通知该项目部主要负责人，7月16日接受市安全监管局调查询问。

（安洪卫）

【就有限空间安全隐患约谈】 7月16日，通州区城市副中心办公区水系景观工程施工时，3名工人因违规下井作业，晕倒在井中。消防战士及时施救，3名工人被救出，无生命危险。18日，市安全监管局派人赴现场了解情况，施工单位为北京通成达水务建设有限公司，建设单位为北京水务建设与管理事务中心（市水务局下属单位）。事发当天，3名工人下井作业前对井下气体进行检测。当执法人员察看检测设备时发现，工人错误使用扩散式四合一气体检测仪（应使用泵吸式四合一气体检测仪）对井下气体进行检测，检测结果实为井上情况。事发时，作业现场无机械通风和应急救援设备，作业人员未佩戴个体防护用品。19日，副局长阎军约谈市水务局，听取市水务局相关情况汇报，并提出通报违规下井从事作业，导致3名工人缺氧晕倒情况。向全市水务系统及有关单位下发《北京市水务局关于进一步加强汛期安全防范工作的紧急通知》。建设单位与管理事务中心向市水务局提交《关于有限空间作业安全事件处理及整改的报告》，管理事务中心对施工单位和监理单位处以3万元和1万元罚款。邀请专家开展全市在建水利工程安全大检查。市水务局安全处、建管处、建管中心、安全质量站人员参加会议。

（屈　玥）

【全市有限空间作业安全生产视频会】 7月27日下午，市安委会办公室召开2018年第二次全市有限空间作业安全生产工作视频会，市安委会办公室副主任阎军出席并讲话。市安全监管局通报3月以来，国内发生因施救不当导致伤亡扩大的8起有限空间事故，并分析事故暴露出主要问题。热力集团、怀柔区杜邦营养食品配料（北京）有限公司分别在主会场和分会场介绍有限空间作业管理经验。阎军强调要发挥安委会统筹协调作用，指导和督促相关行业部门、属地政府落实行业和属地监管职责。建立完善工作台账。形成监管合力。市、区安全监管局、市住房城乡建设委、市城市管理委、市交通委、市农委等12个部门，电力、燃气、热力、通信等16个企业集团参加会议。

（屈　玥）

【延庆区冬奥会建设项目执法检查】 8月1日至2日，市安全监管局会同延庆区安全监管局，对冬奥会雪橇竞赛项目、冬奥会配套工程工地进行有限空间作业和职业健康执法检查。1日，检查组对张山营镇冬奥会雪橇竞赛项目建设现场（建设单位为上海宝冶集团有限公司）和冬奥会配套工程延崇高速八标项目（建设单位为中铁十五局集团有限公司）施工现场有限空间作业、职业健康进行执法检查，两家建设用人单位均存在地下有限空间作业人员未佩戴安全绳和安全带；未对接触粉尘噪声职业病危害因素桩孔挖掘工人进行职业健康检查；未对与单位签订劳动合同工人告知职业危害等问题。2日，检查组依法对两家建设单位和监理单位进行约谈，要求关心爱护生产一线劳动者，依法依规做好有限空间安全生产和职业卫生管理。

（安洪卫）

【中非合作论坛北京峰会期间检查】 8月

27日，市安全监管局对西城区北京儿童医院西门对面10kV电力架空线入地有限空间作业建设工程进行执法检查。施工场所为1基坑竖井（井宽3米、长6米、深5米），井底水平向南进行直径1米管道挖掘作业，已掘进13米。检查发现存在有限空间作业安全教育培训落实不到位，作业人员防护用品及应急设备不完善，监护人员特种作业持证人员未按要求持证上岗，作业安全警示牌、告知牌设置不合理，现场用电和高处防坠落不符合安全要求等问题。执法人员对现场施工人员进行批评教育，要求施工单位立即停止作业并整改。要求北京华商远大电力建设有限公司负责人，8月28日到市安全监管局接受约谈。

（安洪卫）

【大兴区“中非合作论坛”安全督查】 8月28日，市安全监管局副局长阎军带队，赴大兴区开展“中非合作论坛”安全生产督查。大兴区副区长杨彦光、区安全监管局局长高志纯等参加督查。督查组听取大兴区中非合作论坛安全生产保障和职业卫普查进展汇报。大兴区成立安全生产保障领导小组，出动执法人员225次，检查各类生产单位199家次，发现并整改隐患288处，立案行政处罚30家，罚款36.8万元。全区出动安全员4552人次，检查生产经营单位2619家，发现并限期整改2404处。检查组按照“四不两直”方式，对大兴区内上海埃驰汽车零部件有限公司（北京分公司）、中石化大兴黄村油库等单位进行检查，重点检查企业安全生产责任制度、安全生产教育培训、应急值守、特种作业管理、突发事件应急响应、有限空间作业安全及职业卫生管理等情况。检查中发现，上海埃驰汽车零部件有限公司（北京分公司）职业危害因素告知不够全面，劳保用品及生活用品与生产车间未进行合理分区；中石化大兴黄村油库有限空间作业场识别不准确等问题。责成两家企业组织整改，并要求区安全监管局跟踪督导落实。

（安洪卫）

【汽车制造尘毒治理验收报告评审】 2017年7月至2018年10月，市安全监管局落实国家安全监管总局办公厅《关于在汽车制造和铅蓄电池生产行业开展尘毒危害专项治理工作的通知》，开展汽车整车和零部件生产企业尘毒专项治理及机动车维修企业专项治理回头看。项目实施单位对全市17个区（含北京经济技术开发区）68家汽车整车制造和汽车零部件生产企业尘毒危害专项治理情况进行验收。10月25日下午，市安全监管局组织有关专家召开汽车制造企业尘毒危害专项治理验收报告评审会。审议北京市工业技术开发中心（以下简称“项目实施单位”）按照合同开展的《汽车整车制造和汽车零部件生产企业尘毒危害专项治理验收报告》（以下简称“《验收报告》”）。职卫监督处和项目实施单位人员参加会议。专家听取“汽车整车制造和汽车零部件生产企业尘毒危害专项治理验收”情况介绍，并就有关情况向项目实施单位进行质询。通过讨论形成评审意见，同意通过《验收报告》。

（吴　强）

【加强“三同时”监管】 本年，市安全监管局落实国家安全监管总局《建设项目职业病防护设施“三同时”监督管理办法》。建立信息共享机制，打通市区安全监管“信息孤岛”，从源头上防控建设项目职业危害，赴市发展改革委、市经济和信息委、市政府服务管理办公室进行沟通，向市政务服务管理办公室发送《关于请协助提供本市建设项目有关数据信息的函》，并开通“北京市投资项目审批平台”查询权限，可及时、全面掌握全市建设项目情况，建立建设项目信息共享工作机制，解决全市“三同时”监管对象底数不清、针对性不强问题。建立基础台账，定期推送核查数据，借助信息共享平台，定期对全市建设项目进行采集、筛选、分类、汇总，按照区域、行业、类型、立项时间、建设规模等内容进行分级、分类，建立《北京市建设项目职业病防护设施“三同时”台账》。每季度推送至区安全监管局，各区精准核查，逐条核对，完善数据，建立《存在职业病危害建设项目核查检查情况表》《建设项目监管清单》，每季度向市安全监管局报送建设项目检查情况。加强监督执法，严格督查考核实效，市安全监管局印发《关于加强建设项目职业病防护设施“三同时”监督执法工作的通知》，要求各区把“三同时”监督执法工作纳入年度监督检查计划，并将“三同时”监管工作纳入区政府安全生产考核评分内容。

（吴　强）

宣传培训

【安监新闻专题节目】 1月16日，市安全监管局推出首期《安监新闻》专题节目，对2017年全市安全生产领域十大新闻进行梳理汇总。

（金茜茜）

【签署战略合作框架协议】 1月16日，市安全监管局与北京开放大学举行战略合作框架协议签订仪式。市安全监管局副局长贾太保、北京开放大学党委书记黄先开出席仪式，并代表双方签署协议。市安全监管局副巡视员谢清顺、副巡视员贾秋霞、北京开放大学副校长邵和平及相关部门负责人参加仪式。

（张国宁）

【市安全生产督查宣传】 1月，市安全监管局就2017年8月至12月市委、市政府安全生产督察组对17区（含北京经济技术开发区）安全生产督察进行全媒体宣传。1月16日，《中国安全生产报》《北京日报》头版均就此刊发专题稿件。北京电视台、北京人民广播电台、北京时间、千龙网等媒体进行报道。

（金茜茜）

【安全工程专业开考新闻发布会】 3月1日上午，市安全监管局召开专题新闻发布会，通报北京市高等教育自学考试安全工程专业（独立本科段）面向社会开考相关工作情况。市安全监管局副局长阎军主持会议，副巡视员谢清顺，相关院校及北京教育考试院等相关负责人出席。部分媒体围绕报考方式、助学渠道、激励政策、取证后深造学习方向等进行提问，与会领导分别进行解答。会后，市安科院负责人接受北京市电视台、千龙网等媒体采访。

（张国宁　金茜茜）

【“安全生产大培训”上线】 3月6日，市安全监管局官网“安全生产大培训”专题上线，设置政策文件、工作动态、培训机构、师资信息、证件查询、警示曝光、课件资料七大板块。培训机构版块公示所承接“大培训”活动培训考核技术服务机构信息，师资信息版块展示第一批安全生产培训教师信息，证件查询版块供考核合格人员自行查询和下载打印证书，讲义资料版块提供统一编制培训讲义和课件，警示曝光版块对未全程参加培训或已报名而不参加培训人员所在企业进行曝光。

（李　让）

【“寻找最美安监巾帼”颁奖典礼】 3月8日，市安全监管局在人民日报社人民数字演播厅举行首届“寻找最美安监巾帼”颁奖典礼，多家媒体进行网络直播。活动自2017年9月发起，得到全市各行业、各区、各企业和社会组织广泛关注，收到人物事迹材料300余份，根据评委初评、微信投票、现场演讲等环节，评选出38名“最美安监巾帼”。

（赵宏宇）

【新版执法系统培训】 3月13日，市安全监管局在首钢技师学院组织新版执法系统培训，局属相关部门领导及部分执法人员20人参加培训。培训中，介绍执法系统主体架构、功能组成和PC端操作使用；结合移动执法设备使用情况，对系统移动端功能、使用流程和文书一体化打印进行现场演示；各处室参会人员对系统双随机抽查、问题分类、现场处理措施决定书违法依据等方面提出意见建议，并进行实际操作练习。

（赵　琳）

【危化品企业负责人培训考核】 3月15日至16日，市安全监管局开展全市危险化学品生产企业主要负责人安全生产管理知识培训考核。开班动员会通报北京东进世美肯科技有限公司“3·13”磷酸罐破裂事故，部署“两会”期间安全生产和近期重点工作。培训考核围绕有关法律法规对危险化学品生产企业安全生产基本要求、安全风险管控常识、化工过程安全管理等内容。全市危险化学品生产企业主要负责人，及中石化北京燕山分公司涉及危险化学品生产二级单位主要负责人，共41人参加培训考核。

（刘丽敏）

【首批“安全生产大培训”】 3月28日，市安全监管局副巡视员谢清顺副主持召开朝阳区安全生产培训工作部署会，组织朝阳区中标技术服务机构，开展培训工作纪律宣讲，规范培训行为。参会培训机构为朝阳区优质技术服务机构，通过公开招标参与“安全生产大培训”。培训会对全市安全生产大培训内容及流程做解读，并对中标机构提出要求，确保企业主要负责人及安全管理人员真人到训，保障培训实效性；培训费用落实，保障财政资金合理使用；过程痕迹化管理，做到检查有痕、监管到位。

（李向东）

【张树森局长做客〈锐观察〉】 3月29日，北京电视台《锐观察》节目播出“北京榜样 用行动影响更多人”专题节目。市安全监管局局长张树森接受采访，介绍“安监之星·北京榜样”主题活动开展情况和取得成效，宣传“北京榜样”子品牌“安监之星”活动。

（焦文霞）

【“安全生产大培训”部署】 4月2日，市属国有企业“安全生产大培训”动员部署会在首钢技师学院召开。市国资委，市安全监管局相关人员，各区培训（法培）科长，市属国有43家企业负责人及安全部长150人参加会议。会议对全市市属国有企业2018年安全生产大培训工作进行动员部署，对北京市安全生产培训工作先进方法及工作经验进行交流介绍。

（李向东）

【开展春季招生】 4月初，市安全监管局与北京市总工会职工大学、北京开放大学联合发布关于组织本市安全生产专职安全员报名安全工程专业（本科）学习的通知，正式面向全市安全生产监管监察系统在职人员启动安全工程专业（本科）2018年春季招生工作。通过招考宣传、政策解读、网上报名、报名材料审核上报、缴费及学籍注册、班级管理等流程，共招收258人进入安全工程专业学习。

（张国宁）

【危化品安全监管人员业务培训】 4月9日至13日，市安全监管局组织全市危险化学品安全监管人员业务培训，市、区两级危险化学品监管人员和房山区、大兴区、顺义区重点危险化学品乡镇安全监管人员70人参加。培训开设常用危险化学品法律法规，危险化学品安全管理技术标准，危险化学品分类特性及应急处置，危险化学品重大危险源监管，解读《北京市生产安全隐患排查治理办法》，市安全监管局执法终端使用，典型危险化学品企业安全检查常识，危化企业反恐防恐常识等课程，及危险化学品生产企业、加油（气）站进行检查现场教学等。培训使用信息化培训系统，通过刷身份证对课程签到、课间测试等环节实施全程信息化管理。

（刘丽敏）

【《职业病防治法》宣传周】 4月23日，在北京大学第三医院门诊楼前，市卫计委、市安全监管局、市人力社保局、市总工会联合举办以“健康中国，职业健康先行”为主题的第16个《职业病防治法》宣传周。呼吁“防治职业病不是一个人的事，而是全社会的责任，不是一朝一夕的事，而是长期的命题。最好的办法不是事后弥补，而是事前预防。只有个人、单位、社会重视和团结起来，才能有效地遏制职业病的发生！”

（杜金颖）

【国有企业负责人培训班】 4月24日，市安全监管局与市国资委在北京经济管理职业学院联合举办市属国有企业负责人安全生产专题培训班。市属各集团公司及下属子公司有关负责人330余人参加培训。

（李向东）

【“安全生产大培训”动员】 4月26日，市安全监管局副局长贾太保主持召开全市“安全生产大培训”动员部署视频会，对全市2018年“安全生产大培训”工作进行动员部署。会上，东城区、西城区、朝阳区、通州区先后交流介绍安全生产培训经验及师带徒、班前会、伤情体验、行为追溯培训法。

（李向东）

【“安监之星·北京榜样”评选】 4月至6月，市安全监管局联合首都精神文明办开展“2018安监之星·北京榜样”主题活动。评选出60名“周安监之星”、18名“月安监之星”和30名“建筑特别榜”。推荐北京榜样2名周榜、1名月榜。活动期间，市安全监管局官方网站“安监之星”栏目访客量4400人次。

（周　圆）

【安全文艺巡演活动】 4月至6月，市安全监管局开展北京市安全文艺基层巡演活动，以“生命至上安全发展”为主题，在咨询日活动主场（首钢工学院）、燕山石化、安监之星建筑企业特别榜演出3场，观众1000余人，巡演以“北京市安全生产月”活动为平台，以安全生产寓教于乐形式，丰富一线职工和群众业余生活。

（周　圆）

【拉萨市安全生产监管干部培训】 5月17日，2018年西藏自治区拉萨市安全生产监管干部培训班在首钢技师学院开班。在半个月培训中，安排14次专业讲座，4次参观见学，1次现场实操教学，课程设置具有针对性、可操作性和实效性。

（李向东）

【市“安康杯”竞赛活动表彰】 5月17日，市安全监管局与市总工会联合召开北京市“安康杯”竞赛活动二十周年总结表彰大会暨2018年工作部署会。大会总结20年“安康杯”竞赛活动，表彰竞赛活动中的先进典型，部署北京市“安康杯”竞赛工作。至2017年底，北京市累计参赛企事业单位3.8万家，参赛班组7.3万个，近400万职工参与竞赛活动。会上，授予93家单位为2017年北京市“安康杯”竞赛优胜单位称号，78个班组为2017年北京市“安康杯”竞赛优胜班组，29家单位为2017年北京市“安康杯”组织工作优秀单位，36名个人为2017年北京市“安康杯”组织工作优秀个人。

（薛映宾）

【安全员移动检查系统使用培训】 5月18日，市安全监管局赴北京经济技术开发区安全监管局上门培训，现场“面对面”“手把手”进行教学、指导专职安全员利用手机APP开展检查，并进行现场答疑，并从常规检查与规范化检查方面讲解系统操作流程及使用注意事项。解读《北京市安全生产专职安全员检查系统管理办法（试行）》（京安监函〔2017〕67号）《北京市安全生产监督管理局关于专职安全员检查系统及台账管理系统应用有关要求的通知》（京安监通〔2017〕34号），提出企业台账系统使用和专职安全员检查系统数据录入要求。

（陈银良）

【移动端执法系统培训】 5月23日下午，市安全监管局为石景山区安全监管局组织执法系统移动终端业务培训，30余名一线执法人员参加培训。培训以移动端操作使用为重点，突出适应性和实用性。针对石景山区局配发三星PAD系统版本、使用设置特点，强化操作方式、习惯指导，重点对执法系统功能模块中企业信息核对、问题分类描述、打印预览等内容进行实际操作讲解。

（赵　琳）

【基层职业卫生监管干部培训】 6月1日至5日，市安全监管局举办市基层职业卫生监管人员业务素质提升班，16个区154名学员完成法规基础、专业理论、企业职业卫生管理务实、执法实践、结业考核五个模块学习实践。

（杜金颖）

【市职业健康宣讲员培训】 6月4日，市安全监管局举办“北京市职业健康宣讲员培养计划”第一阶段专业培训。中国煤矿文工团授课专家王和平及16区职业健康宣讲员120人参加开班动员。

（杜金颖）

【安全社区建设培训】 6月7日，市安全监管局联合市安全生产联合会召开2018年北京市安全社区建设培训及现场交流会。各区、北京经济技术开发区安全监管局主管安全社区建设相关负责人、开展安全社区建设街道乡镇主要领导及建设骨干、北京市安全社区评审员及《中国安全生产报》《劳动保护》杂志新闻记者等220余人参加培训交流会。

（郭遐晖）

【安全生产信用体系培训会】 6月14日，市安全监管局召开安全生产信用体系建设业务培训会。介绍全市安全生产信用体系建设总体情况，解读安全生产信用体系建设和“双公示”相关要求，西城区、朝阳区、房山区、通州区、大兴区等安全监管局围绕本区安全生产信用体系建设和有关工作建议作交流发言。会议要求，强化组织领导，完善制度机制，加强信用信息归集共享，加强联合奖惩措施落实，加强宣传培训。

（肖庆海）

【地铁标段项目经理等职业健康培训】 6月14日，应北京市轨道交通建设管理有限公司邀请，市安全监管局对地铁在施标段项目经理及安全总监进行职业健康知识培训。职卫监督处人员解读市安全监管局和市重大办联合下发《关于加强轨道交通工程建设施工职业病防治工作的通知》，讲解职业卫生管理法律法规、职业病危害因素日常监测、职业病危害个体防护用品配备、职业病危害防护设施设置、机械通风系统设置、职业健康监护、职业病危害合同告知等内容。结合北京轨道交通施工实际，对落实职业卫生法律法规、标准以及通知要求，提出明确落实措施。通报全市地铁施工中发生中毒窒息事故案例，要求各施工单位提升安全意识，落实有限空间作业技术规范，预防和控制中毒窒息事故发生。北京轨道交通建设管理有限公司所辖线路各标段项目经理、职业卫生管理人员、监理单位总监理工程师200余人参加培训会。

（屈 玥）

【安全生产宣传咨询日】 6月16日，举行2018年全国安全宣传咨询日活动，以提高市民安全素质为目标，以贴近百姓生活和需求为着力点，以用电安全为主要宣传内容，提升全民安全用电意识。主会场活动在首钢工学院举办，国务委员王勇、应急管理部领导、北京市市长陈吉宁等参加活动。国家电网北京市电力公司、首钢集团有限公司员工、志愿者，北京市相关应急救援队伍队员、应急救援装备展示企业、石景山区安全生产专职安全员、企业职工、街道社区群众、首钢工学院学生、中小学生、志愿者等约3000人参加主会场活动。中央电视台《新闻联播》播出报道。

（郭遐晖）

【“11·18”重大事故调查报告发布】 6月25日，市安全监管局发布北京市大兴区“11·18”重大事故调查报告，认定该事故为重大生产安全责任事故。市安全监管局官方网站和千龙网对事故报告进行首发，中央电视台、北京电视台进行报道。6月26日，《北京日报》《中国应急管理报》等权威媒体进行报道。

（全茜茜）

【安监品牌节目〈安监最前沿〉】 6月，市安全监管局制作节目——《安监最前沿》。围绕安全生产重点法规条款、安全知识、安全生产重点工作等内容，通过主持人口播、“疯狂安全家”宣讲、专家采访等形式，制作安监最前沿系列视频。

（朱 亮）

【十堰市安全生产监管干部培训】 7月4日，湖北省十堰市安全生产监管干部培训班在北京经济干部管理学院开班。市安全监管局副巡视员谢清顺出席开班仪式并讲话。按照十堰市安全监管局培训需求，市安全监管局相关处室和安全生产培训专家沟通，研究确定专家授课与座谈交流，工作介绍与交流互动、参观学习和现场实训相结合方式，严密组织实施。课程设置做到有针对性、有实效性，重点围绕安监中心工作，突出安全生产典型事故成因及责任追究、应急救援、行政执法、综合监管、安全生产社会化等内容。

（李向东）

【安全生产督察专版报道】 7月5日，《中国应急管理报》“首都安全”专版刊发《督察归来话心得——北京市安全生产督察工作笔记》，刊登4名督察人员心得，展现督察工作风貌。

（金茜茜）

【全市安监干部执法资格培训】 7月23日，全市安全生产监管干部执法资格培训班在首钢技师学院开班。市安全监管局副局长贾太保出席开班典礼仪式并讲话。培训班分网络培训和现场教学培训分步实施，各占40学时，共80学时。

（李向东）

【创新工作体系专版报道】 8月22日，《中国应急管理报》“首都安全”专版刊发《多措并举 推进执法检查提质增效——北京市创新安全生产执法工作体系综述》，选取东城区、朝阳区、经济技术开发区，介绍典型做法，以点带面报道全市推进执法提质增效举措。

（金茜茜）

【青安岗暨第四届大师赛】 8月23日，市安全监管局、团市委联合举办2017—2018年度北京市青年安全生产示范岗暨第四届青年安全生产管理大师赛颁奖典礼。157个集体、两百余人参与评选，经培训、评审，30个集体获“青安岗榜样集体”荣誉称号，52家单位获“青安岗”荣誉称号，18人获“大师赛”金、银、铜奖。表彰会通过获奖单位及个人作品展示、采访座谈、视频短片等方式，穿插来自获奖单位的宣讲、情景剧、歌舞等节目。

（金茜茜）

【专职安全员队伍专版报道】 8月28日，《中国应急管理报》“首都安全”专版刊发《着眼一线 壮大基层力量》，介绍3支基层安全监管队伍建设经验。8月30日，《北京日报》专版刊发《6308名专职安全员织密首都“安全生产责任网”》，介绍基层安全监管特点、亮点，全市基层安全监管力量构成、专职安全员作用发挥、检查队规范化建设、人才培养锻炼、执法系统信息化建设，及安全员个人和检查队典型事迹。

（金茜茜）

【安全生产新闻通讯员实战训练】 9月5日至7日，市安全监管局开展2018年安全生产新闻通讯员（网评员）新闻实战训练。市局各处室、各区安全监管局及部分街道、乡镇70余名新闻通讯员参加实训。通过专业理论授课、模拟采访写稿、开展户外拓展、评选优秀学员、组织人民日报参观等环节，提升其媒介素养和业务技能。实训首次将街道、乡镇通讯员纳入培训，是近年培训总人数最多的一次。

（金茜茜）

【职业安全健康巡回宣讲】 9月10日至9月底，市级职业安全健康宣讲团在全市进行巡回宣讲。9月10日，宣讲团走进朝阳区排水集团高碑店再生水厂、通州区全福凯旋家具有限公司，开始巡回宣讲。

（杜全颖）

【市安全生产督察重点媒体报道】 9月20

日，《北京日报》第八版专题刊发《督察：北京安全生产“责任链”的关键一环》，介绍全市安全生产督察开展情况、工作特点，及两年来破解难题和取得成效。9 月 26 日，《中国应急管理报》整版全文转载报道。

（金茜茜）

【北京电视台专栏播报安监成就】 9 月，市安全监管局与北京电视台联合编制，以安全监管为主题宣传片“北京推进专职安全员队伍建设着力打造安全有序的和谐宜居之都”。9 月 12 日，宣传片在《北京新闻》“新时代新作为新篇章”专栏中播出报道。

（金茜茜）

【安全社区建设】 10 月起，市安全监管局组织评审专家组对全市申请安全社区建设的 10 个区、27 个街道乡镇进行现场评审，经综合评审会讨论，命名 21 家单位为“2018 年北京市安全社区”，10 家单位通过复评。12 月 3 日上午，在顺义区举行“2018 年国际安全社区命名仪式”，北京市 9 个街道通过复评，顺义区马坡镇和旺泉街道被命名为国际安全社区。

（郭遐晖）

【“图文故事”专题宣传】 7 月至 10 月，市安全监管局策划开展“图文故事”专题宣传。市局官方微信开展“图文故事——安全人在行动”有奖征集活动，会同专业媒体编辑力量，评选出“十佳好故事”，在《中国应急管理报》《劳动午报》利用三个整版专题报道。

（金茜茜）

【安全文化建设示范企业】 10 月 30 日，市安全监管局召开北京市安全文化建设示范企业专家终审会。11 月 23 日，发布《关于公布 2018 年北京市安全文化建设示范企业名单的通知》，命名 28 家企业为 2018 年北京市安全文化建设示范企业，确定 44 家企业通过复评。12 月 10 日，全国安全文化建设示范企业专家评审组开展现场评审，4 家企业被命名为全国安全文化建设示范企业。至 12 月，北京市共有市级安全文化建设示范企业 208 家，国家级安全文化建设示范企业 22 家。

（杨雪蒙）

【“北京应急”官方公众号更名】 11 月 16 日，按照机构改革要求，对市安全监管局 4 个自媒体号，即“北京市安全生产监督管理局”微信公众号，“北京安监”新浪微博、腾讯微博、人民微博，“北京安监”今日头条号进行名称变更，将“北京市安全生产监督管理局”微信公众号、“北京安监”今日头条号，更名为“北京市应急管理局”；将“北京安监”新浪微博更名为“北京应急管理”，认证信息为“北京市应急管理局官方微博”；将“北京市安全生产监督管理局新闻发言人”认证信息，更改为“北京市应急管理局新闻发言人”，将原人民微博、腾讯微博注销。

（朱　亮）

【“改革开放 40 年”专题宣传】 11 月，市安全监管局开展全市应急管理领域“改革开放 40 年”专题宣传。根据《中共中央国务院关于推进安全生产领域改革发展的意见》，结合全市安全生产“四化三体系双基”总任务推进情况，按照“立规矩”“抓落实”思路，分别梳理全局 14 项重点工作。11 月 7 日、9 日，在《中国应急管理报》刊发题为《始终保持“涉险滩”“啃硬骨头”的勇气——北京市安全生产领域全面深化改革之立规矩篇》《尊重基层首创，双向互动过程中探寻最佳路径——北京市安全生产领域全面深化改革之抓落实篇》两期整版版面，宣传全市安全生产改革发展亮点。11 月 24 日，围绕全市京津冀协同发展规划纲要、疏解非首都功能、以市委市政府名义开展安全生产督察及推动治理体系治理能力现代化等重点工作，在《中国应急管理报》第四版整版刊发《逢山开路 遇水架桥 将改革进行到底》的文章，总结北京加强安全监管机制和队伍建设经验，并将专版纳入《中国应急管理报》“壮阔东方潮 奋进新时代——庆祝改革开放 40 年”专题系列报道。

（金茜茜）

【“我与安全这些年”互动征集】 12 月，市安全监管局开展“我与安全这些年”互动征集活动。12 月 18 日，庆祝改革开放 40 周年大会当天，征集活动在“北京市应急管理局”官方微信、微博正式上线。活动发动安全行业工作者参与，通过征集文字、图片、视频等，以普通安全人视角，记录并展示安全领域沧桑巨变与点滴印记。征集活动注重创新、互动、可视化，通过开发页面程序，制作征集活动页面，参与者可实时发布作品、发弹幕、点赞，活动吸引 6 万余人次点击参与。

（金茜茜）

【安全生产宣传教育】 本年，以“安监之星·北京榜样”等特色品牌活动为带动，推进安全生产“大宣教”格局。打造“安全生产宣传咨询日”“安监之星·北京榜样”等五个特色品牌，选树 100 名周星、30 名月星、10 名年星。其中 5 人入选“北京榜样”主题活动周榜，3 人入选月榜。组织新闻发布 20 余次，媒体采访 40 余次；在北京电视台播出电视新闻 103 条，安监主题成就宣传片在《北京新闻》专栏播出；在《中国应急管理报》等媒体平台刊发专版 80 余期。依托各区通讯员“矩阵队伍”，借助演播室，开发特色宣传品。开展生产经营单位主要负责人和安全生产管理人员安全生产培训考核，累计培训 12 万余人次。以安全社区和安全文化示范企业创建为抓手，提升居民安全意识。至年底，全市共建成国际安全社区 27 家、市级安全社区 108 家。

（车广杰　赵　芬）

【市重点行业职业病危害情况普查】 本年，市安全监管局完成市重点行业领域职业病危害普查。3 月，以市安委会名义印发《北京市重点行业领域生产经营单位职业病危害基本情况普查工作方案》，明确普查范围、对象、内容、方式方法等。印发《关于专职安全员参与职业病危害普查工作的通知》，全市各乡镇检查队 1700 余人担任普查安全员，安全员参与普查工作量以 1∶3 比例计入个人检查工作量。向市统计局申请普查表号，向市财政局申请并经财政评审中心审定 2370 万元普查专项资金，经招投标确定 17 家职业卫生技术服务机构承担普查工作。7 月 10～13 日、7 月 18 日，分五期在朝阳区、通州区、顺义区、门头沟区、西城区为机构普查员和区局普查工作人员及安全员 2700 余人进行普查培训，并对 617 名考核合格普查员颁发普查员证。7 月 23 日至 10 月底，各技术服务机构普查员近 500 人在乡镇安全员带领下，完成 33897 家生产经营单位职业病危害入户调查、3000 家生产经营单位职业病危害检测，并将结果上传普查信息系统。11 月 5 日，召开普查项目验收会，邀请专家对各机构普查、检测结果及普查情况评审。

市安科院完成全市职业病危害普查报告。

（杜金颖）

【全市安全生产教师培训】 本年，由北京科技教育促进会承办，在全市从注册安全工程师、中高级专业技术职称人员、生产经营单位安全生产管理人员中，集中组织4期安全生产师资培训班，学员659人参加培训，580人参加考核。优选80分以上288人，组建培训教师队伍并在市安全监管局政务网站公布名单，补充安全生产专家队伍。

（李　让）

【全市“安全生产大培训”结束】 本年，全市有45家培训机构承担培训任务，开展培训1189期，培训11.32万余人次，公布应培、未培企业近千家，超额完成2018年计划培训110216人总任务，企业主要负责人和安全生产管理人员安全意识得到提升。

（卢　茜）

【“职工技协杯”竞赛】 本年，市安全监管局和市总工会联合举办北京市“职工技协杯”职业技能竞赛专职安全员、建（构）筑物消防员、危险化学品生产作业人员（液体装卸作业）、高处作业人员（登高架设作业）、安全生产培训讲师五个项目竞赛。竞赛报名人数2234人，其中专职安全员856人，建（构）筑物消防员340人，危险化学品生产作业人员（液体装卸作业）342人，高处作业人员（登高架设作业）336人，安全生产培训讲师360人。8月16日起，经三个多月角逐，完成全部初、复、决赛及相关工作。按照决赛成绩排序，30人获“北京市安全生产技术标兵”称号，45人获“北京市安全生产技术能手”称号，10人获“优秀课件设计”奖，39家单位获“优秀组织奖”。

（乔建华）

法制建设

【生产经营单位落实主体责任】 3月7日，市安全监管局在北京市地质勘察技术院开展“强融合——帮助指导生产经营单位深入落实安全生产主体责任”座谈会，贯彻中共中央、国务院关于“放、管、服”改革精神，深度服务生产经营单位申请通过安全生产许可。

（郑爱东）

【安全评价机构负责人培训】 6月15日，市安全监管局在北京经济管理职业学院，首次举办安全评价机构负责人培训班。全市8家乙级、27家甲级机构负责人、技术负责人、过程控制负责人100人参加培训。市安全监管局副巡视员杨永军、北京经济管理职业学院继续教育学院院长张英华出席开班动员会。

（郑爱东）

【安全生产行政审批培训】 6月26日，市安全监管局在北京经济管理职业学院，举办安全生产行政审批业务培训班。各区安全监管局、北京经济技术开发区安全监管局34人参加培训。

（郑爱东）

【安全生产法制人员培训班】 6月26日至27日，市安全监管局在北京经济管理职业学院举办全市安全监管系统法制人员专题培训班。结合市区两级法制工作实际，围绕执法监督、案卷评查、行政应诉以及政务公开等专题，进行课程设置，提高市、区专兼职法制员法治意识，规范安全监管执法行为。

（李　璠）

【行政执法评议考核】 7月至9月，市安全监管局根据《北京市安全生产行政执法评议考核办法》，对全市安监系统开展行政执法评议考核。17 个区局成绩均达 90 分以上，全部评为 2018 年度行政执法评议考核优秀单位。

（李　珸）

【安全生产法治化建设】 本年，建设安全生产“四位一体”执法体系，推动新版行政执法系统建设与推广，实现执法数据共享。提高执法装备建设水平，全市乡镇街道安全生产检查队装备配备率达 95%。至年底，全市安全监管系统执法检查生产经营单位 23900 余家，下达责令整改文书近 12700 余份。全市人均检查量 60.40 件、人均处罚量 9.82 件，同比分别增长 26.8% 和 64.5%。组织各区累计完成企业负责人和安全管理人员安全培训 123042 人次，指标完成率 114.4%。

（车广杰　赵　芬）

【安全生产行政审批制度改革】 本年，印发优化审批服务流程专项改革工作方案、2018 年“放管服”改革重点任务实施方案、落实“证照分离”改革措施方案等，进一步优化安全生产领域营商环境，实现“单点登录、数据同源”。精简审批材料、压缩审批时限，对无现场审核许可事项，在法定时限上压缩 50% 以上，对有现场审核许可事项，在法定时限上压缩 30% 以上。全年，受理事项均实现“零投诉、零差错”，事项办结率基本实现 100%。落实市政府第 105 次专题会议精神，推进安全生产举报投诉与市政府服务热线整合，理顺工作机制，明确工作职责，细化工作流程。

（车广杰　赵　芬）

【修订相关法规】 本年，市安全监管局召开《北京市安全生产条例》修订立法专题论证会 9 场，完成 100 余万字立法基础资料汇编，国内外及其他省市相关法律法规调研报告。顺应机构改革形势，协调市人大财经办、法制办，市政府法制办，暂缓《条例》立项论证。组织对《北京市生产安全事故隐患排查治理办法》实施两年情况评估，使前端立法与立法后评估互相衔接、互相促进。

（李　珸）

【安全生产地方标准制定】 本年，市安全监管局开展危险化学品、职业卫生和城市运行领域安全生产地方标准（以下简称“地标”）制定修订，完成 3 项地标立项申报、17 项地标送审、11 项地标报批，3 项地标实施评估。三方、六部门即三方为京津冀；六部门为北京市安全监管局、北京市质量技术监督局、天津市安全监管局、天津市市场和质量监督管理委员会、河北省安全监管局、河北省质量技术监督局，完成第二批 4 项京津冀协同标准审查，本市 12 月 17 日批准发布，2019 年 4 月 1 日实施。涉及酒类制造、电子通信制造、烟花爆竹储存、瓶装气体经营等行业，京津冀以上 4 个行业领域安全生产等级评定，实现评定程序一致、标准内容一致、等级划分一致。

（李　珸）

【监督检查计划】 本年，修订印发《北京市安全生产监督管理局安全生产年度监督检查计划编制实施办法》，编制《北京市安全生产监督管理局关于印发 2018 年度安全生产监督检查计划的请示》，经市政府批准后，上报国家安全监管总局备案，并组织实施。

（李　珸）

【行政处罚案卷评查】 本年，市安全监管局按照市政府法制办要求，组织全市安全监管系统2018年度行政处罚案卷评查，抽取176件案卷参加评查，案卷合格率100%。其中优秀卷132卷，占75%；合格卷44卷，占25%。

（李　璠）

【行政复议诉讼】 本年，市安全监管局办理行政复议案件7件，其中维持区局行政处罚决定3件、撤销1件、确认违法1件，直接纠错率达28.6%。办理行政应诉案件5件，全部胜诉，局领导出庭应诉3件。

（李　璠）

【执法人员资格管理】 本年，市安全监管局会同市安科院做好街乡在编人员，安全生产检查证岗前考试，办理区级执法证件395个，检查证件600个，工作证230个。

（李　璠）

【安全生产法治宣传】 本年，制定《2018年安全生产法治宣传教育工作要点》《北京市安全监管系统领导干部学法用法实施方案》《北京市安全生产执法检查人员法制培训大纲和考核标准》，统筹全年安全生产法治宣传教育工作。围绕行政复议应诉、规范性文件管理、新宪法修正案等专题，开展局务会会前学法，并以视频会形式覆盖全局干部。举办市区法制机构及专兼职法制人员专题培训，提升全系统法制人员专业能力素养。开展“安全生产法律十进”“以案释法”主题普法宣传活动，选拔培养安全生产法治宣讲员28人，配套录制“以案释法”宣传视频，进企业、工地开展宣讲活动52场。落实“谁执法、谁普法”要求，在行政执法中同步开展以案释法活动2729次。

（李　璠）

【行政许可及政务服务办理】 本年，市安全监管局办理行政许可124件，其中非煤矿矿山类60件、危险化学品类53件、职业卫生类6件、安全评价机构5件；特种作业人员操作资格发证9批次和4次特批，共147774人。受理企业《无重大安全生产事故证明》申请228件，向申请企业送达《无重大安全生产事故证明》228份；补办、变更特种作业操作资格证6071件；接待群众现场咨询8144人次、电话咨询13430人次。所有事项均在承诺时限内办结。

（郑爱东）

【“放管服”审批制度改革】 本年，市安全监管局根据国务院《关于深入推进审批服务便民化的指导意见》《北京市推进政务服务“一网通办”工作实施方案的通知》（京政办发〔2018〕26号），印发《优化审批服务流程专项改革工作方案》。精简申报要件，将部门内部能获得材料，不要求申请人提供；优化办事流程，建立网上预审机制，及时推送预审结果，对需要补正材料一次性告知，实现办事企业群众“只跑一次”；压缩审批时限，对无现场审核由行政审批处直接办理许可事项，在现有法定时限基础上，压缩50%以上，对有现场审核许可事项，在现有法定时限基础上，压缩30%以上；推进政务服务“一网通办”，实现单点登录和数据同源。

（郑爱东）

【市政务服务事项改革】 本年，市安全监管局将储存烟花爆竹建设项目安全设施设计审查、非煤矿矿山建设项目安全设施设计审查、金属冶炼建设项目的安全设施设计审查三项调出事项目录；将安全生产标准化达标企业等级评定、北京市安全社区评定、北京市安全文化建设示范企业评定三项从公共服务事项中取消；对现有办事事项进行合并整合，由原33项调整到14项。

（郑爱东）

【安全评价机构监管】 本年，市安全监管局对本市注册28家甲级、8家乙级安全生产评价机构开展监管监察，执法检查率100%，下达责令限期整改文书9份。经复查，全部整改完毕。对存在问题2家甲级安全生产评价机构依法给予行政处罚，罚款1万元。

（郑爱东）

科技与信息化

【物联数据接入线路项目验收】 1月10日，市安全监管局召开《2017年物联数据接入线路租用项目》验收会。介绍2017年物联数据接入线路租用项目背景，项目中标单位北京时代凌宇科技股份有限公司介绍项目实施情况。经研究，会议一致认为，项目能满足市安全监管局信息化需求，同意通过验收。

（田雍雍）

【行政执法系统推广会】 1月12日，市安全监管局副局长卞杰成在应急指挥中心主持召开专题会，听取行政执法系统推广情况汇报。会上，明确系统后续推广阶段工作机制及人员分工，介绍行政执法系统运行、培训及执法保障情况，汇报系统推广中遇到重点和难点问题，并介绍执法总队和各区安全监管局反馈意见解决方式和解决时限，并解答法律文书有关问题。

（安永强）

【信息化基础设施运维项目验收】 1月17日，市安全监管局召开2017年度信息化基础设施运维服务项目（第一包和第二包）验收会。会上，介绍2017年度信息化基础设施运维服务项目（第一包和第二包）背景，项目中标单位北京华宇信息技术有限公司介绍项目实施情况。信息化专家、机关纪委、财务处相关负责人查阅相关项目验收文档，并就项目实施情况进行质询。经研究，会议一致认为，项目能满足市安全监管局信息化需求，完成工作目标和合同要求，项目文档完整齐全，同意项目通过验收。

（田雍雍）

【赴广安门内街道上门培训】 1月22日，市安全监管局安排工作人员赴广安门内街道提供上门培训。培训人员现场指导专职安全员利用手机APP开展检查，并进行现场答疑。从常规检查与规范化检查方面，讲解系统操作流程及使用注意事项，解读《北京市安全生产专职安全员检查系统管理办法（试行）》（京安监函〔2017〕67号）与《北京市安全生产监督管理局关于专职安全员检查系统及台账管理系统应用有关要求的通知》（京安监通〔2017〕34号），提出企业台账系统使用和专职安全员检查系统数据录入要求。

（陈银良）

【举报投诉系统与台账数据对接】 1月23日下午，市安全监管局召开专题会，研究新版举报投诉系统与生产经营单位台账数据对接事项。现举报投诉中心接线员接到举报线索时，只能通过举报人描述填写被举报单位名称，在举报人掌握信息不全或描述不清时，易导致录入系统单位名称错误，影响案件办理和后续执法检查。完成新版举报投诉系统与生产经营单位台账数据对接对接后，把台账系统中临时库、正式库、核销库57万余条生产经营单位信息共享给举报投诉系统，接线员只需输入关键字，就能找到多家备选企业，询问举报人后即可选出被举报单位，并将详细地址、行业类别、历史举报等情况展现，可提升举报投诉效率、质量和针对性。

（董　山）

【执法系统座谈会】 1月24日下午、25日下午，市安全监管局组织16个区、北京经济技术开发区安全监管局，分两批在顺义区安全监管局、市安全监管局应急指挥中心，召开执法系统座谈会。各区安全监管局执法队、法制部门负责人和一线执法人员78人参加座谈会。会上，介绍行政执法系统建设、运行、培训、推广情况，明确账号使用、数据录入、移动端使用有关规范，并就使用行政执法系统中遇到问题进行解答。

（安永强）

【与市政务中心系统数据对接】 1月26日，市安全监管局技术人员一行9人赴六里桥北京市政务服务中心，与市政务服务中心信息化处就系统和数据对接进行座谈。重点就特种作业人员资格许可数据对接共享进行商讨，以实现特种作业人员资格许可工作信息实时推送和即时统计。经会商，双方确定将继续沿用原对接通道，由市安全监管局按要求提供培训考核综合管理系统中，特种作业人员许可考核发证审批信息，纳入市政务服务中心系统统一管理，实现行政许可数据全口径对接。

（梁伟光）

【企业台账系统云迁移】 1月13日，市安全监管局按照年度工作安排，开展企业台账云迁移相关工作，制定《企业台账系统云迁移工作方案》，推动系统迁移测试与部署，完成企业台账系统政务云切换，经两周稳定运行，完成企业台账系统云迁移。

（周仁清）

【执法系统应用专题会】 2月7日，市安全监管局副局长卞杰成召开专题会，听取安全生产行政执法系统应用推广情况及推广中存在问题。至2月，安全生产行政执法系统中共填报检查方案1420份，填报检查记录1350份，系统更新6个版本，解决市区两级执法人员反应60余条意见建议，系统日趋成熟。与会人员讨论系统浏览器适配、执法终端选型、执法人员管理及系统数据修改流程等工作。

（陈银良）

【春节信息化运维技术保障】 2月14日前，市安全监管局制定《2018年春节期间信息化运维技术保障方案》，完成信息系统安全风险隐患、软硬件设备可用性巡检、应急移动通讯指挥系统检查和调试、重要信息系统、政务网站检查及技术保障演练等15项准备工作。2月15日至3月2日，完成技术保障值班、网站及各业务系统巡检和维护等5项工作。

（陈利明）

【OA办公系统改版】 2月24日，市安全监管局就全局OA办公系统升级改造进行研讨，就需要整改问题达成共识。本次改版主要包括，重点整改现有系统中存在功能缺失和兼容性等问题；重新设计开发安全生产监管信息平台UI风格；新增移动办公平台，主要包括公文批示和信息发布等模块。

（陈骧君）

【助力事故大数据分析研究】 2月27日下午，市安全监管局信息中心、事故处研究推进事故数据共享对接和大数据分析研究工作。现全局事故管理系统收录历年事故551起，死亡人数590人，但对事故数据只进行初步分区统计和同比分析，对事故内在规律性缺乏研究。市安全监管局与北京邮电大学开展安全生产大数据与事故统计分析项目，通过对事故与隐患、风险源等因素关系分析，找出事故间共性，并通过建立分析模型找出事故高发区域存在事故先兆。项目需要接入生产经营单位台账、隐患排查、风险评估、行政执法等多项数据，并将相关研究成果接入大数据可视化展示平台，为企业精准画像和风险防控提供前沿技术支撑。

（董　山）

【推进台账建设】 3月7日，市安全监管局针对台账建设共登记生产经营单位26万余家，信息完整率达81%，其中A类和B类单位占总数82%，台账总体数据质量得到较大提升。但排查台账数据发现，部分区和街乡镇存在填报不规范、误核销较多、审核不及时、楼宇内单位少报漏报等问题，召开部分区安全监管局座谈会，通报台账建设情况和存在问题，解读2018年台账考核方案，部署近期重点工作。

（董　山）

【台账建设成果】 3月8日，是市安全监管局生产经营单位台账建设一周年。一年来，市、区、街乡镇数百名台账管理人员、6000余名专职安全员，对数十万家生产经营单位上门核实，登记26万家生产经营单位数千万条信息，全市安监系统基本形成“信息化建设一盘棋、生产经营单位一本账”新格局。

（梁伟光）

【工伤预防费使用管理方案制定】 3月13日，市安全监管局副巡视员谢清顺主持召开工伤预防费使用管理实施方案制定工作研讨会。市安全监管局、市人力资源和社会保障局、市安科院相关负责人就《北京市工伤预防费使用管理实施方案》初稿制定思路及编制难点进行研讨。

（李建中）

【管理平台升级改造专题会】 3月16日，市安全监管局副局长卞杰成召开专题工作会，审议东城区智慧安监服务和管理平台升级改造项目实施方案。会上，东城区安全监管局汇报智慧安监服务和管理平台升级改造项目实施方案。卞杰成要求，东城区安全监管局进一步完善现有方案，报区相关部门审定后实施，对东城区局提出使用问题，要求信息中心及时跟踪解决，做好系统技术保障。

（陈骧君）

【分类评估指标体系建设方案】 3月20日，市安全监管局副巡视员谢清顺主持召开研讨会，就指标体系建设方案制定进行研讨。市安全监管局与市安全生产联合会就《安全生产技术服务机构分类评估指标体系建设工作方案》项目推进，重点、机构分类标准、评估指标范围等问题进行交流。

（李　让）

【联合执法信息化保障】 3月20日，市安全监管局开展联合执法，执法人员使用PAD端计划检查模块，对北京嘉林药业股份有限公司进行职业卫生、有限空间和危险化学品监督检查，使用临时检查模块对北京吉利石油产品服务有限公司朝阳加油站进行职业卫生和危险化学品监督检查。检查共打印执法文书3份，上传数据13条、照片6张，梳理系统问题4个，收集合理化建议3条，使联合检查实现监督管理、职卫监督+信息中心2+1融合。

（安永强）

【注册安全工程师考试大纲研讨】 3月26日，市安全监管局副巡视员谢清顺主持召开考试大纲征求意见会，就助理注册安全工程师和中级注册安全工程师考试大纲，进行专题研讨。与会人员对大纲主体内容表示赞同，从专业技术能力和实际操作能力等方面提出意见。

（刘自杰）

【部署科技信息平台建设】 3月27日，市安全监管局召开信息平台建设工作部署会，北京科学技术促进会承担工作方案制定，北京富源汇丰科技有限公司提供技术支持。针对安全生产科技领域存在信息不畅、科普不广、渠道太窄等问题，通过对北京市安全科技资源信息整合与汇总，研究建立北京安全领域科技信息手机服务平台，为企业和科技工作者提供政策解读、资源共享，实现企业和科研机构研究成果对接。

（李建中）

【台账建设座谈会】 3月，市安全监管局召开两轮专题会，重点通报2017年台账建设情况，及存在名称不规范、地址不详细、要素不准确等问题。要求各区安全监管局重视台账数据质量，按应统尽统台账登记要求，组织属地将遗漏企业登记入账，并对本区台账核销情况进行自查和恢复。

（董　山）

【执法系统使用情况座谈会】 4月12日，市安全监管局副局长卞杰成召开执法系统座谈会，相关执法处室主要负责人参加。会上，通报执法系统使用情况，各处室结合执法工作实际，对文书查看便捷性、作废文书编号处理、补录内容保存等方面提出意见建议。与会人员认为，经前期系统运行和逐步完善，信息化手段与业务融合初见成效。卞杰成要求，各处室要落实系统推广使用方案要求，提高移动执法设备使用率；针对部分执法人员对系统功能不熟悉、移动设备操作不规范问题，组织市局执法处室系统培训；做好保障执法，及时摸清各区局系统使用和执法设备配备情况，对试点区局做好跟随执法保障，发现问题及时解决。

（赵　琳）

【市安全生产科技人才大会】 4月27日，北京市安全生产科技人才大会在北京会议中心召开。市科委、市科协、市教委、市人力社保局、市安全监管局有关领导，安全生产领域学科带头人、优秀青年工程师、科技新星，注册安全工程师事务所负责人、培训机构负责人和各区安全监管局相关负责人，160余人参加会议。会议为安全生产领域北京优秀青年工程师、北京市第一届安全生产领域学科带头人及安全生产领域入选的2018年度科技新星等三类优秀人才代表颁发奖牌、证书。安全生产科技人才大会后，分别召开优秀青年工程师座谈会和科技新星暨学科带头人座谈会。

（刘自杰）

【政务网站云迁移】 4月27日，完成政务网站系统政务云切换工作。下一步，信息中心将认真总结政务网站系统云迁移工作经验，促进其他信息系统云迁移工作任务达成，确保我局信息系统云迁移工作按照既定时间节点，安全、稳妥、平滑地完成。

（周仁清）

【台账数据质量检查】 4月，生产经营单位台账数据在市安全监管局新开发行政执法系统中得到应用。市区两级执法队员检查时，发现部分企业被误核销或信息错误。信息中心通过数据库排查、业务系统比对、法人库比对等方式，对台账数据质量进行排查，发现各类问题 7.4 万余条。针对问题，及时通报相关区安全监管局。

（梁伟光）

【行政执法系统推广专题会】 5 月 11 日下午，市安全监管局副局长卞杰成主持召开专题会，听取行政执法系统推广情况汇报。会上，听取执法系统建设工作进展及推广使用情况汇报，介绍局政务网站信息公开展示效果、专职安全员待销隐患接入、特种作业证书查询功能等内容。安全生产行政执法系统 1 月上线，至 5 月 10 日，全市执法人员填报检查记录 8254 份，录入行政处罚 672 份，向市政府法制办系统推送成功数据 4809 条。

（张乳燕）

【“雪亮工程”调研】 5 月 11 日，市安全监管局赴北京市图像办现场调研，围绕全市“雪亮工程”建设联网应用总体规划、建设进度、共享对接方式，市安全监管局承担任务，考核方式和指标要求等内容进行研讨。会上，市安全监管局汇报按照国标 GB 28281—2016 标准，开展视频监控系统升级改造项目完成情况，视频源共享对接能力，下一步重点建设及对首都综治办下达任务分工理解。市图像办就起草《2018 年全市“雪亮工程”重点工作和任务分工》背景、任务分工、考核办法进行解答，对首都综治办与市图像办职能分工，全市高清视频监控平台（一期 17 区）与“雪亮工程”（二期市属委办局）相互关系等作说明，双方就建设任务分工、平台联网方式、视频资源共享对接等进行交流。

（陈利明）

【信息化大数据挖掘分析】 5 月 21 日，市安全监管局邀请北京邮电大学和相关技术公司专家研讨安全生产信息化大数据挖掘分析等工作。会上，介绍市安全监管局现有业务数据资源和数据分析需求，北邮专家讲解大数据分析主流技术，并演示在安全监管大数据分析领域成功案例。双方就开展大数据分析工作中遇到问题进行讨论。

（董　山）

【生产经营单位台账建设调研】 5 月 21 日，市安全监管局赴西城区开展台账专题答疑活动。会上，就西城区综合楼宇较多、清退拆违力度较大，部分街道对台账登记范围和考核标准等问题及 16 个属地提出企业登记范围、行业部门划分、考核标准等问题进行解答。经沟通交流，区安全监管局和属地明确台账应统尽统、动态更新和分类划库管理原则。

（董　山）

【项目招标文件通过专家评审】 6 月 6 日上午，市安全监管局组织招标代理机构召开专家评审会，局财务处、机关纪委、信息中心及相关信息化专家参加会议。与会专家通过审阅、质询招标文件，提出相应完善意见，结合局机关纪委、财务处意见，最终形成一致评审意见，原则上同意招标文件各条款内容。按照评审意见对招标文件修改完善后，信息中心组织招标代理机构启动招标程序，完成发标、开评标、合同签订。

（马林燕）

【系统升级改造项目通过终验】 6 月 11 日下午，市安全监管局召开安全生产培训考核综合管理信息系统升级改造项目终验会，局财务处、机关纪委、信息中心、市安科院、项目监理、项目承建单位及五名信息化专家参加终验会。会上，信息中心介绍项目总体情况，项目承建单位太极计算机股份有限公司汇报项目建设、项目变更及项目通过初验后总体情况，监理单位北京国研信息工程监理咨询有限公司汇报项目监理验收意见，市安科院作为系统使用方介绍系统使用情况和下一步意见建议。与会人员就项目建设情况和终验文档内容等方面提出质询，观看项目建设成果。会议认为，项目建设成果达到招标文件及项目合同要求，文档基本齐全规范，系统初验后工作开展顺利，符合信息系统终验标准，同意通过项目终验。

（欧阳燕南）

【升级改造项目专题会】 6月12日，市安全监管局副局长卞杰成主持召开安全生产监管视频监控系统升级改造项目专题会，听取系统改造方案并对下一步工作进行部署。信息中心汇报安全生产监管视频监控系统升级改造项目方案和工作进展情况，研讨落实《2018年全市“雪亮工程”重点工作和任务分工》中，市安全监管局承担任务和相应解决方案。卞杰成要求，扎实推进项目开发，做好视频联网应用工作，提升视频源数质量。

（陈利明）

【安全生产风险评估专题会】 6月13日，市安全监管局组织相关技术单位召开专题会，就生产经营单位台账中部分信息不准确问题进行研究，对生产经营单位所属行业部门缺乏统一标准，及各区行业部门情况比较复杂，街乡镇和安全员主要依据经验填写，填报质量良莠不齐，生产经营单位选错行业部门，被部门退回影响评估进度等问题，提出解决措施。信息中心提出改进台账系统功能，对办理风险评估生产经营单位增加提醒功能，对所属行业部门错误可在风险评估系统中直接进行修改，并反馈给台账系统。

（彭思雨）

【召开技术保障专题会】 6月13日，市安全监管局组织相关技术单位召开技术保障专题研讨会，对下一步“双公示”存量数据导出、外网公示、与工商局数据交换、数据归档等工作研究提出解决方案，并就有关信用信息台账建立、报送标准、报送时限、报送方式及任务分工等问题，进行讨论。信息中心会同协调处、办公室等部门，制定工作计划，明确时间节点，按“双公示”数据标准和数据交换方案，做好数据整理、推送和记录。

（董　山）

【汛期信息化运维保障部署会】 6月13日下午，市安全监管局召开部署2018年汛期信息化运维技术保障工作部署会。会上，信息化技术保障单位分别汇报2018年汛期技术保障准备情况及值班安排，信息中心对《2018年汛期信息化运维技术保障方案》工作目标、组织机构、职责分工、工作任务及值守要求等内容进行解读，要求强化对汛期保障组织领导，确保信息系统安全平稳运行，确保应急情况时响应及时，保障有力。

（陈利明）

【“双公示”技术保障专题会】 6月20日，市安全监管局信息中心、协调处召开工作会，研究“双公示”工作中存在信息不及时、数据质量不高、与工商局未对接等问题，并组织技术单位就技术细节进行研讨。会后，信息中心按照“双公示”工作安排，组织技术单位整理2018年上半年行政许可和行政处罚数据情况，形成“双公示”台账和自查报告，按流程上报市经济信息化委、市工商局。对“双公示”可能导致行政许可、行政处罚工作流程变化等问题，信息中心于相关业务部门沟通，做好系统功能改造工作。

（董　山）

【执法系统推广使用座谈会】 6月22日上午，市安全监管局副局长卞杰成主持召开区局执法系统座谈会，东城区、西城区、朝阳区、门头沟区、昌平区、北京经济技术开发区安全监管局执法系统联络员、执法队队长及相关执法人员参加会议。会上，各区局汇报执法系统使用和移动设备配备情况，并对系统使用中出现问题进行反馈，法制处、执法总队和信息中心分别从合法性、业务流程和技术层面进行解答，与会人员对可视化统计分析、数据修改流程、企业库维护方式等问题展开讨论。

（赵　琳）

【赴安徽省、湖南省信息化调研】 6月25日至28日，市安全监管局副局长卞杰成带领信息中心、执法总队、法制处组成调研组，一行6人赴安徽省、湖南省安监局学习调研执法检查信息化建设情况。了解安徽省安全监管局安全生产信息化平台及安全监管移动执法终端应用情况，湖南省安全生产行政执法管理系统建设情况。取得主要经验和做法是，系统设计思路较为灵活，系统涵盖文书全面，规范化检查清单制作较为详细，系统用户体验较好，系统对离线环境支持较好。信息中心认真学习安徽省、湖南省安全监管局执法系统建设及推广使用经验，优化新版执法系统建设方案，梳理需要提升优化的功能，逐一分步优化完善。

（张乳燕）

【“安全生产大培训”专项抽查】 7月2日、3日，市安全监管局采取“四不两直”形式，分两个工作小组，分别对北京市丰台区鸿基培训中心、北京市朝阳新绿港教育培训学校及北京中德职业技能公共实训中心进行实地检查，现场检验“安全生产大培训”工作“真人”培训实际效果，检查7期培训班，参训人员700余人。经查，参训人员均按照身份证验证、虹膜识别和照片“三合一”考勤方式，进行身份验证，参训人员百分百实现“真人”参训。对12名主要负责人进行抽查，经核实，均为本人参训，不存在替代现象。培训机构按照一期一档形式，全程记录、刻盘留存。检查发现，属地街乡填报参训人员信息不够精准，缺乏相应证明材料，培训场所虹膜系统出现短时中断现象等问题。

（卢　茜）

【信用联合奖惩系统嵌入式对接】 7月，根据市经济信息化委要求，市安全监管局行政审批业务系统与北京市信用联合奖惩系统“嵌入式”对接主要内容，是将北京市公共信用信息服务平台联合奖惩系统信用信息（特别是红黑名单信息）查询功能，嵌入本部门行政审批和日常监管流程中，做到“应查必查，奖惩到位”，实现信用联合奖惩机制全面覆盖市安全监管局行政审批重点行业领域，形成与政府其他部门协同联动共同治理机制。市安全监管局统筹安排，协调处、行政审批处、信息中心组织技术单位对对接方案进行研究，先后三次到市经信委调研，参加落实信用联合奖惩系统“嵌入式”对接相关会议。8月底，完成市安全监管局信用联合奖惩系统“嵌入式”对接相关工作。

（周仁清）

【生产经营单位台账抽查核查】 7月，市安全监管局下发《关于开展2018年生产经营单位台账数据质量抽查工作的通知》，细分工作任务，制定工作路线图并明确时间节点，会同各区局、相关街乡镇稳步推进台账抽查。至10月底，完成现场核查任务，先后出动220余人次，行程9000余公里，对全市17个区、48个街乡镇3000余家生产经营单位进行实地核查，涉及餐饮、酒店、制造、零售、服务、商市场、综合楼宇等行业企业。

（彭思雨）

【执法系统使用情况调研】 8月3日、6日、7日，市安全监管局副局长卞杰成带队赴东城区、门头沟区、北京经济技术开发区安全监管局调研，座谈执法系统、安全员检查系统使用情况，信息中心、执法总队相关人员参加。调研采取面对面座谈方式，由各区一线执法人员和检查队骨干对执法系统、安全员系统使用情况进行反馈，参会人员结合工作特点和遇到困难，对系统流程细化、功能完善提出意见，区局在监管统计分析、信息共享等方面提出需求建议。

（赵 琳）

【内网邮件系统政务云部署切换】 8月13日，市安全监管局开展全局内网邮件系统云切换升级工作，主要包括内网邮件系统在太极云环境上部署、局内工作人员内网邮件客户端配置更新等。8月13日至29日，信息中心与相关处室协作，编制《内网邮件系统政务云部署工作方案》《内网邮件客户端配置手册》，完成内网邮件系统云部署中涉及相关信息化服务工作。

（周仁清）

【“一张网”建设工作】 8月15日，市安全监管局根据市政府服务办相关要求，开展“一张网”建设对接。市安全监管局“一张网”建设主要包括，实现全局企业平台登录与“首都之窗”政务服务门户“法人一证通”系统单点登录，即实现我局业务“一网可办”；将市局政务网站“办事指南”栏目进行修改，将所有事项“办事指南”内容链接至“首都之窗”政务服务“办事指南”页面，做到“办事指南”数据同源，使对社会公开内容保持一致；进一步完善与全市统一行政审批平台对接内容，优化完善市局行政审批数据质量。信息中心会同行政审批处组织技术单位对要求进行认真研究，先后两次参加市政务服务办与行政审批处落实“一张网”建设相关会议。

（周仁清）

【电子政务网络安全现场检查】 8月21日下午，市政务信息安全应急处置中心一行7人，现场检查市安全监管局网络安全工作。信息中心汇报2018年电子政务网络安全自查情况，包括网络安全检查组织情况、信息安全主要情况、本年信息安全主要变化情况、检查发现主要问题及整改情况、对信息安全工作意见建议等。市政务信息安全应急处置中心对网络安全资料进行现场检查，对门户网站相关情况进行访谈。双方就检查情况和存在问题进行交流，提出进一步完善网络安全预警、通报、处置机制，定期组织应急处置演练，共同做好电子政务网络安全工作。

（陈立明）

【赴北汽集团安全生产培训调研】 8月14日，市安全监管局副局长贾太保带队赴北汽集团就安全生产培训进行调研。听取北汽集团总体情况介绍，参观集团沙盘和展厅，重点就北汽集团安全生产培训进行沟通交流。并对北汽集团下属单位安全生产培训方法创新与实践应用情况、安全科技成果应用，及特种作业人员管理等进行探讨，听取北汽集团意见。贾太保提出工作意见，进一步营造安全气氛，加强企业内部统一管理；进一步提升培训理念，明确培训目的，推广行为追溯、师带徒、伤情体验、班前会等培训方法；进一步提高思想认识，理解培训是预防事故治本之策，确保安全培训落到实处。

（卢　茜）

【延庆区、平谷区中非论坛期间督查】 8月29、31日，市安全监管局副巡视员谢清顺带队赴延庆区、平谷区，开展中非合作论坛北京峰会期间安全生产督查。延庆区、平谷区安全监管局相关领导参加督查。分别听取延庆区、平谷区安全生产汇报，谢清顺提出，“要建立安全生产督查详细台账，及时对挂账隐患整治进行消账。对小隐患要加强跟踪督导检查，严密组织整改，及时消除隐患”要求。督查组对北京富天润食品有限公司、北京康宁顺达玻璃纤维制品有限公司、北京金鹿环保仪器制品有限公司、蓝帕国际酒店等单位进行安全检查。

（李向东）

【信息平台和企业平台云迁移】 8月，为落实城市行政副中心搬迁计划，市安全监管局开展应急管理信息平台和企业平台云迁移相关准备工作，制定《应急管理信息平台和企业平台云迁移工作方案》，推动系统迁移测试与部署。11月26日，完成应急管理信息平台和企业平台政务云切换工作。

（周仁清）

【“安全生产大培训”调研】 9月18日，市安全监管局副局长贾太保、副巡视员谢清顺带队赴丰台区安全监管局就“安全生产大培训”进行调研。丰台、海淀区安全监管局、方庄地区办事处、卢沟桥乡、鸿基培训中心、恒力职业学校、原祓注安事务所等单位负责人分别汇报“安全生产大培训”开展情况。针对培训遇到问题，进行沟通交流。贾太保指出，“安全生产大培训”展现“四个有力”，即牵头部门统筹有力，培训机构支撑有力，专项执法推动有力，精心组织措施有力。实现“六个提升”，即提升企业内生培训动力，提升企业自主学习态度，提升有关部门和街乡支持力度，提升教师授课能力，提升注安师事务所社会认知度，提升全社会安全认识。

（卢　茜）

【海淀区乡镇主管领导培训动员】 9月25日，市安全监管局副局长贾太保赴海淀区区委党校参加乡镇主管领导安全生产专题培训会，进行动员并授课。海淀区29个乡镇街道主管领导，区安全监管局有关负责人等50余人参加培训会。贾太保围绕“党政同责”“落实企业主体责任”这一主题，进行动员讲话。

（卢　茜）

【“雪亮工程”建设调度会】 9月29日下午，市安全监管局副局长卞杰成赴首都综治办参加“雪亮工程”建设调度会。会上，汇报市安全监管局落实“雪亮工程”部署，推进全市安全生产公共安全视频监控建设联网应用情况。市安全监管局完成视频监控系统标准化改造，建设符合国标GB/T 28281—2016标准视频资源共享交换凭条，实现高清视频兼容，优化平台视频传输及平台承载能力，满足与首都综治办平台视频资源共享对接要求。建立视频资源基础台账，对照国标 GB/T 28281—2016 标准，梳理摸清危化行业、工业企业、非煤矿山和煤矿、加油站、烟花爆竹等领域视频接入情况，拉单入账。开展与中石化、中石油北京各加油站视频进行对接，协助两家企业完成国标平台升级改造，10 月底前完成加油站视频资源对接。年底前，可提供 6700 余路安全生产监管领域重点点位视频资源与市一级平台联网共享。

（陈立明）

【“安全生产大培训”推进会】 10 月 9 日，市安全监管局召开 2018 年“安全生产大培训”工作推进会暨 2019 年“安全生产大培训”课件研讨会，听取培训机构意见反馈，研讨课件调整方案，进一步丰富课件内容、增强课件针对性，为 2019 年“安全生产大培训”工作“提质增效”打基础。市安全生产联合会、市科学技术促进会相关负责人，部分培训机构代表、培训专家参加会议。

（李向东）

【城市副中心办公区信息点测试】 10 月 15 日至 19 日，市安全监管局完成副中心办公区房间网络和电话信息点检测。期间，信息中心完成北楼 3、4 和 5 层电话点和外网点检测，南楼 1 至 7 层、北楼 2 至 6 层内网信息点检测。检测办公用房 299 间，各类信息点 2652 个（包含电话信息点 342 个、内网信息点 1066 个、外网信息点 1244 个）。发现故障点 47 个，故障率 1.8%，包括电话信息点 7 个、内网信息点 6 个及外网信息点 34 个。由于部分房间未开门及一层在施工改造，有办公用房 51 个间未进行检测。

（陈利明）

【信息化系统搬迁动员部署】 10 月 23 日，市安全监管局副局长卞杰成召开信息化系统搬迁动员部署会。为做好市局副中心办公区信息化系统搬迁，卞杰成要求，精心准备，面对系统搬迁任务量大，要高度重视，确保搬迁顺利进行；密切配合，信息中心要将主要精力调整到搬迁工作上来，与办公室配合，各处室要指定联系人，做好与信息中心对接工作；统筹安排各处室要制定搬迁方案，梳理固定资产和个人物品、备份业务数据；注意保密，搬迁中要有安全意识，防止文件丢失，妥善处理涉密文件。

（郭永梅）

【“安全生产大培训”座谈】 10 月 31 日，市安全监管局副巡视员谢清顺主持召开部分市属国有企业“安全生产大培训”工作座谈会。市安全监管局相关处，首钢集团、京投公司、京能集团、北投集团、排水集团、祥龙公司等单位安全部门负责人及联络人参加会议。会议通报全市“安全生产大培训”整体进展情况。各单位汇报 2018 年“安全生产大培训”工作进展情况，就 2019 年“安全生产大培训”开展提出意见建议。

（卢　茜）

【应急管理部调研安全工程师管理】 11 月 6 日至 11 月 7 日，应急管理部人事司副司长任玉斌带领部机关及注册安全工程师管理中心有关人员一行 4 人，来京进行调研。听取市安全监管局、市人力资源和社会保障局、市人事考试中心、市交通委安全督查事务中心对北京市注册安全工程师工作总体情况介绍。赴首钢集团有限公司，听取首钢、金隅、北汽、建工、中石油北京销售分公司安全机构负责人在注册安全工程师培养、使用、配备及作用发挥方面汇报；听取海淀区、顺义区、北京经济开发区安全生产监督管理局推进注册安全工程师配备和作用发挥方面汇报，并与海淀区属企业安全生产管理机构负责人、安全生产管理人员、注册安全工程师代表、中小企业安全生产管理机构负责人，围绕加强注册安全工程师制度建设、加大注册安全工程师实践经验和技能考核、初级注册安全工程师跨区域流动、执业范围等内容，进行座谈并听取意见建议。

（刘自杰）

【软件正版化检查】 11月8日下午，北京市版权局软件正版化检查小组到市安全监管局检查正版化工作。检查组听取信息中心2018年度软件正版化完成情况汇报，对软件正版化会议纪要，使用正版软件统计信息表、计算机软件授权使用证明、采购合同、市局软件资产管理制度等书面材料，逐一进行检查。之后，开机抽查局内正在使用办公计算机及服务器。全局正版化软件使用率100%，通过检查验收。

（陈利明）

【召开信息化专题部署会】 11月9日，市安全监管局副局长卞杰成主持召开专题会，研究市局政务网站、监管信息平台、微信公众号、微博改版等工作。卞杰成对市局政务网站和监管信息平台页面改版等工作提出要求，局内使用监管平台和信息化业务系统页面改版先行启动，11月16日前完成改版。市局政务网站11月16日12时启动改版，11月16日24时前完成改版。市局办公室、法制处尽快提供新版公文和执法文书模板、电子签章，市局OA办公系统中公文模板和电子签章、行政执法系统文书和电子签章等内容调整工作，11月16日12时启动调整，11月19日8时前，完成测试部署等工作。

（郭　霞）

【指挥室技术方案通过专家论证】 11月14日下午，市安全监管局召开技术方案论证会议，对3号指挥室信息化技术方案进行论证。会上，信息中心介绍3号指挥室技术方案实施背景和建设需求，提出初步设计方案、实施计划和预算清单，对评审专家提出质询与建议进行解答。会议专家评审意见为，3号指挥室设备购置方案符合相关技术标准和规范；设备购置方案基本满足突发事件应急指挥相关需求；建议设备购置方案选型与应急指挥中心其他指挥室设备选型一致，同意3号指挥室设备购置方案按照专家意见修改完善后，作为项目建设方案。

（陈利明）

【煤矿企业预警与防控项目终验】 11月21日，市应急管理局组织信息化专家和相关业务处室对高危行业（煤矿）企业风险预警与防控系统试点项目进行终验。会上，信息化专家听取信息中心介绍项目实施背景和建设完成情况，项目承建单位分别汇报项目建设情况，并对建设成果进行演示，项目监理单位汇报监理情况及监理终验意见，参加会议各处室代表对项目建设和系统使用情况进行简要说明，查阅项目建设文档等材料。会议认为，项目承建单位完成合同规定建设内容，系统功能和性能满足用户需求。项目系统软件经第三方测试、安全保障经过测评，满足要求；系统经试运行稳定可靠，具备终验条件；项目建设文档齐全、规范。专家组同意项目通过最终验收。

（陈骥君）

【配合人社局开展工伤预防调研】 11月，市安全监管局会同市人力和社会保障局前往北京京西重工有限公司、首钢顺义冷轧公司开展调研，参观两公司生产车间、高压配电室和职工培训教室，了解企业安全管理和工伤预防主要做法及措施。首钢集团、市安全生产联合会有关同志参加调研。

（李 让）

【科技人才支撑保障建设】 本年，召开北京市安全生产科技人才大会，表彰安全生产领域北京优秀青年工程师、北京市第一届安全生产领域学科带头人及安全生产领域入选2018年度科技新星。组织本市10期高危行业生产经营单位主要负责人和安全生产管理人员安全知识和管理能力考试以及10期特种作业人员安全技术考试，服务考生近20万人。

（车广杰 赵 芬）

【安全生产信息化建设】 本年，推动新版行政执法系统建设与推广。全年，共维护重点检查单位7120家，建立双随机企业库142个，制定检查方案29161份，录入执法检查数据28818条，行政处罚数据4142条，移动端检查5239份。启动数据质量抽查，动态更新维护生产经营单位台账，至年底，全市台账管理系统已登记生产经营单位26.5万余家，相比2018年初增幅达11.5%，总体信息完整率达97.2%，总体及时审核率达93.6%。启动数据质量抽查，对全市3000余家生产经营单位台账进行现场抽查，促进台账数据质量提升。

（车广杰 赵 芬）

【2018“双百工程”活动】 本年，“双百工程”继续以深化安全生产领域改革为引领，落实企业主体责任，强化安全生产融合。至11月，各区安全监管局、街道乡镇与技术服务机构配合，2018年“双百工程”活动完成各级干部与5400家企业负责人开展对话谈心，专家为4000家小微企业开展技术服务活动，并为100个社区开展安全生产大讲堂。

（李 让）

【官方微信新增查询服务】 本年，市安全监管局在官方微信推出“安监服务”栏目。公众可通过手机微信端关注“北京市安全生产监督管理局”官方微信（微信号：bj_anjian），从“安监服务”栏目在线查询特种证件、考试成绩、检查文书等内容。

（田雍雍）

【软件著作权和发明专利申报】 本年，市安全监管局梳理现有信息化建设成果，总结提取核心业务系统和在业界有影响力业务系统，陆续开展行政执法系统、办公自动化系统、大数据可视化分析系统、生产经营单位安全生产台账管理系统四项软件著作权登记，及企业台账信息管理方法及装置、可读存储介质发明和企业安全风险指数发明两项发明专利申报。经国家版权局审核登记后，获得移动执法系统计算机软件著作权登记证书，至此全局共获得包括北京市安全生产条件普查系统、烟花爆竹监管物联网应用系统及流向监管和安全生产专职安全员检查系统在内四项计算机软件著作权证书。

（王 秋 月 明）

【生产经营单位台账管理】 本年，市安全监管局组织各区安全监管局、各街乡镇加强安全生产台账管理，完善工作流程，开展质量抽查，提升台账应统尽统、真实性和准确性。年内，全市有生产经营单位26.4万余家，相比年初增幅11%，数据总量稳步增长；总体完整率达97%，及时审核率达 93.5%，数据完整性和可用性增强。

（董　山）

标准化建设

【安全生产标准化融合研讨】 1月5日下午，市安全监管局副局长唐明明主持召开安全生产标准化融合工作会议，局属15个相关处室负责人参加会议。会议就安全生产标准化融合推进工作方案撰写，牵头处室主要职责、任务、完成时限，配合处室配合内容、重点等情况进行说明，并结合各处室职责及重点任务，对安全生产标准化建设融合工作进行讨论。唐明明要求，抓好顶层融合设计，制定具体工作方案，出台行业自律办法，加强重点工作研究，加快制定执法标准。

（任社山）

【标准化系统建设研讨会】 1月30日下午，市安全监管局在应急指挥中心召开全局标准化系统建设研讨会，局属相关单位主要负责人和标准化相关负责人参加会议。会上，观看升级改造系统演示，并就系统建设中存在问题进行讨论。会议明确“评审员管理标准”“行业首页入口设计展示”“市局首页大数据综合展现”等10项内容建设需求和建设标准，补齐系统建设中“最后的短板”。

（欧阳燕南）

【京津冀二批协同标准通过审查】 2月1日至2日，市质监局再次组织召开京津冀安全生产协同标准审查会，对百项地标第57部分电子通信制造企业、第31部分瓶装工业气体经营企业和第30部分烟花爆竹经营（批发）企业三项标准进行审查。北京、天津、河北质监局、安监局有关负责人，及京津冀专家参加审查会。专家组一致同意，第57部分电子通信制造企业、第31部分瓶装工业气体经营企业和第30部分烟花爆竹经营（批发）企业协同标准通过审查。

（王燃然）

【岗位标准化建设研讨会】 3月18日，市安全监管局在首钢矿业公司，召开岗位标准化建设工作研讨会。与会人员对管理岗、操作岗岗位标准化开展讨论，确定岗位标准化建设5个方面内容，并明确5个方面建设内容，即岗位责任标准、岗位操作标准、岗位口述标准、应急处置标准、岗位考核标准。确定各项标准考核方式、考核内容、考核要点，提出定岗位责任标准、定岗位操作标准、定岗位口述标准、定隐患排查治理标准、定考核标准“五定工作法”为纲领岗位标准化建设方案。

（张　雷）

【标准化现场复核】 3月22日，市安全监管局对普莱克斯化实二氧化碳有限公司和中国石化销售有限公司北京黄村油库进行安全生产标准化创建现场复核。中国石化销售有限公司北京黄村油库在标准化评审报告中提出柴油机房未设置火灾报警装置，储油间未设置可燃气泄漏报警探测器和事故风机等4项问题未整改完毕，检查组在现场检查中还发现，柴油机房防护设施设置不合理，罐区现场报警电话控制室无法定位，罐区高液位报警处于故障状态未及时检修更换，各种报警参数没有纸质处置记录，企业中控室操作人员对控制系统操作不熟练等问题，检查组通知大兴区安全监管局下发责令限期整改指令书，待问题整改完成后，再组织专家进行复查。检查组通过查阅资料、现场检查和调查询问等方式，对普莱克斯化实二氧化碳有限公司申请标准化评审条件、评审标准扣分项、评审报告及企业整改情况报告、重点部位及关键装置安全管理情况进行检查。检查发现，企业对评审报告中提出问题及建议进行整改、落实，健全安全生产规章制度、安全操作规程及安全生产应急预案，开展安全教育培训，执行安全标准化体系文件，填写记录文件，现场安全状况良好。经专家商议决定，普莱克斯化实二氧化碳有限公司通过标准化二级达标现场复核。

（刘丽敏）

【“百项地标”27 项标准审查】 3 月 26 日至 4 月 16 日，百项地标总技术支撑单位委托市安全生产标准化技术委员会（以下简称“市安标委”）对 2017 年立项的 27 项标准进行专家评审。参加评审的 27 项标准，包括市安全监管局负责《地热矿泉水企业》等 4 项，及市旅游委、城市管理委、水务局、粮食局、文化局、新闻出版广电局、园林绿化局、民政局、农业局 9 个市行业部门负责的《社会旅馆》等 23 项标准。市安标委聘请安全生产、标准编制等方面专家组成专家组，从标准内容合法性、可操作性，与行业管理要求是否相符，与现行有效国家标准、行业标准、地方标准是否相协调，及结构和内容是否完整、格式是否符合要求，编制说明内容是否完整等方面对 27 项标准进行审查，并全部通过审查。

（王燃然）

【气体生产经营企业标准化复核】 3 月 27 日至 28 日，市安全监管局对朝阳区普莱克斯实用气体有限公司和北京经济技术开发区普莱克斯（北京）半导体气体有限公司进行安全生产标准化创建现场复核。检查发现，普莱克斯实用气体有限公司厂区内，部分气体钢瓶没有安全标签或标签损坏；二氧化碳气瓶储存仓库部分气瓶未设置防倒链，且摆放不规范，堵塞人行通道；危废库房内笑气包装袋存量较大，未及时通知危废回收企业进行回收处理；进厂气瓶流转程序不完善，空瓶存放区域安全标识不齐全。普莱克斯（北京）半导体气体有限公司对评审报告中提出问题及建议进行整改，但现场检查发现，企业未按相关规定对重大危险源文件资料进行归纳存档，生产设备主厂房未安装视频监控设备，巡检记录本缺少重大危险源安全设备设施现场数据内容。针对两家企业发现的问题，检查组经商议决定，普莱克斯两家气体企业标准化现场复核均不予通过。检查人员责令两家企业整改，待问题整改完成后，再按照标准化评审程序组织现场复核验收。

（刘丽敏）

【“百项地标”16 项标准发布】 4 月 2 日、4 月 4 日，市质量技术监督局发布安全生产百项地标 16 项，涉及交通、旅游、安监、民政、邮政等部门。至 4 月，安全生产百项地标已发布 45 项，市安全监管局组织起草 23 项，市行业部门组织起草 22 项；其中京津冀协同标准 10 项。

（王燃然）

【同仁堂制药厂标准化复核】 4 月 11 日、12 日，市安全监管局赴北京同仁堂股份有限公司同仁堂制药厂，对位于通州区、大兴区、昌平区、北京经济技术开发区的 5 家分厂进行安全生产标准化二级达标现场复核。通过查阅资料、现场检查和调查询问等方式，对企业申请标准化评审条件、评审标准扣分项、评审报告及企业整改情况报告、企业重点场所安全管理情况进行重点检查。检查发现，企业重视安全生产标准化创建工作，安全管理机构完善，安全管理人员配备齐全，对评审报告中提出问题及建议进行整改。但检查发现，5 家分厂存在实验室悬挂危险化学品危害特性告知牌部分已褪色，试剂柜内试剂存放不符合规范；危险化学品储存间管理员安全意识不强，缺乏安全管理知识；对锅炉房、LNG 罐等重点区域第三方承包商管理有待加强等共性问题。检查人员责令企业立即整改。经再次复查，企业已整改完毕，通过标准化二级达标。

（刘丽敏）

【安标会全体委员会议】 5 月 11 日，召开市安全生产标准化技术委员会（以下简称“安标委”）第一届第二次全体委员大会。市安全监管局副局长唐明明、中国安全生产科学研究院院长张兴凯、市质量技术监督局副局长姚娉及有关领导出席。会议对安标委工作进行总结，部署学习贯彻新《中华人民共和国标准化法》，推进团体标准制定，新发布地标宣传贯彻等工作。

（李 璠）

【安全生产标准化评审推进】 6 月 5 日上午，市安全监管局召开安全生产标准化（二级）创建评审组织工作，评审员、评审专家考核管理，标准化教材大纲编制，标准化核查，工业企业落实安全生产主体责任情况检查评估，工业企业安全生产风险分析及管控对策 6 个项目交底暨工作推进会。项目承担单位市安全生产联合会、市安全生产科学技术促进会，市劳保所，市安工院，市安全监管局及相关负责人参加会议。项目承担单位分别就所承担项目实施方案、重点内容、方法措施、运行机制、最终成果、完成时限、绩效管理，推进情况进行说明，分析讨论推进中遇到的困难。市安全监管局明确项目推进进度、重点内容、成果体现、绩效考核、纪律要求等，并提出要求。

（任社山）

【“百项地标”4 项标准通过审查】 6 月 7 日至 8 日，市质量技术监督局召开第 28 部分金属非金属矿山（露天）、第 29 部分金属非金属矿山（地下）、第 30 部分尾矿库、第 34 部分小规模单位 4 项标准审查会。市质监局，市标准化研究院，市安全监管局，市劳保所、中国安科院等单位有关负责人参加。专家从标准结构是否合理、内容是否准确、格式是否正确，是否符合系列标准要求等方面进行审查。专家组一致同意 4 项地方标准通过审查。

（王燃然）

【“百项地标”3 项标准发布】 7 月 3 日，安全生产百项地标发布 3 项标准，分别是《安全生产等级评定技术规范 第 44 部分：供热单位》《安全生产等级评定技术规范 第 47 部分：生物质气化站》《安全生产等级评定技术规范 第 48 部分：沼气站》。至 7 月，安全生产百项地标发布 48 项，京津冀协同标准发布 10 项。

（王燃然）

【京津冀协同标准通过审查】 7 月 6 日，市质监局召开京津冀安全生产协同标准审查会，对百项地标第 26 部分酒类制造企业协同标准进行审查。北京、天津、河北质监局、安监局有关负责人，及京津冀专家参加审查会。专家组一致同意，第 26 部分酒类制造企业协同标准通过审查。下午，市质监局还组织第 27 部分煤矿标准审查会，与会专家一致同意通过审查。

（王燃然）

【安全生产标准化信息系统会】 7月9日下午，市安全监管局召开安全生产标准化信息系统应用工作会，就安全生产标准化信息系统建设及上线试运行前推进情况进行专题分析研究。市安全生产联合会，朝阳区、顺义区、房山区、大兴区等区安全监管局负责安全生产标准化工作相关人员参加会议。会议介绍安全生产标准化信息系统升级履行及建设推进情况，并要求细化流程；将否决项目制作成表格，嵌入进系统；企业承诺书的样式要制式化；增设评审单位情况介绍模块；对评审标准中部分条款再细化；研究行业部门“审核”等环节情况。

（任社山）

【对申报二级标准化企业抽查】 7月23日，市安全监管局从市安全生产联合会上报31家拟通过评审企业中，随机抽取顺义区生活垃圾综合处理厂、查维斯机械（北京）有限公司、航天长征化学工程股份有限公司、北京中车赛德铁道电气科技有限公司进行检查。检查人员结合企业情况，根据市安全生产联合会上报复核报告表内容，采用查阅资料和现场检查方式，重点对复核提出问题及整改落实情况，安全生产标准化创建相关制度、教育、培训等资料是否完备，危险化学品使用安全管理、涉爆粉尘场所安全管理、有限空间作业场所安全管理等进行检查。检查发现，航天长征化学工程股份有限公司、北京中车赛德铁道电气科技有限公司均不同程度存在外委单位管理不到位、相关制度不完善等问题。顺义区生活垃圾综合处理厂危险化学品使用管理不规范。市安全监管局要求企业对相关问题进行整改。

（赵庆儒）

【“百项地标”宣传贯彻培训】 8月7日至10日，市安全监管局委托市劳保所组织两期安全生产百项地标宣传贯彻培训班，14个市行业部门、各区安全监管局，29家市属国企、33家安全生产服务机构和市安全监管局相关处室近150人参加培训。培训聘请标准主要起草人、行业知名专家进行授课。课程采取案例教学方式，通过图片、视频、数据，结合北京市有关法规政策，为参训学员深入浅出讲解安全生产百项地标重点条款和安全管理要求。

（王燃然）

【安全生产标准化核查】 9月11日，市安全监管局召开标准化核查工作会，市安全监管局、北京科学技术促进会等单位负责人及有关人员参加会议。会上，介绍2018年工业企业标准化核查情况，介绍前期筹备、核查培训动员、实地核查、核查中发现主要问题及整改、有关措施和意见建议等情况。与会人员围绕标准化核查，提高标准化核查实效、提升评审质量、强化政府监管等内容进行交流。

（安　洋）

【研究“百项地标”编制】 9月25日上午，市安全监管局会同市劳保所研究安全生产百项地标编制工作。市安全监管局、市劳保所项目负责人及相关人员参加会议。会上，市劳保所介绍安全生产百项地标项目推进情况。百项地标共89个项目，已发布48个，41个项目在编制中。会上，针对安全生产百项地标编制及实施中存在问题，与会人员进行讨论。

（仲俊生）

【标准化培训教材大纲编制】 10月15日上午，市安全监管局会同市安全生产联合会，组织专家研究标准化培训教材及考核大纲框架及内容，有关行业领域安全生产专家、培训教材编写组和市安全监管局、市安全生产联合会有关负责人参加会议。会上，市安全生产联合会介绍标准化培训教材大纲编写情况，编写人员按前期召开专家研讨会确定基本框架，完成相关政策、法规、标准和资料收集整理，对有关资料进行编辑并形成初稿，初稿分八章，包括标准化综述、评审管理、过程控制、评审标准和法规文件等内容。与会专家结合标准化培训教材初稿，围绕框架及内容等进行研讨，提出建设性意见建议。并一致认为，要进一步明确标准化培训教材功能定位；教材结构框架应力求简洁，逻辑思路应清晰明了；要对培训教材文件资料部分进行精简等。

（仲俊生）

【标准化达标进入试运行阶段】 10月上旬，市安全监管局完成新版标准化达标创建“强融合”，实现业务功能融合，全市安全生产工业7类、危化3类、非煤矿山7类及烟花爆竹等行业二、三级标准化创建、达标、评审等全流程管理；实现人员管理融合，完成评审员管理、评审单位管理、评审专家管理、统计分析及黑名单管理等模块管理，相关部门和个人绩效考核功能功能设计；实现数据展现融合，与应急管理部一级标准化数据和相关区局三级标准化数据对接，与各区达标企业、各级达标企业融合和大数据综合分析展现。系统已完成系统软件质量检测和安全验收测评，上线试运行，并完成市政务云部署和与旧版标准化系统数据对接。11月，将替代旧版标准化系统。

（欧阳燕南）

【大台煤矿安全生产标准化检查】 10月16日至17日，北京煤监局对大台煤矿开展安全生产标准化专项监察。检查人员对照《煤矿安全生产标准化考核定级办法》《煤矿安全生产标准化基本要求及评分方法》，对大台煤矿7、8、9月安全风险分级管控、事故隐患排查治理、通风、地质灾害防治与测量、采煤、掘进、机电、运输、职业卫生、安全培训和应急管理、调度和地面设施等11个专业安全生产标准化月度评分表进行逐条梳理检查；对岗位达标“5321”工作法开展情况进行检查，并到井下生产一线工作面抽查员工掌握和执行岗位达标情况。存在主要问题是对《评分方法》部分内容理解存在误区，应扣分项按缺项折分进行处理；评分流程不够规范，一些项目未按评分表对照开展检查，只是对现场排查发现问题对照扣分；考核工作不严谨，存在本应由标准化考评办公室考评打分，而由生产段队管理人员对本生产段队直接进行检查考评打分。针对发现问题，检查人员要求煤矿进一步研究、梳理相关要求，加强现场管理，改进工作方法，提升安全生产标准化工作水平和安全生产保障能力。

（贾　宏）

【标准化公告环节沟通协调会】 10月22日，市安全监管局组织研究标准化创建中部门公告环节工作，就标准化评审否决项检查确认具体内容进行沟通协调。会上，就标准化创建工作做说明，有关处室结合监管职责，对企业在年内发生生产安全事故、纳入安全生产联合惩戒对象、隐患排查治理系统使用和应急预案备案管理等有关标准化评审否决项内容进行检查确认。

（赵庆儒）

【安全生产标准化座谈】 11月16日下午，受应急管理部基础司邀请，市安全监管局有关人员与应急管理部基础司座谈安全生产标准化与安全预防控制体系建设工作。应急管理部基础司司长裴文田、副司长王小拾等，市安全监管局有关处，顺义区、东城区安全监管局有关负责人及北京汽车控股、首钢矿业、京东方等企业安全部长参加座谈。会上，市安全监管局介绍北京市安全生产标准化推进情况，顺义区、东城区安全监管局结合工作实际，就推进标准化工作经验、存在问题及工作措施做介绍。围绕安全生产标准化和安全预防控制体系建设，与会人员进行研讨。

（仲俊生）

【大台煤矿安全生产标准化检查】 11 月 25 日至 26 日，国家煤矿安全生产标准化检查组到大台煤矿进行安全生产标准化保持情况专项检查。检查组由宁夏煤矿安监局副局长黄民康带队。大台煤矿核定年生产能力为 100 万吨，由于煤层赋存条件有限制，煤矿全部采用爆破开采。2017 年 11 月，大台煤矿通过核查考评，达到二级标准化矿井标准。检查组听取煤矿安全生产标准化开展情况汇报，随后分组对井下生产现场和地面相关文件、制度落实情况进行检查。经检查组现场检查考评，大台煤矿安全生产标准化总体得分 80 分以上，保持安全生产标准化等级不降低。

（贾　宏）

【培育社会组织发展】 本年，巩固“一家缴费、多家服务”工作模式，塑造“枢纽型”社会组织品牌，会员发展数量超过 1100 家。推行标准化行业自律诚信管理模式，全年完成 137 家企业标准化创建评审和复评。印发《关于贯彻执行注册安全工程师分类管理办法通知的意见》，开展注册（助理）安全工程师工作。联合市总工会有序开展首都安全生产社会监督职工志愿者招募，共招募志愿者 5000 余人，健全安全检查群众性网络体系。

（车广杰　赵　芬）

【安全生产标准化建设】 本年，印发《北京市企业安全生产标准化建设管理办法》等“1+6”制度，制定《2018 年各区安全生产标准化创建指标》，推动企业安全生产主体责任落实，89 项安全生产百部地标已经正式发布 53 项，11 项标准正在进行报批，25 项标准处于送审阶段，2019 年内全部发布。截至 2018 年底，全市共完成达标企业数量为 118949 家，其中一级标准化工业企业 12 家、二级标准化企业 198 家、三级标准化企业 12979 家、小微岗位达标企业 105760，稳居全国前列。

（车广杰　赵　芬）

【京津冀安全生产协同标准发布】 本年，按《北京市地方标准管理办法》《京津冀区域共同制定地方标准有关事项的会议纪要》，经市市场监督管理局批准，《安全生产等级评定技术规范　第 26 部分：酒类制造企业》《安全生产等级评定技术规范　第 31 部分：瓶装工业气体经营企业》《安全生产等级评定技术规范　第 32 部分：烟花爆竹经营（批发）企业》《安全生产等级评定技术规范　第 57 部分：电子通信制造企业》标准作为京津冀区域协同地方标准发布，2019 年 7 月 1 日正式实施。

（王燃然）

【制定清洁行业安全生产标准化】 本年，市安全监管局组织北京清洁行业协会及有关专家、单位，制定《北京市清洁行业安全生产标准化评定标准（试行）》，并以安委会办公室名义印发实施。全年，在全市清洁行业开展标准化达标创建试点，北京清洁行业协会为评审组织单位承担评审组织管理。评定标准出台弥补现行标准规范空白，也推进全市安全生产标准化建设全面有序开展，逐步建立各行业（领域）企业安全生产标准化评定标准和考评体系有效补充。鉴于全市清洁行业暂无明确行业主管部门，清洁行业安全生产标准化建设按照“政府指导、行业自律、企业主体”原则组织开展。全年，北京清洁行业安全生产标准化创建有14家企业获二级证书，3家企业或三级证书。

（王　勇）

【安标委工作】 本年，分两批次对安标委委员进行调整，聘任中国安科院院长张兴凯任主任委员。结合委员履职情况和研究领域需要，增补12名委员。召开全体委员大会，对安标委工作进行总结，统筹2019年地方标准制修订、宣贯、评估、技术审查等工作。

（李　璠）

机关人事

【年度评先评优】 1月3日，第1次局党组会议研究决定，推荐局机关团委作为“五四红旗”团委候选对象，王雷作为优秀共青团干部候选对象上报团市委，参加“两红两优”评选表彰。1月12日，第2次局党组会议决定，确定陆金周、何明明、戴贺霞、李宏良，卢茜、王洪志、张玉娟、张慧、刘卫坤、石炜、石大亮、李莉莉、张玉昆、李惠、李鹏飞、齐琳、刘耀峰、李琳、王博、石逸超20人为“局第二届安全生产业务技能标兵”。5月11日，第15次局党组会议研究决定，推荐张树森、卞杰成作为2017年度考核优秀等次人选。5月29日，第17次局党组会议研究决定，推荐局机关工会参加全国模范职工之家评选。6月13日，第18次局党组会议研究决定，推选监管三处作为第二届“首都环境保护奖”先进集体推荐单位，推选李卓辉作为第二届“首都环境保护奖”先进个人推荐对象。7月25日，第22次局党组会议研究决定，同意推荐法制处戴贺霞为北京市政府法制工作先进个人候选对象；同意唐冉、郑羽莎、郭晓濛、焦文霞、邵柏、赵芬、陈阳、李鹏飞、范立娜、封光、郝树亮、陈磊钢、孙晶晶、刘卫坤、王雷、何明明、徐双、徐阳、张晶智、张玉昆20人为第四届局优秀青年人才。9月19日，第24次局党组会议研究决定，推荐应急工作处主任科员黄亮为北京市防汛抗旱先进个人候选人。

（孙　雷　孙文雯）

【宣教中心机构设置及职责调整】 1月15日，市安全监管局印发《关于北京市安全生产宣传教育中心内部机构设置和职责调整方案的通知》（京安监办发〔2018〕9号），根据宣教中心主要职责，内设办公室、新闻宣传科、社会宣传科、声像宣传科、新媒体宣传科。其中，办公室人员编制4名，设主任1名，副主任1名，工作人员2名；新闻宣传科人员编制5名，设科长1名，副科长1名，工作人员3名；社会宣传科人员编制5名，设科长1名，副科长1名，工作人员3名；声像宣传科，人员编制4名，设科长1名，副科长1名，工作人员2名；新媒体宣传科，人员编制4名，设科长1名，副科长1名，工作人员2名。

（孙　雷　孙文雯）

【督查事务中心设置及职责调整】 1月15

日，市安全监管局印发《关于北京市安全生产督查事务中心内设机构设置方案的通知》（京安监办发〔2018〕8号），市安全生产督查事务中心内设综合办公室、督查一科、督查二科。其中，综合办公室人员编制5名，设主任1名、副主任1名；督查一科人员编制4名，设科长1名、副科长1名；督查二科人员编制4名，设科长1名、副科长1名。2月11日，市人力资源和社会保障局印发《关于批准市安监局所属安全生产督查事务中心纳入规范管理的复函》（京人社录函〔2018〕33号），批准市安全监管局所属安全生产督查事务中心纳入规范管理范围。

（孙　雷　孙文雯）

【局级干部任免】 1月26日，中共国家安全监管总局党组印发《关于唐明明、续栋同志职务任免的通知》（安监总党任〔2018〕2号），唐明明任中共北京煤矿安全监察局党组副书记；免去续栋中共北京煤矿安全监察局党组成员、纪检组长职务。4月9日，经市直属机关工会审批，同意北京市安全生产监督管理局党组副书记、副局长，机关党委书记、机关工会主席唐明明任市安全监管局机关工会第四届委员会主席。4月17日，经中共北京市委员会市直属机关工作委员会审批，同意市安全监管局党组副书记、副局长唐明明任中共北京市安全生产监督管理局机关党委书记。5月2日，河北省人民政府决定（冀政人字〔2018〕38号），北京市安全生产监督管理局副局长、党组成员，河北省发展和改革委员会副主任、党组成员（挂职，时间一年）李东洲任省政府副秘书长、机关党组成员（挂职）。

（孙　雷　孙文雯）

【处级干部任免】 1月19日，第3次局党组会议研究决定，孙雷兼任市安全生产督查事务中心主任，陶申傲任市安全生产督查事务中心副主任（试用期一年，从2017年9月29日起算）。2月22日，第5次局党组会议研究决定，免去孙雷兼任的机关党委专职副书记职务，提名为机关党委副书记人选；免去王中堂机关工会专职副主席职务，提名为机关党委委员、机关党委专职副书记人选（以上2名同志任免职情况报市直机关工委、市直机关工会审批，正式批复同意后再印发任免通知）；免去季学伟兼任的市安全生产科学技术研究院党总支书记职务；推荐张帮锋晋升副调研员职务；选派监管三处处长孟庆武参加第52期中青年干部培训班培训。孟庆武参加培训期间，由监管三处副处长王雷主持监管三处工作。3月5日，第6次局党组会议研究决定，免去孙雷同志兼任的北京市安全生产督查事务中心主任职务，陶申傲临时负责安全生产督查事务中心工作；高云飞任市安全监管局法制处处长，免去其市安全监管局事故调查处处长职务，王晓杰临时负责事故调查处工作；免去季学伟兼任的市安全生产信息中心主任职务，陆金周临时负责信息中心工作；康勇、仲俊生作为局机关调研员职位考察人选，徐杰立作为局机关工会专职副主席职位考察人选，牛捷作为市安科院党总支书记职位考察人选；靳大力、闵绍辉作为职卫监督处处长职位考察人选，薛映宾、李宏良作为矿山处处长（主持科技处工作）职位考察人选。3月12日，第7次局党组会议研究决定，靳大力任市安全监管局职卫监督处处长（试用期一年），免去其市安全监管局职卫监督处副处长职务；薛映宾任市安全监管局矿山处处长（试用期一年），主持科技处工作，免去其市安全生产科学技术研究院副院长职务；仲俊生任市安全监管局安全监督管理一处调研员，免去其市安全监管局安全监督管理一处副处长职务；康勇任市安全监管局行政审批处调研员，免去其市安全监管局行政审批处副处长职务；徐杰立任市安全监管局机关工会专职副主席（试用期一年），免去其市安全生产科学技术研究院副调研员职务；牛捷任市安全生产科学技术研究院党总支书记（试用期一年），免去其市安全生产科学技术研究院调研员职务。徐杰立待市直机关工会审批同意后再印发任免通知，牛捷待机关党委审批同意后再印发任免通知。3 月 14 日，第 8 次局党组会议研究决定，王晓杰为事故调查处处长职位考察人选，陆金周为信息中心主任职位考察人选；毛宇权为安全生产监察专员职位考察人选，闵绍辉、孙晶晶为安全生产督查事务中心主任职位考察人选，卢茜为科技处副处长职位考察人选，李东侠、李保江为协调处副处长职位考察人选，王洪志为监管二处副处长职位考察人选，饶守国为矿山处副处长职位考察人选，封光、武金贵为督查处副处长职位考察人选，杜蓓蓓、郝树亮为督查事务中心副主任职位考察人选。3 月 19 日，第 9 次局党组会议研究决定，王晓杰任市安全监理局事故调查处处长（试用期一年），免去其市安全监管局事故调查处副处长职务；陆金周任市安全生产信息中心主任（试用期一年），免去其市安全生产信息中心副主任职务；毛宇权任市安全监管局安全生产监察专员（试用期一年），免去其市安全生产执法监察总队副总队长职务；闵绍辉任市安全生产督查事务中心主任（试用期一年），免去其市安全监管局办公室副主任职务；卢茜任市安全监管局科技处副处长（试用期一年）；李东侠任市安全监管局安全生产协调处副处长（试用期一年），免去其市安全生产信息中心副调研员、办公室主任职务；王洪志任市安全监管局安全监督管理二处副处长（试用期一年）；饶守国任市安全监管局矿山安全监督管理处副处长（试用期一年）；封光任市安全监管局安全生产督查处副处长（试用期一年）；杜蓓蓓任市安全生产督查事务中心副主任（试用期一年）。3 月 21 日，第 10 次局党组会议研究决定，魏丽萍任安全生产监察专员，免去其安全监督管理一处处长职务；赵玉辉任安全监督管理一处处长，免去其安全生产监察专员职务；任忠等 12 名同志结束试用期，任忠任局办公室主任，车广杰任局研究室（科技处）主任，赵同立任局行政审批处处长，赵玉辉任局安全生产监察专员，时会佳任市安全生产宣传教育中心主任，张鹏任市安全生产（12350）举报投诉中心主任，戴贺霞任局法制处副处长，唐亮任局研究室（科技处）副主任，王雷任局安全监督管理三处副处长，侯占杰任市安全生产科学技术研究院副院长，徐阳任市安全生产科学技术研究院副院长，王罡任市安全生产（12350）举报投诉中心副主任。5 月 29 日，第 17 次局党组会议研究决定，张帮锋任市安全生产执法监察总队副调研员，继续援疆工作。6 月 29 日，第 20 次局党组会议研究决定，吴东东结束试用期，任市安全生产信息中心副主任。9 月 3 日，第 23 次局党组会议研究决定，张晋伟结束试用期，任市安全监管局督查处副调研员，任职时间自 2017 年 8 月起算。9 月 19 日，第 24 次局党组会议研究决定，左玉华任市安全监管局安全监督管理二处调研员；高申培任市安全监管局机关党委（工会）办公室副调研员。9 月 30 日，第 25 次局党组会议研究决定，同意邵柏等 9 名同志结束试用期，邵柏任市安全监管局办公室副主任，叶柏杉任市安全监管局财务处副处长，陈磊钢任市安全监管局人事教育处副处长，张聪任市安全监管局安全监督管理二处副处长，陈震西任市安全监管局督查处（北京市人民政府督查室安全生产督查处）副处长，吴爽任市安全生产宣传教育中心副主任，刘友强任市安全生产宣传教育中心副主任，何明明任市安全生产（12350）举报投诉中心副主任，陶申傲任市安全生产督查事务中心副主任，以上 9 名同志任职时间自 2017 年 9 月起算。

（孙　雷　孙文雯）

【干部招录】 3 月 5 日，第 6 次局党组会议研究决定，采取面向社会公开招考方式，招录事业单位工作人员，安科院招录 6 人、信息中心招录 3 人、举报投诉中心招录 1 人、督查事务中心招录 4 人。3 月 28 日，第 11 次局党组会议研究决定，同意安科院招录 2 人，举报投诉中心招录 1 人，督查事务中心招录 1 人。4 月 18 日，第 12 次局党组会议研究决定，同意录用 5 人到安科院工作，2 人到信息中心工作，1 人到督查事务中心工作。4 月 25 日，第 13 次局党组会议研究决定，同意录用 1 人到信息中心工作，1 人到举报投诉中心工作，1 人到督查事务中心工作。5 月 11 日，第 15 次局党组会议研究决定，同意录用 2 人到安科院工作，1 人到举报投诉中心工作，以上 3 名同志工作试用期为一年，试用期起始时间以市人社局批复时间为准。

（孙　雷　孙文雯）

【干部挂职锻炼】 3 月 5 日，第 6 次局党组会议研究决定，安排崔晓到市安全生产督查事务中心督查一科挂职副科长，补充基层工作经历，时间为一年。3 月 14 日，第 8 次局党组会议研究决定，白晓鸣任市安全生产（12350）举报投诉中心协调科副科长（挂职），刘曦任市安全生产信息中心应用研发部副部长（挂职），挂职锻炼时间均为 2018 年 3 月至 2019 年 2 月。6 月 13 日，第 18 次局党组会议研究决定，同意监管二处主任科员李鹏飞到举报投诉中心办公室挂职锻炼，任市安全生产（12350）举报投诉中心综合办公室副主任（主持工作），挂职锻炼时间为 2018 年 6 月至 2018 年 12 月。9 月 19 日，第 24 次局党组会议研究决定，同意选派市安全生产督查事务中心主任科员王勋（借调局机关党办工作）到团市委机关工作部挂职锻炼，时间一年。

（孙　雷　孙文雯）

【局属社团工作】 3 月 14 日，第 8 次局党组会议研究决定，同意市职业病防治联合会于 4 月中旬召开第二届会员大会暨换届大会，同意市化工职业病防治院院长李珏为职防联第二届会长人选，市安全监管局职卫综合处主任科员林长军为职防联第二届秘书长（法人）人选，北京京煤集团有限责任公司工会副主席王国扬为职防联第二届监事长人选。7 月 4 日，经研究，同意将北京市职业病防治联合会名称变更为“北京市职业病防治和有限空间作业安全风险防控联合会”，并在社团现有职业病防治职能基础上，增加有限空间作业安全风险防控及应急管理内容。9 月 19 日，第 24 次局党组会议研究决定，同意将北京市安全生产科学技术促进会名称变更为“北京市应急科技发展促进会”，同意增选北京凌天世纪控股股份有限公司主要负责人常建为副会长。

（孙 雷 孙文雯）

【年度干部培训教育】 4月16日至20日，市安全监管局在中国矿业大学组织市2018年度安全生产专题培训。各区主管安全生产工作副区长、区安全监管局局长和北京经济技术开发区管委会主管安全生产工作副主任、开发区安全监管局局长，及市安委会部分成员单位主管安全生产工作领导和负责安全生产工作处室主要领导64人参加培训。5月11日，第15次局党组会议研究决定，推荐市安全生产督查事务中心督查一科主任科员白发生、市安全生产督查事务中心督查二科主任科员杨泱，参加北京工商大学公共管理专业培训。

（孙 雷 孙文雯）

【军转干部安置】 7月25日，第22次局党组会议研究决定，同意2018年市安全监管局接收安置军转干部10名。其中，团职干部4名、营职以下干部（含专业技术干部）6名。法制处、研究室、行政审批处、机关党办各接收1名行政团职军转干部，执法总队、宣教中心、信息中心、督查事务中心各接收1名，安科院接收2名营职及以下干部。

（孙 雷 孙文雯）

【干部借调】 10月17日，第26次局党组会议研究决定，同意研究室主任车广杰借调市纪委研究室工作，借调时间为三个月。车广杰借调期间，由安全生产协调处处长靳玉光临时负责研究室工作。

（孙 雷 孙文雯）

【机构改革】 11月2日，北京市副市长王宁、市委组织部相关负责人到市安全监管局宣布成立北京市应急管理局，并宣读市应急管理局领导班子成员任命，原市政府应急办、市安全监管局处级以上领导干部，市民政局、市地震局相关同志90余人参加会议。市应急管理局党组书记、局长张树森表示要提高政治站位，扛起政治责任；坚决落细落实，扛起改革责任；坚持真诚团结，扛起领导责任；狠抓尽职履责，扛起业务责任；全面从严从实，扛起党建责任，以如履薄冰的危机感、时不我待的使命感、敢于担当的责任感，抓实抓好应急管理各项工作，当好首都“安全卫士”，当好党和人民的“守夜人”。11月16日，北京市应急管理局正式挂牌运行，对外履行职责。

（赵 芬）

【职能划转】 11月，市安全监管局职业安全健康监督管理职责及相关处室行政编制9名，划转到市卫生健康委员会。12月29日，第十三届全国人民代表大会常务委员会第七次会议对《中华人民共和国职业病防治法》进行第四次修订，并颁布实施。依据新修订《职业病防治法》，安全监管部门不再承担职业病防治职责。

（赵 芬）

2月12日，经信、国资、质监、安监、消防等部门联合开展春节前安全生产和供应保障情况检查

3月2日，市经济和信息化委开展全国“两会”期间民爆企业安全生产检查

9月，市经济和信息化委开展中非论坛期间民爆库区安全生产检查

5月12日，市环保局在防灾减灾宣传日主会场，为市民体验穿戴防护装备

6月26日，市环保局在海淀区举行突发环境事件实战检验性应急处置演练

9月13日，市环保局开展2018年京津冀流域突发水环境事件联合应急研究性演练

5月13日，市住建委主任徐贱云（左二）检查轨道交通工程防汛工作

5月11日，市住建委在大兴区魏善庄镇北京城建集团月季州项目施工现场，举行汛期强降雨引发基坑坍塌和有限空间事故应急演练

6月29日，市住建委主办北京市2018年建筑施工安全生产知识竞赛

▲ 5月11日，市城市管理委组织“5·12”防灾减灾进家庭宣传活动，党组书记、主任孙新军（左六）出席并讲话

▲ 5月23日，市城市管理委副巡视员孟献军（左四）带队开展市委市政府安全生产督察

3月28日，市城市管理委召开第二季度安全形势分析会

9月3日，市城市管理委组织专业企业落实“中非峰会”保障任务

10月17日，市城市管理委组织第二届有限空间作业大比武活动

▲ 3月11日，市交通委主任李先忠（左三）带队检查“两会”期间轨道交通安全

▲ 5月11日，市交通委开展北京市交通路政行业公路施工突发事件抢险处置综合应急演练

6月12日，市交通委召开城市公共汽车客运企业安全生产千分制评价首次会议

6月16日，市交通委开展安全生产月宣传咨询日活动

6月21日，货物运输企业开展突发事件应急演练

▶ 9月28日，市水务局局长潘安君（中）带队进行国庆节前安全生产大检查

◀ 9月29日，市水务局召开国庆节安全生产工作视频会

▶ 11月16日，市水务局召开岁末年初安全生产及今冬明春火灾防控工作视频会议

1月23日，市商务委召开全市商务行业安全生产工作会议

12月19日，市商务委巡视员闫小彦（左三）带队检查经营单位安全

3月7日，市商务委开展餐饮经营单位安全检查

2月8日，市旅游委副巡视员赵广朝（左二）带队对朝阳欢乐谷景区春节假日安全服务保障工作进行检查

召开2018年北京市旅游行业防汛、安全生产月和消防工作部署会

4月29日，市旅游委组织专家对重点景区进行节前安全检查

7月26日，市工商局副局长况旭（左二）带队对电动车销售情况进行检查

7月10日，市工商局举办《地方党政领导干部安全生产责任制规定》培训会

2月13日，市工商局平谷分局开展烟花爆竹销售工作检查

4月11日，市工商局昌平分局开展成品油抽检工作

4月18日，市工商局怀柔分局开展违规销售电动车执法检查

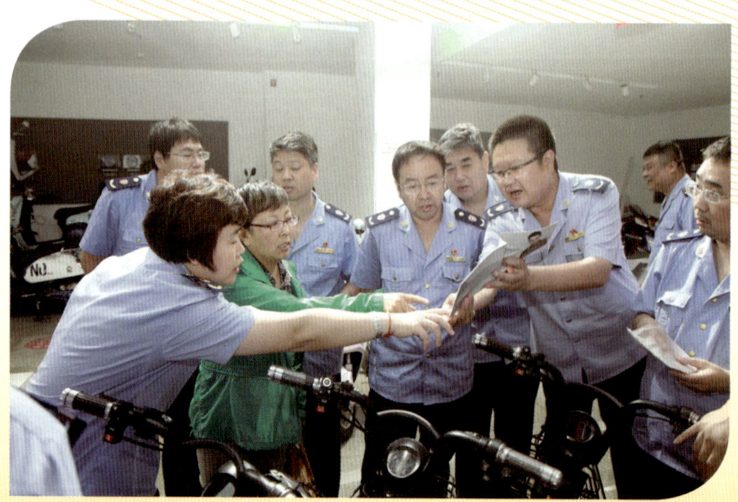

6月13日，市工商局密云分局聘请检测专家现场就违规车辆进行示范讲解培训

中非合作论坛北京峰会期间，市质监局局长苗立峰（后排中）在特种设备服务保障指挥部调度指挥特种设备服务保障全市应急值守情况

8月9日，市质监局副局长李亮华（右二）带队赴冬奥会延庆赛区建设现场调研

9月6日，市质监局领导赴北京房地集团有限公司调研特种设备安全工作

▲ 2月13日，市体育局副局长陈杰（右二）带队对房山区云居滑雪场开展安全检查

▲ 6月25日，市委、市政府安全生产第六督察组在市体育局召开安全生产督察工作动员会议

▲ 8 月 20 日，市体育局对北京威斯汀酒店康乐部进行安全检查

▲ 10 月 28 日，第四届“和谐”杯京津冀国际公路自行车挑战赛应急救护保障现场

▲ 5 月 11 日，市园林绿化局在百望山森林公园开展防灾减灾日宣传活动

▲ 5 月 17 日，市园林绿化局直属京西林场开展防灾减灾日宣传活动

▲ 7 月 8 日，延庆区园林管理中心清理曹官营倒伏树木

▲ 9 月 20 日，市园林绿化局直属大东流苗圃开展消防演练

▲ 8 月 17 日，市民防局召开全市地下空间综合整治工作协调小组会议

▲ 6 月 25 日，市安全生产第五督察组在市民防局检查应急指挥车

5月31日，市民防局在通州区罗斯福广场地下人防工程举行防汛应急演练

6月27日，市民防局举行北京市人民防空专业队整组暨授旗仪式

6月9日，市民防局在中国传媒大学举办“民防有我　点燃青春”首都部分高等院校民防知识与技能竞赛决赛

▲ 6 月 7 日，市农业局举办北京市农业机械安全生产联合宣传暨《北京市农业机械安全监督管理规定》普法咨询活动
（上图）为主会场　（下图）为展板宣传 ▼

▶ 9月7日，市农业局组织2018年北京市农机监理岗位技能大练兵

◀ 11月16日，市农业局召开2018年北京市农机事故应急处置演练现场观摩会

▶ 12月4日，市农业局开展北京市“农机安全杯”普法趣味赛

▲ 5 月 18 日，市城管执法局开展基层燃气执法业务培训

▲ 6 月 26 日，市城管执法局开展安全生产月燃气安全宣传

3月5日，北京局集团公司石家庄建筑段开展有限空间作业演练

4月20日，北京局集团公司天津供电段对接触网设备进行整修

6月16日，国家铁路局与北京局集团公司在北京西站举办安全宣传咨询日活动

4月11日，市气象局执法人员在液化石油气站进行易燃易爆场所专项防雷安全执法检查

4月17日，市气象局执法人员在液化石油气站进行易燃易爆场所专项防雷安全执法检查

7月16日，市气象台预报员进行气象预报预警

▲ 5 月 16 日，市公安局交管局副局长刘恕参加“北京市小学生大型交通安全示范课活动”启动仪式

▲ 1 月 26 日，市公安局交管局在朝阳区十八里店南桥整治违法停车

▲ 6 月 13 日，市公安局交管局组织记者在丰台区微博直播民警夜查

▲ 6 月 13 日，市公安局交管局东城支队在簋街举行“规范停车 拒绝酒驾”交通安全宣传活动启动仪式

▲ 8 月 27 日，市公安局交管局组织支援学警开展“中非论坛”交通安保培训

▲ 11 月 1 日，市公安局交管局朝阳支队在垡头地区电动自行车临时标识核发站核发牌照

▲ 5 月 12 日，市公安局消防局西城支队开展防灾减灾日系列宣传活动

▲ 7 月 10 日，市公安局消防局在永定河妙峰山段举行 2018 年防汛抢险救援综合实战演练

8月1日至2日，市公安局消防局在海淀区凤凰岭国家地震紧急救援训练基地，开展地震应急救援实战拉动演练

9月18日，市公安局消防局顺义支队联合属地幼儿园开展消防安全知识培训

11月6日，市公安局消防局在北京展览馆举行北京市第28届“119”消防宣传月活动启动仪式

11 月 14 日，华北能源监管局局长戴俊良（一排中）带队就大兴新机场建设等开展冬季保供电调研

7 月 12 日，华北能源监管局副局长程裕东（左一）带队调研上合组织峰会重大活动电力保障工作

1 月 24 日，华北能源监管局召开 2018 年华北区域电力安全生产委员会工作会议

重点行业领域安全生产工作

北京市经济和信息化委员会

2018年，北京市经济和信息化委员会（以下简称“市经济信息化委”）按照“党政同责、一岗双责、齐抓共管、失职追责”要求，贯彻落实《中共中央　国务院关于推进安全生产领域改革发展的意见》，健全完善市、区经信部门安全生产体系，推进并完成各项任务。制定《全市经信系统进一步推进安全生产领域改革发展的落实方案》《市经济信息化委2018年度安全生产目标任务分工》《关于安全生产“党政同责、一岗双责、齐抓共管”的工作制度》，推进相关行业领域安全生产条件改善，提升企业本质安全水平。11月8日，北京市经济和信息化委员会正式挂牌为北京市经济信息化局。

【副市长阴和俊带队检查】 2月12日，副市长阴和俊带领经信、国资、质监、安监、消防等部门，对全市热力、电力、制造业企业安全生产和供应保障情况进行检查，市经济信息化委牵头制定计划，组织相关执法部门全程参与检查工作。

【应急救援演练】 6月26日，市经济信息化委举办民用爆炸安全与反恐联合应急演练。结合安全生产月活动主题，分“库区火情扑灭”“运输反恐处置”典型场景，参演单位经多轮筹备策划，演练过程紧张有序，演练人员通力协作，演练检验主管部门、公安部门与民用爆炸物品销售企业联动机制和应急预案有效性，达到“练组织、练指挥、练程序、练协同”目的。

【安全生产宣传教育】 6月，市经济信息化委围绕《中共中央 国务院关于推进安全生产领域改革发展的意见》《地方党政领导干部安全生产责任制规定》《安全生产法》等宣传贯彻工作，制定《2018年度安全生产月活动方案》，举办市经济信息化委科级干部能力提升培训班、领导班子集中学习《地方党政领导干部安全生产责任制规定》、全市经信系统安全生产业务培训班、延庆区安全生产“进机关”主题宣讲活动、海淀区安全生产“进企业”主题宣讲活动、朝阳区安全宣传“进校园”咨询日活动等。其中6月27日，市经济信息化委联合中国船舶重工集团公司第七一四研究所，在北京师范大学朝阳附属中学，举办北京军工安全宣传咨询日活动。中国船舶重工集团公司、中国航天科工集团公司、中国舰船研究院、中国运载火箭技术研究院、中国航发北京航空材料研究院、北京青云航空仪表有限公司、北京真空电子技术研究所和兵器工业安全技术研究所有关领导、员工代表及在校师生等数百人参加活动。

【安全生产第八督察组专项检查】 9月，市委、市政府安全生产第八督察组入驻市经济信息化委。赴房山区、北京京煤化工公司开展民用爆炸物品销售企业专项检查，现场调阅全部安全生产制度文件、隐患排查治理台账、民用爆炸物品销售库房租赁合同及特种作业人员管理档案等资料，对民用爆炸物品销售库房进行实地检查。并针对企业存在问题提出整改意见。10月，市经济信息化委听取北京京煤化工公司9月督察发现问题整改情况汇报，现场核查10号库房及周边存在问题整改情况，随机抽查其他民用爆炸物品销售库房安全生产条件，提出整改要求。

【安全生产专项行动】 本年，市经济信息化委依法依规开展安全生产专项行动。赴一线指导工业企业安全生产工作200家次，监督检查全市民用爆炸物品企业安全工作13次。召开岁末年初安全生产工作部署会，制定《全市经信系统2018年岁末年初安全生产、火灾防控工作方案》，明确安全指导、安全检查、市经济信息化委办公区域排查、综合协调与宣传四个方面任务。做好民爆领域安全生产督察检查，督促企业完善安全管理，吸取“河北张家口11·8”爆炸事故教训、注重岁末年初安全生产及火灾防控。组织民爆领域安全生产“回头看”专项行动，会同民爆专家对北京京煤化工公司开展安全检查。逐项核查2017年底工信部及市经济信息化委检查发现问题隐患整改情况，督促企业保持“三合一”场所整治力度，检查企业全员安全生产责任制落实情况。开展春节、全国“两会”、中非论坛期间安全生产专项行动，及时制定专项方案，推进落实相关任务。持续推进民用爆炸物品安全隐患治理三年行动，10月30日、11月30日、12月28日，三次赴房山区开展民用爆炸物品销售企业安全生产专项检查。

【落实安全生产责任】 本年，市经济信息化委每季度召开重点工作调度会，定期召开系统调度会，传达近期安全生产重要文件精神及各级领导要求，部署下一阶段重点工作，落实《全市经信系统2018年度安全工作要点》。通过组织全市经信系统安全生产工作会议，向各区经信部门传达市经济信息化委《关于全市经信系统进一步推进安全生产领域改革发展的落实方案》《关于做好2018年春节和全国“两会”期间安全生产工作的通知》《2018年中非合作论坛北京峰会期间安全生产、火灾防控工作方案》《全市经信系统2018年岁末年初安全生产、火灾防控工作方案》等，宣讲《地方党政领导干部安全生产责任制规定》。搭建市、区经济信息化部门安全交流平台，明确安全生产思路。

【民爆领域安全监管】 本年，全市民用爆炸物品生产、销售领域未发生生产安全死亡事故，与去年同期持平，安全生产形势基本平稳。民用爆炸物品生产环节全面退出北京地区后，市经济信息化委将重大活动保障、企业主体责任检查评估与隐患治理三年行动有机结合，制定《民用爆炸物品销售企业安全隐患治理三年行动分方案》《2018年度民用爆炸物品销售企业安全隐患治理的工作方案》，推进落实具体任务。全年，开展北京京煤化工公司3条报废生产线销爆方案评审和立项批复。

市经济信息化委刘昭供稿

北京市规划和国土资源管理委员会

2018年，北京市规划和国土资源管理委员会（以下简称“市规划国土资源委”）以安全生产融合发展为主线，不断深化规划和自然资源行业领域安全监管机制和基层基础建设，以安全生产目标责任书为抓手，在城乡规划编制、规划实施、规划监督、行业监管等方面，推进安全风险防控和隐患排查治理双重机制建设，不断强化安全生产监管责任落实，确保首都安全稳定和人民群众生命财产安全。11 月 8 日，北京市规划和国土资源管理委员会正式组建北京市规划和自然资源委员会。

【落实安全生产责任】 本年，市规划国土资源委落实“党政同责、一岗双责”责任体系，市规划国土资源委领导作为安全生产第一责任人，多次在委主任办公会强调安全生产，并亲自带队到基层一线检查地质灾害防治、“大棚房”清理整治等安全生产工作。市规划国土资源委制定《2018 年安全生产工作要点及任务分解》，将安全生产纳入委重要议事议程，并将安全生产落实情况纳入委绩效考核。全年，共召开安全生产会议 6 次，及时研究部署安全生产工作任务，协调解决重大问题。

【深化城市安全规划与导则编制】 本年，市规划国土资源委开展《首都功能核心区城市安全规划设计导则》研究编制，围绕保障安全、优良政务环境提出规划策略，推进防灾设施落地。结合《北京城市副中心控制性详细计划》编制，形成《北京城市副中心防灾空间设计导则》，完善北京城市副中心综合防灾减灾体系与安全管理等技术内容。完成《北京城市副中心防洪防涝规划》编制。支持雄安新区建设，夯实安全基础，参与雄安新区规划技术指南城市安全篇章编制。2016 年至 2017 年，与北京市公安局消防局共同组织编制《北京城市消防规划（2016 年—2035 年）》；2018 年 1 月 4 日，《消防规划》通过专家评审。10 月 12 日，经市政府批准，市公安局、市规划国土资源委联合发布《北京城市消防规划（2016 年—2035 年）》。结合《北京市地下空间规划（2017 年—2035 年）》编制，完善地下防灾安全规划，围绕首都安全格局和防空袭需要，发挥地下空间防灾功能，以地下人防工程为主导，统筹地下兼顾人防设施、具有防灾功能的地下空间，形成“平战结合”地下综合防灾体系。

【强化勘察设计行业监管】 本年，市规划国土资源委共组织开展 5 次勘察设计质量安全专项检查，抽查 152 个项目，其中房屋建筑类项目 74 项，市政基础设施工程类项目 22 项，工程勘察类项目 56 项。检查涵盖建设、勘察、设计单位项目责任人质量终身责任制情况，建设、勘察、设计、施工图审查等有关单位和执业人员执行有关法律法规和工程建设强制性标准情况，消防、人防、结构安全、绿色建筑、装配式建筑等要求落实情况，对存在问题单位进行约谈和处理。按照住房城乡建设部对“工程质量安全提升行动试点”要求，市规划国土资源委结合北京市实际，开展准备工作，从 4 月 1 日起在全国率先实现所有新开工钻探项目工作信息和数据实时采集，并通过搭建政府勘察质量监管平台，实现对所有钻探项目位置、作业单位、作业人员及开工、进度、质量等情况实时监管。利用政府监管平台信息，建立外业钻探现场飞行检查机制，按照“四不两直”形式，对勘察项目钻探现场进行检查，检查内容除信息化实施情况外，重点对现场风险源辨识、安全交底、操作规范性及钻探机具设备完好等情况进行检查。9 月以来，现场检查 6 个勘察项目，约谈 4 家单位，下发2份整改通知书。

【施工图“多审合一”】 本年，以北京市推进优化营商环境为契机，市规划国土资源委进行施工图联合审查，联合市公安局消防局、市民防局及市住房城乡建设委共同印发《关于全面推行施工图多审合一改革的实施意见》，强化质量监管，针对内部改造类项目设计质量差的情况，与市公安局消防局、市民防局联合印发《关于进一步规范北京市内部改造项目施工图审查工作的通知》，对内部改造项目实施分类管理，明确设计文件深度要求等，并对相关设计单位加强约谈监督，建立设计单位黑名单与白名单。

【燃气管线保护安全培训】 本年，市规划国土资源委联合市燃气集团开展燃气管线保护安全培训会，全市60余家主要勘察行业单位，安全生产负责人及相关技术、劳务人员120余人参会。市燃气集团高压管网分公司专家结合事故案例，对燃气管线保护相关法规要求进行宣传贯彻，并结合勘察作业特点，介绍燃气管线安全防护措施。组织北京市骨干勘察和劳务单位与燃气集团及各分公司进行座谈，就勘察作业中遇到管线调查、资料查阅等相关问题进行交流，并就建立勘察单位与燃气管线权属单位沟通机制达成一致意见。

【矿山企业执法监管】 本年，市规划国土资源委联合市安委会开展依法打击和重点整治煤矿安全生产违法违规行为联合检查，对3家大型煤矿进行重点摸排。完成对北京市尾矿库现状调查与影响评估，对全市20座尾矿库和9座尾矿砂堆本身及其周边水土生态环境现状、安全性和存在隐患等进行调查，在现状调查基础上，对可能出现的环境地质问题和对水、土壤、生态环境及安全方面影响进行评估，并提出防治对策和建议。为保障北京市危废处置企业处理危险废物设施持续安全运行，主动联合市政府相关部门和相关企业研究落实方案，为凤山矿办理采矿许可证延续手续。市规划国土资源委利用勘查、测绘等技术手段，对全市固体矿山开展开发利用进行实地核查，未发现固体矿山存在越界开采和不按开发利用方案开采等违法违规行为。

【地质灾害防治】 本年，市规划国土资源委开展全市地质灾害防治。汛前以通知、会议等形式，部署地质灾害防治，组织汛前排查，及时更新基础台账，更新全市地质灾害隐患点数据库。针对威胁险村险户隐患点，逐一制定“一点一预案”，落实具体监测人。坚持群测群防员日巡查、周上报制度。抓实地质灾害防范宣传、演练和培训。组织市、区两级宣传活动20场，发放各类宣传物品2万余份，完成地质灾害综合演练19次，参演人员2000余人。对1600余名基层群测群防员和150名应急调查队人员举办各类培训20场次。采取措施有效应对“7·16”等多次强降雨天气过程。每场降雨后，均迅速开展雨后地质灾害隐患排查，共出动近2000人次，排查各类地质灾害隐患点2405处，排查避险场地466处，发现新增地质灾害隐患点37处。8月11日，房山军红路发生较大规模山体崩塌灾害，由于群测群防员安宏三及时巡查、及时报告、果断处置，避免了一起群死群伤突发事件，发挥了地质灾害防治“哨兵”的作用。做好汛期预警预报、应急调查、值班值守和信息报送工作，发布市级预警17次、区级预警141次，报送《防汛快报》48期。年内，全市发生地质灾害58

起，多数为小型公路崩塌灾害，未造成人员伤亡。

【违法建设违法占地查处】 本年，市规划国土资源委推进“大棚房”、浅山区违法占地违法建设专项整治和扫黑除恶专项斗争，对14个涉农区、10336宗项目、215550栋大棚，分类进行逐宗逐棚现场验收。下发24万个图斑，对浅山区违法占地违法建设项目展开“拉网式、台账式、背书式”排查，并推动典型项目处置。全市按照“场清地净”标准，腾退土地6828公顷，完成年度目标171%，用于“留白增绿”地块3200公顷。开展出让土地利用动态巡查，共发现各类违法违规行为2976宗、906公顷，立案查处1127宗，结案884件，处罚拆除违法建筑物45万平方米。

市规划国土资源委杜美芬供稿

北京市环境保护局

2018年，北京市环境保护局（以下简称“市环保局”）着力提升环境风险防控和应急处置能力，狠抓环境安全风险源和污染源综合监管，推进京津冀联防联控，强化应急演练和培训，应急管理体系不断完善，为坚守首都环境安全底线奠定坚实基础。全年，调度处置突发环境事件55起，均为一般事件，未造成二次污染。11月8日，新组建的北京市生态环境局揭牌。

【京藏高速苯甲酰氯泄漏事件】 2月3日，市环保局接市应急办通报，延庆区内京藏高速公路出京方向63公里处，一辆载有苯甲酰氯运输车发生追尾事故，造成泄漏。市环保局立即启动应急预案，应急人员赶往现场调查处理。经查，该运输车所载桶装苯甲酰氯约30吨（1吨＝1000千克）。交通事故造成20余桶苯甲酰氯散落高速路路面，其中2至3桶（每桶250千克）泄漏至路面并形成结冰，未漫流至路面以下，事故现场有明显刺激性气味。应急专业处置队对事件现场进行清理、收集、运输及处置。事故未造成周边环境污染。

【羊头岗村有机酸酐泄漏事件】 4月12日，市环保局接市应急办通报，房山区城关街道羊头岗村附近发生化学品泄漏事故。市环保局立即启动应急预案，应急人员赶赴现场，联合房山区环保局开展调查处置。经查，事发现场大件路北侧羊头岗村附近，一化学品运输挂车进行装卸装置维修过程中，因操作失误使车内装载的有机酸酐泄漏，漏量约3吨。房山消防支队赶赴现场，使用消防水对泄漏有机酸酐进行稀释，稀释后经村内小路（柏油路）流入村内，并已凝固，现场有刺鼻性气味。根据事故情况，调集燕山石化专业处置队进行收集处置，事故未对环境造成影响。

【环境风险源企业培训】 4月12日，市环保局组织全市企业环境应急管理培训暨现场观摩会。各区环境应急管理负责人、重点环境风险单位环保负责人200余人参加培训。培训采取专家讲解、企业介绍、现场观摩和应急演练相结合方式，邀请中国环科院专家讲解《企业突发环境事件风险分级方法》（HJ941—2018），指导企业自主评估突发环境事件风险、确定环境风险等级。选取环境应急管理实施较好的蒙牛乳业（北京）有限责任公司介绍经验做法，并组织参训单位赴蒙牛乳业现场观摩环境风险防范措施落实、环境安全隐患排查治理体系建设、突发环境事件应急演练等环境应急管理做法。

【大高舍村西罐车侧翻事件】 4月17日，市环保局接市应急办通报，房山区紫码路窦店镇附近，一辆装有汽油添加剂罐车侧翻，少量泄漏。市环保局启动应急预案，应急人员赶赴现场，联合房山区环保局开展调查处置。经查，侧翻车辆位于紫码路窦店镇大高舍村西附近，该车在行进中发生侧翻，导致罐内汽油添加剂甲基叔丁基醚少量泄漏，事发地紧邻京广铁路。为保证铁路安全，房山消防支队使用消防水对泄漏物进行稀释，稀释后消防水顺坡道流至用沙土筑起的围堰内。房山区在现场进行倒罐处理，并将事故车辆转移至燕山石化危险化学品停车场进行暂存。应急人员使用沙土吸附现场泄漏物及消防退水，清理完成后使用洒水车对现场进行冲洗，累计清运现场废物约30吨。事故未对环境造成污染。

【"防灾减灾日"主题宣传】 5月12日，市环保局以"保护环境安全，从我做起"为主题，参加市应急管理委员会在海淀区中关村国家自主创新示范区举办的2018年防灾减灾宣传主会场、通州运河文化广场举办防灾减灾宣传主会场活动。主会场开设北京市环境保护局展区，通过现场播放环保宣传片、应急装备展示、发放宣传材料、受理投诉咨询和组织群众互动体验等形式，开展环境保护和环境应急相关常识宣传。本年，主题宣传活动注重与群众互动，将电视机、微波炉等家用电器带到现场，群众可通过便携式电磁检测仪检测电磁辐射强度、防护设备穿戴和机器人操作等，中小学生还可体验PH试纸溶液酸碱度测试等。市环保局相关领导就环境安全管理等工作，接受记者采访。北京电视台、北京交通广播电台等对市环保局做专题报道。

【朝阳区某河道河水呈红色事件】 5月21日，接市环境保护投诉举报电话咨询中心通报，有群众举报朝阳区东直门外大街和春秀路交叉路北、必胜客50米处，有一排口排放红色、有恶臭污水。接报后，应急人员赶赴事发现场，会同朝阳区环保局进行联合调查处置。经查，事发地点为朝阳区三里屯街道外交使馆集中区内秀水沟区域，该河道主要承担亮马河与工体景观湖引水连接线，由于长时间未启用引水形成死水。现场发现，秀水沟区域内南水闸与北水闸约三分之二处，水沟内水呈粉红色。监测人员监测水质结果表明，河道水质无异常。经与河道管理处核实认定，为河道淤泥较深未及时清淤、杂物较多未及时打捞、加上近期天气气温起伏较大，导致藻类物质持续发酵所致，事件未对周边环境造成污染。

【燃气热电公司氨储罐区报警】 5月31日，市环保局对北京京西燃气热电有限公司检查过程中，发现该公司氨库浓度报警，立即前往氨库检查，发现该公司有一约100吨氨罐，储有浓度为20%氨水，现场氨味较大，人员已无法进入。市环保局立即要求该单位启动应急预案，并通知石景山区环保局应急人员赶赴现场处置。经监测，氨库内氨浓度为80ppm（即百万分之八十），未发现氨库内存在泄漏情况。初步判断，该公司在例行补氨作业后，操作人员将剩余氨水直接倒入氨库围堰内，造成氨挥发，直接排入环境中。市环保局现场要求该公司立即采取措施。经持续冲洗及监测，氨浓度降为正常值，消防退水经收集后，排至该公司工业废水系统进行中和处理。

【举办应急管理培训班】 5月，市环保局组织80余人次举办为期一周的2018年突发环境事件应急管理工作培训班。培训包括正确履行环境监管责任、辐射反恐应急知识、突发环境事件信息报送与应急处置情景教学等内容。

【危险化学品罐车撞车事件】 6月13日，市环保局接市政府应急办通报，大兴区南六环内环路段有三辆大型货车相撞，其中一辆涉事货车系苯酚运输车。接报后，市环保局启动应急预案，通知大兴区环保局人员做好先期处置工作。经查，事故发生在南六环内环70.8公里由东向西方向，北辛屯桥东侧300米处，事故车辆分别为苯酚罐车、快递厢式货车和一辆普通大货车，苯酚罐车罐体轻微受损，未发生泄漏。为保证周边群众安全，公安部门对现场进行群众疏散与封锁。环境应急人员立即与消防支队沟通，对高速路雨水排口进行封堵，以防发生泄漏事故。在统一指挥协调下，现场应急人员将罐体内苯酚液体进行倒罐转移，事故未对周边环境造成污染。

【突发环境事件应急处置实战演练】 6月至8月，市环保局组织全市各区环保局进行突发环境事件应急处置实战检验性演练。各区环保局实施一次，分别以不明遗弃废弃物泄漏和人为丢弃放射源为背景，进行不明液体、气体监测识别处置与寻源处置应急演练科目，设置两个气态监测标样、一个重金属水监测标样、一个辐射监测标样。演练采取“不打招呼、不设脚本、直奔现场”方式，以实际应急演练组织指挥程序为准，由区环保局自行组织实施。市环保局以现场通报方式，向区环保局下达演练命令，全程跟踪演练，掌控演练进展，适时调整现场作业情况，并做出评判，演练结束后考核小组对各区环保局演练情况进行现场点评。

【开发区企业二甲苯泄漏事件】 7月5日，接市环境保护投诉举报电话咨询中心通报，北京经济技术开发区北京傲锐东源生物科技有限公司发生二甲苯泄漏事件。接报后，应急人员迅速前往事发现场进行核查。经查，该单位一桶废液因老化泄漏，废液桶容积50升，原存有有机废液20升，泄漏1.5升。该单位工作人员将剩余废液转移至其他危废贮存桶，并疏散员工66人。应急监测人员对泄漏废液桶周边进行监测，专业处置队将废液吸附材料及剩余废液进行回收处置。事件未对环境造成影响。

【成品油管道泄漏事件】 8月16日，市环保局接市政府应急办通报，环北京成品油管道昌平区沙河油库段管道泄漏。接报后，市环保局启动应急预案，赶赴事发现场。经查，事故泄漏地点位于由首发集团负责的阿苏卫垃圾运输专用道路，六环路接入工程管道施工现场。事故发生后，沙河油库组织人员关闭管线上下游阀门，漏油得到控制。当晚，现场应急人员完成漏点封堵。专业处置队对含油污染土壤进行收运，共收集2.46吨。处置结束后，昌平区环保局对事故周边进行监测，结果显示漏点周围土壤、大气中均无泄漏残留物，事故对环境未造成污染。

【锅炉房燃油泄漏事件】 8月17日，市环保局昌平区环保局报告，北京奥利恒通投资管理有限公司运营的昌平区霍营街道蓝天园小区锅炉房燃油锅炉，在拆除油罐中发生燃油泄漏事故。接报后，市环保局启动应急预案，应急监察、监测人员赶赴现场进行应急处置。经查，工作人员拆除油罐时不慎损伤罐体，导致管内残余柴油泄漏至坑中，并与坑中原有积水混合形成乳浊液。经估算，泄漏柴油总量约30升。专业处置队对泄漏柴油、含油污染水、含油土壤进行收集，并由监测部门对周边土壤进行监测。事故对环境未造成污染。

【京津冀流域水环境联合演练】 9月13日，市环保局在北京市密云区组织2018年京津冀流域突发水环境事件联合应急研究性演练。生态环境部应急部门领导和北京市、天津市、河北省政府应急办和环保局局（厅）有关负责人现场观摩指导。演练模拟河北省张家口市赤城县境内，因山洪暴发，引发尾矿库垮坝，冲垮下游油库及部分生产设施，大量油品流入白河流域，对下游的北京市密云水库水环境安全造成威胁。京津冀三地接到事故报告后，启动省（市）、区（县）两级突发环境事件联防联控机制，在流域沿线河北省赤城县、北京市延庆区、怀柔区、密云区开展应急处置行动。河北省赤城县政府在河北省张家口市环保局支援下，组织相关部门开展应急救援行动，分别采取交通管制、人员抢救、筑坝拦截和大气、流域水质监测等应急处置措施，最大程度控制污染源扩散，并启动区（县）级联防联控机制，分别向上级和下游环保部门通报情况，采取应急措施，减少向下游漂浮的油品量，为下游处置争取时间。处在下游的北京市延庆区环保局、怀柔区环保局也及时采取应急处置措施。密云区政府接到事故报告后，为保障首都饮水安全，立即启动突发环境事件应急预案，对水库入库口及周边地区采取警戒、巡查、围堵、监测、拦截、降解等应急处置措施。天津市环保部门同步实施支援行动。在京津冀努力下，突发水环境事件得到妥善处置。演练是对《2018年水污染突发事件联防联控工作方案》具体落实，针对流域突发环境事件联合处置“一张图”“一盘棋”进行探索。

【液氨行业环境风险评估】 本年，市环保局对150余家涉重金属企业进行现场调研，对涉重物质种类、行业分布、涉重物质存储量和使用量及用途、环境应急预案编制与备案情况、环境风险单元及防控措施等，进行全面调查。并对调研资料进行分析评估、编制环境风险评估报告、召开研讨会等，形成《北京市涉重金属行业环境风险评估报告》《北京市突发环境事件隐患排查和治理工作指南（涉重单位）》（试行），通过专家组评审。通过调研，初步掌握全市涉重金属行业环境风险状况，下发《北京市突发环境事件隐患排查和治理工作指南（涉重单位）》（试行）。

【环境应急预案备案管理】 本年，市环保局开展环境应急预案备案管理。持续抓好企事业单位环境应急预案备案管理，督促和指导应急预案到期重新修订，环境风险源单位及新增环境风险源单位按要求开展突发环境事件应急预案的修订和报备，全市856家完成突发环境事件应急预案备案。指导督促各区做好饮用水水源地环境应急预案编制和备案。通过组织《集中式地表水饮用水源地突发环境事件应急预案编制指南》培训、工作进展抽查、现场督查等方式，指导和督促各区水源地应急预案编制和备案，至年底，全市共有10个区完成饮用水水源地保护区应急预案编制和备案工作。

【环境应急专业化建设】 本年，市环保局开展环境应急专业化建设。完成专业应急处置队伍市级认证，2018年按照《北京市市级专业应急队伍管理办法》（京应急委发〔2016〕5号）要求，市环保局对北京金隅红树林环保技术有限责任公司危险化学品专业应急处置队伍、北京市自来水集团有限责任公司第九水厂液氯、液氨废弃钢瓶专业应急处置队伍进行规范化管理，制定队伍认定标准和认定流程，并组织专家对队伍进行综合考评，经市应急办对两支队伍组织验收，并由主管市领导批准后，确认两支专业应急处置队伍为市级专业应急队伍。组建突发环境事件应急专家组，市环保局完成北京市突发环境事件应急专家组首批20位专家聘任并颁发聘书。应急专家组由应急管理，大气、水、土壤污染防治，毒理，危险废物，辐射，环境监测，生态修复，化工石化，液氨、液氯，涉重金属，渔业等相关领域专业技术或管理人员组成，并编制《北京市环境保护局突发环境事件应急专家管理办法》，初步完成环境应急专家组规范化建设。

市环保局张爱平供稿

北京市住房和城乡建设委员会

2018年，全市住建系统贯彻党的十九大和十九届二中、三中全会精神，牢固树立安全发展理念，弘扬“生命至上、安全第一”思想，推进建筑施工领域安全风险分级管控和隐患排查治理双重预防体系建设，落实市委市政府安全生产督察工作反馈意见，稳步推进建筑施工领域安全生产改革发展。

【规范体验式安全教育】 2月26日，市住建委印发《北京市建筑施工项目从业人员体验式安全培训教育管理办法（试行）》（京建法〔2018〕4号），明确建设、监理、施工单位及体验式安全培训设施产权单位职责，规范体验式安全培训内容，要求施工现场从业人员每年至少参加两次体验式安全培训。市、区住房城乡建设委对施工现场体验式安全教育实施情况进行监督检查，对未按要求开展体验式安全培训教育施工单位采取记分或停标处理。

【保障住建系统安全度汛】 3月9日，市住建委印发《2018年北京市建筑工程防汛工作要点》，明确以城镇房屋普通地下室、危旧房屋、轨道交通工程、基坑工程、场内堆土工程、浅山区和山区工程等为住建系统防汛重点，以不发生一般及以上防汛安全事故为目标，部署施工现场防汛隐患排查、防汛物资储备、防汛预警信息传达及应急值守等工作。6月，市住建委委托专家对全市60项深基坑工程开展防汛隐患检查，帮助施工现场做好基坑支护和日常监测，完善防汛应急预案，防范基坑坍塌事故。7、8月，市住建委对新机场、冬奥会、世园会等重点工程防汛工作进行检查，督促相关建设、施工、监理单位做好防汛准备，向城建集团、建工集团、市政集团应急抢险大队拨付75万元抢险备勤费，并在上汛前对三家单位防汛物资储备及应急备勤情况进行检查。全市住建系统30余万一线人员参与防汛攻坚战，应对“7・16”“7・23”等强降雨过程，实现全年防汛目标。

【安全生产发展改革】 3月28日，市住建委党组印发《住房城乡建设系统贯彻落实市委市政府〈关于进一步推进安全生产领域改革发展的实施方案〉的具体实施方案》（京建党组〔2018〕4号），制定22项任务，明确每项任务完成时限和责任部门，贯彻“党政同责、一岗双责”安全生产责任体系，以党建引领各项任务落实。

【开展安全管理业务培训】 4月13日，市住建委开展2018年住建系统安全生产培训会。对住建系统推进安全生产领域改革发展方向及工作安排进行介绍，邀请住房城乡建设部领导及行业专家对《危险性较大的分部分项工程安全管理规定》进行解读，对建筑施工行业安全风险分级管控进行讲解，各区住房城乡建设委、各大建筑施工企业安全部门负责人280余人参加培训。6月14日，市住建委举办临时用电安全培训教育讲座，邀请行业专家结合实物讲解临时用电安全防护规范，帮助一线监督人员提升发现隐患能力。6月27日，市住建委举办建筑施工体验式安全培训座谈交流活动，全市26家体验式安全培训教育基地负责人及部分讲师代表参加。活动现场通过事故案例分析、视频资料，深刻剖析近年发生在北京的几起典型事故原因，参会人员为发挥体验式安全培训作用，提升一线人员安全生产意识提出建议。

【开展安全生产月活动】 5月18日，市住建委印发《2018年北京市建设系统“安全生产月”活动方案》（京建发〔2018〕232号），明确活动主题、活动对象、组织机构和活动内容等要求，启动住建系统安全生产月部署和筹备工作。6月1日，在丰台区某项目现场举行“住建系统安全生产月启动仪式”，向获2017年建设系统安全生产先进单位颁发奖牌，组织各区住房城乡建设委、各集团总公司安全生产负责人观摩施工现场安全生产标准化建设。6月16日，住房城乡建设部在石景山区某项目现场举办“2018年全国建设系统安全生产宣传咨询日活动”，住房城乡建设部领导出席活动，并观摩北京市安全生产隐患排查治理体系构建成果。安全生产月期间，市住建委先后开展安全生产先进个人评选、安全生产知识竞赛等活动，全市住建系统10万余人通过各种形式，参与安全生产月活动。

【市委市政府安全生产专项督察】 5月21日至6月8日，市委市政府安全生产第一督察组对市住建委开展为期三周安全生产督察。督察组查阅近三年来住建系统安全监管资料，对海淀、丰台、通州、延庆区住建委及城市副中心、冬奥会、世园会等重点工程进行延伸督察，出席市住建委组织的“安全生产月”启动仪式及委党组会议。督察组对住建系统安全生产监管给予肯定，并提出四个方面改进建议。市住建委对照整改，制定督察整改方案，列出26项整改问题清单，逐一落实责任单位和整改时限，逐项制定整改措施。经委党组审议后，印发全市住建系统。市住建委先后出台《北京市住房和城乡建设委员会党政领导干部安全生产职责》（京建党组〔2018〕17号）《关于建立健全安全生产例会等工作制度的通知》（京建发〔2018〕420号）等16份安全管理制度性文件，弥补安全监管薄弱环节。

【落实企业安全生产主体责任】 7月起，市住建委对中建总公司、中国中铁、中国铁建等中央在京企业和北京城建集团、北京建工集团等市属企业及二级单位开展安全生产督导检查，重点对施工企业安全生产责任制建立及落实、安全总监制度落实、双重预防体系建立等情况进行检查，共检查70余家施工企业。在每月安全生产例会上将检查结果进行全市通报，督促施工企业安全生产制度建设，强化安全生产组织领导。10月，市住建委组织对部分在施工程建设单位安全责任落实情况进行检查，重点检查施工许可手续办理、安全文明施工费拨付、合法发包等情况，共检查房地产开发项目422个，涉及房地产开发企业263家，发现并处理违法违规行为10起。

【重大活动服务保障】 8月27日，市住建委印发住建系统对“中非合作论坛北京峰会”服务保障方案及社会面火灾防控方案，要求服务保障期间全市施工现场停止明火作业，会场区及住地周边200米内工地，停止一切施工作业，施工现场实行封闭式管理，施工单位落实领导带班和值班制度，做好排除施工对会议影响及劳务人员日常管理。会议保障期间，市、区住建委安全监督执法人员对施工现场开展不间断巡查，对重点部位死盯死守，共出动监督人员2000余人次，检查工地4500余项次，确保会议召开期间全市施工现场安全稳定。市住建委获“中非合作论坛北京峰会服务保障突出贡献单位”荣誉。

【“双控”体系建设】 8月28日、9月7日，市住建委分别印发《北京市房屋建筑和市政基础设施工程重大生产安全事故隐患判定导则》（京建发〔2018〕397号）《北京市房屋建筑和市政基础设施工程施工安全风险分级管控技术指南（试行）》（京建发〔2018〕424号），为全市住建系统开展安全风险评估和隐患排查治理提供技术指导。11月，市住建委开发“安全风险分级管控与隐患排查治理双重预控管理平台”，在全市选取6家企业及12个工程项目进行试点。

【开展安全隐患排查治理】 本年，市住建委组织全市住建系统开展以消防安全为重点安全隐患大排查大清理大整治专项行动（2017年11月下旬至2018年3月底）。压减施工安全、物业管理、地下室使用安全生产事故，按照“四个一律”原则，排查住建领域安全隐患。全市住建系统逐层动员，主管领导多次带队检查。专项行动期间，全市住建系统出动执法人员9229人次，检查施工现场、物业项目和普通地下室4525项，发现并整治安全隐患和火灾隐患4446项，依法处罚274起，罚款86.15万元，拆除违规建筑22处，对37家消防隐患突出施工企业和物业项目进行媒体曝光。市住建委组织全市建设系统2018年4月9日至2020年4月8日开展建筑施工安全专项治理行动，以施工现场危险性较大分部分项工程为重点，推进落实《危险性较大的分部分项工程安全管理规定》（住房城乡建设部令第37号），要求参建单位建立危险重大工程安全隐患台账，强化危险重大工程专项方案制定、审批、论证及实施环节隐患排查和监督执法，加大对各区住房城乡建设委及集团公司督查力度。9月29日，市住建委印发《市住房城乡建设委关于落实〈北京城市安全隐患治理三年行动方案（2018年—2020年）〉的实施方案》（京建发〔2018〕458号），建立专项行动领导小组，按照建筑施工领域和房屋管理领域对任务进行分类，每项任务均明确相关责任处室和近三年工作目标。全年，市、区住建委检查工地28186项次，对施工安全管理不到位、存在安全隐患工地责令限期整改4054项，责令停工整改660项，依法处罚3348起，罚款1248.028万元。

【全年安全生产形势平稳可控】 本年，全市住建系统发生生产安全事故22起，死亡23人，全年未发生较大及以上生产安全事故，全市住建系统安全生产形势总体平稳可控。

【严肃处理生产安全事故单位】 本年，市住建委要求2018年发生生产安全事故22家施工企业负责人，在全市安全生产例会上作检查，责令发生生产安全事故建设工程立即停工整改，区住建委复查合格后方可施工。依法暂扣20家施工企业安全生产许可证，暂停11家施工和监理企业在京投标资格30天，并将事故情况函告相关省（市）住房城乡建设厅。对密云区住建委及北京建工集团连续发生安全生产事故进行约谈。督促事故企业加强内部处理，对责任人员及相关部门分别进行撤职、经济处罚等处理。

市住建委凌振军、于剑供稿

北京市城市管理委员会

2018年，北京市城市管理委员会（以下简称“市城市管理委”）在市委、市政府以及市安委会领导下，健全“党政同责、一岗双责、齐抓共管、失职追责”责任体系，落实行业安全监管（管理）职责，推进双重预防控制体系建设，开展安全生产专项隐患整治，为首都城市运行安全稳定做出应有的贡献。

【推进安全生产改革发展】 本年，市城市管理委印发《关于进一步推进城市管理领域安全生产改革发展的实施方案》，对城市管理领域安全生产改革发展任务逐条细化，提出具体措施，明确责任部门、时间表、路线图，统筹本系统重点任务。

【落实安全生产职责】 本年，市城市管理委修订安全生产“党政同责”“一岗双责”制度文件，细化和明确委党组、领导班子及各总支（支部）、各处室（单位）安全生产责任，建立健全安全生产例会、学习调研、检查、情况通报和约谈制度。委各级领导干部践行安全生产“党政同责”“一岗双责”，召开党组会、主任办公会和季度安全形势分析会研究部署安全生产工作。印发《2018年安全生产工作要点及分工方案》《2018年度安全生产检查工作计划》，明确责任处室职责，分解安全生产任务。每季度召开安全形势分析会，总结安全生产情况，分析研判行业安全形势，综合部署安全生产、交通安全、消防安全、防汛、反恐防范及平安北京建设等工作。开展元旦、春节、两会、中非峰会、国庆等重要节假日和敏感时期安全综合检查。

【双重预防体系建设】 本年，市城市管理委推进安全预防和隐患排查双重预防体系建设。组织市燃气集团、市热力集团、北京环卫集团、国网北京市电力公司、华能热电公司等试点企业，完成安全风险评估报告、应急资源调查报告和应急能力评估报告，及电子地图绘制任务，共排查2778条风险，其中重大风险31项。贯彻全市城市安全隐患治理三年行动部署，印发城市运行安全隐患治理三年行动实施方案，围绕燃气、电力、热力等城市运行重要基础设施，重点排查治理30年以上老旧管线及燃气设施设备等重大安全隐患。全年，排查上报城市运行领域电气热行业安全隐患63项，整改率100%，开展监督检查15次，抽查比例23%。组织各区燃气管理部门和各燃气企业完成全市燃气储罐重大危险源排查，确定重大危险源68个，建立电子图档。

【行业专项隐患整治】 本年，市城市管理委开展供热消隐改造和老旧管网改造工程，完成城市道路地下供热管线消隐项目105项和266个老旧小区供热管网改造。联合有关部门及属地政府开展输电线路安全隐患专项治理，砍伐国网冀北电力有限公司运维500千伏源安双回输电线路下，6万余棵杨树（杨树与输电线路距离不足7米），修剪处理国网北京市电力公司运维原500千伏安都77-78＃、房都65-66＃线路保护区内6000余棵危急树木（距离高压线路最近不足3米），消除输电线路安全隐患。开展燃气安全专项整治，会同有关部门联合印发《北京市防范和打击偷盗燃气及损毁燃气设施违法行为专项工作方案》，启动全市防范和打击偷盗燃气及损毁燃气设施违法行为专项工作，要求燃气供热单位树立底线意识、坚守契约精神，诚信经营，并承诺合法用气。

【重大活动安全保障】 本年，市城市管理委完成中非峰会城市运行服务保障，组织各成员单位与驻地、会场开展手拉手对接，严查各类隐患，制定保障方案和应急预案。峰会期间，建立城市运行应急保障指挥体系，水电气热、通信等企业应急抢险队伍全面进入应急保障状态，安排1155辆车、4610名人员，24小时备勤，做好峰会城市运行保障。

【安全度汛】 本年，市城市管理委印发《2018年度城市地下管线防汛专项分指挥部工作方案》，落实防汛力量和物资，开展演练培训，举办防汛培训班，并做好汛前隐患排查整改工作。汛前各管线单位完成站室和检查井巡查23.3万余座，排查治理问题近千处，汛期及时处置密云、怀柔区等强降雨险情，强降雨应对期间地下管线分指挥部出动5.7万余人次，车辆6000余辆次。

【应急管理及演练】 本年，市城市管理委开展《北京市燃气突发事件应急预案》《北京市供热突发事件应急预案》等修订工作。制定《北京市电力行业大面积停电事件应急预案管理办法（试行）》，规范本市电力行业大面积停电事件应急预案管理工作。开展应急志愿者培训及组建，依托城市管理志愿者服务队，组建应急志愿者分队，重新组织应急志愿者进行注册登记。完成“5·12”防灾减灾日宣传活动，联合丰台区政府在市园博园开展2018年防灾减灾日市级宣传活动。

【开展有限空间专项治理】 本年，市城市管理委印发《关于开展2018年有限空间作业安全管理专项整治工作的通知》，对有限空间安全管理进行统一安排。

【推进安责险】 本年，市城市管理委成立推行安责险工作领导小组，制定《推行安全生产责任保险实施方案》，组织各区城市管理委、各专业企业、委相关处室及直属事业单位开展安责险宣讲活动。经保险机构确认，市城市管理委相关行业企业安责险投标率，持续实现稳中有增态势。

【安全生产宣教培训】 本年，市城市管理委制定2018年市城市管理委“安全生产月”活动方案，明确活动时间及活动内容。组织各单位在6月开展设备设施隐患排查治理、安全生产宣教培训和应急演练等活动；联合市安全监管局、石景山区政府、国网北京市电力公司举办电力专场宣传咨询活动，加强电力使用安全社会宣传，提高社会公众用电安全意识，减少用电事故发生。开展燃气宣传及培训工作，累计在各院线上映“燃气院线贴片宣传视频”2800余场，发送新影联院线数码海报15万余张次，新媒体手机端精准投放100万人次。举办第二届有限空间作业大比武活动，70支作业队伍、350名作业人员符合资格参赛。

【开展考核评价】 本年，市城市管理委推进企业落实安全生产主体责任检查评估，制定《行业企业落实安全生产主体责任情况检查评分表》，印发2018年评估工作部署通知，对全市23家国有企业、中央在京单位和中型以上规模企业开展检查评估。制定《对区城市管理委2018年安全生产工作考核评分细则》，加强对区属对应部门履行安全监管职责监督管理。

【安全生产标准化建设】 本年，市城市管理委推进安全生产标准化工作。下发北京市电力企业安全生产标准化建设管理办法、评审组织单位管理办法、评审单位管理办法、评审员管理办法、评审专家管理办法、评审过程控制规范等标准化工作制度，为开展本市电力企业安全生产标准化评审提供制度支撑。推进供热单位安全生产标准化评定，其中58家供热单位在2017—2018年采暖季，经现场评审和复审，达到二级标准化企业标准。

市城市管理委秦彦磊供稿

北京市交通委员会

2018年，北京市交通委员会（以下简称“市交通委”）以改革创新、依法治理、基础建设、专项整治为重点，以“十三五”期间“监督考核年”各项任务为抓手，构建责任全覆盖、管理全方位、监管全过程的交通安全应急现代化保障体系，推动交通行业安全应急工作取得新成效，实现交通行业整体安全稳定。

【市级道路桥梁专项预案】 4月，市交通委召开北京市道路突发事件应急预案和北京市桥梁突发事件应急预案专家评审会，汇报北京市道路和桥梁突发事件应急预案修订情况。会议认为，预案修订依据有关法律、行政法规和制度，明确预案适用范围、各成员单位职责，固化突发事件应对经验，通过评审。

【安全生产督察反馈意见整改】 5月21日至6月8日，市委、市政府安全生产第二督察组对市交通委安全生产进行驻地督察。8月6日，督察组反馈督察意见，指出63项问题，并提出工作意见和建议。市交通委认真研究部署，通过两个月集中整改，完成督察组指出问题整改，并构建长效机制。并按照市安委会有关要求，向市政府上报整改落实情况报告。

【2017年平安工程联合冠名】 7月，市交通委与市安全监管局联合印发《关于公布2017年度北京市公路建设“平安工程”冠名项目的通知》，对门头沟公路分局108国道改建工程第一合同段、108国道改建工程第二合同段、108国道改建工程第三合同段，房山公路分局千榆路道路工程第二

合同段，平谷公路分局早鲍路道路工程第一合同段5个已交工验收的北京市公路工程“平安工地”示范创建项目冠名为2017年度北京市公路建设“平安工程”。

【应急管理一张图研究】 本年，市交通委整合应急管理相关信息资源，推进交通行业应急资源管理“一张图”可行性项目课题研究。“一张图”系统汇总近年来防汛隐患点位、突发事件历史数据、应急队伍物资分布等基础信息，根据地理位置坐标在GIS图上进行标注，实现各类应急信息一张图全景展现；结合突发事件应急处置实际，开发事件应急模块，在地图上直观反映突发事件处置进展和周边应急资源信息，服务指挥决策；整合气象预报、降雨实况、交通指数、信息简报等汛期相关信息服务平台数据，实现快速查询；整合各类视频监控资源，实现通过GIS图精确调用全市高速公路、普通公路、城市道路、三站两场、公共交通等视频资源功能，动态实时关注现场情况。8月1日，交通行业应急资源管理“一张图”研究项目通过终期评审。

【安全应急专家库】 本年，市交通委以交通安全应急指挥部原有专家库为基础，进一步明确专家标准、分类方式和主要职责，组织各行业主管部门开展安全应急专家推荐。组建由道路桥梁、轨道交通、交通运输三个专业领域及综合保障组60余名专家构成的安全应急专家库。

【交通行业城市安全隐患治理三年行动】 本年，市交通委成立工作专班，细化措施，明确时间节点，推进交通行业城市安全隐患治理三年行动。明确隐患排查治理重点，路政领域从既有交通基础设施运营和施工工地安全方面，开展安全隐患排查治理。建立隐患排查工作制度，健全日常监督检查、隐患台账管理制度、工作例会制度、情况通报机制。强化事前风险管理，降低隐患概率，加强交通行业安全生产事前管理，提升行业安全生产管理水平。

【交通行业平安交通三年攻坚行动】 本年，市交通委制定《北京市交通行业平安交通三年攻坚行动方案（2018—2020年）》。明确至2020年安全生产责任体系、隐患排查治理体系和安全预防控制体系基本建成，重点行业领域安全生产状况持续改善的总体目标，规定七个方面、37项主要任务及工作机制。

【安全生产“千分制”评价】 本年，市交通委完成普通货物运输、机动车维修、货运站、客运站、建设工程行业，393家企业安全生产“千分制”抽样评价，对“两客一危”及地面公交93家低分企业开展“千分制”复评。从分析收集数据，编制完成普通货物运输、机动车维修、交通建设工程、客运站、货运站、复评6个评价分析报告，为行业分级分类监管及安全预警提供数据支撑。

【安全生产调查制度】 本年，市交通委制定交通行业安全生产调查制度，范围包括旅游客运、省际客运、普通货物运输、危险品货物运输、地面公交、轨道交通、出租、汽车租赁、水运游船、机动车维修、路政、经营性停车管理12个子行业。调查采用定期统计报表方式，开展抽样调查；调查涉及年度报表和季度报表两部分内容；调查制度规定六个步骤调查流程。

【危险化学品安全综合治理】 本年，按照《危险化学品道路运输安全综合治理三年行动方案》，市交通委推进本市交通行业危险化学品道路运输安全综合治理。印发《北京市道路危险货物运输监管工作实施细则（试行）和北京市道路危险货物运输监督检查工作手册（试行）》，对各级管理部门职责和企业安全生产责任及管理部门日常监管检查内容、处置方案、法律责任等做出规定，对《运输行业信用信誉与监管巡查系统》进行升级。完善许可程序，印发关于修订《北京市道路货物运输行政许可程序性规定》道路危险货物运输、放射性物品运输企业（单位）许可（备案）有效期届满延续事项通知。推进危险货物道路运输电子运单管理系统建设工作，编制《北京市危险货物道路运输电子运单管理系统工程初步设计》方案。把握危险货物运输企业准入门槛，特别是运输氯化钠、硝酸铵等剧毒品、爆炸品运输企业。

【“十三五”安全应急规划中期评估】 本年，市交通委2016年编制的《北京市“十三五”时期交通行业安全应急发展规划》（以下简称“《规划》”），进入中期评估阶段。市交通委启动《规划》中期评估，编制完成《规划》中期评估报告。评估报告整体评价重要指标目标完成情况，梳理重点任务推进落实效果，客观分析存在问题及形势挑战，重点指出规划后期有关对策建议。

【京津冀交通应急联动】 本年，市交通委召开两次京津冀交通应急联动工作联席会。三地交通部门共同签署《京津冀三地交通应急联动合作备忘录》，确立联席会议、信息互通、资源共享、联合指挥、联动演练等工作机制；组织延庆与怀来，通州与廊坊、武清分别签订《京津冀三地相邻区域交通应急保障联动合作协议书》，深化三地应急联动机制。制定印发《京津冀交通应急联动合作任务书》，明确应急联动合作具体任务和有关要求。开展首次三地相邻区域重要通道铲冰除雪联动保障桌面推演，取得良好效果。

【行业安全度汛】 本年，市交通委修订印发《北京市交通行业防汛应急预案》《道路交通防汛专项分指挥部工作方案》；组建66支防汛抢险救援保障队伍，配备300部公交客运保障车辆、100部货物运输保障车辆和2000余部防汛机械设备；完成5项积水点治理工程项目，治理153处地灾隐患，对359处易积水路段逐一制定公交临时调度措施，对排查出的40项轨道防汛隐患逐项落实治理和应急措施；召开委系统防汛部署会议43次，利用首都平安交通微信公众号发布9期交通防汛专刊；汛期重要点位累计备勤49405人次、备勤车辆9632部、备勤机械设备7313台，出动巡查人员5594人次、巡查车辆2200辆，投入抢险人员1369人、投入抢险机械车辆241台，清理塌方落石5.47万立方米，修复挡墙58处，处理水毁路面2278平方米，修复水毁交通设施8处；对190余条公交线路采取绕行、甩站、停驶措施，保证公交车辆安全运营，轨道交通汛期向乘客免费发放一次性雨衣25万件，加开临客2000余列，安全运送乘客10.1亿余人次，汛期三站两场未出现乘客大面积滞留情况。

【安全应急文化建设】 本年，市交通委开展安全应急文化建设。5月，开展“防灾减灾”宣传活动，在人员密集场所，通过横幅、展板、发放宣传材料等方式，宣传防灾减灾知识。在延庆区延崇高速佛峪口隧道施工现场，开展道路施工突发事件抢险处置综合应急演练。6月，开展以“生命至上、安全发展”为主题的安全生产月活动，举办安全生产咨询日、安全生产警示教育、安全生产教育培训、先进经验座谈会、隐患排查、应急演练等活动，推进安全生产责任和安全生产落实。活动期间，发放各类安全宣传品2.4万余份，开展各类安全培训900余次，培训人员近2万人次；开展各类应急演练90余次；出动执法人员2万余人次，检查各类运输车辆10万余台次，查处运输车辆违章2910件。交通行业五家单位获2018年北京市“安全生产月”活动优秀组织奖，六项活动获得最佳实践活动奖。9月，市交通委党组理论中心组组织扩大学习，就《地方党政领导干部安全生产责任制规定》进行专题宣讲。交通行业8个案例入选交通运输部全国“平安交通”安全创新案例征集评选活动。推荐交通运输安全文化建设示范企业，向交通运输部推荐4家、向市安委会办公室推荐7家。全年，编发“首都平安交通”微信公众号75期、《安全应急动态参考》48期。

市交通委白杉供稿

北京市水务局

2018年，北京市水务局坚持“生命至上、安全第一”理念，强化“红线”意识，贯彻“安全第一、预防为主、综合治理”工作方针，以“四化三体系双基”为总任务，围绕水务建设、运行中心工作和首都安全稳定大局，坚持主动抓防范、依法强监管、持续打基础、尽力搞服务，加强水务领域安全稳定，推动水务建设发展形势稳定向好。

【水务工程开（复）工安全监管】 4月，印发《北京市水务局关于加强当前在建工程安全生产工作的通知》，对年初全市水务工程建设陆续开工（复工）容易出现安全警惕思想松懈，安全意识下降，新员工培训不到位，施工设备停工后重新启动易出现故障及一些企业为抢“开门红”，超能力、超强度组织生产，安全生产条件难以保障的情况，要求各区各单位加强安全生产监管，开展监督检查，督促建设、施工、监理等单位落实安全生产主体责任，加强开工（复工）条件审查，强化培训教育，严格安全交底，对危险性较大单项工程制定专项施工方案，及时纠正违章指挥、违章作业、违反劳动纪律行为，保证水务工程建设安全。

【安全生产督察】 5月21日至6月8日，市委市政府安全生产第三督察组对市水务局安全生产工作进行为期15个工作日集中进驻督察。7月31日，反馈督察意见。市水务局按照督察组提出整改要求，围绕督察发现主要问题及具体问题清单，组织研究部署，制定整体整改方案，逐一明确问题整改措施，持续跟进抓好整改落实。

【水利工程建设安全专项治理】 5月，印发《北京市水务局关于开展水利工程建设施工安全专项治理行动的通知》，在全市开展水利工程建设施工安全专项治理行动。治理范围为在建水利工程项目，重点治理含有隧洞、深基坑、高边坡、围堰等危险性较大单项工程建设项目及管线工程。对项目安全生产组织管理、安全生产教育培训、专项施工方案落实、安全技术交底、隐患排查治理、现场安全生产管理、应急管理、管线工程施工安全风险识别和管控等方面违法违规行为和事故隐患进行专项治理。全市水务系统出动检查组1424组次，检查人数4914人次，检查项目193项。

【汛期水务安全生产监管】 6月，印发《北京市水务局关于切实加强汛期水务安全防范工作的通知》，对水利在建工程、水利运行工程、供排水运行设施汛期安全生产工作进行部署。要求水利工程参建单位落实安全生产主体责任，制定完善各项保证安全生产的措施方案、专项施工方案及安全度汛方案，并遵照组织实施，加强汛期深基坑工程、土石方工程、浅埋暗挖、地下有限空间作业、脚手架工程、模板工程等危险性较大单项工程安全生产管理，针对汛期极端天气多等特点，提前对边坡、支护、围堰、围挡等重点部位进行加固强化，严防垮塌、塌方、溃决等事故发生。对施工、办公、生活等区域及周边环境可能存在的事故隐患进行排查、提前预防、彻底治理，对排查发现可能诱发山体滑坡、崩塌和泥石流等灾害隐患，加强观测和预警，采取有效措施应对。

【安全生产监管人员培训】 6月，举办北京市水务安全生产监督管理人员培训班，全市100余名安全生产监管人员参加培训，培训涉及安全生产事故警示教育、施工现场脚手架搭设监督检查、施工现场临时用电监督检查、水利工程生产安全重大事故隐患判定标准（试行）、《北京市水利工程安全监督暂行办法》、安全生产执法、北京市生产经营单位安全生产主体责任规范、安全生产责任保险实施办法等方面内容。

【安全生产月活动】 6月，印发《2018年北京水务“安全生产月”活动方案》，围绕“生命至上、安全发展”主题，在全市水务行业开展主题宣讲周、隐患排查治理周、应急演练周、警示教育周等安全生产主题周活动。开展全市水务安全生产监督管理人员培训、6·16安全生产咨询日暨应急演练观摩、汛期安全生产检查、全国水利安全生产知识网络竞赛、“水务安全生产专题行”等活动。在全国水利安全生产知识网络竞赛中，市水务系统取得总分全国排名第十的成绩。组织“水利工程施工现场‘触电伤害’应急演练”，荣获北京市2018年“安全生产月”最佳实践活动奖。

【水务领域隐患治理三年行动】 本年，印发《北京市水务领域城市安全隐患治理三年行动实施方案》，召开专题会议布置任务，培训城市安全隐患治理三年行动信息系统使用和维护方法。组织各有关单位及时排查并填报信息系统，形成上账隐患，并对挂账隐患整改情况进行核查，各挂账隐患得到有效治理和防控。

【消防安全管理】 本年，市水务局强化消防安全管理。春节前，印发《2018年烟花爆竹安全管理禁放看护工作方案》，召开全市水务行业工作视频会进行部署，与局属单位签订《2018年度烟花爆竹安全管理工作责任状》，明确职责、压实责任，确保禁放新规实施，完成水务领域禁放任务。3月，紧贴水务实际和季节特点，印发《北京市水务局安委会办公室关于加强当前消防安全工作的通知》，关口前移，提前部署水务系统消防安全工作。4月，召开北京市水务局安委会工作视频会议，传达市安委会4月2日消防安全和安全生产会议精神，印发《关于深刻汲取通州区近期火灾事故教训进一步加强消防安全管理的通知》，通报海淀4·1、通州4·21和朝阳4·27火灾事故，部署加强消防安全管理，强化安全防范措施。11月，印发《北京市水务局关于做好北京市第二十八届“119”消防宣传月活动的通知》，开展消防安全宣传教育活动，邀请专业人员进行消防安全讲座。

【有限空间作业培训】 本年，在全市水务系统开展两次有限空间作业培训会，市水务局属各单位，各区水务局安全、建管、供排水部门负责人，全市在建水利工程项目法人、安全负责人、施工企业安全总监和项目经理、监理企业总监理工程师1000余人参加培训。采取专家授课、经验交流、现场实操等方式，就有限空间作业相关法律法规标准规范学习宣讲、有限空间作业实操演练、一线作业经验交流等内容进行授课，并体验北京排水集团自主研发有限空间作业安全VR沉浸式实训。

【城市安全风险评估】 本年，印发《北京城镇公共供水行业安全风险辨识评估标准》《北京城镇排水与污水处理行业安全风险辨识评估标准》，指导全市水务系统开展安全风险辨识评估。组织市自来水集团、北京城市排水集团开展安全风险辨识，完成风险源清单、风险评估、风险管控等工作。

【水利建设工地执法】 本年，北京市水利工程质量与安全监督中心站对10项水利建设工程进行安全监督，进行安全监督交底7次，执法检查183次，发现安全隐患391项，下发责令改正通知书28份，实施行政处罚7次，处罚金额9.2万元。

【重大活动保障】 本年，完成春节、党的十九届三中全会、全国“两会”、中非合作论坛北京峰会等重大节日、重要会议、重大活动时期水务服务保障工作。全年，执行保障任务16次，制定总体保障方案16份、进行安全检查200余次。

市水务局唐劲芳供稿

北京市商务委员会

2018年，北京市商务委员会（以下简称“市商务委”）贯彻新发展理念，坚守“生命至上、安全第一”思想，坚持“预防为主、综合治理”方针，把握首都城市战略定位，自觉把安全生产工作融入服务业扩大开放、市场和物流中心疏解、生活性服务业品质提升、优化营商环境、市场供应和市场秩序等商务发展中，着力建机制、织体系、立标准、推考核，逐步实现安全生产工作由“专职抓”向“全员抓”转变，由“重监管”向“重预防”迈进，由“管规上”向“管规下”拓展，由“单线管理”向“闭环管理”发展，初步形成部门联动、政企互动、社会共治工作格局。全年，组织指导出动执法检查人员2万余人次，检查经营单位1万余家次，发现和消除隐患问题3000余个，整体提升商务领域本质安全，推进平安北京建设。11月8日上午，北京市商务局正式挂牌。

【商务行业安全生产工作会】 1月23日，市商务委召开2018年全市商务行业安全生产工作会。总结2017年商务行业安全生产情况，部署2018年商务行业安全生产和流通秩序管理，并与直属单位签订《安全工作责任书》。东城区、通州区商务委分别作经验交流发言。市商务委领导和市安全监管局、市公安局消防局有关领导，委机关相关处室和直属单位负责人，各区商务部门安全生产主管领导、相关科室负责人，市商联会、市餐饮协会，部分大型连锁企业负责人等150余人参加会议。

【安全生产专题培训】 6月20日，市商务委召开2018年商务行业专题培训暨商务行业上半年安全生产形势分析会。传达学习中共中央、国务院和市委、市政府关于地方党政领导干部安全生产责任制规定，分析研判2018年上半年商务行业安全生产形势，部署下半年重点工作。各区商务部门、市商务执法监察大队主管领导和科室负责人、部分专职安全员，各商业零售和餐饮连锁集团安全生产负责人160余人参加培训。

【安全生产月活动】 6月，市商务委在全市商务行业组织以“坚守安全红线　推进安全发展”为主题的“安全生产月”活动，开展主题宣讲周、用电安全周、应急演练周、警示教育周四个主题周活动。将法规宣传、应急演练、警示教育融入其中。“安全生产月”期间，全市商务行业出动执法检查人员1400余人次，检查经营单位684家，发现并消除各类安全隐患220个，立案处罚5起，设置电子显示屏230块，张贴海报1.45万余张，发放宣传材料5.1万余份，开展各类安全生产集中培训330余次，培训人数3.7万余人次。

【联合执法检查】 8月，市商务委领导带队，会同市公安局消防局，在事先不发通知、不打招呼的情况下，直奔基层、直插现场，对朝阳区合生汇购物中心、西城区西单大悦城等大型商业综合体，开展消防安全联合执法检查。检查组坚持以问题为导向，对照消防安全管理、建筑火灾预防、消防设备设施、灭火救援准备等整治重点，分工协作、多管齐下，严查问题、深挖隐患，对存在消防应急设备设施不完善、人员教育培训不到位、隐患排查整改不彻底等问题，责令企业立即改正，并对个别违法违规行为进行立案调查。

【督察迎检工作】 9月10日，市委市政府安全生产第七督察组进驻市商务委进行安全生产专项督察。督察组听取市商务委行业安全生产汇报，组织6名局领导、12名部门主要负责人参加“一对一”谈话，指导17个区级商务部门和50余家重点企业做好延伸督察，批阅报送各类安全工作资料4000余份。

【消防安全专题培训】 12月14日，市商务委开展商务行业消防安全专题培训。培训结合近期全市商务行业消防安全形势，通过对近年典型火灾事故案例特别是电气线路引发火灾事故案例进行剖析，阐明火灾类型及引发火灾原因、危害、教训和五点警示，并结合贯彻落实《北京城市消防规划（2015—2035）》宣传、今冬明春火灾防控等工作，就加强企业消防安全主体责任落实和改进消防工作提出意见建议。各区商务部门、市商务执法监察大队科室负责人、部分专职安全员，各商业零售和餐饮连锁集团安全生产负责人120余人参加培训。

【落实“党政同责、一岗双责”】 本年，市商务委以党组名义印发《安全生产工作“党政同责、一岗双责”暂行规定》，完善党组、领导班子和内设机构分工和运行规则。把安全生产纳入党组和局长办公会议事日程，定期听取安全生产汇报，分析研判安全生产形势，解决安全生产问题。把安全生产作为硬任务和第一责任，主要领导亲自研究部署、一线督导，提出行业安全管理必须落实“六个规定动作”。每逢重大节日、重大活动，领导班子成员深入一线带队检查。组织签订安全生产目标责任书，将安全生产纳入各业务处室和直属单位年度考核。

【集团企业检查教育】 本年，市商务委把联合安全检查教育机制向连锁企业集团拓展，会同连锁企业对所属门店开展安全生产检查督查，实现“检查一家企业、带动一个集团”，累计检查、教育培训商业服务业连锁企业集团60余个，企业主要领导、主管领导、门店店长及安全管理人员3000余人次受到教育。

【安全培训与服务技能大赛】 本年，市商务委组织多形式、多层次技能培训和岗位练兵。全市18个行业协会、1.1万余名从业人员接受培训和考核比武，推动业务技能与安全技能双促进、双提升。

【安全生产联组自治机制】 本年，各区级商务部门指导企业将“同行业、同业态、相邻近”企业分别编组，实现企业自查自纠、互查互助。先后组织20余场现场观摩会，建立200余个安全生产联组，覆盖16个区3000余个重点经营单位，组织企业开展自查自纠、互查互助活动。

【部门安全监管叠加机制】 本年，市商务委会同安监、消防等部门开展联合执法，全年出动联合执法检查人员300余人次，检查经营单位50余家次；会同区级商务部门开展协同执法，全年出动3000余人次，检查经营单位600余家次，消除安全生产隐患400余个；配合相关部门在商务领域开展地下空间经营场所安全生产专项整治，打击安全生产非法违法行为，烟花爆竹安全管理及安全生产领域科技创安等专项行动。

【部门联合机制】 本年，市商务委与市公安局消防局研究建立火灾事故隐患信息共享、联合执法检查和联合约谈警示工作机制。市区两级商务、公安消防部门已分别实施多个批次联合执法检查和集中约谈警示教育，200余家次商务行业重点经营单位受到教育。

【规模以下商业企业安全管理机制】 本年，全市商务部门探索规模以下商业企业安全管理机制。西城区商务委指导督促街镇开展工作扎实有力、机制顺畅，通州区、平谷区等区商务委制定加强规模以下生产经营单位安全管理实施意见或方案，海淀区、丰台区等区商务委部署工作、组织检查注重与相关部门和街镇协同联动，怀柔区、密云区等区商务委采取多种途径，建立企业底数台账、推行第三方服务，填补行业安全管理空白。

【重点时期安全保障】 本年，市商务委做好全市重要节日和重大活动期间安全保障。元旦、春节、“五一”、国庆等节日期间，市商务委领导轮流带队，开展节日安全生产、规范促销检查督查。全市商务部门以繁华商业街区、城乡结合部、地下空间和大型综合楼宇内经营单位为重点，督促经营单位落实安全生产主体责任，做好安全生产、应急演练和事故防范，营造节日期间“安全、稳定、祥和”商务运行环境。全国“两会”、中非合作论坛期间，市商务委领导深入一线开展安全生产检查调研，到生产经营单位检查督查。全市商务部门停止轮班倒休和周末假日休息，对会场和代表驻地周边500米内重点经营单位开展检查排查。市、区两级商务部门，发挥互联网+安全作用，利用安全微信平台，对每日检查发现问题及隐患整改情况，进行及时通气、通报，实现信息互通，完成隐患整改闭环管理。

【事故风险防控】 本年，市商务委制定《商务服务业企业风险防控体系建设意见》，鼓励企业依托安全生产中介机构对本单位进行运行安全风险评估和预警，100余家企业完成城市风险辨识和评估试点；推行安全生产责任保险，发挥好市场机制对安全生产的促进作用，发展餐饮投保企业2万余家，建立单位主责、政府监督、社会参与生产安全事故隐患综合治理机制。

【标准化建设】 本年，市、区商务部门深入推进标准化达标创建，规范经营单位安全生产责任制、安全管理规章制度和应急预案等文件资料。市商务委会同市安全监管局制定《北京市商业零售经营单位和餐饮经营单位安全生产二级标准》，印发实施方案，推动本市3000余家商业零售和餐饮经营单位安全生产标准化创建达标，达标率超过80%。

【考核评估】 本年，市商务委编制《区商务部门安全生产监管工作综合评价实施细则》，率先在市级部门建立行业监管考核机制。年内，对各区商务部门40项任务实施清单式督查，发放问卷调查500余份，查阅监管档案材料1000余份，实地抽查企业100家次，综合评价结果及时通报全市商务部门和各区政府，并纳入年度区政府绩效考核。

市商务局宋军、陈玉全供稿

北京市旅游发展委员会

2018年，北京市旅游发展委员会（以下简称“市旅游委”）围绕市委、市政府《关于进一步推进安全生产领域改革发展的实施方案》，市旅游委总体工作思路，强化党政同责，坚持问题引领，坚持标本兼治，深化体系建设，狠抓隐患治理，主动推进星级饭店安全风险评估、企业落实安全生产主体责任评估、行业安全生产标准化建设、信息化建设等重点工作落实，全面深化行业风险分级管控和隐患排查治理体系双重预防机制建设，行业安全管理水平得到进一步提升。

【春节假日工作部署会】 2月12日，市旅游委（假日办）召开“2018年北京市春节假日旅游工作会议”，市假日旅游工作领导小组成员单位主管领导和部分企业负责人100余人参加，市政府副秘书长尹培彦主持会议，副市长王宁到会并讲话。市旅游委、市假日旅游工作领导小组从健全假日旅游协调体制、狠抓假日旅游安全、强化旅游假日市场秩序整治、提升假日旅游供给和服务质量等方面，部署春节假日旅游工作及旅游市场秩序整治。王宁围绕做好节假日旅游服务管理工作提出要求，要加强领导，落实责任。聚焦重点，抓好统筹，首先是聚焦安全，重点做好庙会和节庆活动、旅游交通、火灾防控、特种设备管理、出境游和自助游、烟花爆竹禁放限放等安全工作；其次是聚焦秩序，重点要加大旅游市场督查检查执法力度，始终保持高压态势，做好假日旅游投诉快速处理，保障游客合法权益。还要聚焦服务，抓好假日旅游公共服务，及时准确权威发布旅游公共信息，推出更多体现春节特点、京味特色假日旅游产品。狠抓落实，强化责任担当，做到守土有责、各司其职、齐抓共管，形成合力，抓好春节假日旅游工作落实。

【安全生产主体责任落实检查评估】 2月23日，市旅游委印发《北京市旅游企业落实安全生产主体责任情况检查评估工作方案》，制定《北京市旅游企业落实安全生产主体责任情况检查评估制度》《北京市旅游企业落实安全生产主体责任情况检查评估标准》，明确旅游行业企业落实安全生产主体责任检查评估指导思想、工作目标、组织领导、职责分工、检查评估内容及方式、检查评估结果公示和问题整改等要求，用3—5年时间，对未开展安全生产标准化建设旅游企业实施检查评估。

【旅游行业安全培训】 5月18日，市旅游委举办北京市旅游行业防汛工作培训班。各区旅游委分管防汛工作领导，四、五星级饭店组长单位、全市山区景区和非山区景区中涉山、涉水景区及重点旅行社分管防汛负责人，委机关安全与应急处人员约260人参加培训。培训会上，市旅游委对《关于汛期景区关闭及恢复开放的规定》进行宣讲。市旅游委并就旅游行业防汛提出要求，认识防汛工作新形势、新要求。进一步强化企业主体责任。开展汛前排查、汛中巡查、汛后复查“三查工作”，对排查出的隐患和问题要限时整改，做到责任、措施、资金、时限和预案“五落实”。开展旅游防汛安全常识宣传，扩大向社会和游客宣传、普及旅游防汛安全知识覆盖面，提高游客避险、自救、互救能力。修订完善旅游防汛应急预案，并适时开展突发事件应急演练。要加强同国土、水务、气象等部门协调配合，共同做好旅游防汛工作。

【安全生产工作部署会】 5月30日，市旅游委召开北京市旅游行业防汛、安全生产月和消防工作部署会。各区旅游委主要领导、安全（行管）科长，市旅游委处室主要负责人参加。市旅游委对《汛期景区关闭和恢复开放的规定》进行解读；对防汛、安全生产月和消防工作进行部署。要求各区旅游委认识防汛工作形势和要求，突出抓好景区地质灾害防范，落实景区关闭和游客疏导机制，建立高效防汛应急管理体系。执行汛期24小时值班和领导在岗带班制度，遇重大险情灾情，带班领导、值班干部必须在岗在职在责，靠前指挥、主动作为、及时报告。

【旅游安全生产宣传咨询日】 6月15日，市旅游委在北京市颐和园景区，举办2018旅游安全宣传咨询日活动。文化和旅游部有关领导，市旅游委、市政府外办、市公园管理中心、海淀区旅游委、北京市颐和园管理处、属地相关单位负责人，及部分旅游企业参加咨询日活动。旅游安全宣传咨询日活动内容寓教于乐，贴近游客、贴近基层、贴近一线，组织演出出境游安全相声、安全生产知识互动问答、消防装备展示、烟道逃生体验等活动，发放《旅游突发事件应急手册》《旅游安全提示宣传折页》《旅游安全出行提示》、旅游保险、安全生产责任保险、文明旅游、一日游手册、出境游安全等资料8000余份（册）。咨询日期间，北京市旅游委通过短信、政务微信微博、官网、LED宣传屏等形式，向来京游客、在京游客和旅游企业开展旅游安全宣传活动，受众达4余万人。并在活动现场、前门大街等重点旅游地区播放旅游安全、旅游防汛安全、安全生产事故典型案例盘点等宣传片。

【汛期、暑期和旅游高峰期安全检查】 7月至9月，市旅游委开展以防汛安全、宾馆饭店安全、旅游景区安全、旅行社安全、旅游市场秩序整治等内容为重点的汛期、暑期和旅游高峰期旅游安全大检查，要求各区旅游委和旅游企业按照动员部署、集中整治、督查抽查要求，集中开展旅游安全隐患排查治理，防范和遏制重特大涉及旅游事件发生。

【学习党政领导安全责任制规定】 8月17日，市旅游委召开党组理论学习中心组学习（扩大）会议，围绕"深刻学习领会习近平新时代公共安全与应急管理重要思想、认真贯彻落实地方党政领导干部安全生产责任制规定"主题，开展第三季度集体学习研讨，各区旅游委主任，市旅游委各处室（单位）负责人列席会议。中央党校（国家行政学院）教授张小明以"深刻学习领会习近平新时代公共安全与应急管理重要思想、认真贯彻落实地方党政领导干部安全生产责任制规定"为题，对《地方党政领导干部安全生产责任制规定》进行宣讲辅导。市旅游委要求，牢固树立旅游行业安全红线意识，清醒认识旅游安全形势，树立行业安全危机意识。落实行业安全责任，理清部门和岗位安全职责，推动落实旅游经营单位安全生产主体责任。构建科学的旅游安全管理模式，把握行业审批、过程管理、责任追究三个关键节点，发挥综合协调职能。抓好近期旅游安全，继续做好暑期汛期工作，督促做好景区视频监控图像建设和管理，督促使用好旅游安全与应急管理系统，做好中非论坛和国庆长假准备。

【开展安全隐患治理三年行动】 8月29日，市旅游委印发《北京市旅游行业安全隐患治理三年行动实施方案》，明确行业2018至2020年安全隐患治理三年行动目标，依法集中整治旅游企业各类安全隐患，规范旅游企业安全生产行为，提高行业部门依法治旅能力和旅游企业依法建设能力。

【"中秋、国庆"假日旅游工作会】 9月19日，市假日旅游工作领导小组召开"2018年北京市'中秋、国庆'假日旅游工作会"，市假日旅游工作领导小组成员单位主管领导和部分重点企业负责人参加，市政府尹培彦副秘书长主持会议，副市长王宁到会并讲话。市旅游委主任宋宇代表市假日旅游工作领导小组部署"中秋、国庆"假日旅游及旅游市场秩序整治工作。王宁强调要提高政治站位，增强责任意识，确保旅游安全。狠抓旅游市场综合监管，维护良好市场秩序。加强接待服务保障，满足游客旅游需求。

【安全生产等级评定技术规范培训】 10月11日，市旅游委举办安全生产等级评定技术规范培训班，16区旅游委安全标准化建设负责人、专职安全员，市旅游行业二级标准化评审组织单位、复核专家，及评审单位评审员100余人参加培训。市旅游委就做好培训和相关旅游安全重点工作提出要求，认识旅游行业地标发布实施的重要意义。做好安全生产等级评定与安全生产标准化评审衔接，正确理解和把握安全生产等级评定A、B、C级与行业安全生产标准化建设二级和三级关系。以全生产等级评定技术规范实施为契机，推进行业安全生产标准化建设。

【旅游企业参加安全生产责任保险】 11月2日，市旅游委印发《关于进一步推进旅游企业参加安全生产责任保险的通知》，明确行业领域推行安责险范围，包括A级旅游景区、星级宾馆饭店、社会旅馆（快捷酒店）、民俗户、大型群众性活动（会奖会展、音乐节、冰雪节、旅游节、新年倒计时、庙会）等。相关企业单位、个体经营户和大型活动承办单位应按照有关政策投保安责险。结合旅游行业风险特点，企业在投保安责险时，应增加选择第三者财产损失保险、恐怖活动、犯罪行为责任等扩展附加条款。要求各区旅游委发挥属地作用，利用各类会议、安全检查、隐患排查治理、安全生产标准化建设等形式，对安责险进行全行业、全覆盖宣传，推动区域行业安责险落实。

市旅游委陈玉全供稿

北京市工商行政管理局

2018年，北京市工商管理局（以下简称“市工商局”）按照市委市政府安全生产要求，健全安全生产“党政同责、一岗双责、齐抓共管、失职追责”责任体系，完善安全生产监管机制，把安全生产与落实首都城市战略定位、维护良好市场秩序、提升城市治理水平有机结合，立足部门职能，开展安全生产专项整治，配合相关部门开展安全生产专项行动，强化市场主体的安全生产主体责任意识，确保安全生产各项工作措施落到实处。11月16日，新组建的北京市市场监督管理局挂牌成立。

【烟花爆竹安全管理】 1月15日，市工商局印发《北京市工商行政管理局办公室关于印发2018年度烟花爆竹安全管理工作方案的通知》（京工商发〔2018〕2号），落实市委市政府及市烟花办要求，强化组织领导，严把市场准入关口，做好烟花爆竹质量抽检和执法检查，打击违法违规行为。全年，核定经安监部门许可烟花爆竹经营单位营业执照87家，确保全部经营主体在规定销售时限内亮照亮证经营。加强对在京专营烟花爆竹企业“熊猫烟花”仓库备货及安全情况实地检查。委托国家烟花爆竹产品质量监督检验中心，开展烟花爆竹配送前质量抽检，抽检烟花爆竹242组，对产品类别、外观、包装标识、引燃装置、燃放效果、缺陷检查、药量等近30个项目进行检测，其中239组合格，合格率为98.8%。不合格3组均为商品标识问题，由属地依法作出处置，防止不合格烟花爆竹流入北京市场。参与属地安监、公安、城管、消防等部门组织烟花爆竹安全管理联合执法检查，配合查处无证经营烟花爆竹1户。

【消防安全隐患“回头看”】 4月3日，市工商局印发工作通知，落实市安委会安全隐患大排查大清理大整治挂账隐患“回头看”核查要求。强化电动自行车销售监管，严格市场准入管理、商品质量抽检和联合惩戒等，打击销售不合格产品行为，严防消防安全隐患。发挥工商监管职能，在属地政府统一领导下，防止消防隐患点位反弹，配合相关部门对安全隐患点位进行排查，严防“开墙打洞”点位处置后反弹。结合安全生产重点工作，抓紧清明节市场秩序保障、春夏火灾防控及电气、消防产品质量抽检等工作。

【安全生产责任体系建设】 4月13日，市工商局印发《中共北京市工商行政管理局党组关于印发贯彻落实安全生产“党政同责 一岗双责”实施办法的通知》(京工商党组〔2018〕18号),完善安全生产“党政同责、一岗双责、齐抓共管、失职追责”责任体系,明确主要负责人、分管安全生产负责人及分管其他负责人安全生产职责。6月4日,局党组专题学习《地方党政领导干部安全生产责任制规定》。7月10日,市工商局举办安全生产大讲堂活动,组织全系统干部加强对“党政同责、一岗双责”责任体系理解与认识。

【违规销售电动车行为治理】 5月中旬至8月底,市工商局在全市开展流通领域违规销售电动车行为专项治理。至8月31日,全市工商系统检查电动车经营主体25578户次,累计发现无照经营主体206户(已全部关停),暂扣违规电动车289辆、下架违规电动车(含商户自行下架)9536辆;立案96起,罚没款24.25万元;没收违规电动车16辆;吊销营业执照2户;检查网络交易平台52家,网站(网店)347家;报告属地政府或移转消防、环保、城管等部门违法违规问题线索12条,其中涉及“三合一”经营场所5处、回收旧电池3处、占道经营4处。配合市公安局消防局、市住建委等部门开展电动自行车消防安全综合治理,在规范首都电动自行车市场秩序同时,引导市民提升安全出行意识。8月24日,市委副书记、市长陈吉宁就市工商局违规销售电动车行为专项治理进行批示:“违规电动车销售清理工作扎实有效,达到了预期目标,予以肯定。望做好后续长效管理机制建立,力争不出现反弹。”

【共建联合查处工作机制】 7月11日,市工商局和市公安局消防局印发《关于建立联合查处电动车经营场所违规经营行为和消防安全隐患工作机制的通知》(京工商发〔2018〕24号)。成立联合治理领导小组,由两部门主要领导担任组长、分管此项工作领导为副组长,各区工商分局、消防支队具体负责查处工作协调落实。结合各自职责,明确两部门联合查处横向分工,并明确市区两级工商和消防部门纵向职责。确定联合查处重点对象,加强对销售不合格电动车、无照从事电动车经营及涉嫌“三合一”“多合一”和存在其他明显消防隐患电动车经营场所查处。建立联席会议、信息交换、联合执法和协同宣传制度等工作机制,强化联合检查中协调沟通,明确违法经营和消防隐患线索移转方式,增强联合治理效果。

【联合开展加油站安全检查】 8月27日至31日,市工商局会同市公安局内保局、市商委、市安监局和市加油(气)站管理办,对全市加油站开展联合检查。检查加油站主体资格信息,确保经营主体合法;要求经营者落实安全管理主体责任制,加强内部应急处突培训和演练;要求经营者提高安全意识,遇有紧急情况及时上报。检查期间,完成对城六区30余座加油站检查,未发现违反工商管理法规行为。10月22日至26日,再次开展联合执法检查。

【今冬明春火灾防控】 11月15日,市工商局部署今冬明春火灾防控重点工作。按照专项治理和日常监管要求,加大对流通领域电动车产品质量监管,查处销售不符合国家标准电动自行车及不在工信部目录内的电动摩托车、电动三轮车、四轮车和老年代步车,打击拼装、改装等违法行为,加大行政处罚力度。加强流通领域消防、电器商品和建筑材料质量监管，增强抽检力度，对销售质量不合格消防产品、小家电、电线电缆、保温装饰材料等违法行为依法处罚。按照城市安全隐患三年行动部署，发挥市无证无照经营治理工作联席会议制度作用，依法查处利用城乡结合部及城中村村民宅基地出租房屋进行无照经营等违法经营行为。配合属地政府和相关部门对农副产品、机动车交易、小商品和大型商业综合体等人员密集场所监督管理，督促经营主体落实消防安全及火灾防控职责。强化全员消防安全教育，以消防设施和用电、用气设备为检查重点，加强对本单位中控室、配电室、停车场、餐厅、计算机机房及周边环境消防安全检查，对不合格灭火器具、消防器材进行维修更换，相关区域无人状态下断电断气。强化元旦、春节、元宵节等重要节日及重大活动期间火灾防控措施落实，做好应急值班值守及安全防范与监管工作。

【危险化学品管理】 本年，市工商局推进危险化学品安全综合治理三年（2017 年 6 月至 2020 年 5 月）行动计划。开展危险化学品企业定向抽查，定向抽查包括企业年报信息、即时信息等，重点检查“危险化学品经营企业是否存在向未经许可违法从事危险化学品生产、经营活动的企业采购危险化学品”。全年，完成抽查危险化学品、易制毒化学品企业 577 户，针对检查中发现存有问题企业，均依法列入异常名录并对外公示，强化信用约束，倒逼企业守法经营。依托《北京市失信企业协同监管和联合惩戒合作备忘录》机制，推动安监行政执法案件对外公示 3246 条，发挥联合惩戒机制作用。开展涉安产品质量抽检，每季度下发成品油抽查检验通知。全年，检查成品油经营主体 990 余家，抽检成品油 2320 组，其中不合格 3 组，抽检合格率为 99.87%。

【电气火灾综合治理】 本年，市工商局推进电气火灾综合治理，完善年度抽检计划，强化流通领域电器产品质量监管，提高对销售质量不合格电器产品违法行为查处力度。全年组织洗衣机、电热水器、电视机、吸油烟机等大家电类商品线下抽检 75 组；组织取暖器、电热毯网络交易商品质量抽检 34 组；组织小家电类商品质量抽检 304 组，其中线下抽检 205 组，网络交易商品质量抽检 99 组；组织开关插座类商品质量抽检 132 组，其中线下抽检 48 组，网络交易商品质量抽检 84 组；组织电线电缆线下抽检 125 组。并加强对京东、国美、亚马逊等网络交易平台电器产品质量监测，依据检测结果依法对销售不合格电器产品行为进行处罚。

【宣传教育】 本年，市工商局指导各区分局参与属地“安全生产月”“消防宣传月”普法宣传活动。强化内部安全生产典型选树工作，密云、房山区工商分局商品科长分获市“安全生产月”优秀组织奖和“安监之星”荣誉称号。加强内部安全生产全员宣传教育，做好各单位、各部门管控范围内安全防范，杜绝安全事故发生。

【消防安全隐患综合治理】 本年，市工商局加强流通领域消防及电气产品质量监管。配合有关部门开展大型商业综合体消防安全综合治理，对大型商业综合体物业方进行行政指导。配合开展打击特种作业操作证专项治理，强化对特种作业操作证广告监测和预警，及时处置涉嫌违法违规线索。拦截和删除涉嫌违规信息 4000 余条，关闭处置违规账户 36 个，关闭其他代办证件类用户 1500 余个，移转属地安监部门涉嫌违法案件线索 3 条。

【有形市场安全监管】 本年，市工商局督促市场主办单位落实主体责任，规范商品交易市场经营秩序。有序疏解非首都功能，推动京津冀协同发展，至 10 月，全市疏解商品交易市场 166 家，其中完成注销、吊销 55 家，停业 63 家，转为一般公司 37 家，升级改造 11 家；涉及商户 18888 户，面积 188.48 万平方米。加强事中事后监管，强化案件查办力度，全市工商系统查处涉及市场案件 22069 起，罚没款 1652.55 万元，其中查处市场主办单位案件 75 起，罚没款 48.29 万元，市场内主体案件 21994 起，罚没款 1604.26 万元。做好新旧车验证统计，至 10 月，验证新旧车 79.62 万辆，其中新车 22.06 万辆，二手车 57.56 万辆；外迁二手车 28.9 万辆，占二手车验证量 50.21%。

【无证照经营、“开墙打洞”整治】 本年，市工商局按照全市“疏解整治促提升”专项行动部署，牵头无证无照经营和“开墙打洞”专项整治工作。1 月 11 日，印发《北京市工商行政管理局关于贯彻执行无证无照经营查处办法指导意见（试行）》，促进全系统准确理解新法。3 月 13 日，以北京市无证无照经营和开墙打洞治理工作联席会议办公室名义印发《北京市 2018 年无证无照经营和“开墙打洞”专项整治行动工作方案》，明确工作目标、工作标准，坚持立破并举，严防反弹回潮，强化督导考核，统筹推进全市整治工作。8 月 30 日，与市住建委、税务、公安消防部门联合印发《关于加强无证无照经营和“开墙打洞”治理联合执法工作的通知》（京工商发〔2018〕29 号），强化协同配合，形成工作合力。全年，全市治理无证无照经营 27489 户，完成全年计划任务 143%，治理“开墙打洞” 8622 处，完成全年计划任务 117%，反弹率控制在 5%以下。组织对朝阳区、大兴区、昌平区 4 处无证无照经营问题突出，市级挂账社会治安重点地区进行排查清理，上账无证无照经营 669 户，销账 663 户，销账率 94.62%。

【房地产经纪机构专项整治】 本年，市工商局持续推进房地产经纪机构整治。配合市委政法委开展群租房治理，打击房屋租赁中介市场“涉黑涉恶”行为，筛查市工商局受理投诉举报信息中房地产经纪机构“涉黑涉恶”线索，并按月汇总全市工商系统执法检查情况，报送市委政法委。实施房地产经纪机构专项整治，联合市住建委印发《关于开展房地产经纪机构专项整治工作的通知》（京工商发〔2018〕18 号），对全市 2.39 万户房地产经纪机构开展全覆盖式检查，依法将 0.58 万户列入经营异常名录，将 780 户列入严重违法失信企业名单。加强风险管控，依托“市场监管风险洞察平台”监测数据，对高投诉率房地产经纪机构加强风险监控。加大房地产经纪机构违法行为查处力度，全年办理房地产经纪机构违法案件 421 件，罚没款 77.74 万元。

市工商局田广肖供稿

北京市质量技术监督局

2018 年，北京市质量技术监督局（以下简称“市质监局”）紧扣首都发展新形势和深化改革新要求，坚持以问题为导向，以改革创新为动力，积极转变监管模式，全力推动简政放权，形成放管结合工作格局。强化特种设备安全监管，提升特种设备整体质量安全目标，全力做好保障工作，确保首都特种设备安全；积极服务民生，强化燃气锅炉使用风险防控，强化高风险特种设备风险管控，开展特种设备安全隐患排查治理专项行动，促进特种设备安全质量提升，在全国率先推行特种设备行政许可和电梯检验改革试点。全年未发生特种设备严重以上事故和重大影响事件，特种设备安全状况总体平稳。11 月 16 日，新组建的北京市市场监督管理局挂牌成立。

【"安全生产月"宣传活动】 6 月"安全生产月"期间，市质监局通过网络、报纸、杂志等媒体，宣传特种设备安全法律法规知识。全市共开展安全宣讲活动 31 次，参加人员 4576 人，普及特种设备安全知识。组织以"进企业、进学校、进社区"为主导特种设备安全"七进"活动 55 次，参加人员 3546 人，发放各类宣传材料 1.17 万份。组织北京电视台和多家媒体，对香山索道应急演练等工作进行专题报道。6 月 28 日上午，中央电视台新闻中心在北京欢乐谷进行大型游乐设施应急演练现场拍摄，多家媒体分别进行报道。

【重大活动特种设备服务保障】 本年，市质监局完成全国"两会""中非合作论坛"北京峰会等重要会议、重大活动特种设备服务保障 38 次，推广执行"八个到位"要求，局主要领导及区局"一把手"负总责，各区局、会场驻地、维保单位相关保障职责明确，安全责任落实到位。坚持制度化、标准化机制，促进保障机制逐步固化；签订"三书""两案""两表"责任到人，坚持监察、检验部门与使用、维保单位对接机制，及时处置突发事件。有针对性对人员密集场所、高危行业等重要部位进行检查，营造良好安全氛围。

【全年质监系统工作概况】 本年，全市质监系统共对特种设备使用单位实施日常监督检查 3299 家，开展特种设备单位类许可后续监督抽查 343 家，发出安全监察指令书 598 份，立案查处 536 起，处罚 239 万元。完成作业人员考核 3.3 万人次，处理涉及特种设备投诉举报 1622 起，实施特种设备监督检验 34522 台（套），定期检验 246932 台（套）。全年，发生特种设备一般事故 1 起，伤 1 人，安全状况保持平稳态势。

【重点工程特种设备服务保障】 本年，北京轨道交通、"新机场"、城市"副中心"、冬奥会场馆、世园会等项目建设陆续进入关键期，市质监局开展特种设备安全监察、检验机构服务工作，主动协调化解问题，开通监察、检验"绿色通道"，保障重点工程项目推进。

【特种设备安全隐患排查治理】 本年，市质监局开展特种设备安全隐患排查治理，以大型游乐设施、客运索道、人员密集场所和老旧小区电梯、涉氨压力容器和压力管道、燃气锅炉（特别是实施低氮改造的）为重点，按照"全覆盖""零容忍"整体要求，开展工作。半个月，全市出动执法人员 758 人次，检查特种设备使用单位 365 家，对大型游乐设施、客运索道运营单位等重点领域实施全覆盖检查，发现安全隐患 269 处，封停不合格特种设备 45 台套，立案处罚 12 起。

【住宅老旧电梯风险预警监测】 本年，全市住宅老旧电梯风险预警监测连续4年列入市政府重要民生实事，市质监局制定北京市地方标准，为评估提供标准化、规范化技术依据。全年，组织对6233台电梯进行安全评估，并按照电梯安全状况对评估结果进行分级，其中4级风险电梯330台，3级风险电梯1266台，2级风险电梯4292台，1级风险电梯50台（4级风险等级最高），295台电梯运行正常。并将评估结果通报主责单位进行整改。至年底，全市4404台“单铁心”电梯得到更新、改造，惠及近20万户居民。

【公用燃气压力管道专项治理】 本年，市质监局进一步巩固公用燃气压力管道专项治理工作成果，督促各区局、分局建立本辖区在用公用燃气和热力压力管道台账，加大新建公用燃气和热力压力管道监管力度，确保相关权属单位落实检验要求。完成公用燃气压力管道检验2719.3千米，热力压力管道检验1134.6千米，多年累积公用燃气和热力压力管道安全隐患基本消除。

【特种设备安全隐患排查治理】 本年，市质监局开展特种设备安全隐患排查治理。以大型游乐设施、客运索道、人员密集场所和老旧小区电梯、涉氨压力容器和压力管道、燃气锅炉（特别是实施低氮改造的）为重点，按照“全覆盖”、“零容忍”的整体要求，迅速开展工作。半月之内，全市共出动执法人员758人次，检查特种设备使用单位365家，对大型游乐设施、客运索道运营单位等重点领域实施了全覆盖检查。共发现安全隐患269处，封停不合格特种设备45台套，立案处罚12起，一大批特种设备安全隐患得到了有效治理。

【特种设备许可改革试点】 本年，市质监局在全国率先推行特种设备行政许可和电梯检验改革试点。制订《北京市特种设备行政许可和电梯检验改革试点工作方案》，“调整生产单位许可有效期”“委托区局、分局实施单位类行政许可事项”“推进行政许可事项网上审批”“电梯定期检验创新改革试点”等改革措施并举，许可流程调整、系统建设、人员培训等配套工作及时衔接到位。700余家特种设备生产单位完成8年有效期证书换领，北京市特种设备行政许可实现全流程网上办理，区局、分局审批工作顺利承接，提高政府效率，减轻企业负担。

【高风险电梯预警监测】 本年，市质监局完成3000台住宅老旧电梯安全风险评估，根据电梯风险状况等级，提出隐患消除措施针对性建议，并将评估结果通报给属地政府及相关行业管理部门。各区政府制定电梯隐患治理方案，牵头开展治理，挂账督办。开展住宅增设电梯服务创新，制定住宅增设电梯“三通一免”政策，即开通业务办理“绿色通道”、打通增设方案“技术通道”、畅通安全使用“生命通道”、免收增设电梯安装监督检验费用。组织电梯检验改革试点单位自检人员专业培训考核，保证首批自行检测人员259人资质合规。至年底，全市自行检测电梯6022台，所属辖区特种设备检验机构按自行检测抽查方案抽查电梯309台，自行检测质量整体良好。

【开展宣传教育】 本年，市质监局定期召开特种设备安全新闻发布会，共接受市级媒体采访15次，中央及市属媒体刊登文章21篇，内部刊物设置专题34篇。开展“安全生产月”主题活动，发布暑汛期特种设备安全预警，组织北京电视台和多家媒体着重对香山索道应急演练等工作进行了专题报道，为部门专职安全员和电梯自检人员举办专题培训。通过网络、报纸、杂志等媒体，采取多种方式和手段，广泛深入宣传特种设备安全法律法规知识，形成强大的法制宣传氛围。

【特种设备生产单位及设备数量】 本年，全市特种设备数量为354369台，其中锅炉10630台，压力容器59732台，电梯230125台，起重机械31911台，大型游乐设施425台，客运索道112条，场（厂）专用机动车辆21434台，另有气瓶272万只，压力管道3761千米。设备总量比上年增长3.4%，其中电梯仍持续增长，共增加10481台，增幅为4.8%。至年底，特种设备生产（含设计、制造、安装、改造、维修）和充装单位持证总数为873件，其中设计许可53件、制造许可96件、安装改造维修许可601件、气瓶和移动式压力容器充装许可123件。全年，办理特种设备行政许可156件，其中设计许可13件、制造许可3件、安装改造维修许可126件、充装许可9件、检验机构核准5件。全市共有特种设备作业持证人员30.5万，比上年增加7.3%，2018年新发换发证书4.2万张。

市质监局郭昱供稿

北京市体育局

2018年，北京市体育局（以下简称“市体育局”）贯彻《中共中央　国务院关于推进安全生产领域改革发展的意见》，落实市委、市政府关于加强安全生产工作的系列决策部署，坚持“安全第一、预防为主、综合治理”方针，按照“三个必须”要求，调动各单位狠抓安全积极性、主动性，强化属地安全监管责任，加强落实体育经营单位安全生产主体责任，预防安全事故发生，有效维护体育行业领域安全稳定。

【冰雪运动安全专题会议】 2月5日，市体育局召开全市冰雪运动安全管理专题会。各区体育局分管领导和相关科室负责人参加会议。会上，各区体育局汇报2017—2018雪季以来冰雪安全管理情况，传达各级领导冰雪运动安全管理批示、体育总局全国滑雪场安全工作方案和市安委会办公室近期安全生产工作通知，对春节、全国“两会”前安全工作进行部署，要求各区体育局狠抓工作落实，全力做好近期安全生产管理。要求各单位在重要节点上，提高站位，做好冰雪场所安全检查，消除安全隐患；加强宣传，做好防范，早发现早处置；明确责任，加强检查、值守，确保春节和全国“两会”期间安全稳定；加强沟通，保持信息及时报送，保证事故信息报送机制、渠道畅通。

【部署春节期间安全】 2月7日，市体育局召开会议，对春节和全国“两会”期间安全管理进行再动员部署，局领导、局机关各处室负责人和局各直属单位主要领导60余人参加会议。会议传达2月2日全市区委书记会议和市政府有关安全工作通知精神，部署全局系统春节和全国“两会”期间安全任务。要求局体育系统把思想和行动统一到市委市政府总体部署要求上来；严格检查，对水电气热等涉及安全问题再行进行一次全方位排查；加强应急值守，执行领导带班和24小时值班制度。会上，市体育局与局系统直属单位、局机关处室，签订2018年平安单位、消防安全、车辆交通安全和春节烟花爆竹安全管理工作责任书。

【开展冰雪经营场所安全检查】 2月13日，市体育局对全市冰雪经营场所进行检查。检查组对房山区云居滑雪场安全生产制度、安全警示提示、安全设备设施、应急预案及演练情况、消防设施、监控与广播系统及人流高峰控制等情况进行检查。检查组还来到房山长阳世纪星滑冰场，查看滑冰场安全管理制度、人员值守、安全警示提示标识牌和消防及紧急疏散通道等。市体育局强调，春节假期是群众参与冰雪活动高峰期，冰雪经营单位要落实安全生产规定措施，安全管理岗位人员要做好值守；消防应急设备设施要确保完好，应急通道要确保通畅。

【体育市场安全管理专题会议】 3月29日，市体育局召开2018年北京市体育市场安全管理工作会议。各区体育局、经济技术开发区社发局主管局长、业务科室负责人50人参加会议。会议对2017年体育市场安全管理进行总结，对2018年工作进行动员部署。要求各单位落实好《北京市人民政府关于加快发展体育产业促进体育消费的实施意见》《关于加快发展健身休闲产业的实施意见》，加快发展本市体育产业，发挥体育产业基地的示范引领作用，履行好行业监管职责。

【发布本市四项地方标准】 4月4日，市体育局发布《安全生产等级评定技术规范》第52部分——游泳场所、第53部分——滑雪场所、第54部分——潜水场所、第55部分——攀岩场所4部高危险性体育运动项目地方标准，进一步规定高危险性体育项目经营场所安全生产等级评定内容和评定细则。

【安全生产督察】 6月25日，市委、市政府安全生产第六督察组在市体育局召开安全生产督察工作动员会。对安全生产督察进行动员，通报安全生产督察安排。要求对督察中移交各类安全生产问题或事故隐患，立行立改、严肃处理；对督察后反馈问题，真改快改、举一反三，并按照督察制度要求公开整改情况，主动接受社会监督，确保督察工作取得实效。市体育局领导强调，要提高政治站位，牢固树立“四个意识”，贯彻落实市委市政府督察工作决策部署；加强组织领导，落实督察工作相关要求，展现体育行业良好形象；注重问题整改，确保督察工作取得实效。

【全市游泳场所救生演练活动】 6月27日，2018年北京市游泳场所救生演练暨第十届北京市体育大会救生比赛在国家游泳中心举行。活动由北京市体育局、北京市体育总会主办，北京市水上救生协会、国家游泳中心承办，来自各区近百名救生员参加全市职业救生员考核比赛，围绕游泳救生演练，设置游泳场所救生演练、应急疏散及消防知识与技能培训、救生技能比赛等，提高游泳场馆从业人员安全意识、提高救生员应急救生技能。活动现场，北京国家游泳中心有限责任公司向全市游泳开放场所发出安全生产倡议，强调要提高安全意识，落实安全生产制度，确保不触碰安全生产红线，共同携手为北京市民创建一个安全和谐游泳健身环境。应急演练活动中，还模拟溺水抢救场景，对应急救生、现场医务救助等环节进行演练；拉响疏散警报，全体人员在安保人员疏导下紧急撤离到馆外安全地带；由朝阳区消防支队专业人员组织消防知识与技能培训，向现场观摩人员演示讲解灭火常识与技能。活动期间，开展救生急救相关宣传展示，工作人员向过往游客发放救生急救知识海报等宣传资料，宣传游泳安全知识。

【重大活动期间安全检查】 8月20日，为做好2018年中非合作论坛峰会期间安全生产监管工作，市体育局对部分游泳场所进行检查。先后对广安体育中心游泳馆和北京威斯汀酒店康乐部进行检查，重点检查游泳场所安全生产管理制度建立与落实情况、救生员配备与管理、应急预案及组织演练情况及日常安全巡查等。对正在开展的安全风险辨识与评估、大型商业综合体内体育运动项目经营单位消防专项整治、安全生产标准化、2018年中非合作论坛峰会期间安全生产管理等工作进行督导。

【体育经营单位安全抽查】 9月29日，市体育局印发《2018年北京市体育运动项目经营单位安全隐患治理监督检查计划》，对相关体育运动项目经营单位安全管理进行抽查。检查组抽查丰台区成寿寺路颐方园体育健康城，查看游泳馆、保龄球馆、健身房等场馆设施，对许可管理、安全生产标准化达标、安全风险辨识与隐患排查治理等工作进行检查。检查组还抽查朝阳区西大望路岩石岩馆和陈露冰场，对经营单位落实安全生产主体责任、应急预案与演练等工作进行检查指导。

【开展安全生产培训会】 12月6日，市体育局召开2018年安全生产管理工作培训会。各区体育局相关科室负责人及专职安全员50余人参加培训。培训内容主要是对新发布的北京市地方标准《安全生产等级评定技术规范》第52部分——游泳场所、第53部分——滑雪场所、第54部分——潜水场所、第55部分——攀岩场所及总则和安全生产通用要求部分进行讲解，邀请国家体育总局科研所科技服务中心主任、研究员黄希发进行专题授课。会议对做好体育行业安全生产标准化评审进行部署，要求各区体育局按照标准，把关推荐企业，做好安全生产标准化二级考核评审工作。

市体育局王新锋供稿

北京市园林绿化局

2018年，市园林绿化局以习近平新时代中国特色社会主义思想为指导，按照市委、市政府和市安委会部署，加强组织领导，强化安全生产基层基础工作，完成重大活动期间安全保障、行业系统安全生产管理、灾害预防和突发事件应对等工作，保证全行业安全生产平稳有序。

【应急管理和安全生产培训】 9月19日至21日，市园林绿化局在首都绿色文化碑林管理处举办2018年应急管理和安全生产业务培训。邀请市公安局消防局、市安监局、市劳保所专家进行授课，各区园林绿化局、局直属林场苗圃主管领导及科室负责人参加培训。

【检查督导】 本年，市园林绿化局开展安全生产检查督导工作，保证全国“两会”、中非合作论坛等重大活动期间安全稳定。4月至5月，全市园林绿化系统开展安全隐患大排查大清理大整治挂账隐患“回头看”核查，出动检查人员108人次，完成对174项上账隐患核查工作。8月至9月，完成中非合作论坛社会面火灾防控工作，出动检查组86个，检查单位220家，排查整改隐患136处，教育培训人员681人。9月至12月，开展城市安全隐患治理三年行动，排查挂账隐患15项，未挂账隐患17项，全部隐患完成整改销账。

【森林防火】 本年，市园林绿化局坚持压实森林防火责任，经受连续145天无有效降水恶劣天气和森林火险等级居高不下考验，完成“两会”“清明”“五一”和中非合作论坛等重要时间节点和重大活动期间森林火灾防控任务。全市发生森林火情11起，构成一般森林火灾1起，同比分别下降71.1%和66.7%，未发生较大以上森林火灾，实现“确保不发生重特大森林火灾和人员伤亡事故”目标。

【安全度汛】 本年，市园林绿化局加强汛期安全生产管理，下发应对强降雨汛情预警通知7次，加强汛期和主汛期应急值守通知12次，保证全市园林绿化成果安全和城区交通运行畅通。汛期强降雨极端天气造成倒伏树木3820株、折枝断枝4104株、倒树压车33辆、倒树压房35间、树压电线10处。全市园林绿化系统176支、5028人应急抢险专业队伍，403台抢险车辆值守备勤，未发生因倒树折枝伤人事故。

【应急演练】 本年，市园林绿化局健全市园林绿化系统应急预案体系，落实年度应急演练计划。7月31日，在永定河休闲森林公园文化广场举办年度防汛应急演练，局属林场、苗圃干部职工100余人参加演练，项目包括游客疏散、倒伏树木清理、河堤封堵抢险、积水清理、伤员救护等。8月31日，在永定河休闲森林公园举办年度防火应急演练，局属林场、苗圃干部职工100余人参加演练，演练包括火灾报警、紧急疏散逃生、灭火抢险、余火清除、伤员救援、撤离火场等。11月8日，联合金隅物业在环球贸易中心开展消防安全宣传体验活动。

【宣传活动】 本年，市园林绿化局结合“防灾减灾日”和安全生产月活动，开展安全生产宣传教育活动。各区园林绿化局、各生产经营单位以不同形式开展宣传教育和咨询活动，宣传“以人为本、安全发展”理念，制作宣传展板100余块、悬挂横幅120余条、张贴主题宣传画400余张、发放宣传品2万余份。11月9日，在西办公区开展用电、用火、电动自行车、森林防火等安全知识宣传。

【标准化建设】 本年，市园林绿化局在全市园林绿化系统推行安全生产标准化。11家市属公园，2家局属林场苗圃，51家园林绿化施工企业在内64家单位，完成标准化二级达标创建，11家市属公园通过安全生产标准化核查。

市园林绿化局郭杨供稿

北京市民防局

2018年，北京市民防局（以下简称“市民防局”）树立安全发展理念，弘扬“生命至上、安全第一”思想，履行“战时防空、平时服务、应急支援”使命任务，坚持人民防空与地下空间综合整治、安全生产两手抓、两促进，以深化安全生产领域改革创新为引领，始终把人防工程安全管理放在突出位置，创新完善安全生产体制机制，落实安全生产责任制，优化安全生产管理制度，加大安全生产监管执法力度，全市人防系统安全生产形势持续稳定向好。11 月 8 日，市民防局正式更名为北京市人民防空办公室。

【防汛应急演练】 5 月 31 日，市民防局主办，通州区民防局承办人防工程防汛应急演练，在通州区罗斯福广场地下人防工程内进行，演练以北京城市副中心主汛期发生人防工程进水，引发车辆和财产损失为背景，启动人防工程防汛应急预案，组织所属救援抢险队伍，对进水人防工程进行紧急抢险救援，演练快速响应、先期处置、现场指挥、支援抢险、善后处置等环节应急处置，达到防汛值班信息报送及时准确，应急指挥系统运转顺畅，指挥流程规范，应急抢险队伍配合有序，应急抢险救援能力明显提升。

【安全生产督察】 6 月 25 日至 7 月 13 日，市委、市政府安全生产第五督察组对市民防局安全生产开展为期 15 个工作日的驻地督察。督察组延伸督察东城区、西城区、朝阳区、海淀区、丰台区、石景山区、房山区、通州区民防局，随机抽查 30 处人防工程安全使用情况，查阅资料 4100 份。针对督察组反馈督察意见和问题清单，市民防局成立督察整改工作领导小组，召开全市人防系统安全生产工作督察反馈意见通报会，印发《关于对市民防局安全生产工作督察的反馈意见和问题清单》，制定《落实市委市政府安全生产督察反馈意见整改方案》，完成《关于中共北京市委 北京市人民政府安全生产第五督察组反馈意见整改情况的报告》，补齐短板弱项，聚焦重点问题，消除问题存量、杜绝问题增量，解决安全生产中存在问题。

【专业队伍整组】 6 月 27 日，市民防局组织北京市人民防空专业队整组暨授旗仪式，向 30 支人民防空（以下简称人防）专业队伍授队旗和颁发牌匾。人防专业队伍依据《中华人民共和国人民防空法》，组织有关部门建立的群众防空组织，战时承担人民防空任务，平时协助防汛、防震等部门担负抢险救灾任务。全市原有 7 种 24 支人防专业队伍整组为，抢险抢修、医疗卫生救护、防化、通信、信息防护、运输、治安、交通管理、消防、伪装防护 10 种 30 支队伍，2 万余人。针对信息化条件下现代战争特点和城市运行保障变化科学整组，按行业、系统、隶属关系整组，利于指挥调度；把分散力量进行有效整合，有利于平时生产、战时应急。整组后职责更清晰，有利于平战结合。

【专职安全员培训】 11 月 5 日至 9 日，市民防局组织全市民防系统专职安全员培训，88 人参加此次培训。培训涵盖了解人防工程安全管理体系，开展人防工程安全监管法律、法规知识宣传普及，加强人防工程维护、管理、安全使用等方面，提高专职安全员业务技能和安全监管意识。

【民防知识技能竞赛】 本年，市民防局组织“民防有我 点燃青春”首都部分高等院校民防知识与技能竞赛。4 月起，以培训、选拔、竞赛形式，引导大学生参与，通过民防知识竞赛，鼓励引导同学们参与志愿活动，弘扬“奉献、友爱、互助、进步”志愿服务精神，使大学生民防志愿者更好地在校园里传播防空防灾意识和自救互救技能，提高同学们在灾害来临时具备自救互救能力，增强国防观念和防空防灾意识。6 月 9 日，决赛在中国传媒大学举办，11 所高等院校 33 名大学生民防志愿者参加人民防空和公共安全理论知识竞答，及心肺复苏、紧急包扎、简易担架制作技能决赛。

【地下空间综合整治】 本年，市民防局和市住建委协调各区和有关部门，促使“疏解整治促提升”地下空间专项行动依法依规开展、平稳有序整治地下空间住人风险隐患，完善地下空间管理长效机制，推进“疏解整治促提升”地下空间专项行动，杜绝地下空间散租住人出现反弹，促进腾退空间再利用和提高整治质量。至12月底，共整治881处，895197平方米（完成挂账任务712处622006平方米，账外任务169处273191平方米），完成率124%。其中人防工程完成560处650266平方米，普通地下室完成321处244931平方米；旅馆264处192723平方米，宿舍617处702475平方米。

【监督执法】 本年，市民防局加大执法指导监督力度，健全完善人防行政执法机制，制订《行政执法协同工作办法（试行）》，建立统一协调、相互协作联合执法运行机制，修订《行政处罚较大数额认定标准》《行政处罚重大案件集体讨论制度》，规范人防行政处罚权力运行，全年办理行政处罚案件104件。加强行政执法调研和培训，听取各区民防局人防行政执法意见建议，组织人防系统行政执法业务培训，举办全市人防系统行政执法暨“以案释法”培训班。做好“北京市行政执法信息服务平台”数据统计分析，关注平台执法数据，及时通报人防行政执法数据录入，加强行政执法数据监测与评估。规范行政执法资格考试，更新人防专业法律知识题库，组织参考人员进行系统学习，至年底，市区两级47人报名考试，参加考试43人，通过考试20人。

【人防安全知识进社区】 本年，市民防局在全市16区200个社区安装300块清新简约、主题生动活泼的防空防灾学习栏，根据不同社区实际情况，设计成不同尺寸规格，加大防空防灾和减灾知识技能宣传力度。学习栏选取人民防空常识、防空警报知识、人防设施爱护、人防标志识别及应用、社区突发灾害应急处置措施等，以贴近社区居民生活为主题，采用漫画与文字相结合，以简约美观与喜闻乐见的方式，提高群众主动学习防空防灾和减灾知识兴趣。并融入民防小卫士微博、北京民防微信二维码，打通线上线下渠道，突破现实与网络障碍，便于社区居民学习了解防空防灾知识，提升自救互救技能和防空防灾意识。

市民防局李显国供稿

北京市农业局

2018年，北京市农业局（以下简称“市农业局”）围绕“十三五”、京津冀协同发展和首都农业“调转节”要求，依法行政，创新管理，深化服务，全面推动农机监理工作稳步前进。本市全年发生国家等级公路以外一般农机事故6起，未发生死伤事故，直接经济损失29万元，连续6年实现农机事故零死亡，农机安全生产形势持续稳定向好。11月8日，市农业局正式挂牌为北京市农业农村局。

【法规建设】 本年，《北京市农业机械安全监督管理规定》经北京市人民政府第177次常务会议审议通过，2018年4月1日起施行；《微耕机安全检验技术规范》（DB 11/T 1572—2018）印发，2019年1月1日起正式实施。市农业局梳理国家、北京市农机安全监管法律法规，印发《北京市农机安全监管法律体系建设三年规划（2018 年—2020 年）》，发布《北京市农业生产经营组织安全管理人员履职规定》《北京市危及人身财产安全的农业机械安全监督管理档案制度》《北京市农业生产经营组织安全管理人员履职约谈制度》《北京市农业机械事故简易程序处理规定》配套制度 4 部。

【安全责任体系】 本年，市农业局推动农机安全生产首次纳入市安全生产委员会办公室对各区政府考核内容，要求各区“强化‘平安农机’创建活动，开展农机行业安全生产隐患排查、打非治违等安全检查专项整治及农机安全生产联合行动”，并占 1 分分值。并建立“市—区—乡镇—农机手（户、合作社）”四级农机安全生产责任体系，与 14 个区监理机构签订《北京市 2018 年农机安全生产责任书》，加大督查力度，对各区责任状完成情况进行督查。全年，组织督导检查 103 次，出动总站督导人员 346 人次，督导覆盖面 100%。

【农机行政执法】 本年，市农业局与各区签订《北京市 2018 年农机行政执法责任书》，提出农机行政执法要求，落实行政执法责任。印发《2018 年农机行业行政执法工作方案》，明确执法人员检查任务指标和执法重点。改进“风险分级、量化监管、档案管理”工作制度，印发《关于进一步推进北京市农业机械安全监督管理“风险分级、量化监管、档案管理”工作的通知》，推进“双随机、一公开”执法检查机制，强化执法检查力度。全年，市级执法人员赴农机作业一线，完成执法检查 1209 件，人均检查量 60 件，做出行政处罚 45 件，人均办案两件。

【联合行动】 本年，市农业局签订《京津冀农业机械及驾驶员信息共享协议书》，京津冀三地组成联合执法队，在平谷区省际交界处对跨区作业农业机械开展联合执法检查。会同应急管理、市场监督管理和公安交管等部门，开展联合执法 210 次，排查并整改安全隐患 52 起。

【安全生产专项整治】 本年，市农业局印发农机安全生产隐患排查及专项治理行动通知，对安全隐患大排查大清理大整治中排查隐患开展“回头看”，杜绝“三合一”场所出现。全年，检查农机生产经营单位 136 家，排查隐患 53 个，并全部整改完毕；结合“三秋”重点农时季节，开展农业生产经营“百日行动”，督导各区建立农业生产经营组台账，开展农业生产经营安全管理专项检查。

【行政许可】 本年，市农业局印发《关于调整拖拉机联合收割机登记及驾驶证核发行政许可事项的实施方案的通知》，通过督促各区报送承接方案、组织规章宣传贯彻、开展区级牌证业务培训、制订修订管理制度、推进审批系统升级改造、开展实地监督检查等，保证各区依法依规开展监理，确保新旧制度过渡。6 月 1 日起，农机监理行政许可审批权限调整后，对各区行政许可承接落实情况开展督导检查，掌握各区承接落实情况。

【“平安农机”创建活动】 本年，市农业局与市安全监管局联合下发《关于印发〈北京市 2018—2020 年“平安农机”创建活动工作方案〉的通知》，明确“平安农机”创建“三步走”整体规划。评选出市级“平安农机”示范单位 3 家，市级农机安全监理示范岗位标兵 2 名。

【标准化建设】 本年，市农业局推进农机专业合作社安全生产标准化建设。针对 4 家农机专业合作社开展规范化建设，对标(北京市农机专业合作社安全生产标准化考评标准）制定农机合作社安全生产相关制度。安排专项资金对 4 家农机专业合作社进行安全生产标准化达标试点建设。

【农机事故应急演练】 本年，市农业局首次开展涉及“死亡”市级农机事故应急处置演练观摩会，联合公安、医疗、应急管理等部门开展演练；组织 6 个区开展区域联合微耕机事故演练，强化事故处理人员实战技能。

【农业机械安全技术检验】 本年，市农业局印发《关于做好 2018 年全市农业机械安全技术检验工作的通知》，全市拖拉机、联合收割机检验率分别为 86.33%、87.62%，均完成年初制定目标任务。推进开展微耕机安全检验，举办微耕机实地安全技术检验观摩会三期。

【教育培训工作】 本年，市农业局继续以“大讲堂”形式，开展全市监理业务骨干培训四期。组织各区农机监理机构，对区镇两级监理人员及辖区农机监管相关人员，开展培训 105 期，培训 3085 人次，共 454 课时。组织 4 期农机专业合作社安全生产巡回“大讲堂”演讲。

【创新普法宣传】 本市，市农业局加强“谁执法谁普法”普法责任制落实，创新普法宣传形式。开展北京市农业机械安全生产联合宣传暨《北京市农业机械安全监督管理规定》(以下简称“《规定》”）普法咨询活动，活动涵盖平安农机、互动咨询、普法宣传、贴心农机、以案说法、有奖问答、视频展示共七个主题展区，并在市安全监管局、市市场监督管理局和市公安交通管理局等部门配合下，对《规定》等农机安全法律法规、农机安全生产知识，进行联合宣传。开展农机监理岗位技能“大练兵”，理论环节侧重普法宣传，重点对“十九大”报告、农业部 2018 年 1、2 号令及《规定》等内容进行测试。实操环节侧重技能比拼，重点对移动检测线实操、拖拉机科目二场地驾驶技能、农机事故现场图绘制、农机执法现场取证等进行测试。组织以“弘扬法治精神，机手助力同行”为主题“农机安全杯”普法趣味赛，把 12 月 4 日全国法制宣传日与全市农机手普法活动相结合，将法律知识与趣味游戏相结合，通过“组队伍、做游戏、答题 PK”等方式，宣传农业及安全生产等相关领域法律常识，让农机手边玩边学，寓教于乐。

市农业局王科程供稿

北京市城市管理综合行政执法局

2018 年，北京市城市管理综合行政执法局（以下简称“市城管执法局”）按照市委、市政府部署，结合市安委会、市防火委等部门要求，组织全市城管执法系统深化燃气安全监管，推进餐饮服务单位、燃气供应单位执法检查，配合开展大排查、大清理、大整治安全生产专项整治及安全隐患治理三年行动。全年，检查各类燃气供应和使用单位 6.5 万家，规范存在燃气安全隐患问题单位 2798 家，立案 1327 起，罚款 270 万元。

【春节前餐饮单位燃气安全检查】 1 月 25 日至 31 日，市城管执法局组织全市城管执法系统开展春节前餐饮服务单位燃气安全保障检查，共检查各类燃气单位965家，规范存在问题单位31家，立案2起。市城管执法局联合基层执法队共同开展重点地区餐饮企业燃气安全检查，对餐饮企业负责人进行燃气安全教育，要求企业落实安全监管责任。

【“两会”期间燃气安全专项执法检查】 3月1日至16日，市城管执法局组织全市城管执法系统对餐饮服务单位燃气使用各个环节开展检查。重点做好全国“两会”驻地周边和会场周边餐饮服务单位燃气安全检查，对违规使用液化石油气罐、未安装燃气报警器等违法行为进行重点检查，共检查各类燃气供应和使用单位3999家，规范存在燃气安全隐患问题单位219家，立案16起，罚款5500元。“两会”期间，市、区、街三级城管执法部门联合环保部门开展多次餐饮企业联合检查，在持续强化燃气日常执法同时，有针对性加大执法力度，执法过程中重点进行燃气安全宣传告知。

【城管执法系统安全生产月活动】 6月，市城管执法局根据市安委会《2018年北京市安全生产月活动方案》，开展城管执法系统安全生产月活动，重点对餐饮服务单位违规使用液化石油气罐及占压、损坏管道天然气情况开展执法检查，将燃气使用安全宣传贯穿于燃气执法检查全过程，共检查各类燃气供应和使用单位5877家，规范存在燃气安全隐患问题单位247家，立案33起，罚款80200元。期间，市城管执法局联合市生态环境局、市公安局治安总队等部门，开展集中执法检查，发现燃气安全隐患问题并直接立案查处6起，罚款5万元。

【蓝盾行动燃气安全专项执法周】 7月7日至13日，市城管执法局落实蓝盾行动方案，组织全市城管执法系统开展燃气安全专项执法周执法及宣传活动。依据城管部门燃气安全职责，指导、协调、推进涉及占压、损坏燃气管线行为及燃气供应、使用各环节开展燃气安全专项检查，共检查各类燃气供应和使用单位1500家，规范存在燃气安全隐患问题单位110家，立案14起，罚款1.45万元。

【夏秋季安全生产专项执法月活动】 8月15日至9月10日，市城管执法局落实市委、市政府加强公共安全、消防安全部署要求，开展夏秋季安全生产专项执法月活动。按照属地政府统筹协调、具体组织，职能部门参与配合的专项整治原则，重点开展朝阳区、通州区、顺义区、昌平区、怀柔区重要场所和人员密集场所燃气安全执法检查及全市铁路周边违法建设执法整治，共检查各类燃气供应和使用单位5142家，规范存在燃气安全隐患问题单位159家，立案27起，罚款7100元。

【基层燃气执法现场业务指导】 本年，市城管执法局执法总队深入基层执法队，履行燃气执法“三主动”。主动为基层城管执法队开展执法示范，市城管执法局先后前往海淀区、丰台区、大兴区、怀柔区、房山区、顺义区等基层城管执法队，开展餐饮企业燃气联合执法检查，以工代训；通过开展市、区、街三级联动执法模式，为一线执法队员讲解燃气技术规范方面知识。主动赴燃气使用单位开展燃气执法检查，通过可燃气体检测仪、燃气执法APP等专业设备，及时发现和整改隐患问题。主动梳理燃气执法流程，整理相关法律法规，在全市新入职人员培训班开展燃气业务现场授课，为新入职执法人员指明执法重点和各环节关键点。

市城管执法局范志红、王培供稿

中国铁路北京局集团有限公司

2018年，中国铁路北京局集团有限公司（以下简称“北京局集团公司”）以确保高铁和旅客列车安全为重点，构建人防、物防、技防“三位一体”安全保障体系，实施安全双重预防机制，开展铁路沿线环境安全隐患整治。推进标准化规范化建设，修订全员安全生产责任制，建立完善标准体系。完成京津城际标准线建设，实现复兴号动车组按时速350公里运营。全年，铁路交通责任行车事故同比下降25%，设备故障同比下降14%，未发生责任行车一般B类及以上事故，未发生责任旅客伤亡事故，路外事故实现年度控制目标，运输安全、治安秩序持续稳定，实现连续第7个安全年。

【安全生产标准化建设】 本年，北京局集团公司以技术、管理、设备、人员、环境标准化为基础，建设标准化科室、车间、班组。分系统建立专业标准，实施职工岗位星级管理，促进干部职工严格落实标准，实现“立标、贯标、达标”循环提高，一线职工自愿参与岗位星级评定比例达99.5%。

【安全生产责任制建立】 本年，北京局集团公司完成干部19104人、11个系统、304个主要工种安全责任制编制，公布综合管理干部通用责任制内容，覆盖全员安全生产责任制基本建成。健全安全履职考核评价机制，实施“五位一体”综合考评，强化安全责任落实。

【安全预防控制体系建设】 本年，北京局集团公司推进安全风险管控及隐患排查治理双重预防机制，开展风险管控效果评价和隐患排查治理，建立工作机制。运用信息化手段，促进各级干部落实责任。全年，研判安全风险近1.3万项，分级制定25万余条管控措施，覆盖全部干部岗位。

【应急管理体系建设】 本年，北京局集团公司建立应急专家库，细化集团公司一级应急响应场景，应用信息化手段加强应急处置，研发“应急处置智能管理平台”“应急处置大数据智能平台”等系统，提升应急处置技术装备水平。建立常态化应急演练制度，补充完善应急预案和响应机制。

【京津城际标准线建设】 本年，北京局集团公司推进京津城际标准线建设，建立“1＋2＋6”指挥体系，协调推进整体工作。8月8日，实现“复兴号”动车组按时速350公里运营，动车组运用效率提高20%。

【安全风险分析预警】 本年，北京局集团公司针对全路及辖区内发生各类事故，结合日常气候、人员、规章、设备及现场作业环境等变化因素，研判安全风险，发布涉及行车、施工、人身、防洪、防火和行车设备质量安全风险预警提示，其中《安全信息日分析预警报告》365期、《安全风险周分析预警报告》52期、通报安全风险问题2327个、发布安全风险预警提示423条，为领导决策和各系统、站段防控安全风险提供依据。

【安全风险警示帮促】 本年，北京局集团公司对发生严重事故、安全管理滑坡、安全考核连续排名末尾的13个运输站段，下发

《安全预警通知书》，实施安全警示，开展集中帮促。各铁路办事处安监室、安监队每月综合分析本辖区安全生产情况，将集中发生安全问题和存在突出问题站段（车间）确定为重点帮促单位，查找薄弱环节，制定督导计划，集中开展指导帮促。全年，对 95 个站段（车间）开展集中帮促。

【安全管理规定修订】 本年，北京局集团公司根据中共中央、国务院《关于推进安全生产领域改革发展的意见》，结合集团公司改革后面临新形势、新要求，重新修订《中国铁路北京局集团有限公司安全管理规定》，明确各级领导和组织机构安全生产责任，建立上下统一安全工作制度，确定十项安全基础管理体系，针对十大现实安全关键、委托运营安全管理、工程建设安全控制等运营安全项点，提出控制要求。

【安委会制度修订】 本年，北京局集团公司重新修订《中国铁路北京局集团有限公司安全生产委员会工作制度》，全年召开季度安委会 4 次、专题安委会 1 次、月度安全分析会 8 次、专题安全分析会 1 次，共督办 108 项安全重点工作。

【安全管理干部培训】 本年，北京局集团公司完成安全管理干部培训 10 期，培训 960 人，重点对“十九大”文件精神、安全生产法律法规进行专题学习宣讲，对集团公司 1 号文件、安全分析工作制度、双重预防机制、安全质量考核等文件进行解读。部分安全监察，专业部门安全科长、副科长，运输站段安全科长、副科长、安全内勤等人员参加培训。

【发现和防止安全隐患奖励】 本年，北京局集团公司根据《发现和防止安全隐患奖励办法》，对发现和防止 136 件安全隐患的 189 人给予专项奖励，共发放奖金 59 万元。

【安全专项检查】 本年，北京局集团公司结合季节性特点和阶段性重点工作，先后开展防洪、防火、防寒、施工、人身、外部安全环境、节假日及国家重大活动期间，以及车务接发车作业、机务运用管理、工务防胀防断、电务联锁管理、车辆动车组检修作业、供电 6C 及鸟害整治、客运站内作业机具管理、零散货物快运和混装货物安检查危等安全专项检查 31 次，出动监察 24923 人次，发放《安全监察（检查）通知书》5854 张，其中红牌 319 张、黄牌 5535 张。

【安全生产宣传教育】 本年，北京局集团公司制定《关于开展安全生产宣传教育“七进”活动的通知》，组织各单位、各部门开展安全生产宣传教育进企业、进校园、进机关、进社区、进农村、进家庭、进公共场所，研究建立安全生产宣传教育常态化工作机制，推动安全生产宣传教育“七进”活动深入展开。

【安全生产月活动】 本年，北京局集团公司组织多种形式安全生产宣传、隐患排查活动。制作动漫安全视频 102 个、张贴安全宣传画和挂图 3 万余套，查处安全隐患问题 3126 项。6 月 15 日，在北京西站举行由国家铁路局主办，北京铁路局集团公司承办以“生命至上，安全发展”为主题的安全生产月宣传咨询日活动。宣传咨询日当天，北京局集团公司有关领导、处部室负责人，还深入到天津、石家庄地区，组织各单位举行宣传咨询日活动。

【特种设备检测】 本年，北京局集团公司完成 1500 部电梯检测。其中，乘客电梯

706部（客运电梯264部）、自动扶梯702部（客运扶梯702部）、载货电梯70部、其他电梯22部，年检率100%。完成172台承压锅炉、92座承压锅炉房、5.1468千米压力管道检测。完成636台起重机械检测，检验率100%。完成552台厂内机动车辆检测，检验率100%。集中组织管内单位培训特种设备管理人员165人次。完成管内客运电梯投保任务，投保率85%。

【道路交通安全管理】 本年，北京局集团公司组织管内单位签订《2018年度道路交通安全目标管理责任书》。组织管内82个运输及辅助单位、18个多经一级公司道路交通安全专职管理人员培训班，130人参加。每季度对集团公司道路交通安全管理情况进行分析通报，推广典型经验做法，通报违章违法行为和管理上存在突出问题。全年，未发生道路交通安全责任伤亡事故。

【消防安全监督管理】 本年，北京局集团公司开展危化品、电气火灾、高铁站消防设备设施及季节性安全隐患排查整治，集中治理北京东站单身宿舍等一批重点消防隐患。完成北京区域油库隐患施工改造验收和天津区域油库改造施工。组织管内单位规范电动自行车停放充电管理。“消防宣传月”期间，在石家庄东站召开高铁站消防安全演练推广现场会，提高消防中控设备认知。全年，未发生责任较大火灾事故。

【外部环境安全监督管理】 本年，北京局集团公司领导带队与河北省各设区市展开工作对接，路地联合印发文件共同建立联防联动和“双段长”等长效工作机制，联合开展铁路沿线环境安全隐患排查整治。共消除彩钢板和危树等环境隐患4914处，其中高铁1616处。以京津城际运营十周年为契机，集中消除京津城际10大外部环境安全隐患。

中国铁路北京局集团公司张连春供稿

北京市气象局

2018年，北京市气象局（以下简称“市气象局”）落实国务院“放管服”改革精神及国务院、中国气象局防雷减灾体制改革要求，做好改革过程中防雷安全监管工作。加强安全生产管理，开展防雷检测市场整顿专项督查，强化施放气球安全管理，做好行业内人工影响天气安全作业管理。全年，安全生产形势总体平稳，未发生安全生产责任事故。

【防雷市场监管】 6月、9月，市气象局召开两次全市防雷检测资质单位安全生产会，签订安全生产责任书，宣传防雷相关法律法规，宣讲防雷市场管理手段和形式，检测机构责任和义务，开展防雷检测技术培训，通报质量考核情况。建立检测机构微信群，畅通检测机构意见反馈渠道。组织防雷检测机构进行防雷标准微信答题活动，全市19家检测机构280余人参与答题。建立全市1316家加油、加气站和旅游景点等防雷重点监管单位监管台账。

【完善防雷安全责任体系】 本年，市气象局印发《北京市人民政府办公厅关于进一步做好建设工程防雷安全工作的通知》，明确10余个政府部门职责边界，建立防雷管理协调会议制度。11月，召开北京市建设工程防雷管理协调会议联络员会，强化各部门工作衔接，细化落实国务院和北京市文件要求，形成防雷安全监管各司其职、部门联动、密切配合工作格局。

【防雷检测资质评审】 本年，市气象局继续推进防雷检测市场放开，全年新增 15 家社会企业获得防雷检测资质。至 12 月 31 日，全市共有 34 家单位具备防雷检测资质，其中甲级资质 5 家，乙级资质 29 家。

【防雷检测市场整顿专项督查】 本年，市气象局开展雷电防护装置检测市场整顿专项督查，对 34 家资质单位上报的 6572 个项目进行梳理和抽查，其中抽取 19 家单位 142 个项目，进行防雷检测质量考核。针对质量考核发现问题，要求相关检测机构限期整改，及时消除安全隐患。

【防雷执法普法】 本年，市气象局共开展防雷执法检查 1531 次，办理防雷处罚案件 72 起。以防雷安全为主题，开展对口宣讲“七进”活动。以《防雷减灾管理办法》为主题，制作时长约 1 分钟防雷法制宣传动画片，通过腾讯新闻手机客户端向公众推送，上线当天播放量逾 30 万次。

【施放气球安全监管】 本年，市气象局印发《加强 2018 年施放气球安全监管工作的通知》，对全年施放气球安全监管工作进行部署。在重大活动及元旦、春节、清明、五一、端午、中秋、国庆节等节假日期间，要求各执法单位强化组织领导，细化工作方案，把施放气球安全监管工作落到实处。组织放球企业成立微信群，对接企业需求并加强政策宣传，督促放球企业履行安全生产主体责任。召开年度施放气球管理会，与放球企业签订安全生产责任书，就新型空飘气球监管进行研讨，对放球企业人员进行普法宣讲，进一步明确气象部门施放气球管辖范围。

【人工影响天气作业】 本年，市气象局开展高炮防雹作业 16 日，高炮作业 81 点次，发射炮弹 3091 发。开展飞机增雨（雪）作业，飞行 16 架次，飞行 40 小时 06 分，作业 35 小时 40 分，燃烧机载碘化银烟条 280 根。开展地面增雨（雪）作业 36 日，其中高山地基增雨（雪）作业 11 日 118 点次，燃烧烟条 1623 根；火箭增雨作业 5 日 9 点次，发射火箭弹 21 枚；高炮增雨作业 20 日 17 点次，发射炮弹 741 发。增雨作业主要针对水库开展，经对增雨效果评估结果显示，5 月至 9 月，密云、官厅、白河堡水库实际来水量 68861 万方（密云 58458 万方，白河堡 2338 万方，官厅 8065 万方），其中因人工增雨增加水量 5500 万方（密云 4806 万方，白河堡 210 万方，官厅 484 万方），占总来水量 8%。组织京津冀晋人影力量开展跨区域联合增雨（雪）作业和大气探测飞行 14 架次，约 36 小时，燃烧碘化银烟条 87 根、烟弹 50 发；开展地面作业 198 次，发射火箭 1056 枚。

【气象预报预警服务】 本年，市气象局代管的市预警中心，发布大风、高温、暴雨等各类高影响天气预警信息 261 条。其中发布市级气象类预警信号 104 次，解除市级气象类预警信号 84 次；代发区级橙色以上预警 17 次；发布市级其他预警 30 次（地质灾害 17 次，空气重污染 10 次，森林火险 2 次，洪水预警 1 次），解除市级其他预警 9 次；发布市级重要提示信息 10 次（市委市政府 3 次，民防局 1 次，防汛办 5 次，市公园管理中心 1 次）；发布市级温馨提示信息 7 次（气象局 1 次，市应急办 1 次，防汛办 5 次）。与上年比较，发布市级气象类预警减少 17 次，市级其他预警总数减少 10 次，市级重要提示信息减少 8 次，市级温馨提示减少 13 次。

市气象局杨姝供稿

北京市公安局公安交通管理局

2018年，北京市公安局公安交通管理局（以下简称“市公安局交管局”）落实以人民为中心发展思想，牢固树立安全发展理念，坚持生命至上、安全第一，按照全市安全生产和道路交通安全决策部署，强化城市交通综合治理，持续加强交通安全管理和执法监督，推进静态交通整治，优化交通出行环境，不断提升交通服务品质，构建具有首都特色新时代交通综合治理体系，完成“中非论坛”等重大交通安保任务，全年交通安全形势总体平稳，道路交通亡人事故起数、人数双下降。

【加强交通安全源头治理】 本年，市公安局交管局针对交通痼疾顽症，坚持立法修法与严格执法相结合，推动交通问题依法治理、源头治理，持续优化改善交通秩序环境。修订《北京市实施〈中华人民共和国道路交通安全法〉办法》，增加未履行道路交通安全防范责任制度处罚条款。实施《北京市机动车停车条例》，按照“停车入位、停车收费、违停受罚”总体思路，明确政府部门、社会单位、居民自治组织、停车经营企业、停车人等主体职责和权利义务，细化停车管理措施，加强非现场执法力量统筹，提升城市静态交通管理精细化、规范化和科技化水平。实施《北京市非机动车管理条例》，围绕行业交通安全监管、主体责任落实、道路风险防控等，强化电动自行车及三四轮车源头治理，加强邮政寄递及外卖企业交通安全监管，加快淘汰超标电动自行车，督促美团、顺丰等68家外卖、快递企业建立自治机构，强化从业人员交通安全教育、落实交通安全防范措施，保障道路交通安全有序。全年，核发电动自行车临标77.5万个，为“过渡期”依法规范管理奠定基础。

【持续改善道路交通秩序】 本年，市公安局交管局对严重影响秩序、加剧道路拥堵、引发安全事故交通违法行为“零容忍”，全年查处各类交通违法行为1759万起，同比增长3.7%。其中现场查处交通违法行为409万起，拘留4325人，同比分别增长12.1%和14.5%。围绕群众反映强烈、现实危害严重柴油货车、燃油两轮摩托车等交通违法行为，联合生态环境、城管执法等部门，通过“严执法、整乱象、立规矩、建秩序”等措施，持续开展治理，共处罚柴油货车违法57万起，同比提高23.6%；处罚燃油两轮摩托车违法2万起，同比提高66.8%。以核心区16条禁停道路和180条停车秩序严管街为重点，通过落实实名承包、定点维护疏导、加密网格巡查、实施违停抓拍、增加记分查处、强化车辆清拖等措施，持续整治静态交通秩序，共查处违法停车405万起、拖车2.5万辆次，同比分别提高19.3%和6.4%。针对“两客一危”等重点领域，建立健全与交通、应急等部门综合执法机制，通过违法信息转递、联合惩戒、宣传告知、媒体曝光等手段，强化监管，累计约谈曝光隐患企业4033家次，给予各类处罚2.4万次。

【优化城市交通出行环境】 本年，市公安局交管局着眼治理交通拥堵“大城市病”，推动交通综合治理和缓堵行动，结合交通文明畅通提升行动计划实施，牵动部门、属地落实缓堵责任。明确缓堵重点任务，细化“210＋N”治理台账，精准发力、持续攻坚，全年共治理堵点乱点236处，打造东城西总布胡同、丰台北京南站等一批典型工程，并形成区域交通组织等5类15项缓堵经验做法在全市推广。深化社会共治，以“路长制”贯彻“街乡吹哨、部门报到”，各级路长累计开展巡视1.5万次，推动解决交通设施缺失、通行秩序混乱等路面问题867处。精细交通组织，深入推进信号灯专项治理和智能化建设，实施区域单行、路口渠化等优化措施327项，完成43条道路微循环、10条道路信号绿波带建设、157处次路口配时调整。全市主要道路、重点区域通行状况明显改善，交通延时指数、“122”拥堵报警同比下降0.7%、3.7%，市区路网流量、五环内车速上升2.7%、6.2%，实现“双上升、双下降”。开展道路隐患治理，深化交通事故深度调查机制，推进治理京新高速、京密路、六环路等重大隐患点位，全年挂账治理道路隐患和事故黑点275处，消除安全隐患。

【提升交通管理服务水平】 本年，市公安局交管局推动交通领域“放管服”便民举措落地见效，组织推出“完善114挪车”等交通管理服务措施84项，惠及群众1230万人次，减轻企业、个人直接经济负担2000余万元。推进“网上办、自助办”，提升服务效率，新增占路施工审批、校车资格许可等一批交通类政务服务网上办理项目，在互联网服务平台及“交管12123”开通办理机动车、驾驶证等25项交管业务。新增业务受理、违法处理、缴税等自助设备141台，实现“个性服务自助速办”。简政放权，将车管业务最大限度下放到全市22个车管站；对车管站和执法站加强集中统一管理，推行普通业务“一窗通办”，群众凭身份证即可办理补换领驾驶证等18项业务，平均办理时间从8分钟缩短至4分钟。创新“警保联动”交通事故处理机制，推动交通事故快清快处。在国庆节等重大节日活动期间，与交通、保险等单位联勤联动，快速妥善处置交通事故613起，平均处理用时6.5分钟，同比下降19%，提高事故处理效率。

【营造共治共建良好氛围】 本年，市公安局交管局利用各类媒体，加大宣传力度，开展道路交通管理政策解读。全年，组织召开新闻发布会和集体采访98次，刊发新闻稿件1.1万篇，发布交通管理服务信息6.7万条，“北京交警”微博、微信粉丝数量达470余万人。开展“礼让斑马线”等系列宣传活动，增设100处文明交通示范路口。组织“礼在北京 让出文明”等各类宣教活动4600余场，入户宣传15.2万户，发放宣传资料49.5万份，收集意见建议2652条。打造“少年交警队”“小黄帽路队制”等宣传教育品牌，增强学生群体交通安全守法意识。

市公安局交管局于友群供稿

北京市公安局消防局

2018年，北京市公安局消防局（以下简称“市公安局消防局”）树立“四个意识”，贯彻落实上级党委决策部署，坚持一手抓现实斗争、一手抓改革发展，一手抓业务、一手抓队伍，忠诚履职、克难攻坚、锐意进取，完成中非合作论坛北京峰会、全国“两会”等重大会议活动消防安保任务，首都消防安全形势持续稳定。10月9日，市公安局消防局称谓在转制过渡期间更改为北京市消防总队。

【开展应急救援实战演练】 7月10日，市公安局消防局举行2018年防汛抢险救援综合实战演练，在念坛公园、妙峰山处河段、三家店附近水域、运河大桥、密云水库等地点，设置游船侧翻、孤岛围困、浅滩被困、激流遇险、桥梁遇险、人员落水、车辆落水、城市内涝8个实战场景，随机拉动特勤、密云、门头沟、通州、大兴、房山支队160余名指战员开展救援。检验水面搜索、船艇驾驶、武装泅渡、孤岛救生、绳索横渡、翻船处置、深潜救援、绳索救援、浮艇泵排水、远程供水系统排水等技战术水平，提升防汛抢险救援实战能力。8月1日至2日，市公安局消防局依托国家地震紧急救援训练基地模拟设施，举行地震应急救援实战拉动演练，最大限度还原发生地震后医院病房楼体倾斜、超市粉碎性坍塌、地铁口楼板塌落等建筑受损真实场景，调集朝阳区、海淀区、丰台区、石景山区支队4支重型地震搜救队和西城区、顺义区、通州区、昌平区、怀柔区、门头沟区、开发区支队7支轻型地震搜救队500余名指战员，开展为期36小时地震应急救援实战拉动，检验队伍地震应急救援能力。

【重大活动消防安全保障】 本年，市公安局消防局坚持“万无一失、一失万无”标准，加强“点、线”重点保卫区域消防安保常备建设，持续开展波次攻坚战役，逐项重点、逐件任务下达“指令单”，不断磨合固化重点场所团队专班负责制、重点区域“安全岛”、现场勤务“1+4”应急联动等工作机制，完成2800场次重要政治性活动、1879场次大型群众性活动安保勤务，实现全国“两会”、中非合作论坛北京峰会等重大活动涉会场所、行车路线及视线范围内“不冒烟、不起火”，重点服务保障单位零火情目标。

【政府领导】 本年，全市多次召开全市消防工作会议，推动20个区级政府、300余个街乡镇、40个行业部门逐级落实消防责任。市委、市政府、市人大、市政协四套班子30余名市领导带队驻区督导分管区域、行业消防安全责任落实和突出问题整改。3月至4月，市人大常委会成立执法检查组，对贯彻实施《北京市消防条例》情况进行检查，召开市十五届人大常委会第四次会议，专题听取执法检查组检查《北京市消防条例》实施情况报告。各地区、各部门坚持“街乡吹哨、部门报到”“属地主责、消防主战”，204名区政府领导班子成员、329个街乡镇1279名领导，分片包干、到岗履职，督导落实消防安全责任。重大活动消防安保期间，建立每月考评和综合考评机制，将考评结果作为市防火委对各区政府、市属部门年度消防工作考核重要参考，保证各项责任和措施逐级落实到人头、到岗位、到基层。

【部门联合督导】 本年，全市消防工作依托市防火委、市公安局、市公安局消防局三个层面制定下发年度工作要点、火灾防控方案和指令单等文件70余份，明确防控目标，细化阶段任务，通过部门联合、警种联动，建立会商、调度、点评、通报、约谈、警示、督办、共享机制，推进社会面火灾防控工作开展。以市防火委办公室名义，组织市城管委、市住建委、市旅游委、市园林绿化局、市民政局、市安全监管局、市文物局等8个委办局，组成6个督查组，对17个区（地区）火灾防控工作进行督导检查，督查街道社区34个、火灾高危场所和重点单位102个；联合市安全监管局对全市16个区开展“大排查大清理大整治”回头看核查，检查上账隐患单位256家，防止上账隐患反弹，督促强化全市火灾防控工作落地落实。

【消防安全隐患综合治理】 本年，市公安局消防局结合全市“疏解整治促提升”专项行动，启动城市安全隐患治理三年行动，开展大型商业综合体、电动自行车、文博单位、村民自建出租房屋、社会福利机构等10余项专项整治，完成26668件政府上账隐患多轮次“回头看”核查、“四方”签字整改销账验收，消除丰台区玉泉营111号院、朝阳区管庄咸宁侯村等长期未能解决顽症痼疾。市公安局消防局联合文物、宗教、文化、公园管理等部门，组成24个检查组，对全市国保级文物单位、三级以上博物馆开展两轮实地检查，督促整改隐患问题1113处；联合安监、规土、住建、工商、质监部门成立专班，开展电动自行车消防安全综合治理，清理违规停放电动自行车15365辆，督促整改电动自行车消防安全隐患34225处，“二停”111家；以安全隐患“大排查大清理大整治大宣传大培训”、夏季消防检查、冬春火灾防控等专项行动，紧盯“高低大化”“老幼古标”及宾馆饭店、公共娱乐等人员密集场所和出租大院、“三合一”、施工现场集中开展排查整治，检查单位307539家，发现隐患或违法行为450867处，临时查封11325家，责令“三停”3132家，罚款13603.24万元，五项执法指标同比上升10个百分点以上，提升城市消防安全系数。

【消防安全宣传培训】 本年，市公安局消防局督促行业部门、乡镇、街道、社区、重点单位落实消防安全宣传责任，开展市、区、街道三级集中培训和社会单位“四个能力”和“一懂三会”消防安全培训2882场，培训115.4万余人；联合市广电局在全市228家电影院播放《影剧院逃生指南》消防公益广告；在全市地铁线路、地铁站设置宣传灯箱2000余块，设立消防宣传展板400余块，在站厅、站台门厅柱上张贴消防知识挂图49万余张，利用地铁电视循环插播消防公益短片；利用广播电视、楼宇电视、户外大屏幕、报纸网络、微博微信、手机短信等载体，广泛刊播消防公益宣传片，曝光典型火灾案例，宣传消防安全常识；开展“全民参与、防治火灾”119消防宣传月活动，协调北京日报、北京电视台、北京人民广播电台等媒体，发布消防信息5000余条次，组织开展消防宣传、培训活动4500余场，印制消防安全提示通告、海报等850余万份，营造“人人防火、家家防范、共保安全”浓厚氛围。

【出台地方消防技术法规标准】 本年，市公安局消防局联合市政府法制办、市规土委、市住建委、市农委、市民防局等部门开展调研，编写《北京市消防安全责任制实施细则》《文物古建防火设计规范》《发展租赁型集体宿舍的意见》《租赁型职工集体宿舍防火导则》《地下空间整治期间自用性宿舍消防技术措施》《农家乐（民宿）消防技术标准》《电动自行车停放场所防火设计标准》和村民自建房消防安全技术标准，推动出台符合北京实际、高于国家标准的政府规章和地方标准，为火灾防控工作提供技术支撑和科学依据。

【重点单位标准化管理创建】 本年，市公安局消防局按照“六位一体”标准化管理体系，制定“以点带面、典型示范、分类推进、全面提升”为主旨创建方案，汇编下发《北京市消防安全重点单位标准化管理操作手册》《强化主体责任落实》《学知识、懂方法》《岗位消防安全责任制》和《北京会议中心消防标准化管理汇报片》，推进消防安全重点单位标准化管理创建。完成故宫博物院、北京协和医院、雁栖湖旅游区、中油北京石楼油库等27家标准化试点主推单位初步验收和标准化示范片拍摄，组建评审组研究、评审消防安全重点单位二十一类场所标准化建设指导意见，推动1963家重点单位完成第一批标准化创建。

【夯实基层基础】 本年，市、区两级财政累计投入消防基础设施建设经费16.28亿元，完成小型消防站选址81座，建成52座，招录政府专职消防员1146人，全部投入到小型消防站执勤备防；建成消防站10座，开工建设12座，改造城市老旧消防站12座；完成市级第二消防训练基地、第二战勤保障基地建设规划选址和方案设计，启动城市副中心消防指挥中心和特勤消防站建设，建成特勤支队训练基地、区级消防训练基地2座、战勤保障大队3个；新增市政消火栓4163座，消防水鹤104个，消防水池73个。推动安装独立报警75.7万个、远程监控5420套、电动自行车集中充电设施34921套。为基层一线配发消防车106辆，装备器材5万余件（套），补齐基层装备短板，提升队伍战斗力。

市公安局消防局叶凯供稿

国家能源局华北监管局

2018年，国家能源局华北监管局（以下简称“华北能源监管局”）贯彻执行国家能源局部署和电力安全生产三年行动计划，践行“安全是责任、安全是管理、安全是技术、安全是文化”监管理念和“铁的制度、铁的检查、铁的处罚”工作制度，督促企业安全生产主体责任落实，突出做好电网风险管控和电力建设施工安全监管，确保重大活动安全可靠供电和系统安全稳定运行，强化与地方政府主管部门协同配合，监督管理取得较好成效。

【重大活动安全保障】 本年，华北能源监管局遵循“华北保京津唐，京津唐保北京”保电原则，编制重大活动保电方案，并在年初召开区域安委会会议做出部署。重大活动举办前，局领导分别带领检查组赴国网华北分部、北京市电力公司、大唐托克托电厂等单位开展督导检查，督促企业落实保电方案，开展专项隐患排查治理，做好重要用户供电服务等工作。保电期间，做好应急值守，加强电网运行情况跟踪和信息收集，及时将有关情况向国家能源局报告。通过华北区域电力行业努力，完成全国“两会”、中非合作论坛北京峰会、天津达沃斯论坛等重大活动保电任务。华北能源监管局受国家能源局委托开展《重大活动电力安全保障工作规定（试行）》修编，总结北京经验，推广首善模式。

【落实企业主体责任】 本年，华北能源监管局对电力企业报送《主体责任报告》，进行现场核实检查。内容包括企业主要负责人安全生产履职、企业安全生产责任制建立、规章制度制定与执行、隐患排查治理与风险分级管控、安全教育培训、电力应急管理等方面。电网运行安全方面，国网北京市电力公司出台风险管控补充规定，完善管理措施手段，在生产基建系统推行“双准入”、红黄蓝牌量化警告制度，要求所属单位规范开展风险作业勘查，确保风险识别全面、定级准确、管控措施有效。发电运行安全方面，大唐京津冀能源开发有限公司采用“四不两直”检查、企业互查、集团督查等方式，对规章制度执行、现场作业安全进行检查，建立基层企业风险提示和动态风险排序机制，坚持从严考核追责。国电华北公司将隐患排查治理列入日常安全管理，督促下属企业分管负责人定期带队开展安全生产检查，对企业整改情况在专项督查中进行重点检查。电力建设施工安全方面，国网北京市电力公司狠抓分包安全管理，实施“作业层班组+核心分包人员”施工作业模式，规定必须由施工总包单位自有人员带领核心劳务分包人员开展作业，并广泛安装视频监控设备，建设全覆盖“智慧工地”系统。网络信息安全方面，各网省公司落实网络信息安全主体责任，建立完善网络信息安全防御体系，做到策略明晰、制度完善、组织严密、人员责任清晰、操作规程化、运行维护常态化，从技术和管理保证调度自动化系统安全稳定运行。电力应急管理方面，国网华北分部全年开展重大活动保电、大面积停电无脚本应急演练、电力监控系统网络安全、新能源汇集站主变反事故演练等8次专项应急演练。

【电网安全风险管控】 本年，华北能源监管局在年初听取华北区域各网省公司运行方式汇报基础上，分省归纳、梳理问题，并提出针对性建议，督促电网企业有步骤消除二级以上电网安全风险，采取有针对性风险防范措施。针对张北柔性直流施工导致系统风险明显增加、秋季天然气供应突发事件导致北京电网安全裕度下降等情况，多次开展专项督导检查，特殊时段向京津冀电力企业发出通知并组织开展检查，要求发电企业强化管理，共同应对电网安全风险。在向北京送电的蒙西能源基地，建立涉网安全管理联席工作会议机制，通报涉网安全检查、评估发现问题，要求企业从优化调度控制、精细化设备运行和加强建设调试质量等方面，建立完善风险预控体系。

【履行安全监管法定职责】 本年，华北能源监管局贯彻落实1986号文件和电力安全生产三年行动计划，履行安全监管法定职责。重新梳理安全监管规章制度，制定《华北能源监管局安全监管职责清单》，编制年度电力安全生产监督检查计划，注重规范程序和组织行为，严格过程闭环管理和痕迹化管理。联合地方政府部门做好协同监管，督促电力企业加大科技兴安投入、弘扬企业安全文化、强化本质安全管理、落实安全生产主体责任，与北京市城市管理委员会研究落实对接，制定华北区域电力安全生产三年行动计划实施方案模板，及时报告电力应急行动计划当年执行情况等。履行区域电力安委会办公室职责，召开京津冀等地区安委会成员单位联络员会，落实国务院安全生产视频会议精神，及时通报企业安全生产主体责任落实情况和检查发现问题，开展区域电力安全监管专家监管专项培训等。

【安全生产专项检查】 本年，华北能源监管局针对迎峰度夏期间严峻电力供需矛盾形势，按照局党组电力供应保障和生产运行安全“两手抓、两手硬”要求，华北能源监管局围绕确保区域电网特别是首都电网度夏安全，专门制定工作方案并印发《关于做好2018年迎峰度夏期间电力安全生产工作的有关通知》，开展以拟并网火电项目和重要输电通道为重点迎峰度夏和防汛抗旱安全检查，督促电力企业确保安全生产和保障工程质量，稳步推进并网试验，开展隐患排查治理。共检查电力企业和电力工程项目24家，发出整改通知书24份，排查企业安全生产责任制不健全、承发包管理不到位、防汛抗旱不扎实等问题和隐患207项，要求企业整改。

【电力建设施工专项治理】 本年，华北能源监管局制定华北区域电力建设施工安全专项治理工作方案，在电力企业自查基础上，提前组织北京大兴国际机场配套电力项目施工安全等现场检查。重点督促建设单位履行安全生产主体责任，并对外包队伍进行“无差异管理”，提高从业人员安全意识，严防“以包代管”问题发生。华北能源监管局践行“铁的制度、铁的检查、铁的处罚”工作要求，针对工程施工质量差、违反事故信息报送规定等问题，对多家电力企业进行监管约谈，印发监管约谈纪要5份，严肃要求涉事企业认真整改，并及时开展复查。针对张北柔性直流试验示范项目分包商安全生产制度缺失等施工现场存在严重违章现象等问题，责令停工整改。为加强华北区域电力工程质量监督管理，召开区域质量监督机构工作会，要求质检机构履职尽责，及时受理电力建设项目质监注册申请，引导新能源企业开展工程质监工作等。

华北能源监管局李艳供稿

▶ 6月16日，东城区在崇外街道设立主会场，开展安全生产月宣传咨询日活动（右图）为区长金晖（左二）参加主会场活动（下图）为主会场现场 ▼

▶ 8月14日，东城区副区长薛国强（左三）带队开展中非合作论坛驻地周边安全检查

1月31日，东城区安委会召开2018年第一次全体会议

7月5日，召开第十二届东城区委全面深化改革领导小组第七次会议，审议通过《关于进一步推进安全生产领域改革发展的实施办法》

12月6日，东城区安全监管局开展南锣鼓巷消防应急疏散演练

▶ 3月6日，西城区副区长朱国栋（左四）带队检查两会期间安全生产工作

◀ 3月11日，西城区召开安全生产“双预防”大数据可视化分析平台建设情况汇报会

▶ 6月22日，西城区在北京机械工业自动化研究所有限公司开展2018年生产安全事故应急救援知识培训和模拟烟雾逃生演练

7月4日，西城区举办第二届处级领导干部安全生产专题培训班

7月19日，西城区召开街道隐患排查体系建设部署会

9月20日，西城区安全监管局执法人员对平安大街加油站进行安全检查

▶ 8月8日，朝阳区区委书记王灏（左一）、区委副书记、代区长文献（前排右二）带队检查建外街道“中非论坛”服务保障工作

◀ 2月1日，朝阳区安全监管局召开2018年安监系统工作会

▶ 6月15日，朝阳区组织2018年安全生产月宣传咨询日活动

6月21日，朝阳区应急办、区安全监管局、常营乡政府和华润紫竹药业公司联合开展2018年危险化学品事故应急救援桌面演练

6月27日，朝阳区东坝地区吹哨部门报道，进行联合危险化学品安全隐患执法检查

12月13日，朝阳区安全监管局与东湖街道研究安全生产大数据管理平台工作

▲ 1月25日，海淀区召开安委会第一次全会

▲ 5月11日，海淀区安委会办公室召开专职安全员队伍建设总结表彰大会

8 月 20 日至 24 日，海淀区安全监管局执法人员（左图）为检查企业生产安全事故应急救援预案及演练情况

（下图）为检查特种作业人员持证上岗情况

9 月 28 日，海淀区安全监管局执法人员通过沙盘了解香山公园应急处突方案

12 月 18 日，海淀区召开危险化学品企业 2018 年工作总结暨今冬明春安全生产工作部署大会

1月23日，丰台区安全监管局组织新版执法系统培训

6月16日，丰台区安全生产月宣传咨询日活动在汽车博物馆举行

8月15日，丰台区安全监管局检查长辛店油库安全生产工作

9月5日，丰台区安全监管局召开安责险工作推进会

9月12日，丰台区安全监管局开展2018年职业健康宣讲市级巡回宣讲

11月21日，丰台区安委会办公室对职能部门主管领导进行安全生产专题宣传教育活动

▲ 4 月 23 日，石景山区副区长肖平（前排右二）检查北辛安棚户区改造工程

▲ 4 月 10 日，石景山区召开 2018 年应急委全会暨安全生产工作会

6月16日，全国安全生产月宣传咨询日主会场在石景山区首钢技师学院举行

8月27日，石景山区召开安全生产工作会

9月13日，举行“2018年北京市职业安全健康巡回宣讲——走进石景山”活动

▶ 2 月 11 日，门头沟区区长付兆庚（中）带队检查“保利项目地块”安全生产工作

◀ 3 月 30 日，门头沟区召开 2018 年安全生产大会

▶ 4 月 28 日，门头沟区副区长庆兆珅（前排右一）带队对华润 365PLUS 进行安全检查

5 月 10 日，门头沟区安全监管局在大台煤矿开展职业病防治宣传，为职工发放宣传品

6 月 7 日 22 时，门头沟区在永定镇石门营居住区 S1 号线石厂站，开展地铁磁悬浮 S1 线消防联合演练

6 月 16 日，门头沟区安委会办公室开展安全生产月宣传咨询日活动，发放宣传品

▶ 6 月 16 日，房山区区长郭延红（中）参加区安全生产月宣传咨询日活动

◀ 4 月 28 日，老挝劳动与社会福利部代表团到房山区企业进行可持续发展（SCORE）项目安全生产工作调研

▶ 6 月 20 日，房山区开展危险化学品重大危险源生产安全事故“一对一”应急预案演练

7月18日，区政府常务会议组织会前学法活动，图为学习《地方党政领导干部安全生产责任制规定》

9月12日，房山区安全监管局执法人员检查有限空间作业现场

12月25日，房山区广电中心记者随区安全监管局执法人员拍摄电视节目《安全视界》

9 月 30 日，通州区区委书记曾赞荣（前排右一）带队检查安全生产工作

4 月 11 日，通州区召开 2018 年度城市副中心安全生产工作专班工作会

6 月 13 日，在通州区第十三届安全文化节活动中，街道安全员进行演讲

6 月 16 日，通州区举办 2018 年安全生产月宣传咨询日活动，为群众发放宣传品

6 月 22 日，通州区安委会办公室承办全国重大工程安全管理创新与事故预防经验交流会

10 月 24 日，通州区组织 2018 年有限空间事故应急救援演练

6 月 16 日，顺义区举办 2018 年安全生产月宣传咨询日活动，副区长郑晓博（左）为“聚力安监——顺义区安全生产监督管理局宣教平台”揭牌

5 月 11 日，顺义区召开 2018 年工业企业安全生产主体责任落实工作推进会

8 月 22 日，顺义区安全监管局执法人员对危险化学品企业进行安全检查

▲ 6 月 8 日，顺义区举行 2018 年安责险宣传周暨安责险集中投保月启动仪式

▲ 6 月 25 日，顺义区安全监管局在龙湾屯镇张中坞村开展“安全知识进农村”活动

3月5日至13日，国务院安委会办公室第8督导组对北京市进行安全生产专项督导（上图）为3月6日，督查组到大兴区听取安全生产情况汇报（下图）为实地检查新机场航站楼工程安全生产情况

4月23日，大兴区安全监管局组织执法人员及专职安全员参加执法模拟培训

6月16日，大兴区安委会开展安全生产月宣传咨询日活动

7月18日至19日，大兴区召开上半年安监系统行政执法案卷及执法文书评查会议

7月10日至12日，大兴区安全监管局举办第四届有限空间作业大比武活动

▲ 5 月 15 日，昌平区副区长刘长永（左一）在系列宣传活动中为群众讲解防灾减灾知识

▲ 6 月 12 日，昌平区举办 2018 年生产经营单位主要负责人和安全生产管理人员安全生产培训班

▲ 6 月 19 日，昌平区举办“安全生产月”宣传咨询日活动

▲ 9 月 21 日，北京市职业安全健康巡回宣讲团为昌平区企业一线劳动者宣传职业危害防护知识

▲ 2月13日，平谷区副区长张利民（中）带队检查华联超市

▲ 6月7日，兴谷街道开展“平安兴谷、弘扬安监精神”安全宣讲比赛

▲ 6 月 16 日，平谷区“安全生产月”宣传咨询日活动主会场

▲ 6 月 28 日，北京升兴包装有限公司开展危险化学品泄漏事故应急演练

▲ 3月12日，怀柔区召开城市风险评估专家评审会

▲ 6月16日，怀柔区安全监管局举办安全生产月宣传咨询日活动

7 月 12 日，怀柔区召开安全生产半年工作会

7 月 27 日，怀柔区 2018 年“安康杯”知识竞赛决赛现场

8 月 31 日，怀柔区安全监管局执法人员开展夜查行动

▶ 5月12日，密云区举行“5·12”防灾减灾进社区宣传活动

◀ 6月16日，密云区组织安全生产月宣传咨询日活动，为职工发放宣传品 ▼

▲ 10 月 15 日，密云区组织安全监管监察执法人员及专职安全员履职能力集中培训

▲ 10 月 29 日，密云区组织 2018 年安全生产专题培训班

3月2日，延庆区区长穆鹏（右二）带队对张山营延崇高速公路项目开展复工检查

2月12日，延庆区常务副区长张远（左四）带领区发改委、区商务委、区安全监管局、区消防支队等职能部门，对中国石油（石河营建材城站）、恒生市场、金宸炮点、世葡园开展春节前安全生产大检查

3月15日，延庆区安全监管局执法人员对世园会园区外围地下综合管廊土建工程重点建设项目进行安全生产专项执法检查

4 月 2 日，延庆区安全生产宣讲团到区第一小学三年级五班开展宣讲活动

5 月 11 日，延庆区安全监管局对延崇高速公路项目 32 名焊工作业人员进行培训

8 月 14 日，延庆区安全监管局联合区人保局、区住建委、区总工会、延庆镇等部门到世园会国际馆建筑工地开展《中华人民共和国安全生产法》、工伤保险宣传

▲ 9 月 27 日，开发区管委会主任梁胜（前排右三）带队进行国庆节前安全检查

▲ 1 月 2 日，开发区安委会、防火委员会联合召开消防安全隐患排查清理整治专项行动再部署及隐患排查治理标准培训会

3 月 22 日，开发区安全监管局召开 2018 年隐患排查治理标准清单编制动员部署会暨安全员大培训

6 月 13 日，开发区安全监管局与区总工会联合举办安全生产知识竞赛，图为决赛现场

11 月 27 日，开发区安全监管局召开第四届注册安全工程师主题论坛

区安全监管

东　城　区

概　述

2018年，东城区安全生产监督管理局（以下简称“东城区安全监管局”）围绕“四化三体系双基”总任务和“补短板、强融合、细落实、促平衡”总要求，安全生产综合监管工作机制和手段不断成熟。印发《关于进一步推进安全生产领域改革发展的实施办法》，开展安全生产“十三五”规划中期评估和“加强城市应急管理　筑牢城市安全防线”课题调研，启动安全发展示范城市创建，安全生产综合监管手段不断丰富；扎实推进安全生产标准化达标创建和隐患清单编制，安全生产预防控制能力不断增强；出精品求实效，精心策划安全生产宣传教育活动，不断夯实安全生产基层基础工作。推进城市安全隐患专项治理三年行动和安全生产执法检查，完成全国“两会”、中非论坛等重要政治活动安全保障工作。全年，未发生较大以上事故和具有较大社会影响事故，全区安全生产形势持续稳定。年内实现事故起数和伤亡人数“双下降”工作目标，安全生产考核全市排名第二，东城区被北京市评为“安全生产工作重大进步单位”。

综合监管

【安委会第一次会议】 1月31日，东城区安委会召开安全生产委员会2018年第一次全体会议。区领导、区安委会63家成员单位主要负责人出席。会上，区安委会、区安全监管局传达全国和北京市安全生产电视电话会议精神，通报2017年安全生产情况并部署2018年安全生产重点工作；消防支队通报2017年第四季度火灾情况，部署2018年消防重点工作；区安委会主任、区长李先忠与安委会成员单位代表签订安全生产责任书。李先忠强调，要把维护全区安全稳定作为基础和重点，全区各级党政领导干部要严格落实“党政同责、一岗双责”，党政一把手负总责，行政主要领导总负责。根据市委市政府第十督察组指出问题和反馈意见，抓紧研究制定整改落实方案；加强源头治理，注重预防环节；加强社会共治，多措并举加大消防安全动员宣传教育力度，提升百姓安全意识。巩固三大行动成果，坚决防止隐患问题反弹，采取“四不两直”方式，隐患整改情况开展“回头看”；加大执法处罚力度，树立“把隐患当事故处理”原则，各相关部门要履行执法权，加大处罚量，完善执法队伍建设；推进城市安全风险评估试点，结合春节期间安全保障任务，紧盯危险化学品、建筑施工、道路交通、工业企业、城市运行、人员密集场所等重点行业领域和故宫周边、待拆迁区、区界结合部等重要区域，加强安全生产监测预警和应急管理。

（刘　旭）

【安委会第二次会议】 4月13日，东城区安委会召开2018年第二次全体会议。区领导及区安委会64家成员单位主要负责人出席。区安全监管局通报2018年一季度全区安全生产情况，部署二季度重点任务；消防支队通报2018年一季度火灾情况；区委副书记、代区长金晖就抓好全区安全生产提出要求，全区各部门、各街道、各单位必须始终保持清醒头脑和忧患意识，绷紧安全生产这根弦，自觉坚持底线思维，高度的政治责任感与使命感，织密织牢安全生产防线，确保城市安全运行。坚持做到认识到位、责任到位、督办到位，树立城市安全发展理念，自觉站到国家和首都发展大局中，对安全生产方面短板和隐患要保持高度警觉，自觉做到察微知著；加强企业主体责任、部门监管责任和属地管理责任，实行管行业必须管安全、管业务必须管安全、管生产经营必须管安全；定期开展隐患排查，突出重点，聚焦安全隐患和突出问题。

（刘　旭）

【安委会第三次会议】 7月17日，东城区安委会召开2018年第三次全体会议。区领导及区安委会64家成员单位主要负责人出席。区安全监管局通报2018年上半年全区安全生产工作情况，部署三季度安全生产重点工作；消防支队通报2018年上半年火灾情况。区委副书记、代区长金晖强调，落实中办、国办《地方党政领导干部安全生产责任制规定》，担负起“促一方发展、保一方平安”政治责任，遏制较大以上事故，确保全区安全生产形势持续稳定。落实好安全生产各项重点任务，加强统筹协调，加快工作进度，确保按时完成；做好汛期暑期安全生产工作，防范化解诱发安全生产事故各种风险，严格执行领导干部带班、关键岗位24小时值班制度和事故信息报告制度。

（刘　旭）

【安委会第四次会议】 9月28日，东城区安委会召开2018年第四次全体会议。区领导及区安委会64家成员单位主要负责人出席。区安全监管局通报2018年三季度全区安全生产情况，部署国庆节及四季度安全生产重点工作；消防支队通报2018年三季度火灾情况，部署国庆节及四季度防火重点工作。区委副书记、代区长金晖传达陈吉宁市长抓好近期安全生产工作四点要求并强调，深刻吸取哈尔滨“8·25”重大火灾事故教训，克服任何麻痹思想和松懈情绪。按照市、区部署，开展城市安全隐患治理三年行动，组织好隐患台账和信息录入，9月30日前完成方案制定、监督检查计划制定报备和第一批隐患台账建立，力争用三年时间集中治理一批重点行业领域安全隐患。加强博物馆、图书馆等公共场所安全检查，加大执法监督力度，消除事故隐患。加强电动车安全管理，消除电瓶违规充电隐患。加强北京站等人流密集场所大人流控制和疏导，做好节日期间应急管理。

（刘　旭）

【安委会第五次会议】 12月10日，东城区安委会召开2018年第五次全体会议。区领导及62家成员单位主要负责人出席会议。区安委会副主任、副区长薛国强传达11月28日全市安全生产视频会精神，区安全监管局通报全区安全生产情况，部署“百日安全”行动；消防支队通报2018年第三季度火灾情况，部署今冬明春火灾防控重点工作；交通支队通报2018年第三季度道路交通事故，部署今冬明春交通安全重点工作。金晖要求，守住安全生产底线、生命红线，坚决落实《地方党政领导干部安全生产责任制规定》。对照《安全生产目标责任书》，高标准高质量完成年度任务。加强重点行业领域安全生产工作，有效防范和坚决遏制各类安全生产事故。

（赵　帅）

【工业企业综合监管】 本年，东城区安全监管局加强辖区内3家工业企业安全监管，以安全生产检查为手段，强化安全教育培训，深入排查安全隐患，工业企业做到层级负责，按要求开展隐患排查治理。针对工业企业开展季度例行检查、两会期间专项检查、隐患排查系统使用情况检查等，工业企业全年无安全生产事故。

（高　颜）

【三大行动挂账隐患核查调度会】 4月11日，东城区召开安全隐患大排查大清理大整治专项行动挂账隐患“回头看”核查工作调度会，区安全监管局、消防支队、综治办、文化委、城管执法局主管领导参加。会上，区安委会办公室部署东城区三大专项行动挂账隐患“回头看”核查暨安全生产大检查督查工作，副区长薛国强要求，把任务聚焦在全区已整改销账“三合一”、高风险群租房消防安全隐患的同时，关注全区其他六本隐患台账销账核实。督促行业部门和属地街道做好隐患排查整改，确保一般隐患不过夜，已整改隐患不反弹。

（赵　帅）

【假冒特种作业操作证专项治理】 8月1日至10月31日，东城区安全监管局开展打击假冒特种作业操作证专项治理行动，并组织自查生产经营单位9000余家，检查生产经营单位474家，发现隐患问题237处，下达责令整改指令书89份，检查安全培训机构8家次、考试机构和考点6家次，针对特种作业违法违规行为，处罚11起，处罚金额22.13万元。经复查，隐患全部整改完毕。

（王　慧）

【综合楼宇和物业企业专项检查】 8月2日至9月30日，东城区安全监管局开展综合楼宇和物业企业专项检查，检查物业企业20家，查处隐患34处，下达责令改正指令书11份，立案处罚6起，处罚金额4.7万元。经复查，隐患全部整改完毕。

（王　慧）

危险化学品安全监管

【危险化学品行政许可】 本年，东城区共受理危险化学品行政许可到期换证16家，变更申请3家，注销危险化学品经营许可证5家，劝退30家新危险化学品企业经营申请，全区危险化学品经营单位稳定维持在50家，达到总量控制目标。按照《非药品类易制毒化学品生产、经营许可办法》，全年为4家易制毒经营单位办理二、三类易制毒化学品经营备案。

（任福刚）

【加油站贯标改造】 本年，东城区完成市政府安全生产目标责任书中，7家加油站贯标改造任务。贯彻《汽车加油加气站设计与施工规范》，坚持四项新举措，在各加油站贯标改造工作前，组织建设方、加油站、设计方、施工方、监理方及聘请专家召开准备会，理顺关系，明确责任，落实责任，确保贯标改造不发生安全事故。引入专家技术支持，在贯标改造方案审核阶段、施工阶段、完工验收阶段都将邀请专家进行把关，确保贯标改造施工过程安全。进行试生产，由加油站组织专家对试生产方案进行审核，并对试生产条件进行确认，对试生产过程进行指导。施工结束后，引入评价报告机制，由加油站聘请有资质评价机构，对加油站进行完工后安全评价，符合安全条件后方可开业。

（任福刚）

【召开消防专题会议】 本年，东城区安全监管局先后召开6次消防专题会，传达部署区防火委下发消防文件精神，制定加油站落实消防计划，并下发至辖区13家加油站。各加油站在元旦、春节、“两会”期间，开展隐患排查，建立火灾隐患台账，制定消防保障方案，定期组织消防应急演练。平时定期检查和重要会议活动期间进行全覆盖安全检查，督促加油站强化应急值守，加强重点部位巡查，做好火灾隐患排查，落实散装油销售管理措施，组织防火、反恐等相关预案演练，提高应急响应能力。

（任福刚）

【危险化学品违法违规查处】 本年，东城区安全监管局共检查危险化学品经营单位182家次，下达限期整改指令书30份，消除隐患和问题42处，出动执法人员384人次，行政处罚25起，罚款9.8万元。

（任福刚）

烟花爆竹安全监管

【燃放期间执法检查】 2月，东城区安全监管局开展2018春节烟花爆竹夜查行动，结合中心城区功能定位和禁放区设置等情况，春节期间东城区不设置烟花爆竹零售网点。为保障东城区春节期间烟花爆竹安全，严防违规烟花爆竹流入，区安委会办公室牵头联合区烟花办、交通支队、安全监管局、公安分局、城管执法局、工商局等，成立检查组三次开展烟花爆竹夜查，未发现违规运输非法烟花爆竹行为，东城区烟花爆竹安全形势稳定。

（任福刚）

隐患排查治理

【隐患清单编制工作会】 2月24日，东城区安全监管局召开隐患清单编制工作会，20家属地街道（地区）安全生产检查队负责人参加。区安全监管局对2018年隐患清单编制及隐患排查治理系统推广应用进行前期部署，要求各单位落实工作推进职责。将安全检查与隐患清单编制、安全生产标准化、隐患排查治理系统推广应用等重点工作相融合，协同推进。加强与区安全监管局、中介服务机构联系与沟通，及时反馈解决问题。

（李　娟）

【隐患清单编制工作会】 3月6日，东城区安全监管局召开隐患清单编制工作会，部署2018年全区隐患清单编制工作，区商务委、旅游委等6部门主管科室负责人参加。区安全监管局传达2018年全市隐患清单编制及隐患排查系统推广应用精神，明确2018年任务及目标，要求强化举措，注重融合，突出重点，同步推进隐患清单编制、安全生产标准化及安全检查等重点工作。

（李　娟）

【隐患清单编制绩效考核】 5月22日，市安全监管局对东城区隐患清单编制第一阶段情况开展前期绩效考核，以检查文件资料为主，核查专家重点查看隐患排查治理体系建设相关材料、隐患清单编制方案、部署及宣传培训情况，肯定第一阶段取得成绩，并从业务层面提出意见建议，相关科室业务人员与核查专家进行交流，明确隐患清单编制全面核查内容、标准、程序等，并就做好隐患清单编制措施、方法、手段进行深讨。

（李　娟）

【隐患排查系统业务培训】 5月31日，东城区安全监管局邀请市隐患排查系统业务专家，开展隐患排查系统业务培训，20家属地街道（地区）隐患排查系统推广应用人员参加培训。专家通过图文并茂的形式，对隐患排查系统应用进行讲解，提升参会人员推广隐患排查系统业务能力。

（李　娟）

【隐患排查系统应用专项检查】 5月，东城区安全监管局开展隐患排查系统应用情况专项检查行动，通过查阅隐患排查系统排查记录，询问相关操作人员应知应会，查看企业现场管理等方式，对企业开展安全检查。检查发现，各企业均能按市政府266号令要求，开展隐患排查治理，系统登录频次、排查频次均符合规定。区安全监管局要求各企业认识隐患排查治理重要性，运用隐患清单编制成果，借助隐患排查系统全面、准确排查安全隐患，提升隐患排查治理能力。

（李　娟）

【隐患清单编制质量核查通报会】 7月27日，东城区安全监管局召开隐患清单编制质量核查通报会，核查中介机构及4家中介帮扶机构相关负责人参会。会议通报对4家中介帮扶机构质量核查情况，重点从宣传培训、企业标准不全、隐患清单漏项、组织架构同实际不符等方面，指出隐患清单编制存在不足。针对核查中介机构反馈问题，区安全监管局要求各中介帮扶机构举一反三，立查立改，按照市隐患清单编制质量标准开展工作。加强与核查中介机构联系与对接，确保下一阶段核查进行，通过核查促编制，提高编制质量。加快工作进度，在保证编制质量基础上，确保在时间节点前完成全部编制任务。调动企业员工参与，促进企业落实隐患排查治理岗位责任制，提升隐患排查治理水平。

（李　娟）

【隐患排查治理总结部署】 本年，东城区按照“试点先行、逐步推广、全面覆盖”原则，在重点行业领域开展隐患清单编制。全区531家企业完成隐患清单编制，其中重点行业领域商务、文化、旅游、体育4个人员密集场所实现企业隐患清单编制全覆盖；物业、民办医疗机构开展重点企业隐患清单编制；属地街道（地区）开展隐患清单编制与隐患排查系统推广应用联动，推动2000余家小微企业，应用隐患排查系统。全区隐患清单编制企业系统使用率每年均达到90%以上，运行情况良好。

（李　娟）

应急救援

【安全风险管控措施研讨会】 1月9日，东城区安全监管局召开安全风险管控措施研讨会，中国安全生产科学研究院、北京市安全生产技术服务中心专业技术人员10人参与研讨。现场对商务、文化、旅游、体育、在建工程、危化、工业等行业领域安全风险管控进行讨论，重点突出管控措施全面性、合理性、针对性及可操作性，形成行业领域初步管控措施方案。区安全监管局要求各中介单位结合行业领域实际，对风险源及风险点进行再辨识，确保风险辨识全面。要及时听取行业主管部门、属地街道及企业合理化建议，调动企业参与制定风险管控措施积极性。对照梳理出风险源及风险点，认真研究制定风险管控措施。

（李　娟）

【风险评估工作会】 3月27日，东城区召开2018年风险评估工作会。区安全监管局主管领导及行业、属地相关负责人30人参加。会议通报全区城市风险评估情况，总结经验，分析不足，对下步工作进行部署，要求各行业、属地街道（地区）在落实监管职责上下功夫，履行监管职责；在风险评估成果应用上下功夫，用好用活城市风险评估成果，通过评估成果改进工作方法，完善措施；在工作融合上下功夫，行业、属地街道（地区）发挥专职安全员队伍作用，结合标准化达标创建、隐患排查治理和日常检查，督促企业做好风险源管控和风险动态更新，形成风险评估长效机制。

（李　娟）

【城市安全风险评估工作座谈会】 4月9日，东城区安全监管局召开城市安全风险评估工作座谈会，中国安全生产科学研究院、北京市安全生产技术服务中心相关负责人参加。会议听取2家单位风险评估成果应用意见和建议，研讨下一步工作方向。区安全监管局向2家中介机构传达市安全监管局风险评估情况通报，对2家中介机构工作给予肯定，指出改进完善方向。要求各单位要立足企业实际，发挥专业技术优势，研究成果应用新思路、新举措，为全区城市安全评估提供专业意见建议。

（李　娟）

【东方银座安全生产应急演练】 5月11日，东城区安全监管局联合区商务委、应急办、公安分局、消防支队、东直门街道办事处，在东方银座购物中心开展安全生产综合应急演练。演练包括火灾报警、启动应急预案、通讯联络、切断电源、初期扑救、伤员救治、店内人员疏散、疑似爆炸物处置等程序。演练中，各小组相互配合、员工按照各自职责有序开展，演练达到预期效果。

（关宏建）

【南锣鼓巷消防应急疏散演练】 12月6日，举行由东城区安全监管局指导，交道口街道承办的“南锣鼓巷消防应急疏散演练”，区安全监管局及交道口街道主要领导出席并讲话。区安全监管局、交道口街道相关科室、社区工作人员、商户代表观摩演练。演练采取实战演练模式，模拟商户燃气连接软管破损，引起液化石油气爆燃后进行应急处置，设置事故自救、事故报警、现场警戒、人员疏散、事故救援等应急过程。演练准备充分、设置合理、指挥得当，参演单位和救援队伍配合密切、职责明确；人员疏散分工合理，组织有序；现场秩序管控良好、有条不紊，取得预期效果。北京市安全生产技术服务中心专家针对现场演练中存在问题，提出整改建议。通过演练，检验应急预案的针对性、实用性、可操作性，强化全区城市安全风险评估成果转化与应用，提升重点地区应对突发事件能力。

（关宏建）

【《事故应急预案》定稿及发布】 本年，根据东城区应急办统一部署，东城区安全监管局完成《东城区危险化学品事故应急预案》定稿及发布。区安全监管局与区应急办、中国安全生产科学研究院配合，对预案内容进行多次修订，报区领导审阅，完成预案定稿，并通过区应急办向全区各部门发布。

（关宏建）

【事故预案演练】 本年，东城区安全监管局指导区内加油站进行各种预案演练120余次，参加演练人员1000余人次，演练科目20余项，通过应急预案演练，强化员工心理素质和突发事件应对能力，确保加油站遇有突发情况能有效进行处置。

（关宏建）

【应急预案备案工作】 本年，东城区安全监管局按照《生产安全事故应急预案管理办法》，继续推进生产经营单位生产安全事故应急预案备案，共完成备案16件。针对企业备案材料存在问题，积极指导，及时解决。全年，备案单位以危险化学品经营单位为主，为开展危险化学品经营许可打下坚实基础。

（关宏建）

【城市安全风险评估试点】 本年，东城区根据安全风险评估对象及范围，确定在危险化学品（加油站）、人员密集场所单位（包括规模以上商业零售、规模以上餐饮、星级饭店、体育运动场馆、文化娱乐场所）、建筑施工项目、规模以上工业企业等行业领域开展安全风险评估，涉及行业主管部门有区住建委、商务委、旅游委、文化委、体育局、安全监管局。至年底，537家企业完成安全风险源清单编制、安全风险电子地图绘制，上报风险源数量15347条，安全风险云服务系统填报率达100%，其中集中开展风险评估企业499家，动态更新风险评估企业38家。形成全区及多个行业领域安全风险评估报告，涵盖安全风险辨识、应急能力及应急资源等方面。重点行业领域企业风险统一评估完成后，结合全区城市安全风险评估成果，加大成果转化与应用，突出城区特色，开展风险评估“回头看”活动、重点区域应急演练、编写《东城区行业生产安全事故应急救援预案指导手册》等延伸工作。

（李　娟）

【企业安全风险源再评估】 本年，东城区属地街道（地区）开展辖区内相关企业安全风险源再评估。北新桥、东华门、天坛、龙潭街道、王府井建管办等属地街道（地区）加强安全风险源再评估组织领导，通过北京市安全风险云系统对本地区风险源数量、等级、分布情况进行初步汇总，结合日常检查掌握企业情况进行综合分析研判，确认企业上报安全风险源准确性和全面性。对安全风险等较大风险源或涉及公共安全风险源，加强工作融合，在日常检查基础上，开展专项检查，深入企业现场，根据企业特性和风险等级进行再次筛查和确认。通过企业安全风险源再确认，为属地街道（地区）风险源管控夯实基础。

（李　娟）

【城市安全风险评估培训】 本年，东城区安全监管局组织城市安全风险评估培训。以专家授课、行业部门或属地街道（地区）集中培训形式进行，北京市安全生产技术服务中心作为东城区城市安全风险评估服务机构，选派经验丰富授课老师，对全区属地街道（地区）相关科室人员和专职安全员检查队人员，进行城市安全风险评估业务培训。培训以城市安全风险评估相关业务知识为基础，对北京市安全风险云服务系统操作及应用等内容进行讲解，使培训人员熟悉城市安全风险评估主要内容、工作流程、工作要求，熟练掌握系统操作程序和步骤，重点为行业部门和属地街道（地区）相关人员进行答疑释惑，明确标准规范。全年，共培训行业主管部门、属地街道（地区）和企业安全管理人员700余人次。

（李　娟）

执法监察

【春节庙会安全生产检查】 1月3日至22日，东城区安全监管局开展春节庙会安全生产检查，组织执法人员每2天对地坛、龙潭庙会临时搭建情况进行一次全面检查，共开展10轮次安全检查，检查中发现4处隐患，均现场整改完毕。1月28日（初一）至2月1日（初五）庙会期间，每天出动2组检查人员，对庙会摊位、舞台搭建和安全情况进行10轮次安全巡查。1月21日，庙会活动结束后，组织人员对摊位、舞台及临时搭建设施拆除进行现场指导及安全检查，监督施工方，按照撤展方案完成拆除工作。期间，未发生生产安全事故。

（王　慧）

【雍和宫春节觐香安全生产检查】 1月14日至23日，东城区安全监管局开展雍和宫春节觐香活动安全生产检查，对雍和宫落实用电设施设备安全、疏散通道标识、应急预案、防止各类事故发生措施等进行检查，出动执法人员20人次，查处隐患5处，均现场整改完毕。2月16日（正月初一），局领导带队对觐香活动期间雍和宫安全进行巡查。

（王　慧）

【全国“两会”安全保障执法检查】 2月20日至3月20日，东城区安全监管局开展全国“两会”安全生产保障执法检查行动，区安委会办公室制定《东城区2018年全国“两会”安全生产保障工作方案》，召开全国“两会”安全生产保障工作部署会。区安全监管局对辖区内6个驻地周边200米范围内，145家生产经营单位进行全覆盖检查并建立隐患台账，开展涉会场所周边安全专项检查、消防安全大检查、餐饮场所燃气使用安全专项检查、建筑工地专项安全检查等重点执法保障行动，出动检查人员351人次，检查生产经营单位164家，查处各类隐患72处，下达责令限期整改指令书31份，立案处罚15起，处罚金额9.3万元。经复查，隐患全部整改完毕。会议期间，全区安全生产形势稳定良好，未发生安全生产事故。

（王　慧）

【建筑工地春季复工专项执法检查】 3月25日至4月15日，东城区安全监管局开展建筑工地春季复工专项执法检查，检查工地32处，查处隐患57处，下达限期责令改正指令书18份，处罚16起，处罚金额5.85万元。经复查，隐患全部整改完毕。

（王　慧）

【安全生产培训专项执法行动】 6月1日至30日，东城区安全监管局开展安全生产培训专项执法行动，结合安全生产大培训和专职安全员隐患上报情况，对已报名但不参加培训、报名后由他人替代培训的企业、区属企业、危化经营企业及专职安全员检查系统中挂账较大危险因素企业，按10项重点检查内容开展执法检查。期间，出动执法人员167人次，检查生产经营单位88家，发现安全生产培训相关违法违规行为72处，下达责令整改指令书23份，对发现的依法给予严厉行政处罚，立案处罚9起，处罚金额4.28万元。经复查，隐患全部整改完毕。

（王　慧）

【中非合作论坛安全保障执法检查】 7月24日至9月10日，东城区安全监管局开展中非合作论坛安全生产保障执法检查，将驻地周边全覆盖保障范围由200米范围内，扩展至500米范围内生产经营单位，全体执法人员和专职安全员全员停休，围绕会场驻地、行车沿线周边生产经营单位，隐患多发行业、人员密集场所等重点地区、重点行业开展不间断安全生产执法检查，完成辖区内13个驻地周边500米内1012家生产经营单位三轮次全覆盖检查。出动执法人员和专职安全员48211人次，检查生产经营单位26012家次，查处各类隐患5998处，下达责令改正指令书278份、限期改正通知书3148份，立案处罚31起，金额10.18万元。经复查，隐患全部整改完毕。会议期间，东城区安全生产形势稳定良好，未发生安全生产事故。

（王　慧）

【全年执法检查情况】 本年，东城区安全监管局共检查生产经营单位2140家次，人均73.79件，立案处罚406起，人均14件，执法履职率9.43%，罚款金额230.979万元，处理投诉举报及信访件86件，曝光2批共8家存在重大安全隐患生产经营单位，与上年相比，检查量增长至118.8%，处罚数增长至123.4%，执法履职率增长至110.9%。人均检查量全市第四、人均处罚量全市第三。紧抓机关依法行政，规范执法行为，推进执法工作提质增效。完善执法监督检查各项制度，累计出台、修订13项制度；坚持从严开展案卷评查，根据每月进行一次案卷评查计划，共评查案卷52本；高效利用北京市安全生产行政执法系统，持续加大执法督导频次和力度，引导和督促相关科室队提升执法效率。

（曹宝姝）

【专职安全员队伍建设】 本年，东城区安全监管局扩招专职安全员总人数至436人，开展街道（地区）安全生产检查队和区职能部门安全生产督查检查队规范化建设评审，强化专职安全员队伍管理，提升专职安全员业务水平。在原有专职安全员管理制度基础上，增加教育培训制度，整合完善专职安全员管理办法、绩效考核办法、廉洁自律行为规范等十项管理制度。完成专职安全员38人轮岗，根据不同入职时间按比例确定轮岗人数，结合街道（地区）实际和个人意愿，统一调配，4月初完成轮岗。实行“一证一卡”制度，规定专职安全员在日常检查中，向企业负责人出示“安全生产检查证”和“安全生产专职安全员社会监督卡”，规范专职安全员检查行为，强化社会力量监督。开展专职安全员培训，包括远程网络培训、8次专题分训、2次主题集训，远程参训人数330余人，面授人数1000余人次。创办《东城区专职安全员月报》，及时报道专职安全员动态，通报任务完成情况及安全生产相关信息，扩大专职安全员影响力和感召力。全年，共刊发月报12期，两会保障专刊1期，累计印发1300份；设立督查小组，对专职安全员日常仪容仪表、检查礼仪、廉洁自律、检查规范等进行督查，定期通报，督促专职安全员规范检查、尽职履责。

（常乐乐）

职业卫生监督检查

【生产经营单位地下有限空间检查】 8月，东城区安全监管局坚持每周一次夜查，强化监督执法的常态化，统筹协调好科室日常工作，集中执法力量，加大对重点地区、重点行业、重点企业、重点场所检查、巡查和夜查力度，针对通讯行业领域有限空间作业项目存在层层转包、人员培训不到位等问题。加强执法检查同时，加大处罚和曝光力度，对责任不落实，管理不到位，失职单位和个人加大处罚力度。对违法违规作业单位，及时公示上报该单位行政处罚信息，在工程招投标、生产经营、资质审核等方面，依法予以限制或禁止。通过行政处罚、通报批评、媒体曝光等方式，增大违规企业违法成本。

（高　颜）

【职业卫生监督检查】 本年，东城区安全监管局为掌握重点行业专项治理和重点用人单位职业健康管理情况，制定重点检查计划，开展专项治理和日常执法行动。进行“两会”“中非论坛”期间安全检查，对代表驻地周边、行车沿线重点单位进行安全检查。按年初职业卫生工作部署，结合职业卫生基础建设活动，开展加油站、机动车维修行业用人单位职业卫生基础建设活动专项执法检查。区安全监管局与区运管处、卫计委、疾控中心，在机动车维修、工业企业职业卫生监管方面合作，多次开展联合执法行动，应急演练活动等。

（高　颜）

【职业卫生专项调研】 本年，东城区安全监管局在2016年调研基础上，再次开展建筑行业职业卫生深入调研。委托技术服务机构开展调查问卷、现场调研、工作交流等形式，开展近半年调研。侧重引导建筑施工企业从职业病防治落实责任，健全制度，全面防控，打好基础，狠抓落实五个方面，提高认识。

（高　颜）

【职业卫生教育培训】 本年，东城区安全监管局与区卫计委、疾控中心召开培训会，聘请职业卫生专家进行专题培训，对2017年职业卫生基础建设进行梳理和分析，并解读国家和北京市职业卫生基础建设文件要求，并对2018年职业卫生评估、重点职业病危害因素监测及2017年东城区健康白皮书撰写进行部署。

（高　颜）

【企业职业危害状况】 本年，东城区安全监管局分两次对市安全监管局下发普查单位进行初步核查，对已不在东城区从事涉及职业病危害因素作业用人单位进行删除确认。积极开展基础调查，市、区、街道三级联系机制建立，普查方案制定等工作。通过调查问卷、现场调研、工作交流等形式，对838家用人单位进行普查。经市安全监管局认定，东城区完成入库企业数量845家，超额完成。

（高　颜）

宣传培训

【安全文化建设示范企业创建】 4月，东城区安委会办公室印发《关于推荐上报2018年北京市安全文化建设示范企业的通知》，面向全区开展推选，推选出地坛体育馆等9家企业，参加市安全文化示范企业创建，最终北京建工四建工程建设有限公司、北京东直门国际公寓有限公司获评市级安全文化示范企业。

（姬燕婷）

【安全生产月宣传咨询日】 6月16日，东城区安委会办公室在崇外新世界百货门前广场，举办东城区安全宣传咨询日主会场活动，东城区代区长金晖、区委常委、区委办主任陈本宇、人大常委会副主任于静、副区长薛国强、区政协副主席颜华、市安全监管局等领导出席，区安委会部分成员单位主要领导、部分企业代表及居民代表、青年志愿者代表等500余人参加活动。活动内容丰富，形式多样，三大特色分区相互配合，持续推进安全宣教工作延伸。区安委会办公室联合下一代教育基金会共同开展“我们的安全城市”和“安全纵贯线”系列活动，也在安全宣传咨询日活动中拉开帷幕。除崇外新世界主会场外，19个街道（地区）单位安全宣传咨询日分会场活动同步开展，以展台宣传、应急演练、互动体验等形式，开展安全生产宣教，确保全区活动全面响应，影响力强，收效显著。活动当日，全区8000余人参加安全宣传咨询日活动，发放各类安全宣传品、宣传材料3.5万余份。

（姬燕婷）

【安全生产宣传教育活动】 本年，东城区安全监管局开展打造“安全生产纵贯线”“我们的安全城市”特色宣教品牌活动。结合安全生产宣教“六进”要求，策划“安全生产纵贯线”应急演练活动和“我们的安全城市”安全宣教特色活动。6月，启动“我们的安全城市”活动，经推广宣传和作品征集，在3家机关、10个社区、6所学校分别征得摄影作品32张，视频20条，书法作品12幅，校园安全模型14个，并组织专家评委进行评审，在安全月总结颁奖典礼上，对优秀作品进行表彰。“安全生产纵贯线”系列应急演练培训，在22家企业、10个社区、4所学校推进，受众7000余人，在企业员工、在校师生及群众中获得良好反响。

（姬燕婷）

【开展宣传培训工作部署】 本年，东城区安全监管局制定《关于深入落实2018年度东城区安全生产培训工作的实施意见》《东城区2018年生产经营单位主要负责人和安全生产管理人员安全生产培训工作方案》《2018年东城区安全生产宣传教育工作方案》，推动落实安全生产宣传教育进企业、进校园、进机关、进社区、进家庭、进公共场所。

（姬燕婷）

【安全社区建设】 本年，东城区安全监管局建立安全社区“三·三”监督管理机制，培训、协调、座谈“三位一体”交流指导体制。成立主要领导专题研究、专门科室负责、专职人员管理的“三专一体”日常管理体系；制定每周听取辅导机构汇报，每月召开专题调度会，每季安委会集中通报“三级一体”跟踪督导模式。督促创建单位做好评审迎检工作，建立由主要领导带队，专业机构参与的创建工作督导组，深入参加评审6个创建单位开展交流督导，通过“手把手”指导、“面对面”沟通、“心连心”对话，确保上下一心，打好评审攻坚战，最终建国门街道、东四街道、崇外街道、东花市街道、朝阳门街道及前门管委会获评通过市级安全社区。

（姬燕婷）

法制建设

【行政许可审批】 本年，东城区安全监管局网上行政审批率100%。全年，受理完成危险化学品行政许可到期换证16家，变更申请3家，注销5家，劝退30家申请，危险化学品经营单位数量进一步缩减至50家，达到总量控制目标。

（任福刚）

标准化建设

【安全生产标准化工作会】 2月24日，东城区安全监管局召开安全生产标准化工作会，区安全监管局及20家属地街道（地区）安全生产检查队负责人参加。会议对2018年安全生产标准化工作进行前期部署，要求各单位落实工作推进职责，责成专人负责对接，及时掌握进度；注重工作融合，将安全检查与隐患清单编制、安全生产标准化、隐患排查治理系统推广应用等重点工作相融合；加强与区安全监管局、中介服务机构联系与沟通，及时反馈解决问题。3月6日，东城区安全监管局召开安全生产标准化工作会，区安全监管局及区商务委、文化委等7部门主管科室负责人参加。区安全监管局传达2018年全市安全生产标准化工作会议精神，听取各单位意见建议。

（李　娟）

【安全生产化达标企业质量核查】 5月16日至17日，市安全监管局委托市安全生产科学技术促进会，对东城区三级安全生产化达标企业进行质量核查。市核查组检查三级达标企业12家，涉及文化娱乐、物业、餐饮等行业领域。市核查组专家通过查看企业制定落实安全生产管理制度、现场管理、隐患整改等重点情况，检查企业持续运行安全生产标准化，评审单位工作程序合规等情况。通过核查，东城区安全生产标准化评审程序规范，安全生产标准化达标总体质量较好。

（李　娟）

【三级安全生产标准化企业创建】 本年，东城区安全监管局落实安全生产标准化创建推进职责，推动行业主管部门履职，突出宣传培训、突出质量管控、突出评审程序、突出隐患排查整改。年内，全区1263家企业完成安全生产标准化达标创建，其中395家企业达到三级安全生产标准，868家企业达到小微企业岗位达标标准，超额完成市安全监管局下达年度创建任务。

（李　娟）

西　城　区

概　述

2018年，西城区安全生产工作贯彻落实市、区各项决策部署，把安全生产工作与促进非首都功能疏解，加强城市精细化治理相结合，紧盯事故高发行业领域和监管薄弱环节，以构建多部门联动长效机制为核心，以强化专项行动统筹为抓手，以开展安全生产宣传教育活动为依托，全区安全生产形势稳定向好，各项工作不断开创新局面。

发挥区安委会组织协调作用，搭建以安全生产大会和季度例会为基础、以部门和街道联席会为依托会议体系。组织召开安委会例会 4 次、部门联席会议 4 次、街道联席会议 8 次。年初，召开安全生产大会逐级签订安全生产责任书，将重点任务纳入绩效和综合考核。构建多部门联动长效机制，明确任务分工，压减安全生产道路交通事故。制定安全生产领域改革发展实施方案，确定路线图、时间表、责任主体和保障措施。统筹协调全区“长安计划”公共安全体系建设。

健全安全生产责任体系，落实“党政同责、一岗双责、齐抓共管、失职追责”和“三个必须”要求，出台“1＋7”系列体系文件，形成定责、履责、考责、追责、责任落实闭环。扩大区安委会成员单位范围，调整部分成员单位安全生产监管职责，明确规模以下零售、餐饮和限额以下小型工程安全监管职责，填补监管空白。以督查整改问题为导向，制定行业部门和街道安全生产工作手册，建立安全生产工作全程纪实机制，督促行业属地落实监管责任。

建设隐患排查治理体系，打造安全生产标准化“千万工程”，全年完成标准化创建三级达标企业、小微达标企业共 3153 家。完成“一企一标准、一岗一清单”企业清单编制任务 200 家。根据地区特点、街道特色和机构职责划分现状，指导各试点街道制定隐患排查治理体系建设方案。坚持标准化企业数量与质量并重，对达标企业专项抽查复核，指导行业部门对企业督促整改。

强化安全管理事前防控，推动安责险制度化、规范化、标准化运行，为全区餐饮参保企业安装实用性监控设备，通过大数据分析，形成“保险＋服务＋科技”模式，为企业扣上一道事前防范、事中监控、事后补偿“安全阀”。推进城市风险评估，建立风险源清单，以街道为单位绘制安全风险电子地图，编制安全风险评估报告和重大安全风险源企业“一对一”事故应急预案，制定安全风险管控办法。提高事故调查处理质量，开展全区生产安全事故应急处置综合演练，运用桌面推演、实地演练、区街联动等方法，以作业人员作业时发生事故和触电事故为场景开展演练，指导行业部门、街道、企业联合开展应急预案演练 18 次，进一步提升事故应急处置能力。

加强宣教培训引导作用，巩固传统媒介阵地，加速新兴媒体发展，依托北京电视台、《西城报》、首都之窗、千龙网、“西城安监”微信公众号，增强安全生产宣传教育渗透力。发挥“安全生产月”作用，以“生命至上、安全发展”为主题，开展宣传展览、现场咨询、应急演练、知识竞赛等形式宣传活动，营造良好安全生产氛围。开展“六进”宣传活动，即进社区、进学校、进企业、进机关、进家庭、进公园。推进安全生产警示教育基地建设，各街道基地每年可接待 3 万人次。建立分层次、有重点、多形式培训教育体系，针对主管领导、执法人员、专职安全员、企业负责人开展有针对性宣教工作。举办安监系统副处级干部脱产培训，组织局机关干部参加全市安全生产高级研修班，提前增强应急意识、进入“应急状态”。对全区安全监管人员和专职安全员 660 人，开展网络远程培训。推进特种作业考试教考分离，全年开展10期特种作业培训。

开展城市安全隐患治理三年行动，抽调骨干力量，牵头成立区三年行动工作专班，制定工作方案，重点围绕消防领域、建设领域、重点人员密集场所等9大行业（领域）开展安全隐患治理，制定情况通报、隐患台账、隐患核查、挂牌协调等工作机制，建立年度隐患治理台账，全面统筹、推进调度工作开展。针对559处三大行动“回头看”重点挂账隐患，进行两轮次100%全覆盖复查、核查。统筹体育局、白纸坊街道、产权单位等部门，召开玄武悦尚健身场所安全隐患专题协调会，关停该企业非法违法游泳区域。全年西城区累计出动检查人员1.7万人次，检查企业和单位7365家次，年内全区挂账各类安全隐患126项全部销账，抽查核查26项，核查率20%。

有序推进执法检查，加强“双随机一公开”和“四不两直”执法检查力度，主管副区长每周带队联合检查，共检查71家生产经营单位，查处各类安全隐患812项。加强重点时期执法检查力度，完成春节、“两会”“中非论坛”、北京坊中秋灯会、金融街灯光秀等重要时期安全生产保障工作。加强安全生产专项行动执法检查力度，开展消防车通道专项整治、博物馆、文物建筑、图书馆安全隐患集中治理专项行动、餐饮业治理提升专项行动、电动自行车消防安全综合整治、大型商业综合体，消防安全专项整治。持续开展“一周一报”。

打造“专职安全员队伍提升年”，开展专职安全员能力“提升年”系列工作，狠抓业务技能培训，强化队伍廉政建设，创新建立领军人才库，打造一批综合素质高、专业能力强的专项拔尖人才。4支检查队获评市级先进集体，4名专职安全员获评市级先进个人，参加北京市“职工技协杯”技能竞赛决赛团体平均分全市第一。创新监管模式，建立安全生产隐患移交、区街联动执法检查工作闭环机制，将全区专职安全员、社区兼职巡查员队伍纳入安全生产网格化监管，打通安全生产监管“最后一公里”，形成“区—部门—街道—社区”四级安全生产监管网络。全年，全区专职安全员共检查9.2万家次，发现隐患10.4万项。

综合监管

【安全生产责任体系建设】 本年，西城区安委会将区产业发展局、食品药品监管局纳入安委会成员单位。制定区产业发展局、北京金融街服务局安全生产职责。修订区城管执法监察局、区检察院、各街道办事处安全生产职责。明确规模以下零售、餐饮和限额以下小型工程安全监管职责，消除监管盲区。梳理细化部分单位安全生产责任，重新修订部分机构调整单位安全监管职责，制定行业部门和街道安全生产手册，建立安全生产全程纪实机制，督促行业属地落实监管责任。

（封吹雪）

【推进安全生产领域改革】 本年，西城区安委会制定《关于进一步推进安全生产领域改革发展的实施方案》，落实安全生产责任制，完善安全监管监察体制，推进安全生产依法治理和安全预防控制体系建设，围绕安全生产“十三五”规划纲要目标实现、重点任务推进、规划实施存在问题等，进行中期评估，形成评估报告。

（封吹雪）

【安全生产督查“回头看”】 本年，西城区安委会完成市安委会、市政府督查室安全生产督察“回头看”迎检工作。针对督察组提出“党政同责、一岗双责”文件整改不到位、发文不规范、未结合实际制定工作制度等24项问题，统筹协调全区相关单位开展整改，并全部整改完毕。

（封吹雪）

【“双无”创建工作】 本年，西城区安委会完成区住建委、质监局、园林绿化局，白纸坊、大栅栏、西长安街、月坛、展览路街道8个单位“双无”创建，继上年已创建8家单位，已覆盖8个重点行业和8个街道，达到“8+8”创建目标。

（封吹雪）

【安全社区建设】 本年，西城区15个街道全部完成安全社区创建。其中4个街道再次获国际安全社区称号，5个街道通过市考核组验收，同已获安全社区称号6个街道，西城区为全市首个安全社区建设建成区。

（封吹雪）

【执法检查“一周一报”】 本年，西城区安全监管局开展安全生产执法检查情况“一周一报”工作。累计出动检查人员34.8万人次，监督检查企事业单位和场所27.9万家次，发放宣传材料69.8万份，发现隐患16.2万项，隐患整改15.1万项，责令改正、限期整改、停止违法行为4.1万起，责令停产、停业、停止建设1296家，处罚款3634件，处罚金额1707.99万元，关闭非法违法企业72家，帮扶特殊群体7.8万人。

（靳交瑞）

【专职安全员能力提升年】 本年，西城区安全监管局组织开展“专职安全员能力提升年”活动。以“抓业务，重实效，促提升”为目标，6月，开展专职安全员摸底调研及理论专业知识培训。7月至8月，在企业及首钢技师学院开展专职安全员实操实训。10月初，开展全体人员综合封闭培训及业务骨干讲师培训班。10月下旬，开展动态数据采集，为队伍撰写测评报告。

（刘林婧）

【专职安全员规范化建设】 本年，西城区安全监管局开展职能部门安全生产督查检查队规范化建设。成立部门安全生产督查检查队规范化建设工作领导小组，制定工作实施方案，召开部署会、培训会，抽调专人成立评审小组，对17个部门督查检查队进行现场评审，评审内容包括检查队规范化建设11大项、37小项内容，逐项检查、打分，在抓点抓细基础上，树立典型。在全市组织职能部门安全生产督查检查队规范化建设考核中，获得全市第一。市安全监管局领导多次到区文化委、民防局、展览路街道等检查队，进行规范化建设调研并给予肯定。

（刘林婧）

【安全生产责任保险】 本年，西城区“安责险”投保企业6713家，同比增长20%；保费1628.55万元，参保率达43.85%，同比提高4.69%。为参保企业提供超过355亿元风险保障。

（颜　伟）

危险化学品安全监管

【开展危险化学品监管】 本年，西城区安全监管局强化加油站及其他危险化学品经营企业安全监管，结合春节、“两会”等重点时段及危险化学品三年综合治理等重点工作，开展高频次、全覆盖执法检查。共检查企业234家次，下达责令限期整改指令书35份，行政处罚15起，经济处罚1.5万元。

（潘海燕）

【行政许可和备案】 本年，西城区安全监管局办理危险化学品经营许可证延期、变更及新增企业38家；办理第二类、三类易制毒化学品经营备案7家。

（潘海燕）

【加油站贯标改造】 本年，西城区安全监管局推进加油站贯标改造。按照《汽车加油加气站设计与施工规范（GB 50156—2012）》，落实17家加油站专项整治工程，改造加油站3家，关闭加油站1家。至11月，全区16家加油站贯标改造全部完成。

（潘海燕）

【安全生产网格化监管建设】 本年，西城区安全监管局创新安全生产监管模式，将专职安全员、兼职巡查员队伍纳入安全生产网格化监管。负责对网格内生产经营单位，进行安全生产法律法规宣传、企业台账更新、安全生产检查，做到责任到人。

（刘林婧）

隐患排查治理

【安全隐患治理三年行动】 年初，西城区安全监管局抽调力量，成立西城区城市安全隐患治理工作专班，不等不靠，在全市率先启动城市安全隐患治理三年行动。聚焦“把隐患当事故处理”理念，推动企业单位主体责任全面落实，构建安全风险评估和隐患排查治理双重预防机制，全面排查治理消除各类安全隐患，重点围绕消防领域、建设领域、重点人员密集场所等9大行业（领域）开展安全隐患治理，建立年度隐患治理台账，创新健全四项机制抓统筹推进调度工作开展。针对三大行动“回头看”重点挂账隐患，进行两轮次100%全覆盖复查、核查。通过城市安全隐患治理三年行动信息系统，全过程记录工作开展和隐患台账情况。年内，全区各单位累计出动检查人员1.7万人次，计划监督检查单位目标4700家次，实际组织检查企业和单位8368家次，全年市级挂账各类安全隐患销账完成率100%。

（张　峥）

【隐患排查治理工作】 本年，西城区安全监管局开展隐患自查自报。制定《西城区街道安全生产隐患排查治理体系建设工作方案》，召开西城区安全生产隐患排查治理体系建设试点工作部署会，定时召开街道、行业部门协调会，指导全区15个街道根据自身特点分别制定隐患排查治理体系建设方案，结合试点街道分别制定隐患排查治理责任制和管理制度、街道安全风险分级方案、小微企业隐患排查治理手册、街道隐患排查执法指南，开展隐患自查自报培训。年内，全区15个街道全部完成隐患排查治理体系建设任务。

（宋志娟）

【隐患排查治理标准清单】 本年，西城区安全监管局通过动员培训、入户走访、确定标准、清单编制、上网登录5个程序，完成200家企业隐患排查治理标准清单编制。区安委会办公室制定《关于做好2018年隐患排查治理标准清单编制的通知》，召开工作培训和动员部署会议，明确全年各部门任务目标，每月召开中介机构、各部门参加工作调度会，了解工作进度、解决存在问题，加强中介与部门间配合与衔接。

（宋志娟）

【工业企业涉危隐患治理】 本年，西城区涉危8家工业企业，整改完毕7家，整改率达87%。剩余1家因涉及危险化学品储存库房施工改造，时间较长，已提交整改延期申请，区安全监管局继续督促其隐患问题整改到位。

（潘海燕）

【举报投诉】 本年，西城区安全监管局共接到举报投诉75件，办结75件，办结率100%，比上年举报投诉案件下降29%。其中受理市安全监管局“12350”举报投诉中心57件；区政府热线10件；信访系统1件；其他7件。投诉反映问题集中在高处悬吊作业11件，占总数的15%；人员密集场所10件，占总数的13%；特种作业11件，占总数的15%；建筑施工12件，占总数的16%；电力21件，占总数的28%；其他10件，占总数的13%。

（李家麟）

应急救援

【事故应急救援综合演练】 6月22日，西城区安全监管局会同区应急办、德胜街道，在北京机械工业自动化研究所有限公司举办生产安全事故应急救援工作程序综合演练，区人大代表、区政府相关部门、区委宣传部、西城公安分局、区住建委、区卫计委、区应急办、西城交通支队、15个街道单位主管领导和部门负责人、区部分社区工作者、区部分企业负责人等200余人观摩演练，《北京晚报》、千龙网、《西城报》等多家媒体，对演练活动进行采访报道。演练按照既定方案有序进行，各参演部门紧密配合、协调运行，疏散紧张有序，救援及时到位，提高从业人员风险防范意识、生产经营单位应急处置能力和政府有关部门协调配合能力，达到预期效果。

（颜　伟）

【城市风险评估】 本年，西城区安全监管局在全区全行业内，继续开展城市安全风险评估。将城市安全风险评估从生产经营单位安全风险角度，拓展到整体城市安全，面向行业管理部门和各街道，针对“自然与环境”“危险化学品”“工业”“建筑业”“城市基础公共设施”“人员密集场所”“重要场所”“城市公共卫生”“城市社会安全”“其他单元”十类评估对象面临的自然灾害、事故灾难、公共卫生事件、社会安全事件四大类风险类型开展调研。通过培训、走访调研指导、上报风险数据整理和分析，共收到801家企业上报风险信息，收集风险5532项，低风险4139项，一般风险1277项，较大风险113项，无重大风险，初步形成区风险清单及区风险地图，并完成15个街道城市安全风险评估报告和西城区城市安全风险评估报告，查清试点企业安全风险源数量、种类和分布情况。

（颜　伟）

执法监察

【全国“两会”安全保障】 2月28日至3月22日，西城区安全监管局完成全国“两会”安全生产保障工作。落实区政府做好2018年全国“两会”服务保障要求，建立“两会”会场、代表驻地200米范围内生产经营单位基础台账，以建筑施工、餐饮、文化娱乐场所、商市场等人员密集场所为重点，层层联动，全面检查。至3

月22日，西城区累计监督检查6728家，出动人员7555人次，发现隐患8836项，消除7564项，下达责令限期整改指令书1272份。

（靳交瑞）

【物业行业专项行动】 5月，西城区安全监管局在西城区工人文化宫举办物业行业专项安全生产培训会，对展览路、月坛、广内、广外4个街道264家物业单位，开展安全生产隐患排查等培训，对主要负责人应履行职责、现场管理、隐患自查自检、消防安全和电梯安全进行讲解。8月，区安全监管局以生产安全事故隐患巡查记录、配电室人员配备、劳动防护用品管理及特种作业人员安全生产培训档案等情况为重点，联合街道专职安全员队伍，对辖区内9家物业单位开展专项执法检查，共下达执法文书9份，发现各类安全隐患8处。行政处罚1起，罚款1万元。

（康　宁）

【特种作业操作证专项治理】 8月，西城区安全监管局开展打击假冒特种作业操作证专项治理行动举报信息核查。加大对特种作业人员无证上岗、持假证上岗、特种作业培训、管理制度、人员档案等方面检查力度，启动特种作业举报信息快查快办机制，特种作业类违法立案5起，罚款4.1万元。

（王　瑞）

【夏季汛期专项执法检查】 8月，西城区安全监管局针对夏季多雷电、多雨季节特点，开展多行业夏季汛期专项执法检查。共检查施工工地2家、酒店3家、物业企业2家，小微企业10余家。

（康　宁）

【区街联动检查闭环机制】 本年，西城区安委会办公室以安全生产执法检查“提质增效”为抓手，以杜绝和压减安全生产事故发生为目的，在全市率先实施区街联动执法检查闭环机制。探讨安全生产隐患移交、区街联动执法检查工作闭环机制方案，制定《西城区安全生产执法、检查区街联动管理办法（试行）》，于8月23日，在西城区政务网颁布实施，有效规范安全生产执法检查行为，促进执法提质增效，提高街道专职安全员队伍威信力，为全区查处安全生产隐患、促进全区安全生产形势持续稳定好转，提供有效保障。

（刘林婧）

【行政处罚案卷评查】 本年，西城区安全监管局向市安全监管局报送案卷10卷。评查平均分98分，平均得分较上年提升4.12分，满分卷数量从上年度零卷，增加为本年度5卷。根据市安全监管局通报，成绩排名序位从上年第四位，上升至本年第三位。

（张效芳）

职业卫生监督检查

【有限空间大比武】 9月21日，西城区安全监管局组织10支参赛队在北京市市政管理高级技术学校进行有限空间大比武决赛。北京城市排水集团有限公司第一管网运营分公司获团体一等奖。

（王之波）

【职业卫生普查】 本年，西城区安全监管局推进重点行业领域生产经营单位职业病危害因素基本情况普查。按照北京市总体要求，为摸清西城区存在职业病危害生产经营单位底数，促进生产经营单位落实职业病防治主体责任，印发《关于做好西城区职业病危害普查入户阶段沟通协调工作的通知》，在技术服务机构和西直门管委会、属地街道配合下，完成入户调查1000家和检测100家单位普查任务。

（王之波）

【有限空间作业管理】 本年，西城区加强有限空间作业管理，印发《关于做好两会期间及2018年全年有限空间作业安全生产管理的通知》《关于印发〈2018年西城区地下有限空间作业安全生产专项治理工作方案〉的通知》《关于梳理并上报有限空间作业管理台账的通知》等文件，组织相关部门参加全市有限空间作业视频会议。年内，全区未发生有限空间作业安全事故。

（王之波）

【职业健康宣讲】 本年，西城区安全监管局开展职业健康宣讲。5月，西城区3名人员经层层选拔，成为北京市职业健康宣讲员，西城区安全监管局获“北京市职业安全健康宣讲活动优秀组织单位”称号。

（王之波）

宣传培训

【安全生产咨询宣传日】 6月16日，西城区安全监管局、区总工会、区公安分局等25个部门，在天桥演艺中心广场联合开展安全生产宣传咨询服务，300余人参与现场宣传咨询，5000余名群众接受宣传，设置展板80个，发放安全书籍、安全折页和传单等各类宣传资料2.5万余份。当天，各街道和企事业单位也同步举办宣传展览、现场咨询、应急演练、演讲比赛和知识竞赛等形式，安全生产宣传活动。

（张效芳）

【开展《监察法》专题培训】 9月20日，西城区安全监管局开展以“学习贯彻《中华人民共和国监察法》，正确履行专职安全员工作职责”专题教育培训，邀请区纪委区监委驻区政法委纪检监察组副调研员赵毅授课，加强安监队伍建设，引导安监干部及专职安全员增强自律意识、法律意识和纪律意识。区安全监管局干部、专职安全员500余人参加。

（刘林婧）

【专职安全员“技协杯”竞赛】 9月，西城区安全监管局选拔44名专职安全员，代表全区参加北京市“技协杯”技能竞赛初赛，16名队员入围复赛，最终4名进入决赛，并获决赛团体平均分全市第一成绩。

（刘林婧）

【职业病防治法宣传周】 本年，西城区安全监管局开展以“健康西城，职业健康先行”为主题职业病防治法宣传周活动。4月26日，区安全监管局采取“广泛联合、积极发动”原则，联合疾控中心到有研半导体材料有限公司进行职业病宣传，参加宣传活动劳动者达150余人，发放各类宣传品1000余份。

（王之波）

【安全生产宣传工作】 本年，西城区安全监管局加大安全生产宣传教育培训经费投入，连续三年递增20%，常住人口宣传教育经费投入达人均106元，创历史新高，有效提升全区安全生产宣传教育培训经费保障。积极与《西城报》、千龙网、缤纷西城、首都之窗、《中国安全生产报》和人民网等媒体联系，重点对区安全监管局安全员总结大会、安全生产知识进校园、西城区安全生产大培训、安责险工作推进会、专职安全员规范化示范区推广调研、安全社区建设、安全生产大检查及安全生产月等活动进行宣传报道，在各级媒体宣传报道59次，其中人民网12次，千龙网13次，北京电视台缤纷西城6次，《西城报》28次。在《西城报》开辟“安全无终点、幸福永相伴”专栏，全年刊登信息13篇；西城安监微信公众号年推送236期，共252条，总关注数1.6万人次，总阅读数12.7万次，总转发数5314次。6月起，在市安全监管局新媒体中心发布17个区安监机构微信公众号榜单中，西城安监微信连续6次蝉联第2名。

（张效芳）

【特种作业考核】 本年，西城区安全监管局共进行10期特种作业培训考试，培训考核特种作业人员11208人次，其中理论考试5827人，实操作业考核5381人。

（张效芳）

【安全生产培训工作】 本年，西城区安全监管局按照政府招投标程序，委托第三方培训机构对辖区生产经营单位负责人、安全管理人员，进行安全生产法律法规、安全管理、应急处置等方面培训，全年共开设92个培训班，培训10576人；对区、街道二级安全监管执法人员和全区街道委办局专职安全员进行网络在线远程培训，为期7个月，培训673人；组织全区安全生产主管领导培训班，与区委组织部和区委党校沟通协调，完成2018年全区安监系统第二届处级干部安全生产专题脱产培训。

（张效芳）

科技与信息化

【“双预防”大数据分析平台】 1月12日，西城区安全生产“双预防”大数据可视化分析平台项目通过区科信委审查，进入立项审批阶段。5月14日，通过区发改委立项审批，审定投资361.44万元。7月25日，通过招标确定项目承建单位为北京天之华软件系统技术有限责任公司，中标金额为305.3808万元，项目监理单位为北京中百信信息技术股份有限公司，中标金额为8万元。8月8日，分别与承建单位和监理单位签订合同，启动项目建设。12月19日，项目建设基本完成，组织专家对平台进行初验，平台进入试运行阶段。

（张　迪）

【大数据工作】 本年，西城区通过信息化平台汇聚市、区两级有关业务系统数据，全年共接入业务系统20个，业务数据24类，接入数据163万条，数据存储量约3TB。

（张　迪）

【安全生产诚信体系建设】 本年，西城区安全监管局落实诚信体系建设要求，研究细化《西城区安全生产领域失信行为联合惩戒和“黑名单”信息归集、报送流程》，各相关业务科室按照信息产生、审核、报送流程对外发布，年内通过区政府双公示专栏发布行政处罚信息154条，行政许可35条，通过政务公开专栏发布执法检查结果公示信息528条、事故快报1条、事故调查报告1条。

（张　迪）

标准化建设

【企业标准化达标创建】 本年，西城区安委会办公室印发《关于进一步深入推进企业安全生产标准化建设工作的实施意见》，明确目标和要求。健全《工作例会制度》

《协调交流制度》《核查抽查制度》《绩效考核制度》。区安全监管局聘请第三方中介机构，完成全区三级标准化达标企业148家，小微岗位达标企业2656家，超额完成年度目标任务。

（宋志娟）

朝 阳 区

概 述

2018年，朝阳区安全生产贯彻落实党的十九大精神，以习近平新时代中国特色社会主义思想为指引，落实中共中央、国务院、市委、市政府和区委、区政府安全生产决策部署，统一思想，明确目标，深化朝阳安全监管模式，开展“春晖”“安全隐患大排查大清理大整治”、建筑施工领域专项整治行动、中非峰会安全生产服务保障和城市安全隐患治理三年行动等专项行动，完成重点时期和重要活动服务保障工作。全区首次开展安全生产督查，督促安全生产责任和政策措施落实。探索“五强化、五注重”和“四个必查”执法模式，抓好安全生产重点措施落实，全区安全生产平稳有序。

开展安全生产专项行动。继续实行以全区总动员，部门、街乡齐配合，生产经营单位全覆盖专项行动为抓手，以跨行业联合执法检查和联片跨街乡执法检查为补充，按照平战结合机制，定期系统性排查治理区域内安全风险点、危险源，落实管控措施，推动朝阳区安全生产深入开展和服务保障重大活动。按照全区总体部署，1月20日至3月20日，组织开展安全生产“春晖”专项行动，保障春节、全国“两会”期间安全稳定；2017年11月20日至2018年2月8日，开展“安全隐患大排查大清理大整治”专项行动；4月至5月底，全区开展安全隐患大排查大清理大整治挂账隐患“回头看”核查；5月9日至6月8日，开展建筑施工领域专项整治；8月9日，启动中非峰会安全生产服务保障专项行动。

压实安全生产监管责任。强化《地方党政领导干部安全生产责任制规定》宣传贯彻；逐级签订责任书；每季度在区委常委会、区政府常务会部署安全生产工作；完成市委、市政府安全生产第一督察组督察问题整改；按照区委区政府主要领导指示，首次在全区开展安全生产督查，9个督查组完成对43个街乡和奥管委、798管委会，对区委区政府决策部署落实、责任制落实、年度重点工作任务完成和安全生产队伍建设督查。

创新安全监管方式。加快推进安全生产领域改革，并列入区委区政府重要议事日程，做好改革发展系列工作；稳步推进“智慧安监”建设，实现新型智能化、信息化、网络化安全生产监管大数据执法平台；购买政府公共管理综合保险，改变政府救助模式，对6项政府民事赔偿责任和12项行政救助责任进行投保；创新安全生产监管方式，选取疏解拆迁工程、水务系统作为试点，聘请第三方对安全管理进行风险评估，加强隐患治理精细化指导，预防事故发生。

突出重点行业领域安全监管。加强危险化学品企业和烟花爆竹零售网点监督检查，网点数量、网点总进货量和累计销售量分别同比下降 92.6%、85%和 70.3%，首次实现销售网点“零举报”。推进高风险企业退出。我区除生产企业、加油站外，无储存设施经营危险化学品企业，带有储存设施经营气体企业及建材市场减至零个，从源头消除风险源。加快推进加油站贯标改造安全监管。完成 34 家加油站贯标改造，改造全过程实现安全无事故。总结提炼危险化学品“引领式”主动服务模式，支持企业开拓新增危险化学品经营（无储存）业务。加强工业企业监管。完成涉爆粉尘企业疏解退出和白酒制造企业专项整治，开展涉危使用隐患治理专项行动和工业企业有限空间作业条件确认专项检查等专项工作。

提升安全生产保障能力。坚持执法检查“四必查”，提质增效作用明显，其中人均检查量、处罚量、处罚额和职权履行率均位列全市第一，在全市进行典型推广；开展城市安全风险评估，构建城市安全风险管控长效机制；推进标准化建设，全年共完成三级达标企业创建 900 家，小微（岗位）企业创建 1100 家，超额完成 1800 家任务指标，完成率 111%；做好“街乡吹哨 部门报到”；开展清单编制试点，完成 500 家企业“一企一标准、一岗一清单”清单编制试点。

着力宣教，增强队伍建设水平。大力开展安全生产培训，完成 2.7 万余人培训，超额完成 26948 人培训考核指标。加强安全队伍建设，完成社区（村）兼职安全生产巡查员组建，制定相关管理制度，组织有关培训，现全区兼职安全生产巡查员有 1302 人。加强专职安全员队伍建设，推进职能部门安全生产督查检查队规范化建设。建立多媒体、分众化宣教格局，完成“5·12”防灾减灾周和第 17 个“安全生产月”活动，辖区安全生产氛围日益浓厚。

全年，全区共发生生产经营性道路交通（属同等责任以上事故）、铁路交通、火灾、生产安全等死亡事故 46 起、死亡 60 人，同比分别下降 24.6%和 13%；其中生产安全事故发生 12 起、死亡 14 人，同比分别下降 45.5%和 39.1%。开展安全生产培训 61511 人次。全年，朝阳区安监局共开展执法检查 12337 件，占全市 30.2%；行政处罚 2771 件，罚款 2009.6 万元。其中人均检查量 138.62 件、人均处罚量 31.1 起、人均处罚额 22.6 万元、职权履行率 16.63%，以上指标均位列全市第一。

综合监管

【大排查大清理大整治】 2017 年 11 月 20 日至 2018 年 2 月 8 日，开展“安全隐患大排查大清理大整治”专项行动，突出排查本行业领域、本辖区隐患情况，出动检查人员 40 万余次，检查点位 33 万余处，消除一般隐患 19 万余项，行政处罚 660 家次，停产停业 2748 家，关闭取缔 1985 家，媒体曝光 21 家，行政处罚金额 369.824 万元，处理人员 719 人，拆除、清理违法建设 2854 处，拆除面积 472509.29 平方米。特别是累计整改“三合一”、高风险群租房重大消防安全隐患 3344 处和市安委会办公室下发的一、二、三批上账隐患 2194 处。5 月、9 月，开展两次全区性挂账隐患“回头看”活动，防止隐患发生反弹。

（范月琼）

【安全生产“春晖”行动】 1月20日至3月20日，启动安全生产“春晖”专项行动服务保障“两节”“两会”。各街乡、各部门持续开展安全生产大检查、隐患排查和对照检查，辖区未发生较大以上和社会影响较大安全生产事故。全区共出动检查组（包括委办局，街乡）23756个，检查企业120366家，排查隐患87861项，整改隐患83535项，整改率95.1%，打击非法违法行为992起，停产整顿145家，关闭取缔175家，处罚599.3万元。

（范月琼）

【安全监管系统工作大会】 2月1日，朝阳区召开安全监管系统2018年工作大会。公共安全馆、43个街乡及奥管委、798管委会分管领导、安监科科长，专职安全员检查队队长参加。会议总结2017年朝阳区安全生产重点工作完成情况，部署2018年重点工作，抓好“三融合、三提升、三完善、三巩固”。南磨房、麦子店、东坝、呼家楼4个街乡分别就安办工作、执法工作、检查队规范化建设和专职安全员工作进行交流发言。参会人员就2017年全区安全生产工作中需要进一步改进提高的具体工作事项、2018年全区安全生产需高度关注工作事项及提高和改进工作效率具体意见建议、推进安全生产领域改革发展具体意见建议或工作措施和开展工作遇到问题等内容进行讨论。

（范月琼）

【政协委员提案办理】 3月14日，朝阳区安全监管局收到区政府办“关于我区煤改电后加强城乡结合部地区的低级次市场、出租大院的散户电加热产品安全的建议”提案办理单，作为提案主办单位，区安全监管局会同并牵头区农委、区工商分局、区公安分局、区各地区办事处成立专项整治领导小组。下发《城乡结合部地区低次级市场、出租大院住户取暖季安全用电隐患排查整治方案》，区分责任，明确目标。5月中旬，完成部署任务。5月29日，形成报告呈请霍承瑜委员审阅并签署意见后上报区政府督查室。

（张治国）

【市安监局局长调研指导】 3月16日，市安全监管局局长张树森带队，对朝阳区酒仙桥北京七星飞行电子有限公司进行安全检查，并对酒仙桥街道安全生产检查队规范化建设进行调研指导。区安全监管局领导、街道相关负责人等陪同。张树森听取街道工委对地区安全生产体系建设与街道以大安全为理念，扎实推进安全管理汇报，对街道安全生产检查队建设情况进行调研，指出专职安全员要进一步加强学习，使检查队向专业化、知识化方向迈进。

（孟　轲）

【政府公共管理综合保险】 3月31日起，朝阳区创新社会治理手段，从推出朝阳区政府公共管理综合保险，在党政机关和公办事业单位所有、使用或具有管理义务建筑场所、设备设施内，或是在由上述单位组织非商业性活动中，或在行政区域内发生自然灾害、事故灾难和社会安全事件等突发事件中，发生意外可能获得救助和赔偿，共18项风险责任，覆盖全区常住人口和各类流动人口，每年累计赔偿限额1亿元。

（罗　鹏）

【街乡吹哨、部门报到】 4月11日，制定朝阳区安全监管局《落实党建引领街乡管理体制机制创新实现“街乡吹哨，部门报到”的行动方案》；成立以局长为组长，副处级领导为副组长工作领导小组；梳理“街乡吹哨、部门报到”8项工作清单；明确“街乡吹哨、部门报到”7项工作流程。街乡“吹哨”报到共132次，对每次“吹哨”，区安全监管局都积极响应，及时“报到”，有效解决基层所面临问题。

（董翠娟）

【工业企业安全生产培训】 5月15日至16日，朝阳区安全监管局召开工业企业安全生产培训会。各街乡主管领导、安监科长、专职安全员和部分重点工业企业安全管理负责人参加会议。培训涵盖有限空间条件确认、安全风险评估、涉危使用、涉爆粉尘等方面。相关专家对有限空间相关法律法规、有限空间作业标准规范及主要危害因素；企业安全风险评估背景、流程、要求；涉危涉爆企业基本操作规范、日常风险源管控及粉尘爆炸事故发生后紧急处理办法等，进行讲解。

（陈　京）

【中非峰会安全服务保障】 7月24日至9月15日，启动中非峰会安全生产服务保障行动。朝阳区安委会办公室强化统筹部署，在强化社会面隐患排查同时，突出住地周边、行车路线沿线及重点隐患风险管控，共检查生产经营单位6948家，消除隐患6352项，峰会期间辖区安全生产形势平稳有序。

（范月琼）

【安全生产督查动员培训】 10月10日，区安委会办公室召开朝阳区安全生产督查培训会。安全生产督查组全体成员和43个街道（地区）办事处、奥管委、798管委会、安委会有关成员单位负责人参加。副区长刘海涛出席会议并作动员讲话。会上，就督促安排、督查内容、督查方式、督查流程、督查重点进行培训。

（王莹欣）

【安全生产督查】 10月29日至12月6日，朝阳区首次开展安全生产督查工作。安全生产督查采取驻地督查，每个单位时间为5个工作日，通过听取汇报、查阅资料、召开座谈会、个别谈话、延伸督查等方式，了解掌握安全生产履职情况。共个别谈话155次，召开座谈会50次，查阅文件资料1.7万余份，检查商贸市场、建筑施工、工业、危险化学品、人员密集场所等各类型企业（单位）150家，共发现隐患问题679项，其中问题239项，隐患440项，立案89起，处罚46.2万元。督查结束后，督查组形成督查反馈报告，区安委会办公室汇总提请区委区政府审定后，由督查组正式反馈被督查单位。被督查单位对发现问题进行整改，并向区安委会办公室上报整改报告。

（王莹欣）

【移动终端APP研发工作】 10月，朝阳区安全监管局完成移动终端APP研发，并通过区安全监管局组织专家组验收，已安装到执法终端上。主要功能包括移动办公、依法行政、绩效考核、四级预警、企业台账、在线学习。

（杨　毅）

【区专职安全员队伍补招】 本年，朝阳区安全监管局会同有关部门，根据市政府办公厅相关文件要求，经发布公告、组织报名、网上验资、笔试、现场验资、面试、体检、政审、岗前培训、取证考试、人员分配、合同签订、组织报到等环节，补招第五批108名职能部门安全生产专职安全员2019年1月3日入职上岗。

（张　强）

【企业台账动态更新】 本年，朝阳区安全监管局在企业台账系统中，对数据进行动态更新维护，共完成61385家审核更新，其中新增企业23388家、修改企业信息13167家、核销企业23852家、恢复企业668家、迁入企业167家及迁出企业143家。A类和B类库企业信息完整率均达95％以上，C类库企业信息完整率达50％以上，区安全监管局及时审核率达到96.21％。

（杨　毅）

【移动检查终端配备】 本年，朝阳区安全监管局完成执法移动终端（PAD）、便携式打印机、移动政务网套餐、执法装备容器等执法装备采购，使用经费96.9万元。完成执法人员及专职安全员PDA配备，以购买移动网络服务享受终端补贴形式，为250名执法人员及198名新入职专职安全员配备移动执法终端，与中国联通北京分公司签约两年，并完成配发。

（杨　毅）

危险化学品安全监管

【非经营性加油站专项整治】 4月至12月底，朝阳区安委会办公室按照市安委会办公室部署，开展非经营性加油站安全专项整治。组织各街道（地区）办事处、各行业主管部门开展摸底排查，形成非经营性加油站基础台账。召开安监、规划、消防、环保等监督部门及市政、体育、环卫等行业部门联席会议及非经营性加油站使用单位工作部署会，明确职责，进一步督促开展整治。委托第三方专业机构开展隐患现场确认，针对企业及政府部门缺乏专业背景，无法有效识别隐患问题，采取政府购买服务方式，引入第三方专业机构现场对隐患进行确认。按要求上报隐患清单及整改方案，在第三方机构汇总形成隐患清单后，督促使用单位分别制定整改方案，明确整改完成时限，按要求上报市安委会办公室。开展专项监督执法，督促5处存在严重安全条件问题非经营性加油站停止使用，对1处非经营性加油站采取临时查封措施。

（夏旭昀）

【表彰加油站主动灭火救援】 8月2日3时48分至4时01分，朝阳区东四环霄云桥北京霄云桥加油加气站有限公司附近发生一起车辆撞车起火事件。加油站员工面临危险，反应迅速、主动救援、处置得当，在1分钟内全部出动、13分钟内完成灭火救人，采取一系列奋勇果敢和科学专业行动，抢救事故车辆驾驶员生命，保护加油站安全。鉴于霄云桥加油站在突发事件中的突出表现，为表彰先进、提倡典型，朝阳区安全监管局决定，对北京霄云桥加油加气站有限公司予以公开表彰，并给予2万元奖励。8月24日，朝阳区安全监管局举办简单隆重的奖励仪式，相关事迹在北京电视台、《中国应急管理报》等媒体广泛报道。

（夏旭昀）

【快速平息涉危化品舆情】 9月1日至2日，朝阳区安全监管局针对网络出现“安监部门通知中非论坛期间加油站不能给摩托车加油”舆情后，迅速与公安、应急等部门协调联动，查明事实及原因。立即约谈相关单位主要负责人，督促更正错误通知。及时召开所有加油站负责人会议，明确摩托车加油管理要求，并强调对牌证相符、符合要求车辆不得以任何理由拒绝服务。经快速处理，有关舆情负面影响迅速消除。

（夏旭昀）

【危化品安全生产执法检查】 12月18日、21日，按照区安委会办公室《关于深刻汲取“11·28”重大爆燃事故教训开展今冬明春危险化学品安全专项行动的通知》，对全区危险化学品企业开展安全生产专项执法检查。共出动执法检查人员6人，检查生产经营单位2家，车辆2台次，发现安全隐患10项，消除隐患10项，消除率为100%。

（许海凤）

【危险化学品执法检查】 本年，朝阳区安全监管局加大执法力度，开展危险化学品企业执法检查398家次、行政处罚案件82起，罚没款总金额44.4万元，其中重大案件1起10.1万元。特别是对1起区外公安部门检查发现非法购买易制爆化学品行为移交线索后，主动协调公安治安部门开展工作，对涉事销售单位经营记录进行核查，没收全部违法所得并依法对其非法经营行为处以10万元罚款。

（夏旭昀）

【危险化学品行政审批】 本年，朝阳区安全监管局累计办理完成各类许可审批225家。其中烟花爆竹经营（零售）许可4家，危险化学品经营许可196家，危险化学品建设项目审批5家，易制毒经营备案20家。按照“法定条件、法定程序、法定时限”要求办理，未发生许可复议、申诉。继续执行规范许可监管“八个一”措施，即一卡（事项办理告知卡）、一册（审批业务手册）、一查（现场核查）、一会（局长办公会）、一公示（办理结果公示）、一谈（约谈企业主要负责人）、一档（许可材料及执法记录档案）、一通报（定期向公安、环保部门通报），提升法治化、规范化水平。

（夏旭昀）

【引导危险化学品企业退出】 本年，朝阳区安全监管局按照全市疏解非首都功能总体要求，加大工作力度。去年退出工作完成时，实现除加油站外有储存设施经营危险化学品企业全部退出。通过多次召开专题会议宣传、约谈企业法人、现场督促协调等形式，加强跟踪服务，帮助退出企业解决各种实际问题。区财政投入20万元奖励资金，对主动退出企业进行专项奖励。10月，朝阳区最后1家高风险有储存设施经营企业北京巨明城气体设备技术开发有限公司将气体储罐及气瓶设施拆除，转为不带有储存设施经营企业。全区危险化学品企业总数从379家进一步压减至360家。

（夏旭昀）

【加油站贯标改造】 本年，朝阳区安全监管局做好加油站贯标改造施工安全监管，全年共完成加油站贯标改造34家、上报资金奖励申请50家，完成数量位居全市第一，施工过程全部实现安全无事故。召开专题部署会，部署2018年贯标改造工作，对加油站提出严格要求，要求未改造加油站按期完成改造。发挥专家、行业协会等专业性社会力量作用，确定不同类型改造项目全过程监管模式，理清流程和标准。通过施工前审查方案，进场时组织安全培训和应急演练，制作下发“施工改造十严禁”提示牌，施工期间加强检查，在清罐、吊装等重点作业到现场监护，施工结束汇总验收。及时向市安全监管局上报改造奖励申请材料50家。并与区环保局沟通，确保在贯标改造同步完成环保防渗改造。

（夏旭昀）

【危化品突发事件处置】 本年，朝阳区安全监管局先后指导完成“4·13”机场二高速金盏桥北侧柴油油罐车泄漏事故、“7·19”处置遗弃在潘家园派出所内氢氟酸危险化学品突发事件、“9·7”处置南磨房陆翔佳苑废弃氧气瓶事件等涉及危险化学品事件现场处置工作。接报后，区安全监管局迅速响应、立即行动，调集相关专家、运输工具、专业人员等处置力量，科学分析风险并采取针对性防护措施做好处置，及时消除安全隐患，有效防止人员伤害、财产损失及环境污染等次生事故发生。

（夏旭昀）

【危化品投诉及信访等申办】 本年，朝阳区安全监管局共查处回复涉及危险化学品“12350”及政民互动举报35件，信访举报件2件，答复信息公开申请2起，查处率回复率100%。在将台乡酒仙桥村一平房火灾事故发生后，连续接到15起政民互动转来举报，均为反映酒仙桥村起火地点西侧中石化加油站与周边平房及小区距离过近，存在安全隐患，立即安排人员前往现场进行核查，并将核查情况及时耐心地向举报人反馈，举报人无异议，未引起新增举报。

（夏旭昀）

【危化品领域一流营商环境】 本年，朝阳区安全监管局落实市、区率先打造一流营商环境部署要求，在规范做好许可审批基础上，主动走出窗口服务企业，为企业开展相关业务提供全方位支持，有效促进企业发展。梳理工作方法措施，总结提炼形成危险化学品行业“建立‘引领式’主动服务工作模式”经验。上报后，被市政府《昨日市情》及区政府《政务信息》采用。区安全监管局撰写的“走出审批窗口主动服务企业”故事，被市安全监管局“图文故事——安全人在行动”征文评为“十佳好故事”，并在《中国应急管理报》上刊登。

（夏旭昀）

【危化品评价监督新模式】 本年，朝阳区安全监管局针对危险化学品安全评价领域存在普遍问题，从源头抓起，改革创新，协调财政部门，2018年起在预算资金中专门安排专项资金20万元，用于危险化学品企业安全评价。采取政府购买服务方式，采取竞争性比较措施选定具备有关合法资质、无违法违规记录评价机构作为技术服务机构，负责为有关危险化学品企业进行评价。改革实施后，累计为40余家企业评价服务，其中至少有6家评价机构提出否决性结论，确实起到把关作用。通过改革调整，理顺政府、中介、企业三方，对安全评价机构管理由粗放式走向规范化，实现提高审批效率，减轻企业负担，提升评价质量的“三赢”效果。

（夏旭昀）

烟花爆竹安全监管

【烟花爆竹安全条件审核】 1月29日，朝阳区安全监管局牵头区公安分局、区城管委、区公安分局、朝阳消防支队、朝阳交通支队，对拟设置烟花爆竹销售网点、地点安全条件进行联合审查，并对审查合格地点对外公示。安全条件存在问题的，一律不予许可。2月5日，区安全监管局聘请区安全生产协会派出专家组与执法人员一道，对零售网点选址、安全管理、建筑、电气、消防等7个方面23项要求逐一对照标准审查。对销售网点占用盲道、架空电力线跨越；与交通干道交叉路口及周围建筑距离不足的；销售棚搭建存在钢板间缝隙未封堵、电力线未穿管、销售与储存区未隔开、配电线路和通信线路未沿墙或屋面平行敷设等不符合设置要求的，坚决不予验收通过。验收合格前，相关网点禁止配送烟花爆竹。落实《北京市烟花爆竹安全管理规定》，修订后全市五环内全面禁放禁售，朝阳区统筹规划在五环外非禁放区审批设置4个销售网点，分别位于来广营、平房、豆各庄、三间房四个乡。与去年相比网点数量从54个减少至4个（五环外网点由29个减少至4个），同比下降92.6%。

（夏旭昀）

【烟花爆竹零售网点安全】 2月10日至2月20日（农历腊月二十五至正月初五）烟花爆竹销售期间，朝阳区安全监管局投入安全保障专项经费40万元，在全市率先聘请专业安保公司为每个销售点配备12名专业保安，并组织岗前培训，对网点周边50米内，24小时巡查防控和秩序维护。搭建连接到市区统一平台在线监控系统，各网点设置6个高清红外摄像头和语音对讲系统，分别对网点四周、储存区、销售区进行24小时在线监控。组织4家网点55名从业人员进行集中培训，闭卷考核合格后持证上岗。要求各网点强制投保安全生产责任保险。销售期间，总配送量4502箱，比去年22791箱下降80.2%；累计销售4474箱，比去年14588箱下降70.3%。4个销售网点秩序良好，未出现各类突发事件。

（夏旭昀）

【烟花爆竹销售主体责任】 本年，朝阳区安全监管局强化烟花爆竹销售网点主体责任，要求网点负责人签署安全承诺书并在显著位置张贴，销售期间加强值班值守，任何时间必须有1名主要负责人和安全管理员现场带班，配备充足销售人员和足够应急器材。编写《安全监管手册》，介绍安全管理制度、操作规程、应急预案等内容。强调“三禁止、三报告、一登记”要求和空气重污染橙色、红色预警期间，停止销售吐珠类、组合烟花类产品。在农历年三十、初一、十五等销售高峰期，所有从业人员和安保人员全部上岗，引导人流、维护秩序并加强周边巡查。

（夏旭昀）

【开展烟花爆竹社会宣传】 本年，朝阳区安全监管局根据购买和燃放要求，编写《购买及燃放安全提示》宣传材料1万份，由网点随时发给购买群众。利用朝阳有线、朝阳报、微信公众号等渠道开展宣传。

（夏旭昀）

【烟花爆竹销售网点检查】 本年，朝阳区安全监管局加强烟花爆竹销售网点安全检查，制定全局日间、重点时段、春节期间检查安排表，任务明确到人。销售期间每天派出检查组，对4家销售网点进行现场检查，重点检查带班领导和值守人员是否在岗在位、库存产品是否超过限制存放量、储存堆垛是否符合操作规程、应急器材是否齐全完好等动态安全要求落实情况。协调公安、工商、消防等执法部门及属地乡政府，同步开展检查。在重点时段，由局领导带队进行夜查，督促网点落实防范措施。

（夏旭昀）

隐患排查治理

【隐患排查治理清单编制】 3月至8月，朝阳区安委会办公室在三级以上安全生产标准化达标企业中，选择500家企业，开展隐患排查治理“一企一标准、一岗一清单”清单编制试点，编制符合企业实际的隐患排查清单和岗位操作规程。至8月底，500家企业全部完成清单编制，试点企业开始运用全市生产安全隐患排查治理信息系统平台进行日常隐患排查治理，系统使用率90%。

（唐　璐）

【白酒制造企业隐患治理】 本年，按市安全监管局部署，指导全区白酒制造企业针对隐患整改，开展竣工验收。至年底，北京朝阳酿酒厂、北京京宫城酒业技术发展公司均完成隐患治理，并通过竣工验收。

（于　松）

【涉爆粉尘企业隐患治理】 本年，朝阳区安全监管局开展有针对性涉爆粉尘企业隐患治理，组织专项培训。将涉爆粉尘企业纳入年度重点执法检查计划，发挥属地街乡安全员力量，实现对涉爆粉尘企业全覆盖检查。将涉爆粉尘隐患问题作为否决项，凡存在粉尘爆炸事故隐患企业不得被评为安全生产标准化达标企业，推进涉爆粉尘企业隐患治理与标准化建设。按照全市疏解整治促提升专项治理要求，将不具备隐患整改条件、存在重大隐患企业列入疏解退出名单，加大不具备隐患整改条件企业监管力度。通过加强宣传培训和执法检查力度，全区绝大部分涉爆粉尘企业逐步迁出和退出。

（陈　京）

【安全隐患治理三年行动】 2018年至2020年，开展安全隐患专项治理三年行动。9月30日，区政府办印发《朝阳区城市安全隐患治理三年行动方案（2018年—2020年）》，城市安全隐患治理行动由区安监局牵头，各相关部门、各街乡按照全区部署，重点围绕消防、交通、建设施工、城市运行、危险化学品、工业企业、人员密集场所、特种设备、地下空间等行业领域开展为期三年的专项治理行动。年内，全区共出动检查人员20807人次，监督检查单位9469家，发现各类安全隐患766条。经属地、安委办筛查上账隐患329条，其中2018年度挂账隐患323条，已整改319处，整改率98.76%。为检验隐患治理成果，开展“回头看”核查，核查135家次，核查率43.65%。

（范月琼）

应急救援

【应急管理培训会】 4月19日，朝阳区安全监管局在四川龙爪树宾馆召开应急管理培训会，43个街乡安监科科长、执法检查队队长、中石油、中石化、工业、人员密集场所等重点单位负责人240人参加。会议通报2017年应急管理工作完成情况，对应急演练、安全月宣传、应急执法检查工作等进行部署。对应急演练、应急执法检查进行培训。下发《安全生产应急管理示范企业工作手册》、2017年危化事故演练光盘400余份。

（甘建玮）

【应急救援演练】 5月10日，会同潘家园街道办事处、吉利石油公司在吉利石油朝阳加油站开展危险化学品事故应急救援演练。6月21日，在常营地区华润紫竹药业有限公司开展危险化学品事故应急救援桌面演练。8月28日至31日，在大兴防化团训练基地，开展预备役防化团入队训练暨化学应急救援演练。

（甘建玮）

【5·12防灾减灾日安全宣传】 5月12日，朝阳区安全监管局等部门在朝阳公园开展“5·12”防灾减灾安全生产宣传活动。举办动员仪式、防灾减灾宣传、自救互救现场体验、应急逃生模拟体验、反恐演练5个主题活动。设置宣传展台1个，发放宣传手册《电器用电安全操纵事故预防手册》《家庭安全知识手册》《安全知识手册》《加油站安全常识》《危险化学品安全常识》《危化品安全宣传手册》及其他宣传材料5000余份，受教育人数5000余人。

（甘建玮）

【城市安全风险评估】 年内，在危险化学品和规模以上工业企业、人员密集场所、建筑施工项目、生活垃圾处理设施等10个重点行业，500家企业开展城市安全风险评估试点，完成安全风险辨识和评估分级，建立区域城市安全风险清单，编制城市安全风险评估报告，印发《北京市朝阳区安全风险管理实施办法（试行）》，全区试点企业安全风险评估完成率100%，安全风险云服务系统填报率100%。

（李长江）

执法监察

【重大活动安全保障】 5月17日至20日，第二十一届中国北京国际科技产业博览会（以下简称“科博会”）期间及前夕，朝阳区安全监管局对“科博会”展场周边200米内生产经营单位进行拉网式排查，出动执法检查人员105人次，检查生产经营单位170家，下达行政执法文书61份，发现隐患176项，隐患整改率100%。5月28日至6月1日，第五届中国（北京）国际服务贸易交易会（以下简称“京交会”）期间及前夕，区安全监管局制定《第五届中国（北京）国际服务贸易交易会安全生产保障工作方案》，5月18日至27日，对会场周边200米内生产经营单位开展全覆盖执法检查。

（董翠娟）

【专职安全员培训】 5月23日、24日，在蓝调庄园会议中心组织安全员专项业务培训会。通报各街乡企业台账审核、上半年专职安全员检查情况，并提出计划要求。聘请专家讲解安全生产知识。9月13日、14日，在蓝调庄园会议中心召开安全员监察法培训会，邀请区纪委、区监委驻区政府办纪检监察组组长对《中华人民共和国监察法》进行讲解。

（张　强）

【电动自行车治理行动】 5月至12月底，朝阳区开展电动自行车治理专项行动。通过安装充电桩、建立微型消防站、设立充电保护装置、清理不合格电动车、充电设备等方式，控制电动自行车火灾多发势头。专项行动共出动13732人次，检查企业

10161家，发现消除隐患8676处，入户清理不合格电动车4787辆，收缴不合格充电器56台。

（张治国）

【专职安全员检查督察】 6月1日，朝阳区专职办开展专职安全员检查督察。至年底，共检查27个检查队，发现五大类问题，查处涉及严重问题专职安全员4人，对检查队问题予以通报整改。

（张　强）

【安全生产培训执法检查】 6月1日至30日，朝阳区安全监管局制定《朝阳区安全生产培训专项执法检查工作方案》，开展安全生产培训专项执法检查，共检查生产经营单位70家，发现隐患185项，消除隐患185项，下达执法文书数70份，立案30起，罚款25万元。

（董翠娟）

【社区（村）兼职安全巡查员】 6月6日、7日，在蟹岛分2批，对全区社区（村）兼职安全生产巡查员1302人进行岗前培训，下发兼职巡查员检查证。起草《北京市朝阳区行政村、社区安全生产兼职巡查员资格管理办法》《朝阳区行政村、社区兼职安全生产巡查员工作制度》等管理制度。

（董翠娟）

【特种作业专项执法行动】 8月初，朝阳区安全监管局启动打击特种作业"持假证上岗、无证上岗"专项执法行动，至10月底，通过专项联合检查、重点单位督查、联合属地安监科、处级领导带队等形式，开展专项执法检查，出动执法人员及专职安全员6000余人次，检查企业4973家，发现隐患1383项，下达责令改正指令书522份，立案处罚48起，处罚金额12万元，隐患均督促整改完毕。

（董翠娟）

【联片跨街乡执法行动】 本年，朝阳区安监局持续组织街道进行联片跨街乡集中执法专项行动。开展联片跨街乡执法专项行动6次，组织执法人员210余人次，检查生产经营单位200余家，立案136起，罚款81.65万元。

（张治国　孟　轲）

【跨行业联合专项执法检查】 本年，朝阳区安全监管局牵头组织区住建委、区卫计委、区商务委、区体育局、朝阳消防支队、朝阳食药局等10部门，开展跨行业联合执法检查专项行动8次，涉及建筑施工、宾馆饭店、餐饮、工业企业、体育健身、物业等不同行业领域，出动执法人员138人次，专家13人次、检查生产经营单位35家次，发现安全隐患156项，行政处罚15万元。

（董翠娟）

【职能部门督查检查队建设】 本年，朝阳区安全监管局推进职能部门安全生产督查检查队规范化建设。通过制发方案，自查自报，调研摸底、召开现场推进会、选定试点等措施，提升督促推进。全区21个职能部门督查检查队在自查、区级复查和市局审核环节，达标率90.5%，超出70%考核指标。

（董翠娟）

【区安全生产督查检查队建设】 本年，朝阳区安全监管局通过督察检查方式，对各检查队进行规范化建设检查指导，提高规范化建设延续性。本年，开展对职能部门督查检查队规范化建设，年终对各区规范化建设评定中，朝阳区所有参加规范化建设督查检查队全部达标。

（张　强）

职业卫生监督检查

【地下有限空间作业大比武】 4月23日至6月28日，朝阳区安委会办公室举办2018年度地下有限空间作业大比武。比武形式逐年丰富，从2015年作业企业一个组别，拓展到企业组和街乡组两个组别。比武规模不断扩大，参赛队伍从最初10支队伍、50人，发展到本年65支队伍、325人。比武设置更科学，理论考试采用计算机网络答题方式，实际操作考试应用模拟平台全部按实际操作进行，两个组别各有侧重，企业组将实际操作作为重点，街乡组以理论知识为侧重。6月28日，在北京排水集团职业培训学校，召开观摩暨总结表彰大会。

（姜　南）

【重点行业职业病危害普查】 7月初至10月底，中国安全生产科学研究院、北京云帆沧海安全防范技术有限公司完成朝阳区重点行业领域生产经营单位职业病危害普查，普查包括单位基本信息，主要工艺、岗位及设备设施等职业病危害辨识信息，职业病危害申报、职业健康管理员、主要负责人职业健康培训等职业健康管理信息，及职业病危害接触情况、作业场所、作业岗位等职业病危害信息等。全区实际普查单位5691家，其中普查填表单位4489家，完成实际检测单位462家，因搬迁停产等原因不能普查单位1059家，普查结果为北京市职业病防治提供重要依据。

（姜　南）

【有限空间专项执法检查】 9月12日22时至13日凌晨，市安全监管局汲取朝阳区“9·4”有限空间作业事故教训，制定《关于开展有限空间执法检查专项行动工作方案》，集中全区安监力量，开展有限空间安全生产专项执法检查。共出动执法检查人员964人，车辆92台次，没收各类施工作业工具86件，无证作业人员4人被移送公安机关，发现消除安全隐患52项。

（许海凤）

宣传培训

【安全生产月宣传咨询日】 6月15日，朝阳区“安全生产月”宣传咨询日活动在朝阳公园南门广场举行。区安委会副主任、副区长刘海涛，区安委办、区安全监管局领导，市安全监管局领导出席。区安全监管局、区消防支队、区交通支队、区城管委等23家单位领导和人员参加现场咨询。“安全生产月”宣传咨询日主题是“生命至上、安全发展”，活动现场设置宣传展板区、现场咨询区、互动体验区、装备展示区、“朝阳安监”微信公众号宣传区五个区域。咨询日当天，全区各街乡、有关单位在主要场所设立安全生产咨询点45处，张贴宣传海报8220张，发放宣传材料209035件，参加咨询日活动人数超过5万人。

（王莹欣）

【区处级干部安全生产培训】 9月17日至21日，朝阳区安全监管局举办全区安全生产领域处级领导干部培训班，43个街乡及60家安委会成员单位，分管安全生产副处级干部103人，参加40学时集中培训。培训课程涵盖党的十九大报告有关安全生产阐述、新媒体环境下安全生产应急舆情应对、安全生产信息化与智能化、城市风险识别与控制等方面。

（邢美珍）

【安全生产大培训】 本年，朝阳区安全监管局制定《朝阳区2018年生产经营单位主要负责人和安全生产管理人员安全生产培训考核工作方案》，按照全市大培训目标，结合朝阳区特点，区安委会办公室印发朝阳区大培训工作方案，确立大培训思路、目标、实施步骤和提高质量措施，组织协调行业部门、属地街乡、培训机构。全年培训27931人。

（邢美珍）

【“朝阳安监”微信公众号】 本年，朝阳安全监管微信公众号举办线上抽奖活动10次，党员干部廉政答题活动1次；累计推文354篇，原创文章312篇（含未声明原创文章）；文章最高阅读数6841人次，文章阅读总数282238次；累计粉丝突破5000人次。微信WCI指数在全市各区连续排名第一。

（梁博文）

【安全社区创建与复评】 本年，朝阳区开展2018年安全社区创建和复评，创建东风乡北京市安全社区，复评望京、香河园、劲松、双井街道国际安全社区，6个街乡纳入安全社区建设库，11个街乡被纳入安全社区储备库。

（罗　鹏）

标准化建设

【标准化创建动员部署会】 9月4日，朝阳区安全监管局分北、中、南三片区分别召开安全生产标准化创建工作动员部署会。各街乡标准化工作负责人、评审机构负责人参加各片区会议。会议部署安全生产标准化工作，下达年度任务指标。要求各评审单位和各街乡加强领导，落实责任，确保创建质量。各街乡安全员和各机构评审人员加强企业信息采集，督促企业上报隐患排查治理情况，实现动态化监管。

（陈　京）

【安全生产标准化创建】 本年，朝阳区完成2000家企业安全生产标准化创建，其中三级标准化创建企业900家，小微（岗位）创建企业1100家。为保证创建质量，制定完善朝阳区企业安全生产标准化建设管理办法，加强对创建过程控制和监督管理，推动安全生产标准化创建体质增效。三级达标企业评审采取公开招标形式，委托有评审经验、有健全质量管理控制体系和二级评审资质评审机构开展评审；微型企业（含个体工商户）岗位达标评审由评审人员和属地街乡人员组成检查小组开展评审。加强对达标企业核查抽查力度，聘请有评审资质单位，抽查单位按市安全监管局所规定三级达标企业不少于20%、岗位达标企业不少于10%比例，对达标企业开展抽查。加强安全生产标准化创建与执法检查、专项治理、隐患排查体系建设等重点工作融合，建立以安全生产法律法规和标准规范为依据，企业安全生产标准化达标标准为基础，企业安全生产标准化运行和隐患排查标准、中介技术管理服务标准和政府执法检查标准相融合体系。

（陈　京）

海 淀 区

概 述

2018年海淀区安全监管局在海淀区委、区政府领导下，围绕“四化三体系双基”总任务，推进安全生产领域改革发展，构建新型城市形态安全生产系统，安全生产融合发展，实施城市安全隐患治理三年行动，全面排查治理消除各类安全隐患，实现一般事故总量下降、较大事故有效防止、重特大事故遏制发生。

推进安全生产领域改革，建立全年安全隐患整治台账。围绕危险化学品、人员密集场所、建筑施工、消防安全等重点行业领域，深入开展安全生产大检查。开展“一企一标准、一岗一清单”编制，完成清单编制和推广。推进海淀区城市安全风险评估工作。

强化安全生产责任落实，健全安全监管责任体系。定期汇总通报各街镇、相关行业部门年度任务进展，将海淀区邮政管理局、市交通执法总队第六执法大队纳入海淀区安委会成员单位，制定海淀区2018年度安全生产综合考核细则。督促责任单位整改落实市委市政府安全生产第九督察组反馈问题，开展“三大”行动“回头看”自查核查。

加强安全监管法治建设，构建安全生产长效机制，加快安全生产领域信用体系建设。开展安全生产培训考核，推进职业危害普查。推行安全生产责任保险，签订年度目标责任书，新增安责险投保企业4886家，保险期内企业达5349家，超过全区16%年度目标。

强化安全生产队伍建设，加强隐患排查治理。履行综合监管职责，参加“街道吹哨、部门报到”17次，完成2017年招聘108名专职安全员上岗、转正及本年专职安全员补招。做好企业台账动态更新管理及“双百工程”，完善街镇审核、海淀区级审批、市级入库三级联动更新管理机制，实现“一数一源、一源多用”数据服务模式；完成对话谈心450家次、百名专家服务小微企业和海淀区公益大讲堂任务；推进危险化学品集中管理体系建设，完成30家加油站贯标改造任务、90家危化品生产经营和使用单位全覆盖三级标准化达标复评、114家生产经营单位应急预案备案，完成2家重大危险源企业和1家危化品经营单位安全生产应急管理示范试点企业创建准备。

夯实安全生产基础，加大宣传教育力度。完成安全生产月活动，完成安全生产“七进”试点，开展“职业病防治法宣传周”活动。完成重大活动安全生产保障32次，做到每次重大活动保障有方案、有信息、有检查、有总结，全力消除事故隐患，确保海淀区安全生产形势总体平稳。

综合监管

【46次常务会研究安全生产】 1月19日下午，海淀区委副书记、区长戴彬彬在区政

府201会议室，主持召开区政府第46次常务会，专题研究部署安全生产工作。区安委会办公室、安全监管局汇报2017年全区安全生产情况及2018年重点工作。会议指出，各部门、各街镇、各单位要牢固树立“底线”思维和“红线”意识，紧绷安全生产这根弦，扎实做好安全生产工作。加强对重点行业领域研究，扎实开展安全生产检查及重点行业领域专项整治。

（张亚楠）

【66次常委会研究安全生产】 2月25日，区委书记于军主持召开第66次常委会研究安全生产工作。听取2017年海淀区安全生产情况及2018年重点工作汇报，研究《海淀区关于落实北京市委市政府安全生产第九督察组反馈意见的整改报告》。会议指出，要做好市委市政府督察反馈意见整改落实，坚持改革创新，聚焦重点领域，突出隐患整改，强化责任落实，夯实安全生产基层基础，提高安全生产监管能力和水平，从严从实做好安全生产监管工作。

（张亚楠）

【调研行政审批工作】 3月22日，市安全监管局副巡视员杨永军及市行政审批处人员到海淀区安全监管局，开展行政审批调研。区安全监管局汇报全区行政审批工作，介绍行政审批工作亮点，提出行政审批中遇到问题及工作建议。市安全监管局对海淀区行政审批工作给予肯定，并提出下一步工作设想和安排。

（席晓敏）

【海淀区有限空间作业安全部署】 4月11日，海淀区安委会办公室印发《关于做好海淀区2018年有限空间作业安全生产工作的通知》，对全区有限空间作业安全生产进行安排。4月13日，区安全监管局召开海淀区2018年有限空间作业安全生产工作部署会，传达全市有限空间作业安全生产工作视频会精神和市安办《关于进一步加强有限空间作业安全生产工作的通知》，要求各部门、街镇、相关单位落实行业和属地监管职责，落实安全生产主体责任，开展全员培训，加大宣传力度，强化应急处置、采取科学施救，营造全社会高度关注有限空间作业安全生产氛围。

（赵双琳）

【挂账隐患回头看检查】 5月15日下午，海淀区副区长梁爽率队，区安全监管局、海淀消防支队等人员参加，对全区三大行动挂账隐患点位进行检查。检查采取四不两直方式，对海淀街道辖区内富平人家、金渝川菜等，开展三大行动上账隐患点位整改情况“回头看”，要求相关单位严看死守，防止反弹。

（张亚楠）

【安全生产信用体系建设】 6月14日，市安全监管局召开安全生产信用体系建设业务培训视频会后，海淀区安全监管局立即召开会议，就推进安全生产信用体系建设进行部署。要求按照“谁产生谁负责”原则，及时准确上报安全生产信用信息数据。及时准确公示各类行政处罚和行政许可信息。落实联合惩戒及联合激励措施，营造生产经营单位安全生产守信激励、失信惩戒社会氛围。

（张亚楠）

【海淀区召开公开执法大会】 6月14日上午，海淀区安委会办办公室、交通支队、管理处联合召开“海淀区公开执法大会”，全区客运、货运、出租等130余家专业运输单位相关负责人参会。针对1月至5月严重交通违法行为4家专业运输单位予以通报，发放《重大交通安全隐患单位》警示牌。公开执法大会上，海淀交通支队、区安监局、海淀运管处相关负责人分别就做好全区交通安全管理，加大道路交通隐患排查整治力度，严格管理、坚决遏制事故多发势头，提出具体要求。

（张亚楠）

【区安委会第三次全会】 7月5日，海淀区召开区安委会第三次全会，副区长梁爽出席会议并讲话，区安委会、区防火委成员单位（委办局）、区属重点企业主管领导在区政府一层西侧报告厅主会场参会，各街镇主管领导、相关人员在街镇视频分会场参会。会议总结海淀区上半年安全生产工作，对下半年安全生产重点任务进行部署。提出要求，落实《地方党政领导干部安全生产责任制规定》《消防安全责任制实施办法》，保持安全执法检查高压态势。协调联动、条块结合，形成共治合力。消防、安监、住建、商务、文化、旅游、体育、城管执法等部门，要强化服务基层意识，整合执法检查资源。做好安全生产督察“回头看”迎检、城市安全隐患治理三年行动、电动自行车、大型商业综合体消防安全综合治理等重点工作，强化汛期应急值守，完善应急预案，严格应急物资储备。

（张亚楠）

【区政府召开第61次常务会】 7月10日，海淀区委副书记、区长戴彬彬在区政府201会议室主持召开第61次常务会议，研究部署安全生产工作。区安委会办公室、区安全监管局汇报海淀区安全生产情况，分析面临形势及挑战，并提出下一阶段工作思路。戴彬彬要求，进一步健全安全生产责任体系，抓好重点行业领域监督管理。加强协调联动，以城市安全隐患治理三年行动为抓手，结合夏季安全生产特点，做好暑期汛期安全生产工作。

（张亚楠）

【区安委会第四次全会】 7月27日，全国及北京市安全生产电视电话会后，海淀区立即召开区安委会第四次全会，对下一阶段安全生产进行动员部署。区委常委、常务副区长孟景伟出席会议并讲话，副区长梁爽主持会议。区安委会成员单位（委办局）、部分区属重点企业主管领导在区主会场参会，各街镇主管领导、相关科室负责人在本单位视频分会场参会。会议要求，各街镇、各部门、各单位把握安全生产形势，落实《地方党政领导干部安全生产责任制规定》要求；增强创先争优意识，抓好安全生产目标责任书各项重点工作、安全生产领域改革发展、城市安全隐患治理三年行动落实；认识暑期汛期安全生产重要性，突出重点地区、重点行业领域、重点单位开展安全生产专项整治，强化风险预警，严格应急值守。

（张亚楠）

【安全风险评估专家评审会】 8月30日，海淀区安委会组织相关行业主管部门及5名专家召开海淀区城市安全风险评估工作专家评审会。5名专家对区安委会编制的《海淀区应急能力评估报告》《海淀区应急资源调查报告》《海淀区安全风险评估报告》进行评审。专家组一致认为，海淀区城市风险评估成果科学合理，结论客观，具有较强针对性，并建议将风险评估成果与日常监管相结合，建立健全海淀区安全风险管控体系。

（刘　瑭）

【第九督查组督察回头看】 9月4日至5日，由市安全监管局副巡视员杨永军为组长，组成市安全生产督察组，赴海淀区进行安全生产督导检查，对2017年市委市政府安全生产第九督察组督察反馈意见整改情况进行“回头看”。海淀区政府副区长梁爽、区安全监管局党组书记、局长刘磊刚及相关班子成员、区委督查室、区政府办等领导参加督察。市督查组对海淀区整改落实市委市政府安全生产第九督查组督察反馈问题，发挥海淀区科技创新中心核心区优势，利用物联网技术，助力安全生产监管创新做法给予肯定。督查组要求，海淀区要进一步强化全区安全生产治理体系建设，发挥安全生产基础支撑和重要抓手功能。

（张亚楠）

【区安委会第六次全会】 10月19日，海淀区召开区安委会第六次全会暨第五次消防工作联席会议，通报三季度安全生产及消防安全、道路交通安全形势，部署下阶段重点工作。副区长沙海江出席会议并讲话，区安委会、区防火委成员单位（委办局）、区属重点企业主管领导在区政府一层西侧报告厅主会场参会，各街镇安全生产、消防安全主管领导、科室负责人、管片消防民警、安全生产检查队队长及相关人员在街镇视频分会场参会。沙海江要求，以城市安全隐患治理三年行动为抓手，强化消防、道路交通、建设施工、城市运营、危险化学品、工业企业、重点人员密集场所、特种设备、地下有限空间、博物馆、文物建筑重点行业领域隐患排查治理；做好全年重点目标任务收尾工作，筹划明年工作重点。

（张亚楠）

【推进隐患治理三年行动】 11月21日，区安委会办公室召开城市安全隐患治理三年行动重点推进会，相关行业部门、部分街镇主管领导及科室负责人参加会议。区安全监管局结合区安委会办公室《关于进一步加强当前安全生产工作的通知》，准确分析研判形势，推进城市安全隐患治理三年行动开展，做好重点领域挂账隐患验收销账。

（张亚楠）

【完成三年行动挂账隐患销账】 海淀区落实《北京城市安全隐患治理三年行动方案（2018年—2020年）》，围绕消防、道路交通、建筑施工、城市运行、危险化学品、工业企业、重点人员密集场所、特种设备、地下有限空间等重点行业领域，开展监督检查及隐患排查治理，全年325处挂账隐患已整改完成324处，销账率为99.69%，提前完成安全生产目标责任书规定的年度销账率达90%以上任务。

（张亚楠）

【研究岁末年初安全生产】 12月5日上午，海淀区委副书记、区长戴彬彬在区政府201会议室主持召开第76次常务会议，专题研究部署岁末年初安全生产工作。区安委会办公室、区安全监管局汇报1月至11月海淀区安全生产情况，提出下一阶段重点任务。戴彬彬要求，落实11月28日全市今冬明春安全生产电视电话会议精神及部署，增强“四个意识”，为实现全区经济社会高质量发展提供安全社会环境。全力压减各类安全事故，以城市安全隐患治理三年行动为抓手，结合岁末年初安全生产特点，针对消防、危险化学品、道路交通、地下有限空间等重点行业领域，开展全方位专项整治，消除各类安全隐患。

（张亚楠）

【部署三年行动督导核查】 12月21日，区安全监管局组织海淀消防支队、区住建委、市规土委海淀分局、海淀交通支队、区质监局、城管委、城管执法局、商务委、旅游委、民防局、房管局等单位，部署2018年海淀区城市安全隐患治理三年行动督导核查，对各街镇上账隐患消隐开展“回头看”检查，对安全隐患治理效果进行核查。

（张亚楠）

【推进政务服务工作】 本年，海淀区安全监管局为推进“放管服”改革，优化海淀区营商环境、提高政府服务效能、方便企业群众办事，全面梳理全局政务服务事项，完善和优化办事指南和办事流程，梳理并确认区安全监管局政务服务事项“一次办”清单，采取合并办理环节、减少申请材料、缩短办事时限等措施，提高政务服务事项办事效率。推进政务服务事项“应进必进”，先后4次同区政务办进行座谈和交流，商讨有效可行措施，对事项入驻政务服务中心授权方式进行分析、确认，明确实现“应进必进”内容、时限、授权方式，完成26个所有服务事项“应进必进”工作，实现政务服务事项“一门”率100%。做好“一网通办”工作，依托市安全监管信息平台，开展政务服务事项办理，借助区政务服务大厅网络平台，开通网上办理功能，实现所有政务服务事项“一网通办”目标。

（席晓敏）

【安全风险评估】 本年，海淀区安全监管局推进城市安全风险评估工作，完成644家生产经营单位安全风险评估，填报风险源4847条，完成区域安全风险电子地图绘制、办法制定等8项工作。

（张亚楠）

【年度处置安全事故情况】 本年，海淀区安全监管局处置各类安全事故32起，立案调查处理生产安全事故10起，其中死亡事故7起，死亡7人，伤人事故3起，伤5人。全区生产安全事故死亡总人数同比下降5%，未发生较大及以上事故，也未发生社会影响大的事故。共检查生产经营单位1238家次，行政处罚140家，下达执法文书841份，依法立案查处104家，行政罚款52.7万元，区安全监管局年度人均检查量49.52件，人均处罚量5.6件，完成目标责任书任务。

（张亚楠）

【安全生产信用体系建设】 本年，海淀区安全监管局加强安全生产领域信用体系建设，制定年度标准化工作方案，召开相关行业部门三级达标标准化培训会11场，培训企业1078家，1401人次参加培训，各街镇组织岗位达标培训26次，培训企业1537家，三级达标企业经审核通过并授牌企业达429家，完成全年任务的214.50%，完成1275家微型企业岗位达标，完成全年任务的255%。

（张亚楠）

危险化学品安全监管

【召开危化品综合治理会】 3月30日上午，海淀区安全监管局组织辖区33个委办局和29个街镇负责人，在锡华酒店召开海淀区2018年危险化学品安全综合治理工作会。对《海淀区2018年危险化学品安全综合治理实施方案》进行解读，明确综合治理内容、责任单位、时间节点和考核标准，并要求开展危化品安全风险全面摸排，防范各类事故发生推动企业落实主体责任，完善危化品安全管理长效机制。

（李欣雷）

【调研加油站贯标改造】 4月3日下午，市安全监管局工作组赴海淀区调研加油站贯标改造工作，来到位于海淀区的中石油北京一分公司，听取贯标改造工作汇报，对该公司在贯标改造“三同时”申请手续、施工设计和贯标改造中，安全管理等工作存在问题进行座谈，现场解答公司在贯标改造中疑难问题。

（李欣雷）

【危化品综合整治推进会】 7月17日上午，海淀区安全监管局召开2018年危险化学品综合整治工作推进会，区安委会相关成员单位负责人参加。通报全区前一阶段工作开展情况，对存在问题进行分析，明确各部门职责，并提出工作要求。

（李欣雷）

【非经营性加油站专项整治】 7月17日上午，海淀区安全监管局召开海淀区非经营性加油站安全专项整治工作推进会，辖区相关委办局负责人参加。对《海淀区非经营性加油站安全专项整治工作方案》进行解读，就工作中存在问题进行解答，并要求建立台账，部门联动，形成合力，加强沟通，及时报送信息。

（李欣雷）

【危化品企业标准化复评】 9月11日，区安全监管局召开了险化学品经营企业安全生产标准化复评工作部署会，各有关企业负责人参加。会上，解读标准化复评程序、复评标准变化及新“百项地标”评审标准，明确评审否决项，公布标准化评审单位名单，并提出工作要求。

（李欣雷）

烟花爆竹安全管理

【落实烟花爆竹安全管理】 本年，海淀区安全监管局采取多项措施，落实烟花爆竹安全管理。成立烟花爆竹销售安全监管工作领导小组，加大对零售企业温（湿）度检测、视频监控、报警等设备运行和维护情况检查，利用视频监控手段，强化对零售点监管力度。严格行政许可，组织烟花爆竹销售负责人培训考试，并取得烟花爆竹经营安全管理人员资质证书，对从业人员进行业务培训，掌握烟花爆竹安全管理相关常识。采取日常检查、夜间巡查相结合方式，依法对烟花爆竹零售点执行烟花爆竹有关法律法规、零售点和销售品种有关规定进行执法检查，发挥西北旺镇安委会办公室属地作用，派驻警务执勤车及保安进行24小时盯守，重点时段加大检查力度和检查频次，督促销售点负责人依法守规、安全销售。春节期间，海淀区在西北旺镇设置烟花爆竹零售网点1处，同比减少22家，下降率为95.6%。共销售1588箱，同比减少1657箱。累计检查销售网点50余次，出动95人次，出动47车次。至2月23日，销售网点语音、视频监控设备和销售大棚全部拆除完毕，完成全区春节期间烟花爆竹销售安全监管任务。

（李欣雷）

隐患排查治理

【清单编制动员培训会】 1月24日，海淀区召开“一企一标准、一岗一清单”

编制动员培训会，相关行业主管部门、属地街道相关科室负责人，中介机构负责人60余人参加会议。会上，根据市安委会办公室做好隐患排查治理标准清单编制通知要求，继续开展隐患排查治理标准清单编制，并开展系统应用推广工作，要求有关行业管理部门及各街镇及时梳理本单位台账，上报年度需进行编制企业名单。

（刘　辉）

【清单编制动员培训会】 3月30日，海淀区召开隐患排查治理“一企一标准、一岗一清单”编制和系统推广应用动员部署培训会，相关行业管理部门、各街镇主管领导及相关科室负责人，清单编制企业及中介机构负责人300余人参加会议。区安全监管局对隐患清单编制和系统推广应用工作进行部署，明确目标任务、职责分工和步骤。中国建材认证集团有限公司石利民从“一企一标准、一岗一清单”编制程序、方法、基本内容和隐患排查系统应用等方面，对清单编制进行讲解。区安全监管局要求，各企业落实主体责任，各行业主管部门、街镇、各中介机构加强组织领导，注重协调配合，把握工作质量，确保隐患清单编制完成。

（刘　辉）

【工业企业重点工作部署】 4月13日，海淀区召开2018年海淀区工业企业安全生产重点工作部署会，北太平庄、清河、上地、田村路、西三旗街道和四季青、西北旺、上庄、温泉、苏家坨镇安委会办办公室主任及辖区工业企业主要负责人参加会议。会上，区安全监管局通报2017年全区工业企业安全生产管理情况，对2018年全区工业企业安全生产进行部署，特别对有限空间作业条件确认、涉爆粉尘场所等重点工作，明确目标任务，提出要求。并聘请专业培训老师，对参会人员进行有限空间作业专题培训，重点培训有限空间基本知识、相关法律法规和标准规范、作业安全要点、主要危险有害因素辨识及评估、典型事故案例分析等，提升街镇、企业人员有限空间作业管理水平。

（刘　辉）

【查处定向安置房项目】 5月2日，海淀区安全监管局根据群众举报，联合上庄镇安委会办公室，对上庄镇定向安置房项目进行安全生产执法检查。执法人员重点检查工地安全生产制度、应急预案制度及演练、从业人员教育和培训、特种作业人员持证上岗及施工现场安全设备设施等情况。针对现场发现的从业人员教育和培训学时不足、个别特种作业人员无证上岗问题，执法人员下达责令限期整改指令书，要求企业立即落实整改。

（李旭光）

【城乡结合部专项整治部署】 6月29日，海淀区安委会办公室召开专题会议，部署城乡结合部专项整治暨安全生产违法行为专项整治。会议要求，全区各街镇要针对16个市级挂账整治重点地区和14个区级挂账重点社区（村）生产经营单位上账隐患，开展自查自纠，实现上账生产经营单位全覆盖检查，确保消除安全隐患。规范城乡结合部重点地区生产经营单位生产经营活动，定期巡查、防止发生反弹。开展多种形式检查和宣传。

（李旭光）

【清单工作协调会】 6月29日，海淀区召开2018年度隐患排查治理“一企一标准、一岗一清单”编制和系统推广应用推进工作协调会。各安全生产中介服务机构负责人参加会议。会上，区安委会办公室听取各中介服务机构工作进展情况，要求各单位按照时间节点，保质保量完成任务，区安委会办公室继续加大执法检查力度，重点检查编制过程中，存在重视程度不够、隐患整改不及时等问题相关企业。

（刘　辉）

【开展专项整治检查部署会】 7月11日，海淀区安全监管局组织2018年城乡结合部重点地区整治月、体育运动行业专项执法检查部署，推进2018年城乡结合部重点地区安全生产违法行为专项整治；督促体育运动项目单位落实安全生产主体责任，完善安全生产规章制度和教育培训档案，制定应急预案并组织演练，保持经营场所紧急疏散通道畅通，消除安全生产隐患，防范和降低安全生产事故；梳理研判体育运动项目单位安全生产管理中存在安全生产突出问题，综合分析并对行业主管部门提出监管措施，明确安全监管长效机制。

（李旭光）

【隐患排查治理信息系统培训】 8月9日至10日，海淀区安全监管局召开隐患排查治理“一企一标准、一岗一清单”信息系统应用培训会，相关行业主管部门、属地街道相关科室、2018年度隐患排查治理80家“一企一标准、一岗一清单”编制企业和应用推广企业使用管理人员300余人参加培训。会议部署2018年度全区隐患排查信息系统应用使用情况，并聘请专业授课老师，对隐患排查信息系统企业用户使用方法进行现场演示和讲解。

（刘　辉）

应急救援

【生产安全事故应急演练】 5月29日，海淀区生产安全事故应急指挥部在学院南路四道口1号，开展北京二商集团西郊食品冷冻厂液氨泄漏事故应急演练。演练考察液氨泄漏过程中，西郊冷冻厂对事件发生和先期处置应急能力及政府与企业联动能力。演练采用实战演练方式，梳理和明确各部门在液氨泄漏应急处置中的工作职责，积累液氨泄漏事故应急响应和处置经验，磨合海淀区安全生产专项应急指挥部各成员单位间联动机制，检验全区生产安全事故应急处置能力。依据专家评估意见，进一步完善该应急预案方案，提升政府与企业联动效率，提升对液氨重大危险源应急处置能力。

（刘　瑭）

【做好应急救援物资储备】 6月20日，为做好危化学品应急救援器材储备工作，保证库存危险化学品救援物资随时拿得出、用得上、不变质，结合库存情况，区安全监管局对库存应急救援器材进行全面点验，经核对清点，利用有限经费对20件防化服、20只硅胶全面罩、20只多用滤盒、40双高筒防化靴、40双耐磨手套进行及时淘汰和更新。

（张海燕）

【应急预案编制和修订】 9月13日，海淀区安全监管局以区2018年城市安全风险评估工作《安全风险评估报告》《应急能力评估报告》《应急资源调查报告》等为基础，编制《北京市海淀区烟花爆竹生产安全事故应急预案》，并对《北京市海淀区生产安全事故应急预案》进行修订，预案编制修订完善海淀区应急预案体系，提高应急预案操作性和针对性。

（刘　瑭）

执法监察

【专职安全员履职能力测评】 1月4日，海淀区安全监管局在海淀区职业技术学校，组织参加全市2017年专职安全员履职能力测评考试，全区安全生产专职安全员487人参加测评考试，测评考试通过率90%。区安全监管局要求，按照市安全监管局考务要求、严格程序，保证考试安全、平稳、有序开展。

（刘学国）

【市局领导春节前带队检查】 1月23日，市安全监管局赴海淀区并与区、街道两级安全生产监管部门组成联合检查组，对羊坊店路周边快捷连锁酒店、餐饮企业等人员密集场所开展安全生产联合执法检查。重点检查配电室、客房、紧急疏散通道、安全出口、后厨操作间等重要场所。对抽查的两家企业落实安全生产管理情况给予肯定，并要求做好春节前安全生产大检查，做好应急值守，落实企业安全生产主体责任，扎实开展隐患自查，对检查中发现问题，落实整改，消除隐患。

（李旭光）

【强化烟花爆竹安全监管】 1月29日，海淀区安全监管局采取措施落实烟花爆竹安全管理。严格行政许可，压减销售点位；强化培训，提高安全意识；强化管理确保安全。执法检查组采取日常检查与夜间巡查相结合方式，对烟花爆竹零售点和销售品种，按照烟花爆竹有关法律法规进行执法检查。强化销售前、中、重点时段和撤棚回收，四次全覆盖全方位检查。

（李旭光）

【春节前联合检查】 1月29日至2月12日，海淀区安全监管局联合行业主管部门、消防支队及属地街镇组成联合检查组，对重点地区人员密集场所和建筑施工等8个行业领域，开展为期2周的安全生产联合执法检查行动。重点检查生产经营单位安全生产规章制度、现场作业管理、特种作业人员持证上岗、重大危险源张贴安全警示标识、从业人员安全生产教育培训、从业人员劳动防护用品发放、职业卫生、安全生产应急演练等情况。针对发现安全隐患，向企业下达相关文书，责令立即整改，消除隐患。

（李旭光）

【区领导检查春节前保障】 2月13日，海淀区副区长梁爽带领区安全监管局、消防支队、公安分局和属地街镇组成联合检查组，采取“四不两直”方式，实地检查部分生产经营单位春节前安全生产保障情况，着重检查餐饮企业燃气储存间和烟花销售点库房等重点部位，并对现场安全管理和应急准备等情况进行问询。针对存在问题，检查组责令相关企业立即整改。

（李旭光）

【市局领导检查两会保障】 2月23日，市安全监管局副局长贾太保、副巡视员贾秋霞带队赴海淀区，与海淀区安全监管局、属地街道安委会办公室，组成安全生产检查组，开展重大活动周边人员密集场所安全生产联合执法检查。查看生产经营单位紧急疏散通道、后厨、安全出口、疏散指示标识、安全管理规章制度等。市安全监管局听取海淀区、属地街道重大活动期间安全生产保障部署和落实情况，及专职安全员检查情况汇报。

（李旭光）

【“两会”重点地区联合检查】 3月1日至2日，海淀区安全监管局联合行业主管部门、消防支队及属地街镇组成联合检查组，对重点地区人员密集场所和文化娱乐等4个行业领域，开展安全生产联合执法检查行动。检查生产经营单位安全生产规章制度、现场作业管理、特种作业人员持证上岗、重大危险源张贴安全警示标识、从业人员安全生产教育培训、从业人员劳动防护用品发放、职业卫生、安全生产应急演练等情况。

（李旭光）

【工业企业“两会”期间检查】 3月，区安全监管局持续开展执法检查，重点检查涉粉尘防爆作业、涉危涉氨使用、有限空间作业等单位，共检查企业12家，出动执法人员24人次。检查中，要求企业做好“两会”期间日常安全管理，定期开展安全巡查并做好记录，及时整改消除安全隐患和问题，做好应急值守，严防“两会”期间企业各类事故发生。

（刘　辉）

【建筑施工行业执法检查】 4月17日，海淀区安全监管局与属地街镇安委会办公室配合，对位于清河街道“小米移动互联网产业园项目”施工工地，开展安全生产检查。执法人员在项目总包单位现场，对园区内正在施工地区进行检查，针对易引发事故危险源、重点部位和关键环节进行大排查。重点检查项目分包公司从业人员教育培训记录、特种作业人员档案、劳动防护用品发放记录等。针对检查发现“未按照规定对从业人员进行安全生产教育培训”“未为特种作业人员提供符合国家标准或行业标准劳动防护用品”等违法行为，下达《责令限期整改指令书》，要求企业落实整改措施，消除安全隐患。

（李旭光）

【专职安全员总结表彰会】 5月11日上午，海淀区安委会办公室召开2017年专职安全员队伍建设总结表彰暨工作部署大会，表彰先进单位和先进个人。29个街镇主管领导及安委会办公室主任、18个职能部门主管领导及相关科室负责人、45名安全生产工作先进个人参加会议。会议要求，围绕落实“四化三体系双基”总任务和“提质增效”的总目标，严格制度落实，提升检查效能，推进街镇专职安全员队伍发展，增强做好专职安全员队伍建设责任感和紧迫感，开创专职安全员队伍建设工作新局面。

（刘学国）

【新入职专职安全员集训】 5月22日至31日，海淀区安全监管局在首钢工学院，举办百余名新入职专职安全员集训。集训为期十天，采取军事化管理，贯彻业务学习与作风锤炼相结合、理论教学与现场实操相结合、日常考核与集中考评相结合原则，集训设四个训练模块，即军训、业务基础、专业知识、实训，提高专职安全员“三培养”“三达到”为主要内容业务能力素质，锤炼专职安全员理想信念、业务技能和作风养成，完成角色转变，较快适应新岗位。

（刘学国）

【兼职巡查员工作部署会】 6月29日上午，海淀区安委会办公室组织全区29个街镇安全生产办公室主任召开全区行政村、社区兼职安全生产巡查员工作部署会，将兼职安全生产巡查员工作证发放到各街镇，对行政村、社区兼职安全生产巡查员上岗工作进行部署。区安全监管局对兼职安全生产巡查员日常管理、培训制度、巡查制度、岗位津贴发放、考核体系等内容进行部署。

（李旭光）

【街镇专职安全员推进会】 7月19日下午，海淀区安全监管局召开街镇安全生产专职安全员工作会，总结安全生产专职安全员上半年工作，并对下半年重点任务进行部署。29个街镇安委会办公室主任参加会议。区安全监管局要求，加强安全生产专职安全员队伍建设管理，稳步推进安全生产检查队规范化建设，提前筹划、高标准做好下半年街道安全生产专职安全员补招录。加强政治和纪律约束，加强廉政建设和职业道德建设，规范专职安全员自身安全检查行为。

（刘学国）

【燕京啤酒文化节监督检查】 8月2日，海淀区安全监管局执法人员对北京稻香湖投资发展有限责任公司承办，第27届北京国际燕京啤酒文化节海淀专场活动现场安全管理、现场临建设施搭建情况，进行监督检查。执法人员对发现的施工人员劳动防护用品佩戴不规范及对施工人员安全生产教育培训档案不健全问题提出整改意见，要求承办单位在活动举办期间加强应急值守和安全巡查。

（李旭光）

【水务督查检查队规范建设】 8月14日，海淀区安委会办公室规范化建设工作小组对区水务局安全生产督查检查队规范化建设进行实地调研，主要对督查检查队办公环境、工作档案和台账管理、装备配备、检查任务完成等方面进行检查。水务局安全生产督察检查队完善规章制度加强管理，规范办公秩序提升队伍战斗力，统一服装、装具提升检查质量，定岗定责正确履职，管理到位杜绝漏洞。规范化建设工作小组对水务局督查检查队规范化建设给予肯定，并建议按照规范化实施方案要求即实现“四统一、六规范、一创新”建设目标，做好督查检查队规范化建设细化完善工作。

（刘学国）

【开展重大活动保联合检查】 8月22日，海淀区安全监管局开展重大活动保障安全生产联合执法检查行动。对生产经营单位消防中控室值班值守、高压配电室高压工具检测、餐饮后厨安全管理及应急广播使用等安全生产、消防安全重点部位、关键环节等进行检查。联合检查组对企业安全生产工作给予肯定，并指出企业存在的配电室高压工具未年检、配电室要有至少一人值守等问题，责令其限期整改。

（李旭光）

【夜查重大活动地区】 8月29日至31日，海淀区安全监管局分四路与有关街道、工商、消防、公安等部门联合，采取“四不两直”方式，对重点地区生产经营单位安全生产工作开展夜间联合检查。检查组对危化企业、工业企业、加油加气站、有限空间、人员密集场所生产经营单位重点部位、关键环节、应急值守等进行检查。对发现的问题，责令企业立即整改。检查组要求，企业进一步提高安全生产意识，严格落实主体责任，开展隐患排查治理，加强应急救援演练，保证安全生产责任落到实处。

（李旭光）

【“四不两直”安全检查】 9月1日，海淀区副区长梁爽带队，以“四不两直”方式，检查重点地区周边安全生产及消防安全情况。区安全监管局、消防支队执法人员参与检查。重点检查相关单位人员值守及安全生产责任制落实情况，督促隐患及时整改。梁爽要求，各相关单位要树立“首都安全无小事”理念，紧绷安全生产这根弦，以最高标准和最严尺度做好安全生产工作，进一步强化安全意识，守牢安全底线，层层压实责任，抓好重大活动安全保障措施落实。

（李亚楠）

【有限空间安全管理抽查】 9月11日至12日，9月25日至26日，海淀区安全监管局组成区安委会办公室有限空间作业安全工作检查小组，分两批次对抽取区水务局、城市管委、旅游委、房管局及其分管8家用人单位，进行有限空间作业安全生产检查。检查中，各部门介绍有限空间作业安全管理方案及执行情况，召开专门会议部署有限空间作业安全生产、教育培训、本部门有限空间台账建立及对监管单位开展有限空间执法检查等情况，各部门工作人员作为检查主体对所管相关单位进行有限空间作业安全生产执法检查，区安委会办公室有限空间作业安全工作检查小组全程跟随记录。

（赵双琳）

【有限空间作业夜间巡查】 9月13日凌晨，海淀区安全监管局执法人员组成检查小组，对海淀区西部道路、街区有限空间作业现场进行集中巡查，集中巡查持续至2时许。巡查发现，有2处正在进行市政污水管道清掏井下作业现场和1处污水管线冲洗现场。各施工现场均管理规范、履行审批手续、现场进行围挡、设有安全警示告知、作业中保持井内气体检测、监护人员持证上岗并与井下人员保持有效联系、作业人员正确佩戴使用安全防护用品、现场配备有应急救援设备等，施工人员能按照操作规程进行操作。施工人员表示，单位对有限空间作业高度重视，反复教育培训，注重增强施工人员安全意识。

（赵双琳）

【专职安全员招录笔试考试】 9月15日上午，海淀区组织安全生产专职安全员招录考试笔试。全区132人参考。笔试考试通过率83%。考试全程高效有序。

（刘学国）

【专职安全员专题教育】 9月19日，海淀区安全监管局开展安全生产专职安全员《中华人民共和国监察法》专题教育培训。培训从十八大反腐成就和面临新形势，《监察法》立法背景、历史性贡献、监察范围、监察权限等方面，组织学习解读。

（刘学国）

【国庆节前安全生产检查】 9月28日，海淀区安全监管局联合香山街道安委会办公室，对北京市香山公园管理处进行安全检查。对香山公园管理处国庆节及香山红叶季安全生产应急救援预案制定、演练，配电室和监控室现场管理等情况进行检查。检查组要求，公园管理处加强员工安全生产教育和培训，对公园重点部位和关键环节开展隐患自查自纠，定期组织生产安全应急救援演练。

（李旭光）

【区委书记检查国庆节安全】 9月28日，海淀区委书记于军带队检查安全生产和消防安全，区安全监管局、消防支队、属地等部门参加检查。对食宝街及沿线企业应急救援预案制定、演练，从业人员安全生产教育和培训等情况进行检查。于军要求，加强培训，提升从业人员消防安全意识和应急处突能力。发挥好“街镇吹哨、部门报到”工作机制优势，开展西区办、安监、消防、城管、食药、工商、派出所等多部门联合检查，确保安全，消除人员密集场所安全隐患，为群众提供安全有序环境。

（李旭光）

【副区长检查国庆节前保障】 9月29日，海淀区副区长吴计亮带队检查国庆节前旅游行业安全生产，区安全监管局、旅游委、消防支队、属地街道参加检查。重点检查饭店（酒店）、博物馆消防器材、应急通道、中控室、配电箱等。吴计亮要求，各相关部门要落实安全生产责任，积极配合，加强管理，加强应急值守，做好国庆期间安全监管；各生产经营单位要健全安全生产相关制度，完善应急预案，加大隐患排查力度，做好国庆期间旅游安全。

（李旭光）

【检查圆明园公园安全】 9月29日，海淀区安全监管局联合青龙桥街道安委会办公室对海淀区圆明园公园管理处进行安全检查。检查人员对配电室（配电柜）和建筑施工现场管理等情况进行检查，并要求公园管理处加强员工安全生产教育和培训；对公园重点部位和关键环节开展隐患自查自纠。

（李旭光）

【企业清单核查】 9月，海淀区安委会办公室组织人员对全年“一企一标准、一岗一清单”编制，开展安全生产联合执法检查。核查人员依据市政府第266号令相关规定，开展执法检查，重点检查企业开展隐患排查治理清单编制有关资料及系统使用情况。各单位均能够重视“一企一标准、一岗一清单”编制，清单编制有关资料翔实，信息系统使用正常。核查期间，共检查企业16家，出动执法人员32人次。

（刘　辉）

【专职安全员补招面试】 10月19日，海淀区组织2018年安全生产专职安全员补招面试。补招面试涉及14个委办局、15个街镇，110名考生参加面试。面试本着公平、公正、公开、择优原则，严密组织、严格程序、紧密协作，完成安全生产专职安全员补招面试工作。

（刘学国）

【督查检查队规范化摸底】 10月29日至11月1日，海淀区安全监管局对区水务局、房管局、卫计委、商务委等18个部门，安全生产督查检查队规范化建设开展实地调研。检查组按照验收评定标准细则，对督查检查队办公环境、人员档案、台账管理、管理制度、装备配备、检查任务完成等方面进行实地检查。区安全监管局对各部门安全生产督查检查队规范化建设工作给予肯定。

（刘学国）

【冬奥场馆施工工地检查】 12月4日，海淀区安全监管局联合万寿路街道办事处组成联合检查组，对冬奥场馆施工工地冬季施工进行联合执法检查。对发现的未在配电箱张贴安全警示标示，未提供符合国家标准或行业标准劳动防护用品等问题，下达责令限期整改指令书，要求项目负责人落实安全生产主体责任，增强防范意识，做好隐患自查。

（李旭光）

【专职安全员履职考试】 12月5日，按照全市安排，海淀区安全监管局在海淀区职业技术学校考点，组织全区安全生产专职安全员559人，参加北京市安全生产专职安全员履职考试，考试通过率94%。按照考务要求，严格程序、周密部署、精心组织，完成在职专职安全员履职考试任务。

（刘学国）

【联合属地开展安全检查】 12月6日，海淀区安全监管局和属地街道人员组成联合检查组，对4S店和汽修企业开展安全生产联合检查。检查生产经营单位配电箱安全警示标识张贴、小型机械设备操作规程张贴、生产安全应急救援演练记录、从业人员教育培训档案、隐患排查治理等情况。对发现从业人员教育培训档案不健全，未如实记录安全应急救援演练情况等问题，下达责令限期整改指令书，要求生产经营单位负责人做好隐患自查，加强从业人员教育培训。

（李旭光）

【“中关村创新之夜”检查】 12月7日，海淀区安全监管局对“中关村创新之夜”活动临建设施搭建进行检查。检查现场互动区及灯光架等重点区域和部位，要求项目现场负责人对互动区及灯光架加装配重并做好固定，活动前做好隐患自查。

（李旭光）

【检查冬季在施工工地】 12月12日，海淀区安全监管局联合西北旺镇安委会办公室，对全区冬季在施工工地进行安全检查。检查在施工工地管理制度、从业人员教育培训、劳动防护用品发放记录、应急救援演练预案及演练和施工现场管理等情况，责令项目负责人对发现的无劳动防护用品发放记录，未按照制订应急源与演练预案等问题，立即进行整改，并要求项目负责人在冬季施工中加强员工安全生产教育和培训，对施工项目重点部位和关键环节，开展隐患自查自纠。

（李旭光）

【区领导检查棚改造项目】 12月12日，海淀区委书记于军以“四不两直”方式，到紫竹院街道检查海淀区棚户区改造项目冬季施工安全生产和消防安全，区安全监管局、住建委、消防支队、属地等部门参加检查。实地查看工地现场安全生产措施落实情况，高处作业人员安全保障，防护设施搭建情况。于军要求施工单位落实责任，加强管理，遵守安全施工、文明施工等规范、条例，做好施工安全防护及施工人员安全监督管理，提高安全意识。

（李旭光）

【“岁末年初”有限空间督察】 12月12日至12月25日，区安全监管局采取随机抽查、联合检查等形式，与区园林局、相关属地街镇，对园林绿化行业部分单位有限空间作业安全生产管理进行“四不两直”督察，发现安全生产教育培训记录不全、部分地下有限空间安全生产管理制度不健全等问题及时指出，要求限时整改。

（赵双琳）

【“岁末年初”联合执法检查】 12月17日至19日，海淀区安全监管局联合属地街镇安委会办公室、消防支队、住建委、旅游委，对建筑施工、宾馆、商场超市等生产经营单位，开展安全生产联合检查。第一联合检查组对建筑施工生产经营单位从业人员教育培训，生产安全应急救援演练记录，施工安全围挡及警示标识，特种作业人员持证上岗等情况进行检查。第二联合检查组对海淀区棚户区改造安置房项目在施工地进行安全检查，对在施工工地管理制度、从业人员教育培训档案、劳动防护用品发放记录、应急救援演练预案演练和施工现场管理等情况进行检查。对海淀区宾馆、酒店进行安全检查。重点检查生产经营单位配电室、配电箱安全警示标识张贴，特种作业人员持证上岗，劳动防护用品发放及使用，应急救援预案制定演练等情况。检查组要求生产经营单位负责人，对现场存在问题和隐患立即进行整改。

（李旭光）

【节前区领导带队检查】 12月24日，海淀区副区长陈双带队，区政府办、商务委、发改委、安全监管局、统计局、投促局、质监局、食药监局、消防支队、甘家口街道参加检查。对餐饮、家电超市疏散通道等重点部位进行检查，对现场安全管理情况进行问询。要求企业在节日来临之际，对员工加强教育培训，做好应急处置准备，防患于未然。

（李旭光）

【参加领军人才选拔决赛】 12月24日，海淀区组织全区领军人才候选人在首钢技师学院安全生产实训基地，参加实操考核选拔。重点在变配电室、加油站、有限空间3个场景，对进行安全检查，取证并制作现场检查记录等方面进行考核。经专家、老师评选，8名专职安全员为海淀区北京市安全生产专职安全员领军人才。

（刘学国）

【区领导“元旦”节前检查】 12月25日，海淀区区委副书记、区长戴彬彬带队，副区长陈双等参加检查，区商务委、城管委、安全监管局、城管执法局、城市管理指挥中心、公安分局、消防支队、属地等部门参加检查。实地查看平房区安全管理情况，对人员密集场所生产安全和消防安全进行检查。

（李旭光）

【安全生产大检查】 本年，海淀区安全监管局围绕危险化学品、人员密集场所、建筑施工、消防安全等重点行业领域，开展安全生产大检查，共检查生产经营单位15.8万家次、出动检查人员19.3万人次、整改问题隐患6.4万项、处罚罚款600.98万元。

（李旭光）

职业卫生监督检查

【职业病防治评估部署会】 6月25日，海淀区安全监管局召开2018年海淀区职业病防治评估工作部署会，各街镇安委会办公室职业卫生联络员参加。部署7月至10月，聘请市劳动保护研究所、北京蔻凯恒安咨询有限公司、北京安华鼎仕检测技术服务中心，对全区未参加过历年职业病防治评估149家用人单位，进行职业病防治评估。

（赵双琳）

【用人单位职业病危害普查】 7月19日，海淀区安全监管局召开职业病危害基本情况普查部署会，各街镇安委会办公室主任、专职安全员及普查机构参加。介绍普查背景及任务情况，普查机构介绍普查进度安排。区安全监管局要求，各街镇加强领导，做好统筹协调，安排专人管理，加强相互配合，提高工作效率；各街镇安委会办公室领取任务，派专人与普查机构人员进行对接。

（赵双琳）

【行业用人单位职业病评价】 8月31日，海淀区安全监管局抽取全区4家生物制药行业用人单位，对各家存在危害因素、分部情况、采取防护措施等，要求各自做出评估报告。区安全监管局进行职业病危害因素现状评价，进一步了解掌握已申报职业病危害因素用人单位职业病防治管理现状。

（赵双琳）

【车修企业尘毒治理验收】 9月6日，市安全监管局对海淀区已开展一年的机动车维修企业尘毒危害治理专项行动进行验收评估。验收专家组随机抽取4家机动车维修企业，采取查阅资料、询问了解、现场核查等方式，对企业职业卫生管理“七个指标”达标率及重点岗位工程防护设置情况，进行验收评估，专家组对4家企业职业卫生管理予以肯定，对个别工作岗位警示告知张贴提出建议。

（赵双琳）

【小微企业职业病防治帮扶】 9月18日起，海淀区安全监管局开展科研实验行业小微企业职业病危害防治帮扶活动。聘请职业卫生专家实地走访、调研科研实验用人单位，最终确定符合帮扶要求单位16家。对16家单位基本情况及工作中使用化学品名称、用量、使用岗位、使用频次，个人防护用品，实验室设置防护设施、主要设备或仪器等使用情况进行统计。开展免费职业病危害因素检测，对实验室检测出职业病危害因素赠送定制告知卡、警示标识、公告栏等，并对用人单位负责人、职业卫生管理员开展培训，普及《中华人民共和国职业病防治法》，探索小微企业职业病危害防治管理模式，为促进小微企业落实职业病防治主体责任积累经验。

（赵双琳）

【全年职业病危害普查】 本年，海淀区安全监管局超额完成全年3400家用人单位职业病危害基本情况普查目标任务，共普查3697家，超计划完成297家，确定存在职业病危害因素的940家，占普查总数25%，不存在职业病危险因素的2757家，占普查总数的75%。

（赵双琳）

宣传培训

【职业病防治法宣传周】 4月13日，海淀区安全监管局印发《关于开展2018年〈职业病防治法〉宣传周活动的通知》。4月24日，在金泰海博大酒店举办宣传周启动仪式。宣传周期间，海淀区安全监管局及各街镇共召开研讨会、知识竞赛等活动50余次，广播电视报纸等新闻媒体报道8次，公益短信微信等60余条，发放宣传材料1.28万余份，播放宣传片2部，出动宣传人员800余人，受众者1.6万余人。

（赵双琳）

【全区企业安全生产培训】 4月，海淀区安监局联合安全生产专业培训机构，启动新《中华人民共和国安全生产法》教育培训，加大企业负责人（法人）及安全生产管理人员安全生产教育培训力度。6月30日前，完成全年培训任务。共培训1425人次，重点对文化、商务行业领域生产经营活动企业负责人和安全管理人员进行培训。

（王　蕊）

【职业健康管理专项培训】 5月23日至24日，海淀区安全监管局在北京联合大学旅游学院，组织两期职业健康和有限空间作业安全生产管理专项培训班。有关部门、街镇安委会办公室安全生产管理人员165人参加培训。培训围绕“补短板、强融合、细落实、促平衡”总要求，委托市职业病防治联合会聘请专家，针对职业健康和有限空间作业安全生产管理，从执法检查角度进行深入浅出的分析讲解，提升辖区内行业和属地安全生产监管部门职业健康和有限空间作业安全生产监管水平。

（赵双琳）

【全区企业安全生产大培训】 5月中旬，海淀区安委会办公室印发《2018年生产经营单位主要负责人和安全生产管理人员安全生产培训考核工作方案》，召开全区安全生产大培训动员部署会。按照财政管理制度，经公开招投标程序，明确第三方培训机构承接大培训。并将22204人的培训任务，落实到29个街镇，把培训工作列入年度绩效考核。6月1日，启动大培训活动，区安全监管局采取例会制度，每月召开一次专题推进会，总结阶段性成效。11月30日前，完成全年培训任务，共培训22558人次。

（王　蕊）

【举办安全生产月咨询日】 6月16日，海淀区安全监管局以“生命至上、安全发展”为主题，在欧尚金四季购物广场，举行安全生产月咨询日活动。市安全监管局领导，四季青镇、区司法局、文化委、旅游委、商务委、住建委、消防支队、交通支队、质监局、房管局、城管监察局、民防局、城市管理委、体育局、教委、总工会、气象局等部门领导和工作人员参加。咨询日活动期间，向群众发放宣传资料，以直接面向群众交流互动方式，开展法律法规宣传和咨询服务。设置安责险和企业负责人（安全管理人员）大培训咨询宣传台。结合“双百工程”“七进”活动，区安全监管局与消防、质监、商务等部门执法人员、电气专家，走进欧尚金四季购物中心、百安居家装建材城等企业，开展安全检查，上门普法宣传安全，指导企业排查电气安全隐患。

（王　蕊）

【完成安全生产月活动】 至7月底（部分活动贯穿全年），海淀区安全监管局以“生命至上　安全发展”为主题，完成2018年安全生产月活动，组织安全生产大讲堂930余场次，系列应急演练990余次，张贴、发放各类宣传材料（宣传品）37万余份，发布安全月新闻、安全生产常识700余条，全区44万余人参加安全月活动。

（王　蕊）

【安全生产“七进”试点】 至9月10日，海淀区安全监管局完成安全生产“七进”试点工作，共开展普法大讲堂40期，参与居（村）民2700人次，为企业上门普法检查宣传35家次，企业从业人员300人次参与活动，进校园4次，教职员工和学生120人次参与。

（王　蕊）

【区局被评为年度宣讲优秀】 9月29日，市安全监管局、市总工会联合在北京市职工服务中心召开表彰大会，对2017年—2018年北京市职业安全健康宣讲优秀组织单位和最佳巡回宣讲员进行表彰。海淀区安全监管局等27家单位被评为优秀组织单位；海淀区推选宋一帆等6名宣讲员被评为市级优秀宣讲员，占市级优秀宣讲员总数1/4；海淀区推选许珈齐等3人被评为最佳巡回宣讲员。

（赵双琳）

【专职安全员安全生产培训】 9月、10月，海淀区安全监管局分两批，对全区581名专职安全员进行安全生产检查业务培训。邀请行业内知名专家及区安全监管局相关执法科室负责人授课，通过对安全生产法律法规、隐患排查、执法行为规范、事故案例、现场实操等讲解，突出要点、重视实效、提升水平，规范专职安全员检查过程。至10月19日，海淀区安全监管局完成全年专职安全员安全生产检查业务培训。

（李旭光）

【“安监之星”评选活动】 本年，海淀区安全监管局印发《关于组织开展“2018安监之星·北京榜样”候选人推荐活动的通知》，动员各街镇、行业主管部门和区属重点企业，开展“安监之星”评选推荐。经区初评，推荐包括安监干部、专职安全员和企业安全生产从业人员，共45名候选人，代表海淀区参加全市“安监之星”评比。其中青龙桥街道城管执法队队长王继高获月安监之星；区环保局辐射环境监督科副科长文海燕等4人，获周安监之星。

（王　蕊）

【职业健康巡回宣讲】 本年，海淀区安全监管局聘请优秀市级宣讲员，深入海淀区用人单位，为一线从业人员进行11场职业健康巡回宣讲。宣讲员采用演讲配合动画、沙画等形式，通过讲述鲜活动人小故事，向一线从业人员讲授职业病危害带来家破人亡惨痛教训，及科学预防职业病相关知识。受众者达上千人，覆盖全区29个街镇。

（赵双琳）

【“双百工程”活动】 本年，海淀区安全监管局印发《2018年“百名安全监管干部与万家企业主要负责人对话谈心”活动工作方案》《2018年“百名安全生产专家服务万家企业”活动工作方案》，发至29个街镇，要求各街镇结合本地区情况，开展“双百工程”活动。“双百工程”活动期间，海淀区共进行谈心对话活动69次，552家企业参与。区安全监管局组织专家，服务小微企业活动61次，服务小微企业301家，发现隐患2326个，提出整改建议2326条。在16个行政村开展社区大讲堂活动，发放宣传材料800余份。

（王　蕊）

标准化建设

【标准化部署培训会】 3月30日，海淀区召开2018年安全生产标准化工作动员部署会。区标准化办公室总结全区2017年安全生产标准化工作，部署2018年安全生产标准化建设目标、步骤、要求等。区安委会办公室、区安全监管局要求，全区标准化创建要突出重点、多措并举、克服困难，抓好企业标准化自主创建，抓好评审质量，抓好执法联动。对未开展安全生产标准化创建或对扣分项未及时整改企业，加大执法检查力度，督促企业迅速消除隐患。抓好提质增，全面开展复评，解决标准化运行和日常安全管理“两张皮”现象。

（刘　辉）

【标准化“百部地标”培训】 10月30日至31日，海淀区召开“百部地标”宣传贯彻暨安全生产等级评定培训会。相关行业主管部门、各街镇相关科室、各评审单位负责企业安全生产标准化负责人、工作人员119人参会。区安全监管局总结标准化工作情况，对下一步“百部地标”新标准和新系统应用提出要求。要求各行业部门结合工作特点，做好本行业新地标宣传贯彻培训；各街镇按照“百部地标”相关标准指导督促企业开展标准化创建；各评审机构要按照“百部地标”相关标准开展企业安全生产标准化咨询评审。区标准化办公室聘请老师，进行安全生产专业授课，向与会人员进行安全生产等级评定技术规范总则及通用要求、安全生产标准化达标创建新系统使用等内容培训。

（刘　辉）

丰　台　区

概　　述

2018年，丰台区安全监管局强化“红线”意识，构建新的安全监管体系，执行《安全生产法》等法律法规，加强监管和督促检查。扎实开展隐患排查治理、安全生产教育培训、事故防范、安全生产大培训、督促企业落实主体责任、推广安全生产责任保险等专项行动。从生产一线和源头做好事故预防，努力减少一般事故，遏制较大事故、重大事故和特别重大事故发生，为全市经济和社会和谐发展提供安全保障。

贯彻落实科学发展观，坚持安全第一、预防为主、综合治理方针，以安全生产活动为主线，深入开展安全生产执法、治理和宣传教育。发挥安全生产综合监管职能，联合各部门对煤矿、非煤矿山、人员密集场所、危险化学品、民用爆炸物品等行业领域在重大节假日、敏感时期等重点时段进行全面检查，严格执法、严查彻改各类事故隐患，对整改不彻底隐患进行“补课”，确保了安全隐患整改落实到位。开展安全生产大培训活动，提高企业主要负责人和安全生产管理人员安全意识和安全管理水平，大培训围绕安全生产责任规定、安全管理、安全生产法律法规、应急预案编制、应急救援、事故案例教育等方面进行。

全年，全区共发生安全生产死亡事故71起、死亡73人。与上年同期75起、死亡78人相比，事故起数减少4起，下降5.3%；死亡人数减少5人，下降6.4%。其中生产经营性安全生产死亡事故25起、死亡27人，与上年同期25起、死亡27人相比，事故起数、死亡人数均持平。检查排查生产经营单位14617家，确认挂账隐患249项，完成整改249项，完成率100%，超额完成年度整改率90%任务，安全风险云服务系统填报率100%；企业清单编制100家，完成率100%；纳入清单编制企业隐患信息系统使用率95%，占90%任务的105.6%。

综合监管

【安全生产大会】 4月11日，丰台区召开2018年安全生产大会，区委、区人大、区政府、区政协主要领导，区委、区政府领导班子成员，区安全生产委员会成员单位、各街乡镇、区属有关单位党政主要领导、主管领导参会。会上，副区长周新春通报2017年安全生产情况，对2018年重点工作及丰台区城市安全隐患治理三年行动进行部署。代区长王力军与安委会成员单位、街乡镇行政主要领导代表签订2018年《安全生产目标管理责任书》。

（李　颖）

【清单编制动员部署会】 5月11日，区安全监管局召开隐患排查治理清单编制工作动员培训大会，通报2017年编制企业隐患清单系统应用情况，对2018年工作提出要求，并下发清单编制文件；中介机构专家通过现场讲解、系统演示等形式，向参会人员介绍“一企一标准、一岗一清单”编制程序、方法和基本内容，隐患排查治理系统操作要点。聘请三家中介服务机构，现场与100家企业进行对接。

（李　颖）

【听取安全生产反馈意见】 9月18日，区人大常委会召开主任专题会议，听取《区政府关于落实市安全生产第三督察组反馈意见整改情况的报告》，与会人大代表进行现场提问。区安委会办公室根据《丰台区第十六届人大常委会主任专题会议关于〈区政府关于落实市安全生产第三督查组反馈意见整改情况的报告〉的意见书》和市、区人大代表现场询问时提出意见建议，结合全区安全生产实际，向区人大上报落实情况报告。

（李　颖）

【安全生产督察】 10月22日至24日，市政府督查室、市安委会办公室安全生产第十督察组一行6人，对2017年市委市政府安全生产第三督察组督察丰台区反馈问题整改情况进行为期三天“回头看”。督察组听取副区长周新春就全区反馈问题整改情况汇报，查阅整改佐证材料，重点对各街乡镇、委办局修订的安全生产“党政同责、一岗双责”文件，部分单位2018年党政领导班子研究安全生产工作会议纪要进行检查。对区住建委、水务局、北京南站和花乡政府进行延伸督察。督察组还从去年检查26家企业中，抽取7家，对照反馈问题，逐条进行现场核查。24日上午，督察组进行“回头看”督察意见反馈，对丰台区整改情况给予肯定，也提出部分单位对安全生产“党政同责、一岗双责”要求理解不到位，整改不到位；发文不规范问题部分存在；个别企业存在整改不彻底现象等问题。丰台区对市督察组反馈意见，并针对个性问题，立即督促相关单位立行立改，对共性问题和建议，举一反三，进行研究，深挖深层次原因，分解任务，立即进行整改。

（李　颖）

【城市安全隐患治理三年行动】 本年，是城市安全隐患治理三年行动第一年。丰台区安全监管局召开动员部署和培训会，并以区政府办公室文件印发全区工作方案和各相关部门分方案。各属地和职能部门制定上报监督检查计划，并按照重点消防领域、建设领域、特种设备、地下空间等9大领域进行隐患排查，检查排查生产经营单位15618家次，经甄别、筛选，确认年挂账隐患249项，按要求录入全市城市安全隐患治理信息平台，并启动整改，按时报送进展情况及相关统计数据信息。全年，上账249项隐患已整改销账，超额完成市安委会下达的90%任务。区安委会办公室组织专门力量，按照不少于10%比例，对已整改完成隐患进行核查，核查30家，超额完成核查任务。

（李　颖）

【安全生产信用体系】 本年，区安全监管局安排专人负责信用体系建设，每周按要求归集、审核和报送区安全监管局行政处罚、行政许可等企业安全生产信用信息，做到信息上报及时、真实。全年，未列入安全生产联合惩戒“黑名单”企业，也没有联合奖励企业，已每月按要求上报相关报表。

（李　颖）

【安全生产专题培训】 本年，丰台区安全监管局开展街乡镇、区级职能部门主管领导（副处级）安全生产专题培训。采取以会代训、专题讲座、集中培训等形式，组织主管领导安全生产专题培训，每月安委会全会进行“会前学法”，邀请专业人员对各街乡镇和安委会成员单位主管领导，组织安全生产法律法规、政府规章、文件政策、事故案例等方面集中学习。邀请市安全监管局相关部门领导对政府部门履行安全监管职责，结合大量事故案例和责任追究进行讲解。集中举办三期街乡镇和区级职能部门安全生产主管领导专题宣传教育培训。全年，完成41学时培训任务，占培训任务40学时的102.5%。

（李　颖）

【安全社区创建】 本年，丰台区安全监管局推进安全社区创建。右安门街道、宛平城地区办事处通过市级安全社区评审，被正式命名。西罗园街道通过全国安全社区复评。全区共有全国安全社区1个，市级安全社区8个。剩余12家街乡镇2017年启动安全社区创建，并已在市安全监管局备案。2018年，区安全监管局投入30万元，用于安全社区建设，聘请中介机构对新启动属地进行指导，对申请验收属地进行把关。区安全监管局注重学习交流活动，在市安全监管局专家对右安门和宛平进行评审验收时，组织相关属地进行观摩，带领属地参加全市推进会和国际安全社区授牌活动，组织创建中的12家属地到西罗园街道进行参观学习。

（李　颖）

【企业隐患排查治理清单编制】 本年，丰台区安全监管局完成100家重点企业“一企一标准、一岗一清单”编制任务和隐患排查治理信息系统推广应用，为提高隐患排查治理信息系统平台使用率，建立例会制度，每半月对清单编制工作进行一次调度，协调解决工作中存在问题，推进工作进度。10月中旬，提前完成100家企业编制任务，并对已完成编制企业按照不低于60%的比例进行执法检查，检查74家，超额完成检查任务。对平台中已关停和搬迁企业进行梳理、删除，对不能正常使用系统企业逐一查找原因，进行解决。投入近4万元，对系统内所有企业及各街乡镇负责人分两期，聘请市安全监管局委托专家进行上机培训，提高平台使用率，11月、12月平台使用率达100%。根据“清单”编制检查绩效考核方案内容，制定和健全完善相关规章制度、台账等档案资料。

（李　颖）

危险化学品安全监管

【危险化学品行政许可】 本年，丰台区安全监管局受理企业危险化学品经营许可证行政许可59家。加油站首次申请、延期申请及变更申请换证38家，票据经营单位首次申请、变更申请加延期申请换证21家。危险化学品经营许可证注销11家。危险化学品生产经营单位事故应急预案备案79家，危险化学品重大危险源备案1家，重大危险源核销4家，第二、三类非药品类易制毒化学品经营备案5项。危险化学品改建项目安全条件、设备设施审查2家，加油站改造备案16家，其中组织专家现场审核16次。

（陈　伟）

【危险化学品经营单位执法检查】 本年，丰台区安全监管局检查危险化学品经营单位85家次，下达责令限期整改指令书6份、强制措施决定书1份，行政处罚11起，罚款13.4万元。查处举报投诉案件15起，其中“96005”举报投诉10起，“12350”举报投诉5起。

（陈　勇）

【加油站贯标改造】 本年，丰台区安全监管局完成16家加油站贯标改造，重点将加油站单层管线改为双层管线，部分加油站单层油罐改成双层油罐、设置防渗罐池。

（陈　勇）

【烟花爆竹零售点安全管理】 本年，丰台区安全监管局统筹规划、全力压减辖区内烟花爆竹零售经营单位数量，在征求街乡镇意见基础上，设立2个烟花爆竹销售网点。各零售网点实行值班巡逻看守和销售人员24小时看守（夜间2人以上）。王佐镇、长辛店镇及区安全监管局每天检查一次。重点检查零售网点安全管理、消防器材和安全标识配备、烟花爆竹流向登记等情况。全年，烟花爆竹零售网点烟花爆竹订货896箱，销售590箱，烟花爆竹销售同比下降94.17%。

（陈　勇）

【涉氨制冷企业市区级挂账隐患整改】 本年，丰台区安全监管局开展涉氨制冷企业市级和区级挂账隐患整改。市级挂账隐患北京二商健力食品科技有限公司（以下简称“二商健力”）、北京月盛斋清真食品有限公司（以下简称“月盛斋”）涉氨制冷企业冷库由于与周边居民区安全距离不足，列入市级挂账隐患。二商健力投入资金1500余万元，5月13日开始施工，将氨制冷改为氟制冷，9月18日完成改造。月盛斋投入资金1300余万元，5月25日开始施工，将氨制冷改为氟制冷，9月29日完成改造。区级挂账隐患北京市南三环玉泉营果菜批发中心，投入资金500余万元，2017年11月20日开始施工，将氨制冷改为氟制冷，2018年7月30日完成改造，消除安全隐患。

（陈　勇）

【非经营性加油站专项整治】 本年，丰台区安全监管局以区安委会办公室名义印发《丰台区非经营性加油站专项整治工作方案》，经排查，全区有非经营性加油站34家，其中撬装站26家，埋地罐加油站8家。委托有资质技术服务机构对26家撬装站进行安全检查和隐患排查，要求各单位组织整改。对8家有埋地罐加油站由于未规划手续，区安全监管局会同规土、消防、环保等部门责令停止使用。

（陈　伟）

【危化品企业自动化设施运行检查】 本年，丰台区安全监管局委托有资质技术服务机构，对79家加油站、2家油库、2家涉氨制冷企业自动化设施运行情况进行专项检查，对检查出问题，要求相关企业进行整改并上报整改报告。

（陈　勇）

【危化品不涉及储存经营企业审计】 本年，丰台区安全监管局委托专业审计公司，对全区55家不涉及储存经营企业进行经营资质、范围、安全管理等方面审计，针对审计出问题，要求企业整改并对相关企业进行行政处罚。

（陈　伟）

【危险化学品经营单位标准化建设】 本年，

丰台区安全监管局完成 82 家危险化学品储存经营企业三级安全标准化达标。2 家油库、1 家医药制造企业进行二级标准化达标。

（刘　力）

【完成危险化学品风险评估】 本年，丰台区安全监管局结合城市安全风险评估试点，组织摸排各行业领域危险化学品安全风险。对各行业部门所属企业进行动员部署、集中培训，选定市劳动保护研究所作为第三方评估机构，到企业实地指导评估，完成对 86 家危险化学品储存经营企业、2 家重大危险源企业风险评估。区运管处、区城市管委按市安委会办公室要求，结合行业标准进行风险评估。联合区卫计委、教委，委托有资质安全技术服务机构，对全区 90 家医院使用危险化学品安全管理情况，49 家学校实验室危险化学品安全管理情况进行安全隐患排查，针对排查隐患，要求区卫计委、教委督促整改，并向区安委会办公室上报整改情况。

（刘　力）

【推进企业隐患排查治理体系建设】 本年，丰台区安全监管局将危险化学品企业列为“一企一标准、一岗一清单”编制工作重点，全区有储存设施 86 家危险化学品经营企业隐患排查治理体系建设基本建立，全部使用隐患排查治理信息系统。

（陈　勇）

隐患排查治理

【京深海鲜市场安全隐患治理】 9 月 30 日，丰台区安全监管局、公安分局、消防支队、大红门街道办事处相继到大红门京深海鲜市场，对整改落实情况进行执法检查。针对市场二层及以上部分住户未能按要求完成整改，为确保人员生命安全和市场经营安全，区消防支队对隐患房屋进行现场查封处理。区安全监管局执法人员与公寓实际使用人进行沟通，对清理整治工作关乎人员安全进行耐心讲解，并下达限期整改指令书，要求市场在 10 月 15 日前完成整改。

（牛玉杰）

【玉泉营 111 号院安全隐患检查】 1 月 13 日 18 时，按照丰台区防火委员会办公室《关于开展丰台区玉泉营 111 号院安全隐患整治联合执法的通知》，区安全监管局会同区公安、城管执法局、消防支队、工商分局、食药局、新村街道办事处等部门，对玉泉营 111 号院开展现场综合执法。区安全监管局执法人员敢于担当，依法依规，严格行政。

（牛玉杰）

执法监察

【北京国际风筝节安全保障】 4 月，丰台区安全监管局开展 2018 北京国际风筝节安全保障工作。重点对有关单位应急预案制定、从业人员培训教育、临建设施设计、施工方案及舞台稳定性等方面进行安全检查。针对检查发现应急救援预案和临建设施设计施工方案不完善等问题，执法人员责令有关单位立即整改，并现场监督落实。

（牛玉杰）

【北京海外学人园博园健康长走活动】 5 月 19 日，丰台区委组织部、北京海外学人中心丰台分中心共同举办“2018 北京海外学人园博园健康长走活动”。活动吸引近 700 余人报名参加，区安全监管局在活动未触及大型活动安全保障基准情况下，坚持“体量轻，标准高、全覆盖”标准，深入现场，对活动现场舞台及相关设施承建单位资质、特种作业人员作业资质、活动现场方案预案和施工作业现场进行审核检查，多次协调组织承办单位、承建单位和活动方，就安全保障进行会商，要求各方携手齐力、共同抓实安全巡查机制。

（牛玉杰）

【“五月的鲜花”文艺汇演保障】 6月7日，丰台区职工第35届“五月的鲜花”文艺汇演，在中国戏曲学院大剧场落幕。丰台区安全监管局会同承办单位丰台区总工会、承建单位北京恒图畅达舞台艺术有限公司和中国戏曲学院安全负责人，对活动现场舞台及相关设施承建单位资质、特种作业人员资质、活动现场方案预案和施工作业现场进行无缝隙、无死角审核检查。检查中，执法队提示和要求各方建实安全巡查机制，对重点部位、重点环节、重点时段做到定人、定点。

（牛玉杰）

【开展大红门地区综合整治】 6月7日下午，丰台区安全监管局、工商分局、商务委、公安分局等部门，到北京世纪丹陛华综合市场有限公司和北京大红门京深海鲜批发市场有限公司，进行联合检查。区安全监管局依法行政、严格监管，对检查中发现企业安全隐患问题，采取立纠立改，对受条件限制，不能即时整改到位的，现场下达责令整改指令书，限期进行整改。

（牛玉杰）

【“最快乐5公里北京站”安全检查】 6月8日上午，丰台区安全监管局对北京园博园“The Color Run最快乐5公里北京站”长跑活动筹建现场开展专项安全检查。“The Color Run开始于美国，是全球最大跑步系列活动，每年彩跑旋风都席卷世界上超过40个国家200座城市。2013年彩跑运动落户丰台区，已举办5届。区安全监管局对现场特种作业人员资质、现场舞台搭建、用电设施设备、消防器材配备、活动方案预案和应急救援演练情况进行审核检查。要求活动主办方上海巍美文化发展有限公司认真做好特殊天气下活动保障和应对措施，特种作业人员必须按作业要求着防护服、配戴防护用具，现场使用干粉消防灭火器，把安全工作落到实处。6月9日，2018年“The Color Run最快乐5公里北京站”彩色跑首站在园博园开跑。彩跑爱好者近3万人参与活动，为让跑迷们放心加入，快乐奔跑，区安全监管局全程参与，为大型彩跑活动举办提供安全保障。

（牛玉杰）

【对普通地下室开展现场联合检查】 7月6日下午，丰台区安全监管局、房管局、综治办、消防支队、公安分局等部门，到丰台区方庄地区芳城园三区14、15号楼地下室开展现场联合检查。区安全监管局立足自身职责，就小区地下室管理安全进行相关提示，抓实企业主体责任，落实小区物业第一安全责任人制度；加强各部门和属地间协同联动。

（牛玉杰）

【中国戏曲文化周筹办现场保障】 9月30日，丰台区区委领导对园博园2018中国戏曲周观礼台、主舞台和各分舞台安全防护措施设置、舞台搭建器材、场地布置、活动应急预案、消防设施设备配备、施工方资质证明和第三方安全评审报告等进行重点检查，区安全监管局领导参加检查。执法人员就检查出问题，提出加强现场临时用电安全管理；增加舞台立向和斜向支撑；对舞台地板松动处，立即采取加固措施并增加配重；加装观礼台后排硬隔离和安全警示标志标识等要求。在中国戏曲周期间，区安全监管局安排执法人员对活动进行全程安全保障。

（牛玉杰）

【全国“两会”安全保障】 本年，丰台区安全监管局联合街道乡镇对重点生产经营单位进行安全排查，出动2389人次、检查单位3798家，整改隐患2454项、下达执法文书1404份，立案处罚6起，处罚金额6.9万元。

（牛玉杰）

宣传培训

【“安监之星·北京榜样”评选】 3月，丰台区安全监管局启动“安监之星·北京榜样”评选推荐，印发《关于参加“2018安监之星·北京榜样”主题活动的通知》，对推荐选拔活动进行部署。评选采取自下而上方式，梳理先进人物、事迹资源线索，层层选拔。运用网站、微信等渠道，全方位宣传典型人物先进事迹，发挥榜样示范引领效应，增强广大职工群众参与、支持安全生产工作热情。经市安全监管局专家组选拔，最终评选出年安监之星10名、月安监之星20名、周安监之星70名。

（李　颖）

【开展安全生产大培训】 6月13日，丰台区安监局召开生产经营单位安全生产培训考核工作动员会。区安委会成员单位相关科室负责人、21个街道及乡镇、丰台科技园区安全科科长、3家安全培训机构负责人及工作人员60余人参加会议。6月28日，举行生产经营单位安全生产大培训开班仪式，市安全监管局、区安全监管局相关领导及部分重点企业负责人和安全生产管理人员100余人参加开班仪式。9月18日，市安全监管局副局长贾太保及副巡视员谢清顺赴丰台区调研指导安全生产大培训，区安全监管局、方庄地区办事处、卢沟桥乡、鸿基培训中心、恒力职业学校、原祓注安事务所相关负责人汇报安全生产大培训开展情况。

（刘凤英）

【安全生产宣传咨询日】 6月16日上午，丰台区安全监管局在汽车博物馆，举行第17个安全生产月咨询日活动，活动主题为“生命至上 安全发展”。区长王力军、副区长周新春、市安全监管局相关部门领导及区住建委、商务委、旅游委、体育局、交通支队、消防支队等30余个安委会成员单位、供电公司、北京液化气公司下属分公司、4家保险机构、驻区重点单位和社区干部代表450余人参加。各单位发放手册、书籍、折页等纸质类宣传材料和印有安全月口号手提袋等80余种宣传品、2万余份，摆放展板65块。通过实物展示、器械演示、灭火演练等形式，向企业和社区干部、过往群众宣传安全生产法律法规、应急逃生、食品、交通、消防、燃气、用电等安全知识，倡导企业开展安全生产标准化建设，投保安全生产责任保险，自主排查事故隐患。活动现场大型电子显示屏，持续滚动播放典型事故案例、用电安全宣传片进行警示教育。

（李　颖）

【工业企业“双百”对话谈心】 10月12

日，丰台区安全监管局邀请北方车辆、华德尼奥普、卢南污水、第二建筑、吴家村再生水厂、京城冰雪制冰厂、北京东颐食品厂等16家企业负责人开展对话谈心活动，通报丰台区近期重大安全生产事故，结合全区安全检查中发现隐患，分析安全生产形势。

（刘凤英）

【对安全培训机构指导安全大培训】 10月18日，丰台区安全监管局到辖区内恒力职业技能培训学校，检查指导安全生产大培训工作。听取学校基本情况介绍及大培训考核完成情况，为完成大培训任务，学校成立大培训领导小组，建立企业大培训参训人员台账。区安全监管局对恒力学校大培训工作给予肯定，并提出做好组织教学工作，抓好任务落实，确保如期保质保量完成全年大培训任务要求。

（刘凤英）

【安全生产专题宣传教育活动】 11月28日，丰台区安委会办公室组织22个街乡镇（科技园区）、20个区职能部门主管领导40余人参加第三期安全生产宣传教育活动。全年，连续举办三期街乡镇和区级职能部门安全生产主管领导专题宣传教育活动，为主管安全领导输入知识能量和责任，提高街乡镇和区行业部门安全生产主管领导履职能力，使“一岗双责”成为全区安全生产发展动力。

（刘凤英）

职业卫生监督检查

【职业卫生普查推进会】 7月17日，丰台区安全监管局组织街乡镇、科技园区、北京中瑞环态科技发展有限公司（丰台区职业危害普查机构）召开丰台区职业危害普查工作推进会。要求街乡镇、科技园区重视职业危害普查，组织辖区被普查单位召开职业危害普查工作会；派专职安全员协同普查机构按时完成辖区普查任务；建立详实普查台账。

（郭卫平）

应急救援

【有限空间应急救援】 10月18日，丰台区安全监管局与鸿基培训中心，联合举办有限空间应急救援大比武，千余人次观摩学习，分为笔试和实操两个阶段，为确保比武竞赛各环节做到公平公正公开，区安全监管局特聘第三方行业专家，组成裁判组进行评审。经比武，北京城市排水集团有限责任公司第四管网运营分公司获得比武竞赛第一名。

（郭卫平）

石景山区

概述

2018年，石景山区安全生产工作贯彻落实中共中央、国务院和市委、市政府及市安全委会安全生产工作决策部署，围绕“四化三体系双基”总任务和“两个生态”建设，推进安全生产领域改革发展，落实安全生产责任，持续开展安全生产分级防控和隐患排查治理，严格安全监管执法和事故查处，不断夯实安全生产基层工作基础，下大力预防和减少各类安全生产事故，实现一般事故总量下降，有效防范较大事故和社会影响大的事故，辖区安全生产形势持续平稳。

严格责任落实，构筑安全生产责任网络。区委区政府多次召开会议，专题研究安全生产工作。区四套班子领导在重要节日、重要时段等敏感时期，28 次带队深入106 家企业开展安全检查督查，推动综合监管、行业监管、专业监管和属地监管四个责任落实。区安委会办公室召开 12 次会议，组成 12 个安全生产督导组推进督导重点工作落实。区政府与 49 家相关部门和单位签订个性化安全生产目标责任书，各单位各部门分别与行业领域或属地生产责任单位签订安全生产目标责任书，实现安全生产责任全覆盖。

注重统筹协调，强化安全隐患整治。开展安全隐患治理“三大行动”，全区排查整治各类安全隐患 16333 项，拆除存在安全隐患建筑 1575 处，打通生命通道 169 条，关停企业 291 家，处罚 328 起，处罚金额 200 余万元，行政拘留 25 人，疏解人员 3050 人，成立“老街坊”防消队 151 个，新建、改造电动自行车充电棚 159 处。全区 593 项市级挂账隐患如期销账。4 月至 6 月，在全区人员密集场所、建筑施工、危险化学品、交通运输等重点行业领域开展生产安全和消防安全隐患大检查，整改各类安全隐患 14029 处，查封企业 150 家，关停企业 162 家，行政罚款 215.7 万元，行政拘留 56 人。在全区消防安全、交通领域、建筑施工等 12 个重点领域开展安全隐患治理“三年行动”，系统挂账隐患 73 项，11 月 9 日前全部整改并核验销账，销账率达 100%，提前完成市政府下达隐患整治达 90%的目标。

强化督导落实，年度重点任务高效完成。区安全监管、住建、商务、文化、旅游、体育和城管委 7 个部门，根据市政府下达的 95 件执法处罚任务，根据任务分解目标，加大安全执法监察力度，共完成年度任务的 448%。扎实推进安全生产标准化达标创建，435 家企业完成创建任务，完成年度任务的 108.8%。全年，50 家企业完成“一企业一标准、一岗位一清单”编制，完成年度任务 100%。推进安全生产责任保险，全区 930 家企业参加安全生产责任保险投保或续保，完成年度任务116.2%，累计投保资金约 198 万元，保障额度达 50 余亿元。

推进“四化”建设，筑牢安全生产基础。扎实有序推进安全生产改革创新，制定石景山区《关于进一步推进安全生产领域改革发展实施方案》《区安全生产预防控制体系建设方案》《企业安全生产信用体系建设工作方案》，并先期在安全生产责任保险、安全生产社会化、信息化、制度化建设上推进改革创新。在区商务、文化、旅游、住建、城管、安监、体育、交通 8 个重点行业 236 家企业，推进城市安全风险评估试点。上报风险源 3770 条，其中重大风险 12 个，较大风险 43 个，一般风险2190 个，低风险 1525 个，制定全区试点单位安全风险空间分布电子地图。完成第17 个安全生产月“咨询日”全国主会场保障任务。八角街道社区安全体验馆投入使用。组织 2107 名生产经营单位主要负责人或安全生产管理人员开展安全培训，完成市政府下达任务的104.3%。上传企业内非专业应急救援队伍509支、登记应急装备1554套（件）、注册应急物资866套（件），指导236家企业制定专项应急预案658个，完成全区重大危险源事故“一对一”应急预案。

综合监管

【“两会”危化企业安全部署】 2月28日，石景山区安全监管局召开全国“两会”期间危化企业安全生产动员部署会，全区危化企业负责人及安全管理人员参加会议。会议要求，危化企业重视重点时期安全生产，强化企业主体责任；扎实开展安全隐患大排查，消除隐患，堵塞漏洞；落实安全生产制度措施，抓好“两会”期间安全生产落实。

（颜惠军）

【安全风险评估协调会】 3月5日下午，石景山区安委会办公室召开城市安全风险评估工作协调会。区安监局主管领导、相关科室负责人及原国家安监总局研究中心负责人参加会议。会议介绍石景山区城市安全风险评估实施方案，并就城市安全风险评估目标、风险评估依据、风险辨识重点难点等作说明。会议还就石景山区城市安全风险评估落实提出，“建立安全风险评估长效机制，将评估纳入绩效考核，建立协调机制，两周进行一次互动协调”建议。

（颜惠军）

【安全风险评估启动会】 3月22日上午，石景山区安委会办公室召开石景山区城市安全风险评估工作启动会。石景山区安全监管局领导、相关科室负责人、原国家安监总局研究中心有关负责人和全区30余家重点行业部门、街道和驻区大企业负责人参加会议。会上，重点解读城市安全风险评估相关政策，介绍石景山区城市安全风险评估背景。与会行业部门、街道和驻区大企业负责人围绕城市安全风险评估落实中问题，进行咨询并交换意见。

（颜惠军）

【安全生产工作部署会】 4月10日上午，石景山区区委副书记、区长文献主持召开2018年应急委全会暨安全生产重点工作部署会。会议通报2017年全区应急和安全生产工作，并对2018年应急和安全生产重点任务进行部署。区委副书记、常务副区长田利跃等出席会议。全区62个安委会成员单位主要领导参加会议。会议强调，坚持问题导向，客观辩证分析安全形势，增强做好安全工作紧迫感。层层压实责任、强化“四个意识”，落实好安全监管职责。要强化应急管理，加强安全应急基础建设，提升应对突发事件处置能力。强化综合治理，突出安全生产重点，完成年度重点任务。

（杨云超）

【生产和消防安全大检查】 4月12日，石景山区区委常委、副区长肖平主持召开生产和消防安全大检查工作部署会，区安委会成员单位参加会议。会议要求，各单位加强领导，落实责任，做到领导到位、组织到位、责任到位和任务到位；统筹协调，注重配合，落实监管职责，积极谋划，周密部署，确保大检查扎实推进；认真履职，严格执法，履行好行业监管、专业监管、综合监管和属地监管责任，加大执法检查力度，对存在生产安全、消防安全隐患严格整治、严厉查处；深入宣传，营造氛围，加大大检查宣传力度，引导企业职工和群众参与安全大检查，营造“共保安全”社会氛围。

（颜惠军）

【“三大行动”回头看查验】 4月23日下午，石景山区委常委、副区长肖平带队赴老山街道辖区内北京兴瑞达房屋租赁有限公司进行专项检查，肖平查看群租房隐患整改落实情况，并对现场发现新问题提出整改意见。随后，专项检查组前往北辛安棚户区改造工程工地，对现场施工安全情况进行检查。区安全监管局、区消防支队、区环保局、区城管执法局、区住建委，老山街道、古城街道等相关单位负责人陪同检查。

（杨云超）

【部署“五一”假期安全生产】 4月28日上午，石景山区区委副书记、区长文献主持召开区政府专题会，对“五一”假期安全生产监管工作进行部署。会议传达全市“4·27”电视电话会议精神，通报“4·27”朝阳区火灾事故情况和全区1月至4月消防安全形势，对“五一”假期安全生产监管、安全隐患核查核验和食品安全监管进行部署。区委副书记、常务副区长田利跃，区委常委、副区长肖平、副区长左小兵、周西松，组织部、宣传部、政府办、纪委监察委、政法委主管领导，28个政府部门和9个街道办事处主要领导参加会议。

（颜惠军）

【有限空间专项督查】 5月25日，市安委会办公室有限空间专项工作督查组到石景山区开展有限空间专项督查。石景山区安委会办公室组织相关行业部门负责人参加督查会。督查组对石景山区有限空间管理提出要提高政治站位，强化工作责任感和使命感；认清安全形势，进一步增强做好安全生产工作的紧迫感；严格履职，督促企业落实安全生产主体责任要求。

（杨云超）

【安全风险评估推进会】 6月22日，石景山区安委会办公室召开城市安全风险评估工作推进会。区商务委、文化委、旅游委、住建委、城管委、安监局、体育局、交通支队、运管处和各街道办事处（鲁谷社区）等单位具体负责人参加。会上，中介机构介绍石景山区城市安全风险评估进展情况、取得阶段成果、工作中存在问题及下一步工作建议等。各参会单位负责人就风险评估开展中遇到问题与中介机构进行深入交流。区安全监管局主管负责人强调风险评估重要性，要求中介服务机构和行业部门、属地街道加强沟通，密切配合，保证质量，保证按时完成评估任务。

（颜惠军）

【审议安全生产监管工作】 7月19日，石景山区代区长陈之常主持召开第51次区长办公会，专题审议安全生产工作。通报石景山区2018年上半年安全生产开展情况，并对下半年重点工作进行部署。会议强调，深入推进安全隐患“三大专项行动”，排查整治各类安全隐患；强化电气火灾领域综合治理，确保全区火灾防控形势稳定；开展安全生产宣传，采取行之有效方式，使宣传教育入脑入心；推进安全生产领域机构改革，完成年度指标任务。

（颜惠军）

【区委常委会专题研究安全生产】 8月8日下午，石景山区召开第69次区委常委会，专题研究部署安全生产工作。听取2018年上半年安全生产汇报并对下半年重点工作进行部署。会议强调，守住安全生产红线，保持清醒头脑，警钟长鸣、居安思危，维护辖区安全生产良好形势；扎实推进年度重点任务落实，坚持常抓常议、注重统筹兼顾，确保年度各项安全生产任务高效完成；落实安全生产监管责任，落实地方党政领导干部安全生产责任制规定、部门监管责任和属地监管责任。

（颜惠军）

【安全生产工作视频会】 8月27日上午，石景山区召开全区安全生产工作视频会议，对全区安全生产及公共安全工作进行部署。会议由代区长陈之常主持，区委书记于长辉、政法委书记富大鹏、副区长肖平出席会议并讲话。会议提出要求，认识必须到位，要树立安全发展理念，坚决遏制重特大安全事故；责任必须落实，落实好党政领导责任、部门监管责任和企业主体责任；功夫必须下在平时，立足平时、防范、严管重罚和责任落实，常抓不懈；隐患必须清除，立即对重点行业领域开展一次安全生产大排查，确保形势稳定；出问题必须追责，在执法检查上出重拳，下决心整治隐患。区各委办局、街道和驻区大企业主要领导和主管领导分别在主会场和分会场参加会议。

（颜惠军）

【安全生产改革发展方案】 9月3日，第26次区政府常务会议原则通过《石景山区关于进一步推进安全生产领域改革发展的实施方案》。9月29日，区十二届区委深改组第七次全体（扩大）会议审议通过。《方案》包括总体要求、主要任务和保障措施三部分。总体要求，明确指导思想和工作目标，围绕健全落实安全生产责任体系、完善安全监管监察体制、推进安全生产依法治理、推进安全预防控制体系建设、夯实安全基层基础保障能力5个方面30条内容，提出具体改革意见。保障措施，明确加强组织领导、注重统筹协调和加强考核督导三方面内容。

（颜惠军）

【安全生产“回头看”督查】 10月11日至12日，市政府安全生产第五督察组对石景山区安全生产督察反馈意见整改落实情况开展“回头看”督察。督察组听取石景山区副区长肖平安全生产反馈问题整改落实情况，并对问题整改情况进行现场检查。督察组强调，要进一步牢固树立安全发展理念；要督促企业落实主体责任；落实行业部门“一岗双责”责任；做好机构改革期间安全生产工作。

（颜惠军）

【“三大行动”隐患核查】 10月23日，石景山区安委会办公室组织区农委、安监局、集体经济办、消防支队、古城街道召开全区挂账隐患整治协调会，并对隐患点位进行现场核查。针对全区7家三合一、高风险密集反弹企业存在的问题，要求按照消防“四六六标准”，清退有关人员，确保入住人员人均使用面积不低于5平方米标准。清退改造期间，街道安排专人24小时应急值守。

（杨云超）

【区政府研究安全隐患治理】 10月29日，石景山区召开第28次区政府常务会议，专题研究部署城市安全隐患治理“三年行动”推进及今冬明春火灾防控工作。石景山区区委副书记、代区长陈之常主持会议，区人大、政协、政府等部门主要领导和主管领导参加会议。会议强调，各部门、各单位要强化安全红线意识，树立“把隐患当事故处理”理念，构建安全风险分级管控和隐患排查治理双重预防机制，排查治理消除各类安全隐患，预防安全事故，推动企业单位主体责任落实。

（颜惠军）

【压减各类安全生产事故】 本年，石景山区共发生交通、消防、生产和特种设备安全生产亡人事故 4 起，死亡 4 人。事故起数同比减少 6 起，下降 60%；死亡人数同比减少 6 人，下降 60%，实现事故起数和死亡人数“双下降”。其中发生生产经营性交通事故 3 起，死亡 3 人，同比分别减少 4 起、4 人，分别下降 57.1%；生产安全事故 1 起，死亡 1 人，同比分别减少 1 起、1 人，分别下降 50%；未发生消防、特种设备和铁路运输亡人事故。生产经营性事故亡人控制率下降 60%，超额完成市政府下达下降 5%目标。

（颜惠军）

【加强应急管理】 本年，石景山区安委会办公室结合重点时期安全保障工作，督促区相关部门、街道及重点企业落实应急值守制度，修订完善应急预案，开展消防灭火、火灾逃生、危险化学品泄漏、防踩踏、防恐、防汛、紧急救护等各种应急演练 500 余次，提升科学应对突发情况能力。

（颜惠军）

【处置突发事件及举报案件】 本年，石景山区安全监管局处置突发事件、举报案件 19 起。其中现场参与 5 起火灾事故应急救援，依法对本区发生 1 起、死亡 1 人生产安全事故进行调查处理；受理核查群众举报投诉案件 7 件，包括接待相关人员上访。组织参与应急救援，核查事件发生涉及单位及事件发生实际情况，妥善处理各类上访举报等敏感性事件。

（毛大伟）

危险化学品安全监管

【“两会”安保综合督察】 3 月 2 日下午，市政府副秘书长、市信访办党组书记、主任韩耕带领全国“两会”维稳安保第二综合督察组，到中国石化销售有限公司北京石景山鲁谷加油站检查反恐防恐落实情况。石景山区委常委、区委政法委书记富大鹏及相关部门领导陪同。区安全监管局主管领导随行介绍危化企业“两会”安保情况，中石化京西区域领导汇报加油站“两会”安保反恐防控措施落实情况。督察组检查加油站防恐防暴器材、安全设施设备运行和现场安全管理等情况，要求企业强化政治责任感，防范措施，安全管理。

（颜惠军）

【危化品综合治理三年行动】 3 月 14 日，石景山区安全监管局召开危险化学品安全综合治理三年行动工作推进会，会议听取相关部门、街道前期开展情况和意见建议，协调解决推进中存在问题，明确职责分工、时间进度和工作内容。会议要求高度重视，加强对危险化学品安全综合治理三年行动组织领导；注重时间节点，按计划推进综合治理落实；加强宣传，及时报送和收集信息。

（董军岭）

【非经营性加油站专项整治】 5 月 18 日，石景山区安全监管局召开全区非经营性加油站安全专项整治工作动员部署会。传达北京市非经营性加油站安全专项整治相关文件，部署全区非经营性加油站安全专项整治，明确专项整治范围、部门职责、内容安排，下发《石景山区召开非经营性加油站安全专项整治工作方案》。6 月 22 日，区安全监管局召开非经营性加油站专项整治工推进会，听取非经营性加油站前期工作情况和意见建议，协调解决推进中存在问题等。

（董军岭）

【迁安首钢矿业安全监管】 7月25日至26日，石景山区安全监管局领导执法人员，赴河北迁安检查首钢矿业公司汛期安全生产工作。检查组听取首钢矿业公司情况汇报，围绕落实及非煤矿山度汛准备情况，对尹庄尾矿库、新水村尾矿库、河西排土场进行实地检查。检查组要求，学习贯彻全国尾矿库安全生产工作视频会议精神，重视汛期安全生产工作，强化企业主体责任，落实规章制度和防范措施。12月12日，市应急管理局、区安全监管局联合首钢集团有限公司安全保卫部门，赴河北迁安对首钢企业进行安全检查。检查组听取首钢集团迁安企业安全负责人情况介绍和安全生产汇报，到首钢矿业公司球团厂实地查看CSCR脱硫脱硝项目流程。要求强化企业主体责任，落实安全生产责任制；加强作业现场安全管理，落实安全生产制度；坚持经常性隐患排查治理，消除安全隐患，预防生产事故。

（董军岭）

【第三方专业力量开展指导】 12月12日至31日，石景山区安全监管局协调北京环安兴茂注册安全工程师事务所有限公司，邀请危险化学品专家，对全区危化企业进行检查指导服务。检查指导中，围绕危化企业安全生产责任制、储存设施、安全仪表、防爆电气、防雷防静电设施、特种设备、特殊作业、规章制度、操作规程、培训教育、应急演练等方面内容，面对面进行服务指导，帮助企业解决问题，消除安全隐患。

（颜惠军）

【非首都功能企业退出经营】 本年，石景山区安全监管局推进非首都功能企业疏解，将技术、工艺和装备落后，难以采用先进技术装备的危险化学品经营企业作为调整退出对象。开展思想宣传疏导，加大对拟退出企业执法检查力度，防止退出期间发生问题。经工作，北京京西医疗器械中心五里坨供应站等3家企业安全退出危险化学品生产经营，北京天龙燃气有限公司退出城镇燃气经营。

（颜惠军）

【危险化学品领域安全监管】 本年，石景山区加强危险化学品和非经营性加油站专项整治，出动执法人员360余人次，检查企业180余家次，整改安全隐患240余处，处罚企业15家，处罚金额4.8万元，取缔注销1家医疗罐装企业，推动1家危化气体生产企业退出市场，关停1家燃气罐装企业，并完成10余吨残留液化气、4个液化气储存罐及管道设备清除和清理。

（颜惠军）

【完成烟花爆竹安全监管】 本年，石景山区在五环路外设置2个烟花爆竹销售点，春节期间配货1811箱，比上年同期配货6950箱、减少5139箱；销售1778箱，比上年同期销售4620箱、减少2842箱，下降62%。销售期间，区安全监管局领导带队检查烟花爆竹零售点及危化单位11次，与相关街道出动执法人员178人次，车辆66车次，检查烟花爆竹零售点及重点危化单位57家次，消除安全隐患11项。

（董军岭）

隐患排查治理

【消防交通建筑施工整治】 本年，石景山区强化消防安全领域执法检查，共检查社会单位14580家，整改火灾隐患26717处，查封企业252家，“三停”企业283家，罚款384.5万元，行政拘留98人。深化交通运输领域专项治理，加强“两客一危”和交通违法违规行为治理，处罚交通违法16383起，查处货车违章8491起、查处违法停车19551起，行政拘留40人。组织夜查61次，查处酒驾126起，醉驾追刑20人，形成强力酒驾违法震慑。开展建筑施工领域专项整治，出动执法人员2200余人次，检查施工现场1300余家次，处罚94起，处罚金额60.7万元，及时整治各类违规违章行为。

（颜惠军）

【特种设备设施专项整治】 本年，石景山区对老旧小区运营电梯、冬奥组委驻地和重大工程特种设备开展专项治理，注销特种设备216台，停运特种设备144台，行政立案25件，处罚16起，罚款金额25.74万元，责令14家特种设备使用单位对140台电梯进行更新改造。

（颜惠军）

【食品药品领域安全治理】 本年，石景山区检查生产经营单位10294家次，清理无证、无照食品经营单位74家，行政处罚258件，处罚金额290.5万元，联合公安开展清窝净网专项行动，行政拘留3人；在全市率先完成213家餐饮品质示范店和两条“阳光餐饮”示范街区验收，辖区阳光餐饮工程覆盖率在全市率先实现100%。

（颜惠军）

【文物保护单位隐患整治】 本年，石景山区安委会办公室会同消防支队、文化委、住房城乡建设委、民宗办和各街道对辖区内3家国家级、13家市级、20家区级和69家区级登记文物保护单位开展安全隐患集中治理。派出执法人员360余人次，检查单位78家次，整治安全隐患326项，督导7家单位完成安全“三防”系统升级，推动3家单位改造完善消防设施。

（颜惠军）

执法监察

【区领导检查春节安保】 2月12日上午，石景山区区委副书记、区长文献，副区长李金克带队检查永辉超市鲁谷店和国际雕塑公园春节庙会期间安全保障落实情况。文献强调，春节庙会现场要加强安全应急疏散演练，注重安全隐患排查。要求企业落实主体责任，完善商场大人流应对措施和人防、物防设施，加强购物高峰期人员、车辆引导和商场内部安全巡检、巡查。

（杨云超）

【区领导检查烟花爆竹管理】 2月15日上午，石景山区委副书记、区长文献，区委常委、副区长肖平，副区长、公安分局局长亢军带队检查烟花爆竹零售网点和燃放点安全管理，慰问一线值守人员。文献强调，提高安全防范意识，强化责任落实，确保生产安全；相关部门和烟花爆竹销售网点做好春节期间“禁限放”宣传，按照有关规定销售、燃放烟花爆竹；加强应急值守，及时发现消除安全隐患。

（杨云超）

【区领导带队检查安全工作】 9月1日上午，石景山区区委书记于长辉带队检查京西燃气热电有限公司、中石化鲁谷加油站和石景山区万达百货公共安全工作。于长辉强调，重点企业，要以高度责任感，做好生产安全和安保维稳工作；企业要绷紧安全弦，强化责任意识；人员密集场所，更要重视消防安全、公共安全和应急保障。

（杨云超）

【区领导检查“中非论坛”安保】 “中非论坛”期间，区领导区委书记于长辉、代区长陈之常、副区长肖平、陈婷婷、左小兵、周西松分别带队，深入全区危险化学品企业、建筑施工工地、商场超市、人员密集场所、旅游景区等领域，开展安全隐患排查。区领导现场对企业安全管理制度落实、从业人员安全教育培训、应急疏散演练、突发情况处置等方面进行检查。对发现问题，提出具体整改要求。要求相关主管部门加强督导，履行监管责任；要求企业加强主体责任落实，强化安全检查和隐患整改。

（颜惠军）

【加强国庆期间安全检查】 10月1日、4日上午，石景山区区委书记于长辉带队对石景山游乐园、交通支队应急值守指挥中心、五里坨街道、八大处公园节日期间安全管理、应急保障等工作进行检查。区委副书记、常务副区长田利跃，区委常委、组织部部长晋秋红，区委常委、统战部部长姚茂文，副区长、区公安分局局长亢军及区委办、区安全监管局、区旅游委、区国资委、区质监局、区消防支队、区食药监局、区交通支队及八角、五里坨街道办事处主要领导参加检查。听取各检查地点相关负责人汇报，重点检查相关单位节日期间安全管理、应急值守、重点部位管控、人流高峰期人员疏散和突发事件应对等情况，强调提高思想认识，绷紧安全生产这根弦，周密安排部署，层层落实责任。加强应急保障，完善应急防范措施，加强应急演练，确保遇有情况能够及时有效处置。加大检查力度，各单位要强化节日期间的安全监管，做好节日期间安全检查、巡查，及时发现并消除隐患，确保不发生问题。加强重点路段管控，针对节日期间车流量大、重点路段管控难度大的特点，加强预判研判、完善预案，重点路段要定人、定岗、定职责，加强疏导，及时处置突发交通事故。

（颜惠军）

【执法检查提质增效】 本年，石景山区安全监管局坚持严厉打击安全生产违法行为，全年检查生产经营单位1182家，完成市局下达任务315.2%，排查整改隐患1066处；行政处罚213起，完成市局下达任务284%；行政处罚116.6万元；人均检查47.28件，人均处罚8.52件，行政处罚职权履行率9.93%，完成年度执法任务，执法检查提质增效明显。

（颜惠军）

【安全生产权利清单】 本年，石景山区安全监管局对安全生产监督权力清单进行全面梳理。区安全监管局安全生产权力清单共426项，其中行政处罚403项，行政许可9项，行政强制4项、行政检查5项、其他5项。

（徐　洁）

职业卫生监督检查

【职业健康安全管理培训会】 3月29日，石景山区安全监管局组织辖区内存在职业危害用人单位召开2018年职业健康安全管理培训会。传达市安全监管局《开展职业健康执法年活动的工作方案》，通报2017年北京市职业卫生评估组对全区职业卫生评估结果，提出石景山区职业卫生与安全生产监管一体化要求，针对职业卫生安全监管执法检查中发现隐患问题，依据现有法律法规及国家、行业标准对用人单位进行讲解。会议要求，辖区存在职业危害用人单位加强对职业卫生安全监管重要性认识，按照法律标准依法落实主体责任，把牢安全准入关口，提升企业管理手段，增强职业防护措施，避免职业危害事故发生。

（李　勇）

【有限空间作业专项整治】 4月10日，石景山区安全监管局召开有限空间作业安全生产专项整治工作部署会，各有关行业主管部门、街道办事处主管领导和相关企业负责人20余人参加。会议对2017年全市9起有限空间生产安全事故情况进行通报，对全区有限空间作业安全生产专项整治进行动员部署。会议要求，强化“源头”管理，重点做好承发包单位管理，制定有限空间专项整治方案，加大对在建施工项目有限空间作业监管力度，对发现安全隐患按照“问题不解决不放过、整改不到位不放过”要求，督促相关单位进行及时整改。加大对违章作业单位行政处罚、通报和曝光力度，遏制有限空间生产安全事故发生。

（李　勇）

【有限空间作业专题培训】 4月19日，石景山区安全监管局举办有限空间作业安全生产专题培训。区安全监管局主管领导就全市2017年有限空间事故情况进行通报，对2018年有限空间安全生产专项整治进行部署。培训邀请市劳动保护科学研究所安全环保培训中心副主任、高级工程师李静授课，从有限空间作业危险有害因素和安全防范措施、有限空间作业安全操作规程、检测仪器、劳动防护用品正确使用及紧急情况下应急处置措施等方面进行讲解，提高参训人员对有限空间作业危险性认识，提升安全管理水平和作业操作水平。全区160个物业公司、5个有限空间作业单位、相关行业主管部门及街道200余人，参加培训。

（李　勇）

【市级职业安全巡回宣讲】 9月13日上午，市职业病防治联合会组织，石景山区安全监管局承办，鲁谷社区协办《2018年北京市职业安全健康巡回宣讲活动》，在石景山区鲁谷社区文化活动中心举办。辖区内70余家涉及职业卫生企业管理人员、一线员工100余人参加活动。5名市级宣讲员中，4名来自各区街乡镇专职安全检查员，另有1名排水集团一线工作人员代表。宣讲员利用视频、沙画、PPT等多媒体形式，讲述身边故事、分享工作经验、普及法律知识、沉淀事故教训，唤醒更多一线劳动者对职业病危害严重性的认识，提高自我防护意识，促进用人单位职业病防治主体责任落实，更好保护劳动者生命财产安全。

（李　勇）

【约谈有限空间单位负责人】 9月25日，石景山区安全监管局吸取顺义“9·29”有限空间作业事故教训，集中约谈7家城市运营行业有限空间作业单位负责人。约谈中，就近期有限空间作业专项执法监察中发现违法违规情况进行通报，明确下阶段重点工作。有限空间作业单位逐一汇报本单位落实情况。区安全监管局要求，落实企业安全生产主体责任；以有限空间作业专项执法检查为抓手，加强有限空间作业管理；吸取事故教训，举一反三提升工作水平，做到安全生产责任到位、投入到位、培训到位、管理到位和应急救援到位。

（李　勇）

【完成职业病危害普查】 10月30日，石景山区完成职业病危害普查。根据市安委会《北京市重点行业领域生产经营单位职业病危害基本普查工作方案》，区安全监管局坚持早安排早部署，先难后易，逐步推进，共普查生产经营单位630家。通过普查，摸清全区职业病危害生产经营单位底数，促进生产经营单位落实职业病防治主体责任。

（李　勇）

【职业卫生现状摸底调查】 本年，石景山区安全监管局以政府购买服务方式，依托北京德康莱安全科技股份有限公司专业力量，历时10个月，结合日常执法检查，完成对全区9个街道100余家涉及职业病危害企业存在职业病危害因素种类、接触水平及危害程度、职业卫生管理现状摸底调查。针对被调查企业职业病防治存在的不足，进行现场技术指导，有针对性地提出建议和意见，并按照职业卫生基础建设主要内容督促用人单位进行完善整改。通过摸底调查，动态掌握全区涉及职业病危害企业落实职业病防治主体责任基本情况，初步建立详实台账，基本掌握本区职业卫生监管重点。

（李　勇）

宣传培训

【《职业病防治法》宣传周】 4月25日上午，市安全监管局联合石景山区安全监管局，在北京京西燃气热电有限公司举办第16个《职业病防治法》宣传周启动仪式。市安全监管局副局长阎军、石景山区副区长谢静出席活动。市安全监管局、市职业病防治联合会、区安监局、卫计委、人保局、总工会、广宁街道相关领导参加活动。全区各街道、相关职业卫生用人单位230余人参加。宣传活动以“健康中国，职业健康先行”为主题，通过图片展示、发放宣传品、现场咨询方式，普及《职业病防治法》及其配套规章、标准和常见职业病防治科普知识，营造全社会共同关注职业病防治氛围。

（李　勇）

【企业安全人员培训】 4月25日，石景山区第一期生产经营单位主要负责人和安全生产管理人员培训班在首钢技师学院开班。区安全监管局主管领导进行开班动员。来自辖区内旅游行业、卫生和体育系统及危化企业294名企业主要负责人和安全生产管理人员，进行为期两天集中培训和学习。

（杨云超）

【住建系统安全生产宣传日】 6月15日上午，2018年全国住房城乡建设系统安全生产宣传咨询日活动在石景山区北辛安棚户区改造B区项目1608-678地块举行。活动以“生命至上、安全发展”为主题，为建筑工人及公众提供安全生产法律法规、安全知识等方面咨询服务。住房城乡建设部副部长易军参加宣传咨询日活动，观摩石景山区北辛安棚户区改造B区项目安全生产标准化建设情况，并向建筑工人代表赠送安全手册。石景山区区委常委、副区长肖平参加活动。

（杨云超）

【全国安全宣传咨询日】 6月16日上午，2018年全国安全宣传咨询日主会场活动在北京市石景山区首钢技师学院举行。活动以“生命至上、安全发展”为主题，以安全宣传咨询为核心，以电力安全宣传、安全应急展览展示为主要内容，设置8大宣传版块。国务委员王勇、国务院副秘书长孟扬，应急管理部党组书记黄明、副部长尚勇、消防局副局长琼色，北京市市长陈吉宁、副市长卢彦及石景山区代区长陈之常等出席咨询日活动。北京市相关应急救援队伍队员、应急救援装备展示企业、石景山区安全生产专职安全员、企业职工、街道社区群众、中小学生、志愿者等约3000人参加主会场活动。全区各街道及相关行业部门采取进企业、进校园、进街道、进社区、进公共场所等形式，开展安全生产知识宣传活动。共悬挂横幅1600条，摆放展板600余块，发放宣传材料5万余份，2万余名群众受到安全教育。安全宣传咨询日活动举办，进一步普及安全生产法律法规、安全知识和技能，增强全民安全应急意识和能力，提升公众安全素质。

（颜惠军）

【领导干部安全生产辅导】 7月13日上午，石景山区党委中心组举办专题辅导班，采取视频会议形式专题学习《地方党政领导干部安全生产责任制规定》，全区各级党政主要领导干部和科以上负责人600余人分别在主会场及各分会场参加学习。邀请中央党校教授张小明以“深刻学习领会习近平新时代公共安全与应急管理重要思想，认真贯彻落实《地方党政领导干部安全生产责任制规定》”为题，围绕习近平新时代公共安全与应急管理思想，对贯彻落实《规定》背景意义、方式方法，地方党政领导干部贯彻落实安全生产职责、考核考察、表彰奖励、责任追究等内容及相关要求，做剖析和解读。

（颜惠军）

【安全生产宣讲培训】 11月5日，石景山区委常委、副区长肖平在全区2018年第二期处级干部进修班上，以“安全与责任”为主题，进行主题宣讲培训，围绕习近平总书记安全生产重要指示及背景，阐述认清安全生产工作面临形势任务，理解安全生产党政同责、一岗双责、失职追责，履行好监督企业落实主体责任等内容进行讲解。全区各相关部门49名处级领导参加培训。

（颜惠军）

【社区安全宣教体验馆验收】 12月10日下午，石景山区首个安全文化体验馆完成验收。区安全文化体验馆位于石景山区八角街道时代花园社区，包含主题宣教区、素质测评区、3D互动区、安全科普区、应急体验区等8个区域，馆内设置立体式VR交互平台，通过自身体验、寻找安全隐患小游戏等寓教于乐的方式，让群众对安全文化有更直观认识和最直接体验。

（颜惠军）

标准化建设

【安全生产标准化建设部署】 3月20日，石景山区安全监管局召开石景山区安全生产标准化创建工作部署会。区住建委、商务委、文委、旅游委、民防局、9个街道等部门参加会议。会上，对2018年安全生产标准化创建进行部署，提出“制定创建方案，明确主管科室及工作人员，做到任务明确，责任到人。加强监督，强化自主创建。严格标准化评审管理，督促标准化评审组织单位、评审单位及其评审人员切实履责，严把安全条件审核、现场评审、现场复核和整改确认等关口”要求。

（李美娟）

【安全生产标准化培训】 9月28日，石景山区安全监管局在首钢技术学院召开安全生产标准化工作培训会。相关行业部门、街道安全管理人员及全区110家企业负责人参加培训。培训中，有关专家系统解读新版安全生产标准化基本规范，安全生产等级评定技术规范系列标准（百部地标）《第1部分：总则》《第2部分：安全生产通用要求》等相关内容。

（李美娟）

【达标企业核查】 本年，石景山区安全监管局成立由咨询评审单位、街道安全科负责标准化工作人员组成企业安全生产标准化工作抽查考核组，按照20%和10%比例对全区安全生产标准化三级达标企业和岗位达标小微企业进行抽查核查。聘请北京安科研培技术有限公司对全区三级标准化达标企业16家、小微岗位达标企业32家单位进行抽查考核，完成市安全监管局下达核查任务。

（李美娟）

【企业标准化创建】 本年，石景山区435家生产经营单位完成安全生产标准化达标创建，其中三级标准化达标企业80家，小微企业岗位达标355家，超额完成市安委会下达任务。

（李美娟）

门头沟区

概　述

2018年，门头沟区安全生产工作在区委、区政府领导下，全区各镇街、各部门深入领会党的十九大报告精神，贯彻落实中央、国务院、市区两级党委和政府安全生产部署，围绕全年安全生产目标责任书和年度重点工作要求，压实安全生产监管工作，完善制度体系建设，巩固基层基础工作，全力提升治理能力、压减生产安全事故，为全区经济社会持续稳定发展提供有力保障。2018年，全区各类生产安全事故死亡5人，同比上年8人，下降37.5%，超额完成责任书下降5%任务指标，事故死亡控制率在全市各区名列前茅；安全生产责任保险投保企业399家，区域企业年参保率任务指标为10%，实际完成率13.7%，在生态涵养区中位列第一；安全生产标准化创建任务40家，实际完成40家，完成率达100%；“安全生产大培训”任务为844人，实际完成培训844人，目标完成率100%；举办门头沟区领导干部安全生产专题培训班，培训各级领导干部134人次；在区级媒体设立安全生产专栏，宣传安全生产方针、政策、安全生产法律法规和安全知识，共播出16期“直击安全现场”栏目，刊发安全生产月专栏1期，安全生产督查专题2期；全区13家加油站贯标改造任务全部完成。50家危险化学品经营企业完成安全风险辨识及等级评定，建立危险化学品企业安全风险分布档案。186家企业完成安全风险评估，形成区级重大安全风险源清单和安全风险源电子地图，制定门头沟区城市安全风险管控办法，安全风险云服务系统填报率达100%。

综合监管

【检查养老机构安全情况】 1月4日，门头沟区副区长张翠萍带队，实地查看城子街道华新建社区养老服务驿站运营情况、燕保家园社区配套用房及托老所、龙门新区养老服务驿站、养老照料中心情况。检查发现，消防通道标识设置不规范、养老驿站二层缺少出口等问题，现场落实整改措施和责任，要求责任部门一周内整改到位。并要求区棚改中心、区民政局及属地街道及时对接，推进燕保家园、龙门新区等棚改配套设施建设移交，争取尽快运营，加强消防安全管理，确保设施安全无隐患。经查，隐患已整改完毕。

（林劲北）

【区领导检查“三大”行动落实】 1月13日，门头沟区区长付兆庚，常务副区长彭利锋，副区长张兴胜、赵北亭、张翠萍、王涛、庆兆珅分别带队到保利项目地块、双吉制药有限公司、芹峪口检查站、王平镇韭园村、世纪兴业印刷有限公司、保利自住商品房项目、棚改曹各庄安置房北侧地块、泰安路西延、滨河路南延一期项目施工现场、南山鸿洋渣土消纳场、三家店地区彩钢房、潭柘寺景区及景区锅炉房等单位进行安全检查。要求各单位落实企业主体责任，在岁末年初之际做好安全生产工作，排查企业存在隐患，视隐患为事故立即整改。

（林劲北）

【“三大”行动会商会】 1月19日，门头沟区召开安全隐患大排查大清理大整治专项行动会商会。区安全监管局、消防支队通报上账隐患整改情况，各镇街及有关单位汇报开展情况，并要求进一步深入做好隐患排查治理，加快推进未销账隐患问题整改，做好“三合一”、高风险人员密集居住场所357项上账隐患问题自查复查，强化森林防火，落实好安全生产责任制，保持对非法盗采高压态势。

（林劲北）

【全国“两会”期间加油站检查】 3月12日至16日，门头沟区安全监管局对北京金福龙加油站、北京西昊宇加油站有限公司等5家加油站进行安全生产检查，发现消除安全隐患6项，下达责改指令书2份。执法人员重点检查加油站“两会”期间应急值守，个人防护用品和应急救援设备配备，员工安全教育培训，储存设备设施及散装油销售等情况。要求各加油站强化内部安全管理，提高员工安全意识，查找工作中薄弱环节，进一步加强“两会”期间应急值守，落实各项安全制度，及时消除安全隐患。

（王　磊）

【重点危化经营单位检查】 3月29日，门头沟区安全监管局对10家加油站进行安全检查。执法人员重点对各单位安全生产责任制落实情况、应急物资储备情况、安全设备设施情况等进行检查。检查发现，加油岛附近有杂物、卸油口未上锁等隐患，要求相关单位立即整改，各危化经营单位落实安全管理措施，强化应急值守，特别是要加强清明节期间安全管理。经复查，隐患均已整改完毕。

（王　磊）

【有限空间作业安全生产工作会】 3月29日，门头沟区安委会办公室召开有限空间作业安全生产工作会，全区涉及有限空间作业行业管理部门、属地政府及作业单位相关负责人参加。会上区安委会办公室对有限空间作业安全生产进行部署。要求各部门按照“管行业必须管安全、管业务必须管安全”要求，落实监管责任，检查、指导、督促企业落实主体责任。涉及有限空间作业单位必须对有限空间条件进行确认、对作业场所风险辨识，设置安全警示标志。各部门要根据行业和辖区实际，对辖区和本行业企业主要负责人和管理人员，开展一次动员培训；各企业要对所有一线作业人员开展一次培训，提升一线作业人员安全意识和技能。

（白　璐）

【召开全年安全生产大会】 3月30日，门头沟区政府召开2018年安全生产大会。对2017年安全生产工作进行总结；对2018年工作进行部署；对2017年安全生产先进单位及个人进行表彰；区长付兆庚与部门、镇街代表签订安全生产目标管理责任书，区城管委、中建海峡建设发展有限公司进行发言。区政府领导出席会议。付兆庚要求各部门、各镇街、各单位按照会议部署和责任书要求，抓好贯彻落实，确保全区安全稳定。

（林劲北）

【审议通过安全生产改革发展方案】 4月26日，门头沟区区委常委会专题审议并通过《门头沟区进一步推进安全生产领域改革发展的工作方案》，区委书记张力兵要求全区各部门、各单位领导干部，要认真落实安全生产“党政同责、一岗双责、失职追责”要求；周密组织、深入开展安全隐患大排查、大清理、大整治行动隐患“回头看”；相关执法部门对安全生产方面隐患和问题，要做到严格执法，高限处罚，始终保持安全生产警钟长鸣、常抓不懈。

（林劲北）

【安全生产专题会】 4月28日，门头沟区政府召开安全生产工作专题会。区长付兆庚，副区长赵北亭、王涛、庆兆珅出席会议，区安全监管局、住建委等单位对安全生产工作进行部署，区发改委、财政局、残联及相关企业负责人进行发言。会议要求继续深化三大专项行动，以最严格尺度和标准，深入细致抓好安全生产工作；落实好属地和企业主体责任，定期研究部署安全生产工作；进一步加大执法力度；做好应急处置工作，确保及时有效处置各类突发事件。

（林劲北）

【有限空间作业安全宣传培训】 4月，区安全监管局联合区旅游委、商务委、住建委、歌华有线电视门头沟分公司等部门，组织各行业、各系统召开有限空间安全生产专项整治培训会。各部门主管领导、企业负责人分别参加培训。区安全监管局传达市安委会办公室有限空间安全生产工作会议精神，通报全市近几年发生有限空间作业生产安全事故案例及处理情况，对企业开展有限空间辨认建立管理台账、作业场所风险辨识、承发包管理等进行讲解。要求各单位按照有限空间作业规定标准执行，加强对承包商统一协调管理，遏制有限空间生产安全事故发生。

（白　璐）

【三大行动“回头看”督察】 5月10日至11日，市安全隐患大排查大清理大整治挂账隐患“回头看”第一检查组对门头沟区安全隐患排查“回头看”情况进行督察。重点对永定镇、龙泉镇、大峪街道办事处16项安全隐患整改进行督察。门头沟区为保障安全隐患“回头看”落到实处，抽调干部组成督查组对各镇街进行督查。督查组要求，吸取近期全市发生各类事故教训，发挥区级督查组作用，督查各镇街落实情况，巩固2017年安全生产隐患“大排查、大清理、大整治”成果。针对督察发现问题，督察组提出立即整改要求，要求357项安全隐患不发生反弹。

（林劲北）

【第二季度安全生产会】 5月25日，门头沟区召开第二季度安全生产工作会，总结一季度情况部署二季度安全生产工作。会上，与会人员集体学习《地方党政领导干部安全生产责任制规定》。区安委会办公室通报全区安全生产情况并对下一阶段安全生产工作进行部署，重点通报近期全区安全生产事故情况并进行安全提示。就全年目标管理责任书任务分解进行说明，组织观看安全生产责任险宣传短片；区住建委通报建设施工领域专项整治情况，就做好汛期建设施工领域安全生产进行部署；区安委会提出，进一步强化底线思维；进一步强化责任担当；进一步强化隐患意识；进一步强化落实精神要求。

（林劲北）

【有限空间安全生产专项督查】 5月29日，市安委会督察组对门头沟区开展有限空间安全生产专项督查。区安全监管局和区相关行业管理部门负责人参加。会上，区安委会办公室就有限空间安全生产监管情况进行汇报。区住建委、城市管理委、商务委、旅游委、水务局、环卫中心等行业管理部门，分别汇报有限空间管理情况。督查组对全区4家重点单位有限空间制度建立、承发包管理、劳动防护用品和作业设备设施配备、教育培训、监护人员持证情况及应急救援演练等进行检查。针对督察组发现有限空间管理制度和承发包安全协议不准确，台账辨识不全面，作业场所警示标识缺失等问题，区安全监管局会同行业管理部门督促相关企业完成整改。

（白　璐）

【工贸行业有限空间作业条件确认】 5月至10月，门头沟区安全监管局开展工贸行业有限空间作业条件确认专项检查。制定《门头沟区有限空间作业安全生产专项整治工作方案》，印发《关于转发粉尘防爆和有限空间专项治理工作相关文件的通知》，组织工贸行业涉及有限空间企业安全培训，规范企业有限空间作业基础台账辨识及填报。专项检查建立完善《门头沟区工业企业有限空间作业条件确认工作汇总表》《门头沟区工贸企业有限空间辨识管理台账》等基础台账。检查有限空间作业单位68家次，消除安全隐患106项，立案处罚5起，罚款2.6万元。

（白　璐）

【城乡结合部生产经营单位调查】 6月，门头沟区安全监管局会同军庄镇、龙泉镇对城乡结合部地区生产经营单位进行调查摸底。经查，城乡结合部涉及各类生产经营单位176家。其中军庄镇六村有各类生产经营单位24家，龙泉镇三家店部分区域有152家。主要经营业小餐饮、小卖部、小美容美发、小洗浴、小汽修、小诊所等“五小”企业和“六小”场所。

（刘艳峰）

【端午节安全检查】 6月17日，门头沟区安全监管局重点对综地加油站、浩达通盛加油站、龙泉宾馆、北斗星酒店，开展端午节期间安全生产应急值守及防汛专项检查。出动执法人员2人，执法车辆1车，检查企业4家。检查发现，排水沟有杂物问题，责令当场改正。

（刘艳峰）

【第三季度安全生产会】 8月13日，门头沟区召开第三季度安全生产工作会。区安全监管局通报上半年安全生产情况、城市运行安全风险评估进展及存在问题，专题部署市委市政府督察反馈意见整改“回头看”、重点行业领域生产经营单位职业病危害基本情况普查、非经营性加油站专项整治等工作。区公安消防支队就开展电动自行车专项整治和大型商业综合体消防安全专项整治进行部署。区安委会要求，统筹做好改革期间安全生产工作，做到机构改革与安全生产“两不误”；做好市委市政府安全生产督察“回头看”迎检，确保反馈问题整改落实率达100%；贯彻落实地方党政领导干部责任制规定，把思想和行动统一到中央部署上来；抓好安全生产目标责任书任务落实，不折不扣完成各项任务；按照《门头沟区关于进一步推进安全生产领域改革发展的实施办法》研究制定本部门落实方案，确保任务按期落实落地；进一步落实企业主体责任，做好夏季安全隐患专项整治，消除各类安全隐患；加强防汛及应急值守。

（林劲北）

【有限空间作业集中执法检查】 9月12日，门头沟区安全监管局开展有限空间集中执法检查。集中检查白天采取街边巡查、作业单位检查相结合方式，夜间重点对门城地区主要大街进行全覆盖突击巡查。检查出动执法人员6人，执法车辆2辆，检查作业单位4家，下达责令限期整改指令书2份，发现安全隐患4项。主要存在有限空间检查记录不规范、应急救援预案人员变更未及时更新、有限空间设备未专区存放等问题。经复查，相关企业按期整改完成。

（白　璐）

【城市安全隐患治理三年行动方案】 9月12日，门头沟区区委副书记、区长付兆庚主持召开区长办公会，听取区安全监管局关于《门头沟区城市安全隐患治理三年行动方案》制定情况汇报，会议原则通过《行动方案》，并强调要牢固树立安全发展理念，弘扬“生命至上、安全第一”思想，坚持把隐患当作事故处理，采取有力措施，做好城市安全隐患治理专项工作。做好安全隐患大排查大清理大整治“回头看”核查，确保去年全区完成整改354处上账隐患不出现反弹。

（李晨曦）

【部署安全生产重点工作】 10月29日，市安委会办公室召开全市紧急电视电话会后，门头沟区安委会办公室迅速贯彻会议精神，区安委会办公室、区安全监管局要求，各单位结合当季安全生产形势特点，做好秋冬季建筑施工、道路交通、消防安全等领域安全生产监管。以城市隐患治理三年行动为载体，狠抓安全生产隐患排查治理。认真对标对表，推进城市风险评估、安责险投保、标准化创建、执法检查等重点任务。做好机构改革期间安全生产工作，提升政治意识和责任意识，做到机构改革期间安全生产工作不脱节、进度不推迟、标准不降低。

（林劲北）

【检查空气重污染应对及安全生产】 11月13日，门头沟区副区长王涛带领区安全监管局、城管监察局，采取“四不两直”方式，对景山学校新建项目工程落实空气重污染应对措施及安全生产情况进行检查。检查发现，工地周边围挡不到位、宿舍安全用电不规范等问题，责令立即整改。

（刘艳峰）

【第四季度安全生产会】 12月17日，门头沟区政府召开第四季度安全生产会。区安全监管局通报城市安全风险评估情况，并就危险化学品安全生产专项治理行动进行专题部署，区消防支队、区城市管理委和妙峰山镇先后就做好今冬明春消防安全、冬季供暖供气和属地安全生产等工作，做专题部署和表态发言。区安委会副主任、副区长王涛要求，要时刻绷紧安全生产这根弦，牢固树立“红线”意识和“底线”思维，采取更加有效措施，不断强化安全生产监管。

（林劲北）

【区领导带队检查元旦前安全生产】 12月21日，门头沟区副区长庆兆珅带领区安全监管局、卫计委、教委、旅游委、消防支队，采取“四不两直”方式，对门矿医院、潭柘寺景区、大峪中学开展元旦前安全生产检查。要求各单位落实安全生产规章制度，进一步强化责任意识，狠抓工作细节，加大安全巡查力度，及时消除各类安全隐患，落实领导带班值守制度。

（刘艳峰）

【圣诞节教堂专项安全检查】 12月24日晚，门头沟区安全监管局对曹各庄天主教堂、基督教堂门头沟堂进行专项安全检查。执法人员重点了解两座教堂活动准备情况，针对活动提出加强对灯光安装等施工中安全管理；做好礼拜活动当晚人流评估与控制；严防踩踏事件发生；严禁使用冷烟花进行庆祝活动。

（刘艳峰）

【认真查处建筑行业举报案件】 本年，门头沟区安全监管局按照“有报必查、有报速查”要求，做好举报案件处理工作。共接5月24日慕少伟栗园庄北京建工工地受伤举报、7月10日陈先生举报中天建设集团14号楼施工现场没有防护措施举报等6起举报投诉案件，调查处理6起，办结率100%，举报人满意率100%。

（陈观刚）

【施工工地安全执法检查】 本年，门头沟区安全监管局共检查施工工地344家次，下发责令改正指令书134份，查出存在隐患278项。对隐患进行复查，并全部整改完毕。对查出违反安全生产法和不符合行业安全标准的福州景祥建筑劳务有限公司、北京鼎盛天顺设备安装有限公司、北京亚泰盛创建设工程有限公司等32个生产经营单位违法行为依法给予行政处罚，共立案32起，罚款59.4万元。

（陈观刚）

危险化学品安全监管

【部署危化品及制药企业安全生产】 11月9日，门头沟区安全监管局组织全区13家加油站及3家制药企业，参加市安全监管局组织的北京市危险化学品重点工作推进会。会后，区安全监管局召开全区危险化学品经营及制药企业安全生产工作推进会。区安全监管局就危险化学品专项整治三年行动、城市风险评估进展情况进行通报，并对危险化学品及制药企业安全生产标准化工作进行再动员再部署。

（王　磊）

烟花爆竹安全监管

【烟花爆竹安全检查】 2月15日起，门头沟区4个零售网点进入销售期，区安全监管局领导分别带队，加强日常检查，并针对除夕、初一、初五等重点时段进行不间断巡查。并强化对烟花爆竹举报投诉电话宣传，对全部烟花爆竹零售单位发放市安全监管局统一制作宣传海报，要求各零售网点落实“三禁止、三报告、一登记”要求，保障烟花爆竹销售安全。期间，区安全监管局会同各镇街检查烟花爆竹零售网点8家次，未发现明显安全隐患。

（王　磊）

【烟花爆竹回收入库】 至2月20日，熊猫烟花公司向门头沟区烟花爆竹零售网点批发烟花爆竹210箱，剩余4箱，已督促有关零售点按规定进行处理。收回4家烟花爆竹零售网点烟花爆竹零售经营许可证和标志牌，未发现烟花爆竹零售网点销售非法烟花爆竹现象，烟花爆竹销售期间安全平稳。

（王　磊）

【岁末年初危险化学品部署】 12月2日，国务院安委会办公室、市安委会办公室危险化学品安全生产专题会后，门头沟区立即召开安全生产专题会，对岁末年初危险化学品安全监管进行部署。区安委会办公室对近期安全生产形势进行通报，针对使用危险化学品重点行业领域提出要求，各有关部门要吸取河北省张家口市“11·28”重大燃爆事故教训，立即对本行业、本领域开展全面隐患排查，消除安全隐患。

（王　磊）

应急救援

【地铁磁悬浮S1线消防联合演练】 6月7日22时，门头沟区在永定镇石门营居住区S1号线石厂站，开展地铁磁悬浮S1线消防联合演练，市消防局副局长孔凡全，区委常委常务副区长彭利锋，副区长孙鸿博等参加演练。演练模拟乘客携带物品突然起火，引燃车内设施，工作人员按照操作规定断电、报警并开展自救。市公安局消防局接到报警后，调集消防人员赴现场进行扑救，其他部门按照职责进行联动应急处置，演练达到预期效果。

（李晨曦）

【液化气站应急演练】 6月7日，门头沟区安全监管局组织液化气站，进行特种设备突发事件应急演练。演练分为两项内容，在运输液化气瓶途中发生液化气瓶角阀渗漏，启动应急预案组织进行检修、抢救，消除安全隐患；站内液化气储罐发生阀门损坏，事故应急抢修小组对储罐进行罐体降温、稀释、排除故障等应急处置。执法人员针对演练情况进行讲评，对气瓶充装注意事项提出要求。并强调特种设备使用单位以“安全第一，生命至上”为宗旨，按实战要求，严肃对待每一次演练，提升应急处置能力，完善应急预案流程，做到真正遇到突发事件，能迅速有效处置救援。

（李晨曦）

【公交集团四客运分公司应急演练】 6月22日，门头沟区安全监管局、交通局联合北京公交集团第四客运分公司在龙泉西快四公交场站，进行应急处突综合演练。演练分别进行“车辆运营中遇发动机起火疏散及扑救演练”，“车辆运营中遇不法分子抛洒传单、打横幅实操演练”，“车辆运营中遇有恐怖分子上车扬言爆炸应急演练”，“公交场站发生火情应急演练”等科目演练。演练中，各参演人员紧密配合，反应迅速，处置得力，过程规范，达到预期演练目的。

（李晨曦）

【加油站应急演练检查】 11月15日，门头沟区安全监管局采取“四不两直”方式，对北京金福龙加油站应急工作进行检查。重点对应急演练记录、应急物资储备等情况进行检查，并要求加油站立即开展一次反恐应急演练。演练模拟加油站紧急处置一起投掷燃烧瓶，企图点燃加油机突发事件。演练中，加油站工作人员紧张有序，能按应急预案程序较好完成演练。区安全监管局要求加油站高度重视应急演练，认识应急演练作用，按照实战情景进行演练，通过日常演练锻炼从业人员实战能力。

（李晨曦）

执法监察

【元旦安全生产检查】 2017年12月30日至2018年1月1日，区安全监管局出动执法检查人员12人次，4车次，检查生产经营单位12家，发现安全生产隐患问题2项，下达责令限期整改指令书1份。针对检查发现的电梯间堆放货物、货物侵占安全疏散通道问题，责令立即改正，均整改完毕。

（林劲北）

【区长春节前安全检查】 2月11日，门头沟区区长付兆庚带队到液化气站、冯村物美超市、S1线石厂站、石龙供热站实地检查安全相关工作。强调重点行业、重点领域要时刻绷紧安全这根弦，定期对员工进行教育培训，落实24小时值班制度。春节期间，消防安全是第一要务，要按照消防要求进行部署，每日巡查，发现安全隐患立即整改。商场、超市等要注意食品安全，并保证节日期间商品价格稳定。S1线运营要加强值守力量、提高安检质量，提前做好应对节日期间客流量增大准备。热力部门要落实责任，第一时间处理百姓投诉问题。

（林劲北）

【区委书记春节前检查】 2月12日，区委书记张贵林带队对区大峪中学、物美双峪环岛店等重点单位、企业进行安全检查，并对大峪中学留京过节新疆班师生表示慰问。区委其他领导及区安全监管局、消防支队等单位主要领导参加检查。检查组通过现场检查、查阅资料、谈话询问等方式，对各生产经营单位安全生产、消防安全、突发事件应对等工作进行检查。经查，各单位现场生产、经营状况良好有序，相关措施、制度完备。张贵林要求，各生产经营单位、政府部门及镇街牢固树立安全意识，汲取入冬以来几起火灾事故教训，严查严治火灾隐患，严管严控火灾风险；压实责任，加强烟花爆竹禁放巡查频次，加大宣传力度，确保禁放工作落到实处；加大应急值守力量，做好各项突发事件应对工作。

（林劲北）

【“春节”期间安全生产监督检查】 2月15日至2月21日，门头沟区安全监管局每天由局领导带队对全区人员密集场所、危险化学品、烟花爆竹等重点行业领域进行检查。各检查组重点检查各生产经营单位安全管理措施、节日期间应急值守等落实情况。期间共检查单位23家，发现并消除安全隐患2项，下达责令限期整改指令书1份。检查组要求各生产经营单位执行安全管理规章制度，落实各项岗位责任，强化应急值守。

（林劲北）

【全国两会安全保障专题会】 2月26日，

门头沟区安全监管局召开专题会议，部署全国“两会”安全保障工作。传达部署《2018年全国“两会”期间安全生产保障工作方案》，明确组织机构、重点任务和工作安排，要求各执法科室及属地镇、街及石龙工业区，重点围绕危险化学品经营使用单位、非煤矿山、工业企业、建筑施工、人员密集场所、职业卫生及有限空间作业等行业领域，开展安全生产执法检查，发挥专职安全员作用，做好社会面安全管控，通过集中整治和执法监管，防范各类安全生产事故。

（林劲北）

【“五一”节前安全检查】 4月28日，门头沟区副区长庆兆珅带领区安全监管局、商务委、工商分局、食药监局、永定镇等部门，对华润365PLUS进行安全检查。要求被检查单位负责人严格履行职责，对检查出隐患立刻采取有效措施，在规定时间内逐一整改完毕。经复查，均整改完毕。

（林劲北）

【老年养护院警示约谈】 8月20日，门头沟区安全监管局就北京石龙老年养护院液氧罐安全距离不符合规范标准问题，对该单位进行约谈。约谈会上，区安全监管局通报近期3次对北京石龙老年养护院就该问题进行检查的简要情况，提出针对性整改意见和要求，北京石龙老年养护院主要负责人要抓紧研究制定整改方案，迅速落实整改措施；立即制定液氧罐迁移或更换制氧工艺实施方案，并报区安全监管局备案，加大对重点部位安全监管力度，及时消除安全隐患；节能改造房项目工程在未经区安全监管局批准复工前，严禁一切施工作业行为，新建卫生间在液氧罐安全隐患彻底消除前，严禁投入使用。隐患整改期间，如发现有未经批准，擅自投入使用违法违规行为，按照法律法规要求，采取强制措施处理。

（王　磊）

【中非论坛安全检查】 8月27日，门头沟区副区长王涛、薛志勇带队采取“四不两直”方式，对熙旺大厦、物美大卖场、何各庄3751地块、西山天璟施工项目安全生产进行突击检查。区安全监管局、公安消防支队相关人员陪同检查。检查组询问各生产经营单位“中非论坛”期间安全生产保障部署落实情况，对重点部位安全管理措施各部门按照各自职责进行检查。检查发现，熙旺大厦配电室空调冷凝水未排出室外、地下三层有限空间未设置通风设施、何各庄3751地块钢筋加工区临时电缆防护不到位、配电箱巡检记录未及时记录、西山天璟施工项目临边防护缺失、架子工作业无防护措施、施工现场吸烟等安全隐患，针对存在问题，要求各相关部门按照各自职责监督落实整改，并实施高限处罚。经复查，隐患均整改完毕。

（林劲北）

【区长进行中非论坛安全检查】 8月29日，门头沟区区长付兆庚、副区长赵北亭、王涛、薛志勇先后到S1线石厂站、金福龙加油站进行了详细检查。要求各有关部门和单位高度重视安全生产，建立健全各项安全管理制度，开展隐患排查，及时发现和消除各类安全隐患，为“中非合作论坛”创造良好外部环境。生产经营单位要落实安全生产主体责任，对生产经营中各环节、各部位要全面排查、不留死角，发现安全隐患及时整改到位。

（林劲北）

【“国庆”节前区领导安全生产检查】 9月26日至30日，区委书记张力兵、区长付兆庚等区领导分别带队采取“四不两直”方式，对区民生领域重点单位、建筑工地、人员密集场所、危化经营单位、重点景区、便民商业网点等地，开展安全生产检查。重点检查各单位安全生产责任制落实、应急值守、消防设备及安全出口是否畅通、施工现场物料摆放等情况。要求各生产经营单位压实责任，狠抓落实，抓住隐患排查治理不放松，落实安全生产主体责任，建立健全各项安全管理制度，加强宣传教育，提高员工安全意识。

（林劲北）

【国庆节安全检查】 10月1日至7日，门头沟区安全监管局领导分别带队，对辖区危化经营单位、人员密集场所等单位开展“四不两直”安全检查，期间出动执法检查人员18人次，车辆8车次，检查生产经营单位22家，发现消除安全生产隐患问题10项，下达责令限期整改指令书5份。

（王　磊）

【元旦节前安全检查】 12月24日，门头沟区委副书记区长付兆庚带队对滨河路加油站、京客隆超市、S1线石厂站、西山燕庐项目及南侧道路施工现场“元旦”前安全生产情况进行检查。区政府办、公安分局、安全监管局等单位相关人员参加。检查中，询问各生产经营单位节日期间应急值守情况，对重点部位安全管理措施进行检查。要求各企业负责人落实主体责任，开展隐患自查自纠，落实关键岗位24小时值班、领导干部到岗带班和事故信息报告制度，确保通信联络和信息渠道畅通，保证节日期间安全稳定。

（林劲北）

职业卫生监督检查

【职业病危害防治情况】 本年，门头沟区安全监管局落实《职业病防治法》宣传教育，强化职业卫生执法检查和专项整治力度。全年，监督检查企业116家次，下达执法文书数量56份，消除安全隐患114项，行政处罚立案29起，处罚金额23.6万元。组织区卫计委、人力资源和社会保障局、总工会等部门召开职业安全专题会3次，制发文件12份，报送安全监察信息44条，受理涉及职业病鉴定、职工职业健康体检、职业危害因素劳动合同告知、作业场所环境治理、个人防护用品发放等多种类型职业安全投诉举报72起，接待上访群众和现场调查取证96人次，督促协调有关部门和责任企业依法为劳动者解决实际困难，依法及时纠正用人单位违法违规行为，化解职工和企业矛盾，并及时把调查处理情况回复给投诉举报人，案件回复率达100％。开展职业健康执法年活动、《金属制品业职业卫生技术规范》贯标行动、汽修行业职业危害“回头看”专项检查、职业危害普查、高温天气防暑降温安全生产专项治理行动，组织力量对各部门、各企业专项治理落实情况督查8次，全年未发生职业中毒和职业病群体进京上访事件。

（赵　轩）

【职业卫生培训】 本年，门头沟区安全监管局组织企业负责人和安全管理人员参加北京市职业卫生培训班，全区企业负责人和安全管理人员135人通过考试取得资质证书。

（赵　轩）

【查处职业安全健康投诉举报案件】 本年，

门头沟区安全监管局对职业卫生举报案件进行认真查处，协调相关部门联合执法，对投诉举报案件做到件件有落实，事事有回音，全年处理职业安全投诉举报案件 72 起，接待上访群众 96 人次，案件回复率达 100%。

（赵 轩）

【开展职业健康执法年活动】 本年，门头沟区安全监管局开展《职业健康执法年活动》专项检查，对存在职业病危害企业进行专项检查，突出检查非煤矿山、汽修、危化经营、高温、电子等行业领域企业 116 家次，下达指令书 56 份，消除安全隐患 114 项。通过开展“职业健康执法年”活动，使重点企业职业卫生管理水平提升，作业场所环境明显改善。全区职业危害申报企业职业病危害申报率、主要负责人和职业卫生管理人员培训率、作业场所职业危害因素检测覆盖率、劳动者职业危害告知率、劳动者职业健康体检率均达 100%。

（赵 轩）

【高温天气防暑降温安全生产治理】 本年，门头沟区安委会印发《门头沟区关于切实做好高温天气防暑降温工作的通知》，要求各相关部门发挥行业主管和属地安全监管责任。7 月至 9 月，区安委会组织有关部门重点对全区大型建筑工地、露天作业场所、高温作业车间企业 178 家次进行检查，发现排除安全隐患 56 处，现场发放防暑降温知识手册、宣传页、宣传画等材料 2800 余份，保护职工健康权益，严防高温中暑伤亡事故发生。

（赵 轩）

【机动车维修企业“回头看”】 本年，门头沟区安全监管局开展机动车维修企业职业危害“回头看”专项检查，制定并印发专项治理方案，重点推动企业工程防护设施升级改造，落实职业卫生管理措施，巩固 2017 年机动车维修企业尘毒危害专项治理行动成果，检查企业 16 家次，监督企业投入安全整改资金 34.6 万元，消除安全隐患 18 处，促进机动车维修企业作业现场防护设施和个人防护用品升级改造，改善职工作业环境。

（赵 轩）

【开展职业病危害普查】 本年，门头沟区安全监管局开展重点行业领域 300 家生产经营单位职业病危害基本情况普查。7 月 17 日，区安全监管局职业病危害普查工作办公室召开普查工作会，发放发送普查宣传材料和普查宣传短信，组织镇街和普查机构负责人进行沟通，普查属地镇街、行业主管、普查机构合作，至 8 月 22 日，完成 300 家生产经营单位普查，摸清重点行业领域职业病危害基本现状，为进一步加强监管提供依据。

（赵 轩）

宣传培训

【职业病防治法宣传活动】 5 月 10 日，门头沟区安全监管局会同区卫计委、人力资源和社会保障局、总工会、疾病预防控制中心和京煤集团，在木城涧煤矿、大台煤矿开展以“健康中国、健康企业、职业健康先行”为主题大型职业病防治宣传活动，发放职业病防治法百问、职业病防治问答、预防食物中毒宣传册、职业病防治法宣传画等材料 5600 余份，摆放宣传展板 41 块，解答职工咨询 79 人次，木城涧煤矿、大台煤矿矿工 800 余人参加活动。

（赵 轩）

【安全生产月主题宣传】 6月16日，门头沟区安委会办公室组织区应急办、住建委、市政市容委等22个职能部门及永定镇、石龙管委和北京科技高级技术学校、区供电公司、人保财险门头沟区分公司，在北京科技高级技术学校设立安全宣传主咨询站，围绕“生命至上，安全发展”安全生产月活动主题，开展生产安全、公共安全、公共卫生安全等方面安全宣传活动。各职能部门领导到场发放宣传材料，并与工作人员一起解答群众提出安全方面问题。区安全监管局在主会场设立VR安全教育体验区，通过身临其境方式，让体验者进入“施工工地”，以第一视角经历基坑坍塌、室内火灾、机械伤害、高空坠落、物体打击等生产安全事故，警示教育工人时刻绷紧安全生产这根弦。邀请现场群众关注门头沟安全生产微信公众号，参与安全用电有奖答题。各镇、办事处、各有关部门周密部署，在本地区分别设立安全咨询站，利用多种形式，广泛进行安全宣传。全区设立安全宣传咨询站22个，设置安全宣传展板355块，发放宣传材料10万余份，悬挂横幅324幅，张贴标语、宣传画700余张，设宣传栏、板报2100余块，受教育人数10万余人。

（谷　征）

【安全生产标准化宣传】 6月安全生产月期间，门头沟区安全监管局通过VR实景模拟、现场答疑、发放宣传材料及进入企业一线现场指导等方式，开展安全生产标准化宣传，在全区营造安全生产标准化达标创建浓厚氛围。

（杨　岳）

【开展职业健康宣讲员巡回宣讲】 本年，门头沟区安全监管局开展大型职业健康宣讲活动4次，镇街职业健康宣讲员结合日常检查，分别以“职业安全重在治未病”“安全员的坚持与坚守”为主题，使用音响、幻灯片、案例分析等形式，向企业职工讲授职业卫生法律法规，引起听众反响，使用人单位对职业病防治知识有深入了解，增强职工自我保护意识。

（赵　轩）

标准化建设

【安全生产标准化工作部署会】 3月30日，门头沟区安全监管局召开安全生产标准化工作部署会。相关评审、审核机构，各有关部门、镇、街及企业参加。会议对2017年标准化进行总结，对百项地标进行宣贯，组织观看安全生产典型事故案例宣传片。区安全监管局就2018年安全生产标准化工作提出要求。

（杨　岳）

【区政府部署安全生产标准化】 5月25日，门头沟区政府召开安全生产标准化工作部署会，全区67家安委会成员单位参加。会议对2017年及2018年一季度安全生产标准化工作进行总结，对全区2018年标准化工作进行强化部署，明确压实各部门、镇街任务；重点行业主管部门、属地政府进行表态发言。

（杨　岳）

【完成标准化达标创建】 本年，门头沟区安全监管局以新出台的北京市安全生产地方标准全面取代原有标准化达标标准，强化宣传培训，提升企业安全意识；同时，将标准化达标创建与隐患排查清单编制、白酒企业治理、粉尘治理、有限空间治理等各项工作有机结合，将各项工作要求作为标准化评审内容，督促企业全面做好安全生产标准化达标创建工作。截止10月底，门头沟区组织40家企业，其中三级达标创建企业30家、小微达标创建企业10家，圆满完成标准化达标创建工作。

（杨　岳）

房　山　区

概　　述

2018年，房山区安全监管局推进安全生产领域改革发展，防范各类生产安全事故，严格落实安全生产责任制，强化安全风险防控和社会共治，深化重点行业领域执法检查和专项整治，加强安全生产基础能力建设，提升安全生产水平，促进全区安全生产形势持续稳定好转。

扎实推进改革发展，形成《关于进一步推进安全生产领域改革发展的实施方案》，逐级落实工作责任。召开6次区安委会全体会，及时调度、推动各项重点工作落实。严格实施行政许可。全局26项政务服务事项全部进驻区政务服务大厅，办理事项驻厅率达到100%。全区19个职能部门安全生产督查检查队规范化创建100%达标，2384家企业完成标准化创建，4169家企业参保安责险，完成全区2532家企业职业病危害普查及系统录入。

将危险化学品监管作为重中之重，稳妥做好春节烟花爆竹安全管理，持续推动危险化学品安全综合治理三年行动，完成26座加油站贯标改造，有序推进危险化学品企业退出。持续对工业企业进行整治，坚持以严格执法提升威慑力度。实现全国“两会”“中非论坛”安全，完成国际长走大会等11项大型活动安全生产保障任务。运用综合监管促进工作实效，牵头做好安全隐患大排查大清理大整治专项行动和城市安全隐患治理三年行动重点工作，全年挂账隐患212条全部完成整改，年挂账隐患整改率达100%。

隐患排查治理体系建设工作提质扩面，对企业综合动态评定指标进行精简、整合、调整，持续推广差异化监管。协调指导全区200家三级以上标准化企业和400家小微岗位达标企业完成“一企一标准、一岗一清单”编制。企业可持续发展项目落地生根，完成SCORE项目一期试点企业创建，探索SCORE项目与标准化创建、隐患排查治理体系建设、安全生产信息化“四位一体”有效融合。城市安全风险评估把脉问诊，启动安全风险评估，落实风险分级管控措施，编制《北京市房山区城市安全风险评估项目成果材料汇编》。

强化宣传教育，以窦店镇为试点开展安全生产宣传教育“七进”活动。开展安全生产月“咨询日”活动，与区广电中心合作49期《安全视界》节目。组织辖区内重点企业负责人、安全管理人员2926人参加培训考核，组织546家存在职业危害单位主要负责人和职业卫生安全管理人员1200人参加培训。

综合监管

【区安委会第一次全体会】 1月25日，房山区召开2018年安全生产大会暨安全生产委员会第一次全体会。56个安委会成员单位主管领导、安全科长，各乡镇（街道）主管领导、安全科长、安全生产检查队领导，200家重点企业主要负责人参会。会议通报全区2017年安全生产情况，部署2018年重点任务。副区长陈广利提出要求，加强工作融合，形成合力；加大责任制落实；加大问题和隐患整改力度；加大执法检查力度；继续抓好隐患排查治理体系建设；持续强化宣传教育培训。

（陈莉莉）

【区领导春节前安全检查】 2月13日，房山区政府副区长陈广利带领安监、公安、商务、消防等单位，对石楼镇部分重点企业进行春节前安全生产检查。检查组先后到康美（北京）药业有限公司、中油北京石楼油库、中石化燕交加油站、北京市金点点商贸有限责任公司第23分店，实地检查企业安全生产和应急值守情况，听取负责人安全生产汇报。

（安　东）

【国务院安办第8督导组督导】 3月7日，国家安全监管总局相关领导带领国务院安委会办公室第8督导组赴房山区进行专项督导，市安全监管局副巡视员杨永军等陪同督导。督导组听取房山区安全生产情况，查阅部分区直部门相关文件、档案资料和台账，并到北京绿地京创商业管理有限公司、北京燕宾顺时达运输有限公司就落实“两会”期间安全生产保障进行实地检查。

（安　东）

【区安委会第二次全体会】 3月20日，房山区安委会办公室召开房山区安全生产委员会第二次全体会，区政府副区长陈广利，25个乡镇（街道）、56个安委会成员单位主管副职参会。会议通报《关于对北京市委市政府安全生产第十二督察组督察反馈意见整改工作落实情况的报告》，征求参会各乡镇（街道）、各单位意见和建议。陈广利强调，通过督察提高思想认识，存在问题要深入整改；要有针对性进行排查，对全区安全生产实施有效管理。会议还通报三起事故结案报告，并针对事故等级、事故调查组组成及事故调查、处理、报告、批复等各项法律法规规定进行普法，同意三起事故结案。

（陈莉莉）

【老挝劳动与社会福利部赴房山调研】 4月28日，老挝劳动与社会福利部副部长榜红·拉素堪一行到房山区调研安全生产工作。应急管理部、房山区安全监管局领导陪同，首先到企业可持续发展（SCORE）项目试点北京航天奥祥通风科技股份有限公司进行实地观摩，听取发展历史和安全生产经验做法及SCORE项目情况。区安全监管局对全区安全生产标准化、隐患排查治理、危险化学品、工业企业监管等方面，逐一进行介绍。双方围绕安全监管队伍构成、企业监管现状、SCORE项目实施、企业生产规模、保险及工人福利待遇等方面进行讨论。

（刘　爽）

【区安委会第三次全体会】 4月28日，房山区安委会召开第三次全体会暨第三次消防工作联席会议。区安委会办公室、区安全监管局通报一季度安全生产形势，部署“五一”期间安全生产工作。消防支队通报火灾情况，部署春夏火灾防控。区应急办解读《2018年度政府消防工作责任状》，部署重点工作。区委常委、区政府副区长刘兵与乡镇（街道）、委办局代表（拱辰街道、区水务局）签订责任状。

（刘金艳）

【审议安全生产相关方案】 5月4日，房山区政府召开第20次区政府常务会，审议房山区安全监管局起草的《房山区进一步推进安全生产领域改革发展实施方案（报审稿）》，经讨论并一致通过，同意报区委常委会审议。还审议区安全监管局牵头修订的《房山区安全生产工作综合考核管理办法》《房山区安全生产综合考核工作方案》，经讨论一致通过，区长郭延红建议在考核中，将被市政府通报问题纳入考核，并同意以区政府办公厅名义印发《房山区安全生产工作考核管理办法》，以区安委会名义印发《房山区安全生产综合考核工作方案》。

（陈莉莉）

【大排查大清理大整治专项行动】 2017年11月20日至2018年2月14日，房山区开展安全隐患大排查大清理大整治专项行动，监督检查单位3.1万家，发现一般隐患13229项，重大隐患757项，行政处罚261家，处罚63.8万元，停产停业642家，关闭取缔265家，拆除清理违法建设1049处、80.4万平方米，1862项“三合一”和高风险人员密集居住场所上账隐患全部按时完成销账。4月至5月底，开展挂账隐患“回头看”核查，确保消除挂账隐患。

（张文立）

【应急管理部领导调研】 8月22日，应急管理部领导赴房山区调研工业企业安全生产工作，房山区副区长廖春迎、区安全监管局领导参加调研。调研组赴窦店镇北京京西重工有限公司和长阳镇北京一得阁墨业有限责任公司长阳分公司，听取企业负责人安全生产管理、隐患排查治理体系建设、企业可持续发展（SCORE）情况介绍，并在生产车间了解安全生产管理措施和做法。调研组提出，要以安全生产标准化为基础，推进企业安全生产标准化；借鉴国际化企业先进管理理念，提升企业安全生产管理水平；将传统工业安全管理与先进安全管理理念融合，形成一套适合企业安全生产管理体系。

（张　建）

【城市安全隐患治理三年行动】 8月，房山区安委会办公室部署城市安全隐患治理治理三年行动工作，制定《房山区城市安全隐患治理三年行动方案（2018年—2020年）》，并主动与各牵头单位对接，反复征求意见，确定全区9大行业领域整治对象，明确任务目标、时间节点等，经区委、区政府审议通过，以区委办、区政府办文件印发全区。区安委会办公室相继报送信息、台账管理等制度和《工作实施方案》。至11月30日，全区挂账隐患212条全部完成整改，年度挂账隐患整改率达100%。

（刘振国）

【区安委会第五次全体会】 9月27日，市政府召开全市安全生产电视电话会议，会后房山区立即召开第五次安委会全体成员单位会议，贯彻落实市政府会议精神。区安委会办公室通报2018年前三季度安全生产形势并对“十一”期间安全生产进行部署。区旅游委、消防支队分别部署“十一”期间安排。区委常委、副区长刘兵要求，保持清醒头脑，提高政治站位，全力做好安全生产工作，明确任务，聚焦重点，确保“节日”期间绝对安全稳定；全力推进各项工作有效落实。

（杨　杰）

【区领导国庆节前安全检查】 9月28日，区委书记陈清，区委副书记、区长郭延红分别带队开展国庆节前安全生产检查。陈清书记带领安全监管、公安、消防、商务、经信、质监、食药等单位负责人，先后到北京京源水仪器仪表有限公司、博能华医疗器械（北京）有限公司、北京洋森餐饮管理有限公司和龙湖北京房山天街等单位，听取企业节日期间安全生产、消防、应急值守等汇报，实地检查企业安全管理情况。郭延红带队先后到绿地缤纷城、中石化鹏亚加油站、黄管屯棚户区改造回迁安置房项目等单位，察看企业安全生产管理、节日期间应急值守及食品安全、消防安全等工作。

（安　东）

【区安委会第六次全体会】 11 月 1 日，房山区安委会办公室召开房山区秋冬季安全生产工作会暨安全生产委员会第六次全体会及防火委员会全体会。传达全国安全生产工作视频会议精神，通报市安全生产督察“回头看”第十组督察反馈意见，针对秋冬季重点行业领域安全生产及城市安全隐患治理三年行动，对今冬明春火灾防控、城乡结合部消防安全综合治理、重点消防领域三年行动计划及博物馆、文物建筑、图书馆安全隐患集中治理专项行动及交通领域安全生产，危险化学品（烟花爆竹）企业冬季安全管理和检查进行部署。区委常委、区政府副区长刘兵参加会议并要求，提高安全认识，强化责任落实；突出重点领域，加强执法检查；制定工作方案，强化基础工作。

（陈莉莉）

危险化学品安全监管

【危化品单位安全生产紧急会】 3 月 30 日，房山区安全监管局召开危险化学品重点单位安全生产紧急工作会，全区危险化学品生产、储存、使用单位安全负责人参加。会议通报 3 月 29 日中石化北京燕山分公司高科公司发生高压装置泄压燃烧事件，对 2 月和 3 月全国涉危安全生产事故，特别是“3·12”江西九江石化企业加氢装置爆炸事故情况进行通报。区安全监管局要求，扎实开展安全检查，全力推进安全整治，加强现场管理。

（郭玉茹）

【应急管理部领导检查危化企业】 8 月 23 日，应急管理部对房山区重点危险化学品企业安全生产进行督导检查。市安全监管局副局长唐明明，区委常委、副区长刘兵，副区长王喜林，区安全监管局主要领导等参加督导。督导组先后到中石化北京燕山分公司、中石油北京销售分公司石楼油库，实地检查企业控制室和厂区运行情况，询问重点岗位职工业务掌握情况，听取企业负责人安全生产汇报。督导组要求，企业要落实主体责任，进一步完善应急处置预案，注重重大安全风险点和危险源管控。扎实有效做好中非合作论坛北京峰会安保任务；全面推进化工过程安全管理，奠定好安全基础；创新理念方法，提高安全生产管理水平。

（安　东）

【危化重点及冬季安全推进会】 11 月 13 日，房山区安全监管局召开全区危险化学品（烟花爆竹）重点工作及冬季安全推进会。市安全监管局相关领导、全区 9 个危化重点乡镇、80 余家危化单位参加。会议通报 2018 年房山区危险化学品重点工作推进情况，部署冬季危险化学品和烟花爆竹安全生产，并对危化企业风险评估、标准化、自动化设施设备安全管理等工作进行培训解读。区安全监管局要求，重点危化乡镇要加强冬季安全检查，深刻认识严峻形势；企业要狠抓责任落实。针对冬季防控特点，全面排查防火、防爆、防雪、防冻、防滑等安全措施落实；做好加油站贯标改造；做好换证许可申请，提前准备所需材料。

（郭玉茹）

【危化企业专项执法检查】 12月1日至5日，房山区安全监管局针对“11·28”张家口爆燃事故，结合市、区会议精神，对全区涉及经营氯乙烯17家危险化学品经营（不带有储存设施）企业进行专项执法检查。重点检查危险化学品经营（不带有储存设施）企业氯乙烯经营情况，对17家危险化学品经营（不带有储存设施）企业规章制度、安全教育培训进行执法检查。经检查，全区涉及经营氯乙烯17家危险化学品经营（不带有储存设施）企业未发现非法销售行为。

（李　杰）

【危险化学品企业退出】 自2016年起，房山区开展危险化学品企业退出工作，共退出危险化学品（烟花爆竹）企业10家（2018年1家），其中加油站3家，工业气体4家，危险化学品储存单位2家，烟花爆竹经营（批发）企业1家。

（马　振）

【严格实施行政许可】 本年，房山区安全监管局26项政务服务事项全部进驻区政务服务大厅，办理事项驻厅率达100%。全年，区行政服务大厅窗口受理许可申请248家次。其中受理烟花爆竹经营许可7家；受理危险化学品经营许可213家，全市许可数量902家次，办理数量全市第一，占全市比例23.6%；受理危险化学品建设项目审查27家次，全部完成审查，全市许可数量106家次，办理数量全市第一，占全市比例25%；受理危险化学品安全使用许可1家，完成审查。网上审批率100%。

（王晓薇）

烟花爆竹安全监管

【烟花爆竹安全管理协调会】 1月4日，房山区召开2018年烟花爆竹安全管理工作协调会。区政府副区长陈广利，区安全监管、公安、消防、工商、信访、宣传及相关乡镇（街道）等23个单位参加。会上，区安全监管局通报《房山区2018年春节烟花爆竹销售（储存）安全管理工作方案》，部署零售网点设置许可。与会单位结合工作职责，对2018年烟花爆竹安全管理提出措施。陈广利要求，要精心组织，扎实做好2018年春节烟花爆竹安全管理；落实政策要求，严格标准执行，妥善做好烟花爆竹零售网点设置；强化宣传力度，制定看护措施，确保禁放、限放管理政策有效实施。

（马　振）

【市领导检查烟花爆竹安全管理】 2月8日，副市长王宁赴房山区检查烟花爆竹安全管理工作，并慰问韩村河镇安全生产检查队专职安全员。市政府副秘书长尹培彦，市安全监管局局长张树森、副局长唐明明，区政府副区长陈广利、区安全监管局等领导陪同检查。检查组先后检查琉璃河镇、韩村河镇烟花爆竹零售网点，现场询问零售网点负责人节日期间安全保障落实和应急值守情况；检查安全防护设备设施、消防器材配备等；查看视频监控系统运行情况，要求监管部门及生产经营单位加强安全管理，开展隐患排查，强化应急值守，把各类安全问题和隐患消除在萌芽状态，确保春节期间安全生产形势稳定。在慰问韩村河镇安全生产检查队专职安全员时，王宁了解安全员所学专业、籍贯、日常工作等情况，查看检查队办公场所及检查设备，听取工作汇报。对房山区及韩村河镇安全生产给予肯定，并要求进一步加强业务学习培训，提升专业检查能力。

（李玉强）

【烟花爆竹销售季安全管理】 春节期间，房山区设立6个烟花爆竹销售网点，1家长期零售网点、5家临时销售网点，设置数量较上年的77家减少71家，同比下降92.2%。2月10日至2月20日，6家销售网点销售烟花爆竹677箱，较上年销售10617箱下降93.6%。按照市、区要求，至21日18时，熊猫公司完成全市烟花爆竹回收，共回收烟花爆竹377箱，库存37594箱。逗逗公司未配送，库存6700箱。区安全监管局按计划对区域内烟花爆竹销售网点视频监控设备和大棚进行拆除。

（李　杰）

【巡查检查烟花爆竹零售网点】 8月15日，房山区安全监管局联合区公安分局对全区烟花爆竹长期零售网点、进店临时销售网点、上年已关闭长期零售网点进行巡查检查。巡查组前往十渡镇烟花爆竹长期零售网点进行检查，按中非论坛北京峰会期间安保要求，网点已停止销售烟花爆竹。巡查组要求网点负责人，落实安保要求，会议期间禁止销售烟花爆竹。对位于拱辰街道、阎村镇、城关街道等乡镇（街道）6家上年已关闭烟花爆竹长期销售网点和韩村河镇1家已关闭烟花爆竹（进店）临时网点进行巡查，7家关闭网点均无烟花爆竹经营行为。

（李　杰）

隐患排查治理

【隐患排查信息化系统培训】 1月18日，房山区安全监管局召开安全生产隐患排查治理体系建设信息化系统培训会。17个行业部门安全科长、25个乡镇（街道）专职安全员检查队队长、副队长、信息员129人参会。邀请信息化专家对房山区安全生产综合监管信息平台、企业安全管理平台、移动APP各业务系统功能及操作方法进行讲解，发放6000余份信息化系统应用方法资料，为指导生产经营单位应用信息化系统记录隐患排查治理，各安委会成员单位间互联互通奠定基础。

（郝　维）

【市领导调研隐患排查治理体系】 3月16日，市安全监管局相关处赴房山区调研隐患排查治理体系建设情况。区安全监管局、体系办、15家试点企业责任人参加调研。调研组到区SCORE试点企业北京冠华东方玻璃科技有限公司，开展“百名安全监管干部与万家企业对话谈心活动”。观看北京市安全生产事故警示宣教片，与15家企业负责人就隐患排查治理体系应用，落实企业主体责任等内容进行沟通。与企业召开党支部共建活动，了解企业隐患排查治理和SCORE项目进展情况。调研组听取区安全监管局就2018年市级财政支持体系建设内容进行座谈，提出房山区隐患排查治理体系建设已形成联动机制，下一步要加大培训力度，发挥好安全员优势，做好隐患排查治理体系、标准化、信息化和

SCORE项目融合。

（张　建）

【“一企一标准、一岗一清单”编制】 至9月底，房山区安全监管局按《房山区关于开展2018年度隐患排查治理“一企一标准、一岗一清单”编制工作实施方案》，推进“一企一标准、一岗一清单”编制。全区200家三级标准化企业和400家小微岗位达标重点监管企业，全部完成清单编制，并将岗位清单录入房山区企业安全生产管理平台，清单编制完成率和系统录入率达100%。

（刘金寰）

【全国隐患排查治理体系培训】 11月26日至29日，房山区安全监管局参加应急管理部在贵州遵义市举办的全国隐患排查治理体系建设培训班。全国23个省市地区安监系统110余人参加。根据会议安排，27日，区安全监管局局长张海生作“抓住主线强化融合持续改进，充分发挥隐患排查治理体系在安全生产工作中的牵动作用”发言。

（张　建）

【隐患排查治理体系建设】 本年，房山区安全监管局推进隐患排查治理体系建设，对企业综合动态评定指标进行精简、整合、调整，按照分值权重进行重新设定，形成10项一级评定要素、36项二级评定要素；将差异化监管推广到25个乡镇（街道）、26个行业部门。推动企业高效便捷应用移动终端开展隐患排查治理，为全区1000家清单试点企业22420个岗位制作二维码标识，开展点对点培训98次。持续推广小微企业简易化排查，在用火用电为基础的13项小微企业隐患排查标准基础上，进一步优化简易化排查内容，并将简易化排查推广到危险化学品票据经营企业，设定5项票据经营企业简易化排查标准，填补危险化学品领域对票据经营企业监管空白。

（张　建）

应急救援

【危险化学品事故应急救援演练】 6月20日，房山区在北京集联石油化工公司举行危险化学品加氢装置事故应急救援演练。市安全监管局相关部门领导，房山区危险化学品应急指挥部各成员单位、各乡镇（街道）和危险化学品生产企业负责人100余人观摩演练。事故模拟加氢装置D-214储罐出口管线连接焊缝处开裂，大量泄漏轻质芳烃油，继而引发人员中毒及火灾，经约30分钟努力，危险化学品泄漏事故得到处置。应急演练活动检验预案科学性、针对性和实用性，检验重大危险源单位应急指挥组织体系在危险化学品事故救援中履行职责和协同配合发挥作用，增强安全意识和专业队伍救援能力。

（李　杰）

【城市安全风险评估现场核查】 8月27日至31日，房山区安委会办公室组织3个行业主管部门、7个乡镇（街道）、9组劳保所帮扶专家开展2018年房山区城市安全风险评估现场核查。对全区25家生产经营单位风险云服务系统填报情况和现场进行核查，25家生产经营单位在原来填报基础上核增风险源740条，核增风险类别151条，企业核增平面图15张，并全部完成风险源标注。开展应急能力评估，指导25家生产经营单位对风险评估报告进行编制、修改，核增应急专家8人，核增应急装备43类、2578件，核增应急物资32类、1117件。

（郭玉茹）

【2018年防汛工作】 本年，房山区安全监管局为确保各危险化学品生产经营、烟花爆竹经营（批发）、工业等企业安全度汛，制定《2018年防汛工作方案》，成立防汛指挥部，明确各部门工作职责，开展应对各类汛情预警响应，按照相关专项应急预案开展应急救援。对汛期安全生产做出部署，开展汛期安全检查，推动企业主体责任落实，做好汛期事故预防。特别是加强对辖区内危险化学品生产经营等企业检查，限期整改，对问题严重的坚决责令停产整顿。

（宿晓彤）

【全面落实城市安全风险评估】 本年，房山区安全监管局启动安全风险评估，落实风险分级管控措施，制定并印发《房山区城市安全风险评估试点工作方案》《房山区城市安全风险管控办法》，对风险评估试点提出总体要求。聘请市劳保所帮扶专家“一对一”指导生产经营单位，开展安全风险评估。对涉及的16个行业710家生产经营单位风险云服务系统填报情况和现场进行核查，安全风险云服务系统填报率达100%。上报18832个风险源，其中低风险源6093个，一般风险源12167个，较大风险源507个，重大风险源65个，制定风险管控措施51218项。编制形成《北京市房山区城市安全风险评估项目成果材料汇编》，以区政府名义上报市安委会办公室。

（韩学军）

【编制重大危险源企业应急预案】 本年，房山区安全监管局委托中国安全生产科学研究院编制房山区政府与重大危险源企业“一对一”应急预案。10月中旬，由中国安全生产科学研究院编制专家、区安全监管局相关科室执法人员组成联合调研组，对全区重大危险源企业进行现场调研，重点了解企业应急管理、周边相邻企业等情况。至12月，完成全区重大危险源企业“一对一”应急预案编制。

（李　杰）

执法监察

【冬季冰雪运动专项执法】 1月17日起，房山区安全监管局开展历时20天的以“除隐患、护平安、保安全”为主题冬季冰雪运动专项执法，出动执法人员63人次，涉及8个乡镇（街道）、13家冰雪运动经营场所，查出各类安全隐患41项、下达执法文书、现场检查记录13份，限期整改指令4份，消除安全隐患。

（梁　冲）

【“中非论坛”安全生产保障】 8月13日至9月4日，房山区安全监管局加强“中非论坛”安全生产保障，合理部署，制定检查方案；成立峰会安全生产保障工作领导小组，制定《2018年中非合作论坛北京峰会安全生产保障工作方案》；对危险化学品生产经营单位、工业企业、建筑施工、人员密集场所、地下有限空间和职业卫生等重点行业领域、重点企业开展社会面执法检查；对发现问题和隐患，严格督促相关单位及时整改到位；严格执行各项应急值守规章制度，强化基础管理，坚持24小时领导带班值班。

（韩东倩）

【安全生产巡查员培训】 11月14日至15日，房山区安全监管局举办2018年安全生产巡查员岗前培训班，对拱辰街道等8个乡镇（街道）行政村（社区）安全生产巡查员414人进行培训，聘请安全专家现场授课，针对各类生产经营单位情况，采用安全隐患照片形式，提高学员在检查中解决实际问题能力。培训结束，区安全监管局统一组织考核。

（韩东倩）

【专职安全员队伍建设调研】 本年，房山区安全监管局聘请北京理工大学教授专家组，开展专职安全员队伍建设研究。专家组对全区专职安全员356人进行调研，发放问卷286份，有效问卷259份。通过“一对一”、集体访谈等方式，历时6个月完成《房山区专职安全员队伍建设调研报告》，全面检验各项管理制度可行性，通过数据衡量专职安全员工作能力与岗位职责匹配度，任务、工资结构与奖惩机制合理性，并针对问题提出意见，为专职安全员队伍建设提供经验。

（李玉强）

【专职安全员教育培训与创建】 本年，房山区安全监管局对专职安全员340人，分6批进行脱产教育培训。在乡镇（街道）安全生产检查队规范化创建100%达标基础上，继续开展职能部门安全生产督查检查队创建，全区19个职能部门安全生产督查检查队规范化创建100%达标。

（李玉强）

【六个重点行业领域专项检查】 本年，房山区安全监管局组织烟花爆竹、冰雪运动场所、水务建设工程、电力施工工程、有限空间、打击假冒特种作业操作证等重点行业领域专项执法检查。检查生产经营单位1647家次，下达责令限期整改指令书700份，查出各类安全隐患2339项；作出行政处罚250件，罚款362.57万元；保障重要节点、重大活动安全稳定，实现“两会”“中非论坛”期间安全稳定。逐步探索大型活动安保长效机制，规范安保流程，完成2018年西山民俗文化节、国际长走大会等11项大型活动安全生产保障任务。

（韩东倩）

职业卫生监督检查

【职业病防护设施“三同时”核查】 3月至6月，房山区安全监管局开展建设项目职业病防护设施“三同时”核查。依据市安全监管局反馈“房山区建设项目数据库”，对全区2017年立项、可能存在职业危害的22家企业进行核查。由专家全程陪同，对各企业项目现场进行实地查看，了解企业新建项目工艺流程，结合实际对项目涉及职业病防护设施“三同时”进行判断。通过核查，6家企业新建项目存在职业危害，区安全监管局责令各单位按照规定完善“三同时”相关资料。至6月13日，全区22家企业完成核查。

（张明人）

【职业病防治法律法规宣传】 4月28日，房山区安全监管局联合区卫生计生委、卫生监督所、疾病预防控制中心，在拱辰街道昊天广场对职业病防治法律法规及相关知识进行宣传。活动教育群众1000余人，下发各类宣传材料4000份，提升企业和群众对职业病防治认知度、关注度。

（杨雪峰）

【举办有限空间作业大比武活动】 9月21日，房山区安全监管局开展2018年房山区有限空间作业大比武活动，全区10支参赛队，参赛人员50人参加理论考试。9月27日，举办大比武实操比赛。区安全监管局要求，在有限空间作业中，要高标准、严要求，保障作业人员生命安全；各作业队要将大比武活动中所看、所学知识运用到工作中，提升自身业务技能；完善设备，进一步查漏补缺。

（张明人）

【职业卫生安全管理培训】 10 月 29 日至 11 月 1 日，房山区安全监管局开展职业卫生安全管理培训，546 家存在职业危害单位主要负责人和职业卫生安全管理人员 1200 人参加。培训邀请安全生产、职业健康专家授课，对《安全生产法》《职业病防治法》《职业卫生监管实务》等进行讲解。针对企业日常职业健康管理存在问题，结合实例对企业做好员工健康培训、管理、防护措施、管理制度和档案等方面做讲解。通过培训并考试合格，获区安全监管局颁发企业负责人和安管人员安全任职资格证书。

（刘亚非）

【“职业健康执法年”检查】 本年是“职业健康监督执法年”，房山区安全监管局结合职业卫生监管实际，印发活动方案，明确目标、执法范围和重点内容。整合执法和技术资源，借助职业卫生专家力量，发挥专职安全员基层安全检查作用，对存在职业危害因素重点行业、企业，开展 100% 全覆盖执法检查，严肃查处职业卫生违法行为，改善劳动者工作环境，保障劳动者生命安全与健康。

（李艳飞）

宣传培训

【区安全生产专题培训班】 5 月 21 日至 25 日，房山区安委会办公室与区委组织部举办房山区安全生产专题培训班。各乡镇（街道）、相关区直部门主管领导 56 人在房山区会议中心参加培训。培训围绕落实主体责任、强化政府监管、生产安全事故典型案例分析、安全生产法理解与务实等方面展开，采用集中授课、案例教学等形式，提高学员分析、处理问题能力。

（刘亚非）

【生产经营单位人员培训】 5 月，房山区安全监管局进行生产经营单位主要负责人和安全管理人员培训准备。8 月至 10 月底，18 个乡镇（街道）、1463 家生产经营单位、2926 人参加大培训，超额完成任务，并全部通过考试。培训由安全生产培训技术服务机构提供并配备身份证识别、虹膜签到设备和摄像头，场地配置屏蔽设备，对培训过程进行全方位录像，确保组织严格。

（刘亚非）

【安全生产月“咨询日”活动】 6 月 16 日，房山区分别在拱辰街道昊天广场、燕山文化广场开展以“生命至上，安全发展，营造安全环境”为主题安全生产月“咨询日”活动。区委书记陈清，区委常委、副区长刘兵，区政协党组书记、主席张祝华到拱辰街道主会场参加安全文化展示，并到拱辰街道调研“落实监管责任”区直单位，“安全生产展示一条街”发放安全生产宣传品。区委副书记、区长郭延红，燕山石化，工委领导及各区直单位主要领导，观看安全生产警示教育微电影；参观各单位举办的知识宣传活动，参观群众性安全节目演出，参加安全生产文化书法、漫画展，并发放安全生产宣传品。全区 25 个乡镇（街道）、30 个安委会成员单位及驻区中央和市属等大型企业结合自身实际，运用悬挂标语、图板展览、发放宣传材料、设立咨询台等形式，开展内容丰富、形式多样、特色鲜明的安全生产宣传活动，吸引群众观看宣传展板、领取宣传材料和咨询安全问题。咨询日当天，全区17420人参加活动，悬挂安全标语、安全宣传画3500条，发放各类宣传资料134810份。

（刘亚非）

【安全生产宣传教育“七进”活动】 6月，是全国第17个“安全生产月”，围绕“七进”活动以“安全生产月”为契机，开展丰富多彩的活动。在企业、公共场所、社区等重点部位，加强用电用气、燃气安全等内容宣传，通过张贴宣传活动标语、发放宣传资料，联合区农委开展“进农村”活动，组织宣传活动405家次，出动工作人员800余人次。

（刘亚非）

【启动安全社区创建】 8月30日，房山区长沟镇政府召开创建安全社区启动仪式，这是房山区创建安全社区首个启动仪式。市安全监管局部门领导、区安全监管局和长沟镇政府领导及重点企业负责人参加。长沟镇通过创建安全社区引进安全社区管理理念，提升长沟镇整体安全，为打造“国家特色基金小镇”创造良好安全环境。区安全监管局要求，要广泛宣传教育，营造浓烈创建氛围；真正做到跨界合作、整合资源、部门联动，利用现有资源并加以整合，防止出现“单打一”现象；专家在创建安全社区诊断阶段，对16个安全领域进行排查诊断，提交安全形势分析报告；根据安全形势分析报告，按照群众需求呼声高低、隐患轻重缓急顺序，对各类隐患做成促进项目，逐步消除隐患。

（孙　帅）

法制建设

【强化执法监督提高执法水平】 本年，房山区安全监管局审核执法案卷741件次，做出处罚247件，罚款372.57万元。按照市、区两级案卷评查要求，上报行政处罚案卷11件，其中市安全监管局9件，房山区2件。在市安全监管系统行政处罚案卷评查中，取得9件案卷均为优秀卷，其中2件满分卷的成绩。

（张春芳）

【领导干部学法用法规范化】 本年，房山区安全监管局制定《房山安全监管系统领导干部学法用法实施方案》，对局党组成员、局机关工作人员，各乡镇（街道）安全生产主管领导、专职安全员学法用法方案，包括组织形式、参加人员、培训内容和时间、责任科室等内容，包含4个专题48期培训。

（张春芳）

【完成投诉举报的受理工作】 本年，房山区安全监管局落实《房山区安全生产监督管理局“12345”诉求事项办理工作制度》，提高群众诉求按期办结率、解决率、反馈率和群众满意率。全年，接收“12345”诉求事项46项，其中不属区安全监管局管辖回退20项，受理26项，均办结并按规定进行反馈。

（张春芳）

科技与信息化

【总局专家组调研房山SCORE项目】 1月23日，国家安全监管总局及标准化专家组一行10人，调研企业可持续发展（SCORE）项目房山试点工作，听取区安全监管局企业可持续发展（SCORE）项目半年来情况汇报，围绕SCORE项目与安全生产标准化创建、隐患排查治理体系建设及安全生产信息化应用间关系进行讨论。会后，标准化专家组到试点企业北京冠华东方玻璃有限公司、北京奥祥通风有限责任公司进行实地调研，听取企业开展可持续发展项目情况汇报。专家组指出，要深化标准化创建与企业可持续发展（SCROE）项目探讨和研究，借鉴SCORE可持续发展理念，丰富标准化创建内容，促进融合，建立企业自主式安全管理机制，使标准化工作成为引领安全生产有力抓手。

（李保春）

【中国网专访房山区SCORE项目】 3月22日，中国网安监频道记者就房山区企业可持续发展（SCORE）项目开展情况，围绕“SCORE项目的魅力在哪里”课题，对房山区安全监管局领导进行专访。区安全监管局领导从SCORE项目选择房山区作为试点，与全区安全生产深度融合，形成与安全生产标准化创建、隐患排查治理体系建设、安全生产信息化应用“四位一体”总体建设思路；建立企业自主式安全管理机制，落实企业安全生产主体责任，创新政府安全监管理念和方法，探索政府对企业安全管理进行有效指导与服务新型模式等方面，及通过SCORE建设试点企业取得实效和下一步措施、任务等进行介绍。

（郝　维）

【全国安全发展示范城市会议】 5月15日，应急管理部组织北京市房山区、浙江省杭州市、广东省深圳市、安徽省合肥市、四川省成都市、福建省泉州市六个省（市）安全监管局召开安全发展示范城市座谈交流会，应急管理部副部长孙华山出席会议。房山区安全监管局局长张海生围绕房山区首都安全发展示范区创建、安全生产信息化建设、公共安全应急管理等方面，作“创新安全工作思路，持续推进‘智慧＋安全’助力首都安全发展示范城市‘一区一城’新房山建设”主题汇报。

（张　建）

【SCORE项目合作伙伴能力建设培训】 5月15日至16日，应急管理部、国际劳工组织在杭州召开企业可持续发展（SCORE）项目合作伙伴能力建设培训研讨会，房山区安全监管局、浙江省安全监管局、浙江交投集团等参加会议。会议采取全体头脑风暴互动式参与形式，区安全监管局代表房山区回顾在SCORE项目历程，分享房山区在SCORE项目中典型案例。区安全监管局表示，通过对项目执行中的挑战与机遇、项目实施方案和计划及SCORE项目对企业矩阵变革讨论，房山区将汲取全国优秀地区先进经验，转变思路，加快推进咨询师、内训师本土化进程，在以SCORE项目更好服务于安全生产同时，进一步探索SCORE项目未来与应急管理融合。

（王立菲）

【区领导调研SCORE项目试点企业】 6月7日，房山区委常委、副区长刘兵到房山区企业可持续发展（SCORE）项目试点企业——北京航天奥祥通风科技有限公司进行调研，区安全监管局、窦店镇武装部、高端基地管委会等领导参加调研。调研组听取区安全监管局扎实推进SCORE项目试点、有效落实企业安全生产四位一体建设汇报，北京航天奥祥通风科技有限公司企业可持续发展（SCORE）项目开展情况汇报，在生产车间了解开展SCORE项目建设实行措施和办法及SCORE取得实效。

（郝　维）

【应急管理部领导调研 SCORE 项目】 11 月 7 日，应急管理部相关部门领导一行 3 人到房山区试点企业调研 SCORE 项目开展情况，区安全监管局参加调研。调研组先后到北京大华天坛服装有限公司分公司、北京冠华东方玻璃科技有限公司，对企业可持续发展（SCORE）项目开展情况进行调研。实地查看试点企业现场创建，听取企业介绍，并与 EIT 小组成员进行座谈，了解试点企业开展情况及项目进展存在问题。调研组对两家试点企业开展情况给予肯定并要求，坚持持续开展；推进项目深入开展；借鉴国际化企业先进管理理念，采取分享、交流等形式，共享好安全管理体系和方法，提升各企业管理水平。

（张 建）

【企业安全生产状态综合动态评定】 本年，房山区安全监管局建立企业综合动态评定运行机制。对生产经营单位安全生产状态实施动态评定和分级，将生产经营单位安全生产状态分为“良好”“正常”“提醒”“警示”四个等级，并在信息系统中分别对应绿、蓝、黄、红四种监管色。区安全监管局根据分级评定结果，结合各监管部门职责范围要求，通过系统平台提示各部门及各乡镇（阶段）开展差异化监管、精准化执法。在开展差异化监督管理中，针对不同风险等级企业、不同类型企业设定不同检查频次，重点检查未开展隐患排查企业、排查零隐患企业和评定为“警示”级企业。为提高差异化监督管理成效，区安委会办公室将差异化监督管理情况，纳入安全生产综合考核。

（刘 爽）

标准化建设

【超额完成标准化创建】 本年，房山区安全监管局依据市安全监管局《关于印发2018 年度安全生产标准化创建任务的通知》，全年房山区标准化创建任务数为 100 家。至年底，2384 家企业正在开展标准化创建，其中三级 250 家，小微企业岗位达标 2134 家，超额完成创建任务。

（杨文龙）

通 州 区

概 述

2018 年，通州区安全生产工作以全面落实市政府下达安全生产目标责任书为主线，深入推进安全生产领域改革发展和重点行业领域整治攻坚，全区安全生产形势持续保持稳定。

完成安全生产重点任务，全区 486 家企业完成标准化达标，完成年度总任务 194%；在全市率先完成 100 家“一企一标准、一岗一清单”编制；新增安责险投保企业 2945 家，完成年度总任务的 140%；提前完成 9 家加油站贯标改造；各类生产安全事故死亡人数下降 18%（市目标值 5%），未发生较大以上事故和社会影响大事故；市委市政府对通州区 2017 年安全生产督察反馈问题整改落实率达 100%；主动将区职能部门安全生产督查检查队规范化建设“达标率70%”提高至90%，复评达标率100%。全市区级职能部门安全生产督查检查队规范化建设示范区现场会在通州区召开，将“通州模式”在全市推广。

夯实安全生产监管保障能力建设，深化城市安全风险评估，完成全区575家重点行业领域企业风险源辨识，绘制安全风险地图，制定安全风险管控办法，督促各行业企业建立安全风险管理档案。提升安全生产应急处突能力，指导区属相关部门编制重大安全风险源企业“一对一”安全事故应急预案，组建应急专家组，全年组织应急演练130余次，推动建立跨区域应急联动模式。推进隐患排查治理体系建设，突出9个重点行业领域，启动城市安全隐患治理三年行动，年内211项区级挂账隐患全部完成整改销账。

护航副中心建设安全稳定，区委、区政府领导班子成员坚持以上率下，以“四不两直”方式，对安全生产开展多轮次督导检查。区安委会着眼形势任务，部署一系列专项治理和联合执法行动。重要节日和重点时期，及时启动安全生产保障行动，完成重大活动、重点时期安全生产保障任务。推进“街乡吹哨、部门报到”工作，作为全年1号重点工程，高位统筹推进，建立“吹哨—接哨—驰援”链条式响应机制，遴选17名骨干执法力量，分8个联勤执法小组，第一时间下沉基层。积极应哨参与综合执法51次，出动执法人员102人次，消除各类隐患107项。统筹全局力量主动驰援，以日夜连查模式，实施为期一个月“迎接市级机关搬迁入驻，打好打赢安全生产保卫战”专项行动。

加强安全生产基层基础建设，提高安普数据更新和企业台账管理水平，完成十五个乡镇街道及文化旅游区抽查，并出台《2018年通州区企业台账数据分析报告》。在全市抽查中，台账系统数据准确率97.78%，位于第一。全面运行市安全生产行政执法系统，实现“执法过程可记录、结果可溯源、成果可展现、数据可共享”。依托安全生产条件普查动态更新和企业台账信息系统，开展大数据可视化分析平台建设，发挥安全生产大数据在“双随机”执法、定向执法、精细化执法方面支撑作用。巩固安全生产社会共治格局，自觉接受人大、政协对安全生产法律监督和民主监督。开展“安全文化节”等宣传教育品牌活动，举办第十三届安全文化节和全国重大工程安全管理创新与事故防范经验交流会，稳步推进安全社区创建，其中中仓街道安全社区被列入市级安全社区建设库。

综合监管

【国务院安委会现场考核】 1月10日，国务院安委会第15考核组对通州区2017年安全生产进行现场考核。考核组查阅通州区安全生产有关档案资料，听取区政府安全生产汇报，并随机抽取交通运输、建筑施工、危险化学品、涉爆粉尘和机械加工领域重点企业进行实地抽检，重点从安全生产管理制度、职业健康管理制度、全员安全生产责任制度等方面，进行检查。考核组肯定通州区安全生产工作，并对副中心安全生产提出宝贵意见和建议。

（张恒岩）

【安全生产工作总结部署会】 3月1日，通州区政府召开2018年安全生产暨消防安全工作会议。通州区安委会成员单位、乡镇街道负责人，部分专职安全员和2017年度“金安企业”负责人参加会议。会议总结2017年安全生产工作，分析存在问题和面临形势，安排部署2018年安全生产工作任务。表彰2017年安全生产先进单位、“金安企业”和安全生产先进个人、优秀专职安全员。区委副书记、区长张力兵要求，各部门、各单位要扎实做好2018年重点工作，推动安全生产工作再上新台阶。

（张恒岩）

【国务院安委办专项督导】 3月8日，国务院安委办第8督导组对通州区安全生产进行专项督导，查阅通州区安全生产有关档案资料，听取区政府安全生产汇报，重点检查落实全国“两会”期间安全防范责任措施、重点行业领域专项整治、2017年全国安全生产大检查发现问题隐患整改落实等内容。督导组就通州区专项治理力度大，隐患排查效果实等给予肯定。

（张恒岩）

【安全生产工作会】 4月12日，通州区政府在通州会议中心三层政府常务会议室，召开通州区安全生产工作会。区安全监管局通报市委市政府安全生产第十三督察组反馈问题整改落实情况，并解读市政府与区政府签订2018年安全生产目标责任书重点任务；部分部门和单位就重点隐患治理、执法检查情况，进行交流发言；副区长张德启要求各部门、各单位，扎实推进城市安全隐患治理三年行动等重点任务。

（张恒岩）

【夏季安全生产工作会】 6月29日，通州区政府在通州会议中心三层政府常务会议室，召开通州区安全生产工作会。分析夏季安全生产突出问题及薄弱环节，区安全监管局部署夏季高温及汛期安全生产工作，部分部门和单位就近期安全生产工作进行交流发言；副区长张德启就做好汛期安全生产工作，迎检市委市政府安全生产督察“回头看”等工作提出要求。

（张恒岩）

【四季度安全生产工作会】 9月27日，通州区政府在通州会议中心三层政府常务会议室，召开通州区安全生产工作会。分析全区安全生产中存在的突出问题及薄弱环节，重点部署城市安全隐患治理三年行动及下一阶段安全生产工作。副区长张德启要求各部门、各单位加强国庆期间安全生产工作，做好市委市政府安全生产督察“回头看”迎检。

（张恒岩）

【市督察组“回头看”检查】 10月22日至23日，市安全生产督察“回头看”第九督察组对通州区2017年安全生产督察反馈意见整改情况进行检查。督察组听取通州区2017年市委市政府安全生产督察发现问题隐患整改汇报，查阅通州区整改档案资料，重点对相关行业部门、属地政府、企业整改落实情况，进行实地检查。督察组反馈涉及政府部门225项问题和涉及企业198项问题隐患，通州区在规定时限内整改完毕，督察期间受理31件举报投诉案件，全部按时核查处理完毕，问题整改率100%，并如期向市政府报送整改报告。督察组对2017年安全生产督察反馈意见整改情况给予肯定，并就进一步做好副中心安全生产工作，提出意见和建议。

（张恒岩）

【岁末年初安全生产工作会】 11月22日，通州区政府在通州会议中心三层政府常务会议室，召开通州区安全生产工作会议。分析岁末年初安全生产工作形势严峻性、复杂性，区安全监管局通报安全生产目标责任书和隐患治理三年行动进展情况，区住建委、交通局、梨园镇、西集镇、玉桥街道汇报隐患治理三年行动进展及岁末年初重点工作安排和措施。副区长张德启要求各部门、各单位把隐患治理三年行动引向深入，并采取有力措施抓好岁末年初各项工作。

（张恒岩）

【生产安全事故】 本年，通州区共发生各类生产安全死亡事故 49 起，死亡 50 人。其中道路交通事故 43 起，死亡 44 人；工贸行业生产安全事故 5 起，死亡 5 人；铁路交通事故 1 起，死亡 1 人；未发生生产经营性火灾和农业机械死亡事故。

（张恒岩）

【安全生产督查检查队规范化建设】 本年，通州区 19 家职能部门安全生产督查检查队通过市安全监管局规范化建设终评验收，超额完成规范化建设达标率 90％任务目标。

（庄　威）

【村（社区）安全体系建设】 本年，通州区各行政村和社区均成立村（社区）安全工作领导小组，建立安全巡查员队伍。全区 15 个乡镇、街道 459 个行政村、132 个社区，配备安全生产巡查员 1217 人，其中专职 234 人，兼职 983 人。同时，完成全区巡查员工作证更换发放，实现统一持证上岗。

（庄　威）

【安全生产条件普查数据】 本年，通州区安全监管局做好重点区域内企业安全生产跟踪式管理，确保企业台账新、准、全。对全区 1.6 万余家企业单位按照不低于 10％抽检比例进行抽检验收，完成 16 个乡镇街道安全普查抽查。全年，全市企业台账系统运行情况及企业台账数据抽查中，通州区不仅在系统平稳运行、数据动态更新、企业信息完整性、及时审核情况四项指标中均超过全市平均水平，且在市安全监管局抽查中，以台账系统数据准确率 97.78％成绩，位于全市第一。

（步　凡）

【“安责险”工作】 本年，通州区安全监管局进一步提升服务水平和能力，合理划分保险公司服务区域，召开通州区安责险试点工作动员部署会。年内，有 2964 家生产经营单位投保“安责险”，企业年参保率达 19.97％。

（张恒岩）

【安全生产标准化】 本年，通州区安全监管局开展工贸行业安全生产标准化建设。全年，有 486 家企业完成安全生产标准化三级达标和岗位达标，其中三级达标企业 150 家，岗位达标企业 286 家。

（张　伟）

【安全生产举报投诉】 本年，通州区安全隐患和安全生产违法行为举报中心接到群众举报投诉 93 件。全年，受理 93 件举报投诉中，办结 93 件，办结率 100％，且均将查处情况向实名举报人回复，满意率 100％。

（张恒岩）

危险化学品安全监管

【易制毒化学品专项检查】 1 月至 3 月，通州区安全监管局对全区易制毒化学品企业开展产品流向登记、定期上报易制毒进销产品季报和年报、建立易制毒化学品台账等情况开展检查，检查企业 5 家，排查整改安全隐患14项，下达行政执法文书10份。

（辛晋峰）

【“两会”期间安全检查】 2月至3月，通州区安全监管局对全区加油站、油库、涉氨企业和重大危险源企业进行执法检查，督促落实全国“两会”期间安全保障人防、技防和物防措施，确保危险化学品企业各类重点装置、设施监测、报警和紧急切断装置运行可靠。全国“两会”期间，检查企业20家，处理隐患84处，处罚2家。

（辛晋峰）

【危化品违法专项行动】 3月至12月，通州区安全监管局牵头区相关部门，在全区开展危险化学品领域“打非”专项行动。采取“四不两直”、明察暗访、突击夜查等方式，对全区城乡结合部、工业大院、已退出企业厂房等重点区域，进行逐一排查。针对发现违法违规行为，按照“四个一律”要求坚决予以查处。全年，查处违法行为15起，其中联合市、区公安部门，查缴各类违法化学品2000余箱，化学试剂200余种。

（辛晋峰）

【防高温和防汛隐患排查】 5月至9月，通州区安全监管局结合夏季高温和汛期特点，对全区加油站、油库和重大危险源企业开展防高温和防汛安全隐患排查，督促企业落实高温和汛期防范措施，制定高温和汛期预警条件下事故应急预案，严防在极端天气条件下安全事故发生，检查企业104家/次，排查隐患112处。

（辛晋峰）

【危险化学品企业风险评估】 6月至9月，通州区安全监管局按照市安全监管局统一部署，投入专项资金聘请第三方机构，对全区96个加油站、1个油库危险化学品重点工艺装置、高风险设备设施和作业场所进行风险评估，出具风险评估报告，并督促已完成风险评估企业，按时限和要求完成网上在线风险评估填报，完成全区重点企业风险评估。

（辛晋峰）

【重点企业自动化设施检查】 7月至9月，通州区安全监管局对全区危险化学品重点企业紧急切断、停车、监测报警、安全防护等自动化装置设备开展执法检查，督促存在问题企业，限期完成隐患整改，并按照要求向属地乡镇、街道安全科上报本企业隐患整改情况，保证各类自动化控制和监测报警装置良好运行。

（辛晋峰）

【中非论坛北京峰会安保】 8月至9月，通州区安全监管局对全区加油站、油库、涉氨企业和重大危险源企业，落实“中非合作论坛北京峰会”期间，各项安全保障措施情况开展执法检查，督促企业落实论坛期间领导带班值守制度，做好应急救援力量备勤，并配合各乡镇、街道做好对辖区危险化学品重点企业巡查、看护。共检查企业82家，处理隐患93处，处罚9家。

（辛晋峰）

【标准化三级达标复评】 9月至12月，通州区安全监管局组织全区涉及安全标准化评审企业，进行自评人员培训，通过聘请第三方评审机构协助指导各企业，按照标准化要求对本企业问题和隐患进行整改治理。随后，市级评审机构对企业标准化达标情况进行审查。至12月30日，全区加油站和油库全部完成标准化三级达标复评。

（辛晋峰）

【危化品领域安全大检查】 12月，通州区安委会办公室牵头区相关部门，对全区涉危企业、场所和装置设施开展隐患排查，重点对涉氨、城镇燃气、医院、高校、餐饮、公交场站、重大危险源企业，开展安全隐患大清理、大排查、大整治，共检查单位 314 家/次，发现隐患 645 处，处罚 11 家，罚款 21.2 万元。

（辛晋峰）

【加强危化品行政许可管控】 本年，通州区安全监管局在 2016 年至 2017 年主动消减 5 家危险化学品生产企业和 60 家危险化学品经营企业基础上，通过许可措施，再次调整退出 32 家危险化学品经营（无储存）企业，消减危险化学品重点品种 28 项，并根据副中心建设发展规划要求，明确不再新增许可危险化学品企业。

（辛晋峰）

【危险化学品企业执法检查】 本年，通州区安全监管局检查危险化学品企业 474 家/次，发现各类安全隐患 482 处，下达各类执法文书 1926 份，行政处罚 32 家，罚款 60.3 万元。

（辛晋峰）

【加油站贯标改造】 本年，通州区安全监管局加大对加油站贯标改造施工现场执法检查力度，督促加油站和施工单位制定施工安全保障方案和应急预案，落实特种风险作业安全保障措施，严防各类安全生产事故发生，并组织第三方评审机构专家，对已完成改造加油站进行现场材料审核验收，全区 90 家加油站全部完成改造。

（辛晋峰）

烟花爆竹安全监管

【重点时段管控】 2 月 14 日至 3 月 2 日，通州区安全监管局组建 6 个烟花爆竹执法小组，对全区 2 个烟花爆竹零售网点和全区危险化学品重点企业进行执法检查。“除夕、初五”等重点销售、燃放时段，突出对烟花爆竹零售网点和加油站、油库、重大危险源企业等危险化学品重点企业进行不间断检查和夜间突击排查。对全区 2 个零售网点加装视频、音频监控装置，抽调专人进行实时监控检查。共检查烟花爆竹零售网点和危险化学品企业 86 家/次，出动执法人员 131 人/次，出动执法车辆 64 车/次，消除隐患 12 处。

（辛晋峰）

【烟花爆竹网点行政许可】 11 月至 12 月，通州区安全监管局对全区烟花爆竹零售直销网点进行登记报名，对申报网点进行审核并统一开展培训考核，严把准入关；联合区公安、交通、消防、市政等部门，完成对全区 2 个零售网点联合审查和许可增项手续等工作。

（辛晋峰）

【配送销售】 本年，烟花爆竹批发单位为通州区零售网点配送烟花爆竹 824 箱，同比（上年 598 箱）上升 27.4%；网点完成销售 824 箱，同比（上年 572 箱），上升 30.5%。

（辛晋峰）

隐患排查治理

【大排查大清理大整治】 4 月至 5 月，通州区政府组织安全隐患大排查大清理大整治挂账隐患“回头看”抽查，先后召开紧急调度会 2 次，部署推进会 3 次，对“回头看”进行部署，明确工作目标、内容和要求。全区各部门、各单位出动执法检查人员15738人次，核查隐患3080项，核查率100%。其中停产停业74家，关闭取缔71家，行政处罚13.5万元，进一步拆除违法建设4.63万平方米。对市级挂账3080项“三合一、多合一”及“高风险密集居住场所”安全隐患全部核查完毕。

（汪泓溢）

【隐患排查治理体系建设】 本年，通州区安全监管局完成100家企业隐患排查治理“一企一标准、一岗一清单”编制。推进安全生产综合管理与服务平台建设，全区安全监管系统执法终端使用率100%。聘请专业服务机构，由专家指导企业开展隐患排查治理。

（雷文龙）

【涉爆粉尘企业专项整治】 本年，通州区安全监管局在前两年治理基础上，持续推进涉爆粉尘企业安全专项整治。全区有3家涉爆粉尘企业已被疏解清退，北京欧陆金鑫木业有限公司在区安全监管局执法人员检查和督促下，投入力量对隐患进行整改；对整改不到位的北京阏阏同创工贸有限公司给予4万元整罚款；上海烟草有限公司北京卷烟厂已按照市级专家建议完成整改，并经市验收组验收合格。

（张　伟）

应急救援

【京津冀应对事故灾难试点】 1月，通州区安全监管局参加天津市安全监管局召开的京津冀协同应对事故灾难第二次联席工作会议，对《通州区关于中国航油津京输油管道生产安全事故应急联动预案》进行研讨。

（羿　琳）

【安全事故应急演练】 7月3日，通州区在北京中油晟德石油销售有限公司开展重大危险源企业“一对一”预案应急演练。由通州区安全监管局、宋庄镇政府联合举办。演练以北京中油晟德石油销售有限公司发现进出油阀门泄漏，并发生火灾为背景，检验各成员单位在爆炸泄漏事故应急响应关键环节协同配合意识，提高全区生产安全事故应急指挥部成员单位，对爆炸泄漏事故应急响应流程及其各自职责认识，提高联合应急处置能力。

（羿　琳）

【京津冀应对事故灾难演练】 10月10日，市安全监管局组织相关单位在通州区召开2018年京津冀协同应对事故灾难桌面推演。演练根据《京津冀协同应对事故灾难试点工作方案》，及2018年计划安排，以中国航油津京输油管道泄漏事故为背景，针对特定事故场景，采取桌面推演形式展开。

（羿　琳）

【有限空间事故应急演练】 11月，通州区安委会办公室主办通州区2018年有限空间作业事故应急救援演练活动，多部门参演。通过演练，明确有关部门应急救援任务，普及有限空间作业事故应急救援知识，掌握有限空间应急救援运行程序和方法，积累应对有限空间作业中毒、窒息等突发情况快速反应、科学处置、高效应对经验。

（杨钦然）

【应急预案备案】 本年，通州区安全监管局要求各乡镇、街道要重视应急预案备案工作，全年有71家生产经营单位进行备案，25家新增生产经营单位进行首次备案。

（羿　琳）

【城市安全风险评估】 本年，通州区安全监管局通过组织领导、召开会议、全员培训、绩效考核等方式，推动通州区城市风险评估。参加“通州区安监局2017年安全生产隐患排查治理专项资金——城市安全风险评估试点工作资金项目绩效评价现场评价会”，考核等级为优秀。区安全监管局以区安委会办公室名义印发《通州区城市安全风险管控办法》，完善安全风险信息数据库。通过对通州区重点企业（96家加油站）安全风险评估及管控效果核查，包括风险源、管理制度、安全生产管控效果等方面，形成通州区重点企业（加油站）安全风险评估及管控效果核查报告。

（羿　琳）

执法监察

【全国“两会”安全保障】 3月，通州区安全监管局组织全区安监力量开展全国“两会”期间安全生产保障。全国“两会期间”，全区安监系统共出动检查人员12142人次，检查单位8664家，发现隐患10114项，已消除5818项，下达责令限期整改指令书3265份，现场处理措施决定书1398份。

（张　伟）

【用电安全专项执法】 6月至8月，通州区安全监管局印发《关于开展生产经营单位电气安全专项执法检查工作实施方案》，在高温、潮湿、多雷雨特殊时期，在全区开展用电安全专项执法工作。共检查企业80家次，下发各类执法文书212份，查处各类安全隐患100余处，对5家存在违法违规行为企业，罚款4万元。

（张　伟）

【打击假冒作业人员执法】 6月至10月，通州区安全监管局印发《关于打击特种作业“持假证上岗、无证上岗”专项执法行动实施方案的通知》，共检查企业25家次，下发各类执法文书75份，对2家存在违法违规行为企业罚款3万元，2名持假证特种作业人员由公安机关行政拘留。

（张　伟）

【安全生产执法检查】 本年，通州区安全监管局依法监督检查生产经营单位1828家次，人均检查量为65.29件，全市排名第5名；共依法查处事故隐患2027处，实际完成事故隐患整改1845处；下达各类行政执法文书6350份，其中下达责令限期整改指令书1044份；依法进行行政处罚320次，其中经济处罚125次，人均处罚量为11.43件，全市排名第6名；执法检查中，共触发职权60项，职权履职率为14.89%，全市排名第2名。

（张　伟）

【重点时期安全检查】 本年，通州区安全监管局在元旦、春节、五一、十一期间，对劳动密集型企业、人员密集场所、建筑施工工地等重点领域开展检查，检查企业46家，下发各类执法文书170份，查处各类安全隐患120余处，对5家存在违法违规行为企业罚款7.3万元。

（张　伟）

【城市副中心建设安全保障】 本年，通州区安全监管局与相关部门配合，有效保障核心区建设安全、稳定。针对核心区建设项目，全年共开展安全生产监督执法检查140家次，发现安全生产隐患258处，下达限期责令改正指令书32份，全部隐患均整改到位。

（张　伟）

【应急管理专项检查】 本年，通州区安全监管局通过查阅生产经营单位台账资料、实地检查、询问等方式，共依法监督检查生产经营单位 214 家，查处事故隐患 96 处，实际完成事故隐患整改 96 处；下达各类行政执法文书 424 份，其中下达责令限期整改指令书 65 份；共处罚 5 家，处罚金额 5 万元。

（羿　琳）

职业卫生监督检查

【职业健康监督检查】 本年，通州区安全监管局开展职业健康监督检查，检查企业 448 家，复查 448 家，下达行政执法文书 1334 份，排查整改安全隐患 465 项，约谈企业负责人 50 余人，对 20 家生产经营单位给予行政处罚，罚款 36.4 万元。开展职业病危害项目申报，432 家企业完成职业病危害网上申报。

（杨钦然）

【职业卫生普查】 本年，通州区安全监管局按照全市“重点行业领域生产经营单位职业病危害普查”部署，制发《北京市通州区重点行业领域生产经营单位职业病危害基本情况普查工作方案》，组织 210 名安全员配合普查机构，对全区 15 个乡镇街道内 3618 家涉及职业危害生产经营单位进行普查，超额完成市安全监管局要求。

（杨钦然）

【职业卫生抽检】 本年，通州区安全监管局对 23 家涉及职业危害用人单位作业场所，进行职业病危害因素抽检，包括检查中存疑复检 17 家，处理投诉举报 1 家，汽车制造业零部件专项整治检测 5 家。

（杨钦然）

宣传培训

【职业病防治法宣传周】 4 月 25 日，通州区安全监管局联合台湖镇政府及区疾病预防控制中心，举办 2018 年《职业病防治法》宣传周启动仪式。宣传周期间，举办研讨会、员工座谈会、知识讲座等 12 次，接受电视、报刊等媒体报道 2 次，发放宣传材料 1.5 万余份，受教育群众 1.1 万余人次。

（杨钦然）

【有限空间作业大比武】 5 月至 8 月，通州区安全监管局从全区选拔出 16 支参赛队，参加有限空间作业大比武活动。通过理论知识与实操考试，北京新城禹潞环保科技有限公司获一等奖；北京新城热力有限公司、北京华油联合燃气开发有限公司马驹桥分公司获二等奖；北京华源志峰给排水管理有限公司、北京悦豪物业管理有限公司、中国联合网络通信有限公司北京市通州区分公司获三等奖。

（杨钦然）

【安全生产月活动】 6 月，通州区安委会办公室以“生命至上，安全发展”为主题，开展一系列宣传教育活动。6 月 16 日，在马驹桥镇利星行（北京）汽车维修服务有限公司设立主会场，开展安全生产咨询日宣传活动。活动现场分为安全生产展板展示区、VR 体验区、消防逃生体验区、救援机器人展示区、宣传品发放区、12350 咨询区等区域，开展安全生产法律法规、燃气安全、安全科普、应急救援、职业健康、安全诚信、安责险等知识宣传。全区各部门、乡镇街道、企业近 3000 人，参与安全生产宣传咨询活动。安全生产月活动期间，悬挂横幅2000条，摆放展板1600块，发放各类宣传资料360种、20万份，受教育人数50万人。

（邢鑫爽）

【“职工技协杯”竞赛】 7月至11月，通州区安全监管局组织街乡专职安全员，参加全市“职工技协杯”职业技能竞赛，经广泛动员、认真组织、层层选拔、脱产集训，赛前强化等方式，通州区参赛8名专职安全员，凭借扎实理论知识和过硬业务技能，取得决赛个人第一名，全市前十名中独占4席；参加决赛8名选手中，有7名进入全市前三十名，通州区获优秀组织奖。

（庄　威）

【专职安全员培训】 7月30日至8月17日，通州区安全监管局组织全区748名区政府职能部门及乡镇街道（园区）安全生产专职安全员，举办3期（每期5天）专题集中封闭培训。培训包括电气安全专业培训、危险化学品安全监管、职业卫生监管、建筑施工安全监管等多类别专项培训，着力培养专业型专职安全员队伍。

（张　哲）

【金牌宣讲员】 7月至12月，通州区安全监管局组织全区专职安全员，开展第四届金牌宣讲员评选活动。从教学态度、教学内容、教学方法、教学能力四个方面，对基层安全生产宣讲员进行评选。最终评选出金牌宣讲员1名，银牌宣讲员2名，铜牌宣讲员3名，优秀宣讲员7名。来自台湖镇的贾永玲荣获金牌宣讲员称号。

（邢鑫爽）

【优秀课件评选】 7月至12月，通州区安全监管局组织全区专职安全员，开展第三届“优秀课件评选”。从教学设计、内容呈现、有效使用三个方面，对参选课件进行评选。获奖优秀课件进行全区推广，实现资源共享。最终评选出一等奖1名，二等奖2名，三等奖3名，优秀奖6名。来自永顺镇王斯斯的《人员密集场所消防安全》荣获一等奖。

（邢鑫爽）

【安全生产执法人员培训】 9月25日至29日，通州区安委会办公室对全区安全生产监察执法人员，进行为期5天封闭培训。培训邀请各领域安全生产专家开展有针对性授课，内容包括安全生产相关法律法规、安全检查知识要点、安全教育培训检查要点等。全区安全监管执法人员、各乡镇街道安监科检查人员77人参加培训。

（邢鑫爽）

【“金安企业”评审】 10月至12月，通州区安全监管局开展第九次安全生产标准化“金安企业”创建。由相关行业领域专家，组成评审工作组进行评审，评出第九批安全生产标准化“金安企业”25家。经公示，在全区安全生产大会上进行表彰。

（张　伟）

【法制宣传日】 12月4日，通州区安全监管局开展“12·4”国家宪法日系列宣传活动。活动现场发放法律科普书籍200余本，普法宣传海报、普法宣传温馨提示信等300余份，宣传品300余份。

（张　哲）

【安全生产大培训】 本年，通州区生产经营单位主要负责人和安全生产管理人员培训，按照“广泛动员、主动协调、跟踪督导”思路，通过认真筹划、属地深入宣传、培训机构严密组织，实现“实名确认到位、培训保障到位、培训延伸到位”，完成年度培训考核。全年，培训任务7516人，实际完成7558人。

（邢鑫爽）

【安全社区创建】 本年，通州区安委会办公室借鉴北苑街道、玉桥街道安全社区创建经验做法，通过积极引导、共建互促等方式，启动梨园镇、于家务乡、永顺镇、潞城镇、新华街道、中仓街道等安全社区创建，提升街乡安全领域管控水平，护航城市副中心建设。中仓街道安全社区创建被列入北京市市级安全社区建设库。

（邢鑫爽）

法制建设

【统筹执法检查】 3月，通州区安全监管局制发《关于印发〈2018年度安全生产监管检查计划〉的通知》，对全年行政执法工作日、其他执法工作日、非执法工作日和监督检查生产经营单位家次等有关数据进行测算。确定全年计划检查670家，其中重点检查单位407家，包括93家危险化学品经营单位、10家爆粉尘生产经营单位、132家涉及职业卫生生产经营单位、4家近三年发生过造成人员死亡生产安全事故的生产经营单位，118家其他应纳入重点检查安排的生产经营单位，列为重点检查单位，并选取50家单位重点检查生产经营单位应急预案备案情况。

（张　哲）

【有关文件清理】 本年，通州区安全监管局对2004年至2017年区安委会、安委会办公室、安全监管局制发文件进行清理，确定保留区安委会、安委会办公室文件95件，区安全监管局文件48件，审查2017年区安全监管局规范性文件88件。

（张　哲）

【案卷评查】 本年，通州区安全监管局制作行政处罚案卷125卷，法制科共审查案卷25卷。在市安全监管局案卷评查中，抽取通州区安全监管局10卷参评案卷，均为优秀卷，其中满分9卷。在区政府法制办案卷评查中，抽取区安全监管局2卷参评案卷，均获得优秀成绩。

（张　哲）

顺　义　区

概　　述

2018年，顺义区以打好安全风险攻坚战，防范安全生产事故为主线，持续推动“四化三体系双基”工作向纵深发展，不断夯实安全生产基础工作，提升基层监管水平，属地管理责任不断加强，行业监管责任得到强化，企业主体责任得到强化，保持执法检查的高压态势，不断健全安全风险分级管控和隐患排查治理双重预防控制机制，开展安全生产宣传教育活动，健全安全生产社会化治理体系。完成国务院安委办“两会”专项督导和市委市政府2017年第六督察组“回头看”迎督工作，确保全国“两会”、中非论坛北京峰会等重大活动期间安全稳定。完成市政府安全生产目标责任书中下达各项任务指标。2018年，全区共发生生产安全死亡事故3起、死亡3人，同比分别下降50%和72.7%，全区安全形势保持平稳。在北京市年度安全生产工作考核中获得优秀并位居三甲，并被市安委会评为“安全生产工作基础管理创新单位”。

综合监管

【2018 年安全生产座谈会】 1 月 17 日，顺义区安全监管局召开 2018 年安全生产座谈会，各镇主管安全生产领导参加会议。部署安全生产隐患大排查大清理大整治专项行动、部署“煤改气”责任落实、通报 2017 年安全生产大检查考评情况、座谈交流 2018 年安全生产工作。会议听取基层对安全生产的体会、意见和建议，并围绕安全生产责任体系完善、企业主体责任落实、双重预防机制建立等进行座谈。要求各单位安全生产结合全区实际，加强合力，综合施策、系统施治，不断完善安全生产责任体系，压紧压实属地管理责任，推进企业主体责任落实到位，构建安全风险辨识分级管控和隐患排查治理双重预防控制体系，加强安全文化体系建设，加强全民、全员教育培训，加强执法队伍建设，提升全区安全生产水平。

（贾　雁）

【区长高朋指导安全生产】 2 月 3 日上午，顺义区区长高朋、副区长郑晓博带领消防、编办、人力社保、财政等部门，赴区安全监管局调研全区安全生产工作并召开座谈会。高朋强调，发挥区安委会办公室统筹谋划、组织协调、推动落实、专业指导作用，提高安全生产质量。强化责任，提高宣传培训针对性和有效性，加强检查，层层抓好安全生产责任制落实。坚持问题导向，针对重点行业、重点领域、重大风险制定专项方案，杜绝重大生产安全事故发生。

（贾　雁）

【检查农村新能源采暖使用】 2 月 13 日，顺义区安全监管局联合区城市管理委、区农委、顺义市政控股、供电公司、燃气公司、李遂镇政府、南法信镇政府对全区农村煤改电及煤改气安全进行检查。先后检查李遂镇李遂村煤改电和南法信镇三家店村煤改气工作。重点检查电力、燃气正常供应情况，巡查人员值班记录，值守人员在岗情况，村民安全采暖、采暖效果和费用负担情况。检查组寻问电力电压能否保障，燃气入户压力，查看燃气报警器正常使用情况。对燃气使用不规范住户进行教育并整改。安监局要求落实主体责任，加强行业、属地、企业值守巡查，应急联动机制保持畅通。对巡查中发现问题及时整改，完善检查记录，对检查中发现隐患进行闭环管理。

（贾　雁）

【居民区自动售水机隐患治理】 3 月 8 日上午，顺义区安全监管局召开专题工作会议，光明、胜利、石园、空港、旺泉、双丰六个街道主管副职和安全科长参加会议。区安全监管局部署开展居民小区室外安装自动售水机潜在用电安全隐患排查，并对隐患排查、治理思路、工作目标作说明，要求各小区对所有投入使用自动售水机逐一进行摸底排查，建立台账，填写统计表，对存在问题线路、插头、漏电断路器等隐患，要求责任单位立即整改，对整改不及时、不彻底单位，将给予行政处罚，对拒不整改的，责令关停并依法追究相关厂商主体责任。

（贾　雁）

【涉爆粉尘企业隐患治理行动】 3月21日，顺义区安委会办公室召开涉爆粉尘企业隐患治理专项行动再动员、再部署工作会，13个行业部门和22个属地安全科科长参加会议。部署粉尘治理任务，要求各行业、属地研究制定涉爆粉尘隐患治理实施方案；持续做好摸底排查更新基础台账；树立5家隐患治理典型企业；存在重大事故隐患且不具备隐患整改条件的涉爆粉尘企业列入疏解退出名单，并督促企业采取风险管控措施。推进涉爆粉尘企业“十项重大事故隐患”整改。要求各行业、属地提高对涉爆粉尘治理专项行动认识，按照“管行业必须管理安全，管业务必须管安全，管生产必须管安全”总要求和属地管理责任原则，高度关注涉爆粉尘安全管理，多措并举按照“十大重点问题及隐患”，按时限、按标准、按要求抓好涉爆粉尘隐患治理。对存在重大隐患和不具备整治条件企业列入疏解退出名单，依照退出不符合首都功能定位一般性制造业政策要求和《顺义区一般性制造业企业疏解退出奖励暂行办法》，按照政策要求执行落实。

（贾　雁）

【在建工地安全检查】 4月1日至4月30日，顺义区安监局联合建委监督站，对重点在建工地进行安全检查。共检查在建工地20家，下达责令改正指令书17份，现场检查记录20份，处罚2家。重点对工地施工现场临时用电、高空作业、电气焊动火作业、工人三级安全教育、劳动防护用品佩戴等进行检查，对存在问题2家施工单位，按照国家法律程序进行立案处罚。对部分存在问题企业约谈企业负责人，督促施工单位在规定时间内消除隐患。

（贾　雁）

【开展在建工程安全检查】 4月12日，区安全监管局联合水务局对全区水务在建施工工程进行安全检查。通过前期与水务局沟通，确定顺义区在建施水务工程项目3处。检查组逐个检查张镇无名河黑臭水体治理、牛栏山再生水厂、牛栏山再生水厂配套管网工程。检查发现，施工现场安全资料不完善、有限空间安全爬梯防护不到位，临时用电使用不符合规范、工人未正确佩戴劳保用品、脚手架使用不规范等安全隐患。针对发现安全隐患，执法人员下达现场检查记录3份，责令限期整改指令书2份，要求企业逐项整改。要求水务局履行行业监管责任，企业落实安全生产主体责任，完善安全资料，加强现场巡视。

（贾　雁）

【检查央企在顺义施工项目】 4月16日至19日，区安全监管局、住建委、消防支队在前期开复工检查基础上，再次组成联合检查组，对在顺义区内施工的中建一局、中建二局、中国新兴等18家中央建筑施工单位进行全覆盖安全生产执法检查。检查组每到一家工地，通报国务院安委会办公室关于广东佛山和湖北黄石两起事故情况。检查发现，部分区内在施央企工地管理较混乱，隐患较多，从业人员“三违”现象较突出。存在从业人员安全生产教育考核未如实记录，未为从业人员提供符合国家标准或者行业标准劳动防护用品，施工现场缺少警示标志，临时用电缺少接零或接地保护，施工机械、基坑、预留洞口、临边防护不当或缺失；应急演练流于形式等问题。针对存在隐患，执法人员下达13份责令限期整改指令书，并对其中6家施工单位违法行为立案处罚。对责令限期整改企业，检查组在整改到期后进行复查，隐患逾期未按要求整改的，给予行政处罚。

（贾　雁）

【企业安全责任落实推进会】 5月11日，顺义区安全监管局组织30个属地安全科长及210家重点工业企业主要负责人，召开企业安全生产主体责任落实工作推进会。对2017年以来全区工业企业安全生产工作进行总结，就企业落实安全生产主体责任、双重预防控制体系建设、重点高风险企业隐患治理、标准化创建提质增效、安全生产责任险投保进行部署。

（贾　雁）

【与企业负责人对话谈心】 6月28日，顺义区安全监管局赴天竺镇与中国航油集团北京石油有限公司、北京同晟水净化有限公司等8家单位负责人对话谈心。7月5日，赴后沙峪镇与北京美驰幕墙装饰工程有限公司、中国民航信息集团有限公司等9家单位负责人和安全管理人员进行对话谈心。听取企业负责人介绍企业基本情况和安全管理情况。要求落实企业主体责任，领导要起主导作用，企业安全要做到“五落实、五到位”。7月4日，赴仁和镇与北京京顺视频有限公司等8家企业负责人进行对话谈心，商讨企业安全生产工作。6月29日，区安全监管局在赵全营镇召开“2018年对话企业谈心”座谈会。北京奥峰铭金属制品有限公司、北京佳运利诚物流公司、北京金启元红木家具有限责任公司等7家企业主要负责人和安全管理人员参加座谈。座谈会播放重大事故案例，结合各单位安全生产情况对企业标准化开展、隐患排查等工作进行交流汇报。7月17日，区安全监管局赴北务镇，与北京富士特锅炉有限公司、北京京东方真空技术有限公司等8家企业负责人对话谈心。

（贾　雁）

【汛期建筑施工安全检查】 8月13日至21日（高温季节和汛期），顺义区安全监管局、区住建委联合对全区15家重点建设项目进行安全生产隐患大检查、大整治。重点检查项目部履职、防汛值班带班、特种作业人员持证上岗、防汛应急救援预案制定及演练、夏季防暑降温措施落实、安全用电、劳动防护用品配备等情况。检查发现，大部分施工单位能落实汛期安全措施，但也存在部分工地管理较混乱，隐患较多，施工人员“三违”现象较突出。主要表现在从业人员安全生产教育考核未如实记录；未为从业人员提供符合国家标准或者行业标准劳动防护用品；施工现场缺少警示标志；临时用电缺少接零或接地保护；基坑、预留洞口、临边防护不当或缺失；应急演练流于形式等方面。针对隐患，执法人员下达15份责令限期整改指令书，并对其中6家施工企业立案处罚。检查组要求，各施工单位强化现场安全管控，开展汛期隐患排查治理。

（贾　雁）

【大型商业消防安全整治】 8月24日，区安全监管局召开全区大型商业综合体消防安全专项整治工作部署会。下发顺义区《大型商业综合体消防安全专项整治工作方案》。要求各单位加强组织领导，明确工作任务，压实工作责任，认真履职，做到抓好落实、抓出成效，提升大型商业综合体火灾防控水平；强化配合协调，形成监管合力，综合施策，强化“一盘棋”治理理念；强化责任追究，压实属地政府、行业部门、经营单位责任；加强信息收集汇总，强化总结反馈。

（贾　雁）

【消防专项整治“回头看”】 10月30日，顺义区安全监管局联合区公安消防支队、区商务委、胜利街道办事处和后沙峪镇政府，对区内隆华购物中心、新世界百货、北京华联生活超市和国门1号全球家居总部基地进行安全隐患专项整治“回头看”检查。重点对消防安全管理、建筑火灾预防、消防设备设施、微型消防站建设、用火用电情况及有限空间等重点领域专项整治进行检查验收。对现场发现问题隐患，专项整治协调小组要求相关企业立行立改、强化落实。通过为期近两个月摸排整治，顺义区大型商业综合体消防安全得到逐步改善，消防安全意识进一步提高。

（贾　雁）

【向区人大代表汇报】 11月27日下午，顺义区安全监管局就全区2018年安全生产情况，向区人大代表进行汇报并听取意见。对全区安全生产重点工作进展、存在问题及2019年安全生产思路进行汇报。区人大代表对全区2018年安全生产取得成效给予肯定，并从加强安全生产执法检查力度、重视重点领域安全生产实效、提高安责险企业投保率及注重宣传载体多元化等方面，对顺义区安全生产提出宝贵意见，并指出安全生产要查真情、办实事，将区委中心工作、政府重点工作和安监局日常工作相结合，把安全生产落到实处。

（贾　雁）

【老旧小区改造安全专题会】 12月10日，顺义区安全监管局召开老旧小区二期项目安全生产专题会议。旺泉街道、石园街道、胜利街道和光明街道分别汇报本辖区内老旧小区改造工程项目名称、工程进度、安全管理措施、安全检查情况、投诉举报及下一步安排等。要求各属地配合顺义区安全生产执法监察大队对辖区内改造工程再次开展全面排查，对每项工程做到底数清、情况明，针对存在问题开展联合执法；针对投诉举报电话及时查处，管控改造过程中安全风险；针对停工项目迅速召开工作调度会，要求各施工单位在停工期排除安全隐患，保障值班留守人员用电、用火及取暖安全要求。

（贾　雁）

【人员密集场所安全检查】 12月10日至12月12日，顺义区安全监管局联合区商务委组成2个检查组，对全区大型商场、超市及餐饮企业开展人员密集场所安全专项检查。检查组先后到北京鑫海韵通商业大楼仁和石园大卖场、北京大年初一餐饮有限公司、北京华联精品超市有限公司等大型商场、超市及餐饮企业进行检查。检查组通过实地检查、听取汇报等方式，重点检查各单位安全生产管理制度建立及落实、突发事件应急预案编制及演练、从业人员安全生产教育培训、隐患排查治理、消防设施配备、安全出口和疏散通道设置等情况。检查组共检查生产经营单位21家，下达执法文书21份，发现隐患14项。针对发现问题，责令各相关单位负责人立即落实整改，消除安全隐患，并要求强化安全生产主体责任落实，牢固树立安全第一的思想；执行领导带班、重点岗位24小时值班制度，落实安全检查制度，建立健全隐患管理台账，固化隐患排查治理工作机制；修订完善应急预案，定期组织员工开展应急演练。

（贾　雁）

【煤改气、电及预防煤气中毒】 12月19

日，顺义区安全监管局先后对南彩镇后俸伯村煤改气和河北村煤改电安全运行情况进行督查。督查组听取南彩镇镇长刘海丰对全镇26个村“两改”（煤改气、煤改电）及预防煤气中毒总体情况汇报，并询问后俸伯村和河北村村委会书记“两改”后各村用户安全使用情况和村委会安全运行保障机制建立情况。督查组又分别深入抽查煤改气、煤改电用户，询问各户使用情况。村民表示，煤改气、煤改电不但节约生活成本，还使室内温度有所升高，对政府为民办实事工程给予高度认可。要求属地政府重视“两改”后，各用户安全运行情况，建立长效机制，确保群众使用安全。与燃气公司建立联合监管机制，做好善后保障，防止村民因自行维修损坏设备，导致发生安全事故。个别仍使用煤取暖用户加强政策引导，加装安全设备设施，预防煤气中毒事故发生。

（贾　雁）

【多部门联合执法消除隐患】 2017年12月，顺义区北京汇成酒业技术开发公司因存在重大安全隐患，退出白酒生产环节，后该企业又擅自恢复白酒生产制造。2018年12月26日，顺义区安全监管局牵头组织区经信委、区工商分局、区环保局、区食药局、区消防支队召开联合执法部署会，通报汇成酒业技术开发公司存在企业工商注册地址与实际不符，属于异地经营；未取得环评批复和环保验收；存在重大消防安全隐患等问题。会后，联合执法检查组立即前往该企业进行现场查处。各职能部门根据自身职责对存在问题下达执法文书，责令其暂时停产停业，停止使用相关设施、设备，查封其违法作业场所。对企业存在问题，进一步立案处理，并将汇成酒业技术开发公司纳入全区“散乱污”企业名单。

（贾　雁）

危险化学品安全监管

【危化行业季度例会】 2月14日，顺义区安全监管局召开危险化学品行业季度例会，区安全监管局、各单位主管副职、危险化学品生产经营单位120人参加会议。传达部署市安监管理局《关于做好2018春节烟花爆竹燃放期间非禁放区内危险化学品生产经营单位安全管理工作的公告》（2018年第1号）及《北京市安全生产监督管理局关于做好2018年春节两会期间危险化学品和烟花爆竹安全防范工作的通知》，通报2017年危险化学品安全生产情况，部署2018年重点工作，并对隐患排查、应急值守、消防安全防控、反恐防恐、禁毒等重点工作进行再部署。

（贾　雁）

【“两会”期间危化企业检查】 3月5日，顺义区安全监管局采取“四不两直”形式，对金刚化工（北京）有限公司进行安全生产检查，听取企业负责人全国“两会”期间安全生产开展情况汇报。通过现场检查，询问企业人员，查阅相关记录等方式，进行现场检查。要求落实企业主体责任，重视全国“两会”期间安全生产，落实领导带班值班，明确值班人员责任要求，在重点时段、重点岗位要加岗增人。确保视频监控系统完好，运转正常，出入登记制度，加强企业日常巡查。企业主要负责人要履行法定职责，督促全员安全生产责任制落实。

（贾　雁）

【夜查危险化学品经营单位】 4月16日晚

上，执法人员赴顺通路中石化张辛加油站、中石油安顺加油站执法检查。经查，两家加油站分别营业到1时和24小时营业，考虑晚上经营安全性，两家加油站至少安排一名男员工带班，从业人员坚守岗位。检查中发现，个别加油车辆未按指示路线行驶，加油岛周边堆放饮料，规章制度与实际情况不符，特别是职业健康管理制度缺乏针对性和可操作性。针对存在问题，执法人员下达责令限期整改指令书，要求两家加油站在规定时间进行整改。

（贾　雁）

【联合检查危化企业反恐】 4月17日，顺义区安全监管局联合区公安部门对顺义油库、中国石化销售有限公司北京顺义顺煤加油站进行反恐检查，通过现场检查、询问企业人员等方式，对企业反恐装备、视频监控及周界报警等进行重点检查，并提出“提高对反恐怖安保工作重要性认识；加强人防、物防、技防工作，尤其对储罐区、加油区、出入口等重要部位要强化安保措施，确保周界报警、视频监控等反恐设施运行良好，及时发现、消除隐患；增强本单位职工反恐防控意识，结合实际加强有针对性教育培训和实战演练；加大对重点时段、重点部位日常巡防，采取措施加强内部安保力量，配置必备灭火、防爆等器材，推进视频监控系统建设，落实专人24小时值守”要求。

（贾　雁）

【危化、医药、化工行业例会】 6月8日，顺义区安全监管局召开危险化学品、医药、化工行业工作例会，区安全监管局主管副职、危险化学品生产经营单位、医药化工单位等145人参加。会上，播放安全生产宣传片，对几起危险化学品重特大事故进行分析，讲解重大生产安全事故隐患判定标准、易制毒、易制爆相关法规等内容，部署摸排风险评估、标准化、贯标改造、消防安全防控、反恐防恐、禁毒等重点工作。区安全监管局要求，各单位树立首都意识和标准，强化企业主体责任。加强高温、大风、雷电天气及汛期安全防护，做好对防雷电、防倾倒、防渗漏等设备设施巡查及检测；汲取事故教训，强化特殊作业管理，按照操作规程作业；强化施工过程管理，加强对施工方及施工现场安全管理人员培训。

（贾　雁）

【危化企业安全检查】 8月22日，顺义区安全监管局对北京北方中油石油销售有限公司、中国石化销售有限公司北京顺义张辛加油站贯标改造施工现场进行安全检查。重点检查单位领导带班应急值守、相关安全管理制度、应急物资配备等情况。检查中，强调企业要做好“中非合作论坛北京峰会”期间安全生产工作，树立底线思维和红线意识，克服麻痹松懈思想和疲劳懈怠情绪。各危化企业要根据实际情况，制订针对性、操作性强工作方案，将责任落实到人，重点环节、重点部位、重点问题务必要细化压实，确保视频监控系统完好，运转正常，出入登记制度，严禁外界无关车辆、人员进入库区和施工现场。

（贾　雁）

【机场周边危化企业检查】 8月23日，顺义区安全监管局赴中国航空油料有限责任公司北京分公司进行安全检查，并现场询问企业人员，查阅相关安全记录。要求增强使命感、责任感，做好重大活动期间安全生产。把安全生产责任压力传导到位、工作落实到位；加强领导，形成合力，做好日常检查、应急值守、隐患排查、教育培训等工作，提升危化企业安全生产整体条件。

（贾　雁）

【危化品、化工、医药企业评估】 11月6日至12日，顺义区安全监管局聘请专家，对危险化学品生产、经营企业及化工、医药企业开展风险评估培训，指导企业根据《危险化学品生产储存企业安全风险评估诊断分级指南（试行）》《北京市危险化学品企业安全风险辨识建议清单（试行）》，结合本单位实际情况，分析及辨识安全风险源、上报应急资源及应急能力，并制定相应安全风险管控措施。

（贾　雁）

【危险化学品安全生产会议】 12月5日上午，顺义区安全生产委员会办公室召开加强危险化学品安全生产工作会议。各镇、街道办事处、经济功能区和负有安全生产监管职责部门科长、专职安全员检查队副队长参加，会议由区安全监管局副局长周靖慧主持。会上，传达“全国危险化学品安全生产专题视频会议”情况，部署为期一个月的全区危险化学品专项整治。

（贾　雁）

【非经营性加油站整治】 12月19日，顺义区安全监管局召开工业企业非经营性加油站专项整治工作推进会，8个镇、街道和经济功能区安全科科长及13家相关企业主要负责人参加。会上，区安全监管局总结前期各企业内部加油站整治情况，提出改造过程中出现问题，并部署下一步隐患治理。各属地介绍各辖区内工业企业非经营性加油站隐患治理进度；企业负责人通过PPT形式汇报内部加油站改造情况。区安全监管局要求，加强对涉及内部加油站企业监管，督促其进行隐患整改，建立协调机制，及时沟通解决治理中问题；各企业要对标自查，建立详实隐患清单及整改措施；各企业按照要求做好现状评价，安全专篇等相关工作，并加强改造中安全管理，建立工程施工安全方案。

（贾　雁）

烟花爆竹安全监管

【烟花爆竹销售】 1月5日，顺义区安全监管局召开2018年烟花爆竹销售安全管理工作会，双丰街道、马坡镇、木林镇、杨镇、牛栏山镇、赵全营镇、张镇、大孙各庄镇、龙湾屯镇等镇、街道安全科科长参加。会议传达《顺义区2018年春节烟花爆竹销售安全管理工作方案》，并在区安全监管局官网主页进行公文公告。1月11日，启动烟花爆竹行政许可工作。会议要求，镇、街道做好2018年春节烟花爆竹销售安全管理，强化春节期间安全生产检查，做好相关信息报送。

（贾　雁）

【烟花爆竹零售网点许可及监管】 1月5日，顺义区安全监管局下发《顺义区2018年春节烟花爆竹销售安全管理工作方案》，在区安全监管局网站上进行公告，并组织相关属地召开2018年烟花爆竹销售安全管理工作会议，传达有关文件。明确网点设置范围，规定禁放区和周边30米内不设置烟花爆竹零售网点。执行市安全监管局各零售网点严禁销售吐珠类、组合类烟花要求。组织烟花爆竹零售网点主要负责人、安全管理人员开展安全生产资质证报名、培训及考核。1月31日，组织区公安、市政市容、交通、城管、消防、园林等部门对辖区内的零售网点进行了安全条件现场审查。经过零售网点申报、审查、审核等程序，2月9日完成了3家烟花爆竹零售经营许可工作。自2月9日至22日，共开展执法检查77家次，累计出动执法检查人员187人次，累计出动执法车辆64车次，共发现存在18项隐患问题，隐患已全部整改。

（刘　琳）

【春节安全检查】 2月20日（正月初五），区安全监管局采取“四不两直”方式，对人员密集场所、加油站及烟花爆竹零售点进行节日安全检查。检查组分为两组，一组到位于顺义区杨镇、龙湾屯北京市熊猫烟花有限公司零售点、中国石化销售有限公司北京顺义顺利龙加油站进行安全生产隐患检查。另一组到顺义区张镇北京京莲体育管理有限公司进行节日安全检查。分别检查后，两组驱车一前往北京顺义水上公园水奥雪世界活动现场，进行节日安全检查。检查组同企业负责人交换意见，要求企业要绷紧安全生产这根弦，落实企业主体责任，把安全生产工作抓细抓实，深入仔细排查各类安全隐患。针对存在问题，执法人员下达现场检查记录，要求单位制定切实可行整改方案，迅速组织整改，消除隐患，确保春节节日安全。

（贾　雁）

隐患排查治理

【风险评估暨安全控制体系】 10月15日，顺义区安全监管局组织各属地及技术服务机构召开阶段汇报会。对近期风险评估工作进行总结，并就下一阶段工作进行部署。

（贾　雁）

【召开隐患排查整治会】 10月30日下午，顺义区安全监管局召开安全生产隐患排查整治工作会议。部署《安全隐患大排查大清理大整治挂账隐患“回头看”排查工作方案》，明确排查整治重点、职责分工及工作安排。要求各属地、行业部门对市级上账2210项“三合一”、高风险群租房消防安全隐患，全面排查，防止反弹；对通报反弹隐患逐一制定方案，落实整改措施。突出对养老院、学校、幼儿园、医院、图书馆、文保单位等重要场所和薄弱环节及农村宅基地出租房安全排查，明确责任，完善措施，严防死守，确保安全。

（贾　雁）

【挂账隐患治理】 本年，顺义区上账477项隐患，位列全市第二，销账率100%，排在全市前列。12月初，顺义区安委会办公室对上账隐患进行抽查，共核查57个隐患点位，未发现隐患未消除和反弹现象。

（贾　雁）

应急救援

【危险源事故应急救援演练】 6月21日，顺义区开展牛栏山酒厂重大危险源“一对一”（白酒原液泄漏）事故应急救援演练。顺义区牛栏山酒厂新厂区位于罐区棚四，23号酒罐出酒管道法兰处泄漏，大量泄漏白酒在储罐围堰内遇引燃物形成流淌火，并向周围扩散。牛栏山酒厂启动Ⅱ级预警（厂区级），组织力量展开救援，依据罐区火灾危害程度、发展情况，判断火灾有超出酒厂控制能力可能，决定启动一级（厂外级）应急响应程序。向集团公司、区安全监管局、牛栏山镇政府和区公安分局消防支队报告。区安全监管局接到报警并核实情况后，向区应急办汇报，请求启动《北京市顺义区人民政府与北京顺鑫农业股份有限公司牛栏山酒厂“一对一”生产安全事故应急预案》，通知区生产安全事故应急指挥部成员单位赶赴现场。区政府有关部门到达现场后，成立现场指挥部，组织各部门开展救援，牛栏山镇政府、区公安分局治安支队组织人员疏散、群众稳定，区公安分局交通支队对周边采取临时交通管制，区气象局监测事故现场或者现场附近的风向、风速、温度等气象情况，区环保局对罐区泄漏事故区域环境监测。区消防支队与牛栏山酒厂专业抢险队配合开展堵漏作业。40 分钟后，演练科目顺利完成。顺义区副区长郑晓博强调，要增强应对突发事件责任感和使命感，始终做到有备无患、防患于未然；强化安全生产应急工作协调机制建设；关口前移，强化风险管控。

（张新颖）

【安全生产处级干部培训】 9 月 10 日至 15 日，顺义区首期安全生产分管处级领导专题培训班开班。全区 19 个镇、6 个街道办事处、5 个经济功能区管委会和主要行业部门分管安全生产工作的 62 名处级领导参加。顺义区委组织部将培训学时纳入处级干部培训学时，区安委会办公室设置课程，聘请教师围绕《习近平新时代安全生产思想》《地方党政领导干部安全生产责任制规定》学习，设置 10 项课程，40 个课时培训，安排 9 次专题讲座和 1 次外出考察学习。9 月 13 日，区安监管理局一行 62 人，附西城区德胜街道进行学习交流，参观考察新外大街 28 号院综合整治项目及学习专职安全员检查队队伍建设情况。期间，还安排晚间自学交流，方便参培人员相互探讨安全生产监管中遇到的问题、解决方式等，并拿出专门时间段集中对专职安全员队伍和安全监管队伍建设进行交流。

（贾　雁）

【顺义区安监干部培训】 9 月 17 日起，顺义区安全监管局连续举办 2 期监管干部脱产培训班，每期 5 天。各镇、街道办事处、经济功能区管委会、行业部门安全科长和监管人员参加培训。区安全监管局领导要求，通过培训要端正学习态度、明确担负职责、掌握工作方法。

（贾　雁）

【危化品事故应急综合演练】 10 月 31 日，顺义区开展金刚化工危险化学品事故应急综合演练。顺义区仁和镇通顺路 51 号，金刚化工（北京）有限公司油性漆储存库房，库房内储存油漆泄漏并起火，企业经初期应急处置未能扑灭火势，向顺义区生产安全应急指挥部请求支援。实战演练分四个环节，即应急疏散与伤员救治、燃烧烟气浓度监测与火灾扑救、相邻厂房与库房保护隔离、现场洗消与恢复。区安全监管局接到报警并核实情况后，向区应急办汇报，请求启动《北京市顺义区危险化学品全事故应急预案》，通知区生产安全事故应急指挥部成员单位赶赴现场。区政府有关部门到达现场后成立现场指挥部，组织各部门开展救援，仁和镇政府、区公安分局治安支队组织周边人员疏散，区公安分局交通支队对周边采取临时交通管制，区气象局监测事故现场或者现场附近风向、风速、温度等气象情况，区环保局对厂区区域环境监测。区消防支队与金刚化工有限公司专业抢险队配合开展救援作业。40 分钟后，演练科目完成。顺义区副区长郑晓博要求，以此次演练活动为契机，总结演练经验，查找存在问题，特别是要把安全事故想得更复杂、更困难，把救援工作想得更细、更实、更具体，从“有备无患”和“强化应急机制”入手，完善应急救援预案，强化事故应急演练，提高应急响应能力，真正建立起一支训练有素、指挥科学、反应迅速、战斗力强的应急处置队伍。应急救援队伍建设要结合安全生产责任体系“五落实五到位”规定，日常工作中要进一步加强安全管理、加强应急救援宣传、培训和教育力度，定期进行安全知识、操作规程、应急救援知识、防灾自救知识教育培训。

（张新颖）

【风险评估试点专家评审会】 11月21日，顺义区召开城市安全风险评估试点工作专家评审会。市应急管理局领导、市劳保所专家、区应急办负责人、顺义区安全监管局及相关属地（行业）主管领导出席会议。会上，区安全监管局介绍城市安全风险评估试点整体情况。区委、区政府领导重视风险评估工作，多次召开会议研究部署，拨专项资金860余万元，在全区开展安全风险评估暨安全预防控制体系建设。风险评估总体分为两个阶段，第一阶段是市局试点范围规定动作，涉及778家企业。第二阶段是自选动作，涉及所有属地和17个行业部门1377家企业。至专家评审会召开，已完成规定动作全部任务内容，第二阶段相关工作近期完成。市劳保所相关专家对顺义区城市安全风险评估报告、应急资源调查报告、应急能力评估报告进行分析总结，就安全风险管控办法、安全风险事故应急联动机制等情况，展开介绍说明，并对顺义区风险评估工作取得成果进行展示。评审组专家在听取顺义区风险评估情况汇报，审阅各类专项报告及相关文件后，对顺义区风险评估工作给予肯定，提出下一步工作意见，给出评审结论，达成会议决议，形成会议纪要。相关属地（行业）主管领导对区风险评估暨安全预防控制体系建设，展开研讨并提出建设性意见建议。区安全监管局对风险评估工作暨安全预防控制体系建设提出意见，要强化风险评估工作，形成科学、规范、系统的安全风险评估体系，健全涵盖风险辨识评估、风险预警预控、重大危险源监控、应急管理等工作闭环管理模式。优化风险防控措施，推进事故预防科学化、信息化、标准化，坚持综合施策，精准、有效管控风险。深化构建双重预防机制，探索完善安全防控体系，建立统一、规范、高效安全风险管控和隐患排查治理双重预防长效机制。

（贾　雁）

【安全风险评估情况】 年内，全区1992家重点企业完成风险源清单编制及应急资源调查，已辨识上报29579条风险源清单，应急资源有专兼职应急队伍3420个，应急专家1998人，应急装备16758件，应急物资10009件，社会资源941处，专项应急预案4448个，形成企业违法行为、安全隐患和安全风险“三张清单”，绘制企业四色安全风险分布图和区级安全风险电子地图。

（贾　雁）

执法监察

【新入职安全员岗前培训】 1月18日至19日，顺义区安全监管局对2017年底公告扩编招聘的80名专职安全员进行为期两天的入职培训。培训课程内容由浅入深，丰富多元。聘请安全生产领域经验丰富的专家从国家层面安全生产“十三五”规划整体布局到现行法律法规解析与应用；从监管层面现场排查隐患技术标准到整改目标落实要求；从专职安全员个人修养到检查队规范化建设，都进行详实培训。区安全监管局提出“坚持敢于担当鲜明品格；坚持无怨无悔奉献精神；坚持清正廉洁工作作风；坚持赢在执行工作理念；坚持高标准精细化目标；坚持突出规范检查核心要务”的希望。

（贾　雁）

【安全员表彰暨巡查员推进】 2月1日上午，顺义区召开专职安全员工作总结表彰暨巡查员工作推进大会。市安全监管局副巡视员贾秋霞、市安全监管局执法总队人员，区安全监管局领导、镇、街道（园区）、相关职能部门安全生产主管副职、53支安全生产检查队专职安全员和行政村（社区）巡查员350人参加会议。通报2017年专职安全员和巡查员工作情况及下一步工作部署；旺泉街道办事处、文化委、石园街道安全生产检查队、队长标兵、李桥镇和巡查员代表作经验交流发言；进行“规范化建设达标”颁奖。

（贾　雁）

【全国“两会”安全生产部署】 2月27日下午，顺义区安全监管局在顺义宾馆召开全区安监系统工作会议，就做好全国“两会”安全保障进行部署。区安全监管局局长、主管副职、各镇、街道、经济功能区主管副职、安全科科长参加。会议传达全市安监系统全国“两会”安全生产保障部署视频会精神及顺义区安全生产监督管理局2018年全国“两会”安全生产保障方案。区安全监管局强调，高丽营镇作为全国“两会”驻地，要做到生产经营单位隐患排查率100%，隐患整改合格率100%。各镇、街道、经济功能区要落实“党政同责、一岗双责”，组织领导开展专项检查；督促生产经营单位落实主体责任，开展生产安全自查，开展隐患排查治理。

（贾　雁）

【春节和全国“两会”动员部署】 2月26日，顺义区安委会办公室组织相关行业、属地主管副职及主管科室负责人，召开春节和全国“两会”期间安全生产工作动员部署会。区安全监管局传达区委、区政府会议精神，对下一步安全生产工作进行部署，要求各单位对春节和全国“两会”期间安全生产进行再动员、再部署，结合全区疏解整治促提升，持续开展安全生产清理整治，整治企业存在安全生产隐患，清退不具备安全生产条件企业。强化涉爆粉尘、危险化学品、重大危险源、有限空间作业、金属冶炼等重点行业领域监管，落实有限空间作业“双审双监”机制，督促企业落实主体责任。加强烟花爆竹管理，重点加大烟花爆竹零售点监管力度。

（贾　雁）

【“两会”安全生产保障】 3月1日至3月10日，顺义区安全监管局加强“两会”期间安全生产保障总体部署，进行多次动员、部署和检查。对高丽营镇顺喜山庄部分“两会”代表驻地，进行周边200米范围内生产经营单位13家排查，涉及工业、仓储物流、物资回收、商业零售及培训等行业。排查发现，大部分生产经营单位处于停业或半停业状态，对开展生产经营活动单位，执法人员进行重点检查。检查发现，存在安全出口缺少警示标识，未按要求设置应急照明，私拉乱接临时线，消防器材、设施缺乏维护保养，气瓶未按要求储存等生产安全事故隐患，执法人员要求责任单位可当场整改的立即整改，对不能立即整改的责令限期整改，并强调企业在“两会”期间要加强应急值守，落实安全生产主体责任，把安全生产放在首位，严防事故发生。

（贾　雁）

【“两会”驻地周边检查】 2月28日上午，顺义区安全监管局执法人员及高丽营镇负责人对“两会”驻地周边生产经营单位开展“四不两直”突击执法检查。先后赴北京锋芒美育文化艺术有限公司、北京龙华润泽展览展示有限公司分公司及北京市顺达木制品有限公司进行检查，听取企业负责人“两会”期间安全生产保障及人员值守情况汇报，实地查看生产车间、库房安全管理情况。3月3日上午，区安全监管局执法人员到“两会”工作人员驻地周边生产经营单位进行执法检查，先后赴北京市万荣洗涤剂厂、多维特斯（北京）展览展示有限公司、北方利民加油站等生产经营单位，听取“两会”期间安全生产情况汇报，到生产车间、加油站罐区，实地查看并询问安全生产保障落实情况，检查安全生产主体责任落实，人员应急值守，设备设施是否完好，职业危害治理，劳动防护用品穿戴，安全用电，消防设施、器材配备使用等情况。3月14日，区安全监管局工作人员一行15人，针对“两会”期间安全生产隐患整改进行督查，重点检查有限空间、涉危使用、涉爆粉尘等生产现场及危险化学品储存场所，检查8家企事业单位，发现存在危险化学品使用未采取安全可靠措施和其他材料混放、静电接地不到位、未铺设绝缘胶垫、缺乏相应有限空间警示标志和制度等隐患，下达责令限期整改指令书4份。

（贾　雁）

【“两会”期间持续开展夜查】 3月2日晚，顺义区安全监管局执法人员检查部分单位“元宵节”和全国“两会”期间安全生产工作。检查组对中国石化销售有限公司北京顺义分公司、中石化北京顺煤加油站、北京鑫海韵通商业大楼3家单位进行抽查，重点对人员值守、应急处置、烟花爆竹燃放安全距离及消防中控室管理等情况进行检查，发现3家单位值班人员在岗在位，履行职责较好。3月4日晚，区安全监管局执法人员对“两会”工作人员驻地顺喜山庄周边200米范围台账内企业及驻地周边中国石化销售有限公司北京顺义前渠河加油站和北京市京新加油站2家危化企业进行安全执法检查。检查发现，顺喜山庄周边台账内企业夜间均停产停业。其中2家危化企业存在应急值守人员配备不到位、站区内摆放货物堵占疏散通道、进出油站引导标识破损未及时维修、安全管理制度未落实到位等安全隐患，执法人员下达现场检查记录2份，要求生产经营单位加强日常安全管理，按照相关要求整改，并要求生产经营单位在全国“两会”期间加强应急值守。3月9日，区安全监管局执法人员对“两会”驻地周边企业开展夜间检查。

（贾　雁）

【“两会”驻地生产经营单位安保】 3月12日下午，区安全监管局在高丽营镇政府召开两会安全保障专题会，执法队11名执法人员及“两会”工作人员驻地周边200米范围内14家生产经营单位主要负责人参加会议。区安全监管局对“两会”安全保障进行再部署，并通报3月7日下午，区安全监管局执法人员检查发现，“两会”驻地周边某物资回收企业工人马某在未取得特种作业操作证情况下，使用氧气和液化石油气钢瓶进行气体切割作业的案件。作业点距“两会”代表驻地围墙仅20米，执法人员立即对违法作业行为进行制止，并依法给予行政处罚，高丽营镇政府工作人员对氧气瓶、液化石油气钢瓶进行转移和封存。会后，区安全监管局执法人员、高丽营镇政府工作人员组成联合检查组，分四组对14家生产经营单位逐一进行执法检查。大部分生产经营单位处于停业或半停业状态。检查中，执法人员共下达责令限期整改指令书8份，发现隐患35项，主要涉及用电线路老化、开关箱损坏、缺少安全警示标志、疏散通道堵塞、安全防护不当、现场堆放可燃物等。

（贾　雁）

【安全生产检查队工作交流】 3月12日，区安全监管局召开29支镇、街道（园区）检查队副队长参加的工作开展交流会。副队长主要从检查队日常工作开展方法，完成质量标准，亮点突出内容等方面进行交流。对发现的问题提出建议和解决对策，在共性问题上进行探讨。区安全监管局要求，各位副队长要身先士卒、吃苦耐劳，发挥先锋模范作用；要苦练本领、勤于学习、善于实践，稳步提高业务技能；要提高综合协调能力，起到桥梁纽带作用。

（贾　雁）

【“顺义安监之星”评选】 3月，顺义区安全监管局在全区开展2018年顺义安监之星评选活动，经单位推荐、公开投票、自我展示等环节，从20名候选人中选拔出10名安全生产领域先进典型，作为“北京安监之星”候选人上报市安全监管局。5月9日，区安全监管局联合区安全生产协会举办2018年顺义安监之星候选人自我展示评选会，20名候选人每人进行5～8分钟PPT自我展示。由5名专家根据综合素质、文明礼貌、仪容仪表、PPT制作、语言表达、事迹感染力等进行打分，并结合微信投票结果，最终综合评定，选拔出2018年“顺义安监之星”，区安全监管局进一步加强对安监之星推广和宣传。

（贾　雁）

【行政村（社区）巡查员履职】 4月9日至13日，顺义区安全监管局开展全区414个行政村，122个社区，1095名巡查员参加的提升履职能力教育培训。参培巡查员是从事安全生产最基层人员，多数由行政村（社区）治保主任、电工和村务人员组成。培训聘请北京市安全生产领域业务知识较权威专家，从用电安全、消防管理、建筑施工安全、燃气安全、常用设备及工具安全及急救逃生知识等方面进行讲解。通过培训增强巡查员学习意识，提升排查安全生产隐患能力。培训结束后，对巡查员进行考核，所有人员持证上岗。

（贾　雁）

【调度机制保车展搭建安全】 4月13日，区安全监管局召开全球参展品牌最全汽车展览会专题部署会，展览在北京国际展览会议新馆（顺义）举办，保障工作从4月16日起至5月7日。展览为全球受瞩目顶级车展之一，车展吸引全球14个国家和地区的1200余家参展商，新展馆面积约16万平方米，搭建面积约10万平方米，其中特装展位203个，标摊展位91个。按顺义区《2018（第十五届）北京国际汽车展览会属地服务保障工作实施方案》，成立以区安全监管局、消防支队、食药局、空港街道、天竺镇、后沙峪镇、主办方、展馆方、主场搭建方为成员的安全生产保障组，编制《2018北京国际汽车展览会安全生产保障组工作方案》。4月18日上午，区安全监管局组织北京国展国际展览中心有限责任公司（展馆方）、中国国际商会汽车行业商会（主办方）、北京亚海恒业会展有限公司（主场搭建方）等单位召开安全通报会。要求国展方、主办方、主场搭建方及监理公司将车展保障方案报区安全监管局，监理公司将每天监理例会情况报送安监局。并要求主办方、主场搭建方及监理公司加大夜查力度，特别是主场搭建方必须对监理单位提出明确要求，安排专人夜查。区安全监管局把检查执法力量按区域统一编组，形成联合执法检查力量，建立工作联络机制，及时掌握执法检查人员每天检查情况。按照工作方案，执法人员4月16日至4月20日分四个执法组，联合街道办事处安全科及主办方、主场管理人员和监理公司分别于上午和下午对进馆参展单位各检查一次。

（贾　雁）

【市局调研执法检查提质增效】 5月3日，市安全监管局副局长贾太保、副巡视员贾秋霞率执法总队人员赴顺义区调研安全生产执法检查提质增效及专职安全员队伍规范化建设开展情况。区安全监管局领导班子、相关科室负责人参加调研。区安全监管局法制科、执法队、信息科、专职办分别就执法检查提质增效情况、检查程序存在问题、执法信息系统使用情况、专职安全员队伍规范化建设和行政村（社区）专兼职巡查员工作情况进行汇报。就职能部门专职安全员规范化建设情况到区商务委进行实地调研。市安全监管局领导对顺义区工作给予肯定。贾太保强调，将区、镇、村三级安全监管队伍工作机制有效联动，发挥专职安全员和巡查员作用；采取有效措施及时消除挂账隐患，做到隐患无遗漏；将专项执法和执法计划有效结合，让执法起到震慑作用；执法计划制定要科学性，内容合法性；利用信息化手段，执法检查要按照规定程序执法，有效完成“两量一率一度”；企业安全生产大培训启动后，要调动企业自主培训积极性，形成企业培训内生机制。

（贾　雁）

【职能部门检查队规范建设】 5月9日，顺义区安全监管局召开职能部门安全生产督查检查队规范化建设动员部署会。区安全监管局、25个职能部门负责专职安全员管理主管副职、科室负责人和一名专职安全员副队长参加。会上，由专职安全员办公室解读《关于开展职能部门安全生产督查检查队规范化建设工作实施方案》，针对完成时间节点，部署工作进度。

（贾　雁）

【安全培训专项执法部署】 5月21日，顺义区安全监管局召开安全生产培训专项执法行动工作部署会。成立专项执法行动领导小组，加强对专项行动统一领导；从6月1日起，开展“安全生产月”活动。专项行动包括全区即将开展安全生产大培训工作中已报名，但不参加培训或报名后由他人替代培训企业；专职安全员检查系统中挂账较大危险因素企业；危险化学品经营企业。对发现违法行为，区安全生产监督局依法给予严厉行政处罚，对企业违法违规行为予以曝光。

（贾　雁）

【北京国际燕京啤酒节部署】 6月26日、6月28日，顺义区安全监管局两次在北京顺义水上公园投资发展中心二楼会议室，召开燕京啤酒文化节专题部署会。6月26日，区安全生产执法监察大队、北京顺旅广告有限责任公司、北京盛鑫兴隆文化传媒有限公司、北京冰世界体育文化发展有限公司等6家各主搭建公司主要负责人及北京顺义水上公园投资发展中心人员参加。听取6家公司主要负责人汇报、查看资质证照等相关资料后，结合前期施工现场安全生产检查情况。提出要求，进一步完善应急救援预案，各主搭建公司要对应急救援情况预想进行综合演判；加强用电线路安全检查，各用电单位要合理部署线路，做好变配电箱、用电设备配置，做好全负荷用电状况下检测，配备配齐配足符合国家标准安全防护用具；设置安全警示标志，做到合理设置，符合相关要求；落实企业主体责任，按照“谁主管、谁受益、谁负责”原则，加强安全规章制度管理，强化企业主体责任落实。区安全监管局通报施工一线存在的生产安全隐患，对3家公司在施从业人员安全生产救援预案、施工现场灭火器配备不足、较大危险场所未设置明显安全警示标志及从业人员安全生产教育培训学时不足等生产安全隐患20余项，下达安全生产执法文书3份，对检查发现生产安全事故隐患要求立即整改。6月28日上午，区安全监管局召开专题部署会，执法大队部署保障方案，安排活动期间每天两组人员进行执法检查，重点日期间加大执法检查力度，每天派出四组人员进行执法检查，重点对舞台、餐饮区等临建设施开展现场安全检查，对临时用电、舞台搭建进行安全巡查、检查，对发现的安全隐患及时制止消除。

（贾　雁）

【极端天气下保障啤酒节安全】 7月5日下午，顺义区气象台发布大风暴雨黄色预警，傍晚有强对流天气并伴有短时雷雨大风。区安全监管局参与第27届北京燕京啤酒文化节保障的7名执法人员对各个摊位逐一进行隐患排查治理，提醒商户保持警惕，特别是安全用电，做到早预警、早准备、早防范，早撤离。18时许，狂风暴雨如期而至，持续时间40余分钟，啤酒节主办地奥林匹克水上公园瞬时风力达10级，降雨量39.5毫米，场地临建设施及园林树木经受住考验。18时45分，执法人员对雨后现场进行检查清理，发现主看台西侧、汽车之家展区、游乐区配电箱、柜被风吹倒，汽车展区临时照明灯架体倒塌，活动体验区背板倒塌，售卖区大面积停电，草坪大量积水，数十棵树木被连根拔起或拦腰折断。执法人员组织主办方采取措施，对积水严重区域及时断电，对倒塌临建设施及树木进行清理。

（贾　雁）

【部门检查队规范化建设】 7月24日下午，顺义区安全监管局召开由25支职能部门安全生产督查检查队队长参加的规范化建设阶段性工作汇报会。汇报5月以来，开展规范化建设情况。各督查检查队基本完成本阶段任务，实现统一管理方式、办公条件、装备配备、岗位设置等要求，改进并规范履职行为、制度管理、党团工妇组织、教育宣传和档案管理等，专职安全员管理办公室部署下一阶段规范化建设重点。区安全监管局提出，要认识职能部门开展行业监管重要作用；把督查检查队规范化建设作为载体；在督查检查队管理上形成合力；认识督查检查队规范化建设艰巨性、复杂性和长期性；抓硬件建设同时也要抓好软件建设。

（贾　雁）

【督查商务领域安全】 8月28日，区安全监管局采取“四不两直”方式，对商务领域企业进行督查检查。督查组对位于李桥镇的中国邮政速递物流股份有限公司北京市电子商务分公司、北京市顺义国顺婷餐厅有限空间安全管理等落实情况进行督查检查。发现企业存在未建立有限空间审批制度、未建立有限空间台账、有限空间作业场所未设置告知牌及安全警示标志标识、未与承包单位签订有限空间专项安全协议、用电线路私搭乱接、人员密集场所无应急疏散指示标识等安全隐患，执法人员下达执法文书，责令被督查企业立即整改存在问题及安全隐患，并对存在严重问题的中国邮政速递物流股份有限公司北京市电子商务分公司进行立案处罚。

（贾　雁）

【危险源及制冷企业安全】 8月30日，顺义区安全监管局对区工业重大危险源及涉氨制冷企业进行执法检查。检查组对北京顺鑫农业股份有限公司牛栏山酒厂、北京光明健能乳业有限公司、北京京顺食品有限公司等5家重点企业安全生产进行执法检查，发现企业存在储酒罐区、液氨车间等重点场所存在静电连接线松动、管道物料流向标识不清晰、个别应急灯缺少固定螺丝、压力表未划定上限标识等问题，现场下达执法文书，责令被检查企业整改。

（贾　雁）

【人才大会安全生产保障】 9月17日下午，顺义区安全监管局组织承办单位中鑫家园温泉酒店及搭建单位负责人，在后沙峪镇政府202会议室召开安全生产保障工作协调会。区安全监管局、后沙峪镇武装部及相关人员出席。与会人员听取承办方及搭建商工作安排，区安全执法监察队部署《顺义区人才工作大会安全生产保障工作方案》，要求搭建商与酒店签订安全生产协议，制定应急预案，遵守各项规章制度，落实各项安全措施，加强现场管理，确保舞台搭建、灯光音响安装等施工安全。会议期间，属地对中鑫家园温泉酒店周边环境进行集中整治，对200米范围内生产经营单位开展隐患排查治理，并要求施工单位做好安全生产责任险缴纳。

（贾　雁）

【国庆安全检查】 10月3日9时许，顺义区安全监管局对顺义区新世界百货、鑫海运通商场人员密聚场所进行安全检查，查看场所内值守应急在位情况、配电室、超市疏散通道情况，检查发现新世界百货配电室值班人员有缺岗现象，责令其值班人员到区安全监管局接受询问；其他场所重点岗位人员在位良好，疏散通道未发现堵塞。10月4日8时30分，区安全监管局对北京红华商贸有限公司、北京市新天华业投资有限责任公司瑞麟湾温泉度假酒店人员密集场所单位进行安全检查，查看配电室、超市疏散通道情况、应急值守情况，检查发现配电室、中控室值班人员在岗，疏散通道无堵塞。10月5日14时，区安全监管局对美廉美超市、鑫海韵通石园大卖场人员密集场所进行安全检查，要求做好应急值守，保持疏散通道畅通。10月6日上午，区安全监管局联合仁和镇安全科对辖区内美廉美超市、红莱坊人员密集场所进行安全检查，分别查看两家单位库房、配电室、消防器材及消防通道疏散情况，节假日值班情况。

（贾　雁）

【全区安全生产督察培训】 10月26日下午，顺义区安全监管局召开2018年区委区政府安全生产督察工作培训会。督察组成员、区各属地联络员参加培训会并学习督察培训手册。结合督察实际，向与会人员通报本次安全生产督察方案和督察流程，详细解读安全生产督察要点和督察人员职责，并要求各督察小组明确内部分工，着眼时效，加强督察研究，有针对性开展督察。

（贾　雁）

【区级安全生产督察】 11月初，顺义区安全监管局按照《顺义区安全生产督察方案（试行）》，在全市率先开展区级安全生产督察。至12月底，完成23个属地督察，初步反馈问题369项。

（贾　雁）

【仓储物流企业专项检查】 12月14日，顺义区安全监管局对空港街道北京盛世通物流有限公司等3家物仓储流业开展安全生产执法检查。针对各单位安全生产规章制度建立及落实，员工教育培训及考核，特种作业人员持证，有限空间台账建立，承发包安全管理，突发事件应急处置及重点高风险部位安全防控等工作进行检查。对存在隐患，责令企业进行立即整改。

（贾　雁）

【全年处罚情况】 全年，区安全监管局累计执法检查企业2088家次，立案处罚173件，年度人均检查52.2件，人均处罚量4.325件，行政处罚职权履行率10.17%。被评为北京市2018年度安全生产行政执法评议考核优秀单位。

（贾　雁）

职业卫生监督检查

【“两会”企业职业卫生检查】 3月5日上午，顺义区安全监管局赴南彩镇工业区可附特汽车零部件制造（北京）有限公司、翰昂汽车零部件（北京）有限公司2家单位进行安全检查，听取安全生产和职业卫生情况汇报，查看工作场所劳动者个人防护用品佩戴及职业病防护设施运行，查阅职业卫生管理档案资料。发现个别岗位噪声超标、职业危害警示标识设置与岗位不相符，部分职工未戴耳塞口罩，工作场所职业危害因素检测结果未及时公示等问题，执法人员下达责改指令书。单位依法设置专职职业卫生管理人员；采取工程防护措施，降低噪声危害；开展隐患排查治理。

（贾　雁）

【职业病防治法宣传进企业】 4月20日下午，区安全监管局、区疾控中心、赵全营镇政府赴北京北汽集团有限公司越野车分公司开展“健康中国　职业健康先行”为主题《职业病防治法》宣传活动。越野车分公司部门领导组织车间班、组长和一线员工代表，240余人参加宣传活动。区安全监管局和区疾控中心工作人员向与会职工发放职业卫生知识宣传扑克牌、折页（八种）、海报、手机指环1000余份（个）。

（贾　雁）

【职业卫生培训】 4月24日至26日，顺义区安全监管局在北京鼎晟昊冉技术服务中心有限公司开展2018年度企业主要负责人和职业卫生管理人员培训。采取先培后考方式，分6批对全区650家涉及职业病危害因素的生产经营单位1300余人进行培训，下发光盘、职业病防治法、宣传海报等600余份，宣传彩页1.7万余份。邀请北京工业技术中心老师，采用PPT、播放视频等形式，讲授有关职业卫生管理知识。培训包括职业卫生相关法律、法规、规章和国家职业卫生标准、企业主要负责人和职业卫生管理人员职责、职业病危害预防和控制基本知识，培训结束后，立即组织考试。

（贾　雁）

【有限空间作业综合监管】 4月26日，顺义区安全监管局邀请市劳保所召开有限空间作业安全综合专项监管研讨会。分析北京市2006年至2017年发生有限空间作业事故的原因及特点，确定2018年顺义区有限空间综合专项监管重点内容，厘清各相关行业、属地监管（管理）职责，按照“管行业必须管安全”“管业务必须管安全”“管生产经营必须管安全”“谁主管、谁负责”“谁审批、谁负责”的分工原则，根据区政府办公室下发的《顺义区行政单位对生产经营单位安全生产监管（管理）职责的规定》，系统梳理各行业部门、属地部门有限空间作业安全监管（管理）职责。细化有限空间作业安全管理台账，在2017年建立有限空间台账基础上，进一步完善现有台账，建立系统信息备案模块，实现动态管理。开展有限空间作业单位安全生产条件确认，通过现场确认，建立一批专业化、规范化的有限空间作业队伍。

（贾　雁）

【有限空间大比武活动部署】 6月至11月，顺义区安委会办公室开展顺义区2018年有限空间大比武。6月22日，组织52个相关行业主管部门、镇、街道、经济功能区主管副职及全区397家有限空间作业单位主要负责人召开顺义区2018年有限空间作业大比武活动部署会。播放《顺义区有限空间作业事故案例及操作指导》教学片，对2018年有限空间大比武活动进行部署。区安全监管局要求，各有限空间作业单位提高认识，认清“企业、员工”是发生事故的内因，加强教育培训，提升一线作业人员的文明作业意识，杜绝违章作业、野蛮作业；各有限空间作业单位要落实主体责任，加大安全生产投入，配齐、配全各类有限空间作业安全设备设施；各行业、镇、街道、经济功能区履行管理职责，落实有限空间“双审双监”等安全管理措施。

（贾　雁）

【有限空间知识培训】 9月21日、9月29日，顺义区安全监管局借全区安全监管干部培训班，专设两期有限空间安全知识培训，邀请北京市劳动保护研究所研究员进行专题授课，从“有限空间作业安全生产形势及典型事故案例分析”“有限空间基本知识及有限空间作业主要危险有害因素辨识及评估”“有限空间作业相关法规、标准和文件”及“有限空间作业安全管理7项措施”方面进行讲授。

（贾　雁）

【有限空间管理督察】 10月12日下午，顺义区安全监管局赴顺义区旅游委开展有限空间安全管理专项督察。听取区旅游委开展有限空间安全管理汇报，查阅有限空间管理台账、检查文书、有限空间管理制度，有限空间“双监双审”审批材料等档案资料。督察组针对执法检查文书书写，提出工作意见和建议。随后，前往金宝花园酒店对旅游企业有限空间安全管理进行实地检查，听取企业负责人有限空间安全汇报后，实地检查有限空间管理制度、警示标识、装备器材等，对存在不足，要求立即整改，限期落实到位。

（贾　雁）

【有限空间作业条件确认】 11月20日，顺义区安委会办公室下发《顺义区有限空间作业单位安全生产条件确认工作实施方案》。11月22日，召开专项工作部署培训会，全区230余家有限空间作业单位主要负责人参加，启动顺义区有限空间作业单位安全生产条件确认工作。顺义区安全监管局就全区有限空间作业单位安全生产条件确认进行部署，由专家讲解《顺义区有限空间作业单位安全生产条件确认工作程序》《顺义区有限空间作业单位安全生产条件确认工作标准》。此次条件确认范围和内容，针对顺义区行政区内从事有限空间自行作业及承包作业单位基础管理，设备设施配置运行、人员资质能力、实际操作等方面。

（贾　雁）

宣传培训

【安全社区建设推进会】 3月14日，顺义区安全监管局召开2018年安全社区建设工作推进会。石园街道、空港街道、北小营镇等14家属地主管副职领导和安全科科长参加。会议对全区安全社区建设情况进行总结，针对2018年国际安全社区、市安全社区创建进行部署。邀请旺泉街道、石园街道安全科科长，就国际和市级安全社区建设流程、评审要点、项目侧重等创建重点进行介绍，并与本年创建单位进行现场交流。

（贾　雁）

【安全文化示范企业创建部署】 4月3日下午，顺义区安全监管局举办2018年顺义区安全文化示范企业创建部署暨培训会。邀请国家级、市级安全文化示范企业评审专家曹小云，讲解申请安全文化示范企业步骤、注意事项等。全区相关属地管理人员、创建企业负责人和工作人员78人参加培训。全年，顺义区鼓励各属地至少推荐1家企业开展创建工作，通过创建提升企业安全意识。

（贾　雁）

【领导调研安全生产大培训】 4月10日，市安全监管局副巡视员谢清顺赴顺义区调研安全生产大培训工作。区安全监管局领导参加调研。区安全监管局汇报全区安全生产大培训情况，2018年顺义区组织工业企业、危险化学品生产经营单位、区属国有企业等2336家4672人参加培训，将培训与核心工作相融合，参培企业名单已初步确定，招标工作启动。市安全监管局对顺义区大培训工作给予肯定，就大培训工作提出要求，严把培训教师关，市局统一建立培训教师库，并在市安全监管局网站上公布，每期培训班中，参加培训人员将通过手机微信，对每位培训教师教学情况进行评价，评价结果将作为培训教师业绩考核依据；严把培训考勤关，企业一把手必须参加培训；严格考核发证关，每期培训班结束前，安全生产培训技术服务机构将组织全体参训人员进行考核。

（贾　雁）

【安全生产企业大培训】 5月8日，顺义区安全生产企业大培训暨“双百工程”动员部署会在顺义宾馆召开。区安全监管局领导，各镇、街道、经济功能区、行业部门主管副职、安全科科长、企业大培训专职工作人员，“双百工程”联络员及安全培训机构负责人参加会议。会上，部署2018

年生产经营单位安全生产培训考核及“双百工程”。区安全监管局提出，要通过大培训提升企业主要负责人和安全生产管理人员安全意识，推动企业提高开展安全培训内生动力。理解培训不到位是重大安全隐患，安全培训是企业法定义务。

（贾　雁）

【生产经营单位责任人专班】 5月24日，顺义区2018年生产经营单位主要负责人和安全生产管理人员培训考核第一期培训班在顺义区安全生产协会召开。第一期为全区重点50家国有企业主要负责人和安全生产管理人员100人参加培训，培训2天，5节课，设置生产经营单位安全生产主体责任、安全生产标准化、危险源辨识与安全预防控制体系、生产安全事故隐患排查治理及企业消防安全等内容。

（贾　雁）

【安全生产宣传教育部署】 5月28日，顺义区安全监管局召开安全生产宣传教育部署会，区各行业部门主管副职，各镇、街道办事处、经济功能区主管副职和安全科科长，120余人出席。会议部署2018年安全生产宣传教育“七进”活动和安全生产月活动安排，区安委会办公室、区安全监管局要求，通过深入开展宣传教育，推动安全生产工作落实，树立各级领导干部安全发展理念，企业主体责任和政府监管责任落实，从业人员安全防范与应急避险能力有效提升，群众安全知识得到普及。

（贾　雁）

【安责险宣传周暨安责险集中投保月】 6月8日，顺义区安全监管局在马坡镇安全生产检查队办公地点举办“顺义区2018年安责险宣传周暨安责险集中投保月活动启动仪式”。区安委会办公室、区安全监管局领导，马坡镇，太平洋财险、人保财险顺义支公司负责人，各属地、行业安全科科长和部分企业负责人参加仪式。市安全监管局研究室主任车广杰出席并讲话。启动仪式上，区安委办主任、安全监管局领导与马坡镇领导为“安责险投保点”揭牌，保险公司代表宣誓发言。部分企业在启动仪式现场进行投保签约。顺义区自2017年6月起，将每年6月确立为全区安责险集中投保月。2018年，为方便企业咨询投保，在镇、街、经济功能区和行业部门设立47个安责险投保点，并作为安责险宣传周咨询宣传工作站开展工作。启动仪式后，部分生产经营单位在启动仪式现场进行投保签约。

（贾　雁）

【区级行业部门示范单位创建】 6月12日，顺义区安委员办公室召开2018年区级行业部门履行安全生产监管（管理）职责示范单位创建选树工作会议。区住建委、质监局、消防支队等21家行业部门参会。会上，区安全监管局部署2018年区级行业部门履行安全生产监管（管理）职责示范单位创建选树工作，解读创建选树条件；区商务委、城市管理委、文化委代表发言，汇报本行业领域安全生产工作。

（贾　雁）

【安全宣传咨询日】 6月16日上午，顺义区举办2018年“安全宣传咨询日”活动。活动主题“生命至上 安全发展”。顺义区副区长郑晓博，区安全监管局、区国资委、燕京啤酒集团领导参加，市安全监管局同志出席，区国有一级企业主管副职和安全部长，各属地安全科专职安全员代表，燕京啤酒职工代表参加宣传咨询活动。郑晓博在致辞中指出，顺义区委、区政府重视安全生产工作，以安全生产月活动为契机，进一步采取措施，夯实安全生产基层基础，结合“七进”活动中“进企业”安排，开展贴近一线职工安全生产宣教活动，提高全体职工安全意识，有效防范和坚决遏制重特大事故发生。活动中，燕京啤酒集团公司领导作题为《发挥国有企业示范作用，落实企业主体责任》发言，出席活动领导为“安监之星”颁发证书，市区领导为“聚力安监——顺义区安全生产监督管理局宣教平台”揭牌。

（贾　雁）

【安全生产月大讲堂】 6月26日下午，顺义区安全监管局、区国资委联合举办“安全生产月安全生产大讲堂活动暨国有企业安全生产培训班”，区属一级企业正职领导、主管副职、部门负责人参加培训。培训既是安全生产月活动内容之一，也是继5月24日对国有二级及以下企业主要负责人和安全管理人员培训考核后，再次对区国有企业进行安全生产专题培训。培训经区委组织部备案，纳入处级领导干部培训学时。区安全监管局、区国资委领导出席培训班开班仪式并讲话。培训班邀请中国安科院教授级高工、博士后孙恩吉以《如何全面落实企业主体责任》为题进行授课，邀请知名律师杨洪波以《刑辩律师视角看企业如何规避安全事故引发刑事法律风险》为题进行授课。

（贾　雁）

【“安全月”亮点工作】 6月，是全国第十七个“安全生产月”。顺义区结合“七进”（即进企业、进校园、进机关、进社区、进农村、进家庭、进公共场所）要求，开展贴近社会公众、走进实际生活安全生产宣教活动。在5月23日，区安委会办公室下发《顺义区2018年安全生产宣传教育暨“七进”工作方案》和《2018年顺义区“安全生产月”活动方案》。5月28日，召开全区安全生产宣传教育部署会，部署“七进”和“安全生产月”活动；建立“行业牵头，属地落实”联席会议制度，为全区“七进”工作全面开展提供保障。区安全监管局利用第三方资源，制作并下发宣传海报、折页等资料3万余份；制作平安校园系列、生产经营单位职责系列、有限空间、用电安全等宣传片18部，在区内电视台、报纸、公共场所、户外媒体、流动媒体等进行宣传。主办建立“安监聚力——顺义区安全生产监督管理局宣教平台”，平台分为“宣教片、科普图、科普文和宣教答题”4个模块，可提供多种形式宣传资料，只需扫描“二维码”即可获得安全宣传教育相关知识。至活动结束，各重点行业部门和属地，开展专项宣传、应急演练等活动106次，张贴各种有限空间作业安全宣传画1.2万张，悬挂有限空间作业安全宣传条幅245个，监管范围内有限空间作业安全警示标识喷涂数26678处，发挥调动区电视台、电台、顺义时讯、顺义网城、顺广传媒及全区各单位微信公众号等全媒体，宣传有限空间作业安全常识，累计宣传305次。

（贾　雁）

【安全生产大培训中期交流】 6月底，顺义区安委会办公室召开安全生产企业大培训中期经验交流会，区安全监管局领导、各镇、街道、经济功能区安全科长、企业大培训专职工作人员、安全培训机构大培训负责人参加会议。全区安全生产大培训5月24日开班，至6月24日，共培训15期次，安全生产经营单位750家、1500人参加培训。通过市安全监管局系统统计，

15 期次平均考勤率 97.9%，考试及格率 100%，需换期培训人 11 人，未参加考试需补考 5 人。李桥镇、临空核心区、培训机构负责人分别作经验介绍和问题反馈。

（贾　雁）

【安全生产法宣传周】 12 月 5 日，顺义区安全监管局联合胜利街道在华联商厦前广场组织宣传咨询日活动。采取现场悬挂宣传条幅，发放各类安全宣传手册、宣传手袋、宣传彩页等宣传资料及现场解答群众咨询等方式，宣传新《安全生产法》《安全用电》《安全生产宣传教育“七进”活动》《加油站安全知识》等安全生产法律、法规、安全常识。悬挂条幅 3 条，发放宣传资料 200 余份，接受群众咨询 50 余人次。12 月 3 日至 12 月 8 日，区安全监管局举办“顺义安监”微信公众号在线答题活动，通过宪法、安全生产法知识答题，提高公众对安全生产认识。

（贾　雁）

标准化建设

【标准化创建及隐患清单编制】 3 月 22 日，顺义区安全监管局深入企业，就全区安全生产标准化创建、隐患排查治理标准清单编制开展情况进行调研。调研组先后赴北京中技克美谐波传动股份有限公司、北京宝洁技术有限公司，查阅企业内部安全管理制度、安全操作规程、安全生产纪录档案等资料。现场查看生产现场管理、安全标志标识张贴、安全设备设施运转、一线员工劳动防护等情况。调研组对两家企业标准化创建及隐患排查治理标准清单编制工作给予肯定。

（贾　雁）

【标准化创建动员部署】 3 月 23 日，顺义区召开 2018 年标准化创建、隐患清单编制暨安责险工作动员部署会，区安全监管局领导，各属地、行业部门主管领导，技术服务机构、保险公司、50 家重点企业代表，200 余人参加会议。会上，标准化示范企业、隐患清单编制样板单位及安责险承保单位、北小营镇代表分别发言。通报 2017 年标准化创建、隐患清单编制和安责险开展情况，部署全年主要工作。

（贾　雁）

【标准化创建研讨会】 6 月 20 日，顺义区安全监管局召开 2018 年安全生产标准化创建研讨会，旨在不断完善标准化创建工作方法和管理体系，巩固标准化建设成效，提升标准化创建质量，开展评审和咨询工作。区安全监管局领导、区安全生产协会负责人及 12 家标准化咨询评审单位负责人 30 人参加会议。会上，创建办负责人就过去几年标准化开展情况进行总结，提出具体要求和部署。与会代表就确保标准化创建工作开展及提质增效，进行讨论交流。

（贾　雁）

【三级拟达标企业现场确认】 6 月 20 日，顺义区安全监管局召开顺义区 2018 年安全生产标准化三级拟达标企业现场确认工作部署会。各属地安全科长及 204 家企业主要负责人 300 人参会。会上，创建办通报标准化创建工作开展情况，就现场确认进行部署。提出“各属地要安排专人配合第三方服务机构开展相关工作；第三方服务机构要依据评审标准实事求是开展现场确认；相关企业要提前自查自改隐患，提前准备各类档案资料；各属地、企业及服务机构要加强配合，根据工作计划高效有序开展相关工作”要求。

（贾　雁）

【标准化达标企业】 本年，全区1920家企业完成安全生产标准化达标创建工作，其中三级达标创建企业505家、微型企业岗位达标1415家，超额完成市级260家创建任务。

（贾　雁）

大　兴　区

概　　述

2018年，大兴区安全监管局贯彻落实中央、国务院，市委、市政府和区委、区政府安全生产决策部署，围绕“四化三体系双基”总任务，按照全市安全生产“补短板、强融合、细落实、促平衡”总要求，推进市政府目标责任书和全区安全生产重点任务落实。

统筹部署全年安全生产重点任务。制定《大兴区安全生产重点工作及责任分工》，明确52项区级重点工作并层层分解；研究制定《2018年度安全生产工作考核细则》，以考核手段促进全年重点工作落实。推进安全生产领域改革。制定《大兴区委、区政府印发〈关于进一步推进安全生产领域改革发展的具体实施方案〉的通知》，明确73项具体改革任务、责任单位和时限，落实改革发展任务。开展安全生产宣传教育及事故应急演练。

落实城市安全隐患治理三年行动。按照“年初排查、全年整改、年底销账”隐患滚动治理模式，制定《大兴区城市安全隐患治理三年行动方案（2018年—2020年）》及配套文件，部署开展治理行动。开展隐患治理信息系统培训，全面推进治理行动开展。

部署开展村庄安全治理。将村庄安全治理与日常执法检查、专项整治相结合，通过执法检查强化治理效果。依托局内8个下沉指导组，加强与各属地沟通联系，严格落实“镇街吹哨、部门报到”，强化部门职责和行业监管。

严格行政执法检查，落实重点行业领域职业病危害普查，强化安全生产联合执法。开展重要节日、重大活动安全保障。推进全区安全生产稳定向好局面。

综合监管

【市委市政府督察整改及“回头看”】 2月至5月，大兴区安委会办公室针对2017年市委市政府安全生产督察反馈的5个方面、213项具体问题，完成《市委市政府第十六督察组督察工作反馈意见的整改方案》，逐条明确整改责任单位、整改措施和整改完成时限，并督促46家责任单位按照整改要求进行整改，及时补充完善整改材料并进行备案。隐患问题全部完成整改，起草整改报告以区政府名义向市政府正式反馈。10月24日至25日，配合完成市委市政府安全生产督察第九督察组“回头看”。督察组分别听取区政府隐患整改情况报告，逐一查阅涉及38个行业部门、24个镇街、35家企业1800余份问题整改证明材料，实地检查企业整改情况。

（张捷飞　杨　奕）

【国务院安全生产督查】 3月5日至13日，国务院安委会办公室第8督导组对北京市安全生产工作开展安全生产专项督导，大兴区为被督查单位。督查组听取全区安全管理工作开展情况汇报，查看全区及相关行业工作资料，实地检查新机场航站楼工程。

（张捷飞）

【“安责险”工作推进会】 3月19日，大兴区召开推行安责险工作沟通会。安润国际保险经纪公司介绍2017年安责险参保情况与2018年新参与安责险的两家保险公司情况。会议明确两家保险服务机构服务范围，增进保险服务机构和保险经纪公司间沟通协作。负责区安责险承保的人保财险大兴支公司、中国人寿财险和保险经纪服务机构安润国际保险经纪有限公司相关负责人参加会议。

（刘　一）

【全年安全生产工作会】 3月22日，大兴区安委会召开2018年全区安全生产工作大会，总结2017年全区安全生产工作，部署2018年安全生产重点任务。区长王有国与各属地和13家行业部门签订《2018年安全生产目标责任书》。根据市政府目标责任书和市安全监管局年度重点工作任务，制定《大兴区安全生产重点工作及责任分工》，明确52项区级重点工作并层层分解，明确责任单位和完成时限，确保按时完成。根据市级目标责任书和重点任务，制定《2018年度安全生产工作考核细则》，以考核手段促进全年重点工作落实。

（张捷飞　杨　奕）

【第二季度安全生产形势分析会】 5月8日，大兴区安委会办公室召开二季度安全生产形势分析会，全区47个安委会成员单位和22个镇街、管委会安全主管领导参加。会议通报生产安全事故情况、安全生产形势和火灾情况，部署二季度重点任务及消防重点工作。会议要求，落实安全监管责任，加大“三合一”“多合一”场所整治力度，落实隐患治理责任和措施，加快挂账隐患核查进度，凡是发现整改不达标或隐患反弹的，要立即整改消除。

（张捷飞）

【村庄安全隐患专项治理】 5月29日起，大兴区安全监管局召开党组扩大会，专题研究村庄安全隐患治理，制定实施方案，将村庄安全治理与日常执法检查、专项整治相结合，严格执法检查，消除安全隐患，通过执法检查强化治理效果。依托区安全监管局8个下沉指导组，加强与各属地沟通联系，落实“镇街吹哨、部门报到”，加大对村庄安全治理支持力度，强化部门职责和行业监管。6月至12月，出动执法人员530余人次，检查各类生产经营单位648家次，发现并整改隐患355余处，下达执法文书120份，立案处罚40.5万元。查处违法存储危险化学品企业1家，查处1起非法储存工业气体200瓶案件，均已立案处理。

（杨　奕）

【安责险事故预防工作专题会】 8月28日，大兴区安全监管局召开安全生产责任保险事故预防工作专题会。中国人民财产保险股份有限公司北京市大兴支公司通报《人保财产大兴公司安责险事故预防工作方案》，会议通过事故预防方案和费用使用建议，对规范事故预防费用提取和列支具有重要意义。

（张　磊）

【四季度安全生产工作例会】 10月16日，大兴区安委会召开四季度安全生产工作例会，47个安委会成员单位和22个镇街、管委会安全主管领导参加。会议通报前三季度全区安全形势和重点工作完成情况，部署四季度安全生产工作。邀请区委党校老师开展突发事件应急处置情景模拟培训，并进行实战演练。并要求落实“地方党政领导干部安全生产责任制规定”，各级领导干部要主动落实安全生产职责，形成齐抓共管良好局面。做好市委市政府安全生产督察“回头看”。以城市三年行动治理、联合执法检查等工作为抓手，做好近期安全生产重点工作落实。

（张捷飞）

【开展行业领域安全监管及专项整治】 本年，大兴区安全监管局开展安全隐患三大专项行动“回头看”核查，逐一核查安全隐患大排查大清理大整治专项行动期间上账4125处“三合一”、高风险群租房消防安全隐患整改情况，区安委会成立区级抽查组，核查属地销账情况。邀请第三方机构，再次开展核查，确保隐患不复发、不反弹，进一步巩固安全隐患大排查大清理大整治专项行动成果。开展为期半年的建筑施工领域专项治理行动，摸排建立全区建设施工台账299处。全区各属地和相关行业部门检查施工现场1202家次，发现隐患2777项，整改隐患2747项，隐患整改率99%，行政处罚36.4万元。建立喷泉监管台账，开展公共场所喷泉安全检查。开展涉爆粉尘企业事故隐患治理专项行动，建立全区128家涉爆粉尘重点企业台账。其中61家企业存在重大隐患138项。通过整治，48家重大隐患企业已退出大兴区，3家企业整改完毕并通过专家验收；拆除腾退3家，还有7家企业进行整改。

（刘俊希　张捷飞　张　磊）

【推进安全生产领域改革】 本年，大兴区安全监管局研究制定《大兴区委、区政府印发〈关于进一步推进安全生产领域改革发展的具体实施方案〉的通知》，明确73项改革任务、责任单位和时限。

（张捷飞）

危险化学品安全监管

【危险化学品安全监管工作联席会】 5月4日，大兴区安全监管局召开2018年危险化学品安全监管工作联席会第一次会议，区卫计委、教委、经信委、公安分局、工商分局、交通局、环保局、消防支队等单位参会。会上通报北京市近三年涉及使用危险化学品事故情况，对涉及使用危险化学品单位现状进行分析，并就如何更好地开展涉及危险品使用单位监管和危险化学品综合治理三年行动，广泛征求各参会部门的意见和建议。

（胡　伟）

【汛期危险化学品专项执法检查】 6月进入汛期后，大兴区安全监管局制定汛期安全检查要点，开展汛期危险化学品专项执法检查，重点检查企业建立健全防汛值班、巡视、联系、应急处置、通报等管理制度。按照规定建立健全防汛应急预案，开展应急抢险演练；危险化学品生产储存设施和烟花爆竹仓库防雷、防静电、防洪、疏浚等重要防汛措施，落实有关法律法规标准规范规定；重点对遇水放出易燃气体化学品采取多重防水措施，对储存在露天和半露天库房化学品及包装物采取固定措施，具备抗洪水能力。做好高温雨季期间危险化学品安全生产，区安全监管局制定《2018年夏季危险化学品从业单位安全管理工作方案》，采取七项措施，督促危险化学品从业单位查找薄弱环节，提高风险防范意识，紧抓重点区域、重点部位、重点环节，杜绝设备设施“带病”运行，有针对性地开展职工教育培训。

（刘晓梅）

【非经营性加油站专项整治部署】 7月26日，大兴区安全监管局召开非经营性加油站专项整治工作部署会，国土规划局等3个行业部门主管领导、19家非经营性加油站主要负责人参加。会议传达市区两级开展非经营性加油站专项整治要求，分析非经营加油站存在问题和面临形势，部署2018年非经营性加油站专项整治工作，并下发工作方案，明确非经营性加油站主体责任，强化各项安全措施落实。

（段超龙）

【推进危险化学品安全综合治理】 8月31日，大兴区安委会办公室对成员单位就进一步加快推进危险化学品安全综合治理进行再部署，要求对照《三年行动计划》任务、责任分工和时限要求，推动安全风险“一张图一张表”建设、重大危险源安全管控、危险化学品运输安全管控、危险化学品安全监管体制机制建设、危险化学品应急救援能力提升等重点任务。

（段超龙）

【危险化学品企业安全标准化建设】 10月，大兴区安全监管局向全区危险化学品企业下发《关于开展危险化学品安全生产标准化复评工作的通知》，督促各属地、评审机构、相关企业按要求开展复评。11月至12月，督促危险化学品安全协会组织三家评审机构和相关企业开展标准化专项培训、系统申请审核及评审、复核。至年底，完成三级标准化企业达标98家。

（王胜懿）

【实验室隐患排查】 12月31日，为吸取北京交通大学实验室爆炸事故教训，大兴区安委会办公室在全区开展教育、医疗、科研机构实验室安全隐患排查。以教育、医疗、科研机构及化工、医药生产企业涉及使用危险化学品实验室为主，协调区教委、卫计委对监管所属行业开展隐患排查，要求各属地政府配合职能部门开展工作并及时报送相关数据。通过合理排查，大兴区涉及使用危险化学品实验室医药制造企业28家，化工制造企业3家，学校涉及使用危险化学品实验室1家，区安全监管局对排查出企业建立台账，纳入监管范围。并要求上述企业落实安全主体责任，指定专人负责危险化学品日常管理，参照国家标准、地方标准、行业标准执行管理。

（段超龙）

【危险化学品行政许可】 本年，大兴区安全监管局办理危险化学品经营许可76项，其中首次申请6项、变更申请28项、延期申请42项。办理烟花爆竹（零售）许可1项。对4家企业危险化学品建设项目进行竣工验收。危险化学品重大危险源备案1家，危险化学品重大危险源核销1家。对11家企业易制毒化学品备案材料进行审核，完成全年易制毒化学品颁证季度填报。

（胡　伟）

【加油站贯标改造】 本年，大兴区安全监管局推进加油站贯标改造，严把改造前期资料审查关，加强施工中安全监管，改造完成后竣工验收，完成11座加油站贯标改造任务。截至年底，全区共有98座加油站完成贯标改造。

（王胜懿）

【危险化学品执法检查】 本年，大兴区安全监管局检查危险化学品企业 273 家次，排查整改安全隐患 133 项。对 43 家存在违法行为企业实施行政处罚，罚款 26 万元。查处违法生产、储存、经营危险化学品（包含举报）案件 64 起，罚款 25 万元。

（张振杰　刘晓梅）

【重大危险源管理】 本年，大兴区安全监管局加强对重大危险源企业监管力度，保障每季度对所有重大危险源企业经营至少一次检查频次，并做好重大危险源备案和核销。全区有 1 家企业对危险化学品重大危险源进行备案；1 家企业因生产需要，对生产、储存工艺进行调整，降低危险化学品储量，对危险化学品重大危险源进行核销。

（胡　伟）

【有储存设施危化品企业疏解退出】 本年，大兴区安全监管局结合企业实际，加大政策宣传力度，阐明危险化学品生产经营未来发展方向，鼓励企业早谋划、早打算、早转型。全年，有 5 家储存设施高风险危险化学品经营企业退出，并注销企业危险化学品经营许可证。

（胡　伟）

烟花爆竹安全监管

【烟花爆竹经营许可证核发】 1 月 15 日，大兴区安全监管局下发《大兴区 2018 年春节烟花爆竹经营（零售）许可受理有关工作的通知》，部署相关企业信息录入、布点情况查询和零售网点网上申报工作。1 月 16 日至 19 日，系统平台完成申报。1 月 21 日起，进行烟花爆竹经营零售许可受理，共受理烟花爆竹经营零售申请 24 项。1 月 24 日完成烟花爆竹零售网点 24 个，其中临时点 23 个、长期点 1 个审批。网点数量较上年减少 37 个，同比下降 62%。1 月 29 日，向通过审批商户发放《烟花爆竹经营（零售）许可证》、标识牌和从业人员上岗证等。

（王胜懿）

【烟花爆竹网点从业人员培训】 1 月 28 日，大兴区安全监管局对全区 24 家烟花爆竹零售单位、从业人员 96 人进行安全培训。培训从法律法规要求对采购、销售、储存安全、反恐维稳、值守看护、应急处置等方面进行讲解。培训结束后，对参加培训人员进行执业资格考核，并向考核合格人员发放从业人员上岗证。

（王胜懿）

【烟花爆竹零售网点布设】 1 月 15 日，大兴区安全监管局组织相关单位学习新修订实施的《北京市烟花爆竹安全管理规定》，并制定《大兴区 2018 年春节烟花爆竹销售（储存）安全管理工作方案》，大兴区五环路以内地区和限放区内不予许可零售网点。区安全监管局设置并许可烟花爆竹零售网点 24 家，其中长期网点 1 家，分布在全区 8 个镇和 6 个街道办事处，全部设在五环路以外。

（王胜懿）

【零售网点安全工作部署会】 2 月 2 日，大兴区安全监管局召开大兴区烟花爆竹零售单位负责人安全管理部署会。区安全监管局、公安分局、交通局、工商分局、消防支队分别就烟花爆竹销售、储存、运输、证照办理、消防安全等进行工作部署，明确烟花爆竹零售单位主体责任，强化各项安全措施落实。

（王胜懿）

【烟花爆竹安全宣传】 2月2日，大兴区安全监管局向烟花爆竹零售网点发放《致市民一封信》《烟花爆竹安全燃放知识》、挂历、手提袋等宣传材料500余份，要求各零售网点在售卖烟花爆竹同时，发放这些宣传材料，向市民传达烟花爆竹安全知识。

（王胜懿）

【烟花爆竹燃放期间夜间执法检查】 2月9日晚，大兴区安全监管局成立夜间执法检查组，由局领导班子成员带队，开展网点夜间执法检查，按照“十个必查”要求，排查零售网点安全隐患。重点强化烟花爆竹零售网点可燃物清理、人员值守、应急救援器材配备和反恐防范等工作落实。

（王胜懿）

【烟花爆竹燃放期间执法检查】 2月10日（腊月二十五）至20日销售期结束，大兴区安全监管局组织10个检查组，对烟花爆竹经营单位和零售网点进行安全检查，重点检查烟花爆竹采购销售合法产品、零售网点周边看护、从业人员持证上岗、夜间应急值守及监控设备运行情况。出动执法检查人员352人次、执法车辆174车次，检查烟花爆竹经营单位309家次，其中检查批发企业3家次，发现并消除事故隐患58项。通过日常检查、夜间抽查和联合检查等方式，不间断对烟花爆竹批发、零售单位进行检查，进一步规范零售网点经营行为，提高网点安全管理水平。

（王胜懿）

【领导带队检查烟花爆竹零售网点】 2月12日，大兴区区委书记、开发区工委书记周立云带领区安全监管局、消防等部门，对黄村镇烟花爆竹零售网点进行安全检查。副区长杨彦光带队对熊猫烟花大兴区第五十八和第二十八零售网点进行检查。了解烟花爆竹采购和销售情况，现场查看大棚搭建、周边环境和可燃物清理等情况，对应急值守、电气设备安装和烟花爆竹货物储存管理等进行检查。要求烟花爆竹零售网点落实安全管理要求，加强网点周边安全巡视，做好销售储存安全管理。2月15日，副市长殷勇率队对大兴区烟花爆竹零售网点进行安全检查。了解相关部门对零售网点开展日常监管情况，并对网点销售烟花爆竹品种、从业人员持证上岗、视频监控设备运行、应急救援器材配备等进行检查。强调零售网点从业人员要树立“安全第一”理念，落实管理要求，引导市民安全燃放、文明燃放，确保春节期间安全稳定。

（王胜懿）

【烟花爆竹物联网视频监控系统建设】 1月，大兴区安全监管局制发烟花爆竹零售网点视频监控安装情况验收意见表，由各属地依据有关要求对烟花爆竹零售网点视频监控安装情况进行验收，对验收不合格网点责令整改。春节烟花爆竹销售期间，区安全监管局安排专人通过视频监控系统对零售网点销售区、储存区及周边环境进行全程监控，发现问题立即责令整改，并将发现问题情况记录在巡查台账，作为零售网点信誉考核依据。

（王胜懿）

【烟花爆竹销售及回收入库】 截至2月20日24时，大兴区24个烟花爆竹零售网点累计配送烟花爆竹4669箱，同比减少12268箱，减少72.4%；销售4460箱，同比减少10958箱，减少71.1%，剩余209

箱。剩余产品已全部回收入库储存。所有烟花爆竹零售网点视频监控设备和零售大棚于2月21日拆除回收完毕。

（王胜懿）

隐患排查治理

【“三大专项”行动“回头看”核查】 4月，大兴区安全监管局制定《大兴区安全隐患大排查大清理大整治挂账隐患“回头看”核查工作方案》《安全隐患大排查大清理大整治挂账隐患“回头看”抽查分组方案》，并召开“回头看”抽查部署会。4月至5月底，大兴区安委会成立4个区级检查组，对4215处“三合一”、高风险群租房消防安全隐患整改情况进行抽查，核查属地销账情况，防止销账隐患死灰复燃。邀请第三方机构，再次开展核查，巩固安全隐患大排查大清理大整治专项行动成果。

（刘俊希）

【白酒制造企业隐患整治督查】 4月12日，市安全监管局对大兴区北京皇家京都酒业有限公司和北京隆兴号方庄酒厂有限公司进行隐患整治落实检查。检查组检查厂区整改现场，随后查阅企业安全生产各项制度情况，听取酒厂隐患整改情况汇报。

（崔丽雅）

【重点企业现场隐患排查治理】 4月17日，大兴区安全监管局在北京威卡威汽车零部件股份有限公司召开重点企业现场隐患排查治理工作会。会上，北京威卡威汽车零部件股份有限公司汇报公司金属冶炼工艺、涉爆粉尘安全生产及拆迁中安全管理情况。12月20日，区安全监管局在益海嘉里北京粮油食品工业有限公司召开涉爆粉尘企业现场工作会。益海嘉里北京粮油食品工业有限公司和负责该公司涉爆粉尘改造项目的郑州中泰安科粉体科技有限公司，分别汇报涉爆粉尘系统改造项目施工方案及改造中安全管理情况。

（崔丽雅）

【涉爆粉尘企业隐患整治抽查】 5月17日至23日，大兴区安全监管局开展为期一周的涉爆粉尘企业专项检查。对全区16家存在重大隐患涉爆粉尘企业进行全覆盖检查，推进涉爆粉尘企业“十项重大事故隐患”整改。检查组深入现场，重点检查企业安全生产条件，重大隐患整改情况，落实粉尘防爆基础管理措施等，共发现隐患11项，对1家单位作出停止涉及粉尘设备设施使用现场处理决定。

（崔丽雅）

【隐患排查清单编制部署培训会】 6月13日至15日，大兴区安全监管局召开隐患排查清单编制工作培训会，400余家企业参加。通过培训企业对隐患排查及标准化有更深层次认识，并明确信息系统使用要求及方法，为隐患排查系统推广及新标准应用奠定基础。

（张　磊）

【城市安全隐患治理三年行动培训】 9月10日，大兴区安委会办公室举办城市安全隐患治理三年行动信息系统培训班，区有关行业部门、22个镇街安全主管领导参加。市安委会办公室对城市安全隐患治理三年行动工作制度进行解读，对信息系统进行培训演示。培训分行业部门、属地两批次，从理论和实践方面进行培训。

（刘俊希）

【上账隐患“回头看”督查】 9月14日，市政府督查室和市安委会办公室专项督查组，分别对大兴区观音寺街道、旧宫镇等

6个属地、10处“三合一”和高风险群租房上账隐患进行督查，未发现隐患回流问题。督查组肯定大兴区在大排查大清理大整治中的成效，并对引进第三方抽查暗访评价机制，自我加压做法表示赞同。

（刘俊希）

【涉爆粉尘企业隐患整治专项检查】 10月24日，市安全监管局组织专家，对大兴区两家已完成粉尘除尘系统改造工程企业进行涉爆粉尘专项检查。检查组听取企业安全负责人改造工程完成情况汇报，现场检查改造后除尘系统并查阅相关资料。

（崔丽雅）

【隐患治理三年行动“回头看”核查】 12月初，大兴区安委会办公室开展对“三年行动”挂账隐患整改情况进行再核查，印发《大兴区城市安全隐患治理三年行动2018年度挂账隐患“回头看”核查工作方案》，要求各属地对辖区内挂账隐患进行100%核查。至12月21日，全区22个属地完成100%核查，合格率95.46%，发现反弹问题全部整改完毕。由区安全监管局、消防支队组成8个安全专项督查组，对全区441项挂账隐患整改情况进行抽查核实，累计抽查挂账隐患242项，抽查率54.88%，合格率97.11%，发现反弹问题7项，已全部完成整改。区安全监管局聘请第三方机构，对全区城市安全隐患治理三年行动2018年挂账隐患进行暗查暗访。查访挂账隐患225处，合格率99.11%，查访情况已全部反馈属地，要求相关属地再次进行检查整改，并提交情况说明。

（刘俊希）

【深化隐患排查治理体系建设】 本年，大兴区安全监管局推进166家（市级任务120家）企业完成一企一标准、一岗一清单编制。在危险化学品、烟花爆竹、交通运输、建筑施工、金属冶炼等高危行业强制推行安全生产责任保险；在大型群众活动、人员密集场所及城市运行领域重点推行，在其他行业全面推行。至12月26日，共2379家企业参保，保费金额达809.59万元，完成全年任务要求328.6%。

（张　磊）

【落实城市安全隐患治理三年行动】 本年，大兴区安全监管局制定《大兴区城市安全隐患治理三年行动方案（2018年—2020年）》，细化10个领域责任单位与责任内容，部署开展治理行动。制定《大兴区城市安全隐患治理三年行动信息管理制度》《大兴区城市安全隐患治理三年行动台账管理制度》等配套文件，开展隐患治理信息系统培训，检查3578家次，441处挂账隐患100%销账。

（刘俊希）

应急救援

【应急救援演练】 6月28日，大兴区举办“2018年危险化学品事故军地联合应急演练活动”，演练活动由区安全监管局、应急办主办，北京卫戍区预备役防化团、天宫院街道办事处协办。区委宣传部、武装部、应急办、安全监管局、公安分局、消防支队、环保局、卫计委、气象局、天宫院街道、北京大兴融媒体中心等各部门参与演练，22个镇街、基地管委会主管领导和重点危化企业有关人员100余人到场观摩。

（周　堃）

【重点时期应急值守】 8月10日至9月11日，大兴区安全监管局对重点工业企业开展专项执法检查，对地下有限空间开展巡查。针对检查中发现安全隐患，执法人员提出整改意见，督促企业消除安全隐患，确保中非合作论坛北京峰会期间安全生产形势稳定。8月23日，大兴区安委会办公室启动《大兴区重要时期安全生产应急保障工作机制》。要求“中非论坛北京峰会”期间，各成员单位加强应急值守，强化责任意识，严禁擅离职守。遇有突发事故，执行信息报告制度，同时，按照职责划分和响应程序迅速开展处置。8月28日，区安全监管局做好“中非合作论坛北京峰会”期间安全生产应急保障，成立以局长为组长保障工作领导小组，制定《“中非合作论坛北京峰会”期间安全生产应急保障工作方案》，对应急保障职责进行明确和细化。要求强化事故信息接收、报送和处置，确保信息畅通、反应迅速、处置得当，工作有序。

（孙培培　崔丽雅）

【应急救援专家队伍建设】 10月19日，大兴区安全监管局召开大兴区第四届安全生产专家聘任会。根据《北京市大兴区安全生产专家队伍管理办法》专家聘任程序要求，聘任涉及危险化学品、电力机械、建筑等领域专家12名。专家结合自身专业领域与知识储备，开展安全生产指导工作。

（张和平）

【城市安全风险管控办法研讨会】 11月21日，大兴区安委会办公室组织专家，召开《大兴区城市安全风险管控办法》研讨会。结合风险评估开展情况、各级部门职责及大兴区实际，就管控办法进行逐条研讨、修改和完善，初步形成《大兴区城市安全风险管控办法》。

（孙培培）

【应急管理示范企业创建】 12月25日，大兴区安全监管局完成安全生产应急管理示范企业创建。中国石油化工股份有限公司北京黄村石油库、北京中瑞食品有限公司、北京天金石油销售有限公司、北京篮丰五色土农副产品批发市场中心，四家企业被评定为安全生产应急管理示范试点企业。

（孙培培）

【应急物资管理】 本年，大兴区安全监管局每季度对区级、市级危险化学品应急物资储备库内应急物资进行盘点，保障应急物资齐备、有效。3月，对氯气捕消气、四合一有毒气体检测仪等10余种物资进行保养和维护，确保全区各项应急物资均处于良好状态。8月，完成区级物资更换及灭火器维护。

（张和平）

【应急预案管理】 本年，大兴区安全监管局落实《生产安全事故应急预案管理办法》和《大兴区生产安全事故应急预案备案程序》，做好危化企业和工业企业生产安全事故应急预案审核备案，促进企业安全生产主体责任落实，增强应急处置能力。危险化学品生产经营单位完成备案156家，工业企业完成应急预案备案641家。

（李青松）

【城市安全风险评估】 本年，大兴区安全监管局健全预防控制体系建设，落实市政府《关于推进安全预防控制体系建设的意见》，推进城市安全风险评估，初步形成《大兴区城市安全重大风险应急联动工作机制》《大兴区城市安全风险分级管控办法（试行）》《大兴区安全风险评估报告》。根据市安委会部署，依据《重大安全风险源辨识建议清单》对12352条风险源进行重大风险源再筛查，确保重大风险源评估程序性、科学性、准确性，提升安全生产风险防控能力。

（孙培培）

执法监察

【人员密集场所专项检查行动】 3月29日，为吸取“3·25”俄罗斯购物中心火灾事故教训，大兴区安委会办公室印发《开展人员密集场所安全生产检查专项行动的通知》。区安全监管局结合《2018年安全生产联合执法检查方案》，全区开展为期一个月的人员密集场所安全生产检查专项行动，分为部署排查、集中整治、攻坚查处三个阶段实施，各主管行业部门根据自身行业特点制定专项行动方案。区级成立联合执法组，对全区大型商业综合体开展联合执法检查。属地成立日常巡查组，对辖区内所有人员密集场所开展“拉网式”排查，逐个登记造册，建立台账。对检查中发现问题和隐患，能当即整改的立即整改，对一时难以整改的制定整改方案，并明确整改时限、单位及责任人。

（李时光）

【专职安全员队伍建设】 5月10日，大兴区安全监管局召开安全生产专职安全员重点工作部署会，针对前段专职安全员安全检查、隐患排查、队伍建设等工作开展情况进行分析和总结，部署安全生产专职安全员年度计划、规范化建设和重点任务。年内，全区镇、街道（园区）安全生产专职安全员共开展安全生产检查95977家次，人均检查226.36家次。发现隐患32790项，下达责任整改文书19485份，人均下达45.96份。各安全生产检查队还承担本辖区重大活动安保工作，及本属地单位消防、综治、流管、人口调控、打非治违、特种设备监察等公共安全职能。

（蒋　帅）

【专职安全员队伍建设宣传】 6月6日，大兴区安全监管局开机拍摄“安全生产专职安全员主题宣传片”，以安全生产专职安全员为主角，从基层安全生产监管出发，记录全区专职安全员常年坚守在安全监管一线，开展安全生产检查，督促企业落实主体责任，承担辖区安全生产综合管理、重大活动安保及消防、综治、打非治违等公共安全职能工作状态，展示大兴区安全生产检查队规范化建设成果。

（蒋　帅）

【行政执法】 本年，大兴区安全监管局完成全年行政执法任务，执法检查生产经营单位3261家次，下达执法文书1746份。行政处罚496件，其中一般处罚254件，简易处罚242件，罚款680.029万元。人均执法检查量48.67件，人均处罚量7.40件，职权履行率12.16%，行政执法检查数量、处罚数量、处罚金额均创历年新高，同比上一年三项数据均上升200%。

（郑　阳）

【重大活动安全保障】 本年，大兴区安委会办公室组织筹划，落实全国“两会”和“中非论坛”安全保障。制定《大兴区全国两会安全生产保障方案》《大兴区中非论坛期间安全生产保障工作方案》，组织重点行业部门和各属地开展6大重点行业领域安全生产联合执法检查专项行动，完成全国“两会”和“中非论坛”安全生产专项隐患排查治理任务。

（郑　阳）

【重点行业联合执法检查】 本年，大兴区安全监管局按照每季度安全风险等级和全区安全生产年度重点执法任务，联合15家职能部门，制定年度安全风险月历和《全区重点安全生产联合执法检查计划》，组织全区开展危险化学品、重点工程建设、人员密集场所等16项专项联合执法检查行动。共组织安全生产联合执法行动16项，联合执法194次，检查生产经营单位32919家次，发现隐患25892项，消除隐患25082项，隐患整改率98%；其中停产停业整顿38家，对215家生产经营单位进行行政处罚，共处罚款485.495万元。

（郑　阳）

【执法辅助服务项目】 本年，大兴区安全监管局采用专业机构、行业领域专家辅助开展执法模式。专家运用《北京市安全生产执法检查规范》，配合专职安全员对生产经营单位开展检查，出具检查结果《安全生产执法检查辅助服务报告》，为执法人员进行检查提出重点检查地点、重点关注隐患、重点检查项目、涉嫌违反法律法规等专业性建议，使执法人员现场检查有针对性，对生产经营单位存在隐患进行“精准打击”。该项目共出具专家报告400份，涉及企业779家，专业性检验检测报告59份，其中危险化学品检测11份，职业卫生检测29份，电消检测30份，安全评价报告75份。通过执法辅助服务立案查处177件，共处罚款102万元。

（郑　阳）

【专职安全员队伍信息宣传】 本年，大兴区安全监管局、大兴安监专职安全员微信公众号推送各类专职安全员工作信息47期、152篇。全区22个镇、街道（园区）安全生产检查队微信公众号推送安全生产信息1563期、3469篇。

（蒋　帅）

【专职安全员队伍规范化建设】 本年，大兴安全监管局加大安全生产检查（督查检查）队规范化建设，在稳固镇、街道（园区）安全生产检查队规范化建设基础上，抓好职能部门安全生产督查检查队规范化建设。职能部门督查检查队对照评定细则查找不足、规范完善。经自评、初评、复评、终评等考评程序，以市级终评平均分947.34分的成绩达到督查检查队规范化既定目标，以100%达标率通过考核。

（蒋　帅）

职业卫生监督检查

【粉尘企业与有限空间企业检查】 2月26日至3月20日，大兴区共对164家重点工业企业开展执法检查。其中涉爆粉尘企业16家，涉及有限空间企业57家，其他工业企业91家。出动执法人员371人次，发现一般安全隐患135项，全部整改完毕。对1家涉及有限空间企业违法行为，进行立案处罚。

（崔丽雅）

【农民工尘肺防治知识培训】 3月17日至7月19日，大兴区安全监管局组织22个镇街、管委会，举办22期农民工尘肺防治知识宣传教育班，累计培训10391人次，对辖区内接触粉尘危害一线职工实行全覆盖培训，使接触粉尘危害一线职工能做到预防为主，提高自我安全防护意识。

（李　刚）

【职业卫生基础建设达标评审】 3月21日起，大兴区安全监管局组织专业机构对职业卫生基础建设达标3年以上的200家单位和台账新增40家单位进行达标评审。评审委托技术服务机构按照国家安全监管总局组织的基础建设年活动 60 项指标要求，对涉及职业危害用人单位主体责任落实情况进行检查。10 月，完成全区 22 个镇街、管委会 240 家达标创建。

（李　刚）

【用人单位职业卫生管理人员培训】 4 月 2 日至 4 月 26 日，大兴区安全监管局举办 5 期培训班，对全区存在职业卫生危害用人单位的主要负责人和管理人员 1025 人进行教育培训。发放区安全监管局编制的《职业卫生监督管理培训教材》，邀请市安全监管局领导、市职业卫生专家授课，紧贴企业职业病防治实际，突出指导作用，提升职业病防治水平。

（王静怡）

【职业卫生宣传周】 4 月 23 日至 30 日，大兴区安全监管局组织“职业病防治法宣传周”，出动宣传车次 275 辆、各属地参与宣传人员 742 余人，深入企业 157 家，发放安全生产月报、职业病知识折页、职业病防治法海报、购物袋、扇子、洗衣粉、扑克牌等宣传品 2.84 万份，现场接受咨询 8160 余人、举办职业病防治培训班 22 次，参加培训 3799 余人。

（王静怡）

【大兴区国际机场项目有限空间检查】 4 月 26 日，市安全监管局副巡视员杨永军带队对北京大兴国际机场建设项目开展有限空间专项检查。大兴区安全监管局及区机场办相关领导参加检查。检查组分别对道桥及管网工程 GZQ-DQJGW-002 标段、GZQ-DQJGW-003 标段，进行实地检查。

（崔丽雅）

【有限空间专项培训】 7 月 3 日至 4 日，大兴区安委会办公室在北京市城市管理高级技术学校，开展有限空间作业专项培训。培训进一步规范有限空间作业操作行为，提高有限空间作业安全管理水平，促进《有限空间安全作业五条规定》和有限空间作业“三个标准”贯彻落实，并做好队伍选拔。各属地和行业部门监管人员、地下有限空间作业单位人员、工贸企业有限空间作业单位人员 350 余人参加培训。

（崔丽雅）

【有限空间作业大比武】 7 月 10 日至 12 日，大兴安全监督管理局主办，北京市市政管理学校承办，举行大兴区第四届有限空间作业大比武。市安全监管局、区城市管理委、住建委、经信委、商务委、水务局主管领导、各属地单位安全负责人及 55 支作业参赛队、22 支监管人员参赛队 380 余人出席开幕式。大比武活动促进作业队伍和监管队伍学习知识、提高业务技能水平积极性，达到以赛促学目标，展现出 77 支队伍精神风貌。

（张　磊）

【全市有限空间作业安全生产视频会】 7 月 27 日，大兴区安委会办公室组织全区负有有限空间作业管理职能行业管理部门分管领导、部门负责人和相关企业负责人参加市安委会办公室召开的第二次全市有限空间作业安全生产工作视频会。区安全监管局、住建委、城管委、交通局、农委等 12 个部门，6 家企业参加会议。会上，怀柔区杜邦营养食品配料（北京）有限公司等单位介绍有限空间作业管理经验。

（崔丽雅）

【有限空间作业执法检查】 9 月 12 日 18 时至 22 时，大兴区安全监管局分两组对大兴城区和西红门地区，开展有限空间夜查。东起京开公路，西至兴旺路；南起兴政街，北至京良路，采取“之”字形拉网式排查，发现有限空间作业1起，执法人员对作业现场设备设施配备、作业人员个人防护用品穿戴、作业审批、气体检测与通风等进行重点检查。

（张　磊）

【职业病危害防治评估】 9月，大兴区安全监管局依据区安委会办公室《关于印发〈大兴区职业病危害防治评估制度（试行）〉的通知》，启动职业病危害防治评估。组织职业卫生专家组，按照八项量化标准对22个镇街、管委会职业病防治进行评估。10月底，完成前期核查工作。11月，形成评估报告。

（王静怡）

【重点行业领域职业病危害普查】 本年，大兴区安全监管局多次召开专题会议研究全区重点行业领域职业病危害基本情况普查工作，成立普查工作领导小组，制定《大兴区普查工作方案》。7月24日，召开全区大会，启动普查。采取试点模式，获取经验。开展普查前培训，加强宣传，营造普查环境。11月，超额完成22个镇街、1200家普查任务，实际普查1239家。

（李　刚）

【职业卫生执法检查】 本年，大兴区安全监管局开展职业卫生执法检查，共检查企业1423家次，立案处罚40起，罚款61.3万元。

（李　刚）

【机动车制造与维修企业尘毒危害治理】 本年，大兴区安全监管局结合前期摸底排查情况，开展汽车整车制造、汽车零部件生产及机动车维修企业尘毒危害专项治理。经前期排查、专家一对一指导、出具整改治理一对一报告、召开部署会、整改复查，执法人员全覆盖检查并抽查5家企业整改完成情况。10月下旬，完成市安全监管局整治验收。

（王静怡）

【有限空间专项整治】 本年，大兴区安全监管局开展有限空间专项整治，建立1032家有限空间作业单位台账。督促企业做好有限空间作业条件确认，开展安全隐患自查自纠。开展有限空间巡查检查293次，发现并整改隐患146项，行政处罚10起，罚款14.5万元。

（崔丽雅）

宣传培训

【安全生产月活动】 6月16日，大兴区在黄村镇孙村工业园区广场，举行全国第17个“安全生产月”宣传咨询日活动，围绕“生命至上 安全发展”主题，结合全区村庄安全治理重点工作，面向重点治理村庄村民及部分企业员工宣传燃气安全、交通安全、消防安全等常识。大兴区人大副主任刘振宝、副区长杨彦光、区政协副主席李亦武、市安全监管局等领导，区安全监管局、区消防支队、黄村镇等22家单位主管领导参加此次活动。

（侯　勇）

【安全生产宣传教育志愿服务】 本年，大兴区安全监管局组织安全生产宣传教育志愿者开展志愿宣传服务7次，参与志愿者3665人次，发放宣传品30.2万份，摆放展板2387块，悬挂条幅1252条。

（杨　军）

【“双百工程”活动】 本年，大兴区安全监管局持续推进“双百工程”活动落实，全区99名处级领导干部与758家企业主要负责人进行对话谈心、专家服务200家企业。

（李　蕾）

【全员大培训】 本年，大兴区安全监管局强化安全生产大培训，完成企业主要负责人和安全管理人员7044人培训考核任务；完成镇街道和行业部门安全生产分管人员35人，不少于40学时培训；完成镇街安全生产管理人员500余人，不少于40学时培训；完成行政村主要领导和安全巡查员1045人不少于8学时网络培训。协助市安全监管局进行10期特种作业人员巡查考核，共19217人次；进行10期危险化学品生产经营单位主要负责人和安全管理人员巡查考核，共968人次。

（侯　勇）

【“双十二”主题宣传活动】 本年，大兴区安全监管局开展“双十二”主题宣传活动，督促和指导22家属地单位和13家行业部门，开展“双十二”主题每月宣传活动。

（李　蕾）

【安全生产领域先进典型树立推广】 本年，大兴区安全监管局开展“安监之星·北京榜样”主题评选，全区各单位及企业64人报名参选，6人获市级评选周之星称号。参与市安全监管局和共青团北京市委员会举办的“北京市青年安监卫士”评选活动，全区17名一线执法人员获评。全区34家行业部门和属地单位推荐候选人66人，参加由区安全监管局和区妇女联合会共同举办的第二届“大兴最美安监巾帼”主题活动，经层层筛选，评选出入围“大兴最美安监巾帼”30人进行终评演讲，评选出优秀选手10人，代表大兴区参加北京市“最美安监巾帼”评选。大兴电视台、大兴报社、大兴电台、市安全监管局网站、市区级微信公众号等媒体渠道进行广泛宣传，及时报道主题活动，形成宣传报道亮点。年内，区安全监管局获2018年度北京市第二届“寻找最美安监巾帼”主题活动优秀组织单位，有三名女同志入选第二届北京市“最美安监巾帼”。

（杨　奕）

【媒体安全宣传】 本年，大兴区打造“两微两台两报两网两屏”为主要渠道媒体宣传网络，以“大兴安监”和“大兴安监专职安全员”微信公众号为载体，定期发布安全生产有关法律法规、安全生产知识及大兴区安全生产动态；以广播电视报纸“平安大兴”栏目为依托，深度报道安全生产工作；《大兴报》和《安全生产月报》搭建政府与社会和企业沟通桥梁；突出大兴信息网站和大兴安监网站便捷作用，适时发布安全生产信息；发挥城区社区和公共场所电子显示屏辐射作用，面向社会广泛宣传。

（李　蕾）

法制建设

【委托执法取证培训】 4月23日，大兴区安全监管局组织22个镇街、管委会安全生产科在岗在编人员及局机关各科室执法人员100余人，参加委托执法取证培训。培训讲解执法文书填写；专家分析事故案例及相关法律法规；实地执法技能培训等，培训合格人员63人获执法证件。

（谷学宁）

【行政处罚案卷评查】 7月18、19日，大兴区安全监管局开展上半年行政执法案卷及委托执法文书评查活动。评查范围为上半年办理结案行政处罚案卷和委托执法文书，评查采取各单位、各部门自查自评与交叉集中互评相结合方式进行。评查参照《北京市行政执法案卷评查评分细则的标准》进行打分，从局机关各科、室、队、中心执法案卷中随机抽取8卷案卷，从各属地单位随机抽取10套委托执法文书进行评查。通过案卷评查与现场交流反馈，行政执法案卷总体质量较好，没有不合格案卷。但个别文书、案卷仍存在不足。下一阶段，局机关各科室、各属地单位将逐一对照案卷及文书评查发现的问题，全面查找原因和不足，形成随查随改，建立、健全具有可操作性的长效机制，达到“以评促改、以改促进”的目的，提高行政执法人员依法行政能力水平。

（杨 涛）

【安全生产法律法规知识竞赛】 9月25日至29日，大兴区安全监管局在全区安监系统开展“安全生产法律法规知识竞赛”活动。竞赛以电脑答题形式，通过属地预赛选拔，区内统一决赛方式进行。170余人参赛，满分600分，有18人取得500分以上成绩。兴丰街道办事处获属地竞赛第一名，局监管科获局机关竞赛第一名。

（谷学宁）

【安全生产法制员培训班】 12月11日、12日，大兴区安全监管局举办安全生产法制员培训班。局机关各科室和各镇街、管委会安全科科长和法制员共80余人参加培训。培训分为理论和实操两部分，理论部分邀请市级安全专家讲解依法行政中存在突出问题，对重大生产安全事故典型案例进行解析，并对依法行政、履职尽责意义进行系统阐述。实操部分为前往首钢安全生产实训基地，通过现场实景讲解加油站、建筑工地及高低压配电室等场所安全检查重点及方法。

（谷学宁）

科技与信息化

【安全生产信息化工作会】 6月15日，大兴区安全监管局召开全区安全生产信息化工作会，28个行业部门和22个属地镇街主管领导、安全科科长参加。会议通报全区上年企业台账管理和专职安全员检查系统使用情况，对安全生产信息监管系统企业管理模块使用进行培训。会议要求用好企业台账管理和专职安全员检查系统，推进全区安全生产信息化再上新台阶。

（孙 兴）

【政务网站建设】 本年，大兴区安全监管局每月对局政务网站及大兴区政府网站更新情况进行自查，对照标准更新栏目信息。局政务网站刊登政务信息153条、图片类信息35条、国务院信息栏目发布225条、通知公告20条、安全生产提示5条、留言回复10条。针对无效链接、内容错误进行更新与整改，及时更新完善栏目信息。发挥政务网站政企互动、便民服务、舆论宣传作用。

（孙 兴）

标准化建设

【安全生产标准化中介机构沟通会】 9月26日，大兴区安全监管局召开安全生产标准化中介机构工作沟通会，从评审机构角度了解全区标准化创建情况。加强对安全生产中介服务机构监督管理，加强内部管理和过程控制，提高安全评价报告质量效力。会上各中介机构负责人分别介绍公司情况、工作进展、存在问题和意见建议。区安全监管局通报近期对部分企业核查情况，针对存在问题提出建议。

（崔丽雅）

【企业标准化达标创建】 本年，大兴区安全监管局将安全生产标准化达标创建、“一企一标准、一岗一清单”“安责险”“散乱污”企业治理专项行动等重点工作相结合，按照辖区企业100%达标创建目标，参照安全生产条件普查数据，要求全区22个属地镇街梳理、上报达标企业台账和复评企业台账。指派专人全程参与企业达标创建，组织专家组100%核查并记录备案。加强对安全生产标准化达标企业核查力度，强化企业自主创建，三级达标创建企业完成现场评审149家，小微企业岗位完成达标733家，共882家，完成率176.2%，超额完成全年市级500家创建任务。

（苗雅菡）

昌 平 区

概　　述

2018年，昌平区安全生产工作在市局、区委、区政府领导下，坚持以全力压减事故总量，有效防范较大和社会影响大事故，遏制重特大生产安全事故为总目标，以“补短板、强融合、细落实、促平衡”为安全生产总要求，落实“四化三体系双基”安全生产工作总任务，深化安全生产领域改革，开拓创新，恪尽职守，推动昌平区安全生产形势持续稳定好转。

加大监管监察力度，结合全区总体发展规划和“疏解整治促提升”要求，以烟花爆竹、地下空间、有限空间、职业危害企业、工业企业涉爆粉尘和涉危使用等专项整治为抓手，通过标准化、规范化建设，加强监管监察。完成22项重大活动、重要节假日期间安全生产保障。开展环境整治、重点隐患消除、非法违法行为查处、旅游市场专项等联合执法检查206次。全年安监系统共检查生产经营单位2594家次，查处各类安全隐患1264条，整改1258条，下达执法文书2005份。严肃追究事故责任，全年共发生生产安全亡人事故11起，死亡12人，同比分别下降61%和59%。

依法实施行政许可，以“合理规划、源头管理、安全第一”为原则，完成危险化学品经营许可审批57家，其中延期39家，变更13家，首次5家；建设项目审查4家，注销危险化学品企业9家。健全安全生产责任体系，同40个成员单位、21个属地政府签订《2018年度安全生产目标管理责任书》。制定镇（街道）、部门安全生产综合考核细则，明确压减事故、执法检查、安责险等指标任务。召开安全生产大会，部署安全生产重点工作。强化对安全生产过程监管、动态跟踪，对36个行业部门、13个镇街、23家企业开展2017年市委市政府安全生产督察反馈问题整改及成果巩固情况等专项督察，倒逼企业、镇（街道）、行业部门落实安全生产责任。落实通报办法要求，对事故高发7个镇街开展约谈；在重大活动期间，对3家危化企业开展集中约谈。每季度对全区安全生产形势进行一次综合分析通报。全年，召开安全生产重点工作推进会8次，有效促进安全生产责任落实。

强化安全生产宣传教育，利用“昌平安监”微信公众号、昌平电视台、昌平报，开展“安全生产月”、安全生产培训、双百工程等活动，加大安全生产法律法规、安全生产知识宣传和培训力度，营造安全生产良好氛围。组织“2018安监之星·北京榜样”评选推荐活动，2人分获周星、月星。开展履行安全生产监管（管理）职责示范单位创建评选，经市安委会评议，授予区住建委、交通局区级行业部门履行安全生产监管（管理）职责示范单位。开展“双百工程”活动，行业部门对话谈心349家，专家服务企业200家。

综合监管

【副区长带队安全检查】 2月8日，昌平区副区长周金星带领区商务委、安全监管局、食药监局、消防支队等职能部门负责人，开展节前安全生产和市场供应检查。在新世纪商城，检查组查看商场消防设备设施、应急通道等情况，检查超市物资储备和市场供应情况。检查组要求企业负责人要紧绷安全生产这根弦，落实安全生产主体责任。检查组还到万荣烤鸭和新发地菜篮子生鲜超市，重点检查消防设备设施、食品安全、物资储备和市场供应情况。

（张晶昱）

【安全生产工作大会】 3月7日，昌平区召开2018年度安全生产暨消防安全工作会议。会上观看2017年度消防工作纪录片，区安全监管局、消防支队、交通支队分别总结2017年安全生产、消防安全和交通安全情况，部署2018年重点工作。副区长刘长永通报2017年安全生产综合考核结果，副区长、公安分局局长刘泽通报2017年消防安全考核结果。区委副书记、区长张燕友对全区安全生产工作提出要求，要提高站位、深化认识，增强做好安全生产的责任感、紧迫感；要聚焦重点、集中攻坚，确保全区安全形势持续稳定好转；要综合施策、强化保障，加快形成齐抓共管良好格局。

（张晶昱）

【区委书记带队安全检查】 4月27日，昌平区委书记侯君舒带领区安全监管、工商管理等部门负责人，检查安全生产工作。在京北美廉美超市查看节日市场供应、食品安全和应急值守等情况，实地检查超市安全出口、仓库消防设施安装和设备运行情况。侯君舒要求，超市相关负责人要严把食品安全质量关，增强消防安全意识，加强工作人员管理培训，确保安全无事故。检查组还来到北京中盾安民分析技术有限公司，听取企业生产经营和安全生产汇报，重点查看高压配电室，了解巡回检查工作。

（张晶昱）

【安全生产专项督察】 5月7日起，昌平区安委会对全区各相关部门、镇街、企业开展为期两周的安全生产专项督察，重点检查2017年市委市政府安全生产督察反馈问题整改情况。督察分成5组，采取现场检查与资料查看相结合方式，对各镇街、各部门督察反馈问题整改落实情况，进行回头看督察。进一步落实督察职责，防止整改工作浮于表面、流于形式，确保各项问题应改尽改，杜绝反弹回潮；逐一核实存在问题的整改情况，留存隐患前后对比照片，落实区政府安全生产考核要求；通过开展督察，督促各单位履行安全生产监管（管理）职责，举一反三，持续推进隐患排查治理。

（张晶昱）

【安全生产重点工作推进】 5月28日，昌平区召开2018年安全生产重点工作推进会，副区长刘长永主持会议，并强调提高政治站位，认真履职尽责。各镇街、各部门要结合近期事故情况，举一反三，查漏补缺，把政府层面安全生产工作做实、做细，以二季度高发易发高处坠落、触电事故及易引发群死群伤中毒和窒息、坍塌等事故类型为重点，开展执法检查，督促企业和相关人员发现整改安全隐患，有效压降各类安全事故发生。精准发力，务求工作成效，完成安全生产责任书各项任务，结合夏季安全生产规律特点，抓好汛期安全监管。做好城市安全隐患三年治理行动准备，各部门、各镇街务必要高度重视、认真对待、精心准备，总结2017年“三大专项”行动时期经验，做好隐患清理整治。

（张晶昱）

【部署安全生产工作】 8月30日，昌平区召开安全生产工作部署会，要求各级领导干部认识安全生产面临严峻形势，落实“党政同责、一岗双责、失职追责”和重大活动举办期间安全管理责任，及时排查隐患，防范事故。会上，区安全监管局从健全落实安全生产责任制、完善安全监管体系、大力推进安全生产依法治理、安全预防控制体系建设、夯实安全基础保障能力五个方面进行《安全生产领域改革发展实施方案》解读，并对重大活动期间安全生产进行部署，要求全体领导干部保持头脑清醒，落实安全监管职责；做好重大活动期间安全生产工作；加强应急值守和应急准备；广泛宣传，提高安全生产群防群治能力。副区长刘长永强调，要高度重视重大活动期间安全维稳工作，除隐患，补漏洞，真正担负起“促一方发展，保一方平安”政治责任；抓好重点行业、部位监管和检查；做好应急值守，发现问题及时上报，及时救援，防止事故扩大；做好宣传，提高广大群众防范事故能力。

（张晶昱）

【区委书记带队安全检查】 9月29日，昌平区委书记侯君舒带领区食品药品、安全监管、消防等部门负责人，来到乐多港万豪酒店，检查酒店中餐后厨菜品制作、管理运营等情况，并在中控室查看安全措施落实情况。侯君舒要求，要认识安全生产形势，进一步增强安全责任意识，不折不扣地开展隐患排查治理，强化应急保障能力，做好市场供应和旅游接待服务，确保国庆假期全区安全稳定。

（张晶昱）

危险化学品安全监管

【“两会”期间危化品监管】 3月2日，昌平区安全监管局召开全区危险化学品经营单位主要负责人会，对“两会”期间危险化学品安全保障进行部署。落实好企业主体责任，加大安全隐患排查力度，及时整改安全隐患；完善安全生产和反恐应急预案，组织实战演练，提高安全防范能力；加强应急值守，执行主要领导干部带班制度，做到及时发现问题及时进行上报；严控销售管理，依照有关部门通知要求暂停剧毒化学品、易制爆危险化学品和散装油销售，保证全区“两会”期间安全稳定。

（张晶昱）

【非经营性加油站专项整治】 5月8日，

昌平区安全监管局召开“危险化学品综合治理三年行动推进会”暨非经营性加油站专项整治工作部署会。全区 14 个行业部门、24 个镇街主管领导参加。区安全监管局对昌平区非经营性加油站安全专项整治和危险化学品综合治理三年行动下一步工作进行部署，要求强化历史担当，坚持首善标准，不断增强危险化学品安全监管责任感、紧迫感和使命感；突出工作重点，把握关键环节，落实全年危险化学品安全监管各项任务；着力推动危险化学品安全综合治理三年行动。

（张晶昱）

【液氨使用治理验收检查】 6 月 14 日至 15 日，昌平区安全监管局对全区 6 家涉氨制冷企业，开展液氨使用专项治理回头看执法检查行动。重点检查各单位氨气浓度检测报警、事故排风、水喷淋系统等安全设施运行维护情况；应急救援预案演练、应急救护装备、药品等物资管理情况；安全管理制度落实和安全操作规程执行情况；生产安全隐患排查治理、隐患整改落实等情况。检查发现企业一线工作人员安全意识淡薄、安全生产现场处置措施未按规定及时修订、应急救援设备器材操作不熟练、安全警示标识缺失。执法队员针对发现安全隐患，下达执法文书，责令整改。要求各企业提高安全生产防范意识，加大从业人员教育培训力度，进一步加强液氨应急专项预案演练，加大安全生产投入，全面提升液氨使用安全管理水平。

（张晶昱）

【危险化学品民营企业培训】 11 月 20 日，昌平区安全监管局召开危险化学品及医药化工民营企业专题培训会。结合国家及昌平区形势，对安全生产形势进行解读，帮助企业认识安全生产特殊性和艰巨性，增强做好安全生产工作紧迫感和责任感。结合季节特点，对重点工作进行解读，推动企业强化风险管控，加强隐患治理，做好冬季危险化学品安全生产工作。对标准化建设和危险化学品安全风险评估进行培训和解读，现场演示系统使用流程，对企业反馈常见问题提供解决方案。通过培训，增强安全监管局与民营企业间交流沟通，解决企业标准化申报及安全风险评估反馈常见问题。

（张晶昱）

【企业安全监管】 本年，昌平区安全监管局完成 15 家加油站贯标改造验收，及 27 家加油站奖励资金材料初审和上报；推进完成 3 家危险化学品经营企业退出经营；推进非经营性加油站专项整治，初步建立昌平区 46 家非经营性加油站台账，查处各类隐患 230 条；持续推进危险化学品安全三年综合治理，完成 85 家危险化学品经营企业安全风险辨识及等级评定，建立危险化学品企业安全风险分布档案；汇总危险化学品重大危险源档案，建立电子分布图。

（张晶昱）

烟花爆竹安全监管

【从业人员安全培训】 1 月 25 日，昌平区安全监管局联合区公安分局、工商分局、消防支队等职能部门对全区 8 个网点、36 名烟花爆竹从业人员，进行岗前安全培训。对新修订《北京市烟花爆竹安全管理规定》进行解读，要求各烟花爆竹销售点加强销售储存管理，严禁销售吐珠类、组合烟花类烟花爆竹，严禁超量存储、异地存储。

强化日常安全管理，落实岗位责任，发挥安全管理人员作用，加大安全检查和周边巡视力度。树立反恐防恐意识，完善应急物资配备，开展应急培训和演练，提升本单位员工应急处置水平。严格落实空气重污染预警管控措施，“三禁止、三报告、一登记”制度。区公安分局、工商分局、消防支队等职能部门，结合各自职责对从业人员提出具体要求。区安全监管局对参加培训人员进行考试，合格发放上岗证，所有烟花爆竹销售点从业人员必须持证上岗。

（张晶昱）

【推进烟花爆竹行政许可】 本年，昌平区安全监管局按照《烟花爆竹经营许可实施办法》，对全区原有49家烟花爆竹网点进行安全条件审核。对与居民居住场所设置在同一建筑物内的，审核不予通过；周边环境发生变化，不再符合安全条件的，审核不予通过；占用盲道、架空电力线跨越、与交通干道交叉路口及周围建筑距离不足的，审核不予通过；对由于安全距离问题不予许可的临时零售点，不再异地布设。结合地区功能定位和禁放区设置等实际情况，进行网点布设。在区政府划定两个烟花爆竹禁放区内及周边30米范围不予布设网点。根据2017年12月27日区政府会议部署及全区禁放区设置情况，结合前期网点安全条件审核结果，在禁放区外镇街，设置8个烟花爆竹销售点，为小汤山、沙河、流村、阳坊、百善、崔村、马池口、南口各一个。

（张晶昱）

【烟花爆竹执法检查】 本年，昌平区安全监管局许可烟花爆竹经营网点8家，同比减少41家。对所有网点实现视（音）频系统高清版全覆盖，签订《烟花爆竹安全管理承诺书》，落实企业主体责任。春节期间，出动执法人员78人次、车辆32台次，检查烟花爆竹网点79家次，下达执法文书189份，整改各类安全隐患13项。春节期间，共配送烟花爆竹2136箱，销售烟花爆竹1983箱，回收烟花爆竹153箱，实际销售率为当年配送量的92.8%，销量同比下降86.5%。

（张晶昱）

矿山安全监管监察

【“两会”前非煤矿山检查】 3月1日，昌平区安全监管局对北京金隅北水环保科技有限公司凤山矿进行“两会”前期安全生产检查。检查组要求企业落实主体责任，完善安全条件，加强教育培训，增强全员安全意识，提高安全能力，杜绝违规违章行为，有效防控各类生产安全事故。

（张晶昱）

【应急管理部专项督查】 8月9日，应急管理部非煤矿山第五督查组对北京金隅北水环保科技有限公司凤山矿进行专项检查。督查组听取昌平区和凤山矿汇报，了解昌平区安全生产工作总体情况，贯彻落实国务院和北京市安全生产会议安排部署情况，全国非煤矿山安全生产会议精神贯彻落实情况，及凤山矿安全生产专题汇报。督查组查阅凤山矿各项安全生产管理制度、记录和档案，并到矿山开采现场进行实地检查。督查组对昌平区和凤山矿工作给予肯定，并要求凤山矿抓紧时间整改督查中发现安全隐患，市安全监管局相关人员参加督查。

（张晶昱）

隐患排查治理

【“三大”行动“回头看”】 4月2日，全市消防安全和安全生产电视电话会后，昌平区立即对安全隐患大排查大清理大整治专项行动“回头看”再动员、再部署，副区长刘长永要求全区各镇街、各部门立即对4131项上账隐患开展全面排查，确保全覆盖、无死角，防止销账隐患死灰复燃，坚决防范火灾和各类生产安全事故发生。区安委会办公室牵头，组建督查工作组，压实工作责任，统筹推进全区安全隐患大排查大清理大整治专项行动“回头看”，对全区工作开展情况进行督查通报；将电动车安全隐患排查治理作为重点，加强源头治理，强化安全监管措施，采取人盯技防、日巡夜查等方式，确保不发生同类事故，不出现各类次生隐患。

（张晶昱）

【企业隐患整治部署会】 8月28日，昌平区安全监管局召开全区工业企业涉危使用事故隐患治理动员部署会。区安全监管局进行动员部署，专家针对工业企业涉危使用就项目概况、项目准备、项目实施步骤、项目管理要求等进行培训。区安全监管局要求，要高度重视涉危使用环节安全管理和隐患排查治理，认识开展专项行动重要意义；要配合中介机构开展工作，整治工作采取政府购买服务方式，聘请专业机构发挥技术支撑作用，对工业企业危险化学品全流程进行隐患排查，既体现政府对企业安全生产支持，又确保工作专业性；要及时、彻底整改隐患，涉危使用环节发生事故风险高，事故造成后果极为严重，企业要安排专业技术人员，全程配合专家开展工作，科学、细致制定整改方案，全面进行整改，按期消除安全隐患。

（张晶昱）

应急救援

【城市安全风险评估部署】 5月14日，昌平区安全监管局召开城市安全风险评估服务机构工作部署会，市劳动保护科学研究所、国家安全监管总局研究中心、北京大方安科技术咨询有限公司、北京国信安科技术有限公司和北京地大安环科技发展有限公司等五家服务机构参加会议。会议讨论确定各机构分工，修订服务合同。区安全监管局向各服务机构提出必须保质保量完成调研任务，并分别和每家单位签订廉洁自律承诺书。

（张晶昱）

【生产安全应急桌面演练】 6月29日，昌平区政府举行与重大危险源企业生产安全事故“一对一”应急预案桌面演练活动。市安全监管局副局长阎军、昌平区副区长刘长永出席。昌平区安委会成员单位、属地政府（街道办、园区管委会）、北企公司主管领导及科长，重大危险源企业负责人，五肉联周边企业及居民代表200人到场观摩。演练邀请中国安全生产科学研究院专家从事故信息报送、安全生产职责、预案备案管理三方面，对应急知识进行讲解。随后演练开始，演练设定北京大红门第五肉联厂贮氨器气动入口截断阀前法兰垫子损坏，发生大量液氨泄漏，导致工作人员中毒，事故发生单位启动相应企业应急预案进行先期处置。随着事故持续发展，企业向昌平区应急办请求支援，应急指挥中心启动《昌平区政府与重大危险源企业北京二商大红门五肉联食品有限公司“一对一”生产安全事故应急预案》，调集全区相关职能部门力量进行处置，通过多部门协力配合，遏制液氨泄漏，演练结束。刘长永结合演练提出，要全力做好应急管理，提高事故救援和应急处置能力；要全力预防事故发生，前瞻性做好安全生产前期预防，增强全区事前安全风险管控能力；要全面完成全年任务，撸起袖子加油干，确保年底前完成市委市政府交办任务。

（张晶昱）

【应急管理】 本年，昌平区安全监管局受理企业生产安全事故应急预案备案 52 家；指导、督促各镇街和部门受理企业生产安全事故应急预案备案 7435 家；加强应急物资管理，对 4 个应急物资储备库应急装备进行检修、保养、更新。完成 2017 年—2018 年城市安全风险评估工作，形成全区重大安全风险源清单、绘制本区安全风险电子地图，出台《北京市昌平区城市安全风险管控办法》《北京市昌平区重大安全风险应急联动机制》，安全风险云服务系统填报率达 100%。

（张晶昱）

执法监察

【春节前安全检查】 2 月 14 日，昌平区委书记侯君舒、副区长刘长永率区安全监管局及相关单位，对南口镇餐饮、加油站、烟花爆竹等生产经营单位，进行节前安全检查，了解各单位安全管理情况，听取单位负责人安全管理汇报，实地查看烟花爆竹（经营）许可证、人员持证上岗、应急值守制度、消防安全管理等情况。在烟花爆竹销售点，使用烟花爆竹销售点音视频监控系统同区安全监管局实施对话，强调南口镇及各部门要做好春节期间安全管理工作，确保人民群众欢度新春佳节。

（张晶昱）

【“两会”期间夜查行动】 3 月 5 日 19 时，昌平区安全监管局分 5 组对全区直管行业生产经营单位开展全国“两会”期间执法检查，重点检查各单位方案制定、应急值守等主体责任落实情况，共检查加油站 19 家，下达《现场检查记录》18 份，发现“两会”期间领导带班落实不到位、员工对“两会”方案不熟悉等问题，执法人员责令责任单位立即整改，做好重点时期应急值守工作。

（张晶昱）

【农业嘉年华专项检查】 3 月 19 日，昌平区安全监管局对第六届北京农业嘉年华活动场馆进行安全检查。执法人员分两组按东西分片方式，对场馆安全警示标识设置、重点部位安全防护措施、特种作业人员持证上岗、应急救援设备设施、临建设施安全稳固情况，进行全面检查。针对个别场馆存在灭火器摆放不符合规定、缺少安全警示标识、操控室内存放易燃物品等安全隐患，执法人员责令立即整改，督促责任单位及时消除隐患。

（张晶昱）

【“五一”期间安全检查】 4 月 29 日至 5 月 1 日，昌平区安全监管局加强“五一”期间安全生产保障工作。加强应急值守，每天安排 1 名领导带班，要求值班人员 24 小时在岗在位，手机 24 小时畅通，提前做好 800 兆电话及 IP 视频系统调试，确保应急系统运行正常。按照信息报送要求，及时向相关部门报送安全生产信息。重点检查第五届北京农业嘉年华活动场馆内外及周边生产经营单位和危险化学品、非煤矿山、有限空间作业单位，共检查生产经营单位12家，下达现场检查记录12份，排查整改隐患问题8项。

（张晶昱）

【重大活动安全生产督查】 8月至9月，昌平区安全监管局采取查阅资料与现场抽查相结合方式，分七组对重点镇街及行业部门重大活动期间安全生产保障措施进行专项督查。督查南口镇、十三陵镇、百善镇、城南街道、小汤山镇、回龙观镇、区旅游委、体育局、十三陵特区、文化委等单位17家次，抽查北京三元石油有限公司回龙观加油站等生产经营单位16家，各单位均能按要求制定重大活动期间保障方案，进行专项动员部署，建立重点监管单位工作台账。在抽查生产经营单位现场，发现施工人员未实名登记、未佩戴安全帽进行施工作业、劳动防护用品未及时更新等隐患共7条。针对存在安全隐患，督查人员均督促各责任单位进行立即整改。

（张晶昱）

【假冒特种作业操作证治理】 8月至10月，昌平区安委会办公室牵头，在全区开展打击假冒特种作业操作证专项治理行动，打击特种作业证件制假、售假、用假等违法行为。共检查生产经营单位1696家次，查处制度档案不健全、教育培训不到位、特种作业岗位劳动用品防护用品不符合规定等安全隐患210条次，下达《现场检查记录》47份，《责令限期整改指令书》25份，立案23起，拟处罚金额18.42万元，消防支队追究行政责任30人次。

（张晶昱）

【苹果文化节安全检查】 10月19日，昌平区安全监管局坚持“安全第一，预防为主”原则，组织执法人员对昌平第十五届苹果文化节活动主会场搭建安全进行执法检查，要求搭建方提高安全意识，做好搭建中安全管理工作，确保活动安全有序进行。

（张晶昱）

【“回天利剑”百日打整攻坚】 11月10日至2019年春节前，昌平区安全监管局对回天地区生产经营单位存在安全生产隐患进行全面排查，督促生产经营单位落实安全生产主体责任，防止发生重特大安全事故。强化监管力度，发挥属地实体化综合执法平台作用，建立联勤联动机制，开展危险化学品企业、职业危害企业等直管行业生产经营单位、重点行业领域（地区）执法检查，督促指导企业及时消除安全隐患。细化检查内容，将安全生产责任制制定和落实、安全设备设施安全运行、应急预案编制演练及应急物资储备、特种作业人员管理等9项内容，作为执法检查重点。开展集中整治，由局领导＋业务科室或执法分队，形成7个集中整治组，“一对一检查”对应镇街，每周四开展集中整治行动，对存在安全隐患企业，全程督促整改，对存在隐患严重，且未按照规定及时整改的，依法进行行政处罚，对存在隐患不属于安全监管局职权范围内的，及时向有管辖权部门进行移交。

（张晶昱）

【建材批发市场专项检查】 12月6日，昌平区安全监管局对北京格莱特北七家建材批发市场有限公司进行安全生产大检查。重点检查市场建材区、涂料区及中控室等重点部位，检查发现，存在未按规定私自存放危险品；部分配电箱标识有污损未及时更新；中控室值班人员未如实记录值班等情况。针对发现问题，北京格莱特北七家建材批发市场于12月7日上午整改完毕，涉事商户已停业整顿并将危险品移除，对全市场范围内配电箱进行安全大筛查。对市场中控室值班人员进行一次安全教育培训，并要求涉事人员进行深刻书面检讨。

（张晶昱）

【安全员队伍建设及管理】 本年，昌平区共有专职安全员393人，其中镇街、园区292人，职能部门101人，全区镇（街道）、职能部门（园区）安全生产检查队规范化建设达标率均达100%。完成行政村、社区巡查员组建，为全区526个行政村、社区设立专兼职安全生产巡查员1181人。全年，专职安全员共督查检查生产经营单位81607家次，下达执法文书90162份，排查各类安全隐患51023条，督促整改隐患50338条。专职安全员队伍在重大节假日、第六届农业嘉年华安全生产保障、“中非合作论坛”、安全生产标准化创建等重大活动中发挥积极作用。

（张晶昱）

职业卫生监督检查

【职业危害专项执法检查】 4月至5月，昌平区安全监管局对涉及职业危害重点监督检查台账内28家职业危害严重级别单位、3家汽车整车制造和汽车零部件生产企业、29家非医疗放射性用人单位、2家耐火材料制造企业、92家机动车维修企业，采取双随机方式，抽取80家生产经营单位开展职业危害专项执法检查。通过调取相关材料、实地现场检查等方式，在对安全生产主体责任落实、特种作业人员教育培训等情况进行检查基础上，突出对相关生产经营单位是否按照规定申报产生职业病危害项目、订立或变更劳动合同时是否告知劳动者职业病危害真实情况等9项安全生产职业健康监督检查重点事项开展执法检查，对隐患严重无法保证安全生产的依法责令暂时停产停业整顿，对存在违法行为的严格依法给予行政处罚。共检查生产经营单位33家，查处未设置职业危害公告栏、未将职业健康检查结果书面告知劳动者等安全隐患35条，下达《现场检查记录》33份，《责令限期整改指令书》7份。

（张晶昱）

【职业病防治法宣传周】 4月28日，昌平区安全监管局联合区总工会、卫计委、人社局开展职业病防治法宣传周咨询日活动，发放形式多样的宣传品，有宣传袋、折叠包、挂图、手机支架、折页、手册等。现场发放各类宣传品10余种2300余份。工作人员还向群众现场讲解《中华人民共和国职业病防治法》、职业病防治科普知识、工会监督服务职责、工伤鉴定工作程序等内容。

（张晶昱）

【完成职业病危害普查】 7月至9月，昌平区安全监管局开展职业病危害普查。按照《北京市职业病危害普查表》，由谱尼测试集团股份有限公司派出专业人员，在各镇街专职安全员配合下，深入生产经营单位作业现场开展普查。普查采取访谈、查阅资料、现场识别和危害因素检测等方式，并填写普查登记表和普查信息系统。期间，组织工作部署推进会2次、安全员专项培训1次、普查培训会25次，进一步提升专职安全员参与普查业务能力，督促生产经营单位在普查前准备好相关资料。利用《昌平报》、微信公众号、网站等媒体，宣传普查知识、播报普查动态，营造宣传氛围，通过舆论引导形成全社会关注、支持普查良好局面，共完成2677家生产经营单位职业危害普查。

（张晶昱）

【职业卫生“三同时”部署】 8月10日，昌平区安全监管局召开建设项目职业卫生“三同时”工作部署会，在昌平区立项11家建设单位负责人参加会议。区安全监管局对市安全监管局《关于加强建设项目职业病防护设施“三同时”监督执法工作的通知》进行讲解。针对由市安全监管局推送2018年上半年立项建设项目，对各建设单位提出具体要求，要求各单位按照《通知》要求，做好“三同时”预评价、职业病防护设施设计、职业病危害控制效果评价和职业病防护设施竣工验收。区安全监管局将职业卫生“三同时”建设项目列入监督执法计划，以职业病危害严重行业领域建设单位为重点监管对象，依法履行事中事后监管职责，加大“三同时”监管执法和处罚力度。

（张晶昱）

【有限空间执法夜查】 9月12日晚，昌平区安全监管局分四组对全区有限空间作业高发区域进行夜间执法巡查，共出动执法人员12人，车辆4台，检查龙水路、水库路、政府街、天南街道等主干道18条，未发现有限空间作业行为。

（张晶昱）

【职业卫生培训】 9月13日，昌平区安全监管局召开2018年职业卫生负责人、管理人员培训会，510人参加培训。培训内容包括，职业卫生基本概念和法律法规、职业病危害因素辨识及控制、用人单位职业卫生管理等方面。培训老师既有职业卫生技术服务机构专业讲师，也有来自于企业、具有多年实践经验管理人员，将基础知识与具体案例相结合，对参培人员进行深入浅出培训指导。培训结束，全体学员参加考试。

（张晶昱）

【职业健康巡回宣讲】 本年，昌平区安全监管局在全区组织24场职业健康巡回宣讲会，将职业健康宣讲下沉到涉及职业危害企业。

（张晶昱）

【有限空间及职业安全监管】 本年，昌平区备案地下有限空间施工队伍25支，登记工程50项。对有限空间施工现场开展巡查、夜查57次，约谈违章施工队伍2次。建立更新《工业企业有限空间辨识管理台账》，全区涉及有限空间作业工业企业79家。做好职业病危害网络信息申报审核，460家企业申报职业病危害项目，完成全区2677家生产经营单位职业危害普查，举办职业健康宣讲会24场。

（张晶昱）

宣传培训

【领导干部专题培训】 4月18日至20日，昌平区委组织部、区安全监管局在区委党校大礼堂共同举办2018年昌平区领导干部安全生产专题培训班。区委常委、常务副区长孙卫出席开班仪式并讲话。区安委会成员单位、镇街分管安全生产领导及负责安全生产科室相关负责人，150余人参加培训。培训邀请北京六建集团有限责任公司、市劳动保护科学研究所、首钢技师学院、中国职业安全健康协会、市安全生产协会等专家、教授，分别就《安全生产宣教与媒体应对》《应急管理》《生产安全事故典型案例分析》《安全生产法理解务实》和《落实主体责任强化政府监管》等进行专题讲解，培训生动形象，深入浅出，进一步增强全区安全监管系统领导干部能力素质。

（张晶昱）

【城市安全风险评估培训】 5月22日，昌平区安全监管局召开城市安全风险评估工作培训会。参会单位有区商务委、旅游委、文化委、交通局等6家行业部门和大方安科、国信安科、地大安科等5家中介服务机构。中介机构分别介绍工作情况，包括所负责行业领域、企业家数等信息。行业部门介绍本行业现状，培训情况等。市劳保研究所总体介绍行业部门技术职责，及风险评估具体流程、方法和注意事项等。双方通过详细沟通，明确下一步工作重点。

（张晶昱）

【“安康杯”竞赛宣传活动】 6月14日，昌平区总工会、昌平区安全监管局深入北京城建五市政工程有限公司所属昌平水厂工程一标段工地，开展“安康杯”竞赛宣传活动，竞赛以“安全培训提素质，劳动保护促和谐”为主题。区总工会、区安全监管局领导，北七家镇和城建五公司相关领导向活动现场一线建筑工人发放500余份安全生产宣传册页及毛巾、口罩等劳动保护用品。

（张晶昱）

【安全生产宣传咨询日】 6月16日，昌平区在亢山广场设立主会场，开展“生命至上，安全发展”为主题的“安全生产月”宣传咨询日活动。区“安全生产月”组委会主管领导及市安全监管局领导出席。活动现场设置14个咨询台，摆放宣传展板100余块、悬挂宣传条幅25条，组建一支50人的秧歌队。活动现场还开展用电安全、VR拟真安全体验、消防安全、燃气安全使用设备设施等演示，向群众和企业员工发放《安全生产法》《职业病防治法》、用电安全知识手册、家庭安全知识手册、燃气安全使用知识等实物和宣传材料2万余份，电子显示屏不间断播放安全标语和宣传片。活动当天，昌平区各行业部门、各镇街在重点企业、重点区域共设立36个分会场，将“安全生产月”推向高潮，营造全区广大职工、群众，人人参与，人人支持的良好氛围。

（张晶昱）

【消防知识培训】 8月10日，昌平区安全监管局开展消防安全知识专题讲座，机关工作人员和专职安全员400余人参加。讲座结合全区安全生产监管监察、专职安全员安全生产检查需求，用实际案例，通过图文并茂的方式，普及工作中消防安全检查主要内容、检查方法、注意事项，日常生活中应知应会的消防安全、预防自救、消防器材使用，生产经营单位消防安全管理责任及要求等基本常识、基本知识、基本要求。通过培训，提升区消防安全管理、预防、自救等专业知识。

（张晶昱）

【普法巡讲活动】 8月28日，市安全监管局“安全生产法律十进”及“以案释法”主题普法巡讲活动走进昌平区，在百善镇北京富润福德进出口有限责任公司开展巡讲活动，公司主要负责人、安全管理人员及一线员工110余人参加活动。与参会人观看“以案释法”典型案例专题片，来自昌平、延庆5位法治宣讲员，采取图文并茂方式，以自身经历和工作中所见所闻，通过安全生产事故案例分析及日常工作、生活中安全知识，对安全生产法律法规进行现场普法宣传。

（张晶昱）

【“12·4”国家宪法日宣传】 12月3日，昌平区安全监管局在亢山法治文化公园参加“2018年昌平区国家宪法日集中宣传活动”，向群众发放《中华人民共和国安全生产法》读本、《北京市生产安全事故隐患排查治理办法》读本等安全宣传材料及宣传实物1000余份，并提供现场咨询服务。

（张晶昱）

【安全生产培训考核】 本年，昌平区安全监管局培训考核生产经营单位主要负责人和安全生产管理人员5668人，目标完成率107.19%。以昌平区领导干部安全生产专题培训班的形式，培训区安委会成员单位、镇街安全生产分管领导及具体负责科室负责人150余人次，人均40学时。培训安全监管监察执法人员人均超过120学时，专职安全员人均达到40学时。监督2606名特种作业、高危行业人员，完成安全生产资质考试。

（张晶昱）

【安全生产宣传“七进”】 本年，昌平区安全监管局开展安全生产宣传“七进”活动。开展进企业16368次、进校园239次、进社区4659次、进机关199次、进农村981次、进家庭2041次、进公共场所2098次。在昌平电视台、《昌平报》等区级媒体设立安全生产专栏，宣传安全生产方针、政策、安全生产法律法规和安全知识19期。

（张晶昱）

平　谷　区

概　　述

2018年，平谷区安全监管局落实中央和北京市安全生产决策部署，按照市级目标责任书任务，立足区域实际，坚持改革创新，聚焦重点领域，强化“专责专章”落实，夯实基层基础，做好安全生产工作，在市安委会年终考核排名中，名列全市第6，是平谷区安全监管局成立以来最好成绩。

完成市级目标责任书重点任务。实现总体安全生产事故指标下降5%的目标，全年生产经营性道路交通、工矿商贸、铁路交通、生产经营性火灾、农业机械和特种设备等各类生产安全事故死亡总人数为15人（其中交通10人、生产安全5人），总体同比下降46.4%，完成市级要求下降5%的目标，生产经营性道路交通生产安全事故死亡总人数同比下降幅度较大，上一年度22起、死亡24人，今年下降为10起、10人，下降58.3%。全年未发生铁路交通、生产经营性火灾、农业机械和特种设备死亡事故，未发生较大以上事故和社会影响大事故。执法检查和行政处罚力度全面加强，安监系统全年检查生产经营单位1220家次，人均执法检查64.21家/人，同比增长31.4%；行政处罚240件，人均行政处罚12.63件/人，同比增长13.26%；处罚职权41项，行政处罚职权履行率10.17%，同比增长71.7%。各乡镇街道共检查14983家次，较上年同期增加27.56%；重点行业部门共检查11589家次，较上年同期增加16%。隐患排查治理建设有序推进，城市安全风险评估奠定事故预防管控基础，对涉及本行业领域、本辖区411家企业开展风险评估和应急管控工作，辨识风险源5064条，重大风险7条，较大风险176条，安全风险云服务系统填报率达100%。城市安全隐患治理三年行动取得初步成果，运用“街乡吹哨、部门报到”工作机制，全面排查治理安全隐患。全区共出动执法监察人员8523人次，检查生产经营单位3187家次，查处各类隐患和问题1084项，边查边改，挂账隐患30项全部销账。开展涉爆粉尘、有限空间、涉危使用、交通、消防、电气、地下空间、特种设备、景区高风险旅游项目、平安农机、养老服务设施等行业领域为重点的42项安全生产专项整治。开展“涉爆粉尘”专项治理，通过“贯标行动”，全区44家上账企业，8家企业停止生产改为销售，9家企业彻底退出，助推“疏整促”行动。完成3家白酒厂和7家加油站贯标改造，隐患治理资金投入5000万元。10家非经营性加油站专项整治完成8家。市委市政府督察6项共性问题和602项具体问题，全部制定整改措施，整改落实率100%。强化安全生产宣传培训和文化建设，在平谷电视台和区政府网站开设“双安工程·安全生产在行动”“平安平谷”专题专栏，发布安全报道和信息40余条。夯实安全生产基层基础，组织属地政府完成531家企业标准化创建任务和30家企业“一企一标准、一岗一清单”编制任务，纳入“清单”编制所有企业隐患信息系统使用率95.12%。区域企业安责险年参保率15.8%。网上行政审批率100%。全区生产经营单位台账动态更新及时准确，及时审核率100%。

完成区级重点工作，实施安全生产履职清单管理办法，推进“党政同责”“一岗双责”、《专责专章》制度落实，各级党委政府及工作人员，均制定安全生产履职清单。全区22个乡镇和23个重点行业管理部门均按年度本单位履职清单开展安全生产监督管理。开展“安全生产企业主体责任年”活动，区旅游、住建、安监、商务等部门，组织40家重点企业开展“一必须七到位”活动，依据各行业领域安全生产标准化基本标准，对40家企业主体责任落实情况进行打分评估。加强尾矿库风险评估，对9座尾矿库进行风险评估。强化综合考核和专项督查，区安委会办公室对全区23个乡镇、街道、管委会和区政府51个部门安全生产监督管理进行年度综合考核。

综合监管

【部署安全生产重点工作】 1月25日，平谷区在国务院召开全国安全生产电视电话会议后，立即传达贯彻会议精神，区委常委、副区长吴小杰要求各单位党政一把手、班子成员学习会议精神，针对春节、“两会”安全开展生产安全、交通安全、消防安全、森林防火安全、社会稳定、城市运行保障、市场供应保障、应急值守等检查。区安委会办公室制定全年工作计划，明确深化安全生产领域改革、强化安全生产监管责任体系建设、推进企业主体责任落实、强化安全生产执法检查、完善双重预防控制体系建设、强化重点行业领域监管、强化安全生产基层基础、推进安全生产业务“强融合”等10项重点任务。

（徐　雯）

【强化粉尘涉爆企业监管】 1月22日，平谷区安全监管局联合马坊开发区管委对园区内多家工业企业开展粉尘涉爆安全生产检查。听取企业汇报，查阅档案及现场检查，对企业除尘系统、防火防爆设备等安全管理进行检查。针对部分企业车间清理粉尘制度不够完善等隐患，提出整改意见，要求企业立即整改。检查组要求，企业负责人要重视粉尘涉爆安全生产管理，落实企业安全生产主体责任；完善粉尘涉爆安全生产制度，适时开展粉尘涉爆安全生产应急演练；明确安全管理责任，开展涉爆粉尘治理自查自改，形成隐患排查治理形成闭环管理。

（马鹏程）

【春节前安全保障检查】 2月9日上午，平谷区委书记王成国等带队，对美购物广场、东寺渠批发市场、渔阳滑雪场、滨河森林公园庙会等重点单位和地区，进行春节前安全生产保障拉练检查。重点检查人员密集场所市场供应、消防安全、特种设备运行安全、重大活动安全保障及节日期间领导带班值守等情况，并在沿途视察全区主要交通干线及主要街区节日布置情况。王成国要求，各职能部门履行安全生产监管职责，加大安全监管力度，做好春节期间各人员密集场所安全管理。各企业落实安全生产主体责任，把安全生产放在首位，强化隐患排查治理。

（马鹏程）

【春节前“三合一”地区检查】 2月11日上午，平谷区副区长李永生带领区商务委、安全监管局、消防支队等部门及相关属地政府领导，对北大市场、兴谷街道部分“三合一”场所及海旺兴隆烟花爆竹销售网点等单位，进行安全生产大检查。询问各单位春节期间安全生产落实情况，对现场进行实地检查。要求确保危险化学品、燃气使用等重点领域安全生产形势平稳，减少安全生产事故，开展春节期间安全生产大检查，遏制重特大事故发生。

（马鹏程）

【春节前体育场所安全检查】 2月12日下午，平谷区委常委、宣传部长王红艳带领区体育局、安全监管局、消防支队等部门及相关属地政府领导，对黑湖台球厅紫翔商城店、和平兴旺乒乓球俱乐部、松滔体育健身俱乐部等体育运动场所安全生产进行检查。详细询问企业安全生产责任制及安全管理制度落实情况，对现场进行实地检查。

（马鹏程）

【春节前交通运输检查】 2月12日下午，区委常委、政法委书记吴连江带领区交通局、安全监管局、消防支队等部门及相关属地政府领导，对八方达852客运总站、东方安通物流有限公司、金石顺出租公司等单位进行安全生产大检查。要求做好各方面应急准备，开展安全生产大检查，保证春节期间全区客运平稳有序。

（马鹏程）

【春节前民生企业安全检查】 2月13日上午，区委常委、副区长杨东起带领区民政局、环保局、经信委、消防支队、安全监管局等部门及相关属地政府领导，对南定福定向安置房、峪口镇敬老院、老才臣食品有限公司等单位，开展安全生产检查。检查发现问题，责令相关单位立即整改。要求吸取近期事故教训，落实企业安全生产主体责任，加强生产经营单位安全隐患排查治理，消除各类安全隐患。

（马鹏程）

【完成春节庙会安全保障】 2月13日，平谷区安全监管局以“提前介入、全程跟进、严格执法、消除隐患”为原则，对庙会活动承办单位在制定落实安全生产应急救援预案、设备设施安全、各项安全防范和保障措施等方面进行监管。督促临建设施搭建单位制定搭建方案，监督施工单位对作业人员进行安全生产教育培训。庙会举办期间，区安全监管局执法人员每天对舞台表演区、图片展览区、儿童娱乐游艺区等重要区域，开展临建设施安全、消防安全、用电安全巡查，完成春节庙会安全生产保障任务。

（马鹏程）

【春节庙会安全生产保障】 2月16日（农历正月初一）至2月20日（农历正月初五），平谷区在琴湖公园举行第二届春节庙会活动。区安全监管局根据春节庙会活动安排，制定《2018平谷区第二届春节庙会活动安全生产保障工作方案》，成立安全保障领导小组；提前与活动场地临建设施搭建单位进行对接，从施工资质、安全协议、施工安全、技术标准、教育培训、安全专项评估、应急管理等方面，提出要求；对施工现场临设搭建、临电敷设、现场防护等方面存在的问题，提出整改措施；组织执法人员对活动临设搭建现场进行全程跟踪执法检查；执法人员在活动期间进行现场应急值守。

（马鹏程）

【“两会”期间安全保障】 3月3日至18日，区安全监管局在全国“两会”期间，分三个阶段加强危险化学品企业、事故单位、人员密集场所等重点监管对象监控。检查整改阶段，对危化企业、商市场、歌厅、网吧、滑雪场等人员密集场所监督检查，检查各类生产经营单位36家，查处各类安全隐患96项，完成重点单位100%检查覆盖率。督导复查阶段，对重点单位、重点行业进行抽查、复查，对前一阶段发现隐患单位、重点单位组织执法检查“回头看”行动。战时保障阶段，“两会”期间联合相关部门开展不间断安全检查，做好应急值守，督促各单位落实领导带班制度。

（马鹏程）

【“两会”期间安全生产检查】 3月8日下午，区委常委、宣传部长王红艳带领区安全监管局及大华山镇政府相关领导，对大华山镇后北宫汇能燃气站、大峪子村委会、西峪水库管理处及中信金陵酒店等单位进行全国“两会”期间安全生产检查。要求全国“两会”期间，高度重视安全生产组织领导，强化安全生产责任制落实；对发现的隐患和问题督促相关单位落实整改。

（马鹏程）

【安全生产重点工作部署会】 3月22日上午，平谷区安委会召开2018年安全生产重点工作部署会，暨区委区政府对市委市政府安全生产督察组反馈问题自查整改再部署会，副区长李永生出席会议，各职能部门、乡镇、街道、管委会安全生产主管领导参加会议。区安全监管局解读“2018年度安全生产目标责任书”，并结合安全生产督察组反馈问题部署自查整改和

2018年重点任务，要求落实“党政同责”“一岗双责”制度，坚持问题导向，做好市委市政府安全生产督察组督察反馈问题整改落实，加大督察检查力度，强化宣传曝光。

（张　琪）

【职业病危害普查工作】 3月至9月，平谷区安全监管局委托国家安全监管总局职业卫生研究中心，对工业、餐饮、住宿等重点行业生产经营单位职业病危害情况进行普查。普查组分成3个小组，对企业基本信息、职业病危害申报、主要负责人及管理人员培训合格证书、职业健康培训资料、工作场所职业病危害因素检测报告、近三年职业健康检查总结报告、劳动合同等进行核查登记，完成200余家生产经营单位普查任务。

（马鹏程）

【桃花音乐节期间安全稳定】 4月10日至5月31日，举办北京平谷第二十届国际桃花音乐节活动，区安全监管局采取对桃花观赏线周边延线重点企业开展专项检查，对城区内餐饮、娱乐、星级宾馆、商市场进行拉网式检查，将桃花音乐节安全保障作为第二季度重点工作，加强对赏花区域内峪口镇、刘家店镇、大华山镇、夏各庄镇重点企业安全检查，营造桃花音乐节期间周边延线企业安全环境。

（马鹏程）

【督察反馈问题整改落实】 4月16日，平谷区安全监管局做好市委市政府第十五督察组督察反馈问题整改落实工作。开展对照自查自纠，全区根据《平谷区问题清单》《企业督促整改责任清单》进行对照自查。推动问题隐患整改，制定问题整改方案，建立整改责任清单，逐项明确责任单位、责任人、整改标准、工作措施和完成时限，抓好整改落实。推动长效机制建设，按照督察组所提意见、建议，挖掘具体问题隐患背后体制方面问题，结合全年安全生产基础系列清单，强化安全生产监管标准规范。做好问题单位验收指导，区安委会办公室组织各属地政府和重点行业部门召开督察反馈整改落实协调会，发挥督察整改规范单位示范作用，筛选全区存在共性问题，统一整改标准，对重点单位进行验收指导，涉及24个乡镇、街道、管委会和29个重点行业部门提交整改方案，并逐条落实问题整改。

（王艳娇）

【草莓音乐节安全生产保障】 4月29日至5月1日，平谷区举办草莓文化节。文化节前，区领导王成国、汪明浩、杨东起、王红艳、吴连江、张利民、李永生、王晓东带队对草莓音乐节筹备现场安全生产进行督导检查，要求注意施工安全，遵守安全操作规程；主办单位、承办单位和施工单位要明确三方责任，保证安全责任落实到位。区安全监管局成立安全生产保障领导小组，制定《2018中国乐谷·北京超级草莓音乐节活动安全生产保障工作方案》，在区政府召开活动协调会后及时与活动主办单位、承办单位及施工单位进行对接，从安全协议、施工资质、施工安全、教育培训、安全专项评估、应急管理等方面提出要求。区安全监管局执法人员联合区住建委等部门对活动舞台、灯光架、展架、背景墙、活动房、帐篷等临时建筑物和其他临时设施施工安全及隐患排查措施等进行检查。文化节期间，区安全监管局每天安排12名执法人员对活动现场舞台、餐饮区等各部位进行巡查，要求主办单位及承办单位安排好现场巡查和检修人员，各重点部位均配备灭火器等必要消防设备，设置相应警示标识。

（马鹏程）

【丫髻山庙会安全生产保障】 5月15日至6月1日，平谷区进行2018年丫髻山第二十九届休闲文化庙会活动。区安全监管局对活动现场临建设施、临电和消防等进行安全执法检查、督促整改。对太极广场至丫髻山顶等人员密集场所安全警示标识（安全提示）、游客拥挤时疏散、防踩踏和防坠落措施等方面进行安全执法检查。对周边及延线企业危险化学品使用情况和民俗接待户燃气使用、企业职业危害和有限空间进行检查。活动期间，对庙会活动现场开展不间断安全巡查，加强对活动附近宾馆、饭店和民俗接待户安全监管。

（马鹏程）

【滨河街道获市安全社区】 6月13日，市安全监管局召开“2018年北京市安全社区建设现场经验交流会”，平谷区滨河街道办事处被评为“2017年北京市安全社区单位”。2016年起，平谷区有滨河街道等3个街乡先后申请市级安全社区建设，已创建通过北京市安全社区1家，2家纳入2018年北京市安全社区建设库和储备库。

（王艳娇）

【安委会第三次全体会议】 7月19日，平谷区委副书记、区长汪明浩主持召开平谷区“双安”工程专题会暨2018年安全生产委员会第三次全体工作会议，区政府领导班子成员、58个政府职能部门、24个镇乡行政一把手参加会议。区安委会办公室、交通支队、消防支队通报上半年生产安全、交通、消防安全情况，部署下阶段重点任务。对2017年初以来开展“双安”工程先进集体进行表彰。汪明浩要求，全区各部门要利用现有人力、物资资源，解决影响安全稳定问题，尤其要勇于发现问题、找方法解决问题，全力消除各类安全隐患；坚持“全区域、全时、全员、全要素、全责任”的“五全”标准，“守底线，保安全，少死少伤”“保平安、促发展，齐抓共管”，保证全区安全生产形势持续稳定。

（王艳娇）

【丫髻山蟠桃会安全保障】 7月18日至19日，区安全监管局联合区消防支队等部门，对7月20日上午在平谷区刘家店镇丫髻山太极广场，举行2018平谷“甜桃王”擂台赛暨第三届丫髻山蟠桃会开幕式进行提前部署，先后2次对比赛场地开幕式舞台等临建设施，进行安全执法检查，重点对临建设施是否按设计图纸进行搭建、临时用电安全敷设、特种作业人员持证上岗、驻地场所消防通道、安全指示标识、消防设备设施等是否完备进行检查验收。

（马鹏程）

【中非论坛安全生产保障】 8月1日起，区安全监管局采取措施，对中非论坛安全生产保障进行部署。以危险化学品、建筑施工、道路交通、燃气使用、有限空间等行业领域为重点，集中开展安全生产大检查，对加油站、使用危化品企业、涉爆粉尘企业、有限空间作业单位进行不间断巡查检查。8月1日起，区安全监管局召开动员部署会2次，检查生产经营单位91家次，发现隐患和问题209项，已整改178项，拟立案5起。

（马鹏程）

【中非论坛安全保障检查】 8月29日，平谷区副区长李永生带领区维稳办、安全监管局、消防支队及属地政府等单位，对北京龙禹石油化工有限公司、中石油远升加油站、兴谷街道社区电动车充电装置等部位，开展安全检查。听取安全保障汇报。要求各单位加强执法检查，对违法行为零容忍；各危险化学品从业单位落实主体责任，加强人防物防技防落实；属地政府加强对重点企业、场所指导与监督，开展全面隐患排查。

（马鹏程）

【文玩核桃品鉴季安全保障】 9月14日至16日，平谷区熊儿寨第四届四座楼文玩核桃品鉴季活动，在熊儿寨乡九里山休闲广场举行。届时举办文玩展卖、珍品核桃拍卖、文玩收藏鉴定、猜青皮、核桃配对、捏纸皮核桃比赛等活动。9月12日，区安全监管局与消防支队、熊儿寨乡政府对活动现场开展安全执法检查。重点对活动开幕式舞台、展台摊位等临建设施安全状况、临时用电安全、安全通道保持畅通、消防设施配备、临时摊位搭设安全等情况进行检查，对搭建存在问题，对相关单位下达责令改正指令书，责令立即整改。

（马鹏程）

【安全文化示范企业评审】 9月18日，市安全监管局组织专家，对平谷区北京七一八友晟电子有限公司安全文化建设情况进行现场评审。采取现场审查、查阅资料、询问相关人员、听取汇报等方式，重点查看企业现场管理、重点岗位操作情况，厂区安全知识展板、教育图片、警示图片宣传情况，听取企业安全文化建设汇报，查阅企业开展安全文化建设活动记录、基础台账等资料，对企业安全文化创建给予肯定，希望企业进一步总结提炼，形成符合标准、员工认同、各具特色企业安全文化，利用安全文化引领企业安全工作，营造安全文化氛围。

（张　琪）

【部署“回头看”督察工作】 9月18日、19日，平谷区安委会办公室两次组织属地政府和行业管理部门，召开市委市政府督察“回头看”部署工作会，促进各单位落实督察整改。查看各单位督察整改资料，对资料管理和整改措施落实材料提出要求，要求各单位逐项梳理、完善问题整改完成情况和档案资料。

（王艳娇）

【休闲大会安全生产保障】 9月21日至24日，平谷区在博物馆、体育中心和金海湖景区等地，举办第二届中国（北京）休闲大会活动。区安全监管局根据休闲大会活动安排制定保障工作方案。提前与活动场地临建设施搭建单位进行对接，从安全协议、施工资质、施工安全、技术标准等方面，提出要求。对施工现场临建搭建、临电敷设、现场防护等方面存在问题，提出要求和整改措施；组织执法人员对活动周边延线及临设搭建现场进行全程跟踪执法检查。区安全监管局联合区消防支队等部门及大兴庄镇政府、金海湖镇政府对活动周边1000米和延线500米内餐饮、工业企业、建筑施工及危险化学品使用、经营等22家生产经营单位，进行安全执法检查，开具执法文书18份，查处安全隐患65项，并复查整改完毕。活动期间，进行现场应急值守。

（马鹏程）

【国庆期间安全保障】 10月1日至7日，平谷区安全监管局做好国庆节期间安全保障工作。进行安全生产隐患排查治理，定人员、定时间、定资金、定方案、保整改，坚持“四不放过”原则整治隐患。强化人员密集场所安全监管，与区商务、消防、旅游等部门，对区内宾馆、饭店、商市场、旅游景区等人员密集场所开展节前隐患排查，检查人员密集场所32处，查处各类安全隐患116项。排查重点建筑施工单位，联合区住建委等部门加强建筑施工安全监督管理，对现场管理秩序混乱、问题突出、隐患严重施工工地，责令停业整顿。加强应急值守，坚持领导带班制度。

（马鹏程）

【安全生产督察“回头看”】 10月10日至12日，由市安全监管局副巡视员贾秋霞带队，组成市安全生产督察组，对2017年市委市政府安全生产第十五督察组督察反馈意见整改情况进行督察“回头看”。平谷区副区长李永生、区安全监管局党组书记、局长崔曙光等参加督察。10月10日，督察组听取李永生督察反馈问题整改及2018年工作情况报告，查阅602项问题清单、71项举报投诉案件整改落实档案材料。10月11日，督察组到东高村镇、马昌营镇、兴谷街道，听取街镇问题整改情况，随机抽查4处挂账企业隐患整改情况。参观兴谷街道“网格化综合服务管理分指挥中心”及专职安全员规范化办公场所。市督察组对平谷区整改落实督察反馈问题，将整改任务落实情况纳入年度考核；要求全区各级党委、政府及工作人员制定安全生产履职清单，明确和量化执法检查、领导调研、会议、宣传、培训、应急演练、专项治理等助力安全生产监管创新做法给予肯定。要求平谷区以“安全生产专责专章”为引领，强化全区安全生产管理体系建设，发挥安全生产基础支撑和专项整治重要抓手功能。

（张　琪）

【国际越野挑战赛安全保障】 10月13日至14日，“长城越野 烽烟之跑”北京平谷“环长城100”国际越野挑战赛活动，在平谷区镇罗营镇玻璃台景区等地举行。10月11日至12日，区安全监管局进行赛前安全检查，联合区体育局等部门2次检查比赛场地舞台等临建设施，重点对临建设施是否按设计图纸进行搭建、临时用电安全敷设、特种作业人员持证上岗、驻地场所消防通道、安全指示标识、消防设备设施等，进行检查和复查。比赛期间，安排专人对演出舞台等临建设施进行跟踪巡查。

（马鹏程）

【国际自行车赛安全保障】 10月28日上午，2018京津冀国际公路自行车挑战赛活动，在平谷区金海湖举行。区安全监管局及时与主办、承办单位、施工方进行对接，对施工资质、临时用电安全、特种作业人员持证上岗、应急管理等方面提出要求。从施工人员进场，执法人员全程跟踪进行安全生产检查。针对临时用电、临建稳固等存在问题，提出整改措施并督促相关单位立即整改。活动期间，执法人员进行现场应急值守。活动结束后，对临建设施拆除进行后期监管。

（马鹏程）

【户外健身大赛安全保障】 10月20日上午，北京平谷第十届国际户外健身大赛，在平谷区国际徒步大道举行。区安全监管局明确活动安全监管任务，坚持早介入、靠前监管，加强开幕式舞台等临建设施施工安全、临时用电安全等重点设施及重点部位安全检查。与主办单位、属地政府及行业部门协调配合，形成监管合力，防止出现监管死角和漏洞。活动当天，开展安全巡查及应急值守。

（马鹏程）

【安全社区建设初步成效】 平谷区对2016年8月开展安全社区建设，提出5年内安全社区建设分步目标和总目标。2018年10月，滨河街道完成“明厨亮灶”、社区适老化改造、修缮破损道路12356平方米、设立老旧小区电动车充电桩、微型消防站、广告牌防坠落等工作；兴谷街道开展安全生产网格化、电动车充电桩设施、出租房屋挂牌、交通安全从娃娃抓起、生态桥工程等项目，安全社区创建提升辖区居民安全生活环境。

（王艳娇）

【安委会第四次部署会】 11月8日，平谷区安委员会召开第四次全体工作会议，通报和部署安全生产和四季度重点安排，副区长李永生、各职能部门、属地政府安全生产主管领导参加。李永生要求，“城市安全隐患治理三年行动”已经区政府常务会审议通过，各单位要制定本辖区、本行业领域实施方案；年底前完成第一年挂账隐患整改和复查。结合季度特点，开展重点行业领域专项整治。区住建委对有限空间施工作业、施工工地安全用电开展专项检查，消防支队、区商务委对人员密集场所、商场超市开展专项检查。交通支队要对道路运输、检查站开展专项检查。要利用广播、电视、手机、网络等媒体，向社会公布安全生产检查和安全隐患排查治理情况；各行业安委会每年要组织至少一次本领域安全生产专题培训。区政府督查室和区安委会办公室加大对安全生产落实情况督查力度。

（张　琪）

【区领导调研安全生产】 12月10日，平谷区副区长王晓东对安全生产进行调研。区安全监管局汇报安全生产总体情况、存在主要问题和2019年重点工作。王晓东肯定平谷区在“专责专章”、13个行业委员会、履职清单管理办法等创新机制运行方面取得的成绩，结合全区安全生产形势，要求发挥区安委会办公室统筹协调作用，推动落实各单位“党政同责”“一岗双责”制度；通过安全知识大竞赛、演讲等形式，提升各级安全监管人员安全知识水平；分析生产安全事故情况，结合城市安全风险评估结果，研究和掌握风险点、安全隐患、事故类型等产生和发生基本方向，做好基础数据累积。

（王艳娇）

【安全生产责任保险工作】 本年，平谷区安委会办公室、区安全监管局开展安全生产责任保险推进工作。2月2日，区安全监管局召开安全生产责任保险工作座谈会，安润国际保险经纪公司、太平洋财险平谷支公司、人保财险平谷支公司、平安平谷分公司相关负责人参加。5月16日，区安委会办公室组织各乡镇、街道管委会及行业主管部门，召开安责险工作推进会，部署安责险任务指标，中国人民财产保险股份有限公司平谷支公司和中国太平洋保险（集团）股份有限公司平谷支公司参加会议。全年，平谷区安责险参保企业710家，保险费205.1万元，为参保企业提供超过47亿元风险保障。

（郭向东　张　捷）

【有限空间治理】 本年，平谷区安全监管局印发《区安办进一步加强全区有限空间作业安全生产工作通知》《区安监局进一步加强工业企业有限空间作业条件确认工作的通知》，组织各属地、各有关部门对有限空间安全生产动员部署，明确任务、标准、时间及目标。全区工业企业有限空间单位88家，其中污水处理系统12家，储罐、锅炉、料仓27家，储藏室、冷库8家，其余企业基本都是污水井、通信井、电力井、化粪池等。区安全监管局采取“边摸牌、边整治”方式，对台账内企业逐一核查、对台账外企业再次确认，及时掌握有限空间作业场所基本情况。全年，共检查涉及有限空间企业89家，发现问题146项。对检查中发现警示标识数量不足、管理制度不健全、教育培训不到位等问题，相关企业已整改完毕；并对4起有限空间违法违规行为进行行政处罚，罚款5.5万元。

（马鹏程）

危险化学品安全监管

【“两会”期间安全检查】 2月下旬至3月中旬（全国“两会”期间），平谷区安全监管局对全区危险化学品经营、使用企业进行安全生产执法检查，督促企业落实危险化学品人防、技防和物防等措施，共检查危险化学品企业32家，下达执法文书26份，处理安全隐患21项。

（张　捷）

【春节期间危化品安全检查】 2月，平谷区安全监管局对全区危险化学品企业及烟花爆竹销售网点消除安全隐患情况，落实危险化学品人防、技防和物防措施情况进行执法检查。春节期间，检查危险化学品经营、使用企业及烟花爆竹销售网点89家，下达执法文书35份，处理安全隐患46项。

（张　捷）

【开展加油站夜查】 3月2日，平谷区安全监管局对城区部分加油站开展夜查。对中石化滨河加油站、中石油远升加油站等6家加油站，进行执法检查，重点检查加油站全国“两会”期间应急值守、散装油销售、防恐应急演练及隐患排查等安全措施落实情况，发现并消除隐患问题7项。

（郭向东）

【一带一路高峰论坛检查】 4月，平谷区安全监管局对全区危险化学品企业消除安全隐患情况，落实危险化学品人防、技防和物防措施情况进行执法检查，检查危险化学品企业35家，下达执法文书17份，处理安全隐患26项。

（张　捷）

【危险化学品专项整治】 4月至7月，平谷区安全监管局对全区危险化学品企业重要设备设施安全防护、开展应急演练、落实安全管理措施等情况进行专项治理，检查危险化学品企业97家次，发现安全隐患158项，开具执法文书66份，责令限期整改17家。

（张　捷）

【汛期危化品企业安全检查】 5月，平谷区安全监管局开展对液氨使用单位、油库等重大危险源单位及加油站等危险化学品企业，汛期安全生产检查。对企业建立健全防汛责任制、落实安全生产规章制度和操作规程、危险工艺装置自动化控制系统运行、操作人员持证上岗、重大危险源监控预警、安全教育培训、隐患排查治理机制、安全现场作业管理、防汛应急预案、开展应急抢险演练等进行执法检查。汛期共检查危险化学品生产经营单位42家次，查出隐患问题30项，整改问题隐患26项，下达整改指令书12份，并全部整改完毕。

（马鹏程）

【化工企业安全生产调研】 6月14日，平谷区安全监管局联合市化工协会专家，对区化工企业使用重点管控危险化学品情况进行调研，全区15家化工企业负责人参加。各企业负责介绍生产经营范围、生产工艺、原辅材料使用及安全管理状况，就安全管理和技术问题进行咨询。调研组到北京绿伞化学有限公司、北京洗得宝消毒制品有限公司，对企业应急管理和风险源管控等情况进行检查，检查发现未安装静电释放装置、未定期开展应急演练、安全警示标识设置不规范等问题，提出整改意见。

（马鹏程）

【危化品事故应急演练】 6月21日上午，平谷区安全监管局组织区应急办、消防支队、治安支队、交通支队、环保局、气象局、质监局、卫计委及属地政府，在北京千喜鹤食品有限公司举行危险化学品事故桌面推演，演练模拟千喜鹤公司液氨泄漏导致事故发生为场景，千喜鹤公司及相关部门针对事故发生后信息报送、先期处置、预案启动、现场处置、信息发布及后期处置等环节进行演练。聘请市安全生产应急管理专家方文林，进行指导并对演练效果进行点评。演练取得预期效果，明晰各部门事故发生时职责，提高应急救援总体水平，完善各部门应急联动机制。

（郭向东）

【汛期危化品专项检查】 6月至9月，平谷区安全监管局对全区危险化学品企业落实汛期安全防护措施情况开展专项检查，检查危险化学品企业57家，发现安全隐患86项，下达责令整改通知书95份，整改隐患81项。

（张　捷）

【危险化学品行政许可】 本年，平谷区安全监管局办理危险化学品经营许可延期及变更申请22项，办理非药品类易制毒化学品第二、三类经营备案0项，办理建设项目审查申请4项，办理烟花爆竹经营（零售）申请2家。

（高红伟）

【企业涉危使用单位整治】 本年，平谷区安全监管局对全区工业企业涉危使用单位危化品储存、开展应急演练、落实各项安全管理措施等情况，进行专项整治，检查工业企业38家，发现安全隐患111项，下达责令整改通知书61份。

（张　捷）

【加油站贯标改造】 本年，平谷区安全监管局对全区7家加油站贯标改造进行指导，并加强对加油站施工改造现场安全检查，督促企业落实安全生产主体责任，加强施工现场安全管理，全区7家加油站完成贯标改造。

（郭向东）

【危险化学品执法检查】 本年，平谷区安全监管局检查危险化学品企业和烟花爆竹零售网点392家次，发现各类安全隐患251项，下达执法文书332份，整改隐患249项。

（郭向东）

【液氨企业专项治理】 本年，平谷区安全监管局对全区3家涉氨制冷企业，防爆电气使用进行执法检查，发现安全隐患7项，下达执法文书3份，并督促3家涉氨制冷企业完成隐患整改。

（张　捷）

【非经营性加油站专项整治】 本年，平谷

区安全监管局对10家非经营性加油站进行安全执法检查，责令3家非经营加油站，按市安全监管局非经营性加油站专项整治标准进行整改，并督促不能整改加油站停用并拆除加油设备。全年，3家非经营性加油站停用并拆除加油设备。

（郭向东）

烟花爆竹安全监管

【完成烟花爆竹管理】 2月，平谷区安全监管局压减销售网点数量，设置并许可烟花爆竹零售网点2个，包括1家临时销售网点和1家长期销售网点。销售棚搭建完毕，视频监控系统已调试完成，并与市安全监管局实现网络信息对接。2月10日起，面向群众开始销售。平谷区2家烟花爆竹销售网点配送烟花爆竹647箱，同比减少65箱；累计销售592872元，销售量较2017年春节期间减少11%。

（张　捷）

矿山安全监管监察

【市局领导调研尾矿库工作】 4月16日至17日，市安全监管局副局长卞杰成带领中国环科院等单位人员及专家，到平谷区调研尾矿库风险评估工作，走访9座尾矿库并会同平谷区政府、安全监管局、环保局及金海湖镇政府、刘家店镇政府，召开尾矿库风险评估工作座谈会。此次尾矿库风险评估由中国环科院分别对9座尾矿库尾矿砂氰化物及重金属含量进行检测，出具环境、安全风险评估报告，根据检测结果提出治理措施。卞杰成要求各相关部门配合中国环科院开展检测评估，属地政府做好周边群众宣传解释，中国环科院要尽快入场确保汛期前完成检测，并出具环境、安全风险评估报告，为尾矿库治理提供准确数据。

（郭向东）

【尾矿库环境调查方案汇报】 5月7日，市安全监管局组织平谷区安全监管局、环保局、金海湖镇政府、刘家店镇政府等相关单位听取中国环科院制定环境调查方案汇报。会上，中国环科院对尾矿库环境调查方案及前期工作情况进行汇报，重点对采样点选取、检测方法、检测周期及可能遇到问题，向各单位进行汇报。各相关单位一致认可中国环科院制定环境调查方案，并对提出问题，明确协调配合部门，配合中国环科院做好尾矿库环境调查。中国环科院于当天下午开展尾矿库环境调查检测，6月中旬前完成环境调查并出具风险评估报告。

（郭向东）

【汛期尾矿库巡查】 5月，平谷区安全监管局针对尾矿库防汛责任制落实、防汛预案制定、库顶排水设施及警示标识设置等情况，对分布在金海湖镇和刘家店镇9座尾矿库进行安全检查。6月至9月，对9座尾矿库实地走访、检查，查看汛期尾矿库基础安全措施和应急救援物资配备情况，获取尾矿库安全风险情况，与两地镇政府形成紧急联动。

（张　捷）

隐患排查治理

【风险评估阶段性成效】 自2017年起，平谷区启动城市风险评估，立足于“防范较大以上事故发生”，对较大以上风险源进行系统分析，通过“企业申报、专家指导、属地审核、行业部门再评估”措施，在8个重点行业领域411家生产经营单位开展城市安全风险评估。通过风险云系统，填报风险源5064条，其中重大风险7条（其中工业企业1条，危化企业1条，气体供应企业5条），较大风险176条（分布在8个行业部门18个属地政府100家企业），一般风险3226条，低风险1655条。工程技术措施4226项，管理措施4884项，应急准备措施4474项。申报应急队伍495支，应急装备2085项，应急物资1313件，应急专家82位，社会资源62个。上传安全风险评估报告663份，应急资源调查报告631份，应急能力评估报告627份。编制完成行业领域安全风险评估报告、应急资源调查报告和应急能力评估报告各8份。编制完成平谷区城市安全风险评估报告、应急资源调查报告和应急能力评估报告，形成平谷区安全风险清单和电子地图。建立“区应急办统筹协调、专项应急机构牵动、属地配合、企业和社会参与”的平谷区重大风险源联动机制。制定并推动实施《平谷区安全风险管控实施办法》。

（马鹏程）

【助力“吹哨报到”排查隐患】 3月初到8月中旬，平谷区安全监管局被吹哨31次，配合乡镇、部门检查企业51家次，旅游景区5家次，饭店商超等人员密集场所10余次，汽车维修厂喷烤漆房43家次，电动车销售企业6家次，小污企业4家次，出动人员150人次，查出隐患274项。部门、乡镇吹哨事由包括重大活动安保检查、节假日前安全检查、汽车维修厂喷烤漆房专项检查、电动车专项检查、属地环境整治联合检查、旅游景区联合检查、库区整治联合检查等，在“吹哨报到”中，区安全监管局执法人员配合各部门、乡镇，参与排查隐患，督促企业及时消除隐患。如3月12日、4月2日，兴谷街道两次“吹哨”整治辖区环境，开展属地餐饮企业联合执法检查，执法人员按时就位开展检查，并与兴谷街道安全科人员配合，梳理检查点位和内容，统计分析出辖区中小规模饭店存在用电、使用工业酒精做燃料、消防等典型安全隐患，分解到安监、消防、城管等行业管理部门，有效消除安全隐患。

（马鹏程）

【涉爆粉尘治理通过验收】 9月10日至11日，平谷区安全监管局组织专家成立验收工作组，对永丰余家纸（北京）有限公司、北京华都峪口禽业有限责任公司等6家涉爆粉尘企业隐患整改情况进行验收。对企业文件资料和作业现场进行重点审查，认为6家企业整改项目符合相关标准要求，同意通过验收。至9月30日，涉爆粉尘企业隐患治理验收完成全年工作任务的300%。

（马鹏程）

【安全隐患治理三年行动】 9月，平谷区安全监管局落实企业安全生产主体责任、属地管理责任、行业部门专业监管责任和安监部门综合监管责任，开展城市安全隐患治理三年行动。区政府印发《平谷区城市安全隐患治理三年行动（2018年—2020年）》，明确11＋2重点整治内容，即除全市统一部署11项重点外，结合区域特点和实际，从行业部门和属地层面提出2项重点整治内容。主动与市行业部门对接、与工作专班对接，及时掌握整治标准；建立信息管理、台账管理等机制。9月7日，区政府召开专题会议，对城市安全隐患治理三年行动动员部署，对2018年任务进行安排。全区出动执法检查人员8523人次，检查生产经营单位3187家次，查处各类隐患问题1084项，拆除违法建设10处、10900平方米，行政处罚26起、25.5万元。梳理确认2018年挂账隐患30项，并整改完毕，销账率100%。

（马鹏程）

【危化品企业应急管理】 本年，平谷区安全监管局加强危险化学品企业应急管理工作。要求企业修订、更新、完善现有应急预案，组织专家对应急预案进行评审。企业每年至少组织两次以上应急演练。组织区应急办、消防支队、质监局、公安分局等部门，指导危险化学品单位，针对防恐、火灾、泄漏等突发事故，开展应急救援演练。

（张　捷）

执法监察

【职能部门规范化建设】 4月13日，平谷区安全监管局组织职能部门主管安全生产领导和科长，召开安全生产督查检查队规范化建设部署会。4月20日，组织职能部门专职安全员召开规范化建设培训会。5月30日，组织召开职能部门专职安全员督查检查队规范化建设推进会。5月至11月，召开职能部门专职安全员工作例会暨业务分析会5次、思想政治教育4次、廉政教育2次。7月24日，区安全监管局对区职能部门安全生产督查检查队规范化建设进行检查。12月，平谷区职能部门安全生产督查检查队规范化建设经市安全监管局验收，达到市级创建标准。

（张红梅）

【设立专兼职安全生产巡查员】 5月，平谷区安全监管局完成兴谷街道等11个乡镇街道行政村、社区安全生产巡查员队伍组建。6月，组织兴谷街道等11个乡镇街道安全生产巡查员428人，开展岗前业务知识培训。7月6日，区安委会办公室制定《平谷区专兼职安全生产巡查员管理办法》等7项区安全生产巡查员管理制度。9月6日，区安全监管局举办行政村社区安全生产巡查员示范性培训班。全区专兼职安全生产巡查员428人参加培训。

（张红梅）

【安全生产月专项执法检查】 6月1日至6月30日，区安全监管局联合区住建委、消防支队等部门，针对工业企业、危化经营企业、人员密集场所等重点行业领域，集中开展安全生产教育培训专项执法行动，共监督检查各类生产经营单位64家次，查处安全隐患212项，出动执法人员248人次，出动车辆64车次，下达执法文书58份，约谈安全生产违法行为企业9家，行政处罚存在安全生产教育培训问题生产经营单位4家，处理一批安全生产教育培训不到位企业。

（马鹏程）

【专职安全员培训】 6月11日，平谷区安全监管局组织专职安全员，进行应急管理和工业企业安全生产培训。6月26日，组织专职安全员开展建筑工地施工安全和有限空间作业安全生产培训。7月31日，组织专职安全员开展城市风险评估及风险源分类分级管理和安全生产事故隐患排查治理培训。9月4日，组织专职安全员开展危险源辨识和安全预防控制体系和生产经营单位安全生产主体责任培训。9月11日，区安全监管局组织专职安全员125人参加《中华人民共和国监察法》专题培训。

（张红梅）

【安全生产月有限空间检查】 6月安全生产月期间，平谷区安全监管局联合属地政府，对东高村镇、夏各庄镇、大兴庄镇、刘家店镇等辖区内工矿商贸企业有限空间作业进行安全生产专项执法检查。执法人员对各单位有限空间作业安全生产制度建立落实，作业安全设备、警示标志配备，作业工人劳动防护用品配备，作业现场监护人员持证上岗，作业安全生产教育培训，产权单位有限空间作业承发包管理和现场安全管理，作业现场信息公示牌设置等情况进行检查。针对部分作业场所安全警示标识不明显等问题，执法人员责令相关单位立即整改。安全生产月期间，共检查生产经营单位有限空间作业场所15处，发现安全隐患18项，对4家企业进行约谈，对2家企业进行立案处罚。

（马鹏程）

【工贸企业有限空间检查】 7月以来，平谷区安全监管局联合马坊工业园区、平谷镇等属地，对辖区内重点工贸企业开展有限空间专项执法行动。检查有限空间作业安全管理制度、安全作业规程制定落实，设置相关警示标识，通风、检测设备和防护用品配备使用，作业人员安全生产教育培训，有限空间作业监护证持证上岗及开展有限空间应急演练卡账等情况。至7月底，共检查12家次，现场检查记录12份，当场整改隐患20余项，责令限期整改指令书6份，查出事故隐患11项。

（马鹏程）

【特种作业“双打”专项检查】 7月11日，平谷区安全监管局联合区住建委对建筑工地集中开展电气安全暨特种作业“双打”专项执法检查。听取工地主要负责人特种作业人员管理汇报，查阅特种作业管理制度、安全操作规程、人员档案、安全生产教育培训等记录，劳动防护用品配备等内容，共检查建筑工地6家，检查特种作业人员36人，均为有效期内资格证件。查出安全隐患22处，下达限期整改指令书3份。

（马鹏程）

【中非论坛安全生产检查】 8月底至9月初，平谷区安全监管局联合区经信委、马坊工业园区管委会对园区内工业企业，开展中非合作论坛北京峰会期间安全生产专项检查。检查各企业安全生产责任制落实、职业卫生、有限空间作业安全管理等，针对工业企业安全生产管理机构设立等情况进行了解，共检查工业企业6家次，查出安全隐患22项，出动执法人员12人次，下达执法文书6份。联合区商务委、公安消防支队、工商分局、质监局等部门，对鑫海韵通大卖场等6家商场、饭店人员密集场所，集中开展安全执法检查，重点检查消防设施和灭火器材配备齐，疏散通道、安全出口畅通，用火、用电、用气消防安全措施，电梯定期检测，节假日落实值班制度等内容。联合区消防支队、兴谷街道对13家“五小企业”“六小场所”即小歌厅、小餐饮、小网吧、小洗浴、小旅馆、小市场，进行安全检查，重点针对各场所用电、用火、用气及安全出口、疏散通道等进行隐患排查，共监督检查生产经营单位13家次，查出安全隐患36项，出动执法人员78人次，出动车辆13车次，下达执法文书26份，拟立案处罚3家。

（马鹏程）

【在建水利工程安全检查】 9月13日，平谷区安全监管局联合区水务局，对全区部分重点在建水利工程项目开展安全生产大检查。针对施工现场安全管理，深基坑作业安全技术交底和临边护坡支护情，施工人员安全生产教育培训，劳动防护用品使用和佩戴，应急预案制定及演练等情况，进行专项安全生产检查。共监督检查水利工程5处，查出安全隐患16项，出动执法人员25人次，出动车辆5车次，下达执法文书3份。

（马鹏程）

【体育运动场所国庆节前检查】 9月26日至27日，平谷区安全监管局联合区体育局、消防支队对羽毛球馆、健身俱乐部、台球厅等体育运动场所，开展安全生产执法检查。共监督检查各类体育运动场所12家次，查出安全隐患31项，出动执法人员60人次，出动车辆12车次，下达执法文书12份，拟立案处罚2家。

（马鹏程）

【乡镇“五小”企业安全检查】 本年，平谷区安全监管局联合峪口镇对辖区内小化工、小服装、小加工、小作坊等“五小”企业，进行安全生产执法检查。共检查企业12家，开具限期整改指令书9份，查出事故隐患36项，责令限期整改。并要求强化安全生产管理，加大安全隐患自查力度，确保各项安全防范措施落到实处，加强安全生产培训教育。

（马鹏程）

宣传培训

【平谷区政府常务会学习】 4月24日下午，平谷区政府召开第11次区政府常务会，学习《地方党政领导干部安全生产责任制规定》，区长汪明浩结合安全生产，要求完善《北京市平谷区安全生产监督管理专责专章》，制定平谷区地方党政领导干部安全生产责任制规定实施细则，区纪委监委等部门配合做好安全生产考核。

（张　琪）

【《职业病防治法》宣传周】 4月26日，平谷区安全监管局、疾控中心和卫生监督所，在兴谷管委会联合举办以“健康中国，职业健康先行”为主题，第16个《职业病防治法》宣传周主题宣传活动。兴谷开发区企业代表100余人参加。活动期间，通过发放宣传材料、现场讲法和业务咨询等方式，宣传职业病防治知识，健康工作方式理念，增强劳动者自我保护意识，共提供业务咨询60余人次，发放宣传材料1000余份。

（马鹏程）

【城乡结合部地区安全整治】 4月10日，平谷区安全监管局召开“平谷区2018年城乡结合部地区安全生产违法行为专项整治工作动员部署会”。区安全监管局联合区公安、质监、交通、城管、工商、经信委等相关部门、属地乡镇政府统筹执法力量，集中安排时间，开展联合检查。对逾期未整改企业采取关闭取缔、停产停业整顿、停止水电气热供应等措施进行严肃处理。至8月31日，全区共组织出动执法人员1022人次，监督检查生产经营单位706家，发现安全问题隐患2212处，行政处罚15次。

（马鹏程）

【大讲堂暨理论中心组学习】 5月18日下午，平谷区委召开平谷区干部大讲堂暨区委理论中心组学习（扩大）报告会。邀请国家安全生产应急指挥中心常务副主任王志坚作辅导报告。区委常委、区委办主任、统战部部长底志欣主持会议，区四套班子成员（含区人大、政协不驻会领导）、法检“两长”，区属二级班子党政正职，主管安全生产工作副职，乡镇（街道）党（工）委书记、镇长（主任）、人大主席（主任）及分管安全生产工作副职的领导参加了此次报告会。王志坚就安全生产改革与发展作专题报告，对《中共中央国务院关于推进安全生产领域改革发展的意见》进行解读，结合《意见》发布背景意义、自身实践经验，并从应急管理部职责定位和着力点，统筹经济建设与安全生产，推进安全生产领域改革发展等方面进行解读。

（张　琪）

【“安全生产月”咨询日部署】 6 月 13 日，平谷区安全监管局召开“安全生产月”宣传咨询日活动动员部署会。区应急办、城市管理委、气象局、地震局、消防支队、交通支队、经信委、红十字会、卫计委和兴谷街道、兴谷开发区分管安全生产人员参加。区安全监管局部署 2018 年“安全生产月”宣传咨询日活动任务，听取参会单位就咨询日活动展演项目建议。会后，印发“安全生产月”活动宣传咨询日材料，组织各单位到咨询日活动场地现场踏勘，进一步完善各单位责任及分工。

（张　琪）

【“安全生产月”咨询日活动】 6 月 16 日，平谷区在北京市老才臣食品有限公司门口举办“安全生产月”宣传咨询日主会场活动，副区长李永生、区安委会部分成员单位、部分企业代表及居民代表等 300 余人参加活动。宣传咨询日活动三大特色分区相互配合，现场演示区专业消防员进行火灾灭火演示；互动体验区红十字会开展心肺复苏急救演示；宣传咨询区集中展出各行业、各类别安全知识展板，现场解答涉及生产安全知识咨询，向参与群众发放安全生产宣传手册和宣传品，共发放各类安全宣传品、宣传材料 2000 余份，接受现场咨询 230 余人次。

（郭明智）

【安全生产改革发展培训】 8 月 17 日，平谷区安委会办公室召开推进平谷区安全生产领域改革发展重点任务培训会，涉及 2018 年重点改革任务 21 个责任单位参加。市安全监管局领导以“如何推进安全生产领域改革发展重点任务落实”为主线，从落实安全生产责任制、完善安全监管机制、推进安全生产依法治理、推进安全预防控制体系建设、夯实安全基础保障能力等五方面，贯彻宣传“坚持安全发展，坚持首善标准，以深化安全生产领域改革创新为引领，深入落实平谷区“双安工程”安全生产保障理念。

（王艳娇）

【标准清单编制部署企业培训】 3 月 27 日，平谷区安全监管局组织 30 家安全标准化达标企业，召开平谷区隐患排查标准清单编制动员部署暨培训工作会。对 2018 年度隐患排查治理标准清单编制动员部署，由北京远通宇轩公司工程师为试点企业相关负责人及安全生产管理人员，讲解标准清单编制方法。区安全监管局要求，推进标准清单编制工作，远通宇轩公司逐家走访试点企业，为企业讲解标准清单编制流程。

（秦月光）

【开展安全生产大培训工作】 6月6日，平谷区安全监管局组织区安委会成员单位主管领导及各级安全生产执法人员、专职安全员，在金通远培训学校实训基地开展第一批安全生产专题培训班，培训班安排2批，每批100人，培训40学时。副区长李永生出席开班仪式并作开班动员。市安全监管局相关处室领导讲解《安全生产应急预案及应急处置管理知识》《紧盯重点领域隐患治理，认真做好（工业）企业安全生产工作》等课程。在安全月期间，区安全监管局还开展全区930名规模以上企业负责人、安全管理人员和428名安全巡查员安全生产专题培训。

（秦月光）

【全年安全生产大培训工作】 本年，平谷区安全监管局开展安全生产大培训，按时按量完成2018年度培训考核指标930人要求，培训企业负责人、安全管理人员1083人，包括财政拨款930人，非财政拨款153人，完成年度培训任务率116.5%。还对各乡镇街道、区行业部门副处级主管领导、区安全监管局执法人员和专职安全员203人，开展40学时/人专题培训。

（秦月光）

标准化建设

【汽修行业安全生产标准化】 7月11日，平谷区安全监管局在区交通局五层大会议室开展汽车维修行业安全生产标准化动员部署会议，80家汽车修理相关生产经营单位安全生产相关负责人参加。区交通局对安全生产标准化工作进行动员部署，要求汽修相关企业对自身存在安全生产隐患进行梳理、排查，并按相关法律法规要求，做好三级标准化及小微企业标准化管理。区安全监管局对安全生产标准建设进行解读，列举近期各类安全生产事故案例，强调建设汽修行业标准化管理必要性。

（秦月光）

【安全标准化任务完成情况】 本年，平谷区安全生产标准化达标任务为，三级以上企业40家，小微企业岗位达标300家，共340家。至12月底，完成二级标准化10家，三级标准化126家，小微企业岗位达标任务395家，完成全年标准化任务531家，总任务完成率156.2%。2014年至2018年，平谷区累计达标二级安全生产标准化企业63家，三级安全生产标准化企业488家（包括区安全监管局审核达标401家，交通局审核达标17家、市政市容委审核达标9家，危险化学品安全标准化达标41家，教委校园标准化20家），小微岗位达标企业3807家，已完成平谷区生产经营企业95%以上达标覆盖率。

（秦月光）

【企业清单隐患排查治理】 2016年至2018年，平谷区开展“一企一标准、一岗一清单”试点企业90家，其中有4家企业已关停，按要求使用隐患信息系统企业86家，使用率为100%。至2018年6月，组织专职安全员100人深入30家对口企业，全程参与企业隐患排查和隐患清单定制，完成30家试点企业现场隐患排查和隐患表单制定。7月底，完成全部表单录入和审核工作。11月初，汇总上报30家“一企一标准，一岗一清单”企业编制档案。11月底，完成“一企一标准、一岗一清单”隐患排查治理任务。包括完成“一企一标准、一岗一清单”隐患排查治理方案制定，召开动员部署和业务培训会4场次，隐患排查系统专项培训会2场，培训人员250人次，组织现场隐患排查30次，组织培训专职安全员现场观摩200人次。至12月，“一企一标准，一岗一清单”全部完成。

（李　君）

【开展系统登录再培训】 6月25日上午，平谷区安全监管局在兴谷开发区管委会大会议室，组织2016年至2018年3批次86家企业安全管理人员，召开2018年度安全生产隐患排查标准清单编制工作任务通报会，对2018年上半年平谷区安全生产隐患标准清单编制情况进行总结，通报企业隐患排查系统使用登陆不及时，隐患排查治理工作不到位企业，对参会企业进行系统登录再培训。

（李　君）

【危化企业隐患清单专题培训】 7月18日，平谷区安全监管局组织33家加油站、危险化学品经营单位，开展危化品经营单位隐患排查治理标准清单编制专题培训。8月3日，组织33家企业进行网上资料填报，平谷区危险化学品企业隐患标准清单编制工作于9月底完成。

（张　捷）

怀　柔　区

概　　述

2018年，怀柔区安全监管局在区委、区政府领导下，以安全生产领域改革发展为指引，健全公共安全体系、强化隐患治理能力、夯实基层基础、提升安全生产工作水平，努力压减一般事故，坚决遏制较大及重特大事故，全年安全生产形势稳定，各项工作取得积极进步。做好安全生产督察考核后隐患整改和“回头看检查”，对2017年市督察组提出57大项333小项督察反馈问题整改完成56大项331小项，剩余1大项2小项政府层面问题与市督察组沟通，与区级机构改革同时进行，除此之外完成整改率达100%。完成第八届北京国际电影节及电影嘉年华、北京电视台春晚录播活动、沃尔沃巡回赛、国标舞大赛、慕田峪长城国际越野赛、国际音乐啤酒节等大型活动的现场临时搭建设施安全监管及活动期间安全保障。完成创建三级安全生产标准化企业101家、小微企业达标220家，下达加油站贯标改造任务7家，实际完成改造任务8家。至年底，全区27家加油站完成贯标改造26家。八道河尾矿库坝面和排洪隧硐隐患整改修复工程竣工。分批次组织全区专职安全员130人进行职业能力考试，成绩合格率为98%。全区安全生产责任险投保企业751家，企业参保率达12%。

综合监管

【安全隐患“三大”专项行动】 自2017年11月20日起，怀柔全区开展安全隐患大排查、大清理、大整治行动，全区出动执法检查、督查核查人员2.1余万人次，检查隐患单位1.5余万家次，关闭取缔隐患单位146家，查封、停产停业306家，专项行动取得一定成果。

（田保海）

【召开“安责险”动员部署会】 1月5日，怀柔区安全监管局召开安责险推进工作部署座谈会。区安全监管局、十八属地主管领导及人保财险公司负责人20余人参加。会议传达国家安全监管总局《安全生产责任保险实施办法》；通报2017年怀柔区各属地安责险投保企业数量进行指标完成情况、人保财险公司开展隐患排查、培训宣传及事故理赔等情况；听取各属地2017年安责险推广中遇到难点问题及建议。区安全监管按照市安委会下达指标任务，与各属地、各职能部门签订目标管理责任书。并要求各镇乡提前谋划，早部署、早行动、早落实，通过组织培训、微信、两台一报、制作宣传片等形式，进行广泛宣传，确保宣传率和培训率100%。结合日常检查，深入各行业、领域企业进行安责险推广，调动企业投保积极性。

（王　晴）

【国务院安委会15考核组来怀柔考核】 1月10日，国家煤矿安全监管局、国务院安委会第15考核组第二小组来怀柔区，开展2017年安全生产现场考核。听取怀柔区安全生产汇报，考核组围绕2017年国务院安委会对北京市安全生产工作考核评分任务分解表中八大项、75小点，逐一进行文件资料查阅核对，检查组对企业职业健康管理制度、安全生产责任制、落实职业病防护措施特种作业人员管理、安全生产标准化建设、安全风险评估管控进行检查，并现场查看消防设备等。

（丁　超）

【市十四督察组听取怀柔区情况反馈】 3月7日，市委市政府安全生产第十四督察组赴怀柔区召开情况反馈会。督察组认为，怀柔区委、区政府树立安全发展理念，把安全生产摆在重要位置，完善安全生产制度，强化安全生产执法检查，推动全区安全生产形势持续稳定好转。区委书记常卫强调，对督察组指出问题：（1）安全生产监管工作粗放，精细化、规范化不足；（2）安全生产“党政同责、一岗双责”制度不健全；（3）安全生产监管压力传导层层衰减明显；（4）安全生产大检查工作不实不细；（5）安全监管（管理）体制不完善；（6）安全生产执法规范化建设和执法力度亟需加强；（7）抽查企业安全生产违法违规情况严重。整改意见（1）牢固树立“四个意识”，进一步提高政治站位，增强做好安全生产工作的紧迫感和责任感；（2）进一步完善制度，强化安全生产责任的落实；（3）进一步强化风险防控，加快风险管控和隐患排查治理体系建设；（4）进一步加强执法规范化建设，切实提升执法检查效能；（5）进一步采取有效措施，推动企业落实主体责任；（6）进一步加强安全生产执法检查队伍建设。完全赞成、诚恳接受，坚决整改，并要求进一步压紧压实安全生产责任；坚持问题导向，抓好整改落实。

（田保海）

【安全生产工作会】 4月10日，怀柔区召开安全生产工作会，动员全区进一步提高认识、落实责任，加强安全生产工作。区领导要求，各镇乡街道、各部门、各单位，提高政治站位，认清形势，牢固树立安全生产发展理念。要加强防控体系建设，不断提升安全生产水平。要进一步强化组织领导，深化安全生产领域改革，做好人员队伍保障，严格考核问责。

（丁　超）

【召开安全生产工作调度会】 4月12日，怀柔区副区长李志遂召开安全生产工作调度会，听取全区安全隐患大排查大清理大整治挂账隐患“回头看”核查和市委市政府安全生产第十四督察组督察反馈意见整改进展情况，协调解决重点、难点问题，并就下一步工作进行部署。会上，区安委会办公室就“三大行动”和督察整改进展情况进行通报。雁栖镇、消防支队重点就“三大行动”回头看核查具体问题，进行沟通探讨。

（丁　超）

【安全生产专职安全员继续教育培训】 4月23日至27日，怀柔区安全监管局组织全区在岗专职安全员70人，组织继续教育培训。培训重在提高专职安全员思想素养、专业素质和业务能力，增强安全监管工作力量凝聚力、战斗力，为参训人员日常执法检查夯实基础。

（夏　科）

【隐患治理信息系统操作培训】 9月27日，怀柔区安全监管局召开城市安全隐患治理三年行动信息系统操作培训会，邀请技术人员对信息系统使用进行讲解，全区18个属地和25个行业部门相关工作人员参加培训。区安全监管局要求，各单位要尽快熟悉掌握信息和台账填报工作，共同促进怀柔区城市安全隐患治理三年行动有序开展。

（高　朦）

危险化学品安全监管

【重大危险源论证】 1月19日，怀柔区安全监管局在北京二商穆香源清真肉类食品有限公司（以下简称“穆香源公司”）会议室，召开液氨制冷系统重大危险源专题论证会，邀请液氨制冷专家、制冷系统设计单位、安全评价单位，评估和论证拆除该单位230平方米储藏库制冷设备后，全厂液氨制冷系统储量是否构成重大危险源。经专家研究论证，对穆香源公司重大危险源重新评估，并提出由设计单位根据库房拆除情况，修改设计图纸，出具制冷系统设计报告；由安全评价机构进行重新评价，确定是否构成重大危险源等建议。如不构成重大危险源，尽快履行核销手续。经安全评价机构重新评价后，穆香源公司液氨制冷系统储量不构成重大危险源，依照重大危险源核销程序，区安全监管局对穆香源公司重大危险源进行核销。

（王　晴）

【安责险制度座谈会】 1月24日，怀柔区安全监管局在怀柔区科学城管理委员会多功能厅，召开安责险制度座谈会，北京市安责险运营服务中心，中国人保财险怀柔支公司和平安保险怀柔支公司，科学城管委会及科学城18家参保企业参加。会议听取北京市安责险运营服务中心全市安责险运行总体情况及怀柔区情况汇报，中国人保财险北京分公司介绍2018年安责险工作费率定价初步方案，并同参会人员讨论交流安责险运行中存在的困难和不足。全年，市政府进一步提高全市企业参保率指标，明确怀柔区安责险企业参保率为12%。针对怀柔区加工制造企业情况，中国人保财险北京市分公司介绍各种规模生产加工企业具体收费标准，及费率调整系数适用。参保企业在肯定安责险制度基础上，提出改进意见。会后，中国人保财险怀柔支公司根据前期制定事故预防费开支计划，为18家投保企业发放消防器材。

（王　晴）

【落实换证约谈制度】 2月1日，怀柔区安全监管局约谈中铁联合物流股份有限公司（以下简称“中铁联合物流”）主要领导和安全管理人员。约谈会上，中铁联合物流常务副总经理介绍公司基本情况、危险化学品经营情况和安全管理落实情况。区安全监管局查阅公司危险化学品经营台账等资料，询问企业管理人员有关情况，并提出企业核减长期不经营危险化学品经营品种；企业主要负责人和相关人员要加强安全法律法规学习，理清企业与中石化、铁路运输单位间安全责任；企业必须做到诚信经营，不能超许可范围经营，更不能私自设库储存等建议。区安全监管局将约谈即将到期企业主要负责人和安全管理人员作为一项制度，通过约谈及时发现企业管理存在问题，并督促企业进行整改，整改不到位一律不再换发许可证。

（王　晴）

【重大危险源监管】 4月17日，怀柔区安全监管局、城管委组织相关专家进行专题研讨。与会人员梳理《北京市怀柔区人民政府办公室印发关于北京市怀柔区北京市危险化学品安全综合治理三年行动计划(2017年—2020年)》中，涉及危险化学品重大危险源工作要求，研究综合治理重大危险源监管中专业难点问题。针对《计划方案》所列任务清单，梳理难点工作主要有，绘制重大事故隐患电子分布图，开展重大危险源管控、备案和建设项目“三同时”安全审查，安全监测监控体系建设，岗位人员素质，巨灾情景构建，“一对一”应急预案管理，高危岗位操作人员技能培养等。怀柔区安全监管局、城管委将采取政府购买服务等方式，发挥行业协会、安全生产服务机构等社会力量专业化团队专家指导作用，持续提升危险化学品安全监管水平，增强监管效果，推进危险化学品安全综合治理重大危险源监管。

（王　晴）

【城市风险评估指导】 6月12日至15日，北京佳保公司城市安全风险评估专家组以属地、行业为单元，深入各属地、行业开展城市安全风险评估进厂前专业培训指导，培训包括安全风险评估、应急资源调查表填报、应急资源调查报告编制、应急能力评估报告编制、安全风险评估报告编制等方法及北京市安全生产云服务系统操作。怀柔镇、怀北镇、雁栖镇、渤海镇、琉璃庙镇、汤河口镇、北房镇、桥梓镇、示范区管委会完成9场次、144家企业、177人专题培训，印发《北京市怀柔区城市安全风险评估工作指南》等资料汇编近200本。

（王　晴）

【隐患排查标准清单编制】 6月25日，怀柔区安全监管局到位于庙城镇北京北排京怀水务有限公司，现场指导企业隐患排查标准清单编制。现场座谈中，区安全监管局要求企业重视清单编制，属地安全科要把此项工作纳入日常监管，中介机构要对企业自查标准和岗位清单制定把好关，要先搭好基础，指导帮扶企业查缺补漏，进一步完善编制内容，督促企业克服困难，完成清单编制工作，实现企业隐患排查治理岗位化、规范化和信息化。怀柔区全年40家清单编制进展迅速，已完成39家对接和调研；完成59家试点企业系统使用率、制度完备率均为100%，系统应用各项数据指标在全市各区一直排名首位。

（王　晴）

【雪亮工程建设】 2018年，按照怀柔区公共安全视频监控建设联网应用工作实施方案，结合全市“雪亮工程”建设进度要求及考核内容，怀柔区安全监管局对直管危险化学品经营单位开展全覆盖视频监控系统网络建设。截止6月14日，全区一座油库，27家加油站，5家工业气体经营单位视频监控系统全部建成，图像信息已接入区安全监管局监控平台。

（王　晴）

烟花爆竹安全监管

【烟花爆竹零售网点监控系统对接】 1月13日前，怀柔区安全监管局开展视频监控系统安装使用，督促视频监控系统建设维护单位，依照相关技术规范做好设备安装调试。将视频监控系统承建商、联系人、视频平台对接开发包及模型报送市安全监管局备案。完成城区内9家主流渠道零售大棚视频监控系统安装调试，视频监控系统图像清晰，各类信号接收正常。通过视频监控系统使用，加强对零售网点安全管理。

（王　晴）

【烟花爆竹网点布设】 1月18日，怀柔区安全监管局联合区公安分局、公安分局消防支队、工商分局、交通局、市政市容委等部门，开展春节烟花爆竹零售网点选址定点工作。各部门组成联合检查组，赴提出申请预设网点开展定点审核。全区设烟花爆竹销售点9个，比上年减少14个，其中批发单位直营网点8个，个人室内经营网点1个。配送烟花爆竹1267箱，全部完成销售，无剩余烟花爆竹产品，同比减少67%。

（王　晴）

【烟花爆竹禁限放宣传】 1月23日，怀柔区召开烟花爆竹禁限放宣传工作部署会。通报《北京市怀柔区人民政府关于设立禁止、限制燃放烟花爆竹区域的通告》，明确怀柔区烟花爆竹禁止、限制燃放安全管理及宣传职责分工。要求各部门、各镇乡认识烟花爆竹禁限放意义，怀柔区烟花办组织专业培训，讲通、讲透有关法律法规，做到有法可依。加强烟花爆竹禁限放区域宣传，利用报纸、电视、广播、宣传画等媒介，做到宣传有理有据、有声有影，使群众知晓烟花爆竹禁、限放区域，明确限放区域和燃放时段，做到家喻户晓，人人皆知。

（王　晴）

【烟花爆竹安全培训】 2月1日，怀柔区安全监管局牵头在双阳宾馆第七会议室，举办烟花爆竹零售单位主要负责人和从业人员岗前培训。区公安分局治安支队、工商分局、环保局、消防支队、安全监管局、城管委、城管执法局、园林绿化局、交通支队等部门负责人及属地安全科科长，北京熊猫烟花有限公司、人保财险公司负责人，烟花爆竹零售网点主要负责人和从业人员80人参加。区安全监管局组织9家烟花爆竹零售网点主要负责人和从业人员43人，开展烟花爆竹基本安全知识考试，考试合格率100%。

（王　晴）

【烟花爆竹零售网点回收执法检查】 2月22日至23日，怀柔区安全监管局对辖区9

家烟花爆竹零售网点开展烟花爆竹产品回收全覆盖执法检查。经现场检查，烟花爆竹零售网点完成全部销售，储存量为零，视频、音频监控设备，销售棚已拆除。为落实烟花爆竹禁限放要求，各网点响应降低空气污染，保护环境要求，减少进货量及库存量，在销售期到期前，将剩余烟花爆竹产品全部销售完毕，降低回收环节安全风险。

（王　晴）

【系统操作培训】 9月27日，怀柔区安全监管局在怀柔区京北职业技术学校组织城市安全隐患治理三年行动信息系统操作培训会，邀请技术人员对信息系统使用进行讲解，全区18个属地和25个行业部门工作人员参加。要求9月28日前填报第一批上账隐患，确保规范填报。技术人员对信息系统使用规则、方法、实际操作应用等进行讲解培训，现场进行示范操作，并对各单位提出问题逐一解答。区安全监管局要求，各单位尽快熟悉掌握信息和台账填报，促进全区城市安全隐患治理三年行动有序开展。

（王　晴）

矿山安全监管监察

【市安全监管局对区尾矿库安全检查】 4月17日至18日，市安全监管局对怀柔区尾矿库开展安全生产检查。检查组查看2017年已实施销库尾矿库原址恢复情况，对现有5座尾矿库干滩长度、尾矿坝最小安全超高、坝体稳定性、排水系统、排洪系统等事故多发环节进行拉网式检查，并对尾矿库安全状况进行评估。

（夏　科）

【非煤矿山汛期安全监管】 2018年，区安监局向有关乡镇下拨尾矿库（闭库）看护及维修费总计12.4万元，用于镇乡落实好日常和汛期尾矿库看护。投入资金8.3万元，用于八道河尾矿库应急救援抢险演练。采取专项检查、联合检查、聘请矿山方面专家等方式开展检查，出动人员20余人次，对非煤矿山和尾矿库进行全覆盖检查。针对雁栖镇八道河尾矿库存在安全隐患，申请专项资金760余万元进行隐患治理。及时向7个有关镇乡发送防汛预警信息并提出相关要求。

（王佳贺）

隐患排查治理

【隐患排查治理标准清单编制】 3月30日区安委办印发了《2018年度隐患排查治理标准清单编制工作方案》（京怀安办〔2018〕22号）和《怀柔区2018年安全生产隐患排查治理体系建设信息化系统推广工作实施方案》（京怀安办〔2018〕21号）。按照“政府推动、企业实施、中介帮扶”的工作原则，利用安全生产中介服务机构的专业技术力量，指导企业依据国家相关法律法规、标准规定，结合企业生产经营活动特点和岗位实际，编制隐患排查治理标准和岗位清单，同步完成隐患排查治理信息系统应用工作。全区计划完成40家企业的清单编制任务。

（彭　雪）

【危险化学品专项整治】 8月16日，怀柔区安全监管局开展危险化学品重点企业自动化设施运行情况专项检查，对加油站27家、油库1家，工业气体经营企业5家和涉氨使用企业6家进行专项整治，全部按期完成综合治理工作。

（王　晴）

应急救援

【开展尾矿库防汛应急演练】 6月12日，怀柔区安全监管局联合雁栖镇政府，在八道河尾矿库开展防汛应急演练。演练模拟汛期来临，突降暴雨，八道河尾矿库二级子坝与溢洪道衔接处发生局部塌陷险情，雁栖镇和区安全监管局接到险情报告后，逐级上报，并立即启动应急预案，调集相关职能部门和应急抢险队，立即赶赴灾情现场，组织抢险救灾，对塌陷部位进行堵漏；专业救援队对周边村民组织疏散逃生。公安部门迅速对有关路段实施封锁，拉设安全警戒线，做好周边秩序维护。

（王佳贺）

【应急管理培训】 11月29日，怀柔区安全监管局组织应急安全生产专项培训，有关部门、属地、加油站、重大危险源企业主要负责人150人参加。培训分为两部分进行，由国家安全生产应急救援指挥中心领导从应急准备必要性、应急预案在应急准备中作用、应急预案管理办法主要内容、应急管理执法检查四个方面培训；还请中国安全生产科学研究院，针对城市火灾事故进行桌面演练。

（王佳贺）

执法监察

【灶具、辅助设备和火灾报警器】 2016年至2017年，怀柔区开展淘汰不合格燃气灶具，推广安装燃气安全辅助设备和独立式感烟火灾探测报警器，至2017年12月，完成燃气灶更换安装。至2018年1月，完成燃气灶验收，怀柔召开动员部署会6次，报送工作进展信息13篇，发放宣传材料2万余份，调动专职安全员参与126人次，全区16个属地进行安装，总安装户数9458户。

（郭鹏飞）

【春节及“两会”安全检查】 2月28日至3月22日期间，怀柔区安全监管局制定两会期间安全生产保障方案，落实重点区域安全生产综合监管、重点行业领域安全监管。按照执法检查安排，划分2个小组（一组3人），开展工业企业重点行业领域专项整治。重点检查安全生产责任制、安全管理制度等的制订与落实；特种作业人员持证上岗；重点部位检查、巡查、维护、保养、应急值守，及应急预案制定与演练等内容。共检查18家，下达执法文书40份。

（方梦琳）

【安全生产联合执法检查】 2月28日至3月22日两会期间，怀柔区安全监管局联合公安局治安支队、水务局开展对危化企业和供水行业专项反恐检查，并结合区政府安装视频监控系统，在区安全监管局平台上实时监控。要求各企业落实主体责任，制定反恐工作方案、应急预案，并进行应急演练，配备相应反恐设备，视频监控设备存储时间达90天。

（方梦琳　边　疆）

【北京国际电影节安全保障】 4月15日和22日，第八届北京国际电影节召开在即，怀柔区安全监管局对会场周边危险化学品使用和经营单位进行安全生产执法检查。重点对危险化学品企业建立和落实安全生产责任制、安全生产规章制度情况；从业人员安全生产教育、培训情况；劳动防护用品配备情况；安全设备设施检测情况进行安全生产检查。要求企业做好应急准备，完善应急预案，组织应急预案演练，及时排除安全隐患。

（郭鹏飞 边 疆）

【中非合作论坛北京峰会安全检查】 8月30日怀柔区安全监管局做好2018年中非合作论坛北京峰会期间安全生产保障，对全区危险化学品经营单位进行安全生产执法检查。针对企业建立和落实安全生产责任制、安全生产规章制度；从业人员安全生产教育、培训；劳动防护用品配备及使用；特种作业人员日常管理；安全设备设施检测等情况进行安全生产检查，要求企业对发现安全隐患立即整改，并要求企业主要负责人提高政治站位，落实好企业主体责任，确保峰会期间不发生生产安全事故。至8月30日，共检查经营单位11家，出动车次12次，出动执法人员36人次，下达执法文书13份，处罚1起。

（边 疆）

【“三大专项行动”隐患点整改调度会】 11月16日，怀柔区副区长李志遂带队，区安监局、消防支队、龙山街道、泉河街道、怀柔镇、庙城镇、北房镇等部门和属地主管领导参加，对全区安全隐患大排查大清理大整治“822台账”部分隐患点位整改后保持情况进行检查，结合检查情况和冬季季节特点，就近期安全生产工作召开现场调度会。检查组重点对“822台账”中位于南关村隐患点位，出租房屋用电情况、消防设施、疏散通道安全状况进行检查；对一家幼儿园和医院病房消防安全情况进行检查并召开现场调度会。要求各部门和属地结合冬季特点，开展本辖区内同类安全生产检查，特别是在人员密集场所，要按照“822台账”隐患整改标准，坚持落实好，形成长效机制。各属地要严格隐患整改标准，继续加强动态监测，确保隐患整改治理到位。各属地加强检查巡查，保持好“回头看”核查成效，检查巡查若发现隐患要及时整改消除。各属地要明确每项上账隐患责任人，责任人要负责隐患整改到位，且不出现反弹。

（郭鹏飞）

【旅游景区联合执法检查】 2018年，怀柔区安全监管局采取专项抽查和联合执法检查方式，联合区商务委、旅游委、质监局、文委、城管执法大队、公安分局消防支队等部门，在全区集中时间、集中力量，针对人员密集场所消防通道、消防设施操作、应急演练、安全生产规章制度建立情况及营业区内用电、燃气、危险源、特种设备使用，开展安全执法检查。共计检查34家次，40文书（其中责令限期整改指令书6份），查处并整改安全生产隐患14项，立案处罚1家，罚款2.5万元。

（郭鹏飞）

【建筑施工企业安全生产检查】 2018年怀柔区安全监管局根据区住建委提供怀柔区在施工程、冬季施工工程台账，采取专项抽查和联合执法检查方式，联合区住建委、公安分局消防支队，重点以安全生产各项规章制度制定和落实及施工现场安全生产隐患排查进行检查。全年，检查生产经营单位31家42次。下达执法文书53份，其中整改指令书11份，发现安全生产隐患21项，整改安全生产隐患21项，处理投诉举报4家，立案处罚12家。

（郭鹏飞）

【加油站贯标改造工程执法检查】 4月24

日怀柔区安全监管局对中国石化销售有限公司北京怀柔鑫宝山加油站、中国石化销售有限公司北京怀柔庙城加油站、北京市金穗加油站有限责任公司、北京源兴源加油站有限公司、中国石化销售有限公司北京怀柔长久加油站贯标改造施工项目，进行安全生产专项检查。检查主要针对施工单位安全设备、设施维护保养、员工安全生产教育培训、特种作业人员持证上岗，施工现场安全用电及劳动防护用品配备和使用等情况进行检查。要求企业落实企业主体责任，对发现安全隐患立即进行整改，并要求企业做好重点部位、设备看护，加大检查巡查力度并做好记录。

（边　疆）

职业卫生监察检查

【职业健康跟踪检查】 本年，怀柔区安全监管局对确诊为职业病人员 8 人及所在用人单位，按照国家相关法律法规依法享有职业病待遇和妥善安置职业病病人情况，及存在职业健康检查异常人员用人单位对体检异常人员复查、调离情况进行跟踪检查。检查发现，用人单位按国家有关规定和职业健康检查机构要求，妥善安置职业病病人，及时安排体检异常人员进行相应复查，并根据复查结果对职业禁忌症人员进行调离。

（石　旭）

【年度职业病危害防治评估】 本年，怀柔区安全监管局聘请专业技术服务机构专家组成评估小组，抽取全区存在职业危害用人单位属地 45 家企业进行现状评估，摸清掌握企业职业病防治情况。

（石　旭）

【汽车制造业尘毒危害专项治理】 本年，怀柔区安全监管局开展汽车制造业尘毒危害专项治理。8 月，按期完成涉及企业 17 家治理任务。9 月，接受市安全监管局治理行动验收评估。

（石　旭）

【重点行业领域职业病危害情况普查】 本年，怀柔区安全监管局在全区制造业等 9 个重点行业领域生产经营单位，开展职业病危害基本情况普查。选派辖区工作人员 44 人，参与市安全监管局牵头组织普查，对市安全监管局拟定拟普查企业，进行甄别核实。8 月 20 日至 10 月底，配合普查机构对全区 754 家企业进行职业病危害普查。按照时间节点要求，怀柔区共完成普查企业 754 家，检测企业 74 家，已经全部完成系统录入，完成率 100%，空表率为零。

（石　旭）

【职业卫生检查】 本年，怀柔区安全监管局检查存在职业危害用人单位 145 家次，发现消除隐患 105 起，对 8 家违法单位给予罚款处罚，罚款金额 15.9 万元。

（石　旭）

宣传培训

【解决专职安全员工资低问题】 年初，怀柔区安全监管局落实市安全监管局专职安全员工资待遇文件要求，多次与区政府沟通，建议对怀柔区安全生产专职安全员工资进行调整，原每人每年 1 万元绩效奖金仍保留，并得到区政府批准。自 2018 年 10 月 1 日起，怀柔区专职安全员工资基数为 5857 元/人/月，每人每月增长 971 元，使专职安全员工资加绩效平均每月实发金额 4100 元左右。

（王　赫）

【开展专职安全员职业能力考试】 1 月 5 日，怀柔区安全监管局加强专职安全员队伍建设，促进专职安全员提升综合素质和岗位技能，根据专职安全员不同入职年限，分批次组织专职安全员开展职业能力考试。范围包含安全生产法律法规、专业技术知识和综合能力知识等内容，130 人参加考试，成绩合格率 98%。考试成绩作为街乡专职安全员队伍规范化建设、专职安全员队长标兵、领军人才等评定活动依据。

（王　赫）

【开展专职安全员补录工作】 3 月、9 月，怀柔区安全监管局组织开展两次专职安全员补招，共补录 16 人。第一批招录人员考取检查证后，6 月 1 日正式上岗，并将检查服、移动终端、检查工具配发到位。9 月，补录专职安全员通过体检、政审、公示和取证考试等环节，2019 年 1 月 1 日分配到各单位上岗。

（王　赫）

【第二届有限空间大比武理论培训】 4 月 12 日，怀柔区安全监管局举办有限空间安全管理暨第二届有限空间大比武培训会，各镇乡、街道和区城管委、经信委、住建委、文委、水务局等 12 个负有有限空间行业监管职责科室负责人和工作人员，及所属行业有限空间用人单位有限空间作业现场负责人、有限空间作业管理人员和一线人员 480 余人参加培训。

（石　旭）

【开展安全生产检查队规范化建设】 4 月 23 日，怀柔区安全监管局落实市区两级政府安全生产责任书任务要求和市安委会办公室开展区职能部门安全生产督查检查队规范化建设部署，印发《怀柔区职能部门安全生产督查检查队规范化建设工作方案》组织各属地安全科长召开专题会议进行部署。9 月、11 月，安全监管局委派专人，两次对 3 个参评职能部门督查检查队和去年未达标 4 个安全生产检查队，进行现场检查及指导，通过检查提升落实进程，并顺利通过终评考核。

（王　赫）

【提升专职安全员检查质量清除挂账隐患】 5 月，怀柔区安全监管局确保专职安全员检查工作提质增效，开展待销隐患消除工作，并召开部署会议。6 月底，完成 2017 年检查系统待销隐患全部消除任务。据市安全生产监管信息平台数据统计，全区有企业 6098 家，1 月至 12 月上旬，专职安全员检查队排查企业 6011 家，检查 19449 家次，下达责改文书 4844 份，发现隐患 9959 项，检查覆盖率 98.57%。

（王　赫）

【安全生产月宣传咨询日活动】 6 月 16 日，怀柔区安全监管局以“生命至上，安全发展”“文明创城，安全护航”为主题，在怀柔区万达青春广场，开展安全生产月宣传咨询日活动。安全生产“进公共场所”宣传咨询活动，面向商务行业从业人员和广大市民，以生产安全、燃气安全、劳动保护、道路交通、用气用电、消防安全、特种设备、铁路护路、禁毒反恐、档案管理、安全生产责任保险等安全知识和常识为主要内容，进行广泛宣传普及。

（田保海）

【电子地图填报和系统使用培训】 12 月 12 日至 15 日，怀柔区安委会办公室举办 9 期电子地图填报和电子地图系统使用专项培训，全区各行业部门和乡镇街道专职安全员，及重点企业主要负责人参加。培训企业800余场次，参加培训1000余人。培训采用边教边学互动模式，现场“一对一”指导填报教学方法，帮助企业准确高效填报安全风险电子地图，并由第三方专业机构现场指导企业完成风险源信息上报和企业平面图风险源标注。发放《北京市怀柔区城市安全风险评估——电子地图填报专项培训使用手册》等资料汇编1000余份。

（王　晴）

【设立村级巡查员队伍】 本年，区安委会办公室完成312个行政村、社区专兼职安全生产巡查员656人设立工作。11月27日至30日每日上午，区安全监管局对巡查员进行安全监管职责，安全生产知识学习，履行职责基本知识和技能培训。

（王　赫）

【开展专职安全员培训】 本年，怀柔区安全监管局加强乡镇、街道（园区）和区职能部门安全生产专职安全员队伍建设，第一季度组织全区专职安全员开展2018年专职安全员初任人员集训、2018年低压电工作业取证培训考核、2018年安全生产专职安全员继续教育培训等专题培训，提升专职安全员日常检查能力。

（王　赫）

标准化建设

【市局标准化系统工作会】 3月20日，市安全监管局信息中心在怀柔区安全监管局召开安全生产标准化信息管理系统移接工作会。研究怀柔区安全生产智慧监察平台中标准化模块移接至市安全监管局新建系统有关问题，并现场模拟演示市安全监管系统运行，顺义区安全监管局相关人员参加会议。

（彭　雪）

【市局标准化调研检查】 3月21日，怀柔市安全监管局到怀柔区调研标准化创建情况，并现场检查4家二级标准化拟达标企业，重点检查企业粉尘防爆、有限空间管理和危险化学品使用管理等方面情况。

（彭　雪）

【标准化创建】 4月10日，怀柔区安委会办公室印发《2018年怀柔区安全生产标准化创建工作方案的通知》，对全区12个属地和区商务委、旅游委下达创建任务。

（彭　雪）

【三项工作动员部署培训】 4月24日，怀柔区召开2017年怀柔区安全生产标准化、隐患清单编制和安全文化示范企业建设动员培训部署会动员培训会，相关行业、属地和2018年三级创建企业、隐患清单编制内企业等人员320余人参会。

（彭　雪）

【隐患排查治理标准清单编制考核】 5月21日，市安全监管局组织第三方技术服务机构，对怀柔区隐患排查治理标准清单编制，开展第一阶段检查考核，核查怀柔区隐患体系建设、清单编制部署、宣贯及培训情况。

（彭　雪）

【标准化工作会】 5月22日，怀柔区安全监管局召开2018年安全生产标准化工作会，相关属地和第三方评审机构参会。会上解读标准化相关文件，对标准化评审流程、系统操作和评审过程中遇到的常见问题进行讲解。

（彭　雪）

密 云 区

概 述

2018年，密云区执行市委、市政府和区委、区政府决策部署，围绕安全生产总要求及2018年确定“五个持续”重点，以深化安全生产领域改革发展为牵引，以安全生产融合发展为主线，推动治理能力提升、推动体系建设完善、推动基层基础巩固，全区安全生产形势得到持续稳定发展。

开展安全生产“四化”建设。坚持法治化，强化依法监管执法，制定《2018年安全生产监督检查计划》，召开《监督检查计划》编制办法培训会。依法严格实施危险化学品经营许可行政审批。坚持标准化，完成三级标准化复评。制定下发清单编制方案，协调中介机构对试点企业进行清单编制，完成20家试点企业隐患排查清单编制。坚持信息化，实现企业台账动态更新。坚持社会化，开展安全生产月等各类宣教活动。采取措施营造良好宣传氛围。注重城区广告宣传，40个图文并茂安全生产公益广告灯箱在城区主街两侧及白河两岸展示，通过广告橱窗宣传公益广告。开展“百名安全监管干部与万名企业主要负责人对话谈心活动”和“百名安全专家服务万家企业”活动。开展宣教“七进”专题活动。“安全生产月”期间，开展亲民、鲜活、接地气“七进”活动105余场。

推进安全生产“三个体系”建设。安全生产责任体系建设，明确2018年目标任务，召开会议对重点工作进行部署。坚持季度、半年召开安全生产形势分析会，修订完善区《安全生产综合考核实施细则》，与59个属地镇街和监管部门签订《2018年安全生产目标管理责任书》。坚持“月检查通报、季随机抽查、半年工作督查、年终综合考评和‘一对一’反馈”机制。隐患排查治理体系建设，做好“两节”“两会”、国庆等重点时期安保工作，突出抓好危险化学品、烟花爆竹、非煤矿山、道路交通、特种设备、人员密集场所等重点行业领域安全监管。开展执法检查“全覆盖”，全区共监督检查生产经营单位83692家次，查处各类安全生产隐患20097项，已全部整改完毕，整改率达100%。开展安全隐患大排查大清理大整治专项行动，区领导带头抓好贯彻落实，工作专班开展督察检查，各属地政府、各部门采取有效措施推动开展，完成全区920项“三合一”高风险密集居住场所重大安全隐患整改核查，加强对存在风险源和安全隐患日常巡查。开展安全隐患专项整治三年行动，各镇街、各部门积极行动，狠抓工作落实。开展危险化学品综合治理，进行危险化学品重大危险源核查。安全预防控制体系建设，推进安全风险评估，开展城市风险评估培训工作10场，培训建筑、文化、旅游、体育、工业、危化等企业管理人员。执行应急管理制度。组织和督促指导全区按要求及时进行演练。

夯实“双基”工作。开展安全生产基层重点工作，推进安全生产领域改革，有力提升安全水平。做好市委市政府安全生产督察反馈问题整改落实，针对督察组提出具体问题，全区逐项落实整改要求。强化专职安全员和巡查员队伍建设，召开行政村、社区设立兼职安全生产巡查员推进会，全区行政村、社区推荐安全生产巡查员954人。开展尾矿库销库工作，完成2座尾矿库销库治理。有序开展安责险投保，全年，参保企业922家，参保率为11.2%。加强安监系统执法人员和专职安全员执法装备配备。

综合监管

【召开季度安全生产工作会】 2月9日，密云区政府召开2018年第一季度安全生产工作会，区安委会副主任、副区长范永红出席会议，各镇街、各部门安全生产工作主管领导参加会议。总结部署安全生产重点任务，并就做好春节、“两会”安全生产提出要求，要细化压实安全生产责任，坚持“党政同责、一岗双责、齐抓共管、失职追责”，把安全生产责任落实到岗、到人，企业要履行主体责任，落实全员安全生产责任制和岗位安全生产责任清单，提高员工安全素质和能力，做到安全生产责任、管理、投入、培训和应急救援“五到位”。

（柳世杰）

【签订责任制】 2月，区安委会修订完善《安全生产综合考核实施细则》，并与59个属地镇街和监管部门签订《2018年度安全生产目标管理责任书》，各单位按要求进行层层分解，逐级签订责任书。在抓好各类专项督查基础上，继续坚持“月检查通报、季随机抽查、半年工作督查、年终综合考评和‘一对一’反馈”机制，组织安委会成员单位参与各季度督查考评。

（柳世杰）

【压减安全生产事故行动】 6月15日起，密云区政府印发《全力压减安全生产事故攻坚行动实施方案》后，各镇街、各部门召开专门会议对“攻坚行动”进行部署，研究制定“全力压减安全生产事故攻坚行动”方案，结合职责分工和“党政同责”“一岗双责”“三个必须”要求，成立党政一把手牵头领导机构，强化隐患排查治理，督促生产经营单位落实主体责任，落实安全运行维护和安全防范措施，以纠正“三违”行为作为安全检查重点内容进行检查。全区共出动检查人员23537人次，监督检查生产经营单位16303家次，排查隐患8064项，已整改8047项，整改率达99.79%。

（柳世杰）

【半年安全生产督查考评】 7月16日至7月23日，密云区安全监管局、教委、卫计委、质监局、交通局、体育局、水务局组成7个督查组，通过听取汇报、查阅档案资料、现场询问等方式，结合日常督查情况，分别对与区政府签订《2018年安全生产目标管理责任书》的21个镇街、地区、开发区和19个政府部门，进行督查考评。督查发现，绝大部分被督查考评单位均能贯彻执行市、区政府安全生产指示，落实安全生产责任制，履行安全生产监管（管理）职责，40家单位中密云镇、河南寨镇、十里堡镇、西田各庄镇、区文化委、交通局、旅游委、质监局等33家，被督查考评单位上半年督查考评成绩为优秀。区安委会将考评中存在问题、考评情况反馈给各单位，要求逐项梳理存在问题，分析问题原因，提出改进建议。

（柳世杰）

【落实电视电话会精神】 7月27日，国务院召开全国安全生产电视电话会议。区安委会副主任、副区长范永红，区安委会其他领导及区安委会成员单位主管领导，各镇政府、街道（地区）办事处主管领导等参加会议。会后，范永红强调，各镇街、各部门、各单位进一步提高安全生产重视程度，以事故预防为目标，开展“全力压减安全生产事故攻坚行动”，发挥行业监管作用，加强执法检查力度，对反复出现安全隐患和存在违法行为企业，要依法依规严格处理，保障全区安全生产形势持续稳定好转。

（柳世杰）

【设立兼职安全巡查员会】 8月30日，密云区安委会办公室召开在行政村、社区设立兼职安全生产巡查员工作推进会，对《关于密云区行政村、社区设立兼职安全生产巡查员的工作方案》进行解读，包括人员招聘条件、岗位津贴标准、配备数量、办公场所及方式、装备配备、岗前培训、队伍日常管理及考核等内容。会议强调，兼职安全生产巡查员队伍，要在村两委班子和社区工作者、物业管理人员中选配具备一定条件的、18周岁至55周岁、有一定能力人员担任。各镇街（地区）每个行政村、社区设置不少于2名安全生产巡查员，安全生产巡查员岗位津贴标准不低于300元/月/人。制定安全生产巡查员管理、培训、考核等相关制度。

（刘海生）

【假冒特种作业操作证治理】 8月至10月，密云区安委会办公室开展打击假冒特种作业操作证专项治理。印发《打击假冒特种作业操作证专项治理行动实施方案的通知》，区安委会办公室牵头成立“打击假冒特种作业操作证专项治理行动领导小组”，召开密云区打击假冒特种作业操作证专项治理工作部署会，加强网络舆情监控中心、工商、公安、消防、质监、住建、安监等相关部门协调沟通，了解掌握专项整治进展情况，做好日常信息报送。全区3651家生产经营单位开展自查工作，各镇街、各部门对3544家生产经营单位开展专项执法监察（检查），发现问题92项，责令整改89家，行政处罚2.5万元。

（柳世杰）

【专职安全员建设推进会】 9月17日，区安委会办公室召开专职安全员队伍规范化建设推进会。区安委会有关成员单位安全科室负责人及专职安全员50余人参加会议。传达区政府职能部门安全生产督查检查队规范化建设工作部署会议精神，解读安全生产督查检查队规范化建设评定实施细则。会议要求，实现安全生产督察检查队“四统一，六规范，一创新”建设目标。即统一管理方式、统一办公条件、统一装备配备、统一岗位设置、规范履职行为、规范制度管理、规范党团工妇组织、规范教育宣传、规范仪容风纪、规范档案管理、创新管理手段。认识职能部门开展行业监管作用，把督查检查队规范化建设作为载体，按时完成规范化建设达标。

（刘海生）

【“两会”期间安保】 3月13日，密云区采取四项措施加强“两会”安全生产保障，印发《关于切实做好全国“两会”期间安全生产工作的通知》；加强对人员密集场所、非煤矿山、危险化学品、烟花爆竹、建筑、交通运输、市政设施、职业病防治及有限空间等重点行业领域、重点企业、重点环节安全监管；开展执法检查行动，严肃查处各类违法、违规行为；加强全区安全生产应急管理，制定“两会”安保措施，落实应急值班值守、信息快报等制度。

（柳世杰）

【控制考核指标】 本年，密云区道路交通领域发生死亡事故30起，死亡38人，同比上年增加7起，12人；生产安全领域发生死亡事故6起，死亡7人，同比上年增加3起，4人；消防领域未发生生产经营性死亡事故，全区生产安全领域总体形势保持平稳。

（柳世杰）

【安全监管执法与处罚】 本年，密云区安全监管局加大安全监管执法和行政处罚力度，全年人均检查量达55.47件，人均处罚量达10.35件，职权履行率6.45%，完成工作任务。

（柳世杰）

危险化学品安全监管

【危化品企业安全生产检查】 3月6日，密云区安全监管局对中国石化销售有限公司北京密云石油分公司油库、北京壳牌石油有限公司加油站等重点危险化学品企业进行检查。重点对“两会”安保方案制订，安保措施落实、监控检测、系统运行、领导带班和应急值守情况进行检查。区安全监管局要求，“两会”期间，加强隐患排查，执行安全反恐等保障措施，强化负责人带班制度，做好应急值守，完善应急物资储备。

（刘　佳）

【完成两家危化品企业退出】 3月至9月，密云区开展高风险危险化学品经营企业调整退出工作，引导和鼓励小规模危险化学品企业行业退出。3月，密云区安全监管局召开危险化学品安全生产工作部署会议，对企业退出工作进行宣传动员，并约谈重点企业讲解政策精神和文件要求。4月，深入企业指导帮助做好退出准备工作。5月，收集整理企业退出申报材料由市安全监管局审核并通过。9月，密云区北京建国永安商贸中心、北京密顺佳商贸有限公司两家工业气体经营企业，退出危险化学品经营。区安全监管局监察人员现场查验企业经营场所、储存设施清退情况，并依法回收危险化学品经营许可证书。

（刘　佳）

【危化品安责险企业培训】 7月26日，区安全监管局召开危险化学品安全生产责任险参保单位事故预防培训会。人保财险公司讲师授课，对隐患排查、安全管理、事故预防等方面进行讲解，组织观看安全生产责任险宣传推广纪录片。全区60家危险化学品生产经营单位负责人参训，发放宣传材料60份。

（刘　佳）

【夜查危化品单位安全保障】 8月31日夜，区安全监管局两组执法人员，随机前往7家加油站、1家危险化学品生产单位，对隐患排查治理、突发事件处置、领导带班和人员值守、自动化监控系统使用、散装油销售及自助加油安全管理措施等情况进行检查。检查发现，大多数危险化学品从业单位能落实中非合作论坛北京峰会期间安全生产管理措施要求，个别企业存在应急值守人员不足，带班人员不具备安全管理资质，从业人员安全生产教育培训不到位等问题。区安全监管局根据检查发现问题，下达3份责令整改指令书，对2家单位进行约谈，对1家企业依法实施行政处罚。

（刘　佳）

【危化品重大危险源核查】 本年，密云区安全监管局进行危险化学品重大危险源核查，重点对储油、储气、储氨企业进行排查。经核查，全区构成危险化学品重大危险源企业1家，列入重大危险源监管，并制定“一对一”应急预案，各相关单位和属地政府已建立监管机制。

（刘 佳）

【危化品经营许可行政审批】 本年，密云区安全监管局依法实施危险化学品经营许可行政审批。全年，审批危险化学品经营许可28件，其中延期换证审批16件，变更换证审批12件。

（刘 佳）

烟花爆竹安全监管

【烟花爆竹安全监管部署会】 1月11日，密云区安全监管局组织相关镇街召开2018年春节烟花爆竹安全监管工作部署会。印发《北京市密云区2018年春节烟花爆竹销售（储存）安全管理工作方案》，对烟花爆竹网点设置、许可申报、安全管理等进行部署。区安全监管局要求，各镇街要重视烟花爆竹安全管理，落实属地安全管理职责，做好辖区内烟花爆竹零售网点初步审查，指导经营单位做好许可申报工作。发挥专职安全员力量，做好销售期安全检查，及时发现并消除事故隐患。强化信息报送和应急处置，对发现非法违法经营行为要及时报送有关部门，采取有效处置措施。

（刘 佳）

【烟花爆竹行政许可】 2月，区安全监管局审定烟花爆竹零售网点14个，其中城区网点7个，乡镇网点7个。烟花爆竹许可销售时间为2月10日至2月20日（农历腊月二十五至正月初五），比上年同期烟花爆竹零售网点数（2017年春节许可网点23个）下降39%。

（刘 佳）

矿山安全监管监察

【尾矿库重大危险源销库】 2017年4月至2018年11月，区安全监管局推进全区尾矿库、排土场销库工作，申请市安全监管局专项资金补贴销库项目，累计消除尾矿库2座、排土场2座，解决尾矿库等重大危险源对下游影响危害，减轻安全生产压力。

（张鹏鹏）

【专家为非煤矿山“会诊”】 4月9日至11日，市安全监管局组织露天采矿、排土场等方面专家对密云区非煤矿山企业开展“会诊”。重点“会诊”重大风险识别、隐患排查治理、汛期准备、应急管理等环节，督促指导非煤矿山企业建立健全双重预防机制和三项人员责任清单。专家查阅安全生产责任制、安全生产管理制度落实、安全管理机构设置、人员培训、测量图纸等资料，深入露天采场、排土场等现场，对采场边坡、运输道路等进行检查。专家组查阅安全管理资料、检查现场安全状况，向非煤矿山企业反馈“会诊”情况。针对新常态下非煤矿山安全生产出现新情况、新问题，提出解决非煤矿山安全监管人员总量偏少、专业人员匮乏、提高安全监管水平的有效方法，通过专家“会诊”，掌握非煤矿山企业安全生产状况，及时发现并消除隐患。

（张鹏鹏）

【开展非煤矿山专项检查】 4月23日至24

日，区安全监管局对辖区内5家非煤矿山重点企业，进行专项安全生产执法检查，共下达责令限期整改指令书15份，查出各类事故隐患40项。对企业提出要求，加强对从业人员的安全教育培训，加强对外协队伍安全管理，重点对同一作业面多个单位同时作业情况加强监管；做好安全告知，督促相关单位签订安全管理协议，并指定专人进行现场监护；落实企业主体责任，加大隐患排查力度，及时消除事故隐患。

（刘海生）

【矿山企业安全生产专题会】 9月27日，区安全监管局召开矿山企业安全生产专题工作会。密云冶金矿山公司、首云矿业股份有限公司、北京威克冶金有限责任公司、密云区放马峪铁矿、北京建昌矿业有限责任公司、北京云冶矿业有限责任公司、金诚信矿业股份有限公司等主要负责人、安全生产主管领导参会。会议要求，强化安全生产责任意识，坚守生命红线、推进安全发展；层层落实安全生产责任，夯实安全生产基础；强化隐患排查治理；加强安全生产教育培训；做好尾矿库、排土场等危险部位安全生产。

（张鹏鹏）

【安全生产标准化验收】 本年，密云区安全监管局推进安全生产标准化建设，完成三级标准化复评36家，小微企业岗位达标210家，完成创建任务。

（张鹏鹏）

隐患排查治理

【安全隐患治理三年行动】 9月13日，密云区政府召开城市安全隐患治理三年行动部署会，区安委会副主任、副区长范永红传达北京市有关领导对密云区安全生产指示批示，并要求加大行业和属地监管力度，特别是有施工项目单位要执行安全生产制度，杜绝层层违法发包转包行为；推进城市安全隐患治理三年行动，要明确“时间表”“路线图”，坚持边排查、边治理、边建台账、边销账机制；开展全力压减安全生产事故攻坚行动，进一步排查治理生产经营单位存在隐患和薄弱环节，尤其要加强隐患整改过程监督指导，抓实抓严抓出成效；紧盯责任书重点任务，全力压减生产安全事故，继续做好城市风险评估、安责险投保、专兼职安全生产巡查员建设、标准化达标创建、职业病危害基本情况普查等重点工作。

（柳世杰）

【召开今冬明春安全生产会】 11月28日，密云区政府召开今冬明春安全生产工作会议，落实北京市安全生产电视电话会议精神，部署密云区今冬明春安全生产工作。全区21个镇街、地区、开发区主要领导及安全生产主管领导与45个行业部门主管领导参会，副区长范永红出席会议。会上，区安全监管局通报近期安全生产情况，并对今冬明春安全生产工作进行部署。范永红要求，认识今冬明春安全生产形势，戒除麻痹大意、松懈疏忽等思想情绪；把隐患治理三年行动引向深入，投入充足执法检查力量，加大检查频率和力度；采取措施抓好今冬明春各项工作，高标准完成全年重点任务和事故控制工作。

（柳世杰）

应急救援

【开展尾矿库防汛应急演练】 5月23日至

29日，区安全监管局组织矿山企业开展尾矿库防汛应急演练，演练按照“统一领导、分级响应、快速联动、协调有序、高效处置”原则，模拟尾矿库事故场景，预设因急降暴雨，水位急剧上涨，造成洪水漫坝等情况，进行实战演练。演练共出动抢险人员500余人，抢险救援车辆40余辆，大型机械设备20余台，专业医疗救护队4支。演练后，各单位及时总结经验、进一步完善预案，并对尾矿库进行调洪演算，试算尾矿库最大防洪能力，量化降水预警指标，针对不同级别降雨量，分别发布不同等级应急预警、采取相应应急响应行动，提高尾矿库防汛应急处置能力。通过演练进一步完善尾矿库事故应急准备，锻炼应急救援队伍，对职工进行宣传教育，提高应急救援队伍能力，增强安全生产水平和事故防范能力。

（张鹏鹏）

【召开非煤矿山企业防汛会】 7月18日，区安全监管局组织非煤矿山企业安全生产负责人，召开非煤矿山企业汛期安全生产工作专题会。提出抓好汛前安全检查，突出防汛领导组织建设、应急救援队伍建设、应急救援物资储备、领导带班人员值班、汛期日常检查巡护等工作；突出重大风险识别、隐患排查治理、汛期准备、应急处置等环节，加强尾矿库、采场、排土场、碎石成品料堆安全管理；进行拉网式隐患排查和监督检查，对查出问题和隐患及时落实主体责任，做到整改措施、责任、资金、时限、预案“五落实”。

（张鹏鹏）

【区领导检查尾矿库防汛】 8月10日，密云区副区长范永红带队到穆家峪、巨各庄、太师屯检查尾矿库防汛安全生产工作，区安全监管局、属地镇政府相关领导参加检查。检查组实地查看达岩、达峪两座闭库尾矿库和建昌矿业运行尾矿库，查阅安全巡查记录和技术参数监测记录，听取属地镇政府和矿山企业防汛安全生产汇报。范永红对全区尾矿库防汛安全生产提出要求，强化红线意识、风险意识和防范意识，扎实做好尾矿库防汛工作；开展隐患排查，对查出问题要按照“五落实”要求，及时进行整改治理，消除安全隐患；加强值班值守，强化应急处置管理，保障通讯畅通，矿山企业必须坚持24小时领导带班，重点部位24小时巡查，发现险情及时处理上报；完善企业与地方应急管理协调机制，健全事故应急救援预案，做好应急救援物资储备。

（张鹏鹏）

执法监察

【生产经营单位检查】 至2月，密云区安全监管局共检查生产经营单位51134家次，出动人员52093人次，发现一般隐患13763项，重大隐患264项，均得到及时整改。

（柳世杰）

【国庆期间安全生产检查】 9月20日至10月10日，密云区加强国庆节期间安全生产工作，区安全监管局领导带队，对辖区内所属生产经营单位进行安全生产专项检查。重点检查工业企业有限空间安全管理、特种作业人员安全管理，有限空间制度、与外委施工单位安全管理协议签订、有限空间作业审批，有限空间应急预案及演练，特种作业人员档案建立及安全生产教育培训、如实记录等情况，现场重点检查作业现场安全用电、有限空间劳动防护用品和应急救援物品配置，有限空间作业场所安全警示标识设置，有限空间作业前检测等，共检查生产经营单位41家，消除安全生产隐患60项，立案2起，对2家生产经营单位进行行政处罚，罚款2万元。

（刘海生）

【区第二届全民运动会安保】 10月13日，根据区第二届全民运动会实施方案部署，区安全监管局采取措施，加大检查力度，加强赛事期间临建设施安全监管。按照“统一领导、明确责任、保障有力、检查到位”原则，成立赛事安全生产保障工作领导小组，制定方案，明确任务要求，建立应急处置机制。根据运动会日程安排，区安全监管局定岗定责，落实工作措施，对主席台、看台、背景、LED电子屏幕等临建设施搭建作业，进行安全检查。运动会召开期间，区安全监管局派出8人、分为2组，对会场临建设施等进行全程监管。在区第二届全民运动会期间，共检查4次，检查临建设施11个，出动检查人员16人次。

（刘海生）

【执法检查与行政处罚】 全年，密云区安全监管局共执法检查生产经营单位943家，责令限期整改指令书509份，人均检查量达55.47件；行政处罚176起，人均处罚量达10.35起，罚款金额436.6万元，人均处罚金额25.68万元。

（陈　旭）

职业卫生监督检查

【职业病危害基本情况普查】 7月至10月，密云区安全监管局成立“密云区职业病危害普查工作领导小组”，召开3次普查会议，以各镇街参与普查安全员为重点培训对象，传达市安全监管局职业病危害普查工作协调会要求，根据各属地企业规模、数量及所处地域，研究安排合理普查路线，共普查企业831家，完成全区职业病危害基本情况普查任务。

（马尚彬）

【职业病监测和防治培训】 9月27日至28日，区安全监管局与区疾控中心、社保局联合开展职业病监测和防治培训。培训分两期，150余家职业卫生用人单位主要负责人参训。区疾控中心从密云区重点职业病危害因素危害及预防方面进行讲解；区社保局从职业病病人保障方面进行培训；区安全监管局从涉及危害因素工作场所现场管理、职业卫生档案资料建立等方面进行培训，要求用人单位定期进行工作场所职业病危害因素检测，重视劳动者职业健康体检。

（马尚彬）

【密云区创建国家卫生区工作】 本年，密云区安全监管局按照北京市密云区创建国家卫生区指挥部办公室要求和相关创卫标准，整理完善2015年至2018年职业卫生管理档案资料，涉及职业病防治规划、机制、能力建设方面资料，职业卫生主要负责人和职业卫生管理员培训资料，职业病防治法宣传周等宣传教育资料，落实《中华人民共和国职业病防治法》工作资料等。区安全监管局对国家卫生区创建范围内企业加大检查频次和力度，全方位指导、监督涉及职业危害企业，落实职业病防治主体责任，从制度建立和执行情况、劳动者职业健康体检、工作场所职业病危害因素检测、劳动者职业健康监护档案建立等方面进行监督检查。9月17日，创卫专家对同方人工环境有限公司进行验收，现场查看企业职业卫生档案资料、车间防护设施、员工佩戴劳动防护用品等情况，对企业职业卫生管理给予认可。9月18日，创卫专家对重点场所组档案资料进行查阅，并予以通过。

（马尚彬）

宣传培训

【“安监之星”评选推荐】 3月至9月，密云区安全监管局与区文明办联合开展“2018安监之星·北京榜样”密云选拔活动。印发《关于组织开展“2018安监之星·北京榜样”密云选拔活动的通知》。区安全监管局和区文明办相关人员组成评选委员会，根据参评条件，评选出“安监之星”62名，上报市安全监管局，其中政府组34名，企业组28名。经评选，3人评选为市级“周安监之星”，2人被评选为市级“月安监之星”，2人被评选为市级“年度安监之星”。

（陈　旭）

【职业病防治法宣传周】 4月24日，密云区安全监管局联合区疾控中心，在区医院门诊大厅开展“健康中国，职业健康先行”为主题，开展《中华人民共和国职业病防治法》宣传，走进医院面向群众，普及《职业病防治法》及相关职业病防治知识。4月26日，联合区疾控中心走进企业，深入北京青岛三环啤酒有限公司开展宣传培训，现场设置展板4块，区疾控中心专家对展板内容及宣传手册、职业病防治知识进行讲解，70余名从业人员参加。区安全监管局开展宣传与执法相结合，进入企业边执法、边开展“一对一”宣传，针对企业职业病危害因素特点、防护知识，进行有针对性宣传。宣传周活动，共发放宣传手册及纪念品3000余份。

（马尚彬）

【防灾减灾宣传进社区】 5月12日，区安全监管局联合区地震局、气象局等部门，在密云区鼓楼街道花园西社区广场开展防灾减灾进社区宣传，向社区居民发放新修订的《中华人民共和国安全生产法》《逃生与自救小常识手册》《城镇居民应急逃生与自救安全常识折页》《安全用电常识》等宣传材料及扇子、扑克牌、环保布袋、海报等宣传品1000余份，摆放安全宣传展板8块，并对社区居民提出日常家庭生活安全等问题进行解答。

（陈　旭）

【开展安全生产培训】 5月至7月，密云区安全监管局委托专业培训机构，通过分期分批、集中授课方式，对20个镇街及经济开发区辖区内715家重点行业企业生产经营单位主要负责人和安全生产管理人员1530人，组织15期培训，进行安全生产培训考核，每期培训两天。培训结合实际案例，对《生产经营单位安全生产主体责任》《安全生产标准化》《危险源辨识与安全预防控制体系》《生产安全事故隐患排查治理》等内容进行讲解，培训采用闭卷形式，对学员进行试卷答题考核，对考试合格人员市安全监管局统一制发《安全生产培训合格证》，建立培训档案。

（李红霞）

【“安全生产月”宣传咨询】 6月16日，密云区安全监管局在北京青岛啤酒三环有限公司开展以“生命至上　安全发展”为主题，全国第十七个“安全生产月”宣传咨询日活动。区委宣传部、安全监管局、公安局、文委、民防局、广电中心等主管领导，区市政市容委、地震局、民防局、气象局等参展单位相关领导和工作人员参加。现场设置气拱门，悬挂安全生产宣传条幅，设置“12350”宣传咨询区、安全用电咨询区、燃气使用讲解区和安责险咨询区。摆放燃气安全、液化气安全、民防知识、气象知识、生产安全事故案例、安全知识等展板60余块，向企业职工发放主题招贴画、燃气安全知识读本、环保袋、宣传扑克、手柄扇、围裙等宣传资料1万余份，100余名企业职工参与宣传咨询活动。

（陈　旭）

【开展“双百工程”活动】 7月至9月，密云区安全监管局开展“百名安全监管干部与万名企业主要负责人对话谈心”“百名安全专家服务万家企业”活动，共对话谈心284家企业（包含区各职能部门领导谈心），走访21个镇街，服务“小微”企业400家，查出隐患793处，发放宣传材料400套，培训专职安全员94人次。解决“小微”企业安全生产意识不强，隐患排查能力不足等问题。

（陈　旭）

【安全生产警示教育巡展】 9月至12月，密云区安委会办公室在全区开展生产安全事故警示教育巡展活动。选取密云区近年典型生产安全事故案例，制作成10余块安全生产警示教育展板，在全区各属地、部门和重点行业企业进行巡展。展板以图文并茂的形式，介绍事故发生经过，分析事故原因，界定事故责任，涵盖高处坠落事故、机械伤害事故、触电事故、燃气爆燃事故等内容。各属地和行业部门设立巡展站点，组织在职全体职工和辖区内本（行业）领域内重点单位企业负责人、安全员及重点岗位从业人员进行观看，用事故教育人、警示人、觉悟人，以事故教育推动安全生产。

（陈　旭）

【履职能力集中培训班】 10月15日至19日，密云区安全监管局在密云职业技术学校，开展安全生产监管监察执法人员及专职安全员履职能力集中培训。区安全监管局执法科室、21个镇街及18个职能部门专职安全员167人参加培训。依照全区安全生产重点及各镇街与生产经营单位实际情况，邀请理论知识丰厚及实战、实操经验丰富的专家学者授课，围绕安监执法法规及条例等理论课程，生产经营单位检查实操课程，结合案例进行讲解分析。

（刘海生）

【安全生产专题培训班】 10月29日至11月2日，密云区安委会办公室在区委党校组织2018年密云区安全生产专题培训，全区58个安全生产责任制单位分管领导参加。培训班邀请国家和市安全生产专家，结合工作实践进行授课，内容涵盖新修订《中华人民共和国安全生产法》《地方党政领导干部安全生产责任制规定》、安全生产监管案例、安全生产应急管理与媒体应对、廉洁执法等，共进行40学时。培训结束，组织参训人员考试，合格率100%，优秀率90%以上。

（陈　旭）

【兼职安全巡查员岗前培训】 10月至12月，密云区安全监管局分期分批，采取聘请专业教师授课方式，对全区20个镇街（社区）及区经济开发区兼职安全生产巡查员953人，进行岗前培训考核，共举办19期培训班，每期培训班为一天。培训结合生产安全事故案例，重点对巡查员职责、消防安全、用电安全、燃气使用安全、有限空间安全及人员密集场所安全等安全巡查要点安全知识进行讲解，并采用闭卷形式，对学员进行试卷答题考核，考试合格人员统一制发《安全生产巡查员工作证》。

（李红霞）

法制建设

【开展普法巡讲进密云巡讲】 8月29日，密云区安全监管局在区开发区管委会，开展“安全生产法律十进”及“以案释法”主题普法巡讲活动，120余名企业安全管理人员参加。集中观看“以案释法”典型案例专题片，市安全监管局邀请5名法治宣讲员，围绕安全生产法、安全生产案例等内容进行宣讲，现场发放安全生产法律法规等宣传材料350余份。

（陈　旭）

【宪法宣传周专题讲座】 12月18日，密云区安全监管局组织“12·4”国家宪法日及宪法宣传周专题讲座培训会，全体干部职工参加培训。邀请区安全监管局法律顾问进行授课，围绕《中华人民共和国宪法》时代背景、具体内容，解读宪法修正必要性和科学性。

（陈　旭）

标准化建设

【隐患排查标准编制培训】 3月21日，密云区安全监管局组织相关单位及20家试点企业负责清单编制人员，召开2018年安全生产事故隐患排查“一企一标准、一岗一清单”编制动员培训。聘请专业技术人员为试点企业主要负责人及安全管理人员，现场讲解相关法律法规、清单编制基本流程、隐患排查治理意义。培训会要求，各相关单位及试点企业成立领导小组、组织专班、制定方案、细化措施，确保清单编制质量和进度。

（张鹏鹏）

【标准化工作核查】 8月8日至10日，市安全监管局组织专家到密云区进行标准化达标企业核查。选取密云区涉及汽车及配件制造业、药品生产业、食品制造业、机械企业等行业12家企业。核查组听取企业标准化工作介绍，了解企业安全管理机构、基本工艺流程、标准化培训等情况，分批开展现场检查和资料审查，并针对评审过程中未达标项进行重点抽查。经核查，密云区标准化工作整体情况良好，各企业达标后坚持安全标准化运行，做到岗位达标、专业达标和企业达标，实现企业安全生产管理科学化、制度化、规范化和信息化，逐步建立自我约束、自我完善、持续改进安全生产管理长效机制。

（张鹏鹏）

【企业台账动态更新】 本年，密云区安全监管局开展企业台账动态更新，全年清理无实体、无照经营等企业1414家，新增企业1025家，库内存留企业8209家，更新比例124.4%，企业信息完整率99.12%，信息完善企业数7624家。

（陈　旭）

延 庆 区

概 述

2018年，延庆区安全生产工作在区委、区政府领导下，深化落实“四化三体系双基”任务，履行安全生产监督管理职责，不断促进安全生产工作提质增效，完成年度重点工作，全区安全生产形势持续稳中向好。

通过对全区9大行业19个乡镇街道（园区）企业风险评估，逐步建立风险管控体系，形成延庆区风险源清单和数据库，绘制安全风险电子地图，获取风险信息3429条。制定安全风险管控办法，风险云服务系统填报率100%。及时组织市安全监管局应急处、区政府应急办等部门及有关专家，对“中石化北京延庆康庄油库”新修订应急预案进行评审并开展“一对一”应急演练，完善重大危险源管控措施，有效提升全区应急管理水平。

将世园会、冬奥会筹办举办专项执法工作纳入全年执法计划，牵头成立冬奥会延庆赛区管委会安全监管组，组建世园建设项目安全生产专班，凝聚多部门监管力量，会商解决重点、难点问题，及时排除安全隐患。持续推进安全生产责任保险，完成安责险投保649家，保费257.7万元，超额完成年度任务。制定清单编制方案，开展动员部署、宣贯培训、沟通协调等工作，提前完成30家企业“一企一标准、一岗一清单”编制任务，清单企业隐患信息系统使用率100%。及时更新生产经营单位台账，全年未发现无故核销情况，及时审核率99.1%，超出目标要求的19.1个百分点。完成白酒企业专项整治、打击假冒特种作业操作证专项行动、油气回收在线监控改造、“街乡吹哨，部门报到”专项行动等重点任务。完善全区安全生产体制机制，健全监管执法保障体系，为全面深化安全生产领域改革夯实基础。

综合监管

【副区长带队安全检查】 1月19日，延庆区副区长吴世江带领区交通局、工商局、环保局、安全监管局、城管执法局等相关职能部门，采取“四不两直”方式，对知夏路周边恒源众达、平安顺达等5家汽修企业安全生产及周围环境开展专项执法检查。针对存在问题，各职能部门根据各自职责提出具体整改要求，并按期对上述单位整改情况进行复查，隐患问题整改完毕。

（程文杰）

【副市长节前检查世园工程】 2月11日，北京市副市长王红带领北京世园局、市安全监管局、市公安局消防局、市住房城乡建设委对世园会在建中国馆、国际馆、世园村和职工生活区等重点场所，进行春节前安全检查。询问重点建设项目进展情况，并对施工现场安全防护、消防设施、隐患排查、应急值守等方面进行检查，针对检查发现安全隐患，检查组责令其限期或立即整改。经复查，隐患问题全部整改完毕。

（程文杰）

【区长带队安全检查】 2月14日，延庆区区长穆鹏带领区安全监管局、公安局、消防支队、工商局等相关职能部门，对全区烟花爆竹零售网点及香水园街道首届“迷你”欢乐节活动现场进行节前安全检查。在香水园街道首届“迷你”欢乐节活动现场，向活动负责人询问活动流程及前期准备情况，检查组成员单位结合自身职责，重点检查烟花爆竹零售网点现场消防器材、视频监控等安全设备设施，对烟花爆竹销售网点及欢乐节活动主办方提出要求。穆鹏强调，烟花爆竹零售网点要做好销售期间值守、看护、巡查，消除各类安全隐患；相关部门和烟花爆竹销售网点做好春节期间“禁限放”宣传，按照有关规定销售、燃放烟花爆竹；属地街道要设置专人在活动现场进行应急值守，及时处理突发情况。

（马龙飞）

【区长检查重点建设项目】 3月2日，延庆区区长穆鹏带队对张山营延崇高速项目开展复工检查，并向施工单位及员工表示慰问。穆鹏提出，施工单位要牢固树立安全生产红线意识，按照“早日开工、安全开工、绿色开工”要求，做好对复工人员和新招人员教育培训，严格遵守安全操作规程，加大隐患排查治理力度，排查安全薄弱环节，确保两会期间无安全事故发生。

（周　明）

【区领导督查“两会”安全】 3月8日，延庆区委常委、政法委书记吕桂富带领消防支队、安全监管局、派出所等部门，对延庆镇出租房屋、日上市场，开展“两会”安全督查检查。并要求增强安保力量，确保有力处置突发事件；加强安全生产动态巡查，发现问题及时处理；做好反恐应急演练，提升应急能力。

（王　岩）

【区领导检查世园会项目】 3月14日，延庆区常务副区长张远带领区环保局、安全监管局和消防支队等部门对世园会内在建中国馆、国际馆等重点建设项目，开展安全生产专项检查。询问重点建设项目进展情况，并对施工现场安全防护、电气设备、消防设施等进行安全检查。针对发现安全隐患，执法人员提出具体整改要求，责令限期进行整改。各隐患均按要求整改完毕。

（程文杰）

【冬奥延庆区管委会监管会】 3月27日，延庆区安全监管局召开冬奥会延庆赛区管委会安全监管组工作会。宣读《北京2022年冬奥会和冬残奥会延庆赛区管理委员会实施方案》，对机构组成、管理范围进行讲解。各成员单位结合自身业务对管委会安全监管组工作职责、机制、计划进行讨论和梳理。会议要求，各成员单位统一思想，提高认识，以问题为导向，落实“四个办奥”理念，解决赛区突出问题；加强沟通，尽快协调好相关事宜；以统筹、协调、督促、监管目标为主，将监管职责落实到位，履职尽责，做好冬奥延庆赛区保障工作。

（周　明）

【安全生产工作会议】 4月12日，延庆区安委会召开2018年第二次全体会议。会议对第一季度安全生产工作进行总结，部署第二季度及全年重点工作。副区长吴世江首先对做好2018年重点工作进行部署，提出要高度重视，把安全生产作为一项政治责任，加强领导、常抓不懈，为世园会胜利举办创造稳定的安全生产环境；二是结合2017年督查组检查出的问题做好今年准备工作，并对2018年各单位执法检查计划、规范化发文、会议记录、执法记录与痕迹管理软件资料重点强调；三是继续保持安全生产高压态势，做好三大行动“回头看”工作防止反弹，加大执法处罚力度，通过法律手段抑制反弹现象发生，各单位对照目标责任书进行动态管理，并做好安责险推广工作。

（娄　杰）

【安委会第三次全体会议】 7月17日，延庆区召开2018年安委会第三次全体会议。通报2017年大兴区“11·18”重大事故调查报告、2018年密云新城再生水厂配套管网工程两起生产安全事故情况，汇报延庆区安全生产委员会2018年上半年安全生产情况及下一步安排。会议要求各部门、各单位认清形势，以深入推进安全生产领域改革发展为重要抓手，全力做好下一步各项重点工作，提高站位、把握方向，找准工作着力点；协调联动、条块结合，形成共治合力；统筹兼顾、突出重点，确保各项工作有序推进。

（娄　杰）

【世园会展园安全检查】 7月26日，北京世园局副局长王春城、延庆区副区长吴世江带领区住建委、安全监管局、园林绿化局、消防支队等11个部门，对世园会展园开展联合执法检查和服务保障工作。检查组先后检查印度园、日本园、河南园、云南园等展园，并向建设施工负责人了解工程概况、施工进度，询问企业负责人实际困难和问题，各部门依据自身工作职责，开展检查并提出相关要求。检查中发现安全隐患均按期整改完毕。

（程文杰）

【安全隐患集中治理行动】 10月22日，延庆区安全监管局组织区教委、文委、消防支队等相关职能部门，召开博物馆、文物建筑、图书馆安全隐患集中治理专项行动部署工作会。会议要求，按照《博物馆、文物建筑、图书馆安全隐患集中治理专项行动实施方案》推进隐患治理；各单位细化责任分工，明确工作要求，加强对管辖区域内博物馆、文物建筑、图书馆安全管理，并根据本单位实际情况，建立相关台账；各单位和属地乡镇、街道加强沟通和协作，形成合力，保持高压态势，加大执法检查力度，采取有效措施及时消除各类隐患。

（程文杰）

【安委会办公室工作例会】 10月26日，延庆区安委会办公室组织15个乡镇、3个街道主管领导召开10月工作例会，会议研究安全生产目标责任书重点任务完成情况、城市安全隐患治理三年行动挂账隐患销账情况、安全生产巡查员设置等方面工作，并对下一阶段重点工作进行再部署。会议对各单位提出要求，扎实有序推进安全生产目标责任书中重点工作任务，年底前按时保质完成，并做好文件材料的整理归档；发挥好安全生产巡查员队伍作用，督促巡查员认真填写工作手册和巡查记录，组织安全生产巡查员岗前培训；扎实开展城市安全隐患治理三年行动，定期通过城市安全隐患治理三年行动信息系统上报各类数据，及时上报相关工作信息；加强安全员队伍管理，在严格人员管理基础上，突出人文关怀，融入廉政教育，激发安全员队伍积极性和主动性。

（娄　杰）

【科技与信息化建设】 本年，延庆区安全监管局安全生产企业台账系统新增企业2315家、修改企业5213家、核销企业

33424家、信息完善率100%、审核发现问题项854项，已驳回属地重新审核。协助市安全监管局信息中心对儒林街道、延庆镇台账情况进行核查，对发现两项问题，已全部完成整改。

（娄　杰）

危险化学品安全监管

【医药企业标准化创建】 5月25日，延庆区安全监管局组织医药生产企业相关负责人召开医药企业安全生产标准化创建工作会。总结上半年医药行业安全生产标准化创建进展情况，讨论工作中存在困难，并就下一阶段工作进行座谈。要求各医药生产企业落实企业安全生产主体责任，抓紧时间与考评机构对接，按期完成标准化工作，提高企业安全管理水平。

（马龙飞）

【危化品企业风险评估】 5月29日，延庆区安全监管局组织全区危化企业召开危险化学品生产储存企业安全风险评估工作部署会。按照《应急管理部关于印发危险化学品生产储存企业安全风险评估诊断分级指南（试行）的通知》，解读指南各项评估内容，明确要求和时间节点，对全区危化企业安全风险评估进行动员，要求各危化企业组织培训教育，增强从业人员安全风险防范意识和风险辨识能力，明确专人开展排查和填报相关文件，推进危化行业安全风险动态管理、分级管控和综合治理。

（马龙飞）

【易制毒化学品储存专项检查】 10月31日，延庆区安全监管局对全区易制毒化学品企业开展专项执法检查，针对发现问题，责令相关企业限期整改。并要求各企业夯实易制毒化学品管理基础，构建隐患排查治理长效机制，建立健全易制毒化学品管理制度，及时处理易制毒化学品管理系统中存在问题，消除易制毒化学品流入非法渠道隐患，严防易制毒化学品泄漏等事故。

（马龙飞）

【新版隐患排查治理系统培训】 11月22日，延庆区安全监管局邀请隐患排查系统软件开发公司技术人员对全区危化企业进行新版隐患排查系统使用培训。重点对事故隐患排查治理法律法规和新版隐患排查系统使用等内容进行讲解。

（马龙飞）

【学校化学试剂专项检查】 11月22日，延庆区安全监管局联合区教委对学校化学试剂储存和使用开展安全生产专项检查。针对发现问题，责令相关学校立即整改，并要求学校落实主体责任，执行危险化学品安全管理制度，加强化学试剂安全管理，对安全隐患及问题做到早发现、早控制、早解决，把隐患消灭在萌芽状态，防范和遏制事故发生。

（马龙飞）

【危险化学品行政许可】 本年，延庆区安全监管局受理并完成危险化学品经营单位行政许可14家，全部通过网上办理，网上审批率100%。

（马龙飞）

【非经营性加油站专项整治】 本年，延庆区安全监管局根据《北京市非经营性加油站安全专项整治工作方案》，组织排查出4家非经营性加油站，召开工作会议。经与各主管部门及使用单位负责人沟通协商，4家使用单位已全部拆除加油设备，全区提前完成非经营性加油站专项整治。

（马龙飞）

【加油站贯标改造】 本年，延庆区安全监管局对辖区9家加油站实施贯标改造工作。召开2次加油站贯标改造推进会，2次加油站贯标改造协调会，3次向中国石化北京分公司发函要求督促推进加油站贯标改造进度，主管副区长约谈中国石化北京分公司西北片区负责人，督促推进施工进度。加强施工改造期间安全监管工作。参与加油站贯标改造验收评审，落实11家加油站贯标改造奖励资金。

（马龙飞）

【中非论坛期间危化执法行动】 本年，延庆区安全监管局开展为期一个月的危险化学品行业专项执法行动，针对辖区内42家危化单位，进行全覆盖执法检查。8月28日，对中石化康庄油库、妫河南加油站、兴康加油站等重点危化单位，开展重点时段安保专项检查。8月31日，区安全监管局领导带队分5个检查组，对全区危险化学品企业开展全覆盖专项夜查，针对发现隐患问题，责令企业立即整改，并要求企业落实主体责任，加强隐患排查和应急值守，遇突发情况及时上报。

（马龙飞）

烟花爆竹安全监管

【烟花爆竹安全管理培训会】 1月8日，延庆区安全监管局组织属地乡镇街道、烟花爆竹批发仓库和保险公司负责人，及5家烟花爆竹零售网点从业人员召开培训会。部署烟花爆竹安全管理工作，对烟花爆竹销售时间节点等要求进行说明，组织从业人员进行考试。

（马龙飞）

【烟花爆竹监管成员单位检查】 2月8日，延庆区安全监管局组织烟花爆竹安全监管专班成员单位对烟花爆竹零售点开展联合执法检查。对发现问题，要求商户立即进行整改，并做好烟花爆竹和音频、视频看护，确保烟花爆竹销售前安全稳定。

（马龙飞）

【烟花爆竹临时销售点布设】 本年，延庆区安全监管局按照“合理布局、方便群众、总量控制、保障安全”原则，联合相关部门现场审核，确定布设5个烟花爆竹临时零售网点，其中城区3个、八达岭镇1个、千家店镇1个。设立烟花爆竹零售大棚4座，安装音视频监控系统，加强现场实时监控。

（马龙飞）

【烟花爆竹安全监管】 本年，延庆区安全监管局对区域内烟花爆竹销售网点进行全覆盖、多频次执法检查。检查57家次，下达行政执法文书24份，查处安全隐患16项，行政处罚1起，罚款1000元。

（马龙飞）

【烟花爆竹配送与销售】 本年，延庆区烟花爆竹零售网点配送烟花爆竹385箱，其中烟花类136箱、爆竹类249箱，同比下降65.1%。2018年继续由熊猫公司（市里）直接配送。销售烟花爆竹385箱，销售额23.6万元，同比下降56.3%。

（马龙飞）

隐患排查治理

【白酒制造企业隐患治理】 5月4日，延庆区安全监管局组织北京八达岭酒业有限公司、北京市八达岭酿酒公司和北京龙庆峡酒业有限公司三家白酒制造企业，召开白酒企业隐患治理推进会。介绍全区白酒制造企业安全隐患治理专项行动实施方案，重点强调隐患整改时间节点、改造流程、注意事项等内容。各白酒制造企业分别介绍改造进度及下一步计划，并就隐患改造中出现问题及工作重点进行交流。

（程文杰）

【风险隐患治理三年行动】 本年，延庆区安全监管局要求各单位定期填报城市安全隐患治理信息系统，督促属地对挂账隐患及时复查销账。城市安全风险隐患治理三年专项行动全区出动41142人，检查25037家，查处隐患7457项，关停355家，拆除违建51处18946.12平方米，处罚159起，罚款96.021万元。全区“三合一”、高风险群租房安全隐患870项，所有隐患均完成整改。

（娄 杰）

【清单编制企业专项检查】 本年，延庆区安全监管局对辖区内清单编制企业北京中材汽车复合材料有限公司、德菲电器（北京）有限公司等单位，开展专项执法检查，重点对企业隐患排查治理系统填报情况进行检查。针对发现问题，责令相关单位按要求立即或限期进行整改，各隐患均按要求完成整改。

（程文杰）

应急救援

【油库汛期应急管理检查】 7月16日，延庆区安全监管局对中石化延庆康庄油库开展汛期安全检查。油库介绍汛期各项安全管理工作开展及防汛应急培训和演练情况，重点介绍突发事件应急响应、处置措施和汛期应急物资储备量及现状。检查组听取介绍和现场实地检查总值班室和应急物资储备库后，要求油库落实各项安全管理责任，执行24小时领导带班制度及各项汛期安全管理规定，加大日常巡查检查力度，及时消除各类安全隐患，确保安全度汛。

（李 辛）

【公路防汛抢险应急演练】 8月16日，延庆公路分局在昌赤路天池退伍军人道班举办公路防汛抢险突发事件应急演练。演练模拟昌赤路K78＋400处发生山体塌方，造成道路半幅阻断，同时昌赤路K78＋300处两货车发生追尾，现场有油污遗撒。延庆公路分局立即启动应急预案，抢险救援，排除险情。通过演练提高公路突发事件抢险应急反应能力和战时保障能力。

（李 辛）

【龙庆峡景区综合应急演练】 8月28日，北京市交通委员会运输管理局主办，龙庆峡景区、北京水运游船行业协会承办游船应急演练，在龙庆峡景区水域举行。演练分为游船消防应急救援演练和游船突发故障弃船应急救援演练两部分。游船行驶中，突然冒起浓烟，安全员发现火情，立即向游船驾驶员报告，驾驶员迅速向码头调度求救，并利用船上灭火器进行灭火扑救，但是未能扑灭。收到求救后，应急小组立即启动救援程序，派出消防艇和水上救援艇前去救援。救援艇到达后，将安全员带离出事船舶，消防艇利用艇上消防水枪将起火游船火扑灭。另一艘游船将事发船舶拖回修理，消防应急演练结束。搭载游客游船行驶途中，突发机械故障，不能行驶，讲解员及时安抚游客，游船驾驶员向应急小组求援，救援小组派出两艘船舶和1艘快艇前往救援。通过演练，提升区域内突发事件的应急处置能力及应急预案执行能力。

（李 辛）

【应急物资检查】 8月30日，延庆区安全监管局对全区危险化学品应急物资储备库进行应急保障检查。主要对储备库内防毒面具、防护服及灭火器材、活性炭、沙子、水泥等应急物资数量、有效期、储存条件、存放状态、日常管理等方面进行检查，并对储备库在中非合作论坛北京峰会召开期间应急保障提出要求，各危险化学品应急物资储备库要加强日常管理和应急值守工作，确保各类应急物资储备状态良好，遇突发情况能及时调用，为全区安全生产应急处置提供保障。

（李　辛）

【医疗急救应急演练】 10月31日，延庆区卫生计生委在会展中心和北京大学第三医院延庆分院举办模拟冬奥会、世园会突发事件紧急医疗救援演练。演练分为桌面推演、实战演练、总结点评三个阶段，从模拟现场、检伤分类、启动区创伤中心、启动航空转运等环节，检验医师现场处置、区创伤中心专家协同会诊、空地衔接等能力。通过演练，加强突发公共事件应急处置能力，提高医务人员院前急救技术水平，为做好世园会、冬奥会测试赛期间医疗保障服务奠定基础。

（李　辛）

矿山安全监管监察

【尾矿库销库工作协调会】 3月20日，延庆区安全监管局组织区环保局、国土分局、园林绿化局等相关部门及属地政府召开大庄科尾矿库销库工作协调会。会议汇报大庄科尾矿库销库工作情况，销库工作设计单位北京矿冶研究总院详细讲解安全设施设计报告，相关职能部门结合自身职责，对销库工作提出要求和建议，会后各部门及属地对尾矿库现状进行现场实地察看。会议要求，大庄科乡政府落实属地监管职责，协调好施工期间相关事宜；施工单位按照安全施工设计方案及各部门提出相关要求进行施工；施工期间加强安全管理，落实防范措施，做好森林防火相关工作；加强施工前安全培训，特种作业人员持证上岗，确保施工安全。

（马龙飞）

【尾矿库销库施工现场检查】 3月30日，延庆区安全监管局联合属地政府对大庄科乡尾矿库销库施工现场安全防护、警示标志设置、安全生产教育培训等情况开展安全检查。针对发现问题，责令施工单位立即整改，并要求施工单位加强对从业人员安全教育培训，特种作业人员必须持证上岗；施工现场要设置专人进行指挥、看护，加大巡查力度，做好施工期间防火工作；按照施工设计方案进行施工，监理单位要加强监管，确保施工质量；大庄科乡政府落实属地监管职责，协调好施工期间相关事宜，按照销库程序和时间节点完成销库。

（马龙飞）

执法监察

【涉爆粉尘企业专项检查】 2月6日、4月11日，延庆区安全监管局对涉爆粉尘企业隐患整改落实情况和相关规章制度建立、落实情况进行专项执法检查。9月，邀请市安全监管局有关专家对涉爆粉尘企业进行抽查。通过专项执法检查，督促企业落实主体责任，防止出现安全意识松懈现象，杜绝发生事故。

（王海涛）

【养老机构联合检查】 2月7日，延庆区安全监管局会同区民政局、消防支队等部门，对养老机构开展联合检查。检查组先后对益寿苑老年公寓、夕阳红养老院、瑞康缘老年养护中心等机构锅炉房、中控室、配电室、厨房等部位进行检查，针对发现燃气锅炉房照明灯具不防爆等问题，责令按要求整改。经复查，隐患问题整改完毕。

（王　岩）

【“两会”期间安全检查】 3月1日至11日，延庆区安全监管局联合区食药局、城管局和旅游委对全区危险化学品生产经营单位、星级酒店、旅游景区和商市场等人员密集场所，开展“两会”期间安全检查。检查组对北京玻钢院复合材料有限公司、中石化京西加油站、中石油京福隆加油站等10家危化单位；环球新意百货公司、中踏鞋业延庆购物广场、沃尔玛延庆妫水北街店等14家人员密集场所，及八达岭旅游景区进行督导检查，对检查发现个别单位存在视频监控损坏，防爆处置工具配备不足等问题，责令按要求进行整改。经复查，隐患问题整改完毕。

（马龙飞）

【延崇高速工地安全检查】 3月6日，延庆区安全监管局对八达岭重点工程进行年后复工检查。检查发现存在施工现场工人未正确穿戴劳动防护用品、施工现场缺少安全警示标识、施工现场存在吸烟现象等安全隐患，要求被检查单位立即整改，并对其进行约谈。经复查，隐患问题整改完毕。

（周　明）

【冬奥建设工地联合检查】 4月12日，延庆区安全监管局会同区住建委、园林绿化局、消防支队等单位对延庆冬奥赛区雪车雪道和高山滑雪等在建工程进行检查。检查组先后检查钢筋加工区、木材加工区、物料码放区和在建雪道等区域，对检查发现木工圆盘锯无防护罩、氧气乙炔瓶安全距离不符合规范要求、施工现场存在交叉作业等安全隐患，要求企业立即整改。经复查，隐患问题整改完毕。

（周　明）

【“五一”节前联合检查】 4月25日，延庆区安全监管局会同区卫计委、反恐办等部门，对医疗机构开展“五一”节前联合检查。检查组先后对永宁卫生院、延庆区医院等单位中控室、配电室等部位进行检查，并现场指导进行应急预案实战演练，要求加强巡查，严查隐患，确保节日期间安全稳定。

（王　岩）

【“双打”联合检查】 5月4日，延庆区安全监管局会同消防支队、食药局、工商局等相关职能部门，对张山营镇域内限下商业零售单位开展“双打”联合执法检查。重点对超市经营区电气线路拉接、疏散通道是否畅通、警示标志设置及灭火器材配备等情况进行检查。检查发现，各经营单位普遍存在电气线路拉接不符合规范要求、疏散通道堆放货物、安全出口标识设置不符合规范要求等问题，责令限期整改。经复查，隐患问题整改完毕。

（王　岩）

【八达岭景区安全检查】 6月21日，延庆区安全监管局对北京八达岭畅安地面缆车运营有限公司、北京八达岭索道有限公司索道运营情况进行安全检查。检查发现，两家企业存在安全疏散指示标识设置不符合规范、个别从业人员未按规定穿戴劳动防护用品等安全隐患，责令限期整改到位。

执法人员按期进行复查，各隐患均整改完毕。

（程文杰）

【广积屯周边专项执法检查】 7月16日至20日，延庆区安全监管局会同消防支队、延庆镇对广积屯周边隐患问题进行专项执法检查。对检查发现聚苯乙烯泡沫夹心彩钢板房屋、“三合一”场所、电气线路拉接不符合规范要求、机器设备缺少操作规程等问题，相关职能部门依职责下达责令限期整改指令书并约谈，针对存在火灾隐患较大企业进行查封。经复查，隐患问题整改完毕。

（王 岩）

【对中建一局工地联合检查】 8月3日，延庆区安全监管局会同区消防支队、住建委等部门，对中建一局“B1＃住宅楼等11项及幼儿园项目”建筑施工工地进行执法检查。检查发现，电锯缺少防护罩、二级配电箱未进行接零保护、消防水带破损等问题，责令单位限期整改。经复查，隐患问题整改完毕。

（王 岩）

【世园会配套设施联合检查】 8月7日，延庆区安全监管局会同区住建委、环保局等部门，对世园会配套设施进行联合执法检查。发现特种作业人员未持证上岗、未安装视频监控系统、未使用高效车轮清洗设备等问题，责令按期整改，并对相关单位进行约谈。经复查，隐患问题整改完毕。

（王 岩）

【学校暑期建设工地检查】 8月14日，延庆区安全监管局联合区教委、住建委，对延庆一中、沈家营中学、香营学校等学校工程施工工地进行安全检查。检查组发现，个别单位存在电气线路混乱、缺少警示标志、施工现场临时用电不符合规范要求等安全隐患，责令施工方立即整改。经复查，隐患问题整改完毕。

（周 明）

【世园、冬奥重点项目检查】 9月3日，延庆区安全监管局领导带队分五组，联合区住建委、各相关属地，对世园会、冬奥会等重点建设项目10家单位进行安全生产执法检查。检查中，执法人员重点对施工现场作业人员劳动防护用品正确穿戴、临边防护、现场危险化学品使用管理、安全用电等情况进行针对性检查。检查发现各类安全隐患问题20余项。针对隐患问题，执法人员分别下达责令限期整改指令书，并按期进行复查，各隐患均按要求整改完毕。

（程文杰）

【跨部门“双随机”执法检查】 11月7日，延庆区安全监管局联合工商分局，开展重点企业跨部门双随机抽查。先后抽查中国石化销售有限公司北京延庆京张路加油站、大城堡加油站、妫河南加油站等危险化学品经营单位。针对发现问题，下达责令限期整改指令书，存在问题单位均按期完成整改。11月8日，延庆区安全监管局会同工商分局、质监局，分别开展重点生产企业、电动自行车重点经营企业跨部门双随机抽查，对检查中发现的问题均整改完毕。

（程文杰）

【石京龙滑雪场安全检查】 12月11日，延庆区安全监管局对石京龙滑雪场的雪场雪道、配电室、中控室及从业人员教育培训档案等情况开展执法检查。检查发现，雪场缓冲区部分防护网缺失、配电室内设置寝具等问题隐患，执法人员下达责令限期整改指令书，责令按要求进行整改。各隐患均在期限内整改完毕。

（程文杰）

【有限空间专项检查】 本年，延庆区安全监管局制定《北京市延庆区安全生产监督管理局有限空间作业专项执法检查工作方案》，对全区“世园会”“冬奥会”配套工程项目有限空间作业情况开展巡查、夜查和有针对性专项执法检查。全区检查企业358家次，出动执法人员102人次，执法车辆71车次，发现各类隐患62项，其中夜查15次。全区排查出涉及有限空间作业工贸企业23家，其中自行作业3家、外包作业20家；涉及密闭空间2个；地下有限空间1040个；地上有限空间14个。

（王海涛）

职业卫生监督检查

【职业健康培训】 4月16日至19日，延庆区安全监管局举办两期用人单位主要负责人和职业健康管理员培训班，224人参加培训、考试，向考试合格学员颁发《北京市用人单位主要负责人职业健康培训合格证》《北京市职业健康管理员培训合格证》。

（王海涛）

【职业病防治法宣传周】 4月25日，延庆区安全监管局会同区总工会、人力社保局、卫生监督所和疾控中心在中材科技风电叶片股份有限公司开展职业病防治法宣传活动。宣传《中华人民共和国职业病防治法》等法律法规和配套规章及标准，发放各类宣传资料1200余份。并在中关村延庆园服务中心由5名区安全生产宣讲团成员，通过故事向一线劳动者普及职业病防治知识，旨在提高劳动者防护意识。

（王海涛）

【职业卫生普查工作】 7月25日，延庆区启动职业病危害普查。由北京燕山石化职业病防治所专业技术服务人员同各乡镇街道（园区）专职安全员，深入生产经营单位作业现场开展普查，共普查生产经营单位769家，超额完成目标任务。

（王海涛）

【职业卫生执法检查】 本年，延庆区安全监管局检查涉及职业病危害因素单位72家次，出动检查人员164人次，检查车辆44车次。下发行政执法文书108份，查出90项隐患，并联合区环保局查封2家违法生产企业。

（王海涛）

【企业职业健康体检】 本年，延庆区安全监管局联系协调石龙医院，设置延庆区临时体检室，分7次25天为重点工程接害人员和企业职工3800余人，进行职业健康体检，解决企业职业健康体检路途远、费用高等问题。

（王海涛）

【职业健康巡回宣讲】 本年，延庆区安全监管局组织市级职业健康宣讲团和区安全生产宣讲团，为全区40余家单位500余名涉及职业病危害因素一线劳动者，开展职业健康宣讲。通过宣讲员讲述发生在身边甚至是亲身经历故事，代替传统职业卫生教育和培训模式，使劳动者更加形象和深刻认识到职业病对个人、家庭及社会危害，提升劳动者自我防护意识。

（王海涛）

宣传培训

【安全生产行政执法培训】 1月2日，延庆区安全监管局组织执法人员，开展安全生产行政执法系统使用培训。内容包括使用PC端系统将纸质执法文书数据完整录入系统并向市政府法制办系统推送，完成行政处罚数据录入及证据材料留存。通过培训，使执法人员能熟练使用执法系统PC端全部功能，实现执法检查规范化和执法数据对接共享。

（李　辛）

【有限空间作业培训】 3月13日，延庆区安全监管局为电信工程局延庆工程处150余名人员进行有限空间作业培训。通过PPT、播放视频等形式，对有限空间作业基本知识、相关政策法规、从业人员防护用品和设备使用、有限空间作业事故案例分析及事故特点等，进行深入讲解和指导，使参与培训人员对有限空间作业有更深理解和认识。

（王海涛）

【安全生产月宣传活动】 6月12日，延庆区安全监管局联合康庄镇安全科到望都家园，开展“七进”之进社区宣传活动。讲解消防安全、用电安全、应急逃生等各类应急安全知识，还向社区居民发放各类安全生产宣传册及用品600余份，提醒居民注意日常生活中电动车充电及使用安全。

（王海涛）

【安全生产月活动】 6月，延庆区安全监管局发挥《延庆新闻》《延庆报》、市安全监管局微信平台媒体宣传作用，向全区开展贴近实际生活、一线职工和社会公众安全生产宣教活动。区教委获优秀组织奖；区安全生产宣讲团“做安全潮人”活动和区民政局搭帐篷比赛活动获最佳实践活动奖；区融媒体获优秀新闻报道奖。

（娄　杰）

【街乡人员安全生产取证】 7月25日，延庆区安全监管局根据《北京市安全生产检查员资格管理办法》，组织11名街乡在编人员，开展街乡在编人员（乡镇、街道（园区）安全生产管理机构中具有行政或事业编制身份人员）安全生产检查证件新申请取证考试和旧证复审、补办、注销。考试为计算机系统网上考试，题型包括判断题、单项选择题和多项选择题。

（李　辛）

【有限空间职业技能竞赛】 10月，延庆区安全监管局联合区总工会开展“迎世园助冬奥”2018年延庆区“职工技协杯”有限空间作业职业技能竞赛活动，全区10支代表队参加理论和实操考核，北京诚惠电力工程有限公司获第一名。职业技能竞赛活动，进一步规范有限空间作业操作行为，增强从业人员安全意识和实际操作能力。

（王海涛）

【安全生产宣讲团】 本年，延庆区安全监管局组织安全生产宣讲团，通过讲解安全生产法律法规、播放事故案例、现场演示等方式，先后到延庆农场有限公司、康庄中学、北京路桥管理养护集团工程十处、北京大学第三医院延庆医院等21家单位开展宣教活动，宣讲对象2120余人，发放宣传材料2500余份。

（李　辛）

【微信公众号建设】 本年，延庆区安全监管局微信公众号不断强化群众安全意识，发送图文并茂、浅显生动的安全生产知识、动态、政策解读等内容，推送信息78期，上传信息224条，点击率17525人次，打造贴近群众、接地气沟通平台。

（李　辛）

法制建设

【权责清单学习活动】 本年，延庆区安全监管局根据2017年区政府第44次常务委员会精神，按照《北京市延庆区政府部门权力清单（2017年统一版）》《北京市延庆区人民政府办公室关于印发突发事件应急救助等专项责任清单（试行）的通知》，制定权责清单学习与宣传具体实施方案，组织全局干部职工开展形式多样的学习活动，并将相关内容列入执法人员业务考试中，增强干部职工学习热情和依法行政、依权履责法治意识。

（李　辛）

【政务服务事项梳理】 本年，延庆区安全监管局按照审改办、政务服务办公室要求，通过压缩办理时限，完成16项政务服务事项梳理及系统录入审核，并完成政务服务大厅人员派驻、建章立制工作。

（马龙飞）

标准化建设

【企业标准化建设】 本年，延庆区安全监管局制定《2018年标准化达标建设工作方案》，明确和量化任务。定期同重点行业、属地及评审公司负责人召开工作协调会，及时沟通和跟进创建情况，协调解决问题。通过加大资金扶持调动企业积极性，对按时完成三级标准化创建企业，给予资金补助并颁发证书和牌匾。做好百项地标宣贯、配合安全生产联合会及安全生产协会开展二级、三级标准化企业核查，督促指导企业对发现问题进行整改，上报核查整改报告。全年，完成创建249家，其中三级达标企业38家、小微岗位达标211家，超额完成区政府与市政府签订《2018年安全生产目标责任书》中200家任务，完成率124.5%。

（娄　杰）

北京经济技术开发区

概　　述

2018年，开发区安全生产监督管理局（以下简称“开发区安全监管局”）深化安全生产领域改革，强化安全生产融合，完善安全生产责任制，突出重点高风险环节监管，提升事故隐患排查治理能力，确保开发区安全生产形势稳定。

今年以来，开发区安全生产监管工作紧密围绕“四化三体系双基”总任务，深入推进折子工程，落实重点涉危企业规范化治理，规范32家涉危企业危险化学品专用库房或专用储存室日常管理。做好重点行业安全风险评估，对150家规模以上商业零售、餐饮单位、体育运动场馆和部分工业企业开展城市风险评估，初步建立开发区安全风险管控机制。发挥区安委会协调作用，建立安全生产联动机制，完成市委市政府督察反馈的50个具体问题整改，安委办牵头制定改革发展方案，明确任务目标、工作重点及要求，依照监管范围将全区划分为12个网格。启动隐患治理三年行动，部署城市安全隐患治理任务，坚守重点时段重大活动，做好安全保障工作。强化舆论宣传引导，发挥微信公众号平台作用，利用信息化手段，开展安全生产宣传教育，顺利举办安全生产月宣传咨询日活动，创新“安全生产月”宣传方式，开展安全生产宣传“七进”活动，充分发挥区安全监管局微信平台作用，进一步强化舆论宣传引导。落实隐患排查治理“一企一标准、一岗一清单”编制试点，开展工业企业较大危险因素辨识与管控工作，探索企业安全生产基础建设托管服务。夯实安全监管基础，完善安全生产综合监管服务平台建设，加强危险化学品综合监管，完成职业卫生基础建设达标，开展职业病危害因素普查和职业健康专项治理。完善应急管理体系，修订《开发区重大危险源一对一应急预案》，编制《开发区危险化学品应急物资互济征调管理办法》。

综合监管

【安全生产三大行动“回头看”】 4月，开发区安全监管局牵头开展全区安全隐患大排查、大清理、大整治挂账隐患“回头看”核查，对区内28项高风险上账隐患进行4次抽查，全年无反弹。

（王　山）

【执法检查及安全队伍建设】 5月10日，开发区安全监管局参加由市安全监管局召开安全生产执法检查提质增效及区职能部门安全员队伍规范化建设座谈会。会上，区安全监管局以落实企业安全生产主体责任为主线，加大高风险领域执法力度，查处安全生产领域各类违法行为，确保行政执法人员依法履行职责、规范行政执法行为，落实行政执法责任，并对开发区安监局年度执法计划编制及推进、执法信息化装备配备使用、专职安全员检查系统代销隐患整改消除、区职能部门安全员队伍规范化建设基本情况、工作进展及存在问题等情况进行汇报；结合典型行政处罚案例对案件程序、内容、文书进行介绍。

（张　涛）

【安全生产月协调筹备会】 5月14日，开发区安委会办公室组织安委会成员单位，召开“2018年安全生产月协调准备会”。区发改局、建发局、人劳局、环保局、社发局、房土局、质监分局、食药分局、总工会、交通大队、消防支队、博兴街道、荣华街道、总公司等单位参加会议。安全月期间，按照2018年开发区“安全生产月”活动方案，开发区安委会举办九项大型活动。协调会对安全月主题、活动形式、活动内容进行通报，并对各场活动主责单位及协助单位进行部署，针对交通停车和进场施工布置等问题，进行协调沟通。开发区安全监管局要求，各单位根据各自职责，按照统一要求，保证人员、宣传品准时到位。做好每场活动应急预案，保障活动有序进行。各行业主管部门制定各自安全生产月活动方案，按照要求及时上报。

（李　浩）

【提质增效专题调研】 5月15日，市安全监管局副局长贾太保带领工作人员赴开发区安全监管局进行安全生产执法检查提质增效工作调研。开发区安全监管局就行政执法检查管理制度行政执法检查系统使用等情况进行汇报，结合典型行政处罚案例对案件程序、内容、文书进行介绍，并对相关问题进行研讨。调研组对执法检查装备、执法信息采集站和询问室进行现场观摩，结合情况进行询问。开发区安全监管局展示在安全生产执法检查提质增效方面成果，也向市安全监管局学习借鉴行政执法检查经验。

（张 涛）

【风险评估动员部署培训会】 6月13日，开发区安委会办公室组织区发改局、社发局、安监局、荣华街道、博兴街道针对区内部分人员密集场所、工业企业召开城市风险评估工作会，会议分上、下午两场，各相关行业、属地、中介机构负责人参加。开发区安全监管局进行动员部署，要求企业狠抓风险防控，加强重点区域风险研判，从源头上防范安全生产事故发生。项目负责人讲解工作方案职责分工、工作步骤、工作要求等内容。中介机构对城市安全风险评估系统使用进行培训，并针对企业提出问题进行解答。

（蒋立涛）

【基础建设档案托管服务】 本年，按照“政府推动、企业实施、中介帮扶”原则，开发区安全监管局组织中介机构根据《开发区安全生产管理档案指导目录》，对区内30家企业进行指导帮扶，将企业安全生产档案按照档案指导目录进行分类。档案指导目录中内容符合法律法规相关要求并符合企业实际情况、统一装盒、编号、成册制作检索目录。开发区安全监管局要求企业定期对相关制度文件进行更新，实现企业制度档案具体化、标准化和规范化，通过企业安全生产基础建设托管服务，企业安全生产档案基本做到企业主要负责人及安全管理负责人不在单位时有关人员也能“拿得出”“找得到”，与安全有关的记录“看得见”。

（范文宾）

【综合监管服务平台建设】 本年，开发区安全监管局完善安全生产综合监管服务平台建设，利用安全生产综合监管服务平台发挥综合协调及安全宣传作用，梳理各行业、街道直管企业1500余家基本信息，及时更新4500余家企业信息，完成全行业企业基础信息整理；通过综合监管服务平台发布工作动态、通知公告、下发企业联动及短信通知2500余条，办理文件349件，评审企业49家，节约管理成本，提高办公效能。

（孙 鹏）

【推进安责险投保】 本年，安委会与各成员单位签订安责险投保工作责任书，明确各单位投保数量。召开安责险推进会16次，并在机器人大会、网络文学大会、集成电路大会等重大活动事项中，推行安责险。全年，共投保280家，保费124.5万元，完成市安全监管局投保指标率。

（王 山）

【专职安全员队伍建设】 本年，开发区安全监管局督促指导专职安全员开展安全生产检查，共检查企业2463家次，发现隐患3536项，已整改隐患3187项；完成《开发区安全生产专职安全员管理办法》修订；完成开发区专职安全员年度考核、队长任命、内外勤设置、领军人才选拔、队长标兵选拔等工作；完成街乡镇专职安全巡查员配备，开发区荣华街道、博兴街道配备社区专职安全生产巡查员90余名，为辖区基层安全监管工作增添力量。

（孙 鹏）

危险化学品安全监管

【化工医药安全生产评估】 5月28日，开发区安全监管局在博大大厦A301会议室，召开化工医药企业安全生产风险评估培训会，推动企业落实安全生产主体责任，提高涉爆粉尘企业安全管理人员业务素质，强化粉尘安全管理。聘请化工中介机构专家和医药中介机构专家，对7家化工企业及28家医药企业进行现场培训。会议按照市安全监管局《关于开展化工医药企业安全生产风险评估工作的通知》，指导企业填写北京市化工、医药企业安全生产风险评估表，建立健全化工、医药企业安全监管机制，为制定和完善安全监管政策措施提供依据。

（冯丽颖）

【涉爆粉尘验收】 11月30日，萨姆森控制设备（中国）有限公司（以下简称“萨姆森公司”）聘请3名专家，进行涉爆粉尘验收专家评审会，开发区安全监管局相关人员参加会议。萨姆森公司先后投入11.7万元加装除尘器泄爆、静电喷粉室自动灭火系统、更换防爆电气设备等，专家组认为，萨姆森公司按照涉爆粉尘事故隐患治理技术方案进行整改，基本符合国家粉尘防爆相关标准要求，完成验收。

（冯丽颖）

【危化品企业“五项制度”培训】 12月20日，开发区安全监管局在朝林1202会议室，召开危险化学品重点企业全面实施“五项制度”培训会。开发区安全监管局按照市应急管理局《关于在危险化学品重点企业全面实施“五项制度”的通知》，针对区内10家危险化学品生产、危险化学品重大危险源企业主要负责人和安全管理人员，进行专项培训。会上，除业务培训外，还现场建立“五项制度”微信工作群，加强政企之间相互联系，保证相互之间沟通及时有效。

（冯丽颖）

【涉爆粉尘企业隐患排查】 本年，开发区安全监管局推进涉爆粉尘企业隐患排查治理专项行动，完善涉爆粉尘企业台账，组织专家对22家涉爆粉尘企业进行专项培训，开展隐患排查专项检查；建立3家涉爆粉尘示范企业，完成2家涉爆粉尘企业治理验收，企业投入整改资金83万元。

（冯丽颖）

【危险化学品综合监管】 本年，开发区安全监管局对21家危化重点企业自动化设施运行情况进行专项检查，督促4家危化重点企业完成电气防爆安全设备设施整改，推进涉危企业高风险降解措施，指导企业实现工艺改造。执行危险化学品建设项目安全审查，将危险化学品建设项目安全审查纳入局长办公会进行集体决策，全年完成3个危险化学品建设项目安全审查。

（冯丽颖）

隐患排查治理

【安全隐患三大行动整治】 1月2日，开发区安委会、防火委员会联合召开消防安全隐患排查清理整治专项行动再动员再部署及隐患排查治理标准培训会。会议再次明确，开发区三大行动工作目标和任务，以消防安全隐患为重点，查清一批突出隐患问题、整治一批违法违规行为、关停一批高风险单位场所、曝光一批重大隐患单位、处理一批隐患事故责任人员。会上提出“五个一”工作即发放一封公开信、细化一套方案、完善一项标准、组织一次全员培训、与企业签订一份安全责任书，下发《北京经济技术开发区消防安全管理标准》，从招商源头上进行把控，全区 1200 余人参加会议。

（张润婕）

【“一企一标准、一岗一清单”】 3 月 22 日，开发区安全监管局召开 2018 年全区隐患排查治理“一企一标准、一岗一清单”编制动员部署会暨安全员继续教育培训大会。会议对 2018 年隐患排查清单编制工作提出要求，帮扶机构讲解项目实施步骤方案和工作要点，启动开发区隐患排查清单编制工作。培训会邀请专家和有安全监管工作经验业务骨干集中授课，围绕安全生产主体责任落实、危险源辨识与预防控制体系建设、标准化建设、隐患排查治理，结合 2018 年开发区安全生产重点工作等专题展开培训。开发区辖区约 300 余家企业主要负责人和安全管理人员参加培训。

（刘毅兰）

【清单编制工作协调会】 5 月 21 日，开发区安全监管局召开清单编制项目中介协调会，北京中安质环技术评价中心有限公司项目负责人参加会议。会上，执法人员就市安全监管局清单编制考核问题进行部署，中介机构汇报进展情况，对试点企业对接、人员培训进行阶段性总结，分析对接中存在问题及困难。会议强调，加强宣传教育，引导试点企业加强对隐患清单编制重要性认识，主动作为，积极参与隐患清单编制；加强工作调度，落实专人专盯机制，及时掌握进展情况，解决推进中的问题与困难；保证编制质量，深入企业一线，帮助企业全面识别、分析、监测本单位安全隐患，提升安全生产基础；形成合力，开发区安全监管局与中介机构加强沟通，及时反馈，共同推动工作全面开展。全年，全区制度完备率、系统使用率及按时整改率在全市皆位列前茅，执法人员对其中 263 家企业进行执法检查，三年清单编制企业检查覆盖率 65.1%，超额完成执法覆盖率要求。

（刘毅兰）

【风险评估现场核查】 11 月 21 日，开发区安全监管局风险评估项目负责人与专家到北京捷乐生物科技有限公司开展城市安全风险评估项目现场复核工作。查看系统使用情况，并针对系统使用中一些问题，对企业进行现场辅导。现场查看危化品暂存间、生产车间、库房等，针对企业上报风险源进行核实，并指出企业未识别出的风险源，现场开具整改单，要求企业进行全面排查，做到风险源统计上报零遗漏，并对识别出风险源，制定有效安全管控措施并予以落实。

（蒋立涛）

应急救援

【氢气站安全管理职责划分】 6 月 5 日，开发区安全监管局在朝林大厦 1202 会议室，组织法美高新气体（北京）有限公司和北京京东方光电科技有限公司，召开氢气站安全管理职责划分工作会，负责相关危化许可和片区监管人员参加会议。会议提出，北京京东方光电科技有限公司负有氢气站安全管理主体责任，要将氢气站作为风险辨识和重点监管内容。北京京东方光电科技有限公司作为对氢气站负有安全管理主体责任甲方，应加强对承包商管理，不能以包代管。双方应在沟通协作、应急响应、应急管理等方面，加强对氢气站日常管理，并按照补充协议执行。两家企业明确双方安全管理职责后，表示严格按照开发区安全监管局部署，落实企业主体责任。

（薛小敏）

【重大危险源企业应急预案】 6月14日，开发区安全监管局在北京京东方显示技术有限公司会议室，召开风险评估评审会。结合北京市开展城市风险评估要求，开发区重大危险企业特点，探索重大危险源企业应急预案备案新模式。北京京东方显示技术有限公司作为首家应急预案备案到期重大危险源企业，在开发区安全监管局指导下组织风险评估评审。会议听取企业人员介绍企业相关情况及风险评估、应急能力评估、应急资源评估报告；专家对企业风险点现场勘查；专家对现场及三个评估报告编写，提出整改意见。会议主旨是帮助企业准确查找风险点，为企业编写应急预案打牢基础，提高企业应急预案实用性。

（薛小敏）

【预案评审规范培训暨备案】 7月26日，开发区安全监管局召开生产经营单位生产安全事故应急预案评审规范培训暨应急预案备案部署会。由中国安科院专家为开发区重大危险源单位、涉氨涉氯单位、危险化学品经营许可单位、涉爆粉尘及应急示范等43家企业，讲解《生产经营单位生产安全事故应急预案评审规范》（2018年7月1日实施）。开发区安全监管局对重点企业提出预案评审备案要求，为企业梳理应急预案备案程序及系统上报中常见问题，企业根据自身情况与专家进交流讨论。

（薛小敏）

【模拟液氨泄漏事故演练】 10月23日，开发区安全监管局在和路雪公司梦龙会议室进行2018年开发区模拟液氨泄漏事故“无脚本、带入式”情景演练。演练从和路雪上报事故开始，由开发区安全监管局领导作为现场指挥长，带领各政府部门进入模拟和路雪液氨泄漏事故场景进行推演。区应急办、安全监管局、社发局、环保局、消防支队、和路雪公司、开拓热力（应急物资储存单位）、中国安科院（技术支持单位）及专家参加桌面推演。演练探索演练方式，改变以往“有脚本”“有台词”排演式演练，模拟液氨泄漏事故情景，让参演人员能够进入事故接报及处置状态，并随事态发展、变化，进行研判、响应、采取措施，达到磨合政企之间、部门之间衔接和程序效果。强化演练效果，代入式情景演练让参演各部门及企业积极思考，整个推演过程在现场指挥长带入下，在事故信息接报、事故响应、事故现场处置、善后恢复四个阶段，参演人员积极、紧张、有序进入角色，进行沟通、探讨、解决事故状态下发生不确定性问题，强化“练”的效果，提高开发区政府各部门危险化学品事故应急处置能力。

（薛小敏）

执法监察

【开展春节前安全检查】 2月8日，开发区管委会领导分别带队就区内安全生产、公共安全和“三大行动”专项工作，全区域禁放烟花爆竹落实情况进行检查，并强调“安全生产无小事”，春节将至，易燃易爆物品增多，各级各部门要高度重视，严格落实安全生产责任制，加强日常安全监管，深入排查治理各类安全生产隐患，确保群众过一个欢乐、祥和、安定的节日。企业要落实好安全生产主体责任，牢固树立安全生产理念，落实好整改措施，排查安全隐患，确保万无一失。加强员工安全知识、安全生产技能培训，提高应急处置和风险防范能力，提升从业人员安全素质，保障生产安全。要建立健全安全管理制度，加强值班值守，及时上报安全生产动态，把安全生产工作抓实抓细，促进安全管理工作规范化。

（孙光勇）

【全国“两会”安保部署】 2月26日，开发区安委会办公室组织相关单位召开全国“两会”期间安保工作部署会。会议要求，提高思想认识，站在维护大国形象政治高度，提高政治站位，认清局势把握大局。加强组织领导，制定区域安保方案，明确责任，加大执法检查力度，确保各项工作落实到位。广泛发动各种力量，积极参与安全防范工作，落实好安全网格化管理，发挥专职安全员作用，督促企业落实主体责任，开展好全国“两会”期间安全生产大检查。

（孙光勇）

【监督检查保“两会”安全】 2月27日，开发区安全监管局联合区发改局、房土局、质监分局、城管分局、荣华街道、供电公司和北京燃气第四分公司7部门，对辖区内眉州东坡酒楼和亦城财富中心进行联合执法检查。检查包括安全生产应急预案、配电室、有限空间、天然气、锅炉房、特种作业人员和设备等公共安全情况。重点检查有限空间、消防设施、电梯安全等管理制度制定落实情况，执法检查组深入配电间、中控室、厨房、燃气间等场所，对集中供暖系统使用、餐饮安全、电力设施配备进行检查并留存取样。检查组要求被检查单位落实安全管理制度，保证全国“两会”期间安全有序运行。

（孙光勇）

【“五一”前进行安全检查】 4月27日，开发区工委委员、管委会副主任沈永刚带队，进行节前安全生产检查，区安全监管局、消防支队、房土局、荣华街道、博兴街道办事处等部门分管领导参加。检查组对天通泰园区在安全隐患“三大”专项行动阶段中的问题进行复查，对万盛中国调研危险化学品专用储存室物联网监控管理平台搭建工作进行检查，对翰德高科危险化学品专用储存室进行检查。

（林晓伟）

【管委会领导带队安全检查】 12月28日，开发区管委会主任梁胜、副主任沈永刚带队，区安全监管局领导及相关部门负责人组成检查组，深入社区、人员密集场所及区内重点企业，进行安全监督检查。检查组来到一品亦庄社区和大族广场购物中心，检查电梯安全、消防通道畅通情况，询问消防中控室值班及应急预案准备情况，要求绷紧安全这根弦，尤其是关乎百姓切身利益的工作，保障开发区整体形势安全稳定。检查组又到博世力士乐公司进行检查，要求公司在安全管理上不能松懈大意，发动全员参与到安全隐患排查中来，形成完善安全管理体系，一线员工严守操作规程，务必把安全生产工作抓细、抓实、抓到位，严防各类安全事故发生。

（范文宾）

【节日与重大活动安全保障】 本年，开发区安全监管局完成春节、五一、十一、全国两会、全球创新技术成果转移大会等重要节日、重大活动安全保障工作。全年，共检查生产经营单位1198家次，出动执法人员2995人次，发现并查处各类隐患1322项，下达执法文书1198份，整改率100%，立案87起，行政处罚106.1万元。

（高云祥）

职业卫生监督检查

【有限空间作业安全会】 3月29日，全市有限空间作业安全生产工作视频会议后，开发区安委会办公室组织安委会成员单位及区内相关企业召有限空间作业安全生产工作会议，要求各部门、各企业做好有限空间作业安全管理工作，加强作业承发包管理，发包单位落实《关于加强有限空间作业承发包安全管理的通知》，严格审查承包单位安全生产条件，严禁将有限空间作业发包给不具备安全生产条件单位；建立有限空间作业外包单位管理台账，多渠道开展宣传警示，定期组织本行业生产经营单位及有限空间作业外包单位负责人、安全主管共同参加专题安全培训。会议强调，加强作业现场管理，本着“谁发包谁负责”原则，有限空间作业前，发包单位应派专人赴现场进行旁站监督，加强对作业人员特种作业证件、班前安全交底、检测及通风设备使用、防护用具及应急救援设备检查；严格落实行业监管职责，加强有限空间作业检查、巡查，加大查处力度，对将有限空间作业发包给不具备安全生产资质单位和个人、未签订有限空间安全生产协议承发包单位、违反有限空间作业操作规程或相关管理规定作业单位和个人，依法从严给予行政处罚。

（孙光勇）

【职业病防治法宣传周】 4月19日，开发区安全监管局职业健康负责人深入北京金风科创风电设备有限公司开展职业病宣传培训，启动开发区《中华人民共和国职业病防治法》宣传周活动，普及职业病防治知识和健康工作方式，提高企业员工自我防护意识和能力，推动提升企业员工职业健康意识和素养。邀请职业卫生专家深入金风科创就企业落实职业病防治主体责任进行培训，培训涵盖职业卫生基础知识、职业卫生法律法规、用人单位职业病防治责任与义务、职业病危害因素识别与控制、个人职业病防护用品、职业健康监护等内容，重点宣讲企业职业健康文化，推动企业职业健康建设，紧贴企业职业病防治工作实际。

（刘国建）

【启动职业危害因素普查】 7月24日，开发区安全监管局召开普查工作部署会，荣华街道、博兴街道及普查机构北京化工职业病防治院、德康莱相关负责人参加会议。区安全监管局对职业危害因素普查提出要求，要高度重视职业病危害普查工作，以全区统筹，属地主导，行业配合，机构支持为原则，推进普查工作开展；广泛宣传，利用网站、微信等新媒体做好宣传工作，营造良好氛围；严把普查数据准确性，借助普查，摸清全区存在职业病危害生产经营单位底数，督促生产经营单位落实职业病防治主体责任。

（王　山）

【市局调研职业危害普查】 7月31日，市安全监管局相关人员赴开发区调研职业病危害因素普查情况，听取开发区职业病危害普查工作前期动员、部署及普查实施情况汇报。调研组到惠州硕贝德无线科技股份有限公司北京分公司，听取企业职业卫生汇报，对职业病危害因素现场普查登记进行指导，要求企业严格遵守职业卫生法律法规，落实企业主体责任；做好职业卫生培训、管理及防护工作，保护劳动者健康及其相关权益；普查员要按照市、区普查要求，严格、细致进行普查，深入到车间各生产环节进行查看，确保普查数据的真实性和可靠性。

（王　山）

宣传培训

【“安全宣传进企业”活动】 6月15日，开发区工委委员、管委会副主任沈永刚，市安全监管局，区安全监管局、总工会、人劳局、发改局、社发局、环保局、房土局、建发局、食药分局、交通大队、消防支队、运管局、质监分局，博兴街道、荣华街道等部门领导及水、电、气、热各职能公司代表，在北京金风科创风电设备有限公司金风大学足球场，举办“安全生产宣传进企业”活动，设置咨询台、媒体播报、发放宣教品，举办演讲比赛、安全项目体育竞技等，为“安全生产月”营造良好氛围。现场发放宣传品3.5万余份。

（李　浩）

【“安全宣传进社区家庭”】 6月16日，开发区安委会在亦城茗苑社区，举办安全生产宣传咨询日暨“安全宣传进社区家庭”活动。区安全监管局、消防支队、城市管理局、电力公司参加发放宣传资料活动，共发放宣传品2万余份，通过组织应急演练等形式，宣传“安全宣传进社区家庭”意义，重点宣传用电安全知识、应急知识、消防安全知识、防灾减灾救灾常识等安全知识与技能。

（李　浩）

【安全生产知识竞赛】 6月13日，开发区安全监管局与总工会联合举办安全生产知识竞赛决赛，竞赛以“生命至上，安全发展”为主题，区内27家企业134名员工报名参加竞赛。经初赛、复赛，中芯北方集成电路制造（北京）有限公司、宝健中国有限公司、蓝星（北京）化工机械有限公司、北京京东方茶谷电子有限公司和中芯国际集成电路制造（北京）有限公司5家公司6支代表队进入决赛。决赛经必答题、抢答题、风险题等环节角逐，中芯北方集成电路制造（北京）有限公司代表队获得冠军。

（张润婕）

【安全生产培训调研】 6月25日，市安全监管局相关负责人组成调研组，赴开发区就企业安全生产培训展开专题调研。调研组分别听取亿滋食品（北京）有限公司、北京金风科创风电设备有限公司、博世力士乐（北京）液压有限公司、中粮可口可乐饮料（北京）有限公司和诺兰特移动通信配件（北京）有限公司安全生产培训汇报，就抓好安全生产培训工作与企业负责人进行交流。

（张润婕）

【“安全生产月”宣传活动】 6月，在安全生产宣传月期间，开发区安全监管局向全区600余家生产经营企业下发安全相关书籍、宣传画册、光盘等宣传品3万余份，参与总人数达7万余人次。组织8名宣讲员到企业、社区开展安监故事宣讲活动，传播安全监管正能量，受教育人数达3000人次。

（李　浩）

【注册安全工程师主题论坛】 11月27日，开发区安全监管局在京津冀路演中心，召开第四届注册安全工程师主题论坛。市安全生产科学技术研究院领导、《劳动保护》杂志社执行主编等出席。论坛以“多元化生产模式下相关方安全管控”为主题，北京奔驰汽车有限公司、西得乐机械（北京）

有限公司、航天长征化学工程股份有限公司、中芯北方集成电路制造（北京）有限公司、博世力士乐（北京）液压有限公司作主题演讲。区内企业注册安全工程师代表及安全生产管理人员130人参加论坛。

（张润婕）

标准化建设

【安全生产标准化建设】 本年，开发区安全监管局开展三级达标创建和小微岗位达标创建工作，召开全区标准化危险化学品企业推进会。中介机构对危险化学品企业标准化评审标准进行解读，要求企业自主开展标准化创建，共完成三级达标创建企业52家，结合开发区“双百”工程，对区内100家小微企业开展岗位达标创建，完成市安全监管局下达指标任务。

（孙　鹏）

1 月 5 日，首钢集团召开安全生产环保大会，图为集团领导为安全生产先进集体、先进个人和“安康杯”“青安杯”竞赛优胜单位代表颁奖

10 月 17 日，首钢集团党委书记、董事长、总经理张功焰（一排左二）等领导到北京大兴国际机场停车楼项目现场调研

11 月 27 日，首钢集团党委书记、董事长、总经理张功焰等领导及相关部门负责人到鲁家山矿、首钢餐厨垃圾收运储一体化项目现场检查调研

3月，北汽集团副总经理沈安东（中）带队进行安全检查

4月，北汽集团组织所属企业参加安全生产主体责任落实专项培训

6月，北汽集团举办安全生产大培训

▶ 6月14日，京城控股公司党委书记、董事长任亚光（左二）到企业开展安全生产督查

◀ 2月2日，京城控股公司召开安全生产工作会

▶ 京城控股公司开展应急演练

◀ 1月4日，北京化工集团召开2018年度安全环保工作会

▶ 11月10日，北京化工集团副总经理孙绍刚（左）带队开展安全检查

◀ 6月27日，北京化工集团组织职工参加市人民防空专业队授旗仪式

▶ 6月，北京化工集团在安全生产月开展应急演练

◀ 6月14日，金隅集团举行安全生产宣传咨询日安全承诺签名活动

▶ 6月14日，金隅物业开展有限空间应急救援预案演练

◀ 6月15日，金隅物业环贸分公司组织客户开展消防知识培训

▶ 6月20日，金隅集团举办安全生产视频公开课

6月14日，一轻控股公司党委书记、董事长苏志民（左三）到龙徽酿酒公司进行安全检查

1月8日，一轻控股公司总经理阮忠奎（右）与直属单位领导签订2018年度安全目标管理责任书

1月8日，一轻控股公司召开安全工作暨“安康杯”表彰大会

6月28日，一轻控股公司开展第四届“安康杯”消防竞技演练

2月3日，隆达控股公司召开2018年安全稳定工作会议

5月25日，隆达控股公司召开安全生产委员会会议

6月6日，隆达控股、印包集团组织第三届职工消防运动会

“119”消防宣传日期间，隆达控股公司举行消防宣传日活动

2 月 28 日，时尚控股公司召开安全生产工作会

6 月 4 日，时尚控股公司纺科所在安全生产月张贴宣传海报

6 月 19 日，时尚控股公司组织安全生产培训班

10 月 18 日，时尚控股公司开展消防安全演练

7 月，北京工美集团组织 2018 年安全生产大培训

11 月，工美集团举办物业、消防安全管理培训班

3 月，工美集团组织安全管理干部参观交流、学习

1 月 18 日，同仁堂集团公司召开稳定安全工作会

4 月 18 日，北京同仁堂中医医院对科室人员进行消防器材使用培训

6 月 20 日，北京同仁堂科技发展股份有限公司亦庄分厂组织危险化学品泄漏应急演练

8 月 30 日，同仁堂集团公司北分厂微型消防站队员组织消防演练

11月，北京电力公司备战“迎峰度冬”，确保主网安全

11月，北京电力公司在“迎峰度冬”工作中，职工在现场进行电网安全检查

11月，北京电力公司实施山村“煤改电”工程，为群众牵起电网“幸福线”

1月26日，北京住总集团召开2018年安全稳定工作会议

5月3日，班组召开早会，进行安全施工教育

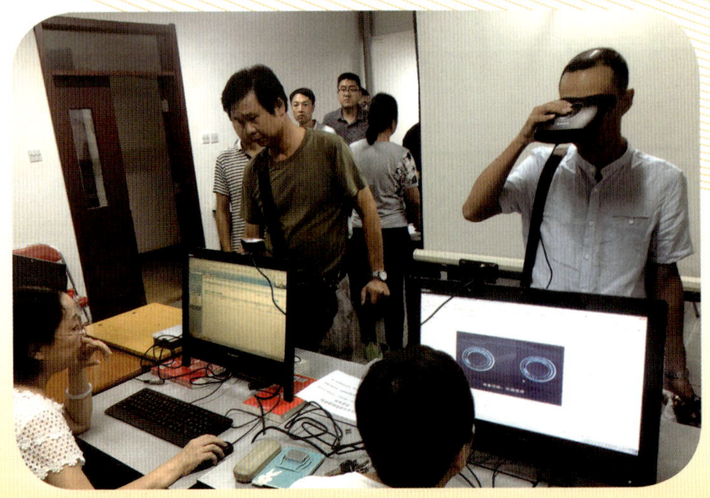

7月24日，北京住总集团首批安全生产大培训人员进行扫虹膜签到

▶ 1月5日，北京燃气集团召开年度安全生产工作会

◀ 10月20日，北京燃气集团在回天地区开展燃气安全宣传

▶ 11月9日，北京燃气集团在消防宣传月活动中开展宣传活动

9 月 20 日，北京环卫集团组织安全生产大培训

10 月 17 日，北京环卫集团参加市城市管理委第二届有限空间作业大比武，包揽前三名

12 月 4 日，北京环卫集团总部举行消防应急疏散演练

北京环卫集团荣获“2018 安监之星 · 北京榜样”主题活动优秀组织奖

◀ 5月12日，祥龙公司开展“5·12”防灾减灾宣传活动

▶ 5月23日，祥龙公司召开仓储行业安全基础规范化建设观摩会

◀ 5月29日至31日，祥龙公司举办所属单位主要负责人及安全管理人员安全生产培训

▶ 6月，祥龙公交公司组织灭火救援演练

4 月 24 日，北京地铁公司进行无脚本列车起复拉动演练

6 月，北京地铁公司组织安全管理人员培训

7 月 6 日，北京地铁公司开展安全主题情景剧比赛

11 月，北京地铁公司平安地铁志愿者维持客流秩序

中华人民共和国国家版权局
计算机软件著作权登记证书

软件名称：有限空间作业安全虚拟现实（VR）培训系统
[简称：有限空间VR培训系统]
V1.0

著作权人：北京城市排水集团有限责任公司

开发完成日期：2018年04月09日

首次发表日期：未发表

权利取得方式：原始取得

权利范围：全部权利

登记号：2018SR329919

根据《计算机软件保护条例》和《计算机软件著作权登记办法》的规定，经中国版权保护中心审核，对以上事项予以登记。

◀ 5月11日，北京排水集团自主研发国内首套有限空间作业安全虚拟现实（VR）培训系统取得计算机软件著作权

▶ 北京排水集团未遂事件个性化宣传海报

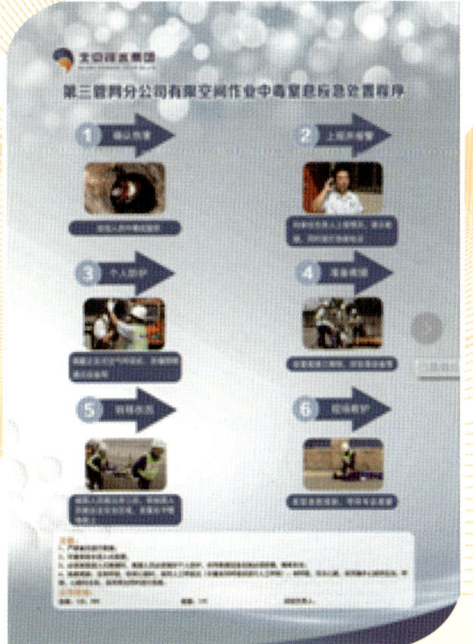

◀ 北京排水集团制作应急处置卡并上墙3000余块

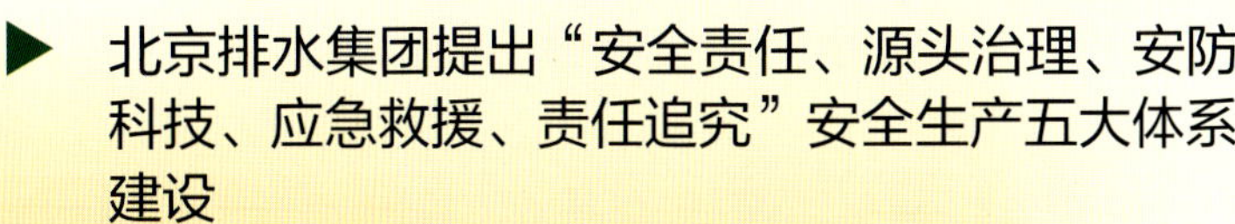

▶ 北京排水集团提出“安全责任、源头治理、安防科技、应急救援、责任追究”安全生产五大体系建设

1 月 23 日至 24 日，首农食品集团开展安全生产大培训

6 月，首农食品集团组织应急演练

6 月，首农食品集团开展有限空间现场实操培训

11 月 2 日，首农食品集团组织职业技能竞赛

1月，首旅集团召开2018年度安全稳定工作会

8月至10月，首旅集团开展隐患排查治理专项培训

8月至10月，首旅集团开展应急消防实地演练

11月，首旅集团举办建筑工地隐患排查治理专项培训班

6 月 22 日，北京启迪智信注册安全工程师事务所有限责任公司指导天恒集团开展应急演练

9 月 3 日，召开兴谷街道安全社区模拟评审会

12 月 6 日，指导南锣鼓巷街道开展应急演练

12 月 18 日，深入企业进行隐患排查

5月22日，市安科院与西城区安全监管局签署安全生产技术支撑全面战略合作协议

8月6日，市安科院在第十一届安全科学与技术国际会议上做主题报告

10月29日，市安科院与成都市安科中心举行战略合作落地项目签约仪式

11月11日，2018年北京市“职工技协杯”职业技能竞赛专职安全员比赛决赛

北京市安全文化建设示范企业专家培训会

宣传教育中心“专业型安全生产演播室”导播间

9月，组织北京市安全生产新闻通讯员（网评员）新闻实战训练

“安全生产月”宣传咨询日主题海报

4 月 26 日，信息中心组织召开市区两级执法系统座谈会

10 月 26 日，为朝阳区街乡镇执法人员进行执法系统业务培训

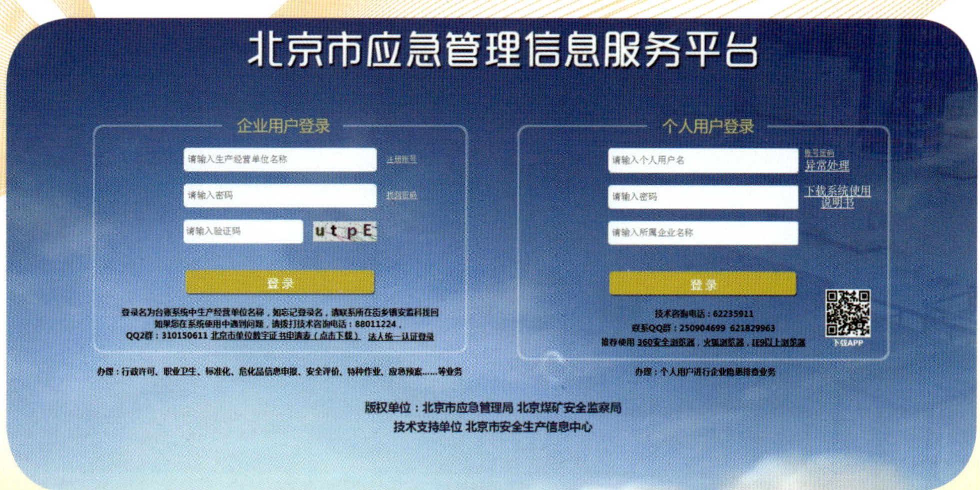

11 月 16 日，组织完成信息服务平台更名工作

8 月 31 日，安全生产社会监督职工志愿者特种作业专题业务培训

9 月 13 日，组织安全生产社会监督职工志愿者培训

9 月 28 日，职工志愿者赴北京盛仁堂中医诊所开展助力企业安全生产志愿服务活动

安全生产社会监督职工志愿者队伍招募倡议书

▲ 4 月 27 日，市安联组织 2018 年安全社区创建评审专家及咨询机构培训

▲ 7 月 20 日，市安联召开第三届第二次常务理事会暨第三次全体理事会

▲ 8 月 20 日，组织局属社团会员单位安全管理系列培训

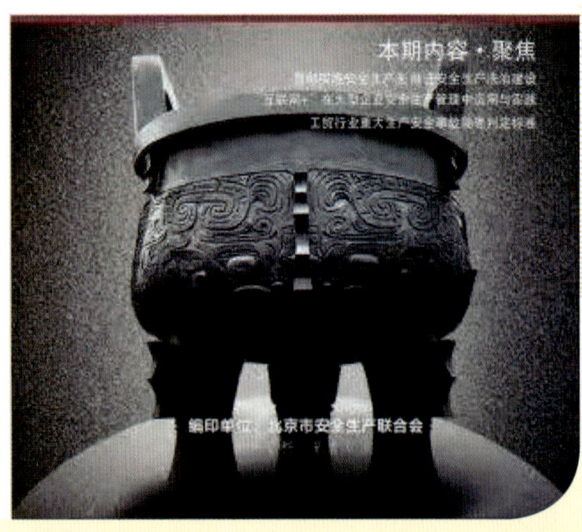

▲《北京安联》会刊

企事业单位安全生产管理

首钢集团有限公司

2018年，首钢集团有限公司（以下简称“首钢集团”）贯彻国家、地方政府安全生产要求，落实首钢集团“两会”精神，开展安全风险分级管控和隐患排查治理双重预防机制建设试点，扎实推进本质化安全管理，在持续强化安全生产专项整治和标准化建设等方面开展工作，保持企业安全生产稳定局面。

【落实安全生产主体责任】 本年，首钢集团落实安全生产主体责任。1月5日，召开安全生产大会，对全年安全生产工作进行部署，所属单位按照安全生产大会和《关于切实加强2018年安全生产工作的通知》，修订安全生产责任制，并对照《首钢安全生产综合考核细则》开展自评考核，首钢集团开展重点督查。印发《关于设置安全总监和完善安全生产管理机构试点工作的通知》，在涉及“五高危”行业的11个试点单位，设置安全总监。6月16日，全国安全宣传咨询日活动在首钢工学院成功举办，首钢集团荣获2018年北京市“安全生产月”活动优秀组织奖。北京首钢生物质能源科技有限公司和北京京西重工有限公司被评为北京市安全文化建设示范企业。作为市属国有企业安全生产培训试点单位，首钢集团制定《安全生产培训试点工作方案》，开展2期北京地区实体单位主要负责人和安全生产管理人员、6期班组长和特种（设备）作业人员安全培训，共培训1740人。举办国家注册安全工程师考前培训班。推进专业制度和应急体系建设。修订《生产安全事故应急预案》《火灾事故应急预案》。

【推进隐患排查治理】 本年，首钢集团完善安全事故隐患排查治理体系，修订完善隐患排查标准，对隐患排查治理信息系统，新开发包括“历史上的今天”事故案例警示、安全法律法规知识库、个人安全档案等多个模块，并对信息系统优化升级。

【开展双重预防机制建设试点】 本年，首钢集团按照国务院安委办《关于实施遏制重特大事故工作指南　构建双重预防机制的意见》，及属地政府要求，所属北京首钢股份有限公司、首钢集团有限公司矿业公司、首钢水城钢铁公司、首钢贵阳特殊钢有限责任公司等企业，开展以安全风险分级管控为核心的双重预防机制建设。首钢股份有限公司应用风险管控与隐患排查治理双重预防信息系统，初步实现全员既查隐患也查风险，并通过综合运用安全风险四色图等工具，将双控机制落实到安全管理全过程。

【大整治专项行动“回头看”】 本年，首钢集团强化房屋、土地出租安全管理，下发《土地房屋管理办法》，明确禁入条款，从源头上严把安全关和消防关。吸取海淀区“4·1”火灾事故教训，开展大整治专项行动“回头看”，首钢集团安委会办公室组织23个单位对出租房屋隐患点位整改情况再次逐项验收。为保障北京园区特别是冬奥组委驻地消防安全，北京园区建立小型消防站并开展“119”消防宣传及演练活动。

【本质化安全及安全生产标准化建设】 本年，首钢集团在完成迁钢全流程推行本质化安全管理基础上，组织首钢京唐钢铁联合有限责任公司、首钢长治钢铁有限公司等9个单位，完成21个试点区域推广工作。持续推进安全生产标准化建设，首钢京唐钢铁联合有限责任公司炼铁作业部等6个单元及首钢冷轧公司，被应急管理部评为安全生产标准化一级企业；首钢集团新增安全生产标准化二级企业（单元）5个、三级企业（单元）8个，新增安全生产达标班组382个。

【强化重点工程现场安全管理】 本年，首钢集团秦皇岛首秦金属材料有限公司执行《全流程停产实施方案》，完成1945人次停产操作人员专项培训考试；落实停产操作节点方案，对高风险作业实施“旁站监护”156次，实现安全停产。京唐加强二期工程安全管理，健全公司、作业部、施工单位三级检查体系，组建检查突击队，实施全方位、全覆盖、成体系现场安全管控。提前编制投产前安全准备清单285项。北京首钢建设投资有限公司针对园区建设项目工期紧、标准高、拆除难度大、各类风险交织、危险因素多样情况，坚持安全先行，完善管理制度，健全经理办公会定期研究、专业管理部门定期检查并发布工作机制，成立监督检查小组，每天对园区施工项目加强巡查，每周召开例会对有关情况进行发布。审查项目承包单位资质、制度规程及施工方案、措施。

首钢集团宋永胜供稿

北京汽车集团有限公司

北京汽车集团有限公司（以下简称“北汽集团”）是中国主要的汽车集团之一，已发展成为涵盖整车研发与制造、通用航空产业、汽车零部件制造、汽车服务贸易、投融资等业务的国有大型汽车企业集团。2018年，北汽集团明确年度安全生产工作任务，强化“党政同责、一岗双责”制度落实。按照市委、市政府和市安全监管局部署要求，健全安全生产责任体系，全力推进安全生产督查检查及专项治理。

【强化安全生产责任】 本年，北汽集团召开年度安委会会议，分析北京市及集团公司面临安全生产形势，制定《2018年度安全生产工作指导意见》，明确年度工作任务。落实企业安全生产主体责任和“党政同责、一岗双责”要求，组织与集团二级企业签订安全生产责任书，明确各单位安全生产主要考核指标和考核细则，督导企业完成各项安全指标。

【健全安全生产责任体系】 本年，北汽集团落实“党政同责，一岗双责”，健全集团安全体系，编制并下发集团本部《安全生产责任制》，明确党委各部室安全职责，实现安全责任全覆盖。为落实市国资委、市安全监管局国有企业安全总监设置要求，指导北汽股份和海纳川公司完成安全总监设置。

【隐患排查治理体系】 本年，北汽集团推进安全生产事故隐患排查治理体系建设，完成4家零部件企业隐患排查治理制度体系建设，已有17家企业完成制度体系建设，14家企业完成与北京市隐患排查治理上报系统对接。

【安全人员业务能力】 本年，北汽集团进一步提升注册安全工程师在企业安全管理人员占比，鼓励安全管理人员参加注册安全工程师考试和注册，提升安全管理队伍整体业务素质，专职安全员中注册安全工程师占比18.68%。

【安全生产督查检查】 本年，北汽集团组织不间断安全检查，在重要节假日和重大政治活动及夏季高温时期，指导所属企业采取保障措施，做好安全生产各项工作。加大监督检查力度，对49家企业开展督查检查，督导企业加强应急值守和隐患排查，提出安全建议56项，发现并消除安全隐患72项，实现安全生产零事故。

【安全生产专项治理】 本年，北汽集团针对安全管理薄弱环节，开展为期3个月的出租场所安全隐患排查整治专项行动。发现安全隐患556项，消除546项，集团挂账隐患10项，完成2项北京市挂账隐患销账；拆除可燃彩钢板16120平方米、清理“三合一”场所3443平方米、整治工业大院7300平方米、清退345人，通过专项治理弥补集团及各企业安全监管盲区，企业对外出租场所安全状况有所好转。针对特种设备和特种作业人员安全事故发生风险较高特点，开展特种设备和特种作业人员专项治理，从特种设备采购、登记、检验、安装、改造、检查、维护、保养、使用等环节及特种作业人员持证上岗情况进行全面梳理，完善设备和人员档案，确保特种设备处于受控范围。北汽集团涉及特种设备4757台套，压力管道141725米，涉及特种设备作业和管理人员15223人。针对汽车生产企业相关方作业人员较多，安全管理风险较高的现象，组织相关方作业人员进行专项梳理，为各单位相关方作业人员安全管理提供规范性指导。

【宣传活动】 本年，北汽集团坚持宣传贯彻《中华人民共和国安全生产法》，以推进隐患排查治理体系建设和安全大培训为重点，采取形式多样、丰富多彩的宣传教育活动，开展“安全生产月”活动，并会同相关部室开展“安全摄影大赛”“全员安全答题”“安全知识竞赛”“安全诗歌征集大赛”“青年安全示范岗”“安全管理大师赛”等活动，在企业中营造安全氛围，提高企业职工安全生产意识和安全生产技能。全年，北汽集团依托工会职工网上学习系统“北汽e赛场”，举办第一届集团职工安全知识网上答题。各级企业、职工积极参与，网上大赛参与人数达31429人，答题闯关达735939人次，形成人人学安全，人人懂安全的“平安北汽”安全文化氛围。北汽集团安全生产月活动被评为北京市优秀组织奖，北汽股份安全大冲关活动获最佳实践活动奖、北汽报社获优秀新闻报道奖。

【安全生产教育培训】 6月至10月，北汽集团推进生产经营单位安全主体责任落实，提升生产经营单位各级人员安全意识和安全素质，组织四期面授培训班，一期在线培训班安全生产大培训，企业主要负责人和安全管理人员767人参加专题培训。各单位结合企业自身特点，开展其他人员安全培训，实现安全培训全覆盖。

北汽集团赵长明供稿

北京京城机电控股有限责任公司

2018年，北京京城机电控股有限责任公司（以下简称“京城控股公司”）贯彻落实《中共中央　国务院关于推进安全生产领域改革发展的意见》，牢固树立安全发展理念，强化“党政同责、一岗双责”机制落实。按照市委、市政府和市安全监管局、市消防局、市国资委部署要求，强化落实安全生产主体责任，全力推动各项工作落实，完成各项任务目标，保障公司安全运营。

【落实企业主体责任】 本年，京城控股公司经常召开党委常委会、总经理办公会和安委会会议，专题听取安全生产汇报，研究部署安全生产工作。实施年度安全生产综合考核，逐级压实安全生产责任。加强消防安全督导，强化企业消防主体责任落实。设立安全总监企事业单位达 9 户，基本覆盖主要生产运营企业。建立健全安全管理制度、应急救援预案、岗位操作规程，排查隐患，落实整改措施。改善安全生产条件，投入安全生产资金 1970.51 万元，安全生产基础进一步牢固。全年，未发生重伤及以上生产安全事故，轻伤事故 1 起 1 人，同比减少 5 起 5 人。

【年度安全生产综合考核】 本年，京城控股公司发挥国有企业安全生产表率作用，落实安全生产主体责任，制定《年度安全生产综合考核办法（试行）》，深入 27 家所属单位开展核查，将考核结果纳入经营者绩效，倒逼企业夯实安全生产主体责任。各单位发挥考核“指挥棒”作用，以问题为导向，推动安全生产责任落实到位。

【双重预防机制】 本年，京城控股公司强化安全隐患排查治理和风险防控体系双重预防机制建设，开通北京市安全生产隐患排查治理企业平台集团端口，推动各在京生产型企业开展隐患排查“一企一标准、一岗一清单”编制，并通过平台开展查报，运用信息化手段，实现隐患排查治理痕迹化闭环管理。印发《北京市机械行业安全风险辨识建议清单》，开展安全风险辨识防控，从制度、技术、应急等方面，进行有效管控。

【安全生产教育培训】 本年，是京城控股公司“提升员工安全意识专项行动三年计划”收官之年，树立“培训不到位是重大隐患”理念，结合实际对各级管理者、专兼职安全员、班组长、一线员工及特种作业人员开展各有侧重、力求实效的安全教育培训。开展《北京市百项安全生产等级评定技术规范（地方标准）》等文件宣传贯彻；举办“年度系统企业领导干部安全生产管理培训班”和“年度企业安全生产主管领导、部门负责人、督导组成员、企业安全管理骨干安全生产管理培训班”；联合北京经理学院开展安全生产大培训；注重安全管理人才培养，为参加注册安全工程师资格考试人员专门举办考前辅导培训。全年，开展生产安全、消防安全、交通安全等教育培训 230 场次，参加培训人员 1.66 万人次，投入培训经费 38 万元。

【安全生产宣传活动】 本年，京城控股公司围绕北京市“生命至上，安全发展”活动主题，组织系统企业开展安全生产月活动，全系统参加活动总人数 1.2 万人，张贴各种宣传画 2000 余张，发放宣传材料 1 万余份，悬挂横幅、设置专栏、板报等宣传园地 163 个，利用 60 块电子显示屏循环播放安全月主题或公益宣传片，开展安全应急演练百场，开展各类安全检查 260 次，消除安全生产隐患 420 个，开展各类安全生产培训教育 110 场。

【疏解整治安全管控】 本年，京城控股公司围绕首都城市功能定位，开展疏解整治促提升，落实“城市安全隐患治理行动”要求，组织安全隐患三大行动“回头看”，聚焦建筑施工、物业管理、房屋出租、人员密集场所等领域，加大违建、违法群租、非法生产经营、地下空间等问题的整改力度。

【安全检查】 本年，京城控股公司执行领导班子督查、安全部门及督导组巡查和企业自查三级隐患排查责任体系，按照“紧盯重点时期、保障万无一失”要求，“两节”“两会”、五一、国庆等重点时期和重要假日，领导带队进行安全生产督查，覆盖公司主要生产经营单位。安全环保部和督导组按计划开展日常检查，覆盖所属单位。加大巡查力度，在三大行动、百项地标宣贯、年度综合考核等专项行动及春节、“两会”等重点时期，发挥职能部门督导检查职能，帮助企业扎实安全管理基础，提升安全生产管理水平。1月，在全系统开展为期一个月的老旧电器安全隐患专项排查整治，各单位共查找老旧电器及线路安全隐患261项，并全部完成整改。5月、11月，安全环保部及督导组分别对陕西北人公司和宽城天海公司进行京外企业安全检查，推动“京内京外一个管理标准、二级三级一套管理制度、集团上下一套管理体系”建立。为巩固“三大行动”成果，压实消防安全主体责任，提升消防安全管理水平。

京城机电控股公司穆嘉澍供稿

北京化学工业集团有限责任公司

2018年是北京化学工业集团有限责任公司（以下简称“北京化工集团”）“京外布局、京内转型”关键之年，全系统各单位、各部门依据安全生产法律法规，脚踏实地，埋头苦干，逐项落实全年工作部署，健全安全生产责任体系，完成事故隐患排查体系建设，完善生产安全事故应急管理，实施一系列安全管理措施，为北京化工集团全年安全生产经营夯实基础。

【危化品、“两重点一重大”检查】 7月24日，北京化工集团针对“7·12”宜宾事故教训，开展危险化学品、“两重点一重大”企业专项检查。集团安全主管领导带队赴大兴化工基地，入驻企业进行危险化学品生产、使用、储存专项检查。听取园区各单位对“7·12”宜宾事故后专项检查，隐患排查治理，教育培训等相关工作汇报。

【市安监局年度安全执法检查】 8月14日上午，市安全监管局对北京化工集团总部及华腾化工进行安全生产执法检查。检查包括企业安全生产资质、从业人员教育培训、主要负责人及分管负责人依法履职、安全管理机构或人员配备、主要负责人和安全管理人员考核、有限空间台账、有限空间作业、特种作业人员台账及职业危害告知等内容。北京化工集团总部无需整改项目；华腾化工针对查出问题，及时进行整改，并通过检查验收。

【危化品运输管理专项布置会】 12月4日，北京化工集团针对“11·28”张家口事故教训，召开危化品运输管理专项布置会。要求各单位加强危化物流车、危化品运输工作，各相关部室提出建议。

【落实全员安全生产责任制要求】 本年，北京化工集团安委会召开4次会议，听取安全生产、职业卫生情况汇报，研究部署安全生产和职业卫生工作。北京化工集团党委常委会、北京化工集团董事会分别召开专门会议，研究安全生产工作。全年，召开4次全系统季度安全工作会，所属单位主管安全领导、安全职能部门负责人参加会议，传达国家及北京市安全环保要求，总结上一季度工作并分析存在问题，部署下一季度重点工作。

【推进隐患排查体系建设】 本年，北京化工集团启用隐患排查信息化系统，升级和完善信息化系统。北京化工集团各单位全面使用隐患排查信息系统，达到隐患排查治理全过程信息化、痕迹化管理；逐步完善隐患排查治理制度和岗位安全操作规程，完善隐患排查标准和岗位排查清单；根据各单位风险因素、安全管理对象，分别启用系统相关模块。

【开展隐患排查工作】 本年，北京化工集团继续开展隐患排查工作。全年，全系统各单位按照隐患排查清单巡检86894次，上报隐患1046个，隐患整改率为98%。组织3次多部门联合安全检查，开展用电安全、消防、防汛和夏防等专项检查，下达隐患整改书（反馈）13份，督促各单位按期完成整改工作。

【生产标准化和青年示范岗创建】 本年，北京化工集团所属5家危险化学品生产、经营和储存企业开展二级安全生产标准化达标创建，全部通过市安全监管局组织的评审和复核，成为安全标准化二级达标企业；完成华腾天海甲醛储罐重大危险源摘牌工作。北京化工集团工会、团委和安全环保部共同推进安全生产工作，北京华腾拓展物业管理有限责任公司获市团委、市应急管理局授予“北京青年安全生产示范岗”称号，北京华腾天海环保科技有限公司获北京市总工会、北京市应急管理局颁发“安康杯优胜班组”称号。

【参加“安全生产月”活动】 本年，北京化工集团开展“安全生产月”活动，组织庆祝北京化工事业发展60周年暨首届“安康杯”安全知识竞赛、全员安全知识答题活动；“安全生产月”期间，北京华腾化工有限公司获北京市“安全生产月”活动优秀组织奖，北京华腾拓展物业管理有限公司获北京市安全生产月最佳实践活动奖。

北化集团范伟供稿

北京金隅集团股份有限公司

2018年，北京金隅集团股份有限公司（以下简称“金隅集团”）弘扬“生命至上、安全第一”思想，落实“党政同责、一岗双责”，找问题、补短板、细落实、促平衡，以安全大培训、安全审计“两个方案”和危险作业、交通运输、外包外委、安全标准化建设“四个专项整治行动”为主线，强化源头管控，坚持标本兼治，在“细、严、实”上下功夫，以安全知识提升为先导开展各项工作。

【明确安全生产领导责任】 本年，金隅集团进行机构改革，成立7个二级集团公司，持续夯实“总部监管、二级集团主管、企业主责”安全生产分级管理机制，总部将企业安全生产纳入党委巡查事项，强化党组织对安全生产领导的责任。严肃责任追究，年内约谈、考核8家存在较大问题的企业负责人。落实安全总监制度，聘任98名二级企业安全总监。春节、汛期、“中非合作论坛”等重要时期，坚持领导带班，中非合作论坛召开前夕，开展有限空间、高处作业等危险作业管理、交通运输整治专项行动。

【“平安金隅”安全审计】 本年，金隅集团以11家企业为试点进行“平安金隅”安全审计，下发《“平安金隅”安全审计管理办法（试行）》《“平安金隅”安全审计标准》，成立专项安全审计组，对安全组织机构、资金保障、制度建设、档案管理、教育培训、现场防护、应急工作等方面进行诊断普查，出具审计问题、隐患清单及审计报告，帮助企业捋顺安全工作流程，督促提升风险管控和安全工作水平。全年，安全审计组发现1428项问题，由金隅集团安委会办公室跟踪整改，直至完成。

【安全生产教育培训】 本年，金隅集团在集团决策层、管理层、执行层开展安全生产教育培训。在厂处级干部轮训班设置安全课程；组织在京企业党政负责人及安全管理人员取证培训和水泥企业主要负责人和安全管理人员专题培训；组织注册安全工程师考前辅导培训和继续教育培训；结合金隅《安全生产管理办法》宣传贯彻，制作“绳直矩方铸平安”短视频，组织全员学习；组织99个视频会场参加安全生产公开课；组织“送课到基层”活动，提升“最后一公里”安全意识和能力。全年，4000人次参加集团层面组织的安全生产教育培训。

【应用机械清理水泥库作业】 本年，金隅集团推动水泥清库作业科技创新，在泾阳公司、烟台公司、亿利公司等企业应用机械清理水泥库作业方式，降低人工清库作业风险。凤翔公司、扶风公司等企业在篦冷机处安装清雪人装置，降低作业安全风险。琉水公司、北水公司完成水泥袋装包装、装车、码包环节进行自动化改造。金隅混凝土集团为北京区域管理公司各站点自有国Ⅳ标准罐车，加装右转弯可视化报警系统，解决车辆右转弯盲区问题。

【强化相关方管理】 本年，金隅集团开展规范相关方安全管理专项行动，调研各企业外包外委工作，发布《劳务用工和业务外包管理办法》，各二级集团制定《外包工程和外委作业安全管理规范》，规范企业对相关方作业准入、日常监管、应急处置等工作，建立健全外包外委作业档案和相关方信息台账，现场管理逐步由安全部门“独角戏”向业务部门和岗位属地合力管理转变。

【标准化工作】 本年，金隅集团完成隐患排查信息系统在金隅冀东水泥公司各企业推广与运行，编制完成水泥企业6700余份隐患排查治理岗位清单，对88家企业1000余人次进行隐患排查治理信息系统培训。8月开始试运行。全年，隐患排查治理系统开通11437个账户，完成隐患排查321112人次，完成45项疏解腾退项目和108项聚苯彩钢板房屋拆除整改，借助隐患系统消除各级隐患5284项。各企业标准化工作持续开展，泾阳公司、吉林环保、闻喜公司、大同冀东、唐山分公司和赞皇金隅矿山等企业，通过一级标准化评审。金隅物业时代分公司金隅大厦和大成大厦通过标准化二级创建评审。

金隅集团李春支供稿

北京一轻控股有限责任公司

2018年，北京一轻控股有限责任公司（以下简称“一轻控股公司”）牢固树立“发展决不能以牺牲安全为代价的红线”意识，坚持“安全第一、预防为主、综合治理”方针，围绕实施一轻控股公司“十三五”规划、“三优四调三培育”战略布局，建立全员安全生产责任制，落实企业安全生产主体责任。防范和遏制安全事故，健全完善安全责任体系、领导体系和制度体系，提高安全管理水平，筑牢各项安全管理基础。持续开展安全隐患排查清理整治，消除各种安全隐患，落实安全隐患三年行动方案，深化重点安全隐患治理。广泛开展“安康杯”“安全生产月”等群众性安全教育活动，强化员工安全生产主动性、自觉性，安全形势总体平稳有序。

【落实安全生产责任】 本年，一轻控股公司召开年度安全工作会议，印发《2018年安全工作要点》，明确重点任务，加强对系统安全生产部署。根据“党政同责、一岗双责、失职追责”要求，明确企业党政负责人安全生产责任，根据系统单位生产经营类型和特点，将全年安全工作目标和重点工作任务进行分解、细化、量化。在年度安全工作会上，一轻控股公司总经理阮忠奎分别与各直属单位行政主要负责人签订《2018年度安全工作目标管理责任书》，并列为单位年度重要考核项目。各单位将年度安全责任书逐级分解，逐级签订责任书，实现安全责任“全覆盖”。

【落实安全分析会例会制度】 本年，落实一轻控股公司安委会、安全分析会例会制度。定期召开各种会议，贯彻落实市委市政府及上级有关部门安全生产指示精神，分析研判安全生产形势，部署指导各项重大安全工作开展，深入企业检查指导，听取、审议安全报告。全年，召开4次安委会、6次安全分析会。

【健全安全管理制度】 本年，一轻控股公司修订完善相关管理制度，对涉及控股公司总部及全行业安全管理制度进行梳理，对照《中华人民共和国安全生产法》《北京市安全生产条例》《生产经营单位安全生产主体责任规范》《企事业单位内部治安保卫条例》等法规、条例，对《一轻控股公司安全生产管理办法》《一轻控股公司安全保卫管理办法》等12项管理办法进行修订和完善。按照分级制定原则，明确所属单位应建立的安全管理制度。通过对规章管理制度修订完善，明确控股公司制度管什么，怎么管及直属单位制度管理体系，在制度层面上强化企业主体责任。

【建立完善考核机制】 本年，一轻控股公司被市安全监管局、市国资委，选定为市属国企重点考核单位。按市安委会办公室《关于开展市属工业集团年度安全生产综合考核工作的通知》，一轻控股公司印发《直属单位年度安全生产综合考核工作办法（试行）》《直属单位安全生产综合考核评分标准》，对全系统14家直属单位年度安全生产实行综合考核，建立健全企业安全内生机制，强化落实安全生产主体责任。一轻控股公司在各单位自评打分基础上，结合各单位年度安全目标管理责任书各项工作落实和完成情况，通过查看文字材料、现场检查对各单位年度安全工作进行综合考评，平均得分92分，其中京纸集团98.6分排名第一，全系统安全工作总体情况良好。

【隐患排查治理体系建设】 本年，一轻控股公司按照市政府《关于推进安全生产隐患排查治理体系建设的意见》及市安办《关于做好隐患排查治理标准清单编制工作的通知》，结合隐患排查治理体系建设实际，在2017年3家企业试点基础上，在系统生产制造型企业全面开展安全隐患排查治理，提出个性化标准清单制定率100%目标。各单位按照本行业领域隐患排查通用指导标准，结合单位工艺设备、危险程度、管理目标等，在市区安全监管部门和有关机构协助下，制定个性化隐患排查标准和清单，形成具备隐患排查、治理、验收、报告等闭环管理功能隐患排查治理信息系统，做到“一企一标准、一岗一清单”，实现按层级和岗位定期开展隐患排查，自下而上、全员覆盖隐患排查治理模式。全系统生产制造型单位全部完成隐患排查项目清单编制，达到隐患排查项目清单化、台账记录电子化，实现隐患排查信息化上线填报。

【安全生产标准化建设】 本年，一轻控股公司持续开展安全生产标准化建设，改善安全生产条件，完善“自我检查、自我纠正”安全生产机制。一轻食品集团、乐金日化公司达到安全标准化二级企业标准，通过市安全生产联合会评审验收。全系统标准化达标企业16家，其中二级达标企业13家，三级达标企业3家。

【安全隐患清理整治】 本年，一轻控股公司巩固“大排查、大清理、大整治”专项行动成果，持续开展安全隐患排查整治。将安全隐患排查整治与贯彻落实《北京城市安全隐患治理三年行动方案（2018年—2020年）》相结合，印制安全隐患治理三年行动方案，提出“三年工作任务，两年完成”目标，即“到2018年底在账安全隐患项目整改完成率达到40%；到2019年底在账安全隐患项目整改完成率要达到100%。”各单位围绕违法违章建设衍生安全隐患、三类重点区域及重点场所和行业领域，突出对彩钢板建筑、厂房库房、出租公寓、出租大院、“三合一”“多合一”场所、仓储物流、批发市场等各类安全隐患开展清理整治。清理整治低端产业，解决部分历史上难以解决的遗留问题，促进和提升企业转型发展空间和环境，实现安全环境有效改善与经济效益双提升。全年，列入一轻控股公司三年行动方案49项在账重点安全隐患，完成整治27项，整改完成率达55.1%，超额完成40%目标。

【开展安全检查】 本年，一轻控股公司组成控股公司领导、安委会成员、安全生产专家检查组，对已完成整改在账隐患项目，进行“回头看”检查，并对历史遗留问题和隐患开展专项检查，促进和推动遗留问题彻底解决。围绕“元旦”“春节”“中秋”“国庆”等法定节假日及“全国两会”“中非论坛”等重大活动期间，有针对性组织以消防安全为重点的安全大检查；“安全生产月”期间，由公司领导带队开展以落实企业安全生产主体责任为内容的安全综合大检查。全年，安全检查1941次，各级领导带队检查576次，查出安全隐患并建立台账2811项，完成整改2776项，整改率98.8%，安全经费投入累计约1100万元。

【电动车消防安全专项治理】 本年，一轻控股公司按照《北京市防火安全委员会办公室关于进一步加强电动车火灾防范工作的通知》（防安办字［2018］4号），开展电动车消防安全专项治理。下发《关于加强电动车停放和充电安全管理的通知》，对落实消防安全主体责任、强化对电动车停放、充电安全检查、推进集中停放和充电设施建设，明确电动车消防安全宣传教育内容。各单位在生产场所和出租房屋、大院等地，设立电动车充电桩、充电柜等设备设施，已安装各种充电设备设施100余台套，充电口500余个，电动车停放和充电安全有序。

【教育培训】 本年，一轻控股公司依托公司党校和轻工技师学院，开展多种形式培训教育。举办以“提高安全意识、强化火灾防控”为主题的大型消防安全公开课；开展全员安全生产责任制专题培训；开展分级培训，举办首期以电气安全为重点的班组长电气安全技术培训班，来自所属单位的40余名电工班组长或业务骨干参加为期一天脱产培训，还举办安全管理人员电气安全培训；举办2期企业主要负责人和安全管理人员16学时安全生产培训班，77人参加并均取得市安全监管局颁发培训合格证书，其中15名直属单位主要负责人、13名分管安全工作领导、14名安全部门负责人；举办出租房屋安全管理培训班，对出租房屋、出租大院安全管理法规依据及相关方进行管理具体做法，进行有针对性培训。全年，组织五类七期培训班。

【安全教育主题活动】 本年，一轻控股公司在“安全生产月”活动期间围绕“生命至上 安全发展”主题，组织员工开展内容丰富、形式多样的系列安全教育活动。一轻控股公司领导班子成员按照“党政同责、一岗双责”规定，到所联系单位听取开展安全生产汇报，深入生产作业现场督导、检查安全工作，落实企业安全责任，并为暑期一线员工送去防暑降温清凉饮料。安全生产月期间，通过“北京一轻”公众微信号，在全系统开展以普及安全知识为主要内容的微信答题活动，近3000名员工参加答题；举办第四届“安康杯”消防安全竞技演习。全系统各单位发挥各自优势，利用音像图片、厂刊、厂报、宣传栏、广播站等宣传方式，及微博、微信等新媒体，开展主题宣传教育。全系统共张贴、悬挂各种宣传品30种、840幅；举办各种安全应急演练，参加人员3677人次。

一轻控股公司于湧供稿

北京隆达轻工控股有限责任公司

2018年，北京隆达轻工控股有限责任公司（以下简称“隆达控股公司”）坚持“安全第一、预防为主、综合治理”工作方针，树立安全发展理念，夯实基础，落实企业主体责任，强化现场监督管理，深化开展隐患排查治理，以法制化、标准化、规范化、系统化方式，推进安全生产工作，为企业高质量发展保驾护航。

【安全稳定工作会】 2月3日，隆达控股公司召开2018年安全稳定工作会议。传达1月16日市属国有企业安全生产会议、1月17日市国资委安全稳定工作会议和1月25日全国安全生产电话会议精神，总结2017年安全稳定工作，部署2018年重点工作，签订《隆达控股2018年度安全稳定工作责任书》。隆达控股公司党委副书记、总经理张德华，党委副书记、财务总监段远刚与所属单位签订《隆达控股公司2018年安全稳定工作责任书》。本年内，签订责任书领导增加隆达控股企业联系点领导。

【安全生产综合考核】 2月底，隆达控股公司安委会办公室根据《北京市安全生产委员会办公室关于开展市属工业集团年度安全生产综合考核工作的通知》（京安办通〔2018〕16号），编制《隆达控股2018年度安全生产综合考核工作实施方案》（征求意见稿），包括考核目的、考核对象、组织领导、考核内容、考核方法、考核结果、考核结果运用7个方面，还编制《隆达控股2018年安全生产综合考核细则》（征求意见稿），下发各二级企业征求意见。4月，经隆达控股公司党委会讨论通过，下发通知启动2018年度安全生产综合考核工作。

【安全生产委员会会议】 5月25日，隆达控股公司召开2018年第一次安全生产委员会（扩大）会议。宣布隆达控股公司调整安委会决定，传达市安委会办公室2018年度安全生产综合考核通知，听取部分二级企业安全生产汇报，部署2018年安全生产大培训和“安全生产月”活动。隆达控股公司领导及安委会委员参加会议，各二级企业党政主要领导、安全总监及安全生产主管领导列席会议。

【安全生产大培训】 6月20日至7月10日，隆达控股公司党委会、经理办公会分别听取安全保卫部汇报，审议《隆达控股2018年安全生产大培训方案》。隆达控股公司安委会根据《中华人民共和国安全生产法》《北京市安全生产条例》，按照市安全监管局、市国资委要求，开展2018年安全生产大培训，培训分领导干部、安全管理人员、班组长和特种作业人员四个班，440余人参加培训。领导干部培训和安全管理人员培训为16课时，培训涵盖安全生产标准化、安全生产应急管理、消防安全管理和有限空间作业管理；班组长培训和特殊工种人员培训均为8课时，培训涵盖班组长职责、安全管理、特殊工种安全生产操作规程、特种作业安全生产与日常管理。培训严格过程管理，对参训人员采用虹膜身份识别信息采集系统进行签到；采用纸质试卷考试方式，对参训人员进行考核。考试合格后，领导干部、安全生产管理人员由市安全监管局颁发安全生产培训合格证；班组长和特殊工种人员由隆达控股公司颁发培训合格证。

【消防安全运动会】 6月6日上午，隆达控股公司和北京隆达印刷包装集团有限公司在北京轻联富文新特印刷有限公司，联合组织第三届职工消防运动会，所属13家企业、142名运动员参加比赛，为历届消防运动会中参赛人员最多、项目种类最多、安全宣教内容最广泛的一次竞技比赛。职工消防运动会围绕“生命至上，安全发展”安全生产月主题，在借鉴往届消防运动会经验基础上，增加娱乐性、宣教性较强比赛项目，各参赛队员在竞技比拼基础上，掌握更多消防安全知识。

【安全生产月活动】 6月，隆达控股公司在全系统开展以“生命至上，安全发展”为主题安全生产月活动，印发《关于开展2018年“安全生产月”活动的通知》（隆达安保字〔2018〕134号），各级企、事业单位开展安全培训、参观见学、自查互查、应急演练等活动。

【百日安全无事故活动】 9月23日至12月31日，隆达控股公司在系统内继续开展“百日安全无事故”活动。各单位召开动员会，总结2017年“百日安全无事故”活动经验，根据工作实际确定活动指导思想，制定活动方案、100天倒计时牌。各单位广泛开展安全生产教育培训，自查互查，排查治理事故隐患，综合整治安全突出问题和薄弱环节。隆达控股公司在连续三年组织“百日安全无事故”活动基础上，实现2018年零事故佳绩。

【消防安全】 11月9日“119”消防宣传日期间，隆达控股公司各单位组织开展宣传、演练活动。二轻党校组织干部职工深入府右街消防中队，参观各式消防装备和消防车辆。消防官兵向参观干部职工讲解安全消防知识和逃生技能，介绍消防服、照明灯、破拆工具和灭火器材使用，消防云梯车、灭火车、多功能车、照明车等车辆用途和使用环境，进行消防逃生绳打结和逃生面具正确佩戴训练。楠辰经济联合体组织百余名员工参加消防水带实操训练、灭火器使用方法和紧急疏散技能演练。还利用板报、微信等方式，对活动情况进行宣传报道。

隆达控股公司焦力供稿

北京时尚控股有限责任公司

2018年，北京时尚控股有限责任公司（以下简称“北京时尚控股公司”）落实国务院和北京市安全生产法律法规、规章制度和要求，试点推进安全生产综合考核，安全生产围绕控股公司党委总体部署，以建设平安和谐企业为目标，以落实企业安全生产标准化、隐患排查岗位化、预防控制全员化、安全培训素质化、安全管理信息化、落实主体责任为抓手，开展安全生产“双基双网，安全第一”主题活动，进一步完善安全生产责任制，夯实安全生产基础，保持北京时尚控股公司安全生产形势稳定。

【落实安全生产主体责任】 本年，为推动安全生产主体责任落实，北京时尚控股公司先后召开15次安全生产会议和专题会，对年度安全生产重点和“两节”“两会”、纪念改革开放40周年、中非合作论坛、安全生产月等重要时期安全生产工作进行动员部署。与12家二级单位主要领导签订安全稳定责任书，将安全责任层层传导落实。连续第11年召开“企业一把手安全述职会”，不断强化安全生产主体责任落实。履行《企业安全生产责任体系五落实五到位规定》，主要领导和全体班子成员在重要时期，对铜牛电影产业园、三友商场、方恒假日酒店、马坊工业园、光华佳泰公司等单位，采取“四不两直”方式，开展安全检查，重点是企业安全生产责任制、安全生产培训、隐患排查治理、有限空间作业、应急救援预案演练等工作落实情况，对查出50余个问题限期整改，及时消除安全隐患。京兰公司和华泰龙安公司做好安全生产综合考核迎检，完善各项安全生产制度和台账，加强隐患排查治理，落实安全生产主体责任。

【推进安全生产标准化建设】 本年，北京时尚控股公司历时两年，完成《北京市安全生产地方标准第8部分纺织企业》《北京市安全生产地方标准第9部分服装加工制造企业》编制，通过市质监局组织专家终审，正式对外发布。标准编写中，共收集涉及安全生产标准国家法律法规和标准规范等资料159项，其中通用标准文件154项，纺织和服装制作加工企业安全生产标准5项；学习参考纺织企业制作工艺标准147项。推进疏解非首都功能工作，北京时尚控股公司转型时尚，大部分生产企业关停退出，仅有大华天坛、佳泰公司、京兰公司、雪莲羊绒等少数单位还有部分生产，相关单位均按要求准备二级安全生产标准化评审。3月，北京时尚控股公司成立安全生产专家委员会，首批聘请北京市科研院所、安全专业机构和企事业单位安全生产专家12人，为安全生产标准化建设提供智力支撑。

【加强双体系和信息化建设】 本年，北京时尚控股公司落实北京市《关于推进安全预防控制体系建设的意见》《北京市生产安全事故隐患排查治理办法》，开展“双基双网，安全第一”主题活动，突出基层和基础，强调网格化和网络化，探索构建安全风险分级管控和隐患排查治理双重预防性机制，有23家单位进行隐患排查治理信息化网络平台初始化工作，实现记录事故隐患排查时间、所属类型、所在位置、责任部门和责任人、治理措施及整改情况等内容，实现隐患相关信息实时录入更新，并完成同市安全监管局信息系统数据对接。系统运行后，共发现安全生产隐患10934余项，基本得到及时整改。

【强化安全生产大检查】 本年，北京时尚控股公司开展为期四个月的安全隐患大排查大清理大整治专项行动。全系统共召开安全生产部署会13次，各级企业领导带队安全检查445次，检查家数832家。清理安全隐患490个，拆除违法建筑8762平方米，拆除可燃性彩钢板建筑8815平方米，打通消防通道312个，封停人员密集场所1.2万平方米，清退各类人员1197人，其中地下空间清退人员1570人。开展安全生产大检查，各单位共投入780余万元，对安全隐患进行整改，解决历史遗留问题，消除安全隐患，改善生产环境，保证企业生产安全稳定。

【推进安全生产教育培训】 本年，北京时尚控股公司坚持“培训不到位就是重大安全隐患”理念。3月，组织所属单位主管领导和部门负责人，对信息化系统使用和维护进行再次培训。6月，举办两期16学时安全生产脱产培训班，控股公司全体领导班子成员、各单位主要领导、主管领导、安全总监、安全生产专兼职管理人员220余人参加培训。北京时尚控股公司党委专题研究培训工作，要求精心准备，重点实施。年内，各集团公司、企事业单位结合自身情况共组织各类安全生产培训248次，参训人员达8656人次，相当于全系统全员轮训一次。安全生产月活动中，各单位在莱锦文化创意园、平谷马坊工业园、张家湾生产园区等区域，利用黑板报、宣传栏、横幅、标语等，宣传安全知识、预防事故方法和自我保护相关知识。全系统共悬挂横幅180余条、安全标语1000余张、宣传画近300余张，安全生产答题4800余人次、观看安全宣传录像2100人次、派发安全学习书籍740余册，5700余人采用微信和QQ群发布安全信息。组织各单位近200余人观摩铜牛集团消防及防汛技能练兵和消防疏散灭火演练活动。

【推进职业健康工作】 本年，北京时尚控股公司重视职业健康工作，各单位主要领导做为本单位职业健康工作第一责任人，制定职业病危害防治计划，健全防治责任制、职业健康管理制度及档案资料、岗位职业健康操作规程等，维护职工切身利益。对涉及粉尘、噪音和高温等生产型企业多次进行专项督查，对查出问题提出整改意见。全系统共组织4436名职工开展健康体检，发放劳保用品92万元，参加补充医疗保险职工人数达2045人，总金额达200万元。

【做好消防安全工作】 本年，北京时尚控股公司把防火、防汛和有限空间作业等做为安全生产重中之重，共建立完善防火防汛及人员密集场所应急预案62个，组织针对性演练134次；已建立503个消防安全网格，设有消防安全网格员579人，组建微型消防站17个，义务消防员100余人，在商场、酒店、学校和文化产业园等人员密集场所，按要求建设中控室，张贴各种安全提示和安全标识，并组织针对性应急演练；有效解决现场指挥、人员职责岗位、器材设备使用及现场管理问题。10月，北京时尚控股公司本部工作人员及租户代表近百人参加使用灭火器扑灭明火实战演练，通过演练，提高全体员工的消防安全意识。全年，组织四期消防安全培训班，内容包括微型消防站防灭火、防护和应急设备、灭油火实战演练等，近200人次参加培训。

北京时尚控股公司杨建军供稿

北京工美集团有限责任公司

2018年，北京工美集团有限责任公司（以下简称“工美集团”）贯彻执行上级安全会议及文件精神，坚持“预防为主、综合整治、保障有力”工作方针，落实《北京市生产经营单位安全生产主体责任规定》《北京市2018年生产经营单位主要负责人和安全生产管理人员安全生产培训考核工作方案》及《消防安全责任制实施办法》，将安全管理作为经营工作基本保障。工美集团干部职工上下齐心、共同履职，使年度安全管理目标得到落实。

【安全责任落实】 本年，工美集团与所属单位签订安全稳定责任书，将集团公司年度安全目标和责任网格化分解到各层级、延伸至各岗位，巩固“党政领导、行政负责、业务分工、职工共同参与”的企业安全责任总体格局。工美集团每季度召开安全工作会，听取季度安全管理情况汇报，对新形势、新要求和重点工作进行提前研判和部署。成立工美集团安全生产委员会管理机构，制定《北京工美集团重大事项社会稳定风险评估实施细则》《北京工美集团安全稳定安全隐患排查治理“双报告”制度》《北京工美集团公司年度安全稳定工作综合考核管理办法》，从源头上预防和减少各类安全隐患，维护职工群众的根本利益，筑牢安全管理基础。着重抓好“两节”“两会”“六四敏感期”“中非合作论坛峰会”等重要敏感时期安全稳定任务。特别是“中非合作论坛峰会”期间，集团提前启动安保“战时机制”和日报制度，实行领导干部24小时在岗值班值守和巡视检查制度，存在重点安全隐患单位及时明确具体责任人和安全措施，保障峰会召开期间集团公司稳定。

【安全管理】 本年，工美集团以专项与季度安全检查相结合方式，加大所属单位要害部位、燃气使用、用电设施设备、出租房屋、餐饮场所及供暖前期等风险点隐患排查力度。组织安全隐患大排查大清理大整治“回头看”行动1次；下发节假日、重要敏感时期安保要求4次；开展季度安全检查4批次，下发检查通知单59份，提出改进建议和要求177条，及时发现、消除安全标识设置不全面，用气用电使用不规范，重点部位安全防范不到位，出租房屋安全监管责任落实不严及劳动防护用品配备不齐全、存放不标准等10余类隐患。落实《关于做好市属国有企业隐患排查治理体系建设工作通知》，工美集团有6家二级单位完成“一企一标准、一岗一清单”编制，将安全隐患排查治理责任“全覆盖、无死角”落实到各层级、各岗位，工美集团隐患排查治理能力得到提升。重点加强相关单位外租库、厂房搬迁、装修施工及供暖设备建造现场等重点部位安全检查力度。

【宣传教育】 本年，工美集团制定2018年安全生产大培训方案，举办集团所属单位党、政主要负责人、安全管理人员培训班，从《生产经营单位安全生产主体责任》《安全生产标准化》《危险源辨识与安全预防控制体系》及《生产安全事故隐患排查治理》方面，进行全面化、专业化、实用化授课，培训采取闭卷考试方式并进行考核，参训人员取得生产经营单位主要负责人及安全管理人员合格证率100%。组织安全管理干部开展安全生产标准化和消防安全知识培训2批次；组织观看4·15及“雷霆行动”及国家安全知识警示教育活动各1次；分别购买防患于未“燃”消防安全知识、作业场所常见隐患与消除，《物业治安、消防、车辆安全与应急防范》及《消防安全常识必读》宣传挂图23套、实用工具书120册，“生命至上、安全发展”横幅6条，消防安全、交通知识宣传单750份；组织职工观看《重特大事故案例解析》《夺命的火魔——重特大火灾爆炸案例》《中国大事故之殇——重大火灾类事故》等警示教育片11批次。通过部署开展形式多样、内容丰富宣传活动，干部职工安全意识、识别隐患能力和应急处置能力得到提升。

工美集团苏辉供稿

中国北京同仁堂（集团）有限责任公司

2018年，北京同仁堂（集团）有限责任公司（以下简称“同仁堂集团公司”）牢固树立安全发展理念，弘扬“生命至上、安全第一”思想，围绕同仁堂“十三五”发展规划和中心工作，以全面推进北京同仁堂生产安全事故隐患排查治理系统为抓手，严格落实企业主体责任，牢固树立第一责任人意识；推进生产安全事故隐患排查治理体系，遏制安全事故；加大安全生产教育培训力度，提高全员安全防范意识；贯彻新标准，做好安全生产标准化复评，实现全系统安全生产、交通、内保、防火、稳定与国家安全等“五个零”工作目标。

【召开稳定安全工作会】 1月15日，同仁堂集团公司召开稳定安全工作会，集团公司领导分别与各子集团及各直属单位，签订《稳定与安全工作目标责任书》。各单位逐级签订安全保证书，建立落实主体责任压力传导机制，层层传导压力，逐级落实责任。健全安全生产管理机构，落实全员安全生产责任制。强化安全生产政治意识，履行第一责任人职责，做到“党政同责、一岗双责、齐抓共管”。

【投保安全生产责任保险】 2月初，同仁堂科技发展股份有限公司为正式职工投保安全生产责任保险，并借助安责险开展2次专业安全风险评估和安全隐患排查服务，实现事前预防和事后处理相结合，防范安全生产事故发生。

【开展“安全生产月”培训】 6月“安全生产月”期间，同仁堂集团公司制定活动方案，举办一期100余名保卫干部参加的培训班。召开专题会议进行部署，协调有关上级单位，指导各公司开展宣传教育活动。各单位按照计划分阶段、分批次进行各类人员安全生产培训，做到全员培训率达100%，考核合格率达100%，培训档案建档率达100%。

【安全隐患排查治理系统建设】 本年，同仁堂集团公司搭建并对接市安全监管局安全隐患排查治理系统，对12家二级子公司下属分厂分部岗位人员、设备设施和作业活动情况进行调研，结合生产经营特点和北京市医药企业安全生产标准，对企业覆盖范围内所有岗位进行全面划分，确定1511个岗位数量，编制清单3504份，对

12家子公司分厂分部进行1800余人/次培训，逐一进行安全隐患排查治理系统使用培训。全系统累计安装使用172个点位，开设账号1971个，实现全部在京单位和部分外埠单位上线使用。为隐患排查人员发放特殊岗位津贴，推动隐患排查治理系统使用和落地起到促进作用。11月8日，组织相关使用单位对安全隐患排查治理系统进行阶段性验收。

【安全生产培训】 本年，同仁堂集团公司制定《2018年安全生产培训工作方案》。依托北京同仁堂教育学院，聘请第三方服务机构分四批，对安全生产主要负责人和安全生产管理人员240余人进行培训。通过培训，参训人员均取得市安全监管局颁发的培训合格证书。

【安全生产获奖单位】 本年，同仁堂集团公司北分厂被北京市总工会、北京市安全监管局推荐为“安康杯”竞赛优胜单位。北京同仁堂科技发展股份有限公司被北京市交通安全委员会评为交通安全先进单位。

【安全生产标准化复评】 本年，同仁堂集团公司结合“医药企业安全生产标准”，对制度、管理文件、作业规程和运行记录等进行补充完善，7家实体单位通过安全生产标准化二级企业核查，成为北京市第一家用新的医药企业安全生产标准评审验收单位。

【加强公务车辆管理】 本年，同仁堂集团公司按照市公车改革领导小组和市国资委要求，公务车辆粘贴（北京市公务用车）标识、安装信息化管理车载终端设备，并接入全市公务用车信息化管理平台进行管理和监督。节假日车辆封存采取贴封条、登记里程表、指定停车位置等方式，并进行拍照留痕，实现公务车辆闭环管理。集团公司安全保卫部配合集团纪委，在重要时间节点对公务用车使用管理进行抽查。

【加强安全检查落实管理制度】 本年，同仁堂集团公司在全国“两会”“中非论坛”等重大敏感期，采取“四不两直”方式，对下属单位进行8次安全大检查，抽查6次，检查单位93个（次），实现安全检查全覆盖、无死角。各单位组织专项安全检查337次，迎接外部检查95次。加强对防汛监督检查，指导各单位建立健全防汛预案，做好防汛期间准备。定期进行灭火、疏散预案演练，把构筑防火墙、提高消防安全“四个能力”建设落实到班组，落实到岗位，落实到每位员工。

同仁堂集团公司李懿供稿

国网北京市电力公司

2018年，国网北京市电力公司（以下简称“北京市电力公司”）贯彻落实党的十九大精神，深入推进安全生产领域改革。推进国家电网公司有关安全生产部署，全面落实公司第三届三次职代会暨2018年工作会议精神，以优异成绩完成安全、运检、调控等任务，平稳应对迎峰度夏（冬）和防汛，完成全国“两会”、中非合作论坛峰会、改革开放40周年等重大保电任务，实现全年安全生产目标，为公司和电网高质量发展提供保障。

【扎实开展安全生产管控】 本年，北京市电力公司针对安全风险持续增加，抓责任落实和安全管控。落实国网公司部署，推进安全生产领域改革，制定从主要负责人到基层一线的全员安全责任清单，实现“一岗一清单”全覆盖。健全安全监督机构，在公司和18家基层单位设置安全总监，在31家单位成立安全监督机构，持续加强对集体企业安全同质化管理。深化安全准入管理，首次将准入范围扩大至监理单位及一般工作人员，实现所有人员持证上岗。开展安全生产问题清单专项梳理、“六查六防”专项行动、电气火灾综合治理等活动，消除各类安全隐患1316项，公司违章率下降25.8%。组织承办以电力为主题的全国安全宣传咨询日活动。

【设备管理精益精细】 本年，北京市电力公司依托智能化、信息化手段，创建指挥中心、管控平台、移动作业加专业集中管控模式，并在配网运维、输电反外力等方面深化应用，实现扁平化、透明化全过程管控，缓解一线工作质量不高、管理要求落实不到位等问题。开展输变电运检质量提升百日专项行动、压降配网故障专项行动，综合应用人防、物防、技防措施，输电、变电、配电故障同比下降29.5%、28.6%、34.3%，输电架空线路外力故障同比下降39.5%。强化设备隐患治理，完成14座35千伏老旧变电站改造，四环内45公里电缆隧道防火整治及79处输配电“三跨”线路隐患治理，设备健康水平显著提升。持续推进配电自动化建设应用，实现配电自动化覆盖率100%，自愈功能投入率90%。在全部供电公司组建完成配电自动化数据中心和运维中心，开展常态化配电自动化遥控操作，打造功能完善、运转高效配电自动化管控体系。

【电网运行平稳有序】 本年，北京市电力公司实施110千伏调控业务移交，平稳完成通州及9个远郊单位调控业务下放工作，进一步实现调控业务管理模式优化。深化风险预警管控，全年发布电网风险预警586项，督促制定落实响应措施，电网风险得到有效控制。加强配电自动化调控应用，在计划检修、方式调整、故障异常处置等工作中，全面采用远方遥控，全年累计执行12793次。持续推进配电网图模建设，实现配电网图模覆盖率100%。加强二次系统管理，开展北京电网“三道防线”专项核查，排查并整改问题32项。推动上庄解重载等102项度夏工程按期投产，实施方式调整措施157项，编制严重故障预案1053份，开展反事故演练11次，平稳应对2356万千瓦历史最大负荷考验，并成功处置顺义地区倒塔、西北热电中心全停等重大突发事件，确保电网在度夏、防汛中平稳运行。

北京市电力公司宗晓茜供稿

北京住总集团有限责任公司

2018年，北京住总集团有限责任公司（以下简称“住总集团公司”）以构建“大安全格局”为主线，实施“城市安全隐患治理三年行动”，以“消除隐患、杜绝事故”为目标，通过集团各二级单位、项目部共同努力，住总集团公司安全生产总体运行平稳、有序，生产施工安全、环境保护均在受控状态内，未发生生产安全、环境保护事故，为集团高质量发展提供生产安全保障。

【“大学习”第四期集中培训】 3月29日至31日，北京住总集团组织集团机关及所属二级单位安全生产系统140余人，在住总集团党校进行“大学习”第四期集中培训。集团和各二级单位安全系统管理干部白天观看课程视频，晚上结合本职工作进行座谈，相互启发，讨论热烈，提高认识，达到培训效果。

【“三类人员”继续教育培训班】 7月至12月，北京住总集团举办9期2018年度“三类人员”继续教育培训班，集团所属25家二级单位和京内项目部主要负责人、安全总监、安全系统管理人员1350人参加培训。培训人员基础信息录入北京市安全生产培训考核系统，并通过虹膜采集和身份证扫描形式，对学员进行培训签到，杜绝代签替培现象。培训每期两天，住总集团安全监管部邀请市安全监管局、市环保局、市城管局和市住建委专家，分别就安全生产、危大工程管理、环境保护、施工扬尘治理等，进行授课。

【持续开展隐患排查治理】 本年，北京住总集团按照市安委会实施“城市安全隐患治理三年行动”要求，将三年行动与疏解整治促提升、打非治违等重点活动和重点行业领域，及商场超市、酒店、宿舍等人员密集场所专项整治相结合，根据实际工作和环境特点，采取专项检查与日常抽查相结合方式，安监部组织复工检查、脚手架安全防护检查、临时用电检查、环保检查、标准化评优等检查28次，检查工地112个次；日常检查工地252个次。开展隐患排查治理信息系统应用，持续推进危险源辨识、风险评估，排查消除事故隐患，防范事故发生。结合本单位生产经营特点，动态识别各类风险；将隐患当成事故处理，严格整改落实。通过深入排查和有效化解各类安全风险，持续提高安全保障水平。对集团所属二级单位、项目部安全生产进行督查。强化安全生产惩处，对存在生产安全严重隐患、隐患整改不及时责任单位，进行安全生产约谈和通报。贯彻北京市《关于进一步推进安全生产领域改革发展的实施方案》，深化集团安全生产改革创新，推进隐患排查治理体系和事故预防体系建设，各土建施工单位确定安全风险管控试点项目，集中力量抓好样板，推进集团安全生产领域改革发展。推进总承包项目部安全管理创新，使总承包现场管控更能满足现场施工作业需要，增强八小时以外和节假日期间安全管控能力。

【开展班前安全活动】 本年，北京住总集团提出“大安全格局”要求，开展“大学习、大调研、大目标、大提升”主题活动，督促施工现场各施工作业班组开展好早会、午会、晚会教育工作。住总集团指导和监督所属二级单位、项目部开展好班组班前安全活动，进一步规范现场作业人员操作行为，普及安全生产知识，从而落实岗位责任制，按管理职责分工，系统推进制度落实。各单位以作业班组为基本单位，在栋号工长、专业工长带领下，班组长具体组织“三会”活动，带领全体班组成员在每天班前召开晨会，下午上班前组织召开午会，下午收工后组织晚会。项目部通过微信在企业安全生产群进行相关报道，通过微信报道各单位相互借鉴，取长补短，丰富“三会”内容，促使作业人员安全作业，文明施工。

【加强对重点工程安全监管】 本年，北京住总集团加强对北京副中心、新机场、冬奥会等重点工程监督检查力度。根据各项目情况，提出针对性安全管理目标、具体部署及整改要求。年初，重点对新机场工程、速滑馆工程扬尘治理工作进行专项督查指导，督促项目部落实土方苫盖。经努力，施工现场落实苫盖措施。重点对延崇高速加强监督指导，督促各施工单位落实现场安全管理人员和责任。对冰上训练基地项目，在开工伊始就提出打造标准化样板工地目标，指导项目部逐项落实安全防护、临时用电、环境保护等方面标准规范，开好头、起好步，形成齐抓共管良好局面。

【加强对重点时间段安全监管】 本年，北京住总集团落实复工检查验收工作，组织施工、技术、行保、人力组成复工验收检查组，全面排查施工现场及生活区安全隐患并开展整改，重点对现场封闭管理、领导带班值班表、现场临电、机械设备停运停驶、暗挖作业面封闭、留守人员安全教育、防火、防盗、防冻等措施进行全覆盖排查。检查中发现隐患问题，要求立即进行整改。北京住总集团严格全国“两会”、中非合作论坛期间安全监管组织，集团所属单位采取“四不两直”检查方式，对各项目部进行专项检查，落实安全文明施工标准，执行领导带班值班制度和请假销假制度，重点部位24小时盯控到位，加强空气重污染等灾害性天气预警响应措施，做好现场封闭管理。

【加强对重点环节安全监管】 本年，北京住总集团针对土方施工阶段容易产生施工扬尘特点，重点加强对土方施工项目监督检查和指导服务。开展施工扬尘专项检查活动，对新机场、黑庄户、冰上训练基地、地铁12号线12标、14标等存在土方施工工地进行检查指导，并按照市住建委评分标准进行评分考核，各施工工地均能达到市住建委达标工地标准。针对结构施工工地每季度开展安全防护专项监督检查活动，对洞口、临边、脚手架等大型临时设施基础和重点设施部位进行专项检查，督促各单位落实标准规范。针对装修工程及机电安装工程施工阶段，北京住总集团安监部开展临时用电专项检查，对现场三级配电、电路、配电箱、用电设施设备，进行重点检查指导。

【推进安全管理信息化进程】 本年，北京住总集团组织所属单位、项目部，做好北京市建设质量安全测评管理、集团安全隐患排查治理等信息化管理工作。敦促各单位做好每月进行安全测评填报并及时掌握各项目测评结果，每季度统一组织公司相关系统进行季度测评。利用集团安全隐患排查治理系统，及时掌握各在施工程隐患排查治理工作。集团所属70个总承包项目部，均使用隐患排查治理系统开展日常隐患排查治理。个别项目部因网络环境、工程保密要求等原因未使用平台。北京住总集团安全隐患排查治理系统录入各类隐患10435项，已全部整改完毕。

【打赢蓝天保卫战】 本年，北京住总集团针对北京秋冬季节雾霾天频繁出现等问题，对项目部渣土运输资质、消纳证、运输车辆进行严格检查，杜绝无资质运输单位及车辆，所有运输企业必须选择市合格名录企业。对新开工程执行洗车机、道路硬化、消纳证、监控前置条件到位，验收方可进行土方运输。重视空气重污染期间应急工作，落实市住建委、市环保局、市城管局部署要求，加强现场扬尘治理管控水平，完善相关硬件措施，做到空气重污染预警后及时应对。多次在空气重污染预警期间开展夜查、巡查活动，督促所属项目工地及时落实应急响应措施，做到反应快，反响快，动作快；扬尘治理进入常态化管理，施工现场每天保持专人打扫，专人洒水降尘，空气污染预警期间，增加洒水频次。

北京住总集团周东楠供稿

北京市燃气集团有限责任公司

2018年，是首都燃气事业发展60周年，是北京市燃气集团有限责任公司（以下简称“北京燃气集团”）掀起“抓基础、抓基层、抓基本功”高潮第一年。北京燃气集团公司围绕“三基一降”主线，践行“大安全”发展理念，坚持目标导向和问题导向相统一，压实安全生产责任，加强基础管理，夯实基层建设，扎实提升基本功，创新手段强化督查职能，风险防控、趋势预判和隐患治理能力稳步提升，安全管理水平更上一个台阶，推进北京燃气集团安全高质量发展。

【安全主体责任】 本年，北京燃气集团明确岗位及员工个体安全目标，自上而下层层签订《安全目标责任书》，自下而上全员进行安全承诺，双向促进安全目标落实。年内，出台工作标准18项，形成生产岗位人员安全职责1755项。落实“党政同责”，北京燃气集团党委定期研究安全生产重大事项，安委会成员每季度进行安全生产情况研判，公示安全监督考核结果，促进各级尽职履责。坚持安全生产联合分析机制，推进综合监管与专项监管，从业务源头落实管理责任；通过推进过程监管，领导带队高频次开展“四不两直”检查督查，三级专业督查网络高效运转。

【安全管理体系】 本年，北京燃气集团创新职业健康安全管理体系内审模式，在总体审核基础上，增加各单位职业健康安全管理体系及安全生产标准化运行情况独立评价环节，验证两者每个单元运行符合性和有效性。开展体系运行6年来不符合项、建议项“回头看”专项工作，形成重点监视清单，在全系统举一反三，彻查彻改。开展职业健康安全管理体系第6次外部审核，通过OHSAS18001国际标准换证认证。

【安全风险评估】 本年，北京燃气集团巩固安全风险评估试点成果，优化风险单元划分方式，辨识评估“四级”安全风险1388条，逐项制定管控措施，进一步完善集团级、公司级、所级“三级”安全风险动态评估体系，编制《燃气设施安全风险评估报告》，为提升安全生产整体预控能力，遏制重特大事故发生奠定基础。开展应急资源调查和应急能力评估，建立集团公司应急资源库，形成《应急资源调查报告》，完成应急能力评估。

【隐患排查治理】 本年，北京燃气集团加大隐患治理力度，分级分类开展隐患治理，治理各类隐患367项。开展农村“煤改气”地区燃气管线、供气站点及用户设施隐患排查专项治理，建立农村“煤改气”隐患档案，编制农村“煤改气”地区隐患排查标准清单。开展市级销账隐患“回头看”，巩固“大排查、大清理、大整治”专项行动成果，实现销账隐患“零”反弹。启动2018年至2020年燃气设施安全隐患治理三年行动，排查治理户内、户外燃气设施安全隐患，并完成2018年治理任务。完善“一患、一档、一预案”信息化管理，实现隐患“标准信息化、台账信息化、分级信息化、管控信息化、验收信息化、统计信息化”。

【安全检查督查】 本年，北京燃气集团强化安全检查督查，领导班子坚持“四不两直”，带队深入一线开展安全检查，在重要节假日、重大政治活动及安全生产大检查等专项行动中，检查各类作业现场，对检查情况进行通报，对共性问题组织研究，对典型单位实施约谈，对整改措施全程跟踪。创新检查督查方式，推动全业务链督查检查，形成闭环管理机制，发现并整改问题 174 项；组建联合督查队伍，开展“点，线，面”立体式督查，培养复合型安全管理人才，提升督查队伍整体实力。

【建立安全生产沟通机制】 本年，北京燃气集团优化安全生产沟通机制，新增月度安全生产交流会，深入现场、深入基层，直面解决突出问题；优化季度安全生产分析会，坚持多业务部门联合分析，重点监测督查检查结果，系统展现安全生产形势并准确预判趋势，为安委会决策提供依据，固化年度安全生产第一会，贯彻新时代新思想，分析新态势，明确新任务，签订新目标。科学设定考核指标，典型违规未遂事件提级调查，将典型未遂事件、违规行为作为事故进行调查，按照事故调查程序，约谈单位负责人，对责任人、责任单位点名通报并追责处理，定期公开违规违章行为，公示安全考核结果。健全沟通机制，分层级有重点提升管控效果。

【安全科技创新】 本年，北京燃气集团开展安全科技创新及大数据基础研究，建立燃气事故隐患量化分级模型，优化升级安全管理信息系统，创建隐患管理、车辆管理等模块，开发基于微信平台安全检查模块，实现安全管理全过程信息化。启动地质灾害对燃气管线危害研究，定位沉降边界，确定风险等级，制定预警机制和针对性措施；针对门站地质特征，完成站区沉降风险评估和治理方案。

【安全教育培训】 本年，北京燃气集团开展各级领导干部、专兼职安全管理人员安全能力培训。以实战化模式组织有限空间监护人员、一线班组长安全技能培训，推进安全操作规程可视化、转化操作视频工作。加强实训，综合开展岗位技能培训，提升员工安全生产素质。以赛促训，承办市级燃气管道调压工技能大赛，推进安全技能人才队伍建设。建立“身边违章行为事件库”、推行体验式安全培训、举办岗位安全技能联网考试、开展农村“煤改气”施工安全管理培训，安全教育引领实效突出。

【安全文化建设】 本年，北京燃气集团统筹推进第二轮安全文化提质升级，特聘安全文化建设专家开展专项调研评估，把脉集团公司安全文化建设现状，规划安全文化从员工意识层面和企业组织层面，打造燃气特色文化。推动安全文化由“被动安全”向“主动安全”转变，有效释放安全文化引领作用。构建安全宣教新机制，依托支部共建送安全，一分公司、三分公司、密云公司、延庆公司分别与广内街道、通州大稿村、十里堡镇、区域养老机构建成安全服务基地。推进安全宣教“五进”活动，各基层通过进医院、进学校、进社区等，开展“一对一”专项安全宣传 800 余次，扩大宣传效果。以“安全是魂预防在先”为核心理念，以北斗应用、智慧燃气及本质安全为科技支撑的北京燃气安全文化示范作用显著，并被市委领导评价为“安全是魂　预防在先”安全理念，要求在全市市政领域进行广泛传播。在全市“5·12”防灾减灾宣传、“11·9”消防安全宣传月启动、“回天有我”社区宣传等大型活动中，集团公司凭借科技实力及热情贴心服务，赢得各级领导及广大公众赞誉。荣获“全国安全文化建设示范企业”、北京市首届“安全文化建设示范企业集团”称号及北京市“安全生产月”活动优秀组织奖等荣誉，安全理念深入人心，安全文化建设步入新高度。

北京燃气集团吕宏敏供稿

北京环境卫生工程集团有限公司

2018年，北京环境卫生工程集团有限公司（以下简称“北京环卫集团”）坚持“安全第一，预防为主，综合治理”工作方针，推进“党政同责、一岗双责”责任落实，主动构建以“责任”为核心的安全管理体系，创新安全生产管理机制，开展安全隐患排查治理，推动集团主体责任有效落实，安全生产得到稳步发展，为持续提升环境卫生运营能力，推动各项事业改革发展，营造安全、稳定运营发展环境。

【安全生产宣传】 6月安全生产月活动中，北京环卫集团向市安全生产委员会推荐3家单位进行活动奖项评选，其中固废物流公司获“优秀组织奖”、环丰公司获“最佳实践活动奖”评选；在市安全监管局和首都文明办共同举办的2018年“安监之星·北京榜样”主题活动中，集团公司获“优秀组织奖”；在市安全监管局举办的第二届“寻找最美安监巾帼”活动中，北京机扫职工温莹莹和京环新能职工包琼艳，入围前100名评选。北京环卫集团代表队参加市城管委第二届有限空间作业大比武，在60余支参赛队激烈角逐中，包揽环卫行业有限空间作业大比武前三名。

【市委市政府安全生产延伸督察迎检】 7月初，市委市政府安全生产第四督察组到北京环卫集团进行安全生产延伸督察。集团主要领导、分管安全领导、总部相关部室负责人及相关单位主要领导等参加。督察组听取集团公司安全生产汇报并实地查看有限空间作业情况。督察组还对集团公司落实安全生产“党政同责，一岗双责”、应急预案和应急演练、教育培训情况、隐患排查治理信息系统运行情况等安全生产管理基础资料等进行查阅。督察组对集团公司近年来快速发展中安全工作取得成绩给予肯定，并对安全工作提出意见。

【安全风险评估】 自2017年开展安全风险评估，北京环卫集团作为北京13家试点国有企业之一，针对在京业务特点，对填埋场、转运站、加油站、道路清扫、水处理设施等15处重点部位，开展安全风险评估，梳理确定140条安全风险源。2018年，编制完成《安全风险评估报告》《应急能力评估报告》《应急资源调查报告》，并通过专家评审。

【落实企业主体责任】 本年，北京环卫集团主要领导与各直管单位签订《年度安全管理工作责任书》，各单位逐级签订安全责任书、保证书，建立落实主体责任压力传导机制，层层传导压力，逐级落实安全责任。集团党委会定期专题研究安全生产工作会议，研究、审议、通过《“党政同责，一岗双责”管理规定》《安全生产会议管理规定》等，提出在抓生产、抓业务同时，更要抓好安全。其中明确各级党组织和行政领导班子职责；明确落实党政同责制度；明确监督与考核内容；明确责任追究情形和原则。规定安全工作“抓什么、怎样抓”问题。新增、修订《安全生产工作管理办法》《隐患排查治理办法》《特种设备管理办法》等安全管理制度，完善安全管理制度体系。其中《安全生产工作管理办法》，明确各级党组织要部署、落实安全生产工作；细化主要负责人落实安全生产主体责任职责；明确分管领导和职能部室安全管理职责，落实安全生产“管生产必须管安全、管业务必须管安全”要求。

【落实安全生产主体责任】 本年，北京环卫集团落实上级监管部门部署，结合集团企业文化和生产经营实际，按照“党政同责、一岗双责、齐抓共管”要求，落实安全生产主体责任，进一步完善安全管理制度，细化安全基础管理，深入开展安全风险评估和安全生产大培训活动，提高安全管理水平，全年未发生一般以上安全生产责任事故。

【重点时期安全保障】 本年，北京环卫集团完成“两节”“两会”“9·30”敬献花篮仪式及劳动节、国庆节等重大活动、重要节日环卫作业安全保障任务。

北京环卫集团孙硕供稿

北京祥龙资产经营有限责任公司

2018年，祥龙公司坚持“生命第一，安全至上”的安全发展理念，认真贯彻落实公司党委安全生产决策部署，紧紧围绕“安全基础规范化建设”主题，坚持从源头治理，从基层抓起，从基本工作做起，扭住六项安全基本内容，着力构建七个安全体系机制，突出重大任务安全保障，严格责任制落实，加强经常性隐患排查整改力度。通过反复抓，抓反复，安全生产各项工作取得积极进展，实现年度安全目标。

【春运工作启动会】 1月18日，祥龙公司召开“安全第一、保障有力、接续顺畅、服务至上”春运工作启动会，部署2018年春运保障工作。所属交通客运企业及公交场站主要领导、相关部室负责人出席会议。会议要求，全面落实主体责任，为旅客安全、顺利出行提供优质服务保障，打造舒适优质服务环境。制定预案，加强防范，保证春运安全稳定。

【安全维稳工作会】 1月18日，祥龙公司召开安全维稳工作会，所属各单位主要领导、负责信访维稳主管领导、安全生产主管领导、部门负责人和机关部室负责人参加。传达北京市2018年全市国有企业安全生产会精神、市国资委安全维稳工作会精神。会议要求，增强风险忧患意识，健全舆情应对机制，健全应急处置机制、协调联动机制，形成维护安全稳定合力。加强组织领导，层层压实责任，强化排查化解，增强防治能力。落实主体责任，确保生产安全。

【安全生产工作会】 2月7日，祥龙公司召开2018年安全工作会，所属二级单位主管安全领导和部门负责人参加。会议分析安全生产面临形势，交流安全生产管理经验，总结2017年公司安全生产工作，明晰2018年公司安全生产思路。会上，播放祥龙公交公司安全管理短片，通报一月安全管理信息系统使用情况，各二级企业与公司签订《祥龙公司落实烟花爆竹安全管理工作责任书》。会议提出，生产安全着力点要突出狠抓五项基础工作，即健全基本安全队伍、落实基本安全制度、开展基本安全教育培训、完善基本安全设施、建设基本安全文化；构建六个体系机制，即安全管理组织体系、安全生产责任体系、安全管理制度体系、安全防范和隐患排查治理体系、应急指挥与处置体系、督查激励体系；实现“五化”愿景目标，即安全管理标准化、管理制度规范化、管理措施精细化、管理手段信息化、设施设备现代化。

会议还就春节期间安保工作进行动员部署。

【春节安全保障】 2月，祥龙公司组成12个组，开展节前安全大检查，由公司领导分别带队以“四不两直”方式，对36个重点基层单位进行检查，共查出各类隐患问题86项。2月14日，祥龙公司领导带领相关领导班子成员到祥龙赵公口客运站、祥龙出租公司、祥龙六里桥客运主枢纽、海博票务公司及祥龙公交运通201线六里桥总站，慰问坚守在一线客运企业职工，并听取相关单位春运期间有关安全运营和服务保障等汇报，对客运站售票厅、进出站安检，祥龙出租监控大厅等经营场所进行重点检查。祥龙出租公司大年初五到初七，分批次组织每天200辆营运车和一线驾驶员，到北京南站执行保点任务，保障乘客出行。

【全国“两会”安全保障】 3月3日、5日，政协十三届全国委员会一次会议和十三届全国人大一次会议分别在京召开，祥龙公司落实市委市政府部署，印发《关于做好全国“两会”期间安全保障工作的通知》。“两会”召开前和“两会”期间，祥龙公司多次对仓储、商市场、宾馆饭店、出租物业、汽车租赁等重点单位和上会服务保障单位安全落实情况进行检查。所属单位均进行专项部署，制定工作方案，成立专项领导机构。“两会”期间，各单位共进行安全检查238次，其中领导带队检查103次，查处各类安全隐患283项，组织各类应急演练80余次。一商集团所属红都集团、大明眼镜公司承担“两会”上会服务，摄贸金广角、亨得利钟表公司承担在店服务任务。各单位完善应急预案，对上会人员、车辆相关证件进行严格管理。祥龙公交公司实行“逢包注意、可疑必问、违禁拒载、视情报警”，对途经“两会”会场、驻地、行车路线周边等重点区域公交线路加强稽查力度。宾馆饭店落实住宿人员实名登记制度，汽车租赁企业落实承租人身份信息核查制度和“三见”管理制度，旧车交易市场强化二手车交易审查和流向监控。赵公口客运站和六里桥客运枢纽落实“三不进站、六不出站”“人货同检”制度，实行“点对点”运输，加大安检力度和环京、出疆进京长途客运车辆及人员落地查控，进行反恐专项应急演练。两会期间，两站共查扣危险品562件。

【安全隐患整治专项动员部署会】 3月8日，祥龙物流集团召开安全隐患整治专项工作动员部署会，物流集团所属6个仓储企业主要负责人参加。会议传达北京市巡视组对祥龙公司所属大型物流基地存在安全隐患反馈意见，印发《祥龙物流集团安全隐患整改工作方案》，并对物流集团大型物流基地安全隐患整改工作进行部署。会议要求，各单位要逐一梳理安全隐患，逐一整改落实；主要领导为第一责任人，班子成员要亲自部署、亲自组织、亲自督办、亲自参与安全检查；利用“学、查、改、立、建”工作方式，推动大型物流基地安全隐患整改落实到位，使物流集团在巡视组规定时限内做到整改有变化，解决问题有成效，基础建设有进步。

【一商集团红都沙河市场隐患治理】 2017年11月29日，一商集团根据红都沙河市场存在人员、车辆密集，可燃物大量堆积，堵塞、占用消防通道等消防安全隐患，多次下发整改通知书，但客户轻视安全敷衍了事，隐患治理收效甚微。一商集团借助“三大行动”，决定关闭市场，并立即成立由一商集团、红都集团等相关领导和工作人员组成的专项工作领导小组，研究制定专项方案和应急预案。期间，公司联合公安、消防、工商等部门发布张贴关停闭市公告，配合公安部门对带头闹事的个别商户采取训诫、治安拘留等措施，建立健全商户动态跟踪及不稳定因素排查机制，密切关注商户动向，及时做好政策解释和安抚稳定工作，并安排专人每日向专项工作领导小组和属地政府部门汇报进展、商户动态等情况。加强值守力量，配备必要通讯和防护用具，对市场内及周边进行24小时不间断巡视检查。至2018年3月22日，完成关停闭市工作，市场内所有外来从业人员、商品、货架等全部撤出，彩钢板违建已拆除完毕，其他各种杂物、易燃物等全部清理干净。

【“5·12”防灾减灾日宣传活动】 5月，祥龙公司围绕“行动起来，减轻身边的灾害风险”主题，坚持“生命至上、安全第一”思想，开展一系列防灾减灾宣传活动，提升应急救灾能力、风险防范意识、应急避险和自救互救能力。所属各单位均制定方案，在防灾减灾周利用各类载体进行防灾减灾宣传，并开展隐患排查专项行动。5月7日，祥龙公交公司举行员工防震逃生演练；5月12日，组织员工以防震知识教育为主题，为员工讲述地震知识，开展应急避险教育。5月12日，赵公口客运站、六里桥客运主枢纽在候车厅服务台设立减灾防灾宣传站，向过往旅客发放科普宣传材料。祥龙博瑞集团所属单位组织员工进行安全应急救护处理知识系统培训和应急逃生演练。祥龙出租公司利用司机例会学习，开展“一懂三会”教育，即懂本场所火灾危险性，会报火警、会扑救初起火灾、会组织人员疏散为主要内容的消防知识教育培训，提高司机的消防“四个能力”，增强全员安全意识和安全素质。

【领导干部“一岗双责”专题培训】 5月25日，祥龙公司为贯彻市安委会办公室《关于印发〈北京市2018年生产经营单位主要负责人和安全生产管理人员安全生产培训考核工作方案〉的通知》和北京市市属国有企业安全生产培训考核工作会精神，在物资党校礼堂举办祥龙公司领导干部安全生产“一岗双责”专题培训。邀请市安全监管局副局长贾太保授课。公司领导班子成员、机关部室负责人、所属各二级单位领导班子成员、安全管理部门负责人和一商集团所属重点单位主要负责人近90人参加。培训围绕安全生产“主体责任、党政同责、一岗双责”概念、安全违法违规入刑、落实安全主体责任等方面，结合大量事故案例，从法律角度诠释坚持安全生产主体责任、“党政同责、一岗双责”制度重要性。

【安全生产大培训】 5月29日至31日和6月19日至21日，祥龙公司分两批举办所属单位主要负责人及安全管理人员安全生产大培训，所属各二级单位、三级单位主要领导、安全主管领导、安全管理部门负责人及专职安全管理人员近300人参加。培训开展相关法律法规自学活动，采取全流程信息化规范管理，亚北培训学校作为教学主体，聘请6名专家，围绕应急管理、有限空间安全、消防安全、燃气安全、行为追溯培训法及心理大数据在安全管理领域运用等内容，进行现场授课。祥龙博瑞集团汽贸公司、祥龙物流京南昌达公司等12个基层单位进行经验交流发言。培训方案、参训人员信息、培训课程、培训讲师信息及最后考核得分录入北京市安全生产大培训信息系统，全程采取身份识别和虹膜录入记录考勤，实时输入系统，确保真人报名、真人参训。

【仓储物流安全规范化建设观摩】 5月23日，祥龙公司在所属祥龙物流配送分公司召开“仓储行业安全基础规范化建设观摩会”，所属各二级单位主管安全工作领导和部门负责人、涉及仓储经营管理业务的各三级单位安全主管领导及重点仓库负责人116人参加。祥龙物流配送分公司围绕仓储、运输管理实际，向参会人员介绍安全基础规范化建设过程、经验和取得成效，现场播放配送分公司参加重大运输保障任务和分公司消防演习视频短片。参会人员实地参观配送分公司物流园自管7号库、监控中心、丰台1号库、人车分离系统及各职能办公室等重点部位。

【“安全在我心中”主题演讲比赛】 6月，作为祥龙公司“安康杯”竞赛和“安全月”系列活动内容之一，祥龙公司组织“安全在我心中”主题演讲比赛，自下而上分初赛、决赛两个阶段进行。初赛由各单位围绕“安全在我心中”主题自行组织，在广大职工中进行层层选拔，决赛由祥龙公司举办。参赛选手在初赛、决赛中，面向广大职工剖析典型事故案例，讲述亲身经历，分享安全感悟，交流安全工作心得，在职工中引起强烈反响。6月26日，祥龙公司举办“安全在我心中”主题演讲比赛，来自生产一线的16名选手中，最终商业学校董斌获第一名，一商集团孙健健、刘瑞获第二名，祥龙出租高洪兴、祥龙博瑞谢伟伟和商业学校蒋舒雅获第三名。祥龙公司领导进行观摩，并为获前三名选手颁奖，所属单位150余名职工参加了观摩。

【安全生产月活动】 6月，祥龙公司开展主题为“生命至上、安全发展”安全月宣传活动。统一购买安全宣传教育书籍和安全知识答卷下发所属各单位，并在机关范围内开展安全知识答卷活动，开展《大兴区“11·18”重大事故调查报告》学习警示活动，组织各二级单位开展安全用电专项互查行动。工会深入基层与职工面对面进行逃生避险、自救自护安全培训活动。所属各单位均开展形式多样的安全生产宣教活动及全方位自查及专项检查。交通运输企业与属地部门和行业主管部门联合开展“6·16”安全咨询日互动，向旅客和社会公众宣传安全理念。祥龙物业公司开展消防安全知识竞赛活动，旧车市场开展消防应急演练，商业学校开展应急疏散演练，祥龙物流应急保障大队进行紧急集结演练，祥龙公交公司组织“运营中遇突发情况十八个怎么办”演练活动，赵公口客运站、六里桥客运主枢纽开展反恐防暴、大客流疏散、灭火救援等突发事件演练。“安全月”期间，全系统共召开动员部署会178次，悬挂张贴安全标语横幅945幅，制作板报及宣传栏496处，设立咨询站79处，累计发放宣传材料13781份，组织各类安全培训209次，检查单位1184个次，查处各类安全隐患342处，进行应急演练147次。

【国防交通专业保障队伍集中演示】 本年，受国家交通战备办公室和国防大学委托，由北京市交通战备办公室牵头组织2018年北京市国防交通专业保障队伍集中演示在祥龙物流园举行。祥龙物流运输保障大队、公联公路工程保障大队、机动通信保障大队和999医疗救援保障大队分别进行演示。通过影像展板宣传、专业人员讲解、装备队伍展示、战地保障和抢险救援实战演练等形式，展现北京国防交通保障队伍过硬的整体素质和良好的精神风貌。展现祥龙物流国防交通保障队伍快速反应能力和综合保障能力。祥龙物流通过定期演练，坚持保障工作和日常生产作业相结合，成为“平时服务，急时应急，战时应战”的国防专业保障队伍。

【重大活动安全保障】 9月1日至4日，祥龙公司召开重大活动安全保障专门会议，制定重大活动专项方案，成立专项组织机构，从内部安全管理措施、隐患排查治理、出租房屋安全管控、交通安全管理、反恐防范等方面，部署11项任务。所属各单位值班领导和值班人员全部在岗值守，每日实施零报告制度，开展安全隐患自查，各级领导深入基层进行安全检查。各交通企业对运营车辆进行大排查，杜绝带病车上路行驶，GPS系统对所有运营车辆实施24小时实时监控。祥龙公交公司视情况及时调整运营计划，增派乘务管理员上岗执勤，保障市民出行安全。赵公口客运站和六里桥客运枢纽落实“三不进站、六不出站”，强化对管理区域巡视巡查，与派出所、驻站武警联合组织反恐防暴应急演练，检验枢纽站“军警民”三方联合处置恐怖突发事件协同作战能力，提高员工在紧急情况下的应急反应和处置能力。

【交通行业防汛总结暨铲冰除雪部署】 10月30日，祥龙公司召开交通行业防汛工作总结会暨冬季铲冰除雪工作部署会，所属各交通企业相关工作负责人参加。会议要求，按照祥龙公司制定铲冰除雪工作方案，各单位结合自身实际，完善本单位工作方案，并抓好落实。要强化组织领导，提前备足应急物资，强化宣传教育，严格落实值班值守制度，做好信息上报工作，遇突发事件，能做到快速响应、应对，确保本单位安全稳定。

【安全员和班组长安全培训】 11月6日至8日，祥龙客运集团结合“119”消防宣传月活动，分三期以“全员参与、防治火灾”为主题，组织所属各单位安全员和班组长263人进行安全培训。培训内容为消防安全管理和用气安全管理两部分，通过试卷测试方式，对参加培训人员培训效果进行考评。

祥龙公司李伟供稿

北京市地铁运营有限公司

2018年，北京市地铁运营有限公司（以下简称“北京地铁公司”）完成全年各项安全运营生产任务，实现全国“两会”“中非合作论坛”北京峰会等重要保障阶段“绝对安全、万无一失”目标。全年，共完成客运量31.16亿人次，增长1.11%，占轨道交通市场份额80.95%，占公共交通总运量51.47%；实现安全运营4.83亿车公里，全年两次延误5分钟以上事故间平均车公里达947万车公里，再创新历史纪录，CoMET KPI安全可靠性指标继续保持世界领先水平。

【“中非合作论坛”服务保障】 9月“中非合作论坛”北京峰会期间，北京地铁公司进一步提升重大活动安全服务保障能力，总结提炼历次重大活动保障经验，按照“7个及早”要求，开展员工思想教育、组织车辆设备普查、专项制定7个公共安全预案并组织演练，特别是前瞻性谋划优化全网运力、采取灵活调度库线临客等措施，增加运力保障。战时保障阶段，公司领导靠前指挥、两级机关人员在124座重点车站值守保障，车站人员、维修人员高峰时段双班制值岗，文明疏导员3082人、平安地铁志愿者4977人，协助客流疏导和站车巡视。通过全员协调联动、连续奋战，实现“大事不出、小事也不出”目标，完成“中非合作论坛”北京峰会期间安全服务保障任务。

【安全管理】　本年，北京地铁公司坚持“安全运营、管理是关键”“抓小防大、安全关前移”“小故障大影响”等“超前防控”安全管理理念和安全理念，特别是树立并践行“以共治为基础、精治为手段、法治为保障”理念，采取针对性措施，强化由“人、机、环、管”四大要素和“治、控、救”三道防线组成的“矩阵式”安全控制体系，平安型地铁建设取得新成效。共建共治共享地铁安全格局初步形成，平安地铁志愿者队伍规模增至36.8万人，报告有效信息79.9万余件，参与现场应急处置2000余件，举报劝阻乘客不安全行为6.5万余件。创新“列车驾驶员＋列车乘务管理员”乘务管理制式，增配列车乘务管理员2304人，全年6条线路共阻止各种不文明行为3622起。研究提出安检分级分类标准建议，并在机场线三元桥站试点智能识别安检新设备，推进安检新模式应用试点。提高安全管控力度，修订《安全事故处理规则》，增加“较大事故”等级、调整延误事故统计方法、补充完善事故条款，提升安全管控标准。修订网络化故障抢修抢险体系方案，完善抢修布点设置和装备标准，推进故障快速排除。整治消除Ⅰ级隐患8项、Ⅱ级隐患81项，保证车辆设备运行安全。开展日常监督检查，组织安全综合检查89次，发现并整治安全隐患70件，强化车辆设备维修规程等规章制度执行情况督查问责。

【安全技术】　本年，北京地铁公司突破一批关键设备核心技术，实现2号线、8号线车载板卡自主维修和10号线二期站台门关键部件离线检测，全年车辆故障率同比下降10.42％，设备设施故障率下降19.9％，故障延时下降15.6％。加强车辆设备运行监测，实现6号线、9号线和房山线信号主要板卡等设备在线监测、故障预警功能。扩大车站视频监控范围，完成8条线路CCTV系统改造，新增摄像头17112个并开发调试视频分析诊断功能。加强应急指挥会商系统建设，实现区域资源实时调度及与现场视频会商指挥功能。完善志愿服务专用APP“任务派发”功能，累计派发志愿服务任务3701项，提高突发事件应急处理与协同处置能力。

【运营环境】　本年，北京地铁公司加大对运营线上外部违法主体执法力度，配合执法机关查处扰序人员2314人次，依法拘留244人次、警告罚款2036人次。排查安全保护区隐患152处，通过发律师函等方式，推动影响地铁运营安全痼疾顽症治理。发挥警企联动区域防控作用，开展两期地铁票务稽查、站车秩序整治百日专项行动，治理“逃票”“霸座”等不文明行为449件次。全网实施“人物同检”，全年共机检物品12.8亿件次，查获各类违禁品与限带品18.2万件，检出率142件/百万件次，同比提高20％；手检14.4亿人次，查获违禁品与限带品1413件，检出率1件/百万人次。

【安全文化】　本年，北京地铁公司邀请专家解读《国务院办公厅关于保障城市轨道交通安全运行的意见》等政策文件和法律法规。开展以“筑牢安全基础，推进安全发展”为主题的安全生产月系列活动，提高全员安全生产责任意识。通过组织员工近3万人进行《北京市轨道交通运营安全条例》考试、开展乘客知晓率随机调查、举办“12·4”法治宣传活动、打造宪法宣传专列等方式，增强员工和乘客法治意识。加强依法治线，组织平安地铁志愿者进行普法讲座和法治咨询，使平安地铁志愿者成为普法志愿者，引导广大乘客依法文明乘车。推出6号线文化专列和“北京榜样”等，弘扬社会主义核心价值观系列主题列车。打造“清风北京”廉洁文化主题车站、主题列车及电子媒体网，满足乘客精神文化需要。在全网播放《十九大代表风采录》等微视频，用优秀文化打造首都地铁新亮点，提升首都地铁服务品质。

【运营服务】 本年，北京地铁公司开通6号线西延和8号线南延，新增运营里程28.87公里，总运营里程超过500公里；先后10次优化7条线路列车运行图，增加运力、缓解量力矛盾，积极应对瓶颈线路、瓶颈车站大客流冲击风险。7、8、9、10、15号线和房山线、亦庄线高峰运力分别提升14%、15%、17%、4%、4%、29%和13%，进一步提升整个网络运输效率和能力。改造AFC系统设备，在国内率先实现全线网二维码扫码进出站，为乘客提供自助服务新体验。开发手机APP，实现15个站内外导航、乘客出行路径选择等功能，合理引导乘客避开拥挤路段和拥挤时段。结合乘客满意度及需求调查，有针对性改进服务管理，全年乘客满意率达95.9%，同比提升0.1%。

北京地铁公司王敏供稿

北京城市排水集团有限责任公司

2018年，北京城市排水集团有限责任公司（以下简称“北京排水集团”）比肩国际先进水平，对标世界先进企业经营理念，积极落实政府部署和要求，在经营过程中始终把安全作为发展的底线，不断强化安全意识，持续完善安全机制，着力推进“安全责任、源头治理、安防科技、应急救援、责任追究”五大体系建设，获得北京市安全监管局颁发的“安全文化建设示范企业集团”荣誉称号。

【有限空间作业安全虚拟现实（VR）培训】

本年，北京排水集团针对有限空间作业危险较大、事故多发、后果严重，人员学习成本较大等特点，运用虚拟现实（VR）技术，自主研发国内首套有限空间作业安全（VR）培训系统，使职工能体验真实作业环境和操作流程，感受错误操作引发事故冲击性后果，并取得软件著作权，在国际科技产业博览会、全国安全生产月活动咨询日现场进行展示。

【城市安全风险评估试点】 本年，北京排水集团作为13家试点国有企业之一，自主完成安全风险电子地图绘制，编制安全风险评估报告及应急资源调查报告、应急能力评估报告，共15万字。经辨识评估，集团一级（重大）风险源0项、二级风险源86项、三级风险源383项，形成“三级及以上危害因素岗位日查全覆盖，二级及以上危害因素单位月查全覆盖，一级危害因素集团季查全覆盖”的常态化事故风险分级管控体系。北京排水集团还梳理形成40项重点事故风险源，制订并经市水务局发布《北京城镇排水与污水处理行业重点事故风险源辨识评估标准》，为北京市城镇排水与污水处理行业安全风险辨识评估及控制工作开展，提供技术指导。

【自主编制地方标准通过行业终审】 本年，

北京排水集团为制订北京市地方标准《安全生产等级评定技术规范 第65部分：城镇污水处理厂（再生水厂）》起草单位，2018年12月7日通过行业终审。

【开创安全生产未遂事件管理试点】 本年，北京排水集团以第一管网分公司、第二管网分公司、清河流域分公司、通惠河流域分公司及槐房再生水厂五家单位为试点，率先开展安全生产未遂事件管理工作。制订《安全生产未遂事件管理试点工作实施方案》，明确工作目标、实施步骤、目标考核及要求等内容。制作集团未遂事件个性化宣传海报，在五家单位营造活动氛围。通过一次集中培训、多次现场指导方式，促进五家单位规范开展未遂事件管理。五家单位累计培训人员1919人次，宣传点位累计186处，发放相关材料230份，收集建档未遂事件数量190件。根据未遂事件信息分析结果，集团安全部每季度发布有针对性安全预警，督促相关单位开展治理，逐步形成了“发现、报告、治理、分享、预防”动态闭环工作机制。

【安全标准化复评】 本年，北京排水集团按照《企业安全生产标准化评审工作管理办法（试行）》《北京市安全生产委员会办公室关于做好安全生产标准化企业期满复评工作的指导意见》《北京市企业安全生产标准化建设管理办法》，统筹规划、分步实施、稳步推进，部署17家单位安全标准化复评及3家单位安全标准化创建工作。加大宣贯力度、拓展宣贯广度、延伸宣贯深度、扩大宣贯效果，使各级领导、全体管理人员及一线班组人员正确理解和把握安全生产标准化复评要求，20家单位最终评分均达标。

【自主设计设置应急处置卡】 本年，北京排水集团以第三管网分公司、第四管网分公司、凉水河流域分公司、坝河流域分公司4家单位为试点，组织相关人员开展应急处置卡设计、制作、上墙，累计张贴466张，形成水厂分类19类、管网分类8类应急处置卡模板。其他单位在试点基础上，进行全面推广，累计制作并上墙应急处置卡3000余块。现场设置应急处置卡实景对照、更易掌握，预案简化、更易操作。

【健全职业卫生管理体系】 本年，北京排水集团制订《北京排水集团职业卫生管理规定》，实现职业病危害因素检测和现况评价项目服务集中采购，开展职业卫生管理知识讲座和集中培训。16家单位完成职业病危害项目申报，18家单位2733人完成职业健康体检，10家单位完成工作场所职业危害现况评价，9家完成年度工作场所职业危害因素检测。9月29日，北京排水集团荣获“北京市职业安全健康宣讲活动优秀组织单位”荣誉称号，安全部部长助理程筱雄荣获“最佳巡回宣讲员”荣誉称号，技术培训中心杨小多荣获“市级优秀宣讲员”荣誉称号。

【试点设置安全总监岗位】 本年，北京排水集团按照市安全监管局、市国资委《关于在本市市属国有企业设立安全总监（试行）的意见》，制订《北京排水集团关于二级及以下单位安全总监选拔的实施方案》，决定在12家重点单位设置安全总监。经笔试、面试等方式，通过选聘、干部任职公示等程序，已完成2家试点单位安全总监选拔、任命，强化相关单位安全管理人员基础配置。

【创新发布两项企业标准】 本年，北京排水集团在收集查阅大量标准文献、开展实地调研、广泛征求意见基础上，创新制定

《水环境公司再生水厂安全标识标准》，明确再生水厂安全标识分类，对各种标识内容、设置位置、尺寸材质等提出统一要求。制定《水环境公司安全防护用品配备标准》，对各工种应配备防护用品种类、防护性能、数量、配发频次等进行统一规定。两项标准发布，避免安全标识和防护用品重复或错误设置，起到安全防范警示作用。

【创新提出安全生产五大体系】 本年，北京排水集团为提升安全管理水平，运用系统思维创新提出“安全责任、源头治理、安防科技、应急救援、责任追究”安全生产五大体系建设总要求，形成新时代企业安全生产科学管控模式。安全生产五大体系是首次以科学化、精细化、体系化，替代原有经验式、粗放式、碎片式安全管理模式，解决安全管理总任务不清、科学性不强、精细程度不高、系统化不足等问题，明确集团长期安全管理方向和着力点。

北京排水集团江浩供稿

北京首农食品集团有限公司

2018年是北京首农食品集团有限公司（以下简称“首农食品集团”）贯彻党的十九大精神开局之年，是实施“十三五”规划承上启下的关键一年，也是首农食品集团重组后第一年。首农食品集团树立安全发展理念，宣传贯彻党中央、国务院、市委、市政府和市国资委加强安全生产的决策部署，按照集团重组初期“稳中求进、两线运行、条块结合、统筹安排、协调推进”工作思路，加快整合推进，抓牢重点业态、重点企业、重点部位，互促互进，不断提升整体安全管理水平。

【健全安全组织机构】 本年，首农食品集团重组后，按照“安全第一、预防为主、综合治理”方针，立即成立以党政主要领导为主任，其他领导班子成员为副主任，集团部室负责人、安全管理部门负责人及部分重点企业负责人为成员的安全委员会，强化安全管理顶层设计。8月，将安全管理职能从企业管理部中分离，成立安全保卫部，明确部门和岗位职责，形成重组初期垂直管控、点面兼顾的安全生产管理组织体系。

【落实安全主体责任】 本年，首农食品集团完善“党政同责、一岗双责、齐抓共管、失职追责”安全生产责任体系，集团安全保卫部开展2018年“安全稳定目标责任书”签订，集团党政主要负责人与全系统二级企业签订安全稳定目标责任书，明确高标准安全工作目标，要求各二级企业将安全目标责任层层分解、逐级落实，把安全发展理念落实到生产、经营、管理全过程。全年，所属单位逐级签订年度安全责任书27901份，针对特殊岗位、重点时期等签订专项安全责任书34769份，做到安全目标明确、责任到人，确保集团系统安全责任制全覆盖。

【强化安全隐患排查治理】 本年，首农食品集团安委会统筹安排，组织全系统开展安全生产大检查。集团党政主要领导分别带队，对重点企业进行安全督导检查。6月，在各企业自查自改基础上，集团安委会抽调专业人员30人，分成六个检查组，结合三大行动“回头看”，从涉氨、涉爆粉尘、消防、建筑施工、人员密集场所、交通安全六个方面，对40家企业进行重点检查。检查发现各类安全隐患264项，下发整改通知书40份。完成整改隐患262项，按照整改方案逐步推进整改隐患2项。全年，集团所属企业针对安全隐患加大排查整改力度，进行各类综合、专项安全检查28131次，整改各类安全隐患14282项，用于安全投入资金14668万余元。

【安全教育培训】 本年，首农食品集团提高生产经营单位主要负责人和安全生产管理人员安全生产意识和管理水平，分三期开展安全生产大培训，集团各单位主要负责人、分管安全负责人、安全管理部门负责人和各级安全管理人员679人参加培训并通过考核。集团所属各企业通过教师授课、参观学习、观看宣传片等方式，开展各类安全培训3436次，参加培训员工99045人次。

【强化安全管理依法依规】 本年，首农食品集团在集团专职安全管理机构确定后，安保部立即建立以《安全生产责任制管理办法》为基础的“1＋N”安全管理制度体系。全年，完成20余项安全管理办法编制，保证集团重组初期安全生产管理依法合规、细致全面、科学有效。

【增强安全生产月活动实效】 本年，首农食品集团围绕安全生产月活动主题，开展形式多样的安全生产月宣传教育活动，组织各级安全管理人员160余人参观市安全综合实训基地，了解伤情体验、行为追溯等培训方法，熟悉安全用电、危化品存储、建筑施工、特种设备操作、有限空间作业等规范流程。安全月期间，首农食品集团在金星鸭业开展应急疏散、氨泄漏应急处置、有限空间作业抢险救援等综合应急演练活动，近百家企业，安全管理人员200余人进行观摩，推动集团应急体系建设。活动荣获北京市安全生产月“最佳实践活动”奖。全年，首农食品集团系统开展各类应急演练834次，参加演练人员54855人次，起到检验应急预案有效性，提高从业人员应急能力的重要作用。

首农食品集团吉喆供稿

北京首都旅游集团有限责任公司

2018年，北京首都旅游集团有限责任公司（以下简称“首旅集团”）牢固树立安全发展理念，弘扬“生命至上、安全第一”思想，强化红线意识，围绕首旅集团提出“全力打造生活方式服务业旅游商贸产业集团”发展目标，坚持法治化、标准化、信息化和社会化建设，强化首都意识，提高政治站位，履行维护国家安全责任和义务，完成中非合作论坛、全国“两会”安全保障任务。持续开展隐患排查治理，推进“一企一标准、一岗一清单”安全管理体系建设，加快与王府井集团安全管理融合。开展安全生产月宣传、教育、演练，抓好安全生产大培训，推动企业主体责任落实，构建安全风险分级管控和隐患排查治理双重预防机制，为首旅集团安全稳定经营构筑起坚实的安全防线。

【重大活动安全保障】 本年，首旅集团完成中非合作论坛、全国“两会”安全保障任务。9月初，中非合作论坛北京峰会在北京召开，首旅集团所属长城饭店、长富宫中心、凯宾斯基饭店、诺金酒店担任参会首脑接待，和平宾馆为“中非合作论坛”安保警卫人员提供服务保障；颐和安缦酒店、国际饭店、建国饭店、京伦饭店、崇文门饭店、前门建国饭店为“中非论坛”媒体中心，为媒体记者等提供相关服务。首旅集团抓好“中非论坛”安全保障落实，做到不走过场，不敷衍了事。所属各级企业有针对性的加强“中非论坛”安全组织领导，召开各层级安全动员会议，制定符合企业实际的“中非论坛”安全保障方案。从警力、器材、设备配备、安保方案等各方面，为门店安全保障提供支持。活动期间，各企业开展应急预案演练50余次，上级单位安全检查50余次，受到公安部、市政府、市公安局、市安全监管局、市商务委、市国资委等多部门肯定。

【隐患排查治理】 本年，首旅集团按照北京市安全隐患治理三年行动方案，持续开展“大清查、大整治、大排查”，制定三年行动方案，从消防安全、交通安全、建筑施工、旅游景区、特种设备、地下空间等领域进行部署。首旅集团所属各集团公司制定本企业方案，推进本企业隐患排查治理。有针对性解决烟道起火隐患，对全聚德集团、首旅酒店集团、首旅置业餐厅等进行烟道起火隐患排查，要求企业加强厨房操作人员责任意识，遵守职业操守，制定厨房内用火、用电、用气、用油管理制度，规范操作方法和操作规程，防止人为疏忽引发火灾。其中全聚德集团展开后厨“双保险”方式，即撞击流设备事前防范和灶台自动灭火事后补救措施，在全国直营、加盟企业推广，并列入新建企业后厨建造标准。实际操作过程中发现，进入烟道的温度降低，油污减少，按照正常习惯对烟道进行清理时，清理出油垢也减少，对油锅起火和烟道起火隐患起到明显抑制作用。

【“一企一标准、一岗一清单”】 本年，首旅集团安保部逐家走访各集团企业，根据企业安全生产特点，确定安全重点，按照“一企一标准、一岗一清单”管理目标，围绕消防安全及应急预案、信息化建设、人员密集场所应急与疏散、电器线路老化排查与整改等主题，特别是含京外业务集团企业，设立行之有效、评价直观量化打分的督查方案，形成涵盖所有经营单位的评估系统。其中首旅酒店集团、首旅置业集团、首汽集团、北京展览馆、东来顺集团围绕企业特点，组织隐患排查与整改。全年，各集团公司及所属企业深入企业基层，开展日常歇业、经营期间、重要时期、节日假期内部安全防范、安全生产和消防等方面突击检查和现场面对突发事件实操处置测试，对消防器材、疏散通道、用电规范、特种设备、办公场所、员工宿舍、车辆交通、基础档案材料等安全管理进行500余次检查，消除安全隐患258处。

【安全保障队伍】 本年，首旅集团安保队伍建设向“专业化、实用化、普及化”方向发展，开展安全大培训11期，参加人数超过1000人。首旅集团领导班子成员，及各集团公司党政负责人、分管安全工作领导参加培训。培训涵盖安全生产、道路交通安全、消防安全。培训分别在首钢工学院安全生产体验馆、北京市消防培训基地和首旅培训中心进行。体验馆内有施工现场、高空作业、高低压配电室、建筑工地、中控室、后厨灶台、有限空间作业、加油站等多个真实场景训练，设置一般、重大安全隐患1000余处。

【宣传教育】 6月安全生产月期间，首旅集团所属3044家企业、15万余人参加安全月活动；各企业张贴宣传海报3000余张，3万余人参加各类安全宣传咨询日活动，发放安全宣传材料3万余份；开展各类安全生产隐患排查活动600余次，查处各种安全生产隐患1500余个，隐患整改率100%；开展安全生产应急演练400余次，参加安全生产应急演练10万人次；开展安全生产培训教育400余次，开展安全生产培训教育受众人数15万人。

首旅集团王帆供稿

北京启迪智信注册安全工程师事务所有限责任公司

2018年，北京启迪智信注册安全工程师事务所（以下简称“启迪智信注安事务所”）以帮助企业提高安全管理水平为己任，继续做好政府专业技术助手、企业安全顾问，以建立安全风险分级管控和事故隐患排查治理双重预防机制为重点，开展安全生产标准化建设，安全顾问、安全文化建设，隐患排查治理机制建设等业务。紧跟时代步伐，坚持在安全信息化建设、岗位达标建设、安全风险评估、安全社区建设、应急预案演练等方面，持续发展，开拓创新。

【安全生产大培训】 本年，启迪智信注安事务所10余人取得安全生产大培训讲师证书，参与到北京市安全生产大培训中，培训内容包括安全生产主体责任、隐患排查治理体系、风险分级管控、安全生产标准化、消防、用电专业培训等，覆盖烟草、汽车、水务、危化、轻工、食品等行业，共进行培训100余次。全年，北京市安全生产大培训开班58期，为期116天，为企业负责人、安全生产管理人员等进行培训。

【生产安全事故预案】 本年，启迪智信注安事务所根据《北京市生产安全事故应急预案管理办法》《北京市安全风险评估规范》，结合各企业需求，指导多个企业开展应急预案修订及演练。从策划、脚本、模拟、实操等方面对企业进行指导，演练包括生产经营单位、人员密集场所、学校、街道等。年内，根据《北京市安全风险评估规范》《北京市生产安全事故应急能力评估规范》《北京市生产安全应急资源调查规范》等相关法规、标准，为北京奔驰汽车有限公司、北京松下照明光源有限公司进行预案评审，提高应急预案可操作性，协助企业备案。

【安全风险评估】 本年，启迪智信注安事务所结合《北京市安全风险管理实施办法》《北京市安全风险评估规范》等标准规范，为多个行业进行安全风险评估，包括医药制造企业、旅游行业、体育行业等。组织专家深入实地发现风险，结合风险评估要求进行分析，发现行业中重点风险源、企业普遍存在的问题及重点隐患，提出企业及行业解决对策。

【安全生产标准化建设】 本年，启迪智信注安事务所安全生产标准化评审主要涉及北京市工业企业、旅游行业、园林行业等二级达标评审及北京市昌平区三级达标评审，全年共对52家企业进行评审。通过实施安全生产标准化评审，为受审核企业指出与法规、标准的差距，并从服务企业角度出发，在完善企业安全生产责任制、安全管理制度和操作规程，隐患排查治理，规范生产行为等方面提出意见或建议。

【企业安全信息化建设】 本年，启迪智信注安事务所运用网络技术手段，继续建立、完善安全信息化平台，服务企业，帮助企业掌握安全生产动态，快速精准分析，提高安全生产管理、监督水平，提高专业性、提高安全生产效率。北京液化石油气公司隐患排查治理系统已上线投入使用，指导各分公司、部门等对隐患排查治理系统的应用，使企业熟悉掌握系统使用要求。

【隐患排查治理机制】 本年，启迪智信注安事务所推进隐患排查治理体系建设，指导企业完善隐患排查治理体系。按照市安委会《关于开展生产安全隐患排查治理“一企一标准、一岗一清单”编制试点工作的通知》，进行企业“一企一标准、一岗一清单”帮扶，完成昌平区30家、西城区100家企业标准、清单编制。全年，开展专项隐患排查治理项目约20项，包括西城区街乡隐患排查、大栅栏街道隐患排查、朝阳管委燃气隐患排查、通州区医疗行业等区域性、行业性隐患排查，还包括启迪智信注册公司作为企业安全顾问开展的专项隐患排查项目，如京纸集团隐患排查、天恒集团隐患排查、京客隆集团隐患排查等，帮助企业查找安全隐患，提出整改建议，提高安全管理水平。

【安全标准编制】 本年，启迪智信注安事务所参与编制地方标准《安全生产等级评定技术规范 第58部分：社会旅馆》《安全生产等级评定技术规范 第59部分：乡村旅游经营单位》，通过专家征求意见会、标准预审会、标准审查会，形成报批稿，并通过批准，发布实施。参与编制的系列行业标准YC/T384《烟草企业安全生产标准化规范》发布实施。并按照企业要求，针对标准进行培训，使企业人员了解标准，提高安全管理意识，增加安全管理和技术知识，提高安全管理水平。

【安全社区建设】 本年，启迪智信注安事务所参与、指导企业进行安全社区创建，通过咨询指导、中期评估、现场评审等阶段，顺义区后沙峪镇、丰台区长辛店镇、平谷区兴谷街道等顺利通过安全社区评审。通州区中仓街道、房山区长沟镇、朝阳区王四营乡通过中期评估并进入建设库。

北京启迪智信注册安全工程师事务所有限责任公司瞿蕊供稿

北京市安全生产科学技术研究院

2018年，北京市安全生产科学技术研究院（以下简称“市安科院”）在科技研发、考试管理、培训教研、技能人才培养、职业卫生等领域，提前谋划，细化落实，抓住重点，不断夯实科研基础，磨砺自身本领，厚植技术积累，成功申请2项市科委课题，取得计算机软件著作权11项，申请发明专利4项，编纂地方标准5项，发表各类学术论文33篇，斩获中国职业安全健康协会科技奖二等奖。

【原进网电工考评员培训考试】 7月3日至6日，市安科院完成原进网电工作业项目高压安装、继电保护、电气试验、电力电缆4个专业实操考评员培考，200余人次申报实操考评员培训，全部通过考试。

【获中国职业安全健康协会科学技术奖】 9月27日，市安科院主要负责人参加中国职业安全健康协会2018年学术年会暨2017年度中国职业安全健康协会科学技术奖颁奖大会，并作《安全生产大数据研究探索与实践》专题学术报告。会上，安科院荣获2017年度中国职业安全健康协会科学技术奖一等奖。是市安科院首次作为第一完成单位获得在全国安全生产科技领域具有广泛社会影响力的科技奖励。

【承办市级高研班】 9月，市安全监管局与市人力社保局联合举办，市安科院承办“VR技术在安全生产领域中的创新应用与探索”高级研修班。来自京、冀、蓉、渝地区安全生产领域专家、学者50余人参加，研讨利用VR技术手段开展安全生产领域不同场景虚拟仿真及应用，提高应对安全生产问题及有效应急能力。

【首次立项市科委千万级项目】 9月，市安科院牵头申报市科委专项重点项目《基于行为轨迹的人员密集场所安全风险动态辨识与预警关键技术研究与示范》，通过立项答辩。项目预算经费1400万元，为市安科院首次立项突破千万级别项目。

【特种作业电工等新工种首次开考】 10月，特种作业电工新项目即高压电工作业（安装）、电气试验、电力电缆、继电保护4个新工种首次开考。市安科院组织19人次，对5个安全生产考试点进行现场督导。市安科院相关部门、电工专家参加督导。

【《市安全生产行政执法案例汇编》】 10月，市安科院搜集整理市、区近3年安全生产行政执法案例，以法律法规为依据，以行政执法程序为标准，筛选执法案例，并广泛征求意见后，完成《北京市安全生产行政执法案例汇编》编制。全书20万余字，印制5万余册。

【完成职业病危害普查质量抽查】 11月，市安科院作为职业病危害普查质量总技术支撑单位，用三个月，组织70余人次，审核《普查表》200余份，信息系统数据3400余家，完成预期质量抽查目标，规范《普查表》填报和系统数据录入等工作。

【首次获批自然科学基金项目】 12月，北京市自然科学基金委员会公布2019年度自然科学基金项目评审结果，市安科院博士后赵荣华申报的《危险化学品道路运输风险评估及应急联动救援体系研究》，通过市自然科学基金委员会评审，获得资助10万元，为市安科院首次通过市自然科学基金项目评审并获得资助。

【职业卫生检测方法国标修订】 本年，市安科院启动职业卫生检测方法国标修订工作，由中国疾病预防控制中心职业卫生与中毒控制所作总技术支撑单位，市安科院、山东职防院、深圳职防院等10余家单位承担。市安科院承担倍硫磷、正丁胺、异丙胺项目实验与标准编制任务。

【七项版权获著作权登记证书】 本年，市安科院获得国家版权局颁发《加油站安全隐患排查VR实训系统》《餐饮用气场所安全隐患排查VR实训系统》《高处悬吊安全隐患排查VR实训系统》《10kV及以下高低压配电室安全隐患排查VR实训系统》《焊接安全隐患排查VR实训系统》《10kV及以下高低压配电室安全隐患排查VR实训系统移动端APP系统》《安全生产隐患排查VR实训数据管理平台》7项VR相关计算机软件著作权登记证书。

【首获国家发明专利】 本年，市安科院首项发明专利《生产环境安全性的分析方法、装置和系统》获得国家授权。

【申报国家科技部“科技冬奥”项目】 本年，市安科院首次成功申报科技部项目。项目由清华大学牵头，市安科院、国家安全生产监督管理总局信息中心等15家风险评估领域优势高校、科研单位，共同参与。申报国家重点研发计划“科技冬奥”重点专项2018年度定向指南3.1课题“冬奥会公共安全综合风险评估技术”获批立项。

【申报国家科技重点研发计划项目】 本年，市安科院成功申报国家科技重点研发计划《安全韧性城市构建与防灾技术研究与示范》项目。项目由清华大学牵头，市安科院、中国标准院、中国建筑科学研究院、中国城市规划研究院等19家单位参加的“公共安全风险防控与应急技术装备”专项“安全韧性城市构建与防灾技术研究与示范”项目。

【“市安全生产青年人才培养计划”】 本年，

市安科院首次完成“北京市安全生产青年人才培养计划”项目，人才培养计划分两期，为期10天。主要针对处级干部和一线执法人员，采用“市内专家授课＋市外调研学习”相结合方式，对全市安委会各成员单位、各区安全监管局及国有企业负责安全生产的青年干部60余人进行培训。

市安科院张红灵供稿

北京市安全生产宣传教育中心

2018年，北京市安全生产宣传教育中心（以下简称“宣传教育中心”）围绕安全生产“四化三体系双基”总任务，聚焦“补短板、强融合、细落实、促平衡”总要求，坚持“以党建强党性、以党建促业务、以风气聚人心、以实干强融合”工作思路，把握正确宣传舆论导向，推进党支部建设、业务建设、内部建设“三大基础性工作”，组织并完成安全生产宣传教育既定任务。

【新闻媒体宣传】 本年，宣传教育中心在省级以上主流媒体刊发安全生产新闻报道4500余篇，组织新闻发布20余次，围绕全国“两会”“安全生产月”等重要时间节点，组织媒体采访报道40余次；在北京电视台播出电视新闻96条，在《中国应急管理报》《北京日报》《劳动午报》等媒体平台刊发专版80余期。与北京电视台、《劳动午报》《中国应急管理报》《中国妇女报》等合作，共刊播安全生产典型人物和集体100余个，宣传120余人次。第一届“寻找最美安监巾帼”“2018安监之星·北京榜样”等主题活动颁奖典礼直播点击量均超百万。

【官方微信运维】 本年，宣传教育中心优化局官方微信运维工作。局官微发布微信图文750篇，图文阅读154万人次，图文分享5.7万人次，平均单条微信图文阅读量2200次，全年，局官微粉丝超38万人，微信传播指数（WCI）595.87。策划线上互动活动58次，网民留言互动6019次，在全市官方微信公众号影响力排行中名列前茅。

【宣传教育活动】 本年，宣传教育中心制定《2018年北京市“安全生产月”活动方案》，推进“安康杯”竞赛、安全宣传咨询日、青年安全生产示范岗创建、青年安全管理大师赛评选等全市性“安全生产月”系列活动，创新开展“安监之星·北京榜样”、安全文艺基层巡演、“寻找最美安监巾帼”等特色品牌活动，利用新媒体直播平台，拓宽社会化宣教覆盖面。其中“安监之星·北京榜样”主题活动，5人入选“北京榜样”主题活动周榜，3人入选月榜。近18万人次参与网络投票，官网总点击量突破730万次。安全文艺基层巡演完成8场巡演任务，分别是“2018安监之星·北京榜样——建筑企业特别榜”颁奖典礼、2018全国安全宣传咨询日主会场演出、顺义区北小营镇、中国石油集团北京燕山石油化工有限公司、北京地铁运营有限公司、怀柔区杨宋镇太平庄村、中国铁路北京局集团有限公司，2018“安监之星·北京榜样”主题活动颁奖典礼。

【安全文化建设】 本年，安全文化促进会新增会员单位3家、个人会员2人，会员单位增至142家、个人会员88人。开展安全文化建设示范企业创建，组织现场经验交流会，修订《北京市安全文化建设示范企业评审专家工作规范》。创新开展示范企业集团创建工作，印发《开展北京市安全文化建设示范企业集团创建工作的指导意见》，带动集团与管辖企业共同提升安全文化水平。至年底，北京市安全文化建设示范企业208家、全国安全文化建设示范企业23家。

【安全社区建设】 本年，宣传教育中心完成东城区永定门外街道等12个街道乡镇与安全服务中介机构安全社区创建对接，开展“一对一”走访指导，命名国际安全社区2家、市级安全社区21家。至年底，累计建成国际安全社区27家、市级安全社区108家。

【安全文化论坛建设】 本年，宣传教育中心参与筹划以“深化应急管理建设，推动城市安全发展”为主题的第十二届北京安全文化论坛，以“主题展览＋开幕式＋主论坛＋4个分论坛”模式，33名专家围绕“城市安全风险管理”“大数据的应用”“双重预防机制”“应急救援模式”“粉尘爆炸风险防控”等主题发表演讲，1000余人参加论坛。

【开展演播室运维】 本年，宣传教育中心发挥演播室功能，着力打造“专业型安全生产演播室”。在安全生产演播室工作中，与各处室沟通，将专业知识与宣传教育专业技术相融合，借助蓝箱虚拟抠像技术，推出《安监最前沿》《安监V视界》《共话安全生产访谈》《以案释法》《安全生产大讲堂》精品栏目80余期。安全生产演播室成为市安全监管局政务网、官方微信、微博及北京电视台与全市安全生产宣教活动视频素材主要来源。

【安全生产宣传品开发】 本年，宣传教育中心与人教处、机关党委、事故处、监管一处、监管三处、应急处、职卫综合处、法制处、科技处、执法总队、信息中心、举报投诉中心等11个处室（中心）开发设计安全生产宣传折页、海报、视频光盘等安全生产类宣传品30余种，面向各区、行业部门、企业发放安全生产宣传品10万余份。

宣传教育中心李勤智供稿

北京市安全生产信息中心

2018年，北京市安全生产信息中心（以下简称“信息中心”）在局党组、局领导领导下，按照“强融合”总要求，切实强化责任担当，聚焦重点难点工作，全力推进信息化系统开发与推广，全力推进全局的软硬件保障工作，全力推进信息化搬迁工作，进一步提升安全生产管理信息化集成能力和支撑水平。

【视频图像建设联网应用调研】 3月8日，市安全监管局赴中石化北京分公司、中石油北京分公司调研视频图像建设联网应用情况。会上，介绍视频图像平台升级改造任务来源、安全生产监管视频监控需求、建设联网应用标准和进度情况。中石化、中石油分别介绍视频图像升级改造思路、建设进度、联网准备、存在问题，与会人员就视频图像平台建设任务要求和视频源格式、摄像头数量、平台建设应用、联网方式等技术细节进行讨论交流。会议形成共识，按照各自职能任务，推进视频图像平台升级改造；系统建设遵循GB/T 28181—2016《安全防范视频监控联网系统信息传输、交换、控制技术要求》标准，明确视频图像资源共享范围、安全策略、权限设置等边界；强化协作，在推进视频图像平台建设联网应用中，双方要加强沟通，密切配合，相互支持，齐心协力解决遇到困难和问题。

【专职安全员检查系统座谈会】 3月26日上午，市安全监管局召开专职安全员检查系统座谈会。东城区、西城区、海淀区、丰台区、通州区专职安全员指导办人员及部分乡镇、街道专职安全员参加会议。会上，各区指导办人员及乡镇、街道专职安全员结合日常检查，就系统使用提出意见建议，与会人员就相关问题进行探讨。

【信息平台及协同办公系统升级】 4月3日上午，市安全监管局副局长卞杰成主持召开监管信息平台及协同办公系统升级改造研讨会。会上，信息中心介绍市区两级平台总体框架设计和对接工作模式，提出升级改造建设思路；汇报协同办公系统升级改造建设内容，在线演示UI风格设计。与会人员就平台与系统整合、平台首页登录前后内容展示、UI风格等问题进行探讨。卞杰成提出，建立平台与OA松耦合关系，完善平台页面登录前、后展示内容，考虑新旧平台和系统切换方案，组织好开发公司、UI设计公司协调配合，保证项目进度有效推进。

【新版行政执法系统使用培训】 4月16日至9月中旬，信息中心会同执法总队负责人分别赴17个区安全监管局，为执法人员开展新版行政执法系统专题培训。信息中心人员讲解新版行政执法系统操作规范和使用方法，就新版行政执法系统PC端年度执法计划填报、检查处罚数据录入及检查处罚数据推送进行讲解。全年，完成包括亦庄移动设备操作使用培训在内的培训任务，共培训执法人员400余人，基本达到安全生产行政执法系统推广使用方案提出的培训全覆盖和移动设备全配备要求。

【运维和物联数据接入项目评标】 5月3日，信息中心委托招标代理机构召开2018年信息化基础运维服务项目、物联数据接入线路租用项目及职业卫生监管系统升级改造项目开评标会。评审专家按照评分细则对投标公司投标资质、投标金额、人员技术实力、相关业绩及投标技术方案等进行评估审核，北京华宇信息技术有限公司以综合评分第一成为市安全监管局2018年信息化设施运维服务项目中标单位，北京时代凌宇科技股份有限公司以综合评分第一成为市安全监管局2018年物联数据接入线路租用项目中标单位，北京安宏睿业科技有限公司以综合评分第一成为市安全监管局2018年职业卫生监管系统升级改造项目中标单位。

【职业卫生监管系统升级改造启动】 5月14日下午，信息中心召开职业卫生监管系统升级改造项目启动会，职卫综合处、信息中心、项目承建单位、项目监理单位相关人员参加会议。会上，项目承建单位分别对公司概况、项目人员安排及项目进度进行汇报，项目监理单位从项目组织结构、会议制度、相关文档要求等方面，对承建单位提出相关要求。信息中心从“时间、质量、人员”等方面，就项目建设“提出扎实开展需求调研，明确项目各方接口负责人，执行项目进度，要高质量、高标准完成建设内容，执行合同规定”要求。会后，信息中心配合职卫综合处启动职业卫生监管系统升级改造项目需求调研，按项目计划开展工作。

【信息平台及OA系统升级改造】 6月12日，市安全监管局副局长卞杰成主持召开监管信息平台及OA办公系统升级改造专题会，听取系统开发进展情况，对下一步工作进行部署，信息中心主要负责人及相关人员参加会议。会上，信息中心汇报监管信息平台及OA办公系统工作进展及下一步工作计划，研讨在移动设备上进行公文签批和数据可视化展示方案。与会人员对新出现问题进行讨论，并提出相应解决措施。

【运维项目可行性报告通过评审】 9月7日下午，信息中心组织信息化专家对市安全监管局2019年信息化基础运维服务项目可行性研究报告进行评审。信息化专家、信息中心有关负责人参加了会议。会上，信息中心介绍信息化基础运维服务项目需求和实施内容，与会专家就项目可行性及研究报告相关内容进行质询，信息中心结合全局信息化运维进行解答。与会专家一致认为，市安全监管局2019年信息化基础运维服务项目目标明确，需求清晰，实施内容和计划符合业务要求，可行性研究报告能满足2019年信息化运维服务需求。

【视频会议保障工作】 本年，信息中心保障会议400余场次，时长累计1000余小时。平稳、安全、高质量保证各级各类会议组织实施。四季度，信息中心围绕机构改革和北京城市副中心搬迁，针对信息系统搬迁、视频会议等工作，针对头绪多、时间紧、保障任务压茬推进等特点，强化组织，落实责任，靠前服务，完成年度视频会议保障工作。

【安全生产培训考试技术保障】 本年，根据2018年安全生产培训考试安排，信息中心完成安全生产培训考试技术保障。全年，49个考试日，涉及全市17个区，40个考点，考生442884人。信息中心作为技术保障单位，高度重视，主动服务，密切配合市安全生产考试中心，完成考试期间系统保障工作。

信息中心李萌供稿

北京市安全生产（12350）举报投诉中心

2018年，北京市安全生产（12350）举报投诉中心（以下简称“举报中心”）以“锤炼新作风、树立新形象、展现新作为、实现新发展”目标为引领，坚持“情报站、参谋部、宣讲台”工作定位，强化责任担当，突出工作融合，聚焦人才培养，推进安全生产值守和举报投诉工作，较好完成预期任务。

【提高举报投诉信息含金量】 2月22日，市安全监管局印发《关于进一步加强对安全生产举报案件办理工作进行督办的通知》（京安监办发〔2018〕17号），梳理案件督办流程，完善举报案件通报考核制度，加大举报案件核查力度。细化区政府综合考核指标，明确举报投诉“三率一度”标准要求。

【“千企万人”志愿者队伍】 3月19日下午，市总工会与市安全监管局联合召开动员部署视频会，启动“千企万人”安全生产社会监督职工志愿者队伍组建工作。市总工会副主席韩世春、市安全监管局副局长卞杰成出席会议并讲话。会议对有关文件进行解读，介绍安全生产社会监督职工志愿者队伍组建工作目标、招募条件、服务内容、招募程序及实施步骤等内容。

【志愿者队伍组建调研】 4月25日、5月4日和5月18日，举报中心会同市总工会职工服务中心分别赴东城区、海淀区、昌平区总工会、区安全监管局就安全生产社会监督职工志愿者队伍招募开展调研，了解志愿者招募推进情况，并对开展“千企万人”安全生产社会监督志愿者队伍组建工作背景、重要意义及招募现状进行说明，解决区职工志愿者队伍组建招募过中出现的问题。区总工会、区安全监管局结合问题提出下一阶段志愿者队伍招募组建措施。

【赴市质监局调研】 4月10日下午，举报中心赴市质监局调研12365投诉举报热线运行情况。会上，市质监局投诉举报中心负责人介绍12365投诉举报热线成立、机构编制、体系运行等情况，及12365热线作为本市第一家与市非紧急救助服务中心12345对接整合后职责、人员、机制、制度、信息系统等调整情况，热线整合过中遇到的主要问题、工作建议等。举报中心（总值班室）主要负责人介绍12350举报投诉热线历史沿革、机构设置、人员情况、安全生产值守应急和举报投诉职能整合、举报投诉体系建设情况，及市非紧急救助服务中心征求政府服务热线整合有关要求。双方并就热线整合中有关重点、难点问题进行研讨。

【应急管理部领导为志愿者授旗】 6月16日上午，首都安全生产职工志愿者队伍授旗仪式在全国安全宣传咨询日主会场举行。应急管理部副部长尚勇为北京市“千企万人”安全生产社会监督职工志愿者队伍授旗。安全生产职工志愿者代表接过队旗并表示，践行“生命至上、安全发展”理念，参与志愿服务活动，为首都安全贡献力量。全年，北京市招募安全生产社会监督志愿者5000余人，建立1个市级总队、17个区级支队。

【“千企万人”志愿者招募宣传片】 7月，“千企万人”安全生产社会监督职工志愿者招募主题宣传片在地铁车厢上线播放。宣传片以“千企万人”安全生产社会监督职工志愿者招募活动为重点，简要介绍志愿者队伍组建背景，以动画人物“安安”介绍为主线，向市民展示加入志愿者队伍方法，鼓励职工群众积极参与。

【职工志愿者特种作业培训】 8月31日，举报中心会同市总工会职工服务中心、市安全生产联合会，在北京市职工服务中心举办安全生产社会监督职工志愿者特种作业专题业务培训。16个区和北京经济技术开发区150余名安全生产社会监督职工志愿者代表参加培训。市安科院职业能力建设部副部长郝靖授课，围绕典型特种作业典型事故案例、特种作业管理现状及常见特种作业种类、特种作业假证识别和常见特种作业违法违规行为等进行解读，以详实细致、生动形象、通俗易懂的方式，使志愿者代表初步掌握特种作业相关知识。

【社会监督职工志愿者培训】 9月13日，举报中心联合市安全生产联合会，共同举办安全生产社会监督职工志愿者专题培训会。平谷区100余名安全生产社会监督职工志愿者参加培训。邀请北京警察学院教授冯锁柱围绕社会公共安全、人员密集场所安全防范讲解常见事故隐患高风险点、紧急急救措施、安全预防常识等知识。

【通过ISO 9001质量管理审核】 9月27日，举报中心（总值班室）委托华信技术检验有限公司对ISO 9001质量管理体系进行再认证后第一次年度监督审核。经审核组现场审核，认定举报投诉中心质量管理体系运行有效，符合ISO 9001质量管理体系要求。

【安全生产进企业志愿服务】 9月28日，举报中心会同市总工会职工服务中心，在通州区北京盛仁堂中医诊所开展安全生产职工志愿助力安全生产进企业志愿服务活动。职工志愿者原首钢集团特钢公司电工讲师曹云生授课，围绕安全用电常识、安全用电预防措施及应急处理触电事故等进行解读，并为30余名职工派发《安全用电知识手册》。随后，志愿者徐广春老师授课，向职工教授八字结、双套结等近10种在日常生活和紧急事故时常用结绳打法。

【安全生活进社区志愿服务】 9月28日，举报中心会同市总工会职工服务中心，赴通州区玉桥街道社区组织开展安全生产职工志愿者助力安全生活进社区志愿服务活动。职工志愿者北京燃气协会冯国度老师以《燃气事故特点与燃气安全使用》为主题，从燃气基本性质、燃气事故危险特性和燃气安全使用等方面，对80名社区居民进行安全培训，并为居民派发《燃气使用安全知识手册》，宣传家庭用气安全小常识。随后，安全生产社会监督志愿者王红梅为社区居民讲解应急逃生措施，并以应急逃生绳为重点开展现场教学互动，演示正确使用逃生绳，并手把手指导居民逃生绳打结方法。

【12350与市政府服务热线整合】 10月23日下午，市安全监管局副局长卞杰成主持召开全市安全生产举报投诉热线12350与市政府服务热线整合工作部署会。各区安全监管局分管举报投诉工作的局领导及相关科室负责人参加会议。会议通报整合工作方案，并对市安全监管局印发《关于进一步做好政府服务热线整合后安全生产举报投诉工作的通知》进行解读，演示整合后举报投诉信息系统新增功能模块。各区安全监管局分管局领导围绕举报投诉工作开展情况，进行交流发言。卞杰成对全市安全生产举报投诉与市政府服务热线整合工作提出要求。

【助力北京城市副中心建设仪式】 10月26日上午，首都职工志愿服务助力北京城市副中心建设启动仪式在京杭大运河畔举行，举报中心和市安全监管局部分同志作为安全生产社会监督职工志愿服务队代表参加活动。在活动现场，发放社会监督职工志愿者招募折页和12350宣传折页。

【推动服务热线整合】 本年，举报中心在与市质监局12369和市食药局12331进行调研基础上，制定《安全生产举报投诉与市政府服务热线整合工作方案》，召开热线整合工作部署会，印发《关于进一步做好政府服务热线整合后安全生产举报投诉工作的通知》，明确工作职责，细化信息办理流程。11月1日零时起，“12350”热线顺利迁入市非紧急救助服务中心专用坐席，实现“统一接收、分类处置”目标。

【12350对外宣传工作】 本年，举报中心制定《举报投诉宣传“强融合”工作方案》，本着“执法查什么，举报就提供什么”原则围绕特种作业、安全生产大培训、职业危害等重点工作，开展“您举报我奖励”系列活动，多平台宣传举报奖励途径、标准等相关事项，提高12350举报案件针对性，强化咨询服务，开展“您身边的安全顾问”专项咨询活动，解答政策咨询问题9300余条，宣传安全生产法律法规和政策措施。

【创新信息统计分析】 本年，举报中心以“服务机关、服务处室、服务监管需求”为导向，改版《值班日报》，加强信息收集汇总和统计分析，提升信息分针对性和时效性，为业务处室提供“个性化”情报信息服务，为领导决策提供数据支撑。全年，编纂普刊249期，专题分析10期，其中《电动自行车充电引发火灾事故》《5日内本市连续发生3起触电死亡事故》等专刊信息，在局微信公众号转载后，得到社会广泛关注。

【完成值守保障任务】 本年，举报中心健全《生产安全事故和突发事件信息处置程序》，开展实战演练，完成元旦、春节、清明、五一、端午、国庆、全国“两会”、中非合作论坛北京峰会及汛期等高频次、高强度值守任务。全年，加强值守 89 天，接收值班等各类信息 577 条，确保值守期间不耽误事、不丢信息、不出纰漏。

【“12350”特服热线运行】 本年，举报中心共接听各类来电 8618 个，接收举报案件线索 2226 件，与去年同期相比下降 7.1%。其中有效线索 1196 件，查处 1196 件，查处率 100%，经查证属实 341 件，属实率 28.51%。

【解答咨询情况】 本年，举报中心解答市民咨询 6392 件。咨询涉及特种作业、注册安全工程师、危险化学品、职业危害等内容，主要为咨询注册安全工程师到期是否继续注册、注册助理安全工程师考试安排，特种作业证使用条件、补办所需材料及复审、查询，危险化学品安全生产许可证、经营许可证和存储许可证审批流程，职业危害检测等相关问题，均按相关规定进行答复。

【举报区域分布】 本年，全市举报区域情况分布为朝阳区、海淀区、丰台区、大兴区、昌平区举报数量较多，居承办总数前五位。2018 年群众举报事项区域分布情况如图 1 所示。

【举报月份分布】 本年，举报数量月份分布为 9 月开始，2018 年举报投诉受理量较 2017 年有所下降，但与 2016 年相比有所增长。2018 年群众举报事项月度分布情况如图 2 所示。

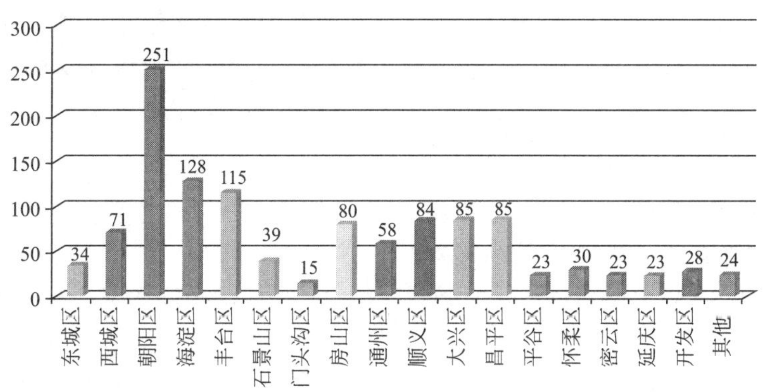

图 1　2018 年群众举报事项区域分布情况

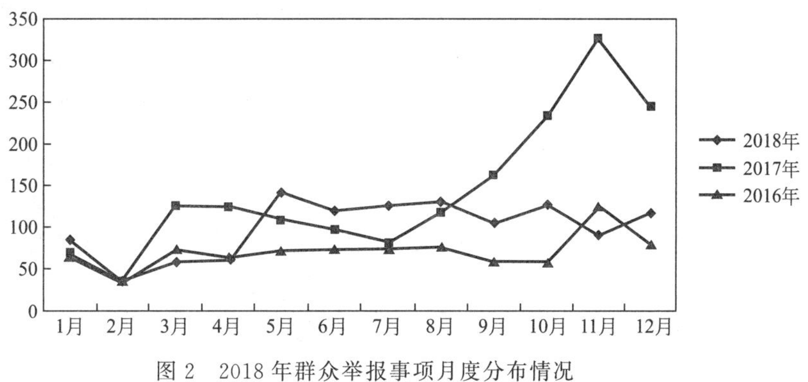

图 2　2018 年群众举报事项月度分布情况

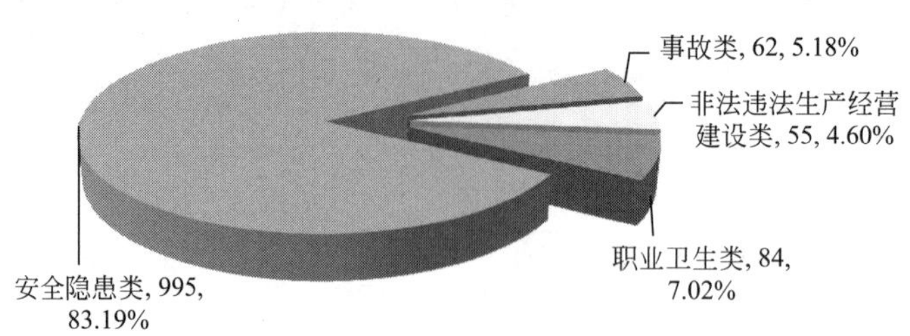

图 3　2018 年群众举报事项类别分布情况

【举报查处类别分布】 本年，查处 1196 件举报中，安全隐患类举报 995 件，占举报总数的 83.19%；事故类举报 62 件，占举报总数的 5.18%；非法违法生产经营建设类举报 55 件，占举报总数的 4.60%；职业卫生类举报 84 件，占举报总数的 7.02%。2018 年群众举报事项类别分布情况如图 3 所示。

【举报总量有所下降】 本年，共接收举报信息 2226 件，与去年同期相比下降 7.1%。主要由于安全监管措施落实到位，企业从业人员安全意识提升，有效减少安全隐患；并受安全生产举报投诉与市政府服务热线整合及全局机构改革影响，市非紧急救助服务中心职业危害类举报均以在线答复形式办理，也是举报总量减少重要因素。

【城市功能拓展区和发展新区举报集中】 本年，接收城市功能拓展区举报 879 件，占举报总量的 39.49%，接收城市发展新区举报 759 件，占举报总量的 34.1%。主要由于城市功能拓展区和城市发展新区高端产业、制造业等企业较多，安全生产工作集中，从业人员众多，群众对安全生产敏感性与关注度相对较强，导致举报数量较为集中。

【特种作业类举报居高不下】 本年，接收特种作业举报 231 件，经查属实 68 件，属实率 29.44%。主要由于特种作业问题涉及个人岗位等自身利益，且作为市安全监管局直接监管领域，受群众广泛关注；还由于举报中心配合全市打击特种作业无证假证专项行动，开展“您举报，我奖励，查找身边的安全隐患”——特种作业举报奖励专项活动，发布鼓励举报事项和奖励标准，降低群众举报门槛，激发群众举报热情，引导安全生产职工志愿者排查举报身边特种作业违法行为。特种作业举报主要集中在特种作业人员无证上岗、作业过程中安全防护措施不到位、高压配电室一人值守、特种作业从业人员未经教育培训上岗等问题。

举报中心焦宁供稿

北京市安全生产联合会

2018 年，北京市安全生产联合会（以下简称“市安联”）围绕“强融合”要求和年度任务，以建强和完善领域内“枢纽型”社会组织建设，拓展会员服务范围，提升政府购买服务质量为重点，突出服务品牌、党建品牌、公益品牌“三个品牌”建设，强化底线、红线意识，在行业自律、团体标准研发、业务拓展上重点突破，完成年度工作任务。

【三届二次常务理事会】 7 月 20 日，市安联召开第三届第二次常务理事会暨第三次全体理事会，总结回顾近两年工作，通报年度审计和监事工作，审议通过了关于章程修订、法人变更等议题。市安全监管局党组副书记、副局长，市安联会长唐明明出席会议并讲话。监事长孙彦龙同志代表第三届监事会向大会通报2017年度监事会工作，91名理事代表和安联秘书处有关负责同志参加了会议。唐明明会长围绕应急管理和安全生产改革发展新形势，就建强枢纽型社会组织、发挥安全生产社会治理服务保障作用提出要求。

【会员服务交流培训】 本年，市安联持续提升会员服务信息化能力，优化调整社团官网和微信公众号模块，建立完善会员基础信息数据库，增加线上会费缴纳、会员交流等会员服务功能和模块。创办《北京安联》会刊，通过新闻聚焦、党建频道、安联动态、会员风采等栏目，展示安全生产领域社会化发展动态，全年印发4期。调研走访会员单位75家，收集会员单位5个方面、18大项需求；组织北京工美集团有限责任公司及下属企业主要负责人赴远洋光华国际就安全标准化建设进行观摩交流学习；组织北京环卫集团、北京京仪集团等30余家会员单位负责人，赴北京燕京啤酒股份有限公司，开展“应急有备，安全无患”主题交流活动。继续坚持“一家缴费、多家服务”模式，牵头联合局属其他6家社团，围绕“事故调查处理及责任追究、团体标准政策解读、HOP员工与组织安全绩效，职业健康与个体防护”主题，开展4期联合会员培训。

【企业标准化评审管理】 本年，市安联推进本市安全生产标准化创建提质增效转型发展。印发新增否决项检查表，开展新增否决项、新标准化系统应用、地标实施等宣传贯彻；创办安全生产标准化工作专刊（季度），加强安全生产标准化政策法规宣传力度，完成79家二级标准化现场复核；牵头制定《北京市安全生产标准化评审诚信自律管理工作规范（试行）》，建立安全标准化行业自律“1＋9”制度体系，明确标准化评审单位、评审专家、评审员自律管理和诚信评级工作程序，引导安全生产标准化工作规范发展；开展危化、工业评审机构重新申报认定，完成38家工业评审单位年度考核和25家危险化学品评审单位重新认定。有效提升评审员、注安师培训考核专业规范化建设水平。组织安全管理综合专家和行业领域专家成立编写组，确定教材大纲框架结构和编制体例，完成评审员培训教材大纲修订，并建立专业和细分题库，形成工业制造业、危险化学品、非煤矿山三套教材大纲和配套考核试题；按照“规范管理、整体提升、优质培养”思路，对培训课程设置、师资力量和培训内容进行优化，提升注安师继续教育质量。

【事故责任落实评估】 本年，市安联对2017年至2018年“5·16”“6·23”“9·16”三起事故责任落实评估项目进行总结，编制总结报告，组织专家和安全评价机构完成一般生产安全事故现场评估和评估报告编制。

【企业评估验收复核】 本年，市安联组建应急验收专家队伍，采取区域集中研究、重点企业“一对一”帮扶等方式，为示范创建企业提供专业服务和技术支持，完成32家加油站、29家重大危险源企业评估验收，及45家重大危险源企业应急管理保持情况复核。

【信用体系建设信息系统】 本年，市安联推进安全生产信用体系建设信息系统运用。以《北京市安全生产信用体系建设管理办法》为依据，起草《北京市安全生产领域信用评级工作规范（试行）》，建立全市工业企业信用评分机制和评分标准；推进信用系统与局内各业务系统数据融合互通，建立数据共享与互联互通机制；开展安全生产信用体系专项培训和社会宣传，定期归集报送安全生产信用信息数据，完成《北京市安全生产综合统计数据年报（2017年度）》。

【“安监之星”评选活动】 本年，“安监之星·北京榜样”大型主题活动由市安全监管局、首都精神文明办联合发起，由市安联负责组织实施。全年，推选70名“周安监之星”、20名“月安监之星”及10名“年安监之星”，其中8人被评为北京榜样“周榜”“月榜”人物，比去年，进入“周榜”“月榜”人物有所增加，进一步发挥应急领域先进典型示范引领效应。

【安全社区评审】 本年，市安联根据《北京市安全生产监督管理局关于修订印发〈北京市安全社区管理办法〉〈北京市安全社区评定标准〉的通知》，对申请北京市安全社区27家建设单位及10家复评单位进行评审，完成创建评审及复评单位报告评审、现场评审、综合评审等工作。至年底，北京市安全社区评审接近尾声，拟命名新申请21家单位为2018年北京市安全社区，继续命名10家复评单位为北京市安全社区，持续提升安全社区建设制度化、规范化水平。

【标准化达标创建】 本年，市安联为市总工会直属事业单位开展标准化试点创建，探索研究符合事业单位安全管理实际的“标准化”模式，为市园林局下属公园中心13家单位开展标准化核查，配合中心机关对下属单位相关人员开展百部地标宣贯，详细解读法规政策依据，依据新标准指导各单位整改，发现和排查各类隐患200余项，规范行业安全管理工作，提升标准化达标创建水平。配合市安全监管局开展危险化学品从业单位自评员培训，本着“自愿参与、宽进严出”原则，增强培训内容针对性、时效性，严格结业考核，1200余人参训并通过考核。

【双重预防控制体系建设】 本年，市安联为市民政局福利处下属1000家养老机构和市接济救助管理事务中心下属6家单位、16区救助站和7家托养机构，开展隐患排查和风险防控体系建设，对相关单位主要负责人及安全管理人员进行“分级分类”专业培训，进行全市各养老机构排查情况和报告梳理撰写，对发现重大风险及预防控制手段向民政系统相关部门做先期反馈，市民政局计划把隐患排查作为基础性、常态化工作，每年委托市安联开展一轮福利机构全覆盖排查。

【“安康杯”竞赛】 本年，通过近三年培育，北京市“安康杯”竞赛活动品牌知名度、影响力均得到提升，各区（产业）工会、企业职工重视程度普遍提高，竞赛活动全员参与、全覆盖基本实现，一线职工口碑一年比一年好，形成“工会＋安监”、“联席会＋专题会”的“北京模式”，北京市“安康杯”竞赛活动作为平台载体，承载首都668万职工职业健康和劳动保护工作。

【隐患排查服务】 本年，市安联为朝阳区2115家安责险参保企业开展现场隐患排查服务，并完成相应报告录入上传，了解各类企业对安责险预防服务实际需求和建议，与安润沟通反馈意见建议，为安责险推广和提升预防服务针对性建言献策。为北京市海淀区老龄办、军休办及北京市轨道交通建设管理有限公司等企事业单位，提供“一对一”安全生产专业技术服务，制定企业专项安全生产政策法规文件汇编，制作企业安全手册，帮助企业及时掌握政策法规变化要求，规范安全管理工作。

市安联宋叶文供稿

统计资料

2018年度全市生产安全事故统计数据

2018年，全市发生各类生产安全死亡事故476起、死亡511人，同比分别下降18.5%、21%。其中工矿商贸生产安全事故97起、死亡101人，同比分别下降33.1%、35.7%；道路交通事故360起、死亡388人，同比均下降15.7%；铁路交通事故18起、死亡18人，同比均上升63.6%；生产经营性火灾1起、死亡4人，同比火灾起数持平、死亡人数减少15人（见图1）。未发生特种设备、农业机械死亡事故。其中，全市共发生较大生产经营性火灾事故1起、死亡4人，较大生产经营性道路交通事故5起、死亡17人。未发生重大、特别重大事故。

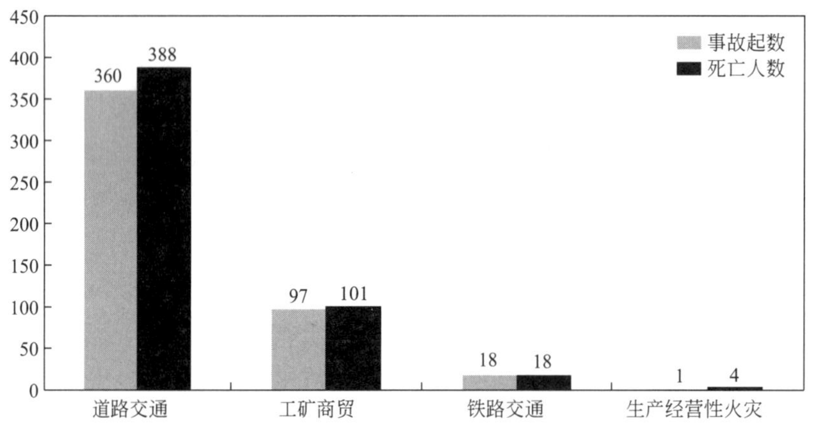

图1　2018年北京市生产安全事故总体情况

一、工矿商贸生产安全死亡事故情况

从总体情况看，2018年，全市共发生工矿商贸生产安全死亡事故97起、死亡101人。事故起数同比下降33.1%、死亡人数同比下降35.7%。全市未发生较大及以上事故。其中10月，9起9人，同比下降47.1%和50%；11月，9起9人，同比均下降10%；12月，12起12人，同比持平。

从事故发生区域看，大兴区14起14人，海淀区13起13人，朝阳区12起14人，昌平区11起12人，房山区9起9人，密云区6起7人，丰台区6起6人，通州区5起5人，门头沟区5起5人，平谷区5起5人，怀柔区3起3人，顺义区3起3人，经济技术开发区2

起2人，东城区1起1人，西城区1起1人，石景山区1起1人。其中全年事故同比上升的区为，平谷、密云；同比持平的区为，丰台、延庆、开发区；同比减少的区为，东城、西城、朝阳、海淀、石景山、门头沟、房山、通州、顺义、大兴、昌平、怀柔。延庆区连续两年未发生死亡事故。2018年北京市生产安全死亡事故区域分布统计表见表1。

表1　2018年北京市生产安全死亡事故区域分布统计表

区	事故起数			死亡人数		
	2018年	2017年	起数同比	2018年	2017年	人数同比
全市	97	145	−48	101	157	−56
东城	1	4	−3	1	4	−3
西城	1	3	−2	1	3	−2
朝阳	12	22	−10	14	23	−9
海淀	13	19	−6	13	19	−6
丰台	6	6	0	6	6	0
石景山	1	2	−1	1	2	−1
门头沟	5	6	−1	5	6	−1
房山	9	12	−3	9	14	−5
通州	5	6	−1	5	7	−2
顺义	3	6	−3	3	11	−8
大兴	14	16	−2	14	17	−3
昌平	11	28	−17	12	29	−17
平谷	5	3	2	5	3	2
怀柔	3	7	−4	3	8	−5
密云	6	3	3	7	3	4
延庆	0	0	0	0	0	0
开发区	2	2	0	2	2	0

从事故发生行业看，建筑业53起55人，制造业12起13人，居民服务和其他服务业10起11人，水利、环境和公共设施管理业7起7人，交通运输、仓储和邮政业4起4人，批发零售业3起3人，房地产业3起3人，住宿和餐饮业2起2人，文化、体育和娱乐业1起1人，农林牧渔业1起1人，电力、燃气及水生产和供应业1起1人。其中全年事故同比上升的行业为，水利环境和公共设施管理业、交通运输仓储和邮政业；同比持平的行业为，居民服务和其他服务业、农林牧渔业、文化体育和娱乐业；同比下降的行业为，建筑业、制造业、批发零售业、房地产业、煤矿、住宿和餐饮业、采矿业、电力燃气及水生产和供应业、卫生社会保障和社会福利业、信息传输计算机服务和软件业、租赁和商务服务业。2018年北京市生产安全死亡事故行业统计表见表2。

表 2　2018 年北京市生产安全死亡事故行业统计表

行　业	事故起数			死亡人数		
	2018 年	2017 年	同比	2018 年	2017 年	同比
建筑业	53	79	−26	55	87	−32
制造业	12	21	−9	13	21	−8
水利环境和公共设施管理业	7	6	1	7	8	−1
居民服务和其他服务业	10	10	0	11	11	0
批发零售业	3	6	−3	3	6	−3
房地产业	3	5	−2	3	5	−2
煤矿	0	2	−2	0	2	−2
农林牧渔业	1	1	0	1	1	0
交通运输仓储和邮政业	4	3	1	4	3	1
住宿和餐饮业	2	3	−1	2	4	−2
采矿业	0	1	−1	0	1	−1
电力燃气及水的生产和供应业	1	4	−3	1	4	−3
卫生社会保障和社会福利业	0	1	−1	0	1	−1
文化体育和娱乐业	1	1	0	1	1	0
信息传输计算机服务和软件业	0	1	−1	0	1	−1
租赁和商务服务业	0	1	−1	0	1	−1
合　计	97	145	−48	101	157	−56

从事故发生类型看，高处坠落 33 起 33 人，触电 17 起 17 人，起重伤害 12 起 12 人，坍塌 10 起 11 人，物体打击 8 起 8 人，车辆伤害 6 起 6 人，中毒和窒息 5 起 8 人，机械伤害 4 起 4 人，淹溺 1 起 1 人，其他 1 起 1 人。其中全年事故同比上升的事故类型为起重伤害、坍塌；同比持平的事故类型为淹溺；同比下降的事故类型为高处坠落、物体打击、触电、中毒和窒息、车辆伤害、机械伤害、其他爆炸、其他伤害、其他。2018 年北京市生产安全死亡事故类型统计表见表 3。

表 3　2018 年北京市生产安全死亡事故类型统计表

事故类型	事故起数			死亡人数		
	2018 年	2017 年	同比	2018 年	2017 年	同比
高处坠落	33	60	−27	33	60	−27
起重伤害	12	4	8	12	4	8
物体打击	8	14	−6	8	16	−8

续表

事故类型	事故起数			死亡人数		
	2018 年	2017 年	同比	2018 年	2017 年	同比
触电	17	30	−13	17	30	−13
中毒和窒息	5	9	−4	8	17	−9
坍塌	10	6	4	11	8	3
车辆伤害	6	7	−1	6	7	−1
机械伤害	4	9	−5	4	9	−5
其他爆炸	0	1	−1	0	1	−1
其他伤害	0	1	−1	0	1	−1
淹溺	1	1	0	1	1	0
其他	1	3	−2	1	3	−2
合计	97	145	−48	101	157	−56

从事故发生原因看，违反操作规程或劳动纪律 44 起 45 人，个人防护用品缺少或有缺陷 20 起 21 人，教育培训不够、缺乏安全操作知识 8 起 9 人，设备、设施、工具附件有缺陷 7 起 7 人，安全设施缺少或有缺陷 7 起 7 人，对现场工作缺乏检查或指挥错误 4 起 4 人，生产场所环境不良 2 起 3 人，没有安全操作规程或安全操作规程不健全 2 起 2 人，技术和设计有缺陷 1 起 1 人，其他 2 起 2 人。其中全年同比上升的事故原因有，个人防护用品缺少或有缺陷、设备设施工具附件有缺陷、对现场工作缺乏检查或指挥错误及其他；同比持平的事故原因有，安全设施缺少或有缺陷；同比下降的事故原因有，违反操作规程或劳动纪律、教育培训不够、缺乏安全操作知识、生产场所环境不良、没有安全操作规程或不健全、技术和设计有缺陷、劳动组织不合理。2018 年北京市生产安全死亡事故原因统计表见表 4。

表 4　2018 年北京市生产安全死亡事故原因统计表

事故类型	事故起数			死亡人数		
	2018 年	2017 年	同比	2018 年	2017 年	同比
违反操作规程或劳动纪律	44	71	−27	45	77	−32
个人防护用品缺少或有缺陷	20	19	1	21	22	−1
教育培训不够、缺乏安全操作知识	8	13	−5	9	14	−5
设备、设施、工具附件有缺陷	7	4	3	7	4	3
安全设施缺少或有缺陷	7	7	0	7	7	0
对现场工作缺乏检查或指挥错误	4	3	1	4	4	0
生产场所环境不良	2	17	−15	3	17	−14
没有安全操作规程或不健全	2	3	−1	2	3	−1
技术和设计有缺陷	1	3	−2	1	4	−3
劳动组织不合理	0	4	−4	0	4	−4
其他	2	1	1	2	1	1
合计	97	145	−48	101	157	−56

二、工矿商贸生产安全死亡事故主要特点

2018 年，全市工矿商贸生产安全事故死亡人数同比大幅减少。第一季度，全市工矿商贸生产安全死亡事故起数和死亡人数同比大幅上升 30.8%；第二季度、第三季度、第四季度工矿商贸生产安全死亡事故同比显著减少，死亡人数同比分别大幅下降 31%、62.7%、25%。全年共同比下降 35.7%。2018 年与 2017 年死亡人数逐月对比情况见图 2。

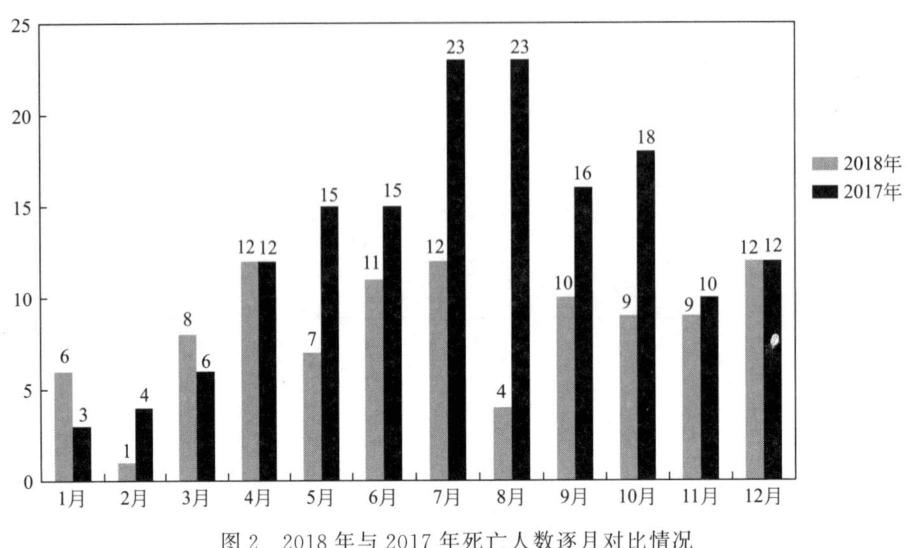

图 2　2018 年与 2017 年死亡人数逐月对比情况

一次死亡 2 人及以上事故同比大幅下降。全市工矿商贸领域一次死亡 2 人及以上事故 4 起 8 人，2017 年同期共发生 9 起 21 人，同比大幅下降 55.6%、61.9%；去年同期发生 2 起较大事故，死亡 7 人，2018 年未发生较大及以上事故。

中毒和窒息事故同比大幅下降。2018 年，中毒和窒息事故 5 起 8 人；2017 年共发生 9 起 17 人，同比大幅下降 44.4%、52.9%。

国有企业相关事故同比下降。2018 年，全市共发生国有企业相关事故 31 起 34 人，占事故起数和死亡人数的 32%、33.7%；同比分别下降 20.5%、24.4%。其中央企相关事故 9 起 9 人，市属国有企业相关事故 18 起 21 人，外省市国企 4 起 4 人。

住建委系统事故情况。经与市住建委沟通，应纳入住建委系统事故共 22 起 23 人，占建筑业事故总数的 41.5%、41.8%；占全市事故总量的 22.7%、22.8%。

部分乡镇街道事故多发。死亡 2 人及以上的乡镇街道共涉及 9 个区 15 个乡镇街道，分别是海淀区西北旺镇 4 起 4 人；密云区经济开发区 3 起 4 人；大兴区魏善庄镇、昌平区百善镇、大兴区西红门镇各 3 起 3 人；昌平区马池口镇 2 起 3 人；朝阳区来广营乡、开发区博兴街道、门头沟区大峪街道、密云区巨各庄镇、房山区良乡镇、丰台区卢沟桥街道、房山区长阳镇各 2 起 2 人；朝阳区十八里店乡、朝阳区垡头镇各 1 起 2 人。以上 15 个街道乡镇（约占全市街道乡镇总数的不足 5%），共发生事故 34 起 38 人，占全市事故总起数的 35.1%、死亡总人数的 37.6%。

事故案例

【案例一】

大兴区“11·18”重大事故

2017年11月18日18时09分左右，大兴区西红门镇新建二村一幢建筑发生火灾，事故造成19人死亡、8人受伤。

事故发生后，市委、市政府主要领导立即赶赴现场，指挥部署抢险救援和事故调查处理。依据《中华人民共和国安全生产法》《中华人民共和国消防法》《生产安全事故报告和调查处理条例》，市政府决定成立由分管领导任组长，市安全监管局、市公安局、市人力社保局、市民政局、市总工会、市公安局消防局和大兴区政府组成的事故调查组，并邀请市纪委市监察委同步参与，全面开展事故调查处理。国务院安全生产委员会对大兴区“11·18”事故调查处理实施挂牌督办。

事故调查组按照“四不放过”和“科学严谨、依法依规、实事求是、注重实效”原则，经现场勘验、查阅资料、调查取证、实验测试，并委托技术鉴定机构对事故现场相关物证、设备设施开展取样分析和技术鉴定，查明事故发生经过、原因，认定事故性质和责任，提出对有关责任人员和责任单位处理建议，针对事故暴露出的问题提出防范措施。

一、事故基本情况

1.事发建筑基本情况

事发建筑位置。事发建筑位于大兴区西红门镇新康东路南段东侧，鼎业路以南约230米、西红门镇新建一村村委会西北方向约60米处。事发建筑未取得公安机关依有关规定编制门楼牌地址。

事发建筑为砖混结构（彩钢板顶），东西长82米、南北宽75米，占地面积6150平方米，建筑总面积19558.58平方米。事发建筑分地上和地下两部分，地上部分二层、局部三层，整体呈“回字形”结构。外围建筑一层为底商，二层西侧和北侧为聚福缘公寓，共103个房间。事发建筑内有单位26家，其中4家取得营业执照、22家无营业执照。地下部分一层，为在建中型冷库。事发建筑系集生产、经营、储存、住宿于一体的“多合一”建筑（见图1）。

图1　事发建筑布局示意图

地下冷库共有6个冷间，位于东、南、西、北、东北以及中间区域，调查中依次标注为2、6、5、4、1、3号冷间，库容约1.7万立方米。地下冷库设有4个出入口，分别为东北角出入口，经敞开楼梯通往地上一层东侧出口，再经敞开楼梯通往二层聚福缘公寓；东南角出入口经楼梯通往地上一层建筑内；西南部紧邻冷库设备间出入口经楼梯通往事发建筑天井；西侧行车坡道直通地面走道，走道上部为聚福缘公寓，聚福缘公寓西南侧通往地上一层楼梯出口位于该走道南侧，走道向东进入事发建筑天井，向西直通西红门镇新康东路（见图2）。

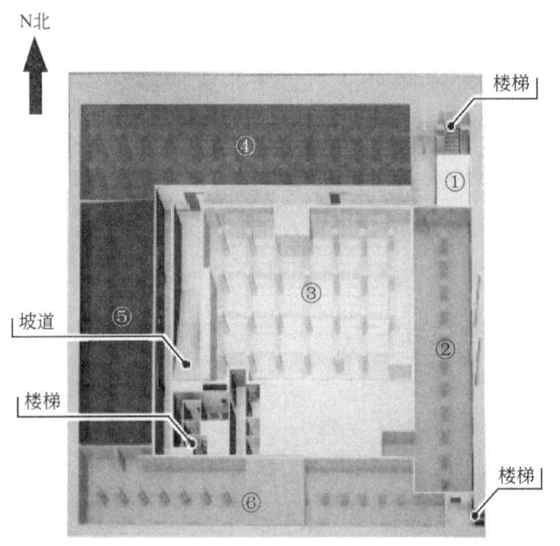

图2　事发建筑地下冷库平面示意图

2.事故相关单位情况

（1）北京康特木业有限公司（以下简称“康特木业公司”），法定代表人张朝芳；实际控制人樊兆田；统一社会信用代码91110115767503375W；类型为有限责任公司（自然人投资或控股）；住所为北京市大兴区西红门镇新建二村新康路东1号；经营范围为加工木制品，销售家具、五金交电、家用电器、服装服饰、鞋帽、日用品、建筑材料。

（2）北京工美建筑装饰有限责任公司（以下简称“工美装饰公司”），法定代表人王进忠；统一社会信用代码91110115735128363C；类型为有限责任公司（自然人投资或控股）；住所为北京市大兴区西红门镇新建二村新康路东1号；经营范围为专业承包，租赁、修理建筑、机械杆板，销售苗木、花卉、通讯器材、钢材、五金交电、化工产品（不含危险化学品及易制毒品），设计园林环境景观照明，设计、安装空调设备（不含中央空调），技术开发、转让、咨询、服务，家居装饰。

（3）北京科辰装饰工程有限公司（以下简称“科辰公司”），法定代表人范振坪；统一社会信用代码91110108569452378L；类型为其他有限责任公司；住所为北京市海淀区板井路69号世纪金源国际公寓东区4层5E（住宅）；经营范围为专业承包，技术开发、技术转让、技术服务，工程项目管理。

（4）北京众义乐商贸有限公司（以下简称“众义乐公司”），法定代表人杨武昌；统一社会信用代码911101170695750053；类型为有限责任公司（自然人独资）；住所为北京市平谷区平谷镇东寺渠村水簸箕街26号；经营范围为销售制冷设备、建筑材料、金属材料、五金交电、仪器仪表、化工产品、家用电器，货物进出口、技术进出口、代理进出口，技术开发及转让、技术服务，仓储服务，维修机械设备，普通货运。

3.事发建筑建设与出租情况

（1）事发建筑建设情况。2001年12月10日，新建二村村委会与樊兆田个人签订土地租赁合同，土地面积共9亩，租期30年。2002年3月，樊兆田以北京康特建筑装修材料厂（法定代表人为樊兆田，2008年转让给潘华）名义签订施工合同，开始在租赁土地上建设地下一层部分结构及地上两层部分外围建筑。2004 年，樊兆田在注册康特木业公司过程中，新建二村村委会协助其开具虚假产权和地址证明；大兴区工商部门依据证明为康特木业公司办理营业执照，注册地址为北京市大兴区西红门镇新建二村新康路东 1 号。2004 年 10 月至 2009 年，樊兆田以康特木业公司名义，陆续对事发建筑实施改建和扩建，形成现有建筑结构布局。2017 年 5 月，拆除建筑物东南侧锅炉房，并在事发建筑东南角加建第三层，面积约 1000 平方米。事发建筑所在地块为集体土地，规划用地性质为一类工业用地。根据《中华人民共和国城乡规划法》《北京市城乡规划条例》《北京市禁止违法建设若干规定》等，事发建筑属违法建设。

（2）事发建筑内消防设施建设情况。2010 年 7 月至 9 月，樊兆田对地上三层和地下一层部分建筑（不含聚福缘公寓区域）进行消防工程改造。12 月，樊兆田以康特木业公司名义向大兴区公安消防支队申报投入使用营业前消防安全检查（申报名称为康特木业生活广场，使用性质为市场），并取得《公众聚集场所投入使用营业前消防安全检查合格证》（第 3921 号）。由于市场经营不善，地下一层长期处于闲置状态。事故发生时，事发建筑内原用于市场的消防设施处于废弃状态。聚福缘公寓内配备有常用灭火器、疏散指示标志等消防设施，但未设置喷淋、烟感等固定消防设施。樊兆田在冷库施工中，冷库设计不符合消防有关规定，未对穿过库房隔热层电气线路采取可靠防火措施；未在通向穿堂处设置乙级防火门；未在冷间外固定式室内消火栓内配备相关消防器材。

（3）事发建筑冷库电气线路敷设情况。事发建筑冷库电缆由事发建筑外东北侧变压器接入，通过一 400 安培断路器，引出一根 4 芯旧铝芯电缆（标注规格为 3×120＋1×70 平方毫米），经电线杆敷设至建筑东侧屋顶，更换连接另一根 5 芯铝芯电缆（标注规格为 4×120＋1×70 平方毫米，地线做断路处理），辗转向西进入二层南侧配电室内，再次连接另一根 5 芯铝芯电缆（标注规格为 4×120＋1×70 平方毫米），未连接任何电源控制器和设备，从二层配电室东墙穿出，沿东墙向下穿入地下 3 号冷间内南墙顶部（距东墙 15.55 米），在距地面 2.4 米处，第三次更换连接一根 4 芯铝芯电缆（无规格标识），并连接一根铜芯电缆作为地线，与铝芯电缆并行向西，平行于地面敷设至东墙 32.6 米处，穿南墙进入冷库南侧压缩冷凝机组总配电箱内，经一 630 安培断路器，引出两根 5 芯铝芯电缆（标注规格为 3×95＋2×50 平方毫米），分别为两台压缩冷凝机组供电。

（4）事发建筑出租情况。2005 年起，樊兆田以康特木业公司名义将事发建筑地上部分陆续出租给 20 余家商户。2014 年 12 月 18 日，工美装饰公司从樊兆田处承租外围建筑二层西侧和北侧区域（约 2200 平方米）。王进忠个人出资将承租区域改建为 103 个房间后，以聚福缘公寓名号招揽租户，并以工美装饰公司或其个人名义与租户签订转租协议。王进忠委托冯吉宝负责聚福缘公寓日常管理。

4.冷库建设情况

2016 年 3 月，在未委托具有资质设计单位进行冷库设计情况下，樊兆田安排其工人李波等在地下一层修建隔断墙，将地下一层分为 6 个冷间。

2017 年 2 月 19 日，樊兆田以康特木业公司名义、王华以众义乐公司名义，签订制冷设备购销合同，订购2套制冷设备（来福康牌螺杆并联机 ZYL-/160HP、来福康牌螺杆并联机 ZYL-/80HP）、3套冷藏库蒸发器铝排、16套保鲜库专用蒸发器（型号 DL140）、10套推拉冷库门、5套配电箱，用于5个冷间制冷（1号冷间除外）。合同约定由康特木业公司将合格的电源380V、220V三相五线接到冷库配电箱处，并负责冷库保温、冷库所需地基、冷库内土建、房屋防水建设；众义乐公司负责制冷设备运输、安装和调试，正常使用保修12个月。

2017年3月16日，樊兆田以康特木业公司名义与科辰公司签订《康特木业生活广场地下冷库防水保温工程施工合同》，合同约定由科辰公司提供全水基发泡聚氨酯保温材料，并负责保温施工。

2017年4月，樊兆田安排李波带领工人拆除地下室冷库内原有照明线路（不含通道照明）和3号冷间南墙原有电闸箱后，将一根无标识铝制四芯旧电缆与原有五芯电缆相连接，穿过3号冷间南墙后与配电箱相连，用于地下室照明和制冷设备供电。

2017年4月，众义乐公司工人也同时进入事发建筑地下室，陆续进行照明线路穿管、铝排挂钩吊装等。此后，科辰公司范振坪安排叶佐浩等人进行铲墙、挂网、喷涂聚氨酯保温材料等工作。在喷涂过程中，3号冷间内新增、更换和原有电气线路未采取安全保护措施，被聚氨酯保温材料直接覆盖。2017年7月，在明知康特木业公司没有正式冷库设计图纸情况下，众义乐公司杨武昌安排无资格工人，根据供货商提供图纸，进场安装两套制冷设备，其所选空气断路器与制冷机组动力配电箱引进引出电缆（电线）不匹配，制冷系统（含电器装置）不符合规范要求。此后至事发当日，众义乐公司工人先后到地下冷库进行制冷设备调试。事故发生时，冷库尚处于调试阶段，未正式交付使用。

二、事故经过及抢险救援情况

1.事故发生经过

2017年11月13日，王华派众义乐公司工人杨玉昌等人进行压缩机调试，由于容量不足导致原有变压器保险烧断。当日，樊兆田租用事发建筑外东北侧变压器，并安排李波等人将配电室内连通地下冷库电缆拆下，用铝芯旧电缆接到该变压器并装上电表。11月16日，王华安排工人继续调试设备，期间变压器处电表烧坏。杨武昌建议樊兆田更换一400安培的断路器和电表，随后双方工人购买并由樊兆田安排李波更换电表和断路器。11月18日，李波让王震将变压器处电缆穿过电表互感器，发现电表反转，即将电表处两根电源线调换位置以使电表正常运行，后发现制冷压缩机出现反转情况，随即又将压缩冷凝机组总配电箱处两根电源线调换位置，以使压缩冷凝机组正常运行。当日9时，众义乐公司作业人员张勇、韩彪到3号冷间内更换铝排管过滤器，期间进行焊接作业和机组供电调试。10时42分，关门离开，离开时冷库设备间内西侧压缩冷凝机组（ZYL-/160HP型，控制1、2、3号冷间）处于运行状态。至3号冷间爆燃，期间无人进入冷库。

通过查证监控录像显示，11月18日17时01分49秒至18时09分18秒，3号冷间制冷机组控制箱运行灯、电源灯频繁闪烁、熄灭；18时09分16秒，3号冷间东门下方有烟冒出；18时09分18秒至10分04秒，3号冷间控制箱运行灯熄灭、运行灯微弱闪烁熄灭11次；18时10分08秒，3号冷间东门被爆燃冲击波冲开，烟气冲出后现场发生多次爆燃；18时11分17秒，聚福缘公寓东北侧楼梯处有大量烟气出现；18时11分28秒，地下冷库西侧通往地面坡道出口卷帘门外冒出大量烟气；随后8秒钟内，出口门廊内出现不少于2次的爆闪强光；18时11分42秒，聚福缘公寓西南侧楼梯间涌入大量烟气。视频显示，事故产生烟气从聚福缘公寓东北侧、西南侧出入口大量涌入，期间可见有人逃生。

2.应急抢险救援情况

2017年11月18日18时15分至18时49分，接警中心、“119”消防指挥中心先后接到11人报警电话，消防部门立即调派孙村、西红门等14个消防中队、34部消防车、消防官兵188人到场处置，27部急救车、2部挖掘机、5部洒水车到场协助。

消防力量到达事故现场后，组织6个内攻搜救组，深入现场内部逐层、逐间搜救被困人员；组成3个灭火攻坚组，强行攻入烟气浓重的地下冷库。后续增援力量到场后，从东、西两个方向展开总攻。21时06分，地下冷库烟气浓度降低，现场无明火。其间，疏散救出被困人员73人，其中19人死亡。此次火灾伤亡人员均系聚福缘公寓住户或访客。经核实，死亡人员所处救援位置均位于聚福缘公寓二层。其中，东北侧楼梯间附近3人，西北侧疏散通道附近3人，西南侧疏散通道附近3人，北侧多个房间内6人，西侧一房间内4人。

3.伤亡人员基本情况

经北京市公安司法鉴定中心鉴定，死者19人均系一氧化碳中毒死亡。

三、事故原因及性质

事故调查组依法调取有关资质文件、现场监控视频，对事发现场进行勘验，对事故涉及相关人员进行调查询问，并委托技术鉴定机构对事故现场相关物证、设备设施开展取样分析和技术鉴定，查明事故原因，认定事故性质。

1.直接原因

冷库制冷设备调试过程中，被覆盖在聚氨酯保温材料内为冷库压缩冷凝机组供电的铝芯电缆电气故障造成短路，引燃周围可燃物；可燃物燃烧产生一氧化碳等有毒有害烟气蔓延导致人员伤亡。

火灾发生原因。物证鉴定未检出常见助燃剂成分；现场勘验未发现任何爆炸装置和爆炸装置遗留物，亦未发现集中炸点；现场符合气体爆燃特性；未发现相关人员具有放火动机，综合排除放火嫌疑。此外，综合排除3号冷间内焊接作业、遗留火种和自燃因素引发事故可能。

综合相关调查技术鉴定结论，认定“11·18”火灾发生原因是，因3号冷间敷设铝芯电缆无标识，连接和敷设不规范；电缆未采取可靠防火措施，被覆盖在聚氨酯材料内，安全载流量不能满足负载功率要求；电缆与断路器不匹配，发生电气故障时断路器未有效动作，综合因素引发3号冷间内南墙中部电缆电气故障造成短路，高温引燃周围可燃物，形成燃烧不断扩大并向上蔓延，导致上方并行敷设铜芯电缆相继发生电气故障短路。

火灾蔓延扩大原因。一是在冷库建设过程中，采用不符合标准聚氨酯材料（B_3级，易燃材料）作为内绝热层。二是冷库内可燃物燃烧产生一氧化碳，聚氨酯材料释放出五甲基二乙烯三胺、N,N-二环己基甲胺等，制冷剂含有的1,1-二氟乙烷等，均可能参与3号冷间内燃烧和爆燃。爆燃产生动能将3号冷间东门冲开，烟气在蔓延过程中又多次爆燃，加速烟气从敞开楼梯等途径蔓延至地上建筑内，燃烧产生的一氧化碳等有毒有害烟气导致人员死伤。三是未按照建筑防火设计和冷库建设相关标准要求在民用建筑内建设冷库；冷库楼梯间与穿堂之间未设置乙级防火门；地下冷库与地上建筑之间未采取防火分隔措施，未分别独立设置安全出口和疏散楼梯，导致有毒有害烟气由地下冷库向地上建筑迅速蔓延；地上二层的聚福缘公寓窗外设置有影响逃生和灭火救援障碍物。

2.间接原因

违法建设、违规施工、违规出租，安全隐患长期存在。一是樊兆田在未取得有关部门审批许可情况下，持续多年实施违法建设。康特木业公司在无设计的情况下，在违法建筑内违规建造冷库；将违法建筑用于出租，且未与承租单位签订专门的安全生产管理协议；未按照消防技术标准对事发建筑进行防火防烟分区，未对住宅部分与非住宅部分分别设置独立的安全出口和疏散楼梯；未按照国家标准、行业标准在事发建筑内设置消防控制室、室内消火栓系统、自动喷水灭火系统和排烟设施；未落实消防安全责任制，未制定消防安全操作规程、灭火和应急疏散预案；未对承租单位定期进行安全检查；冷库建设过程中违规使用不合标准的旧铝芯电缆，安装不匹配的断路器；未对3号冷间南墙上电缆采取可靠防火措施。二是科辰公司在冷库保温材料喷涂过程中，违反冷库安全规程相关要求，违规施工作业，将未穿管保护电气线路直接喷涂于聚氨酯保温材料内部，未采取可靠防火措施；擅自降低施工标准，使用不符合标准建筑保温材料。三是工美装饰公司将违法建筑用于出租；未落实消防安全责任制，未制定消防安全操作规程及灭火和应急疏散预案；从事房屋集中出租经营，未建立相应管理制度，日常消防管理和人口流动登记管理缺失；未对公寓管理员进行安全教育和培训。

镇政府落实属地安全监管责任不力，对违法建设、消防安全、流动人口、出租房屋管理等问题监管不力。一是新建二村党支部、村委会对拆违控违、消防安全、流动人口和出租房屋管理不到位。西红门镇新建二村党支部、村委会未能及时制止樊兆田在该村的违法建设行为，并向西红门镇政府相关部门上报，致使违法建设一直延续，安全隐患长期存在；作为西红门镇安全生产委员会成员单位，新建二村未按要求对本村内企业进行安全检查，未对事发建筑进行安全检查，检查记录及管理台账不健全，工作流于形式；在对本村工业大院内樊兆田所建出租房屋安全隐患排查治理和流动人口登记管理工作中，未形成安全检查记录，未建立管理台账，管理失职；多次为樊兆田及其违法建设提供虚假证明，致使相关违法建设实施单位取得工商注册地址和用电资格。二是西红门镇党委、镇政府履行消防安全监督检查职责不到位，对辖区内违法建设、流动人口、出租房屋管理等问题监管不力。西红门镇政府查处乡村违法建设不力，党政一把手对下属工作监督管理不严。镇规划科对违法建设管控工作缺失，未履行违法建设查处职责。镇规划科检查中发现事发建筑冷库违法建设后，虽然下发《停止违法建设行为通知书》，但后续未跟踪落实并有效制止违法建设；在多次接到群众举报事发建筑地下空间存在违规施工后，虽对冷库施工现场进行检查，但未采取有效措施制止施工行为，且未对已施工部分进行拆除；为违法建设报装用电提供证明。镇安全科履行消防安全检查职责不到位。检查发现聚福缘公寓等存在消防安全隐患，后期未采取有效措施进行监管。镇流动人口管理办公室制度执行不到位。未将镇域内公寓式出租房屋纳入管理范围，致使其对镇域内公寓式出租房屋未实施有效管理。三是大兴区政府落实属地安全监管责任不力，对消防安全、出租房屋和流动人口管理不到位，对全区大量存在违法建设问题失管失察。

属地派出所、区公安消防支队和区公安分局针对事发建筑消防安全监督检查不到位。一是市公安局大兴分局金星派出所未认真履行辖区内消防监督管理职责，长期以来对事发建筑消防安全监督检查不到位；对新建二村消防安全监管不力，日常监督检查不到位，致使辖区内消防安全隐患大量存在。二是大兴区公安消防支队作为大兴区防火委日常工作机构，对辖区内消防安全和消防安全隐患排查工作监督、指导不力，对市公安局大兴分局金星派出所消防安全监督工作督查、指导不到位，致使新建二村所在地区大量消防安全隐患长期存在；未将事发建筑列入重点监督单位台账。三是市公安局大兴分局对事故发生地消防安全工作领导不力，对所辖派出所履行消防安全管理职责情况监管不到位。

工商部门对辖区内非法经营行为查处不力。市工商局大兴分局西红门工商所对事发建筑内20余家单位无照经营活动未认真检查，致使事发建筑内非法经营问题长期存在，履行职责不到位。

3.事故性质

鉴于上述原因分析，根据国家有关法律法规规定，事故调查组认定，大兴区“11·18”火灾是一起重大生产安全责任事故。

四、对事故有关责任人及责任单位处理建议

1.建议追究刑事责任的人员

樊××，康特木业公司实际控制人。因涉嫌重大责任事故罪，11月29日被批准逮捕。

李×，康特木业公司工人。因涉嫌重大责任事故罪，11月29日被批准逮捕。

李×，康特木业公司工人。因涉嫌重大责任事故罪，11月29日被批准逮捕。

王××，工美装饰公司主要负责人。因涉嫌重大责任事故罪，11月29日被批准逮捕。

王×，康特木业公司工人。因涉嫌重大责任事故罪，11月29日被批准逮捕。

李××，康特木业公司工人。因涉嫌重大责任事故罪，11月29日被批准逮捕。

冯××，聚福缘公寓管理员。因涉嫌重大责任事故罪，11月29日被批准逮捕。

单××，康特木业公司工人。因涉嫌重大责任事故罪，11月29日被批准逮捕。

杨××，众义乐公司主要负责人。因涉嫌重大责任事故罪，12月26日被批准逮捕。

杨××，众义乐公司工人。因涉嫌重大责任事故罪，12月26日被批准逮捕。

王×，众义乐公司合作伙伴。因涉嫌重大责任事故罪，12月26日被批准逮捕。

张×，众义乐公司工人。因涉嫌重大责任事故罪，12月26日被批准逮捕。

韩×，众义乐公司工人。因涉嫌重大责任事故罪，12月26日被批准逮捕。

范××，科辰公司主要负责人。因涉

嫌重大责任事故罪，12 月 26 日被批准逮捕。

叶××，科辰公司工人。因涉嫌重大责任事故罪，12 月 26 日被批准逮捕。

同时，市纪委市监察委对“11・18”事故涉嫌渎职犯罪人员正在调查；对事故中发现涉嫌非法收受钱款问题线索，市纪委市监察委将督导大兴区纪委、区监察委全力核查，对违法违纪行为严肃处理。

2.建议给予党纪和政务处分的人员

由市、区纪检监察机关给予纪律处分人员。

杜××，男，中共党员。2016 年 12 月至事故发生，任大兴区政府党组成员、副区长、区防火委主任，联系消防工作，分管区流动人口和出租房屋管理、安全生产等工作。未对消防安全隐患排查工作进行有效监督，对消防安全隐患排查落实整改不到位；对分管责任部门及其工作人员有效履职情况缺乏监管，致使消防安全隐患未得到有效治理。对事故发生负有主要领导责任。依据《行政机关公务员处分条例》第二十条第（一）项规定，建议给予其行政记大过处分。

李×，男，中共党员。2016 年 12 月至事故发生，任大兴区政府党组成员、副区长。在 2010 年 1 月至 2016 年 7 月分别担任西红门镇镇长和镇党委书记期间，对辖区内违法建设、违规出租、“多合一”等问题查处工作组织领导不力，治理措施不到位，消防安全隐患未及时排除，对事故发生负有主要领导责任。依据《行政机关公务员处分条例》第二十条第（一）项规定，建议给予其行政记大过处分。

郑××，男，中共党员。2016 年 8 月至事故发生，任大兴区西红门镇党委书记、西红门地区党工委书记，负责镇党委全面工作。对辖区内消防安全隐患查处工作组织领导不力，治理措施不到位，消防安全隐患未及时排除，对事故发生负有主要领导责任。依据《中国共产党纪律处分条例》第二十九条第一款、第三十八条规定，建议给予其党内严重警告处分并调离现岗位。

司××，男，中共党员。2016 年 9 月至事故发生，任大兴区西红门镇党委副书记、镇长，负责镇政府全面工作。对镇规划科、安全科、流管办等责任部门及其工作人员有效履职监督检查不到位，致使辖区内消防安全隐患问题长期存在，对事故发生负有主要领导责任。依据《中国共产党纪律处分条例》第二十九条第一款、第三十八条规定，建议给予其党内严重警告处分；依据《行政机关公务员处分条例》第二十条第（四）项的规定，建议给予其行政降级处分并调离现岗位。

杨××，男，中共党员。2016 年 9 月至事故发生，任大兴区西红门镇党委委员、武装部部长。2016 年 10 月至 2017 年 10 月，主管西红门镇安全科工作。执行区、镇政府安全工作部署不到位，排查整改消防安全隐患不彻底，对分管部门及其工作人员有效履职监督不力，对事故发生负有主要领导责任。依据《中国共产党纪律处分条例》第二十九条第一款、第三十八条规定，建议给予其撤销党内职务处分；依据《行政机关公务员处分条例》第二十条第（四）项规定，建议给予其行政撤职处分。

李××，男，中共党员。2013 年 4 月至事故发生，任大兴区西红门镇安全管理科科长。执行区、镇政府安全工作部署不到位，对本部门及其工作人员有效履职监督不力，排查消防安全隐患不彻底，发现重大消防安全隐患未进行有效整改，对事故发生负有直接责任。依据《中国共产党纪律处分条例》第二十九条第一款、第三十八条规定，建议给予其留党察看二年处分；依据《行政机关公务员处分条例》第二十条第（一）项规定，建议给予其行政撤职处分。

马××，男，中共党员。2016 年 10 月至事故发生，任大兴区西红门镇安全生产检查队副队长兼第六组组长。未安排本组人员到事发建筑进行安全检查，致使重大消防安全隐患长期存在，存在履职不到位问题，对事故发生负有直接责任。依据《中国共产党纪律处分条例》第二十九条第一款、第三十八条、第十条第二款规定，建议给予其党内严重警告处分。

马××，男，中共党员，事业编制。2013 年 2 月至事故发生，任大兴区西红门镇镇长助理，分管综治办、流管办、社区执法队等工作。未认真执行区、镇政府工作部署，对分管部门及其工作人员履职情况失管失察，对流动人口和出租房屋管理工作监管不到位，对事故发生负有主要领导责任。依据《中国共产党纪律处分条例》第二十九条第一款、第三十八条规定，建议给予其党内严重警告处分；依据《事业单位工作人员处分暂行规定》第十七条第一款第（九）项规定，建议给予其记过处分。

田××，男，中共党员。2012 年 12 月至事故发生，任大兴区西红门镇副调研员、规划科科长。发现事发建筑地下空间后，未进行有效管控，且在多次接到该处违法建设举报后，未认真进行核查，未采取有效措施，致使违法建设长期存在，对事故发生负有直接责任。依据《中国共产党纪律处分条例》第二十七条、第三十八条规定，建议给予其开除党籍处分；政务处分视刑事处理结果待定。

刘××，男，中共党员，事业编制。2015 年 10 月至事故发生，主持西红门镇流动人口和出租房屋管理办公室工作。未认真执行镇政府工作部署，对本部门工作领导不力，对流动人口和出租房屋管理监管不到位，对事故发生负有直接责任。依据《中国共产党纪律处分条例》第二十九条第一款、第三十八条、第十条第二款规定，建议给予其党内严重警告处分；依据《事业单位工作人员处分暂行规定》第十七条第一款第（九）项规定，建议给予其记过处分。

郑××，女，中共党员。2012 年 12 月至事故发生，分别任大兴区西红门镇新建二村党支部书记、村委会主任。未执行镇政府相关工作部署，未认真履行职责，对本村存在违法建设、违规出租、“多合一”等问题管理不到位，致使本村存在消防安全隐患长期得不到有效治理，未发现事发建筑存在地下施工情况，对事故发生负有直接责任。依据《中国共产党纪律处分条例》第二十九条第一款、第三十八条规定，建议给予其开除党籍处分，并建议西红门镇党委责成相关部门依据相关规定罢免其村委会主任职务。

杨××，男，中共党员。2005 年 10 月至 2012 年 12 月，任大兴区西红门镇新建二村党支部书记。在任职期间，未执行镇政府相关工作部署，未认真履行职责，对本村存在违法建设、违规出租等问题管理不到位，致使本村存在消防安全隐患长期得不到有效治理，对事故发生负有直接责任。依据《中国共产党纪律处分条例》

第二十九条第一款、第三十八条规定，建议给予其留党察看一年处分。

孙××，女，中共党员。2007 年 3 月至事故发生，任大兴区西红门镇新建二村党支部副书记、村安全生产小组副组长。未认真履行职责，对事发建筑安全检查不到位，致使消防安全隐患长期存在，对事故发生负有直接责任。依据《中国共产党纪律处分条例》第二十九条第一款、第三十八条规定，建议给予其留党察看二年处分。

马××，男，中共党员。2004 年 3 月至事故发生，任大兴区西红门镇新建二村村民委员会委员。2006 年起，任新建二村流管站站长、巡防队队长。未认真履行职责，对本村违法建设、违规出租问题监管不力，对其负责的流动人口登记管理工作履职不到位，对事故发生负有直接责任。依据《中国共产党纪律处分条例》第二十九条第一款、第三十八条规定，建议给予其留党察看一年处分。

郑××，男，中共党员。2005 年至事故发生，任大兴区西红门镇新建二村安全生产检查员兼任电工。未认真履行职责，对事发建筑安全检查不到位，致使消防安全隐患长期存在，并存在事故发生后补录《安全生产检查记录表》问题，对事故发生负有直接责任。依据《中国共产党纪律处分条例》第二十九条第一款、第三十八条、第五十七条第（一）项规定，建议给予其开除党籍处分。

于××，男，中共党员。2016 年 4 月至事故发生，任市公安局大兴分局金星派出所所长。未认真履行职责，对辖区内消防安全监督检查工作组织不力，未采取有效措施消除消防安全隐患，对下属民警履职情况监管不力，对事故发生负有主要领导责任。依据《中国共产党纪律处分条例》第二十九条第一款、第三十八条规定，建议给予其党内严重警告处分；政务处分移送市公安局依规依纪处理。

邱××，男，中共党员。2011 年 3 月至事故发生，任市公安局大兴分局金星派出所主任科员，社区民警。未认真履行职责，在消防监督检查工作中履职不到位，致使消防安全隐患长期存在，对事故发生负有直接责任。依据《中国共产党纪律处分条例》第二十九条第一款、第三十八条规定，建议给予其党内严重警告处分；政务处分移送市公安局依规依纪处理，建议给予其行政降级处分。

郑×，男，中共党员。2015 年 10 月至事故发生，在市工商局大兴分局西红门工商所工作。2017 年 4 月至事故发生，负责西红门镇新建二村地区网格巡查。未认真履行职责，对事发建筑内相关单位无照经营活动未认真检查，对异地经营企业检查不到位，致使事发建筑内非法经营问题长期存在，未得到有效取缔和查处，对此负有直接责任。依据《中国共产党纪律处分条例》第二十九条第一款、第三十八条规定，建议给予其党内警告处分。

拟由相关部门予以处理人员。

郑××，男，中共党员。2011 年 12 月至 2014 年 8 月，任大兴区公安消防支队防火监督处三科副科长。2014 年 8 月至事故发生，任大兴区公安消防支队验收科科长。未认真履行职责，落实工作不到位，致使该地区消防安全隐患长期存在，且未按规定将事发建筑录入监管名单，致使后续监督工作缺失，存在失职行为，对事故发生负有直接责任。建议移送市公安局依规依纪处理。

戴××，男，中共党员。2010 年 11

月至2013年10月，历任大兴区公安消防支队防火处副处长、处长。作为郑瑞锋直接上级，未认真履行职责，对事发建筑消防管理人员未有效履行职责情况失察，对此负有主要领导责任。建议移送市公安局依规依纪处理。

马×，男，中共党员。2013年8月至事故发生，任市公安局大兴分局党委委员、副局长，分管消防工作。未认真履行职责，对辖区内消防安全工作领导不力，对事故发生地履行消防安全监督管理监管不到位，对事故发生负有主要领导责任。建议移送市公安局依规依纪处理。

“11·18”重大事故的发生，暴露出大兴区委、区政府在抓安全工作、违法建设查处和流动人口、出租房屋管理等方面，存在履职不力的问题。建议对大兴区委、区政府党组进行通报问责，并责令其作出书面检查。

3.建议给予行政处罚的单位

康特木业公司在无设计情况下，在违法建设内违规建设冷库；将违法建筑用于出租，且未与承租单位签订专门的安全生产管理协议；未落实消防安全责任制，未制定消防安全操作规程、灭火和应急疏散预案；未按照消防技术标准对事发建筑进行防火防烟分区，未对住宅部分与非住宅部分分别设置独立安全出口和疏散楼梯；未按照国家标准、行业标准在事发建筑内设置消防控制室、室内消火栓系统、自动喷水灭火系统和排烟设施；未对承租单位定期进行安全检查。其行为违反《北京市房屋租赁管理若干规定》第十七条第二款，《消防法》第十六条、第十九条第二款、第二十八条，《建筑设计防火规范》(GB 50016—2014) 5.4.2第一款、5.4.10第二项、8.1.7第一款、8.2.1第五项、8.3.4第二项、8.5.3、8.5.4，《住宿与生产储存经营合用场所消防安全技术要求》(GA 703—2007) 4.2，《安全生产法》第十条第二款、第四十六条第二款规定，对事故发生负有主要责任。依据《安全生产法》第一百零九条第三项规定，由市安全监管局给予340万元罚款行政处罚。

科辰公司在对冷库保温材料喷涂过程中，擅自降低施工标准，使用不符合标准的建筑保温材料；未采取有效防火措施，违规施工作业。其行为违反《冷库设计规范》(GB 50072—2010) 7.3.8，《冷库安全规程》(GB 28009—2011) 7.11，《氢氯氟烃、氢氟烃类制冷系统安装工程施工及验收规范》(SBJ 14—2007) 8.3.11，《安全生产法》第十条第二款规定，对事故发生负有重要责任。依据《安全生产法》第一百零九条第三项规定，由市安全监管局给予310万元罚款行政处罚。

工美装饰公司将违法建筑用于出租；未落实消防安全责任制，未制定消防安全操作规程、灭火和应急疏散预案；从事房屋集中出租经营，未建立相应管理制度，日常消防管理和人口流动登记管理缺失；未对公寓管理员进行安全生产教育和培训。其行为违反《北京市房屋租赁管理若干规定》第十七条第二款、第二十一条，《消防法》第十六条，《安全生产法》第二十五条第一款规定，对事故发生负有重要责任。依据《安全生产法》第一百零九条第三项规定，由市安全监管局给予310万元罚款行政处罚。

五、事故防范和整改措施建议

事故调查组针对“11·18”事故暴露出的问题，提出以下整改措施建议。

(1) 严格落实属地责任。大兴区委、区政府要坚守发展决不能以牺牲安全为代价这条不可逾越的红线，加强对镇、村两级安全工作领导，严格落实部门监管责任，督促企业落实主体责任，强化城市安全防范措施落实；要深入落实首都城市战略定位，加强“四个中心”功能建设，重点开展违法建设拆除、安全隐患排查治理等整治工作，增强人民群众获得感、幸福感、安全感；认真剖析事故原因、汲取事故教训，进一步加强对城乡结合部地区违法建设、违规施工、非法经营、违规出租等问题研究，制定切实可行的解决措施并有效落实。

（2）坚决查处违法建设。一是要严厉打击城乡结合部乡村违法建设，区政府应督促属地政府和相关部门依法对事发建筑予以处理，并认真研究解决辖区内历史遗留违法建设问题；二是属地乡镇政府与区有关部门应建立打击违法建设联动机制和信息共享机制，重点打击在既有违法建设内的隐蔽违规施工行为，对检查发现或群众举报违规建设行为，要采取切实有效措施予以处置；三是发挥居民委员会、村民委员会对违法建设发现报告职责，对发现违法建设行为做到零容忍、快处理；四是明确在建冷库行业管理部门，对不按照相关标准施工、擅自降低安全标准要求的，要予以严厉打击。

（3）狠抓消防安全隐患排查治理。一是严厉打击不符合消防安全条件的集生产、储存、居住为一体的“三合一”、“三合一”场所，重点对公寓群租房、非法运营冷库开展专项整治；二是基层派出所要加强日常消防安全巡查，加大对重点防火单位、人员聚集场所的监管力度，对查出消防安全隐患要督促整改；三是区公安消防部门要全面梳理重点防火单位台账，对符合条件的必须列入台账，并定期开展重点检查；四是区公安消防部门对基层派出所消防安全工作要加强指导，并明确分工和监管职责，避免出现监管盲区和空白。

（4）加强流动人口和出租房屋管理。一是要做好流动人口登记工作，严肃查处不如实登记行为，并要以流动人口登记为基础，强化生产经营、社会治安、消防安全等方面管理；二是要继续开展违法群租房和公寓式出租房屋治理，明确牵头部门职责和执法手段，消除违法出租行为产生的治安、消防等安全隐患，确保工作取得实效。

（5）严格查处非法违法经营行为。一是区工商部门要全面掌握辖区内企业情况，并针对城乡结合部等重点地区加强检查，对非法经营等违法违规行为应一律予以取缔；二是对在违法建设内从事生产经营活动的，一律不予登记注册，对于已在违法建设内登记注册企业，采取有效措施予以取缔。

【案例二】

朝阳区道路建设前期项目储备库垡头二号路“9·3”一般生产安全事故

2018年9月3日，北京同创达勘测有限公司2名工人在朝阳区萧太后河沿线，从事朝阳区道路建设前期项目储备库垡头二号路地下管线测量作业时，发生中毒和窒息事故，造成2人死亡。

根据《生产安全事故报告和调查处理条例》《北京市生产安全事故报告和调查处理办法》《北京市社会影响较大的一般生产安全事故调查处理规定》，按照市政府要求，市安全监管局、市公安局、市规划国土委、市人力社保局、市总工会和朝阳区政府成立事故调查组，并邀请市纪委市监委同步参与，全面开展事故调查处理工作。事故调查组委托北京市公安司法鉴定中心和北京市理化分析测试中心开展技术鉴定工作。

事故调查组按照"科学严谨、依法依规、实事求是、注重实效"和"四不放过"原则，通过现场勘验、技术鉴定、调查取证和综合分析，查明事故发生经过、原因，认定事故性质和责任，提出对有关责任单位和责任人员处理建议，针对事故暴露出问题提出整改和防范措施。

一、基本情况

1.事故相关单位情况

北京同创达勘测有限公司（以下简称"同创达公司"），法定代表人王璞，注册地址为北京市海淀区西三环北路50号院6号楼2102室；统一社会信用代码：91110108102781549J。经营范围为工程测量；地形测量、市政工程测量；线路工程测量；测绘服务等。具有测绘甲级资质（证书编号：甲测资字1100708）。

北京市市政专业设计院股份公司（以下简称"市政专业设计院"，为北京市政路桥集团有限公司下属单位），法定代表人刘四田，注册地址为北京市西城区百万庄大街3号；统一社会信用代码：9111010210112976XW。经营范围为工程勘察、设计、咨询；专业承包；工程项目管理。具有工程设计公路行业公路专业和工程设计市政行业（燃气工程、轨道交通工程除外）甲级资质（证书编号：A111004201）。

2.项目基本情况

2016年12月，朝阳区城市管理委员会（以下简称"朝阳区城管委"）启动朝阳区道路建设前期项目储备库（以下简称"道路储备库项目"）。项目主要内容和目的是委托企业对朝阳区未按规划实现，且无建设主体道路开展测量、设计、规划条件等前期研究；完成环评、水评、稳评和可评等方案编制，同步办理道路项目管线综合、规划选址意见和用地预审等相关工作，取得道路设计方案批复等重要批复文件，达到可研立项标准，统一纳入前期项目储备库，分年度列入全区基本建设计划。项目包含50条城市道路，总长109.143公里，分为三个项目包。

2017年5月31日，朝阳区城管委对道路储备库项目进行公开招投标。6月29日，市政专业设计院中标道路储备库项目第三包（含13条道路、长37.672公里），并于7月20日与朝阳区城管委签订《北京市朝阳区道路建设前期项目储备库服务合同》，负责项目第三包道路规划方案和前期咨询工作。10月10日，市政专业设计院通过内部价格比选方式，拟委托同创达公司开展地形图测绘，但未与其签订合同和安全协议、未出具正式技术委托书和测量条件提供单。市政专业设计院项目总负责人为马××、负责人为杨×，同创达公司由副总经理杜××、质量检查员田××负责对接相关业务，同创达公司高××负责管理作业现场测绘。发生事故地下管线测量作业属项目第三包。

3.项目实施情况

2017年9月1日，杨×通过电子邮件向同创达公司发送道路储备库项目第三包“市政工程测量委托单”。10月26日，同创达公司通过电子邮件向高××发送道路储备库项目第三包安全交底和技术交底电子文本。此后，高××组织人员对第三包中部分道路地下管线进行测量。因道路储备库项目第三包内垡头二号路、垡头东路、金垡路、垡头西路（上述道路均为规划路名）4条道路未能取得规划条件，至2017年12月，同创达公司仅向市政专业设计院提交道路储备库项目第三包9条道路地形图测绘和地下管线测量成果。2018年5月20日，同创达公司草拟合同文本发送至市政专业设计院经营部，合同包含地形图测绘和地下管线测量内容，以同创达公司实际提交测绘成果结算测量费。8月28日，杨×微信通知田××开展垡头二号路、垡头东路、金垡路、垡头西路管线调查。随后，田××口头委派高××开展工作。8月30日，高××召集工人5人，布置地下管线测量任务。其中高××与余××、薛××一组，负责垡头西路、金垡路及垡头二号路（部分路段）地下管线测量。9月3日，高××委派余××、薛××对垡头二号路进行地下管线测量。

4.事故现场情况

发生事故的电力井位于北京市朝阳区垡头街道翠城馨园小区西南侧萧太后河北岸、金蝉西路向南至萧太后河交叉处东侧约50米，属道路储备库项目第三包中垡头二号路西段。电力井（结构详见图1）井深约10米，地下分为三层。地下一层井室设有南北两个井口，井口直径约0.8米，设有铸铁井盖（锁闭装置已锈蚀），井口下方井壁处设有金属爬梯。每层井室间各由2个“人孔”连通。事发后，两名死者被发现于地下一层井室底部（距井口4.9米），现场未见有限空间防护装备、通风设备。

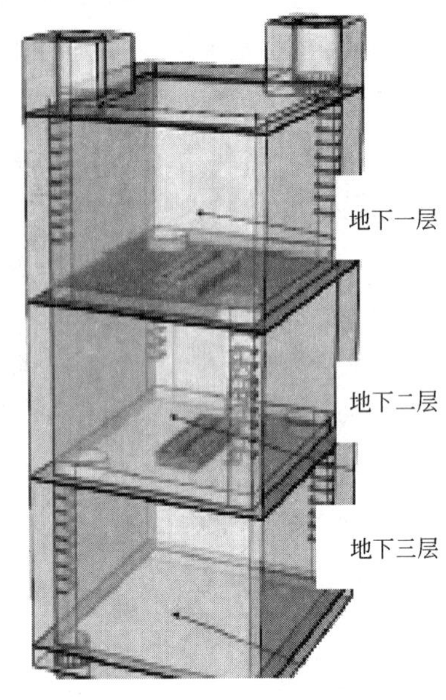

图1 事发电力井立体示意图

二、事故经过及抢险救援情况

1.事故发生经过

2018年9月3日6时许，余××、薛××从房山区租住地前往垡头二号路作业地，高××因病未一同前往；另一组工人3人前往垡头东路。7时16分，余××、薛××到达位于事故发生地点附近垡头西路。8时许，余××从另一组工人处取得地下探测仪电池，后余××、薛××开展地下管线测量作业。9时40分，高××等人与余××多次联系未果。22时28分，高××妻子（余××之姐）报警称，两位同事在武基路与南武路交叉口附近失联。9月4日0时19分，垡头派出所民警与现场工人一同查找未果。9月4日6时36分，一女子发现两名男子在事发电力井内，随即报警。

2.应急抢险救援情况

2018年9月4日6时45分，消防总队“119”指挥中心接“110”转警称：“位于朝阳区垡头街道翠城馨园三区674路公交车总站小武基市场往南、萧太后河往北，两名施工男子被困井下。”消防总队调派2个中队、6部消防车、消防官兵32人赶赴现场处置。7时，垡头消防中队到场，核实有两名男子被困电力井内约5米深位置。救援人员在进行通风换气和做好安全防护后，架设救援三脚架及移动供气源下井救助。7时21分和7时27分，两名被困人员相继被救出，经999医护人员核实，二人均无生命体征。经公安机关调查，确认两名死者为失联的余××、薛××。

3.死亡人员情况

余××（男，29岁，河南人），系同创达公司工人，事故中死亡，具有地下有限空间监护作业资格（证号：T411524198904135613）。经北京市公安司法鉴定中心鉴定，余××符合缺氧窒息死亡。（编号：2018BL0073）

薛××（男，18岁，河南人），系同创达公司临时雇佣人员，事故中死亡。经北京市公安司法鉴定中心鉴定，薛××符合缺氧窒息死亡。（编号：2018BL0072）

三、事故原因分析

1.直接原因

事发电力井底部缺氧、作业人员违章作业是造成事故发生直接原因。

事故发生后，公安机关第一时间对事故现场开展全面勘查，综合排除本起事故为刑事案件嫌疑。经北京市理化分析测试中心对事发电力井气体成分检测，电力井内距井口4.9米处，氧含量为11.6%（仪器法）、13%（气体检测管法），二氧化碳含量大于1；电力井内距井口3.4米处，氧含量为12.9%（仪器法），二氧化碳含量大于1；未检测出一氧化碳、硫化氢和二氧化硫。北京市公安司法鉴定中心鉴定，死者2人符合缺氧窒息死亡。

事故调查组依据事故调查情况和相关鉴定结论综合认定，在未测定作业现场空气中氧气和有害气体含量、未进行强制通风、未配备并使用隔离式呼吸保护器具、未使用安全带（绳）、无监护人员全程持续监控情况下，现场作业人员违反《缺氧危险作业安全规程》（GB 8958—2006）5.1.1、5.2、5.3.3和《地下有限空间作业安全技术规范第1部分：通则》（DB11/852.1—2012）7.2.1有关规定，下井进行测量作业时缺氧窒息死亡。

2.间接原因

事故相关单位安全管理混乱，安全生产责任制和规章制度不健全，未严格履行相关法规、标准规定的有限空间作业安全管理职责，是导致此次事故发生间接原因。

同创达公司未建立安全生产责任制；未对测绘作业开展安全检查；未组织有限空间作业应急演练；未监督、教育从业人员按照使用规则佩戴、使用符合国家标准或者行业标准的有限空间作业防护用品；未对两名死者开展有限空间作业安全教育和培训；未采取有效防护措施确保下井作业人员安全；未严格落实针对有限空间作业危险作业管理制度。

市政专业设计院未建立安全生产责任制和安全生产规章制度；未设置安全生产管理机构、未配备专职安全生产管理人员；将项目发包给不具备安全生产条件的同创达公司；未与同创达公司签订安全生产协议，未对其地下管线测量作业进行统一协调、管理和定期安全检查。

3.事故性质

鉴于上述原因分析，根据国家有关法律法规的规定，事故调查组认定，“9·3”事故是一起一般生产安全责任事故。

四、事故责任分析及处理建议

根据事故原因调查，依据有关法律法规规定，对事故有关责任人员和责任单位进行事故责任认定并提出如下处理意见。

1.追究刑事责任的人员

高××，同创达公司测绘项目组负责人，负责事发测绘项目现场作业管理。未按照该公司井下作业安全管理规定要求开展作业；未严格督促作业人员按照“先检测、后作业”要求，开展有限空间作业；未监督、教育从业人员按照使用规则佩戴、使用劳动防护用品；未对作业现场开展安全检查，对事故发生负有直接责任。由公安机关立案侦查，依法追究刑事责任。

杜××，同创达公司副总经理，兼职负责公司安全生产工作。未组织对死者2人开展有限空间作业安全教育和培训；未按照规定开展有限空间作业设备、仪器使用和借用登记；设备日常维修、保养没有记录，对事故发生负有直接管理责任。由公安机关立案侦查，依法追究刑事责任。

2.给予行政处罚的单位和人员

同创达公司未建立安全生产责任制；未对死者2人开展有限空间作业安全培训；未监督、教育从业人员按照使用规则佩戴、使用符合国家标准或行业标准的有限空间作业防护用品；未组织有限空间作业应急演练；未严格落实针对有限空间作业的危险作业管理制度；未采取有效防护措施，确保下井勘测作业人员安全。其行为违反《中华人民共和国安全生产法》第四条、第二十五条第一款、第四十二条、第七十八条，《北京市安全生产条例》第三十九条，《工程测量规范》（GB 50026—2007）7.1.7规定，对事故发生负有主要责任。依据《中华人民共和国安全生产法》第一百零九条第（一）项规定，由安全生产监督管理部门给予42万元罚款行政处罚。

市政专业设计院未建立安全生产责任制和安全生产规章制度；未设置安全生产管理机构、未配备专职安全生产管理人员；将生产经营项目发包给不具备安全生产条件的单位；未与承包单位签订专门的安全生产管理协议；未对承包单位安全生产工作统一协调、管理，未定期进行安全检查。其行为违反《中华人民共和国安全生产法》第四条、第二十一条第二款、四十六条第一款和第二款规定，对事故发生负有重要责任。依据《中华人民共和国安全生产法》第一百零九条第（一）项规定，由安全生产监督管理部门给予40万元罚款行政处罚。

王×作为同创达公司主要负责人，未建立安全生产责任制；未督促、检查本单位安全生产工作，未及时消除生产安全事故隐患。其行为违反《中华人民共和国安全生产法》第十八条第（一）（五）项规定，对事故发生负有主要领导责任。依据《中华人民共和国安全生产法》第九十二条第（一）项，由安全生产监督管理部门给予其上一年年收入30%罚款行政处罚。

刘××作为市政专业设计院主要负责人，未建立安全生产责任制；未组织制定本单位安全生产规章制度和操作规程；未督促、检查本单位安全生产工作，未及时消除生产安全事故隐患。其行为违反《中华人民共和国安全生产法》第十八条第（一）（二）（五）项规定，对事故发生负有重要领导责任。依据《中华人民共和国安全生产法》第九十二条第（一）项，由安全生产监督管理部门给予其上一年年收入30%罚款行政处罚。

3.其他责任追究建议

针对事故中涉嫌存在相关违纪违法行为，市纪委市监委另行调查处理。

针对事故暴露出相关管理问题，市安全监管局对北京市政路桥集团有限公司开展约谈。

五、事故整改与防范措施建议

事故调查组针对“9·3”事故暴露出问题，对相关部门和单位提出如下整改和防范措施建议。

同创达公司要全面加强公司安全生产管理工作，依法完善本单位安全生产责任制，加大安全生产资金投入，全面提升安全生产条件。要建立符合法规标准的有限空间作业操作规程、危险作业管理制度并严格落实，定期开展事故应急演练；针对有限空间作业，依法依规开展安全培训教育和技术交底，保证作业人员具备安全操作、应急处置等知识和技能；监督、教育作业人员按照使用规则佩戴、使用劳动防护用品。

市政专业设计院要提高对安全生产工作极端重要性认识，根据本行业领域安全生产特点，建立切合实际的安全生产责任制，制定安全生产规章制度；要加强对分包或委托单位相关资质和安全生产条件审查，依法签订安全管理协议、明确双方安全管理职责；要加强对分包或委托单位安全生产工作统一协调、管理，定期进行安全检查，及时督促整改。同时，北京市政路桥集团有限公司要加强对下级单位安全生产工作管理，督促下级单位完善相关管理制度、切实落实安全生产主体责任。

朝阳区城管委要严格落实各项法律法规要求，选取具备安全生产条件和相应资质单位作为承包方。要采取有效措施，加强对朝阳区道路储备库项目后续工作监督管理，健全专业委托承包方管理备案制度，确保其具备相应资质和安全生产条件。并要加强对承包单位安全生产协调管理，定期进行安全检查，切实将各环节安全措施落实到位。

朝阳区政府要认真贯彻落实市领导批示精神，深刻汲取事故教训、举一反三，加强对安全生产工作的领导，切实督促落实地方党政领导责任、部门监管责任和企业主体责任。要加大对重点项目安全生产工作检查力度，着力解决突出问题，坚决落实整改措施，确保有限空间作业等生产经营活动安全。同时，建议朝阳区政府专题研究电力井建设使用权属移交问题，明确施工、竣工、产权移交阶段责任主体，切实落实安全生产管理责任。

人　物

市安全监管局领导

（2018 年 11 月 2 日前）

局　长　张树森（党组书记）
副局长　唐明明（党组副书记）
　　　　贾太保（党组成员、巡视员）
　　　　阎　军
　　　　卞杰成（党组成员）
　　　　李东洲（党组成员）
副巡视员　谢清顺
　　　　李振龙（7 月退休）
　　　　贾秋霞
　　　　杨永军

北京煤监局领导

（2018 年 11 月 2 日前）

局　长　张树森（党组书记）
副局长　唐明明（党组副书记）
　　　　贾太保（党组成员、巡视员）
　　　　阎　军
　　　　卞杰成（党组成员）
　　　　李东洲（党组成员）

市安全监管局处室（总队）领导

（2018 年 11 月 2 日前）

办公室　主　任　任　忠
　　　　副主任　闵绍辉
　　　　　　　　邵　柏
财务处　处　长　田志斌
　　　　副处长　叶柏杉

法制处	处　长	高云飞
	副处长	戴贺霞
研究室	主　任	车广杰
	副主任	唐　亮
科技处	处　长	薛映宾（试用期一年）
安全生产协调处	处　长	靳玉光
应急工作处	处　长	李怀冰
	副处长	王　欣
事故调查处	副处长	王晓杰（主持工作）
安全监督管理一处	处　长	赵玉辉
安全监督管理二处	处　长	曹柏成
	副处长	张　聪
安全监督管理三处	处　长	孟庆武
	副处长	王　雷
职业卫生综合处	处　长	李玉祥
	副处长、调研员	朱　凯
职业卫生监督处	处　长	靳大力（试用期一年）
矿山安全监督管理处	处　长	贾克成（兼）
行政审批处	处　长	赵同立
督查处	处　长	路　韬
	副处长	陈震西
人事教育处	处　长	孙　雷
	副处长	陈磊钢
机关党委	专职副书记	王中堂
机关工会	专职副主席	徐杰立
安全生产监察专员		王树琦、魏丽萍
执法监察总队	总队长	贾兴华
	副总队长	毛宇权
	副总队长	张　涛
	副总队长	孙晶晶

北京煤监局处室领导

综合办公室	主　任	何多云
煤矿安全监察专员		董文同
		贾克成
	副主任	唐　涓

监察一室　主　任　马存金
监察二室　主　任　潘洪季
副主任　庄过兵
监察三室　主　任　杨庆三
副主任　贾　宏
纪检组副组长　张志永

市安全监管局直属单位领导

安全生产科学技术研究院　院　长　季学伟
党总支书记　牛　捷
副院长　侯占杰
徐　阳
安全生产宣传教育中心　主　任　时会佳
副主任　刘友强
吴　爽
安全生产信息中心　副主任　陆金周（主持工作）
副主任　吴东东
安全生产投诉举报中心　主　任　张　鹏
副主任　王　罡
副主任　何明明
安全生产督查事务中心　副主任　陶申傲

区安全监管局领导成员

东城区安全监管局

党组书记、局长　陈　君
副局长　王寿永
石建军
黎洪垓
副处职　张团南
副调研员　王俊峰
石培德
王秀兰

西城区安全监管局

党组书记　李连防（2月退休）
　　　　　李　华（2月任职）
局　长　李　华
副局长　褚海燕
　　　　　曹长春
　　　　　高聪聪
　　　　　王学涛（4月调入）
副调研员　张　蕊
　　　　　张　文
　　　　　张　旺

朝阳区安全监管局

党组书记、局长　马海鹰
副局长　周　琼
　　　　　袁裕中
　　　　　王　峰
调研员　安永存
副调研员　张小平
　　　　　冯春友

海淀区安全监管局

党组书记、局长　刘磊刚
副局长　贾　宁
　　　　　徐春兰
　　　　　郑　臣
　　　　　傅　君
调研员　邵忠全
　　　　　孙华林（9月退休）

副调研员　袁　辉
刘玉勇
见春友
刘学国
史学军
常学志

丰台区安全监管局

党组书记、局长　贾效明
副局长　崔　林
史　勤
王　平
梁　晨
副调研员　李　頔
李　建
张振淮
高　林
刘　力
成光华
李建国
曹荣久
李国海
杨德富
徐启学
毕新明
任满生

石景山区安全监管局

党组书记、局长　佟晓军
副局长　李振华　（5 月退休）
高金山
栾　松

门头沟区安全监管局

局　长　刘振林
副局长　周玉陆
　　　　阿显德

房山区安全监管局

局　长　张海生
副局长　李劲松
　　　　郑　雷
　　　　邱玉珊
纪检组长　周晓光（12 月免职）

通州区安全监管局

党组书记、局长　曹树常
副局长　杨文庆
　　　　吴宝祥
　　　　谭先进
调研员　吴国语
　　　　张　杰
　　　　邹松泉
副调研员　袁文旭
工会主席　邹秉志（10 月免职）

顺义区安全监管局

党组书记、局长　单增友
副局长　周靖慧
　　　　李建军
　　　　李　妍
工会主席　邱国庆
调研员　王明金
　　　　张来福

正处待遇　王桂金
孟家祝
副调研员　张建明
杨　槟
刘发奇

大兴区安全监管局

局　长　张福长（6月调出）
高志纯（6月任职）
党组书记　张义祥
副局长　李建军
丁开明
王建军
李新杰
调研员　翁维贤（4月退休）
副调研员　李长龙
尉志强
胡贵平
陈春来

昌平区安全监管局

局　长　兰剑波
党组书记　韩文亮
副局长　徐立荣
张卫东
彭士杰

平谷区安全监管局

局　长　崔曙光
党组副书记　胡玉峰
副局长　张振宇
石雅琪

怀柔区安全监管局

党组书记、局长　孙建杰
副局长　曾　灏
吕宝文
副调研员　曹永军
乔海青

密云区安全监管局

党组书记、局长　张艳生
党组副书记、调研员　马延春
副局长　梁乃顺
张宏伟
副调研员　刘海生
赵德民

延庆区安全监管局

党组书记、局长　臧文柱
党组副书记　尤长存
副局长　张　鑫
王吉兴
工会主席　黄立华
副调研员　闫福军

北京经济技术开发区安全监管局

局　长　吴伯军
副局长　肖怡宁
调研员　闫庆平

市安全监管局　北京煤监局先进集体、先进个人

先进集体

市安全监管局研究室被中共北京市委员会、北京市人民政府评为“北京市第十三届调查研究工作先进单位”。

市安全监管局北京煤监局机关工会委员会被中华全国总工会授予“全国模范职工之家”称号。

先进个人

市安全监管局安科院时德铁被市总工会授予“首都劳动奖章”。

市安全监管局应急工作处黄亮被市防汛抗旱指挥部、市人力社保局评为“北京市防汛抗旱先进个人”。

市安全监管局机关工会卢茜、法制处钱莹被市妇女联合会、市总工会授予“北京市三八红旗奖章”。

市安全监管局安科院季学伟被市安全监管局、市人力社保局、市教委评定为北京市安全生产领域学科带头人。

区安全监管局先进集体、先进个人

东　城　区

先进集体

东城区安全监管局被市应急管理局、北京市妇联评为第二届“寻找最美安监巾帼”推选宣传活动优秀组织单位。

东城区安全监管局被市应急管理局授予北京市“职工技协杯”优秀组织奖。

先进个人

东城区安全监管局蒋初后被市安全监管局、首都文明办评为“2018 安监之星·北京榜样”主题活动周安监之星。

东城区安全监管局田术被市安全监管局、共青团北京市委员会评为“北京市青年安监卫士”。

东城区安全监管局姬燕婷被市应急管理局、北京市妇联授予“北京市第二届最美安监巾帼”称号。

西　城　区

先进集体

西城区安全监管局被市安全监管局、首都文明办授予“2018 安监之星·北京榜样”主题活动优秀组织奖。

西城区安全监管局被市安全监管局、北京市总工会评为北京市职业安全健康宣讲活动优秀组织单位。

西城区安全监管局被市应急管理局授予北京市“职工技协杯”优秀组织奖。

先进个人

西城区安全监管局钱露雨被市安全监管局、首都文明办评为“2018 安监之星·北京榜样”主题活动周安监之星。

西城区安全监管局唐凯、颜伟被市安全监管局、共青团北京市委员会评为“北京市青年安监卫士”。

朝　阳　区

先进集体

朝阳区安全监管局被市应急管理局、北京市妇联评为第二届“寻找最美安监巾帼”推选宣传活动优秀组织单位。

朝阳区安全监管局被市安全监管局、北京市总工会评为北京市职业安全健康宣讲活动优秀组织单位。

朝阳区安全监管局被市应急管理局授予北京市“职工技协杯”优秀组织奖。

先进个人

朝阳区安全监管局史晓梅被北京市委宣传部授予“首都精神文明建设奖”。

朝阳区安全监管局潘蔚然被市安全监管局、首都文明办评为“2018 安监之星·北京榜样”主题活动月安监之星。

朝阳区安全监管局高梦团被市安全监管局、首都文明办评为“2018 安监之星·北京榜样”主题活动周安监之星。

朝阳区安全监管局董翠娟、倪蕊、邵菲、肖珩被市安全监管局、共青团北京市委员会评为“北京市青年安监卫士”。

朝阳区安全监管局闫长征、赵娜被市应急管理局、首都文明办评为“2018 安监之星·北京榜样——安全监察先锋特别榜”人物。

朝阳区安全监管局余惠云被市应急管理局、北京市妇联授予“北京市第二届最美安监巾帼”称号。

海 淀 区

先进集体

海淀区安全监管局被市安全监管局、北京市总工会评为北京市职业安全健康宣讲活动优秀组织单位。

海淀区安全监管局被市应急管理局授予北京市“职工技协杯”优秀组织奖。

先进个人

海淀区安全监管局王文涛被市安全监管局、共青团北京市委员会评为“北京市青年安监卫士”。

丰 台 区

先进集体

丰台区安全监管局被市安全监管局、首都文明办授予“2018 安监之星·北京榜样”主题活动优秀组织奖。

丰台区安全监管局被市应急管理局、北京市妇联评为第二届“寻找最美安监巾帼”推选宣传活动优秀组织单位。

丰台区安全监管局被市应急管理局授予北京市“职工技协杯”优秀组织奖。

先进个人

丰台区安全监管局张显扬被市安全监管局、共青团北京市委员会评为“北京市青年安监卫士”。

石景山区

先进集体

石景山区安全监管局被市应急管理局授予北京市“职工技协杯”优秀组织奖。

先进个人

石景山区安全监管局刘戎被市安全监管局、共青团北京市委员会评为“北京市青年安监卫士”。

门头沟区

先进个人

门头沟区安全监管局白璐被市安全监管局、共青团北京市委员会评为“北京市青年安监卫士”。

房 山 区

先进个人

房山区安全监管局李龙被市安全监管局、共青团北京市委员会评为“北京市青年安监卫士”。

房山区安全监管局杨茹被市应急管理局、北京市妇联授予“北京市第二届最美安监巾帼”称号。

通 州 区

先进集体

通州区安全监管局被市安全监管局、北京市总工会评为北京市职业安全健康宣讲活动优秀组织单位。

通州区安全监管局被市应急管理局授予北京市“职工技协杯”优秀组织奖。

先进个人

通州区安全监管局花春生被市安全监管局、首都文明办评为“2018 安监之星·北京榜样”主题活动周安监之星。

通州区安全监管局汪泓溢被市安全监管局、共青团北京市委员会评为“北京市青年安监卫士”。

朝阳区安全监管局荆春花被市应急管理局、北京市妇联授予“北京市第二届最美安监巾帼”称号。

顺 义 区

先进集体

顺义区安全监管局被市安全监管局、北京市总工会评为北京市职业安全健康宣讲活动优秀组织单位。

顺义区安全监管局被市应急管理局授予北京市“职工技协杯”优秀组织奖。

先进个人

顺义区安全监管局李立颖被市安全监管局、首都文明办评为“2018 安监之星·北京榜样”主题活动周安监之星。

顺义区安全监管局张志坚被市安全监管局、共青团北京市委员会评为“北京市青年安监卫士”。

顺义区安全监管局李立颖被市应急管理局、北京市妇联授予“北京市第二届最美安监巾帼”称号。

大　兴　区

先进集体

大兴区安全监管局安全生产督查检查队被市安全监管局、市人力社保局评为“北京市安全生产专职安全员队伍先进集体”。

大兴区安全监管局被市应急管理局、北京市妇联评为第二届“寻找最美安监巾帼”推选宣传活动优秀组织单位。

大兴区安全监管局被市应急管理局授予北京市“职工技协杯”优秀组织奖。

先进个人

大兴区安全监管局李雪被市安全监管局评为“安全生产专职安全员队伍先进个人”。

大兴区安全监管局郑阳、杨欢被市安全监管局、共青团北京市委员会评为“北京市青年安监卫士”。

大兴区安全监管局刘俊希被市应急管理局、北京市妇联授予“北京市第二届最美安监巾帼”称号。

昌　平　区

先进集体

昌平区安全监管局被市安全监管局、北京市总工会评为北京市职业安全健康宣讲活动优秀组织单位。

昌平区安全监管局被市应急管理局、北京市妇联评为第二届“寻找最美安监巾帼”推选宣传活动优秀组织单位。

昌平区安全监管局被市应急管理局授予北京市“职工技协杯”优秀组织奖。

先进个人

昌平区安全监管局赵欣磊被市安全监管局、共青团北京市委员会评为“北京市青年安监卫士”。

昌平区安全监管局樊朝花被市应急管理局、北京市妇联授予“北京市第二届最美安监巾帼”称号。

平　谷　区

先进集体

平谷区安全监管局被市应急管理局授予北京市“职工技协杯”优秀组织奖。

怀　柔　区

先进集体

怀柔区安全监管局被市应急管理局授予北京市“职工技协杯”优秀组织奖。

先进个人

怀柔区安全监管局杨璐诚被市安全监管局、共青团北京市委员会评为“北京市青年安监卫士”。

密　云　区

先进个人

密云区安全监管局马海祥被市安全监管局、首都文明办评为“2018安监之星·北京榜样”主题活动周安监之星。

密云区安全监管局曹应贤被市安全监管局、市人力社保局评为“北京市安全生产专职安全员队伍先进个人”。

密云区安全监管局曹应贤被市安全监管局评为“安全生产专职安全员队伍先进个人”。

密云区安全监管局李磊被市安全监管局、共青团北京市委员会评为“北京市青年安监卫士”。

延　庆　区

先进集体

延庆区安全监管局被市应急管理局授予北京市“职工技协杯”优秀组织奖。

先进个人

延庆区安全监管局池晨猛被市安全监管局、市人力社保局评为“北京市安全生产专职安全员队伍先进个人”。

延庆区安全监管局池晨猛被市安全监管局评为“安全生产专职安全员队伍先进个人”。

延庆区安全监管局李乐、孟俊杰被市安全监管局、共青团北京市委员会评为“北京市青年安监卫士”。

北京经济技术开发区

先进个人

北京经济技术开发区安全监管局王一敏、张宇鑫被市安全监管局、共青团北京市委员会评为“北京市青年安监卫士”。

北京经济技术开发区安全监管局薛小敏被市应急管理局、北京市妇联授予“北京市第二届最美安监巾帼”称号。

附　录

附录 1

北京市安全评价乙级机构

机构名称：中国船舶重工集团公司第七一四研究所

办公地址：朝阳区科荟路 55 号院 1 号楼

业务范围：二类 7. 房屋和土木工程建筑业，二类 9. 仓储业，二类 14. a 黑色、有色金属冶炼及压延加工业，二类 14. b 金属制品业，二类 14. c 非金属矿物制品业，二类 15. a 铁路运输业，二类 15. b 城市轨道交通及辅助设施，二类 17. 港口码头，二类 18. a 机械设备制造业，二类 18. b 电器制造业，二类 19. a 轻工业，二类 19. b 纺织业，二类 19. c 烟草加工制造业

联系人：潘长城

联系电话：18001352719

机构名称：中国寰球工程有限公司

办公地址：朝阳区创达二路 1 号

业务范围：一类 3. 石油和天然气开采业，一类 4. a 石油加工业，一类 4. b 化学原料、化学品及医药制造业，一类 4. c 燃气生产及供应业，一类 4. d 炼焦业，二类 8. 管道运输业，二类 9. 仓储业，二类 17. 港口码头

联系人：张凤华

联系电话：18500825682

机构名称：北京天恒安科工程技术有限公司

办公地址：大兴区黄村镇市场路东巷 5 号

业务范围：一类 4. a 石油加工业，一类 4. b 化学原料、化学品及医药制造业，一类 4. c 燃气生产及供应业，一类 4. d 炼焦业，二类 7. 房屋和土木工程建筑业，二类 9. 仓储业，二类 19. a 轻工业，二类 19. b 纺织业，二类 19. c 烟草加工制造业

联系人：陈微

联系电话：13426364070

机构名称：北京市化工职业病防治院

办公地址：海淀区北京市海淀区香山一棵松 50 号

业务范围：一类 2. a 金属矿采选业，一类 2. b 非金属矿采选业，一类 2. c 其他矿采选业，一类 4. a 石油加工业，一类 4. b 化学原料、化学品及医药制造业，一类 4. c 燃气生产及供应业，一类 4. d 炼焦业，二类 7. 房屋和土木工程建筑业，二类 8. 管道运输业，二类 9. 仓储业，二类 11. a 火力发电业，二类 11. b 热力生产和供应业，二类 14. a 黑色、有色金属冶炼及压延加工业，二类 14. b 金属制品业，二类 14. c 非金属矿物制品业，二类 15. a 铁路运输业，二类 15. b 城市轨道交通及辅助设施，二类 16. 公路，二类 17. 港口码头，二类 18. a 机械设备制造业，二类 18. b 电器制造业，二类 19. a 轻工业，二类 19. b 纺织业，二类 19. c 烟草加工制造业

联系人：徐晓虹

联系电话：13810912312

机构名称：中国铁道科学研究院

办公地址：海淀区大柳树路 2 号

业务范围：二类 14. a 黑色、有色金属冶炼及压延加工业

联系人：郭湛

联系电话：15801614435

机构名称：北京联合智业认证有限公司

办公地址：朝阳区北苑路 170 号 C 座 17 层

业务范围：一类 3. 石油和天然气开采业，一类 4. a 石油加工业，一类 4. b 化学原料、化学品及医药制造业，一类 4. c 燃气生产及供应业，一类 4. d 炼焦业，二类 14. a 黑色、有色金属冶炼及压延加工业，二类 14. b 金属制品业，二类 14. c 非金属矿物制品业。

联系人：胡韵强

联系电话：13683327597

机构名称：北京市工业技术开发中心

办公地址：朝阳区工体北路 6 号凯富大厦 6 层

业务范围：一类 4. a 石油加工业，一类 4. b 化学原料、化学品及医药制造业，一类 4. c 燃气生产及供应业，一类 4. d 炼焦业，二类 7. 房屋和土木工程建筑业，二类 9. 仓储业，二类 11. a 火力发电业，二类 11. b 热力生产和供应业，二类 14. a 黑色、有色金属冶炼及压延加工业，二类 14. b 金属制品业，二类 14. c 非金属矿物制品业，二类 18. a 机械设备制造业，二类 18. b 电器制造业，二类 19. a 轻工业，二类 19. b 纺织业，二类 19. c 烟草加工制造业

联系人：黄友明

联系电话：15110040584

机构名称：北京燕山石化职业病防治所
办公地址：房山区燕山燕房路22号
业务范围：一类4.a石油加工业，一类4.b化学原料、化学品及医药制造业
联系人：时　锐
联系电话：13718942757

附录2

2018年北京市工业企业安全生产标准化（二级）评审单位名单（38家）

1. 北京市工业技术开发中心
2. 北京启迪智信注册安全工程师事务所有限责任公司
3. 北京中矿基业安全防范技术有限公司
4. 北京泰瑞特认证中心
5. 北京中安质环技术评价中心有限公司
6. 北京国泰民康安全技术中心
7. 中国建材检验认证集团股份有限公司
8. 北京众心成诚注册安全工程师事务所有限公司
9. 国家安全生产监督管理总局研究中心
10. 北京万方同人技术顾问中心
11. 北京阳光企安注册安全工程师事务所有限公司
12. 北京联合智业认证有限公司
13. 上海柏科管理咨询股份有限公司
14. 北京神龙安科技术发展中心
15. 北京中经科环质量认证有限公司
16. 北京埃尔维质量认证中心
17. 北京全方略咨询有限责任公司
18. 北京安雅教育科技有限公司
19. 北京大方安科技术咨询有限公司
20. 北京京信安博技术服务有限公司
21. 北京天晟百纳安全技术有限责任公司
22. 北京众易安信管理咨询有限公司
23. 北京京安晟晖注册安全工程师事务所有限公司
24. 北京赛福德注册安全工程师事务所有限公司
25. 北京地大安环科技发展有限公司
26. 尚锦文（北京）文化传媒有限责任公司
27. 北京蔻凯恒安咨询有限公司
28. 北京永旺嘉诚安全科技发展有限公司
29. 北京云帆沧海安全防范技术有限公司
30. 北京中机爱生安全技术咨询有限公司
31. 北京市劳动保护科学研究所
32. 北京原祯注册安全工程师事务所有限公司
33. 首都经济贸易大学
34. 北京市安全生产工程技术研究院
35. 北京安科研培技术有限公司
36. 北京德康莱健康安全科技股份有限公司
37. 北京中机安达安全技术咨询有限公司
38. 北京利华永安注册安全工程师事务所有限公司

索 引

L

Q

R

M

S

T

W

X

Y

Z